Alfred Tarski
Collected Papers

This collection of the published papers of Alfred Tarski was conceived as a gift to Tarski, in connection with the celebration of his eightieth birthday. Its original publication, in a very limited edition, was made possible by the generous contributions of Tarski's friends, students, and colleagues from around the world. The organizing committee consisted of John Addison, Steven Givant, Leon Henkin, Ralph McKenzie, Judith Ng, Julia Robinson, and Robert Vaught. The editors of the volumes were Givant and McKenzie.

Alfred Tarski

Collected Papers

Volume 1: 1921-1934

Birkhäuser

Alfred Tarski (Deceased)
Berkeley, CA, USA

ISBN 978-3-319-95365-6

Library of Congress Control Number: 2018963119

This book is published under the imprint Birkhäuser, www.birkhauser-science.com by the registered company Springer Nature Switzerland AG.
The registered company address is: Gewerbestrasse 11, 6330 Cham, Switzerland

Acknowledgements

Birkhäuser would like to extend its gratitude to Jan Tarski for his support to reissue the *Collected Papers* of Alfred Tarski, and to Steven Givant and Ralph McKenzie for all of their hard work compiling these volumes for their original publication in 1986. It is our hope that bringing the *Collected Papers* back into print will make the historic and important contributions Tarski made to mathematics, logic, philosophy, and other fields accessible to the current and all future generations of students and researchers.

We would also like to thank the original publishers of the papers of Alfred Tarski for granting permission to reprint the following papers:

Hermann & Cie, Paris:

(259-2) "Grundlegung der wissenschaftlichen Semantik," Actes du Congrés International de Philosophie Scientifique, vol. 7, 1936

(269-2) "Über den Begriff der logischen Folgerung," Actes du Congrés International de Philosophie Scientifique, vol. 7, 1936

(323-2) "Sur la method deductive," Travaux du IXéme Congrés International de Philosophie, vol. 6, 1937

Cambridge University Press, Cambridge, and Macmillan, New York:

(335-2) "The axiomatic method in biology," Appendix E in J. H. Woodger, 1937

Almqvist and Wiksells, Uppsala:

(666-4) "Undecidability of the elementary theory of commutative semigroups," International Congress of Mathematicians, Stockholm 1962. Abstracts of short communications, 1962

Gauthier-Villars, Paris:

(677-4) "The least cardinality of equational bases for variety of groups and rings (with T. C. Green)," Congrés International des Mathématiciens, Nice 1970: Les 265 communications individuelles, 1970

Nicola Zanichelli, Bologna:

(299-1) "Über Aequivalenz der Mengen in Bezug auf eine beliebige Klasse von Abbildungen," Atti del Congreso Internazionale dei Matematici, Bologna, 3-10 Settembre 1928, vol. 6, 1930

North Holland Publishing Company, Amsterdam:

(17-4) "What is elementary geometry," "The Axiomatic Method, with Special Reference to Geometry and Physics," 1979

(273-4) "Metamathematical Properties of Some Affine Geometries," Logic, Methodology and Philosophy of Science. Proceedings of the 1964 International Congress (with L. W. Szczerba), 1965

(347-4) "Equational Logic and Equational Theories of Algebras." Contributions to Mathematical Logic. Proceedings of the Logic Colloquium, Hannover 1966 (H. A. Schmidt et al.), 1968

(435-4) "The Mathematical Theory of Well-Ordering - A Metamathematical Study" (with J. Doner and A. Mostowski), Logic Colloquium '77 (A. Macintyre et al.), 1978

Stanford University Press, Stanford, California

(113-4) "Some problems and results relevant to the foundations of set theory," Logic, methodology, and philosophy of science. Proceedings of the 1960 International Congress (E. Nagel et al. editors), 1962

American Mathematical Society, Providence, Rhode Island

(459-3) "Some notions and methods on the borderline of algebra and metamathematics," Proceedings of the International Congress of Mathematicians, Cambridge, Massachusetts, USA, August 30 – September 6, 1950, Vol. 1, 1952

(477-3) "Mutual interpretability of some essentially undecidable theories (with W. Szmielew)," Proceedings of the International Congress of Mathematicians, Cambridge, Massachusetts, USA, August 30 – September 6, 1950, Vol. 1, 1952

(647-4) "Cylindric algebras (with L. Henkin)," Lattice theory, Proceedings of Symposia in Pure Mathematics, vol. 2 (R. P. Dilworth, editor), 1961

(727-4) English translation from "The Kourovka notebook, unsolved problems in group theory," Ser. 2, Vol. 121, 1983

Finally, we also wish to gratefully acknowledge the rights to reprint the articles used in these collected works and originally published with:

American Mathematical Society	Reprinted by permission from the journals *TAMS, AMSN, BAMS*
Association for Symbolic Logic	Reprinted by permission from the *Journal of Symbolic Logic*
Pacific Journal of Mathematics	Reprinted by permission from the *Pacific Journal of Mathematics*
The Johns Hopkins University Press	Reprinted by permission from the *American Journal of Mathematics*
Princeton University Press	Reprinted by permission from the *Annals of Mathematics*
Scientific American	Reprinted by permission from *Scientific American*
Philosophy & Phenomenological Research	Reprinted by permission from the journal *Philosophy and Phenomenological Research*
University of California	Reprinted by permission

Contents - Volume 1

Contents - Volume 2

Contents – Volume 3

Contents - Volume 4

Summaries of Talks Presented at the Summer Institute for Symbolic Logic, Cornell University, 1957

Problems, Reviews, Contributions to Discussions

PRZYCZYNEK DO AKSJOMATYKI ZBIORU DOBRZE UPORZĄDKOWANEGO

Przegląd Filozoficzny, vol. 24 (1921), pp. 85-94.

Przyczynek do aksjomatyki zbioru dobrze uporządkowanego.

Z seminarjum profesora Stanisława Leśniewskiego w Uniwersytecie Warszawskim.

Zgodnie z tradycyjną definicją, przyjętą w teorji mnogości, zbiór Z jest uporządkowany ze względu na stosunek R wtedy i tylko wtedy, jeżeli spełnione są następujące trzy „aksjomaty uporządkowania":

A_1) przy wszelkich x i y — jeżeli x i y są różnymi elementami zbioru Z, to x jest w stosunku R do y, albo y jest w stosunku R do x [lub, w równoważnem sformułowaniu: — jeżeli x i y są różnymi elementami zbioru Z i x nie jest w stosunku R do y, to y jest w stosunku R do x];

A_2) przy wszelkich x i y — jeżeli x i y są elementami zbioru Z i x jest w stosunku R do y, to y nie jest w stosunku R do x;

A_3) przy wszelkich x, y i t — jeżeli x, y i t są elementami zbioru Z, x jest w stosunku R do y i y jest w stosunku R do t, to x jest w stosunku R do t.

Będę pisał „$x\ R\ y$" zamiast „x jest w stosunku R do y", „$x\ R'\ y$" — zamiast „x nie jest w stosunku R do y", „$x \neq y$" — zamiast „x jest różne od y", „$x = y$" — zamiast „x nie jest różne od y" („x jest identyczne z y").

Stosunek R, ze względu na który dany zbiór Z jest uporządkowany, nazywamy zwykle stosunkiem wcześniejszości, czytając zamiast „$x\ R\ y$" — „x jest wcześniejsze od y". Aksjomat A_2 nosi nazwę aksjomatu asymetrji, aksjomat A_3 — aksjomatu przechodniości.

Jak wiadomo, zbiór uporządkowany nazywamy zbiorem dobrze uporządkowanym wtedy i tylko wtedy, jeżeli każdy jego niepróżny podzbiór posiada element pierwszy. Aby więc otrzymać układ aksjomatów dla zbioru dobrze uporządkowanego, dołączamy do trzech aksjomatów uporządkowania czwarty—„aksjomat dobrego uporządkowania", który w ścisłem sformułowaniu wyrazi się w jednej z następującyeh postaci:

B) Przy każdem U — jeżeli

1) U jest zbiorem,

2) przy każdem x — jeżeli x jest elementem zbioru U, to x jest elementem zbioru Z,

oraz 3) przy pewnem k — k jest elementem zbioru U

— to przy pewnem a —

1) a jest elementem zbioru U,

2) przy każdem y — jeżeli y jest elementem zbioru U, to y nie jest wcześniejsze od a.

C) Przy każdem U — jeżeli

1) U jest zbiorem,

2) przy każdem x — jeżeli x jest elementem zbioru U, to x jest elementem zbioru Z,

oraz 3) przy pewnem k — k jest elementem zbioru U

— to przy pewnem a —

1) a jest elementem zbioru U,

2) przy każdem y — jeżeli y jest elementem zbioru U, różnym od a ($y \neq a$), to a jest wcześniejsze od y.

Widzimy, że te dwa aksjomaty różnią się dwojakiem i nierównoważnem pojmowaniem terminu „element pierwszy".

Jest natomiast niemal oczywiste, że układy aksjomatów [A_1, A_2, A_3, B] i [A_1, A_2, A_3, C] są równoważne: z pierwszego z nich daje się wyprowadzić aksjomat C, z drugiego — aksjomat B, jako twierdzenia.

W rzeczy samej, przyjmijmy pierwszy układ. Wszelki zbiór U, spełniający poprzednik aksjomatu C, spełnia również identycznie brzmiący poprzednik aksjomatu B, posiada więc element a taki, że, jeśli y jest elementem zbioru U, to y nie jest wcześniejsze od a. Jeśli zaś przytem y jest różne od a, to, w myśl aksjomatu A_1, a jest wcześniejsze od y, czyli aksjomat C jest spełniony.

Podobnież łatwo okazać, że z aksjomatów A_2 i C (oraz z wynikającego z aksjomatu A_2 t. zw. twierdzenia o niezwrotności stosunku R) daje się wyprowadzić aksjomat B.

Zarówno jednak pierwszy, jak i drugi układ aksjomatów dla zbioru dobrze uporządkowanego nie są układami aksjomatów niezależnych. W układzie pierwszym aksjomaty A_2 i A_3, w drugim — A_1 i A_3 dają się wyprowadzić z pozostałych.

W istocie, przy układzie aksjomatów [A_1, B] dla udowodnienia aksjomatu A_2 rozważmy zbiór U, złożony z dowolnych dwu elementów x i y zbioru Z, spełniających poprzednik aksjomatu A_2 : $x R y$. Zbiór U spełnia poprzednik aksjomatu B, posiada zatem element, od którego żaden element zbioru U nie jest wcześniejszy; y nie jest tym elementem, gdyż $x R y$; jest nim zatem x, a że y jest elementem zbioru U, więc $y R' x$, co było właśnie do dowiedzenia.

Dla udowodnienia aksjomatu A_3 uwzględnijmy zbiór U, złożony z trzech dowolnych elementów — x, y i t — zbioru Z, spełniających warunki: $x R y$ i $y R t$. Zbiór U, spełniając poprzednik aksjomatu B, znów posiada element taki, od którego żaden element tego zbioru nie jest wcześniejszy. Nie jest nim y ani t, bo $x R y$ i $y R t$, jest nim więc tylko x, a zatem (1) $t R' x$.

Z drugiej strony — (2) $t \neq x$. W rzeczy samej, na mocy udowodnionego poprzednio aksjomatu A_2, $y R t$ pociąga za sobą $t R' y$. Zatem x jest wcześniejsze od y, a t wcześniejsze od y nie jest, więc x i t są od siebie różne.

Ale, jeśli spełnione są warunki (1) i (2), to, na mocy aksjomatu A_1, x jest w stosunku R do t, c. b. d. d.

Przy układzie aksjomatów $[A_2, C]$, dla udowodnienia aksjomatu A_1 weźmy zbiór U, złożony z dwóch różnych od siebie elementów — x i y — zbioru Z (o ile zbiór Z wogóle dwóch różnych elementów nie zawiera, aksjomat A_2 jest oczywiście spełniony, bo poprzednik jego dla danego zbioru spełniony nie zostaje). Zbiór U spełnia poprzednik aksjomatu C, posiada zatem element, wcześniejszy od każdego takiego elementu zbioru U, który jest od elementu danego różny. Elementem tym może być x albo y, zatem $x R y$ albo $y R x$, c. b. d. d.

Dla udowodnienia aksjomatu A_3, zwróćmy przedewszystkiem uwagę na to, że z aksjomatu asymetrji wynika t. zw. twierdzenie o niezwrotności stosunku R:

T) przy wszelkich x i y — jeżeli x i y są elementami zbioru Z i $x R y$, to $x \neq y$ [lub w równoważnem sformułowaniu: przy każdem x — jeżeli x jest elementem zbioru Z, to $x R' x$].

Uwzględnijmy teraz zbiór U, złożony z trzech dowolnych elementów — x, y i t — zbioru Z, spełniających poprzednik aksjomatu A_3. Zbiór U posiada element, wcześniejszy od każdego różnego od niego elementu tegoż zbioru. Nie jest tym elementem y, bo na mocy aksjomatu A_2 i twierdzenia T, $x R y$ pociąga za sobą: $y \neq x$ i $y R' x$; nie jest nim również t, bo z $y R t$ wynika $t \neq y$ i $t R' y$. Tym elementem jest więc x.

Z drugiej zaś strony $t \neq x$, bo $x\ R\ y$ i $t\ R'\ y$ zachodzą równocześnie. A zatem x jest wcześniejsze od t, jako różnego odeń elementu zbioru U, co było właśnie do dowiedzenia.

Tak więc, dla określenia zbioru dobrze uporządkowanego wystarcza każdy z dwuch układów aksjomatów $[A_1, B]$ i $[A_2\ C]$.

Nie jest rzeczą trudną sformułowanie takiego aksjomatu, który sam jeden jest równoważny każdemu z układów poprzednich. Takim jest np. aksjomat następujący:

D) Każdy niepróżny podzbiór U zbioru Z posiada jeden i tylko jeden element taki, od którego żaden element tego podzbioru nie jest wcześniejszy.

Ściślej: przy każdem U — jeżeli

1) U jest zbiorem,

2) przy każdem x — jeżeli x jest elementem zbioru U, to x jest elementem zbioru Z,

oraz 3) przy pewnem k — k jest elementem zbioru U

— to przy pewnem a —

1) a jest elementem zbioru U,

2) przy każdem y — jeżeli y jest elementem zbioru U, to y nie jest wcześniejsze od a,

3) przy każdem t — jeżeli t jest elementem zbioru U, różnym od a, to przy pewnem b — b jest elementem zbioru U, wcześniejszym od t.

Podam dowód równoważności aksjomatu D z układem aksjomatów $[A_1\ B]$.

Z aksjomatu D aksjomat B wynika bezpośrednio (wystarczy odrzucić trzeci punkt następnika).

Aby zaś dowieść aksjomatu A_1, rozważmy zbiór U, złożony z dowolnych dwuch elementów — x i y — zbioru Z, spełniających warunki: $x \neq y$ i $x\ R'\ y$.

Zbiór U spełnia poprzednik aksjomatu D, posiada zatem element taki, od którego żaden element zbioru U nie jest wcześniejszy. Z aksjomatu B, a więc i z aksjonatu D, - jak już dowiodłem powyżej — daje się wyprowadzić aksjomat A_2, a zatem i twierdzenie T o niezwrotności. Skąd wniosek: $y\ R'\ y$, czyli że element y zbioru U jest właśnie takim, od którego żaden element tego zbioru nie jest wcześniejszym.

Z drugiej strony — $x \neq y$, zatem — w myśl 3-go punktu następnika aksjomatu D — x takim elementem już nie jest, i pewien element zbioru U jest od niego wcześniejszy: $x\ R\ x$ albo $y\ R\ x$. Ale $x\ R'\ x$ (w myśl twierdzenia B), zatem $y\ R\ x$, c. b. d. d.

I odwrotnie, z układu [A_1, B] wynika aksjomat D. W istocie, wszelki zbiór U, spełniający poprzednik aksjomatu D, spełnia i identycznie brzmiący poprzednik aksjomatu B, posiada zatem element a taki, od którego żaden element zbioru U nie jest wcześniejszy. Element ten jest jedynym, posiadającym tę własność. Jeżeli bowiem t jest elementem zbioru U, to $t\ R'\ a$; jeżeli zaś przytem $t \neq a$, to — w myśl aksjomatu A_1 — $a\ R\ t$, element t zatem nie spełnia już następnika aksjomatu B.

A więc aksjomat D, podobnie jak i układy aksjomatów [A_1, B] i [A_2,C], wystarcza do zdefinjowania zbioru dobrze uporządkowanego.

Podobne definicje nie mogą jednak posiadać istotniejszego znaczenia wobec roli, jaką gra we współczesnej teorji mnogości teorja zbiorów dobrze uporządkowanych, stanowiąca dział tylko teorji zbiorów uporządkowanych wogóle. Ciekawszem jest, podług mnie, zagadnienie zastąpienia aksjomatu B lub C przez taki — słabszy od nich logicznie — „aksjomat dobrego uporządkowania", któreby wraz z trzema aksjomatami uporządkowania utworzył układ aksjomatów niezależnych, równoważny każdemu z poprzednich układów.

Podam dwa sformułowanie takiego aksjomatu.

E) Każdy niepróżny podzbiór U zbioru Z posiada taki element, że co najwyżej jeden element podzbioru U jest od niego wcześniejszy. Ściśle:

przy każdem U — jeżeli

1) U jest zbiorem

2) przy każdem x — jeżeli x jest elementem zbioru U, to x jest elementem zbioru Z,

oraz 3) przy pewnem k — k jest elementem zbioru Z

— to przy pewnem b —

1) b jest elementem zbioru U,

2) przy wszelkich y i t — jeżeli y i t są elementami zbioru U, wcześniejszymi od b, to y nie jest różne od t (— y jest identyczne z t, $y = t$).

F) Każdy niepróżny podzbiór właściwy U zbioru Z posiada taki element, że żaden różny od niego element podzbioru U nie jest od niego wcześniejszy (w aksjomacie tym termin „element pierwszy" występuje więc w trzeciem znaczeniu, słabszem od zawartego w aksjomacie B).

Ściślej: przy każdem U — jeżeli

1) U jest zbiorem,

2) przy każdem x — jeżeli x jest elementem zbioru U, to

3) przy pewnym *k* — *k* jest elementem zbioru *U*,

oraz 4) przy pewnym *l* — *l* jest elementem zbioru *Z* i *l* nie jest elementem zbioru *U* —

— to przy pewnem *a* —

1) *a* jest elementem zbioru *U*,

2) przy każdem *y* — jeżeli *y* jest różnym od *a* elementem zbioru *U*, to *y* nie jest wcześniejsze od *a*.

W ten sposób otrzymałem dla zbioru dobrze uporządkowanego dwa nowe układy aksjomatów: $[A_1, A_2, A_3, E]$ i $[A_1, A_2, A_3, F]$.

Przechodzę do dowodu równoważności każdego z tych układów z dowolnym z układów poprzednich, np. z układem $[A_1, B]$.

Wiemy już, że z tego ostatniego układu dają się wyprowadzić aksjomaty A_2 i A_3. Pozostaje dowieść, że 1) z układu $[A_1, B]$ wynikają, jako twierdzenia, aksjomaty *E* i *F*, 2) z każdego z nowych układów daje się wyprowadzić aksjomat *B*.

Pierwsze zagadnienie jest zupełnie proste: aksjomaty *E* i *F* wynikają bezpośrednio z aksjomatu *B*, osłabiając go. W istocie, jeżeli każdy podzbiór *U* zbioru *Z* posiada taki element *a*, od którego żaden element podzbioru nie jest wcześniejszy, to posiada i taki element, od którego co najwyżej jeden element podzbioru jest wcześniejszy. Takim elementem jest bowiem właśnie ów element *a*. Zatem aksjomat *E* jest udowodniony.

Podobnie z aksjomatu *B* wynika aksjomat *F*: jeżeli każdy podzbiór zbioru *Z* posiada element pierwszy, to posiada go i każdy podzbiór właściwy; jeżeli ten element jest taki, że żaden element podzbioru nie jest od niego wcześniejszy, to tem samem żaden element różny od danego nie jest od niego wcześniejszy, a to było właśnie do udowodnienia.

Podam teraz dowody, że 1) z układu $[A_1, A_2, A_3, E]$, 2) z układu $[A_1, A_2, A_3, F]$ — daje się wyprowadzić eksjomat *B*.

I. Każdy zbiór *U*, spełniający poprzednik aksjomatu *B*, spełnia również poprzednik aksjomatu *E*, posiada więc element *b* taki, że co najwyżej jeden element zbioru *U* jest od niego wcześniejszy. Występują tu dwie możliwości:

1) Element zbioru *U*, wcześniejszy od *b*, nie istnieje. Wtedy oczywiście element *b* spełnia nastepnik aksjomatu *B* — żaden element zbioru *U* nie jest od niego wcześniejszy.

2) Istnieje pewien element — nazwijmy go *a* — zbioru *U*, wcześniejszy od *b*. Wtedy *a* spełnia następnik aksjomatu *B*.

W istocie, jeżeli dowolne *y* jest elementem zbioru *U*, to albo $y = a$, albo $y \neq a$. Jeżeli $y = a$, to $y\ R'\ a$ (na mocy twierdzenia T, wynikającego z aksjomatu A_2), — Jeżeli zaś $y \neq a$, to $y\ R'\ b$ (na mocy aksjomatu E), zatem $y = b$ albo $b\ R\ y$ (na mocy aksjomatu A_1). Jeżeli $y = b$, to $a\ R\ y$ (w myśl określenia elementu a), więc $y\ R'\ a$ (na mocy aksjomatu A_2). Jeżeli zaś $b\ R\ y$, to ponieważ $a\ R\ b$, więc, na mocy aksjomatu przechodniości (A_3), $a\ R\ y$, zatem i wtedy $y\ R'\ a$.

A więc element a istotnie spełnia następnik aksjomatu B — żaden element zbioru U nie. jest od niego wcześniejszy.

II. Zbiór U, spełniający poprzednik aksjomatu B, może spełniać poprzednik aksjomatu F lub go nie spełniać — mianowicie może nie spełniać jego trzeciej przesłanki.

Jeżeli spełnia (to znaczy, jeżeli zbiór U jest niepróżnym podzbiorem właściwym zbioru Z), to posiada element a taki, że, jeżeli y jest elementem zbioru U i przytem $y \neq a$, to $y\ R'\ a$. Ale jeżeli $y = a$, to i wtedy $y\ R'\ a$, a zatem element a spełnia następnik aksjomatu B.

Jeżeli zaś zbiór U nie spełnia trzeciej przesłanki aksjomatu F, to zbiór U nie jest wówczas różnym od zbioru Z (jest zbioru Z podzbiorem niewłaściwym). Rozważę tu dwie możliwości.

1) Zbiór U, więc i zbiór Z posiada jeden tylko element — oznaczmy go przez k. Ponieważ $k\ R'\ k$ (na mocy twierdzenia T), więc aksjomat B jest spełniony.

2) Zbiór U posiada więcej niż jeden element. Niech jednym z tych elementów będzie l. Biorę pod uwagę zbiór W, złożony ze wszystkich elementów zbioru U, prócz elementu l (x jest więc elementem zbioru W wtedy i tylko wtedy, jeżeli x jest elementem zbioru U i przytem $x \neq l$).

Zbiór ten spełnia oczywiście poprzednik aksjomatu F, posiada zatem element a taki, że, jeżeli y jest elementem zbioru W, to $y\ R'\ a$ (wobec twierdzenia T ograniczenie: „jeżeli $y \neq a$" odpada). Pozostaje jednak do rozważenia stosunek elementu a do tego jedynego elementu zbioru U, który nie jest elementem zbioru W, t. j. do l. Ponieważ $a \neq l$, więc — na mocy aksjomatu A_1 — występują tu dwie możliwości: $a\ R\ l$ lub $l\ R\ a$.

Jeżeli $a\ R\ l$, to $l\ R'\ a$ (na mocy aksjomatu A_2), zatem element a spełnia następnik aksjomatu B.

Jeżeli zaś $l\ R\ a$, to spełnia następnik tego aksjomatu element l. W istocie, jeżeli y jest elementem zbioru U, to albo $y = l$, albo y jest elementem zbioru W.

W pierwszym przypadku $y\ R'\ l$ (na mocy twierdzenia T). Jeżeli zaś y jest elementem zbioru W, to $y\ R'\ a$, zatem — na mocy aksjomatu A_1 — albo $a = y$, albo $a\ R\ y$. Jeżeli $a = y$, to $l\ R\ y$, więc $y\ R'\ l$ (na mocy aksjomatu A_2).

Jeżeli zaś $a\ R\ y$, wówczas $l\ R\ a$ i $a\ R\ y$ zachodzą równocześnie, zatem $l\ R\ y$ (na mocy aksjomatu A_3), więc i wtedy $y\ R'\ l$, c. b. d. d.

Wyczerpawszy wszelkie możliwości, udowodniliśmy ogólnie aksjomat B.

Z kolei przechodzę do dowodu niezależności aksjomatów obydwóch układów, [A_1, A_2, A_3. E] i [A_1, A_2, A_3, F]. Aby dowieść niezależności aksjomatu danego układu, wystarczy podać interpretację, spełniającą wszystkie aksjomaty układu oprócz tego jednego, o dowód niezależności którego chodzi. Będę podawał kolejno dowody niezależności każdego z aksjomatów — równolegle dla obydwóch układów;

1) Aksjomatu A_1. Jako zbiór Z obieram zbiór liczb naturalnych i określam stosunek R dla elementów tego zbioru w następujący sposób: $x\ R\ y$ wtedy i tylko wtedy, jeżeli $x < y - 1$. Aksjomat A_1 nie jest spełniony, np. $1 \neq 2$, a przytem $1\ R'\ 2$ i $2\ R'\ 1$. Natomiast są spełnione pozostałe aksjomaty: A_2—jeżeli $x < y - 1$, to $y > x + 1$, więc $y > x - 1$, $y\ R'\ x$; A_3 jeżeli $x < y - 1$ i $y < z - 1$, to $x < z - 1$; wreszcie E i F — następniki tych aksjomatów spełnia bowiem najmniejsza liczba danego podzbioru.

Najprostszą interpretacją jest zbiór, złożony z dwuch kolejnych liczb naturalnych, np: 1 i 2, przy poprzedniem określeniu stosunku R; spełnia ona aksjomaty A_2 i A_3 dlatego, że przy żadnych znaczeniach zmiennych x, y i t — poprzedniki tych aksjomatów nie są spełnione.

2) Aksjomatu A_2. Obieram ten sam zbiór, co i poprzednio, i określam: $x\ R\ y$ wtedy i tylko wtedy, jeżeli $x < y$ lub $x = y$ ($x \leqslant y$). Aksjonat A_2 nie jest spełniony: $x\ R\ y$ i $y\ R\ x$ zachodzą równocześnie, jeżeli tylko $x = y$; natomiast są spełnione aksjomaty: A_1 (jeżeli $x \neq y$, to $x < y$ albo $y < x$, zatem $x\ R\ y$ albo $y\ R\ x$); A_3 oraz E i F; — te dwa ostatnie spełnia, jak poprzednio, najmniejsza liczba, należąca do danego podzbioru.

Najprostszą interpretacją jest zbiór, złożony z jednej liczby, przy poprzedniem określeniu stosnnku R.

3) Aksjomatu A_3. Jako zbiór Z obieram zbiór, złożony z trzech różnych punktów na kole, następujących po sobie x jest elementem zbioru Z,

w danym kierunku obiegu, np. punktów *a*, *b* i *c*. Stosunek *R* pomiędzy elementami tego zbioru ustalam za pomocą strzałek, zaznaczonych na rysunku; tak więc *a R b*, *b R c* i *c R a* (rys. 1).

Aksjomat A_3 nie jest spełniony: *a R b*, *b R c* i równocześnie *a R' c*. Natomiast spełnione są pozostałe aksjomaty: A_1 i A_2 — jak to wynika wprost z ustalenia stosunku *R*, oraz *E* i *F* — jak to łatwo sprawdzić dla każdego z siedmiu niepróżnych podzbiorów zbioru *Z* w oddzielności.

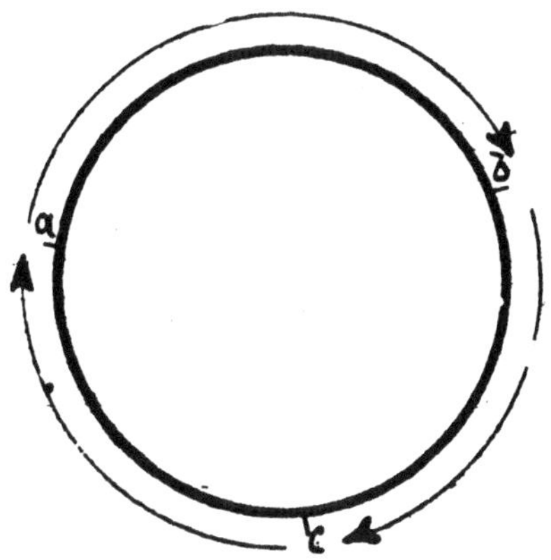

Rysun. 1.

4) Aksjomatów *E* lub *F*. Jako interpretacja może służyć dowolny zbiór uporządkowany, który nie jest dobrze uporządkowany, np. zbiór liczb wymiernych, uporządkowanych podług wielkości.

W ten sposób przeprowadziłem dowód niezależności aksjomatów obydwuch układów.

Warto zauważyć, że aksjomaty *E* i *F* nie są równoważne i żaden z nich z drugiego nie wynika. Aby to stwierdzić, wystarczy podać takie dwie interpretacje, któreby spełniały naprzemian jeden z aksjomatów, nie spełniając drugiego.

Tak więc, jeżeli do wspomnianego już zbioru trzech punktów na kole: *a*, *b* i *c*, dołączymy środek koła *o* i ustalimy nowe stosunki: *o R a*, *o R b* i *o R c* (rys. 2), otrzymamy zbiór, nie spełniający aksjomatu *F* — np. nie spełnia go podzbiór *U*, złożony z punktów *a*, *b* i *c*. Zbiór ten spełnia natomiast aksjomat *E*: jeżeli bowiem podzbiór zawiera punkt *o*, punkt ten spełnia następnik aksjomatu *E*; w przeciwnym razie dowolny element podzbioru spełnia ten następnik, gdyż co najwyżej jeden element podzbioru jest doń w stosunku *R*.

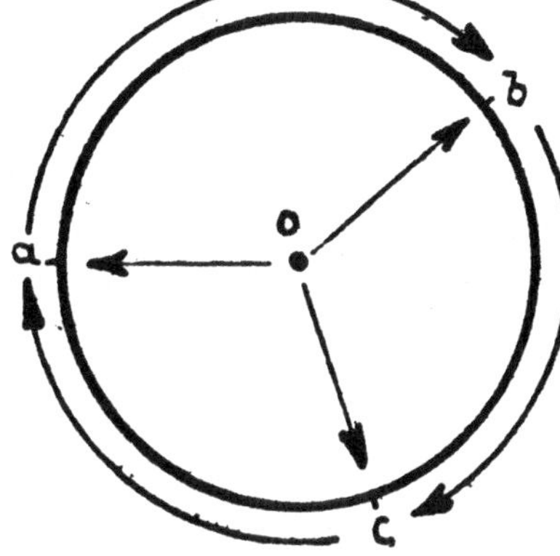

Rysun. 2.

Natomiat zbiór, złożony z dwuch punktów: *d* i *e*, między którymi ustaliliśmy stosunki $d\,R\,d$, $d\,R\,e$, $e\,R\,d$ i $e\,R\,e$ (rys. 3),

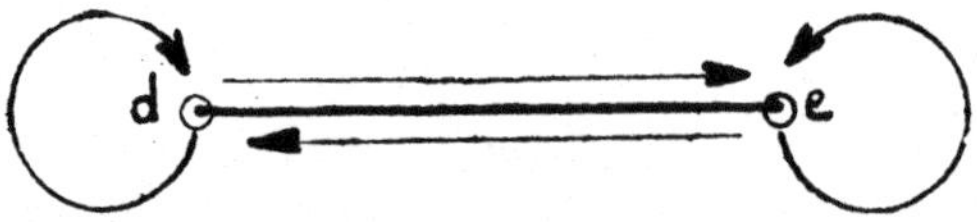

Rysun. 3.

nie spełnia aksjomatu E — nie spełnia go bowiem podzbiór niewłaściwy zbioru. Spełnia on natomiast aksjomat F — aksjomat ten spełnia każdy podzbiór, złożony z jednego elementu, a każdy podzbiór właściwy zbioru danego składa się z jednego tylko elementu.

Ani układ aksjomatów uporządkowania, ani żaden z otrzymanych układów, określających zbiór dobrze uporządkowany, nie są układami względnie najsłabszymi, t. j. takimi, w których nie można, zastępując którykolwiek aksjomat przez aksjomat od niego słabszy, bez zmiany aksjomatów pozostałych, otrzymać układu aksjomatów, równoważnego układowi danemu.

Tak więc, w każdym z tych układów, do których wchodzą aksjomaty A_2 i A_3, można aksjomat A_2 zastąpić przez słabszy od niego aksjomat niezwrotności — T. Otrzymany układ jest równoważny poprzedniemu, bo z aksjomatów T i A_3 wynika A_2. I tą jednak drogą do układów względnie najsłabszych nie dojdziemy. Metodę otrzymania takich układów daje nam pewne twierdzenie prof. Łukasiewicza.

W myśl tego twierdzenia, jeżeli $[T_1, T_2 \ldots T_n]$ jest układem aksjomatów niezależnych, to układem względnie najsłabszym, równoważnym danemu, jest układ następujący, napisany w postaci symbolicznej: $[T_1,\ T_1 \supset T_2,\ T_1 \,.\, T_2 \supset T_3, \ldots,\ T_1 \,.\, T_2 \ldots T_{n-1} \supset T_n]$ [1) T_1; 2) jeżeli T_1, to T_2; 3) jeżeli T_1 i T_2, to T_3; ... n) jeżeli $T_1, T_2 \ldots$ i T_{n-1}, to T_n].

W ten sposób otrzymalibyśmy następujący układ aksjomatów uporządkowania:

$$[A_1,\ A_1 \supset A_2,\ A_1 \,.\, A_2 \supset A_3],$$

a zaś aksjomat dobrego uporządkowania przyjąłby jedną z dwóch — jak łatwo dowieść, równoważnych postaci: $A_1 \,.\, A_2 \,.\, A_3 \supset E$ lub $A_1 \,.\, A_2 \,.\, A_3 \supset F$ (jeżeli spełnione są aksjomaty A_1, A_2 i A_3, to spełnionym jest aksjomat E lub F).

Nie podaję jednak pełnego sformułowania tak utworzonych aksjomatów, gdyż — mimo przekształceń — nie udało mi się nadać im estetycznej formy.

SUR LE TERME PRIMITIF DE LA LOGISTIQUE

Fundamenta Mathematicae, vol. 4 (1923), pp. 196-200.

This article is a French edition of a part of Tarski's doctoral thesis, which was originally published as:

O WYRAZIE PIERWOTNYM LOGISTYKI

in: Przegląd Filozoficzny (Revue Philosophique), vol. 26 (1923), pp. 68-69.

The essential part of this dissertation has also appeared as:

ON THE PRIMITIVE TERM OF LOGISTIC

in: *Logic, Semantics, Metamathematics. Papers from 1923-1938.* Clarendon Press, Oxford, 1956, pp. 1-23.

A French translation of this latter article appeared as:

SUR LE TERME PRIMITIF DE LA LOGISTIQUE

in: *Logique, Sémantique, Métamathématique 1923-1944. Vol. 1.* Edited by G. Granger. Librarie Armand Colin, Paris, 1972, pp. 1-25.

Sur le terme primitif de la Logistique.

Par

Alfred Tajtelbaum (Varsovie).

Je me propose dans cette Note d'établir un théorème de la Logistique concernant des rapports, inconnus jusqu'à présent, qui existent entre les termes de cette discipline. Mes raisonnements sont basés sur des propositions généralement admises par les logisticiens. Cependant je ne les fais pas dépendre de telle ou autre théorie des types logiques; d'ailleurs, parmi toutes les théories des types qui peuvent être construites[1]) il en existe de telles, par rapport auxquelles mes raisonnements, dans leur forme actuelle, sont parfaitement légitimes[2]).

Le problème dont je présente la solution est le suivant: *est-il possible de construire un système de la Logistique, en admettant le signe d'équivalence comme le seul terme primitif* (bien entendu, outre les quantificateurs[3]))?

Ce problème me paraît intéressant pour la raison que voici. On sait qu'il est possible de construire le système de la Logistique moyennant un seul terme primitif, soit en employant comme tel le signe d'implication, si l'on veut suivre la voie de M. Russell[4]),

[1]) La possibilité de c nstruire des différentes théories des types logiques est reconnue également par l'inventeur de la plus connue d'entre elles. Cf. A. N. Whitehead and B. Russell, *Principia Mathematica*. Cambridge 1910, p. VII.

[2]) Une telle théorie a été développée en 1920 par M. le Professeur S. Leśniewski dans son cours des Principes d'Arithmétique à l'Université de Varsovie.

[3]) Au sens de Peirce (*On the Algebra of Logic*, American Journal of Mathematics, vol. VII, 1885, p. 197) qui appelle ainsi les symboles „Π" (quantificateur général) et „Σ" (quantificateur particulier) représentant les abréviations des expressions: „*pour toute signification des termes*..." et „*pour quelque signification des termes*..."

[4]) B. Russell, *The Principles of Mathematics*, Cambridge 1903, p. 16–18.

soit en se servant de l'idée de M. Sheffer [1]), qui admet comme terme primitif le signe d'incompatibilité, spécialement introduit à cet effet. Or, pour parvenir réellement à ce but, il faut se garder de faire entrer dans les énoncés des définitions un terme constant spécial, distinct à la fois du terme primitif adopté, des termes préalablement définis et du terme à définir [2]). Le signe d'équivalence, si on l'emploie comme terme primitif, présente à ce point de vue cet avantage, qu'il permet d'observer strictement la règle précédente et de donner en même temps aux définitions une forme aussi naturelle que commode, c'est-à-dire la forme d'équivalence.

Le théorème, qui va être démontré (Th. 10), présente une solution affirmative du problème considéré. Il peut servir, en effet comme définition du signe de la multiplication logique par le signe d'équivalence et par le quantificateur général. Or, lorsqu'on opère déjà avec le signe de la multiplication logique, les autres termes de Logistique peuvent être facilement définis à l'aide des propositions suivantes [3]):

$$[p] :. \sim(p) . \equiv : p \equiv . [q] . q$$
$$[p, q] :. p \supset q . \equiv : p \equiv . p . q$$
$$[p, q] : p \vee q . \equiv . \sim(p) \supset q \; ^{4})$$

Je commencerai mon raisonnement par l'introduction de deux définitions auxiliaires: Déf. 1 et Déf. 2; je démontrerai ensuite les lemmes Th. 1–9 et enfin le Th. 10. Les démonstrations que je présente ne sont, bien entendu, qu'incomplètes: il faut les regarder

[1]) Sheffer, *A set of five postulates for Boolean algebras with application to logical constants*, Transactions of the American Mathematical Society, 1913. Voir aussi: B. Russell, *Introduction to Mathematical Philosophy*, London-New York 1920, p. 144 et suivantes.

[2]) MM. A. N. Whitehead et B Russell dans leur ouvrage précité se placent à un point de vue tout à fait différent: ils mettent leurs définitions sous la forme „$A = B$ Df." contenant un terme qui ne figure ni dans les axiomes ni dans les théorèmes du système.

[3]) J'adopte dans cette Note les notations des MM. Whitehead et Russell avec quelques légères modifications; en particulier, au lieu des expressions de la forme „φx" j'écris „$\varphi(x)$".

[4]) Les termes „0" et „1" qui figurent p. ex. chez L. Couturat, *L'Algèbre de la Logique*, Paris 1905, peuvent être définis comme suit:

$$0 \equiv . [q] . q$$
$$1 \equiv . [q] . q \equiv q$$

plutôt comme des **commentaires**, indiquant la marche du raisonnement. La structure de ces commentaires est empruntée partiellement à MM. **Whitehead** et **Russell**; elle n'éxige, il me semble, d'explications plus détaillées.

Déf. 1. $[p] . \varphi(p) \equiv p$

Déf. 2. $[p] : \psi(p) \equiv . p \equiv p.$

Th. 1. $[p] . \sim([q] . p \equiv \varphi(q))$

Dém.

$[p] .$

(1) $\sim(p \equiv \sim(p)) .$

(2) $\sim([q] . p \equiv q) .$ (1)

(3) $\sim([q] . p \equiv \varphi(q))$ (2, **Déf. 1**)

Th. 2. $[p, q] : [r] . p \equiv \varphi(r) . \equiv . [r] . q \equiv \varphi(r)$

Dém.

$[p, q] :$

(1) $\sim([r] . p \equiv \varphi(r)) .$ (**Th. 1**)

(2) $\sim([r] . q \equiv \varphi(r)) :$ (**Th. 1**)

(3) $[r] . p \equiv \varphi(r) . \equiv . [r] . q \equiv \varphi(r)$ (1, 2)

Th. 3. $[p] : [q] . p \equiv \psi(q) . \supset p$

Dém.

$[p] : [q] . p \equiv \psi(q) . \supset .$

(1) $p \equiv \psi(p)$

(2) $p \equiv p .$

(3) $\psi(p) .$ (**Déf. 2**, 2)

(4) $p .$ (1, 3)

Th. 4. $[p, q] : p \supset . p \equiv \psi(q)$

Dém.

$[p, q] : p \supset .$

(1) $p .$

(2) $q \equiv q .$

(3) $\psi(q) .$ (**Déf. 2**, 2)

(4) $p \equiv \psi(q)$ (1, 3)

Th. 5. $[p] : [q] . p \equiv \psi(q) . \equiv p$ (**Th. 3**, **Th. 4**)

Th. 6. $[p, q, f] :: p . q . \supset : . p \equiv : [r] . p \equiv f(r) . \equiv . [r] . q \equiv f(r)$

Dém.

$[p, q, f] :: p . q . \supset :.$

(1) $p .$

(2) $q .$

(3) $p \equiv q :.$ (1, 2)

(4) $[r] : p \equiv r . \equiv . q \equiv r :.$ (3)

(5) $[r] : p \equiv f(r) . \equiv . q \equiv f(r) :.$ (4)

(6) $[r] : p \equiv f(r) . \equiv . [r] . q \equiv f(r) :.$ (5)

(7) $p \equiv : [r] . p \equiv f(r) . \equiv . [r] . q \equiv f(r)$ (1, 6)

Th. 7. $[p, q] :: [f] :. p \equiv : [r] . p \equiv f(r) . \equiv . [r] . q \equiv f(r) :. \supset p$

Dém.

$[p, q] :: [f] :. p \equiv : [r] . p \equiv f(r) . \equiv . [r] . q \equiv f(r) :. \supset :.$

(1) $p \equiv : [r] . p \equiv \varphi(r) . \equiv . [r] . q \equiv \varphi(r) :.$

(2) $[r] . p \equiv \varphi(r) . \equiv . [r] . q \equiv \varphi(r) :$ (Th. 2)

(3) p (1, 2)

Th. 8. $[p, q] :: [f] :. p \equiv : [r] . p \equiv f(r) . \equiv . [r] . q \equiv f(r) :. \supset q$

Dém.

$[p, q] :: [f] :. p \equiv : [r] . p \equiv f(r) . \equiv . [r] . q \equiv f(r) :. \supset :.$

(1) $p \equiv : [r] . p \equiv \psi(r) . \equiv . [r] . q \equiv \psi(r)$

(2) $[r] . p \equiv \psi(r) . \equiv p :$ (Th. 5)

(3) $[r] . q \equiv \psi(r) . \equiv q :$ (Th. 5)

(4) $p \equiv . p \equiv q :$ (1, 2, 3)

(5) $p \equiv p . \equiv q :$ (4) [1]

(6) $p \equiv p .$

(7) q (5, 6)

Th. 9. $[p, q] :: [f] :. p \equiv : [r] . p \equiv f(r) . \equiv . [r] . q \equiv f(r) :. \supset . p . q$ (Th. 7, Th. 8)

Th. 10. $[p, q] :: p . q . \equiv :. [f] :. p \equiv : [r] . p \equiv f(r) . \equiv . [r] . q \equiv f(r)$ (Th. 6, Th. 9)

En terminant je signalerai encore une définition et un théorème qui se rattachent au Th. 10.

Déf. 3. $E \equiv : [p, q, f] : p \equiv q . f(p) . \supset f(q)$

[1] Je passe de (4) à (5) en me basant sur le théorème suivant qui me fut communiqué obligeamment par M. J. Łukasiewicz:

$$[p, q, r] :. p \equiv . q \equiv r : \equiv : p \equiv q . \equiv r.$$

Je ne donne pas ici la démonstration, d'ailleurs très facile, de ce théorème qui exprime une propriété intéressante de l'équivalence (analogue à la propriété associative de l'addition et de la multiplication logiques).

La proposition qui forme le membre droit de cette définition exprime que toute fonction ayant pour argument une proposition est une *truth-function* au sens de MM. Whitehead et Russell [1]).

Th 11. $E \supset :. [p, q] :. p . q . \equiv : [f] : p \equiv . f(p) \equiv f(q)$.

La démonstration de ce théorème est en points principaux analogue à celle du Th. 10; c'est pourquoi je ne la présente pas ici.

Le Th. 11 montre que dans des systèmes qui comutpte la pro position:

$$[p, q, f] : p \equiv q . f(p) . \supset . f(q)$$

parmi leurs axiomes ou théorèmes, le Th. 10 de cette Note peut être remplacé par une proposition beaucoup plus simple et jouant le même rôle.

[1]) A. N. Whitehead and B. Russell, op. cit., p. 120–121.

SUR LES TRUTH-FUNCTIONS AU SENS DE MM. RUSSELL ET WHITEHEAD

Fundamenta Mathematicae, vol. 5 (1924), pp. 59-74.

This article is a French edition of a part of Tarski's doctoral thesis, which was originally published as:

O WYRAZIE PIERWOTNYM LOGISTYKI

in: Przegląd Filozoficzny (Revue Philosophique), vol. 26 (1923), pp. 68-69.

The essential part of this dissertation has also appeared as:

ON THE PRIMITIVE TERM OF LOGISTIC

in: *Logic, Semantics, Metamathematics. Papers from 1923-1938.* Clarendon Press, Oxford, 1956, pp. 1-23.

A French translation of this latter article appeared as:

SUR LE TERME PRIMITIF DE LA LOGISTIQUE

in: *Logique, Sémantique, Métamathématique 1923-1944. Vol. 1.* Edited by G. Granger. Librarie Armand Colin, Paris, 1972, pp. 1-25

Sur les *truth-functions* au sens de MM. Russell et Whitehead.

Par

Alfred Tajtelbaum-Tarski (Varsovie).

MM. Russell et Whitehead appellent „*truth-function*" toute fonction f (ayant pour argument une proposition) qui satisfait à la condition:

$$(a) \qquad [p, q] : p \equiv q \,.\, f(p) \,.\, \supset f(q)^{1)}.$$

Je démontre dans cet ouvrage quelques théorèmes sur les conditions tantôt nécessaires et suffisantes. tantôt seulement nécessaires pour qu'une fonction donnée f soit *truth-function* dans le sens indiqué de ce terme.

Je m'occupe aussi de la proposition:

$$(A) \qquad [p, q, f] : p \equiv q \,.\, f(p) \,.\, \supset f(q)$$

que j'appellerai „*loi de la substitution*" et qui exprime que toute fonction f satisfait à la condition (a). J'établis notamment des théorèmes (étant d'ailleurs — au moins en partie — des corollaires immédiats des théorèmes mentionnés ci-dessus) sur l'équivalence de la proposition (A) et de certaines autres propositions. Ces derniers théorèmes me paraissent intéressants pour les raisons suivantes:

A la question si toute fonction f (ayant pour argument une proposition) est une *truth-function*, les auteurs cités donnent une réponse négative, en la justifiant uniquement par des raisons qui

[1]) A. N. Whitehead and B. Russell, *Principia Mathematica*, Vol. I, Cambridge 1910, p. 120—121. J'emploie ici les notations de ces auteurs avec quelques modifications peu importantes.

font appel à l'intuition. Leur opinion ne me semble pas être assez convainquante, d'autant plus que M. Leśniewski a construit une méthode générale permettant de supprimer dans les raisonnements connus toutes les fonctions qui ne remplissent pas la condition (a)[1]).

D'autre part, il semble incontestable que la loi de la substitution ne se laisse ni démontrer ni refuter dans aucun des systèmes de la Logistique que l'on connait à présent. De plus, on peut même „prouver" l'indépendance de cette proposition des systèmes connus d'axiomes de la Logistique, p. ex. de celui de MM. Russell et Whitehead[2]) — „prouver" dans le sens habituellement attribué en mathématique à ce mot, lorsqu'il s'agit d'établir l'indépendance d'une proposition des autres, c'est à dire par voie d'une interprétation convenablement choisie. Cependant, la démonstration qui m'est connue étant fondée sur des résultats qui ont été acquis par M. Łukasiewicz et qui n'ont pas été publiés jusqu'à présent, je renonce à la citer ici.

En tout cas, quiconque considère la proposition (A) comme vraie et veut l'incorporer dans le système de la Logistique, doit par conséquent admettre cette proposition comme axiome ou bien introduire un autre axiome qui, joint aux axiomes de ce système, implique la proposition (A). Les théorèmes qui seront établis dans la suite peuvent présenter le même intérêt à la construction d'un tel système de la Logistique, que présentent p. ex. les théorèmes concernant les formes équivalentes de l'axiome d'Euclide pour les recherches sur les fondements de la Géométrie.

Enfin, en terminant cet ouvrage, je donne (dans les notes I et II) un aperçu des résultats analogues obtenus à l'étude des fonctions à un nombre plus grand d'arguments ou bien des fonctions logistiques dont les arguments ne sont pas des propositions[3]).

[1]) Ces résultats de M. Leśniewski n'ont pas été publiés jusqu'à présent.

[2]) A. N. Whitehead and B. Russell, op. cit., p. 98 - 101 et p. 136—138.

[3]) Quant au fondement sur lequel reposent mes raisonnements, on voudra bien consulter ma Note „*Sur le terme primitif de la Logistique*", Fundamenta Mathematicae, T. IV, p. 197.

La théorie des types de M. Leśniewski, au point de vue de laquelle mes raisonnements sont — comme j'ai écrit — irréprochables, a exercé sur la forme extérieure du présent ouvrage l'influence se manifestant p. ex. dans l'emploi des parenthèses spéciales après les signes des fonctions, n'ayant pas pour arguments de propositions. Cf. **Déf. 6** et **Déf. 7** dans le § 1.

Ma Note citée „*Sur le terme primitif de la Logistique*“ et le Mémoire présent constituent deux parties de ma Thèse, présentée en 1923 à l'Université de Varsovie pour obtenir le grade de docteur en philosophie. A cette occasion je tiens à exprimer ici mon affectueuse gratitude à mes Professeurs MM. S. Leśniewski et J. Łukasiewicz pour leurs précieux conseils qui m'ont aidé considérablement dans mes recherches sur la Logistique.

§ 1. La loi du nombre de fonctions.

J'énonce dans ce § une série de définitions, **Déf. 1—7**, dont la **Déf. 6** introduit le terme qui est le principal objet de cette étude. A l'aide d'une série de lemmes, **Th. 1–20**, je démontre ensuite le **Th. 21** qui donne une condition nécessaire et suffisante pour qu'une fonction f soit *truth-function*. On peut formuler cette condition de la façon suivante:

$$\text{(b)}\quad [p] : f(p) \equiv . p \vee \sim(p) : \vee . [p] . f(p) \equiv p . \vee . [p] . f(p) \equiv \sim(p) .$$
$$\vee : [p] : f(p) \equiv . p . \sim(p).$$

Comme conclusion immédiate du **Th. 21** se présente le **Th. 23** qui établit l'équivalence de la proposition (A) et de la proposition suivante:

$$\text{(B)}\quad [f] : [p] . f(p) . \vee . [p] . f(p) \equiv p . \vee . [p] . f(p) \equiv \sim(p) . \vee . [p] . \sim(f(p)).$$

La proposition (B) peut être appelée, grâce à son contenu intuitif, „*loi du nombre de fonctions*“.

Déf. 1. $Vr \equiv . [\exists r] . r$ [1])

Déf. 2. $Fl \equiv . [r] . r$ [1])

Déf. 3. $[p] : vr(p) \equiv . p \vee \sim(p)$

Déf. 4. $[p] . as(p) \equiv p$ [2])

Déf. 5. $[p] : fl(p) \equiv . p . \sim(p)$

Déf. 6. $[f] :. \vartheta\varrho\{f\} \equiv : [p, q] : p \equiv q . f(p) . \supset . f(q)$

Déf. 7. $[f, g] : = \{f . g\} \equiv . [p] . f(p) \equiv g(p)$

[1]) J'écris „*Vr*“ et „*Fl*“ au lieu des termes „*1*“ et „*0*“, qui figurent p. ex. chez E. Schröder, *Vorlesungen über die Algebra der Logik*, I Band, Leipzig 1890, p. 188.

[2]) On pouvait introduire également pour des raisons de symétrie la définition suivante:

Déf. 4'. $[p] . ng(p) \equiv \sim(p),$

qui serait toutefois inutile, car le terme „*ng*“ aurait alors la signification identique à celle du signe de la négation „$\sim$“ qui figure déjà en Logistique.

Th. 1. Vr **(Déf. 1)**

Th. 2. $[p] : p \equiv . \, p \equiv Vr$ **(Th. 1)**

Th. 3. $\sim(Fl)$ **(Déf. 2)**

Th. 4. $[p] : \sim(p) \equiv . \, p \equiv Fl$ **(Th. 3)**

Th. 5. $[p] : p \equiv Vr \, . \vee . \, p \equiv Fl.$

Dém. [1]**:**

$[p]:$

(1) $p \vee \sim(p):$

(2) $p \supset . \, p \equiv Vr:$ **(Th. 2)**

(3) $\sim(p) \supset . \, p \equiv Fl:$ **(Th. 4)**

$p \equiv Vr \, . \vee . \, p \equiv Fl$ (1, 2, 3)

Th. 6. $[p] \, . \, vr(p)$ **(Déf. 3)**

Th. 7. $[p, f] : \vartheta\varrho\{f\} \, . \, f(Vr) \, . \, f(Fl) \, . \supset . \, f(p)$

Dém.:

$[p, f] :. \, Hp \, . \supset :$

(1) $p \equiv Vr \, . \vee . \, p \equiv Fl:$ **(Th. 5)**

(2) $p \equiv Vr \, . \supset f(p):$ **(Déf. 6. *Hp*)**

(3) $p \equiv Fl \, . \supset f(p):$ **(Déf. 6. *Hp*)**

Ts (1, 2, 3)

Th. 8. $[f] : \vartheta\varrho\{f\} \, . \, f(Vr) \, . \, f(Fl) \, . \supset = \{f, vr\}$

Dém.:

$[f] :. \, Hp \, . \supset :$

(1) $[p] \, . \, f(p):$ **(Th. 7)**

(2) $[p] \, . \, f(p) \equiv vr(p):$ **(1, Th. 6)**

Ts **(Déf. 7, 2)**

Th. 9. $[f] : \vartheta\varrho\{f\} \, . \, f(Vr) \, . \sim(f(Fl)) \, . \supset = \{f, as\}$

Dém.:

$[f] :: Hp \, . \supset :.$

(1) $[p]:$

(a) $p \supset .$

(α) $p \equiv Vr.$ **(Th. 2)**

(β) $f(p):$ **(Déf. 6, α, *Hp*)**

(b) $\sim(p) \supset .$

[1] La construction des démonstrations, qui ne sont, bien entendu, qu'incomplètes, est empruntée partiellement à MM. Whitehead et Russell; elle n'exige pas, il me semble, d'explications plus détaillées. Dans les démonstrations des théorèmes mis en forme d'une proposition conditionnelle le terme „*Hp*" désigne l'hypothèse et „*Ts*" la thèse du théorème.

(γ) $p \equiv Fl$. (Th. 4)

(δ) $\sim(f(p))$: (Déf. 6, γ, *Hp*)

(c) $p \equiv f(p)$. (a—β, b—δ)

(d) $as(p) \equiv f(p)$:. (Déf. 4, c)

Ts (Déf. 7, 1—d)

Th. 10. $[f]: \vartheta\varrho\{f\} . \sim(f(Vr)) . f(Fl) . \supset = \{f, \sim\}$
(Th. 2, Déf. 6, Th. 4, Déf. 7)

J'omets la démonstration qui est analogue à celle du **Th. 9.**

Th. 11. $[p] . \sim(fl(p))$ (Déf. 5)

Th. 12. $[p, f]: \vartheta\varrho\{f\} . \sim(f(Vr)) . \sim(f(Fl)) . \supset \sim(f(p))$ (Th. 5, Déf. 6)

La démonstration est analogue à celle du **Th. 7.**

Th. 13. $[f]: \vartheta\varrho\{f\} . \sim(f(Vr)) . \sim(f(Fl)) . \supset = \{f, fl\}$
(Th. 12, Th. 11, Déf. 7)

La démonstration e t analogue à celle du **Th. 8.**

Th. 14. $[f]: \vartheta\varrho\{f\} \supset . = \{f, vr\} \vee = \{f, as\} \vee = \{f, \sim\} \vee = \{f, fl\}$

Dém.:

(1) $[f]:. Hp \supset$:
$f(Vr) . f(Fl) . \vee . f(Vr) . \sim(f(Fl)) . \vee .$
$\sim(f(Vr)) . f(Fl) . \vee . \sim(f(Vr)) . \sim f(Fl))$:

Ts (*Hp*. 1, Th. 8, Th. 9, Th. 10, Th. 13)

Th. 15. $\vartheta\varrho\{vr\}$

Dém.:

(1) $[p, q] : p \equiv q . vr(p) . \supset vr(q)$:. (Th. 6)

$\vartheta\varrho\{vr\}$ (Déf. 6, 1)

Th. 16. $\vartheta\varrho\{as\}$

Dém.:

(1) $[p, q]$:

(a) $p \equiv q . p . \supset q$:

(b) $as(p) \equiv p$. (Déf. 4)

(c) $as(q) \equiv q$: (Déf. 4)

(d) $p \equiv q . as(p) . \supset as(q)$:. (a, b, c)

$\vartheta\varrho\{as\}$ (Déf. 6, 1—d)

Th. 17. $\vartheta\varrho\{\sim\}$ (Déf. 6)

Th. 18. $\vartheta\varrho\{fl\}$ (Th. 11, Déf. 6)

Les démonstrations des deux derniers théorèmes sont analogues à celle du **Th. 15**.

Th. 19. $[f, g] : =\{g, f\} . \vartheta\varrho\{f\} . \supset \vartheta\varrho\{g\}$

Dém.:

$[f, g] :: Hp . \supset :$

(1) $[p, g]$:

(a) $p \equiv q . . f(p) . \supset f(q) :$ **(Déf. 6)**

(b) $g(p) \equiv f(p) .$ **(Déf. 7.** Hp**)**

(c) $g(q) \equiv f(q) :$ **(Déf. 7.** Hp**)**

(d) $p \equiv q . g(p) . \supset g(q) : .$ (a, b. c)

Ts **(Déf. 6. 1—d)**

Th. 20. $[f] : =\{f, vr\} \vee =\{f, as\} \vee \{f, \sim\} \vee =\{f, fl\} . \supset \vartheta\varrho\{f\}$

Dém.:

$[f] : Hp . \supset .$

(1) $=\{f, vr\} \supset \vartheta\varrho\{f\} .$ **(Th. 19, Th. 15)**

(2) $=\{f, as\} \supset \vartheta\varrho\{f\} .$ **(Th. 19, Th. 16)**

(3) $=\{f, \sim\} \supset \vartheta\varrho\{f\} .$ **(Th. 19, Th. 17)**

(4) $=\{f, fl\} \supset \vartheta\varrho\{f\} .$ **(Th. 19. Th. 18)**

Ts (Hp, 1, 2, 3. 4)

Th. 21. $[f] : \vartheta\varrho\{f\} \equiv . =\{f, vr\} \vee =\{f, as\} \vee =\{f, \sim\} \vee =\{f, fl\}$ **(Th. 14, Th. 20)**

Th. 22. $[f] . \vartheta\varrho\{f\} . \equiv . [f] . =\{f, vr\} \vee =\{f, as\} \vee =\{f, \sim\} \vee =\{f, fl\}$ **(Th. 21)**

Th. 23. $[p, q, f] : p \equiv q . . f(p) . \supset f(q) : \equiv : [f] : [p] . f(p) . \vee . [p] . f(p) \equiv p . \vee . [p] . f(p) \equiv \sim(p) . \vee . [p] . \sim(f(p))$

(Th. 22, Déf. 6, Déf. 7, Déf. 3, Déf. 4, Déf. 5)

§ 2. La loi du développement.

Le théorème le plus important de ce § est **Th. 30.** où je donne une nouvelle condition nécessaire et suffisante pour qu'une fonction f soit *truth-function*. Conformément à cette condition la fonction f doit posséder la propriété suivante:

(c) $[p] : . f(p) \equiv : f(Vr) : . p . \vee . f(Fl) . \sim(p)$.

Le **Th. 31**, qui en résulte, établit l'équivalence de la proposition (A) et de la proposition

(C) $[p, f] : . f(p) \equiv : f(Vr) . p . \vee . f(Fl) . \sim(p)$;

dans cette dernière proposition on peut facilement reconnaître le *loi du développement* connue dans l'Algèbre de la Logique[1]).

Th. 24. $[p,f] :. \vartheta\varrho\{f\} . f(p) . \supset : f(Vr) . p . \vee . f(Fl) . \sim(p)$

Dém.:

$[p,f] :. Hp . \supset :$

(1) $p \equiv Vr . \vee . p \equiv Fl :$ **(Th. 5)**

(2) $p \equiv Vr . \supset . f(Vr) . p :$ **(Déf. 6,** Hp, **Th. 2)**

(3) $p \equiv Fl . \supset . f(Fl) . \sim(p) :$ **(Déf. 6,** Hp, **Th. 4)**

Ts (1, 2, 3)

Th. 25. $[p,f] : \vartheta\varrho\{f\} . f(Vr) . p . \supset f(p)$ **(Th. 2, Déf. 6)**

Th. 26. $[p,f] : \vartheta\varrho\{f\} . f(Fl) . \sim(p) . \supset f(p)$ **(Th. 4, Déf. 6)**

Th. 27. $[p,f] :. \vartheta\varrho\{f\} : f(Vr) . p . \vee . f(Fl) . \sim(p) : \supset f(p)$ **(Th. 25, Th. 26)**

Th. 28. $[f] :: \vartheta\varrho\{f\} \supset :. [p] :. f(p) \equiv : f(Vr) . p . \vee . f(Fl) . \sim(p)$ **(Th. 24, Th. 27)**

Th. 29. $[f] :: [p] . f(p) \equiv : f(Vr) . p . \vee . f(Fl) . \sim(p) :. \supset \vartheta\varrho\{f\}$

Dém.:

$[f] ::: Hp :. \supset ::$

(1) $[p,q] :. p \equiv q . f(p) . \supset :$

(a) $p \equiv q . f(p) :$

(b) $f(Vr) . p . \vee . f(Fl) . \sim(p) :$ (Hp, a)

(c) $f(Vr) . q . \vee . f(Fl) . \sim(q) :$ (a, b)

(d) $f(q) ::$ (Hp, c)

Ts **(Déf. 6, 1—d)**

Th. 30. $[f] : \vartheta\varrho\{f\} \equiv :. [p] :. f(p) \equiv : f(Vr) . p . \vee . f(Fl) . \sim(p)$ **(Th. 28, Th. 29)**

Th. 31. $[p,q,f] : p \equiv q . f(p) . \supset f(q) : \equiv :. [p,f] :. f(p) \equiv : f(Vr) . p . \vee . f(Fl) . \sim(p)$ **(Th. 30, Déf. 6)**

§ 3. Le premier théorème sur les bornes d'une fonction.

Sauf la *loi du développement* que les *truth-functions* remplissent en vertu du **Th. 30**, elles possèdent plusieurs autres propriétés qu'attribue à ses fonctions l'Algèbre de la Logique. Cependant les théorèmes correspondants sont parfois plus faciles à démontrer, en utilisant les lois spécifiques de la Logistique.

[1]) Cf. L. Couturat. *L'Algèbre de la Logique*. Paris 1905. § 29: E. Schröder, op. cit., p. 409, 44+.

Dans ce § je démontre, en particulier, les **Th. 32—34** d'après lesquels toute *truth-function* remplit les conditions suivantes:

(d) $[p] . f(p) . \equiv . f(Vr) . f(Fl)$

(e) $[\exists p] . f(p) . \equiv . f(Vr) \vee f(Fl)$

ou, en termes équivalents:

(d') $[p] : f(Vr) . f(Fl) . \supset f(p)$,

(e') $[p] : f(p) \supset . f(Vr) \vee f(Fl)$

donc aussi la condition:

(f) $[p] : f(Vr) . f(Fl) . \supset f(p) \supset . f(Vr) \vee f(Fl)$.

Les théorèmes mentionnés n'expriment toutefois que les conditions nécessaires pour qu'une fonction f soit *truth-function*. Or, il est impossible de démontrer que ces conditions sont suffisantes [1]).

On peut pourtant prouver que chacune des propositions qui attribuent à toute fonction f (ayant pour argument une proposition) les propriétés (d), (e) ou (f) [2]) implique la *loi de la substitution*. Cela me permettra d'établir dans les **Th. 38, 42** et **44** l'équivalence de cette loi et des propositions:

(D) $[f] : [p] . f(p) . \equiv . f(Vr) . f(Fl)$,

(E) $[f] : [\exists p] . f(p) . \equiv . f(Vr) \vee f(Fl)$,

(F) $[p, f] : f(Vr) . f(Fl) . \supset f(p) \supset . f(Vr) \vee f(Fl)$.

La proposition (F) est connue dans l'Algèbre de la Logique [3]); je l'appellerai „*premier théorême sur les bornes d'une fonction*". Les propositions (D) et (E) en résultent presque immédiatement.

Th. 32. $[f] :. \vartheta\varrho\{f\} \supset : [p] . f(p) . \equiv . f(Vr) . (Fl)$

Dém.:

$[f] :. Hp \supset :$

(1) $[p] . f(p) . \supset . f(Vr) . f(Fl) :$

(2) $f(Vr) . f(Fl) . \supset . [p] . f(p) :$ **(Th. 7)**

Ts (1, 2)

Th. 33. $[f] :. \vartheta\varrho\{f\} \supset : [\exists p] . f(p) . \equiv . f(Vr) \vee f(Fl)$

[1]) On peut même „prouver" l'indépendance des propositions correspondantes des axiomes de la Logistique; mais je renonce à le faire ici pour les raisons mentionnées au début.

[2]) M. Łukasiewicz a attiré déjà l'attention sur le fait qu'en attribuant à toute fonction f les propriétés signalées ici comme conditions (d) et (e) (et les propriétés correspondantes à ces conditions pour les fonctions à plusieurs arguments) on peut apporter des simplifications notables à la construction de la Logistique. Cf. J. Łukasiewicz, *Logika dwuwartościowa (Logique des deux valeurs)*. Księga pamiątkowa ku uczczeniu Kazimierza Twardowskiego, Lwów 1921, p, 189—206.

[3]) Cf. L. Couturat, op. cit, § 28; E. Schröder, op. cit., p. 427, 48+.

Dém.:

$[f]:.\ Hp \supset:$

(1) $\sim(f(Vr)).\sim(f(Fl)).\supset.[p].\sim(f(p))$: **(Th. 12)**

(2) $[\exists p].f(p).\supset.f(Vr)\vee f(Fl)$: (1)

(3) $f(Vr)\vee f(Fl).\supset.[\exists p].f(p)$:

Ts (2, 3)

Th. 34. $[f]:.\ \vartheta\varrho\{f\}\supset:[p]:f(Vr).f(Fl).\supset f(p)\supset.f(Vr)\vee f(Fl)$ **(Th. 32, Th. 33)**

Th. 35. $[q,r,g]::[f]:[p].f(p).\equiv.f(Vr).f(Fl):.g(Vr,Vr).g(Vr,Fl).g(Fl,Vr).g(Fl,Fl):.\supset g(q,r)$

Dém.:

$[q,r,g]::Hp:.\supset:$

(1) $[p].g(Vr,p).\equiv.g(Vr,Vr).g(Vr,Fl)$:

(2) $[p].g(Vr,p)$: (1, *Hp*)

(3) $g(Vr,r)$: (2)

(4) $[p].g(Fl,p).\equiv.g(Fl,Vr).g(Fl,Fl)$: (*Hp*)

(5) $[p].g(Fl,p)$: (4, *Hp*)

(6) $g(Fl,r)$: (5)

(7) $[p].g(p,r).\equiv.g(Vr,r).g(Fl,r)$: (*Hp*)

(8) $[p].g(p,r)$: (7, 3, 6)

Ts (8)

Th. 36. $[f]:[p].f(p).\equiv.f(Vr).f(Fl):\supset.[f].\vartheta\varrho\{f\}$

Dém:

$Hp:\supset::$

(1) $[f]:.$

(a) $Vr\equiv Vr.f(Vr).\supset f(Vr)$:

(b) $\sim(Vr\equiv Fl)$: **(Th. 1, Th. 3)**

(c) $Vr\equiv Fl.f(Vr).\supset f(Fl)$: (b)

(d) $Fl\equiv Vr.f(Fl).\supset f(Vr)$: (b)

(e) $Fl\equiv Fl.f(Fl).\supset f(Fl)$:.

(f) $[p,q]:p\equiv q.f(p).\supset f(q)$:: **(Th. 35, *Hp*, a, c, d, e)**

Ts **(Déf. 6, 1—f)**

Th. 37. $[f].\vartheta\varrho\{f\}.\equiv:[f]:[p].f(p).\equiv.f(Vr).f(Fl)$ **(Th. 32, Th. 36)**

Th. 38. $[p,q,f]:p\equiv q.f(p).\supset f(q):\equiv:[f]:[p].f(p).\equiv$
$\equiv.f(Vr).f(Fl)$ **(Th. 37, Déf. 6)**

Th. 39. $[f]:[\exists p].f(p).\equiv.f(Vr)\vee f(Fl):\supset:[f]:[p].f(p).\equiv$
$\equiv.f(Vr).f(Fl)$

Dém.:

$Hp : \supset :.$

(1) $[f] : [\exists p] . \sim(f(p)) . \equiv . \sim(f(Vr)) \vee \sim(f(Fl)) :.$

Ts (1)

Th. 40. $[f] : [p] . f(p) . \equiv . f(Vr) . f(Fl) : \supset : [f] : [\exists p] . f(p) . \equiv$
$\equiv . f(Vr) \vee f(Fl).$

La démonstration est analogue à celle du théorème précédent.

Th. 41. $[f] : [\exists p] . f(p) . \equiv . f(Vr) \vee f(Fl) : \equiv : [f] : [p] . f(p) . \equiv$
$\equiv . f(Vr) . f(Fl)$ **(Th. 39; Th. 40)**

Th. 42. $[p, q, f] : p \equiv q . f(p) . \supset f(q) : \equiv : [f] : [\exists p] . f(p) . \equiv$
$\equiv . f(Vr) \vee f(Fl)$ **(Th. 38. Th. 41)**

Th. 43. $[p, q, f] : p \equiv q . f(p) . \supset f(q) : \equiv : [f] : [p] . f(p) . \equiv$
$\equiv . f(Vr) . f(Fl) : [\exists p] . f(p) . \equiv . f(Vr) \vee f(Fl)$ **(Th. 38. Th. 42)**

Th. 44. $[p, q, f] : p \equiv q . f(p) . \supset f(q) : \equiv : [p, f] : f(Vr) . f(Fl) . \supset f(p) \supset .$
$f(Vr) \vee f(Fl)$ **(Th. 43)**

A côté des propriétés d'une fonction f, qui ont été examinées au cours de ce §, on en peut étudier les propriétés plus fortes au point de vue logique:

(g) $[q] : [p] . f(p) . \equiv . f(q) . f(\sim(q)),$

(h) $[q] : [\exists p] . f(p) . \equiv . f(q) \vee f(\sim(q)),$

ou, en énoncés équivalents:

(g′) $[p, q] : f(q) . f(\sim(q)) . \supset f(p),$

(h′) $[p, q] : f(p) \supset . f(q) \vee f(\sim(q))$

et la propriété

(i) $[p, q] : f(q) . f(\sim(q)) . \supset : f(p) \supset . f(q) \vee f(\sim(q)).$

En appliquant les méthodes analogues à celles qui furent employées plus haut, on peut démontrer facilement les théorèmes suivants:

Th. 45. $[f] :. \vartheta\varrho\{f\} \supset : [q] : [p] . f(p) . \equiv . f(q) . f(\sim(q))$

Th. 46. $[f] :. \vartheta\varrho\{f\} \supset : [q] : [\exists p] . f(p) . \equiv . f(q) \vee f(\sim(q))$

Th. 47. $[f] :. \vartheta\varrho\{f\} \supset : [p, q] : f(q) . f(\sim(q)) . \supset f(p) \supset . f(q) \vee f(\sim(q))$

Th. 48. $[p, q, f] : p \equiv q . f(p) . \supset f(q) : \equiv : [q, f] : [p] . f(p) . \equiv .$
$. f(q) . f(\sim(q))$

Th. 49. $[p, q, f] : p \equiv q . f(p) . \supset f(q) : \equiv : [q, f] : [\exists p] . f(p) . \equiv$
$\equiv . f(q) \vee f(\sim(q))$

Th. 50. $[p, q, f] : p \equiv q . f(p) . \supset f(q) : \equiv : [p, q, f] : f(q) . f(\sim(q)) . \supset$
$\supset f(p) \supset . f(q) \vee f(\sim(q))$

§ 4. Le deuxième théorème sur les bornes d'une fonction.

Je vais démontrer à présent que toute *truth-function* jouit de propriétés suivantes (voir les **Th. 51—53**):

(j) $[p] . f(p) . \equiv f(f(Fl))$,

(k) $[\exists p] . f(p) . \equiv f(f(Vr))$,

ou, en termes équivalents:

(j′) $[p] . f(f(Fl)) \supset f(p)$,

(k′) $[p] . f(p) \supset f(f(Vr))$,

donc aussi de la propriété:

(l) $[p] . f(f(Fl)) \supset f(p) \supset f(f(Vr))$.

Ces conditions de même que celles du § 3 ne sont que nécessaires pour qu'une fonction f soit *truth-function*. De plus, contrairement à ce qui concerne les considérations du § précédent, je ne sais même démontrer qu'une des propositions suivantes:

(J) $[f] : [p] . f(p) . \equiv . f(f(Fl))$,

(K) $[f] : [\exists p] . f(p) . \equiv f(f(Vr))$,

d'après lesquelles toute fonction f possède les propriétés (j) et (k), implique la *loi de la substitution*,

Or, nous allons voir que cette loi résulte de la proposition:

(L) $[p, f] . f(f(Fl)) \supset f(p) \supset f(f(Vr))$,

qui est équivalente au produit logique des propositions (J) et (K). Grâce à ce résultat j'acquiers dans les **Th. 60** et **61** des nouvelles formes équivalentes à la proposition qui m'intéresse dans cet ouvrage.

On pourrait appeler la proposition (L), connue en outre dans l'Algèbre de la Logique[1]), „*deuxième théorème sur les bornes d'une fonction*".

Th. 51. $[f] :. \vartheta\varrho\{f\} \supset : [p] . f(p) . \equiv f(f(Fl))$

Dém.:

$[f] :: Hp \supset ::$

(1) $[p] :. f(p) \equiv : f(Vr) . p \vee . f(Fl) . \sim(p) ::$ **(Th. 28)**

(2) $f(f(Fl)) \equiv : f(Vr) . f(Fl) . \vee . f(Fl) . \sim(f(Fl)) :.$ (1)

(3) $f(f(Fl)) \equiv . f(Vr) . f(Fl) :$ (2)

Ts **(Th. 32, *Hp* 3)**

Th. 52. $[f] :. \vartheta\varrho\{f\} \supset : [\exists p] . f(p) . \equiv f(f(Vr))$ **(Th. 28, Th. 33)**

La démonstration est analogue à celle du théorème précedent.

[1]) Cf. L. Couturat, op. cit., § 28 (Remarque).

Th. 53. $[f]:.\vartheta\varrho\{f\}\supset.[p].f(f(Fl))\supset f(p)\supset f(f(Vr))$ **(Th. 51, Th. 52)**

Th. 54. $[f]:[p].f(p).\equiv f(f(Fl)):\supset:[q.f]:\sim(q)\supset.f(q)\equiv f(Fl)$

Dém.:

$Hp:\supset:::$

(1) $[q, f]:.:$

(a) $[\exists g]::$

(α)[1] $[p]:.g(p)\equiv:\sim(p)\supset.f(p)\equiv f(Fl)$

(β) $g(Fl)\equiv:\sim(Fl)\supset.f(Fl)\equiv f(Fl):.$ (α)

(γ) $f(Fl)\equiv f(Fl):$

(δ) $\sim(Fl)\supset.f(Fl)\equiv f(Fl):$ (γ)

(ε) $g(Fl):.$ (β, δ)

(ζ) $g(g(Fl))\equiv:\sim(g(Fl))\supset.f(g(Fl))\equiv f(Fl):.$ (α)

(η) $\sim(g(Fl))\supset.f(g(Fl))\equiv f(Fl):$ (ε)

(ϑ) $g(g(Fl)):$ (ζ, η)

(ι) $[p].g(p:$ (Hp, ϑ)

(κ) $g(q):.:$ (ι)

(b) $\sim(q)\supset.f(q)\equiv f(Fl):::$ (a—α, κ)

Ts (1—b)

Th. 55. $[f]:[p].f(p).\equiv f(f(Fl):\supset:[p, q, f]:\sim(p).\sim(q).f(p).\supset f(q)$

Dém.:

$Hp:\supset:.$

(1) $[p, q.f]:\sim(p).\sim(q).f(p).\supset.$

(a) $f(p)\equiv f(Fl).f(q)\equiv f(Fl).f(p).$ **(Th. 54)**

(b) $f(p)\equiv f(q).f(p).$ (a)

(c) $f(q):.$ (b)

Ts (1—c)

Th. 56. $[f]:[\exists p].f(p).\equiv f(f(Vr)):\supset:[q, f]:q\supset.f(q)\equiv f(Vr)$

Dém.:

$Hp:\supset:.:$

(1) $[g]:[p].\sim(g(p)).\equiv.\sim(g(g(Vr))):.:$

(2) $[q, f]::$

(a) $[\exists g]:.$

(α)[2] $[p]:g(p)\equiv.p.\sim(f(p)\equiv f(Vr)):.$

[1]) La définition auxiliaire, que j'introduis en ce point et dont je profite dans la démonstration, peut paraître superflue. Cependant j'ai choisi ce moyen pour rendre la démonstration plus claire.

[2]) Comparer à la note précédente.

(β)	$g(Vr) \equiv . Vr . \sim (f(Vr) \equiv f(Vr))$:	(α)
(γ)	$f(Vr) \equiv f(Vr)$.	
(δ)	$\sim (g(Vr))$:	(β, γ)
(ε)	$g(g(Vr)) \equiv . g(Vr) . \sim (f(g(Vr)) \equiv f(Vr))$:	(α)
(ζ)	$\sim (g(g(Vr)))$:	(ε, δ)
(η)	$[p] . \sim (g(p))$:	(1, ζ)
(ϑ)	$\sim (g(q))$ ::	(η)
(b)	$\sim (q . \sim (f(q) \equiv f(Vr)))$:.:	(a—α, ϑ)
	Ts	(2—b)

Th. 57. $[f] : [\exists p] . f(p) . \equiv f(f(Vr)) : \supset : [p, q, f] : p . q . f(p) . \supset f(q)$ **(Th. 56)**

La démonstration est analogue à celle du **Th. 55.**

Th. 58. $[f] : [p] . f(p) . \equiv f(f(Fl)) : [\exists p] . f(p) . \equiv f(f(Vr) : \supset . [f] . \vartheta\varrho\{f\}$

Dém.:

Hp: $\supset$ ::

(1)	$[p, q, f]$:. $p \equiv q . f(p) . \supset$:	
(a)	$p \equiv q . f(p)$:	
(b)	$p . q . \vee \sim (p) . \sim (q)$:	(a)
(c)	$p . q . \supset f(q)$:	**(Th. 57,** *Hp*, **a)**
(d)	$\sim (p) . \sim (q) . \supset f(q)$:	**(Th. 55,** *Hp*, **a)**
(e)	$f(q)$ ::	(b, c, d)
	Ts	**(Déf. 6, 1—e)**

Th. 59. $[f] . \vartheta\varrho\{f\} . \equiv : [f] : [p] . f(p) . \equiv f(f(Fl)) : [\exists p] . f(p) . \equiv f(f(Vr))$ **(Th. 51, Th. 52, Th. 58)**

Th. 60. $[p, q, f] : p \equiv q . f(p) . \supset f(q) : \equiv : [f] : [p] . f(p) . \equiv f(f(Fl)) : [\exists p] . f(p) . \equiv f(f(Vr))$ **(Th. 59, Déf. 6)**

Th. 61. $[p, q, f] : p \equiv q . f(p) . \supset f(q) : \equiv . [p, f] . f(f(Fl)) \supset f(p) \supset f(f(Vr))$ **(Th. 60)**

Note I. Sur les fonctions à plusieurs arguments.

On arrive aux résultats analogues aux précédents, en examinant les fonctions à plusieurs arguments (tous ces arguments étant des propositions). Les démonstrations n'en présentent pas de différences essentielles.

Ainsi, p. ex., nous pouvons, en nous bornant aux fonctions à 2 arguments, établir ce qui suit:

pour qu'une telle fonction f soit *truth-function*. c'est à dire pour qu'elle remplisse la condition:

$$(a_1) \qquad [p, q, r, s] : p \equiv q \,.\, r \equiv s \,.\, f(p, r) \,.\supset f(q, s),$$

il faut qu'elle possède les propriétés suivantes:

$$(b_1) \qquad [p, q] \,.\, f(p, q) \,.\lor :$$

$$[p, q] :. f(p, q) \equiv .\, p \lor q : \lor : [p, q] :. f(p, q) \equiv .\sim(p) \lor q : \lor :$$

$$[p, q] : f(p, q) \equiv .\, p \lor \sim(q) : \lor : [p, q] :. f(p, q) \equiv .\sim(p) \lor \sim(q) : \lor .$$

$$[p, q] \,.\, f(p, q) \equiv p \,.\lor.\, [p, q] \,.\, f(p, q) \equiv q \,.\lor : [p, q] :. f(p, q) \equiv .\, p \equiv q : \lor :$$

$$[p, q] : f(p, q) \equiv .\, p \equiv \sim(q) : \lor .\, [p, q] \,.\, f(p, q) \equiv$$

$$\sim(q) \,.\lor.\, [p, q] \,.\, f(p, q) \equiv \sim(p) \,.\lor :$$

$$[p, q] : f(p, q) \equiv .\, p \,.\, q : \lor : [p, q] : f(p, q) \equiv .\, p \,.\sim(q) : \lor :$$

$$[p, q] : f(p, q) \equiv .\sim(p) \,.\, q : \lor : [p, q] : f(p, q) \equiv .\sim(p) \,.\sim(q) : \lor .$$

$$[p, q] \,.\sim(f(p, q)),$$

$$(c_1) \qquad [p, q] :.\, f(p, q) \equiv : f(Vr, Vr) \,.\, p \,.\, q \,.\lor.\, f(Vr, Fl) \,.\, p \,.\sim(q) \,.$$

$$\lor f(Fl, Vr) \,.\sim(p) \,.\, q \,.\lor.\, f(Fl, Fl) \,.\sim(p) \,.\sim(q),$$

$$(d_1) \qquad [p, q] \,.\, f(p, q) \,.\equiv.\, f(Vr, Vr) \,.\, f(Vr, Fl) \,.\, f(Fl, Vr) \,.\, f(Fl, Fl),$$

$$(e_1) \qquad [\exists p, q] \,.\, f(p, q) \,.\equiv.\, f(Vr, Vr) \lor f(Vr, Fl) \lor f(Fl, Vr) \lor f(Fl, Fl),$$

$$(f_1) \qquad [p, q] : f(Vr, Vr) \,.\, f(Vr, Fl) \,.\, f(Fl, Vr) \,.\, f(Fl, Fl) \,.\supset f(p, q) \supset .$$

$$\supset .\, f(Vr, Vr) \lor f(Vr, Fl) \lor f(Fl, Vr) \lor f(Fl, Fl).$$

Les conditions (b_1) et (c_1) sont nécessaires et suffisantes pour qu'une fonction f soit ***truth-function***, les autres ne sont que nécessaires [1]).

Nous pouvons également démontrer l'équivalence des propositions (A_1) — la *loi de la substitution*, (B_1) la *loi du nombre de fonctions*, (C_1) — la *loi du développement*, (D_1), (E_1) et (F_1) — le *théorème sur les bornes d'une fonction*, qui attribuent à toute fonction f les propriétés (a_1) — (f_1) mentionnées plus haut [2]).

Il est facile de constater que les propositions (A_1) — (F_1) sont équivalentes, non seulement l'une à l'autre, mais aussi à la proposi-

[1]) Je ne cite pas ici les conditions correspondantes aux conditions (j), (k) et (l) examinées au cours du § 4, car elles seraient bien compliquées et, il me semble, dépourvues d'intérêt.

[2]) Dans un ouvrage non-publié de M. Łukasiewicz j'ai rencontré un raisonnement qui peut être résumé en ces termes: les *lois du nombre de fonctions* résultent de l'hypothèse suivante:

$$[p, f] : f(p) \equiv f(Vr) \,.\lor.\, f(p) \equiv f(Fl)$$

et des hypothèses analogues pour les fonctions à plusieurs arguments. Il est aisé de constater qu'une pareille hypothèse équivaut à la *loi de la substitution*.

tion (A) — la *loi de la substitution* concernant les fonctions à un seul argument. D'ailleurs, sans sortir du domaine des fonctions à 2 arguments, on peut former encore toute une série de propositions, équivalentes à la proposition (A) et, au point de vue du contenu, intermédiaires entre les propositions des §§ précédents et celles dont nous venons de parler. En voici les exemples:

(A_1') $[p, q, r, f]: p \equiv q . f(p, r) . \supset f(q, r),$

(D_1') $[p, f]: [q] . f(p, q) . \equiv . f(p, Vr) . f(p, Fl).$

Note II. Sur les fonctions dont les arguments ne sont pas des propositions.

Les problèmes analogues s'imposent dans l'étude des fonctions logistiques, dont les arguments ne sont pas des propositions. mais des fonctions.

Je me borne à n'envisager qu'un seul cas particulier, notamment celui d'une fonction à 1 argument qui est lui-même une des fonctions étudiées aux §§ 1—4.

Par analogie à la dénomination de MM. Whitehead et Russell[1]), appelons une telle fonction φ „*fonction extensionnelle*", si elle remplit la condition:

(a_2) $[f, g]: = \{f, g\} . \varphi\{f\} . \supset \varphi\{g\}.$

La proposition:

(A_2) $[f. g, \varphi]: = \{f, g\} . \varphi\{f\} . \supset \varphi\{g\}$

attribuant à toute fonction φ la propriété (a_2) est, problement, indépendante des axiomes de la Logistique, même si l'on y ajoute la proposition (A). Je n'en connais toutefois aucune démonstration.

On peut formuler une série de théorèmes (analogues à ceux de §§ précédents) qui concernent les conditions nécessaires et suffisantes pour qu'une fonction φ soit *extensionnelle* ou bien qui établissent les formes équivalentes pour la proposition (A_2). Cependant les démonstrations de ces théorèmes exigent que l'on admette la propositon (A) comme hypothèse. Elles sont d'ailleurs tout à fait semblables aux démonstrations des §§ 1—4; le rôle analogue à celui du **Th. 5** joue ici la proposition

$$[f] . = \{f, vr\} \vee = \{f, as\} \vee = \{f, \sim\} \vee = \{f, fl\},$$

que nous connaissons déjà comme équivalente à notre hypothèse (voir le **Th. 22** du § 2).

[1]) A. N. Whitehead and B. Russell, op. cit., Vol. I, p. 22.

Je signale ici les propositions les plus caractéristiques qui équivalent à la proposition (A_2):

(C_2) $[f, \varphi] :. \varphi\{f\} \equiv : = \{f, vr\} . \varphi\{vr\} . \vee . = \{f, as\} . \varphi\{as\} . \vee . = \{f, \sim\} . \varphi\{\sim\} . \vee . = \{f, fl\} . \varphi\{fl\}$

(D_2) $[\varphi] : [f] . \varphi\{f\} . \equiv . \varphi\{vr\} . \varphi\{as\} . \varphi\{\sim\} . \varphi\{fl\}$,

(E_2) $[\varphi] : [\exists f] . \varphi\{f\} . \equiv . \varphi\{vr\} \vee \varphi\{as\} \vee \varphi\{\sim\} \vee \varphi\{fl\}$

(F_2) $[f, \varphi] : \varphi\{vr\} . \varphi\{as\} . \varphi\{\sim\} . \varphi\{fl\} . \supset \varphi\{f\} \supset . . \varphi\{vr\} \vee \varphi\{as\} \vee \varphi\{\sim\} \vee \varphi\{fl\}$,

(M) $[\varphi] :. [\exists g] : [f] . \varphi\{f\} \equiv g(f(Vr), f(Fl))$.

Les propositions (C_2)—(F_2) répondent, bien entendu, aux propositions (C)—(F) des §§ 2 et 3 ou (C_1)—(F_1) de la Note I. Quant à la proposition (M), elle n'a pas de correspondante dans les séries précédentes de propositions. Il importe peut-être de remarquer qu'on peut facilement tirer de la proposition (M) la proposition (B_2) — la *loi du nombre de fonctions*. Je renonce à citer ici cette loi pour des raisons techniques; elle contient nécessairement 16 sommaires logiques et il serait très pénible de la formuler sans définitions spéciales.

SUR QUELQUES THÉORÈMES QUI ÉQUIVALENT À L'AXIOME DU CHOIX

Fundamenta Mathematicae, vol. 5 (1924), pp. 147-154.

Sur quelques théorèmes qui équivalent à l'axiome du choix.

Par

Alfred Tajtelbaum-Tarski (Varsovie).

Je me propose dans cette Note d'établir que *l'axiome du choix* de M. Zermelo équivaut à chacun des sept théorèmes suivants: $\mathfrak{m}, \mathfrak{n}, \mathfrak{p}, \mathfrak{q}$ *étant des nombres cardinaux transfinis*[1]),

I. $\mathfrak{m} \cdot \mathfrak{n} = \mathfrak{m} + \mathfrak{n}$;

II. $\mathfrak{m} = \mathfrak{m}^2$;

III. *si* $\mathfrak{m}^2 = \mathfrak{n}^2$, *on a* $\mathfrak{m} = \mathfrak{n}$;

IV. *si* $\mathfrak{m} < \mathfrak{n}$ *et* $\mathfrak{p} < \mathfrak{q}$, *on a* $\mathfrak{m} + \mathfrak{p} < \mathfrak{n} + \mathfrak{q}$;

IV'. *si* $\mathfrak{m} < \mathfrak{n}$ *et* $\mathfrak{p} < \mathfrak{q}$, *on a* $\mathfrak{m} \cdot \mathfrak{p} < \mathfrak{n} \cdot \mathfrak{q}$;

V. *si* $\mathfrak{m} + \mathfrak{p} < \mathfrak{n} + \mathfrak{p}$, *on a* $\mathfrak{m} < \mathfrak{n}$;

V'. *si* $\mathfrak{m} \cdot \mathfrak{p} < \mathfrak{n} \cdot \mathfrak{p}$, *on a* $\mathfrak{m} < \mathfrak{n}$.

La démonstration sera basée sur le système d'axiomes de M. Zermelo, *l'axiome du choix* étant naturellement exclu[2]); j'ajoute cependant à ces axiomes deux axiomes suivants qui introduisent la notion du nombre cardinal:

1. *A tout ensemble correspond un objet qui est son nombre cardinal.*

2. *Pour que deux ensembles quelconques soient de la même puissance, il faut et il suffit qu'il leur corresponde le même nombre cardinal.*

On sait que *l'axiome du choix* équivaut au théorème connu de M. Zermelo, d'après lequel tout ensemble peut être bien ordonné[3]).

[1]) C'est-à-dire les nombres cardinaux qui correspondent aux ensembles infinis.

[2]) E. Zermelo: *Untersuchungen über die Grundlagen der Mengenlehre*, Mathematische Annalen 65, 1909, p. 261–281. *L'axiome de l'infini* ne joue pas un rôle essentiel dans nos raisonnements.

[3]) Cf. W. Sierpiński: *Zarys teorji mnogości* (*Éléments de la Théorie des Ensembles*), Warszawa 1923 (en polonais), p. 190.

Si l'on appelle *alephs* les nombres cardinaux correspondants aux ensembles infinis qui peuvent être bien ordonnés, ce théorème s'énonce de la façon suivante:

Z. *Tout nombre cardinal transfini est un aleph.*

Ainsi le but de cette Note consiste à prouver l'équivalence de la proposition **Z** à chacune des propositions **I**—**V'**. Il est déjà connu, d'ailleurs, que les propositions **I**—**V'** résultent de **Z**, puisque tous les alephs remplissent les conditions exprimées dans ces propositions [1]); c'est pourquoi je me borne dans la suite à démontrer l'implication inverse.

Le théorème de M. Hartogs [2]), d'après lequel à tout ensemble A correspond un ensemble bien ordonné, dont la puissance n'est ni inférieure ni égale à celle de A, joue un rôle essentiel dans nos raisonnements. M. Sierpiński a observé que ce théorème implique le corollaire suivant [3]):

S. *A tout nombre cardinal* $\mathfrak{m}$ *correspond un aleph.* $\aleph(\mathfrak{m})$, *qui n'est ni plus grand ni plus petit que* $\mathfrak{m}$.

Je passe à prouver que la proposition **Z** résulte de chacune des propositions **I**—**V'**. Je vais établir au préalable le suivant:

Lemme 1. $\mathfrak{m}$ *étant un nombre cardinal transfini et* $\aleph$ *un aleph, si* $\mathfrak{m} \cdot \aleph = \mathfrak{m} + \aleph$, *on a* $\mathfrak{m} \geqslant \aleph$ *ou bien* $\mathfrak{m} \leqslant \aleph$ [4]).

Démonstration. Soient M et A des ensembles qui satisfont aux conditions:

(1) $$\overline{\overline{M}} = \mathfrak{m}\ ^{5}),$$

(2) $$\overline{\overline{A}} = \aleph.$$

On peut admettre que M et A n'ont pas d'éléments communs [6]):

[1]) Cf. par exemple W. Sierpiński, op. cit., p. 191–192.

[2]) F. Hartogs: *Ueber das Problem der Wohlordnung,* Math. Ann 76, 1914, p. 436–443.

[3]) W. Sierpiński: *Les exemples effectifs et l'axiome du choix*, Fund. Math. II, 1921, p. 118. Le théorème de M. Hartogs et le corollaire de M. Sierpiński sont établis sans faire appel à *l'axiome du choix*.

[4]) Le théorème analogue au lemme 1 a été énoncé par M. Bernstein (*Untersuchungen aus der Mengenlehre* Math. Annal. 61, 1905), mais d'une façon plus générale, concernant les nombres cardinaux transfinis quelconques. Cependant nous ne savons pas démontrer ce théorème sans l'aide de *l'axiome du choix*. Cf. A. Schönflies, *Entwickelung der Mengenlehre und ihrer Anwendungen,* Leipzig und Berlin 1913, p. 47.

[5]) Par „$\overline{\overline{M}}$" je vais désigner le nombre cardinal correspondant à l'ensemble M.

[6]) Cf. E. Zermelo, op. cit., p. 270.

(3) $$M \times A = 0;$$

l'ensemble A est supposé bien ordonné.

Soit P l'ensemble de toutes les paires (m, a) composées d'un élément m de M et d'un élément a de A. Conformément à la définition du produit des nombres cardinaux et à l'hypothèse du lemme, on a

(4) $$\overline{\overline{P}} = \mathfrak{m} \cdot \aleph = \mathfrak{m} + \aleph.$$

Il résulte de (4) l'existence de deux sous-ensembles M_1 et A_1 de P qui vérifient les formules:

(5) $$P = M_1 + A_1,$$

(6) $$M_1 \times A_1 = 0,$$

(7) $$\overline{\overline{M_1}} = \mathfrak{m},$$

(8) $$\overline{\overline{A_1}} = \aleph.$$

Deux cas ce se présentent maintenant:

1° il existe un tel élément m_1 de M que pour tout élément a de A:

$$(m_1, a) \varepsilon M_1$$

ou bien 2° pour tout élément m de M il existe au moins un tel élément a de A que la paire (m, a) n'appartient pas à M_1, donc que l'on a, selon (5) et (6):

$$(m, a) \varepsilon A_1.$$

Au premier cas, soit A_2 l'ensemble de toutes les paires (m_1, a). On obtient évidemment

(9) $$A_2 \subset M_1,$$

(10) $$\overline{\overline{A_2}} = \overline{\overline{A}}.$$

Les formules (9) et (10) impliquent, en vertu de (2) et (7), que

$$\mathfrak{m} \geqslant \aleph.$$

Au deuxième cas, désignons par $\varphi(m)$ l'élément a de A qui remplit la condition:

$$(m, a) \varepsilon A_1$$

et qui précède par rapport à l'ordre établi dans A tous les autres éléments de A remplissant la même condition; l'existence d'un tel élément résulte de la définition du bon ordre. Soit M_2 l'ensemble de toutes les paires $(m, \varphi(m))$, m appartenant à M. On a alors:

$$(11) \qquad M_2 \subset A_1,$$

$$(12) \qquad \overline{\overline{M_2}} = \overline{\overline{M}}.$$

On conclut de (11) et (12), selon (1) et (8), que

$$\mathfrak{m} \leqslant \aleph.$$

On obtient donc en tout cas:

$$\mathfrak{m} \geqslant \aleph \quad \text{ou bien} \quad \mathfrak{m} \leqslant \aleph, \qquad \text{c. q. f. d.}$$

Théorème 1. *La proposition* **Z** *résulte de la proposition* **I**.

Démonstration. Envisageons un nombre cardinal transfini $\mathfrak{m}$; soit $\aleph(\mathfrak{m})$ l'aleph qui corréspond à $\mathfrak{m}$ conformement au théorème S. En appliquant à ces nombres cardinaux la proposition I, on obtient:

$$\mathfrak{m} \,.\, \aleph(\mathfrak{m}) = \mathfrak{m} + \aleph(\mathfrak{m}),$$

d'où, en vertu du lemme établi tout-à-l'heure,

$$\mathfrak{m} \geqslant \aleph(\mathfrak{m}) \quad \text{ou bien} \quad \mathfrak{m} \leqslant \aleph(\mathfrak{m}).$$

Or, suivant le théorème **S** chacune de ces formules implique:

$$\mathfrak{m} = \aleph(\mathfrak{m}),$$

de sorte que $\mathfrak{m}$ est un aleph.

Nous avons donc établi que la proposition **Z**, d'après laquelle tout nombre cardinal transfini est un aleph, résulte de la proposition **I**, c. q. f. d.

Lemme 2. *La proposition* **I** *résulte de la proposition* **II**.

Démonstration [1]. Soient $\mathfrak{m}$ et $\mathfrak{n}$ des nombres cardinaux transfinis quelconques. En appliquant la proposition II, on obtient:

$$(1) \qquad \mathfrak{m}^2 = \mathfrak{m},$$

$$(2) \qquad \mathfrak{n}^2 = \mathfrak{n},$$

$$(3) \qquad (\mathfrak{m}+\mathfrak{n})^2 = \mathfrak{m} + \mathfrak{n}.$$

On a aussi, en vertu des théorèmes généraux concernant les nombres cardinaux:

$$(4) \qquad (\mathfrak{m}+\mathfrak{n})^2 = \mathfrak{m}^2 + 2 \,.\, \mathfrak{m} \,.\, \mathfrak{n} + \mathfrak{n}^2.$$

[1]) L'idée de cette démonstration est dûe à M. Bernstein (op. cit.).

Toutes ces formules, (1)—(4), donnent:

(5) $$\mathfrak{m}+\mathfrak{n}=\mathfrak{m}+2\,.\,\mathfrak{m}\,.\,\mathfrak{n}+\mathfrak{n},$$

d'où [1])

(6) $$\mathfrak{m}\,.\,\mathfrak{n}\leqslant 2\,.\,\mathfrak{m}\,.\,\mathfrak{n}\leqslant \mathfrak{m}+2\,.\,\mathfrak{m}\,.\,\mathfrak{n}+\mathfrak{n}=\mathfrak{m}+\mathfrak{n}.$$

D'autre part, on peut établir (sans l'aide de *l'axiome du choix*) la formule suivante;

(7) $$\mathfrak{m}+\mathfrak{n}\leqslant \mathfrak{m}\,.\,\mathfrak{n}\ ^{2)}.$$

De (6) et (7) on conclut aussitôt que

$$\mathfrak{m}\,.\,\mathfrak{n}=\mathfrak{m}+\mathfrak{n}, \qquad \text{c. q. f. d.}$$

Le théorème 1 et le lemme 2 implique immédiatement le suivant.

Théorème 2. *La proposition* **Z** *résulte de la proposition* **II**.

Je passe à démontrer le

Théorème 3. *La proposition* **Z** *résulte de la proposition* **III**.

Démonstration. $\mathfrak{m}$ étant un nombre cardinal transfini arbitraire, pososons:

(1) $$\mathfrak{n}=\mathfrak{m}^{\aleph_0},$$

(2) $$\mathfrak{p}=\mathfrak{n}+\aleph(\mathfrak{n}),$$

(3) $$\mathfrak{q}=\mathfrak{n}\,.\,\aleph(\mathfrak{n}).$$

On obtient de (1):

(4) $$\mathfrak{n}^2=(\mathfrak{m}^{\aleph_0})^2=\mathfrak{m}^{\aleph_0\cdot 2}=\mathfrak{m}^{\aleph_0}=\mathfrak{n},$$

d'où, selon (2):

(5) $$\mathfrak{p}^2=[\mathfrak{n}+\aleph(\mathfrak{n})]^2=\mathfrak{n}^2+2\,.\,\mathfrak{n}\,.\,\aleph(\mathfrak{n})+\aleph^2(\mathfrak{n})=$$
$$=\mathfrak{n}+\mathfrak{n}\,.\,[2\,.\,\aleph(\mathfrak{n})]+\aleph(\mathfrak{n})=[\mathfrak{n}+\aleph(\mathfrak{n})]+\mathfrak{n}\,.\,\aleph(\mathfrak{n}).$$

De la formule:

(6) $$\mathfrak{n}+\aleph(\mathfrak{n})\leqslant \mathfrak{n}\,.\,\aleph(\mathfrak{n})$$

on conclut que

(7) $$\mathfrak{n}\,.\,\aleph(\mathfrak{n})\leqslant[\mathfrak{n}+\aleph(\mathfrak{n})]+\mathfrak{n}\,.\,\aleph(\mathfrak{n})\leqslant \mathfrak{n}\,.\,\aleph(\mathfrak{n})+\mathfrak{n}\,.\,\aleph(\mathfrak{n})=$$
$$=\mathfrak{n}\,.\,[2\,.\,\aleph(\mathfrak{n})]=\mathfrak{n}\,.\,\aleph(\mathfrak{n}),$$

d'où

(9) $$\mathfrak{n}\,.\,\aleph(\mathfrak{n})=[\mathfrak{n}+\aleph(\mathfrak{n})]+\mathfrak{n}\,.\,\aleph(\mathfrak{n}).$$

[1]) En raison de la formule générale: $\mathfrak{m}\leqslant\mathfrak{m}+\mathfrak{n}$. Cf. W. Sierpiński, *Zarys teorji mnogości* p. 73.

[2]) Cf. W. Sierpiński, op. cit. p. 74, où cette formule est établie pour les nombres cardinaux correspondant aux ensembles infinis dans le sens de Dedekind. D'ailleurs on peut démontrer cette formule pour les nombles transfinis quelconques.

Les formules (5) et (8) donnent l'identité:

(9) $$\mathfrak{p}^2 = \mathfrak{n} \cdot \aleph(\mathfrak{n}).$$

De (3), (4) et (9) on conclut aussitôt:

(10) $$\mathfrak{q}^2 = [\mathfrak{n} \cdot \aleph(\mathfrak{n})]^2 = \mathfrak{n}^2 \cdot \aleph^2(\mathfrak{n}) = \mathfrak{n} \cdot \aleph(\mathfrak{n}) = \mathfrak{p}^2.$$

En appliquant aux nombres cardinaux $\mathfrak{p}$ et $\mathfrak{q}$ la proposition **III**, on obtient, selon (10):

(11) $$\mathfrak{q} = \mathfrak{p},$$

donc, en vertu de (2) et (3):

(12) $$\mathfrak{n} + \aleph(\mathfrak{n}) = \mathfrak{n} \cdot \aleph(\mathfrak{n}).$$

Cette formule entraîne, conformément au lemme 1, que

(13) $$\mathfrak{n} \leqslant \aleph(\mathfrak{n}) \quad \text{ou} \quad \mathfrak{n} \geqslant \aleph(\mathfrak{n}),$$

ce qui implique, en raison du théorème **S**, l'égalité:

(14) $$\mathfrak{n} = \aleph(\mathfrak{n}).$$

En d'autres termes, $\mathfrak{n}$ est un aleph.

Mais comme, selon (1),

(15) $$\mathfrak{m} \leqslant \mathfrak{n}$$

et comme tout nombre cardinal trantsfini, qui est plus petit qu'un aleph, est un aleph aussi [1]), on conclut finalement, suivant (14) et (15), que $\mathfrak{m}$ est un aleph.

Nous avons donc établi, à l'aide de la proposition **III**, que tout nombre cardinal transfini est un aleph, c. q. f. d.

Théorème 4. *La proposition* **Z** *résulte de la proposition* **IV**.

Démonstration. Envisageons un nombre cardinal transfini $\mathfrak{m}$ et posons:

(1) $$\mathfrak{n} = \mathfrak{m} \cdot \aleph_0 .$$

On obtient aussitôt:

(2) $$2 \cdot \mathfrak{n} = 2 \cdot \mathfrak{m} \cdot \aleph_0 = \mathfrak{m} \cdot [2 \cdot \aleph_0] = \mathfrak{m} \cdot \aleph_0 = \mathfrak{n}.$$

On a évidemment:

(3) $$\mathfrak{n} \leqslant \mathfrak{n} + \aleph(\mathfrak{n})$$

et

(4) $$\aleph(\mathfrak{n}) \leqslant \mathfrak{n} + \aleph(\mathfrak{n}).$$

[1]) Cf. W. Sierpiński, op. cit., p. 178.

Les inégalités

$$\mathfrak{n} < \mathfrak{n} + \aleph(\mathfrak{n})$$

et

$$\aleph(\mathfrak{n}) < \mathfrak{n} + \aleph(\mathfrak{n})$$

ne peuvent subsister simultanément. Elles donnent, en effet, conformément à la proposition **IV**:

$$\mathfrak{n} + \aleph(\mathfrak{n}) < [\mathfrak{n}+\aleph(\mathfrak{n})] + [\mathfrak{n}+\aleph(\mathfrak{n})] = 2 \,.\, \mathfrak{n} + 2 \,.\, \aleph(\mathfrak{n}),$$

d'où, selon (2),

$$\mathfrak{n} + \aleph(\mathfrak{n}) < \mathfrak{n} + \aleph(\mathfrak{n}),$$

ce qui est évidemment absurde.

Il faut donc poser, en vertu de (3) et (4):

$$\mathfrak{n} = \mathfrak{n} + \aleph(\mathfrak{n}) \tag{5}$$

ou bien

$$\aleph(\mathfrak{n}) = \mathfrak{n} + \aleph(\mathfrak{n}). \tag{6}$$

De (4) et (5) on conclut immédiatement que

$$\aleph(\mathfrak{n}) \leqslant \mathfrak{n}, \tag{7}$$

tandis que les formules (3) et (6) entraînent:

$$\mathfrak{n} \leqslant \aleph(\mathfrak{n}). \tag{8}$$

Chacune des conditions (7) et (8) implique, selon le théorème **S**, l'identité:

$$\mathfrak{n} = \aleph(\mathfrak{n}); \tag{9}$$

en d'autres termes, $\mathfrak{n}$ est un aleph.

On a, en vertu de (1):

$$\mathfrak{m} \leqslant \mathfrak{n}. \tag{10}$$

Les formules (9) et (10) entraînent aussitôt [1]) que $\mathfrak{m}$ est un aleph aussi. Donc tout nombre cardinal transfini est un aleph, c. q. f. d.

Théorème 5. *La proposition* **Z** *résulte de la proposition* **IV'**.

La démonstration est tout à fait analogue à celle du théorème précédent. Il faut seulement poser:

$$\mathfrak{n} = \mathfrak{m}^{\aleph_0}$$

au lieu de

$$\mathfrak{n} = \mathfrak{m} \,.\, \aleph_0$$

et établir ensuite la formule:

$$\mathfrak{n} = \mathfrak{n}^2$$

[1]) Comparer à la note précédente.

au lieu de

$$\mathfrak{n} = 2 \, . \, \mathfrak{n}.$$

Théorème 6. *La proposition* **Z** *résulte de la proposition* **V**.

Démonstration. $\mathfrak{m}$ étant un nombre cardinal transfini quelconque, on a manifestement:

(1) $$\aleph(\mathfrak{m}) \leqslant \mathfrak{m} + \aleph(\mathfrak{m}).$$

Nous allons démontrer que l'inégalité:

(2) $$\aleph(\mathfrak{m}) < \mathfrak{m} + \aleph(\mathfrak{m})$$

conduit à une contradiction.

En effet, la formule (2) entraîne

(3) $$\aleph(\mathfrak{n}) = \aleph(\mathfrak{n}) + \aleph(\mathfrak{n}) < \mathfrak{n} + \aleph(\mathfrak{n}),$$

d'où, conformément à la proposition **V**,

(4) $$\aleph(\mathfrak{n}) < \mathfrak{n}.$$

Mais cette conclusion contredit évidemment le théorème **S**.

On doit donc poser, suivant (1):

(5) $$\aleph(\mathfrak{n}) = \mathfrak{n} + \aleph(\mathfrak{n}),$$

ce qui implique la formule

(6) $$\mathfrak{n} \leqslant \aleph(\mathfrak{n}).$$

Il résulte de (6) immédiatement que $\mathfrak{n}$ est un aleph, c. q. f. d.

Théoréme 7. *La proposition* **Z** *résulte de la proposition* **V'**.

La démonstration est tout à fait analogue à celle du théorème précédent: au lieu des sommes des nombres cardinaux il faut envisager leurs produits.

Pour terminer je veux attirer l'attention sur le fait que l'on peut remplacer les propositions **I**—**V'** qui concernent les propriétés des nombres cardinaux par des propositions analogues concernant les propriétés d'ensembles. Ainsi p. ex. à la proposition **II** correspond la proposition suivante:

2. *Tout ensemble infini M a la même puissance que l'ensemble de toutes les paires ordonnées composées d'éléments de M.*

Si l'on envisage les proposition **1**—**5'**, obtenues de cette façon, on arrive, en examinant notre raisonnement, à la conclusion que l'équivalence de ces propositions à *l'axiome du choix* résulte exclusivement des autres axiomes de M. Zermelo.

O RÓWNOWAŻNOŚCI WIELOKĄTÓW

Przegląd Matematyczno-fizyczny, vol. 2 (1924), pp. 47-60.

ALFRED TARSKI.

O równoważności wielokątów.

W geometrji elementarnej [1]) nazywamy dwa wielokąty **równoważnemi**, jeśli można je podzielić na jednakową skończoną ilość wielokątów, nie posiadających wspólnych punktów wewnętrznych i odpowiednio przystających. W teorji równoważności wielokątów gra podstawową rolę następujące twierdzenie, przyjmowane zazwyczaj w geometrji elementarnej bez dowodu i nazywane niekiedy *pewnikiem De Zolta:*

Jeżeli wielokąt V jest częścią wielokąta W, to wielokąty te nie są równoważne.

Hilbert wykazał, jak wiadomo [2]), że twierdzenie powyższe można udowodnić przy pomocy pewników, przytaczanych zazwyczaj w podręcznikach geometrji elementarnej; z powodu trudności dowodu nie czyni się jednak z tego użytku w kursie szkoły średniej.

Opierając się m. in. na *pewniku De Zolta,* można w teorji mierzenia udowodnić następujące twierdzenie, które podaje warunek konieczny i wystarczający równoważności dwóch wielokątów:

Aby wielokąty V i W były równoważne, potrzeba i wystarcza, by miały równe pola.

Nasuwa się pytanie, czy oba sformułowane powyżej twierdzenia pozostaną zdaniami prawdziwemi, jeśli równoważność pojmować w znaczeniu szerszem, niż to się czyni zazwyczaj w geometrji elementarnej, jeśli mianowicie dwie figury

---

[1]) Definicje i twierdzenia geometrji elementarnej, na które powołuję się w niniejszym artykule, znaleźć można np. w podręczniku: F. Enriques i U. Amaldi, *Zasady geometrji elementarnej,* przekład Wł. Wojtowicza, Warszawa — Lwów.

[2]) Por. D. Hilbert, *Grundlagen der Geometrie,* 5 Auflage, Leipzig und Berlin 1922, Kapitel IV (wydawnictwo „Wissenschaft und Hypothese" VII).

geometryczne (więc w szczególności — dwa wielokąty) nazywać równowaznemi. o ile dają się one podzielić na jednakową skończoną ilość dowolnych figur geometrycznych, nie posiadających żadnych punktów wspólnych i odpowiednio przystających.

W artykule niniejszym wykażę, że na powyższe pytanie należy dać odpowiedź twierdzącą. Rzecz jednak ciekawa, że dowód obu tych tak prostych twierdzeń, z których pierwsze wydawać się może niemal oczywistem, opiera się na wynikach, osiągniętych przez p. prof. Banacha[1]) przy pomocy całego aparatu współczesnej wiedzy matematycznej, w szczególności zaś przy pomocy t. zw. *pewnika wyboru*[2]).

Oznaczenia.

Zapomocą liter p, q, s... oznaczam punkty, zapomocą zaś liter A, B, K, P, V... — figury geometryczne czyli zbiory punktów.

Symbol $A+B$ oznacza sumę zbiorów A i B, czyli zbiór złożony z tych wszystkich punktów, które należą bądź do zbioru A bądź do B. Pojęcie sumy zbiorów można z łatwością rozciągnąć na dowolną skończoną ilość składników; można nawet rozważać sumę wszystkich zbiorów, będących wyrazami pewnego ciągu nieskończonego. Posługujemy się przytem odpowiednio symbolami: $\sum_{k=1}^{n} A_k$ oraz $\sum_{k=1}^{\infty} A_k$.

Symbol $A-B$ oznacza różnicę zbiorów A i B, czyli zbiór złożony z tych wszystkich punktów zbioru A, które nie należą do B.

Dla wyrażenia, że zbiory A i B są identyczne, t. j. że mają wszystkie punkty wspólne, piszę: $A=B$. Dla wyrażenia, że zbiory A i B są rozłączne, t. j. że nie mają żadnych punktów wspólnych, będę pisał: A][B. Wreszcie dla wyrażenia, że zbiór A jest częścią właściwą zbioru B, t. j. że każdy punkt, należący do A, należy też do B, ale nie naodwrót, będę pisał: $A \subset B$.

W artykule tym nie odróżniam punktu p od zbioru, złożonego wyłącznie z tego samego punktu p. Tak więc np. symbol $\sum_{k=1}^{n} p_k$ oznacza zbiór, złożony z punktów p_1, p_2... p_n.

§ 1. Rozpocznę od przypomnienia znanej definicji przystawania dwóch dowolnych figur geometrycznych, opartej na pojęciu równej odległości dwóch par punktów (pojęcie to winno być oczywiście bądź uprzednio zdefinjowane bądź przyjęte jako pojęcie pierwotne).

---

[1]) St. Banach, *Sur le problème de mesure,* „Fundamenta Mathematicae" tom IV, Warszawa 1923, str. 7—33.

[2]) Wszystkie te, nieliczne zresztą, pojęcia i zdania z teorji mnogości, na które powołuję się w niniejszym artykule, zawarte są w książce: W. Sierpiński, *Zarys teorji mnogości,* część pierwsza, wydanie drugie, Warszawa 1923.

Definicja 1. *Zbiory punktów A i B przystają* —

$$A \cong B,$$

jeśli między punktami ich można ustalić odpowiedniość doskonałą (jedno-jednoznaczną), spełniającą następujący warunek: o ile p i q są to dowolne punkty zbioru A, zaś p' i q' odpowiadające im punkty zbioru B, to odległości par punktów p i q oraz p' i q' są równe.

W dalszym ciągu mych rozważań będę zakładał znajomość elementarnych własności stosunku przystawania.

Definicja 2. *Zbiory punktów A i B są równoważne* —

$$A \equiv B,$$

jeśli istnieją zbiory $A_1, A_2 \ldots A_n$ *oraz* $B_1, B_2 \ldots B_n$ *(gdzie n — liczba naturalna), spełniające warunki:*

(a) $A = \sum_{k=1}^{n} A_k$ *i* $B = \sum_{k=1}^{n} B_k$;

(b) $A_k \cong B_k$, *gdy* $1 \leqslant k \leqslant n$;

(c) $A_k \,][\, A_l$ *oraz* $B_k \,][\, B_l$, *gdy* $1 \leqslant k < l \leqslant n$.

Dla wyrażenia, że figury A i B nie są równoważne, będę pisał:

$$A \not\equiv B.$$

W następujących pięciu twierdzeniach podam kilka elementarnych własności stosunku równoważności.

Twierdzenie 1. *Jeśli* $A \cong B$, *to* $A \equiv B$; *w szczególności, dowolny zbiór punktów A spełnia warunek:* $A \equiv A$.

Twierdzenie 2. *Jeśli* $A \equiv B$, *to* $B \equiv A$.

Oba te twierdzenia wynikają bezpośrednio z definicji 2.

Twierdzenie 3. *Jeśli* $A \equiv B$ *i* $B \equiv C$, *to* $A \equiv C$.

Dowód. Dla dowodu zastosuję metodę podobną do tej, którą się posługujemy przy dowodzie analogicznego twierdzenia w geometrji elementarnej (t. zw. „metodę podwójnej sieci").

Wobec równoważności zbiorów A i B oraz B i C istnieją zbiory punktów $A_1, A_2 \ldots A_n$ i $B_1, B_2 \ldots B_n$ oraz $B'_1, B'_2 \ldots B'_m$ i $C_1, C_2 \ldots C_m$, spełniające wszystkie warunki definicji 2. Oznaczmy przez $B_{k,l}$ zbiór tych wszystkich punktów, które należą zarazem do B_k i B'_l [1]); ponieważ każdy punkt zbioru B_k należy

[1]) Nie jest oczywiście wykluczony przypadek, że niektóre ze zbiorów $B_{k,l}$ są próżne, t. j. nie posiadają ani jednego punktu. Nieznaczna modyfikacja dowodu pozwala na usunięcie z naszych rozważań tego rodzaju zbiorów.

do jednego ze zbiorów B'_l $(1 \leqslant l \leqslant m)$ i naodwrót, więc, jak łatwo sprawdzić:

(1) $B_k = \sum\limits_{l=1}^{m} B_{k,l}$, gdy $1 \leqslant k \leqslant n$;

(2) $B'_l = \sum\limits_{k=1}^{n} B_{k,l}$, gdy $1 \leqslant l \leqslant m$.

Przytem, w myśl warunku (c) definicji 2, mamy:

(3) $B_{k,l} \,][\, B_{k_1,l_1}$, gdy $k \neq k_1$ lub $k = k_1$ i $l \neq l_1$.

Zgodnie z warunkiem (6) definicji 2, figury A_k i B_k $(1 \leqslant k \leqslant n)$ przystają; z (1), (3) oraz ogólnych własności przystawania wnioskujemy zatem z łatwością o możności podziału każdego ze zbiorów A_k na części $A_{k,1}, A_{k,2} \dots A_{k,m}$, czyniące zadość warunkom:

(4) $A_k = \sum\limits_{l=1}^{m} A_{k,l}$, gdy $1 \leqslant k \leqslant n$;

(5) $A_{k,l} \cong B_{k,l}$, gdy $1 \leqslant k \leqslant n$ i $1 \leqslant l \leqslant m$;

(6) $A_{k,l} \,][\, A_{k_1,l_1}$, gdy $k \neq k_1$ lub $k = k_1$ i $l \neq l_1$.

Podobnież z przystawania figur B'_l i C_l $(1 \leqslant l \leqslant m)$, z (2) oraz (3) wynika możność analogicznego podziału każdego ze zbiorów C_l na części $C_{1,l}, C_{2,l} \dots C_{n,l}$:

(7) $C_l = \sum\limits_{k=1}^{n} C_{k,l}$, gdy $1 \leqslant l \leqslant m$;

(8) $C_{k,l} \cong B_{k,l}$, gdy $1 \leqslant k \leqslant n$ i $1 \leqslant l \leqslant m$;

(9) $C_{k,l} \,][\, C_{k_1,l_1}$, gdy $k \neq k_1$ lub $k = k_1$ i $l \neq l_1$.

Ponieważ zbiór A jest sumą zbiorów $A_1, A_2 \dots A_n$, zaś zbiór C sumą zbiorów $C_1, C_2 \dots C_m$ (w myśl warunku (a) definicji 2), więc z (4) i (7) wnosimy:

(10) $A = \sum\limits_{k=1}^{n} \sum\limits_{l=1}^{m} A_{k,l}$,

(11) $C = \sum\limits_{l=1}^{m} \sum\limits_{k=1}^{n} C_{k,l} = \sum\limits_{k=1}^{n} \sum\limits_{l=1}^{m} C_{k,l}$;

zaś z (5) i (8) otrzymujemy natychmiast:

(12) $A_{k,l} \cong C_{k,l}$, gdy $1 \leqslant k \leqslant n$ i $1 \leqslant l \leqslant m$.

Wzory (10) i (11) wykazują, że każdy ze zbiorów A i C można podzielić na $n \cdot m$ części, które, wobec (6) i (9), nie posiadają punktów wspólnych oraz, zgodnie z (12), odpowiednio do siebie przystają. Zatem, w myśl definicji 2,

$A \equiv C$ c. b. d. d.

Twierdzenia 1—3 wyrażają, że stosunek równoważności jest **zwrotny, symetryczny i przechodni.**

Twierdzenie 4. *Jeżeli*

1) $A_k \equiv B_k$ *(ewentualnie* $A_k \cong B_k$ *lub* $A_k = B_k$*), gdy* $1 \leqslant k \leqslant n$;

2) A_k][A_l *oraz* B_k][B_l, *gdy* $1 \leqslant k < l \leqslant n$,

$$\text{to } \sum_{k=1}^{n} A_k \equiv \sum_{k=1}^{n} B_k.$$

Dowód. Ze względu na twiedzenie 1 możemy przy dowodzie ograniczyć się do rozważania przypadku, gdy $A_k \equiv B_k$ dla każdej wartości k $(1 \leqslant k \leqslant n)$. W myśl definicji 2 dla każdej pary zbiorów A_k i B_k istnieją wówczas zbiory $A_{k,1}$, $A_{k,2} \ldots A_{k,m_k}$ oraz $B_{k,1}$, $B_{k,2} \ldots B_{k,m_k}$, czyniące zadość warunkom:

(1) $A_k = \sum_{l=1}^{m_k} A_{k,l}$ i $B_k = \sum_{l=1}^{m_k} B_{k,l}$, gdy $1 \leqslant k \leqslant n$;

(2) $A_{k,l} \cong B_{k,l}$, gdy $1 \leqslant k \leqslant n$ i $1 \leqslant l \leqslant m_k$;

(3) $A_{k,l}$][A_{k_1,l_1} oraz $B_{k,l}$][B_{k_1,l_1}, gdy $k \neq k_1$ lub $k = k_1$ i $l \neq l_1$.

Z (1) otrzymujemy natychmiast:

(4) $\sum_{k=1}^{n} A_k = \sum_{k=1}^{n} \sum_{l=1}^{m_k} A_{k,l}$ oraz $\sum_{k=1}^{n} B_k = \sum_{k=1}^{n} \sum_{l=1}^{m_k} B_{k,l}$.

Z wzorów (2)—(4) wynika, że zbiory punktów $\sum_{k=1}^{n} A_k$ oraz $\sum_{k=1}^{n} B_k$ można podzielić na jednakową skończoną ilość części bez punktów wspólnych, odpowiednio przystających. Stąd, zgodnie z definicją 2,

$$\sum_{k=1}^{n} A_k \equiv \sum_{k=1}^{n} B_k \qquad \text{c. b. d. d.}$$

Twierdzenie powyższe daje się wysłowić w sposób następujący:

Jeżeli dwa dane zbiory punktów można podzielić na jednakową skończoną ilość części, nie posiadających punktów wspólnych i odpowiednio równoważnych, to zbiory te są równoważne.

Twierdzenie 5. *Jeżeli zbiory A i B są złożone z jednakowej skończonej ilości punktów, to*

$$A \equiv B.$$

Dla dowodu wystarczy zauważyć, że dowolne dwa punkty są w myśl definicji 1 figurami przystającemi, poczem można bezpośrednio zastosować definicję 2.

§ 2. Przystępuję teraz do dowodu twierdzenia 6, które można uważać za *uogólnienie pewnika De Zolta*. Dowód będzie oparty na wspomnianem już we wstępie twierdzeniu p. Banacha, które odpowiednio do naszych celów można sformułować w następujący sposób:

Twierdzenie Banacha. *Każdemu zbiorowi punktów A, który jest częścią jakiegokolwiek wielokąta, można przyporządkować pewną liczbę rzeczywistą nieujemną m (A) (nazywaną miarą tego zbioru), przyczem spełnione są warunki następujące:*

1) jeżeli $A \cong B$, *to* $m(A) = m(B)$;

2) jeżeli $A \,][\, B$, *to* $m(A+B) = m(A) + m(B)$;

3) jeżeli W jest wielokątem, to m(W) jest jego polem [1]*.*

Twierdzenie 6. *Jeżeli V i W są to wielokąty i* $V \subset W$, *to*

$$V \mathrel{\equiv\!\!|\!\!\equiv} W.$$

Dowód. Przypuśćmy, iż wbrew tezie twierdzenia

(1) $V \equiv W$;

istnieją więc zbiory punktów $A_1, A_2 \ldots A_n$ oraz $B_1, B_2 \ldots B_n$, spełniające wszystkie warunki definicji 2.

Przyporządkujmy dalej, zgodnie z twierdzeniem p. Banacha, każdemu zbiorowi płaskiemu i ograniczonemu (t. zn. będącemu częścią jakiegokolwiek wielokąta) jego miarę. Warunek 2 wspomnianego twierdzenia można z łatwością rozciągnąć, stosując zasadę indukcji matematycznej, na sumę dowolnej skończonej ilości zbiorów, nie posiadających punktów wspólnych; wobec warunków (a) i (c) definicji 2 wnosimy stąd, iż

(2) $m(V) = \sum_{k=1}^{n} m(A_k), \quad m(W) = \sum_{k=1}^{n} m(B_k).$

Z warunku 1 twierdzenia p. Banacha oraz warunku (b) definicji 2 otrzymujemy:

(3) $m(A_k) = m(B_k)$, gdy $1 \leqslant k \leqslant n$.

Wzory (2) i (3) pociągają za sobą natychmiast:

(4) $m(V) = m(W)$;

zatem, w myśl warunku 3 cytowanego twierdzenia, wielokąty

---

[1]) Przy słowie „pole" należy wszędzie domyślać się słów: „w stosunku do pewnego kwadratu, obranego za jednostkę pola".

V i W muszą posiadać równe pola, co jest sprzeczne z założeniem naszego twierdzenia (gdyż V jest częścią właściwą W).

Przypuszczenie (1) prowadzi zatem do sprzeczności, i musimy przyjąć, że

$$V \equiv\!\mid\!\equiv W \qquad \text{c. b. d. d.}$$

Rozumując w analogiczny sposób, można udowodnić ogólniejsze

Twierdzenie 7. *Jeżeli V i W są to wielokąty o różnych polach, to*

$$V \equiv\!\mid\!\equiv W.$$

§ 3. Zajmiemy się obecnie dowodem twierdzenia odwrotnego względem podanego przed chwilą. Zauważmy przedewszystkiem, iż — wbrew temu, co możnaby na pierwszy rzut oka przypuszczać — twierdzenie to nie wynika bezpośrednio z analogicznego twierdzenia geometrji elementarnej. Zilustruję tę okoliczność na prostym przykładzie.

Niech V będzie dowolnym kwadratem, zaś W — trójkątem prostokątnym równoramiennym o podstawie dwa razy dłuższej, niż bok kwadratu. V i W mają równe pola, są więc równoważne w sensie geometrji elementarnej; w istocie, można każdy z tych wielokątów podzielić na dwa trójkąty bez wspólnych punktów wewnętrznych, odpowiednio przystające (por. rysunek). Z podziału tego nie można jednak na bezpośredniej drodze otrzymać podziału, czyniącego zadość definicji 2: aczkolwiek bowiem wnętrza trójkątów odpowiednio przystają, to jednak łamane (uwydatnione na rysunku), będące sumami obwodów tych trójkątów, mają różną długość i, jak nietrudno okazać, nie są równoważne w tym sensie, jaki ustaliliśmy w niniejszym artykule.

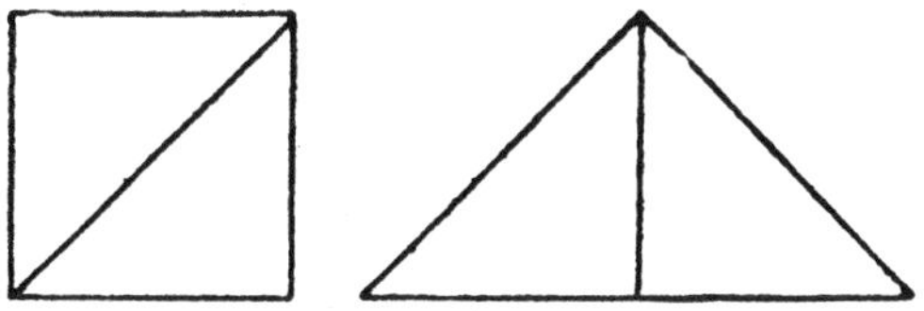

Dowód interesującego nas twierdzenia oprzemy na kilku lematach.

Lemat I. *Jeżeli A jest zbiorem płaskim, posiadającym punkty wewnętrzne*[1]*, zaś B zbiorem, złożonym ze skończonej ilości punktów, przyczem* $A \,][\, B$, to $A \equiv A + B$.

[1] Punkt p nazywamy punktem *wewnętrznym* zbioru płaskiego A, jeśli istnieje koło o środku p, będące częścią zbioru A.

Dowód. Istnieje niewątpliwie pewne koło K, będące częścią zbioru A; oznaczmy przez s jego środek.

Obierzmy pewną liczbę dodatnią niewymierną α oraz pewien punkt p_0, położony na okręgu koła K. Oznaczmy przez p_k, gdzie k — dowolna liczba naturalna, punkt, powstały z obrotu punktu p_0 dookoła punktu s o kąt, którego miarą w stopniach jest liczba $k.\alpha$ (lub liczba, różniąca się się od $k.\alpha$ o wielokrotność 360), przyczem obrotu dokonywamy stale w pewnym określonym zwrocie. Z tego, że kąt, mający α stopni, jest niewspółmierny z kątem pełnym, wnosimy z łatwością, iż żadne dwa punkty p_k i p_l o różnych wskaźnikach nie są identyczne.

Niech n będzie ilością punktów zbioru B. Połóżmy:

(1) $B' = \sum_{k=0}^{n-1} p_k$,

(2) $C = \sum_{k=0}^{\infty} p_k$,

(3) $C' = \sum_{k=n}^{\infty} p_k$,

(4) $D = A - C$.

Z (1)—(4) oraz definicji punktów p_k otrzymujemy natychmiast:

(5) $A = C + D = B' + C' + D$,

(6) $A + B = B + C + D$.

W myśl twierdzenia 5 zachodzi wzór:

(7) $B \equiv B'$,

gdyż każdy ze zbiorów B i B' jest złożony z n punktów.

Z łatwością też przekonywamy się, że

(8) $C \cong C'$.

W istocie, jeśli zbiór C obrócić o kąt, mający $n.\alpha$ stopni, to pokryje on zbiór C'; inaczej mówiąc, o ile dowolnemu punktowi p_k zbioru C przyporządkujemy punkt p_{k+n} zbioru C', to między punktami tych zbiorów ustalimy odpowiedniość doskonałą, spełniającą warunki definicji 1.

Wzory (5)—(8) wykazują, że zbiory A i $A + B$ można podzielić na jednakową skończoną ilość części odpowiednio równoważnych, a nawet przystających lub identycznych; łatwo przytem sprawdzić, opierając się na wzorach (1)—(4), na sposobie wyznaczenia punktów p_k oraz założeniu twierdzenia, że żadne dwie z pośród trzech części, na które dzielimy każdy z tych zbiorów, nie mają punktów wspólnych. Stąd, zgodnie z twierdzeniem 4, wnioskujemy, iż

$$A \equiv A + B' \qquad \text{c. b. d. d.}$$

Lemat II. *Jeżeli A jest zbiorem płaskim, posiadającym punkty wewnętrzne, zaś B zbiorem, złożonym ze wszystkich punktów pewnego odcinka prócz conajwyżej punktów końcowych, przyczem $A][B$, to $A \equiv A + B$.*

Dowód. Idee dowodów lematów I i II są zbliżone do siebie.

Oznaczmy przez δ długość odcinka, od którego zbiór B różni się conajwyżej brakiem punktów końcowych; istnieje niewątpliwie liczba naturalna n tak wielka, że pewne koło K, które posiada promień o długości równej $\frac{\delta}{n}$, jest częścią zbioru A.

Zbiór B można oczywiście podzielić na n odcinków o długości $\frac{\delta}{n}$ bez wspólnych punktów wewnętrznych, przyczem dwa z pośród nich mogą posiadać po jednym tylko punkcie końcowym. Oznaczmy przez C_0, $C_1 \ldots C_{n-1}$ wnętrza tych odcinków i połóżmy:

$$(1) \quad C = \sum_{k=0}^{n-1} C_k\,,$$

$$(2) \quad D = B - C;$$

jak łatwo się zorjentować, D jest zbiorem, złożonym ze skończonej ilości punktów (równej $n+1, n$ lub $n-1$ zależnie od tego, czy zbiór B posiada oba punkty końcowe, czy też jeden, czy wreszcie nie posiada żadnego).

Obierzmy pewną liczbę niewymierną dodatnią α. Oznaczmy przez C'_0 wnętrze pewnego promienia koła K, zaś przez C'_k, gdzie k jest dowolną liczbą naturalną, — zbiór, powstały z obrotu zbioru C'_0 w pewnym określonym zwrocie dookoła środka koła K o kąt mający $k \cdot \alpha$ stopni. Jak i przy dowodzie lematu I, przekonywamy się, że żadne dwa zbiory C'_k i C'_l o różnych wskaźnikach nie mają punktów wspólnych. Połóżmy:

$$(3) \quad C' = \sum_{k=0}^{n-1} C'_k\,,$$

(4) $E = \sum_{k=0}^{\infty} C'_k$,

(5) $E' = \sum_{k=n}^{\infty} C'_k$,

(6) $F = A - E$.

Z (1)—(6) otrzymujemy natychmiast:

$$B = C + D, \quad E = C' + E', \quad A = E + F = C' + E' + F,$$

skąd

(7) $A + D = C' + D + E' + F$,

(8) $A + B = C + D + E + F$.

Zbiory C_k i C'_k przystają jako wnętrza odcinków o tej samej długości $\frac{\delta}{n}$; z (1) i (3) wnosimy zatem:

(9) $C \equiv C'$.

Dalej, rozumując jak przy dowodzie lematu I, dochodzimy do wniosku, iż

(10) $E \cong E'$.

Wreszcie, jak się nietrudno przekonać, żadne dwa z pośród zbiorów: C', D, E' i F oraz C, D, E i F nie mają punktów wspólnych. Wobec tego możemy zastosować twierdzenie 4; na mocy wzorów (7)—(10) mamy

(11) $A + D \equiv A + B$.

Z drugiej strony zbiór D, jak już zauważyliśmy, jest złożony ze skończonej ilości punktów; zatem, w myśl lematu I,

(12) $A \equiv A + D$.

Z (11) i (12) wynika, zgodnie z twierdzeniem 3, iż

$$A \equiv A + B \qquad \text{c. b. d. d.}$$

Lemat III. *Jeżeli A jest zbiorem płaskim, posiadającym punkty wewnętrzne, zaś B — sumą skończonej ilości odcinków, przyczem $A \,][\, B$, to $A \equiv A + B$.*

Dowód. Jest rzeczą niemal oczywistą, że zbiór B można uważać za sumę skończonej ilości odcinków: $B_1, B_2 \ldots B_n$ bez wspólnych punktów węwnętrznych. Połóżmy: $B'_1 = B_1$ i oznaczmy przez B'_k $(2 \leqslant k \leqslant n)$ zbiór, różniący się od odcinka B_k conajwyżej brakiem jednego lub obu punktów końcowych, w razie o ile te punkty należą do któregokolwiek z odcinków B_1, $B_2 \ldots B_{k-1}$ $(B'_k = B_k - \sum_{l=1}^{k-1} B_l)$. Otrzymamy:

(1) $B = \sum_{k=1}^{n} B'_k$,

(2) $B'_k \,][\, B'_l$, gdy $1 \leqslant k < l \leqslant n$.

Z drugiej strony istnieją niewątpliwie zbiory A_1, $A_2 \ldots A_n$, posiadające punkty wewnętrzne i spełniające nadto warunki:

(3) $A = \sum_{k=1}^{n} A_k$,

(4) $A_k \,][\, A_l$, gdy $1 \leqslant k < l \leqslant n$.

W istocie, jeśli pewne koło K, będące częścią zbioru A, podzielimy na n wycinków kołowych i oznaczymy przez A_1, $A_2 \ldots A_{n-1}$ wnętrza tych wycinków prócz jednego, zaś przez A_n — zbiór $A - \sum_{k=1}^{n-1} A_k$, to otrzymamy wówczas zbiory o żądanych własnościach.

Wobec (1), (3) oraz warunku: $A \,][\, B$, danego w założeniu twierdzenia, mamy:

(5) $A_k \,][\, B'_l$, gdy $1 \leqslant k \leqslant n$ i $1 \leqslant l \leqslant n$;

możemy więc z łatwością stwierdzić że każda para zbiorów A_k i B_k $(1 \leqslant k \leqslant n)$ spełnia warunki lematu II. Zatem:

(6) $A_k \equiv A_k + B'_k$, gdy $1 \leqslant k \leqslant n$.

Z wzorów (2), (4) i (5) wnosimy dalej, iż

(7) $A_k + B'_k \,][\, A_l + B'_l$, gdy $1 \leqslant k < l \leqslant n$;

zaś z (1) i (3) wynika nadto:

(8) $A = \sum_{k=1}^{n} A_k$, $A + B = \sum_{k=1}^{n} (A_k + B'_k)$.

Zgodnie z (6)—(8) zbiory A_1, $A_2 \ldots A_n$ oraz $A_1 + B'_1$, $A_2 + B'_2 \ldots A_n + B'_n$ spełniają (w stosunku do zbiorów A i $A + B$) wszystkie warunki twierdzenia 4. Otrzymujemy więc ostatecznie:

$A \equiv A + B$ c. b. d. d.

Lemat III umożliwia nam już bezpośrednio dowód twierdzenia odwrotnego względem twierdzenia 7.

Twierdzenie 8. *Jeżeli V i W są to wielokąty o równych polach, to* $V \equiv W$.

Dowód. Wielokąty V i W są, jak wiadomo, równoważne w sensie geometrji elementarnej, można je więc podzielić na jednakową ilość wielokątów, nie posiadających wspólnych punktów wewnętrznych i odpowiednio przystających. Niech $V_1, V_2 \dots V_n$ oraz $W_1, W_2 \dots W_n$ będą to wnętrza wielokątów, otrzymanych na drodze takiego podziału.

Mamy oczywiście:

(1) $V_k \cong W_k$, gdy $1 \leqslant k \leqslant n$;

(2) $V_k][V_l$ oraz $W_k][W_l$, gdy $1 \leqslant k < l \leqslant n$.

Z (1) i (2) wnosimy, w myśl definicji 2, iż

(3) $\sum_{k=1}^{n} V_k \equiv \sum_{k=1}^{n} W_k$.

Połóżmy:

(4) $A = V - \sum_{k=1}^{n} V_k$, $B = W - \sum_{k=1}^{n} W_k$;

otrzymamy stąd natychmiast:

(5) $A][\sum_{k=1}^{n} V_k$, $B][\sum_{k=1}^{n} W_k$

oraz

(6) $V = \sum_{k=1}^{n} V_k + A$, $W = \sum_{k=1}^{n} W_k + B$.

Łatwo się zorjentować wobec (4), że A i B są to łamane, będące sumami obwodów wielokątów, które otrzymaliśmy z podziału V i W; są to więc sumy skończonych ilości odcinków. Ponieważ zaś zbiory $\sum_{k=1}^{n} V_k$ i $\sum_{k=1}^{n} W_k$ posiadają niewątpliwie punkty wewnętrzne, więc po zastosowaniu lematu III otrzymamy zgodnie z (5) i (6):

(7) $\sum_{k=1}^{n} V_k \equiv \sum_{k=1}^{n} V_k + A = V$,

(8) $\sum_{k=1}^{n} W_k \equiv \sum_{k=1}^{n} W_k + B = W$.

Ze wzorów (3), (7) i (8) wynika, w myśl twierdzenia 3, iż

$V \equiv W$ c. b. d. d.

Twierdzenia 7 i 8 pociągają za sobą natychmiast

Wniosek 9. *Aby wielokąty V i W były równoważne, potrzeba i wystarcza, by miały równe pola.*

Twierdzenie 6 oraz wniosek 9 stanowią rozstrzygnięcie zagadnienia, postawionego na początku niniejszego artykułu.

Nasuwa się tu pytanie, czy prawdziwe są zdania, analogiczne do twierdzeń udowodnionych w tym artykule, ale dotyczące wielościanów, a nie wielokątów. Okazuje się, że zdania takie są fałszywe. Można mianowicie udowodnić twierdzenie następujące:

Dowolne dwa wielościany są równoważne.

Dość skomplikowanego dowodu tego twierdzenia, nie będę tu przytaczał: jest on zawarty we wspólnym artykule p. Banacha i moim, który ukazał się w VI tomie czasopisma „Fundamenta Mathematicae" p. t. *„Sur la décomposition de deux ensembles de points en parties respectivement congruentes"*.

Łatwo zdamy sobie sprawę, jak dalece twierdzenie powyższe przeczy naszym intuicjom, jeżeli zwrócimy uwagę choćby na następujący wniosek, płynący z niego:

Dowolny sześcian można podzielić na skończoną ilość części (bez punktów wspólnych), z których następnie da się ułożyć sześcian o dwa razy dłuższej krawędzi.

Jeszcze bardziej uderzającem stanie się to twierdzenie, gdy przypomnimy sobie, że, jak wykazał Dehn[1]), nawet dwa wielościany o równych objętościach mogą nie być równoważne w sensie geometrji elementarnej.

Na zakończenie podam tu następujące zagadnienie, które, o ile mi wiadomo, nie jest po dziś dzień rozstrzygnięte:

Czy twierdzenie 8 można rozciągnąć na dowolne obszary płaskie, ograniczone krzywemi zamkniętemi? W szczególności, czy koło i wielokąt o równych polach są równoważne (w sensie definicji 2)?[2])

Résumé.

Sur l'équivalence des polygones.

Dans la Géométrie Elémentaire on appelle deux polygones (ou polyèdres) équivalents par décomposition, s'ils peuvent être décomposés en un nombre fini et égal des

[1]) Por. F. Enriques, — *Zagadnienia dotyczące geometrji elementarnej*, przełożyli St. Kwietniewski i Wł. Wojtowicz, tom I, str. 161.

[2]) Koło i wielokąt o równych polach nie są równoważne w sensie geometrji elementarnej. Por. F. Enriques, op. cit., str. 151 i 155.

polygones (ou polyèdres) respectivement congruents, qui n'ont pas de points intérieurs communs. Dans la théorie de l'équivalence des polygones joue un rôle important le théorème suivant, appellé parfois *axiome de De Zolt:*

1. Deux polygones arbitraires, dont l'un est contenu dans l'autre, ne sont jamais équivalents par décomposition.

En se basant sur ce théorème, on établit le théorème suivant, qui présente une condition necéssaire et suffisante de l'équivalence des polygones:

2. Pour que deux polygones soient équivalents par décomposition, il faut et il suffit, qu'ils aient les aires égales.

J'envisage dans ma Note la notion de l'équivalence dans un sens plus général que celui de la Géométrie Elémentaire: deux ensembles de points (donc, en particulier, deux polygones ou polyèdres) sont dits équivalents par décomposition, s'ils peuvent être décomposés en un nombre fini et égal d'ensembles de points arbitraires respectivement congruents, qui n'ont aucun point commun.

Je prouve qu'*en admettant cette définition de l'équivalence, les théorèmes 1 et 2 restent valables.*

Dans la démonstration des théorèmes cités je m'appuie sur les résultats obtenus par M. Banach dans la Théorie de la Mesure (*Sur le problème de mesure,* „Fundamenta Mathematicae" IV, Varsovie 1923, p. 7—33). En établissant le théorème 2, je fais encore usage du lemme suivant:

P étant l'intérieur d'un polygone et *Q* l'ensemble de points qu'on obtient de *P* en y ajoutant un nombre fini de segments, les ensembles *P* et *Q* sont équivalents par décomposition.

Il est intéressant de remaquer qu'en attribuant à l'équivalence le sens établi dans cette Note les théorèmes 1 et 2 ne se laissent pas étendre aux polyèdres. Cela résulte du théorème suivant, qui semble peut-être paradoxal:

Deux polyèdres arbitraires (de volumes égaux ou non) sont équivalents par décomposition.

Ce théorème est démontré dans la Note de M. Banach et de moi: *„Sur la décomposition des ensembles de points en parties respectivement congruentes"*, qui vient de paraître dans le tome VI de „Fundamenta Mathematicae".

SUR LES ENSEMBLES FINIS

Fundamenta Mathematicae, vol. 6 (1924), pp. 45-95.

Sur les ensembles finis.

Par

Alfred Tarski (Varsovie).

Introduction.

Le présent ouvrage est en grande partie un ouvrage sytématisant. Il a pour but de développer la théorie des ensembles finis comme une partie de la Théorie générale des Ensembles et sans faire intervenir les notions ou théorèmes de l'Arithmétique des nombres naturels. Les raisonnements seront basés sur le système d'axiomes de M. Zermelo [1]), notamment sur les 5 premiers de ses axiomes, ceux *du choix* et *de l'infini* étant exclus.

L'ideé de construire ainsi la théorie des ensembles finis a été énoncée à plusieurs reprises [2]), bien que jusqu'à présent elle ne soit nulle part complètement realisée. La première tentative a été faite par Dedekind dans son travail „*Was sind und was sollen die Zahlen*" [3]) qui fut conçu d'ailleurs d'un point de vue différent. Il y établit sa définition connue de l'ensemble fini et — en se basant sur cette définition — il démontre certains théorèmes concernant les propriétés fondamentales des ensembles finis. Or ces résultats de Dedekind, n'ayant pas de solide fondement axiomatique, éveillent quelquefois des doutes tout à fait essentiels (p. ex. la démonstration de l'existence d'un ensemble infini. Cf. aussi le § 5 du présent ouvrage).

[1] E Zermelo, *Untersuchungen über die Grundlagen der Mengenlehre* I, Mathematische Annalen, 65 Band, Leipzig 1908, p. 261—281.

[2]) Cf. F. Hausdorff, *Grundzüge der Mengenlehre*, Leipzig 1914, p. 47.

[3]) R. Dedekind, *Was sind und was sollen die Zahlen?* III Auflage, Braunschweig 1911, § 5, § 14.

Après **Dedekind** on a donné plusieurs définitions de l'ensemble fini, que je citerai plus loin; cependant les auteurs de ces définitions se sont généralement contentés de prouver leur équivalence soit à la définition arithmétique ordinaire soit à une quelconque de définitions publiées antérieurement. Par contre, la théorie des ensembles finis que l'on trouve chez **Russell** et **Whitehead** [1]) a des limites étendues. Mais c'est la définition arithmétique [2]) dont se servent ces auteurs comme du point de départ et le caractère spécifique du système de **Russell** et **Whitehead** — lié à la théorie des types — ne permet pas de transporter totalement leurs résultats et la méthode de leurs démonstrations dans le système sur lequel s'appuyent les miens.

Ce qu'il y a d'essentiellement nouveau dans mon ouvrage, c'est la définition suivante de l'ensemble fini:

„*L'ensemble A est fini, lorsque à toute classe **K** de ses sous-ensembles appartient comme élément au moins un ensemble B dont aucun vrai sous-ensemble n'appartient à **K***".

En partant de cette définition, je démontre les théorèmes concernant les propriétés fondamentales des ensembles finis qui me sont connus [3]). J'envisage ensuite le rapport entre ma définition et celles qui ont été proposées jusqu'à présent, ce qui me permet en même temps d'examiner les propriétés des ensembles finis liées aux notions de la puissance et de l'ordre. Les théorèmes sur l'équivalence de deux définitions sont présentés sous la forme des théorèmes sur la condition nécessaire et suffisante pour qu'un ensemble soit fini.

Parmi les théorèmes donnés dans la suite il y a qui peuvent être généralisés (p. ex. les théorèmes 1 et 13), si l'on envisage des ensembles **ayant une certaine propriété** *P*, au lieu d'envisager **les éléments d'une classe *K***: on sait en effet que toute classe ***K*** dé-

[1]) A. N. **Whitehed** and B **Russell**, *Principia Mathematica*, Vol II, Part III, Section C, Cambridge 1912; Vol. III, Part V, Section E Cambridge 1913.

[2]) Cf. A. N. **Whitehead** and B. **Russell** op. cit., 120·02. Bien que ces auteurs définissent la notion du nombre naturel à l'aide des notions de la Théorie des ensembles, mais leur procédé n'est légitime que grâce à la théorie des types.

[3]) Cela prouve qu'on peut fonder la théorie des ensembles finis sans faire appel à la notion d'ordre, contrairement à l'opinion de M. **Schoenflies** qui écrit dans l'introduction à la deuxième édition de son livre connu: „Eine Begründung der ersten Sätze über endliche Mengen und Zahlen ist ohne den Ordnungsbegriff unmöglich" (*Entwickelung der Mengenlehre*..., Leipzig unh Berlin, 1913, p. V).

termine une propriété dont jouissent tous ses éléments et seulement eux (à savoir, la propriété d'appartenir à cette classe), tandis que l'on peut démontrer à l'aide des axiomes de M. Zermelo l'existence de propriétés qui ne déterminent aucune classe de tous les objets possédant cette propriété. Or, la tendance d'éliminer de la Théorie des Ensembles les notions générales de „propriété", de „relation" etc. ayant des partisans parmi quelques théoriciens de cette science [1]) je renonce, bien que je ne partage point leur opinion, de généraliser ainsi mes théorèmes, afin de donner à mes raisonnements un fondement indubitable.

Bibliographie.

Je tache dans cet ouvrage de tenir compte des résultats les plus importants contenus dans les travaux suivants:

R. Dedekind: *Was sind und was sollen die Zahlen?* III Auflage, Braunschweig 1911.

C. Kuratowski: *Sur la notion de l'ensemble fini.* Fund. Math., Tom I, Warszawa 1920, p. 130

— *Sur la notion de l'ordre dans la Théorie des Ensembles.* Fund. Math., Tom II, Warszawa 1921, p. 161 [2]).

W. Sierpiński: *L'axiome de M. Zermelo et son rôle dans la Théorie des Ensembles et l'Analyse,* § 1. Extrait du Bulletin de l'Académie des Sciences de Cracovie, Cracovie 1919.

P. Stäckel: *Zu H. Webers Elementarer Mengenlehre.* Jahresberichte der deutschen Mathematiker-Vereinigung. 16 Band, Leipzig 1907, p. 425.

H. Weber: *Elementare Mengenlehre.* Jahresberichte..., 15 Band, Leipzig 1906, p. 27?.

A. N. Whitehead and B Russell: *Principia Mathematica.* Vol. II, Part III, Section C et Vol. III, Part V, section E. Cambridge 1912—1913.

E. Zermelo: *Sur les ensembles finis et le principe de l'induction complète.* Acta Mathematica, 32. Stockholm 1909, p. 185.

Über die Grundlagen der Arithmetik. Atti del IV Congresso Internationale dei Mathematici, Vol II, Sezione I, Roma 1909.

Notations.

Je désigne par „a", „b"... les objets dont je n'admets pas l'hypothèse qu'ils soient des ensembles;

„ „A", „B"... les ensembles sur les éléments desquels je n'admets pas par hypothèse qu'ils soient des ensembles;

[1]) Cf. C. Kuratowski, *Sur la notion de l'ordre dans la Théorie des Ensembles,* Fundamenta Mathematicae, T. II (1921), p 163.

[2]) Je citerai ces ouvrages comme C. Kuratowski I, resp. II.

Je désigne par „K", „L", „M"... les ensembles des ensembles, que j'appelle „ d'habitude „classes des ensembles";
„ „$\mathcal{F}$", „$\mathcal{H}$", „$\mathcal{L}$"... les classes des classes des ensembles, que j'appelle parfois „familles des classes".

Au lieu de	„ensemble vide"	j'écris	„0";
„	„ensemble composé d'un seul élément „a"	„	„(a)";
„	„ensemble composé des deux éléments a et b"	„	„(a, b)";
„	„a est élément de (appartient à) A"	„	„$a \varepsilon A$";
„	„a n'est pas élément (n'appartient pas à) A"	„	„$a \bar{\varepsilon} A$";
„	„a est identique à b"	„	„$a = b$";
„	„a est différent de b"	„	„$a \neq b$";
„	„A est sous-ensemble de B (B contient A)"	„	„$A \subset B$";
„	„somme des ensembles A et B"	„	„$A + B$";
„	„différence des ensembles A et B"	„	„$A - B$";
„	„partie commune des ensembles A et B"	„	„$A \times B$";
„	„classe de tous les sous-ensembles de l'ensemble A"	„	„$S(A)$";
„	„somme de tous les ensembles-éléments de K [1])"	„	„$\Sigma(K)$";
„	„partie commune de tous les ensembles-éléments de K [2])"	„	„$\Pi(K)$";
„	„produit de tous les ensembles-éléments de K [3])"	„	„$P(K)$".

§ 1. La définition fondamentale de l'ensemble fini.

Je commence par introduire deux notions dont je vais me servir dans la suite.

Définition 1. *Elément irréductible d'une classe K d'ensembles est tout ensemble A tel que*

I. $A \varepsilon K$,

II. *aucun vrai sous-ensemble de A n'appartient à K*

(autrement dit:

$$\text{si } B \subset A \quad \text{et} \quad B \varepsilon K, \quad \text{on a} \quad B = A).$$

Définition 2. *Elément saturé d'une classe K d'ensembles est tout ensemble A tel que*

I. $A \varepsilon K$,

II. *A n'est vrai sous-ensemble d'aucun élément de K*

[1]) „Vereinigungsmenge" ibid., Axiom V, p. 265.

[2]) „Durchschnittmenge" ibid., 9, p. 264.

[3]) „Produkt" ou „Verbindungsmenge", ibid., 13, p. 266, c'est-à-dire la classe de tous les sous-ensembles de $\Sigma(K)$ qui ont avec chaque ensemble appartenant à K un seul élément commun. Cette notion n'est définie que pour les classes K des ensembles disjoints, c. à d. assujetties à la condition:

$$\text{si } A \varepsilon K \quad \text{et} \quad B \varepsilon K, \quad \text{on a} \quad A \times B = 0.$$

(autrement dit:

$$\text{si } A \subset B \quad \text{et} \quad B \varepsilon K, \quad \text{on a} \quad A = B \text{ [1]}).$$

On peut formuler à l'aide de chacune de ces deux notions une définition correspondante de l'ensemble fini. Ayant à employer dans la suite les deux définitions ainsi obtenues, je vais en prendre l'une comme point de départ et je donnerai l'autre comme le théorème 3.

Définition 3. *L'ensemble A est fini lorsque toute classe non-vide K de ses sous-ensembles admet au moins un élément irréductible* [2]).

Je vais démontrer tout d'abord deux lemmes suivants:

Lemme 1. *Toute classe non-vide K de sous-ensembles d'un ensemble fini A admet au moins un élément saturé.*

Démonstration. Désignons par L la classe de tous les sous-ensembles B de l'ensemble A tels que

$$A - B \varepsilon K.$$

La classe L n'est pas vide. En effet, si

$$C \varepsilon K,$$

on a en vertu de l'hypothèse du théorème

$$C \subset A,$$

$$C = A - (A - C),$$

d'où d'après la définition de la classe L,

$$A - C \varepsilon L.$$

Par conséquent la classe L admet, conformément à la définition 3, au moins un élément irréductible D.

Je vais prouver que $A - D$ est un élément saturé de K.

D'abord la définition de la classe L donne:

$$(1) \qquad A - D \varepsilon K.$$

[1]) Les termes „irréductible" et „saturé" sont introduits et définis par Janiszewski dans un sens plus général. Voir *Journ. de l'École Polytechnique*, 1912, Chap. I (Thèse).

[2]) On peut remplacer dans la définition 3 les mots „de sous-ensembles" par „dont A est élément". Mais la définition du texte est peut-être plus avantageuse, car elle donne un critère qui permet de décider si un ensemble est fini ou non en considérant uniquement cet ensemble et les classes de ses sous-ensembles.

Supposons ensuite qu'un ensemble E remplit les conditions:

(2) $$E \varepsilon K,$$

(3) $$A - D \subset E.$$

On a en vertu de (2)

(4) $$E \subset A,$$

(5) $$E = A - (A - E),$$

d'où

(6) $$A - E \varepsilon K.$$

D'autre part on conclut de (3) que

(7) $$A - E \subset D.$$

Or, l'ensemble D étant un élément irréductible de K, les formules (6) et (7) donnent conformément à la définition 1:

(8) $$A - E = D,$$

(9) $$A - D = E.$$

Nous avons donc démontré que l'ensemble $A—D$, qui conformément à (1) appartient à la classe K, n'est pas vrai sous-ensemble d'aucun élément de cette classe (puisque (2) et (3) entrainent (9)). $A - D$ est donc, selon la déf. 2, un élément saturé de K, c. q. f. d.

Lemme 2 (inverse). *Si toute classe K non-vide de sous-ensembles de l'ensemble A admet au moins un élément saturé, l'ensemble A est fini.*

La démonstration est tout à fait analogue à celle du lemme précédent.

Les deux lemmes permettent d'établir le théorème suivant:

Théorème 3. *Pour qu'un ensemble A soit fini il faut et il suffit que toute classe non-vide K de ses sous-ensembles admette au moins un élément saturé.*

§ 2. Ensembles élémentaires et opérations sur les ensembles finis.

Théorème 4. 0 *est un ensemble fini.*

Théorème 5. *a étant un objet quelconque, (a) est un ensemble fini.*

Pour démontrer ces deux théorèmes, il suffit d'envisager toutes les classes non-vides de sous-ensembles de 0 et (a). L'ensemble 0

[1]) E. Zermelo (op. cit, Axiom II, p. 263) appelle ainsi l'ensemble vide et les ensembles composés d'un seul ou de deux éléments.

ne possède qu'une seule classe pereille, à savoir la classe (0); l'ensemble (a) en a trois: (0), $((a))$ et $(0, (a))$. Or on voit que chacune de ces classes admet un élément irréductible.

Théorème 6. *A et B étant des ensenbles finis, $A+B$ l'est également.*

Démonstration. Considérons une classe non-vide $\boldsymbol{K}$ quelconque de sous-ensembles de $A+B$. Soit L la classe de tous les sous-ensembles de A dont chacun étant ajouté à un sous-ensemble convenablement choisi de B donne un élément de la classe $\boldsymbol{K}$.

La classe L n'est pas vide. Il existe en effet un ensemble C tel que

$$C \varepsilon \boldsymbol{K}.$$

On en conclut que

$$C \subset A+B,$$
$$C = C \times A + C \times B;$$

et comme

$$C \times A \subset A,$$
$$C \times B \subset B,$$

on a en vertu de la définition de la classe L,

$$C \times A \,\varepsilon\, \boldsymbol{L}.$$

D'après la définition 3 il existe dans la classe L au moins un élément irréductible D. On a donc

(1) $$D \varepsilon \boldsymbol{L},$$
d'où
(2) $$D \subset A.$$

Désignons par $\boldsymbol{M}$ la classe de tous les sous-ensembles E de B qui satisfont à la condition:

$$D + E \,\varepsilon\, \boldsymbol{K}.$$

En raison de (1) et de la définition de la classe L, la classe M n'est pas vide. Elle admet donc un élément irréductible F. On a donc

(3) $$F \varepsilon \boldsymbol{M},$$
(4) $$F \subset B,$$
(5) $$D + F \,\varepsilon\, \boldsymbol{K}.$$

où les formules (4) et (5) résultent immédiatement de la définition de la classe $\boldsymbol{M}$.

Nous allons démontrer que $D + F$ est un élément irréductible de K. Supposons en effet qu'un ensemble G remplit les conditions:

(6) $$G \varepsilon K,$$

(7) $$G \subset D + F,$$

d'où

(8) $$G = G \times D + G \times F.$$

Comme conformément à (2) et (4) on a

(9) $$G \times D \subset D \subset A,$$

(10) $$G \times F \subset F \subset B,$$

on obtient en vertu de (6), de (8) et de la définition de L:

(11) $$G \times D \varepsilon L.$$

Or, D étant un élément irréductible de L, on a selon (9) et (11)

(12) $$G \times D = D,$$

et en raison de (8) et (12)

(13) $$G = D + G \times F.$$

D'une façon analogue on conclut en vertu de (6), (10), (13) et de la définition de M que

(14) $$G \times F \varepsilon M.$$

F étant un élément irréductible de M, on a donc

(15) $$G \times F = F$$

et, conformément à (13),

(16) $$G = D + F$$

On voit donc que $D + F$, qui est d'après (5) un élément de K, n'admet aucun vrai sous-ensemble appartenant à cette classe; $D + F$ en est donc un élément irréductible.

Par conséquent une classe arbitraire non-vide de sous-ensembles de $A + B$ admet un élément irréductible, ce qui prouve en vertu de la définition 3 que cet ensemble est fini.

Les théorèmes 5 et 6 impliquent immédiatement le

Corollaire 7. *A étant un ensemble fini et a un objet quelconque, l'ensemble $A + (a)$ est fini.*

En particulier, tout ensemble (a, b) où a et b sont objets quelconques est fini.

Théorème 8. *Tout sous-ensemble B d'un ensemble fini A est fini.*

Pour le prouver, il suffit de remarquer que toute classe non-vide de sous ensembles de B est à la fois une classe de sous-ensembles de A et admet par conséquent un élément irréductible.

Des théorèmes démontrés résultent tout à l'heure les théorèmes suivants qui sont leur inversion:

Théorème 9. *$A+B$ étant un ensemble fini, chacun des ensembles A et B est fini.*

Il suffit de remarquer que

$$A \subset A + B,$$
$$B \subset A + B$$

et d'appliquer le théorème 8.

Théorème 10. *Chaque vrai*[1]) *sous-ensemble de l'ensemble A étant fini, l'ensemble A l'est aussi.*

Démonstration. Nous pouvons poser:

$$A \neq 0,$$

puisque dans le cas contraire le théorème est évident. Soit donc

$$a \varepsilon A.$$

$A-(a)$ est évidemment un vrai sous-ensemble de A; il est donc fini. Mais comme on a l'identité

$$A = [A-(a)] + (a),$$

l'ensemble A est fini en vertu du corollaire 7.

Le théorème 8 donne encore les corollaires suivants:

Corollaire 11. *A étant un ensemble fini et B un ensemble quelconque, $A - B$ est un ensemble fini.*

Corollaire 12. *A étant un ensemble fini et B un ensemble quelconque, $A \times B$ est un ensemble fini.*

On a, en effet,

$$A - B \subset A,$$
$$A \times B \subset A.$$

[1]) Dans le théorème 10, qui présente l'inversion du théorème 8, il faudrait strictement dit omettre le mot „vrai"; mais dans ce cas le théorème deviendrait trivial.

Les propositions inverses par rapport aux deux théorèmes précédents sont évidemment fausses. On peut s'en convaincre soit à l'aide de l'axiome VII de M. Zermelo (*axiome de l'infini*) soit en s'appuyant, en général, sur un système quelconque, pourvu que ses axiomes impliquent l'existence des ensemble infinis.

Par exemple, dans l'Arithémique des nombres naturels l'ensemble A des nombres premiers, l'ensemble B des nombres impaires et l'ensemble C des nombres pairs sont infinis, tandis que l'ensemble

$$A - B = A \times C = (2)$$

est fini.

Nous avons donc examiné dans ce § ce que l'on peut dire des ensembles: $A + B$, $A - B$, $A \times B$, lorsqu'on sait que l'un des ensembles A et B ou les deux à la fois sont finis; nous avons étudié aussi les problèmes inverses. Les questions analogues concernant le produit des ensembles A et B trouveront leurs réponses dans le § 4. (cf. les corollaires 24 et 26).

§ 3. Le principe d'induction complète pour les ensembles finis. Les définitions de MM. Russell, Sierpiński et Kuratowski.

J'appelle „*principe d'induction complète pour les ensembles finis*" ou, tout court, „*principe d'induction*" le théorème suivant, qui va jouer un rôle important dans la suite.

Théorème 13. *Si A est un ensemble fini, A appartient à toute classe d'ensembles K qui satisfait aux conditions:*

I. $0 \varepsilon K$;

II. *si $B \varepsilon K$ et $a \varepsilon A$, on a $B + (a) \varepsilon K$.*

Démonstration. Soit K une classe d'ensembles satisfaisant aux conditions I et II.

Considérons la classe $S(A) \times K$. Elle n'est pas vide, puisque en vertu de la condition I et de la formule

$$0 \varepsilon S(A)$$

(qui est évidemment vraie), on a

$$0 \varepsilon S(A) \times K.$$

Par conséquent, en raison du lemme 1, il existe au moins un ensemble B tel que

(1) B est élément saturé de $S(A) \times K$.

Je vais prouver que

$$B = A.$$

Supposons, en effet, que

$$(2) \qquad B \neq A.$$

En vertu de (1) on a

$$(3) \qquad B \subset A$$

et, selon (2) et (3),

$$(4) \qquad A - B \neq 0.$$

Posons

$$(5) \qquad a \,\varepsilon\, A - B,$$

d'où

$$(6) \qquad a \,\varepsilon\, A,$$

$$(7) \qquad a \,\bar{\varepsilon}\, B.$$

Les propositions (1) et (6) impliquent, en vertu de la condition II, que

$$(8) \qquad B + (a) \,\varepsilon\, \boldsymbol{K},$$

d'où, selon (3) et (6),

$$(9) \qquad B + (a) \,\varepsilon\, S(A) \times \boldsymbol{K}.$$

Or, comme

$$(10) \qquad B \subseteq B + (a),$$

on a d'après (1) et (9)

$$(11) \qquad B = B + (a),$$

$$(12) \qquad a \,\varepsilon\, B.$$

L'hypothèse (2) conduit donc à la contradiction (dans les formules (7) et (12)), ce qui nous contraint d'admettre que

$$(12) \qquad B = A,$$

d'où, selon (1),

$$A \,\varepsilon\, \boldsymbol{K}, \quad \text{c. q. f. d.}$$

Il est aisé également de démontrer le théorème inverse:

Théorème 14. *Si A appartient à chaque classe d'ensembles $\boldsymbol{K}$ qui remplit les conditions I et II du théorème 13, A est un ensemble fini.*

D é m o n s t r a t i o n. Soit $\boldsymbol{K}$ la classe de tous les sous-ensembles finis de A. Conformément au théorème 4 et au corollaire 7, cette classe remplit les conditions I et II.

Par conséquent

$$A \,\varepsilon\, \boldsymbol{K}$$

ce qui veut dire que A est un ensemble fini.

Les théorèmes 13 et 14 donnent le

Corollaire 15. *Pour que l'ensemble A soit fini, il faut et il suffit, que A appartienne à toute classe d'ensembles $\boldsymbol{K}$ qui remplit les conditions I et II du théorème 13.*

Ce corollaire figure comme théorème dans le système de Russell et Whitehead sous une forme un peu modifiée [1]). Déjà ces deux auteurs constatent qu'il peut être admis comme définition de l'ensemble fini. Ce fut la première des définitions ne faisant plus usage de notions telles que l'égalité des puissances et l'ordre.

La définition établie par M. Sierpiński [2]) est rapprochée de la précédente. Je la donne ici comme théorème 16, en la modifiant de façon qu'elle embrasse également l'ensemble 0 et qu'elle soit correcte envers le système de M. Zermelo.

Théorème 16. *Pour que l'ensemble A soit fini, il faut et il suffit qu'il appartienne à toute classe $\boldsymbol{K}$ d'ensembles qui satisfait aux conditions:*

I. $0 \varepsilon \boldsymbol{K}$;

II. *si* $a \varepsilon A$, $(a) \varepsilon \boldsymbol{K}$;

III. *si* $B \varepsilon \boldsymbol{K}$ *et* $C \varepsilon \boldsymbol{K}$, *on a* $B + C \varepsilon \boldsymbol{K}$;

Pour prouver que cette condition est nécessaire, on applique le raisonnement tout à fait analogue à celui de la démonstration du théorème 13. Pour prouver qu'elle est suffisante, on raisonne comme dans la démonstration du théorème 14 à cette différence près qu'au lieu de se servir du corollaire 7, on fait usage des théorèmes 5 et 6.

Une autre modification de la définition de M. Sierpiński, également correcte au point de vue du système de M. Zermelo, a été signalée par M. Kuratowski [3]). Je la donne ici en la modifiant de façon à la faire englober aussi l'ensemble vide.

Théorème 17. *Pour que l'ensemble A soit fini, il faut et il suffit que la classe $S(A)$ soit la seule classe d'ensembles $\boldsymbol{K}$ qui satisfait aux conditions:*

[1]) A. N. Whitehead and B. Russell. op. cit., Vol. II, *120·23.

[2]) W. Sierpiński. *L'axiome de M. Zermelo* etc., p. 106.

[3]) C. Kuratowski, I, p. 130—131. Cette définition présente l'avantage indiqué dans la note [2]) p. 49. Il n'en est pas ainsi des définitions de MM. Russell et Sierpiński.

I. $\boldsymbol{K} \subset \boldsymbol{S}(A)$;

II. $0 \varepsilon \boldsymbol{K}$;

III. *si* $a \varepsilon A$, $(a) \varepsilon \boldsymbol{K}$;

IV. *si* $B \varepsilon \boldsymbol{K}$ *et* $C \varepsilon \boldsymbol{K}$, *on a* $B + C \varepsilon \boldsymbol{K}$.

Démonstration.

(a) La condition est nécessaire. La classe $\boldsymbol{S}(A)$ remplit évidemment les conditions I—IV. Considérons maintenant une classe arbitraire $\boldsymbol{K}$ qui satisfait également à ces conditions et un sous-ensemble quelconque D de A.

En vertu du théorème 8,

(1) D est un ensemble fini.

Conformément aux conditions II—IV, on a

(2) $$0 \varepsilon \boldsymbol{S}(D) \times \boldsymbol{K};$$

(3) $$\text{si } E \varepsilon \boldsymbol{S}(D) \times \boldsymbol{K} \text{ et } d \varepsilon D, \ E + (d) \varepsilon \boldsymbol{S}(D) \times \boldsymbol{K}.$$

En appliquant le principe d'induction (le théorème 13), on conclut donc, selon (1), (2) et (3), que

(4) $$D \varepsilon \boldsymbol{S}(D) \times \boldsymbol{K},$$

d'où

(5) $$D \varepsilon \boldsymbol{K}.$$

Or, D étant un sous-ensemble tout à fait arbitraire de A, on peut affirmer que

(6) $$\boldsymbol{S}(A) \subset \boldsymbol{K}.$$

En rapprochant ce résultat avec la condition I de notre théorème, on obtient

$$\boldsymbol{S}(A) = \boldsymbol{K}.$$

(b) La condition est suffisante. Désignons, en effet, par $\boldsymbol{K}$ la classe de tous les sous-ensembles finis de A. Conformément aux théorèmes 4, 5 et 6 la classe $\boldsymbol{K}$ satisfait aux conditions I—IV de sorte que l'on a

$$\boldsymbol{S}(A) = \boldsymbol{K}.$$

Or, comme

$$A \varepsilon \boldsymbol{S}(A),$$

on a

$$A \varepsilon \boldsymbol{K}$$

et A est un ensemble fini c. q. f. d.

Le théorème qui précède implique que la définition 3 et celle de M. Kuratowski sont équivalentes. Cette dernière définition étant équivalente à la définition arithmétique habituelle [1]), la définition 3 lui équivaut également.

§ 4. Sur les classes d'ensembles finis et les classes finies d'ensembles.

Je vais commencer par introduire quelques notions, au premier rang celle de la *paire ordonnée* définie d'une façon à la fois précise et commode par M. Kuratowski [2]). Je démontre ensuite le lemme 18, qui est formulé à l'aide d'une de ces notions et dont je ferai plusieurs fois usage dans la suite.

Définition 4. *Paire ordonnée, dont le premier membre est l'objet a et le second l'objet b, est la classe* $((a, b), (a))$.

Au lieu de „paire ordonnée dont le premier membre est a et le second est b" j'écrirai „$p(a, b)$".

Cette définition donne ausitôt la conclusion suivante:

$$\text{si } p(a, b) = p(c, d), \text{ on a } a = c \text{ et } b = d.$$

Définition 5. *La classe $\mathfrak{K}$ transforme d'une façon univoque l'ensemble A en l'ensemble B, si les conditions suivantes sont remplies:*

I. si $a \varepsilon A$, il existe un élément b et un seul de B tel que l'on ait

$$p(a, b) \; \varepsilon \; \mathfrak{K};$$

II. si $b \varepsilon B$, il existe au moins un élément a de A tel que l'on ait

$$p(a, b) \; \varepsilon \; \mathfrak{K}.$$

Définition 6. *La classe $\mathfrak{K}$ transforme d'une façon biunivoque l'ensemble A en l'ensemble B, si les conditions suivantes sont remplies:*

I. si $a \varepsilon A$, il existe un élément b et un seul de B tel que l'on ait

$$p(a, b) \; \varepsilon \; \mathfrak{K};$$

II. si $b \varepsilon B$, il existe un élément a et un seul de A tel que l'on ait

$$p(a, b) \; \varepsilon \; \mathfrak{K}.$$

[1]) C. Kuratowski, I, p. 130—131.

[2]) C. Kuratowski, II, p. 171. Cf. aussi F. Hausdorff, op. cit., p. 32.

Je suppose ici que les théorèmes généraux, qui concernent la transformation univoque ou biunivoque, sont connus (p. ex. les théorèmes sur la transformation de la somme des ensembles, sur leur produit, sur les sous-ensembles d'un ensemble transformé etc.) [1].

Lemme 18. *Si la classe $\mathscr{H}$ transforme d'une façon univoque l'ensemble A en l'ensemble B et l'ensemble A est fini, l'ensemble B l'est également.*

Démonstration. C étant un sous-ensemble arbitraire de A, il existe, comme on sait, un sous-ensemble D de B et un seul tel que la classe $\mathscr{H}$ transforme C en D. Désignons cet ensemble par $\Phi(C)$.

Soit L la classe de tous les ensembles C tels que l'on ait:

I. $C \subset A$,

II. $\Phi(C)$ est un ensemble fini.

Nous allons établir au préable deux lemmes (a) et (b):

(a) $0 \varepsilon L$.

C'est évident, car $\Phi(0) = 0$.

(b) Si $C \varepsilon L$ et $a \varepsilon A$, on a $C + (a) \varepsilon L$.

La condition I de la définition de L donne en effet:

$$C \subset A, \tag{1}$$

d'où

$$C + (a) \subset A. \tag{2}$$

D'autre part, il n'existe, selon la définition 5, qu'un seul élément b de B tel que

$$p(a, b) \ \varepsilon \ \mathscr{H}, \tag{3}$$

d'où d'après la définition de la fonction Φ

$$\Phi((a)) = (b), \tag{4}$$

$$\Phi(C + (a)) = \Phi(C) + \Phi((a)) = \Phi(C) + (b). \tag{5}$$

De la condition II et de (5) on conclut conformément au corollaire 7, que

(6) $\Phi(C + (a))$ est un ensemble fini.

Il résulte de (2) et (6) que

$$C + (a) \ \varepsilon \ L \quad \text{c. q. f. d.}$$

[1] Cf. R. Dedekind, op. cit., §§ 2—4.

Ceci dit, nous allons reprendre la démonstration du lemme 18. A étant un ensemble fini, on peut, après avoir établi les lemmes (a) et (b), y appliquer le principe d'induction. On obtient:

(7) $$A \varepsilon L,$$

d'où

(8) $\Phi(A)$ est un ensemble fini.

Mais, selon l'hypothèse, on a

(9) $$\Phi(A) = B.$$

En vertu de (8) et (9) l'ensemble B est donc fini.

Je reviens maintenant aux théorèmes, qui se rapprochent par leurs caractéres de ceux du § 2 et qui en présentent parfois une généralisation.

Théorème 19. *L'ensemble A étant fini, la classe $S(A)$ est finie aussi.*

Démonstration. Désignons par L la classe de tous les ensembles B qui satisfont aux conditions:

I. $B \subset A$

II. la classe $S(B)$ est finie.

Il est évident que

(a) $0 \varepsilon L$,

car

$$0 \subset A$$

et

$$S(0) = (0).$$

Je vais prouver que

(b) si $B \varepsilon L$ et $a \varepsilon A$, on a $B + (a) \varepsilon L$.

Pour le démontrer on peut évidemment poser:

(1) $$a \bar{\varepsilon} B.$$

Désignons par $\mathfrak{K}$ la classe de toutes les paires ordonnées qui se présentent sous la forme

$$p(C, C + (a))$$

où

$$C \varepsilon S(B).$$

En vertu de (1), on obtient

(2) $$\text{si } C \varepsilon S(B), \text{ on a}$$
$$C + (a) \varepsilon S(B + (a)) - S(B)$$
$$\text{et } p(C, C + (a)) \varepsilon \mathfrak{K};$$

(3) $$\text{si } D \,\varepsilon\, S(B + (a)) - S(B), \text{ on a}$$
$$D - (a) \,\varepsilon\, S(B)$$
$$\text{et } p(D - (a), D) \,\varepsilon\, \mathcal{H}.$$

On conclut donc, d'après (2), (3), la définition de $\mathcal{H}$ et la définition 5 que la classe $\mathcal{H}$ transforme d'une façon univoque la classe $S(B)$ en la classe $S(B + (a)) - S(B)$, d'où, conformément au lemme précédent, on a

(4) la classe $S(B + (a)) - S(B)$ est finie.

Mais comme

(5) $$S(B) \subset S(B + (a)),$$

on obtient:

(6) $$S(B + (a)) = [S(B + (a)) - S(B)] + S(B).$$

Or, en vertu de (4), (6) et de la condition II, on a en appliquant le théorème 6:

(7) la classe $S(B + (a))$ est finie.

Comme en même temps la condition I de la définition de L donne

(8) $$B + (a) \subset A,$$

on peut donc affirmer, selon (7) et (8), que
$$B + (a) \,\varepsilon\, L.$$

Les lemmes (a) et (b) démontrés, on en conclut en vertu du principe d'induction, que
$$A \,\varepsilon\, L,$$

d'où, selon la condition II, la classe $S(A)$ est finie c. q. f. d.

Théorème 20. *Si* $\boldsymbol{K}$ *est une classe finie d'ensembles et tout élément de* $\boldsymbol{K}$ *est un ensemble fini, l'ensemble* $\Sigma(\boldsymbol{K})$ *est également fini.*

Démonstration. Soit $\mathcal{F}$ la famille de toutes les classes L remplissant les conditions:

I. $L \subset K$,

II. $\Sigma(L)$ est un ensemble fini.

Je dis que

(a) $0 \,\varepsilon\, \mathcal{F}$.

En effet, on a
$$0 \subset K$$
et
$$\Sigma(0) \text{ est un ensemble fini, car } \Sigma(0) = 0.$$

(b) Si $\boldsymbol{L} \varepsilon \mathfrak{F}$ et $A \varepsilon \boldsymbol{K}$. on a $\boldsymbol{L} + (A) \varepsilon \mathfrak{F}$.

La condition I donne en effet

$$(1) \qquad \boldsymbol{L} + (A) \subset \boldsymbol{K}.$$

Comme on a en même temps

$$(2) \qquad \Sigma(\boldsymbol{L} + (A)) = \Sigma(\boldsymbol{L}) + A,$$

on en conclut, selon l'hypothèse et la condition II, en y appliquant le théorème 6, que

(3) $\Sigma(\boldsymbol{L} + (A))$ est un ensemble fini.

On a, par conséquent, en vertu de (1) et (3),

$$\boldsymbol{L} + (A) \varepsilon \mathfrak{F}.$$

Les lemmes (a) et (b) établis, on en conclut, en appliquant le principe d'induction:

$$\boldsymbol{K} \varepsilon \mathfrak{F}.$$

L'ensemble $\Sigma(\boldsymbol{K})$ est donc fini c. q. f. d.

Nous pouvons à présent démontrer les théorèmes inverses aux deux précédents.

Théorème 21. *Si la classe $\boldsymbol{S}(A)$ est finie, l'ensemble A est fini.*

Démonstration. Désignons par $\boldsymbol{K}$ la classe de tous les sous-ensembles finis de A.

On a

$$(1) \qquad \boldsymbol{K} \subset \boldsymbol{S}(A),$$

ce qui prouve, conformément au théorème 8, que $\boldsymbol{K}$ est une classe finie.

Or, en appliquant le théorème précédent, on obtient:

(2) $\Sigma(\boldsymbol{K})$ est un ensemble fini.

D'autre part, conformément au théorème 5 et à la définition de $\boldsymbol{K}$, on a:

$$(3) \qquad \text{si } a \varepsilon A, \ (a) \varepsilon \boldsymbol{K}.$$

Donc

$$(4) \qquad \Sigma(\boldsymbol{K}) = A.$$

On en conclut, selon (2) et (4), que l'ensemble A est fini. c. q. f. d.

Théorème 22. *L'ensemble $\Sigma(\boldsymbol{K})$ étant fini, on a:*

I. la classe $\boldsymbol{K}$ est finie,

II. chaque élément de $\boldsymbol{K}$ est un ensemble fini.

D é m o n s t r a t i o n. La proposition I résulte de la formule

$$K \subset S(\Sigma(K)),$$

où $S(\Sigma(K))$ est une classe finie en vertu du théorème 19.

Quant à la proposition II, il suffit de remarquer que:

la condition $A \varepsilon K$ entraîne $A \subset \Sigma(K)$.

Théorème 23. *Si K est une classe finie d'ensembles disjoints et tout élément de K est un ensemble fini, $P(K)$ est également une classe finie.*

Pour le démontrer il suffit de remarquer que

$$P(K) \subset S(\Sigma(K))$$

et d'appliquer successivement les théorèmes 20, 19 et 8.

On en tire en particulier ce

Corollaire 24. *A et B étant des ensembles finis et disjoints, leur produit, c'est-à-dire la classe $P((A, B))$, est aussi fini.*

Les deux propositions qui viennent d'être démontrées ne sont pas susceptibles d'inversion. La définition du produit implique en effet tout de suite que

$$\text{si } 0 \varepsilon K, \text{ on a } P(K) = 0.$$

Il en résulte que, A étant un ensemble donné dont on ait prouvé qu'il n'est pas fini, si l'on pose

$$K = (A, 0),$$

on obtient la conclusion:

la classe $P(K)$, c'est-à-dire le produit des ensembles A et 0, est finie, malgré que l'élément A de cette classe ne soit pas fini.

Par contre l'inversion partielle du théorème 23 donne le v r a i théorème suivant:

Théorème 25. *K étant une classe d'ensembles disjoints, si la classe $P(K)$ est finie et non-vide, chaque ensemble A appartenant à K est fini.*

D é m o n s t r a t i o n. Je n'indiquerai que la marche générale du raisonnement.

Désignons par $\mathcal{F}$ la famille de toutes les classes L qui satisfont aux conditions:

I. $L \subset P(K)$,

II. $A \times \Sigma(L)$ est un ensemble fini.

On démontre facilement les deux lemmes:

(a) $0 \varepsilon \mathcal{F}$;

(b) si $L \varepsilon \mathcal{F}$ et $B \varepsilon P(K)$, on a $L + (B) \varepsilon \mathcal{F}$.

Pour établir le lemme (b), il suffit de remarquer que

$$A \times \Sigma(L + (B)) = A \times (\Sigma(L) + B) = A \times \Sigma(L) + A \times B$$

et que, conformément à la définition du produit, l'ensemble $A \times B$ n'admet qu'un seul élément.

En tenant compte, que $P(K)$ est une classe finie, et en appliquant le principe d'induction, on obtient:

(1) $$P(K) \varepsilon \mathfrak{F},$$

d'où, selon la condition II,

(2) $A \times \Sigma(P(K))$ est un ensemble fini.

Or, on peut prouver sans peine dans la Théorie générale des Ensembles que la formule

$$P(K) \neq 0$$

implique que

(3) $$\Sigma(P(K)) = \Sigma(K).$$

Donc, d'après (2) et (3),

(4) $A \times \Sigma(K)$ est un ensemble fini.

Mais

(5) $$A \subseteq \Sigma(K),$$

d'où

(6) $$A = A \times \Sigma(K).$$

Les formules (4) et (6) prouvent que l'ensemble A est fini c. q. f. d.

Il en résulte aussitôt le

Corollaire 26. *Si le produit de deux ensembles disjoints non-vides A et B est fini, chacun de ces ensembles est fini aussi.*

Lorsque $P(K)$ est une classe finie, on ne peut en conclure que K est également une classe finie. D'après les considérations qui précèdent c'est évident dans le cas où

$$P(K) = 0.$$

En effet, si on a démontré d'une classe L d'ensembles disjoints, qu'elle est infinie, on obtient en posant

$$K = L + (0)$$

que

$P(K)$ est une classe finie, égale à 0 (puisque $0 \varepsilon K$), malgré que K soit en même temps une classe infinie.

Plus encore: même si l'on sait que

$$P(K) \neq 0$$

on ne peut en conclure que K est une classe finie.

En effet, étant prouvé d'un ensemble A qu'il est infini, on parvient facilement à démontrer que, $\boldsymbol{K}$ désignant la classe de tous les sous-ensembles de A qui n'admettent qu'un seul élément, on a

$$\boldsymbol{P}(\boldsymbol{K}) = (\Sigma(\boldsymbol{K})) = (A):$$

or, la classe $\boldsymbol{P}(\boldsymbol{K})$ reste de nouveau finie bien que $\boldsymbol{K}$ est une classe infinie.

Par contre, on peut démontrer le théorème suivant:

Théorème 27. *Si pour une classe quelconque $\boldsymbol{K}$ d'ensembles disjoints et ayant plus d'un élément la classe $\boldsymbol{P}(\boldsymbol{K})$ est finie et non-vide, $\boldsymbol{K}$ est aussi une classe finie.*

Démonstration. Voici la marche du raisonnement en points les plus importants.

Soit $\mathcal{H}$ la classe de toutes les paires ordonnées qui se présentent sous la forme

$$p(\boldsymbol{L}, \Sigma(\boldsymbol{L}) - \Pi(\boldsymbol{L})),$$

où $\boldsymbol{L}$ remplit la condition:

$$\boldsymbol{L} \subset \boldsymbol{P}(\boldsymbol{K}).$$

Désignons par $\boldsymbol{M}$ la classe de tous les ensembles A tels que l'on ait pour une certaine classe $\boldsymbol{L}$

I. $A = \Sigma(\boldsymbol{L}) - \Pi(\boldsymbol{L})$,

II. $\boldsymbol{L} \subset \boldsymbol{P}(\boldsymbol{K})$.

Conformément à la définition 5, la classe $\mathcal{H}$ transforme la famille de classes $S(\boldsymbol{P}(\boldsymbol{K}))$ en la classe $\boldsymbol{M}$ d'une façon univoque.

On a, en vertu du théorème 19,

(1) la famille de classes $S(\boldsymbol{P}(\boldsymbol{K}))$ est finie,

d'où, en appliquant le lemme 18, on obtient:

(2) la classe $\boldsymbol{M}$ est finie.

Je vais prouver que

$$\boldsymbol{K} \subset \boldsymbol{M}.$$

Envisageons, en effet, un ensemble B qui remplit la condition

$$B \varepsilon \boldsymbol{K}. \tag{3}$$

Soit. d'accord avec l'hypothèse du théorème,

$$C \varepsilon \boldsymbol{P}(\boldsymbol{K}). \tag{4}$$

Désignons par $\boldsymbol{L}$ la classe de tous les ensembles D qui satisfont aux conditions:

I. $D \varepsilon \boldsymbol{P}(\boldsymbol{K})$,

II. $D - C \subset B$

(en d'autres termes, l'ensemble D diffère de C tout au plus d'un seul élément, appartenant en même temps à B).

On démontre sans peine que

(5) $$\boldsymbol{L} \subset \boldsymbol{P}(\boldsymbol{K}),$$

(6) $$\Sigma(\boldsymbol{L}) = C + B$$

et, comme l'ensemble B admet plus d'un élément,

(7) $$\Pi(\boldsymbol{L}) = C - B.$$

On a donc, selon (6) et (7),

(8) $$B = (C + B) - (C - B) = \Sigma(\boldsymbol{L}) - \Pi(\boldsymbol{L}).$$

Conformément à la définition de $\boldsymbol{M}$, les formules (5) et (8) impliquent que

(9) $$B \varepsilon \boldsymbol{M}.$$

Ce raisonnement se rapportant à tout ensemble B qui appartient à $\boldsymbol{K}$, on obtient

(10) $$\boldsymbol{K} \subset \boldsymbol{M}$$

de sorte que, en vertu de (2), $\boldsymbol{K}$ est une classe finie c. q. f. d.

Le théorème précédent peut être, bien entendu, énoncé d'une façon un peu plus générale, en remplaçant dans son hypothèse les mots „*ayant plus d'un élément*" par la condition, d'après laquelle la classe des ensembles appartenant à $\boldsymbol{K}$ qui n'admettent qu'un seul élément est finie.

Au théorème 23 se rattache par son énoncé le suivant:

Théorème 28. *Si* $\boldsymbol{K}$ *est une classe non-vide et finie d'ensembles disjoints et tout son élément est non-vide,* $\boldsymbol{P}(\boldsymbol{K})$ *est également une classe non-vide.*

Démonstration. Nous allons de nouveau appliquer le principe d'induction.

Désignons par $\mathscr{F}$ la famille de toutes les classes $\boldsymbol{L}$ telles que l'on ait:

I. $\boldsymbol{L} \subset \boldsymbol{K}$,

II. $\boldsymbol{L} = 0$ ou $\boldsymbol{P}(\boldsymbol{L}) \neq 0$.

Il est évident que

(a) $0 \varepsilon \mathscr{F}$.

Je vais démontrer le lemme:

(b) si $\boldsymbol{L} \varepsilon \mathscr{F}$ et $A \varepsilon \boldsymbol{K}$, on a $\boldsymbol{L} + (A) \varepsilon \mathscr{F}$.

En effet, la condition I de la définition de $\mathcal{F}$ implique que

(1) $$L + (A) \subset \boldsymbol{K}.$$

Soit, conformément à l'hypothèse du théorème:

(2) $$a \varepsilon A.$$

On a, en vertu de la condition II,

(3) $$L = 0 \text{ ou } P(L) \neq 0.$$

Dans le premier cas on aura

(4) $$L + (A) = (A);$$

par conséquent, d'après (2) et selon la définition du produit,

(5) $$(a) \ \varepsilon \ P(L + (A)).$$

Dans le deuxième cas soit

(6) $$B \ \varepsilon \ P(L).$$

On peut poser

(7) $$A \bar{\varepsilon} L,$$

puisque dans le cas contraire le lemme est évident.

On aura donc, en vertu de (2), (6), (7) et de la définition du produit:

(8) $$B + (a) \ \varepsilon \ P(L + (A)).$$

Selon (5) et (8) on obtient en tout cas:

(9) $$P(L + (A)) \neq 0,$$

d'où, conformément à (1) et à la définition de $\mathcal{F}$,

$$L + (A) \ \varepsilon \ \mathcal{F}.$$

Les lemmes (a) et (b) établis, on en conclut que

$$\boldsymbol{K} \varepsilon \mathcal{F},$$

et comme $\boldsymbol{K}$ est une classe non-vide

$$P(\boldsymbol{K}) \neq 0 \qquad \text{c. q. f. d.}$$

Le théorème précédent peut s'énoncer, sans l'aide de la notion du produit, de la façon suivante:

K *étant une classe non-vide et finie d'ensembles non-vides et disjoints, il existe un ensemble qui a avec chaque ensemble appartenant à* ***K*** *un élément commun et un seul.*

On voit ainsi que le théorème, qui vient d'être démontré, n'est autre chose qu'un cas particulier de *l'axiome du choix* de M. Zermelo (pour les classes finies).

Les problèmes analogues aux précédents se rattachent aux éléments de la classe $\boldsymbol{P}(\boldsymbol{K})$. On démontre facilement le suivant:

Théorème 29. *Si* $\boldsymbol{K}$ *et une classe finie d'ensembles disjoints, tout ensemble* A *appartenant à la classe* $\boldsymbol{P}(\boldsymbol{K})$ *est fini.*

Démonstration. Soit $\mathcal{K}$ la classe des toutes les paires ordonnées $p(B, B \times A)$, B étant un ensemble qui appartient à $\boldsymbol{K}$. Désignons par $\boldsymbol{L}$ la classe de tous les sous-ensembles de A qui n'admettent qu'un seul élément.

On a, conformément à la définition 5 et à celle du produit,

(1) la classe $\mathcal{K}$ transforme $\boldsymbol{K}$ en $\boldsymbol{L}$ d'une façon univoque,

d'où, selon le lemme 18,

(2) la classe $\boldsymbol{L}$ est finie.

Or, tout élément de $\boldsymbol{L}$ étant aussi un ensemble fini, on obtient en vertu du théorème 20:

(3) l'ensemble $\Sigma(\boldsymbol{L})$ est fini.

Comme d'autre part

$$\Sigma(\boldsymbol{L}) = A, \tag{4}$$

on conclut, selon (3) et (4), que l'ensemble A est fini c. q. f. d.

Théorème 30 (inverse). *$\boldsymbol{K}$ étant une classe d'ensembles disjoints, si un au moins ensemble A appartenant à la classe $\boldsymbol{P}(\boldsymbol{K})$ est fini, la classe $\boldsymbol{K}$ est finie.*

La démonstration est tout à fait analogue à celle du théorème précédent.

Le théorème 8 donne encore lieu à la généralisation suivante de corollaire 12, correspondante au cycle des théorèmes 19, 20 et 23:

Corollaire 31. *Si un au moins des ensembles appartenant à la classe $\boldsymbol{K}$ est fini, $\Pi(\boldsymbol{K})$ est également un ensemble fini.*

On sait, en effet, que lorsque

$$A \,\varepsilon\, \boldsymbol{K},$$

on a

$$\Pi(\boldsymbol{K}) \subset A.$$

Grâce à la remarque qui accompagne le corollaire 12, il est évident que la proposition inverse n'est pas vraie.

Ainsi nous avons examiné tout ce que l'on peut dire des ensembles ou des classes $S(A)$, $\Sigma(\boldsymbol{K})$, $\boldsymbol{P}(\boldsymbol{K})$, $\Pi(\boldsymbol{K})$, lorsqu'on sait que soit la classe K d'ensembles (ou l'ensemble A), soit leurs éléments, soit enfin l'une et les autres sont finis, et nous l'avons complété par l'étude des problèmes inverses.

§ 5. De la puissance des ensembles finis. La première définition de Dedekind.

Je me propose dans ce § d'étudier les propriétés des ensembles finis liées à la notion de *l'égalité de puissances*. Je n'en donnerai ici, naturellement, que les théorèmes exprimant les propriétés spécifiques d'ensembles finis et ceux que l'on ne sait pas démontrer à l'aide de 5 premiers axiomes de M. Zermelo dans leur forme tout à fait générale. Quant aux autres théorèmes de la Théorie générale des Ensembles, qui concernent l'égalité de puissances, je les suppose ici connus.

En profitant des notions introduites dans le § précédent, je vais formuler la définition générale de l'égalité de puissances de deux ensembles A et B quelconques; je procède donc différemment de M. Zermelo [1]), qui définit cette notion d'abord pour les ensembles disjoints pour l'étendre ensuite aux ensembles arbitraires.

Définition 7. *L'ensemble A est de la même puissance que l'ensemble B*

$$A \sim B,$$

s'il existe une classe $\mathscr{H}$ qui transforme A en B d'une façon biunivoque.

Définition 8. *L'ensemble A a la puissance inférieure à celle de l'ensemble B*

$$A < B$$

et l'ensemble B a la puissance supérieure à celle de l'ensemble A

$$B > A,$$

si

I. l'ensemble A n'est pas de la même puissance que l'ensemble B,

II. l'ensemble A est de la même puissance qu'un sous-ensemble de B.

Théorème 32. *Si A est un ensemble fini et $A \sim B$, B est aussi un ensemble fini.*

Pour le démontrer, il suffit de remarquer qu'en vertu de la définition 7 il existe une classe $\mathscr{H}$ qui transforme A en B d'une

[1]) E. Zermelo, op. cit., 15, p. 267 et 21, p. 269.

façon biunivoque, donc, à raison plus forte, d'une façon univoque. En appliquant le lemme 18, on en conclut que l'ensemble B est fini.

Le théorème précédent implique le

Corollaire 33. *Si A est un ensemble fini et $B < A$, B est aussi un ensemble fini.*

En effet, B est en vertu de la définition 8 de la même puissance qu'un sous-ensemble de A, donc qu'un ensemble fini.

Théorème 34. *A étant un ensemble fini et B un ensemble quelconque, on a*

$$A < B \text{ ou } A \sim B \text{ ou } A > B.$$

Démonstration. Désignons par L la classe de tous les ensembles C tels que

I. $C \subset A$,

II. $C < B$ ou $C \sim B$ ou $C > B$.

Il est évident que

(a) $0 \varepsilon L$.

Car, si $0 = B$, on a

$$0 \sim B,$$

et dans le cas contraire on a

$$0 < B.$$

Nous allons démontrer le lemme:

(b) si $C \varepsilon L$ et $a \varepsilon A$, on a $C + (a) \varepsilon L$.

Nous pouvons supposer à cet effet que

(1) $$a \bar{\varepsilon} C.$$

On a par définition de la classe L

(2) $$C + (a) \subset A$$

et

(3) $$C < B \text{ ou } C \sim B \text{ ou } C > B.$$

Envisageons le premier de ces cas à part de deux autres.

(α) $C < B$.

En vertu de la définition 8, il existe dans ce cas une classe $\mathcal{H}$ qui transforme d'une façon biunivoque l'ensemble C en un certain vrai sous-ensemble D de B.

On a donc

(4) $$D \subset B,$$

(5) $$B - D \neq 0.$$

Soit

(6) $$b \varepsilon B - D.$$

On obtient, selon (4) et (6),

(7) $$D + (b) \subset B,$$

(8) $$b \bar{\varepsilon} D.$$

En vertu de la définition 6, on conclut de (1) et (8) que la classe $\mathcal{K} + (p(a, b))$ transforme $C + (a)$ en $D + (b)$ d'une façon biunivoque, d'où

(9) $$C + (a) \sim D + (b)$$

(on peut évidemment supposer que la classe $\mathcal{K}$ n'admette comme élément aucune pairè ordonnée. dont le premier membre soit a ou le second b).

Les formules (7) et (9) impliquent, conformément à la définition 8, que

(10) $$C + (a) < B \text{ ou } C + (a) \sim B.$$

(β) $C \sim B$ ou $C > B$.

Il est évident que

(11) $$C + (a) \sim C \text{ ou } C + a > C.$$

En vertu des théorèmes connus de la Théorie générale des Ensembles, on conclut facilement de (β) et (11) que

(12) $$C + (a) \sim B \text{ ou } C + (a) > B.$$

On a donc en tout cas, selon (10) et (12):

(13) $$C + (a) < B \text{ ou } C + (a) \sim B \text{ ou } C + (a) > B,$$

ce qui donne, en vertu de (2) et de la définition de L,

$$C + (a) \varepsilon L.$$

En reprenant la démonstration du théorème, nous appliquons le principe d'induction. On obtient

$$A \varepsilon L,$$

d'où $A < B$ ou $A \sim B$ ou $A > B$ c. q. f. d.

Le théorème précédent sous sa forme générale, c'est-à-dire, sans la restriction „*A est un ensemble fini*" est nommé „*loi de la trichotomie*" et équivaut, comme l'a prouvé M. Hartogs[1]), à *l'axiome du choix* de M. Zermelo.

[1]) F. Hartogs, *Ueber das Problem der Wohlordnung*, Mathematische Annalen 76, p. 438—443.

Corollaire 35. *A étant un ensemble fini et B ne l'étant pas, on a*

$$A < B.$$

Il suffit de remarquer que les deux derniers des cas

$$A < B, \; A \sim B \text{ ou } A > B$$

n'entrent pas en considération en vertu du théorème 30 et du corollaire 31.

Un des théorèmes les plus importants de ce § est le suivant:

Théorème 36. *Si A est un ensemble fini et B son vrai sous-ensemble, A n'est pas de la même puissance que B.*

Démonstration. Supposons, par contre, que

(1) $$A \sim B.$$

Il existe donc, conformément à la définition 7, une classe $\mathscr{K}$ qui transforme A en B d'une façon biunivoque.

C étant un sous-ensemble de A, désignons par $\Phi(C)$ le sous-ensemble de A, en lequel la classe $\mathscr{K}$ transforme l'ensemble C. En d'autres termes, $\Phi(C)$ est l'ensemble de tous les éléments a de A qui remplissent la condition:

pour un certain élément c de C, $p(c, a) \, \varepsilon \, \mathscr{K}$.

En particulier on a

(2) $$B = \Phi(A).$$

Soit L la classe de tous les ensembles C qui satisfont aux conditions:

I. $\Phi(C) \subseteq C \subseteq A$,

II. $\Phi(C) \neq C$.

On a, selon (2) et l'hypothèse du théorème:

(3) $$A \, \varepsilon \, L.$$

Or, la classe L n'étant pas vide, il existe, en vertu de la définition 3, un ensemble D tel que l'on ait

(4) D est un élément irréductible de L,

d'où

(5) $$\Phi(D) \subseteq D \subseteq A,$$

(6) $$\Phi(D) \neq D.$$

De (4), (5) et (6) on obtient:

(7) $$\Phi(D) \, \bar{\varepsilon} \, L.$$

D'autre part, on conclut sans peine, en vertu de (5), (6) et de la définition de Φ, que

(8) $$\Phi(\Phi(D)) \subset \Phi(D) \subset A,$$

(9) $$\Phi(\Phi(D)) \neq \Phi(D).$$

Or, la définition de L donne, selon (8) et (9):

(10) $$\Phi(D) \,\varepsilon\, L.$$

La contradiction entre les propositions (7) et (10) prouve que la supposition (1) est fausse. L'ensemble A n'est donc pas de la même puissance que B c. q. f. d.

Le théorème 36 exprime une condition nécessaire pour qu'un ensemble soit fini: cet ensemble ne peut être de la même puissance qu'aucun de ses vrais sous-ensembles. Il est important de constater qu'on ne sait pas démontrer sans *l'axiome du choix* que cette condition est aussi suffisante. Par cela même on ne sait pas établir sans avoir recours à cet axiome l'équivalence de la définition que j'ai adoptée dans cet ouvrage et de la définition suivante de l'ensemble fini, donnée par Dedekind [1]:

„*L'ensemble A est fini, lorsque aucun de ses vrais sous-ensembles n'est de la puissance égale à la sienne* [2]".

La définition de Dedekind est (au point de vue chronologique) la première qui n'est pas fondée sur la notion du nombre naturel. Déjà son auteur a montré lui-même que les ensembles finis ainsi définis jouissent de propriétés analogues à celles que j'ai examinées dans cet ouvrage. MM. Russell et Whitehead appellent dans „*Principia Mathematica* [3]" les ensembles finis dans le sens de Dedekind „*ensembles non-refléchis*" pour les distinguer des „*ensembles inductifs*", c'est-à-dire, finis dans le sens de la définition arithmétique ordinaire. Ils étudient les propriétés de ces deux sortes d'ensembles.

[1] R. Dedekind, op. cit., § 5, p. 17.

[2] Tout au moins toutes les démonstration connues de l'équivalence de la définition de Dedekind et des autres définitions de l'ensemble fini font usage plus ou moins explicité de *l'axiome du choix*. Cf. E. Zermelo, *Sur les ensembles finis...*, p. 190. On peut d'ailleurs, comme l'ont indiqué MM. Russell et Whitehead (op. cit., Vol. II., ∗124.55), appliquer cet axiome sous la forme restreinte aux classes dénombrables.

[3] Vol. II, Part III, Section C, ∗120 et ∗124.

Nous allons indiquer une conclusion intéressante qui résulte de leurs recherches. On peut notamment établir *sans l'aide de l'axiome du choix* l'équivalence de la définition 3 et de la suivante:

„*A est un ensemble fini, lorsque aucune vraie sous-famille de $S(S(A))$ n'est de la puissance égale à celle de $SS(A)$)*".

Ainsi, l'équivalence de cette dernière définition et de celle de Dedekind ne peut être prouvée sans faire intervenir *l'axiome du choix.*

Le théorème 36 implique quelques corollaires importants dont je cite ici les suivants:

Corollaire 37. *A étant un ensemble fini et B son vrai sous-ensemble, on a*

$$B < A.$$

En effèt, comme

$$B \sim B,$$

on a selon la définition 8 une au moins des relations

$$B \sim A \text{ ou bien } B < A,$$

dont la première est impossible en vertu du théorème précédent.

Corollaire 38. *A, B et C étant des ensembles finis, si*

$$A < B \text{ et } B \times C = 0,$$

on a

$$A + C < B + C.$$

Pour le prouver, il suffit de remarquer que $A + C$, en vertu de la définition 8, est de la même puissance qu'un vrai sous-ensemble de $B + C$ et d'appliquer le corollaire qui vient d'être établi.

Corollaire 39. *A, B, C et D étant des ensembles finis, si*

$$A < B,\ C < D \text{ et } B \times D = 0,$$

on a

$$A + C < B + D.$$

On raisonne comme dans la démonstration du corollaire précédent.

Ce corollaire sous sa forme générale (c'est-à-dire, concernant les ensembles quelconques), équivaut à *l'axiome du choix* [1]).

Les deux derniers théorèmes de ce § concernent les propriétés des classes d'ensembles finis.

[1]) Cf. ma Note: „*Sur quelques théorèmes qui équivalent à l'axiome du choix*", Fund. Math., Tom V (1924), p. 147.

Théorème 40. *Toute classe non-vide* $\boldsymbol{K}$ *d'ensembles finis admet au moins un élément A qui remplit la condition:*

$$\text{si } B \varepsilon \boldsymbol{K}, \text{ on a } A < B \text{ ou } A \sim B.$$

Démonstration. Soit

$$(1) \qquad C \varepsilon \boldsymbol{K}.$$

Désignons par L la classe de tous les sous-ensembles D de C qui satisfont à la condition:

$$\text{si } B \varepsilon \boldsymbol{K}, \text{ on a } D < B \text{ ou } D \sim B.$$

Comme on a évidemment

$$0 \varepsilon L,$$

la classe L n'est pas vide. L'ensemble C étant fini, il existe donc, conformément au lemme 1, un ensemble E tel que l'on ait:

(2) E est un élément saturé de L,

d'où, conformément à la définition de L,

$$(3) \qquad E \subset C$$

et

$$(4) \qquad \text{si } B \varepsilon \boldsymbol{K}, \text{ on a } E < B \text{ ou } E \sim B.$$

Je vais prouver qu'il appartient à la classe $\boldsymbol{K}$ au moins un ensemble, dont la puissance est égale à celle de E.

Ceci est évident, selon (1), si l'on a

$$E = C.$$

Nous pouvons donc poser

$$(5) \qquad E \neq C.$$

Soit, conformément à (3) et (5),

$$(6) \qquad a \varepsilon C - E,$$

d'où

$$(7) \qquad E + (a) \subset C$$

et, en vertu de (2),

$$(8) \qquad E + (a) \,\bar{\varepsilon}\, L.$$

De (7) et (8) il résulte, en raison de la définition de L, qu'au moins un ensemble A appartenant à $\boldsymbol{K}$ n'est de la puissance supérieure ni égale à celle de $E + (a)$.

On a donc

(9) $$A \varepsilon K$$

et, en raison du théorème 34,

(10) $$A < E + (a).$$

De cette dernière formule on conclut facilement qu'une des deux relations suivantes subsiste:

(11) $$A < E \text{ ou } A \sim E.$$

Or, on a d'autre part, selon (4) et (9),

(12) $$E \nless A \text{ ou } E \sim A,$$

d'où, en rapprochant (11) et (12), on obtient

(13) $$A \sim E.$$

On déduit de (4) et (13) que l'ensemble A, qui appartient à la classe K en vertu de (9), est l'ensemble cherché.

On peut énoncer le théorème précédent d'une façon plus générale: *Toute classe d'ensembles K, à laquelle appartient au moins un ensemble fini, admet un élément A qui remplit la condition:*

$$\textit{si } B \varepsilon K, \textit{ on a } A < B \textit{ ou } A \sim B.$$

Le théorème 40 appartient à cette série de théorèmes, signalés dans le présent ouvrage, qu'on ne sait pas démontrer sous leur forme générale (c'est à dire, concernant les ensembles quelconques, qu'ils soient finis ou non) sans avoir recours à *l'axiome du choix.*

Théorème 41. *Toute classe non-vide d'ensembles K, dont tout élément est de la puissance inférieure à celle d'un ensemble fini C, admet au moins un élément A qui remplit la condition:*

$$\textit{si } B \varepsilon K, \textit{ on a } B < A \textit{ ou } B \sim A.$$

Démonstration. Je n'indiquerai que la marche générale du raisonnement qui est d'ailleurs tout à fait analogue à celui de la démonstration précédente.

Désignons par L la classe de tous les sous-ensembles D de C qui satisfont à la condition:

$$\text{si } B \varepsilon K, \text{ on a } B < D \text{ ou } B \sim D.$$

Comme

$$C \varepsilon L,$$

la classe L, n'étant pas vide, admet un élément irréductible E.

On prouve sans peine qu'il appartient à la classe K un ensemble A qui est de la puissance égale à celle de E, pour en conclure ensuite que l'ensemble A remplit la condition du théorème.

Si on veut introduire la notion de l'élément de *la plus petite puissance* et celle de l'élément de *la plus grande puissance*, les théorèmes qui viennent d'être établis peuvent s'énoncer de la façon suivante:

Toute classe non-vide K d'ensembles finis admet au moins un élément de la plus petite puissance.

Toute classe non-vide d'ensembles K, dont tout élément est d'une puissance inférieure à celle d'un ensemble fini C, admet au moins un élément de la plus grande puissance.

§ 6. De l'ordre dans les ensembles finis. Les définitions de MM. Stäckel et Weber.

Pour introduire la notion de l'ordre je vais profiter de la méthode, developpée par M. Hessenberg et simplifée par M. Kuratowski[1]. Avec cette méthode il est possible d'introduire la notion de l'ordre sans faire appel à la notion générale de la relation.

Définition 9. *La classe K est une classe d'ensembles croissants, lorsqu'elle remplit la condition:*

$$si\ A \varepsilon K\ et\ B \varepsilon K,\ on\ a\ A \subset B\ ou\ bien\ B \subset A.$$

Définition 10. *La classe K établit un ordre dans l'ensemble A, lorsqu'elle est un élément saturé de la famille de toutes les classes d'ensembles croissants contenues dans la classe $S(A)$.*

Conformément à la définition 2, la classe K qui ordonne l'ensemble A remplit donc les deux conditions suivantes:

I. K est une classe d'ensembles croissants,

II. $K \subset S(A)$,

mais elle n'est une vraie sous-classe d'aucune classe qui les remplit.

[1]) Hessenberg, *Grundbegriffe der Mengenlehre*, Abhandlungen der Fries'schen Schule I, 4, Göttingen 1906, p. 674—685.

C. Kuratowski, II, p. 161—174, où on trouvera les noms des autres auteurs qui ont étudié la même méthode.

Définition 11. *La classe K établit un bon ordre dans l'ensemble A, lorsque*

I. la classe K établit un ordre dans l'ensemble A,

II. toute sous-classe non-vide L de K admet un élément saturé.

Définition 12 [2]). *La classe K établit un double bon ordre dans l'ensemble A (range l'ensemble A dans une série finie), lorsque*

I. la classe K établit un ordre dans l'ensemble A,

II. toute sous-classe non-vide L de K admet un élément irréductible et un élément saturé.

Je vais étudier les propriétés d'ensembles finis liées aux notions introduites ci-dessus.

Lemme 41. *A étant un ensemble fini, il existe une classe K qui étabit un ordre dans A.*

Démonstration. Soit $\mathfrak{F}$ la famille de toutes les classes d'ensembles croissants contenues dans la classe $S(A)$.

Comme évidemment

$$0 \varepsilon \mathfrak{F},$$

la famille $\mathfrak{F}$ n'est pas vide.

D'autre part, la classe $S(A)$, en vertu du théorème 19, est finie. Or la famille $\mathfrak{F}$ étant une famille de sous-classes d'une classe finie admet, selon le lemme 1, un élément saturé K. Conformément à la définition 10, cette classe K établit un ordre dans l'ensemble A c. q. f. d.

On ne saurait généraliser ce lemme sans *l'axiome du choix.*

Théorème 42. *Si la classe K établit un ordre dans un ensemble fini A, K établit un double bon ordre dans A.*

Démonstration. On a, conformément à définition 10,

$$K \subset S(A).$$

Toute sous-classe non-vide L de K admet donc, en vertu du lemme 1 et de la définition 3, un élément saturé et un élément irréductible.

Or on peut affirmer, selon la définition 12 et l'hypothèse du théorème, que la classe K établit un double bon ordre dans A c. q. f. d.

Lemme 43. *Si la classe K établit un double bon ordre dans l'ensemble A, A est un ensemble fini.*

[1]) Il est aisé à établir l'équivalence des définitions 10-12 et des définitions I-III de la Note II de M. Kuratowski.

Démonstration[1]). Supposons, par contre, que

(1) A n'est pas un ensemble fini.

Conformément aux définitions 10 et 12,

(2) $\boldsymbol{K}$ est un élément saturé de la famille $\mathcal{F}$ de toutes les classes d'ensembles croissants contenues dans la classe $S(A)$.

Il est évident, en vertu de (2) et de la définition 8, que les classes $\boldsymbol{K}+(0)$ et $\boldsymbol{K}+(A)$ sont également des classes d'ensembles croissants contenues dans $S(A)$. On a donc:

(3) $$\boldsymbol{K}+(0) \,\varepsilon\, \mathcal{F},$$

(4) $$\boldsymbol{K}+(A) \,\varepsilon\, \mathcal{F},$$

d'où selon (2):

(5) $$\boldsymbol{K}+(0)=\boldsymbol{K},$$

(6) $$\boldsymbol{K}+(A)=\boldsymbol{K}.$$

Les formules (5) et (6) impliquent immédiatement que

(7) $$0 \,\varepsilon\, \boldsymbol{K},$$

(8) $$A \,\varepsilon\, \boldsymbol{K}.$$

Soit $\boldsymbol{L}$ la classe de tous les ensembles finis qui appartiennent à $\boldsymbol{K}$; $\boldsymbol{K}-\boldsymbol{L}$ est donc la classe de tous ces éléments de $\boldsymbol{K}$ qui sont des ensembles infinis.

On a, en vertu de (7) et du théorème 4,

(9) $$0 \,\varepsilon\, \boldsymbol{L};$$

la classe $\boldsymbol{L}$ n'étant pas vide, il existe donc conformément à la définition 12 un ensemble B tel que

(10) B est un élément saturé de $\boldsymbol{L}$.

D'une façon analogue, en vertu de (1), on a

(11) $$A \,\varepsilon\, \boldsymbol{K}-\boldsymbol{L}$$

et il existe un ensemble C qui remplit la condition:

(12) C est un élément irréductible de $\boldsymbol{K}-\boldsymbol{L}$,

d'où, selon (10),

(13) $$B \neq C.$$

[1]) La raisonnement que j'applique ci-dessous est tout à fait analogue à celui dont fait usage M. Kuratowski pour démontrer le théorème correspondant dans sa Note précitée (Théorème IV, p. 169). On peut aussi démontrer ce lemme en se basant sur le principe d'induction appliquée aux éléments d'un ensemble bien ordonné.

On conclut sans peine de (2), en appliquant la définition 9. qu'au moins une des relations suivantes subsiste:

(14) $$B \subset C \text{ ou bien } C \subset B.$$

Comme le deuxième cas est exclu en vertu de la définition de L et du théorème 8, on obtient

(15) $$B \subset C.$$

Soit, conformément à (13) et (15),

(16) $$a \, \varepsilon \, C - B,$$

d'où

(17) $$B \subset B+(a) \subset C.$$

De (10), (12) et (17) il résulte que l'ensemble $B+(a)$ vérifie les conditions suivantes:

(18) $$\text{si } D \, \varepsilon \, \boldsymbol{L}, \text{ on a } D \subset B \subset B \subset B+(a);$$

(19) $$\text{si } D \, \varepsilon \, \boldsymbol{K} - \boldsymbol{L}, \text{ on a } B+(a) \subset C \subset D;$$

donc:

(20) $$\text{si } D \, \varepsilon \, \boldsymbol{K}, \text{ on a } D \subset B+(a) \text{ ou } B+(a) \subset D.$$

On en obtient, en vertu de (2),

(21) $$\boldsymbol{K} + (B+(a)) \, \varepsilon \, \mathfrak{F}$$

et puisque $\boldsymbol{K}$ est un élément saturé de $\mathfrak{F}$,

(21) $$\boldsymbol{K} + (B+(a)) = \boldsymbol{K},$$

(22) $$B+(a) \, \varepsilon \, \boldsymbol{K}.$$

Or on a, selon (10) et (16),

(24) $$B+(a) \, \bar{\varepsilon} \, \boldsymbol{L},$$

d'où, en raison de (23),

(25) $$B+(a) \, \varepsilon \, \boldsymbol{K} - \boldsymbol{L},$$

de sorte que, conformément à la définition de $\boldsymbol{L}$, $B+(a)$ est un ensemble infini.

Il est maintenant évident que la supposition (1) nous conduit à la contradiction: l'ensemble B étant fini en vertu de (10), l'ensemble $B+(a)$ doit être également fini. Nous sommes donc contraints d'admettre que A est un ensemble fini c. q. f. d.

Les lemmes 41 et 43 et le théorème 42 impliquent immédiatement le suivant:

Théorème 44. *Pour que l'ensemble A soit fini, il faut et il suffit qu'il existe une classe $\boldsymbol{K}$ qui établit un double bon ordre dans A.*

Le théorème précédent a été admis par Stäckel[1]) comme définition de l'ensemble fini. On peut énoncer quelques modifications de ce théorème, dont je signale ici la suivante:

Théorème 45. *Pour que l'ensemble A soit fini, il faut et il suffit que les conditions suivantes soient remplies:*

I. il existe une classe $\boldsymbol{K}$ qui établit un ordre dans l'ensemble A;

II. tout ordre établi dans A par une classe arbitraire L est un bon ordre.

Démonstration. Il résulte aussitôt du lemme 41 et du théorème 42 que ces conditions sont nécessaires. Pour prouver qu'elles sont suffisantes, il faut appliquer un raisonnement, dont je vais indiquer la marche générale.

Soit $\boldsymbol{K}$ une classe qui, conformément à la condition I, établit un ordre dans A; cet ordre est, en vertu de la condition II, un bon ordre.

L étant une sous-classe de $\boldsymbol{K}$, désignons par $\Phi(L)$ la classe de tous les sous-ensembles B de A qui satisfont à la condition:

$$A - B \varepsilon L.$$

On peut facilement prouver que la classe $\Phi(\boldsymbol{K})$ établit aussi un ordre dans A (reciproque par rapport à $\boldsymbol{K}$); cet ordre est évidemment un bon ordre.

Envisageons maintenant une sous-classe non-vide L de $\boldsymbol{K}$. En vertu de la définition 11, L admet un élément saturé B. D'autre part on obtient les formules suivantes:

$$\Phi(L) \subset \Phi(\boldsymbol{K}),$$

et

$$\Phi(L) \neq 0;$$

$\Phi(L)$ admet donc aussi un élément saturé C.

On conclut sans peine en appliquant un raisonnement analogue à celui du lemme 1, que $A - C$ est un élément irréductible de L.

[1]) P. Stäckel, *Zu H. Webers Elementarer Mengenlehre.* Jahresberichte d. d. M.-V., 16 Band, Leipzig 1907, p. 425.

Or, comme L est une sous-classe non-vide de $\boldsymbol{K}$ tout à fait arbitraire, il résulte conformément à la définition 12 que la classe $\boldsymbol{K}$ établit dans A un double bon ordre. L'ensemble A est donc fini en vertu du lemme 43, c. q. f. d.

Une autre modification du théorème 44 présente la définition proposée par Weber[1]) et simplifiée un peu par M. J. Kürschak. On peut l'énoncer en temes employés dans cet ouvrage de la façon suivante:

L'ensemble A est fini lorsqu'il satisfait aux conditions:

I. il existe une classe $\boldsymbol{K}$ qui établit un ordre dans A;

II. si la classe L établit un ordre dans A et $A \neq 0$, il existe un ensemble qui appartient à L et n'admet qu'un seul élément a.

L'élément a est dit *dernier élément de A par rapport à L.*

On ne sait pas démontrer sans *l'axiome du choix* que la condition II du théorème 45 suffit elle-même, pour que l'ensemble A soit fini. Autrement dit, on ne sait pas établir sans avoir recours à cet axiome la proposition suivante:

($\boldsymbol{P}$) *Si tout ordre établi dans l'ensemble A par une classe arbitraire $\boldsymbol{K}$ est un bon ordre, l'ensemble A est fini.*

Il est peut-être intéressant que la proposition ($\boldsymbol{P}$) équivaut à la proposition suivante:

($\boldsymbol{Q}$) *A étant un ensemble quelconque, il existe une classe $\boldsymbol{K}$ qui établit un ordre dans A.*

Il est évident, en vertu du théorème 45, que ($\boldsymbol{P}$) résulte de ($\boldsymbol{Q}$). Pour établir l'implication inverse on raisonne de cette façon:

Supposons, qu'aucune classe $\boldsymbol{K}$ n'établit un ordre dans l'ensemble donné A. L'hypothèse de la proposition ($\boldsymbol{P}$) étant remplie, l'ensemble A serait donc fini. Mais dans ce cas, selon le lemme 41, il existe une classe $\boldsymbol{K}$ qui établit dans A un ordre. La supposition que la proposition ($\boldsymbol{Q}$) est fausse conduit donc à une contradiction [2]).

[1]) H. Weber, *Elementare Mengenlehre*, Jahresberichte d. d. M.-V., 15 Band, Leipzig 1906. P. Stäckel dans la Note précitée a établi l'équivalence de la définition de Weber et de la sienne.

[2]) M. Kuratowski m'a fait observer que la proposition ($\boldsymbol{Q}$) implique un cas particulier de *l'axiome du choix*, notamment cet axiome appliqué aux classes quelconques d'ensembles finis. Pour s'en convaincre, envisageons une classe $\boldsymbol{L}$ qui établit un ordre dans l'ensemble $\Sigma(\boldsymbol{K})$, $\boldsymbol{K}$ étant une classe d'ensembles finis disjoints. L'ensemble $\Sigma(\boldsymbol{K})$ étant ordonné, on en déduit un ordre pour chaque ensemble A appartenant à $\boldsymbol{K}$. Comme cet ordre est un bon ordre (en vertu du th. 42), on peut faire correspondre à chaque A un élément $\varphi(A)$, à savoir: son premier élément. L'ensemble B de tous les $\varphi(A)$, où $A \varepsilon \boldsymbol{K}$, réalise la thèse de *l'axiome du choix*, en symboles: $B \varepsilon \boldsymbol{P}(\boldsymbol{K})$.

Je renonce d'étudier ici la notion d'*ordre semblable*. Je me borne à signaler le théorème suivant, le plus important parmi ceux qui concernent les propriétes d'ensembles finis liées à cette notion:

Pour qu'un ensemble A soit fini, il faut et il suffit qu'il satisfasse aux conditions:

I. il existe une classe qui établit un ordre dans A;

II. si les classes K et L ordonnent l'ensemble A, elles l'ordonnent d'une façon semblable.

Ce théorème peut donc servir de définition d'ensemble fini.

§ 7. De l'ordre cyclique. La seconde définition de Dedekind et la définition de M. Zermelo.

La notion d'*ordre cyclique* que j'envisage dans ce § a été définie par E. Schröder [1]. Sa définition peut être énoncée en termes de la Théorie des Ensembles de la façon suivante:

Définition 13. *La classe $\mathcal{H}$ range l'ensemble A dans un cycle, lorsque les conditions suivantes sont remplies:*

I. la classe $\mathcal{H}$ transforme d'une façon biunivoque l'ensemble A en lui-même;

II. la classe $\mathcal{H}$ ne transforme d'une façon biunivoque aucun vrai sous-ensemble non-vide de A en lui-même.

En d'autres termes, l'ensemble A que la classe $\mathcal{H}$ range dans un cycle est vide ou bien il est un élément irréductible de la classe de tous les ensembles non-vides qui sont transformés d'une façon biunivoque par la classe $\mathcal{H}$ en eux-mêmes.

Il est aisé d'établir le suivant:

Théorème 46. *A étant un ensemble fini, il existe une classe $\mathcal{H}$ qui le range dans un cycle.*

Démonstration. Je n'indiquerai que la marche générale du raisonnement.

Soit L la classe de tous les ensembles B qui satisfont aux conditions:

I. $B \subset A$;

II. il existe une classe $\mathcal{H}$ qui range B dans un cycle.

Il est évident que

(a) $0 \varepsilon L$,

[1] E. Schröder, *Algebra und Logik der Relative*, I Abteilung, Leipzig 1895, p 578–579.

car conformément à la définition 13 toute classe $\mathcal{K}$ range 0 dans un cycle.

On peut facilement démontrer le lemme suivant:

(b) si $B \varepsilon L$ et $a \varepsilon A$, on a $C + (a) \varepsilon L$.

Pour le prouver nous pouvons poser:

(1) $$a \bar{\varepsilon} B.$$

Nous pouvons également poser:

(2) $$B \neq 0,$$

puisque dans le cas contraire on aurait

$$B + (a) = (a),$$

et la classe $(p(a, a))$ rangerait l'ensemble $B + (a)$ dans un cycle.

En vertu de la définition de L, il existe une classe $\mathcal{K}$ qui range l'ensemble B dans un cycle. Désignons par $\mathcal{L}$ la classe de toutes les paires ordonnées qui appartiennent à $\mathcal{K}$ et dont les deux membres diffèrent de a. Il est aisé de voir, selon (1), que

(3) la classe $\mathcal{L}$ range B dans un cycle.

Soit, en raison de (2),

(4) $$b \varepsilon B;$$

il existe donc, conformément aux définitions 6 et 13, un seul élément c de B tel que l'on ait·

(5) $$p(b, c) \varepsilon \mathcal{L}.$$

Or, on déduit sans aucune difficulté de (1), (3), (4) et (5) que

(6) la classe $\mathcal{L} - (p(b, c)) + (p(b, a), p(a, c))$ range l'ensemble $B + (a)$ dans un cycle.

Il est, en effet, évident que cette classe transforme d'une façon biunivoque l'ensemble $B+(a)$ en lui-même. Si elle transformait aussi de cette façon un vrai sous-ensemble non-vide C de $B + (a)$ en lui-même, la classe $\mathcal{L}$ transformerait l'ensemble $C - (a)$, qui est un vrai sous-ensemble non-vide de B, en lui-même, ce qui est contraire à (3) et à la définition 13.

Comme en même temps, en vertu de la définition de L,

(7) $$B + (a) \subset A,$$

on conclut de (6) et (7) que

$$B + (a) \varepsilon L.$$

Les lemmes (a) et (b) établis, on peut appliquer maintenant le principe d'induction. On obtient:

$$A \varepsilon L,$$

de sorte qu'il existe une classe $\mathcal{K}$ qui range A dans un cycle c. q. f. d.

Par contre le théorème inverse au théorème précédent n'est pas vrai. Soit p. ex. A l'ensemble de tous les nombres intègres et $\mathcal{K}$ la classe de toutes les paires ordonnées $p(a, a+1)$, a étant un nombre intègre. Il est évident que la classe $\mathcal{K}$ range l'ensemble infini A dans un cycle [1]).

L'ordre cyclique d'un ensemble A est dit, selon Schröder [2]), „*fermé*", lorsque A est fini; „*ouvert*", en cas contraire. La définition d'ordre cyclique fermé et ouvert, que nous allons proposer, ne fait pas usage de la notion d'ensemble fini. En nous appuyant sur cette définition, nous allons prouver que la condition nécessaire et suffisante pour qu'un ensemble soit fini est qu'il puisse être rangé dans un cycle fermé. Cette condition (sous une forme un peu modifiée, ne faisant pas d'usage explicite de la notion d'ordre cyclique) a été énoncée par Dedekind [3]) comme définition d'ensemble fini.

Définition 14. *L'ensemble A est une chaîne par rapport à la classe $\mathcal{K}$, lorsque la classe $\mathcal{K}$ transforme l'ensemble A d'une façon univoque en un sous-ensemble de A* [4]).

Définition 15. *La classe $\mathcal{K}$ range l'ensemble A dans un cycle fermé, lorsque les conditions suivantes sont remplies:*

I. A est une chaîne par rapport à $\mathcal{K}$;

II. aucun vrai sous-ensemble non-vide de A n'est une chaîne par rapport à $\mathcal{K}$.

Lemme 47. *Si la classe $\mathcal{K}$ range l'ensemble fini A dans un cycle, elle le range dans un cycle fermé.*

Démonstration. En rapprochant les définitions 6 et 13, on obtient aussitôt:

(1) la classe $\mathcal{K}$ transforme l'ensemble A d'une façon biunivoque en lui-même,

d'où, d'après les définition 5 et 14,

(2) A est une chaîne par rapport à $\mathcal{K}$.

[1]) On peut prouver sans peine que tout ensemble infini qui peut être rangé dans un cycle est dénombrable.

[2]) Op. cit., p. 581.

[3]) R. Dedekind, op. cit., p. XVII.

[4]) Cf. R. Dedekind, op. cit., § 4, p. 11.

Envisageons maintenant un vrai sous-ensemble non-vide B de A; supposons que

(3) B est une chaîne par rapport à $\mathscr{K}$.

Soit C le sous-ensemble de B, en lequel la classe $\mathscr{K}$ transforme B d'une façon univoque; comme

(4) $$C \subset B \subset A,$$

on en conclut, selon (1), que cette transformation est biunivoque. Il en résulte, conformément à la définition 7:

(5) $$C \sim B.$$

Les formules (4) et (5) impliquent, en vertu du théorème 34, l'identité:

(6) $$C = B,$$

de sorte que la classe $\mathscr{K}$ transforme l'ensemble B d'une façon biunivoque en lui-même. Or, cette conclusion est contraire à la condition II de la définition 13.

La supposition (3) nous conduit donc à une contradiction, et il faut admettre que

(7) aucun vrai sous-ensemble non-vide de A n'est une chaîne par rapport à $\mathscr{K}$.

De (2) et (7) on conclut immédiatement que la classe $\mathscr{K}$ range l'ensemble A dans un cycle fermé c. q. f. d.

Les lemmes 48 et 50 sont inverses au lemme précédent.

Lemme 48. *S'il existe une classe $\mathscr{K}$ qui range l'ensemble A dans un cycle fermé. cet ensemble est fini.*

Démonstration. Il résulte des définitions 14 et 15 que la classe $\mathscr{K}$, qui range l'ensemble A dans un cycle fermé, le transforme d'une façon univoque en un de ses sous-ensembles. Il est évident que cette classe transforme de la même façon tout sous-ensemble B de A en un autre sous-ensemble de A, que je vais désigner par $\Phi(B)$.

Pour démontrer le lemme on peut supposer que l'ensemble A n'est pas vide; soit

(1) $$a \varepsilon A.$$

Il existe donc un objet b et un seul qui vérifie les formules:

(2) $$b \varepsilon A,$$

(3) $$p(a, b) \varepsilon \mathscr{K},$$

d'où, selon (1) et la définition de Φ,

$$\Phi((a)) = (b). \tag{4}$$

c étant un élément arbitraire de A, soit $\Psi(c)$ la partie commune de tous les ensembles C qui remplissent les conditions:

I. $C \subset A$,
II. $b \,\varepsilon\, C$,
III. $\Phi(C - (c)) \subset C$.

En d'autres termes, $\Omega(c)$ étant la classe de tous les ensembles C qui satisfont aux conditions I—III, on a

$$\Psi(c) = \Pi(\Omega(c)).$$

On a pour tout élément c de A:

$$A \,\varepsilon\, \Omega(c),$$

car l'ensemble A remplit évidemment les conditions I—III. Il en résulte que la classe $\Omega(c)$ n'est pas vide, ce qui suffit pour affirmer l'existence de l'ensemble $\Psi(c)$.

Je vais établir au préalable quelques propriétés de la fonction Ψ.

(α) Si $c \,\varepsilon\, A$, l'ensemble $\Psi(c)$ remplit les conditions I—III.

La démonstration ne présente aucune difficulté.

(β) Si $c \,\varepsilon\, A$, $d \,\varepsilon\, A$ et $p(c, d) \,\varepsilon\, \mathcal{K}$, on a $\Psi(d) \subset \Psi(c) + (d)$.

On obtient sans peine, conformément à la définition de Φ,

$$\Phi((c)) = (d) \tag{5}$$

et, selon (α),

$$\Psi(a) + (d) \subset A, \tag{6}$$

$$b \,\varepsilon\, \Psi(c) + (d), \tag{7}$$

$$\Phi(\Psi(c) - (c)) \subset \Psi(c). \tag{8}$$

Les formules (5) et (8) donnent, en vertu du théorème général sur la transformation d'une somme d'ensembles,

$$\Phi(\Psi(c) + (c)) \subset \Psi(c) + (d). \tag{9}$$

Comme d'autre part

$$[\Psi(c) + (d)] - (d) \subset \Psi(c) \subset \Psi(c) + (c), \tag{10}$$

on a, selon (9) et (10):

$$\Phi([\Psi(c) + (d)] - (d)) \subset \Psi(c) + (d). \tag{11}$$

Or, il résulte de (6), (7) et (11) que l'ensemble $\Psi(c) + (d)$ satisfait aux conditions I—III (lorsque on remplace dans III „c" par „d"). On en conclut aussitôt en vertu de la définition de Ψ que

$$\Psi(d) \subset \Psi(c) + (d), \text{ c. q. f. d.}$$

(γ) $\Psi(a) = A$.

L'ensemble $\Psi(a)$ satisfait, selon (1) et (α), aux conditions I—III; autrement dit, on a

(12) $$\Psi(a) \subset A,$$

(13) $$b \,\varepsilon\, \Psi(a)$$

et

(14) $$\Phi(\Psi(a) - (a)) \subset \Psi(a).$$

Il résulte de (4) et (13):

(15) $$\Phi((a)) \subset \Psi(a).$$

En raisonnant comme dans la démonstration de la propriété (β), on conclut de (14) et (15):

(16) $$\Phi(\Psi(a)) \subset \Psi(a).$$

Cette inclusion exprime, conformément à la définition 14 et à celle de la fonction Φ, que l'ensemble $\Psi(a)$ est une chaîne par rapport à la classe $\mathscr{K}$. Cet ensemble ne peut donc être un vrai sous-ensemble non-vide de A, en vertu de la définition 15 et de l'hypothèse du lemme 48. En tenant compte que $\Psi(a)$ est en effet, selon (12) et (13), un sous-ensemble non-vide de A, on obtient:

$$\Psi(a) = A \text{ c. q. f. d.}$$

(δ) $\Psi(b) = (b)$.

L'ensemble $\Psi(b)$ remplissant, en vertu de (2) et (α), les conditions I—III (lorsqu'on remplace „c" par „b"), on a en particulier:

(17) $$(b) \subset \Psi(b).$$

Comme il est clair que l'ensemble (b) remplit aussi ces conditions, on en conclut selon la définition de Ψ:

(18) $$\Psi(b) \subset (b).$$

Les inclusions (17) et (18) donnent aussitôt l'identité (δ) qu'il fallait démontrer.

Les propiétés (α)—(δ) établies, nous allons reprendre la démonstration du lemme 48. A cet effet désignons par D l'ensemble de tous les éléments d de A qui remplissent la condition:

l'ensemble $\Psi(d)$ est fini.

On a évidemment

(19) $$D \subset A$$

et

(20) $$D \neq 0,$$

car la propriété (δ) implique, en vertu du théorème 5, que

$$b \,\varepsilon\, D.$$

On prouve sans peine que:

(21) si $d \,\varepsilon\, D$, $e \,\varepsilon\, A$ et $p(d, e) \,\varepsilon\, \mathcal{K}$, on a $e \,\varepsilon\, D$.

En effet, l'ensemble $\Psi(e)$ vérifie, selon (β), la formule:

$$\Psi(e) \subset \Psi(d) + (e).$$

Or, l'ensemble $\Psi(d)$ étant fini, on conclut, en appliquant le corollaire 7 et le théorème 8, que l'ensemble $\Psi(e)$ est aussi fini.

Il résulte de (21) que l'ensemble D est une chaîne par rapport à $\mathcal{K}$. D ne peut donc être un vrai sous-ensemble non-vide de A, de sorte qu'on a, selon (19) et (20):

(22) $$D = A.$$

On en déduit immédiatement, d'après (1), que

(23) $$a \,\varepsilon\, D,$$

d'où, conformément à la définition de D:

(24) $\Psi(a)$ est un ensemble fini.

On conclut enfin, selon (24) et (γ), que l'ensemble A est fini c. q. f. d.

Lemme 49. *Si la classe $\mathcal{K}$ transforme l'ensemble fini A d'une façon univoque en lui même, cette transformation est biunivoque.*

Démonstration. En rapprochant les définitions 5 et 6, on voit aussitôt qu'il suffit de prouver que la condition suivante est remplie:

(a) si $a \,\varepsilon\, A$, il n'existe qu'un seul élément b de A tel que l'on ait

$$p(b, a) \,\varepsilon\, \mathcal{K}.$$

Supposons au contraire qu'ils existent des éléments a, b_1 et b_2 qui satisfont aux conditions:

(1) $$p(b_1, a) \,\varepsilon\, \mathcal{K},$$

(2) $$p(b_2, a) \varepsilon \mathcal{K}$$
et
(3) $$b_1 \neq b_2.$$

d étant un élément de A, désignons par $\Phi(d)$ l'ensemble du tous les éléments e de A qui vérifient la formule:

$$p(e, d) \varepsilon \mathcal{K}.$$

On obtient, conformément à la définition 5 et à l'hypothèse du lemme:

(4) si $d \varepsilon A$, on a $\Phi(d) \neq 0$;

(5) si $d_1 \varepsilon A$, $d_2 \varepsilon A$ et $d_1 \neq d_2$, on a $\Phi(d_1) \times \Phi(d_2) = 0$.

Soit L la classe de tous les ensembles D qui remplissent la condition:

pour un certaint élément d de A, $D = \Phi(d)$.

La classe L n'est pas vide, puisqu'on a p. ex.

$$\Phi(a) \varepsilon L.$$

En vertu de (4) et (5), ses éléments sont des ensembles non-vides et disjoints. Cette classe est enfin finie, car, selon la définition de L et celle de la fonction Φ:

$$L \subset S(A).$$

On peut donc appliquer à la classe L le théorème 28 (*l'axiome de choix* pour les classes finies); on obtient

(6) $$P(L) \neq 0.$$

Soit

(7) $$B \varepsilon P(L).$$

Or, on conclut sans peine de (7), conformément à la définition de L et à celle du produit, que l'ensemble B satisfait aux conditions suivantes:

(8) la classe $\mathcal{K}$ transforme B en A d'une façon biunivoque,

(9) $$B \subset A.$$
et
(10) $$B \neq A,$$

car, selon (1)—(3), une des relations suivantes subsiste:

$$b_1 \bar{\varepsilon} B \text{ ou bien } b_2 \bar{\varepsilon} B.$$

Il résulte de (8)—(10) que l'ensemble A est de la même puissance que son vrai sous-ensemble B, ce qui est impossible en vertu du théorème 36.

Cette contradiction nous contraint d'admettre que la condition (a) est remplie et, par conséquent, que la classe $\mathcal{K}$ transforme l'ensemble A d'une façon biunivoque en lui-même c. q. f. d.

Lemme 50. *Si la classe $\mathcal{K}$ range l'ensesemble A dans un cycle fermé (dans le sens de la définition 15), elle le range dans un cycle (dans le sens de la définition 13).*

Démonstration. On peut poser

$$A \neq 0, \tag{1}$$

puisqu'en cas contraire la démonstration est évidente.

Conformément aux définitions 14 et 15, l'ensemble A est une chaîne par rapport à $\mathcal{K}$; en d'autres termes, la classe $\mathcal{K}$ transforme A d'une façon univoque en un de ses sous-ensembles B. On prouve sans aucune difficulté [1]) que cet ensemble B est aussi une chaîne par rapport à $\mathcal{K}$.

Comme on a en même temps, selon (1),

$$B \neq 0,$$

l'ensemble B, en vertu de la définition 15 (condition II), ne peut donc être un vrai sous-ensemble de A. Il en résulte que

$$B = A,$$

d'où la classe $\mathcal{K}$ transforme l'ensemble A d'une façon univoque en lui-même.

L'ensemble A étant fini, en raison du lemme 48, on conclut, en appliquant le lemme précédent, que cette transformation est biunivoque; la condition I de la définition 13 est donc remplie.

La condition II est évidemment remplie aussi. En effet, si la classe $\mathcal{K}$ transformait un vrai sous-ensemble non-vide de A d'une façon biunivoque en lui-même, ce sous-ensemble serait une chaîne par rapport à $\mathcal{K}$, ce qui est impossible, comme nous l'avons déjà mentionné auparavant.

Le lemme 50 est donc complètement démontré.

Nous pouvons maintenant établir deux théorèmes suivants:

[1]) Cf. Dedekind, op. cit., p. 11.

Théorème 51. *Pour que la classe $\mathcal{K}$ range l'ensemble A dans un cycle fermé, il faut et il suffit que les conditions suivantes soient remplies:*

I. la classe $\mathcal{K}$ range l'ensemble A dans un cycle,

II. l'ensemble A est fini.

Théorème 52. *Pour que l'ensemble A soit fini, il faut et il suffit qu'il existe une classe $\mathcal{K}$ qui le range dans un cycle fermé.*

Le premier de ces théorèmes résulte immédiatement des lemmes 47, 48 et 50; le second du théorème 46 et des lemmes 47-48.

Le théorème 51 justifie l'emploi du terme „cycle fermé": il montre, en effet, que la définition du cycle fermé, proposé dans cet ouvrage (déf. 15), équivaut à la définition générale de l'ordre cyclique (déf. 13) limitée au cas d'ensemble fini.

Si l'on élimine dans le théorème 52 le terme „cycle fermé" en se basant sur la définition 15, on en obtient la définition d'ensemble fini donnée par Dedekind et mentionnée déjà dans ce §. Comme on sait, cette définition n'a pas été admise par Dedekind comme point de départ dans ses recherches sur les ensembles finis et l'Arithmétique des nombres naturels. La définition que nous citons dans le § 5 lui semblait bien plus avantageuse à cet effet; voici comme il s'exprime à ce propos [1]):

„Nun mache man einmal den Versuch, auf dieser neuen Grundlage das Gebäude zu errichten! Man wird alsbald auf grosse Schwierigkeiten stossen, und ich glaube behaupten zu dürfen, dass selbst der Nachweis der vollständigen Übereinstimmung mit der früheren nur dann... gelingt, wenn man die Reihe der natürlichen Zahlen schon als entwickelt... zu Hülfe nehmen darf".

Cependant, nos recherches conduisent à une conclusion bien différente: si l'on admet le théorème 52 comme définition d'ensemble fini, on en déduit sans aucune difficulté les théorèmes les plus importants sur les ensembles finis et on prouve son équivalence à la définition habituelle arithmétique; par contre, si l'on se base sur la définition du § 5, on ne peut parvenir à ces résultats, à moins qu'on fasse intervenir *l'axiome du choix.*

En terminant je vais citer une définition d'ensemble fini proposée par M. Zermelo [2]) dont l'idée se rattache au théorème 52.

[1]) R. Dedekind, op. cit., p. XVII.

[2]) E. Zermelo, *Sur les ensembles finis...*, p. 186.

Appelons, à ce but, avec M. Zermelo deux ensembles A et B *séparés* par rapport à une classe $\mathcal{K}$, lorsque les conditions $a \varepsilon A$ et $b \varepsilon B$ entraînent:

$$p(a, b) \bar{\varepsilon} \mathcal{K} \text{ et } p(b, a) \bar{\varepsilon} \mathcal{K}.$$

L'ensemble C est dit *chaîne simple* par rapport à une classe $\mathcal{K}$, lorsqu'il est assujetti aux conditions:

I. il existe deux éléments c et d de C tels que $\mathcal{K}$ transforme $C-(c)$ en $C-(d)$ d'une façon biunivoque;

II. si $C = A + B$ et $A \times B = 0$, les ensembles A et B sont séparés par rapport à $\mathcal{K}$.

L'ensemble E est fini, s'il est vide ou bien s'il existe une classe $\mathcal{K}$ par rapport à laquelle il est une chaîne simple.

Comme le prouve M. Zermelo, cette définition équivaut à la définition basée sur la notion du double bon ordre; nous avons énoncé cette dernière définition comme théorème 44.

Annexe. Quelques problèmes qui se rattachent à l'axiome du choix.

Je veux attirer l'attention du lecteur sur quelques problèmes non résolus qui se rattachent à la théorie des ensembles finis.

Tous les théorèmes énoncés dans cet ouvrage sont démontrés sans l'aide de *l'axiome du choix*. En particulier, nous avons établi que la définition adoptée ici comme point de départ équivaut à plusieurs autres définitions publiées antérieurement (cf. par exemple le corollaire 15, les théorèmes 16, 17, 44 et 52). Par contre, nous ne savons démontrer sans *l'axiome du choix* l'équivalence de cette définition — je vais la dénoter comme *définition I* — et d'aucune des définitions suivantes:

Définition II. *L'ensemble A est fini lorsque toute classe de sous-ensembles croissants de A admet un élément irréductible (ou saturé).*

Définition III. *L'ensemble A est fini lorsque la classe $S(A)$ n'est de la même puissance qu'aucune de ses vraies sous-classes*[1]*.*

Définition IV[2]. *L'ensemble A est fini lorsqu'il n'est de la même puissance qu'aucun de ses vraies sous-ensembles.*

Définition V. *L'ensemble A est fini lorsqu'il n'est pas la somme de deux ensembles disjoints ayant la même puissance que A.*

[1] Une définition analogue formulée à l'aide de la classe $S(S(A))$ équivaut à la définition I.

[2] C'est la première définition de Dedekind. Cf. § 5, p. 73.

Nous ne savons même démontrer sans *l'axiome du choix* qu'une des définitions II—V équivaut à une autre de ces définitions.

Or les questions suivantes s'imposent: quels cas particuliers de *l'axiome du choix* suffisent pour démontrer l'équivalence des définitions I—V? quels cas particuliers de cet axiome sont nécessaires pour ces démonstrations — en d'autres termes, quels cas particuliers peut on déduire, en acceptant l'équivalence de deux de ces définitions comme hypothèse? peut-on déduire d'une pareille hypothèse *l'axiome du choix* sous sa forme générale?

Je vais signaler ici quelques résultats particuliers qui me sont connus et qui seront peut-être utiles pour la résolution des problèmes mentionnés.

On peut démontrer sans *l'axiome du choix* les théorèmes suivants:

A. Tout ensemble fini au sens de la définition I est aussi fini au sens de la définition II.

B. Tout ensemble fini au sens de la définition II est aussi fini au sens de la définition III.

C. Tout ensemble fini au sens de la définition III est aussi fini au sens de la définition IV.

D. Tout ensemble fini au sens de la définition IV est aussi fini au sens de la définition V.

Les démonstrations de tous ces théorèmes ne présentent pas de difficulté, sauf peut-être celle du théorème B. Ce résultat est obtenu par M. Kuratowski.

Démonstration de B. Supposons que la classe $S(A)$ est de la même puissance qu'une de ses vraies sous-classes. Elle contient alors [1]) une sous-classe dénombrable. Autrement dit: il existe une suite infinie d'ensembles différents $A_1, A_2, \ldots$ contenus dans A. Il s'agit de prouver que ces ensembles peuvent être supposés *croissants*. A ce but, il suffit de démontrer ce lemme: *étant donnée une suite infinie S_0 d'ensembles différents $A_1, A_2, \ldots$, il existe une suite infinie d'ensembles disjoints non-vides contenus dans* $\sum_{n=1}^{\infty} A_n$ [2]).

Pour le prouver, on peut supposer qu'il n'existe aucune suite descendante d'ensembles différents $B_1 \supset B_2 \supset \ldots$ telle que B_n soit le produit d'un nombre

[1]) Cf. W. Sierpiński, *L'axiome de M. Zermelo* etc., p. 105.

[2]) En termes de M. Fréchet on pourrait dire: toute classe de puissance $\geqslant \aleph_0$ close par rapport aux opérations $X + Y$ et $X - Y$ contient une suite infinie d'ensembles disjoints (Cf. Fund. Math. IV, p. 335).

fini de termes de la suite S_0. Car, autrement, la suite $B_1 - B_2$, $B_2 - B_3, \ldots$ réaliserait le lemme.

Cela posé. on peut faire correspondre à la suite S_0 un ensemble $F(S_0)$ tel que 1°: $F(S_0)$ est le produit d'un nombre fini de termes de S_0, 2°: $F(S_0) \neq 0$, 3°: pour tout n, on a: $F(S_0) \subset A_n$ ou bien $F(S_0) \times A_n = 0$.

En effet, s'il n'en était pas ainsi, on pourrait former une suite infinie d'indices $n_1, n_2, \ldots$ telle que $\prod_{i=1}^{k} A_{n_i} \supset \prod_{i=1}^{k+1} A_{n_i}$, contrairement à l'hypothèse.

Or, la condition 3° entraîne l'existence d'une suite infinie d'indices $m_1, m_2, \ldots$ telle que l'on ait: $F(S_0) \supset A_{m_n}$ pour tout n ou bien $F(S_0) \times A_{m_n} = 0$ pour tout n. En posant $A_{m_n} - F(S_0) = A_n^1$, on arrive donc à une suite infinie S_1 d'ensembles différents $A_1^1, A_2^1, \ldots$ En outre $F(S_0) \subset \sum_{n=1}^{\infty} A_n$ et $F(S_0) \times \sum_{n=1}^{\infty} A_n^1 = 0$.

L'ensemble $F(S_1)$ vérifie donc par rapport à S_1 les conditions 1°—3°. En procédant d'une façon analogue on obtient la suite S_2, $F(S_2)$ etc. Comme

$$F(S_k) \subset \sum_{n=1}^{\infty} A_n^k \text{ et } F(S_k) \times \sum_{n=1}^{\infty} A_n^{k+1} = 0,$$

la suite infinie $F(S_0)$, $F(S_1), \ldots$ est composée d'ensembles disjoints non-vides contenus dans $\sum_{n=1}^{\infty} A_n$.

Observons encore les théorèmes:

E [1]. L'équivalence des définitions I et III résulte de *l'axiome du choix* sous la forme restreinte aux classes dénombrables.

F. L'équivalence des définitions I et III résulte de l'équivalence des définitions III et IV; autrement dit, cette équivalence résulte de la proposition suivante: „Si l'ensemble A est fini au sens de la définition III, la classe $S(A)$ est finie au même sens".

Remarquons enfin que pour les ensembles des points situés dans un espace euclidéen les définitions II—III équivalent à la définition I. Le problème s'il en est de même pour les définitions IV et IV n'est pas résolu jusqu'à présent.

[1]) Cf. § 5, p. 73, note [2]).

SUR LA DÉCOMPOSITION DES ENSEMBLES DE POINTS EN PARTIES RESPECTIVEMENT CONGRUENTES

Coauthored with Stefan Banach

Fundamenta Mathematicae, vol. 6 (1924), pp. 244-277.

This article has been reprinted in:

Stefan Banach. Oeuvres. Tome I. Travaux sur les Fonctions Réelles et sur les Series Orthogenales, edited by S. Hartman and E. Marczewski. PWN - Editions Scientifique en Pologne, Warsaw, 1967, p p. 118-148.

Sur la décomposition des ensembles de points en parties respectivement congruentes.

Par

St. Banach (Lwów) et A. Tarski (Varsovie).

Nous étudions dans cette Note les notions de *l'équivalence des ensembles de points par décomposition finie*, resp. *dénombrable.* Deux ensembles de points situés dans un espace métrique sont dits équivalents par décomposition finie (ou dénombrable), lorsqu'ils peuvent être décomposés en un nombre fini et égal (ou une infinité dénomqrable) de parties disjointes respectivement congruentes.

Les principaux résultats contenus dans le présent article sont les suivants:

Dans un espace euclidien à $n \geqslant 3$ dimensions deux ensembles arbitraires, bornés et contenant des points intérieurs (p. ex. deux sphères à rayons différents), sont équivalents par décomposition finie.

Un théorème analogue subsiste pour les ensembles situés sur la surface d'une sphère; mais le théorème correspondant concernant l'espace euclidien à 1 ou 2 dimensions est faux.

D'autre part:

Dans un espace euclidien à $n \geqslant 1$ dimensions deux ensembles arbitraires (bornés ou non), contenant des points intérieures, sont équivalents par décomposition dénombrable.

La démonstration des théorèmes précédents s'appuie sur les résultats de MM. Hausdorff, Vitali et Banach[1]), qui concernent le probléme général de mesure; elle fait donc usage de *l'axiome*

[1]) F. Hausdorff, *Grundzüge der Mengenlehre,* Leipzig 1914, p. 401 et 469.
G. Vitali, *Sul problema della mesura dei gruppi di punti di una retta,* Bologna 1905.
St. Banach, *Sur le problème de mesure,* Fund. Math. IV, 1923, p. 30—31.

du choix de M. Zermelo. Le rôle que joue cet axiome dans nos raisonnements nous semble mériter l'attention.

Envisageons, en effet, les deux théorèmes suivants, qui résultent de nos recherches:

I. Deux polyèdres arbitraires sont équivalents par décomposition finie.

II.[1]) Deux polygones différents, dont l'un est contenu dans l'autre, ne sont jamais équivalents par décomposition finie.

Or, on ne sait démontrer aucun de ces deux théorèmes sans faire appel à l'axiome du choix: ni le premier, qui semble peut-être paradoxal, ni le second, qui est en plein accord avec l'intuition. De plus, en analysant leurs démonstrations, on peut constater que l'axiome du choix intervient dans la démonstration du premier théorème sous une forme bien plus restreinte que dans le cas du second.

§ 1. Les propriétés générales de l'équivalence par décomposition finie ou dénombrable.

Les raisonnements de ce § sont valables pour les ensembles de points situés dans un espace quelconque, sur lequel est faite l'hypothèse unique qu'à tout couple de points (a, b) correspond un nombre réel $\varrho(a, b)$ appelé distance des points a et b. Seuls les corollaires 14—15' concernent l'espace euclidien.

Définition 1. *Les ensembles de points A et B sont congruents*:

$$A \cong B,$$

s'il existe une fonction φ, qui transforme d'une façon biunivoque A en B et satisfait à la condition: a_1 et a_2 étant deux points arbitraires de l'ensemble A, on a

$$\varrho(a_1, a_2) = \varrho[\varphi(a_1), \varphi(a_2)].$$

Dans ce qui suit nous supposons connues les propriétés élémentaires de la notion de congruence.

[1]) Ce théorème peut être regardé comme une généralisation du théorème connu de la Géométrie Elementaire, appelé parfois *axiome de De Zolt*. Cf. A. Tarski, *Sur l'équivalence des polygones*, Przegląd mat.-fiz. 2—3, Warszawa 1924.

Définition 2. *Les ensembles de points A et B sont équivalents par décomposition finie:*

$$A \overline{\overline{f}} B,$$

s'il existe des ensembles $A_1, A_2 \ldots A_n$ et $B_1, B_2 \ldots B_n$, qui remplissent les conditions suivantes:

I. $A = \sum_{k=1}^{n} A_k$ *et* $B = \sum_{k=1}^{n} B_k$;

II. $A_k \times A_l = 0 = B_k \times B_l$, *lorsque* $1 \leqslant k < l \leqslant n$;

III. $A_k \cong B_k$ *pour* $1 \leqslant k \leqslant n$.

Définition 2′. *Les ensembles de points A et B sont équivalents par décomposition dénombrable:*

$$A \overline{\overline{d}} B,$$

s'il existe des ensembles $A_1, A_2 \ldots A_n \ldots$ et $B_1, B_2 \ldots B_n \ldots$, qui remplissent les conditions suivantes:

I. $A = \sum_{k=1}^{\infty} A_k$ *et* $B = \sum_{n=1}^{\infty} B_k$;

II. $A_k \times A_l = 0 = B_k \times B_l$, *lorsque* $k \neq l$;

III. $A_k \cong B_k$ *pour tout* k *naturel.*

Dans les théorèmes 1—15′ qui vont suivre nous établissons les propriétés élémentaires des notions introduites ci-dessus, en ne nous bornant d'ailleurs qu'à celles qui nous seront utiles dans la suite. A tout théorème concernant l'équivalence par décomposition finie correspond un théorème sur l'équivalence par décomposition dénombrable; les démonstrations des théorèmes correspondants étant tout-à-fait analogues, nous nous bornons à n'en donner qu'une seule.

Theorème 1. *Si $A = B$ ou bien $A \cong B$, on a $A \overline{\overline{f}} B$.*

C'est une conséquence immédiate de la définition 2. En tenant compte que $0 \cong 0$, on en déduit le

Théorème 1′. *Si $A = B$, $A \cong B$ ou bien $A \overline{\overline{f}} B$, on a $A \overline{\overline{d}} B$.*

Théorème 2. *Si $A \overline{\overline{f}} B$, on a $B \overline{\overline{f}} A$.*

Théorème 2′. *Si $A \overline{\overline{d}} B$, on a $B \overline{\overline{d}} A$.*

Ces théorèmes résultent aussitôt des définitions 2 et 2′.

Théorème 3. *Si $A \overline{\overline{f}} B$ et $B \overline{\overline{f}} C$, on a $A \overline{\overline{f}} C$.*

D é m o n s t r a t i o n. Soient:

(1) $$A = \sum_{k=1}^{n} A_k \quad \text{et} \quad B = \sum_{k=1}^{n} B_k,$$

(2) $$B = \sum_{l=1}^{m} B'_l \quad \text{et} \quad C = \sum_{l=1}^{m} C_l$$

les décompositions des ensembles A et B, resp. B et C, qui satisfont aux conditions I—III de la définition 2.

Posons:

(3) $$B_{k,l} = B_k \times B'_l \text{ pour } 1 \leqslant k \leqslant n \text{ et } 1 \leqslant l \leqslant m;$$

de (1)—(3) il résulte aussitôt que

(4) $$B_k = \sum_{l=1}^{m} B_{k,l} \text{ pour } 1 \leqslant k \leqslant n,$$

(5) $$B'_l = \sum_{k=1}^{n} B_{k,l} \text{ pour } 1 \leqslant l \leqslant m.$$

Suivant (3) et la condition II de la définition citée, on obtient encore:

(6) $$B_{k,l} \times B_{k_1, l_1} = 0, \text{ lorsque } k \neq k_1 \text{ ou bien } l \neq l_1.$$

Les ensembles A_k et B_k $(1 \leqslant k \leqslant n)$ étant congruents, on en déduit selon (4) et (6) l'existence des ensembles $A_{k,1}, A_{k,2} \ldots A_{k,m}$, qui vérifient les formules:

(7) $$A_k = \sum_{l=1}^{m} A_{k,l} \text{ pour } 1 \leqslant k \leqslant n;$$

(8) $$A_{k,l} \times A_{k_1, l_1} = 0, \text{ lorsque } k \neq k_1 \text{ ou bien } l \neq l_1;$$

(9) $$A_{k,l} \cong B_{k,l} \text{ pour } 1 \leqslant k \leqslant n \text{ et } 1 \leqslant l \leqslant m.$$

De même la congruence des ensembles B'_l et C_l $(1 \leqslant l \leqslant m)$ implique en raison de (5) et (6) qu'il existe des ensembles $C_{1,l}$, $C_{2,l} \ldots C_{n,l}$ tels que l'on ait:

(10) $$C_l = \sum_{k=1}^{n} C_{k,l} \text{ pour } 1 \leqslant l \leqslant m;$$

(11) $\qquad C_{k,l} \times C_{k_1,l_1} = 0$, lorsque $k \neq k_1$ ou bien $l \neq l_1$;

(12) $\qquad B_{k,l} \cong C_{k,l}$ pour $1 \leqslant k \leqslant n$ et $1 \leqslant l \leqslant m$.

En vertu de (1), (2), (7) et (10) on conclut que

$$A = \sum_{k=1}^{n} \sum_{l=1}^{m} A_{k,l}; \tag{13}$$

$$C = \sum_{l=1}^{m} \sum_{k=1}^{n} C_{k,l} = \sum_{k=1}^{n} \sum_{l=1}^{m} C_{k,l}; \tag{14}$$

de (9) et (12) on obtient enfin

(15) $\qquad A_{k,l} \cong C_{k,l}$ pour $1 \leqslant k \leqslant n$ et $1 \leqslant l \leqslant m$.

Les formules (13) et (14) nous fournissent une décomposition des ensembles A et C en un nombre fini (égal a $n . m$) de parties; suivant (8), (11) et (15) cette décomposition remplit les conditions de la définition 2. On a donc

$$A \overline{\overline{f}} C \qquad\qquad \text{c. q. f. d.}$$

D'une façon tout-à-fait analogue on peut démontrer le suivant

Théorème 3'. *Si* $A \overline{\overline{d}} B$ *et* $B \overline{\overline{d}} C$, *on a* $A \overline{\overline{d}} C$.

Conformément aux théorèmes 1– 3' les relations de l'équivalence par décomposition finie et dénombrable sont *reflexives*, *symétriques* et *transitives*.

Théorème 4. *Si les ensembles A et B peuvent être décomposés en des sous-ensembles disjoints:*

$$A = \sum_{k=1}^{n} A_k, \quad B = \sum_{k=1}^{n} B_k$$

de sorte que

$$A_k \overline{\overline{f}} B_k \text{ pour } 1 \leqslant k \leqslant n,$$

on a

$$A \overline{\overline{f}} B.$$

D é m o n s t r a t i o n. L'hypothèse du théorème implique qu'il existe pour tout k, $1 \leqslant k \leqslant n$, une décomposition des ensembles A_k et B_k:

$$A_k = \sum_{l=1}^{m_k} A_{k,l}, \quad B_k = \sum_{l=1}^{m_k} B_{k,l}, \tag{1}$$

qui satisfait aux conditions:

(2) $A_{k,l} \times A_{k_1,l_1} = 0 = B_{k,l} \times B_{k_1,l_1}$, lorsque $k \neq k_1$ ou bien $l \neq l_1$;

(3) $A_{k,l} \cong B_{k,l}$ pour $1 \leqslant k \leqslant n$, $1 \leqslant l \leqslant m_k$.

De (1) on obtient:

$$A = \sum_{k=1}^{n} \sum_{l=1}^{m_k} A_{k,l}, \quad B = \sum_{k=1}^{n} \sum_{l=1}^{m_k} B_{k,l}. \tag{4}$$

Conformément à la définition 2, les formules (2)—(4) donnent aussitôt:

$$A \overline{\overline{f}} B \qquad \text{c. q. f. d.}$$

Théorème 4'. *Si les ensembles A et B peuvent être décomposés en des sous-ensembles disjoints:*

$$A = \sum_{k=1}^{\infty} A_k, \quad B = \sum_{k=1}^{\infty} B_k \left(\textit{resp. } A = \sum_{k=1}^{n} A_k, \quad B = \sum_{k=1}^{n} B_k \right)$$

de sorte que

$$A_k \overline{\overline{d}} B_k \text{ pour tout } k \text{ naturel (resp. pour } 1 \leqslant k \leqslant n),$$

on a

$$A \overline{\overline{d}} B$$

Théorème 5. *Si $A \overline{\overline{f}} B$, il existe une fonction φ définie pour tous les points de l'ensemble A et remplissant les conditions:*

I. la fonction φ transforme A en B d'une facon biunivoque;

II. C étant un sous-ensemble arbitraire de A, on a $C \overline{\overline{f}} \varphi(C)$[1].

Démonstration. Soit:

$$A = \sum_{k=1}^{n} A_k, \quad B = \sum_{k=1}^{n} B_k \tag{1}$$

une décomposition des ensembles A et B satisfaisant aux conditions de la définition 2.

Les ensembles A_k et B_k étant congruents, il en résulte conformément à la définition 1 l'existence des fonctions $\varphi_k (1 \leqslant k \leqslant n)$, qui transforment A_k en B_k sans altérer les distances des points transformés. Posons:

$$\varphi(p) = \varphi_k(p), \text{ lorsque } p \in A_k, \ 1 \leqslant k \leqslant n. \tag{2}$$

[1]) φ étant une fonction définie pour tous les points de l'ensemble A, si $C \subseteq A$, $\varphi(C)$ désigne l'ensemble de tous les éléments $\varphi(p)$, où $p \in C$.

On en conclut sans peine, en vertu des propriétés de la décomposition (1), que

(3) la fonction φ transforme d'une façon biunivoque A en B.

Soit maintenant:

(4) $$C \subset A;$$

posons:

(5) $$C_k = C \times A_k \text{ pour } 1 \leqslant k \leqslant n.$$

De (1), (4) et (5) on obtient aussitôt:

(6) $$C = \sum_{k=1}^{n} C_k;$$

(7) $$C_k \times C_l = 0, \text{ lorsque } 1 \leqslant k < l \leqslant n;$$

(8) $$C_k \subset A_k \text{ pour } 1 \leqslant k \leqslant n.$$

Selon (3), (4), (6) et (7) on déduit:

(9) $$\varphi(C) = \sum_{k=1}^{n} \varphi(C_k);$$

(10) $$\varphi(C_k) \times \varphi(C_l) = 0, \text{ lorsque } 1 \leqslant k < l \leqslant n.$$

Il résulte enfin de (2) et (8), conformément à la propriété indiquée des fonctions φ_k:

(11) $$C_k \cong \varphi(C_k) \text{ pour } 1 \leqslant k \leqslant n.$$

Les formules (6) et (9) nous fournissent une décomposition des ensembles C et $\varphi(C)$, qui remplit suivant (7), (10) et (11) toutes les conditions de la définition 2. On a donc

(12) $$C \overline{\overline{f}} \varphi(C).$$

Les conditions (7) et (12) prouvent que φ est la fonction cherchée.

Théorème 5'. *Si $A \overline{\overline{f}} B$, il existe une fonction φ définie pour tous les points de l'ensemble A et remplissant les conditions:*

I. la fonction φ transforme d'une facon biunivoque A en B;

II. C étant un sous-ensemble arbitraire de A, on a $C \overline{\overline{d}} \varphi(C)$.

Les théorèmes 5 et 5' impliquent aussitôt les corollaires suivants:

Corollaire 6. *Si $A \overline{\overline{f}} B$ et s'il existe une décomposition de l'ensemble A en des sous-ensembles disjoints:*

$$A = \sum_{k=1}^{n} A_k \left(\text{resp. } A = \sum_{k=1}^{\infty} A_k \right),$$

il existe aussi une décomposition de l'ensemble B en des sous-ensembles disjoints:

$$B = \sum_{k=1}^{n} B_k \left(resp.\ B = \sum_{k=1}^{\infty} B_k \right)$$

tels que

$A_k \overline{\overline{f}} B_k$ *pour* $1 \leqslant k \leqslant n$ *(resp. pour tout k naturel).*

Corollaire 6'. *Si $A \overline{\overline{d}} B$ et s'il existe une décomposition de l'ensemble A en des sous-ensembles disjoints:*

$$A = \sum_{k=1}^{n} A_k \left(resp.\ A = \sum_{k=1}^{\infty} A_k \right),$$

il existe aussi une décomposition de l'ensemble B en des sous-ensembles disjoints:

$$B = \sum_{k=1}^{n} B_k \left(resp.\ B = \sum_{k=1}^{\infty} B_k \right)$$

tels que

$A_k \overline{\overline{d}} B_k$ *pour* $1 \leqslant k \leqslant n$ *(resp. pour tout k naturel).*

Corollaire 7. *Si $A \overline{\overline{f}} B$, à tout sous-ensemble C de A correspond un sous-ensemble D de B assujetti aux conditions:*

I. $C \overline{\overline{f}} D$;

II. si $C \neq A$, *on a* $D \neq B$.

Corollaire 7'. *Si $A \overline{\overline{d}} B$, à tout sous-ensemble C de A correspond un sous-ensemble D de B assujetti aux conditions:*

I. $C \overline{\overline{d}} D$;

II. si $C \neq A$, *on a* $D \neq B$.

Les théorèmes 8 et 8' que nous allons établir maintenant vont jouer un rôle important dans les raisonnements des §§ suivants.

Théorème 8. *Si* $A_1 \subset A$, $B_1 \subset B$, $A \overline{\overline{f}} B_1$ *et* $B \overline{\overline{f}} A_1$, *on a*

$$A \overline{\overline{f}} B.$$

Théorème 8'. *Si* $A_1 \subset A$, $B_1 \subset B$, $A \overline{\overline{d}} B_1$ *et* $B \overline{\overline{d}} A_1$, *on a*

$$A \overline{\overline{d}} B.$$

Démonstration. Conformément aux théorèmes 4—5', les deux relations envisagées dans cet ouvrage — l'équivalence par décomposition finie et dénombrable — possèdent les propriétés (α) et (β) que Banach a définies dans la Note: „*Un théorème sur les transformations biunivoques*" (ce Volume, p. 236). Donc les théorèmes 8 et 8' ne présentent qu'une conséquence immédiate du théorème 3 établi dans la Note citée, qui concerne toutes les relations possédant ces deux propriétés.

Corollaire 9. *Si* $A \supset B \supset C$ *et* $A \overline{\overline{f}} C$, *on a* $A \overline{\overline{f}} B$ *et* $B \overline{\overline{f}} C$.

Corollaire 9'. *Si* $A \supset B \supset C$ *et* $A \overline{\overline{d}} C$, *on a* $A \overline{\overline{d}} B$ *et* $B \overline{\overline{d}} C$.

On déduit ces corollaires directement des théorèmes précédents, si l'on y remplace A_1 par B ainsi que B_1 par C et si l'on applique ensuite les théorèmes 1 et 3, resp. 1' et 3'.

Théorème 10. *Si* $A \overline{\overline{f}} A + B_k$ *pour* $1 \leqslant k \leqslant n$, *on a*

$$A \overline{\overline{f}} A + \sum_{k=1}^{n} B_k.$$

Démonstration. Nous envisageons deux cas.

(a) Les ensembles $A, B_1, B_2 \ldots B_n$ sont disjoints.

Nous allons procédér par l'induction. Le théorème étant évident pour $n = 1$, supposons qu'il est vrai pour $n = n'$ et prouvons qu'il subsiste encore pour $n = n' + 1$.

On a donc:

$$A \overline{\overline{f}} A + \sum_{k=1}^{n'} B_k, \tag{1}$$

$$A \overline{\overline{f}} A + B_{n'+1}, \tag{2}$$

$$A \times B_{n'+1} = 0 = B_{n'+1} \times \sum_{k+1}^{n'} B_k. \tag{3}$$

Conformément au théorème 4, on obtient de (1) et (3):

$$A + B_{n'+1} \overline{\overline{f}} A + \sum_{k=1}^{n'+1} B_k. \tag{4}$$

De (2) et (4) il résulte aussitôt, en vertu du théorème 3:

$$A \overline{\overline{f}} A + \sum_{k=1}^{n'+1} B_k \qquad \text{c. q. f. d.}$$

(b) Le cas général.

Posons:

$$B'_1 = B_1 - A, B'_k = B_k - \left(A + \sum_{l=1}^{k-1} B_l\right) \text{ pour } 2 \leqslant k \leqslant n; \tag{5}$$

on en conclut sans peine:

$$A+\sum_{k=1}^{n} B'_k = A+\sum_{k=1}^{n} B_k, \tag{6}$$

$$A+B'_k \subset A+B_k \text{ pour } 1 \leqslant k \leqslant n. \tag{7}$$

Appliquons maintenant le corollaire 9, en y remplaçant A par $A+B_k$, B par $A+B'_k$ et C par A. On obtient suivant (7) et l'hypothèse du théorème:

$$A \overline{\overline{f}} A+B'_k \text{ pour } 1 \leqslant k \leqslant n. \tag{8}$$

En raison de (5), les ensembles $A, B'_1, B'_2 \ldots B'_n$ sont disjoints. Le cas (a) étant déjà établi, on déduit de (8) et (6):

$$A \overline{\overline{f}} A+\sum_{k=1}^{n} B'_k = A+\sum_{k=1}^{n} B_k.$$

Le théorème 10 est donc complètement démontré.

Théorème 10'. *Si* $A \overline{\overline{d}} A+B_k$ *pour* $1 \leqslant k \leqslant n$, *on a*

$$A \overline{\overline{d}} A+\sum_{k=1}^{n} B_k.$$

Le théorème 10' peut être étendu au cas d'une infinité dénombrable de sommandes; mais cela demanderait une démonstration spéciale, bien plus compliquée.

Le théorème auquel nous passons à présent est surtout important dans les raisonnements du § 2, C.

Théorème 11. *Si* $A_1 \overline{\overline{f}} A_2$, $B_1 \overline{\overline{f}} B_2$, $A_1+A_2 \overline{\overline{f}} B_1+B_2$ *et* $A_1 \times A_2 = 0 = B_1 \times B_2$, *on a*

$$A_1 \overline{\overline{f}} B_1.$$

Démonstration. M. Kuratowski a établi dans sa Note: „*Une propriété des correspondances biunivoques*" (ce Volume, p. 243) un théorème général concernant des relations reflexives, symétriques et transitives, qui possèdent les propriétés (α) et (β) [1]). Le théorème 11 en résulte aussitôt au cas où $A_1+A_2 = B_1+B_2$.

[1]) Cf. la démonstration des théorèmes 8 et 8'.

Pour passer au cas général remarquons qu'en vertu du corollaire 6 l'ensemble $A_1 + A_2$ se décompose en deux sous-ensembles disjoints:

$$A_1 + A_2 = B'_1 + B'_2$$

tels que

(1) $$B'_1 \overline{\overline{f}} B_1, \quad B'_2 \overline{\overline{f}} B_2.$$

Comme $B_1 \overline{\overline{f}} B_2$, on obtient de (1) suivant le théorème 3:

$$B'_1 \overline{\overline{f}} B'_2;$$

en raison du cas précédent, on peut donc conclure que

(2) $$A_1 \overline{\overline{f}} B'_1.$$

Les formules (1) et (2) donnent aussitôt:

$$A_1 \overline{\overline{f}} B_1 \qquad \text{c q. f. d.}$$

Théorème 11'. *Si* $A_1 \overline{\overline{d}} A_2$, $B_1 \overline{\overline{d}} B_2$, $A_1 + A_2 \overline{\overline{d}} B_1 + B_2$ *et* $A_1 \times A_2 = 0 = B_1 \times B_2$, *on a*

$$A_1 \overline{\overline{d}} B_1.$$

Dans les corollaires 12 et 12' nous allons donner une généralisation facile des théorèmes précédents.

Corollaire 12. $A_1, A_2 \ldots A_{2^n}$ *ainsi que* $B_1, B_2 \ldots B_{2^n}$ *étant des ensembles disjoints, si*

I. $A_1 \overline{\overline{f}} A_k$ *et* $B_1 \overline{\overline{f}} B_k$ *pour* $1 \leqslant k \leqslant 2^n$,

II. $\sum_{k=1}^{2^n} A_k \overline{\overline{f}} \sum_{k=1}^{2^n} B_k$,

on a

$$A_1 \overline{\overline{f}} B_1.$$

Démonstration. En vertu du théorème 11, le corollaire est vrai, lorsque $n = 1$. Pour appliquer le principe d'induction, supposons que le corollaire subsiste pour $n = n'$ et prouvons qu'il subsiste encore pour $n = n' + 1$.

On a donc:

(1) $$A_1 \overline{\overline{f}} A_k \text{ et } B_1 \overline{\overline{f}} B_k \text{ pour } 1 \leqslant k \leqslant 2^{n_1+1},$$

(2) $$\sum_{k=1}^{2^{n_1+1}} A_k \overline{\overline{f}} \sum_{k=1}^{2^{n_1+1}} B_k.$$

Posons:

(3) $$A' = \sum_{k=1}^{2^{n_1}} A_k, \quad A'' = \sum_{k=2^{n_1}+1}^{2^{n_1+1}} A_k, \quad B' = \sum_{k=1}^{2^{n_1}} B_k, \quad B'' = \sum_{2^{n_1}+1}^{2^{n_1+1}} B_k.$$

Suivant le théorème 4, de (1)—(3) on conclut aussitôt:

(4) $$A' \overline{\overline{f}} A'', \quad B' \overline{\overline{f}} B'', \quad A' + A'' \overline{\overline{f}} B' + B''.$$

Les ensembles A' et A'' ainsi que B' et B'' étant disjoints, on déduit selon (4) du théorème 11:

(5) $$A' \overline{\overline{f}} B'.$$

Les formules (1), (3) et (5) prouvent que les ensembles $A_1, A_2 \dots A_{2^n}$ et $B_1, B_2 \dots B_{2^n}$ remplissent l'hypothèse du théorème. Conformément à notre supposition, on obtient donc:

$$A_1 \overline{\overline{f}} B_1 \qquad \text{c. q. f. d.}$$

Corollaire 12′. *A_1 $A_2 \dots A_{2^n}$ ainsi que $B_1, B_2 \dots B_{2^n}$ étant des ensembles disjoints, si*

I. *$A_1 \overline{\overline{d}} A_k$ et $B_1 \overline{\overline{d}} A_k$ pour $1 \leqslant k \leqslant 2^n$,*

II. $$\sum_{k=1}^{2^n} A_k \overline{\overline{d}} \sum_{k=1}^{2^n} B_k,$$

on a $$A_1 \overline{\overline{d}} B_1.$$

Théorème 13. *Si $A \overline{\overline{f}} B$ et si A appartient à une classe d'ensembles K, qui remplit les conditions suivantes:*

I. *lorsque $X \varepsilon \boldsymbol{K}$ et $Y \varepsilon \boldsymbol{K}$, on a $X + Y \varepsilon \boldsymbol{K}$;*

II. *lorsque $X \varepsilon \boldsymbol{K}$ et $Y \subset X$, on a $Y \varepsilon \boldsymbol{K}$;*

III. *lorsque $X \varepsilon \boldsymbol{K}$ et $Y \cong X$, on a $Y \varepsilon \boldsymbol{K}$,*

alors l'ensemble B appartient à la classe $\boldsymbol{K}$ aussi.

Démonstration. Soit, conformément à la définition 2,

(1) $$A = \dot{\sum_{k=1}^{n}} A_k, \quad B = \dot{\sum_{k=1}^{n}} B_k$$

une décomposition des ensembles A et B en parties disjointes respectivement congruentes.

La condition II de l'hypothèse du théorème implique selon (1):

$$A_k \varepsilon \boldsymbol{K} \text{ pour } 1 \leqslant k \leqslant n;$$

il en résulte suivant la condition III:

(2) $$B_k \varepsilon \boldsymbol{K} \text{ pour } 1 \leqslant k \leqslant n.$$

Comme la condition I peut être étendue par une induction facile au cas de somme d'un nombre fini quelconque d'ensembles, on conclut en vertu de (1) et (2):

$$B \varepsilon \boldsymbol{K} \qquad \text{c. q. f. d.}$$

Théorème 13'. *Si* $A \overline{\overline{d}} B$ *et si* A *appartient à une classe d'ensembles* $\boldsymbol{K}$, *qui remplit les conditions suivantes:*

I. lorsque $X_n \varepsilon \boldsymbol{K}$ *pour tout* n *naturel, on a* $\sum_{n=1}^{\infty} X_n \varepsilon \boldsymbol{K}$;

II. lorsque $X \varepsilon \boldsymbol{K}$ *et* $Y \subset X$, *on a* $Y \varepsilon \boldsymbol{K}$;

III lorsque $X \varepsilon \boldsymbol{K}$ *et* $Y \cong X$, *on a* $Y \varepsilon \boldsymbol{K}$,

alors l'ensemble B *appartient à la classe* $\boldsymbol{K}$ *aussi.*

Les deux théorèmes précédents impliquent immédiatement les corollaires suivants:

A et B étant des ensembles situés dans un espace euclidien à un nombre fini quelconque de dimensions, on a:

Corollaire 14. *Si* $A \overline{\overline{f}} B$ *et* A *est non-dense*[1], B *est non-dense aussi.*

Corollaire 14'. *Si* $A \overline{\overline{d}} B$ *et* A *est de* 1re *catégorie au sens de Baire,* B *est de* 1re *catégorie aussi.*

Corollaire 15. *Si* $A \overline{\overline{f}} B$ *et* A *est un ensemble mesurable au sens de Peano-Jordan de mesure nulle,* B *est aussi un ensemble mesurable au même sens de mesure nulle.*

Corollaire 15'. *Si* $A \overline{\overline{d}} B$ *et* A *est un ensemble mesurable* (L) *de mesure nulle,* B *est aussi un ensemble mesurable* (L) *de mesure nulle.*

D'une façon analogue on prouve que, *A étant un ensemble borné, si* $A \overline{\overline{f}} B$, *$B$ est borné aussi.*

§ 2. Les théorèmes fondamentaux sur l'équivalence par décomposition finie.

Dans les raisonnements de ce § ainsi que du suivant nous considérons des ensembles de points situés dans un espace euclidien à un nombre fini arbitraire de dimensions.

[1]) L'ensemble (de points) A est dit ensemble-frontière, lorsqu'il ne contient aucun point intérieur.

L'ensemble A est dit non-dense, lorsque l'ensemble composé de tous les points de A ainsi que de points d'accumulation de A est un ensemble-frontière.

L'ensemble A est dit de 1re catégorie au sens de Baire, lorsqu'il est une somme d'une infinité dénombrable d'ensembles non-denses.

A. L'espace euclidien à 1 ou 2 dimensions.

Le plus important théorème de ce § est le théorème 16, qui établit une condition nécéssaire pour que deux ensembles de points linéaires ou plans mesurables (L) soient équivalents par décomposition finie.

Théorème 16. *A et B étant des ensembles linéaires ou plans, bornés, mesurables* (L), *si* $A \overline{\overline{f}} B$, *on a* $m(A) = m(B)$ [1].

Démonstration. D'après un théorème de Banach [2], on peut attribuer à tout ensemble borné A, situé dans un espace euclidien à 1 ou 2 dimensions, un nombre réel non-négatif $f(A)$ de façon que les conditions suivantes soient remplies:

I. si $A \cong B$, on a $f(A) = f(B)$;

II. si $A \times B = 0$, on a $f(A+B) = f(A) + f(B)$;

III. si A est mesurable (L), on a $f(A) = m(A)$.

Conformément à la définition 2, l'hypothèse du théorème implique l'existence des ensembles $A_1, A_2 \dots A_n$ et $B_1, B_2 \dots B_n$, qui vérifient les formules:

(1) $$A = \sum_{k=1}^{n} A_k, \quad B = \sum_{k=1}^{n} B_k;$$

(2) $$A_k \cong B_k \text{ pour } 1 \leqslant k \leqslant n;$$

(3) $$A_k \times A_l = 0 = B_k \times B_l \text{ pour } 1 \leqslant k < l \leqslant n.$$

En vertu de I et (2) on obtient:

(4) $$f(A_k) = f(B_k) \text{ pour } 1 \leqslant k \leqslant n.$$

La condition II peut être étendue par une induction facile au cas d'un nombre fini quelconque de sommandes disjoints. On peut donc conclure selon (1) et (3):

(5) $$f(A) = \sum_{k=1}^{n} f(A_k), \quad f(B) = \sum_{k=1}^{n} f(B_k).$$

Les formules (4) et (5) donnent aussitôt:

(6) $$f(A) = f(B).$$

[1]) $m(A)$ désigne la mesure lebesguienne de l'ensemble A (la mesure linéaire, si l'on envisage l'espace à 1 dimension, la mesure superficielle au cas de 2 dimensions etc.).

[2]) *Sur le problème de mesure*, Fund. Math IV, p 30—31.

Suivant l'hypothèse du théorème on déduit enfin de III et (6):

$$m(A) = m(B) \qquad \text{c. q. f. d.}$$

Le théorème précédent ne se prête pas à l'inversion. Cela résulte directement du corollaire 14: deux ensembles de points A et B, dont l'un est non-dense et l'autre ne l'est pas, peuvent posséder la même mesure lebesguienne, bien qu'ils ne soient pas équivalents par décomposition finie. Toutefois cette inversion a lieu dans un cas particulièrement simple, notamment dans le cas des polygones. Pour s'en convaincre démontrons d'abord le suivant

Lemme 17. *A étant un ensemble plan, qui n'est pas ensemble-frontière*[1]*), et B un ensemble-somme d'un nombre fini de segments, on a*

$$A \overline{\overline{f}} A + B.$$

Démonstration. Considérons deux cas.

(a) $A \times B = 0$.

Soit C un cercle vérifiant la formule:

$$C \subset A. \tag{1}$$

L'ensemble B peut être évidemment décomposé en un nombre fini de segments (qui ne sont pas necéssairement disjoints):

$$B = \sum_{k=1}^{n} B_k, \tag{2}$$

dont chacun est de longueur inférieure à celle du rayon de C.

Envisageons un segment arbitraire $B_k (1 \leqslant k \leqslant n)$. Soit D_1 un segment congruent à B_k et situé sur un rayon du centre C, mais ne contenant pas le centre du cercle. Choisissons un angle α incommensurable avec l'angle droit et désignons par D_{n+1} (pour tout n naturel) le segment qu'on obtient en faisant touner de l'angle $n \cdot \alpha$ le segment D_1 autour du centre du cercle (dans un sens fixe).

Posons:

$$E = \sum_{n=0}^{\infty} D_n, \tag{3}$$

[1]) Cf. la note [1]), p. 256.

(4) $$F = \sum_{n=1}^{\infty} D_n,$$

(5) $$G = A - E.$$

Comme $E \subset C$. on obtient aussitôt selon (1) et (3)—(5) la décomposition suivante des ensembles A et $A + B_k$:

(6) $$A = G + F + D_1, \quad A + B_k = G + E + B_k.$$

On a évidemment:

(7) $$G \cong G, \quad F \cong E, \quad D_1 \cong B_k,$$

car F s'obtient de E par une rotation de l'angle α.

Enfin on déduit facilement de (3)—(5) ainsi que de la propriété indiquée de l'angle α (l'incommesurabilité avec l'angle droit) que les formules (6) effectuent une décomposition des ensembles A et $A + B_k$ en des sous-ensembles disjoints. Conformément à (6), (7) et à la définition 2 on a donc:

(8) $$A \overline{\overline{f}} A + B_k.$$

Le même raisonnement étant valable pour tout segment B_k ($1 \leqslant k \leqslant n$), on peut appliquer le théorème 10. On obtient selon (2):

$$A \overline{\overline{f}} A + B.$$

(b) Le cas général.

L'ensemble $A - B$ évidemment n'est pas ensemble-frontière. Comme $(A - B) \times B = 0$, on conclut en vertu de (a):

$$A - B \overline{\overline{f}} (A - B) + B = A + B.$$

Cette formule et l'inclusion évidente:

$$A + B \supset A \supset A - B$$

impliquent, suivant le corollaire 9, que

$$A \overline{\overline{f}} A + B \qquad \text{c. q. f. d.}$$

Grâce à une remarque dûe à M. Lindenbaum, on peut énoncer un théorème analogue au lemme précédent pour les ensembles linéaires, en remplaçant le terme „*segment*" par „*point*".

Théorème 19. *Si les polygones A et B ont la même aire, on a*

$$A \overline{\overline{f}} B.$$

Démonstration. Les polygones A et B sont, comme on sait, équivalents par décomposition au sens de la Géométrie Elémentaire, c'est-à-dire on peut les décomposer en un nombre fini et égal de polygones respectivement congruents sans points intérieurs communs. Soient $A_1, A_2 \ldots A_n$ et $B_1, B_2 \ldots B_n$ les intérieurs de ces polygones partiels; on a évidemment:

$$\sum_{k=1}^{n} A_k \overline{\overline{f}} \sum_{k=1}^{n} B_k. \tag{1}$$

Comme les ensembles $A - \sum_{k=1}^{n} A_k$ ainsi que $B - \sum_{k=1}^{n} B_k$ se composent d'un nombre fini de segments, on conclut en appliquant le lemme précédent:

$$\sum_{k=1}^{n} A_k \overline{\overline{f}} \sum_{k=1}^{n} A_k + \left(A - \sum_{k=1}^{n} A_k\right) = A \quad \text{et de même} \quad \sum_{k=1}^{n} B_k \overline{\overline{f}} B. \tag{2}$$

Suivant le théorème 3, on obtient aussitôt de (1) et (2):

$$A \overline{\overline{f}} B \qquad \text{c. q. f. d.}$$

Les théorèmes 17 et 19 impliquent directement le

Corollaire 20. *Pour que deux polygones soient équivalents par décomposition finie, il faut et il suffit qu'ils aient la même aire.*

B. L'espace euclidien à 3 (et plus) dimensions.

Les raisonnements de cette partie concernent l'espace à 3 dimensions. Pour étendre les résultats obtenus à l'espace à $n > 3$ dimensions, il faudra considérer au lieu des sphères les ensembles de tous les points $(x_1, x_2 \ldots x_n)$, dont les coordonnées (réctilignes) satisfont aux conditions:

$$(x_1 - a_1)^2 + (x_2 - a_2)^2 + (x_3 - a_3)^2 = \varrho^2, \; b \leqslant x_k \leqslant c \quad \text{pour } 3 < k \leqslant n,$$

$a_1, a_2, a_3, \varrho, b$ et c étant constants.

Pour établir le principal résultat de cet ouvrage — le théorème 24, nous allons démontrer au préalable quelques lemmes.

Lemme 21. Toute sphère S contient deux sous-ensembles disjoints A_1 et A_2 tels que l'on ait:

$$S \overline{\overline{f}} A_1 \quad \text{et} \quad S \overline{\overline{f}} A_2.$$

Démonstration. Suivant le théorème fâmeux, connu sous le nom „*paradoxe de Hausdorff*[1]“, on peut décomposer la surface de la sphère S en quatre sous-ensembles disjoints: B', C', D' et E', dont E' est un ensemble dénombrable et les ensembles B', C' et D' vérifient les formules:

$$B' \cong C' + D', \quad B' \cong C' \cong D'.$$

Soit p le centre de la sphère S. Désignons par B, C, D et E les ensembles-sommes de tous les rayons de la sphère S, le centre p exclu, dont les points extérieurs appartiennent respectivement à B', C', D' et E'.

On obtient évidemment de cette façon la décomposition de la sphère S en cinq parties disjointes:

(1) $$S = B + C + D + E + (p)\text{[2]},$$

assujetties aux conditions:

(2) $$B \cong C + D,$$

(3) $$B \cong C \cong D.$$

En ce qui concerne l'ensemble E, nous n'en allons utiliser que la propriété suivante, indiquée déjà par M. Hausdorff:

(4) il existe un vrai sous-ensemble F de $B+C+D$ tel que $E \cong F$;

on peut s'en convaincre facilement, en faisant tourner convenablement la sphère S autour d'une de ses axes.

De (2) et (3) obtient sans peine:

$$B \underset{f}{=} B + C, \quad B + C \underset{f}{=} B + C + D,$$

d'où en vertu du théorème 3

(5) $$B \underset{f}{=} B + C + D.$$

Posons:

(6) $$A_1 = B + E + (p);$$

les formules (1), (5) et (6) donnent, suivant le théorème 4:

(7) $$S \underset{f}{=} A_1.$$

D'autre part, de (3) et (5) il résulte aussitôt:

(8) $$C \underset{f}{=} B + C + D,$$

[1] F. Hausdorff, op. cit., p. 469.

[2] Le symbole (p) désigne l'ensemble composé d'un seul élément p.

(9) $$D \overline{\overline{f}} B + C + D;$$

en appliquant le corollaire 7, on déduit de (4) et (8) l'existence d'un ensemble G, qui vérifie les formules:

(10) $$F \overline{\overline{f}} G, \text{ d'où } E \overline{\overline{f}} G;$$

(11) $$G \subset C \text{ et } G \neq C.$$

Soit, conformément à (11):

(12) $$q \varepsilon C - G;$$

posons encore:

(13) $$A_2 = D + G + (q).$$

Les ensembles C et D étant disjoints, on déduit de (11) et (12) que les ensembles D, G et (q) sont disjoints aussi. Or, les ensembles (p) et (q) étant évidemment congruents, on conclut selon (1), (9), (10) et (13):

(14) $$S \overline{\overline{f}} A_2.$$

On obtient enfin facilement:

(15) $$A_1 + A_2 \subset S \text{ et } A_1 \times A_2 = 0.$$

Les formules (7), (14) et (15) prouvent que A_1 et A_2 sont des ensembles cherchés.

L e m m e 22. S_1 et S_2 é t a n t d e s s p h è r e s c o n g r u e n t e s, o n a

$$S_1 \overline{\overline{f}} S_1 + S_2.$$

D é m o n s t r a t i o n. Conformément au lemme précédent, soient A_1 et A_2 des ensembles assujettis aux conditions:

(1) $$S_1 \overline{\overline{f}} A_1, \quad S_1 \overline{\overline{f}} A_2;$$

(2) $$A_1 + A_2 \subset S_1 \text{ et } A_1 \times A_2 = 0.$$

En vertu de (1) et de l'hypothèse du lemme on a

$$S_2 \overline{\overline{f}} A_2;$$

le corollaire 7 implique donc l'existence d'un ensemble B tel que

(3) $$B \subset A_2,$$

(4) $$B \overline{\overline{f}} S_2 - S_1.$$

Suivant le théorème 4, on conclut facilement de (1)—(4):

(5) $$A_1 + B \overline{\overline{f}} S_1 + (S_2 - S_1) = S_1 + S_2,$$

(6) $$A_1 + B \subset S_1 \subset S_1 + S_2.$$

Les formules (5) et (6) donnent aussitôt, en vertu du corollaire 9:

$$S_1 \overline{\overline{f}} S_1 + S_2 \qquad \text{c. q. f. d.}$$

Lemme 23. Si l'ensemble borné A, situé dans un espace euclidien à 3 dimensions, contient la sphère S, on a

$$A \overline{\overline{f}} S.$$

Démonstration. A étant un ensemble borné, on peut le décomposer manifestément en n sous-ensembles (non nécesseirement disjoints):

(1) $$A = \sum_{k=1}^{n} B_k,$$

qui remplissent la condition:

(2) tout ensemble B_k, $1 \leqslant k \leqslant n$, est contenu dans une sphère S_k congruente à S.

En vertu du lemme précédent, on a

$$S \overline{\overline{f}} S + S_k \text{ pour } 1 \leqslant k \leqslant n,$$

d'où, conformément au théorème 10,

(3) $$S \overline{\overline{f}} S + \sum_{k=1}^{n} S_k.$$

D'autre part, on obtient selon (1), (2) et l'hypothèse du lemme:

(4) $$S \subset A \subset S + \sum_{k=1}^{n} S_k.$$

En raison du corrollaire 9, les formules (3) et (4) impliquent directement:

$$A \overline{\overline{f}} S \qquad \text{c. q. f. d.}$$

Le lemme démontré tout-à-l'heure nous permet d'établir déjà le

Théorème 24. *Si deux ensembles arbitraires A et B, situés dans un espace euclidien à 3 dimensions, sont bornés et ne sont pas ensembles-frontières, on a*

$$A \overline{\overline{f}} B.$$

Démonstration. Soient S_1 et S_2 des sphères contenues dans A et B respectivement; on peut évidemment supposer que

(1) $$S_1 \cong S_2.$$

En vertu du lemme 23 on obtient:

$$(2) \qquad A \overline{\overline{f}} S_1 \text{ et } B \overline{\overline{f}} S_2.$$

Suivant les théorèmes 1 et 3, on conclut immédiatement de (1) et (2):

$$A \overline{\overline{f}} B \qquad \text{c. q. f. d.}$$

Ainsi on voit qu'en particulier deux sphères de rayons différents sont équivalentes par décomposition finie, tandis que, comme nous l'avons prouvé auparavant, deux cercles ne sont équivalents que lorsque leurs rayons sont égaux. Cette différence essentielle entre les espaces à 2 et à 3 dimensions est intimement liée au fait que le problème de la mesure trouve la solution positive dans le premier cas et negative dans le second.

C. La surface de la sphère.

Le théorème 31, qui est fondamental dans cette partie de nos recherches, prouve que la surface de la sphère se comporte au point de vue de l'équivalence par décomposition finie d'une façon tout-à-fait analogue à l'espace à 3 dimensions.

Lemme 25. A et B étant des ensembles, situés sur la surface de la même sphère, si A n'est pas ensemble-frontière (par rapport à cette sphère) et B est composé des arcs des grands cercles en nombre fini, on a

$$A \overline{\overline{f}} A + B.$$

La démonstration en est tout-à-fait analogue à celle du lemme 17.

Lemme 26. Si les polygones sphériques A et B, situés sur la surface de la même sphère, ont les aires égales, on a $A \overline{\overline{f}} B$.

La démonstration se base sur le lemme précédent et ne diffère pas de celle du théorème 19; on utilise le théorème connu, suivant lequel deux polygones sphériques, situés sur la surface de la même sphère et possédant les aires égales, sont équivalents par décomposition au sens de la Géométrie Elémentaire [1]).

Lemme 27. Toute surface S d'une sphère peut être

[1]) Gervien, *Zerschneidung jeder beliebigen Menge von verschieden gestalteter Figuren von gleichem Inhalt auf der Kugelfläche in dieselben Stücke*, Crelles Journal V, 1883.

décomposée en deux sous-ensembles disjoints A_1 et A_2, tels que l'on ait: $S \overline{\overline{f}} A_1$ et $S \overline{\overline{f}} A_2$.

Démonstration. En raisonnant comme dans la démonstration du lemme 21, on prouve l'existence des ensembles A_1' et A_2 vérifiant les formules:

(1) $$S \overline{\overline{f}} A_1', \quad S \overline{\overline{f}} A_2;$$

(2) $$A_1' + A_2 \subset S \text{ et } A_1' \times A_2 = 0.$$

Posons:

(3) $$A_1 = S - A_2;$$

de (2) et (3) on obtient sans peine:

(4) $$S = A_1 + A_2, \quad A_1 \times A_2 = 0;$$

(5) $$S \supset A_1 \supset A_1'.$$

En vertu de (1) et (5) on conclut encore, en appliquant le corollaire 9:

(6) $$S \overline{\overline{f}} A_1 \text{ et } S \overline{\overline{f}} A_2.$$

Les formules (4) et (6) prouvent que A_1 et A_2 sont des ensembles cherchés.

A l'aide du corollaire 6, ce lemme se généralise par une induction facile de la façon suivante:

Lemme 28. n étant un nombre naturel arbitraire, toute surface S d'une sphère peut être décomposée en n sous-ensembles disjoints: $A_1, A_2 \ldots A_n$ tels que l'on ait: $S \overline{\overline{f}} A_k$ pour $1 \leqslant k \leqslant n$.

Lemme 29. n étant un nombre naturel arbitraire, si la surface S d'une sphère est décomposée en 2^n polygones sphériques congruents sans points intérieurs communs: $B_1, B_2 \ldots B_{2^n}$, on a $S \overline{\overline{f}} B_1$.

Démonstration. Posons:

(1) $$B_1' = B_1, \quad B_k' = B_k - \sum_{l=1}^{k-1} B_l \text{ pour } 2 \leqslant k \leqslant 2^n;$$

on obtient évidemment une décomposition de S en 2^n sous-ensembles disjoints:

(2) $$S = \sum_{k=1}^{2^n} B_k'.$$

Comme tout ensemble $B_k'(1 \leqslant k \leqslant 2^n)$ contient des points intérieurs (par rapport à la surface S) et l'ensemble $B_k - B_k'$ se compose d'un nombre fini des arcs des grands cercles (pouvant se réduire à un seul point), on conclut suivant le lemme 25:

(3) $$B'_k \overline{\overline{f}} B'_k + (B_k - B'_k) = B_k.$$

Il en résulte aussitôt en vertu de l'hypothèse du théorème:

(4) $$B'_1 \overline{\overline{f}} B'_k \text{ pour } 1 \leqslant k \leqslant 2^k.$$

Soit d'autre part, conformément au lemme 28,

(5) $$S = \sum_{k=1}^{2^n} A_k$$

une décomposition de la sphère S en des sous-ensembles disjoints tels que

(6) $$S \overline{\overline{f}} A_k, \text{ donc aussi } A_1 \overline{\overline{f}} A_k \text{ pour } 1 \leqslant k \leqslant n.$$

Selon (2) et (4)—(6) les ensembles $A_1, A_2 \ldots A_{2^n}$ et $B'_1, B'_2 \ldots B_{2^n}$ remplissent toutes les conditions du corollaire 12; on obtient donc:

(7) $$A_1 \overline{\overline{f}} B'_1.$$

Les formules (1), (6) et (7) impliquent aussitôt que

$$S \overline{\overline{f}} B_1$$ c. q. f. d.

Lemme 30. Si l'ensemble A, situé sur la surface S d'une sphère, n'est pas ensemble-frontière (par rapport à cette sphère), on a $A \overline{\overline{f}} S$.

Démonstration. On prouve aisément que l'ensemble A contient un polygone sphérique A_1, dont l'aire est $\frac{4\pi\varrho^2}{2^n}$, ϱ désingnant la longueur du rayon et n étant un nombre naturel suffisamment grand.

Décomposons S en 2^n polygones congruents sans points intérieurs communs:

$$S = \sum_{k=1}^{2^n} B_k.$$

Suivant le lemme précédent, on obtient:

(1) $$S \overline{\overline{f}} B_1.$$

Les polygones sphériques A_1 et B_1 ayant la même aire, on conclut en appliquant le lemme 26:

(2) $$A_1 \overline{\overline{f}} B_1.$$

De (1) et (2) il résulte aussitôt:

(3) $$S \overline{\overline{f}} A_1.$$

On a d'autre part:

(4) $$S \supset A \supset A_1.$$

Les formules (3) et (4) donnent conformément au corollaire 9:

$$A \overline{\overline{f}} S \qquad \text{c. q. f. d.}$$

Le lemme 30 établi, la démonstration du théorème fondamental 31 est évidente.

Théorème 31. *Si les ensembles de points A et B, situés sur la surface de la même sphère, ne sont pas ensembles-frontières (par rapport à cette surface), on a*

$$A \overline{\overline{f}} B.$$

§ 3. Les théorèmes fondamentaux sur l'équivalence par décomposition denombrable.

Les raisonnements de ce § concernent les espaces euclidiens à un nombre arbitraire n de dimensions; mais pour fixer les idées nous allons opérer dans l'espace à $n = 1$ ou $n = 2$ dimensions.

Lemme 32. $A_1, A_2 \dots A_m \dots$ étant des intervalles à n dimensions[1]), disjoints, congruents à un intervalle A, on a

$$A \overline{\overline{d}} \sum_{m=1}^{\infty} A_m.$$

Démonstration. Considérons le cas de $n = 1$ dimension.

Comme l'a indiqué M. Hausdorff[2]) (en utilisant une idée M. Vitali) on peut décomposer tout segment en une infinité dénombrable de sous-ensembles disjoints équivalents par décomposition finie deux à deux. Soient:

(1) $$A = \sum_{k=1}^{\infty} B_k,$$

(2) $$A_m = \sum_{k=1}^{\infty} B_{m,k} \text{ pour tout } m \text{ naturel}$$

[1]) L'ensemble de points est dit intervalle à n dimensions, s'il se compose de tous les points $(x_1, x_2, \dots x_n)$ assujettis à la condition: $a \leqslant x_k \leqslant b$ pour $1 \leqslant k \leqslant n$, a et b étant constants.

[2]) F. Hausdorff, op. cit., p. 401. Strictement dit, M. Hausdorff décompose non le segment tout entier, mais le segment sans une extrémité. Mais cet inconvénient, que l'on peut d'ailleurs éviter, n'a qu'une influence insignifiante sur les raisonnements qui vont suivre.

les décompositions correspondantes des segments $A, A_1 \ldots A_m \ldots$ Tous ces segments étant congruents, on peut évidemment supposer que

$$B_k \cong B_{m,k} \text{ pour tous } k \text{ et } m \text{ naturels,}$$

d'où

$$B_k \overline{\overline{f}} B_{m,l} \text{ pour tous } k, l \text{ et } m \text{ naturels.} \tag{3}$$

On conclut de (2):

$$\sum_{m=1}^{\infty} A_m = \sum_{m=1}^{\infty} \sum_{k=1}^{\infty} B_{m,k}. \tag{4}$$

Comme toute série double peut être transformée par la méthode des diagonales en une série simple, les formules (1) et (4) fournissent une décomposition des ensembles A et $\sum_{m=1}^{\infty} A_m$ en une infinité dénombrable de parties disjointes, qui sont selon (3) respectivement équivalentes par décomposition finie. En vertu du théorème 4′ on en déduit que

$$A \overline{\overline{d}} \sum_{m=1}^{\infty} A_m,$$

ce qui prouve le théorème pour le cas d'espace linéaire.

Pour en passer au cas de l'espace à n dimensions, $n > 1$, il suffit de remplacer les points de tout segment décomposé par les intervalles à $n-1$ dimensions perpendiculaires à lui.

L e m m e 33. *$A_1, A_2 \ldots A_m \ldots$ étant des intervalles à n dimensions, disjoints, congruents deux à deux, et E désignant l'espace n dimensionnel tout entier, on a*

$$E \overline{\overline{d}} \sum_{m=1}^{\infty} A_m.$$

D é m o n s t r a t i o n. Considerons le cas de $n = 2$.

Le plan E peut être facilement décomposé en une infinite dénombrable de carrés (non necéssairement disjoints):

$$E = \sum_{m=1}^{\infty} B_m \tag{1}$$

tels que

$$A_m \cong B_m \text{ pour tout } m \text{ naturel.} \tag{2}$$

Posons

(3) $$C_1 = B_1, \quad C_m = B_m - \sum_{k=1}^{m-1} B_k \text{ pour tout } m \geqslant 2.$$

Selon (1) et (3) on obtient sans peine:

(4) $$E = \sum_{m=1}^{\infty} C_m,$$

(5) $$B_m \supset C_m \text{ pour tout } m \text{ naturel.}$$

Les formules (2) et (5) impliquent évidemment l'existence des ensembles D_1, $D_2 \ldots D_m \ldots$ vérifiant les formules:

(6) $$C_m \cong D_m,$$

(7) $$A_m \supset D_m \text{ pour tout } m \text{ naturel.}$$

Les ensembles C_1, $C_2 \ldots C_m \ldots$ ainsi que D_1, $D_2 \ldots D_m \ldots$ étant disjoints, on conclut de (4) et (6) conformément à la définition 2':

(8) $$E \,\overline{\overline{d}}\, \sum_{m=1}^{\infty} D_m.$$

De (7) on déduit encore:

(9) $$E \supset \sum_{m=1}^{\infty} A_m \supset \sum_{m=1}^{\infty} D_m.$$

En vertu du corollaire 9', les formules (8) et (9) donnent aussitôt:

$$E \,\overline{\overline{d}}\, \sum_{m=1}^{\infty} A_m$$ c. q. f. d.

Lemme 34. Si l'ensemble A, situé dans l'espace E à n dimensions, n'est pas ensemble-frontière, on a $A \,\overline{\overline{d}}\, E$.

Démonstration. Supposons comme auparavant que $n = 2$. L'ensemble A contient évidemment un carré A'. Soient A_1, $A_2 \ldots A_m \ldots$ des carrés disjoints, congruents à A' et situés dans le même plan E; l'existence de tels carrés dans le plan est manifeste.

On obtient immédiatement, en appliquant les deux lemmes précédents:

$$A' \,\overline{\overline{d}}\, \sum_{m=1}^{\infty} A_m \text{ et } E \,\overline{\overline{d}}\, \sum_{m=1}^{\infty} A_m,$$

d'où, en vertu du théorème 3',

$$A' \overline{\overline{d}} E.$$

Comme en même temps

$$E \supset A \supset A',$$

on conclut, conformément au corollaire 9':

$$A \overline{\overline{d}} E \qquad \text{c. q. f. d.}$$

Le lemme 34 établi, on en déduit immédiatement le théorème fondamental de ce §, notamment le

Théorème 35[1]. *Si les ensembles A et B, situés dans un espace euclidien à un nombre quelconque de dimensions, ne sont pas ensembles-frontières, on a*

$$A \overline{\overline{d}} B.$$

Nous allons à présent généraliser la notion d'équivalence par décomposition dénombrable, en introduisant la définition suivante:

Définition 3. *Les ensembles de points A et B sont presque équivalents par décomposition dénombrable*:

$$A \overline{\overline{p}} B,$$

s'il existe des ensembles A_1, A_2, B_1 et B_2 remplissant les conditions suivantes:

I. $A = A_1 + A_2$, $B = B_1 + B_2$, $A_1 \times A_2 = 0 = B_1 \times B_2$;

II. $A_1 \overline{\overline{d}} B_1$;

III. A_2 *et* B_2 *sont mesurables* (L)[2] *et* $m(A_2) = m(B_2) = 0$.

La relation définie tout-à-l'heure est évidemment *reflexive* et *symétrique*; nous allons prouver qu'elle est aussi *transitive*.

Théorème 36. *Si $A \overline{\overline{p}} B$ et $B \overline{\overline{p}} C$, on a $A \overline{\overline{p}} C$.*

Démonstration. Soient:

$$(1) \qquad A = A_1 + A_2, \ B = B_1 + B_2,$$

$$(2) \qquad B = B_1' + B_2', \ C = C_1 + C_2$$

les décompositions des ensembles A et B, resp. B et C, satisfaisant aux conditions de la définition 3.

[1] Un cas particulier de ce théorème a été signalé par M. Sierpiński (*L'axiome du choix et son rôle dans la Théorie des Ensembles et l'Analyse*. Bull. Ac. Sc., Cracovie 1918, p. 142).

[2] Dans les raisonnements qui vont suivre nous supposons la notion de mesure étendue aux ensembles non-bornés. Cf. F. Hausdorff, op. cit., p. 416.

De (1) et (2) résultent aussitôt les formules suivantes:

$$B_1 = B_1 \times B'_1 + B_1 \times B'_2, \quad B'_1 = B'_1 \times B_1 + B'_1 \times B_2;$$

comme $A_1 \overline{\overline{d}} B_1$ et $B'_1 \overline{\overline{d}} C_1$, on en conclut en raison du corollaire 6 que les ensembles A_1 et C_1 peuvent être décomposés en parties disjointes:

(3) $$A_1 = A' + A_3, \quad C_1 = C' + C_3$$

de sorte que l'on ait:

(4) $$A' \overline{\overline{d}} B_1 \times B'_1, \quad C' \overline{\overline{d}} B'_1 \times B_1,$$

(5) $$A_3 \overline{\overline{d}} B_1 \times B'_2, \quad C_3 \overline{\overline{d}} B'_1 \times B_2.$$

Posons:

(6) $$A'' = A_2 + A_3, \quad C'' = C_2 + C_3;$$

on obtient selon (1)—(3) et (6):

(7) $$A = A' + A'', \quad C = C' + C''$$

et on peut s'en convaincre facilement que les ensembles A' et A'' ainsi que C' et C'' sont disjoints.

De (4) on déduit encore:

(8) $$A' \overline{\overline{d}} C'.$$

On peut enfin prouver que les ensembles A'' et C'' sont de mesure nulle. On a, en effet, conformement aux propriétés des décompositions (1) et (2):

(9) $$m(A_2) = m(B_2) = m(B'_2) = m(C_2) = 0;$$

comme $B_1 \times B'_2 \subset B'_2$ et $B'_1 \times B_2 \subset B_2$, il en résulte que

(10) $$m(B_1 \times B'_2) = m(B'_1 \times B_2) = 0.$$

En appliquant le corollaire 15', on conclut selon (5) et (10):

(11) $$m(A_3) = m(C_3) = 0,$$

et de (6), (9) et (11) on obtient finalement:

(12) $$m(A'') = m(C'') = 0.$$

Suivant la définition 3, les formules (6), (8) et (12) impliquent que

$$A \overline{\overline{p}} C \qquad \text{c. q. f. d.}$$

Le théorème fondamental sur l'équivalence dénombrable entraîne manifestément la conséquence suivante:

Si les ensembles A et B, situés dans un espace euclidien, ne sont pas ensembles-frontières, on a $A \overline{\overline{p}} B$.

Nous nous proposons de donner dans le théorème 41 une généralisation de cette proposition.

L e m m e 37. A e t B é t a n t d e s e n s e m b l e s, s i t u é s d a n s u n e s p a c e e u c l i d i e n à n d i m e n s i o n s, s i A e s t m e s u r a b l e (L), B e s t u n e n s e m b l e o u v e r t e t $m(A) = m(B)$, a l o r s à t o u t n o m b r e r é e l p o s i t i f δ c o r r e s p o n d e n t d e u x e n s e m b l e s f e r m é s A_1 e t B_1 t e l s q u e l'o n a i t:

I. $A_1 \subset A$ et $B_1 \subset B$, II. $A_1 \stackrel{=}{f} B_1$, III. $m(A_1) = m(B_1) > m(A) - \delta$.

D é m o n s t r a t i o n. Soit $n = 2$.

Suivant un théorème connu dans la Théorie de la Mesure, il existe certainement un ensemble fermé borné A' vérifiant les formules:

(1) $$A' \subset A \text{ et } m(A) > m(A') > m(A) - \delta$$

Comme $m(A') < m(B)$, on peut prouver l'existence des carrés: $C_1, C_2 \ldots C_m$ et $D_1, D_2 \ldots D_m$, qui satisfont aux conditions suivantes (C'_k et D'_k désignant les intérieurs des carrés C_k et D_k respectivement):

(2) les ensembles $C'_1, C'_2 \ldots C'_m$ ainsi que $D'_1, D'_2 \ldots D'_m$ sont disjoints;

(3) $$C_k \cong D_k \text{ (d'où } C'_k \cong D'_k) \text{ pour } 1 \leqslant k \leqslant m;$$

(4) $$A' \subset \sum_{k=1}^{m} C_k \text{ et } \sum_{k=1}^{m} D_k \subset B.$$

De (1), (2) et (3) résulte l'existence d'un ensemble fermé A_1 tel que l'on ait:

(5) $$A_1 \subset A' \subset A,$$

(6) $$m(A_1) > m(A) - \delta,$$

(7) $$A_1 \subset \sum_{k=1}^{m} C'_k, \text{ donc } A_1 = \sum_{k=1}^{m} (A_1 \times C'_k).$$

Soient, conformément à (3) et (7), $E_1, E_2 \ldots E_m$ des ensembles jouissant de propriétés suivantes:

(8) $$E_k \cong A_1 \times C'_k \text{ pour } 1 \leqslant k \leqslant m,$$

(9) $$E_k \subset D'_k \text{ pour } 1 \leqslant k \leqslant m;$$

posons:

(10) $$B_1 = \sum_{k=1}^{m} E_k.$$

Selon (4), (9) et (10) on a évidemment:

(11) $$B_1 \subset B;$$

en vertu de (2), (7), (9) et (10) on obtient:

(12) $$A_1 \overline{\overline{f}} B_1.$$

Enfin, les ensembles $A_1 \times C_1'$, $A_1 \times C_2' \ldots A_1 \times C_m'$ étant fermés (comme produits des ensembles fermés: $A_1 \times C_k' = A_1 \times C_k$), on conclut suivant (8) et (10) que les ensembles $E_1, E_2 \ldots E_m$ et B_1 sont fermés aussi et que l'on a

(13) $$m(A_1) = m(B_1).$$

Les formules (5), (6) et (11)—(13) prouvent que A_1 et B_1 sont des ensembles cherchés.

Lemme 38. *A et B étant des ensembles de points, situés dans un espace euclidien, si A est mesurable (L), B est ouvert et $m(A) = m(B)$, on a $A \overline{\overline{p}} B$.*

Démonstration. Nous allons définir par recurrence deux suites infinies des ensembles $\{A_n\}$ et $\{B_n\}$ de la façon suivante:

I. A_1 et B_1 sont des ensembles fermés, contenus dans A et B respectivement et remplissant les conditions:

(1) $$A_1 \overline{\overline{f}} B_1,$$

(2) $$m(A_1) = m(B_1) \geqslant \frac{1}{2} m(A).$$

II. n étant un nombre naturel arbitraire, A_{n+1} et B_{n+1} sont des ensembles fermés, contenus dans $A - \sum_{k=1}^{n} A_k$ et $B \quad \sum_{k=1}^{n} B_k$ et vérifiant les formules:

(3) $$A_{n+1} \overline{\overline{f}} B_{n+1},$$

(4) $$m(A_{n+1}) = m(B_{n+1}) \geqslant \frac{1}{2} m\left(A - \sum_{k=1}^{n} A_k\right).$$

En se basant sur le lemme 36 on prouve par une induction facile l'existence de tous les termes des suites $\{A_n\}$ et $\{B_n\}$. C'est en effet évident pour $n = 1$; et si les ensembles $A_1, A_2 \ldots A_n$ et $B_1, B_2 \ldots B_n$ existent, on obtient sans peine suivant (2) et (4):

(5) $$A = \sum_{k=1}^{n} A_k \text{ est mesurable } (L), \quad B - \sum_{k=1}^{n} B_k \text{ est ouvert;}$$

(6) $$m\left(A-\sum_{k=1}^{n} A_k\right)=m\left(B-\sum_{k=1}^{n} B_k\right).$$

En vertu du lemme mentionné les conditions (5) et (6) impliquent aussitôt l'existence des ensembles fermés A_{n+1} et B_{n+1} vérifiant (3) et (4).

Il résulte immédiatement de la définition des ensembles $A_1, A_2 \dots A_n$ ainsi que $B_1, B_2 \dots B_n$ qu'ils sont tous fermés, disjoints et contenus dans A et B respectivement.

On peut donc conclure:

$$\lim_{n\to\infty} m(A_n) = \lim_{n\to\infty} m(B_n) = 0,$$

d'où en raison de (4) et (6)

(7) $$\lim_{n\to\infty} m\left(A-\sum_{k=1}^{n} A_k\right)=\lim_{n\to\infty} m\left(B-\sum_{k=1}^{n} B_k\right)=0.$$

Posons:

(8) $$A' = \sum_{k=1}^{\infty} A_k, \; A'' = A - A';$$

(9) $$B' = \sum_{k=1}^{\infty} B_k, \; B'' = B - B'.$$

On a évidemment:

(10) $$A = A' + A'', \; B = B' + B'', \; A' \times A'' = B' \times B'' = 0.$$

De (7), (8) et (9) on déduit directement:

$$m(A') = m(A), \; m(B') = m(B),$$

d'où

(11) $$m(A'') = m(B'') = 0.$$

En vertu de (4), (8) et (9) on obtient enfin, en appliquant le théorème 4':

(12) $$A' \overline{\overline{d}} B'.$$

Conformément à la définition 3, les formules (10)—(12) donnent aussitôt:

$$A \overline{\overline{p}} B$$ c. q. f. d.

Lemme 39. *Si l'ensemble borné A, situé dans l'espace euclidien E, est mesurable (L) et a la mesure positive, il existe dans le même espace un ensemble C de* mesure nulle tel que l'on ait:

$$A + C \overline{\overline{d}} E.$$

Démonstration. Comme $m(A) > 0$, il existe évidemment un ensemble ouvert borné B dont la mesure est égale à celle de A. Conformément au lemme précédent, on peut conclure:

$$A \overline{\overline{p}} E.$$

Soient donc A_1, A_2, B_1 et B_2 des ensembles remplissant les conditions de la définition 3. On a:

(1) $$A = A_1 + A_2,\ B = B_1 + B_2.\ A_1 \times A_2 = B_1 \times B_2 = 0;$$

(2) $$A_1 \overline{\overline{d}} B_1,$$

(3) $$m(A_2) = m(B_2) = 0.$$

Soient encore C et D des ensembles bornés vérifiant les formules:

(4) $$C \cong B_2 \text{ et } D \cong A_2,$$

(5) $$(C + D) \times (A + B) = 0;$$

les ensembles A et B étant bornés, l'existence des ensembles C et D est évidente.

En vertu de (1), (2), (4) et (5) on obtient facilement, en appliquant le théorème 4':

(6) $$A + C = A_1 + A_2 + C \overline{\overline{d}} B_1 + B_2 + D = B + D.$$

L'ensemble $B + D$ n'étant pas ensemble-frontière, on déduit du lemme 34:

(7) $$B + D \overline{\overline{d}} E.$$

Les formules (6) et (7) donnent aussitôt en raison du théorème 3':

$$A + C \overline{\overline{d}} E.$$

Comme de plus l'ensemble C est, suivant (3) et (4), de mesure nulle, le lemme 39 est complètement démontré.

Lemme 40. Si l'ensemble A, situé dans l'espace euclidien E, a la mesure lebesguienne intérieure positive (finie ou non), on a $A \overline{\overline{p}} E$.

Démonstration. L'ensemble A contient évidemment un sous-ensemble borné A' mesurable (L) de mesure positive. Soit C l'ensemble de mesure nulle remplissant par rapport à A' les conditions du lemme 39; on a donc:

$$A' + C \overline{\overline{d}} E, \tag{1}$$

$$m(C) = 0. \tag{2}$$

Comme

$$A' + C \subset A + C \subset E,$$

on conclut de (1), en vertu du corollaire 9′, que

$$A + C \overline{\overline{d}} E.$$

Il en résulte suivant le corollaire 6′ que l'espace E peut être décomposé en deux ensembles disjoints:

$$E = E_1 + E_2 \tag{3}$$

tels que

$$E_1 \overline{\overline{d}} A, \quad E_2 \overline{\overline{d}} C - A. \tag{4}$$

De (2) et (4) on déduit facilement, en appliquant le corollaire 15′:

$$m(E_2) = 0. \tag{5}$$

Posons:

$$A_1 = A, \quad A_2 = 0, \tag{6}$$

d'où

$$A = A_1 + A_2, \tag{7}$$

Les formules (3) et (7) nous fournissent une décomposition des ensembles A et E, dont on prouve immédiatement en vertu de (4)—(6) qu'elle satisfait aux conditions de la définition 3. On a donc

$$A \overline{\overline{p}} E \qquad \text{c. q. f. d.}$$

Le théorème 36 et le lemme démontré tout-à-l'heure impliquent aussitôt le suivant

Théorème 41. *Si les ensembles A et B, situés dans un espace euclidien à un nombre quelconque de dimensions, ont les mesures lebesguiennes intérieures positives (finies ou non), on a*

$$A \overline{\overline{p}} B.$$

Il est à remarquer que dans les décompositions fournies par les théorèmes fondamentaux de cet ouvrage se présentent nécessairement des ensembles non-mesurables (L). On voit en effet que deux ensembles ne sont équivalents par décomposition (finie ou dénombrable) en ensembles mesurables (L) qu'à la condition qu'ils aient la même mesure. En ce qui concernent les ensembles presque équivalents, on a le suivant

Théorème 42. *Pour que deux ensembles de points situés dans un espace euclidien à un nombre quelconque de dimensions, soient presque équivalents par décomposition dénombrable en ensembles mesurables (L) (ou même fermés), il faut et il suffit, qu'ils aient la même mesure* [1]).

On déduit ce théorème facilement du lemme 38 et du théorème 36, en analysant leurs démonstrations.

[1]) Dans le même ordre d'idées on peut établir le théorème suivant:

A et B étant des ensembles, situés dans un espace euclidien à un nombre quelconque de dimensions, si A est mesurable (L), B est ouvert et $m(A) < m(B)$, *l'ensemble A est équivalent à un sous-ensemble de B par décomposition dénombrable en ensembles mesurables (L).*

QUELQUES THÉORÈMES SUR LES ALEPHS

Fundamenta Mathematicae, vol. 7 (1925), pp. 1-14.

Quelques théorèmes sur les alephs.

Par

Alfred Tarski (Varsovie).

Les théorèmes établis dans cette Note concernent les puissances et les produits infinis des alephs. Dans le § 1 je donne *une généralisation de la formule de recurrence de M. Hausdorff et du théorème connu de M. Bernstein*[1] (*„Bernsteiner Alephsatz"*). Le § 2 contient des formules, qui complètent la formule mentionnée de M. Hausdorff, ainsi que l'application de ces formules à l'étude des puissances des certains nombres cardinaux. Dans le § 3 j'établis des formules qui concernent le produit transfini des alephs, notamment les formules suivantes:

$$\prod_{\xi<\alpha} \aleph_\xi = \aleph_\alpha^{\overline{\overline{\alpha}}} \text{ pour tout } \alpha \text{ de } 2^{de} \text{ espèce différent de } 0;$$

$$\prod_{\xi\leq\alpha} \aleph_\xi = \aleph_\alpha^{\overline{\overline{\alpha}}} \text{ pour tout } \alpha \text{ différent de } 0.$$

Notations.

Les lettres grècques: $\alpha, \beta, \mu, \xi\ldots$ désignent les nombres ordinaux. α étant un nombre de 1re espèce, $\alpha-1$ est le nombre qui le précède immédiatement. α étant un nombre transfini de 2de espèce et (σ_ξ) une suite croissante du type α, le

[1]) Pour les notions et les théorèmes utilisés dans cette Note on pourra consulter les ouvrages suivants:

F. Hausdorff, *Grundzüge der Mengenlehre*, Leipzig 1914.

A. Schoenflies, *Entwickelung der Mengenlehre...*, Leipzig und Berlin 1913 (surtout: I Abs., Kap. IV, Kap. VIII).

W. Sierpiński, *Zarys teorji mnogości* (*Éléments de la Théorie des Ensembles*), I, Warszawa 1923 (*en polonais*).

plus petit nombre ordinal qui suit tous les termes de cette suite est dit limite de la suite (σ_ξ); je le désigne par le symbole: $\lim\limits_{\xi<\alpha} \sigma_\xi$.

ω_α désigne le nombre initial tel que l'ensemble de tous les nombres initiaux qui le précèdent forme une suite croissante du type α; en particulier: $\omega_0 = \omega$, $\omega_1 = \Omega$.

α et β étant des nombres de 2de espèce, on dit que β est confinal avec α, s'il existe une suite (σ_ξ) telle que $\beta = \lim\limits_{\xi<\alpha} \sigma_\xi$. Soit ω_γ le plus petit nombre initial avec lequel β est confinal; je pose alors: $\gamma = cf(\beta)$ [1]).

A étant un ensemble, $\overline{\overline{A}}$ est le nombre cardinal qui lui correspond (la puissance de A). $W(\alpha)$ désigne l'ensemble de tous les nombres ordinaux qui précèdent α. Je pose: $\overline{\alpha} = \overline{\overline{W(\alpha)}}$, $\aleph_\alpha = \overline{\overline{W(\omega_\alpha)}}$.

Le sens d'autres symboles, tels que: $\alpha + \beta$, $\alpha \cdot \beta$, $\sum\limits_{\xi<\alpha} \aleph_\xi$ etc., n'exige pas d'explication.

§ 1. La généralisation des théorèmes de MM. Hausdorff et Bernstein.

M. Hausdorff a établi [2]) le théorème suivant, appelé parfois „formule de recurrence“:

Quels que soient α et β, on a

$$\aleph_{\alpha+1}^{\aleph_\beta} = \aleph_\alpha^{\aleph_\beta} \cdot \aleph_{\alpha+1}.$$

A l'aide de ce théorème nous allons démontrer le suivant

Théorème 1. *Si $\overline{\gamma} \leqslant \aleph_\beta$, on a*

$$\aleph_{\alpha+\gamma}^{\aleph_\beta} = \aleph_\alpha^{\aleph_\beta} \cdot \aleph_{\alpha+\gamma}^{\overline{\gamma}}.$$

Démonstration. Nous allons appliquer par rapport à γ le principe d'induction transfinie.

a) Le théorème est vrai pour $\gamma = 0$. Car on peut poser par définition:

$$\aleph_\alpha^{\overline{0}} = \overline{1}\ ^{3)}.$$

b) Si un nombre γ vérifie le théorème, le nombre $\gamma + 1$ le vérifie aussi. Pour le prouver, supposons que

[1]) Il résulte des recherches de M. Hausdorff (op. cit., p. 129—132) que le nombre ω_{cf} existe pour tout nombre transfini β de 2de espèce et qu'il est le plus petit parmi tous les nombres ordinaux avec lesquels β est confinal.

[2]) F. Hausdorff, *Der Potenzbegriff in der Mengenlehre*, Jahresberichte d. D. M.—V. 13, 1904, p. 569.

[3]) Si l'on veut éviter le cas d'exposant égal à 0, il faut dans l'hypothèse du théorème faire la restriction: $\gamma \geqslant 1$ et vérifier le théorème directement pour $\gamma = 1$.

(1) $$\overline{\gamma+1} \leqslant \aleph_\beta;$$

il en résulte aussitôt que le nombre γ satisfait aussi à l'hypothèse du théorème:

$$\bar{\gamma} \leqslant \aleph_\beta,$$

d'où

(2) $$\aleph_{\alpha+\gamma}^{\aleph_\beta} = \aleph_\alpha^{\aleph_\beta} \cdot \aleph_{\alpha+\gamma}^{\bar{\gamma}}.$$

Selon la formule de M. Hausdorff, on obtient:

(3) $$\aleph_{\alpha+\gamma+1}^{\aleph_\beta} = \aleph_{\alpha+\gamma}^{\aleph_\beta} \cdot \aleph_{\alpha+\gamma+1}$$

et

(4) $$\aleph_{\alpha+\gamma+1}^{\overline{\gamma+1}} = \aleph_{\alpha+\gamma}^{\overline{\gamma+1}} \cdot \aleph_{\alpha+\gamma+1} = \aleph_{\alpha+\gamma}^{\bar{\gamma}} \cdot \aleph_{\alpha+\gamma+1}$$

(la dernière formule est évidente pour γ fini, car dans ce cas

$$\aleph_{\alpha+\gamma+1}^{\overline{\gamma+1}} = \aleph_{\alpha+\gamma+1}, \quad \aleph_{\alpha+\gamma}^{\overline{\gamma+1}} = \aleph_{\alpha+\gamma}^{\bar{\gamma}} = \aleph_{\alpha+\gamma}).$$

Les formules (2) et (3) donnent:

(5) $$\aleph_{\alpha+\gamma+1}^{\aleph_\beta} = \aleph_\alpha^{\aleph_\beta} \cdot \aleph_{\alpha+\gamma}^{\bar{\gamma}} \cdot \aleph_{\alpha+\gamma+1},$$

et de (4) et (5) on conclut finalement que

(6) $$\aleph_{\alpha+\gamma+1}^{\aleph_\beta} = \aleph_\alpha^{\aleph_\beta} \cdot \aleph_{\alpha+\gamma+1}^{\overline{\gamma+1}}.$$

Or, comme (6) résulte de (1), le nombre $\gamma+1$ satisfait aux conditions du théorème.

c) γ étant un nombre transfini de 2de espèce, si le théorème est vrai pour tout nombre ξ qui précède γ, il reste encore vrai pour le nombre γ. Supposons, en effet, que

(7) $$\bar{\gamma} \leqslant \aleph_\beta,$$

d'où

(8) $$\bar{\xi} \leqslant \aleph_\beta \text{ pour } \xi < \gamma.$$

Les nombres ξ, $\xi < \gamma$, remplissant selon (8) l'hypothèse du théorème, on a donc:

(9) $$\aleph_{\alpha+\xi}^{\aleph_\beta} = \aleph_\alpha^{\aleph_\beta} \cdot \aleph_{\alpha+\xi}^{\bar{\xi}} \text{ pour } \xi < \gamma.$$

Suivant le théorème de König, généralisé par Jourdain [1]), on

[1]) Cf. A. Schoenflies, op. cit., p. 66.

obtient:

$$(10) \qquad \aleph_{\alpha+\gamma} = \sum_{\xi<\gamma} \aleph_{\alpha+\xi} < \prod_{\xi<\gamma} \aleph_{\alpha+\xi},$$

donc

$$(11) \qquad \aleph_{\alpha+\gamma}^{\aleph_\beta} \leqslant \Big(\prod_{\xi<\gamma} \aleph_{\alpha+\xi}\Big)^{\aleph_\beta} = \prod_{\xi<\gamma} \aleph_{\alpha+\xi}^{\aleph_\beta}.$$

Les formules (9) et (11) impliquent que

$$(12) \qquad \aleph_{\alpha+\gamma}^{\aleph_\beta} \leqslant \prod_{\xi<\gamma} (\aleph_\alpha^{\aleph_\beta} \cdot \aleph_{\alpha+\xi}^{\bar{\xi}}) \leqslant (\aleph_\alpha^{\aleph_\beta})^{\bar{\gamma}} \cdot \prod_{\xi<\gamma} \aleph_{\alpha+\gamma}^{\bar{\xi}} \leqslant \aleph_\alpha^{\aleph_\beta \cdot \bar{\gamma}} \cdot (\aleph_{\alpha+\gamma}^{\bar{\gamma}})^{\bar{\gamma}};$$

il en résulte immédiatement, en vertu de (7), que

$$(13) \qquad \aleph_{\alpha+\gamma}^{\aleph_\beta} \leqslant \aleph_\alpha^{\aleph_\beta} \cdot \aleph_{\alpha+\gamma}^{\bar{\gamma}}.$$

On a d'autre part évidemment:

$$\aleph_\alpha^{\aleph_\beta} \leqslant \aleph_{\alpha+\gamma}^{\aleph_\beta} \quad \text{et} \quad \aleph_{\alpha+\gamma}^{\bar{\gamma}} \leqslant \aleph_{\alpha+\gamma}^{\aleph_\beta},$$

d'où

$$(14) \qquad \aleph_\alpha^{\aleph_\beta} \cdot \aleph_{\alpha+\gamma}^{\bar{\gamma}} \leqslant \aleph_{\alpha+\gamma}^{\aleph_\beta}.$$

Les inégalités (13) et (14) donnent aussitôt la formule désirée (2).

Les lemmes a), b), et c) établis, le théorème 1 est démontré complètement.

Corollaire 2. *γ étant un nombre fini, on a*

$$\aleph_{\alpha+\gamma}^{\aleph_\beta} = \aleph_\alpha^{\aleph_\beta} \cdot \aleph_{\alpha+\gamma}.$$

Pour le prouver, il suffit de remarquer que l'hypothèse du théorème précédent est remplie et que

$$\aleph_{\alpha+\gamma}^{\bar{\gamma}} = \aleph_{\alpha+\gamma}.$$

On voit donc que la formule de recurrence de M. Hausdorff ne présente qu'un cas particulier du théorème 1. La même relation subsiste entre le théorème de M. Bernstein sur les alephs [1]) et le suivant

Théorème 3. *Si $\bar{\alpha} \leqslant \aleph_\beta$, on a*

$$\aleph_\alpha^{\aleph_\beta} = 2^{\aleph_\beta} \cdot \aleph_\alpha^{\bar{\alpha}}.$$

[1]) F. Bernstein, *Untersuchungen aus der Mengenlehre*, Math. Ann. 61, 1905.

Démonstration. Remplaçons dans l'énoncé du théorème 1: α par γ et 0 par α. On obtient:

$$\aleph_\alpha^{\aleph_\beta} = \aleph_0^{\aleph_\beta} \cdot \aleph_\alpha^{\bar{\alpha}}. \tag{1}$$

Il résulte de la formule connue de M. Bernstein que

$$\aleph_0^{\aleph_\beta} = 2^{\aleph_\beta}. \tag{2}$$

Les égalités (1) et (2) donnent aussitôt:

$$\aleph_\alpha^{\aleph_\beta} = 2^{\aleph_\beta} \cdot \aleph_\alpha^{\bar{\alpha}} \qquad \text{c. q. f. d.}$$

Exemple. En appliquant successivement les théorèmes 1 et 3, on obtient:

$$\aleph_{\Omega+\omega}^{\aleph_2} = \aleph_\Omega^{\aleph_2} \cdot \aleph_{\Omega+\omega}^{\aleph_0} = 2^{\aleph_2} \cdot \aleph_\Omega^{\aleph_1} \cdot \aleph_{\Omega+\omega}^{\aleph_0}.$$

Corollaire 4 *(théorème de M. Bernstein). α étant un nombre fini, on a*

$$\aleph_\alpha^{\aleph_\beta} = 2^{\aleph_\beta} \cdot \aleph_\alpha.$$

Le corollaire est évident pour $\alpha = 0$; pour $\alpha \neq 0$ on l'obtient directement du théorème 3, en observant que

$$\aleph_\alpha^{\bar{\alpha}} = \aleph_\alpha.$$

Corollaire 5. *α étant un nombre de 2me classe ($\omega \leqslant \alpha < \Omega$), on a*

$$\aleph_\alpha^{\aleph_\beta} = 2^{\aleph_\beta} \cdot \aleph_\alpha^{\aleph_0}.$$

En effet, comme $\bar{\alpha} = \aleph_0$, l'hypothèse du théorème 3 est remplie, et on obtient la formule cherchée. On prouve facilement que cette formule est valable aussi pour α fini, donc pour tout $\alpha < \Omega$.

Le théorème de M. Bernstein donne lieu au problème suivant: *Tout nombre cardinal transfini* $\mathfrak{m}$ *remplit-il la condition suivante* (nous l'appellerons *„condition de M. Bernstein“*):

quel que soit le nombre cardinal transfini $\mathfrak{n}$, $\mathfrak{m}^{\mathfrak{n}} = 2^{\mathfrak{n}} \cdot \mathfrak{m}$?

Déjà König a résolu ce problème d'une façon négative[1]), en appliquant le théorème de M. Zermelo sur le bon ordre („Wohlordnungssatz“); je vais donner dans le § suivant un autre exemple d'un nombre qui ne satisfait pas à la condition de M. Bernstein, sans faire usage du théorème de M. Zermelo.

[1]) J. König, *Zum Kontinuumproblem*, Math. Ann. 60, 1905, p. 180.

§ 2. Les formules de recurrence.

La formule de recurrence de M. Hausdorff permet, dans le cas où α est de 1re espèce, d'exprimer la puissance $\aleph_\alpha^{\aleph_\beta}$ à l'aide de la puissance d'un aleph plus petit que $\aleph_\alpha$ (notamment de $\aleph_{\alpha-1}$) multipliée par $\aleph_\alpha$. Dans le théorème 7 je donne les formules analogues au cas où α est de 2de espèce, en faisant cependant introduire les notions de la somme et du produit d'une suite transfinie des nombres cardinaux.

Lemme 6. *α étant un nombre de 2de espèce, si $\alpha = \lim_{\xi<\omega^\beta} \sigma_\xi$, on a*

$$\aleph_\alpha^{\overline{\omega^\beta}} = \prod_{\xi<\omega^\beta} \aleph_{\sigma_\xi}.$$

Démonstration. Conformément à l'hypothèse du théorème et au théorème de König généralisé par Jourdain:

$$\aleph_\alpha = \sum_{\xi<\omega^\beta} \aleph_{\sigma_\xi} < \prod_{\xi<\omega^\beta} \aleph_{\sigma_\xi}, \tag{1}$$

d'où

$$\aleph_\alpha^{\overline{\omega^\beta}} \leqslant \prod_{\xi<\omega^\beta} \aleph_{\sigma_\xi}^{\overline{\omega^\beta}}. \tag{2}$$

Posons:

$$\tau_{\xi,\eta} = \sigma_\xi \text{ pour } \xi < \omega^\beta \text{ et } \eta < \omega^\beta; \tag{3}$$

on a évidemment

$$\prod_{\xi<\omega^\beta} \aleph_{\sigma_\xi}^{\overline{\omega^\beta}} = \prod_{\xi<\omega^\beta}\Big(\prod_{\eta<\omega^\beta} \aleph_{\tau_{\xi,\eta}}\Big). \tag{4}$$

Désignons, avec M. Hessenberg [1]), par $\xi \# \eta$ *la somme formelle* des nombres ξ et η; c'est-à-dire, si

$$\xi = \sum_{k\leq n} \omega^{\delta_k} . m_k, \quad \eta = \sum_{k\leq n} \omega^{\delta_k} . l_k$$

sont les dévéloppements normaux des nombres ξ et η en polynomes par rapport à ω (les nombres m_k et l_k n'étant pas nécessairement différents de 0), posons:

$$\xi \# \eta = \sum_{k\leq n} \omega^{\delta_k} . (m_k + l_k).$$

[1]) G. Hessenberg, *Grundbegriffe der Mengenlehre*, Göttingen 1906, p. 105. Cf. aussi E. Jacobsthal, *Zur Arithmetik der transfiniten Zahlen*, Math. Ann. 67, 1909, p. 138.

Nous allons utiliser les propriétés suivantes de la somme formelle:

(5) pour qu'on ait $\xi \# \eta < \omega^\beta$, il faut et il suffit que $\xi < \omega^\beta$ et $\eta < \omega^\beta$;

(6) quel que soit ζ, l'ensemble des paires (ξ, η), satisfaisant à la condition: $\xi \# \eta = \zeta$, est fini;

(7) $\zeta \# 0 = \zeta$ et, si $\xi \# \eta = \zeta$, on a $\xi \leqslant \zeta$.

Or, comme la multiplication des nombres cardinaux satisfait aux lois de la permutation et de l'association, on obtient selon (4) et (5):

$$\prod_{\xi<\omega^\beta} \aleph_{\sigma_\xi}^{\overline{\omega^\beta}} = \prod_{\zeta<\omega^\beta}\Big(\prod_{\xi\#\eta=\zeta} \aleph_{\tau_{\xi,\eta}}\Big). \tag{8}$$

En vertu de (6), tout produit $\prod_{\xi\#\eta=\zeta} \aleph_{\tau_{\xi,\eta}}$ $(\zeta<\omega^\beta)$ se compose d'un nombre fini de facteurs. Comme, suivant l'hypothèse du lemme et des notations adoptées dans cette Note, la suite (σ_ξ) est croissante, on conclut de (3) et (7) que $\aleph_{\tau_{\zeta,0}} = \aleph_{\sigma_\zeta}$ est le plus grand de ces facteurs. On a donc:

$$\prod_{\xi\#\eta=\zeta} \aleph_{\tau_{\xi,\eta}} = \aleph_{\sigma_\zeta} \text{ pour } \zeta < \omega^\beta. \tag{9}$$

Les formules (2), (8) et (9) donnent aussitôt:

$$\aleph_\alpha^{\overline{\omega^\beta}} \leqslant \prod_{\zeta<\omega^\beta} \aleph_{\sigma_\zeta},$$

et comme l'inégalité au sens inverse est évidente, on obtient enfin:

$$\aleph_\alpha^{\overline{\omega^\beta}} = \prod_{\xi<\omega^\beta} \aleph_{\sigma_\xi} \qquad \text{c. q. f. d.}$$

Théorème 7. *α étant un nombre transfini de 2de espèce,*

1) *si* $\beta < cf(\alpha)$, *on a* $\aleph_\alpha^{\aleph_\beta} = \sum_{\xi<\alpha} \aleph_\xi^{\aleph_\beta}$;

2) *si* $\beta \geqslant cf(\alpha)$ *et* $\alpha = \lim_{\xi<\omega_{cf(\alpha)}} \sigma_\xi$, *on a* $\aleph_\alpha^{\aleph_\beta} = \prod_{\xi<\omega_{cf(\alpha)}} \aleph_{\sigma_\xi}^{\aleph_\beta}$.

Démonstration. a) $\beta < cf(\alpha)$ [1]).

[1]) Notre raisonnement dans cette partie de la démonstration est tout-à-fait analogue à celui que M. Hausdorff a appliqué pour établir sa formule de recurrence.

Soit E_ξ l'ensemble de toutes les suites du type ω_β dont les termes appartiennent à l'ensemble $W(\omega_\xi)$. Conformément à la définition des puissances des nombres cardinaux, on obtient la formule:

$$\overline{\overline{E_\xi}} = \aleph_\xi^{\aleph_\beta}, \text{ quel que soit } \xi. \tag{1}$$

Il est aisé d'établir l'inclusion suivante:

$$E_\alpha \subset \sum_{\xi<\alpha} E_\xi. \tag{2}$$

Soit, en effet, (σ_η) une suite appartenante à l'ensemble E_α. La condition: $\beta < cf(\alpha) = cf(\omega_\alpha)$ et la formule connue: $\omega_\alpha = \lim_{\xi<\alpha} \omega_\xi$ impliquent presque immédiatement l'existence d'un nombre ω_ξ satisfaisant aux conditions:

$$\omega_\xi < \omega_\alpha \text{ et } \sigma_\eta < \omega_\xi \text{ pour } \eta < \omega_\beta.$$

(Pour s'en convaincre, on aura à distinguer deux cas, suivant que parmi les termes de la suite (σ_η) il existe ou non le nombre le plus grand).

Il en résulte que la suite (σ_η) appartient à l'ensemble $E_\xi(\xi<\alpha)$, donc aussi à la somme $\sum_{\xi<\alpha} E_\xi$.

De (1) et (2) on conclut aussitôt:

$$\aleph_\alpha^{\aleph_\beta} \leqslant \sum_{\xi<\alpha} \aleph_\xi^{\aleph_\beta}. \tag{3}$$

L'inégalité au sens inverse est presque évidente:

$$\sum_{\xi<\alpha} \aleph_\xi^{\aleph_\beta} \leqslant \aleph_\alpha^{\aleph_\beta} \cdot \overline{\alpha} \leqslant \aleph_\alpha^{\aleph_\beta} \cdot \aleph_\alpha = \aleph_\alpha^{\aleph_\beta}. \tag{4}$$

En vertu de (3) et (5) on obtient enfin la formule cherchée:

$$\aleph_\alpha^{\aleph_\beta} = \sum_{\xi<\alpha} \aleph_\xi^{\aleph_\beta}. \tag{5}$$

b) $\beta \geqslant cf(\alpha)$ et $\alpha = \lim_{\xi<\omega_{\vartheta(\alpha)}} \sigma_\xi$.

Le nombre $\omega_{\vartheta(\alpha)}$, étant un nombre initial, est une puissance de ω; on peut donc appliquer le lemme 6:

(6) $$\aleph_\alpha^{\aleph_{cf(\alpha)}} = \aleph_\alpha^{\overline{\omega_{cf(\alpha)}}} = \prod_{\xi<\omega_{cf(\alpha)}} \aleph_{\sigma_\xi},$$

d'où

(7) $$\left(\aleph_\alpha^{\aleph_{cf(\alpha)}}\right)^{\aleph_\beta} = \prod_{\xi\ \ \omega_{cf(\alpha)}} \aleph_{\sigma_\xi}^{\aleph_\beta}.$$

On déduit de (7) aussitôt, en tenant compte de la condition: $\beta \geqslant cf(\alpha)$, que

(8) $$\aleph_\alpha^{\aleph_\beta} = \prod_{\xi<\omega_{cf(\alpha)}} \aleph_{\sigma_\xi}^{\aleph_\beta}.$$

Suivant (5) et (8) le théorème 7 est complètement démontré.

Exemples. Conformément au lemme 6 et au théorème établi tout-à-l'heure, on a:

$$\aleph_\omega^{\aleph_0} = \prod_{\xi<\omega} {}_{\xi}, \quad \aleph_\omega^{\aleph_\beta} = \prod_{\xi<\omega} \aleph_\xi^{\aleph_\beta};$$

$$\aleph_\Omega^{\aleph_0} = \sum_{\xi<\Omega} \aleph_\xi^{\aleph_0}, \quad \aleph_\Omega^{\aleph_1} = \prod_{\xi<\Omega} \aleph_\xi, \quad \aleph_\Omega^{\aleph_\beta} = \prod_{\xi<\Omega} \aleph_\xi^{\aleph_\beta} \quad \text{pour } \beta \geqslant 1.$$

Le théorème 7 trouve son application dans l'étude des puissances des nombres cardinaux, qui appartiennent à un vaste système $\{\aleph_{\pi(\alpha)}\}$ défini par l'induction transfinie de la façon suivante:

$\aleph_{\pi(0)} = \aleph_0$, $\aleph_{\pi(\alpha+1)} = 2^{\aleph_{\pi(\alpha)}}$, $\aleph_{\pi(\alpha)} = \sum_{\xi<\alpha} \aleph_{\pi(\xi)}$ *pour tout* α *transfini de 2*[de] *espèce*

Les puissances de ces nombres jouissent de quelques propriétés remarquables. On peut notamment établir sans peine les théorèmes suivants (la démonstration repose partiellement sur le théorème 7):

Théorème I. α *étant* 0 *ou un nombre de 1*[re] *espèce,*

1) *si* $\beta \leqslant \pi(\alpha-1)$, *on a* $\aleph_{\pi(\alpha)}^{\aleph_\beta} = \aleph_{\pi(\alpha)}$;

2) *si* $\beta \geqslant \pi(\alpha-1)$, *on a* $\aleph_{\pi(\alpha)}^{\aleph_\beta} = 2^{\aleph_\beta}$.

Théorème II. α *étant un nombre transfini de 2*[de] *espèce,*

1) *si* $\beta < cf(\alpha)$, *on a* $\aleph_{\pi(\alpha)}^{\aleph_\beta} = \aleph_{\pi(\alpha)}$;

2) *si* $cf(\alpha) \leqslant \beta \leqslant \pi(\alpha)$, *on a* $\aleph_{\pi(\alpha)}^{\aleph_\beta} = 2^{\aleph_{\pi(\alpha)}} = \aleph_\beta^{\aleph_{\pi(\alpha)}}$ [1]);

3) *si* $\beta \geqslant \pi(\alpha)$, *on a* $\aleph_{\pi(\alpha)}^{\aleph_\beta} = 2^{\aleph_\beta}$.

[1]) Cette partie du théorème II présente la généralisation d'un théorème de M. Banach, qui a prouvé l'existence des nombres cardinaux transfinis $\mathfrak{m}$ et $\mathfrak{n}$ remplissant les conditions: $\mathfrak{m} \neq \mathfrak{n}$ et $\mathfrak{m}^{\mathfrak{n}} = \mathfrak{n}^{\mathfrak{m}}$ (cf. W. Sierpiński, op. cit., p. 181). En particulier, la formule $\aleph_{\pi(\omega)}^{\aleph_0} = \aleph_0^{\aleph_{\pi(\omega)}}$ résulte directement du théorème de M. Banach.

Donc, en particulier:

$$\aleph_{\pi(\omega)}^{\aleph_0} = 2^{\aleph_{\pi(\alpha)}} = \aleph_0^{\aleph_{\pi(\omega)}}, \quad \aleph_{\pi(\Omega)}^{\aleph_0} = \aleph_{\pi(\Omega)}, \quad \aleph_{\pi(\Omega)}^{\aleph_1} = 2^{\aleph_{\pi(\Omega)}} = \aleph_1^{\aleph_{\pi(\Omega)}}.$$

Le nombre $\aleph_{\pi(\omega)} = \aleph_0 + 2^{\aleph_0} + 2^{2^{\aleph_0}} + \ldots$ présente un simple exemple d'un nombre cardinal transfini ne satisfaisant pas à la condition de M. **Bernstein**; on a en effet:

$$\aleph_{\pi(\omega)}^{\aleph_0} > 2^{\aleph_0} \cdot \aleph_{\pi(\omega)}.$$

Le théorème II permet de résoudre le problème suivant:

$\mathfrak{m}$, $\mathfrak{n}$, $\mathfrak{p}$ *et* $\mathfrak{q}$ *étant des nombres cardinaux, les conditions*: $\mathfrak{m} > \mathfrak{n}$ *et* $\mathfrak{p} > \mathfrak{q}$ *impliquent-elles toujours que* $\mathfrak{m}^{\mathfrak{n}} > \mathfrak{p}^{\mathfrak{q}}$?

La solution est **négative**. Posons, en effet: $\mathfrak{m} = 2^{\aleph_{\pi(\omega)}}$, $\mathfrak{n} = \mathfrak{p} = \aleph_{\pi(\omega)}$, $\mathfrak{q} = \aleph_0$; on obtient:

$$\mathfrak{m} > \mathfrak{n} \text{ et } \mathfrak{p} > \mathfrak{q}, \text{ malgré qu'en même temps } \mathfrak{m}^{\mathfrak{n}} = \mathfrak{p}^{\mathfrak{q}}.$$

Je veux attirer enfin l'attention au fait suivant. L'hypothèse suivante [1]):

quel que soit α, $\aleph_{\alpha+1} = 2^{\aleph_\alpha}$,

l'hypothèse qu'on peut appeller: *„hypothèse généralisée du continu"* et dont nous ne savons jusqu'à present, si elle est vraie ou fausse ou bien indépendente des axiomes de la Théorie des Ensembles, permet de démontrer par une induction facile la proposition:

quel que soit α, $\aleph_{\pi(\alpha)} = \aleph_\alpha$.

Dans cette hypothèse les théorèmes I et II concernent donc les puissances des alephs quelconques et ils donnent la solution des plusieurs problèmes que nous ne savons resoudre jusqu'aujourd'hui. Ils permettent p. ex. d'établir les simples conditions nécessaires et suffisantes pour qu'on ait:

$$\mathfrak{m}^{\mathfrak{n}} = \mathfrak{m}, \quad \mathfrak{m}^{\mathfrak{n}} = 2^{\mathfrak{m}}, \quad \mathfrak{m}^{\mathfrak{n}} = 2^{\mathfrak{n}}, \quad \mathfrak{m}^{\mathfrak{n}} = \mathfrak{n}^{\mathfrak{m}}$$

ou bien pour que le nombre $\mathfrak{m}$ remplisse la condition de M. **Bernstein** [2]). En particulier, on peut en conclure qu'aucun nombre $\aleph_\alpha$ avec l'indice transfini de 2de espèce ne satisfait à cette condition, pourvu que α ne soit un nombre initial **régulier** égal à son indice ($\alpha = \omega_\alpha = cf(\alpha)$) [2]).

[1]) M. **Hausdorff** envisage dans son ouvrage: *Grundzüge einer Theorie der geordneten Mengen* (Math. Ann. 65, 1908, p. 491) l'hypothèse suivante appelée *„hypothèse de* ***Cantor*** *sur les alephs"*: 1) α étant un nombre de 1re espèce, on a $\aleph_\alpha = \sum_{\xi < \omega_\alpha} \aleph_\xi^{\bar{\alpha}}$; 2) α étant un nombre transfini de 2de espèce, on a $\aleph_\alpha = \sum_{\xi < \omega_{\psi(\alpha)}} \aleph_\xi^{\bar{\alpha}}$. Or on peut démontrer que cette hypothèse équivaut à l'hypothèse du texte et que sa 2me partie résulte de la 1re.

[2]) L'existence de tels nombres ordinaux est fort douteuse. Cf. A. **Schoenflies**, op. cit., p. 241.

§ 3. Les produits infinis des alephs.

Les formules établies si-dessous sont analogues aux formules bien connues concernant les sommes des suites transfinies des alephs: α étant un nombre transfini de 2de espèce, on a

$$\sum_{\xi<\alpha} \aleph_\xi = \aleph_\alpha;$$

α étant un nombre ordinal quelconque, on a

$$\sum_{\xi\leq\alpha} \aleph_\xi = \aleph_\alpha.$$

Théoreme 8. *α étant un nombre transfini de 2de espèce, on a*

$$\prod_{\xi<\alpha} \aleph_\xi = \aleph_\alpha^{\bar{\alpha}}.$$

Démonstration. Supposons que notre théorème est faux, et soit α le plus petit nombre transfini de 2de espèce tel que l'on ait:

(1) $$\prod_{\xi<\alpha} \aleph_\xi \neq \aleph_\alpha^{\bar{\alpha}}.$$

Soit

(2) $\alpha = \sum_{k\leq m} \omega^{\delta_k}$, où m est un nombre fini différent de 0 et $\delta_k \geqq \delta_{k+1} > 0$ pour $k \leqslant m$,

le dévéloppement du nombre α en polynome de ω.

Le lemme 6 du § 2 implique que

(3) $$m > 1,$$

puisque dans le cas contraire, en posant dans ce lemme $\sigma_\xi = \xi$ et $\beta = \delta_1$, on parviendrait à une formule qui contredit à (1).

Soit

(4) $$\beta = \sum_{k\leq m-1} \omega^{\delta_k};$$

on obtient facilement de (2), (3) et (4):

(5) $$\alpha = \beta + \omega^{\delta_m} = \lim_{\xi<\omega^{\delta_m}} (\beta + \xi),$$

(6) β est un nombre transfini de 2de espèce,

(7) $$\omega^{\delta_m} \leqslant \beta < \alpha.$$

On conclut encore de (5) et (7) que

$$(8) \qquad \overline{\beta} = \overline{\alpha},$$

car les inégalités: $\overline{\beta + \gamma} > \overline{\beta}$ et $\overline{\beta + \gamma} > \overline{\gamma}$ ne peuvent subsister simultanément pour aucun couple de nombres transfinis β et γ.

Comme, conformément à notre hypothèse, α est le plus petit nombre transfini de 2de espèce vérifiant la formule (1), il résulte de (6), (7) et (8):

$$(9) \qquad \prod_{\xi<\beta} \aleph_\xi = \aleph_\beta^{\overline{\beta}} = \aleph_\beta^{\overline{\alpha}}.$$

Le lemme 6, si l'on y pose $\sigma_\xi = \beta + \xi$, $\beta = \delta_m$, donne en raison de (5):

$$(10) \qquad \prod_{\xi<\omega^{\delta_m}} \aleph_{\beta+\xi} = \aleph_\alpha^{\overline{\omega^{\delta_m}}}.$$

De (5), (9) et (10) on déduit immédiatement:

$$(11) \qquad \prod_{\xi<\alpha} \aleph_\xi = \prod_{\xi<\beta} \aleph_\xi \cdot \prod_{\xi<\omega^{\delta_m}} \aleph_{\beta+\xi} = \aleph_\beta^{\overline{\alpha}} \cdot \aleph_\alpha^{\overline{\omega^{\delta_m}}}.$$

D'autre part, substituons dans l'énoncé du théorème 1: β au lieu de α, ω^{δ_m} au lieu de γ et $\overline{\alpha}$ au lieu de $\aleph_\beta$ (ce qui est permis, puisque α est un nombre transfini). On obtient selon (5):

$$(12) \qquad \aleph_\alpha^{\overline{\alpha}} = \aleph_{\beta+\omega^{\delta_m}}^{\overline{\alpha}} = \aleph_\beta^{\overline{\alpha}} \cdot \aleph_\alpha^{\overline{\omega^{\delta_m}}}.$$

Les formules (11) et (12) impliquent aussitôt que

$$\prod_{\xi<\alpha} \aleph_\xi = \aleph_\alpha^{\overline{\alpha}},$$

ce qui contredit évidemment à (1). Notre supposition nous conduit donc à une contradiction, et il faut admettre que le théorème 8 est vrai.

Corollaire 9. *α étant un nombre ordinal positif, on a*

$$\prod_{\xi\leq\alpha} \aleph_\xi = \aleph_\alpha^{\overline{\alpha}}.$$

D é m o n s t r a t i o n. Pour appliquer le principe de l'induction transfinie, observons que lé corollaire est évident pour $\alpha = 1$ et qu'il est vrai, lorsque α est un nombre arbitraire de 2de espèce (différent de 0). On a, en effet, dans ce dernier cas en vertu du théorème précédent:

$$\prod_{\xi \leq \alpha} \aleph_\xi = \prod_{\xi < \alpha} \aleph_\xi \cdot \aleph_\alpha = \aleph_\alpha^{\bar{\alpha}} \cdot \aleph_\alpha = \aleph_\alpha^{\bar{\alpha}}.$$

Il reste à prouver que tout nombre $\alpha+1$ vérifie la formule du théorème, pourvu que α la vérifie aussi. Supposons donc que

$$(1) \qquad \prod_{\xi \leq \alpha} \aleph_\xi = \aleph_\alpha^{\bar{\alpha}}.$$

On en conclut aussitôt:

$$(2) \qquad \prod_{\xi \leq \alpha+1} \aleph_\xi = \prod_{\xi \leq \alpha} \aleph_\xi \cdot \aleph_{\alpha+1} = \aleph_\alpha^{\bar{\alpha}} \cdot \aleph_{\alpha+1}.$$

La formule de recurrence de M. Hausdorff donne pour α transfini:

$$(3) \qquad \aleph_{\alpha+1}^{\overline{\alpha+1}} = \aleph_\alpha^{\overline{\alpha+1}} \cdot \aleph_{\alpha+1};$$

on peut s'en convaincre directement que (3) reste vrai, lorsque α est un nombre fini.

On obtient enfin sans peine, α étant fini ou non:

$$(4) \qquad \aleph_\alpha^{\bar{\alpha}} = \aleph_\alpha^{\overline{\alpha+1}}.$$

Les formules (2)—(4) impliquent immédiatement que

$$\aleph_{\alpha+1}^{\overline{\alpha+1}} = \prod_{\xi \leq \alpha+1} \aleph_\xi \qquad \text{c. q. f. d.}$$

Le corollaire 9 est donc complètement démontré.

Pour terminer je veux poser ici le problème suivant que je ne sais pas résoudre:

Si α et β sont des nombres de 2de espèce et si $\alpha = \lim_{\xi < \beta} \sigma_\xi$, est-il vrai que

$$\aleph_\alpha^{\bar{\beta}} = \prod_{\xi < \beta} \aleph_{\sigma_\xi} ?$$

Le théorème analogue concernant la somme des alephs est bien connu. Le théorème 8 ne présente qu'un cas particulier du théorème énoncé dans le problème. Dans le lemme 7 j'ai établi ledit théorème pour tout nombre β qui est une puissance de ω. De plus,

M. Hausdorff m'a obligeamment communiqué la démonstration de ce théorème pour un cas plus général, notamment pour tout β satisfaisant à la condition: si $\beta = \gamma + \delta$ et $\delta \neq 0$, on a $\bar{\delta} = \bar{\beta}$.

Observons enfin que la solution positive du problème posé résulte du théorème suivant, qui me semble probable, bien que je ne sais le démontrer:

α étant un nombre transfini de 2de espèce, si $cf(\alpha) \leqslant \beta$, on a

$$\aleph_\alpha^{\aleph_\beta} = 2^{\aleph_\beta} . \aleph_\alpha^{\aleph_{cf(\alpha)}}.$$

Ce théorème pourrait remplacer le théorème 3 dans le cas où α est de 2de espèce.

Voici l'exemple d'une formule, qui résulte des deux théorèmes proposés et que je ne sais établir sans leur aide:

$$\aleph_{\omega_{\Omega+\omega}}^{\aleph_1} = \prod_{\xi < \Omega+\omega} \aleph_{\omega_\xi} = 2^{\aleph_1} . \aleph_{\omega_{\Omega+\omega}}^{\aleph_0}.$$

COMMUNICATION SUR LES RECHERCHES DE LA THÉORIE DES ENSEMBLES

Coauthored with Adolf Lindenbaum

Sprawozdana z Posiedzeń Towarzystwa Naukowego Warszawskiego, Wydział III Nauk Matematyczno-fizycznych (Comptes Rendus des Séances de la Société des Sciences et des Lettres de Varsovie, Classe III, Sciences Mathématiques et Physiques), vol. 19 (1926), pp. 299-330.

Comptes rendus de séances de la Société des Sciences
et de lettres de Varsovie XIX. 1926. Classe III.

Adolf Lindenbaum i Alfred Tarski.

Komunikat o badaniach z zakresu teorji mnogości.

Przedstawił W. Sierpiński.

Streszczenie.

W komunikacie tym są zreferowane wyniki, osiągnięte przez obu autorów w ciągu ostatnich kilku lat i dotąd nie opublikowane. Wyniki te dotyczą różnych działów teorji mnogości: teorji równości mocy i liczb kardynalnych, teorji odwzorowań jednoznacznych, teorji uporządkowania i typów porządkowych, podstaw arytmetyki liczb porządkowych, wreszcie teorji mnogości punktowych. Wszystkie twierdzenia podane są bez dowodów: autorowie zamierzają uzasadnić i rozwinąć swe wyniki w przyszłych pracach o charakterze specjalnym.

A. Lindenbaum et A. Tarski.

Communication sur les recherches de la Théorie des Ensembles.

Nous nous proposons de communiquer ici les résultats de nos recherches obtenus au cours de dernières années, qui portent sur différentes parties de la Théorie des Ensembles, mais n'ont pas été publiés jusqu'à présent. Nous allons les présenter sans démonstrations, remettant leur exposé complet aux travaux ultérieurs plus spéciaux.

Ces résultats peuvent être développés *mutatis mutandis* dans les systèmes déductifs différents: donc aussi bien dans celui des „*Principia Mathematica*" de MM. Russell et Whitehead ou dans l'Ontologie de M. Leśniewski[1]) que dans la Théorie des Ensembles de M. Zermelo. Les cas exceptionnels où ces systèmes ne vont pas d'accord seront expressément indiqués.

Quant à l'axiome du choix, les résultats en question ont été obtenus pour la plupart sans en faire appel; lorsqu'il inter-

[1]) Le système de M. Leśniewski n'a pas été publié, mais une communication relative va paraître prochainement.

vient dans la démonstration d'un théorème, celui-ci sera muni d'un astérisque (p. ex. **97***).

Pour renseigner les lecteurs à qui des deux auteurs de cette *Communication* doit être attribué tel ou autre théorème, son numéro d'ordre sera suivi de la lettre *L* ou *T*.

Nous employons les notations que M. Sierpiński a adoptées dans ses *„Eléments de la Théorie des Ensembles"* [1]) et les notations courantes des *„Fundamenta Mathematicae"*. En particulier, les caractères gothiques désignent des nombres cardinaux; les caractères grecs — des types ou nombres ordinaux; les minuscules latines — des points, des fonctions ou des nombres cardinaux et ordinaux finis (naturels — 0 inclus); les majuscules — des ensembles. Le symbole „$I_f(A)$" désigne l'image (la transformée) de l'ensemble A obtenue à l'aide de la fonction (univoque) f — en d'autres termes: l'ensemble de toutes les valeurs $f(x)$ correspondantes aux éléments x de l'ensemble A (la fonction étant supposée définie sur l'ensemble A tout entier).

Les termes: „fini" et „transfini" concernant ensembles, nombres cardinaux etc. seront utilisés dans le sens que MM. Russell et Whitehead attribuent aux termes: „inductif" et „réfléchi"[2]). Lorsqu'un ensemble transfini peut être mis en bon ordre, le nombre cardinal qui lui correspond est dit un aleph.

§ 1. Théorie des nombres cardinaux.

A. Résultats obtenus sans l'aide de l'axiome du choix.

M. Tarski est parvenu (en 1923—1926) à une série de nouveaux théorèmes de la théorie des nombres cardinaux — nouveaux dans ce sens que leurs démonstrations antérieures étaient basées sur l'axiome du choix. Tous les résultats de M. Tarski se trouvent recueillis dans un mémoire plus étendu, destiné à paraître sous le titre: *„L'arithmétique des nombres cardinaux"* dans le volume prochain du journal *„Fundamenta Mathematicae"*; ici, nous n'en présentons que les résultats plus importants.

---

[1]) En polonais: *„Zarys teorji mnogości"*, 1-re partie, 2 éd. (1923).

[2]) Cf. *„Principia Mathematica"*. Vol. II (1912), pp. 207 et 278.

Les théorèmes de M. Tarski concernent le problème de la comparabilité des nombres cardinaux et la question des opérations fondamentales avec eux, à savoir: addition, soustraction, multiplication et élévation en puissance.

Pour le premier de ces problèmes, M. Tarski utilise, outre les relations classiques introduites encore par Cantor: $\leqslant, <$ etc., certaines relations analogues $\leqslant^*, <^*$ etc., négligées jusqu'à présent. Voici la définition de la relation fondamentale $\leqslant^*$:

1. On a: $\mathfrak{m} \leqslant^* \mathfrak{n}$, lorsque $\mathfrak{m} = 0$, ou bien, lorsque chaque ensemble de puissance $\mathfrak{n}$ peut être décomposé en $\mathfrak{m}$ ensembles non-vides et disjoints (ou — ce qui revient au même — lorsqu'il peut être transformé d'un façon univoque en un ensemble de puissance $\mathfrak{m}$).

La relation $\leqslant^*$ possède beaucoup de propriétés analogues à celles de $\leqslant$ (elle est p. ex. réfléxive, transitive et monotone par rapport à l'addition et à la multiplication). En admettant l'axiome du choix, on peut même démontrer que les deux relations sont identiques. Sans cela, on obtient seulement les théorèmes:

2 (*T*). Si $\mathfrak{m} \leqslant \mathfrak{n}$, on a: $\mathfrak{m} \leqslant^* \mathfrak{n}$.

3 (*T*). $\mathfrak{n}$ étant un nombre fini ou un aleph, ou bien — $\mathfrak{m}$ un nombre fini, si $\mathfrak{m} \leqslant^* \mathfrak{n}$, on a: $\mathfrak{m} \leqslant \mathfrak{n}$.

4 (*T*). Si $\mathfrak{m} \leqslant^* \mathfrak{n}$, on a: $2^{\mathfrak{m}} \leqslant 2^{\mathfrak{n}}$ (et en général, pour $\mathfrak{p} \neq 0$: $\mathfrak{p}^{\mathfrak{m}} \leqslant \mathfrak{p}^{\mathfrak{n}}$).

Un lemme, qui ne paraît pas trop intéressant par lui-même, joue cependant un grand rôle dans les recherches de M. Tarski concernant l'addition et la soustraction:

5 (*T*). Si $A \sim B$, il existe des ensembles C_1, C_2, D_1 et D_2 remplissant les conditions: $A - B = C_1 + C_2$, $B - A = D_1 + D_2$, $C_1 \cdot C_2 = 0 = D_1 \cdot D_2$, $C_1 \sim D_1$, $C_2 + A \cdot B \sim A \cdot B \sim D_2 + A \cdot B$.

Traduit en langage de la théorie des nombres cardinaux, le lemme **5** prend la forme suivante:

6 (*T*). Si $\mathfrak{m} + \mathfrak{p} = \mathfrak{m} + \mathfrak{q}$, il existe des nombres $\mathfrak{n}, \mathfrak{p}_1$ et $\mathfrak{q}_1$ tels que l'on a: $\mathfrak{p} = \mathfrak{n} + \mathfrak{p}_1$, $\mathfrak{q} = \mathfrak{n} + \mathfrak{q}_1$, $\mathfrak{m} + \mathfrak{p}_1 = \mathfrak{m} = \mathfrak{m} + \mathfrak{q}_1$.

En remplaçant dans la thése du th. **6** la dernière égalité double par la condition équivalente: $\mathfrak{p}_1 \cdot \aleph_0 \leqslant \mathfrak{m}$ et $\mathfrak{q}_1 \cdot \aleph_0 \leqslant \mathfrak{m}$, on arrive à une proposition qui permet de déduire d'une façon élémentaire et purement arithmétique les théorèmes connus et importants de la théorie des nombres cardinaux, comme p. ex. le théorème de M. Zermelo: lorsque $\mathfrak{m} = \mathfrak{m} + \mathfrak{n}$, alors $\mathfrak{m} = \mathfrak{m} +$

$+\mathfrak{n}.\aleph_0$; le théorème de Schröder-Bernstein: lorsque $\mathfrak{m}=\mathfrak{n}+\mathfrak{p}$ et $\mathfrak{n}=\mathfrak{m}+\mathfrak{q}$, alors $\mathfrak{m}=\mathfrak{n}$; et le théorème de M. Bernstein: lorsque $\mathfrak{m}+\mathfrak{m}=\mathfrak{m}+\mathfrak{n}$, alors $\mathfrak{n}\leqslant\mathfrak{m}$. Parmi les théorèmes qui vont suivre il y en a plusieurs qui s'appuient aussi sur le lemme **6.**

L'égalité $\mathfrak{m}+\mathfrak{p}=\mathfrak{m}+\mathfrak{q}$ qui constitue l'hypothèse du lemme donne — comme on sait — à l'aide de l'axiome du choix une conclusion plus forte: soit $\mathfrak{p}\leqslant\mathfrak{m}$ et $\mathfrak{q}\leqslant\mathfrak{m}$ (et de plus: $\mathfrak{m}+\mathfrak{p}=\mathfrak{m}=\mathfrak{m}+\mathfrak{q}$), soit $\mathfrak{p}=\mathfrak{q}$. Dans cet ordre d'idées, M. Tarski a établi les théorèmes suivants:

7 (*T*). Si $\mathfrak{m}+\mathfrak{p}=\mathfrak{m}+\mathfrak{q}$, $\mathfrak{m}\leqslant\mathfrak{p}$ et $\mathfrak{m}\leqslant\mathfrak{q}$, on a: $\mathfrak{p}=\mathfrak{q}$.

8 (*T*). Si $k.\mathfrak{m}+\mathfrak{p}=k.\mathfrak{m}+\mathfrak{q}$, on a: $\mathfrak{m}+\mathfrak{p}=\mathfrak{m}+\mathfrak{q}$.

9 (*T*). Si $\mathfrak{m}+\mathfrak{p}=\mathfrak{m}+\mathfrak{q}$ et $\mathfrak{p}\leqslant\mathfrak{q}-\mathfrak{p}$ (ou $\mathfrak{q}\leqslant\mathfrak{p}-\mathfrak{q}$), on a: $\mathfrak{m}=\mathfrak{m}+\mathfrak{p}=\mathfrak{m}+\mathfrak{q}$.

Quant à la différence de deux nombres cardinaux, qui figure dans l'énoncé du th. **9,** sa définition sera donnée dans **47.**

10 (*T*). Si $\mathfrak{m}+\mathfrak{p}=\mathfrak{m}+2^{\mathfrak{p}}$, on a: $\mathfrak{m}=\mathfrak{m}+\mathfrak{p}=\mathfrak{m}+2^{\mathfrak{p}}$.

11 (*T*). $\mathfrak{a}$ et $\mathfrak{b}$ étant des alephs, si l'on a: $\mathfrak{m}+\mathfrak{a}=\mathfrak{m}+\mathfrak{b}$, alors: $\mathfrak{a}=\mathfrak{b}$ ou bien $\mathfrak{a}\leqslant\mathfrak{m}$ et $\mathfrak{b}\leqslant\mathfrak{m}$ $(\mathfrak{m}=\mathfrak{m}+\mathfrak{a}=\mathfrak{m}+\mathfrak{b})$.

Les mêmes conclusions (pourtant sans l'égalité $\mathfrak{m}=\mathfrak{m}.\mathfrak{a}=\mathfrak{m}.\mathfrak{b}$) peuvent être tirées de l'hypothèse: $\mathfrak{m}.\mathfrak{a}=\mathfrak{m}.\mathfrak{b}$.

12 (*T*). Pour que $\mathfrak{m}$ soit un nombre non-transfini, il faut et il suffit que, $\mathfrak{p}$ et $\mathfrak{q}$ étant deux nombres arbitraires, les conditions: $\mathfrak{m}+\mathfrak{p}=\mathfrak{m}+\mathfrak{q}$ et $\mathfrak{p}=\mathfrak{q}$ soient équivalentes.

Ce théorème est plus fort que le th. $*120\cdot41$ des *„Principia Mathematica"*.

Dans l'énoncé du th. **12** le signe „$=$" peut être remplacé partout par „$\leqslant$" ou „$<$".

Passons aux théorèmes concernant la transformation de l'inégalité: $\mathfrak{m}+\mathfrak{p}\leqslant\mathfrak{m}+\mathfrak{q}$.

13 (*T*). Si $\mathfrak{m}+\mathfrak{p}\leqslant\mathfrak{m}+\mathfrak{q}$, il existe un nombre cardinal $\mathfrak{r}$ tel que $\mathfrak{m}+\mathfrak{p}=\mathfrak{m}+\mathfrak{r}$ et $\mathfrak{r}\leqslant\mathfrak{q}$.

Le théorème analogue subsiste pour la relation $\geqslant$.

A l'aide de **13,** M. Lindenbaum a démontré le théorème suivant (en résolvant un problème posé par M. Tarski):

14 (*L*). Lorsque $A\subset B\subset C$, $A_1\subset C$ et $A\sim A_1$, il existe un ensemble B_1 tel que l'on a: $A_1\subset B_1\subset C$ et $B\sim B_1$ [1]).

---

[1]) Comme nous avons cependant remarqué, c'est déjà en 1911 que M. Korselt (*Über einen Beweis des Äquivalenzsatzes,* Math. Ann. 70 (1911), p. 296) a esquissé (d'ailleurs d'une façon très concise) une démonstration du th. **14.**

M. Lindenbaum a donné d'ailleurs une autre démonstration du th. **14,** indépendante du théorème de Schröder-Bernstein et basée directement sur les propriétés des transformations univoques (cf. th. **3** du § 2); il a observé d'autre part que celui-ci peut être déduit du th. **14** comme un cas particulier (en y posant: $A_1 = C$). D'après la remarque de M. Tarski tout cela s'applique également au th. **13.**

M. Lindenbaum a encore constaté qu'on peut établir un théorème (**14 bis**) correspondant à **14** par dualité (en y remplaçant le signe „$\subset$" par „$\supset$") et qui constitue aussi une généralisation du théorème de Schröder-Bernstein. M. Tarski a enfin énoncé un théorème général dont les théorèmes précédents (**14** et **14 bis**) sont des cas particuliers:

15 (*T*). Lorsque $A \subset B \subset C$, $A_1 \subset C_1$, $A \sim A_1$ et $C \sim C_1$, il existe un ensemble B_1 tel que l'on a: $A_1 \subset B_1 \subset C_1$ et $B \sim B_1$.

En appliquant **13**, on obtient encore d'autres théorèmes qui s'y rattachent:

16 (*L*). Lorsque $A \subset C$, $\overline{\overline{A . K}} \leqslant \overline{\overline{A . L}}$ et $\overline{\overline{C . K}} \geqslant \overline{\overline{C . L}}$, il existe un ensemble B tel que l'on a: $A \subset B \subset C$ et $\overline{\overline{B . K}} = \overline{\overline{B . L}}$ (c.-à-d. $B . K \sim B . L$).

17 (*T*). Si $\mathfrak{m} + \mathfrak{p} \leqslant \mathfrak{s} \leqslant \mathfrak{m} + \mathfrak{q}$ et $\mathfrak{p} \leqslant \mathfrak{q}$, il existe un nombre cardinal $\mathfrak{r}$ tel que l'on a: $\mathfrak{s} = \mathfrak{m} + \mathfrak{r}$ et $\mathfrak{p} \leqslant \mathfrak{r} \leqslant \mathfrak{q}$.

La problème des transformations de l'inégalité $\mathfrak{m} + \mathfrak{p} \leqslant \mathfrak{m} + \mathfrak{q}$ conduit ensuite aux théorèmes:

18 (*T*). Lorsque $\mathfrak{m} + \mathfrak{p} \leqslant \mathfrak{m} + \mathfrak{q}$ et $\mathfrak{m} \leqslant \mathfrak{q}$, alors $\mathfrak{p} \leqslant \mathfrak{q}$.

19 (*T*). Lorsque $\mathfrak{m} + \mathfrak{p} \leqslant \mathfrak{m} + \mathfrak{q}$ et $\mathfrak{q} \leqslant \mathfrak{m}$, alors $\mathfrak{p} \leqslant \mathfrak{m}$.

20 (*T*). Lorsque $k . \mathfrak{m} + \mathfrak{p} \leqslant (k+1) . \mathfrak{m} + \mathfrak{q}$, alors $\mathfrak{p} \leqslant \mathfrak{m} + \mathfrak{q}$.

Les théorèmes **21 — 23** traitent le problème plus général, à savoir celui d'établir les conditions pour que l'inégalité $\mathfrak{m} + \mathfrak{p} \leqslant \mathfrak{n} + \mathfrak{q}$ entraîne l'inégalité $\mathfrak{p} \leqslant \mathfrak{q}$.

21 (*T*). Si $\mathfrak{m} + \mathfrak{p} \leqslant \mathfrak{n} + \mathfrak{q}$ et le nombre cardinal $\mathfrak{m} - \mathfrak{n}$ existe, alors on a: $\mathfrak{p} \leqslant \mathfrak{q}$.

22 (*T*). Si $2^{\mathfrak{n}} + \mathfrak{p} \leqslant \mathfrak{n} + \mathfrak{q}$, alors on a: $\mathfrak{p} \leqslant \mathfrak{q}$.

23 (*T*). $\mathfrak{a}$ étant un aleph, si $\mathfrak{a} + \mathfrak{p} \leqslant \mathfrak{b} + \mathfrak{q}$ et $\mathfrak{b} \leqslant \mathfrak{a}$, alors on a: $\mathfrak{p} \leqslant \mathfrak{q}$.

Dans l'étude de la relation $\leqslant^*$, on aura au lieu du lemme **6** une proposition analogue:

24 (*T*). Si $\mathfrak{m}+\mathfrak{p}\leqslant^*\mathfrak{m}+\mathfrak{q}$, il existe des nombres $\mathfrak{n}$ et $\mathfrak{p}_1$ que $\mathfrak{p}=\mathfrak{n}+\mathfrak{p}_1$, $\mathfrak{n}\leqslant^*\mathfrak{q}$ et $\mathfrak{m}+\mathfrak{p}_1\leqslant^*\mathfrak{m}$.

Moyennant le lemme précédent, on peut arriver à une série des théorèmes analogues à **18, 19** et **20**.

25 (*T*). Lorsque $\mathfrak{m}+\mathfrak{p}\leqslant^*\mathfrak{m}+\mathfrak{q}$ et $\mathfrak{m}\leqslant\mathfrak{q}$, alors $\mathfrak{p}\leqslant^*\mathfrak{q}$.

26 (*T*). Lorsque $\mathfrak{m}+\mathfrak{p}\leqslant^*\mathfrak{m}+\mathfrak{q}$ et $\mathfrak{q}\leqslant^*\mathfrak{m}$, alors $\mathfrak{p}\leqslant^*\mathfrak{m}$.

27 (*T*). Lorsque $\mathfrak{m}+\mathfrak{p}\leqslant^*\mathfrak{m}+\mathfrak{m}$, alors $\mathfrak{p}\leqslant^*\mathfrak{m}$.

28 (*T*). Lorsque $k.\mathfrak{m}+\mathfrak{p}\leqslant^*(k+1).\mathfrak{m}+\mathfrak{q}$, alors $\mathfrak{p}\leqslant^*\mathfrak{m}+\mathfrak{q}$.

Il est à remarquer que le signe „$\leqslant$" peut être partout dans les théorèmes **13** et **17—23** remplacé par „$<$" (d'ailleurs, dans **18** on peut conserver la condition: $\mathfrak{m}\leqslant\mathfrak{q}$ et dans **19**— $\mathfrak{q}\leqslant\mathfrak{m}$). En ce qui concerne les relations réciproques entre les inégalités: $\mathfrak{p}<\mathfrak{q}$ et $\mathfrak{m}+\mathfrak{p}<\mathfrak{m}+\mathfrak{q}$, les théorèmes suivants sont à signaler:

29 (*T*). Si $\mathfrak{m}+\mathfrak{p}<\mathfrak{q}$, alors $(k+1).\mathfrak{m}+\mathfrak{p}<k.\mathfrak{m}+\mathfrak{q}$.

30 (*T*). Pour que l'on ait: $\mathfrak{m}+\mathfrak{p}<\mathfrak{m}+\mathfrak{q}$, il faut et il suffit que l'on ait: $\mathfrak{m}+\mathfrak{m}+\mathfrak{p}<\mathfrak{m}+\mathfrak{m}+\mathfrak{q}$.

31 (*T*). Si des deux nombres: $\mathfrak{p}-\mathfrak{m}$ et $\mathfrak{q}-\mathfrak{m}$, un au moins existe, les conditions: $\mathfrak{p}<\mathfrak{q}$ et $\mathfrak{m}+\mathfrak{p}<\mathfrak{m}+\mathfrak{q}$ sont équivalentes.

Dans le th. précédent le signe „$<$" peut être remplacé par „$\leqslant$" ou „$=$".

32 (*T*). Pour que l'on ait: $\mathfrak{p}<2^{\mathfrak{m}}$, il faut et il suffit que l'on ait: $\mathfrak{m}+\mathfrak{p}<\mathfrak{m}+2^{\mathfrak{m}}$.

Das ce théorème, le signe „$<$" peut être aussi remplacé par „$>$", „$\leqslant$", „$\geqslant$" ou „$=$".

33 (*L*). Lorsque $\mathfrak{m}+\mathfrak{p}<\mathfrak{m}+\mathfrak{q}$ et $\mathfrak{q}\leqslant\aleph_0$, alors $\mathfrak{p}<\mathfrak{q}$.

En passant au problème de l'addition des inégalités, notons les théorèmes suivants:

34 (*T*). Si $\mathfrak{p}<\mathfrak{q}$ et le nombre cardinal $\mathfrak{n}-\mathfrak{m}$ existe, on a: $\mathfrak{m}+\mathfrak{p}<\mathfrak{n}+\mathfrak{q}$.

35 (*T*). Si $\mathfrak{p}<\mathfrak{q}$, alors $\mathfrak{m}+\mathfrak{p}<2^{\mathfrak{m}}+\mathfrak{q}$; en particulier: $\mathfrak{m}+\mathfrak{p}<2^{\mathfrak{m}}+2^{\mathfrak{p}}$.

36 (*T*). Lorsque $\mathfrak{m}<\mathfrak{n}$ et $\mathfrak{p}<\mathfrak{q}$, deux au moins parmi les nombres $\mathfrak{m}, \mathfrak{n}, \mathfrak{p}$ et $\mathfrak{q}$ étant des alephs, alors on a: $\mathfrak{m}+\mathfrak{p}<\mathfrak{n}+\mathfrak{q}$.

37 (*T*). Lorsque $\mathfrak{m}<\mathfrak{n}$ et $\mathfrak{p}<\mathfrak{q}$, où parmi les nombres $\mathfrak{m}, \mathfrak{n}, \mathfrak{p}$ et $\mathfrak{q}$ un au moins soit est égal à $\aleph_0$, soit n'est pas transfini, alors on a: $\mathfrak{m}+\mathfrak{p}<\mathfrak{n}+\mathfrak{q}$.

38 (*T*). Lorsque $\mathfrak{m} < \mathfrak{n}$ et $k \neq 0$, alors $k \cdot \mathfrak{m} < k \cdot \mathfrak{n}$.

Il est à remarquer qu'il ne serait pas difficile de déduire ce dernier théorème et certains théorèmes antérieurs (**7, 8, 18—20, 29, 30**) de ceux que M. Bernstein démontra dans sa Thèse [1]).

M. Tarski a posé le problème d'établir la réciproque du th. **38** et de prouver le théorème plus général qui suit:

39 (*L*). Lorsque $k \cdot \mathfrak{m} \leqslant k \cdot \mathfrak{n}$ et $k \neq 0$, alors $\mathfrak{m} \leqslant \mathfrak{n}$.

M. Tarski (1924) a démontré cette proposition pour le cas de $k = 2$. Le problème a été résolu dans toute sa généralité par M. Lindenbaum (1926). On en déduit ces conséquences:

40 (*L*). Lorsque $k \cdot \mathfrak{m} = k \cdot \mathfrak{n}$ et $k \neq 0$, alors $\mathfrak{m} = \mathfrak{n}$.

41 (*L*). Lorsque $k \cdot \mathfrak{m} < k \cdot \mathfrak{n}$, alors $\mathfrak{m} < \mathfrak{n}$.

Pour $k = 2$ le th. **40** a été démontré, comme on sait, par M. Bernstein [2]), une démonstration plus simple et basée sur une idée différente a été donnée ensuite par M. Sierpiński [3]). M. Bernstein esquisse aussi, dans sa Thèse citée, une démonstration du th. **40** dans le cas général; toutefois, ici le raisonnement de M. Bernstein est loin d'être convaincant, car, bien que l'idée principale soit entièrement claire, sa réalisation rencontre de sérieux obstacles. C'est pourquoi M. Lindenbaum fut conduit à chercher la démonstration des th. **39** et **40** sur une voie tout à fait différente.

M. Lindenbaum est parvenu à étendre aux nombres cardinaux arbitraires le théorème d'Euclide *(théorème fondamental de l'Arithmétique)* bien connu dans la Théorie des Nombres:

42 (*L*). Lorsque k et l sont des nombres finis premiers entre eux et $k \cdot \mathfrak{m} = l \cdot \mathfrak{n}$, alors un nombre cardinal $\mathfrak{p}$ existe tel que l'on a: $\mathfrak{m} = l \cdot \mathfrak{p}$ et $\mathfrak{n} = k \cdot \mathfrak{p}$.

Le problème dit „de la décomposition", c'est-à-dire celui de l'existence des nombres transfinis réprésentables sous forme d'une somme (resp. d'un produit) de deux nombres plus petits— est d'une grande importance dans la théorie des nombres cardinaux. En rapport avec lui, M. Tarski a obtenu les résultats suivants:

---

1) Math. Ann. 61 (1905).

2) L. c., p. 122 ss.

3) Fund. Math. 3 (1922), pp. 1—6.

43 (*T*). $\mathfrak{m}$ étant un nombre cardinal tel que $\mathfrak{m} = 2 . \mathfrak{m}$, il n'existe aucune décomposition de la forme: $\mathfrak{m} = \mathfrak{p} + \mathfrak{q}$, $\mathfrak{p} < \mathfrak{m}$ et $\mathfrak{q} < \mathfrak{m}$, si $\mathfrak{p}$ et $\mathfrak{q}$ remplissent au moins une des conditions suivantes:

(a) $\mathfrak{p}$ et $\mathfrak{q}$ sont comparables, c.-à-d.: $\mathfrak{p} \leqslant \mathfrak{q}$ ou $\mathfrak{q} \leqslant \mathfrak{p}$; (b) l'un du moins de nombres $\mathfrak{p}$ et $\mathfrak{q}$ n'est pas transfini; (c) $\mathfrak{p} = \aleph_0$ ou bien $\mathfrak{q} = \aleph_0$.

44 (*T*). $\mathfrak{m}$ étant un nombre cardinal tel que $\mathfrak{m} = \mathfrak{m}^2$, il n'existe aucune décomposition de la forme: $\mathfrak{m} = \mathfrak{p} + \mathfrak{q}$, $\mathfrak{p} < \mathfrak{m}$ et $\mathfrak{q} < \mathfrak{m}$, si $\mathfrak{p}$ et $\mathfrak{q}$ remplissent au moins une des conditions suivantes:

(a) $\mathfrak{m}$ *non*-$\leqslant^* \mathfrak{p}$ ou $\mathfrak{m}$ *non*-$\leqslant^* \mathfrak{q}$; (b) $2^{\mathfrak{p}} < 2^{\mathfrak{m}}$ ou $2^{\mathfrak{q}} < 2^{\mathfrak{m}}$ ou $2^{\mathfrak{p}} \neq 2^{\mathfrak{q}}$; (c) l'un du moins de nombres $\mathfrak{p}$ et $\mathfrak{q}$ est un aleph.

En particulier, on peut appliquer tous les deux théorèmes au problème de la décomposition de la droite en deux ensembles de puissance plus petite.

Le probléme général de la décomposition, on le sait, ne peut être résolu définitivement sans l'aide de l'axiome du choix que dans le cas des alephs. On a, d'après cela:

45 (*T*). $\mathfrak{a}$ étant un aleph quelconque, si $\mathfrak{a} \leqslant \mathfrak{p} + \mathfrak{q}$ ou $\mathfrak{a} \leqslant \mathfrak{p} . \mathfrak{q}$, on a: $\mathfrak{a} \leqslant \mathfrak{p}$ ou $\mathfrak{a} \leqslant \mathfrak{q}$.

46 (*T*). $\mathfrak{a}$ étant un aleph quelconque, si $\mathfrak{a} \leqslant^* \mathfrak{p} + \mathfrak{q}$, on a: $\mathfrak{a} \leqslant^* \mathfrak{p}$ ou $\mathfrak{a} \leqslant^* \mathfrak{q}$.

En appelant le nombre $\mathfrak{m}$ *indécomposable*, lorsqu'il ne peut être représénté sous forme: $\mathfrak{m} = \mathfrak{p} + \mathfrak{q}$, $\mathfrak{p} < \mathfrak{m}$ et $\mathfrak{q} < \mathfrak{m}$, M. Lindenbaum remarqua que l'on peut étendre à la classe de tous les nombres indécomposables certaines propositions se rapportant à des alephs: p. ex. les théorèmes: **45** dans le cas de $\mathfrak{a} \leqslant \mathfrak{p} + \mathfrak{q}$, **11, 23, 46** et **53.**

La proposition suivante a servi à M. Tarski de définition de la différence des nombres cardinaux:

47. $\mathfrak{p} = \mathfrak{n} - \mathfrak{m}$, lorsque $\mathfrak{p}$ est le seul nombre cardinal $\mathfrak{x}$ pour lequel: $\mathfrak{n} = \mathfrak{m} + \mathfrak{x}$.

La notion de la différence chez M. Tarski a donc un sens plus étroit que chez MM. Russell et Whitehead[1]); en particulier, si $\mathfrak{n} = \mathfrak{m}$, alors pour que la différence $\mathfrak{n} - \mathfrak{m}$ au sens de la définition **47** existe, il faut et il suffit que $\mathfrak{m}$ ne soit pas transfini.

---

[1]) Op. cit., Vol. II, p. 201.

Dans la théorie de la soustraction, les lois associatives suivantes jouent un rôle primordial:

48 (*T*). Si $\mathfrak{n} - \mathfrak{p}$ existe, le nombre $(\mathfrak{m} + \mathfrak{n}) - \mathfrak{p}$ existe aussi et est égal à $\mathfrak{m} + (\mathfrak{n} - \mathfrak{p})$.

49 (*T*). Si un de nombres $\mathfrak{m} - (\mathfrak{n} + \mathfrak{p})$ et $(\mathfrak{m} - \mathfrak{n}) - \mathfrak{p}$ existe, l'autre existe aussi et on a: $\mathfrak{m} - (\mathfrak{n} + \mathfrak{p}) = (\mathfrak{m} - \mathfrak{n}) - \mathfrak{p}$.

50 (*T*). Si les nombres $\mathfrak{m} - \mathfrak{n}$ et $\mathfrak{n} - \mathfrak{p}$ existent, le nombre $\mathfrak{m} - (\mathfrak{n} - \mathfrak{p})$ existe aussi et on a: $\mathfrak{m} - (\mathfrak{n} - \mathfrak{p}) = (\mathfrak{m} - \mathfrak{n}) + \mathfrak{p}$.

Le th. **48** constitue un complément essentiel du th. ✱119·45 des „*Principia Mathematica*".

De plus, en s'appuyant, entre autres, sur les th. **39** et **40,** M. Tarski a démontré que

51 (*T*). Si $k \neq 0$ et l'un de nombres $\mathfrak{m} - \mathfrak{n}$ et $k . \mathfrak{m} - k . \mathfrak{n}$ existe, l'autre existe aussi et $k . (\mathfrak{m} - \mathfrak{n}) = k . \mathfrak{m} - k . \mathfrak{n}$.

En général, sans l'axiome du choix, il n'est pas possible de conclure de l'inégalité $\mathfrak{m} < \mathfrak{n}$ que la différence $\mathfrak{n} - \mathfrak{m}$ existe (cf. th. **82,** A_3). Cependant, on peut établir les propositions:

52 (*T*). Si, $\mathfrak{m}$ n'étant pas transfini, on a: $\mathfrak{m} \leqslant \mathfrak{n}$, alors $\mathfrak{n} - \mathfrak{m}$ existe; et si $\mathfrak{n} = 2 . \mathfrak{n}$, on y a: $\mathfrak{n} = \mathfrak{n} - \mathfrak{m}$.

53 (*T*). Si $\mathfrak{a}$ est un aleph et $\mathfrak{m} < \mathfrak{a}$, alors $\mathfrak{a} = \mathfrak{a} - \mathfrak{m}$.

54 (*T*). Si $\mathfrak{n} = \mathfrak{n}^2$, $\mathfrak{m} < \mathfrak{n}$ et de plus: (a) $\mathfrak{n}$ *non*-$\leqslant^*$ $\mathfrak{m}$, ou bien: (b) $2^{\mathfrak{m}} < 2^{\mathfrak{n}}$, ou bien: (c) $\mathfrak{m}$ est un aleph, — alors $\mathfrak{n} = \mathfrak{n} - \mathfrak{m}$.

55 (*T*). La différence $2^{\mathfrak{m}} - \mathfrak{m}$ existe pour tous les nombres cardinaux $\mathfrak{m}$ (et l'on a: $\mathfrak{m} < 2^{\mathfrak{m}} - \mathfrak{m}$, à moins que $\mathfrak{m} > 2$).

56 (*T*). Lorsque $\mathfrak{m}$ est transfini, on a: $2^{\mathfrak{m}} = 2^{\mathfrak{m}} - \mathfrak{m}$ $(= 2^{\mathfrak{m}} + \mathfrak{m})$[1]).

Dans la théorie générale des ensembles, on en tirera la conséquence suivante:

57 (*T*). **N** étant la classe de tous les sous-ensembles d'un ensemble transfini *M* et **P** — une sous-classe de **N** de puissance égale á celle de *M*, on a $\mathbf{N} \sim \mathbf{N} - \mathbf{P}$.

On peut considérer le th. **57** comme une forme plus forte du fameux théorème de Cantor (sur la puissance de la classe de tous les sous-ensembles de *M*) qui ne donnait que la thèse: $\mathbf{N} - \mathbf{P} \neq 0$.

Dans le domaine de la multiplication, les résultats à obtenir sans l'axiome du choix sont très peu nombreux. Les tentatives

---

[1]) Ce résultat (avec les th. **4**, **6**, **58**, sur lesquels il s'appuie) a été présenté par M. Tarski à la Séance du. 23.X.1925 de la Soc. Pol. de Math. (Section de Varsovie). Cf. Ann. Soc. Pol. Math. V, 1926.

de démontrer p. ex. les propositions analogues à **6, 7, 13, 18** etc. restent inefficaces.

Les théorèmes suivants établissent certaines relations entre l'addition et la multiplication des nombres cardinaux:

58 (*T*). Si $\mathfrak{p}.\mathfrak{q} \leqslant \mathfrak{m} + \mathfrak{n}$, on a: $\mathfrak{p} \leqslant \mathfrak{m}$ ou bien $\mathfrak{q} \leqslant_* \mathfrak{n}$ (et $2^{\mathfrak{q}} \leqslant 2^{\mathfrak{n}}$).

59 (*T*). Si $\mathfrak{p}.\mathfrak{q} \leqslant \mathfrak{m} + \mathfrak{n}$ et un au moins parmi les nombres $\mathfrak{m}, \mathfrak{n}, \mathfrak{p}$ et $\mathfrak{q}$ est un aleph, on a: $\mathfrak{p} \leqslant \mathfrak{m}$ ou $\mathfrak{q} \leqslant \mathfrak{n}$.

60 (*T*). Si $\mathfrak{p}.\mathfrak{q} \leqslant_* \mathfrak{m} + \mathfrak{n}$, on a: $\mathfrak{p} \leqslant_* \mathfrak{m}$ ou bien $\mathfrak{q} \leqslant_* \mathfrak{n}$.

La dernière proposition entraîne le théorème suivant, qui correspond au célèbre théorème de Bolzano-Weierstrass:

61 (*T*). Si un ensemble borné *A* de points de l'espace euclidien peut être décomposé en $2^{\aleph_0}$ $(=\mathfrak{c})$ ensembles non-vides et disjoints, il existe dans cet espace un point $\mathfrak{p}$ tel que l'ensemble de points de *A* situés dans un entourage quelconque de $\mathfrak{p}$ peut être décomposé en $2^{\aleph_0}$ ensembles disjoints.

Dans la proposition **62** on reconnaîtra un cas particulier du théorème connu de J. König établissant certaine inégalité générale entre les sommes et les produits des nombres cardinaux:

62 (*T*). Si $\mathfrak{m} < \mathfrak{p}, \mathfrak{n} < \mathfrak{q}$, et, de plus, une des conditions suivantes est remplie:

(a) $\mathfrak{p}$ *non*-$\leqslant_* \mathfrak{m}$, resp. $2^{\mathfrak{m}} < 2^{\mathfrak{p}}$; (b) $\mathfrak{q}$ *non*-$\leqslant_* \mathfrak{n}$, resp. $2^{\mathfrak{n}} < 2^{\mathfrak{q}}$; (c) parmi les nombres $\mathfrak{m}$, $\mathfrak{n}$, $\mathfrak{p}$ et $\mathfrak{q}$, au moins un est un aleph, — alors on a: $\mathfrak{m} + \mathfrak{n} < \mathfrak{p}.\mathfrak{q}$.

M. Tarski a trouvé une démonstration nouvelle du théorème fondamental sur les alephs:

$$\mathfrak{a} \text{ étant un aleph quelconque, } \mathfrak{a}^2 = \mathfrak{a}.$$

La démonstration est une modification de celle de Hessenberg[1]), mais se distingue par son caractère d'effectivité. M. Tarski a défini notamment dans le domaine des nombres ordinaux une fonction de deux variables $\varphi(\xi, \eta)$ jouissant des propriétés suivantes (dont le théorème considéré est une conséquence immédiate):

(a) ξ et η étant des nombres ordinaux quelconques, il existe un (et un seul) nombre ζ tel que l'on a: $\zeta = \varphi(\xi, \eta)$.

(b) ζ étant un nombre ordinal quelconque, il existe une paire et une seule des nombres ξ et η telle que l'on a: $\zeta = \varphi(\xi, \eta)$.

---

[1]) *Grundbegriffe der Mengenlehre* (1906), § 77.

(c) Si $\zeta = \varphi(\xi, \eta)$ et α est un nombre initial (ou, en général, une puissance de ω), alors pour que l'on ait: $\zeta < \alpha$, il faut et il suffit que l'on ait en même temps: $\xi < \alpha$ et $\eta < \alpha$.

Quant à l'élévation en puissance, on peut établir un théorème plus fort de celui de Cantor:

63 (*T*). Si k est un nombre fini et $\mathfrak{m}$ — un nombre non-fini, on a: $k . \mathfrak{m} < 2^{\mathfrak{m}}$.

La condition imposée au nombre $\mathfrak{m}$ dans l'hypothèse de ce théorème pourrait être remplacée par la suivante: $\mathfrak{m} > k$.

64 (*T*). $\mathfrak{m}$ étant un nombre cardinal quelconque, on a: $\mathfrak{m} <_* 2^{\mathfrak{m}}$, c'est-à-dire: $\mathfrak{m} \leqslant_* 2^{\mathfrak{m}}$, mais $2^{\mathfrak{m}}$ *non-* $\leqslant_* \mathfrak{m}$.

En termes de la théorie générale des ensembles, la proposition **64** s'énonce ainsi:

65 (*T*). Aucun ensemble de puissance $\mathfrak{m}$ ne peut être décomposé en $2^{\mathfrak{m}}$ ensembles disjonts non-vides.

Nous passons à quelques théorèmes concernant les propriétés des nombres $\aleph_0$ et $2^{\aleph_0}$.

66 (*T*). Si $\mathfrak{m} \leqslant 2^{\aleph_0}$, alors on a: $\mathfrak{m} < \aleph_0$ et $2^{\mathfrak{m}} < \aleph_0$ ($\mathfrak{m}$ et $2^{\mathfrak{m}}$ finis), ou bien on a: $\aleph_0 \leqslant_* \mathfrak{m}$, $2^{\aleph_0} \leqslant 2^{\mathfrak{m}}$ (et $\aleph_0 < 2^{\mathfrak{m}}$).

67 (*T*). Pour aucun nombre $\mathfrak{m}$ on n'a: $\aleph_0 \leqslant 2^{\mathfrak{m}} < 2^{\aleph_0}$, n. $2^{2^{\mathfrak{m}}} = 2^{\aleph_0}$.

68 (*T*). Si $\aleph_0 \leqslant 2^{\mathfrak{m}}$, on a: $\aleph_0 \leqslant_* \mathfrak{m}$ et $2^{\aleph_0} \leqslant 2^{\mathfrak{m}}$ (donc $\aleph_0 < 2^{\mathfrak{m}}$).

69 (*T*). Les conditions suivantes sont équivalentes:

(a) $\mathfrak{m}$ est un nombre cardinal non-fini; (b) $\aleph_0 \leqslant_* 2^{\mathfrak{m}}$; (c) $2^{2^{\mathfrak{m}}}$ est un nombre transfini; (d) $2^{\aleph_0} \leqslant 2^{2^{\mathfrak{m}}}$.

Le th. **68** résulte d'un lemme de M. Kuratowski[1]) et du th. **4**. Le th. **69** complète le th. $*$ 124.57 des „*Principia Mathematica*".

A côté du th. **62**, le théorème suivant peut être considéré comme cas particulier du théorème précité de König:

70 (*T*). Si, pour un aleph $\mathfrak{a}$ quelconque, un ensemble de puissance $\mathfrak{a}$ peut être décomposé en $\mathfrak{m}$ ensembles disjoints de puissance plus petite que $\mathfrak{a}$, alors on a: $\mathfrak{a} < \mathfrak{a}^{\mathfrak{m}}$.

Voici deux conséquences de **70** qui se rattachent à l'hypothèse du continu:

---

[1]) V. A. Tarski, Fund. Math. 6 (1924), p. 94.

71. Si le nombre ordinal α est confinal avec ω, alors pour aucun $\mathfrak{m}$ on n'a: $\aleph_\alpha = 2^{\mathfrak{m}}$; en particulier: $\aleph_\omega \neq 2^{\aleph_0}$.

72 (*T*). Le nombre ordinal α étant confinal avec Ω, si $\aleph_\alpha = 2^{\mathfrak{m}}$ (en particulier, si $\aleph_\Omega = 2^{\mathfrak{m}}$), on a: $\mathfrak{m} = \aleph_0$.

Il est à remarquer que le th. **71** avait été énoncé dans la forme moins générale par König; et M. Sierpiński a déjà fait observer que pour établir la formule $\aleph_\omega \neq 2^{\aleph_0}$, on peut se passer sans l'axiome du choix[1]).

Les deux derniers théorèmes que nous allons présenter ici avaient été publiés antérieurement: **73** par M. Banach[2]), et **74** par M. Tarski[3]). A présent, M. Tarski a réussi d'affranchir les démonstrations de ces théorèmes de l'axiome du choix. Mais il importe de remarquer que toutes les deux propositions discutées ne peuvent être prouvées que dans le système d'axiomes de M. Zermelo, et même sous condition d'y adjoindre l'axiome de M. Fränkel dit „l'axiome de substitution" [4]).

73 (*T*). Pour tout nombre transfini $\mathfrak{m}$, il existe un nombre $\mathfrak{n}$ tel que l'on a: $\mathfrak{m} < \mathfrak{n}$ et $\mathfrak{m}^{\mathfrak{n}} = \mathfrak{n}^{\mathfrak{m}}$ $(= \mathfrak{n}^{\aleph_0} = 2^{\mathfrak{m}})$.

74 (*T*). Pour tout nombre transfini $\mathfrak{m}$, il existe de tels nombres $\mathfrak{n}, \mathfrak{p}$ et $\mathfrak{q}$ que l'on a: $\mathfrak{m} < \mathfrak{n}$, $\mathfrak{p} < \mathfrak{q}$ et $\mathfrak{p}^{\mathfrak{m}} = \mathfrak{q}^{\mathfrak{n}}$.

B. Résultats concernant les relations logiques entre l'axiome du choix et d'autres propositions de la Théorie des Ensembles.

Dans ses recherches relatives à ce sujet, M. Tarski s'est servi des propriétés de la fonction $\aleph(\mathfrak{m})$ définie comme il suit:

75. $\mathfrak{a} = \aleph(\mathfrak{m})$, lorsque $\mathfrak{m}$ est un nombre non-fini, et $\mathfrak{a}$ — le plus petit parmi tous les alephs $\mathfrak{x}$ pour lesquels on a: $\mathfrak{x}$ *non*-$\leqslant \mathfrak{m}$.

---

1) V. W. Sierpiński, *L'axiome de M. Zermelo...*, Bull. de l'Ac. des Sc. de Cracovie, 1919, p. 111.

2) V. W. Sierpiński, *Zarys teorji mnogości*, I (1923), p. 181.

3) Fund. Math. 7 (1925), p. 10 (le texte cité contient une erreur typographique).

4) Cf. A. Fränkel, Math. Ann. 86 (1922), p. 231.

C'est à M. H a r t o g s [1]) que nous devons l'idée d'introduire la fonction mentionnée et aussi la démonstration qu'à tout nombre non-fini $\mathfrak{m}$ correspond une valeur de cette fonction.

M. T a r s k i a établi (entre autres) les suivantes propriétés de la fonction $\aleph(\mathfrak{m})$ (évidemment, sans avoir recours à l'axiome du choix):

76 (*T*). On a: $\aleph(\mathfrak{m}+\mathfrak{n}) = \aleph(\mathfrak{m}) + \aleph(\mathfrak{n}) = \aleph(\mathfrak{m}.\mathfrak{n}) = \aleph(\mathfrak{m}).\aleph(\mathfrak{n})$.

77 (*T*). Si $\mathfrak{m} \leqslant \mathfrak{n}$, alors $\aleph(\mathfrak{m}) \leqslant \aleph(\mathfrak{n})$.

78 (*T*). Les suivantes conditions sont équivalentes:

(a) $\mathfrak{m}$ est un aleph; (b) $\mathfrak{m} < \aleph(\mathfrak{m})$; (c) $\mathfrak{m}$ et $\aleph(\mathfrak{m})$ sont comparables, c.-à-d.: $\mathfrak{m} \leqslant \aleph(\mathfrak{m})$ ou bien $\aleph(\mathfrak{m}) \leqslant \mathfrak{m}$; (d) $[\mathfrak{m} + \aleph(\mathfrak{m})] - \mathfrak{m} = \aleph(\mathfrak{m})$; (e) $\mathfrak{m} + \aleph(\mathfrak{m}) = \mathfrak{m}.\aleph(\mathfrak{m})$; (f) $\mathfrak{m} + \aleph(\mathfrak{m}) = [\mathfrak{m} + \aleph(\mathfrak{m})]^2$.

79 (*T*). $\aleph(\mathfrak{m}) \leqslant^* 2^{2^{\mathfrak{m}}}$, et par suite $2^{\aleph(\mathfrak{m})} \leqslant 2^{2^{2^{\mathfrak{m}}}}$ (et $\aleph(\mathfrak{m}) < 2^{2^{2^{\mathfrak{m}}}}$).

80. $\aleph(\mathfrak{m}) \leqslant^* 2^{\mathfrak{m}^2}$, et par suite $2^{\aleph(\mathfrak{m})} \leqslant 2^{2^{\mathfrak{m}^2}}$ (et $\aleph(\mathfrak{m}) < 2^{2^{\mathfrak{m}^2}}$).

L'inégalité $\aleph(\mathfrak{m}) < 2^{2^{\mathfrak{m}^2}}$ du dernier théorème a été établie par M. S i e r p i ń s k i.

Lorsque $\mathfrak{m} = \aleph_\alpha$, $\aleph(\mathfrak{m}) = \aleph_{\alpha+1}$; donc on peut considérer la proposition suivante comme corollaire du th. **80:**

81 (*T*). α étant un nombre ordinal arbitraire, $\aleph_{\alpha+1} \leqslant^* 2^{\aleph_\alpha}$; donc $2^{\aleph_{\alpha+1}} \leqslant 2^{2^{\aleph_\alpha}}$ (et $\aleph_{\alpha+1} < 2^{2^{\aleph_\alpha}}$).

On connaît une décomposition effective de l'ensemble de tous les nombres réels (de puissance $2^{\aleph_0}$) en $\aleph_1$ parties disjointes non-vides [2]). L'analyse de la démonstration du th. **81** conduit au résultat de nature plus générale: à une décomposition effective de l'ensemble de puissance $2^{\aleph_\alpha}$ (α étant un nombre ordinal arbitraire) en $\aleph_{\alpha+1}$ parties disjointes non-vides.

En complétant les résultats précédemment publiés de M. T a r s k i [3]), on peut prouver (entre autres) que:

82. L'axiome du choix équivaut à chacune des propositions suivantes:

---

[1]) Math. Ann. 76 (1914), pp. 436-443; cf. aussi W. S i e r p i ń s k i, Fund Math. 2 (1921), p. 118.

[2]) H. L e b e s g u e, Journ. de Math. (6) 1 (1905), p. 213.

[3]) Fund. Math. 5 (1923), pp. 147—154.

(*T*) A_1. Si $\mathfrak{m}+\mathfrak{p}=\mathfrak{m}+\mathfrak{q}$, alors on a: $\mathfrak{p}=\mathfrak{q}$ ou bien: $\mathfrak{p}\leqslant\mathfrak{m}$ et $\mathfrak{q}\leqslant\mathfrak{m}$.

(*T*) A_2. Si $\mathfrak{m}+\mathfrak{m}<\mathfrak{m}+\mathfrak{n}$, alors $\mathfrak{m}<\mathfrak{n}$.

(*T*) A_3. Si $\mathfrak{m}<\mathfrak{n}$, le nombre cardinal $\mathfrak{n}-\mathfrak{m}$ existe.

(*T*) A_4. Si $\mathfrak{p}^{\mathfrak{m}}<\mathfrak{q}^{\mathfrak{m}}$, on a: $\mathfrak{p}<\mathfrak{q}$.

(*T*) A_5. Si $\mathfrak{m}^{\mathfrak{p}}<\mathfrak{m}^{\mathfrak{q}}$ et $\mathfrak{m}\neq 0$, on a: $\mathfrak{p}<\mathfrak{q}$.

(*L*) A_6. $\mathfrak{m}\leqslant_*\mathfrak{n}$ ou bien $\mathfrak{n}\leqslant_*\mathfrak{m}$.

(*T*) A_7. Si $\{M_k\}$ est une suite d'ensembles disjoints non-vides et N — un ensemble arbitraire de puissance plus petite que celle de $\sum_{k=0}^{\infty} M_k$, alors il existe un nombre naturel l tel que N est de puissance plus petite que celle de $\sum_{k=0}^{l} M_k$.

Il importe de remarquer qu'à proprement parler, l'équivalence entre les propositions A_1 — A_6 et l'axiome du choix ne peut être fondée que sur la base du système de M. Zermelo. Dans le système de MM. Russell et Whitehead, resp. dans l'Ontologie de M. Leśniewski, on peut montrer que ces propositions, formulées relativement aux nombres cardinaux d'un certain rang, impliquent l'axiome du choix pour les ensembles d'un autre rang et réciproquement; cependant, comme il nous semble, on ne saurait établir d'équivalence complète entre l'axiome du choix et aucune des propositions A_1 — A_6, si l'on voulait leur attribuer des rangs tout à fait déterminés. Des remarques analogues se rapportent à quelques-uns parmi les résultats suivants (th. **83, 94—96**). Enfin, quant à l'équivalence de la proposition A_7 avec l'axiome du choix, nous constatons que la démonstration ne réussit qu'à la base des axiomes de Zermelo-Fränkel.

Il est à observer que, par opposition à A_2 qui équivaut à l'axiome du choix, la proposition analogue concernant la relation $>$ (si $\mathfrak{m}+\mathfrak{m}>\mathfrak{m}+\mathfrak{n}$, alors $\mathfrak{m}>\mathfrak{n}$), de même que la proposition inverse à A_2 (si $\mathfrak{m}<\mathfrak{n}$, alors $\mathfrak{m}+\mathfrak{m}<\mathfrak{m}+\mathfrak{n}$) sont démontrables sans l'aide de cet axiome.

Parmi les propositions dont le rapport avec l'axiome du choix n'est élucidé jusqu'à présent, citons les suivantes:

B_1. Chaque nombre cardinal est fini ou transfini ($\mathfrak{m} < \aleph_0$ ou $\aleph_0 \leqslant \mathfrak{m}$).

C_1. Si $\mathfrak{m} \leqslant^* \mathfrak{n}$, on n'a pas: $\mathfrak{n} < \mathfrak{m}$.

Or, on sait que:

83. La proposition B_1 est équivalente à chacune des suivantes:

(L) B_2. Si l'on a: $\mathfrak{m} + \aleph_0 < \mathfrak{m} + \mathfrak{q}$, on a: $\aleph_0 < \mathfrak{q}$.

(L) B_3. Si l'on a: $\aleph_0 + \mathfrak{p} < \aleph_0 + \mathfrak{q}$, on a: $\mathfrak{p} < \mathfrak{q}$.

(T) B_4. Si l'on a: $\aleph_0 \leqslant^* \mathfrak{n}$, on a: $\aleph_0 \leqslant \mathfrak{n}$.

(T) B_5. Si l'on a: $\aleph_0 + \mathfrak{p} = \aleph_0 + \mathfrak{q}$, on a: $\mathfrak{p} \leqslant \aleph_0$ et $\mathfrak{q} \leqslant \aleph_0$ ou bien: $\mathfrak{p} = \mathfrak{q}$.

B_2 et B_3 sont à confronter avec le th. **33.**

84 (T). On peut déduire de la proposition C_1 (sans faire intervenir l'axiome du choix) les conséquences que voici:

C_2. L'ensemble de points d'une droite ne peut être décomposé en deux ensembles de puissance plus petite (en d'autres termes: $2^{\aleph_0}$ est un nombre indécomposable).

C_3. Il existe des ensembles non-dénombrables de points ne contenant aucun sous-ensemble parfait.

C_4. Il existe des fonctions de variable réelle non mesurables (L).

Les propositions $C_2 - C_4$ résultent de certaines propositions plus générales qui peuvent être déduites de C_1, mais que nous ne citons pas ici.

M. Lindenbaum a posé le problème de rechercher les relations logiques entre l'axiome du choix et les propositions suivantes qui expriment de différentes manières l'hypothèse dite „hypothèse généralisée du continu" (ou „hypothèse de Cantor sur les alephs"):

D_1. $\mathfrak{m}$ étant un nombre transfini quelconque, il n'y a aucun nombre $\mathfrak{x}$ qui satisfasse à la formule: $\mathfrak{m} < \mathfrak{x} < 2^{\mathfrak{m}}$.

D_2. $\mathfrak{a}$ étant un aleph quelconque, il n'y a alcun nombre $\mathfrak{x}$ tel que l'on ait: $\mathfrak{a} < \mathfrak{x} < 2^{\mathfrak{a}}$.

D_3. α étant un nombre ordinal arbitraire, on a: $\aleph_{\alpha+1} = 2^{\aleph_\alpha}$.

MM. Lindenbaum et Tarski ont résolu ensemble (1925) ce problème (v. **94—96**), en partant de quelques théorèmes généraux sur les nombres cardinaux; pour formuler ces théorèmes, il sera commode de se servir de la notion auxiliaire suivante:

85. Le nombre cardinal $\mathfrak{m}$ jouit de la propiété P, lorsque aucun nombre $\mathfrak{r}$ ne satisfait à la formule: $\mathfrak{m} < \mathfrak{r} < 2^{\mathfrak{m}}$.

Voici, maintenant, les résultats plus importants de MM. Lindenbaum et Tarski (obtenus, il est clair, sans l'axiome du choix):

86. Si $\mathfrak{m}$ jouit de la propreté P et $\mathfrak{m} < \mathfrak{n}$, on a $2^{\mathfrak{m}} < 2^{\mathfrak{n}}$.

87. Si $\mathfrak{m}$ jouit de la propriété P et $\mathfrak{n} < 2^{\mathfrak{m}}$, on a $\mathfrak{n} \leqslant \mathfrak{m}$.

88. Si $\mathfrak{m}$ et $\mathfrak{m} + \mathfrak{n}$ jouissent de la propriété P, on a: $\mathfrak{m} \leqslant \mathfrak{n}$ ou $\mathfrak{n} \leqslant \mathfrak{m}$.

89. Si les nombres $\mathfrak{m}$, $2^{\mathfrak{m}}$ et $2^{2^{\mathfrak{m}}}$ jouissent de P, ils sont des alephs.

90. Si les nombres $\mathfrak{m}^2$ et $2^{\mathfrak{m}^2}$ $(\mathfrak{m} \neq 0)$ jouissent de P, ils sont des alephs (donc aussi $\mathfrak{m}$ et $2^{\mathfrak{m}}$ le sont).

91. Si $2^{\aleph_\alpha}$ jouit de la propriété P, on a: $\aleph_{\alpha+1} \leqslant 2^{\aleph_\alpha}$.

92. Si $\aleph_\alpha$ et $2^{\aleph_\alpha}$ jouissent de P, on a $\aleph_{\alpha+1} = 2^{\aleph_\alpha}$.

93. Si $\aleph_\alpha$ et $\aleph_\beta$ $(\alpha < \beta)$ jouissent de P, on a $\aleph_{\alpha+1} = 2^{\aleph_\alpha}$.

94. L'hypothèse D_1 entraîne l'axiome du choix.

95. L'hypothèse D_1 équivaut au système (au produit logique) de deux propositions: de l'axiome du choix et de l'hypothèse D_2 (resp. D_3).

96. Les hypothèses D_2 et D_3 sont équivalentes.

C. Résultats obtenus à l'aide de l'axiome du choix.

En 1923—1926, M. Tarski a obtenu les résultats suivants qui complètent ses recherches antérieurement publiées [1]) sur la multiplication et sur les puissances des alephs.

97* (T). α et β étant des nombres ordinaux de seconde espèce, si $\alpha = \lim\limits_{\xi<\beta} \sigma_\xi$, il existe un tel reste ρ du nombre β $(\rho \neq 0)$ que l'on a:

$$\prod_{\xi<\beta} \aleph_{\sigma_\xi} = \aleph_\alpha^{\overline{\overline{\rho}}}.$$

1) Fund. Math. 7 (1925), pp. 1—14.

Dans les théorèmes suivants le symbole „$cf(\alpha)$" sera utilisé pour désigner l'indice du plus petit nombre ordinal avec lequel le nombre ω_α est confinal.

98* (T)[1]. Si $\beta < cf(\alpha)$, il existe un tel nombre γ que: $\gamma < \alpha$ et

$$\aleph_\alpha^{\aleph_\beta} = \aleph_\alpha \cdot \aleph_\gamma^{\aleph_\beta}.$$

99* (T). Si $cf(\alpha) \leqslant \beta$ et $\alpha \neq 0$, il existe un tel nombre γ que: $\gamma < \alpha$ et

$$\aleph_\alpha^{\aleph_\beta} = \aleph_\alpha^{\aleph_{cf(\alpha)}} \cdot \aleph_\gamma^{\aleph_\beta}.$$

100* (T). α et β étant des nombres ordinaux arbitraires, il existe un tel nombre γ de seconde espèce que: $\gamma \leqslant \alpha$, $cf(\gamma) \leqslant \beta$ et

$$\aleph_\alpha^{\aleph_\beta} = \aleph_\alpha \cdot 2^{\aleph_\beta} \cdot \aleph_\gamma^{\aleph_{cf(\gamma)}}.$$

La formule du dernier théorème pourrait être appelée „formule générale de recurrence".

Nous dirons que

101. Les nombres cardinaux $\mathfrak{m}$ et $\mathfrak{n}$ forment un couple irréductible par rapport à l'élévation en puissance, lorsqu'il n'existe aucun couple de nombres $\mathfrak{m}_1$ et $\mathfrak{n}_1$ satisfaisant à la fois aux conditions: $\mathfrak{m}_1^{\mathfrak{n}_1} = \mathfrak{m}^{\mathfrak{n}}$, $\mathfrak{m}_1 \leqslant \mathfrak{m}$, $\mathfrak{n}_1 \leqslant \mathfrak{n}$, et, de plus, $\mathfrak{m}_1 \neq \mathfrak{m}$ ou bien $\mathfrak{n}_1 \neq \mathfrak{n}$.

En vertu de cette définition, nous obtenons le corollaire du th. **100**:

102* (T). Si $\mathfrak{m}^{\mathfrak{n}}$ est un nombre transfini, et $\mathfrak{m}$ avec $\mathfrak{n}$ forment un couple irréductible par rapport à l'élévation en puissance, alors on a: $\mathfrak{m} = 2$, ou $\mathfrak{n} = 1$, ou bien il existe un nombre ordinal de seconde espèce α que l'on a: $\mathfrak{m} = \aleph_\alpha$ et $\mathfrak{n} = \aleph_{cf(\alpha)}$.

En terminant, remarquons que les théorèmes **97—100** (et **81**), pour être démontrés dans le système de MM. Russell et Whitehead, resp. dans l'Ontologie de M. Leśniewski,

[1]) Le th. **98** fut connu déjà à M. Tarski à la fin de 1923; il figurait dans le manuscrit de sa note précitée (comme un corollaire du th. 7 de ce travail), présenté à la Rédaction des „Fund. Math.", mais à cause de la nécessité de faire certaines abréviations, définitivement, il fut omis. Indépendamment de M. Tarski, M. L. Patai a démontré récemment le th. **98** pour un cas particulier ($\alpha = \Omega$, $\beta = 0$).

exigent non seulement l'emploi de l'axiome du choix, mais aussi des postulats à part qui auraient pour but de garantir l'existence des alephs figurant dans ces théorèmes.

§ 2. Propriétés des transformations univoques.

Dans leurs travaux dernièrement publiés, MM. Banach, König et Kuratowski[1]) ont fait une observation intéressante: les démonstrations de certains théorèmes de la théorie de l'égalité des puissances et des nombres cardinaux renferment implicitement comme lemmes certains théorèmes généraux sur les transformations biunivoques; or, ces derniers se prêtent aux différentes applications aussi bien dans d'autres branches de la théorie des ensembles qu'en déhors de cette science.

M. Tarski (1924—1925) a constaté que cette observation peut être étendue à une série des autres théorèmes de la théorie de l'égalité des puissances et des nombres cardinaux, tout particulièrement à ceux, où l'on ne rencontre que les notions de somme des nombres cardinaux, de produit d'un nombre cardinal par un nombre fini ou $\aleph_0$, les relations $\leqslant, \leqslant^*$ etc., et dont les démonstrations ne s'appuient pas sur le théorème de bon-ordre *(Wohlordnungssatz)* de M. Zermelo. Tels sont p. ex. les théorèmes: **5—8, 13, 17—20, 24—28** du § précédent, un théorème de M. Zermelo (si $\mathfrak{m} = \mathfrak{m} + \mathfrak{n}_k$ pour tout k fini, alors $\mathfrak{m} = \mathfrak{m} + \sum_{k=0}^{\infty} \mathfrak{n}_k$) et beaucoup d'autres. En analysant leurs démonstrations, M. Tarski a obtenu certains théorèmes sur les propriétés des transformations biunivoques, mais qui ne présentaient pas toujours le même dégré d'élégance et de simplicité que ceux des auteurs cités. D'autres théorèmes appartenant au même cycle ont été obtenus récemment (1926) par M. Lindenbaum.

MM. Lindenbaum et Tarski ont remarqué en outre que dans plusieurs théorèmes sur les transformations, aussi bien dans les nouveaux que dans les théorèmes publiés antérieurement, l'hypothèse de biunivocité des transformations n'est

---

[1]) S. Banach, Fund. Math. 6 (1924), pp. 236—239; D. König, Fund. Math. 8 (1926), pp. 114—134 (où l'on trouve cités les travaux précédents de cet auteur); C. Kuratowski, Fund. Math. 6 (1924), pp. 240 - 243.

point essentielle. Dernièrement M. Lindenbaum est allé plus loin, en étendant quelques-uns de ces théorèmes, aux „transformations" arbitraires, même non-univoques; le rôle des fonctions y est joué par des relations arbitraires (tel est le cas de la généralisation des énoncés des théorèmes **3** et **4**).

Les résultats des recherches dans ce domaine ne sont pas encore convenablement systématisés. Nous ne citons donc qu'à titre d'exemple quelques théorèmes, d'ailleurs sans en donner toujours la forme la plus générale que nous connaissons à l'heure actuelle.

M. Tarski a démontré le lemme suivant:

1 (T). Si $I_f(A)=B$, alors il existe deux suites $\{C_k\}$ et $\{D_k\}$ des ensembles et deux ensembles E et F vérifiant les conditions:

(a) $A-B=\sum_{k=0}^{\infty} C_k$, $B-A=\sum_{k=0}^{\infty} D_k$, $E+F\subset A\cdot B$; (b) les ensembles de la suite $\{C_k\}$ sont disjoints; (c) $I_f(C_0+E)=E$, $I_f(F)=D_0+F$, et, lorsque $k\neq 0$, $I_{fk}(C_k)=D_k$; (d) si f est une fonction biunivoque, les ensembles de la suite $\{D_k\}$ sont disjoints aussi.

Ce lemme est utilisé dans les démonstrations des théorèmes **5, 6** et **24** du § 1. D'autres applications de ce lemme, hors de la théorie générale des ensembles, sont données au § 5.

2 (T). Si $I_f(A)=C$ et $A\subset B\subset C$, il existe des ensembles D, D_1, E et E_1 tels que:

(a) $A=D+E$, $B=D_1+E$, $C=D_1+E_1$; (b) $D.E=$ $=D_1.E(=D.E_1)=D_1.E_1=0$; (c) $I_f(D)=D_1$ et $I_f(E)=E_1$.

Lorsque la fonction f est biunivoque, ce théorème n'est qu'un cas particulier du théorème de M. Banach sur les correspondances (voir sa note citée); réciproquement, le théorème de M. Banach peut être déduit aisément de **2.** Remarquons que l'hypothèse du théorème de M. Banach peut être rendue plus faible: il suffit de postuler, en effet, qu'une seule des deux fonctions qui y figurent soit biunivoque; de plus, même cette condition pourrait être omise (comme l'a remarqué M. Tarski), si l'on ne désire pas éviter l'axiome du choix.

3 (L). Si $I_f(A) = A_1$, $A \subset B \subset C$ et $A_1 \subset C$, il existe quatre ensembles: B_1, D, D_1 et E tels que:

(a) $A_1 \subset B_1 \subset C$; (b) $B = D + E$, $B_1 = D_1 + E$; (c) $D . E = = D_1 . E = 0$; (d) $I_f(D) = D_1$.

Ce théorème a été appliqué pour obtenir une de démonstrations du th. **14** du § 1; on peut également en déduire le théorème mentionné de M. Banach.

M. Lindenbaum a aussi établi un théorème (**4**) correspondant par dualité à **3** et constituant une généralisation du théorème **14 bis** qui correspondait par dualité au th. **14** (du § 1):

4 (L). Si $I_g(C_1) = C$, $A \subset B \subset C$ et $A \subset C_1$, il existe quatre ensembles: B_1, D, E et E_1 tels que:

(a) $A \subset B_1 \subset C_1$; (b) $B = D + E$, $B_1 = D + E_1$; (c) $D . E = = D . E_1 = 0$; (d) $I_g(E_1) = E$.

Enfin, M. Tarski a énoncé le théorème plus général, correspondant au th. **15** du § 1 et contenant **3** et **4** comme deux cas particuliers:

5 (T). Si $I_f(A) = A_1$, $I_g(C_1) = C$, $A \subset B \subset C$ et $A_1 \subset C_1$, il existe cinq ensembles: B_1, D, D_1, E et E_1 tels que:

(a) $A_1 \subset B_1 \subset C_1$; (b) $B = D + E$, $B_1 = D_1 + E_1$; (c) $D.E = = D_1 . E_1 = 0$; (d) $I_f(D) = D_1$ et $I_g(E_1) = E$.

Comme l'ont déjà constaté dans leurs notes citées MM. Banach et Kuratowski, quelques-uns de théorèmes sur la relation de l'égalité des puissances peuvent être étendus, grâce aux lemmes sur les transformations biunivoques, à une vaste classe **K** de certaines relations entre les ensembles. Cette classe est formée de relations symétriques, transitives, transformantes (c.-à-d. jouissant de la propriété (α) au sens de M. Banach[1])) et additives (c.-à-d. jouissant de la propréte (β) de M. Banach[2])). En particulier, les théorèmes **3** et **5** permettent d'étendre les théorémes **14** et **15** du § précédent à toutes les relations de la classe **K**. Toutefois, il y a plusieurs propriétés de la relation

---

1) L. c., p. 238.
2) L. c., p. 239.

de l'égalité de puissance qui ne subsistent que pour une classe $\mathbf{K}_1$ plus étroite, à savoir, composée de relations R de la classe $\mathbf{K}$ qui, en outre, sont complètement additives, c-à-d. remplissent la condition:

(γ) Si l'on a: $C_k R D_k$ pour tout k naturel, $\{C_k\}$ et $\{D_k\}$ étant des suites d'ensembles disjoints, alors on a: $\sum_{k=0}^{\infty} C_k \; R \; \sum_{k=0}^{\infty} D_k$.

Donc, le th. **5** du § précédent peut être, conformément au lemme **1**, étendu à toutes les relations de la classe $\mathbf{K}_1$, mais non pas à toutes les relations de la classe $\mathbf{K}$, comme l'a observé M. Tarski.

Afin de pouvoir généraliser d'une manière analogue les théorèmes arithmétiques sur les nombres cardinaux, il faut, d'après une remarque de M. Tarski, procéder comme il suit. La relation arbitraire R de la classe $\mathbf{K}$ (resp. $\mathbf{K}_1$) étant symétrique et transitive, on peut diviser tous les ensembles entre lesquels cette relation subsiste en classes disjointes, en rangeant dans une même classe deux ensembles X et Y dans ce cas et seulement dans ce cas quand on a: $X R Y$. Les classes ainsi obtenues sont dites types de la relation R; relativement à ces types, on définit: les notions de somme, de produit par un nombre fini (resp. $\aleph_0$), la relation $\leqslant$ etc., comme on le fait d'ordinaire dans l'arithmétique des nombres cardinaux. On peut transporter dans „l'arithmétique des types" ainsi construite une foule de théorèmes de celle-là, tels que p. ex. les lois élémentaires de l'addition et de la comparabilité, le théorème de Schröder-Bernstein, les théorèmes **13, 18**, et, à l'aide de l'axiome du choix, **39—41** du § précédent. En outre, dans la théorie des types correspondant aux relations de la classe $\mathbf{K}_1$, les théorèmes suivants conservent encore leur validité: le th. **6** avec toutes ses conséquences **(7, 8, 18—20, 29, 30** et **38)**, ensuite — dans ce cas sans avoir recours à l'axiome du choix — les théorèmes **39—41**, et quelques théorèmes de MM. Bernstein et Zermelo.

§ 3. Théorie des types ordinaux [1]).

Les recherches de M. Lindenbaum (1926) dans le domaine de la théorie des types ordinaux, très peu développée jusqu'à présent, portent avant tout sur les problèmes de nature

[1]) Les résultats de ce § ont été présentés par M. Lindenbaum à la Séance du 23.IV. 1926 de la Soc. Pol. de Math. (Section du Varsovie). Cf. Ann. Soc. Pol. Math. V, 1926.

arithmétique liés aux opérations ordinaires de l'addition et de la multiplication; elles l'ont conduit aux résultats dont quelques-uns seront exposés ci-dessous.

Le lemme suivant jouait dans ces recherches un rôle essentiel:

1 (*L*). Pour que l'on ait: $\alpha = \sigma + \alpha + \rho$, il faut et il suffit qu'il existe un tel type ξ que $\alpha = \sigma . \omega + \xi + \rho . \omega^*$.

On en obtient aisément le théorème:

2 (*L*). Pour que l'on ait: $\alpha = \sigma + \alpha + \rho$, il faut et il suffit que l'on ait: $\alpha = \sigma + \alpha$ et $\alpha = \alpha + \rho$.

Comme un corollaire immédiat de **2**, on a:

3 (*L*). Si $\alpha = \sigma + \beta$ et $\beta = \alpha + \rho$, on a: $\alpha = \beta$.

Le th. **3**, analogue au théorème connu de Schröder-Bernstein[1]), traduit en langage de la Théorie générale des Ensembles, prend la forme que voici:

4 (*L*). Lorsqu'un ensemble ordonné *A* est semblable à un segment de l'ensemble ordonné *B*, et l'ensemble *B* est semblable à un reste de l'ensemble *A*, les ensembles *A* et *B* sont semblables[2]).

Comme l'a encore remarqué M. Lindenbaum, les formules: $\alpha = \sigma + \beta$ et $\beta = \rho + \alpha$ n'entraînent pas en général l'égalité: $\alpha = \beta$ (soit p. ex. $\alpha = \omega^* . \omega$, $\beta = 1 + \omega^* . \omega$, $\sigma = \omega^*$, $\rho = 1$); on peut énoncer cependant le théorème suivant:

5 (*L*). Si $\alpha = \sigma + \beta$ et $\beta = \rho + \alpha$, alors pour que l'on ait: $\alpha = \beta$, il faut et il suffit que l'on ait: $(\sigma + \rho) . \omega = (\rho + \sigma) . \omega$.

On en conclut que

6 (*L*). Si $\alpha = \sigma + \beta$ et $\beta = \sigma + \alpha$, alors $\alpha = \beta$.

On remarquera que l'on peut formuler le théorème analogue à **5** (resp. **6**), en y remplaçant „$\sigma + \beta$", „$\rho + \alpha$" et „ω" respectivement par „$\beta + \sigma$", „$\alpha + \rho$" et „ω^*". Nous omettrons ici les théorèmes que l'on obtient de cette manière par dualité.

Les deux théorèmes suivants concernent les types inverses; le premier de ces théorèmes est une conséquence de **3**:

7 (*L*). Si $\alpha = \sigma + \alpha^*$ ou $\alpha = \alpha^* + \rho$, alors $\alpha = \alpha^*$.

---

[1]) Un autre théorème de la théorie de l'ordre, analogue au théorème de Schröder-Bernstein, se trouve dans la note citée de M. Banach (p. 239).

[2]) Les termes „segment" et „reste" ont ici le même sens que M. Hausdorff attribue aux termes „*Anfangsstück*" et „*Endstück*"; cf. *Grundzüge der Mengenlehre* (1914), p. 88.

8 (L). Pour que l'on ait: $\alpha = \alpha^*$, il faut et il suffit qu'il y ait un type ξ tel que: $\alpha = \xi^* + \xi$ ou bien $\alpha = \xi^* + 1 + \xi$.

En s'appuyant (entre autres) sur le th. **3**, M. Tarski a montré que:

9 (T). Si $\alpha.(\kappa + \lambda) + \beta = \alpha.(\kappa + \lambda) + \gamma$, κ étant un nombre ordinal et λ — un type $\neq 0$, alors on a: $\alpha.\lambda + \beta = \alpha.\lambda + \gamma$.

Donc, en particulier:

10 (T). Si $\alpha.k + \beta = \alpha.k + \gamma$, k étant un nombre fini, alors $\alpha + \beta = \alpha + \gamma$.

On peut donner quelques généralisations, d'ailleurs assez proches, de ce théorème.

A l'aide de **10**, on établit la proposition:

11* (T). Pour que l'on ait; $\alpha = \sigma + \alpha + \rho$, il faut et il suffit qu'il existe pour tout k fini un type ξ_k tel que $\alpha = \sigma.k + \xi_k + \rho.k$.

Un corollaire de **11** constitue la solution d'un problème de M. Sierpiński:

12* (T). Si, quel que soit k fini, l'ensemble ordonné A admet des segments du type $\sigma.k$, il admet aussi un segment du type $\sigma.\omega$.

On a enfin une série des théorèmes sur la division des égalités (le premier d'entre eux s'appuie sur le th. **3**, le second — sur les th. **3** et **10**):

13 (L). Si $\alpha.k = \beta.k$ et $k \neq 0$, alors $\alpha = \beta$.

14 (L). Si $\alpha.k = \beta.l$, où k et l sont deux nombres finis premiers entre eux, il existe un type ξ tel que $\alpha = \xi.l$ et $\beta = \xi.k$.

15 (L). π ou π^* étant un nombre ordinal $\neq 0$, si $\pi.\alpha = \pi.\beta$, on a $\alpha = \beta$.

On peut généraliser ce théorème de beaucoup, en réduisant l'hypothèse faite sur le nombre π.

16 (L). k et l étant des nombres finis premiers entre eux, si $k.\alpha = l.\beta$, il existe un type ξ tel que $\alpha = l.\xi$ et $\beta = k.\xi$.

Notons, en terminant, que parmi les théorèmes signalés, il y a (p. ex. **1** — **3**) qui pourraient — d'après la remarque de M. Tarski—être énoncés pour les „nombres relationnels" arbitraires — *„relation-numbers"* au sens de MM. Russell et

Whitehead[1]); on sait, en effet, que les types ordinaux ne sont qu'un cas spécial de cette espèce des nombres.

§ 4. Fondements de l'Arithmétique des nombres ordinaux (transfinis).

L'Arithmétique des nombres ordinaux peut être considérée comme un système déductif à part ayant ses propres notions primitives et tout à fait indépendant d'un tel ou autre système de la Théorie des Ensembles. M. Tarski développa (en 1923—1924)[2] les fondements de l'Arithmétique ainsi conçue. La construction du système d'Arithmétique des nombres ordinaux n'exige, dans cette conception, que la connaissance de la logique mathématique limitée à la theorie de déduction et à celle des variables apparentes des „*Principia Mathematica*"[3] ou bien à la Logistique et l'Ontologie de M. Leśniewski.

La base du système est formée par quatre axiomes [I—IV] où le signe „$<$" figure comme l'unique terme primitif. Nous allons donner deux énoncés parallèles de ces axiomes: l'un dans le langage courant et l'autre dans la forme symbolique, intélligible pour qui connaît „*Principia Mathematica*"[4]. Si l'on formule ces axiomes dans le langage courant, il est commode de se servir de la notion du nombre ordinal, préalablement définie comme suit:

α est un nombre ordinal, lorsqu'il existe un tel ξ que $\alpha < \xi$ ou $\xi < \alpha$.

$$\mathrm{Ord}\,(\alpha)\,.\underset{df}{=}:\cdot[\exists\,\xi]:\alpha<\xi\,.\vee.\,\xi<\alpha.$$

Voici les axiomes de M. Tarski:

I *(axiome du bon ordre).* Si un nombre ordinal possède une propriété donnée, il existe un nombre ordinal μ possédant

[1]) Op. cit., Vol. II, p. 331.

[2]) Ces résultats ont été présentés par M. Tarski à la Séance du 9.V.1924 de la Soc. Pol. de Mathématique (Section de Varsovie). Cf. Annales Soc. Pol. Math. III, 1924, p. 148.

[3]) Vol. I, Part I, Sections *A*, *B*.

[4]) Le deuxième mode d'énoncer les axiomes présente certaines simplifications par rapport au premier.

également cette propriété et satisfaisant à la condition suivante: si un nombre ordinal ζ jouit de la propriété considérée, on a ζ *non*-$< \mu$ et, en outre, $\mu < \zeta$ ou $\mu = \zeta$.

$$\varphi(\alpha) . \alpha < \xi : \supset :\cdot:\cdot . [\exists \mu] :\cdot:\cdot \varphi(\mu) :\cdot: [\zeta, \eta] :\cdot . \varphi(\zeta) . \zeta < \eta :$$
$$: \supset :\cdot \sim (\zeta < \mu) : \mu < \zeta . \vee . \mu = \zeta.$$

II *(axiome de l'infini).* Il existe un nombre ordinal α satisfaisant aux conditions: (a) il existe un ξ tel que $\xi < \alpha$; (b) si $\zeta < \alpha$, il existe un η tel que $\zeta < \eta < \alpha$.

$$[\exists \alpha, \xi] :\cdot:\cdot \xi < \alpha :\cdot: [\zeta] :\cdot . \zeta < \alpha . \supset :\cdot [\exists \eta] : \zeta < \eta . \eta < \alpha.$$

III *(axiome de puissance).* Pour tout nombre ordinal α il existe un tel nombre ordinal π qu'aucune fonction f ne remplit simultanément les conditions: (a) si $\xi < \pi$, on a $f(\xi) < \alpha$; (b) si $f(\zeta) = f(\eta)$, on a $\zeta = \eta$.

$$[\exists \pi] :\cdot: [f] :\cdot . [\xi] : \xi < \pi . \supset . f(\xi) < \alpha :\cdot \supset :\cdot [\exists \zeta, \eta] : f(\zeta) =$$
$$= f(\eta) . \sim (\zeta = \eta).$$

IV *(axiome de la limite).* Pour tout nombre ordinal α et toute fonction f il existe un nombre transfini λ satisfaisant à la condition suivante: si $\xi < \alpha$ et $f(\xi)$ est un nombre ordinal, on a $f(\xi) < \lambda$.

$$[\exists \lambda] :\cdot . [\xi, \eta] :\cdot \xi < \alpha . \eta < f(\xi) : \supset . f(\xi) < \lambda.$$

M. Tarski a montré de quelle manière on peut définir, à l'aide du signe „$<$", toutes les notions traitées dans l'Arithmétique des nombres ordinaux, sans que l'on ait à faire usage des définitions par recurrence. Pour remplacer ces dernières par des définitions ordinaires, M. Tarski s'est servi d'une méthode dont l'idée est due à Dedekind[4]). Cette méthode avait été développée d'abord par M. Leśniewski — en ce qui concerne l'induction mathématique ordinaire, et M. Tarski l'a rendue applicable au cas de l'induction transfinie. Afin qu'on puisse se rendre compte en quoi consiste cette méthode, nous donnons ici, à titre d'exemple, une définition de l'expression

---

[4]) *Was sind und was sollen die Zahlen?,* III Aufl. (1911), p. 33–40.

„$\alpha + \beta$" („la somme des nombres α et β"), en supposant que les expressions „0" („zéro") et „$\min_{\xi} \{\varphi(\xi)\}$" („le plus petit nombre ordinal ξ ayant la propriété donnée") aient été définies au préalable:

$\gamma = \alpha + \beta$, lorsque α, β et γ sont des nombres ordinaux et lorsqu'il existe une fonction f satisfaisant aux conditions: (a) $f(0) = \alpha$; (b) si $\eta < \beta$ ou $\eta = \beta$, $f(\eta)$ est le plus petit nombre ordinal ξ tel que pour tout $\zeta < \eta$ on a: $f(\zeta) < \xi$; (c) $f(\beta) = \gamma$.

$$\gamma = \alpha + \beta \,.\, \underset{df}{=} \,:\cdot:\cdot.\, \mathrm{ord}(\alpha) \,.\, \mathrm{ord}(\beta) \,.\, \mathrm{ord}(\gamma) :\cdot:\cdot [\exists f] :\cdot: f(0) = \alpha :\cdot. [\eta]:$$

$$:\cdot \eta < \beta \,.\, \vee \,.\, \eta = \beta : \supset . f(\eta) = \min_{\xi} \{[\zeta] : \zeta < \eta \,.\, \supset . f(\zeta) < \xi\} :\cdot. f(\beta) = \gamma\cdot$$

Il ne faut pas croire que la définition qui précède soit un schéma de toutes les définitions possibles qui s'emploient pour remplacer celles par recurrence. Certaines différences peuvent se manifester dans des détails: il est nécessaire parfois de distinguer p. ex. dans l'énoncé de la condition (b) deux cas suivant que η est par hypothèse un nombre de 1-ère ou de 2-de espèce. Toutefois ces différences ne sont pas essentielles.

A la base du système d'axiomes qui précède, M. Tarski développa ensuite les chapitres principaux de l'Arithmétique, montrant ainsi d'une façon explicite, par voie — pour ainsi dire — empirique, que le système considéré suffit à établir toute l'Arithmétique actuelle des nombres ordinaux. Ce mode de procéder semble être d'ailleurs le seul admissible, étant donné que la discipline en question n'a pas été jusqu'à présent axiomatisée d'une façon convenable.

Enfin, M. Tarski a examiné ce système d'axiomes (que nous appellerons pour abréger „système *U*") au point de vue d'exigences de la Méthodologie des sciences déductives. Voici les résultats les plus importants de cette étude:

1 (*T*). Les axiomes du système *U* sont compatibles, si seulement il en est de même des axiomes du système de la Théorie des Ensembles de M. Zermelo sans *l'axiome du choix*, mais augmenté de *l'axiome de substitution* de M. Fraenkel[1]).

---

[1]) Cf. note [4]) de la page 310.

On peut montrer notamment, en se basant sur les résultats de M. Neumann[1]), que le système U admet une interprétation dans celui de MM. Zermelo-Fraenkel.

2 (T). Si les axiomes du système U sont compatibles, chacun d'eux est indépendant des autres (en d'autres termes: n'est pas une conséquence des autres).

Pour justifier cette assertion, M. Tarski a donné les interprétations dans le système U de chacun des systèmes [I', II, III, IV], [I, II', III, IV], etc. („P'" désignant d'une façon générale la négation de la proposition P); il a défini notamment quatre relations: $<_{\mathrm{I}}$, $<_{\mathrm{II}}$, etc. dont chacune satisfait à trois axiomes du système U sans en satisfaire au quatrième. Voici les définitions de ces relations:

$\zeta <_{\mathrm{I}} \eta$ veut dire que $\zeta < \eta$, ou $\zeta = \eta$, où ζ et η sont des nombres ordinaux.

$\zeta <_{\mathrm{II}} \eta$ veut dire que $\zeta < \eta$ et $\eta < \omega$.

$\zeta <_{\mathrm{III}} \eta$ veut dire que $\zeta < \eta$ et $\eta < \Omega$.

$\zeta <_{\mathrm{IV}} \eta$ veut dire que $\zeta < \eta$ et $\eta < \omega_{\omega}$.

Il est à remarquer que la démonstration de l'indépendance de l'axiome III (à savoir, la démonstration que la relation $<_{\mathrm{III}}$ vérifie l'axiome IV) nécessite l'application de l'axiome du choix.

Le problème si le système U est catégorique (au sens de M. Veblen[2])) ou non—est intimement lié à celui de l'existence des nombres initiaux réguliers à indices de 2-de espèce[3]), qui n'est pas résolu jusqu'à présent. Nous appellerons „hypothèse H" la proposition qui en affirme l'existence. M. Tarski a établi les faits suivants:

3 (T). Si les axiomes du système U sont compatibles, l'hypothèse H est indépendante de ce système.

Voici la définition de la relation $<_H$ qui vérifie tous les axiomes du système U sans vérifier l'hypothèse H:

$\zeta <_H \eta$ veut dire que l'on a à la fois: (a) $\zeta < \eta$; (b) si les nombres initiaux réguliers à indices de 2-de espèce existent et ξ en est le plus petit, on a $\eta < \xi$.

---

[1]) Acta litt. scient. Univ. Fr.-Jos., Sectio scient. math., I, Szeged 1923, pp. 199—208.

[2]) Trans. Am. Math. Soc. 5 (1904), p. 346.

[3]) Cf. F. Hausdorff, *Grundzüge der Mengenlehre* (1914), p. 131.

4 (T). Si les axiomes du système U sont compatibles, il faut et il suffit pour qu'il soit catégorique uue l'hypothèse H' (c'est-à-dire la négation de l'hypothèse H) soit une conséquence de ce système.

Il semble donc très douteux que le système U soit catégorique.

En terminant, il n'est peut-être pas sans intéret d'envisager le rôle des résultats de M. Tarski, qui viennent d'être exposés, pour divers systèmes de la Théorie des Ensembles. A la base des „*Principia Mathematica*" ou de l'Ontologie de M. Leśniewski, ces résultats permettent de résoudre le problème suivant: quels postulats faudrait-il ajouter aux axiomes considérés pour qu'ils suffisent au développement de l'Arithmétique Cantorienne des nombres ordinaux dans toute son étendue? Les axiomes II — IV donnent une réponse à cette question. La signification des recherches de M. Tarski pour le système de MM. Zermelo-Fraenkel peut être plutôt méthodologique: elles montrent qu'après avoir défini dans ce dernier système les nombres ordinaux et la relation „$<$" et démontré les théorèmes pris plus haut comme axiomes du système U[1]), la construction ultérieure de l'Arithmétique des nombres ordinaux peut se passer sans notions et théorèmes de la Théorie générale des, Ensembles. Il est à noter d'autre part que les deux systèmes, à savoir le système U et celui de MM. Zermelo-Fraenkel, comportent les mêmes difficultés et problèmes de nature méthodologique[2]); il semble cependant que l'étude de ces problèmes dans le système U est plus commode à cause de sa structure plus simple.

§ 5. Théorie des ensembles de points.

Dans le t. 6 des „*Fundamenta Mathematicae*"[3]), a paru le mémoire de MM. Banach et Tarski „*Sur la décomposition des ensembles de points en parties respectivement con-*

---

1) La possibilité d'une telle interprétation du système U a été signalée plus haut (p. 325).

2) Cf. C. Kuratowski, Ann. Soc. Pol. Math. III, 1924, p. 146.

3) 1924, pp. 244—277.

gruentes", dans le t. 8 du même journal[1]) — la première partie du travail de M. Lindenbaum sous le titre: *„Contributions á l'étude de l'espace métrique"*.

Nous allons présenter quelques résultats non publiés de MM. Lindenbaum et Tarski (1923—1926) se rattachant à ces travaux. Ces résultats, qui, à notre avis, ne sont peut-être pas assez intéressants par eux-mêmes, attirent toutefois l'attention sur certains domaines jusqu'à présent négligés[2]).

Les théorèmes en question s'appliquent à un espace métrique quelconque, à moins de mention expresse; le th. **4** est valable pour l'espace euclidien quelconque.

1 (L). Si A est un ensemble linéaire, B et C — ses sous-ensembles superposables avec lui, alors $B.C$ contient encore un ensemble superposable avec A.

2 (L). Si A est un ensemble plan borné, B et C — ses sous-ensembles superposables avec lui, alors $B.C$ contient encore un ensemble superposable avec A.

On sait que les théorèmes analogues pour les ensembles plans non bornés ou pour les ensembles situés à la surface d'une sphère (donc aussi pour les ensembles bornés à 3 dimensions) seraient faux, car il y existe des ensembles superposables avec leurs „moitiés"[3]). De plus:

3* (L). Pour tout $\mathfrak{m} \leqslant 2^{\aleph_0}$, il existe un ensemble plan qui se décompose en $\mathfrak{m}$ parties disjointes superposables avec lui.

Un ensemble pareil pourrait être construit aussi sur la surface d'une sphère.

MM. Kirszbraun et Lindenbaum ont établi le théorème:

4. Soit B un ensemble linéaire borné, A — un ensemble de diamètre $\geqslant \delta(B)$, f — une fonction définie pour les points de A de façon que l'on ait: $I_f(A) = B$ et $\rho(f(a_1), f(a_2)) \geqslant \rho(a_1, a_2)$.

---

[1]) 1926, pp. 209—222. La note contient une erreur (pp. 212 et 214), d'ailleurs sans conséquences.

[2]) Cf. A. Lindenbaum, l. c., p. 209. Dernièrement, nous avons appris que les travaux de tendance analogue ont été entrepris par M. Menger.

[3]) V. Lindenbaum, l. c., p. 218, note [1]), où l'on cite les exemples trouvés par MM. Hausdorff, Mazurkiewicz et Sierpiński.

Alors f est une transformation isométrique (c.-à.-d.: $\rho(f(a_1), f(a_2)) = \rho(a_1, a_2)$) et $A \cong B$.

Les résultats de MM. K i r s z b r a u n et L i n d e n b a u m conduisent aussi au théorème suivant:

5 (L). Soit A un ensemble borné dans l'espace euclidien, et f — une fonction définie pour les points de A de façon que l'on ait: $I_f(A) \subset A$ et $\rho(f(a_1), f(a_2)) \geqslant \rho(a_1, a_2)$. Alors f est une transformation isométrique et $I_f(A) \cong A$.

Pour aller plus loin, nous introduisons quelques notions:

$A \overset{\mathfrak{m}}{=} B$ veut dire qu'il existe un nombre $\mathfrak{n} \leqslant \mathfrak{m}$ tel que les ensembles A et B se décomposent en $\mathfrak{n}$ parties disjointes (vides ou non) respectivement congruentes.

Donc $A \overset{1}{=} B$ signifie que $A \cong B$.

$A \underset{f}{=} B$ [1]): il existe un nombre fini $\mathfrak{m}$ tel que $A \overset{\mathfrak{m}}{=} B$.

On établit aisément les propriétés fondamentales des relations ainsi définies [2]):

6. $\overset{\mathfrak{m}}{=}$ est une relation symétrique et transformante. Pour $\mathfrak{m} \geqslant \aleph_0$, elle est encore transitive et complètement additive [3]).

En utilisant les théorèmes du § 2, on arrive aux propriétés plus profondes des relations considérées; donc, p. ex.:

7. Si $A \overset{\mathfrak{m}_1}{=} A + B_1$ et $A \overset{\mathfrak{m}_2}{=} A + B_2$, alors $A \overset{\mathfrak{m}_1 \cdot (\mathfrak{m}_2 + 2)}{=} A + B_1 + B_2$ (si $B_1 \cdot B_2 = 0$, on peut remplacer $\mathfrak{m}_2 + 2$ par $\mathfrak{m}_2 + 1$).

8. Si $A \overset{\mathfrak{m}}{=} M \subset B$ et $B \overset{\mathfrak{n}}{=} N \subset A$, alors $A \overset{\mathfrak{m}+\mathfrak{n}}{=} B$ et $M \overset{\mathfrak{m}+\mathfrak{n}}{=} N$.

D'où, le cas spécial le plus important:

9. Si $A \subset B \subset C$ et $A \overset{\mathfrak{m}}{=} C$, alors $A \overset{\mathfrak{m}+1}{=} B \overset{\mathfrak{m}+1}{=} C$.

On aura même:

10. Si $A \subset B \subset C$, $A_1 \subset C_1$, $A \overset{\mathfrak{m}}{=} A_1$ et $C \overset{\mathfrak{n}}{=} C_1$, alors il existe un ensemble B_1 tel que l'on a: $A_1 \subset B_1 \subset C_1$ et $B \overset{\mathfrak{m}+\mathfrak{n}}{=} B_1$.

De plus, si $A \subset B \subset C$, et A et C sont „presque équiva-

---

[1]) B a n a c h et T a r s k i, l. c., Déf. 2, p. 246.

[2]) L'axiome du choix intervient souvent dans les th. **6—12** dans un cas spécial, lorsqu'il s'agit des nombres $\mathfrak{m}, \mathfrak{n}$ etc. n o n - f i n i s. Cependant, nous n'en ferons mention que dans ces cas où il intervient en outre d'une façon plus essentielle.

[3]) Cf. § 2.

lents par décomposition dénombrable"[1]), A et B ou B et C le sont aussi; car on a le théorème:

11 (L). Si $A \subset B \subset C$, $A = A_1 + A_2$, $C = C_1 + C_2$, $A_1 . A_2 = 0 = C_1 . C_2$, $A_1 \overset{m}{=} C_1$, et A_2 avec C_2 appartiennent à une classe $\mathbf{K}$ d'ensembles qui remplit les conditions:

si $X \varepsilon \mathbf{K}$ et $X_1 \subset X$, alors $X_1 \varepsilon \mathbf{K}$; si $X_i \varepsilon \mathbf{K}$ (pour $i = 0, 1, 2 \ldots$), alors $\sum_{i=0}^{\infty} X_i \varepsilon \mathbf{K}$; si $X \varepsilon \mathbf{K}$ et $X \overset{m}{=} Y$, alors $Y \varepsilon \mathbf{K}$; —

on a alors les décompositions: $A = A_3 + A_4$, $B = B_3 + B_4$, $A_3 . A_4 = 0 = B_3 . B_4$, $A_3 \overset{m+1}{=} B_3$, $A_4 \varepsilon \mathbf{K}$, $B_4 \varepsilon \mathbf{K}$ (de même, pour B et C on obtient une décomposition semblable).

12*. Si $A_1 \overset{m}{=} A_2$, $B_1 \overset{n}{=} B_2$, $A_1 . A_2 = 0 = B_1 . B_2$ et $A_1 + A_2 \overset{\nu}{=} B_1 + B_2$, on a: $A_1 \overset{(m+1)(n\nu^2-1)\nu}{=} B_1$.

Un ensemble linéaire borné, comme on voit sans peine, n'est pas superposable avec son vrai sous-ensemble. Cependant:

13 (L). Il existe un ensemble linéaire borné A dont un vrai sous-ensemble B remplit la formule: $A \overset{2}{=} B$.

(Soit, à cet effet, A — l'ensemble de tous les points $x_k = ka - Eka$ ($k = 0, 1, 2 \ldots$; a — irrationnel), B — l'ensemble obtenu de A, en y supprimant le point $x_0 = 0$).

14 (L). Pour qu'un ensemble soit équivalent à son vrai sous-ensemble, il faut et il suffit qu'il contienne un sous-ensemble dénombrable avec la même propriété.

15 (T). Si A et B sont des ensembles linéaires bornés et superposables, on a: $A - B \underset{f}{=} B - A$.

Plus généralement:

16 (T). Si A et B sont des ensembles bornés dans l'espace euclidien à 3 dimensions, et s'il existe une transformation isométrique de A en B qui n'est ni une rotation d'un angle incommensurable avec π, ni une telle rotation combinée avec la symétrie par rapport à un plan, — alors $A - B \underset{f}{=} B - A$.

17 (T). Si A et B sont des ensembles compacts fermés et congruents, on a: $A - B \overset{\aleph_0}{=} B - A$.

C'est une généralisation du th. 8 de la note citée de M. Lindenbaum. M. Tarski a obtenu, avec le concours de

[1]) V. Banach et Tarski, l. c., Déf. 3, p. 270.

M. Kuratowski, le th. **18** qui est une généralisation du th. (II) de la même note au cas de 2 dimensions:

18. Si A et B sont des ensembles F_σ et G_δ à la fois, plans bornés et congruents, on a: $A - B \overset{\aleph_0}{=} B - A$.

Les propositions précédentes (**15**—**18**) peuvent être rendues plus générales à l'aide du théorème suivant:

19 (T). Si une classe **K** d'ensembles remplit la condition:

si $A \varepsilon \mathbf{K}$ et $A \cong A_1$, alors $A_1 \varepsilon \mathbf{K}$ et $A - A_1 \underset{f}{=} A_1 - A$ (resp $A - A_1 \overset{n}{=} A_1 - A$),

alors elle remplit aussi la condition:

si $A \varepsilon \mathbf{K}$, $A \cong A_1$, $C \cong C_1$, $A \subset C$ et $A_1 \subset C_1$, alors on a: $C - A \underset{f}{=} C_1 - A_1$ (resp. $C - A \overset{n+1}{=} C_1 - A_1$).

Citons comme exemples des classes **K** remplissant l'hypothèse du th. **19** les suivantes: classe d'ensembles finis; d'ensembles linéaires bornés (th. **15**); fermés compacts (th. **17**) etc.

SUR LA DÉCOMPOSITION DES ENSEMBLES EN SOUS-ENSEMBLES PRESQUE DISJOINTS

Fundamenta Mathematicae, vol. 12 (1928), pp. 188-205.

Sur la décomposition des ensembles en sous-ensembles presque disjoints.

Par

Alfred Tarski (Varsovie).

Dans son article „*Sur une décomposition d'ensembles*“ [1]) M. Sierpiński a introduit la notion *d'ensembles presque disjoints* et établi le théorème, d'après lequel tout ensemble infini de puissance $\mathfrak{m}$ est décomposable en une classe de puissance supérieure à $\mathfrak{m}$ d'ensembles presque disjoints.

Le but de cette Note est de démontrer, dans le même ordre d'idées, quelques théorèmes ultérieurs, dont les plus intéressants semblent être les th. 14, 21 et 25. Dans mes considérations l'axiome du choix de M. Zermelo jouera un rôle essentiel; je me servirai en particulier du théorème sur le bon ordre (*Wohlordnungssatz*), qui en est la conséquence et d'après lequel tout nombre cardinal infini est un aleph.

J'admets la définition suivante due à M. Sierpiński:

Définition 1. *Les ensembles M et N sont dits presque disjoints lorsqu'on a simultanément:*

$$\overline{\overline{M.N}} < \overline{\overline{M}} \quad et \quad \overline{\overline{M.N}} < \overline{\overline{N}} \text{ [2])}.$$

Dans des cas où les ensembles différents formant une classe $\boldsymbol{K}$ sont presque disjoints deux à deux. nous emploierons des expressions telles comme p. ex.: „la classe $\boldsymbol{K}$ est une classe d'ensembles

[1]) Monatshefte für Math. und Phys., 1928. La connaissance de cet article de M. Sierpiński n'est pas nécessaire pour comprendre les raisonnements qui vont suivre.

[2]) Le signe „$\overline{\overline{M}}$“ dénote, comme d'habitude, la puissance de l'ensemble M.

presque disjoints", „la classe $\boldsymbol{K}$ se compose d'ensembles presque disjoints" etc.

J'introduis en outre la notion de *degré de disjonction* d'une classe $\boldsymbol{K}$ d'ensembles.

Définition 2. *Le degré de disjonction d'une classe $\boldsymbol{K}$ d'ensembles, en symboles $\mathfrak{d}(\boldsymbol{K})$, est le plus petit des nombres cardinaux $\mathfrak{p}$ tels que l'on a $\overline{\overline{X.Y}} < \mathfrak{p}$ pour tous deux ensembles différents X et Y de la classe $\boldsymbol{K}$.*

Il résulte facilement du théorème du bon ordre que pour toute classe d'ensembles un tel nombre existe et qu'il est unique. Si la classe $\boldsymbol{K}$ est vide ou composée d'un seul ensemble, on a $\mathfrak{d}(\boldsymbol{K}) = 0$; si $\boldsymbol{K}$ est une classe d'ensembles disjoints (composée d'au moins deux ensembles différents), on a $\mathfrak{d}(\boldsymbol{K}) = 1$; de même la formule $\mathfrak{d}(\boldsymbol{K}) \leq \aleph_0$, resp. $\mathfrak{d}(\boldsymbol{K}) \leq \aleph_1$, désigne que les ensembles différents, qui forment la classe $\boldsymbol{K}$, ont deux à deux un nombre fini, resp. tout au plus une infinité dénombrable, d'éléments communs.

Ceci dit, passons aux théorèmes.

Théorème 1. *Si un ensemble infini M de puissance $\mathfrak{m}$ se laisse décomposer en une classe d'ensembles $\boldsymbol{K}$ de puissance $\mathfrak{n}$ et telle que $\mathfrak{d}(\boldsymbol{K}) \leq \mathfrak{p}$, alors on a $\mathfrak{n} \leq \mathfrak{m}^{\mathfrak{p}}$* [1]).

Démonstration. On peut se borner évidemment, sans compromettre la généralité du raisonnement, au cas où $\boldsymbol{K}$ est une classe d'ensembles non vides.

A tout ensemble X de puissance $\geq \mathfrak{p}$ appartenant à la classe $\boldsymbol{K}$ faisons correspondre à l'aide de l'axiome du choix un sous-ensemble $F(X)$ de puissance $\mathfrak{p}$. En vertu de la déf. 2, on déduit facilement de la formule $\mathfrak{d}(\boldsymbol{K}) \leq \mathfrak{p}$ que cette correspondance est biunivoque. Il en résulte aussitôt que la classe $\boldsymbol{L}$ composée de tous les ensembles $F(X)$ où $\overline{\overline{X}} \geq \mathfrak{p}$ et $X \epsilon \boldsymbol{K}$ ainsi que de tous les ensembles X de puissance $< \mathfrak{p}$ qui appartiennent à $\boldsymbol{K}$ est de puissance égale à celle de $\boldsymbol{K}$. On a donc:

$$\overline{\overline{\boldsymbol{L}}} = \overline{\overline{\boldsymbol{K}}} = \mathfrak{n}. \tag{1}$$

[1]) Je me borne dans cette Note à n'étudier que les décompositions des ensembles infinis, sans chercher d'étendre les théorèmes aux ensembles finis, même dans les cas où cette extension est presque immédiate, comme celle du th. 1. Le problème de la décomposition des ensembles finis en ensembles presque disjoints fait l'objet de l'article de M. E. Sterner, *Ein Satz über Untermengen einer endlichen Menge*, Math. Zeitschr. 27, 1928, p. 544—584.

„N" désignant la classe de tous les sous-ensembles non vides X de M assujettis à la condition $\overline{\overline{X}} \leq \mathfrak{p}$, on a:

(2) $$L \subset N.$$

D'autre part, la définition des puissances de nombres cardinaux nous donne sans peine une décomposition d'un ensemble arbitraire de puissance $(\overline{\overline{M}})^{\mathfrak{p}}$ en une classe d'ensembles non vides et disjoints qui est de puissance égale à celle de la classe N. On en conclut en vertu de l'axiome du choix que

(3) $$\overline{\overline{N}} \leq (\overline{\overline{M}})^{\mathfrak{p}} = \mathfrak{m}^{\mathfrak{p}}.$$

Or, les formules (1)—(3) impliquent aussitôt que

$$\mathfrak{n} \leq \mathfrak{m}^{\mathfrak{p}}, \qquad \text{c. q. f. d.}$$

Le théorème qui vient d'être démontré peut être énoncé d'une façon plus courte:

Toute classe K d'ensembles vérifie la formule: $\overline{\overline{K}} \leq [\overline{\overline{\Sigma(K)}}]^{\mathfrak{d}(K)}$ *(pour $\Sigma(K)$ infini)* [1].

Corollaire 2. *Si un ensemble infini M de puissance $\mathfrak{m}$ se laisse décomposer en une classe K de puissance $\mathfrak{n}$ composée d'ensembles de puissance $\mathfrak{p}$ où $\mathfrak{d}(K) \leq \mathfrak{p}$ et $\mathfrak{m} > \mathfrak{p}$, alors on a $\mathfrak{m} \leq \mathfrak{n} \leq \mathfrak{m}^{\mathfrak{p}}$.*

Démonstration. Il est facile de constater que $\overline{\overline{M}} = \mathfrak{m} \leq \mathfrak{n} \cdot \mathfrak{p}$ (l'égalité $\mathfrak{m} = \mathfrak{n} \cdot \mathfrak{p}$ ayant lieu certainement, lorsque K est une classe d'ensembles disjoints). Il en résulte que l'inégalité $\mathfrak{m} > \mathfrak{n}$ ne peut se présenter, car l'hypothèse $\mathfrak{m} > \mathfrak{p}$ donnerait alors $\mathfrak{m} > \mathfrak{n} \cdot \mathfrak{p}$. On a par conséquent:

(1) $$\mathfrak{m} \leqslant \mathfrak{n}.$$

En rapprochant à présent l'inégalité (1) à l'inégalité $\mathfrak{n} \leq \mathfrak{m}^{\mathfrak{p}}$ qui résulte immédiatement du th. 1, on obtient

$$\mathfrak{m} \leq \mathfrak{n} \leq \mathfrak{m}^{\mathfrak{p}}, \qquad \text{c. q. f. d.}$$

Corollaire 3. *Si un ensemble infini M de puissance $\mathfrak{m}$ se laisse décomposer en une classe d'ensembles K dont la puissance est $> \mathfrak{m}$ et qui satisfait à la condition $\mathfrak{d}(K) \leqslant \mathfrak{p}$, on a $\mathfrak{m} < \mathfrak{m}^{\mathfrak{p}}$.*

Ce corollaire est une conséquence immédiate du th. 1, car l'hypothèse du corollaire et le th. 1 donnent la formule $\mathfrak{m} < \overline{\overline{K}} \leqslant \mathfrak{m}^{\mathfrak{p}}$.

[1]) le signe „$\Sigma(K)$" dénote la somme de tous les ensembles appartenant à la classe K.

Nous en tirons des corollaires ultérieurs suivants:

Corollaire 4. *Aucun ensemble infini de puissance* $\mathfrak{m}^{\mathfrak{p}}$ *n'est décomposable en une classe* $\boldsymbol{K}$ *de puissance* $> \mathfrak{m}^{\mathfrak{p}}$ *d'ensembles qui remplisse la condition* $\mathfrak{d}(\boldsymbol{K}) \leqslant \mathfrak{p}$.

On aurait en effet dans le cas contraire selon le cor. 3:

$$\mathfrak{m}^{\mathfrak{p}} < (\mathfrak{m}^{\mathfrak{p}})^{\mathfrak{p}} = \mathfrak{m}^{\mathfrak{p}^2},$$

tandis qu'on a en vérité $\mathfrak{m}^{\mathfrak{p}} = \mathfrak{m}^{\mathfrak{p}^2}$ (dans l'hypothèse que le nombre cardinal $\mathfrak{m}^{\mathfrak{p}}$, donc à fortiori soit $\mathfrak{m}$ soit $\mathfrak{p}$, est transfini).

Corollaire 5. $\mathfrak{m}$ *étant un nombre cardinal transfini et* $\mathfrak{p}$ — *un nombre fini, aucun ensemble de puissance* $\mathfrak{m}$ *n'est décomposable en une classe d'ensembles* $\boldsymbol{K}$ *de puissance* $> \mathfrak{m}$ *qui remplisse la condition* $\mathfrak{d}(\boldsymbol{K}) \leqslant \mathfrak{p}$.

Pour la démonstration il suffit de remarquer que l'on a en vertu de l'hypothèse l'égalité $\mathfrak{m} = \mathfrak{m}^{\mathfrak{p}}$ (pour tout $\mathfrak{p}$ fini distinct de 0) et d'appliquer le cor. 4.

En posant dans le cor. 4: $\mathfrak{m} = 2$ et $\mathfrak{p} = \aleph_0$, on obtient comme cas particulier le

Corollaire 6. *Aucun ensemble de puissance* $2^{\aleph_0}$ *ne se laisse décomposer en une classe d'ensembles* $\boldsymbol{K}$ *de puissance* $> 2^{\aleph_0}$ *où* $\mathfrak{d}(\boldsymbol{K}) \leqslant \aleph_0$.

Nous allons étudier à présent la question des réciproques du th. 1 et des cor. 2 et 3. Commençons à ce but par établir le théorème auxiliaire suivant:

Théorème 7. *Etant donnés trois nombres cardinaux* $\mathfrak{m}, \mathfrak{p}$ *et* $\mathfrak{q}$ *où* $\mathfrak{m}$ *est transfini,* $\mathfrak{p} > 1$ *et* $\mathfrak{q} > 1$, *si en outre soit* $\mathfrak{m} = \mathfrak{q}^{\mathfrak{p}}$ *soit* $\mathfrak{p}$ *est le plus petit nombre cardinal satisfaisant à la formule* $\mathfrak{m} < \mathfrak{q}^{\mathfrak{p}}$ *alors tout eusemble* M *de puissance* $\mathfrak{m}$ *se laisse décomposer en une classe* $\boldsymbol{K}$ *de puissance* $\mathfrak{q}^{\mathfrak{p}}$, *composée d'ensembles presque disjoints de puissance* $\mathfrak{p}$, *donc telle que* $\mathfrak{d}(\boldsymbol{K}) \leqslant \mathfrak{p}$.

Démonstration. On a en vertu de l'hypothèse

(1) $$\mathfrak{q}^{\mathfrak{x}} \leqslant \mathfrak{m}, \textit{ lorsque } \mathfrak{x} < \mathfrak{p}.$$

Si l'on avait donc $\mathfrak{m} < \mathfrak{p}$, on aurait selon (1) $\mathfrak{q}^{\mathfrak{m}} \leqslant \mathfrak{m}$, tandis qu'on a en vérité $\mathfrak{q}^{\mathfrak{m}} > \mathfrak{m}$ (pour $\mathfrak{q} > 1$). Par conséquent $\mathfrak{m} \geqslant \mathfrak{p}$, d'où

(2) $$\mathfrak{m} = \mathfrak{m} . \mathfrak{p}$$

car $\mathfrak{m}$ est un nombre transfini et $\mathfrak{p} \neq 0$.

Considérons un ensemble arbitraire Q de puissance $\mathfrak{q}$ et soit Q_ξ l'ensemble de toutes les suites du type ξ („ξ" désignant un nombre ordinal), dont les termes sont éléments de Q. La définition des puissances des nombres cardinaux donne:

(3) $$\overline{\overline{Q_\xi}} = \mathfrak{q}^{\overline{\xi}} \textit{ pour tout nombre ordinal } \xi.$$

Le théorème sur le bon ordre entraîne l'existence d'un nombre ordinal π tel que

(4) $$\mathfrak{p} = \aleph_\pi$$

(en omettant le cas banal où $\mathfrak{p}$ est un nombre fini, ce qui donne, comme il est facile de constater, l'égalité $\mathfrak{m} = \mathfrak{q}^{\mathfrak{p}} = \mathfrak{q}^{\mathfrak{p}} . \mathfrak{p}$, dont il résulte immédiatement la décomposition de tout ensemble M de puissance $\mathfrak{m}$ en une classe $\boldsymbol{K}$ de puissance $\mathfrak{q}^{\mathfrak{p}}$, composée d'ensembles de puissance $\mathfrak{p}$ même entièrement disjoints deux à deux).

Posons $M_1 = \sum\limits_{\xi < \omega_\pi} Q_\xi$. En vertu de (1), (3) et (4) on obtient

$$\overline{\overline{M_1}} = \sum_{\xi < \omega_\pi} \overline{\overline{Q_\xi}} = \sum_{\xi < \omega_\pi} \mathfrak{q}^{\overline{\xi}} \leqslant \mathfrak{m} . \aleph_\pi = \mathfrak{m} . \mathfrak{p},$$

d'où selon (2)

(5) $$\overline{\overline{M_1}} \leqslant \mathfrak{m}.$$

Décomposons maintenant M_1 en sous-ensembles, en plaçant dans le même sous-ensemble deux suites, qui sont éléments de M_1, lorsqu'elles sont des segments d'une même suite appartenant à l'ensemble Q_{ω_π}. Or, il est facile de montrer que la classe $\boldsymbol{K}_1$ de tous les sous-ensembles de M_1 ainsi obtenus satisfait aux conditions:

(6) $$\Sigma(\boldsymbol{K}_1) = M_1 \quad \text{et} \quad \overline{\overline{\boldsymbol{K}_1}} = \mathfrak{q}^{\mathfrak{p}},$$

(7) $\boldsymbol{K}_1$ *est une classe d'ensembles presque disjoints de puissance* $\mathfrak{p}$, *de sorte que* $\mathfrak{d}(\boldsymbol{K}_1) \leqslant \mathfrak{p}$.

En effet, l'égalité $\Sigma(\boldsymbol{K}_1) = M_1$ résulte directement des définitions de M_1, Q_ξ et $\boldsymbol{K}_1$. Ensuite, la puissance de la classe $\boldsymbol{K}_1$ est évidemment égale à celle de l'ensemble Q_{ω_π}, donc, en vertu de (3) et (4), elle est égale à $\mathfrak{q}^{\mathfrak{p}}$. Chaque ensemble de cette classe est de puissance $\aleph_\pi = \mathfrak{p}$, car il y a autant de segments dans toute suite du type ω_π (qui est élément de l'ensemble Q_{ω_π}). Enfin, X et Y

étant deux ensembles arbitraires différents, pris dans la classe $\boldsymbol{K}_1$, et x et y les deux suites qui leur correspondent dans Q_{ω_π}, on a $\overline{\overline{X.Y}}=\zeta$, où $\overline{\zeta}$ est le type du plus grand segment commun de x et y. Le nombre ordinal ζ étant inférieur à ω_π, l'ensemble $X.Y$ est de puissance moindre que $\aleph_\pi = \mathfrak{p}$, donc moindre à celle de X et de Y. Par conséquent, selon les déf. 1 et 2, $\boldsymbol{K}_1$ est une classe d'ensembles presque disjoints et on a $\mathfrak{d}(\boldsymbol{K}_1)\leqslant \mathfrak{p}$. Les propositions (6) et (7) sont ainsi établies.

Considérons à présent un ensemble arbitraire M_2 de puissance $\mathfrak{m}$, mais disjoint de M_1. La formule (2) implique donc l'existence d'une classe $\boldsymbol{K}_2$ d'ensembles assujettie aux conditions :

(8) $$\Sigma(\boldsymbol{K}_2)=M_2 \quad \text{et} \quad \overline{\overline{\boldsymbol{K}_2}}=\mathfrak{m},$$

(9) *$\boldsymbol{K}_2$ est une classe d'ensembles disjoints de puissance $\mathfrak{p}$.*

En posant $M=M_1+M_2$, on obtient selon (5), vu la puissance de l'ensemble M_2:

(10) $$\overline{\overline{M}}=\overline{\overline{M}}_1+\overline{\overline{M}}_2=\overline{\overline{M}}_1+\mathfrak{m}=\mathfrak{m}.$$

Posons enfin $\boldsymbol{K}=\boldsymbol{K}_1+\boldsymbol{K}_2$. La définition de M et l'inégalité $\mathfrak{m}\leqslant \mathfrak{q}^{\mathfrak{p}}$, qui résulte de l'hypothèse du théorème, permettent de déduire facilement de (6) et (8) que

(11) $$\Sigma(\boldsymbol{K})=\Sigma(\boldsymbol{K}_1)+\Sigma(\boldsymbol{K}_2)=M_1+M_2=M.$$

(12) $$\overline{\overline{\boldsymbol{K}}}=\overline{\overline{\boldsymbol{K}}}_1+\overline{\overline{\boldsymbol{K}}}_2=\mathfrak{q}^{\mathfrak{p}}+\mathfrak{m}=\mathfrak{q}^{\mathfrak{p}}.$$

Comme $M_1.M_2=0$, on conclut en outre de (6) et (8) que tous deux ensembles appartenant respectivement à $\boldsymbol{K}_1$ et $\boldsymbol{K}_2$ sont disjoints. Il en résulte en vertu de (7) et (9) que

(13) *$\boldsymbol{K}=\boldsymbol{K}_1+\boldsymbol{K}_2$ est une classe d'ensembles presque disjoints de puissance $\mathfrak{p}$, de sorte que $\mathfrak{d}(\boldsymbol{K})\leqslant\mathfrak{p}$.*

Les propositions (10)—(13) montrent que l'ensemble M de puissance $\mathfrak{m}$, donc aussi tout ensemble de la même puissance, se laisse décomposer d'une façon conforme à la thèse du théorème, c. q. f. d.

Le théorème qui précède a été démontré implicitement pour le cas particulier où $\mathfrak{q}=2$ par M. Sierpiński dans son article précité, et le raisonnement ci-dessus n'est qu'une modificaton de sa démonstration.

Corollaire 8. *Dans les hypothèses du th. 7, si de plus* $0 < \mathfrak{n} \leqslant \mathfrak{q}^{\mathfrak{p}}$, *tout ensemble M de puissance* $\mathfrak{m}$ *se laisse décomposer en une classe* $\boldsymbol{K}$ *de puissance* $\mathfrak{n}$ *composée d'ensembles presque disjoints de puissance* $\geqslant \mathfrak{p}$ *et telle que* $\mathfrak{d}(\boldsymbol{K}) \leqslant \mathfrak{p}$.

D é m o n s t r a t i o n. Par l'application directe du th. 7 on obtient la décomposition de l'ensemble M en une classe $\boldsymbol{K}_1$ de puissance $\mathfrak{q}^{\mathfrak{p}}$, formée d'ensembles presque disjoints de puissance $\mathfrak{p}$, donc satisfaisant à la condition $\mathfrak{d}(\boldsymbol{K}_1) \leqslant \mathfrak{p}$. L'inégalité $0 < \mathfrak{n} \leqslant \mathfrak{q}^{\mathfrak{p}}$ implique d'autre part que cette classe contient une sous-classe non vide $\boldsymbol{K}_2$ de puissance $\mathfrak{n}$. Transformons la classe $\boldsymbol{K}_2$, en ajoutant à un des ensembles qui en sont des éléments l'ensemble $M - \Sigma(\boldsymbol{K}_2)$, c'est-à-dire l'ensemble composé de tous les éléments de M qui n'appartiennent à aucun ensemble de la classe $\boldsymbol{K}_2$. La classe $\boldsymbol{K}$ ainsi obtenue de $\boldsymbol{K}_2$ donne, comme on voit aussitôt, la décomposition cherchée de M.

Corollaire 9. *Dans les hypothèses du th. 7, si de plus* $\mathfrak{m} \leqslant \mathfrak{n} \leqslant \mathfrak{q}^{\mathfrak{p}}$ *tout ensemble M de puissance* $\mathfrak{m}$ *se laisse décomposer en une classe* $\boldsymbol{K}$ *de puissance* $\mathfrak{n}$, *composée d'ensembles presque disjoints de puissance* $\mathfrak{p}$, *donc telle que* $\mathfrak{d}(\boldsymbol{K}) \leqslant \mathfrak{p}$.

D é m o n s t r a t i o n. Le raisonnement appliqué pour démontrer le corollaire précédent exige ici une modification uniquement dans le cas où l'ensemble $M - \Sigma(\boldsymbol{K}_2)$ est de puissance $> \mathfrak{p}$. En omettant alors le cas banal où $\mathfrak{p}$ est un nombre fini, on décomposera $M - \Sigma(\boldsymbol{K}_2)$ en une classe $\boldsymbol{K}_3$ d'ensembles disjoints de puissance $\mathfrak{p}$ et on posera $\boldsymbol{K} = \boldsymbol{K}_2 + \boldsymbol{K}_3$. Comme $\overline{\overline{\boldsymbol{K}_3}} \leqslant \overline{\overline{M - \Sigma(\boldsymbol{K}_2)}} \leqslant \overline{\overline{M}} = \mathfrak{m} \leqslant \mathfrak{n}$, il vient $\overline{\overline{\boldsymbol{K}}} = \overline{\overline{\boldsymbol{K}_2}} + \overline{\overline{\boldsymbol{K}_3}} = \mathfrak{n} + \overline{\overline{\boldsymbol{K}_3}} = \mathfrak{n}$. La classe $\boldsymbol{K}$ est par conséquent de la puissance cherchée. La démonstration des autres propriétés cherchées de cette classe ne présente déjà de difficultés.

Il est manifeste que le cor. 9 est une généralisation du th. 7. Or, en remplaçant dans le th. 7, de-même que dans les cor. 8 et 9 „$\mathfrak{q}$" par „$\mathfrak{m}$", resp. par „2", on obtient des cas particuliers de ces propositions qui sont les plus intéressants au point de vue des applications. Ainsi, dans le cas où $\mathfrak{q} = \mathfrak{m}$ les cor. 8 et 9 peuvent être considérés comme des propositions partiellement réciproques (car contenant des hypothèses supplémentaires restrictives) du th. 1 et du cor. 2.

Il est à remarquer que dans les hypothèses du th. 7 et des cor. 8 et 9 figurent des conditions un peu spéciales, qui établissent certaines relations entre les nombres cardinaux $\mathfrak{m}$, $\mathfrak{p}$ et $\mathfrak{q}$. Nous ignorons à l'heure actuelle combien ces conditions y sont essentielles. En particulier, pour se borner au cas le plus important où $\mathfrak{q} = \mathfrak{m}$, nous ne savons pas répondre à la question si ces conditions ne se laissent réduire simplement à l'inégalité $0 < \mathfrak{p} \leqslant \mathfrak{m}$; en d'autres termes, nous ne savons ni démontrer, ni réfuter les deux propositions suivantes, d'ailleurs équivalentes l'une à l'autre:

(*P*) $\mathfrak{m}$ *étant un nombre cardinal transfini et* $0 < \mathfrak{p} \leqslant \mathfrak{m}$, *tout ensemble M de puissance* $\mathfrak{m}$ *se laisse décomposer en une classe* $\boldsymbol{K}$ *de puissance* $\mathfrak{m}^{\mathfrak{p}}$, *composée d'ensembles presque disjoints de puissance* $\mathfrak{p}$, *donc telle que* $\mathfrak{d}(\boldsymbol{K}) \leqslant \mathfrak{p}$.

(*Q*) $\mathfrak{m}$ *étant un nombre cardinal transfini et* $0 < \mathfrak{p} \leqslant \mathfrak{m}$, *si on a en outre* $0 < \mathfrak{n} \leqslant \mathfrak{m}^{\mathfrak{p}}$, *tout ensemble M de puissance* $\mathfrak{m}$ *se laisse décomposer en une classe* $\boldsymbol{K}$ *de puissance* $\mathfrak{n}$, *composée d'ensembles presque disjoints de puissance* $\geqslant \mathfrak{p}$ *et telle que* $\mathfrak{d}(\boldsymbol{K}) \leqslant \mathfrak{p}$; *si l'on a de plus* $\mathfrak{m} \leqslant \mathfrak{n} \leqslant \mathfrak{m}^{\mathfrak{p}}$, *la décomposition de l'ensemble M peut être effectuée de manière que la classe* $\boldsymbol{K}$ *soit formée exclusivement d'ensembles de puissance* $\mathfrak{p}$.

Nous ne savons démontrer les propositions (*P*) ou (*Q*) même en supprimant dans leur énoncé les conditions relatives à la puissance des ensembles de la classe $\boldsymbol{K}$, ainsi que l'inégalité $\mathfrak{d}(\boldsymbol{K}) \leqslant \mathfrak{p}$ (mais en conservant la condition, d'après laquelle $\boldsymbol{K}$ soit une classe d'ensembles presque disjoints). Nous ne savons nonplus démontrer des réciproques complètes du th. 1 et du cor. 2 qui s'obtiennent aussi de la propositions (*Q*), en y supprimant l'hypothèse, d'après laquelle $\boldsymbol{K}$ soit la classe d'ensembles presque disjoints.

Or, les propositions (*P*) et (*Q*) peuvent être établies facilement dans le cas où $\mathfrak{p}$ est un nombre fini (car on a alors $\mathfrak{m} = \mathfrak{m}^{\mathfrak{p}}$ de sorte qu'en posant dans le th. 7 et dans les cor 8 et 9 $\mathfrak{q} = \mathfrak{m}$, leurs hypothèses se trouvent satisfaites). Ce cas n'entraîne cependant aucune conséquence qui nous intéresse. Beaucoup plus d'intérêt semble présenter le cas où $\mathfrak{p} = \aleph_0$, dont nous allons nous occuper à présent.

Théorème 10. *Tout ensemble infini M de puissance* $\mathfrak{m}$ *se laisse décomposer en une classe* $\boldsymbol{K}$ *de puissance* $\mathfrak{m}^{\aleph_0}$ *d'ensembles dénombrables presque disjoints, donc telle que* $\mathfrak{d}(\boldsymbol{K}) \leqslant \aleph_0$.

Démonstration. Cette décomposition résulte directement du th. 7, en y posant $\mathfrak{q} = \mathfrak{m}$ et $\mathfrak{p} = \aleph_0$. L'hypothèse de ce théorème se trouve alors réalisée, car on a $\mathfrak{m} = \mathfrak{m}^{\mathfrak{p}}$ pour $1 \leqslant \mathfrak{p} < \aleph_0$, d'où, en effet, soit $\mathfrak{m} = \mathfrak{m}^{\aleph_0}$, soit $\aleph_0$ est le plus petit des nombres cardinaux $\mathfrak{p}$ vérifiant l'inégalité $\mathfrak{m} < \mathfrak{m}^{\mathfrak{p}}$.

Corollaire 11. $\mathfrak{m}$ *étant un nombre cardinal transfini, l'inégalité* $\mathfrak{m} < \mathfrak{m}^{\aleph_0}$ *est une condition suffisante et nécessaire pour que tout ensemble M de puissance* $\mathfrak{m}$ *soit décomposable en une classe* $\boldsymbol{K}$ *de puissance* $> \mathfrak{m}$ *d'ensembles dénombrables presque disjoints, donc telle que* $\mathfrak{d}(\boldsymbol{K}) \leqslant \aleph_0$.

Démonstration. On conclut du th. 10 que l'inegalité $\mathfrak{m} < \mathfrak{m}^{\aleph_0}$ constitue bien une condition suffisante pour l'existence de cette décomposition de l'ensemble *M*; or, en vertu du cor. 3, si l'on y pose $\mathfrak{p} = \aleph_0$, l'inégalité en question en est en même temps une condition nécessaire.

Il est intéressant d'observer que le cor. 11 reste vrai, quand on supprime dans son énoncé les mots „*dénombrables presque disjoints*".

Les deux corollaires suivants du th. 10 sont de nature plus spéciale. Le premier a été établi par M. Sierpiński dans son article précité.

Corollaire 12. *Tout ensemble dénombrable se laisse décomposer en une classe* $\boldsymbol{K}$ *de puissance* $2^{\aleph_0}$ *d'ensembles dénombrables presque disjoints, donc telle que* $\mathfrak{d}(\boldsymbol{K}) \leqslant \aleph_0$.

Pour le prouver, il suffit de poser au th. 10 $\mathfrak{m} = \aleph_0$.

Corollaire 13. *Pour tout nombre ordinal* α *de 2-ème espèce confinal avec* ω *(donc, en particulier, pour* $\alpha = \omega$*) tout ensemble M de puissance* $\aleph_\alpha$ *se laisse décomposer en une classe* $\boldsymbol{K}$ *de puissance* $> \aleph_\alpha$, *à savoir de puissance* $\aleph_\alpha^{\aleph_0}$, *d'ensembles dénombrables presque disjoints, donc telle que* $\mathfrak{d}(\boldsymbol{K}) \leqslant \aleph_0$.

Pour le prouver on n'a qu'à remplacer dans le th. 10 „$\mathfrak{m}$" par „$\aleph_\alpha$"; l'inégalité $\aleph_\alpha^{\aleph} > \aleph_\alpha$ est fournie par le théorème connu de J. König[1]).

Théorème 14. $\mathfrak{m}$ *étant un nombre cardinal transfini, l'inégalité* $0 < \mathfrak{n} \leqslant \mathfrak{m}^{\aleph_0}$ *est une condition nécessaire et suffisante pour que tout ensemble M de puissance* $\mathfrak{m}$ *soit décomposable en une classe* $\boldsymbol{K}$ *de puissance* $\mathfrak{n}$ *d'ensembles infinis presque disjoints et telle qu'on ait en outre* $\mathfrak{d}(\boldsymbol{K}) \leqslant \aleph_0$.

Démonstration. On conclut immédiatement du th. 1 que l'inégalité en question constitue une condition nécessaire pour que

[1]) Cf. p. ex. A. Schoenflies, *Entwickelung der Mengenlehre und ihrer Anwendungen*, Leipzig und Berlin 1913, p. 138.

tout ensemble M de puissance $\mathfrak{m}$ soit décomposable de la manière décrite dans l'énoncé. Pour prouver que cette condition est à la fois suffisante, on aura recours au cor. 8, où on posera $\mathfrak{q} = \mathfrak{m}$ et $\mathfrak{p} = \aleph_0$; le raisonnement employé dans la démonstration du th. 10 nous permet alors de montrer sans peine que dans le cas considéré les hypothèses de ce corollaire sont remplies.

Théorème 15. $\mathfrak{m}$ *étant un nombre cardinal transfini, la formule* $\mathfrak{m} \leqslant \mathfrak{n} \leqslant \mathfrak{m}^{\aleph_0}$ *constitue une condition suffisante pour que tout ensemble* M *de puissance* $\mathfrak{m}$ *soit décomposable en une classe* $\boldsymbol{K}$ *de puissance* $\mathfrak{n}$ *d'ensembles dénombrables presque disjoints, donc telle que* $\mathfrak{d}(\boldsymbol{K}) \leqslant \aleph_0$; *si de plus* $\mathfrak{m} > \aleph_0$, *la condition est en même temps nécessaire.*

La démonstration ne diffère de celle du th. 14 que par l'application des cor. 2 et 9 au lieu du th. 1 et cor. 8 respectivement.

Comme conséquence du th. 15 on a le

Théorème 16. *Pour toute classe non vide* $\boldsymbol{L}$ *d'ensembles dénombrables il existe une classe* $\boldsymbol{K}$ *d'ensembles dénombrables presque disjoints qui satisfait aux conditions:*

$$\Sigma(\boldsymbol{K}) = \Sigma(\boldsymbol{L}) \quad \text{et} \quad \overline{\overline{\boldsymbol{K}}} = \overline{\overline{\boldsymbol{L}}}.$$

Démonstration. Sans diminuer la généralité du raisonnement on peut admettre que la classe $\boldsymbol{L}$ est infinie; car en cas contraire on a affaire à la décomposition de l'ensemble dénombrable $\Sigma(\boldsymbol{L})$ en une classe $\boldsymbol{K}$ d'ensembles dénombrables disjoints qui soit de puissance égale à celle de la classe finie $\boldsymbol{L}$ — ce qui ne présente aucune difficulté.

Posons donc

(1) $$\overline{\overline{\Sigma(\boldsymbol{L})}} = \mathfrak{m} \quad \text{et} \quad \overline{\overline{\boldsymbol{L}}} = \mathfrak{n}.$$

En tenant compte de la puissance des ensembles qui sont des éléments de la classe $\boldsymbol{L}$, on obtient sans peine l'inégalité $\mathfrak{m} \leqslant \mathfrak{n} \cdot \aleph_0$. Or, $\mathfrak{n}$ comme nombre cardinal transfini vérifie l'égalité $\mathfrak{n} = \mathfrak{n} \cdot \aleph_0$, d'où

(2) $$\mathfrak{m} \leqslant \mathfrak{n}.$$

D'autre part, en désignant par $\boldsymbol{N}$ la classe de tous les sous-ensembles dénombrables de l'ensemble $\Sigma(\boldsymbol{L})$, on parvient sans peine aux formules $\boldsymbol{L} \subset \boldsymbol{N}$ et $\overline{\overline{\boldsymbol{N}}} \leqslant [\overline{\overline{\Sigma(\boldsymbol{L})}}]^{\aleph_0}$ [1]), d'où en vertu de (1):

(3) $$\mathfrak{n} \leqslant \mathfrak{m}^{\aleph_0}.$$

[1]) Cf. la démonstration de la formule (3) dans le th. 1.

En raison du th. 15 les formules (2) et (3) entraînent l'existence d'une décomposition de tout ensemble de puissance $\mathfrak{m}$, donc en particulier de l'ensemble $\Sigma(L)$, en une classe K de puissance $\mathfrak{n}$ d'ensembles dénombrables presque disjoints. On voit aussitôt que K est la classe cherchée.

Les th. 10, 14 et 15 montrent que les propositions (P) et (Q), dont il a été question (p. 195), se laissent établir pour le cas où $\mathfrak{p} = \aleph_0$. Nous allons envisager à son tour un autre cas particulier de ces propositions, a savoir celui où $\mathfrak{m} = 2^{\aleph_\alpha}$ et $\mathfrak{p} = \aleph_{\alpha+1}$.

Théorème 17. *Tout ensemble M de puissance $2^{\aleph_\alpha}$ se laisse décomposer en une classe K de puissance $2^{\aleph_{\alpha+1}}$ d'ensembles presque disjoints de puissance $\aleph_{\alpha+1}$, donc telle que $\mathfrak{d}(K) \leqslant \aleph_{\alpha+1}$.*

Démonstration. Lorsque $\mathfrak{p} < \aleph_{\alpha+1}$, on a $2^{\mathfrak{p}} \leqslant 2^{\aleph_\alpha}$; en conséquence soit $2^{\aleph_\alpha} = 2^{\aleph_{\alpha+1}}$, soit $\aleph_{\alpha+1}$ est le plus petit nombre cardinal $\mathfrak{p}$ vérifiant la formule $2^{\aleph_\alpha} < 2^{\mathfrak{p}}$. On en conclut qu'en posant dans le th. 7: $\mathfrak{m} = 2^{\aleph_\alpha}$, $\mathfrak{q} = 2$ et $\mathfrak{p} = \aleph_{\alpha+1}$, les hypothèses de ce théorème se trouveront réalisées; en appliquant donc ce théorème, on aura acquis la décomposition cherchée de M.

Corollaire 18. *Pour que tout ensemble M de puissance $2^{\aleph_\alpha}$ soit décomposable en une classe K de puissance $> 2^{\aleph_\alpha}$ d'ensembles presque disjoints de puissance $\aleph_{\alpha+1}$, donc telle que $\mathfrak{d}(K) \leqslant \aleph_{\alpha+1}$, il faut et il suffit que l'on ait $2^{\aleph_\alpha} < 2^{\aleph_{\alpha+1}}$.*

Démonstration. Le th. 17 implique immédiatement que l'inégalité en question constitue la condition suffisante pour que tout ensemble M de puissance $2^{\aleph_\alpha}$ soit décomposable de la sorte. D'autre part, en posant dans le cor. 3: $\mathfrak{m} = 2^{\aleph_\alpha}$ et $\mathfrak{p} = \aleph_{\alpha+1}$, on déduit de l'identité $(2^{\aleph_\alpha})^{\aleph_{\alpha+1}} = 2^{\aleph_{\alpha+1}}$ que cette condition est en même temps nécessaire.

Théorème 19. *Pour que tout ensemble M de puissance $2^{\aleph_\alpha}$ soit décomposable en une classe K de puissance $\mathfrak{n}$ d'ensembles presque disjoints de puissance $\geqslant \aleph_{\alpha+1}$ et telle que $\mathfrak{d}(K) \leqslant \aleph_{\alpha+1}$, il faut et il suffit que l'on ait $0 < \mathfrak{n} \leqslant 2^{\aleph_{\alpha+1}}$.*

Démonstration. En posant dans le th. 1 $\mathfrak{m} = 2^{\aleph_\alpha}$ et $\mathfrak{p} = \aleph_{\alpha+1}$, on parvient facilement à la conclusion que la formule en question est une condition nécessaire pour l'existence d'une pareille décomposition. D'autre part, en remplaçant dans le cor. 8 „$\mathfrak{m}$" par „$2^{\aleph_\alpha}$", „$\mathfrak{q}$" par „2" et „$\mathfrak{p}$" par „$\aleph_{\alpha+1}$", le raisonnement employé dans la démonstration du th. 17 permet de prouver que la condition est aussi suffisante.

Corollaire 20. *Pour que tout ensemble M de puissance* $2^{\aleph_\alpha}$ *soit décomposable en une classe* $\boldsymbol{K}$ *de puissance* $2^{2^{\aleph_\alpha}}$, *d'ensembles presque disjoints de puissance* $\aleph_{\alpha+1}$ *et telle que* $\mathfrak{d}(\boldsymbol{K}) \leqslant \aleph_{\alpha+1}$, *il faut et il suffit que l'on ait* $2^{2^{\aleph_\alpha}} = 2^{\aleph_{\alpha+1}}$.

Pour le démontrer, il suffiit de remplacer dans le théorème précédent „$\mathfrak{n}$" par „$2^{2^{\aleph_\alpha}}$" et de tenir compte du fait que la formule $2^{\aleph_{\alpha+1}} \leqslant 2^{2^{\aleph_\alpha}}$ est toujours remplie.

Dans l'énoncé du cor. 18, du th. 19 et du cor. 20 on peut supprimer les mots „*presque disjoints de puissance* ($\geqslant$) $\aleph_{\alpha+1}$".

En examinant les démonstration des th. et cor. 17—20, on aperçoit aisément qu'ils peuvent être considérablement généralisés, si on substitue partout dans leur énoncé „2" par „$\mathfrak{m}$" et n'admet que $\mathfrak{m} > 1$. Cette généralisation fait aussitôt ressortir l'analogie entre les th. 10 et 14 d'une part et les th. 17 et 19 de l'autre. Un théorème analogue au th. 15 se laisse établir également; j'omets ici son énoncé explicite.

Pendant que, pour le th. 1 et le cor. 2, nous n'en avons réussi d'établir les réciproques que dans des cas spéciaux (cf. th. 14, 15 et 19), la réciproque du cor. 3 dans toute son extension ne présente aucune difficulté.

Théorème 21. $\mathfrak{m}$ *étant un nombre cardinal transfini, l'inégalité* $\mathfrak{m} < \mathfrak{m}^{\mathfrak{p}}$ *est une condition nécessaire et suffisante pour que tout ensemble M de puissance* $\mathfrak{m}$ *soit décomposable en une classe* $\boldsymbol{K}$ *de puissance* $> \mathfrak{m}$ *d'ensembles infinis presque disjoints et telle que* $\mathfrak{d}(\boldsymbol{K}) \leqslant \mathfrak{p}$.

Démonstration. Le cor. 3 implique immédiatement que l'inégalité en question constitue la condition nécessaire pour l'existence de la décomposition considérée; il nous reste donc à prouver que cette condition est en même temps suffisante.

Admettons, en effet, que l'on a $\mathfrak{m} < \mathfrak{m}^{\mathfrak{p}}$. Le théorème de M. Zermelo sur le bon ordre entraîne l'existence du plus petit nombre ordinal $\mathfrak{p}_1$ satisfaisant à l'inégalité analogue:

$$(1) \qquad \mathfrak{m} < \mathfrak{m}^{\mathfrak{p}_1}.$$

Nous aurons par conséquent:

$$(2) \qquad \mathfrak{p}_1 \leqslant \mathfrak{p},$$

et l'inégalité (1) implique en outre que $\mathfrak{p}_1$ est un nombre transfini.

Considérons un ensemble arbitraire M de puissance $\mathfrak{m}$. En vertu du th. 7 (où „$\mathfrak{q}$" est remplacé par „$\mathfrak{m}$" et „$\mathfrak{p}$" par „$\mathfrak{p}_1$") et par définition du nombre $\mathfrak{p}_1$, l'ensemble M se laisse décomposer en une classe $\boldsymbol{K}$ d'ensembles presque disjoints de puissance $\mathfrak{p}_1$, donc infinis, qui vérifie en outre les conditions:

$$(3) \qquad \overline{\overline{\boldsymbol{K}}} = \mathfrak{m}^{\mathfrak{p}_1} \qquad \text{et} \qquad \mathfrak{d}(\boldsymbol{K}) \leqslant \mathfrak{p}_1.$$

Or, les formules (1) — (3) donnent immédiatement:

$$\overline{\overline{\boldsymbol{K}}} > \mathfrak{m} \qquad \text{et} \qquad \mathfrak{d}(\boldsymbol{K}) \leqslant \mathfrak{p},$$

de sorte que la décomposition cherchée de M se trouve établie, c. q. f. d.

Il est aisé de constater que l'on peut supprimer dans l'enoncé du théorème qui vient d'être démontré les mots „*infinis presque disjoints*". Les cor. 11 et 18 peuvent être considérés comme des cas particuliers de ce théorème.

Comme une conséquence immédiate du th. 21 on obtient le théorème de M. Sierpiński mentionné au début de cette Note.

Corollaire 22. *Tout ensemble infini M de puissance $\mathfrak{m}$ se laisse décomposer en une classe $\boldsymbol{K}$ de puissance $> \mathfrak{m}$ d'ensembles (infinis) presque disjoints.*

En raison de l'inégalité connue $\mathfrak{m} < \mathfrak{m}^{\mathfrak{m}}$, il suffit, pour démontrer ce corollaire, de remplacer dans le th. 21 „$\mathfrak{p}$" par „$\mathfrak{m}$".

Signalons encore deux autres corollaires du même théorème, qui sont toutefois de nature plus spéciale:

Corollaire 23. *Etant donné un nombre ordinal α de 2-me espèce confinal avec un nombre ω_β (donc, en particulier, lorsque $\alpha = \omega_\beta$), tout ensemble M de puissance $\aleph_\alpha$ se laisse décomposer en une classe $\boldsymbol{K}$ de puissance $> \aleph_\alpha$ d'ensembles infinis presque disjoints et telle que l'on a en outre $\mathfrak{d}(\boldsymbol{K}) \leqslant \aleph_\beta$.*

Pour le démontrer, on pose au th. 21: $\mathfrak{m} = \aleph_\alpha$, $\mathfrak{p} = \aleph_\beta$; l'inégalité nécessaire $\aleph_\alpha < \aleph_\alpha^{\aleph_\beta}$ est fournie par le théorème déjà cité de J. König, généralisé par Jourdain[1]).

Corollaire 24. *L'inégalité $\aleph_{\alpha+1} = 2^{\aleph_\alpha}$ est nécessaire et suffisante pour que tout ensemble M de puissance $\aleph_{\alpha+1}$ soit décomposable en une classe $\boldsymbol{K}$ de puissance $> \aleph_{\alpha+1}$ d'ensembles infinis presque disjoints et telle qu'on ait de plus $\mathfrak{d}(\boldsymbol{K}) \leqslant \aleph_\alpha$.*

[1]) Cf. p. ex. A. Schönflies, op. cit., p. 66 ou 138.

Démonstration. Conformément au th. 21, en y remplaçant „$\mathfrak{m}$" par „$\aleph_{\alpha+1}$" et „$\mathfrak{p}$" par „$\aleph_\alpha$", la condition nécessaire et suffisante de la décomposition cherchée est donnée par l'inégalité $\aleph_{\alpha+1} < \aleph_{\alpha+1}^{\aleph_\alpha}$. Or, en vertu des formules connues: $\aleph_{\alpha+1} \leqslant 2^{\aleph_\alpha}$ et $\aleph_{\alpha+1}^{\aleph_\alpha} = 2^{\aleph_\alpha}$ (car $2^{\aleph_\alpha} \leqslant \aleph_{\alpha+1}^{\aleph_\alpha} \leqslant (2^{\aleph_\alpha})^{\aleph_\alpha} = 2^{\aleph_\alpha}$), cette inégalité equivaut à l'inégalité $\aleph_{\alpha+1} \neq 2^{\aleph_\alpha}$.

Les cor. 18, 20 et 24 semblent être particulièrement intéressants dans le cas où $\alpha = 0$ à cause de leur relation avec la fameuse hypothèse du continu: $2^{\aleph_0} = \aleph_1$. Le cor. 24 dans ce cas particulier m'a été obligeamment communiqué par M. Sierpiński avec la remarque qu'il constitue l'énoncé d'une condition équivalente à la négation de l'hypothèse du continu. Des cor. 18 et 20 nous tirons, par contre, des propositions équivalentes à certaines conséquences de cette hypothèse, notamment aux formules: $2^{\aleph_0} < 2^{\aleph_1}$ et $2^{2^{\aleph_0}} = 2^{\aleph_1}$.

Formulés en toute généralité, les cor. 18, 20 et 24 mettent au jour la liaison intime qui existe entre les questions traitées dans la Note présente et certains problèmes généraux concernant les nombres cardinaux et non résolus encore. Nous entendons par là, en premier lieu, l'ainsi dite hypothèse de Cantor sur les alephs ou l'hypothèse du continu généralisée:

(H) Quel que soit le nombre ordinal α, on a $2^{\aleph_\alpha} = \aleph_{\alpha+1}$.

Cette hypothèse entraîne, comme on sait, dans la théorie de l'exponentiation des nombres cardinaux des conséquences allant fort loin[1]); aussi pourrait-on, vu le caractère des théorèmes établis dans cette Note, prévoir à priori que l'admission de l'hypothèse (H) permettrait d'acquérir des résultats bien forts également dans la matière qui nous intéresse ici. Le théorème suivant et les corollaires qui en découlent confirment cette anticipation.

Théorème 25. *L'hypothèse (H) entraîne des conséquences suivantes:*

I. *Lorsque $\beta < cf(\alpha)$*[2]) *(donc, en particulier, lorsque α est un*

[1]) Cf. mon article *Quelques théorèmes sur les alephs*, Fund. Math. VII, p. 9 et 10.

[2]) Le signe „$cf(\alpha)$" dénote ici l'indice du plus petit nombre initial avec lequel le nombre ω_α est confinal; ainsi, α étant un nombre de 1-ère espèce ou

nombre ordinal de 1-ère espece et $\beta < \alpha$), aucun ensemble M de puissance $\aleph_\alpha$ ne se laisse décomposer en une classe d'ensembles **K** *de puissance $> \aleph_\alpha$ et telle que $\mathfrak{d}(\boldsymbol{K}) \leqslant \aleph_\beta$.*

II. *Lorsque $\beta \geqslant cf(\alpha)$ (donc en particulier, lorsque α est un nombre ordinal de 1-ère espèce et $\beta \geqslant \alpha$), tout ensemble M de puissance $\aleph_\alpha$ se laisse décomposer en une classe* **K** *de puissance $2^{\aleph_\alpha} = \aleph_{\alpha+1}$, donc de puissance $> \aleph_\alpha$, composée d'ensembles presque disjoints et telle que $\mathfrak{d}(\boldsymbol{K}) \leqslant \aleph_\beta$; si en outre $\beta = cf(\alpha)$ ou $\beta = \alpha$, on peut effectuer cette décomposition de manière que la classe* **K** *soit formée exclusivement d'ensembles de puissance $\aleph_\beta$.*

Démonstration. Je vais profiter ici des deux propositions suivantes qui se déduisent facilement de l'hypothèse (H) à l'aide des raisonements exposés dans mon article *Quelques théorèmes sur les alephs*, cité tout à l'heure[1]):

(1) *Si $\beta < cf(\alpha)$, on a $\aleph_\alpha^{\aleph_\beta} = \aleph_\alpha$.*

(2) $\aleph_\alpha^{\aleph_{cf(\alpha)}} = 2^{\aleph_\alpha} = \aleph_{\alpha+1}$ *et, plus généralement, si $\alpha \geqslant \beta \geqslant cf(\alpha)$, on a $\aleph_\alpha^{\aleph_\beta} = 2^{\aleph_\alpha} = \aleph_{\alpha+1}$).*

Or, en vertu de (1) la partie I du théorème à demontrer est une conséquence directe du cor. 3 (ou du th. 21) où on n'a qu'à poser $\mathfrak{m} = \aleph_\alpha$ et $\mathfrak{p} = \aleph_\beta$.

Pour passer à la partie II, remarquons que d'après (1) et (2) le nombre $\aleph_{cf(\alpha)}$ est le plus petit parmi les nombres cardinaux $\mathfrak{p}$, qui vérifient la formule $\aleph_\alpha < \aleph_\alpha^{\mathfrak{p}}$. En posant donc au th. 7: $\mathfrak{m} = \mathfrak{q} = \aleph_\alpha$ et $\mathfrak{p} = \aleph_\beta$, nous obtenons la décomposition cherchée de l'ensemble arbitraire M de puissance $\aleph_\alpha$ en une classe **K** de puissance $\aleph_\alpha^{\aleph_{cf(\alpha)}} = 2^{\aleph_\alpha} = \aleph_{\alpha+1}$ formée d'ensembles presque disjoints de puissance $\aleph_{cf(\alpha)}$ et satisfaisant à la condition $\mathfrak{d}(\boldsymbol{K}) \leqslant \aleph_{cf(\alpha)}$, donc à plus forte raison à la condition $\mathfrak{d}(\boldsymbol{K}) \leqslant \aleph_\beta$ pour $\beta \geqslant cf(\alpha)$.

Le cas de $\beta = \alpha$ doit être envisagé séparément. L'hypothèse

bien lorsque $\alpha = 0$, on aura $cf(\alpha) = \alpha$; on a ensuite: $cf(\omega) = 0$, $cf(\Omega) = 1$ etc. Dans mon article précité de Fund. Math. VII le symbole „$cf(\alpha)$" a été employé dans un sens un peu différent, qui coïncide cependant avec le sens actuel dans le cas où α est un nombre de 2-ème espèce.

[1]) Loc. cit., p. 9 et 10; il faut tenir compte ici de la signification modifiée du symbole „$cf(\alpha)$" (voir note précédente).

(H) implique immédiatement qu'on a $2^{\aleph_\beta} = \aleph_{\beta+1} \leqslant \aleph_\alpha$ pour $\beta < \alpha$; par suite $\aleph_\alpha$ est le plus petit nombre cardinal $\mathfrak{p}$ vérifiant la formule $\aleph_\alpha < 2^{\mathfrak{p}}$. En remplaçant donc dans le th. 7 „$\mathfrak{m}$" et „$\mathfrak{p}$" par „$\aleph_\alpha$" et „$\mathfrak{q}$" par „2", on obtient la décomposition cherchée de l'ensemble M de puissance $\aleph_\alpha$ en une classe d'ensembles $\boldsymbol{K}$ de puissance $2^{\aleph_\alpha} = \aleph_{\alpha+1}$ telle que $\mathfrak{d}(\boldsymbol{K}) \leqslant \aleph_\beta = \aleph_\alpha$ et de plus (tout comme dans le cas de $\beta = cf(\alpha)$) la classe $\boldsymbol{K}$ se compose uniquement d'ensembles de puissance $\aleph_\beta$. Le théorème est ainsi établi.

Corollaire 26. *L'hypothèse (H) entraîne des conséquences suivantes:*

1° *Lorsque α est un nombre ordinal de 1-ère espèce distinct de* 0 *ou bien de 2-ème espèce non confinal avec ω, aucun ensemble M de puissance $\aleph_\alpha$ ne se laisse décomposer en une classe d'ensembles $\boldsymbol{K}$ de puissance $> \aleph_\alpha$ et telle que $\mathfrak{d}(\boldsymbol{K}) \leqslant \aleph_0$.*

2° *Lorsque $\alpha = 0$ ou bien α est un nombre ordinal de 2-ème espèce confinal avec ω, tout ensemble M de puissance $\aleph_\alpha$ se laisse décomposer en une classe $\boldsymbol{K}$ de puissance $2^{\aleph_\alpha} = \aleph_{\alpha+1}$, donc de puissance $> \aleph_\alpha$, composée d'ensembles dénombrables presque disjoints, et satisfaisant par conséquent à la condition $\mathfrak{d}(\boldsymbol{K}) \leqslant \aleph_0$.*

Pour le démontrer, il suffit de poser dans le th. 25 $\alpha = 0$ et de remarquer que dans l'hypothèse de 1° on a $cf(\alpha) > 0$, et dans l'hypothèse de 2° on aura $cf(\alpha) = 0$.

Le th. 25 et le cor. 26 montrent qu'à l'aide de l'hypothèse du continu généralisée on peut épuiser une partie des problèmes qui constituent le principal objet des considérations présentes. Cette hypothèse permet notamment d'établir une condition bien simple qui est à la fois nécessaire et suffisante pour que tout ensemble M de puissance $\mathfrak{m} = \aleph_\alpha$ soit décomposable en une classe $\boldsymbol{K}$ de puissance $> \aleph_\alpha$ (plus précisément de puissance $2^{\aleph_\alpha}$) composée d'ensembles presque disjoints et telle que $\mathfrak{d}(\boldsymbol{K}) \leqslant \mathfrak{p} = \aleph_\beta$, en particulier telle que $\mathfrak{d}(\boldsymbol{K}) \leqslant \aleph_0$. Cette condition s'exprime par l'inégalité $\beta \geqslant cf(\alpha)$ et dans le cas particulier où $\beta = 0$ elle peut être formulée de la manière suivante: α est soit $= 0$ soit un nombre ordinal de 2-ème espèce confinal avec ω.

Ensuite, moyennant l'hypothèse (H) on peut sans grande difficulté démontrer les deux propositions (P) et (Q) mentionnées p. 195, si l'on omet dans leur énoncé les conditions concernant la puissance des ensembles de la classe $\boldsymbol{K}$; par cela même on obtient la réciproque du th. 1 dans toute son étendue.

Il reste néanmoins des problèmes que nous ne savons jusqu'à présent résoudre même à l'aide de l'hypothèse du continu généralisée: ils concernent la puissance des ensembles en lesquels l'ensemble M est décomposé. Nous ignorons notamment si l'on peut exiger dans la partie II du th. 25 que la classe $\boldsymbol{K}$ soit toujours (et non seulement pour $\beta = \alpha$) composée d'ensembles de puissance $\aleph_\alpha$ ou, tout au moins, qu'elle soit toujours (et non seulement dans les cas où $\beta = cf(\alpha)$ ou bien $\beta = \alpha$) formée exclusivement d'ensembles de puissance $\aleph_\beta$. Nous ignorons en particulier si l'ensemble M de puissance $\aleph_\omega$ se laisse décomposer en une classe $\boldsymbol{K}$ de puissance $> \aleph_\omega$ d'ensembles de puissance $\aleph_\omega$ ou même d'ensembles indénombrables arbitraires et telle que $\mathfrak{d}(\boldsymbol{K}) \leqslant \aleph_0$. Nous ne connaissons nonplus aucun exemple d'ensemble infini M qui soit décomposable en une classe K de puissance $> \overline{\overline{M}}$ formée exclusivement d'ensembles de puissance $> \mathfrak{d}(\boldsymbol{K})$. En relation avec cet état de choses nous ne savons, même en nous servant de l'hypothèse (H), ni prouver, ni refuter dans leur énoncé intégral les propositions (P) et (Q) déjà mentionnées; nous ne savons donc établir la réciproque du cor. 2 dans toute son étendue.

En terminant, je voudrais attirer l'attention sur le fait que les conséquences de l'hypothèse (H) qui ont été formulées dans le th. 25 et le cor. 26 se laissent établir partiellement sans cette hypothèse à condition de restreindre le champ de nos considérations aux nombres cardinaux d'un certain système d'ailleurs assez vaste $\{\aleph_{\pi(\alpha)}\}$, défini par induction comme il suit:

Définition 3. $\aleph_{\pi(0)} = \aleph_0$[1]; $\aleph_{\pi(\alpha)} = 2^{\aleph_{\pi(\alpha-1)}}$ *pour tout nombre ordinal* α *de 1-ère espèce*; $\aleph_{\pi(\alpha)} = \sum\limits_{\xi<\alpha} \aleph_{\pi(\xi)}$ *pour tout nombre ordinal* α *de 2-ème espèce.*

On peut démontrer notamment le suivant

Théorème 27. *Etant donné un nombre ordinal arbitraire* α *de 2-ème espèce,*

I. *si* $\beta < cf(\alpha)$, *aucun ensemble* M *de puissance* $\aleph_{\pi(\alpha)}$ *ne se laisse décomposer en une classe d'ensembles* $\boldsymbol{K}$ *de puissance* $> \aleph_{\pi(\alpha)}$ *et telle que* $\mathfrak{d}(\boldsymbol{K}) \leqslant \aleph_\beta$;

[1] Ou plus généralement: $\aleph_{\pi(0)} = \aleph_\gamma$, où γ est un nombre ordinal quelconque.

II. *si* $\beta \geqslant cf(\alpha)$, *tout ensemble* M *de puissance* $\aleph_{\pi(\alpha)}$ *se laisse décomposer en une classe* K *de puissance* $2^{\aleph_{\pi(\alpha)}}$, *donc de puissance* $> \aleph_{\pi(\alpha)}$, *d'ensembles presque disjoints et telle que* $\mathfrak{d}(K) \leqslant \aleph_\beta$; *si l'on a en outre* $\beta = cf(\alpha)$ *ou* $\beta = \pi(\alpha)$, *la classe* K *peut n'être formée que d'ensembles de puissance* $\aleph_\beta$.

La démonstration est tout à fait analogue à celle du th. 25 et repose sur les deux propriétés connues des nombres $\aleph_{\pi(\alpha)}$[1]):

(1) *Si* α *est un nombre de 2-ème espèce et* $\beta < cf(\alpha)$, *on a* $\aleph_{\pi(\alpha)}^{\aleph_\beta} = \aleph_{\pi(\alpha)}$.

(2) *Si* α *est un nombre de 2-ème espèce et* $\pi(\alpha) \geqslant \beta \geqslant cf(\alpha)$, *on a* $\aleph_{\pi(\alpha)}^{\aleph_\beta} = 2^{\aleph_{\pi(\alpha)}}$.

Nous ne savons pas étendre ce théorème aux nombres α de 1-ère espèce. Ce n'est que dans le cas de $\beta = 0$ où une telle extension ne se heurte aux difficultés, comme le prouve le suivant

Corollaire 28. 1° *Lorsque* α *est un nombre ordinal de 1-ère espèce distinct de* 0 *ou bien un nombre de 2-ème espèce non confinal avec* ω, *aucun ensemble* M *de puissance* $\aleph_{\pi(\alpha)}$ *ne se laisse décomposer en une classe d'ensembles* K *de puissance* $> \aleph_{\pi(\alpha)}$ *et telle que* $\mathfrak{d}(K) \leqslant \aleph_0$.

2° *Lorsque* $\alpha = 0$ *ou bien lorsque* α *est un nombre ordinal de 2-ème espèce confinal avec* ω, *tout ensemble* M *de puissance* $\aleph_{\pi(\alpha)}$ *se laisse décomposer en une classe* K *de puissance* $2^{\aleph_{\pi(\alpha)}}$, *donc de puissance* $> \aleph_{\pi(\alpha)}$, *d'ensembles dénombrables presque disjoints et par suite telle que* $\mathfrak{d}(K) \leqslant \aleph_0$.

Démonstration. Dans l'hypothèse que α est de 2-ème espèce, le corollaire résulte directement du th. 27 où on a remplacé „β" par „0". Dans le cas où α est de 1-ère espèce distinct de 0, on a conformément à la déf. 3 $\aleph_{\pi(\alpha)}^{\aleph_0} = 2^{\aleph_{\pi(\alpha-1)} \cdot \aleph_0} = 2^{\aleph_{\pi(\alpha-1)}} = \aleph_{\pi(\alpha)}$; en posant donc dans le cor. 3: $\mathfrak{m} = \aleph_{\pi(\alpha)}$ et $\mathfrak{p} = \aleph_0$, on conclut que la décomposition de M, décrite sous 1°, est en effet impossible. Enfin, le cas de $\alpha = 0$ a été examiné antérieurement au cor. 12.

Les cas particuliers les plus intéressants du cor. 28 s'obtiennent en posant: $\alpha = 0$ ($\aleph_{\pi(\alpha)} = \aleph_0$, cf. cor. 12), $\alpha = 1$ ($\aleph_{\pi(\alpha)} = 2^{\aleph_0}$, cf. cor. 6) et enfin $\alpha = \omega$ ($\aleph_{\pi(\alpha)} = \aleph_0 + 2^{\aleph_0} + 2^{2^{\aleph_0}} + \ldots$).

[1]) Cf. mon article déjà cité, Fund. Math. VII, p. 9 et 10.

LES FONDEMENTS DE LA

GÉOMÉTRIE DES CORPS

Księga Pamiątkowa Pierwszego Polskiego Zjazdu Matematycznego, supplemental volume to Rocznik Polskiego Towarzystwa Matematycznego (Annales de la Société Polonaise de Mathématique), Kraków, 1929, pp. 29-33.

A revised text of this article in English translation as:

FOUNDATIONS OF THE GEOMETRY OF SOLIDS

in:

Logic, Semantics, Metamathematics. Papers from 1923-1938, Clarendon Press, Oxford, 1956, pp. 24-37.

A French translation of this latter article appeared in:

LES FONDEMENTS DE LA GÉOMÉTRIE DES CORPS

in:

Logique, Sémantique, Métamathématique. 1923-1944. Vol. 1. Edited by G. Granger. Librarie Armand Colin, Paris, 1972, pp. 27-34.

Alfred Tarski (Warszawa).

Les fondements de la géométrie des corps.

(Résumé).

M. Leśniewski a posé, il y a quelques ans, le problème d'établir les fondements d'une *géométrie des corps*, en entendant par ce terme un système de géométrie dépourvu des figures géométriques telles que points, lignes et surfaces et qui n'admette comme figures que les corps — les correspondants intuitifs des ensembles ouverts (resp. fermés) réguliers[1]) de la géométrie euclidienne ordinaire à 3 dimensions; la caractère spécifique d'une telle géométrie des corps — par opposition à toute géométrie „ponctuelle" — se manifesterait en particulier dans la loi, d'après laquelle chaque figure contient une autre figure comme partie proprement dite. — Ce problème est étroitement lié aux questions discutées dans les ouvrages connus de M. Whitehead sur les fondements des sciences naturelles[2]) et dans le livre de Nicod: *La géométrie dans le monde sensible*[3]).

Dans ce résumé je me propose d'esquisser une solution du problème posé, en omettant par contre la question de son importance philosophique.

Je supposerai ici comme connu le système déductif fondé par M. Leśniewski[4]) et appelé par lui *meréologie*; je vais me

[1]) Ce terme a été introduit par M. Kuratowski dans son ouvrage: *Sur l'opération Ā de l'Analysis Situs*, Fundamenta Mathematicae III, p. 192—195.

[2]) *An Enquiry concerning the Principles of Natural Knowledge*, Cambridge 1919; *The Concept of Nature*, Cambridge 1920.

[3]) Paris, 1924.

[4]) La première esquisse de ce système a paru dans l'ouvrage: S. Leśniewski, *Podstawy ogólnej teorji mnogości* I (*Les fondements de la Théorie*

servir, en particulier, de la *relation de partie au tout* comme d'une notion connue[1]).

J'admets la notion de *sphère* comme l'unique notion primitive de la géométrie des corps[2]); à l'aide de cette notion je vais définir successivement une série des notions ultérieures, pour parvenir enfin à celles qui me serviront à formuler le système d'axiomes. Voici ces définitions[3]):

Définition 1. *La sphère A est extérieurement tangente à la sphère B, lorsque 1) la sphère A est extérieure à la sphère B*[4]); *2) étant données deux sphères X et Y contenant comme partie la sphère A et extérieures à la sphère B, au moins une d'elles est une partie de l'autre.*

Définition 2. *La sphère A est intérieurement tangente à la sphère B, lorsque 1) la sphère A est une partie proprement dite de la sphère B; 2) étant données deux sphères X et Y contenant comme partie la sphère A et faisant partie de la sphère B, au moins une d'elles est une partie de l'autre.*

Définition 3. *Les sphères A et B sont extérieurement diamétrales à la sphère C, lorsque 1) chacune des sphères A et B est extérieurement tangente à la sphère C; 2) étant données deux sphères X et Y extérieures à la sphère C et telles que A est une partie de X et B de Y, la sphère X est extérieure à la sphère Y.*

Définition 4. *Les sphères A et B sont intérieurement diamétrales à la sphère C, lorsque 1) chacune des sphères A et B*

---

générale des Ensembles I, en polonais), Moskwa 1916. Cf. de plus du même auteur: *O podstawach matematyki* (*Sur les fondements de la Mathématique* en polonais), Przegląd Filozoficzny (Revue Philosophique), Vol. 30, p. 164—206, et surtout Vol. 31, p. 26—291.

[1]) Je remplace ici par le mot *„partie"* le terme *„ingredient"*, qui embrasse dans le système de M. Leśniewski aussi bien le tout que ses parties proprement dites.

[2]) En ce qui concerne la géométrie „ponctuelle" tridimensionelle, un mode de la fonder sur la notion de *sphère* comme l'unique notion primitive a été developpé par M. Huntington dans sa note: *A set of postulates for abstract geometry exposed in terms of the simple relation of inclusion*, Mathematische Annalen 73, p. 522—559.

[3]) Ce système des définitions comprend des simplifications dont quelques unes, en particulier l'énoncé de la définition 3, sont dues à M. Knaster.

[4]) C'est-à-dire, dans la terminologie de M. Leśniewski, les sphères *A* et *B* n'ont aucune partie commune.

est intérieurement tangente à la sphère C; 2) étant données deux sphères X et Y extérieures à la sphère C et telles que la sphère A est extérieurement tangente à X et la sphère B à Y, la sphère X est extérieure à la sphère Y.

Définition 5. *La sphère A est* c o n c e n t r i q u e *avec la sphère B, lorsque une des conditions suivantes est remplie: 1) les sphères A et B sont identiques; 2) la sphère A est une partie proprement dite de la sphère B et, de plus, étant données deux sphères X et Y extérieurement diamétrales à A et intérieurement tangentes à B, ces sphères sont intérieurement diamétrales à B; 3) la sphère B est une partie proprement dite de la sphère A et, de plus, étant données deux sphères X et Y extérieurement diamétrales à B et intérieurement tangentes à A, ces sphères sont intérieurement diamétrales à A.*

Définition 6. P o i n t *est la classe de toutes les sphères concentriques avec une sphère arbitraire*[1]).

Définition 7. *Les points a et b sont* é q u i d i s t a n t s *du point c, lorsqu'il existe une sphère X qui appartient comme élément au point c et qui satisfait en outre à la condition suivante: aucune sphère Y appartenant comme élément au point a ou bien au point b n'est ni partie de X ni extérieure à X.*

Définition 8. C o r p s *est une somme arbitraire de sphères*[2]).

Définition 9. *Le point a est* i n t é r i e u r *au corps B, lorsqu'il existe une sphère A qui est à la fois un élément du point a et une partie du corps B.*

On sait que toutes les notions de la géométrie euclidienne peuvent être définies à l'aide de celles de *point* et *d'équidistance de deux points d'un troisième*[3]). Par conséquent, en regardant les notions introduites par les définitions 6 et 7 comme des correspon-

---

[1]) J'emploie ici partout le terme „*classe*" dans un sens bien différent de celui adopté par M. L e ś n i e w s k i dans son système mentionné et plutôt conforme à celui des *Principia Mathematica* (Vol. I, 2de edition, Cambridge 1925) de MM. W h i t e h e a d et R u s s e l. Ainsi les sphères (resp. les corps) sont traitées ici comme des individus, c.-à-d. objets du rang le plus inférieur, tandis que les points, comme classes de ces sphères, sont des objets du rang supérieur (de second rang).

[2]) Le terme „*somme*" coïncide ici avec celui d'„*ensemble*" de la meréologie de M. L e ś n i e w s k i.

[3]) Cf. M. P i e r i, *La Geometria Elementare istituita sulle nozione di „punto" e „sfera"*, 1908.

dants de leurs homonymes de la géométrie ordinaire, on peut définir dans la géométrie des corps les correspondants de toutes les autres notions de la géométrie „ponctuelle". On peut donc, en particulier, établir le sens de l'expression „*la classe α de points est un ensemble ouvert régulier*"; je me dispense ici de l'énoncé explicite de la définition en question[1]).

Après ces définitions préliminaires, je passe à formuler le système d'axiomes suffisant pour construire la géométrie des corps. J'admets en premier lieu le suivant

Axiome 1. *Les notions de point et d'équidistance de deux points d'un troisième satisfont à tous les axiomes de la géométrie euclidienne ordinaire à 3 dimensions*[2]).

En dehors de cet axiome, qui est d'importance fondamentale il faut admettre certains axiomes auxiliaires qui rendent notre système cathégorique; les axiomes que j'adopte à ce but établissent une sorte de correspondance entre les notions de *corps* et de *relation de partie au tout* (notions spécifiques de la géométrie des corps) d'une part, et celles *d'ensemble ouvert régulier* et de *relation d'inclusion* (connues de la géométrie „ponctuelle" ordinaire) d'autre part.

Axiome 2. *Si A est un corps, la classe α de tous les points intérieurs à A est un ensemble ouvert régulier.*

Axiome 3. *Si la classe α de points est un ensemble ouvert régulier, il existe un corps A dont α est la classe de tous les points intérieurs.*

Axiome 4. *A et B étant des corps, si tous les points intérieurs à A sont à la fois intérieurs à B, alors A est une partie de B.*

Le système d'axiomes proposé ci-dessus pourrait probablement être simplifié, en profitant des propriétés spécifiques de la géométrie des corps. A ce propos je me bornerai ici de remarquer que l'axiome 4 peut être remplacé par l'un des deux axiomes suivants:

Axiome 4'. *Si A est un corps et B une partie de A, alors B est aussi un corps.*

Axiome 4''. *Si A est une sphère et B une partie de A, il existe une sphère C qui fait partie de B.*

---

[1]) Cf. la note précitée de M. Kuratowski

[2]) Un système d'axiomes de la géométrie ordinaire ne contenant que ces notions comme les seules notions primitives a été établi par M. Pieri dans son livre précité.

Sans entrer ici en discussions méthodologiques de ce système d'axiomes, il est à remarquer que *le système en question est cathégorique* (c.-à-d. que toutes deux de ses interprétations sont isomorphes[1])) et que *la compatibilité des axiomes de ce système équivaut à celle de la géométrie euclidienne ordinaire à 3 dimensions*; la démonstration de ces affirmations ne comporte pas de difficultés notables.

En terminant, lorsqu'on rapproche les résultats qui viennent d'être résumés aux considérations de M. Whitehead et Nicod (l. cit.), il faut constater ce qui suit: Le procédé qui a permis d'obtenir ici les énoncés de définitions et d'axiomes (surtout ceux des définitions 6 et 7 et de l'axiome 1) peut être considéré comme cas particulier de l'ainsi dite *méthode d'abstraction extensive (the method of extensive abstraction)* developpée par M. Whitehead. Ce fut déjà Nicod qui a attiré l'attention sur l'équivalence des problèmes de compatibilité pour les deux systèmes de géométrie: celui de la géométrie des corps et celui de la géométrie „ponctuelle" ordinaire. Comme résultat nouveau est par contre à regarder, à mon avis, le mode précis d'établir les fondements mathématiques de la géométrie des corps, à l'aide d'un système cathégorique d'axiomes ne contenant au surplus qu'une seule notion primitive: notion de *sphère*.

---

[1]) D'une façon plus précise, le théorème suivant peut être démontré:

Si deux systèmes satisfont aux axiomes 1—4, on peut établir entre leurs corps (non seulement entre leurs sphères) une correspondance biunivoque vérifiant la condition: pour qu'un corps arbitraire A du premier système fasse partie d'un corps B du même système, il faut et il suffit qu'il en soit de même des corps A_1 et B_1 qui leur correspondent dans le deuxième système.

GESCHICHTLICHE ENTWICKLUNG
UND GEGENWÄRTIGER ZUSTAND
DER GLEICHMÄCHTIGKEITSTHEORIE
UND DER KARDINALZAHLARITHMETIK

Księga Pamiątkowa Pierwszego Polskiego Zjazdu Matematycznego, supplemental volume to Rocznik Polskiego Towarzystwa Matematycznego (Annales de la Société Polonaise de Mathématique), Kraków, 1929, pp. 48-54.

Alfred Tarski (Warszawa).

Geschichtliche Entwicklung und gegenwärtiger Zustand der Gleichmächtigkeitstheorie und der Kardinalzahlarithmetik.

Die Theorie der Gleichmächtigkeit und der Kardinalzahlen besitzt trotz ihrer kurzen, denn kaum fünfzigjährigen Existenz eine interessante und charakteristische Entwicklungsgeschichte.

Diese Theorie bildet bekanntlich einen wichtigen Teil einer umfassenden mathematischen Disziplin — der Mengenlehre. Sie verdankt ihre Entstehung, wie überhaupt die ganze Mengentheorie, einem einzigen Forscher — Georg Cantor. In seinen bekannten Arbeiten von den Jahren 1874—1897 [1]) hat bereits Cantor sämmtliche Grundbegriffe dieser Theorie eingeführt, sowie eine Reihe der Fundamentalsätze aus diesem Gebiete begründet oder zum wenigsten formuliert. Das Cantor'sche Werk wurde von seinen Schülern und Nachfolgern — den Herren F. Bernstein, Hessenberg, J. König, Russell, Whitehead, Zermelo u. a. — in intensiver Weise fortgeführt. In zahlreichen Abhandlungen aus den ersten Jahren des laufenden Jahrhunderts, wobei an ersten Stelle die Dissertation von Hrn Bernstein zu erwähnen ist, haben die genannten Autoren nicht nur Beweise für mehrere von Cantor aufgestellten Sätze geliefert, sondern auch viele neue Resultate mehr oder weniger allgemeiner Natur erreicht, grösstenteils unter Verwendung sinnreicher Methoden und subtiler Schlüsse.

---

[1]) Angesichts einer ausführlichen Bibliographie der abstrakten Mengenlehre, die in dem neuen Buch von A. Fränkel: *Einleitung in die Mengenlehre*, 3te Auflage, Berlin 198, S. 394—417, sich befindet, wird in diesem Artikel von genaueren Zitaten abgesehen.

Als Angelpunkt für die Entwicklung der Gleichmächtigkeitstheorie ist das Jahr 1904 zu nennen, in welchem von Hrn Zermelo zum ersten Male das Auswahlaxiom explicite formuliert und zum Beweise des berühmten Wohlordnungssatzes herangezogen wurde. Infolge dieses Satzes reduziert sich wie bekannt die ganze Arithmetik der unendlichen Kardinalzahlen auf einen ihrer Abschnitte, nämlich auf die Theorie der sog. Alefs, d. i. der Kardinalzahlen der wohlgeordneten Mengen. In Verbindung mit gewissen weitgehenden, noch von Cantor formulierten und etwas später in den Hessenberg'schen *Grundbegriffen der Mengenlehre* (1906) begründeten Alefsätzen, bewirkt diese Tatsache, dass ganze Teile der Theorie (Probleme der Vergleichbarkeit, Addition, Subtraktion und Multiplikation einer endlichen Faktorenanzahl der Kardinalzahlen) fast trivial und irgendwelcher interessanten Momente beraubt werden. Gewisse Fragen (in erster Linie Potenzierung der Kardinalzahlen betreffend), die nach wie vor unentschieden bleiben, erweisen sich dagegen so schwierig, dass man bis heute noch nicht im Besitze von Methoden ist, die einen wesentlichen Schritt zu ihrer Beherrschung ermöglichen würden. So hat denn für Mathematiker, die ohne Vorbehalt das Auswahlaxiom angenommen haben (und als solche waren und sind auch heute die meisten Forscher auf dem Gebiete der Mengenlehre zu bezeichnen), die Kardinalzahlarithmetik seit dem Erscheinen der genannten Resultate von Herren Zermelo und Hessenberg jede Anziehungskraft als Forschungsbereich verloren. Es lässt sich in der Tat in den nachfolgenden Jahren ein Stillstand in der Fortwicklung der betrachteten Theorie wahrnehmen; die wenigen Arbeiten, die zu verzeichnen sind, bilden fast ausschliesslich geringere Beiträge, die schon bekanntes in anderer Weise darstellen oder vervollständigen. Wenn man trotzdem diese Periode nicht als fruchtlos für das uns interessierende Gebiet bezeichnen darf, so liegt das nur daran, dass damit gleichzeitig eine logische Vertiefung und festere Fundierung der Grundlagen der Mathematik, namentlich der Mengenlehre mitsamt der Gleichmächtigkeitstheorie intensiv betrieben wird: es genügt in dieser Beziehung auf die bekannte Abhandlung von Hrn Zermelo (aus dem Jahre 1908) und auf das grosse Werk von den Herren Whitehead und Russell: *Principia Mathematica* (1912—1913) hinzuweisen.

Erst in den letzten Jahren ist die Forschungsarbeit auf unserem Gebiete in ein lebhafteres Tempo getreten. Es tritt hier eine Mitwirkung verschiedener Faktoren hervor. Durch eine wachsende Opposition gegen uneingeschränkten Gebrauch des Auswahlaxioms wird man vor allem dazu geführt, eine scharfe Grenze zwischen denjenigen Ergebnissen, die dieses Axioms bedürfen, und den übrigen zu ziehen, was insbesondere Untersuchungen über die Rolle des Auswahlaxioms bei der Begründung einzelner Resultate mit sich bringt. Von diesem Standpunkte aus kann als Beginn dieser neuesten Periode die bekannte Arbeit über das Auswahlaxiom von Hrn Sierpiński aus dem Jahre 1919 angesehen werden, obwohl diesbezügliche Untersuchungen auch schon früher unternommen wurden. — Es stellt sich ferner heraus, dass die ohne das Auswahlaxiom gewonnenen Ergebnisse, wenn sich auch meistens bloss Spezialfälle oder leichte Folgerungen aus Theoremen sind, welche dieses Axioms bedürfen, auch für diejenigen Mathematiker Interesse bieten, die sich gegenüber axiomatischen Fragen völlig gleichgültig verhalten: die genannten Ergebnisse sind nämlich oftmals Verallgemeinerungen fähig, deren Anwendungskraft weit über den Rahmen der Kardinalzahlarithmetik und sogar der ganzen Mengenlehre im eigentlichen Sinne des Wortes hinausreicht. — Es scheinen sich schliesslich auch Zugänge zu jenen noch unbewältigten und schwierigsten Problemen der Theorie zu öffnen, die im Vorhergehenden erwähnt wurden.

Im gegenwärtigen Augenblicke entwickelt sich die Theorie der Gleichmächtigkeit und der Kardinalzahlen in einigen Richtungen, die hier eine kurze Besprechung finden mögen.

Es werden zunächst Untersuchungen geführt, die eine weitmöglichste Begründung des in Frage kommenden Gebietes unter Vermeidung des Auswahlaxioms bezwecken. Diese Untersuchungen greifen in verschiedene Teile der Theorie ein. Die bisher erreichten Resultate sind grösstenteils von spezieller Natur; die weitergehenden unter ihnen betreffen die Vergleichsrelationen zwischen Kardinalzahlen, die Operationen der Addition und Subtraktion, sowie Eigenschaften der Alefs. Auskunft darüber kann in den Lehrbüchern der Mengenlehre von Hrn Sierpiński[1],

[1]) Vgl. die neu erschienenen *Leçons sur les nombres transfinis*, Paris 1928, und namentlich *Zarys teorji mnogości* (*Abriss der Mengenlehre*, polnisch), cz. 1^a^, wyd. 3^ie^, Warszawa 1928.

wie auch in der gemeinsamen Abhandlung von Hrn Lindenbaum und dem Verfasser: *Communication sur les recherches de la théorie des ensembles* (1926) gefunden werden.

In einem engen Zusammenhange mit den erwähnten Untersuchungen stehen weitere, die über den Bereich der Gleichmächtigkeitstheorie hinausgehen und die man folgendermassen charakterisieren kann. Indem man diejenigen Beweise einzelner Ergebnisse der Theorie analysiert, die das Auswahlaxiom (oder zum wenigsten den Wohlordnungssatz von Hrn Zermelo) nicht benutzen, sucht man allgemeinere Sätze zu gewinnen, die gewisse Eigenschaften beliebiger, hauptsächlich eineindeutiger Abbildungen betreffen. Diese Sätze ermöglichen ihrerseits weitgehende Verallgemeinerungen jener analysierten Resultate aus der Gleichmächtigkeitstheorie; es treten hier an stelle der Begriffe Gleichmächtigkeit und Kardinalzahl die Begriffe der *Aequivalenz der Mengen in bezug auf eine gegebene Abbildungsklasse* und des *Typus einer solchen Klasse* — also derartige allgemeine Begriffe, die als Spezialfälle die wichtigen und bekannten Begriffe der Gleichmächtigkeit, der Aehnlichkeit geordneter Mengen, der Homöomorphie und der Kongruenz der Punktmengen, bzw. die Begriffe der Kardinalzahl, des Ordnungstypus, des topologischen Typus usw. liefern. Die dadurch gewonnenen Ergebnisse finden oft interessante Anwendung in verschiedenen Teilen der Mengenlehre, wie auch in verwandten Gebieten der Mathematik. In dieser Weise entsteht eine neue Theorie, an Allgemeinheit die Gleichmächtigkeitstheorie weit übertreffend, und zwar die *Aequivalenztheorie der Mengen in bezug auf beliebige Abbildungsklassen.* Heute darf man es wohl als eine empirische Tatsache ansehen, dass sämmtliche bekannten Ergebnisse, welche Vergleichsrelationen zwischen Kardinalzahlen sowie die Verknüpfungen der Addition und Subtraktion betreffen und unabhängig vom Auswahlaxiom begründet waren, bloss Spezialfälle von Sätzen dieser neuen Theorie sind. – In der beschriebenen

[1]) Es wird sich dabei nicht immer um ganz beliebige Abbildungsklassen handeln: will man einzelne Resultate der Gleichmächtigkeitstheorie (etwa den Aequivalenzsatz von Cantor-Bernstein oder den Bernstein'schen Satz über die Division der Kardinalzahlen) verallgemeinern, so muss man den Klassen mehr oder wenig speziellen Eigenschaften, wie z. B. die Gruppeneigenschaft oder die sog. (endliche oder abzählbare) Additivität, zuschreiben.

Richtung bewegen sich die Arbeiten von den Herren Banach, D. König und Kuratowski im VI und VIII Bd. der *Fundamenta Mathematicae.* Viele Ergebnisse aus diesem Bereiche sind von Hrn Lindenbaum und dem Verfasser gefunden, aber noch nicht veröffentlicht worden; kurze Mitteilungen darüber findet man in der schon zitierten *Communication.*

Anderer Art sind Untersuchungen, welche eine Klarung der Rolle des Auswahlaxioms in den Beweisen einzelner Sätze der Theorie der Kardinalzahlen zum Ziele haben. Diese heutzutage weit geförderten Untersuchungen haben zu ziemlich unerwarteten Resultaten geführt: Es stellt sich heraus, dass zahlreiche Sätze, die ganz spezielle Folgerungen jenes Axioms zu sein scheinen, sind doch als mit ihm in seiner ganzen Ausdehnung äquivalent erweisen. Gegenwärtig lassen sich in der Kardinalzahlarithmetik nur wenige Sätze angeben, für welche sich nicht eine der beiden Eventualitäten nachweisen liesse: entweder die Unabhängigkeit des Satzes von dem Auswahlaxiom oder seine volle Aequivalenz mit demselben. — Die erste tiefergehende Arbeit aus diesem Bereiche, nämlich die Abhandlung von Hrn Hartogs: *Ueber das Problem der Wohlordnung*, stammt noch aus der früherenen Forschungsperiode, denn aus dem Jahre 1915; weitere Ergebnisse, insbesondere diejenigen des Verfassers, findet man in seiner Abhandlung vom V Bd. der *Fund. Math.*, in der *Communication* und in den Lehrbüchern von Hrn Sierpiński.

Auch in denjenigen Teilen der Kardinalzahlarithmetik, die von der heutigen Mathematik mit den zur Verfügung stehenden Mitteln nicht genügend beherrscht werden können, nämlich in der Theorie der Potenzen und der unendlichen Produkte der Kardinalzahlen, sind weitere Untersuchungen keineswegs eingestellt worden. In der letzten Zeit sind hier sogar teilweise neue Resultate zu Tage gekommen, worunter grössere Aufmerksamkeit wohl dasjenige verdient, nach welchem jede unendliche Multiplikation der Alefs auf Potenzierung zurückgeführt werden kann. Die Mehrzahl dieser, an frühere Forschungen von den Herren Bernstein, Hausdorff und J. König anknüpfenden Resultate ist in dem Artikel des Verfassers vom VII Bd. der *Fund. Math.* enthalten. Ergänzungen finden sich in der *Communication.*

Eng verknüpft mit den soeben charakterisierten Untersuchungen ist eine weitere Forschungsrichtung in dem uns interessierenden Gebiete. Ihr Zweck ist eine Annäherung an jene schwierigsten, schon einige Male erwähnten Probleme der Kardinalzahlarithmetik, eine Aufklärung ihrer logischen Zusammenhänge und ihrer Bedeutung für die gesammte Theorie. Unter diesen Problemen nehmen bekanntlich die *Hypothese des Kontinuums* und namentlich ihre Verallgemeinerung, die sog. *Cantor'sche Alefhypothese* den ersten Rang ein. Das in dieser Richtung erzielte Hauptresultat lässt sich in folgender Weise charakterisieren: Die Cantor'sche Alefhypothese besitzt die gleiche Bedeutung für die Theorie der Potenzierung, wie das Auswahlaxiom für andere Teile des betrachtenden Gebiets — die Annahme dieser Hypothese würde eine Entscheidung für sämtliche interessanten Probleme der Potenzierung mit sich bringen und damit diesen Abschnitt der Theorie trivial machen. Von einem gewissen Standpunkte aus (indem man nämlich von Existenzialproblemen, die weiter unten eine Besprechung finden werden, absieht) würde also eine positive Entscheidung dieser Hypothese zugleich eine definitive Vollendung des ganzen Gebäudes der Kardinalzahlarithmetik bedeuten. Eine Aufmerksamkeit verdienen überdies die engen logischen Zusammenhänge, die zwischen der betrachteten Hypothese und dem Auswahlaxiom bestehen: das Auswahlaxiom erscheint als einfache Folgerung der Cantor'schen Hypothese in einer ihrer bekannten Formulierungen. — Nähere Auskunft über diese Fragen wird in den zuletzt zitierten Arbeiten gegeben; vgl. ferner die Abhandlung von Hrn Baer im 29 Bd. der *Mathematischen Zeitschrift.* evntl. auch die Artikeln des Verfassers im XII und XIV Bd. der *Fund. Math.*

Einer Erwähnung bedarf noch eine letzte Gruppe von bis jetzt unentschiedenen Problemen der Gleichmächtigkeitstheorie: es sind diejenigen, welche die Existenz von hinreichend grossen unendlichen Kardinalzahlen betreffen. Diese Probleme sind im Gegensatz zu allen oben besprochenen in hohem Masse von den spezifischen Eigenschaften desjenigen Systems der

Mengenlehre abhängig, welches den Betrachtungen zugrunde gelegt wurde: während in einem System, wie z. B. in den *Principia Mathematica*, sogar die Existenz einer einzigen unendlichen Kardinalzahl weder behauptet noch verneint werden kann, wird auf Grund eines anderen Systems, etwa des Zermelo-Fraenkel'schen, erst die Existenz jener „exorbitanten Grössen" von Hrn Hausdorff. d. i. der regulären Alefs mit Limesindices, zweifelhaft. Die bis jetzt wenig geförderte Behandlung dieser Fragen hat fast keine Berührungspunkte mit anderen Betrachtungen aus dem Gebiete der Kardinalzahlarithmetik zu Tage gebracht, dafür steht sie in einem engen Zusammenhange mit den methodischen Forschungen über die Grundlagen der Mengenlehre und ihrer einzelnen Teile. Von den hier bis jetzt erreichten Ergebnissen verdient vielleicht die Feststellung der Unabhängigkeit der einzelnen Existenzproblemen von den benutzten Systemen der Mengenlehre hervorgehoben zu werden. Man vergleiche in dieser Beziehung den Bericht über den Vortrag von Hrn Kuratowski in *Ann. Soc. Pol. Math.* III und die oben zitierte Arbeit von Hrn Baer, ferner auch *Communication* (§ 4).

Zum Abschluss mögen einige Worte den Zukunftsaussichten gewidmet werden. Man darf wohl hoffen, dass die Theorie der Gleichmächtigkeit und der Kardinalzahlen, einmal aus ihrem Stillstand hinausgerückt, sich fernerhin erfolgreich entwickeln wird und dass die vielseitigen Forschungen der letzten Jahre noch manches interessante Resultat zu Tage fördern werden. Es wäre jedoch unserer Meinung nach verfehlt, diesen Untersuchungen uns allzuviel Hoffnungen gegenüberzustehen; es erscheint recht zweifelhaft, ob sie je eine Entscheidung der grundlegenden und schwierigsten Probleme der betrachteten Theorie (etwa der Kontinuumhypothese) bringen werden. Weitaus wahrscheinlicher scheint (obwohl diese Meinung durch keine zwingende Argumente begründet werden kann) die entgegengesetzte Lösung des Problems zu sein: wir sind geneigt zu vermuten, dass die Forschungen im Gebiete der Metamathematik, die von Hrn Hilbert eingeleitet und in den letzten Jahren von mehreren Gelehrten mit grossem Eifer fortgesetzt werden, in näherer oder fernerer Zukunft zu der Feststellung führen werden, dass die genannten Probleme von den axiomatischen Voraussetzungen, die der heutigen Mengenlehre zugrunde liegen, völlig unabhängig sind.

LES FONCTIONS ADDITIVES DANS LES CLASSES ABSTRAITES ET LEUR APPLICATION AU PROBLÈME DE LA MESURE

Sprawozdana z Posiedzeń Towarzystwa Naukowego Warszawskiego, Wydział III Nauk Matematyczno-fizycznych (Comptes Rendus des Séances de la Société des Sciences et des Lettres de Varsovie, Classe III, Sciences Mathématiques et Physiques), vol. 22 (1929), pp. 114-117.

Comptes rendus de séances de la Société des Sciences
et de lettres de Varsovie XXII, 1929. Classe III.

Alfred Tarski.

O funkcjach addytywnych w klasach abstrakcyjnych i ich zastosowaniu do zagadnienia miary.

Komunikat, przedstawiony przez W. Sierpińskiego d. 2 maja 1929 r.

Sur les fonctions additives dans les classes abstraites et leur application au problème de la mesure.

Note préliminaire, présentée par M. W. Sierpiński
dans la séance du 2 mai 1929.

Considérons une classe **K** d'éléments arbitraires et une opération univoque $+$ dont on admet qu' elle est effectuable dans la classe **K**, commutative et distributive, c'est-à-dire que pour des éléments quelconques α, β et γ de **K** les formules suivantes sont remplies:

$$\alpha+\beta \in \mathbf{K}, \quad \alpha+\beta=\beta+\alpha \quad \text{et} \quad \alpha+(\beta+\gamma)=(\alpha+\beta)+\gamma.$$

Soit: $1.\alpha=\alpha$ et $(n+1).\alpha=n.\alpha+\alpha$ pour tout élément α de la classe **K** et tout nombre naturel n; convenons de dire que $\alpha \geqslant \beta$ (où $\alpha \in \mathbf{K}$ et $\beta \in \mathbf{K}$), lorsqu'il existe dans **K** un élément γ tel que $\alpha=\beta+\gamma$. Fixons enfin un élément arbitraire ι de **K** et appelons bornés relativement à ι tous les éléments α de **K** qui pour un n naturel satisfont à la condition: $n.\iota \geqslant \alpha$.

Envisageons le problème suivant: existe-t-il une fonction f définie dans la classe **K**, non-négative et normée par ι, c'est-à-dire remplissant les conditions:

(1) le contre-domaine de f est la classe $\mathbf{K}$;

(2) le domain de f est contenu dans l'ensemble des nombres réels $\geqslant 0$, y inclus $+\infty$;

(3) $f(\alpha+\beta)=f(\alpha)+f(\beta)$ pour tous deux éléments α et β de la classe $\mathbf{K}$;

(4) $f(\iota)=1$?

Comme il est facile de voir, ce problème est équivalent au suivant: existe-t-il une fonction f satisfaisant aux conditions:

(1') le contre-domaine de f est l'ensemble de tous les éléments de $\mathbf{K}$ qui sont bornés relativement à ι;

(2') le domaine de f est contenu dans l'ensemble des nombres réels non-négatifs excepté $+\infty$;

(3') $f(\alpha+\beta)=f(\alpha)+f(\beta)$ pour tous deux éléments α et β de la classe $\mathbf{K}$ qui sont bornés relativement à ι;

(4') $f(\iota)=1$?

Comme solution du problème posé en peut démontrer le

Théorème I. *Soit* $\mathbf{K}$ *une classe d'éléments arbitraires,* $+$ *une opération univoque, effectuable dans* $\mathbf{K}$*, commutative et distributive; soit enfin* $\iota \varepsilon \mathbf{K}$*. Pour qu'il soit possible de définir alors dans la classe* $\mathbf{K}$ *une fonction* f *non-négative, additive et normée par* ι*, il faut et suffit que*

(a) la formule $n.\iota \geqslant (n+1).\iota$ *ne se présente pour aucun nombre naturel* n.

Ce théorème peut être formulé d'une façon plus générale, en y supprimant toutes les hypothèses faites sur l'opération $+$ et remplaçant en même temps la condition (*a*) par une autre condition (*b*) dont l'énoncé est plus compliqué et qui implique la condition (*a*) dans les hypothèses du théorème I.

Il est encore à remarquer que la condition (*a*) peut se réduire parfois à la condition plus simple:

$$(c)\quad \iota \neq 2.\iota.$$

Cette réduction a notamment lieu dans tous les cas où l'opération $+$ vérifie, outre les hypothèses du théorème I, les conditions suivantes: (1) α, β et γ étant des éléments arbitraires de la classe $\mathbf{K}$, la formule $\alpha=\alpha+\beta+\gamma$ implique que $\alpha=\alpha+\beta=\alpha+\gamma$; (2) α et β étant des éléments arbitraires de la classe **K** et n — un nombre naturel, la formule $n.\alpha = n.\beta$ implique que $\alpha = \beta$.

On déduit du théorème I la conséquence suivante, relative à l'ainsi dit *problème de la mesure élargi*[1]) dans les espaces métriques quelconques:

Théorème II. *Soit E un espace métrique arbitraire et I un ensemble quelconque de cet espace. Appelons bornés relativement à I tous les ensembles de E qui se laissent couvrir par un nombre fini d'ensembles congruents avec I ou lui équivalents par décomposition finie*[2]). *Alors pour que le problème de la mesure élargi se laisse résoudre par l'affirmative dans l'espace E pour la classe de tous les ensembles bornés relativement à I, ce dernier ensemble étant choisi comme unité de mesure, il faut et il suffit qu'il n'existe aucune décomposition de I:*

$$I = X + Y, \qquad X.Y = 0,$$

où I soit équivalent par décomposition finie aux deux ensembles X et Y à la fois.

On peut exprimer ce résultat d'une manière plus courte comme il suit: *dans un espace métrique arbitraire la solution affirmative du problème de la mesure élargi équivaut à la solution négative du problème des „décompositions paradoxales" par rapport à l'ensemble choisi pour l'unité de mesure.*

En rapprochant ce résultat aux notions introduites par M. J. v. Neumann dans son ouvrage récent: *Zur allgemeinen Theorie des Masses*[3]), on peut le généraliser de la façon suivante:

Théorème III. *E étant un ensemble arbitraire, I son sous-ensemble et $\mathcal{G}$ un groupe des transformations biunivoques de l'ensemble E en lui-même, pour qu'il existe une mesure $[E, I, \mathcal{G}]$,*

---

[1]) F. Hausdorff, *Grundzüge der Mengenlehre*, Leipzig 1914, p. 399—403 et 469—472; S. Banach, *Sur le problème de la mesure*, Fundamenta Mathematicae IV, p. 8.

[2]) S. Banach et A. Tarski, *Sur la décomposition des ensembles de points en parties respectivement congruentes*, Fund. Math. VI, p. 244.

[3]) Fund. Math. XIII, p. 78 et 82.

il faut et suffit que l'ensemble I ne soit équivalent à sa moitié par aucune décomposition finie relative au groupe $\mathcal{G}$.

On obtient immédiatement de ce théorème une condition suffisante et nécessaire pour que le groupe $\mathcal{G}$ soit mesurable.

Citons enfin le résultat suivant, qui est une des conséquences ultérieures de nos considérations:

Théorème IV. *Pour tout ensemble infini E il existe une fonction f qui remplit les conditions:*

(1) *f est définie pour tous les sous-ensembles de E;*

(2) *f prend comme valeurs les nombres 0 et 1;*

(3) *si $X+Y \subset E$ et $X.Y=0$, on a $f(X+Y)=f(X)+f(Y)$;*

(4) $f(E)=1$;

(5) *pour tout $x \in E$ on a $f(\{x\})=0$.*

La classe $\mathbf{K}$ de tous les sous-ensembles X de E pour lesquels $f(X)=0$ est caractérisée par les propriétés suivantes:

(a) si $X \subset E$, un et seulement un des ensembles X et $E-X$ appartient à la classe $\mathbf{K}$;

(b) si $X \in \mathbf{K}$ et $Y \subset X$, on a $Y \in \mathbf{K}$;

(c) si $X \in \mathbf{K}$ et $Y \in \mathbf{K}$, on a $X+Y \in \mathbf{K}$;

(d) si $x \in E$, on a $\{x\} \in \mathbf{K}$.

ZJAZD MATEMATYKÓW

Ogniwo, vol. 9, (1929), pp. 401-402.

ZJAZD MATEMATYKÓW

W dniach 25—27 ub. mies. odbył się w Warszawie I Kongres Matematyków Krajów Słowiańskich. W przemówieniu powitalnem, wygłoszonem podczas otwarcia Kongresu w obecności p. Ministra W. R. i O. P. i przedstawicieli dyplomatycznych Bułgarji, Czechosłowacji i Jugosławji, prof. Sierpiński, prezes Komitetu wykonawczego, podkreślił m. inn., że Kongres niema bynajmniej podłoża politycznego: celem jego jest nawiązanie bliższych stosunków intelektualnych między uczonymi, którzy pracują w tej samej gałęzi wiedzy, zamieszkują pobliskie terytorja i mają w pewnej mierze ułatwioną współpracę dzięki pokrewieństwu ojczystych języków: jako na potwierdzenie swych słów wskazał prof. Sierpiński na obecność szeregu matematyków z krajów nie-słowiańskich, przybyłych w celu uczestniczenia w pracach Kongresu.

W obradach Kongresu wzięło udział blisko 100 uczestników. Przeważali z natury rzeczy uczeni polscy — zarówno z Warszawy, jak i z innych środowisk uniwersyteckich: ze Lwowa, Krakowa i Wilna, a nawet z zagranicy, jak prof. Lichtenstein z Lipska. Pozatem przybyli dość liczni matematycy z Czech, z Bułgarji i z Jugosławji, m. in. wybitny uczony prof. Popoff z Sofji. Z pośród gości z państw nie-słowiańskich wymienić należy prof. Younga z Londynu, prezesa Międzynarodowej Unji Matematycznej, prof. Fraenkla z Kilonji, prof. Mengera z Wiednia, prof. Sergescu z Cluj (w Rumunji), a nawet dwuch matematyków japońskich — prof. Kawaguchi i Kunaguji. Kilku wybitnych matematyków zachodnio-europejskich, wśród nich prof. Hadamard z Paryża i prof. Tonelli z Bolonji, nadesłało swe komunikaty do odczytania na posiedzeniach Kongresu, w celu zamanifestowania swej łączności z obradującymi. Uderzał natomiast zupełny brak matematyków z Rosji Sowieckiej, z którymi uczeni polscy pozostają w stałym kontakcie naukowym, którzy licznie uczestniczyli zarówno w I Polskim Zjeździe Matematycznym we Lwowie w r. 1927, jak i w zeszłorocznym Kongresie Międzynarodowym w Bolonji, a którym rząd sowiecki stanowczo zabronił wzięcia udziału w Kongresie obecnym.

Obrady Kongresu odbywały się na posiedzeniach ogólnych i w 5 sekcjach (I. Podstawy matematyki, historja, dydaktyka matematyki: II. Arytmetyka, algebra, analiza: III. Teorja mnogości, topologja i ich zastosowania: IV. Geometrja: V. Mechanika i matematyka stosowana). Ogółem wygłoszono na Kongresie około 80 odczytów i komunikatów. Obrady toczyły się zarówno w językach słowiańskich, jak i międzynarodowych, zwłaszcza niemieckim i francuskim. W okresie trwania Kongresu odbyło się kilka oficjalnych przyjęć (m. in. w Prezydjum Rady Ministrów) i imprez towarzyskich. Wieczorem dn. 2.IX. znaczna część uczestników udała się specjalnym pociągiem do Poznania, gdzie nazajutrz nastąpiło zamknięcie Kongresu.

Zagraniczni uczestnicy Kongresu nie szczędzili organizatorom słów uznania zarówno z powodu sprężystej organizacji, jak i wysokiego poziomu obrad. Kongres był jednym jeszcze dowodem wybitnego stanowiska matematyki polskiej w współczesnym świecie naukowym.

Sfery nauczycielskie brały naogół w Kongresie b. nieznaczny udział. Z pośród wygłoszonych referatów jeden tylko (prof. Łomnickiego ze Lwowa) nosił ściśle dydaktyczny charakter. Wogóle doświadczenie ostatnich zjazdów matematycznych poucza, że łączenie w programie jednego i tego samego zjazdu zagadnień ściśle naukowych i dydaktycznych pociąga za sobą upośledzenie tych ostatnich. Można zresztą, a priori przewidzieć: organizatorami zjazdów bywają przeważnie naukowcy - profesorowie wyższych uczelni, mało interesujący się sprawami szkolnictwa powszechnego i średniego, a przytem nawet ci matematycy, którzy dla spraw tych mają zrozumienie i zainteresowanie, mniej niż kiedykolwiek skłonni są zajmować się niemi w czasie trwania zjazdu, pragnąc wyzyskać rzadką okazję nawiązania i pogłębienia kontaktu z zamiejscowymi kolegami po fachu. Z drugiej zaś strony każdy nauczyciel matematyki odczuwa niewątpliwie potrzebę przedyskutowania w szerokiem gronie wielu zagadnień z zakresu matematyki elementarnej i dydaktyki matematyki: specyficzne warunki naszego szkolnictwa — w związku z częstemi zmianami programu i trudnościami przy realizowaniu poszczególnych jego działów — potrzebę tę utrwalają i potęgują. Z tych wszystkich względów byłoby niezmiernie pożądane zorganizowanie w krótkim czasie specjalnego zjazdu, poświęconego wyłącznie zagadnieniom matematyki w ramach szkolnictwa średniego i powszechnego, w którym mogliby wziąć liczny udział zarówno interesujący się temi zagadnieniami teoretycy-naukowcy, jak i praktycy — czynni nauczyciele szkół powszechnych i średnich.

SUR LA DÉCOMPOSITION DES ENSEMBLES EN SOUS-ENSEMBLES PRESQUE DISJOINTS

(Supplément à la note sous le même titre du Volume XII de ce Journal)

Fundamenta Mathematicae, Vol. 14 (1929), pp. 205-215.

Sur la décomposition des ensembles en sous-ensembles presque disjoints.

(Supplément à la note sous le même titre du Volume XII de ce Journal).

Par

Alfred Tarski (Varsovie).

Dans ma note „*Sur la décomposition des ensembles en sous-ensembles presque disjoints*“ du Volume XII de ce Journal j'ai posé[1]) plusieurs problèmes que je ne savais alors résoudre même à l'aide d'ainsi dite *hypothèse de Cantor sur les alephs* ou *hypothèse du continu généralisée.* Je vais donner à présent la solution de tous ces problèmes, en admettant cependant dans la plupart des cas l'hypothèse indiquée.

Pour les signes et notions, dont je vais faire usage ici, on se rapportera à l'article précité. Les nombres des définitions et théorèmes de cet article seront dans la note présente munis d'un astérisque (p ex. „def. 2*“, „th 25*“ etc.).

Je vais établir d'abord quelques théorèmes auxiliaires.

Théorème 1. *Si un nombre ordinal α n'est pas confinal avec ω_β, si en outre $E \subset A(\alpha)$*[2]) *et $\overline{\overline{E}} \geqslant \aleph_\beta$, alors il existe un nombre ordinal η tel que l'on a $\eta < \alpha$ et $\overline{\overline{A(\eta) \cdot E}} \geqslant \aleph_\beta$.*

Démonstration. La formule: $\overline{\overline{E}} \geqslant \aleph_\beta$ implique aussitôt que $\overline{E} \geqslant \omega_\beta$[3]). Considérons donc les deux cas possibles:

$$(\alpha) \qquad E = \omega_\beta .$$

Dans ce cas, conformément à l'hypothèse du théorème, l'ensemble $A(\alpha)$ du type α n'est pas confinal avec E. Comme d'autre part

[1]) P. 195 et 204.

[2]) Le signe „$A(\xi)$“, où ξ est un nombre ordinal, dénote l'ensemble de tous les nombres ordinaux plus petits que ξ.

[3]) Le signe „$\overline{E}$“ dénote le type de l'ensemble E de nombres ordinaux ordonnés selon la grandeur.

$E \subset A(\alpha)$, l'ensemble E est contenu dans un segment de $A(\alpha)$. Il existe donc un nombre η vérifiant les formules: $\eta < \alpha$ et $E \subset A(\eta)$, d'où $A(\eta) . E = E$, $\overline{\overline{A(\eta) . E}} \geqslant \aleph_\beta$.

(b) $$\overline{E} > \omega_\beta .$$

On en déduit immédiatement que E contient un segment E_1 de type ω_β, donc de puissance $\aleph_\beta$. Soit η l'élément de E qui détermine le segment E_1. Comme $E \subset A(\alpha)$, on a $\eta < \alpha$; d'autre part on en conclut facilement que $E_1 \subset A(\eta)$, $A(\eta) . E = A(\eta) . E_1 = E_1$, d'où enfin $\overline{\overline{A(\eta) . E}} \geqslant \aleph_\beta$.

Le théorème est ainsi établi.

Théorème 2. *Si un ensemble M de puissance $\aleph_\alpha$ se laisse décomposer en une classe $\boldsymbol{K}$ formée d'ensembles de puissance $\geqslant \aleph_\beta$ et telle que $\mathfrak{d}(\boldsymbol{K}) \leqslant \aleph_\beta$, si en outre $cf(\alpha) \neq cf(\beta)$, alors on a*

$$\overline{\overline{\boldsymbol{K}}} \leqslant \aleph_\alpha . \sum_{\xi < \alpha} \aleph_\xi^{\aleph_\beta} .$$

Démonstration. Il est évident, qu'il suffit d'établir le théorème pour un seul ensemble M de puissance $\aleph_\alpha$. Il est le plus commode de poser

(1) $$M = A(\omega_\alpha).$$

On déduit de la formule $cf(\alpha) \neq cf(\beta)$ que le nombre ordinal ω_α n'est pas confinal avec ω_β. En appliquant le th. 1 et en tenant compte de (1) on en conclut que

(2) *à tout ensemble E de la classe $\boldsymbol{K}$ il correspond un nombre ordinal η tel que $\eta < \alpha$ et $\overline{\overline{A(\eta) . E}} \geqslant \aleph_\beta$.*

Soit

(3) *$\boldsymbol{K}_\eta$ la classe de tous les ensembles E appartenant à $\boldsymbol{K}$ pour lesquels η est le plus petit nombre ordinal vérifiant la formule $\overline{\overline{A(\eta) . E}} \geqslant \aleph_\beta$.*

Il résulte facilement de (2) et (3) que $\boldsymbol{K} = \sum_{\eta < \omega_\alpha} \boldsymbol{K}_\eta$, d'où, les classes $\boldsymbol{K}_\eta$ étant disjointes,

(4) $$\overline{\overline{\boldsymbol{K}}} = \sum_{\eta < \omega_\alpha} \overline{\overline{\boldsymbol{K}_\eta}} .$$

Or, observons encore que

(5) *E_1 et E_2 étant deux ensembles arbitraires différents de la classe $\boldsymbol{K}$, on a $\overline{\overline{(A(\eta) \cdot E_1) \cdot (A(\eta) \cdot E_2)}} < \aleph_\beta$; si en outre les ensembles E_1 et E_2 appartiennent à $\boldsymbol{K}_\eta$, on a $A(\eta) \cdot E_1 \neq A(\eta) \cdot E_2$.*

En effet, conformément à l'hypothèse, on a $\mathfrak{d}(\boldsymbol{K}) \leqslant \aleph_\beta$, d'où, en vertu de la déf. 2*: $\overline{\overline{E_1 \cdot E_2}} < \aleph_\beta$ et à fortiori

$$\overline{\overline{(A(\eta) \cdot E_1) \cdot (A(\eta) \cdot E_2)}} < \aleph_\beta.$$

Si en outre $E_1 \in \boldsymbol{K}_\eta$ et $E_2 \in \boldsymbol{K}_\eta$, les ensembles $A(\eta) \cdot E_1$ et $A(\eta) \cdot E_2$ ne peuvent être identiques, car en raison de (3) la puissance de leur partie commune est inférieure à la puissance de chacun de ces ensembles.

Soit ensuite

(6) *$\boldsymbol{L}_\eta$ la classe de tous les ensembles $A(\eta) \cdot E$, où $E \in \boldsymbol{K}$.*

On déduit de (3), (5) et (6) qu'à tout ensemble E de la classe $\boldsymbol{K}_\eta$ correspond d'une façon univoque un ensemble $A(\eta) \cdot E$ de $\boldsymbol{L}_\eta$ et qu'à deux ensembles différents de la première de ces classes correspondent les ensembles différents de la seconde. Par conséquent $\overline{\overline{\boldsymbol{K}}}_\eta \leqslant \overline{\overline{\boldsymbol{L}}}_\eta$, d'où selon (4)

$$\overline{\overline{\boldsymbol{K}}} \leqslant \sum_{\eta < \omega_\alpha} \overline{\overline{\boldsymbol{L}}}_\eta. \tag{7}$$

D'autre part, conformément à la déf. 2*, les conditions (5) et (6) entraînent que

$$\mathfrak{d}(\boldsymbol{L}_\eta) \leqslant \aleph_\beta. \tag{8}$$

Comme enfin, en raison de (1) et de l'hypothèse du théorème, on a $\Sigma(\boldsymbol{K}) = A(\omega_\alpha)$, on conclut de (6) que

$$\Sigma(\boldsymbol{L}_\eta) = A(\eta) \quad pour \quad \eta < \omega_\alpha. \tag{9}$$

Or, les formules (8) et (9) expriment que l'ensemble $A(\eta)$ de la puissance $\overline{\overline{A(\eta)}} = \overline{\eta}$ $(\eta < \omega_\alpha)$ se laisse décomposer en une classe d'ensembles $\boldsymbol{L}_\eta$ de la puissance $\overline{\overline{\boldsymbol{L}}}_\eta$ dont le degré de disjonction est $\leqslant \aleph_\beta$. En faisant donc usage du th. 1* on parvient à la conclusion que

$$\overline{\overline{\boldsymbol{L}}}_\eta \leqslant \overline{\eta}^{\aleph_\beta} \quad pour \quad \eta < \omega_\alpha. \tag{10}$$

Les formules (7) et (10) donnent aussitôt

$$(11) \qquad \overline{\overline{K}} \leqslant \sum_{\eta < \omega_\alpha} \bar{\eta}^{\aleph_\beta}.$$

α étant différent de 0 (ce qui résulte facilement de l'hypothèse), on peut effectuer les transformations suivantes:

$$(12) \qquad \sum_{\eta < \omega_\alpha} \bar{\eta}^{\aleph_\beta} = \sum_{\eta < \omega} \bar{\eta}^{\aleph_\beta} + \sum_{\xi < \alpha} \sum_{\omega_\xi \leqslant \eta < \omega_{\xi+1}} \bar{\eta}^{\aleph_\beta} = \sum_{\xi < \alpha} \sum_{\omega_\xi \leqslant \eta < \omega_{\xi+1}} \bar{\eta}^{\aleph_\beta} =$$

$$= \sum_{\xi < \alpha} \aleph_\xi^{\aleph_\beta} \cdot \aleph_{\xi+1} \leqslant \aleph_\alpha \cdot \sum_{\xi < \alpha} \aleph_\xi^{\aleph_\beta}.$$

De (11) et (12) on obtient enfin

$$\overline{\overline{K}} \leqslant \aleph_\alpha \cdot \sum_{\xi < \alpha} \aleph_\xi^{\aleph_\beta}, \qquad \text{c. q. f. d.}$$

Théorème 3. *Si les nombres ω^α et β sont confinaux avec le même nombre γ et si $\omega^\alpha \geqslant \beta$, alors ω^α est confinal avec β* [1].

Démonstration. L'hypothèse du théorème entraîne l'existence de deux suites $\{\varrho_\zeta\}$ et $\{\sigma_\zeta\}$ de nombres ordinaux, satisfaisant aux conditions suivantes [2]:

$$(1) \qquad \varrho_{\zeta_1} < \varrho_{\zeta_2}, \quad \textit{lorsque} \quad \zeta_1 < \zeta_2 < \gamma, \quad \textit{et} \quad \omega^\alpha = \lim_{\zeta < \gamma} \varrho_\zeta,$$

$$(2) \qquad \sigma_{\zeta_1} < \sigma_{\zeta_2}, \quad \textit{lorsque} \quad \zeta_1 < \zeta_2 < \gamma, \quad \textit{et} \quad \beta = \lim_{\zeta < \gamma} \sigma_\zeta.$$

On peut de plus supposer que

$$(3) \qquad \sigma_0 = 0 \quad \textit{et} \quad \sigma_\xi = \lim_{\zeta < \xi} \sigma_\zeta, \quad \textit{lorsque } \xi \textit{ est un nombre de } 2^{me} \textit{ espèce}, \quad 0 < \xi < \gamma.$$

Si, en effet, la suite $\{\sigma_\zeta\}$ ne remplit pas la condition (3), on obtient facilement une nouvelle suite $\{\sigma'_\zeta\}$, qui vérifie simultanément les formules (2) et (3): dans ce but il suffit de poser $\sigma'_0 = 0$, $\sigma'_\zeta = \sigma_\zeta$ pour ζ de 1re espèce, où $\zeta < \gamma$, et $\sigma'_\xi = \lim_{\zeta < \xi} \sigma_\zeta$ pour ξ de 2me espèce, où $0 < \xi < \gamma$.

[1] Un théorème du même genre a été établi par M. Hausdorff dans ses *Grundzüge der Mengenlehre*, Leipzig 1914. p. 131—132, à savoir: ***si le même nombre ordinal α est confinal avec les nombres ω_β et γ et si $\omega_\beta \geqslant \gamma$, alors ω_β est confinal avec γ.***

[2] Nous omettons le cas banal où $\alpha = 0$.

On déduit sans difficulte des formules (2) et (3) que

(4) *tout nombre* $\eta < \beta$ *détermine d'une façon univoque un nombre* $\zeta < \gamma$ *tel que* $\sigma_\zeta \leqslant \eta < \sigma_{\zeta+1}$.

A l'aide de (4) on peut définir une nouvelle suite $\{\tau_\eta\}$ de nombres ordinaux, notamment en posant:

(5) $\tau_\eta = \varrho_\zeta + \eta$, *où* $\eta < \beta$, $\zeta < \gamma$ *et* $\sigma_\zeta \leqslant \eta < \sigma_{\zeta+1}$.

Envisageons deux nombres arbitraires η_1 et η_2 tels que $\eta_1 < \eta_2 < \beta$. Déterminons, conformément à (4), les nombres ζ_1 et ζ_2, vérifiant les formules: $\zeta_1 < \gamma$, $\sigma_{\zeta_1} \leqslant \eta_1 < \sigma_{\zeta_1+1}$, $\zeta_2 < \gamma$ et $\sigma_{\zeta_2} \leqslant \eta_2 < \sigma_{\zeta_2+1}$. En vertu de (1) et (2) nous obtenons successivement: $\sigma_{\zeta_1} \leqslant \sigma_{\zeta_2}$, $\zeta_1 \leqslant \zeta_2$, $\varrho_{\zeta_1} \leqslant \varrho_{\zeta_2}$ et enfin $\varrho_{\zeta_1} + \eta_1 < \varrho_{\zeta_2} + \eta_2$. On a donc en raison de (5):

(6) $$\tau_{\eta_1} < \tau_{\eta_2}, \quad \textit{lorsque} \quad \eta_1 < \eta_2 < \beta.$$

Remarquons d'autre part que les formules $\zeta < \gamma$ et $\eta < \beta$ entraînent, selon (1) et l'hypothèse du théorème, que $\varrho_\zeta < \omega^\alpha$ et $\eta < \omega^\alpha$, d'où, suivant la propriété connue des puissances du nombre ω, $\varrho_\zeta + \eta < \omega^\alpha$. En vertu de (4) et (5) on obtient donc: $\tau_\eta < \omega^\alpha$ pour $\eta < \beta$ et par conséquent

(7) $$\omega^\alpha \geqslant \lim_{\eta<\beta} \tau_\eta .$$

Considérons enfin la suite $\{\tau_{\sigma_\zeta}\}$. En raison de (2), (5) et (6) c'est une suite croissante de nombres ordinaux du type γ, satisfaisant à la condition: $\varrho_\zeta \leqslant \tau_{\sigma_\zeta}$ pour $\zeta < \gamma$. On en conclut selon (1) que $\omega^\alpha = \lim\limits_{\zeta<\gamma} \varrho_\zeta \leqslant \lim\limits_{\zeta<\gamma} \tau_{\sigma_\zeta}$ et comme la suite $\{\tau_{\sigma_\zeta}\}$ (du type γ) est extraite de la suite croissante $\{\tau_\eta\}$ (du type β) on a à plus forte raison:

(8) $$\omega^\alpha \leqslant \lim_{\eta<\beta} \tau_\eta .$$

Les formules (7) et (8) donnent aussitôt:

(9) $$\omega^\alpha = \lim_{\eta<\beta} \tau_\eta .$$

Or, suivant (6) et (9), il existe une suite croissante des nombres ordinaux du type β admettant comme limite le nombre ω^α. En d'autres termes, ω^α est confinal avec β, c. q. f. d.

On peut facilement généraliser la théorème précédent, en envisageant les nombres de la forme $\omega^\alpha . \nu$, où $\nu < \omega$, au lieu des nombres ω^α; ce n'est pas cependant la classe la plus vaste de nombres ordinaux, auxquels peut être étendu le théorème considéré.

Théorème 4. *Si* $\mathfrak{m} = \mathfrak{q}^{\aleph_\alpha}$ *ou bien si* $\aleph_\alpha$ *est le plus petit nombre cardinal vérifiant la formule* $\mathfrak{m} < \mathfrak{q}^{\aleph_\alpha}$, *si en outre* $cf(\alpha) = cf(\beta)$ *et* $\alpha \geqslant \beta$, *alors tout ensemble* M *de puissance* $\mathfrak{m}$ *se laisse décomposer en une classe* $\boldsymbol{K}$ *de puissance* $\mathfrak{q}^{\aleph_\alpha}$ *d'ensembles presque disjoints de puissance* $\aleph_\alpha$, *donc telle que* $\mathfrak{d}(\boldsymbol{K}) \leqslant \aleph_\alpha$.

Démonstration. Le théorème considéré présente une généralisation du th. 7*; les démonstrations de ces deux théorèmes ne diffèrent qu'en détails. C'est pourquoi nous nous bornons ici à indiquer la marche générale du raisonnement.

On prouve donc en premier lieu que $\mathfrak{m} \geqslant \aleph_\alpha \geqslant \aleph_\beta$, d'où $\mathfrak{m} = \mathfrak{m} . \aleph_\beta$. On envisage ensuite un ensemble arbitraire Q de puissance $\mathfrak{q}$ et on désigne par „Q_ξ" l'ensemble de toutes les suites du type ξ (ξ étant un nombre ordinal), dont les termes appartiennent à Q.

Ici il se présente une certaine différence avec la démonstration du th. 7*. De la formule: $cf(\alpha) = cf(\beta)$, donnée dans l'hypothèse, on déduit notamment que les nombres ω_α et ω_β sont confinaux avec le même nombre $\omega_{cf(\alpha)} = \omega_{cf(\beta)}$. Comme on a de plus $\omega_\alpha \geqslant \omega_\beta$ et ω_α est une puissance de ω (vu la formule connue: $\omega_\alpha = \omega^{\omega_\alpha}$), on en conclut à l'aide du th. 3 que ω_α est confinal avec ω_β; autrement dit, il existe une suite croissante des nombres ordinaux $\{\tau_\eta\}$ du type ω_β qui converge vers la limite ω_α. On pose alors: $M_1 = \sum_{\eta < \omega_\beta} Q_{\tau_\eta}$ et on prouve que $\overline{\overline{M}}_1 \leqslant \mathfrak{m}$.

Décomposons maintenant l'ensemble M_1 en sous-ensembles, plaçant dans le même sous-ensemble deux suites, qui sont éléments de M_1, lorsqu'elles sont des segments d'une même suite appartenant à Q_{ω_α}. En raisonnant dès lors tout comme dans la démonstration du th. 7* on montre que la classe $\boldsymbol{K}_1$ de tous ces sous-ensembles est de puissance $\mathfrak{q}^{\aleph_\alpha}$ et qu'elle se compose d'ensembles presque disjoints de puissance $\aleph_\beta$.

On considère enfin un ensemble arbitraire M_2 de puissance $\mathfrak{m}$, mais disjoint de M_1. En utilisant la formule: $\mathfrak{m} = \mathfrak{m} . \aleph_\beta$ établie auparavant, on peut décomposer cet ensemble en une classe $\boldsymbol{K}_2$ d'ensembles disjoints, qui est elle-même de la puissance $\mathfrak{m}$ et dont les éléments sont de puissance $\aleph_\beta$. Lorsqu'on pose: $M = M_1 + M_2$ et $\boldsymbol{K} = \boldsymbol{K}_1 + \boldsymbol{K}_2$, on constate sans peine que la classe $\boldsymbol{K}$ donne la décomposition cherchée de l'ensemble M de puissance $\mathfrak{m}$. On en conclut aussitôt que tout ensemble de la même puissance se laisse aussi décomposer de la même manière, c. q. f. d.

Après ces raisonnements préliminaires je passe aux problèmes qui constituent le principal objet de cette Note.

Dans mon article précité j'ai établi au th. 25*, en admettant l'hypothèse de Cantor sur les alephs, une simple condition nécessaire et suffisante pour que tout ensemble M de puissance $\aleph_\alpha$ soit décomposable en une classe $\boldsymbol{K}$ de puissance $< \aleph_\alpha$ formée d'ensembles presque disjoints et telle que $\mathfrak{d}(\boldsymbol{K}) \leqslant \aleph_\beta$; cette condition se présente sous la forme de l'inégalité $cf(\alpha) \leqslant \beta$. Il résulte du même théorème que dans des cas particuliers, notamment pour $\beta = cf(\alpha)$ et pour $\beta = \alpha$, la décomposition de l'ensemble M peut être effectuée de manière que la classe $\boldsymbol{K}$ soit formée exclusivement d'ensembles de puissance $\aleph_\beta$. Or, la question suivante s'était imposée d'une façon naturelle: est-il possible d'effectuer cette décomposition de la manière indiquée pour d'autres valeurs de β, à condition que ces valeurs remplissent la formule: $cf(\alpha) \leqslant \beta \leqslant \alpha$? Je ne savais alors résoudre ce problème même dans le cas le plus simple de $\alpha = \omega$ et $\beta = 1$.

Dans le théorème suivant je vais donner la solution de ce problème; je montre notamment à l'aide de l'hypothèse de Cantor qu'une telle décomposition n'est pas toujours possible et que la condition nécessaire et suffisante pour l'existence de cette décomposition s'exprime par la formle $cf(\alpha) = cf(\beta)$ (accompagnée de l'inégalité évidente $\beta \leqslant \alpha$). On en conclut en particulier que l'ensemble arbitraire M de puissance $\aleph_{\omega+\omega}$ se laisse décomposer en une classe $\boldsymbol{K}$ de puissance $> \aleph_{\omega+\omega}$ formée d'ensembles presque disjoints de puissance $\aleph_\omega$, donc telle que $\mathfrak{d}(\boldsymbol{K}) \leqslant \aleph_\omega$; par contre une décompomposition analogue d'un ensemble M de puissance $\aleph_\omega$ en une classe $\boldsymbol{K}$ formée d'ensembles de puissance $\aleph_1$ est impossible.

Théorème 5. *L'hypothèse (H) entraîne des conséquences suivantes:*

I. *Lorsque* $cf(\alpha) \neq cf(\beta)$, *aucun ensemble* M *de puissance* $\aleph_\alpha$ *ne se laisse décomposer en une classe* $\boldsymbol{K}$ *de puissance* $> \aleph_\alpha$ *d'ensembles de puissance* $\geqslant \aleph_\beta$ *et telle que* $\mathfrak{d}(\boldsymbol{K}) \leqslant \aleph_\beta$.

II. *Lorsque* $cf(\alpha) = cf(\beta)$ *et* $\beta \leqslant \alpha$, *tout ensemble* M *de puissance*

$\aleph_\alpha$ *se laisse décomposer en une classe* $\boldsymbol{K}$ *de puissance* $2^{\aleph_\alpha} = \aleph_{\alpha+1}$, *donc de puissance* $> \aleph_\alpha$, *d'ensembles presque disjoints de puissance* $\aleph_\beta$, *donc telle que* $\mathfrak{d}(\boldsymbol{K}) \leqslant \aleph_\beta$.

Démonstration. Pour établir la partie I du théorème envisageons deux nombres ordinaux α et β vérifiant la formule $cf(\alpha) \neq cf(\beta)$ et supposons qu'un ensemble M de puissance $\aleph_\alpha$ soit décomposé en une classe $\boldsymbol{K}$ formée d'ensembles de puissance $\geqslant \aleph_\beta$ et telle que $\mathfrak{d}(\boldsymbol{K}) \leqslant \aleph_\beta$. Comme on voit sans peine

$$(1) \qquad \beta < \alpha.$$

Suivant le th. 2 il résulte ensuite de notre supposition que

$$(2) \qquad \overline{\overline{\boldsymbol{K}}} \leqslant \aleph_\alpha \cdot \sum_{\xi<\alpha}' \aleph_\xi^{\aleph_\beta}.$$

Or, l'hypothèse (H) implique que $\aleph_\xi^{\aleph_\beta}$ n'admet qu'une de trois valeurs: $\aleph_\xi$, $\aleph_{\xi+1}$ et $\aleph_{\beta+1}$ [1]), d'où on obtient facilement

$$(3) \qquad \aleph_\xi^{\aleph_\beta} \leqslant \aleph_\alpha \quad pour \quad \xi < \alpha \quad et \quad \beta < \alpha.$$

Les formules (1) — (3) donnent aussitôt:

$$\overline{\overline{\boldsymbol{K}}} \leqslant \aleph_\alpha \cdot \aleph_\alpha \cdot \bar{\alpha} \leqslant \aleph_\alpha^3 = \aleph_\alpha.$$

Nous parvenons donc à la conclusion conforme à l'énoncé du théorème que la classe $\boldsymbol{K}$ ne peut être de puissance $> \aleph_\alpha$.

Dans la démonstration de la partie II on raisonne tout comme dans la démonstration de la même partie du th. 25*. Il résulte notemment de l'hypothèse (H) que pour $\mathfrak{m} = \aleph_\alpha$ et $\mathfrak{q} = 2$ le nombre cardinal $\aleph_\alpha$ est le plus petit qui remplisse l'inégalité $\mathfrak{m} < \mathfrak{q}^{\aleph_\alpha}$. A l'aide du th. 4 nous en concluons que dans les hypothèses $cf(\alpha) = cf(\beta)$ et $\beta \leqslant \alpha$ tout ensemble M de puissance $\aleph_\alpha$ est décomposable de la façon cherchée.

Le théorème est ainsi entièrement établi.

Le th. 25*, envisagé ci-dessus, a donné lieu de plus à un autre problème, d'ailleurs très rapproché. Il s'agit notamment si l'on peut exiger dans la partie II de ce théorème que la classe $\boldsymbol{K}$ soit toujours (et non seulement pour $\beta = \alpha$) composée d'ensembles de puissance $\aleph_\alpha$ ou — d'une façon plus genérale — d'ensembles de puissance $> \aleph_\beta$. Je ne savais alors resoudre ce problème même dans le

[1]) Cf. ma note *Quelques théorèmes sur les alephs*, Fund. Math., VII, p. 9 et 10.

cas le plus simple de $\beta = 0$, ignorant s'il existe ou non un ensemble M qui sont décomposable en une classe d'ensembles non-dénombrables K de puissance $> \bar{\bar{M}}$ et telle que $\mathfrak{d}(K) \leqslant \aleph_0$. Dans le corollaire suivant je vais montrer que la solution de tous ces problèmes est négative et que les décompositions en question sont impossibles.

Corollaire 6. *L'hypothèse* (H) *entraîne la conséquence suivante:*

Aucun ensemble M *de puissance* $\aleph_\alpha$ *en se laisse decomposer en une classe* K *de puissance* $> \aleph_\alpha$ *d'ensembles de puissance* $> \aleph_\beta$ *et telle que* $\mathfrak{d}(K) \leqslant \aleph_\beta$.

Démonstration. Conformément à la partie I du théorème précédent, la décomposition de la sorte est certainement impossible lorsque $cf(\alpha) \neq cf(\beta)$. Considérons donc le cas où $cf(\alpha) = cf(\beta)$. Comme $cf(\beta) \leqslant \beta$ et $cf(\beta+1) = \beta+1$ [1], on a alors $cf(\alpha) \neq cf(\beta+1)$. Or remplaçons dans la partie I du th. 5 „β" par „$\beta+1$"; remarquons ensuite que les ensembles de puissance $> \aleph_\beta$ sont en même temps de puissance $\geqslant \aleph_{\beta+1}$ et que la formule $\mathfrak{d}(K) \leqslant \aleph_\beta$ entraîne à plus forte raison la formule $\mathfrak{d}(K) \leqslant \aleph_{\beta+1}$. Nous parvenons ainsi à la conclusion que la décomposition cherchée est impossible également dans le second cas, c. q. f. d.

Il est remarquable que l'on ne sait établir le corollaire précédent sans l'aide de l'hypothèse généralisée du continu, même dans le cas le plus simple et le plus intuitif de $\beta = 0$. On peut cependant prouver que dans ce cas particulier il suffit d'admettre au lieu de l'hypothèse (H) une hypothèse plus faible (H_0) qui peut être énoncée dans une de trois formes suivantes équivalentes entre eux:

I. *α étant un nombre ordinal arbitraire, on a* $\aleph_\alpha^{\aleph_0} = \aleph_\alpha$ *ou bien* $\aleph_\alpha^{\aleph_0} = \aleph_{\alpha+1}$ *(en d'autres termes, aucun nombre cardinal* $\mathfrak{m}$ *ne satisfait à la formule* $\aleph_\alpha < \mathfrak{m} < \aleph_\alpha^{\aleph_0}$).

II. *Si* $cf(\alpha) \neq 0$, *on a* $\aleph_\alpha^{\aleph_0} = \aleph_\alpha$.

III. *Si* $cf(\alpha) = 0$, *on a* $\aleph_\alpha^{\aleph_0} = \aleph_{\alpha+1}$.

Comme des propositions équivalentes à l'hypothèse (H_0) on peut indiquer encore les parties 1° et 2° du cor. 26* [2]).

Il mérite peut-être d'attention que les résultats obtenus dans le th. 5 et le cor. 5 à l'aide de l'hypothèse (H) se laissent partiellement établir sans cette hypothèse à condition que l'on restreigne le champs des considérations aux nombres cardinaux d'un système spécial $\{\aleph_{\pi(\alpha)}\}$ (cf. la déf. 3*). On peut notamment démontrer le suivant

[1]) Cf. mon article cité de Fund. Math. XII, p. 201—202, note [2]).

[2]) J'omets ici la démonstration de l'équivalence de toutes ces formes de l'hypothèse (H_0) qui s'appuie sur les résultats établis dans mes deux notes précitées de Fund. Math. VII et XII.

Théoréme 7. *Étant donné un nombre ordinal α de 2me espèce,*

I. *si $cf(\alpha) \neq cf(\beta)$, aucun ensemble M de puissance $\aleph_{\pi(\alpha)}$ ne se laisse décomposer en une classe $\boldsymbol{K}$ de puissance $> \aleph_{\pi(\alpha)}$ d'ensembles de puissance $\geqslant \aleph_\beta$ et telle que $\mathfrak{d}(\boldsymbol{K}) \leqslant \aleph_\beta$;*

II. *si $cf(\alpha) = cf(\beta)$ et $\beta \leqslant \alpha$, tout ensemble M de puissance $\aleph_{\pi(\alpha)}$ se laisse décomposer en une classe $\boldsymbol{K}$ de puissance $2^{\aleph_{\pi(\alpha)}}$, donc de puissance $> \aleph_{\pi(\alpha)}$, formée d'ensembles presque disjoints de puissance $\aleph_\beta$, donc telle que $\mathfrak{d}(\boldsymbol{K}) \leqslant \aleph_\beta$.*

La démonstration, qui est tout-à-fait analogue à celle du th. 5, repose sur les propriétés connues des nombres $\aleph_{\pi(\alpha)}$ [1]; on y fera usage de la formule suivante qui se laisse établir sans difficulté: $cf(\pi(\alpha)) = cf(\alpha)$ pour α de 2me espèce

Corollaire 8. *α étant un nombre ordinal de 2me espèce, aucun ensemble M de puissance $\aleph_{\pi(\alpha)}$ ne se laisse décomposer en une classe $\boldsymbol{K}$ de puissance $> \aleph_{\pi(\alpha)}$ d'ensembles de puissance $> \aleph_\beta$ et telle que $\mathfrak{d}(\boldsymbol{K}) \leqslant \aleph_\beta$.*

La démonstration ne diffère en rien de celle du cor. 6.

Ce n'est que dans le cas où $\beta = 0$ que nous savons étendre le th. 7 et le cor. 8 aux nombres α de 1re espèce. Une telle extension du th. 7 est contenue dans le cor. 28*, tandis que l'extension analogue du cor. 8 va être formulée ici d'une façon explicite.

Corollaire 9. *Aucun ensemble M de puissance $\aleph_{\pi(\alpha)}$ ne se laisse décomposer en une classe d'ensembles non-dénombrables $\boldsymbol{K}$ de puissance $> \aleph_{\pi(\alpha)}$ et telle que $\mathfrak{d}(\boldsymbol{K}) \leqslant \aleph_0$.*

Ce corollaire présente une conséquence immédiate du corollaire précédent (pour α de 2me espèce) et du cor. 28* (dans le cas où α est de 1re espèce).

Le th. 7. nous permet de résoudre d'une façon négative (sans l'aide de l'hypothèse de Cantor) certains problèmes qui ont été également posés dans ma note précitée de Fund. Math. XII, mais dont il n'a pas été ici question jusqu'à présent. A l'aide de ce théorème on peut notamment montrer que *les propositions (P) et (Q)* formulées alors pour être examinées *sont fausses et que le cor. 2* ne se laisse invertir dans toute son étendue.* Pour s'en convaincre, il suffit de poser: $\mathfrak{m} = \aleph_{\pi(\omega)}$, $\mathfrak{p} = \aleph_1$ et $\mathfrak{n} = \aleph_{\pi(\omega)}^{\aleph_1}$; il résulte du th. 7 qu'aucun ensemble M de puissance $\mathfrak{m}$ n'est pas décomposable en une classe $\boldsymbol{K}$ de puissance $\mathfrak{n} = \mathfrak{m}^{\mathfrak{p}}$ d'ensembles de puissance $\geqslant \mathfrak{p}$ et telle que $\mathfrak{d}(\boldsymbol{K}) \leqslant \mathfrak{p}$.

[1] Cf. Fund. Math. VII, l. cit.

On peut caractériser tout court les résultats de ma note du Volume XII et de la note présente comme il suit: nous avons étudié (en admettant dans la partie considérable de nos raisonnements l'hypothèse de Cantor sur les alephs) tous les rapports qui existent entre quatre nombres cardinaux que l'on peut faire correspondre à une classe arbitraire d'ensembles $\boldsymbol{K}$, à savoir la puissance de cette classe, la puissance de la somme de tous les ensembles-éléments de $\boldsymbol{K}$, le degré de disjonction de cette classe et le minimum de $\boldsymbol{K}$ (c.-à-d. le plus petit nombre cardinal étant la puissance d'un ensemble de la classe $\boldsymbol{K}$). En quelle mésure l'hypothèse généralisée du continu doit intervenir dans les démonstrations des théorèmes de ce domaine, c'est une question à élucider.

NA MARGINESIE "ROZPORZĄDZENIA PREZYDENTA RZECZYPOSPOLITEJ O UBEZPIECZENIU PRACOWNIKÓW UMYSŁOWYCH Z DNIA 24 LISTOPADA 1927 R."

Ekonomista, vol. 29 (1929), pp. 115-119.

DR. ALFRED TARSKI
docent Uniwersytetu Warszawskiego.

Na marginesie „Rozporządzenia Prezydenta Rzeczypospolitej o ubezpieczeniu pracowników umysłowych z dnia 24 listopada 1927 r.[1])".

Pragnę tu zwrócić uwagę na pewne konsekwencje, wynikające, zdaniem mojem, w sposób niezaprzeczalny z litery wymienionego w tytule „Rozporządzenia", a pozostające, jak przypuszczam, w jaskrawej sprzeczności z intencją ustawodawcy.

Weźmy pod uwagę ubezpieczonego, który czyni zadość następującym warunkom: (*a*) ma prawo do renty inwalidzkiej lub starczej (na mocy art. 22 i 24 „Rozporządzenia"); (*b*) „podstawa wymiaru świadczeń emerytalnych" (ust. 3 art. 33) wynosi dla niego określoną sumę, dajmy na to P zł.; (*c*) stan jego jest tego rodzaju, że wymaga „stałej opieki i pomocy innych osób" (por. ust. 1 art. 40); wreszcie (*d*) ubezpieczony posiada określoną ilość, np. d dzieci w wieku poniżej 18 lat życia lub nawet ponad 18 lat życia, o ile tylko spełniają warunki, przewidziane w ust. 3 i 4 art. 28.

Przy powyższych założeniach, w myśl art. 38—40 „Rozporządzenia", całkowita renta wraz z wszelkiemi dodatkami, jaką pobiera ubezpieczony od Zakładu Ubezpieczeń Pracowników Umysłowych, jest zależna wyłącznie od ilości „miesięcy składkowych", zaliczonych do ubezpieczenia. Będę oznaczał ilość „miesięcy składkowych" symbolem „m", zaś rentę wraz z dodatkami (obliczoną

[1]) Dziennik Ustaw Rzeczypospolitej Polskiej, Rok 1927, Nr. 106, Poz. 911, str. 1463—1488.

w złotych), jako funkcję zmiennej m, symbolem „$R(m)$". Zgodnie z ust. 5 art. 16 i ust. 4 art. 24 funkcja $R(m)$ jest określona wówczas, gdy m przybiera wartości całkowite w przedziale [60, 480]: $60 \leq m \leq 480$[1]).

Wyznaczę obecnie dokładniej wartość $R(m)$. W myśl art. 38—40 na wielkość tę składają się trzy pozycje: (1) właściwa renta inwalidzka lub starcza; (2) dodatek, spowodowany tem, że ubezpieczony „potrzebuje stałej opieki i pomocy innych osób"; (3) dodatek na dzieci. Te trzy sumy (wyrażone w zł), jako zależne bardziej lub mniej explicite od ilości „miesięcy składkowych" m, będę oznaczał odpowiednio symbolami: „$R_1(m)$", „$O(m)$" i „$D(m)$"; zatem zachodzi wzór:

$$\text{(I)} \qquad R(m) = R_1(m) + O(m) + D(m).$$

Z kolei właściwa renta $R_1(m)$ składa się (ust. 1 art. 38 i art. 39) ze stałej „kwoty zasadniczej" — Z — oraz z „kwoty wzrostu renty, uzależnionej od liczby m — $W(m)$:

$$\text{(II)} \qquad R_1(m) = Z + W(m).$$

W myśl ust. 2 art. 38 mamy:

$$\text{(III)} \qquad Z = 0{,}4\ P;$$

zgodnie zaś z ust. 3 tegoż artykułu [„Wzrost renty rozpoczyna się po przebyciu stu dwudziestu miesięcy składkowych; kwota wzrostu renty wynosi $1/6\%_0$ podstawy wymiaru za każdy dalszy miesiąc i dochodzi po czterystu osiemdziesięciu miesiącach składkowych do wysokości 60% podstawy wymiaru"]:

$$\text{(IV)} \qquad W(m) = \begin{cases} 0, \text{ gdy } m < 120; \\ \frac{1}{600} P(m - 120), \text{ gdy } 120 \leq m \leq 480\ ^{2)}. \end{cases}$$

Dalej, w myśl ust. 1 art. 40 [„Osoba, otrzymująca rentę inwalidzką lub starczą, o ile potrzebuje stałej opieki i pomocy innych osób, otrzymuje dodatek w wysokości różnicy między rentą pobieraną a podstawą jej wymiaru (art. 33, ust. 3 i 4)"]:

$$\text{(V)} \qquad O(m) = P - R_1(m).$$

---

[1]) Dla uproszczenia rozważań nie uwzględniam tu wyjątkowych wypadków, przewidzianych w ust. 5 art. 16 i ust. 4 art. 33.

[2]) Aby uczynić zadość ust. 4 art 38 [„W żadnym wypadku renta inwalidzka nie może wynosić mniej niż pięćdziesiąt złotych miesięcznie"], należałoby albo do wzoru (II), albo też do wzorów (III) i (IV) wprowadzić pewne poprawki. Możnaby np. w tym celu, nie ruszając wzorów (III) i (IV), przekształcić (II) w następujący sposób:

$$\text{(II')} \qquad R_1(m) = \begin{cases} 50, \text{ o ile } Z + W(m) \leq 50; \\ Z + W(m), \text{ o ile } Z + W(m) > 50. \end{cases}$$

Poprawka taka nie wywarłaby wpływu na dalszy tok rozważań.

Wreszcie, zgodnie z ust. 2 tegoż artykułu [„Osoba, otrzymująca rentę inwalidzką lub starczą, otrzymuje na każde dziecko (art. 28 i 29) niżej osiemnastu lat życia, względnie ponad osiemnaście lat życia, na warunkach, przewidzianych w art. 28 ust. 3 i 4, jedną dziesiątą kwoty zasadniczej (art. 38 ust. 2) z tem, iż renta łącznie z dodatkiem na dzieci, lecz bez dodatku przewidzianego w ustępie pierwszym, nie może przekroczyć podstawy wymiaru renty (art. 33 ust. 3 i 4)"], wnosimy, iż

$$\text{(VI)} \qquad D(m) = \begin{cases} 0{,}1\, Zd, \text{ o ile } R_1(m) + 0{,}1\, Zd \leq P. \\ P - R_1(m), \text{ o ile } R_1(m) + 0{,}1\, Zd > P; \end{cases}$$

Wzory powyższe (I)—(VI) pozwalają wyznaczyć każdą wartość *R(m)*, o ile dane są *P, d* i *m*.

Wydaje się rzeczą niewątpliwą, że w myśl intencji ustawodawcy funkcja *R(m)* powinnaby być funkcją niemalejącą; in. sł., wyrażając się w języku potocznym:

(A) nie powinno się tak zdarzyć, by z dwuch osób, posiadających prawo do renty inwalidzkiej lub starczej i znajdujących się w zupełnie jednakowej sytuacji ze względu na wszelkie warunki, które wpływają na wymiar renty i dodatków, z tą tylko różnicą, że pierwsza była ubezpieczona w ciągu krótszego czasu, niż druga[1]*), — pierwsza pobierała mimo to większą sumę miesięcznie od Zakładu Ubezpieczeń, niż druga.*

Słuszność powyższej zasady jest tak oczywista, że argumentowanie jej elementarnemi wymogami sprawiedliwości lub też przykładami innych ustaw i rozporządzeń o analogicznym charakterze wydaje się zbędne.

Wobec powyższego uwadze autora lub autorów „Rozporządzenia" uszła niewątpliwie ta okoliczność, że funkcja *R(m)*, wyznaczona zgodnie z brzmieniem „Rozporządzenia" wzorami (I)—(VI), będąc na ogół funkcją nie-rosnącą, w pewnym przedziale zmienności *m* nawet maleje; wielkość tego przedziału wzrasta wraz z wzrostem liczby *d*[2]), a znika on jedynie wtedy, gdy $d = 0$.

O prawdziwości powyższego zdania można się przekonać przy pomocy całkiem elementarnego rozumowania matematycznego, którego nie będę tu przytaczał. Zilustruję natomiast dostrzeżony stan rzeczy na pewnym specjalnie jaskrawym przykładzie. Przypuszczam mianowicie, że ilość *d* dzieci ubezpieczonego wynosi 15; dla ustalenia uwagi zakładam nadto, że „podstawa wymiaru świadczeń

---

[1]) Ściślej należałoby się wyrazić: *„pierwszej osobie zaliczono do ubezpieczenia krótszy czas, niż drugiej"*.

[2]) *d* przybiera tu wartości w przedziale [0,15]: $0 \leq d \leq 15$; począwszy od $d = 15$ wielkość przedziału malenia funkcji *R(m)* nie ulega zmianie.

emerytalnych" $P = 300$ zł. Przebieg zmienności funkcji $R(m)$, t. j. całkowitej renty miesięcznej wraz z dodatkami (wyrażonej w zł), w zależności od liczby „miesięcy składkowych" m przedstawia wówczas następująca tabelka, ułożona na podstawie wzorów (I)—(VI):

m	60	120	180	240	300	360	420	480
$R(m)$	480	480	450	420	390	360	330	300

Z tabelki powyższej wynika m. in. co następuje:

(B) jeśli dwie osoby czynią zadość następującym warunkom: (a) obydwum przysługuje prawo do renty inwalidzkiej lub starczej; (b) pierwsza była ubezpieczona w ciągu 5 lat, zaś druga — w ciągu 40 lat, ponadto zaś wszelkie inne okoliczności, wywierające wpływ na wymiar renty i dodatków są w obu przypadkach zupełnie jednakowe, a mianowicie: (c) „podstawa wymiaru świadczeń emerytalnych" wynosi dla każdej osoby 300 zł[1]*; (d) obie potrzebują „stałej opieki i pomocy innych osób"; wreszcie (e) obie posiadają jednakową ilość dzieci, za które przysługuje im prawo pobierania dodatku, mianowicie po 15, — wówczas pierwsza osoba otrzymuje ogółem od Zakładu Ubezpieczeń 480 zł miesięcznie, a druga — tylko 300 zł.*

Przytoczę inny jeszcze przykład, mniej dosadny od poprzedniego, ale mogący znaleźć znacznie więcej zastosowań w praktyce życiowej. Przypuszczę mianowicie, że ilość d dzieci ubezpieczonego wynosi 5, zaś „podstawa wymiaru świadczeń emerytalnych" P, jak i uprzednio, — 300 zł. Przebieg zmienności funkcji $R(m)$ w zależności od m wyrazi się wówczas w następującej tabelce:

m	60	120	180	240	300	360	420	480
$R(m)$	360	360	360	360	360	360	330	300

Wynika stąd, że

(C) jeśli dwie osoby spełniają następujące warunki: (a) obie mają prawo do renty inwalidzkiej lub starczej; (b) pierwsza była ubezpieczona w ciągu 30 lat, zaś druga — 35 lat; ponadto zaś (c) „podstawa wymiaru świadczeń emerytalnych" jest jegnakowa dla obu osób i wynosi 300 zł; (d) obie potrzebują „stałej opieki i pomocy innych osób"; wreszcie (e) każda z nich pobiera dodatek na 5 dzieci — wówczas pierwsza osoba otrzymuje ogółem od Zakładu Ubezpieczeń 360 zł miesięcznie, a druga — tylko 330 zł.

---

[1]) Warunek *(c)* spełniony jest np. wówczas, gdy każda z rozważanych osób zarabiała po 300 zł miesięcznie w ciągu całego czasu, zaliczonego jej do ubezpieczenia (por. art. 14 i ust. 3 art. 33).

Sprzeczność między zasadą (*A*) a konkretnemi konsekwencjami „Rozporządzenia“ (*B*) i (*C*) jest tak oczywista, że nie wymaga komentarzy.

Należy się spodziewać, że uwydatniony tu brak w „Rozporządzeniu o ubezpieczeniu pracowników umysłowych“, posiadającem tak doniosłe znaczenie dla ogółu pracowników umysłowych w Polsce, zostanie usunięty w bliskiej przyszłości na drodze nowelizacji prawnej.

UNE CONTRIBUTION À LA THÉORIE DE LA MESURE

Fundamenta Mathematicae, vol. 15 (1930), pp. 42-50.

Une contribution à la théorie de la mesure.

Par

Alfred Tarski (Warszawa).

M. Banach a posé le problème suivant, qui présente une généralisation du problème de la mesure [1]): étant donné un ensemble infini E, existe-il une fonction $m(X)$ qui fait correspondre à chaque sous-ensemble X de E un nombre réel de façon que (1) $m(X)$ est additive au sens complet, (2) $m(X)$ s'annulle pour tout sous-ensemble X de E composé d'un seul élément, (3) $m(X)$ n'est pas identiquement nulle?

MM. Banach et Kuratowski ont prouvé [2]), en admettant l'hypothèse du continu, que ce problème possède une solution négative dans le cas où l'ensemble donné E est de la puissance du continu. M. Banach a étendu ensuite ce résultat [2]) aux ensembles d'une puissance quelconque, en admettant cependant des hypothèses plus générales, notamment l'hypothèse de Cantor sur les alephs (ou l'hypothèse du continu généralisée) et l'hypothèse suivant laquelle les nombres initiaux réguliers avec les indices de 2me espèce n'existent pas.

Je vais m'occuper dans cette note d'un problème tout-à-fait analogue qui présente une *généralisation du problème de la mesure au sens large* [3]) et que l'on peut formuler de façon suivante: *étant donné*

[1]) Cf. S. Banach et C. Kuratowski, *Sur une généralisation du problème de la mesure*, ce volume, p. 127—131. L'énoncé du problème que l'on trouve dans cette note ne concerne d'ailleurs que le cas où l'ensemble donné E est de la puissance du continu.

[2]) Cette généralisation de M. Banach va paraître prochainement dans ce journal.

[3]) Le problème de la mesure au sens large a été posé par M. F. Hausdorff dans son livre: *Grundzüge der Mengenlehre*, Leipzig und Berlin 1914, p. 469—472; cf. aussi S. Banach, *Sur le problème de la mesure*, Fund. Math. IV, p. 8.

un ensemble infini E, existe-il une fonction $m(X)$ qui fait correspondre à tout sous-ensemble X de E un nombre réel non-négatif de façon que (1) *$m(X)$ est additive au sens restreint,* (2) *$m(X)$ s'annulle pour tout sous-ensemble X de E composé d'un seul élément,* (3) *$m(X)$ n'est pas identiquement nulle?*

Je vais prouver ici à l'aide de l'axiome du choix que *le problème énoncé tout-à-l'heure possède une solution postive*; je vais montrer de plus que l'*on peut déterminer la fonction $m(X)$ de façon qu'elle n'admette que deux valeurs:* 0 *et* 1.

Lemme 1. *Soit E un ensemble arbitraire et $\boldsymbol{K}$ une classe quelconque de ses sous-ensembles. Pour qu'il existe une fonction $m(X)$ remplissant les conditions suivantes:*

(α) *cette fonction fait correspondre à chaque sous-ensemble X de E un de deux nombres:* 0 *et* 1,

(β) *si* $X_1 \subset E$, $X_2 \subset E$ *et* $X_1 \cdot X_2 = 0$ *on a* $m(X_1 + X_2) = m(X_1) + m(X_2)$,

(γ) *si* $X \in \boldsymbol{K}$, *on a* $m(X) = 0$,

(δ) $m(E) = 1$,

il faut et il suffit qu'il existe une classe d'ensembles $\boldsymbol{M}$ qui satisfait aux conditions:

(*a*) *tous les éléments de cette classe sont des sous-ensembles de E*[1]),

(*b*) *si* $X_1 \in \boldsymbol{M}$ *et* $X_2 \in \boldsymbol{M}$, *on a* $X_1 + X_2 \in \boldsymbol{M}$,

(*c*) *si* $X_1 \in \boldsymbol{M}$ *et* $X_2 \subset X_1$, *on a* $X_2 \in \boldsymbol{M}$,

(*d*) $\boldsymbol{K} \subset \boldsymbol{M}$,

(*e*) $E \bar{\in} \boldsymbol{M}$[2]),

(*f*) *si* $X \subset E$, *on a* $X \in \boldsymbol{M}$ *ou bien* $E - X \in \boldsymbol{M}$.

Démonstration. I. *La condition du lemme est nécéssaire.*

Soit $m(X)$ une fonction remplissant les conditions (α)—(δ). On déduit facilement de ces conditions les propriétés suivantes de la fonction $m(X)$:

(ε) *Si* $X_2 \subset X_1 \subset E$ *et* $m(X_1) = 0$, *on a* $m(X_2) = 0$.

[1]) Cette condition n'est pas essentielle.

[2]) La formule „$x \bar{\in} X$" exprime dans cette note que l'élément x n'appartient pas à l'ensemble X.

Il résulte, en effet, de (α) et (β) que $m(X_1) = m(X_2 + (X_1 - X_2)) = m(X_2) + m(X_1 - X_2)$. Comme $m(X_1 - X_2) \geqslant 0$, on en obtient $m(X_2) \leqslant m(X_1) = 0$, d'où en vertu de ($\alpha$) $m(X_2) = 0$.

(ζ) *Si* $X_1 \subset E$, $X_2 \subset E$ *et* $m(X_1) = m(X_2) = 0$, *on a* $m(X_1 + X_2) = 0$.

Comme $X_2 - X_1 \subset X_2 \subset E$, on en conclut suivant (ε) que $m(X_2 - X_1) = 0$, d'où selon (α) et (β) $m(X_1 + X_2) = m(X_1 + (X_2 - X_1)) = m(X_1) + m(X_2 - X_1) = 0 + 0 = 0$.

(η) *Si* $X \subset E$, *on a* $m(X) = 0$ *ou bien* $m(E - X) = 0$.

Car, si on avait $m(X) \neq 0$ et $m(E - X) \neq 0$, on en déduirait en vertu de (α) et (β) que $m(X) = 1$, $m(E - X) = 1$ et enfin $m(E) = m(X + (E - X)) = m(X) + m(E - X) = 1 + 1 = 2$, ce qui contredit à ($\alpha$), resp. à ($\delta$).

Désignons maintenant par „$\boldsymbol{M}$" la classe de tous les sous-ensembles X de E tels que $m(X) = 0$. On voit tout-de-suite que la classe $\boldsymbol{M}$ satisfait aux condition (a)—(f), c. q. f. d.

II. *La condition du lemme est suffisante.*

Pour s'en convaincre, envi geons une classe d'ensembles $\boldsymbol{M}$ qu remplit les conditions (a)—(f). Observons que cette classe jouit en outre de deux propriétés suivantes:

(g) *Si* $X_1 \bar{\epsilon} \boldsymbol{M}$ *ou bien* $X_2 \bar{\epsilon} \boldsymbol{M}$, *on a* $X_1 + X_2 \bar{\epsilon} \boldsymbol{M}$.

Cela résulte immédiatement de (c).

(h) *Si* $X_1 \subset E$, $X_2 \subset E$ *et* $X_1 \cdot X_2 = 0$ *on a* $X_1 \epsilon \boldsymbol{M}$ *ou bien* $X_2 \epsilon \boldsymbol{M}$.

On déduit, en effet, de (f) que $X_1 \epsilon \boldsymbol{M}$ ou bien $E - X_1 \epsilon \boldsymbol{M}$; comme $X_2 \subset E - X_1$, on en conclut suivant (c) qu'une de deux formules: $X_1 \epsilon \boldsymbol{M}$ et $X_2 \epsilon \boldsymbol{M}$ doit avoir lieu.

Définissons maintenant la fonction $m(X)$ comme il suit: $m(X) = 0$, lorsque $X \epsilon \boldsymbol{M}$, et $m(X) = 1$ dans le cas contraire. On vérifie sans difficulté, que cette fonction satisfait aux conditions (α)—(δ); en particulier, la condition (β) résulte de (b), (g) et (h).

Le lemme est ainsi démontré complètement.

Si l'on suppose dans le lemme précédent que $\boldsymbol{K}$ coïncide avec la classe de tous les sous-ensembles de E composés d'un seul élément, on parvient à la conclusion que le problème qui nous intéresse dans cette note peut être formulé entièrement en termes de la Théorie générale des Ensembles.

Lemme 2. *Soit E un ensemble arbitraire, $\boldsymbol{K}$ une classe non-vide de ses sous-ensembles, $\boldsymbol{L}$ une classe d'ensembles remplissant (pour $\boldsymbol{M}=\boldsymbol{L}$) les conditions (a)—(e) du lemme 1 et A un sous-ensemble de E tel que $A \bar{\epsilon} \boldsymbol{L}$ et $E - A \bar{\epsilon} \boldsymbol{L}$; soit enfin $\boldsymbol{L}'$ la classe de tous les ensembles X qui se laissent présenter sous la forme: $X = Y + Z$, où $Y \epsilon \boldsymbol{L}$ et $Z \subset A$. La classe $\boldsymbol{L}'$ satisfait alors aussi (pour $\boldsymbol{M}=\boldsymbol{L}'$) aux conditions (a)—(e) du lemme 1 et vérifie en outre les formules: $\boldsymbol{L} \subset \boldsymbol{L}'$ et $\boldsymbol{L} \neq \boldsymbol{L}'$.*

Démonstration. Tout ensemble X de la classe $\boldsymbol{L}$ peut être présenté sous la forme: $X = Y + Z$, où $Y = X \epsilon \boldsymbol{L}$ et $Z = 0 \subset A$; conformément à l'hypothèse du lemme, X appartient donc aussi à la classe $\boldsymbol{L}'$. On obtient ainsi la formule:

(1) $$\boldsymbol{L} \subset \boldsymbol{L}'.$$

D'autre part, la classe $\boldsymbol{L}$ remplissant la condition (d) du lemme 2 et la classe $\boldsymbol{K}$ n'étant pas vide, la classe $\boldsymbol{L}$ ne l'est nonplus. Comme la classe $\boldsymbol{L}$ vérifie de plus la condition (c), on en déduit tout-de-suite que $0 \epsilon \boldsymbol{L}$. Or, l'ensemble A est de la forme $A = Y + Z$, où $Y = 0 \epsilon \boldsymbol{L}$ et $Z = A \subset A$; A appartient donc à la classe $\boldsymbol{L}'$. Comme en même temps, suivant l'hypothèse, $A \bar{\epsilon} \boldsymbol{L}$, on en conclut que

(2) $$\boldsymbol{L} \neq \boldsymbol{L}'.$$

Envisageons maintenant un ensemble arbitraire X de la classe $\boldsymbol{L}'$. Cet ensemble est de la forme: $X = Y + Z$, où $Y \epsilon \boldsymbol{L}$ et $Z \subset A$. La classe $\boldsymbol{L}$ remplissant la condition (a) et A étant un sous-ensemble de E, on voit que X est aussi un sous-ensemble de E. On parvient donc à la conclusion que

(3) *la classe $\boldsymbol{L}'$ remplit la condition (a).*

Soit ensuite $X_1 \epsilon \boldsymbol{L}'$ et $X_2 \epsilon \boldsymbol{L}'$. Il existe donc des ensembles Y_1, Z_1, Y_2 et Z_2 tels que $X_1 = Y_1 + Z_1$, $Y_1 \epsilon \boldsymbol{L}$, $Z_1 \subset A$, $X_2 = Y_2 + Z_2$, $Y_2 \epsilon \boldsymbol{L}$ et $Z_2 \subset A$. Il en résulte que $X_1 + X_2 = (Y_1 + Y_2) + (Z_1 + Z_2)$ où $Y_1 + Y_2 \epsilon \boldsymbol{L}$ (puisque la classe $\boldsymbol{L}$ vérifie la condition (b)) et $Z_1 + Z_2 \subset A$; suivant l'hypothèse du lemme, l'ensemble $X_1 + X_2$ appartient donc à la classe $\boldsymbol{L}'$. On voit ainsi que

(4) *la classe $\boldsymbol{L}'$ remplit la condition (b).*

D'une manière analogue, soit $X_1 \epsilon \boldsymbol{L}'$ et $X_2 \subset X_1$; X_1 étant de la forme: $X_1 = Y + Z$, où $Y \epsilon L$ et $Z \subset A$, on obtient: $X_2 = X_2 . Y + X_2 . Z$, où $X_2 . Y \epsilon L$ (puisque $X_2 . Y \subset Y$ et la classe L satisfait à la condition (c)) et $X_2 . Z \subset A$, d'où $X_2 \epsilon L'$. Ce raisonnement prouve que

(5) *la classe L' remplit la condition (c).*

Or, la classe L remplissant la condition (d), on déduit de (1) que $K \subset L'$; en d'autres termes,

(6) *la classe L' remplit la condition (d).*

Supposons enfin que $E \epsilon L'$. L'ensemble E se laisse donc présenter sous la forme: $E = Y + Z$, où $Y \epsilon L$ et $Z \subset A$. On en obtient facilement: $E - A \subset E - Z \subset Y$, d'où $E - A \epsilon L$ (puisque la classe L satisfait à la condition (c)). Or, cette dernière formule contredit évidemment à l'hypothèse du lemme. Il faut donc admettre que $E \bar{\epsilon} L'$, ce qui veut dire que

(7) *la classe L' remplit la condition (e).*

En raison de (1)—(7), la classe L' satisfait à toutes les conditions désirées, c. q. f. d.

Lemme 3. *Soient E un ensemble arbitraire, K une classe non-vide de ses sous-ensembles, α un nombre ordinal différent de 0; supposons donnée une suite transfinie de classes d'ensembles L_η du type α telles que (1) toute classe L_η, où $\eta < \alpha$, remplit (pour $M = L_\eta$) les conditions (a)—(e) du lemme 1, (2) $L_\eta \subset L_\xi$, lorsque $\eta \leqslant \xi < \alpha$; soit enfin $M = \sum\limits_{\eta<\alpha} L_\eta$. La classe M satisfait alors aussi aux conditions (a)—(e).*

Démonstration. Il est évident que la classe M satisfait aux conditions (a), (c), (d) et (e). Quant à la condition (b), on raisonne comme il suit:

Soit $X_1 \epsilon M$ et $X_1 \epsilon M$. Il existe donc des nombres ordinaux $\xi_1 < \alpha$ et $\xi_2 < \alpha$ tels que $X_1 \epsilon L_{\xi_1}$ et $X_2 \epsilon L_{\xi_2}$. Soit $\xi = \max(\xi_1, \xi_2)$. Comme $\xi_1 \leqslant \xi < \alpha$ et $\xi_2 \leqslant \xi < \alpha$, on a suivant l'hypothèse $L_{\xi_1} \subset L_\xi$ et $L_{\xi_2} \subset L_\xi$, d'où $X_1 \epsilon L_\xi$ et $X_2 \epsilon L_\xi$. Conformément à l'hypothèse, la classe L_ξ remplit de plus la condition (b), d'où $X_1 + X_2 \epsilon L_\xi$ et à plus forte raison $X_1 + X_2 \epsilon M$ La classe M satisfait donc à la condition (b), c. q. f. d.

Lemme 4. *Soit E un ensemble arbitraire, $\boldsymbol{K}$ une classe non-vide de ses sous-ensembles et $\boldsymbol{L}$ une classe d'ensembles remplissant (pour $\boldsymbol{M} = \boldsymbol{L}$) les conditions (a)—(e) du lemme 1. Il existe alors une classe d'ensembles $\boldsymbol{M}$ qui satisfait aux conditions (a)—(f) du même lemme et vérifie en outre la formule $\boldsymbol{L} \subset \boldsymbol{M}$.*

Démonstration. L'axiome du choix entraîne l'existence d'une fonction $F(\boldsymbol{X})$ vérifiant la condition suivante:

(1) *la fonction $F(\boldsymbol{X})$ fait correspondre à toute classe non-vide $\boldsymbol{X}$ de sous-ensembles de E un ensemble $Y = F(\boldsymbol{X})$ tel que $Y \in \boldsymbol{X}$.*

$\boldsymbol{X}$ étant une classe d'ensembles arbitraire, soit

(2) *$\boldsymbol{X}^*$ la classe de tous les ensembles Y tels que $Y \subset E$, $Y \bar{\in} \boldsymbol{X}$ et $E - Y \bar{\in} \boldsymbol{X}$.*

De (1) et (2) on obtient immédiatement:

(3) *$F(\boldsymbol{X}^*) \subset E$, $F(\boldsymbol{X}^*) \bar{\in} \boldsymbol{X}$ et $E - F(\boldsymbol{X}^*) \bar{\in} \boldsymbol{X}$, pourvu que $\boldsymbol{X}^* \neq 0$.*

Envisageons un nombre ordinal α vérifiant la formule:

(4) $$\bar{\alpha} > 2^{2^{\bar{E}}} \text{ [1]}.$$

Définissons par recurrence une suite transfinie des classes d'ensembles $\boldsymbol{L}_\xi$ du type α, en posant:

(5) $$\boldsymbol{L}_0 = \boldsymbol{L};$$

(6) *ξ étant un nombre ordinal de 1re espèce tel que $\xi < \alpha$ et $\boldsymbol{L}^*_{\xi-1} = 0$ [2], $\boldsymbol{L}_\xi = \boldsymbol{L}_{\xi-1}$;*

(7) *ξ étant un nombre ordinal de 1re espèce tel que $\xi < \alpha$ et $\boldsymbol{L}^*_{\xi-1} \neq 0$, $\boldsymbol{L}_\xi$ est la classe de tous les ensembles X qui se laissent représenter sous la forme: $X = Y + Z$, où $Y \in \boldsymbol{L}_{\xi-1}$ et $Z \subset F(\boldsymbol{L}^*_{\xi-1})$;*

(8) *ξ étant un nombre ordinal de 2me espèce tel que $0 < \xi < \alpha$, $\boldsymbol{L}_\xi = \sum_{\eta < \xi} \boldsymbol{L}_\eta$.*

[1]) Le symbole „$\bar{\alpha}$" dénote la puissance de l'ensemble de tous les nombres ordinaux plus petits que α.

[2]) ξ étant un nombre ordinal de 1re espèce, $\xi - 1$ est le nombre qui le précède immédiatement.

Suivant (5) et l'hypothèse du lemme on a

(9) *la classe* L_0 *remplit les conditions* (*a*)—(*e*).

Posons dans le lemme 2: $L = L_{\xi-1}$, $A = F(L^*_{\xi-1})$ et $L' = L_\xi$; en vertu de (3), (6) et (7) nous concluons que

(10) *ξ étant un nombre de 1re espèce tel que $\xi < \alpha$, si la classe $L_{\xi-1}$ remplit les conditions (a)—(e), la classe L_ξ les remplit aussi et vérifie en outre la formule: $L_{\xi-1} \subset L_\xi$.*

Si l'on remplace enfin dans le lemme 3 „α" par „ξ" et „M" par „L_ξ", on obtient de même en raison de (8):

(11) *ξ étant un nombre de 2me espèce tel que $0 < \xi < \alpha$, si toutes les classes L_η, où $\eta < \alpha$, remplissent les conditions (a)—(e) et vérifient en outre la formule: $L_\eta \subset L_\zeta$, lorsque $\eta \leqslant \zeta < \xi$, alors la classe L_ξ remplit aussi ces conditions et vérifie la formule: $L_\eta \subset L_\xi$, lorsque $\eta \leqslant \xi$.*

Or, en appliquant le principe de l'induction transfinie, on déduit facilement de (9)—(11) que

(12) *toute classe L_ξ, où $\xi < \alpha$, satisfait aux conditions* (*a*)—(*e*);

(13) $L_\eta \subset L_\xi$, *lorsque* $\eta \leqslant \xi < \alpha$.

Observons maintenant que

(14) *dans la suite transfinie du type α des classes d'ensembles L_ξ se trouvent nécessairement des termes identiques.*

En effet, dans le cas contraire la famille $\mathcal{F}$ de toutes ces classes L_ξ serait de la puissance $\overline{\alpha}$, donc selon (4) de la puissance $> 2^{2^{\overline{E}}}$; or c'est impossible, puisque en vertu de (12) toute classe L_ξ se compose exclusivement de sous-ensembles de E, la famille $\mathcal{F}$ est donc, comme on sait, de la puissance $\leqslant 2^{2^{\overline{E}}}$.

Soient conformément à (14) η et ξ deux nombres ordinaux tels que

(15) $$\eta < \xi < \alpha$$

et

(16) $$L_\eta = L_\xi.$$

En raison de (12) et (15) on a

(17) *la classe* L_η *satisfait aux conditions* (*a*)—(*e*) *du lemme 1.*

Les formules (15) et (13) impliquent aussitôt que $\eta < \eta + 1 \leqslant \xi < \alpha$ et $L_\eta \subset L_{\eta+1} \subset L_\xi$, d'où en vertu de (16)

(18) $$L_\eta = L_{\eta+1}.$$

Supposons que $L_\eta^* \neq 0$. Appliquons une fois encore le lemme 2, en y posant $L = L_\eta$, $A = F(L_\eta^*)$ et $L' = L_{\eta+1}$; à l'aide de (17), (3) et (7) (pour $\xi = \eta + 1$) nous concluons alors sans peine que $L_\eta \neq L_{\eta+1}$, ce qui contredit évidemment à (18). Il faut donc admettre que $L_\eta^* = 0$. Il en résulte immédiatement suivant (2) qu'aucun sous-ensemble Y de E ne vérifie à la fois les formules $Y \bar{\epsilon} L_\eta$ et $E - Y \bar{\epsilon} L_\eta$; autrement dit

(19) *la classe* L_η *satisfait à la condition* (*f*) *du lemme 1.*

Les formules (5) et (13) donnent enfin:

(20) $$L \subset L_\eta.$$

Si l'on pose maintenant $M = L_\eta$, on parvient aussitôt, en tenant compte de (17), (19) et (20), à la conclusion que M est la classe cherchée, c. q. f. d.

Théorème. *Soit E un ensemble infini arbitraire et $\boldsymbol{K}$ la classe de tous ses sous-ensembles composés d'un seul élément Il existe alors une classe d'ensembles $\boldsymbol{M}$ qui satisfait aux conditions* (*a*)—(*f*) *formulées dans le lemme 1; il existe de plus une fonction $m(X)$ qui remplit les conditions* (α)—(δ) *du même lemme.*

Pour démontrer ce théorème, il suffit de remarquer que la classe L de tous les sous-ensembles finis de E remplit (pour $M = L$) les conditions (*a*)—(*e*) et d'appliquer ensuite successivement les lemmes 4 et 1.

Observons que le théorème établi tout-à-l'heure ne se laisse pas étendre au cas où l'ensemble E est fini; on prouve facilement que *l'existence d'une classe d'ensembles $\boldsymbol{M}$ satisfaisant aux conditions* (*a*)—(*f*) *du lemme 1 présente une condition à la fois nécessaire et suffisante pour que l'ensemble donné E soit infini.*

M. Sierpiński a attiré l'attention au fait que l'*on peut généraliser le théorème précédent en admettant que la classe $\boldsymbol{K}$ se compose de tous les sous-ensembles de E dont la puissance est* $< \overline{\overline{E}}$.

Pour établir cette généralisation du théorème il suffit de remarquer que cette classe $\boldsymbol{K}$ remplit elle-même les conditions (a)—(e) et d'appliquer ensuite le lemme 4, en y posant $\boldsymbol{L} = \boldsymbol{K}$.

Pour terminer je veux mentionner que le résultat établi dans cette note présente une conséquence particulière de mes considérations antérieures concernant des fonctions additives définies dans les classes abstraites. J'ai publié les résultats principaux de ces recherches, d'ailleurs sans démonstrations, dans la communication: „*Les fonctions additives dans les classes abstraites et leur application au problème de la mesure*“ [1]); les démonstrations détaillées vont paraître dans un de volumes prochains des *Fundamenta Mathematicae.*

Remarque supplémentaire.

Pendant la correction des épreuves M. Kuratowski m'a attiré obligeamment l'attention au fait que le théorème principal de cette note se laisse déduire assez facilement d'un résultat de M. Ulam publié dans le volume précédent de ce journal [2]) (d'ailleurs l'implication inverse a aussi lieu). Il est à remarquer que cette implication ne concerne pas le lemme 4, qui est peut-être intéressant grâce à sa généralité et qui entraîne comme cas particulier non seulement le théorème principal, mais aussi sa généralisation proposée par M. Sierpiński et mentionnée dans le texte.

[1]) Comptes Rendus des Séances de la Soc. des Sc. et des Lettres de Varsovie, année XXII (1929).

[2]) *Concernings functions of sets*, p, 231.

SUR UNE PROPRIÉTÉ CARACTERISTIQUE DES NOMBRES INACCESSIBLES

Coauthored with Wacław Sierpiński

Fundamenta Mathematicae, vol. 15 (1930), pp. 292-300.

This article was reprinted in:

Wacław Sierpiński. Oeuvres Choisies. Tome III, edited by S. Hartman, K. Kuratowski, E. Marczewski, A. Mostowski, and A. Schinzel.
PWN - Editions Scientifiques de Pologne, Warsaw, 1976, pp. 29-35.

Sur une propriété caractéristique des nombres inaccessibles.

Par

W. Sierpiński et A. Tarski (Varsovie).

Le terme *nombres inaccessibles* a été proposé par M. Kuratowski pour désigner les alephs réguliers $\aleph_\alpha$ à indices α de 2me espèce Le but de cette note est d'établir une propriété caractéristique des nombres inaccessibles. Toutefois la définition de ces nombres qui va être admise ici, s'éloigne de celle de M. Kuratowski, et on ne sait prouver l'équivalence de ces définitions sans avoir recours à l'hypothèse de Cantor sur les alephs: $2^{\aleph_\alpha} = \aleph_{\alpha+1}$ *pour tout nombre ordinal* α; cette hypothèse sera appelée tout court *hypothèse* $\boldsymbol{H}$.

Définition 1. *Le nombre cardinal transfini* $\mathfrak{m}$ *est dit inaccessible, lorsqu'il remplit la condition suivante: étant donnée une suite de nombres cardinaux* $\mathfrak{m}_\xi$ *du type* μ, *telle que* $0 < \overline{\mu} < \mathfrak{m}$ [1]) *et* $\mathfrak{m}_\xi < \mathfrak{m}$ *pour tout* $\xi < \mu$, *on a toujours* $\prod_{\xi<\mu} \mathfrak{m}_\xi < \mathfrak{m}$.

Comme on voit aisément, un exemple d'un nombre inaccessible est fourni par $\aleph_0$. On peut démontrer par contre que le problème de l'existence des nombres inaccessibles plus grands ne se laisse résoudre par affirmative dans aucun des systèmes actuels de la Théorie des Ensembles [2]). Il semble aussi fort douteux que la so-

[1]) μ étant un nombre ordinal, le symbole $\overline{\mu}$ dénote, comme d'habitude, la puissance de l'ensemble de tous les nombres ordinaux $\xi < \mu$.

[2]) Pour obtenir un résultat analogue sur les nombres inaccessibles dans le sens de M. Kuratowski, il nous faut admettre que l'hypothèse $\boldsymbol{H}$ est compatible avec le système d'axiomes considéré. Cf. dans cet ordre d'idées: C. Kura-

lution négative du problème en question puisse être obtenue dans ces systèmes.

La définition précédente se laisse évidemment étendre aux nombres finis; on vérifie aussitôt que les nombres 0, 1 et 2 sont les seuls qui sont à la fois finis et inaccessibles.

On peut modifier légèrement la déf. 1, en utilisant le théorème suivant:

Théorème 1. *Pour que le nombre transfini* $\mathfrak{m}$ *soit inaccessible, il faut et il suffit qu'il satisfasse aux conditions suivantes:* (1) *les formules* $\bar{\mu} < \mathfrak{m}$ *et* $\mathfrak{m}_\xi < \mathfrak{m}$ *pour tout* $\xi < \mu$ *entraînent toujours* $\sum_{\xi<\mu} \mathfrak{m}_\xi < \mathfrak{m}$; (2) *les formules* $\mathfrak{n} < \mathfrak{m}$ *et* $\mathfrak{p} < \mathfrak{m}$ *impliquent que* $\mathfrak{n}^{\mathfrak{p}} < \mathfrak{m}$.

Démonstration, basée sur la déf. 1 et sur certaines formules connues de l'arithmétique des nombres cardinaux $\Big(\sum_{\xi<\mu} \mathfrak{m}_\xi \leqslant \prod_{\xi<\mu} \mathfrak{m}_\xi$; $\prod_{\xi<\mu} \mathfrak{m}_\xi = \mathfrak{n}^{\mathfrak{p}}$, *lorsque* $\bar{\mu} = \mathfrak{p}$ *et* $\mathfrak{m}_\xi = \mathfrak{n}$ *pour tout* $\xi < \mu$; $\prod_{\xi<\mu} \mathfrak{m}_\xi \leqslant \Big(\sum_{\xi<\mu} \mathfrak{m}_\xi\Big)^{\bar{\mu}}\Big)$, n'offre pas des difficultés.

Le théorème qui va être établi met en évidence les rapports entre les deux notions de nombre inaccessible: celle de la déf. 1 et celle qui a été proposée par M. Kuratowski.

Théorème 2. a) *Tout nombre inaccessible* $\mathfrak{m}$ *est un aleph régulier dont l'indice est de* 2*me* *espèce*;

b) *l'hypothèse* ***H*** *implique que tout aleph régulier* $\aleph_\alpha$ *dont l'indice* α *est de* 2*me* *espèce, est un nombre inaccessible.*

Démonstration. a) $\mathfrak{m}$ étant un nombre cardinal transfini, on peut poser, d'après le théorème bien connu de M. Zermelo, $\mathfrak{m} = \aleph_\alpha$. Si $\mathfrak{m} = \aleph_\alpha$ était un aleph singulier, on pourrait le représenter sous la forme $\mathfrak{m} = \sum_{\xi<\mu} \aleph_{\varphi_\xi}$ où $\bar{\mu} < \mathfrak{m}$ et $\aleph_{\varphi_\xi} < \mathfrak{m}$ pour $\xi < \mu$, ce qui contredit évidemment la condition (1) du th. 1. De

towski, *Sur l'état actuel de l'axiomatique de la théorie des ensembles*, Ann. de la Soc. Pol. de Math. 3, p. 146–147; A. Tarski, *Sur les principes de l'arithmétique des nombres ordinaux (transfinis)*, ibid. p. 148—149; R. Baer, *Zur Axiomatik der Kardinalzahlarithmetik*, Math. Zeitschr. 29.

même si α était un nombre de 1re espèce, on aurait notoirement $2^{\aleph_{\alpha-1}} \geqslant \aleph_\alpha = \mathfrak{m}$ [1]), ce qui est également impossible en raison de la condition (2) du th. 1 (pour $\mathfrak{n} = 2$ et $\mathfrak{p} = \aleph_{\alpha-1}$). Donc $\mathfrak{m}$ est un aleph régulier à un indice de 2me espèce, c. q. f. d.

b) En posant dans le th. 1 $\mathfrak{m} = \aleph_\alpha$, on conclut sans peine de la régularité du nombre $\aleph_\alpha$ que la condition (1) de ce théorème est remplie; il est à prouver que $\aleph_\alpha$ vérifie de plus la condition (2). Envisageons dans ce but deux nombres cardinaux $\mathfrak{n}$ et $\mathfrak{p}$ tels que $\mathfrak{n} < \aleph_\alpha$ et $\mathfrak{p} < \aleph_\alpha$, d'où $\mathfrak{n} \cdot \mathfrak{p} < \aleph_\alpha$. En omettant le cas banal où $\mathfrak{n} \cdot \mathfrak{p}$ est un nombre fini, on peut donc poser $\mathfrak{n} \cdot \mathfrak{p} = \aleph_\beta < \aleph_\alpha$. α étant de 2me espèce, il en résulte que $\aleph_{\beta+1} < \aleph_\alpha$; conformément à l'hypothèse H, on a en outre $2^{\mathfrak{n} \cdot \mathfrak{p}} = 2^{\aleph_\beta} = \aleph_{\beta+1}$. Par conséquent $2^{\mathfrak{n} \cdot \mathfrak{p}} < \aleph_\alpha$; comme de plus $\mathfrak{n}^\mathfrak{p} \leqslant (2^\mathfrak{n})^\mathfrak{p} = 2^{\mathfrak{n} \cdot \mathfrak{p}}$, on obtient finalement l'inégalité cherchée $\mathfrak{n}^\mathfrak{p} < \aleph_\alpha$.

Il est ainsi établi que le nombre $\aleph_\alpha$ satisfait aux conditions (1) et (2) du th. 1; c'est donc un nombre inaccessible, c. q. f. d.

Pour passer au sujet principal de ces considérations, nous allons définir deux opérations $\boldsymbol{S}_\alpha$ et $\boldsymbol{P}_\alpha$ qui font correspondre d'une façon unique à toute classe d'ensembles $\boldsymbol{K}$ deux autres classes d'ensembles $\boldsymbol{S}_\alpha(\boldsymbol{K})$ et $\boldsymbol{P}_\alpha(\boldsymbol{K})$:

***Définition* 2.** *$\boldsymbol{K}$ étant une classe d'ensembles quelconques,*

a) $\boldsymbol{S}_\alpha(\boldsymbol{K})$ est la classe de tous les ensembles X de la forme $X = \sum_{\xi<\mu} X_\xi$ où $0 < \bar{\mu} < \aleph_\alpha$ et $X_\xi \in \boldsymbol{K}$ pour tout $\xi < \mu$;

b) $\boldsymbol{P}_\alpha(\boldsymbol{K})$ est la classe de tous les ensembles X de la forme $X = \prod_{\xi<\mu} X_\xi$ où $0 < \bar{\mu} < \aleph_\alpha$ et $X_\xi \in \boldsymbol{K}$ pour tout $\xi < \mu$ [2]);

Le problème suivant va nous occuper ici: *quelles sont toutes les valeurs de α pour lesquelles les opérations $\boldsymbol{S}_\alpha \boldsymbol{P}_\alpha$* [3]) *et $\boldsymbol{P}_\alpha \boldsymbol{S}_\alpha$ coïncident?*

[1]) α étant un nombre ordinal de 1re espèce, $\alpha - 1$ est le nombre qui le précède immédiatement.

[2]) Les opérations $\boldsymbol{S}_\alpha$ et $\boldsymbol{P}_\alpha$ seront examinées dans le mémoire de M. Tarski, *Sur les classes d'ensembles closes par rapport à certaines opérations elémentaires*, qui paraîtra dans le volume prochain de ce journal.

[3]) $\boldsymbol{F}$ et $\boldsymbol{G}$ étant des opérations quelconques, l'opération $\boldsymbol{FG}$, dite *produit relatif* de $\boldsymbol{F}$ et $\boldsymbol{G}$, est définie par la formule: $\boldsymbol{FG}(\boldsymbol{K}) = \boldsymbol{F}(\boldsymbol{G}(\boldsymbol{K}))$ *pour tout* $\boldsymbol{K}$.

On peut p. ex. se convaincre d'une façon tout à fait élémentaire que cette coïncidence a lieu pour $\alpha = 0$. Il est connu d'autre part que les opérations considérées ne coïncident pas pour $\alpha = 1$ (soit, en effet, $\boldsymbol{K}$ la classe de tous les ensembles ouverts de nombres réels; il s'en suit aussitôt que $\boldsymbol{S}_1 \boldsymbol{P}_1 (\boldsymbol{K})$ est la classe de tous les ensembles $G_{\delta\sigma}$ et $\boldsymbol{P}_1 \boldsymbol{S}_1 (\boldsymbol{K})$ la classe de tous les G_δ; par conséquent, il existe des ensembles qui appartiennent à la première de ces classes sans appartenir à la seconde).

Or, nous nous proposons de prouver que *la coïncidence des opérations $\boldsymbol{S}_\alpha \boldsymbol{P}_\alpha$ et $\boldsymbol{P}_\alpha \boldsymbol{S}_\alpha$ est une propriété caractéristique des nombres ordinaux α dont les alephs correspondants $\aleph_\alpha$ sont inaccessibles.*

Théorème 3. *Si $\aleph_\alpha$ est un nombre inaccessible, on a $\boldsymbol{S}_\alpha \boldsymbol{P}_\alpha (\boldsymbol{K}) = \boldsymbol{P}_\alpha \boldsymbol{S}_\alpha (\boldsymbol{K})$ pour toute classe d'ensembles $\boldsymbol{K}$.*

Démonstration. Soit X un ensemble quelconque, tel que

$$X \in \boldsymbol{P}_\alpha \boldsymbol{S}_\alpha (\boldsymbol{K}). \tag{1}$$

Conformément à la déf. 2[b)], il résulte de (1) que l'ensemble X peut être représenté sous la forme $X = \prod_{\xi < \mu} X_\xi$ où $0 < \overline{\mu} < \aleph_\alpha$ et $X_\xi \in \boldsymbol{S}_\alpha (\boldsymbol{K})$ pour tout $\xi < \mu$. En vertu de la déf. 2a) (et en appliquant de plus l'axiome du choix) on peut faire correspondre à tout nombre $\xi < \mu$ un nombre φ_ξ et une suite d'ensembles $X_{\xi,\eta}$ de façon que l'on ait $0 < \overline{\varphi}_\xi < \aleph_\alpha$, $X_\xi = \sum_{\eta < \varphi_\xi} X_{\xi,\eta}$ et $X_{\xi,\eta} \in \boldsymbol{K}$ pour tout $\eta < \varphi_\xi$. Par conséquent on obtient

$$X = \prod_{\xi < \mu} \sum_{\eta < \varphi_\xi} X_{\xi,\eta}, \tag{2}$$

où

(3) $0 < \overline{\mu} < \aleph_\alpha$, $0 < \overline{\varphi}_\xi < \aleph_\alpha$ *pour tout* $\xi < \mu$ *et* $X_{\xi,\eta} \in K$ *pour* $\xi < \mu$ et $\eta < \varphi_\xi$.

Soit

(4) *Ψ la classe de tous les suites ψ de nombres ordinaux du type μ vérifiant la formule $\psi_\xi < \varphi_\xi$ pour $\xi < \mu$.*

En appliquant la loi générale distributive de multiplication relativement à l'addition des ensembles, on parvient à la formule $\prod_{\xi<\mu}\sum_{\eta<\varphi_\xi} X_{\xi,\eta} = \sum_{\psi\in\Psi}\prod_{\xi<\mu} X_{\xi,\psi_\xi}$, d'où selon (2)

$$X = \sum_{\psi\in\Psi}\prod_{\xi<\mu} X_{\xi,\psi_\xi}. \tag{5}$$

D'après la déf. 2[b)], il résulte de (3) et (4) que

$$\prod_{\xi<\mu} X_{\xi,\psi_\xi} \in \boldsymbol{P}_\alpha(\boldsymbol{K}) \quad \textit{pour} \quad \psi \in \Psi. \tag{6}$$

En raison de la définition du produit des nombres cardinaux, (4) entraîne $\overline{\overline{\Psi}} = \prod_{\xi<\mu} \overline{\varphi}_\xi$; le nombre $\aleph_\alpha$ étant par hypothèse inaccessible, on en conclut à l'aide de la déf. 1 et en tenant compte de (3) que $\overline{\overline{\Psi}} < \aleph_\alpha$. Par conséquent toutes les suites ψ de la classe Ψ peuvent être ordonnées dans une suite transfinie $\psi^{(\zeta)}$ du type ν, $0 < \overline{\nu} < \aleph_\alpha$. En posant donc $X^{(\zeta)} = \prod_{\xi<\mu} X_{\xi,\psi_\xi^{(\zeta)}}$, on obtient suivant (5) et (6)

$$X = \sum_{\zeta<\nu} X^{(\zeta)} \quad \textit{où} \quad 0 < \overline{\nu} < \aleph_\alpha \quad \textit{et} \quad X^{(\zeta)} \in \boldsymbol{P}_\alpha(\boldsymbol{K}) \quad \textit{pour tout} \quad \zeta < \nu. \tag{7}$$

Conformément à la déf. 2[a)], (7) donne aussitôt

$$X \in \boldsymbol{S}_\alpha \boldsymbol{P}_\alpha(\boldsymbol{K}). \tag{8}$$

Il est ainsi démontré que la formule (1) entraîne toujours la formule (8); cette implication peut être évidemment exprimée par la formule suivante:

$$\boldsymbol{P}_\alpha \boldsymbol{S}_\alpha(\boldsymbol{K}) \subset \boldsymbol{S}_\alpha \boldsymbol{P}_\alpha(\boldsymbol{K}) \quad (\textit{pour toute classe } \boldsymbol{K}). \tag{9}$$

D'une façon tout à fait analogue, en appliquant la loi générale d'addition relativement à la multiplication des ensembles, on prouve que

$$\boldsymbol{S}_\alpha \boldsymbol{P}_\alpha(\boldsymbol{K}) \subset \boldsymbol{P}_\alpha \boldsymbol{S}_\alpha(\boldsymbol{K})\ [1]. \tag{10}$$

[1]) D'ailleurs la formule (10) peut être déduite directement de (9) par le passage aux complémentaires.

Les inclusions (9) et (10) donnent tout de suite l'identité:

$$S_\alpha P_\alpha(K) = P_\alpha S_\alpha(K) \quad \textit{pour toute classe } K, \quad \text{c. q. f. d.}$$

L'analyse de la démonstration précédente nous conduit à la généralisation suivante du th. 3:

Soient α, β *et* γ *des nombres ordinaux tels que les formules* $0 < \bar{\mu} < \aleph_\alpha$ *et* $\mathfrak{m}_\xi < \aleph_\beta$ *pour tout* $\xi < \mu$ *entraînent toujours* $\prod_{\xi<\mu} \mathfrak{m}_\xi < \aleph_\gamma$. *On a alors* $S_\alpha P_\beta(K) \subset P_\gamma S_\alpha(K)$ *et* $P_\alpha S_\beta(K) \subset \subset S_\gamma P_\alpha(K)$ *pour toute classe d'ensembles* K.

Comme de cas particuliers du théorème énoncé tout à l'heure on obtient:

$S_0 E_\alpha(K) \subset M_\alpha S_0(K)$ *et* $M_0 S_\alpha(K) \subset S_0 M_\alpha(K)$, *quels que soient la classe d'ensembles* K *et le nombre ordinal* α;

si $\aleph_\beta^{\aleph_\alpha} = \aleph_\gamma$, *on a* $S_{\alpha+1} P_{\beta+1}(K) \subset P_{\gamma+1} S_{\alpha+1}(K)$ *et* $P_{\alpha+1} S_{\beta+1}(K) \subset \subset S_{\gamma+1} P_{\alpha+1}(K)$ *pour toute classe d'ensembles* K.

Théorème 4. *Si* $\aleph_\alpha$ *n'est pas un nombre inaccessible, il existe une classe d'ensembles* K *telle que* $S_\alpha P_\alpha(K) \neq P_\alpha S_\alpha(K)$.

Démonstration. D'après la déf. 1, l'hypothèse du théorème implique l'existence d'une suite de nombres cardinaux $\mathfrak{m}_\xi$ du type μ vérifiant les formules $0 < \bar{\mu} < \aleph_\alpha$, $\mathfrak{m}_\xi < \aleph_\alpha$ pour $\xi < \mu$ et $\prod_{\mu<\xi} \mathfrak{m}_\xi \geqslant \aleph_\alpha$; à tout nombre $\mathfrak{m}_\xi < \aleph_\alpha$ correspond évidemment un nombre ordinal φ_ξ tel que $\mathfrak{m}_\xi = \bar{\varphi}_\xi$.

On a donc

$$(1) \qquad \prod_{\xi<\mu} \bar{\varphi}_\xi \geqslant \aleph_\alpha,$$

où

$$(2) \qquad 0 < \bar{\mu} < \aleph_\alpha \quad \textit{et} \quad 0 < \bar{\varphi}_\xi < \aleph_\alpha \quad \textit{pour tout } \xi < \mu.$$

Soit

(3) $\Psi_{\xi,\eta}$ (*où* $\xi < \mu$ *et* $\bar{\eta} < \aleph_\alpha$) *l'ensemble de toutes les suites* ψ *du type* μ *dont les termes sont des nombres ordinaux* $< \omega_\alpha$ *et qui remplissent la formule* $\psi_\xi = \eta$;

soit en outre

(4) *K la classe de tous les ensembles $\Phi_{\xi,\eta}$ où $\xi<\mu$ et $\bar{\eta}<\aleph_\alpha$.*

Posons:

(5) $$X=\prod_{\xi<\mu}\sum_{0<\eta\leqslant\varphi_\xi}\Phi_{\xi,\eta}.$$

En vertu de (3) et (5) on vérifie facilement que X est l'ensemble de toutes les suites ψ de nombres ordinaux du type μ dont le ξ^{me} terme vérifie l'inégalité double $0<\psi_\xi\leqslant\varphi_\xi$. L'ensemble de tous les nombres tels que $0<\eta\leqslant\varphi_\xi$ étant évidemment de la puissance $\bar{\varphi}_\xi$, on en conclut à l'aide de la définition du produit des nombres cardinaux que $\overline{\overline{X}}=\prod_{\xi<\mu}\varphi_\xi$, d'où selon (1)

(6) $$\overline{\overline{X}}\geqslant\aleph_\alpha.$$

Conformément à la déf. 2[a)] il résulte tout de suite de (2) et (4) que $\sum_{0<\eta\leqslant\varphi_\xi}\Phi_{\xi,\eta}\,\epsilon\,S_\alpha(K)$ pour $\xi<\mu$; en raison de la déf. 2[b)] et en tenant compte de (2) et (5) on obtient

(7) $$X\,\epsilon\,P_\alpha\,S_\alpha(K).$$

Or, supposons que

(8) $$X\,\epsilon\,S_\alpha\,P_\alpha(K);$$

suivant la déf. 2[a)] on en conclut que l'ensemble X peut être représenté sous la forme

(9) $X=\sum_{\zeta<\nu}X_\zeta$ *où* $0<\nu<\aleph_\alpha$ *et* $X_\zeta\,\epsilon\,P_\alpha(K)$ *pour tout* $\zeta<\nu$.

Si chaque ensemble X_ζ (où $\zeta<\nu$) contenait un élément au plus, on aurait en vertu de (9) $\overline{\overline{X}}\leqslant\bar{\nu}<\aleph_\alpha$, contrairement à (6). Il existe donc un nombre ζ tel que

(10) $$\overline{\overline{X}}_\zeta>1 \quad \textit{et} \quad \zeta<\nu.$$

En raison de (9) et (10) $X_\zeta\,\epsilon\,P_\alpha(K)$. En appliquant une fois encore la déf. 2[b)] et en tenant compte de (4), on en déduit l'existence de deux suites de nombres ordinaux ξ_ι et η_ι du type π satisfaisant aux conditions suivantes:

(11) $X_\zeta = \prod_{\iota < \pi} \Psi_{\xi_\iota, \eta_\iota}$ *où* $0 < \pi < \aleph_\alpha$ *et en outre* $\xi_\iota < \mu$ *et* $\eta_\iota < \aleph_\alpha$ *pour tout* $\iota < \pi$.

En vertu de (3) et (11) l'ensemble X_ζ se compose de suites du type μ dont les termes sont $< \omega_\alpha$; suivant (10) cet ensemble contient au moins deux éléments différents. Par conséquent il existe deux suites ψ et ψ' et un nombre ξ' tels que

(12) $$\psi \in X_\zeta \quad et \quad \psi' \in X_\zeta,$$

(13) $$\xi' < \mu \quad et \quad \psi_{\xi'} \neq \psi'_{\xi'}.$$

Supposons que le nombre ξ' est un des nombres ξ_ι où $\iota < \pi$, soit $\xi' = \xi_{\iota'}$. En raison de (11) et (12) on a alors $\psi \in \Psi_{\xi_{\iota'}, \eta_{\iota'}}$ et $\psi' \in \Psi_{\xi_{\iota'}, \eta_{\iota'}}$, d'où selon (3) $\psi_{\xi'} = \psi_{\xi_{\iota'}} = \eta_{\iota'}$ et de même $\psi'_{\xi'} = \psi'_{\xi_{\iota'}} = \eta_{\iota'}$. Il en résulte aussitôt que $\psi_{\xi'} = \psi'_{\xi'}$, ce qui contredit évidemment à (13). On a donc

(14) $$\xi' \neq \xi_\iota \quad pour\ tout \quad \iota < \pi.$$

Or, formons une nouvelle suite ψ'' du type μ, en remplaçant dans la suite ψ le terme à l'indice ξ' par le nombre 0:

(15) $$\psi''_{\xi'} = 0;$$

(16) $$\psi''_\xi = \psi_\xi, \quad lorsque \quad \xi \neq \xi'.$$

Les formules (14) et (16) impliquent immédiatement que $\psi''_{\xi_\iota} = \psi_{\xi_\iota}$ pour $\iota < \pi$. A l'aide de (3), (11) et (12) on en conclut que $\psi'' \in \Psi_{\xi_\iota, \eta_\iota}$ pour tout $\iota < \pi$, donc que $\psi'' \in X_\zeta$, d'où en vertu de (9) et (10) $\psi'' \in X$. Comme, d'après (3) et (5), l'ensemble X est formé exclusivement de suites du type μ aux termes > 0, il s'en suit selon (13) que

(17) $$\psi''_{\xi'} > 0.$$

Les formules (15) et (17) prouvent que la supposition (8) conduit à une contradiction. Nous sommes donc contraints d'admettre que l'ensemble X n'appartient pas à la classe $\boldsymbol{S}_\alpha \boldsymbol{P}_\alpha(\boldsymbol{K})$; en rapprochant ce fait de (7), on parvient à la formule cherchée:

$$\boldsymbol{S}_\alpha \boldsymbol{P}_\alpha(\boldsymbol{K}) \neq \boldsymbol{P}_\alpha \boldsymbol{S}_\alpha(\boldsymbol{K}), \quad \text{c, q f. d.}^{1)}$$

1) Le th. 4 avait été énoncé par nous dans la forme suivante:

Si $\aleph_\alpha$ est un aleph singulier ou bien si α est un nombre de 1re espèce, il existe une classe d'ensembles $\boldsymbol{K}$ telle que $S_\alpha \boldsymbol{P}_\alpha(\boldsymbol{K}) \neq \boldsymbol{P}_\alpha S_\alpha(\boldsymbol{K})$.

C'est M. Koźniewski qui a remarqué qu'on peut donner à ce théorème la

Les résultats acquis dans les th. 2—4 peuvent être résumés comme suit:

Théorème 5. *α étant un nombre ordinal quelconque, les conditions suivantes sont équivalentes:* (1) $\boldsymbol{S}_\alpha \boldsymbol{P}_\alpha(\boldsymbol{K}) = \boldsymbol{P}_\alpha \boldsymbol{S}_\alpha(\boldsymbol{K})$ *pour toute classe d'ensembles* $\boldsymbol{K}$ *et* (2) $\aleph_\alpha$ *est un nombre inaccessible; de plus l'hypothèse* $\boldsymbol{H}$ *implique que chacune de ces conditions équivaut à la condition:* (3) $\aleph_\alpha$ *est un aleph régulier à l'indice de* 2me *espèce.*

Par un raisonnement analogue on peut établir entre autres le théorème suivant:

Si $\beta < \alpha$, les conditions suivantes sont équivalentes: (1) $\boldsymbol{S}_\alpha \boldsymbol{P}_\beta(\boldsymbol{K}) \subset \boldsymbol{P}_\alpha \boldsymbol{S}_\alpha(\boldsymbol{K})$ *pour toute classe* $\boldsymbol{K}$, (2) $\boldsymbol{P}_\alpha \boldsymbol{S}_\beta(\boldsymbol{K}) \subset \boldsymbol{S}_\chi \boldsymbol{P}_\alpha(\boldsymbol{K})$ *pour toute classe* $\boldsymbol{K}$ *et* (3) *les formules* $\mathfrak{n} < \aleph_\alpha$ *et* $\mathfrak{p} < \aleph_\alpha$ *entraînent constamment* $\mathfrak{n}^{\mathfrak{p}} < \aleph_\alpha$; *de plus l'hypothèse* $\boldsymbol{H}$ *implique que chacune de ces conditions équivaut à la condition:* (4) α *est un nombre de* 2me *espèce.*

Remarquons pour terminer que des questions connexes ont été étudiées déjà par MM. Koźniewski et Lindenbaum [1]); en particulier, le th. 4 restreint aux nombres α de 1re espèce ne présente qu'une conséquence d'un résultat obtenu antérieurement par ces auteurs.

---

forme du texte sans en changer la démonstration. Cette remarque nous a permis d'établir l'équivalence des conditions (1) et (2) du th. 5 sans avoir recours à l'hypothèse $\boldsymbol{H}$.

[1]) La note relative va paraître dans ce volume.

ÜBER ÄQUIVALENZ DER MENGEN IN BEZUG AUF EINE BELIEBIGE KLASSE VON ABBILDUNGEN

Atti del Congresso Internazionale dei Matematici Bologna, vol. 6, 1928, Nicola Zanichelli, Bologna, 1930, pp. 243-252.

A. TARSKI (Warszawa - Polonia)

ÜBER ÄQUIVALENZ DER MENGEN IN BEZUG AUF EINE BELIEBIGE KLASSE VON ABBILDUNGEN

Im Verlaufe der letzten Jahre wurden im Gebiete der abstrakten Mengenlehre Untersuchungen durchgeführt, die man im Allgemeinen folgendermassen charakterisieren kann: auf dem Wege der Analyse von Beweisen verschiedener, manchmal sogar ganz besonderer Sätze aus der Theorie der Gleichmächtigkeit und der Arithmetik der Kardinalzahlen, gelangte man zu allgemeineren, zur Theorie der Abbildungen (im weitesten Sinne des Ausdruckes) gehörenden Ergebnissen, die sowohl in anderen Teilen der Mengenlehre, wie auch in einigen verwandten Gebieten der Mathematik Anwendung finden. Die Anregung zu diesen Untersuchungen ist den Herren KÖNIG und BANACH zuzuschreiben, deren Berichte anzuführen ich unten Gelegenheit haben werde; das Resultat dieser Untersuchungen bilden unter anderem auch diejenigen Ergebnisse, über die ich in meinem Vortrage berichten werde.

Ehe ich an meine eigentliche Aufgabe herantrete, muss ich noch folgendes bemerken. Wegen der eingeschränkten Zeit dieses Vortrages bin ich gezwungen alle Beweise der angefürten Sätze zu unterlassen. Die Resultate, welche ich, ohne den Verfasser anzuführen, angeben werde, wurden von mir selbst und teilweise vom Herrn LINDENBAUM gefunden. Im übrigen wird die, in Einzelheiten manchmal ziemlich komplizierte, Verfasserfrage gänzlich in Berichten aufgeklärt, die in einem der nächsten Bände der Zeitschrift « Fundamenta Mathematicae » erscheinen und die einen eingehenden Vortrag und Beweise der erwähnten Ergebnisse enthalten werden; einige von diesen Ergebnissen (in ein wenig veränderter Form) wurden schon vorher im gemeinsamen Bericht von Herrn LINDENBAUM und mir: *Communication sur les recherches de la Théorie des Ensembles* veröffentlicht ([1]). Die bibliographischen Nachweise von manchen schon vorher veröffentlichten Resultaten anderer Verfasser, die ich zunächst erwähnen werde, kann man in dem bekannten Bericht von SCHÖNFLIES ([2]) finden.

([1]) Comptes Rendus des Séances de la Soc. des Sc. et des Lettres à Varsovie, XIX, Classe III, S. 316-319; ich werde unten diesen Bericht als *Communication* anführen.

([2]) *Entwickelung der Mengenlehre und ihrer Anwendungen,* Leipzig und Berlin, 1913.

Die Hauptaufgabe des vorliegenden Berichtes ist die Einführung und die Feststellung der Grundeigenschaften des Begriffes: *Äquivalenz der Mengen in bezug auf eine beliebige Klasse von Abbildungen.* Dieser Begriff, der bis jetzt in seiner ganzen Ausdehnung nicht erörtert und sogar keiner Betrachtung unterworfen wurde, verdient schon aus dem Grunde eingehend untersucht zu werden, dass er als besondere Fälle eine Reihe von Begriffen umfasst, welche eine hervorragende Rolle in der Mengenlehre und in einigen verwandten mathematischen Wissenschaften, hauptsächlich in der Topologie und in der Geometrie spielen; unter diesen Begriffen genügt es die Gleichmächtgkeit beliebiger Mengen, weiter die Homöomorphie, topologische Äquivalenz, Kollineation, Ähnlichkeit (im geometrischen Sinne) und die Kongruenz der Punktmengen zu erwähnen.

Man sagt von den Mengen A *und* B, *dass sie in bezug auf die Klasse* K *von Funktionen (Abbildungen) äquivalent sind, in Formel* $\mathrm{A} \underset{\mathrm{K}}{\sim} \mathrm{B}$, *wenn es eine Funktion* $\mathfrak{f}$ *gibt, welche der Klasse* K *angehört und welche die Menge* A *auf die Menge* B *abbildet.*

Zwecks Vermeidung der Missverständnisse muss man hier den Sinn des Ausdruckes « Funktion f, die die Menge A auf die Menge B abbildet », der in der vorherigen Definition auftritt, genau erklären. Das Bild der Menge A in bezug auf die Funktion f, in Zeichen $\bar{f}(A)$, nennt man die Menge aller Werte $f(x)$, die die Funktion f annimmt, wenn das Argument x alle möglichen Elemente der Menge A durchläuft. Wir sagen, dass die Funktion f die Menge A auf die Menge B abbildet, wenn diese Funktion in der ganzen Menge A definiert ist und wenn dabei $\bar{f}(A)=B$.

Wenn wir mit dem Zeichen K die Klasse aller möglichen eineindeutigen (schlichten) Funktionen benennen, drückt die Formel $A \underset{K}{\sim} B$ einfach aus, dass die Mengen A und B gleichmächtig sind. Es ist leicht sich zu orientieren, welche Bedeutung man dem Zeichen K beimessen soll, damit die Relation $A \underset{K}{\sim} B$ mit den anderen vorher erwähnten Relationen — der Ähnlichkeit der geordneten Mengen, Homöomorphie oder Kongruenz der Punktmengen usw. - übereinstimme.

Im weiteren Verlaufe dieser Erörterungen werde ich stets stillschweigend voraussetzen, dass die Klasse K, in bezug auf welche die betrachteten Mengen äquivalent sind, lediglich aus eineindeutigen Funktionen besteht. Diese Beschränkung, die übrigens in Anwendung auf einige unten zu erörtende Ergebnisse nicht wesentlich ist, hat keine wichtigere Bedeutung vom Standpunkte der aktuellen Anwendungen des untersuchten Begriffs.

Ohne etwas weiteres hinsichtlich der Klasse K anzunehmen, kann man schon eine Reihe von Sätzen aus der Theorie der Äquivalenz der Mengen feststellen und zwar sowohl elementare Sätze, als auch tiefergehende Ergebnisse. Beispielsweise werde ich gleich einige dieser Sätze explicite anführen.

Satz 1. - *Die Nullmenge* 0 *ist sich selbst in bezug auf eine beliebige nicht leere Klasse* K *äquivalent*: $0 \underset{\mathrm{K}}{\sim} 0$; *umgekehrt, wenn* $\mathrm{A} \underset{\mathrm{K}}{\sim} 0$, *dann* $A=0$.

Satz 2. - *Wenn* $\sum_{i \varepsilon N} A_i \underset{K}{\sim} B$, *dann besteht eine Zellegung der Menge* B:

$$B = \sum_{i \varepsilon N} B_i,$$

die der Bedingung: $A_i \underset{K}{\sim} B_i$ *für ein beliebiges Element* i *der Menge* N *genügt.*

Es sei hier ausdrüklich betont, dass wir uns der Zeichen + und $\sum$ bei jetzigen Betrachtungen lediglich für die Bezeichnung der Summe von disjunkten (paarweise fremden) Mengen bedienen.

Eine unmittelbare Konsequenz des S. 2 ist folgender

Satz 2ª. - *Wenn* $A \underset{K}{\sim} B$, *dann entspricht jeder Untermenge* A_1 *der Menge* A *eine soche Untermenge* B_1 *der Menge* B, *dass* $A_1 \underset{K}{\sim} B_1$.

Dem S. 2 ist inhaltlich verwandt, bedarf jedoch eines viel tieferen Beweises der

Satz 3. - *Wenn* $\sum_{i \varepsilon N} A_i + B \underset{K}{\sim} B$, *dann besteht eine solche Zerlegung der Menge* B: $B = \sum_{i \varepsilon N} B_i$, *dass* $A_i + B_i \underset{K}{\sim} B_i$ *für beliebiges* $i \varepsilon N$.

Satz 3ª. - *Wenn* $A + B \underset{K}{\sim} B$, *dann entspricht jeder Untermenge* A_1 *der Menge* A *eine solche Untermenge* B_1 *der Menge* B, *dass* $A_1 + B_1 \underset{K}{\sim} B_1$.

Satz 4. - *Wenn* $A \underset{K}{\sim} B_1 \subset B$ *und* $B \underset{K}{\sim} A_1 \subset A$, *dann gibt es eine derartige Zerlegung der Mengen* A *und* B: $A = C_1 + C_2$, $B = D_1 + D_2$, *dass gleichzeitig* $C_1 \underset{K}{\sim} D_1$ *und* $D_2 \underset{K}{\sim} C_2$; *auf analoge Weise lassen sich die Mengen* A_1 *und* B_1 *zerlegen.*

Für Klassen der eineindeutigen Abbildungen erhielt den obigen Satz Herr BANACH mittelst der Analyse des Beweises für den berühmten CANTOR-BERNSTEIN'schen Äquivalenzsatz (1); in letzter Zeit gelang es Herrn KNASTER und mir desen Satz auf Abbildungsklassen vom ganz beliebigen Charakter auszudehnen.

Unter den Abbildungsklassen sondert sich auf eine ganz natürliche Weise eine besonders wichtige Kategorie dieser Klassen aus, nämlich die *Gruppen.*

Die Klasse K *der eineindeutigen Funktionen nenne ich eine Transformationsgruppe oder einfach Gruppe, wenn sie folgende Bedingungen erfüllt: mitsamt der beliebigen Funktion* f, *welche der Klasse* K *angehört, gehört die inverse Funktion* f^{-1} *auch* K *an; mit zwei beliebigen Funktionen* f *und* g, *welche* K *angehören, gehört die zusammengesetzte Funktion* h *mit der Formel*: $h(x) = f(g(x))$ *auch der Klasse* K *an* (2).

Das System aller Transformationsgruppen werde ich mit dem Symbol $\mathfrak{G}$ bezeichnen; die Formel $K \varepsilon \mathfrak{G}$ wird demnach besagen, dass die Klasse K eine Gruppe ist.

---

(1) Vgl. « Fund. Math. », VI, S. 236-239.

(2) Es ist leicht ersichtlich, dass ich den Ausdruck « Gruppe » hier in einigermassen breiterer Bedeutung gebrauche, als es sonst in der Theorie der Transformationsgruppen zu geschehen pflegt.

Zu der Kategorie der Gruppen gehören bekanntlich mehrere Abbildungsklassen, die in verschiedenen Teilen der Mathematik eine hervorragende Rolle spielen. Es genügt hier auf Klassen hinzuweisen, die ich schon vorher erwähnt habe: auf die Klasse aller möglichen schlichten Abbildungen, weiter auf die Klasse aller eineindeutigen und umkehrbarstetigen Abbildungen, endlich auf die Klasse aller isometrischen (entfernungstreuen) Abbildungen.

Bei der Voraussetzung, dass die Klasse K eine Gruppe ist, hat die Mengenrelation, durch die Formel $A \underset{K}{\sim} B$ ausgedrückt, einige elementare, jedoch sehr wichtige Eigenschaften: sie ist symmetrisch, transitiv und reflexiv. Diese Tatsache stellen folgende Sätze fest:

Satz 5. - *Sei* $K \varepsilon \mathfrak{G}$, *dann sind die Bedingungen:* $A \underset{K}{\sim} B$ *und* $B \underset{K}{\sim} A$ *gleichwertig.*

Satz 6. - *Sei* $K \varepsilon \mathfrak{G}$, $A \underset{K}{\sim} B$ *und* $B \underset{K}{\sim} C$, *dann ist* $A \underset{K}{\sim} C$.

Eine unmittelbare Konsequenz dieser beiden Sätze ist der

Satz 7. - *Wenn* $K \varepsilon \mathfrak{G}$ *und wenn es eine solche Menge* B *gibt, das* $A \underset{K}{\sim} B$ *oder* $B \underset{K}{\sim} A$, *dann ist* $A \underset{K}{\sim} A$.

Als Beispiel tieferliegenden Sätze, welche die Äquivalenz der Mengen in bezug auf die Gruppen von Abbildungen betreffen, werde ich folgendes anführen:

Satz 8. - *Sei* $K \varepsilon \mathfrak{G}$, n — *eine beliebige natürliche Zahl,* $\sum_{i=1}^{n} A_i \underset{K}{\sim} \sum_{i=1}^{n} B_i$, *wobei* $A_1 \underset{K}{\sim} A_i$ *und* $B_1 \underset{K}{\sim} B_i$ *für* $1 \leqslant i \leqslant n$; *dann kann man eine jede Menge* A_1 *und* B_1 *in* n^2 *Summanden auf die Weise zerlegen:*

$$A_1 = \sum_{i=1}^{n^2} C_i, \quad B_1 = \sum_{i=1}^{n^2} D_i,$$

dass die Bedingung: $C_i \underset{K}{\sim} D_i$ *für beliebiges* i, $1 \leqslant i \leqslant n^2$, *erfüllt ist.*

Den obigen Satz hat im Fall: $n=2$ Herr KURATOWSKI (1) und im allgemeinen Fall Herr D. KÖNIG (2) bewiesen. In beiden Beweisen spielt das Auswahlaxiom eine wesentliche Rolle. Ohne dieses Axiom lässt sich ein logisch schwächerer Satz beweisen, dessen Voraussetzungen sich von denen des S. 8 nicht unterscheiden, die These jedoch deutet auf die Zerlegung beider Mengen A_1 und B_1 nicht in n^2, sondern in abzählbar viele Summanden, die in bezug auf die Klasse K entsprechend äquivalent sind.

Zwecks Erlangung einer Reihe weiterer Sätze aus der Theorie der Äquivalenz der Mengen, die sich vorteilhaft von einigen vorher dargestellten Resultaten durch die logische Einfachheit ihres Aufbaues unterscheiden, muss man die Funktionen-

---

(1) « Fund. Math. », IV, S. 240-243.

(2) Vgl. « Fund. Math. », VIII, S. 131; in demselben Bericht sind auch die früheren Arbeiten des Herr D. KÖNIG zitiert.

klassen einer weiteren Spezialisierung unterwerfen, und zwar zwei Kategorien unter denselben hervorheben, nämlich die *endlich-additiven* und *abzählbar-additiven Funktionenklassen*. Leider wird diese Spezialisierung eine ansehnliche Beschränkung des Anwendungsgebietes von festgestellten Ergebnissen zur Folge haben.

Die Klasse K *der eineindeutigen Funktionen werde ich endlich-additiv nennen, wenn sie folgender Bedingung genügt*: f_1 *und* f_2 *seien zwei beliebige, zu* K *gehörende Funktionen, und* A_1 *und* A_2 *zwei disjunkte Mengen, und zwar solche, deren Bilder in bezug auf* f_1 *und* f_2 *auch disjunkt sind* $(A_1 \cdot A_2 = 0 = \bar{f}_1(A_1) \cdot \bar{f}_2(A_2))$; *dann gehört die Funktion* g, *auf folgende Weise definiert*: $g(x) = \begin{cases} f_1(x) & \textit{für } x \varepsilon A_1 \\ f_2(x) & \textit{für } x \varepsilon A_2 \end{cases}$, *ebenfalls der Klasse* K *an.*

Es ist leicht die oben dargestellte Definition so zu modifizieren, um zum Begriff der *abzählbar-additiven Funktionenklasse* zu gelangen: statt zweier Funktionen und zweier Mengen müsste man zu diesem Zwecke die unendlichen Folgen der Funktionen und der Mengen betrachten.

Das System aller endlich-additiven Funktionenklassen werde ich mit $\mathfrak{A}$ und der abzählbar-additiven mit $\mathfrak{A}^*$ bezeichnen; infolgedessen werden die Formeln $K \varepsilon \mathfrak{A}$, bzw. $K \varepsilon \mathfrak{A}^*$ bedeuten, dass K eine endlich-, resp. abzählbar-additive Klasse ist.

Nur wenige Beispiele könnte man für Klassen von Funktionen finden, die einer der zuletzt abgesonderten Kategorien angehören und gleichzeitig eine wichtigere Rolle in der gegenwärtigen Mathematik spielen; als die wichtigste unter denselben ist die Klasse aller möglichen eineindeutigen Abbildungen zu nennen, die selbstverständlich nicht nur endlich-, sondern auch abzählbar additiv ist. Ohne andere Beispiele, die von geringerer Bedeutung sind, und die ebenfalls aus der abstrakten Mengenlehre entnommen sind, anzuführen, lohnt es sich zu bemerken, dass eine gewisse einheitliche Methode besteht, die die Konstruktion einer Reihe von neuen endlich-, bzw. abzählbar-additiven Klassen ermöglicht, die sich in den mathematischen Untersuchungen nützlich erweisen können. Vermittelst dieser Methode kann man nämlich einer jeden vorgegebenen Klasse L von eineindeutigen Funktionen die kleinste endlich- oder abzählbar-additive Klasse K, die die Klasse L enthält, zuordnen. Nimmt man z. B. als Ausgangspunkt die Klasse L aller isometrischen Funktionen an, die in einem gewissen metrischen Raum, z. B. im gewöhnlichen Euklidischen Raum, definiert sind, die also in desem Raume gelegenen Punktmengen auf kongruente Mengen abbilden, so gelangt man zur Klasse K, welche schon eine gewisse Rolle in den geometrischen Betrachtungen gespielt hat: die Relation, durch die Formel $A \underset{K}{\sim} B$ ausgedrückt, stimmt nämlich, wie man es sich leicht vergegenwärtigen kann, mit endlichen, bzw. abzählbaren Zerlegungsgleichheit der Punktmengen A und B überein ([1]).

([1]) Diese beiden Begriffe sind u. a. eingehend in einer gemeinsamen Arbeit vom Herrn Banach und mir. « Fund. Math. », VI, S. 244-277, untersucht worden.

Ich berichte jetzt über einige wichtigere, die Äquivalenz der Mengen in bezug auf die endlich-additiven Abbildungsklassen betreffenden Ergebnisse; als Ausgangspunkt nehme ich einen elementaren, jedoch eine charakteristische Eigenschaft des untersuchten Begriffs ausdrückenden Satz:

Satz 9. - *Sei* $K \varepsilon \mathfrak{A}$, n — *eine beliebige natürliche Zahl,* $A = \sum_{i=1}^{n} A_i$ *und* $B = \sum_{i=1}^{n} B_i$, *wobei* $A_i \underset{K}{\sim} B_i$, *für* $1 \leqslant i \leqslant n$; *dann* $A \underset{K}{\sim} B$.

Satz 10. - *Wenn* $K \varepsilon \mathfrak{A}$, $A \underset{K}{\sim} B_1 \subset B$ *und* $A \supset A_1 \underset{K}{\sim} B$, *dann* $A \underset{K}{\sim} B$ *und* $A_1 \underset{K}{\sim} B_1$.

Das ist die schon von Herrn BANACH im zitierten Artikel festgestellte Verallgemeinerung des bekannten CANTOR-BERNSTEIN'schen Äquivalenzsatzes.

Dem obigen Satze zufolge sind in Anwendung auf die endlich-additiven Klassen folgende zwei Bedingungen gleichwertig: $(\alpha) A \underset{K}{\sim} B$; (β) *es gibt solche Mengen* A_1 *und* B_1, *dass* $A \supset A_1 \underset{K}{\sim} B$ *und* $A \underset{K}{\sim} B_1 \subset B$. Dabei muss man bemerken, dass in Hinsicht auf die Klassen der schlichten Abbildungen vom beliebigen Charakter die Gleichwertigkeit der Bedingungen (α) und (β) verschwindet: die erste Bedingung ist im allgemeinen logisch stärker, als die zweite. Von den Mengen A und B, welche der Bedingung (β) genügen, hönnte man sagen, dass sie die *gleiche Homöie in bezug auf die Abbildungsklasse K* haben, was man mit der Formel $A \underset{K}{\approx} B$ ausdrücken könnte; einige einzelne Fälle des obigen Begriffs sind schon bekanntlich der mathematischen Behandlung unterzogen worden.

Eine unmittelbare Konsequenz des S. 10. bildet der Satz

Satz 10[a]. - *Wenn* $K \varepsilon \mathfrak{G} \cdot \mathfrak{A}$, $A \subset B \subset C$ *und* $A \underset{K}{\sim} C$, *dann* $A \underset{K}{\sim} B \underset{K}{\sim} C$.

Satz 11. - *Sei* $K \varepsilon \mathfrak{G} \cdot \mathfrak{A}$, n *eine beliebige natürliche Zahl und* $A = \sum_{i=1}^{n} A_i$, *dann ist dafür, dass* $A + B \underset{K}{\sim} B$, *notwendig und hinreichend, dass* $A_i + B \underset{K}{\sim} B$ *für beliebiges* i, $1 \leqslant i \leqslant n$.

Satz 12. - *Wenn* $K \varepsilon \mathfrak{A}$, $A \subset C$, $A_1 \subset C_1$, $A \underset{K}{\sim} A_1$ *und* $C \underset{K}{\sim} C_1$, *dann entspricht jeder Menge* B, *so dass* $A \subset B \subset C$, *eine solche Menge* B_1, *dass* $A_1 \subset B_1 \subset C_1$ *und* $B \underset{K}{\sim} B_1$.

Diesen Satz könnt man den MITTELWERTSATZ nennen.

Weitere Sätze sind manchmal ziemlich weitgehende Konsequenzen der Ergebnisse vom Herr D. KÖNIG, welche in seiner vorher zitierten Arbeit enthalten sind.

Satz 13. - *Sei* $K \varepsilon \mathfrak{G} \cdot \mathfrak{A}$, n — *eine beliebige natürliche Zahl,* $\sum_{i=1}^{n} A_i \underset{K}{\sim} \sum_{i=1}^{n} B_i$ *und dabei* $A_1 \underset{K}{\sim} A_i$ *und* $B_1 \underset{K}{\sim} B_i$, *wo* $1 \leqslant i \leqslant n$; *so erhält man* $A_1 \underset{K}{\sim} B_1$.

Das ist die Verallgemeinerung des bekannten Satzes aus der Theorie der Kardinalzahlen: *wenn* n *eine natürliche Zahl ist und* $n \cdot \mathfrak{p} = n \cdot \mathfrak{q}$, *dann* $\mathfrak{p} = \mathfrak{q}$. Dieser Satz, vom Herr F. BERSTEIN in seiner These vorgeschlagen und daselbst im

Falle $n=2$ bewiesen, wurde erst in den letzten Jahren vom Herrn LINDENBAUM in seiner ganzen Ausdehnung ohne Auswahlaxiom begründet ([1]).

Zwei Folgerungen aus dem Satz 13 werde ich hier angeben, ohne sie sonst in der allgemeinsten der mir bekannten Gestalten zu formulieren.

Satz 13ᵃ. - *Sei* $K \varepsilon \mathfrak{G} \cdot \mathfrak{A}$, n—*eine beliebige natürliche Zahl,*

$$\sum_{i=1}^{n} A + C \underset{K}{\sim} \sum_{i=1}^{n} B_i + C,$$

wobei $A_1 \underset{K}{\sim} A_1 \underset{K}{\sim}$ *und* $B_1 \underset{K}{\sim} B_i$ *für* $1 \leqslant i \leqslant n$; *dann* $A_1 + C \underset{K}{\sim} B_1 + C$.

Satz 13ᵇ. - *Sei* $K \varepsilon \mathfrak{G} \cdot \mathfrak{A}$, p—*eine naturliche Zahl,* $A + \sum_{i=1}^{p} C_i \underset{K}{\sim} B + \sum_{i=1}^{p} C_i$, *wobei* $C_1 \underset{K}{\sim} C_i$ *für* $1 \leqslant i \leqslant p$; *dann erhält man* $A + C_1 \underset{K}{\sim} B + C_1$.

Mit Bezugnahme auf den S. 10, darf man folgenden Satz als Verstärkung des S. 13 betrachten:

Satz 14. - *Wenn* $K \varepsilon \mathfrak{A} \cdot \mathfrak{G}$, n *eine natürliche Zahl ist, wenn es weiter eine solche Menge* D *gibt, dass* $\sum_{i=1}^{n} A_i \underset{K}{\sim} D \subset \sum_{i=1}^{n} B_i$, *und wenn ausserdem* $A_1 \underset{K}{\sim} A_i$ *und* $B_1 \underset{K}{\sim} B_i$, *wo* $1 \leqslant i \leqslant n$, *dann gibt es eine solche Menge* D_1, *dass* $A_1 \underset{K}{\sim} D_1 \subset B_1$.

Die Folgerungen des obigen Satzes, welche den Sätzen 13ᵃ und 13ᵇ analog sind, werde ich hier nicht explicite formulieren.

Satz 15. - *Sei* $K \varepsilon \mathfrak{G} \cdot \mathfrak{A}$, n *und* p *natürliche teilerfremde Zahlen, sei ferner* $\sum_{i=1}^{n} A_i \underset{K}{\sim} \sum_{j=1}^{p} B_j$, *wobei* $A_1 \underset{K}{\sim} A_i$ *und* $B_1 \underset{K}{\sim} B_j$ *für* $1 \leqslant i \leqslant n$ *und* $1 \leqslant j \leqslant p$; *dann gibt es eine solche Zerlegung der Mengen* A_1 *and* B_1:

$$A_1 = \sum_{j=1}^{p} C_j, \quad B_1 = \sum_{i=1}^{n} D_i,$$

dass $C_j \underset{K}{\sim} D_i$, *wenn nur* $1 \leqslant j \leqslant p$ *und* $1 \leqslant i \leqslant n$.

Den obigen Satz darf man als ein Analogon und sogar eine Verallgemeinerug des s. g. Fundamentalsatzes der Arithmetik (des Satzes von EUKLIDES) betrachten.

In den Beweisen der S. 13-15 spielt eine wesentliche Rolle das Auswahlaxiom. Es ist angemessen hier zu bemerken, dass man die genannten Sätze ohne dieses Axiom begründen kann, wenn man nur ihre Hypothesen verstärkt, indem man nämlich voraussetzt, dass K eine abzählbar-additive Klasse ist.

Die weiteren Resultate betreffen eben die Äquivalenz der Mengen in bezug auf die abzählbar-additiven Klassen. Mit den Analogen der vorher angegebenen S. 9 und 11 fange ich an.

([1]) Vgl. *Communication*, S. 305.

Satz 16. - *Wenn* $K \varepsilon \mathfrak{A}$, $A = \sum_{i=1}^{\infty} A_i$, $B = \sum_{i=1}^{\infty} B_i$, *wobei* $A_i \underset{K}{\sim} B_i$ *für eine beliebige natürliche Zahl* i, *dann* $A \underset{K}{\sim} B$.

Satz 17. - *Bei den Voraussetzungen*: $K \varepsilon \mathfrak{G} \cdot \mathfrak{A}^*$ *und* $A = \sum_{i=1}^{\infty} A_i$, *damit* $A + B \underset{K}{\sim} B$, *ist es notwendig und hinreichend, dass* $A_i + B \underset{K}{\sim} B$ *fur jede beliebige Zahl* i.

Das ist die Verallgemeinerung eines Satzes vom Herrn ZERMELO aus der Theorie der Kardinalzahlen: $\sum_{i=1}^{\infty} \mathfrak{m}_i + \mathfrak{p} = \mathfrak{p}$ *ist notwendig und hinreichend, damit* $\mathfrak{m}_i + \mathfrak{p} = \mathfrak{p}$ *für jede beliebige natürliche Zahl* i.

Im Gegensatz zu den weiteren Ergebnissen fordert der Beweis der beiden letzten S. 15 und 16 die Anwendung des Auswahlaxioms.

Satz 18. - *Wenn* $K \varepsilon \mathfrak{G} \cdot \mathfrak{A}^*$, $A_1 \subset A$, $B_1 \subset B$, $A \underset{K}{\sim} B$ *und* $A_1 \underset{K}{\sim} B_1$, *dann kann man die Mengen* $A - A_1$ *und* $B - B_1$ *auf die Weise zerlegen*: $A - A_1 = C + C_1$, $B - B_1 = D + D_1$, *dass* $C \underset{K}{\sim} D$, $A_1 + C_1 \underset{K}{\sim} C_1$ *und* $B_1 + D_1 \underset{K}{\sim} D_1$.

Als eine der mehreren Konsequenzen deses Satzes führe ich den S. 18^a an:

Satz 18^a. - *Wenn* $K \varepsilon \mathfrak{G} \cdot \mathfrak{A}^*$, p *eine beliebige natürliche Zahl ist, wenn es weiter eine solche Menge* D *gibt, dass* $A + \sum_{i=1}^{p} C_i \underset{K}{\sim} D \subset B + \sum_{i=0}^{p} C_i$, *wobei* $C_0 \underset{K}{\sim} C_i$ *für* $0 \underset{K}{\leqslant} i \underset{K}{\leqslant} p$, *dann gibt es auch eine solche Menge* D_0, *dass* $A \underset{K}{\sim} D_0 \subset B + C_0$.

Eine weitere Folgerung des S. 18 bildet der

Satz 19. - *Sei* $K \varepsilon \mathfrak{G} \cdot \mathfrak{A}^*$, n—*eine beliebige natürliche Zahl und*

$$\sum_{i=1} A_i \underset{K}{\sim} \sum_{i=1} A_i + B;$$

es gibt dann eine Zerlegung der Menge B: $B = \sum_{i=1}^{n} B_i$, *welche die Bedingug*: $A_i \underset{K}{\sim} A_i + B_i$, *wenn* $1 \leqslant i \leqslant n$, *erfüllt.*

Dabei muss ich bemerken, dass es unmöglich ist den obigen Satz weder auf abzählbare Anzahl der Summanden, noch auf endlich-additive Gruppen auszudehnen.

Wie ich schon vorher erwähnt habe, bildet die Klasse aller moglichen ein-eindeutigen Funktionen das wichtigste Beispiel von der Abbildungsklasse, die eine Gruppe und zugleich eine endlich- und abzählbar-additive Klasse ist. Auch habe ich schon unterstrichen, dass die Relation der Äquivalenz der Mengen in bezug auf diese besondere Klasse mit der gewöhnlichen Relation der Gleichmächtigkeit identisch ist. Dank diesen Umständen umfassen alle in meinem Bericht dargestellten Ergebnisse, als spezielle Fälle, gewisse Sätze aus der Theorie der Gleichmächtigkeit (was schon mehrmals deutlich betont wurde). Es ist leicht festzustellen, dass alle erwähnten Sätze folgende charakteristische Eigenschaften besitzen: 1°) ihre Begründung fordert im allgemeinen nicht die Anwendung des Auswahlaxioms, und keineswegs des Wohlordnungssatzes von Herrn ZERMELO;

2°) bei der Formulierung dieser Sätze treten, ausser des Begriffes der Gleichmächtigkeit, ausschliesslich die Begriffe aus der s. g. Algebra der Logik (Algebra der Mengen) auf. Ich vermute, dass die hier bemerkte Erscheinung keinen zufälligen Charakter trägt, dass vielmehr alle Sätze aus der Theorie der Gleichmächtigkeit, die den vorher aufgezählten Bedingungen genügen, ziemlich spezielle Folgerungen viel allgemeinerer Tatsachen bilden, die die Äquivalenz der Mengen in bezug auf beliebige Abbildungsklassen betreffen. Ich wäre natürlich nicht imstande diese Vermutung auf ganz genaue Weise zu begründen, nichtdestoweniger stellt sie nicht bloss das Produkt loser, oberflächlicher Beobachtungen dar. Ich möchte noch bemerken, dass mann unter den Sätzen aus der Theorie der Gleichmächtigkeit, die als spezielle Fälle der in meinem Berichte angeführten Resultate erlangt werden können, auch neue Ergebnisse aus diesem Gebiete finden kann — in diesem wenigstens Sinne, dass sie zum ersten ohne das Auswahlaxiom bewiesen sind; ich denke hier u. a. an die unmittelbaren Folgerungen der Sätze 12-15 und 18-19.

Zum Schluss dieses Berichtes erübrigt es sich zu bemerken, dass man auf ähnliche Weise, wie die Sätze aus der Theorie der Gleichmächtigkeit, auch die zur Arithmetik der Kardinalzahlen gehörenden Ergebnisse verallgemeinern kann. Zu diesem Zweck soll man den Begriff des *Typus der gegebenen Abbildungsklasse K* einführen; es ist ein derartiger allgemeiner Begriff, welcher als spezielle Fälle die bekannten Begriffe der Kardinalzahl, des Ordnungstypus, des topologischen Typus und m. a. umfasst. Zwecks Vereinfachung der Betrachtungen beschränke ich mich hier auf den Fall, wo die Abbildungsklasse K eine Gruppe ist. Da bei der obigen Voraussetzung, wie wir schon wissen, die Relation $\underset{K}{\sim}$ symmetrisch und transitiv ist, kann man alle Mengen, zwischen denen sie eintritt, und welche demzufolge dem Felde dieser Relation angehören (wie man es in der Logik der Relationen zu sagen pflegt), in disjunkte Klassen einteilen, indem man einer und derselben Klasse zwei Mengen A und B dann und nur dann zuteilt, wenn $A \underset{K}{\sim} B$. Die auf dem Wege der beschriebenen Einteilung erlangten Klassen von Mengen werden eben die *Typen der gegebenen Abbildungskasse K* genannt. Die allgemein in der Arithmetik der Kardinalzahlen vorkommenden Definitionen nachahmend, definieren wir fur auf diese Weise angeführten Typen die Relationen « kleiner als » und « grösser als » und die Verknüpfungen: Addition einer endlichen oder abzählbaren Anzahl der Summanden, Substraktion und Multiplikation mit einer natürlichen Zahl oder $\aleph_0$. Wenn man sich auf diese Definitionen stützt und die Voraussetzung, die Klasse K betreffend, je nach dem Bedürfniss spezialisiert (indem man nämlich fordert, dass K eine endlich- oder abzählbar-additive Gruppe sei), kann man eine ganze Arithmetik der Typen entwickeln, die eine Verallgemeinerung der gewöhnlichen Arithmetik der Kardinalzahlen sein wird. Dabei zeigt es sich, dass alle bekannten Sätze über die Kardinalzahlen, die ausschliesslich vermittelst der genannten Begriffe: « kleiner als », der Addition u. s. w. formuliert sind und deren Beweise die Anwendung des Auswahlaxioms nicht erfordern, sich im Ganzen auf das Gebiet der Typenarithmetik übertragen lassen ([1]).

Wie ich schon am Anfang bemerkt kabe, war der Hauptzweck meines Berichtes den Augenmerk auf gewisse Begriffe von sehr allgemeiner Natur zu richten, welche nie vorher in ihrer ganzen Ausdehnung untersucht worden sind und die mir wichtig und näherer Kenntnis würdig zu sein scheinen. Ich bin dessen gänzlich bewusst, dass auch heute diese Begriffe nicht in erschöpfender Weise erforscht sind: auffallend ist der eintönige und ziemlich spezielle Charakter der in diesem Gebiete erreichten Ergebnisse. Dieser Sachverhalt lässt sich einigermassen durch die spezifische Entstehungsweise und die Neuheit der eingeleiteten Untersuchungen rechtfertigen; man darf vermuten, das weitere Arbeiten auf diesem Gebiete neue Fragen auf die Tagesordnung bringen und die für uns hier interessanten Begriffe von neuem Standpunkt aus aufklären werden.

([1]) Einige Einzelheiten, diese Angelegenheit betreffend, kann man in *Communication*, S. 319, finden.

Estratto dagli *Atti del Congresso Internazionale dei Matematici*
Bologna, 3-10 settembre 1928 - VI

ÜBER EINIGE FUNDAMENTALEN BEGRIFFE DER METAMATHEMATIK

Sprawozdania z Posiedzeń Towarzystwa Naukowego Warszawskiego, Wydział III Nauk Matematyczno-fizycznych (Comptes Rendus des Séances de la Société des Sciences et des Lettres de Varsovie, Classe III, Sciences Mathématiques et Physiques) vol. 23 (1930), pp. 22-29.

A revised text of this article appeared in English translation as:

ON SOME FUNDAMENTAL CONCEPTS OF METAMATHEMATICS

in: *Logic, Semantics, Metamathematics. Papers from 1923-1938.* Clarendon Press, Oxford, 1956, pp. 30-37.

A French translation of this latter article appeared as:

SUR QUELQUES CONCEPTS FONDAMENTAUX
DE LA MÉTAMATHÉMATIQUE

in: *Logique, Sémantique, Métamathématique. 1923.1944. Vol. 1* Edited by G. Granger. Librarie Armand Colin, Paris, 1972, pp. 35-44.

Odbitka ze Sprawozdań z posiedzeń Towarzystwa Naukowego Warszawskiego XXIII 1930. Wydział III.

Comptes Rendus des séances de la Société des Sciences et des lettres de Varsovie XXIII 1930. Classe III.

Alfred Tarski.

O niektórych podstawowych pojęciach metamatematyki.

Przedstawił J. Łukasiewicz dnia 27 marca 1930 r.

Streszczenie.

Celem tego komunikatu jest sprecyzowanie znaczenia i ustalenie elementarnych własności kilku podstawowych pojęć z zakresu metodologji nauk dedukcyjnych.

Über einige fundamentalen Begriffe der Metamathematik.

Vorläufige Mitteilung [1]), vorgelegt von J. Łukasiewicz am 27.III 1930.

In dieser Mitteilung bezwecken wir, den Sinn einiger wichtigen Begriffe aus dem Gebiet der *Methodologie der deduktiven Wissenschaften*, die man heutzutage nach Hrn. Hilbert *Metamathematik* zu nennen pflegt, zu präzisieren und ihre elementaren Eigenschaften festzustellen.

Den Forschungsbereich der Metamathematik bilden die formalisierten deduktiven Disziplinen (ungefähr in demselben Sinne, in welchem z. B. den Forschungsbereich der Geometrie die Raumgebilde bilden). Vom Standpunkte der Metamathematik betrachtet man diese Disziplinen als Mengen von Aussagen; diese Aus-

[1]) Eine ausführliche Darstellung der in dieser Mitteilung enthaltenen Überlegungen erscheint demnächst in den *Monatsheften für Mathematik und Physik*.

sage, die (nach einem Vorschlag von Hrn. S. Leśniewski) auch sinnvolle Aussagen genannt werden, sind ihrerseits als gewisse Aufschriften von einer wohlbestimmten Struktur zu betrachten. Die Menge aller Aussagen wird hier mit dem Symbol „S" bezeichnet. Aus den Aussagen einer beliebigen Menge X lassen sich mit Hilfe gewisser Operationen, der s. g. Schlussregeln, andere Aussagen bilden, die Folgerungen der Menge X genannt werden; die Menge aller dieser Folgerungen — die Folgerungsmenge von X — bezeichnet man mit dem Symbol „$F(X)$".

Eine exakte Definition der beiden Begriffe, der Aussage und der Folgerung, kann ausschliesslich in denjenigen Teilen der Metamathematik gegeben werden, deren Forschungsgebiet eine konkrete formalisierte Disziplin bildet. Wegen der Allgemeinheit der jetzigen Überlegungen werden hier dagegen diese Begriffe als primitive Begriffe betrachtet und mit Hilfe einer Reihe von Axiomen charekterisiert. In der üblichen Bezeichnungsweise der allgemeinen Mengenlehre lassen sich diese Axiome folgendermassen ausdrücken:

Axiom 1. $\overline{\overline{S}} \leqslant \aleph_0$.

Axiom 2. *Ist* $X \subset S$, *so* $X \subset F(X) \subset S$.

Axiom 3. *Ist* $X \subset S$, *so* $F(F(X)) = F(X)$.

Axiom 4. *Ist* $X \subset S$, *so* $F(X) = \sum_{Y \subset X \text{ und } \overline{\overline{Y}} < \aleph_0} F(Y)$.

Axiom 5. *Es existiert eine Aussage* $x \in S$, *so dass* $F(\{x\}) = S$.

Zwecks Erlangung tiefer liegender Ergebnisse fügt man zu diesen Axiomen noch andere Axiome von speziellerer Natur hinzu. Im Gegensatz zu der ersten Axiomengruppe beziehen sich die Axiome der zweiten Gruppe nicht auf ganz beliebige deductive Disziplinen, sondern nur auf diejenigen, die den s. g. Aussagenkalkül „voraussetzen" — in dem Sinne nämlich, dass man in den Überlegungen aus dem Gebiete dieser Disziplinen alle „wahren Sätze" des Aussagenkalküls [1]) als Prämissen anwenden darf. In den Axiomen der zweiten Gruppe kommen als neue primitive Begriffe zwei Operationen vor, mit deren Hilfe man aus den

[1]) D. h. alle Aussagen, die zu dem gewöhnlichen (zweiwertigen) System des Aussagenkalküls gehören; vgl. die nächst folgende Mitteilung von J. Łukasiewicz und A. Tarski: *Untersuchungen über den Aussagenkalkül* (unten als *Untersuchungen* zitiert), § 2, dieses Heft S. 30 und ff.

einfacheren Aussagen kompliziertere Aussagen bildet, und zwar die Operation der Implikations- und Negationsbildung; die Implikation mit dem Vorderglied x und dem Nachglied y wird hier mit dem Symbol „$c(x,y)$", das Negat von x mit dem Symbol „$n(x)$" bezeichnet. Die Axiome lauten [1]):

Axiom 6*. *Ist* $x \varepsilon S$ *und* $y \varepsilon S$, *so* $c(x,y) \varepsilon S$ *und* $n(x) \varepsilon S$ [2]).

Axiom 7*. *Ist* $X \subset S$, $y \varepsilon S$, $z \varepsilon S$ *und* $c(y,z) \varepsilon F(X)$, *so* $z \varepsilon F(X+\{y\})$.

Axiom 8*. *Ist* $X \subset S$, $y \varepsilon S$, $z \varepsilon S$ *und* $z \varepsilon F(X+\{y\})$, *so* $c(y,z) \varepsilon F(X)$.

Axiom 9*. *Ist* $x \varepsilon S$, *so* $F(\{x, n(x)\}) = S$.

Axiom 10*. *Ist* $x \varepsilon S$, *so* $F(\{x\}) . F(\{n(x)\}) = F(0)$.

Die Ax. 8* und 10* sind nur in Bezug auf diejenigen formalisierten Disziplinen erfüllt, in deren Aussagen keine „freien Variablen" vorkommen [3]). Anstatt des Ax. 8* in seiner ganzen Ausdehnung genügt es den folgenden speziellen Fall dieses Satzes als Axiom anzunehmen:

Ist $x \varepsilon S$, $y \varepsilon S$, $z \varepsilon S$ *und* $z \varepsilon F(\{x,y\})$, *so* $c(y,z) \varepsilon F(\{x\})$.

Auf Grund dieser Axiome kann man eine Reihe von Sätzen beweisen, die sich auf die betrachteten Begriffe beziehen, wie z. B.:

Satz 1. *Ist* $X \subset Y \subset S$, *so* $F(X) \subset F(Y)$.

Satz 2. *Ist* $X + Y \subset S$, *so* $F(X+Y) = F(X+F(Y)) = F(F(X)+F(Y))$.

---

[1]) Die Nummern der Axiome der zweiten Gruppe und der aus ihnen folgenden Sätzen sind hier mit einem Stern „*" versehen.

[2]) Die Aussagen werden hier, wie erwähnt, als materielle Gegenstände (Aufschriften) betrachtet. Von diesem Standpunkte aus entspricht der Inhalt des Ax. 6* nicht genau den anschaulichen Eigenschaften der in ihm vorkommenden Begriffe: nicht immer kann man aus zwei Aussagen (die doch in ganz verschiedenen Stellen auftreten können) eine Implikation bilden. Um die Überlegungen zu vereinfachen, haben wir nämlich bei der Formulierung dieses Axiomes einen Fehler begangen, der in der *Identifizierung der „gleichgestalteten"* (wie sie Hr. S. Leśniewski nennt) *Aussagen* besteht. Dieser Fehler kann dadurch beseitigt werden, dass man S als die *Menge aller Aussagentypen* (und nicht Aussagen) interpretiert und in einer analogen Weise den anschaulichen Sinn von anderen primitiven Begriffen modifiziert, wobei unter dem *Aussagentypus einer Aussage* x die Menge aller mit x gleichgestalteten Aussagen zu verstehen ist.

[3]) Das bedeutet, dass die Ausdrücke (Aussagenfunktionen) mit freien Variablen nicht als Aussagen betrachtet werden.

Dieser Satz kann auf eine beliebige (sogar unendliche) Anzah von Summanden verallgemeinert werden.

Satz 3*. *Ist* $x \varepsilon S$, $y \varepsilon S$ *und* $z \varepsilon S$, *so gilt:*

$$c\Big(c(x,y), c\Big(c(y,z), c(x,z)\Big)\Big) \varepsilon F(0),\ c\Big(x, c\Big(n(x), y\Big)\Big) \varepsilon F(0) \text{ und}$$

$$c\Big(c\Big(n(x), x\Big), x\Big) \varepsilon F(0).$$

Dieser Satz besagt, dass jede Aussage, die eine „Einsetzung" eines der dreien von Hrn. J. Łukasiewicz angegebenen Axiomen des gewöhnlichen Systems des Aussagenkalküls [1]) darstellt, eine Folgerung der Nullmenge 0 (und infolgedessen auch eine Folgerung jeder Aussagenmenge X) bildet. Mit Benutzung des Ax. 7* kann man diesen Satz auf alle „Einsetzungen" beliebiger „wahren Sätze" des Aussagenkalküls ausdehnen.

Mit Hilfe der Begriffe S und $F(X)$ können andere wichtigen Begriffe der Metamathematik definiert werden. So z. B.:

Definition 1. *Eine Aussagenmenge X heisst (deduktives oder abgeschlossenes) System,* in Zeichen $X \varepsilon \mathfrak{S}$, *wenn* $F(X) = X \subset S$.

Folgende Eigenschaften der Systeme lassen sich leicht feststellen:

Satz 4. *Für jede Menge $X \subset S$ existiert das kleinste System Y, das X umfasst, und zwar $Y = F(X)$.*

Diesem Satz zufolge bildet die Menge $F(0)$ das kleinste System überhaupt; diese Menge kann System aller logischwahren Aussagen genannt werden.

Satz 5. *Ist* $\mathfrak{K} \subset \mathfrak{S}$ *und* $\mathfrak{K} \neq 0$, *so* $\prod_{X \varepsilon \mathfrak{K}} X \varepsilon \mathfrak{S}$ *(der Durchschnitt beliebig vieler Systeme ist wiederum ein System).*

Satz 6. *Wenn* $\mathfrak{K} \subset \mathfrak{S}$ *und wenn jeder endlichen Klasse* $\mathfrak{L} \subset \mathfrak{K}$ *ein System* $Y \varepsilon \mathfrak{K}$ *entspricht, das die Formel:* $\sum_{X \varepsilon \mathfrak{L}} X \subset Y$ *erfüllt, so* $\sum_{X \varepsilon \mathfrak{K}} X \varepsilon \mathfrak{S}$.

Satz 7*. (von Hrn. A. Lindenbaum). *Ist* $\mathfrak{K} \subset \mathfrak{S}$, $\overline{\overline{\mathfrak{K}}} < \aleph_0$ *und* $\sum_{X \varepsilon \mathfrak{K}} X \varepsilon \mathfrak{S}$, *so* $\sum_{X \varepsilon \mathfrak{K}} X \varepsilon \mathfrak{K}$ *(kein System kann als eine Summe endlich vieler von ihm verschiedenen Systeme dargestellt werden).*

---

[1]) Vgl. *Untersuchungen*, § 2.

Satz 8*. *Ist* $\mathfrak{K} \subset \mathfrak{S}$, $\overline{\overline{\mathfrak{K}}} < \aleph_0$, $Y \varepsilon \mathfrak{S}$, $Y \subset \sum_{X \varepsilon \mathfrak{K}} X$ *und* $Y \neq 0$, *so gibtes ein System* $X \varepsilon \mathfrak{K}$, *das* Y *umfasst.*

Weiter führen wir den Begriff der (logischen) Äquivalenz, sowie die wichtigen Begriffe der Widerspruchsfreiheit und der Vollständigkeit ein.

Definition 2. *Die Aussagenmengen* X *und* Y *heissen (logisch-) äquivalent,* in Zeichen $X \sim Y$, *wenn* $X + Y \subset S$ *und* $F(X) = F(Y)$.

Definition 3. *Die Aussagenmenge* X *heisst widerspruchsfrei,* in Zeichen $X \varepsilon \mathfrak{W}$, *wenn* $X \subset S$ *und wenn die Formel* $X \sim S$ *nicht besteht* (d. h. *wenn* $F(X) \neq S$).

Definition 4. *Die Aussagenmenge* X *heisst vollständig,* in Zeichen $X \varepsilon \mathfrak{V}$, *wenn* $X \subset S$ *und wenn jede Menge* $Y \varepsilon \mathfrak{W}$, *die* X *umfasst, der Formel:* $X \sim Y$ *genügt.*

Mit Hilfe der Axiome der zweiten Gruppe zeigt man, dass die Def. 3 und 4 mit den üblichen Definitionen der Widerspruchsfreiheit und der Vollständigkeit übereinstimmen:

Satz 9*. $X \varepsilon \mathfrak{W}$ *dann und nur dann, wenn* $X \subset S$ *und wenn für keine Aussage* $y \varepsilon S$ *die beiden Formeln:* $y \varepsilon F(X)$ *und* $n(y) \varepsilon F(X)$ *gleichfalls bestehen.*

Satz 10*. $X \varepsilon \mathfrak{V}$ *dann und nur dann, wenn* $X \subset S$ *und wenn für jede Aussage* $y \varepsilon S$ *mindestenst eine der Formeln:* $y \varepsilon F(X)$ *und* $n(y) \varepsilon F(X)$ *besteht.*

Man beweist ferner folgende Sätze:

Satz 11. *Wenn* $\mathfrak{K} \subset \mathfrak{W}$ *und wenn zu jeder endlichen Klasse* $\mathfrak{L} \subset \mathfrak{K}$ *eine Menge* $Y \varepsilon \mathfrak{K}$ *existiert, welche die Formel:* $\sum_{X \varepsilon \mathfrak{L}} X \subset Y$ *erfüllt, so* $\sum_{X \varepsilon \mathfrak{K}} X \varepsilon \mathfrak{W}$.

Satz 12. (von Hrn. A. Lindenbaum). *Ist* $X \varepsilon \mathfrak{W}$, *so gibt es eine Menge* $Y \varepsilon \mathfrak{S} . \mathfrak{W} . \mathfrak{V}$, *das* X *umfasst (jede widerspruchsfreie Aussagenmenge lässt sich zu einem widerspruchsfreien und vollständigen System ergänzen).*

Satz 13*. *Damit* $y \varepsilon F(X)$, *ist es notwendig und hinreichend, dass* $X \subset S$, $y \varepsilon S$ *und dass die Formel* $X + \{y\} \varepsilon \mathfrak{W}$ *nicht bestehe.*

Der Begriff der Vollständigkeit wird oft mit zwei anderen, ihm inhaltlich verwandten Begriffen: der Kategorizität und der „Nicht-Gabelbarkeit" verwechselt. Ohne auf die mit diesen Begriffen zusammenhängenden Probleme näher einzugehen [1]), sei hier nur bemerkt, dass die beiden Begriffe weit über die Rahmen unserer Begriffsbildung hinausgreifen und dass die Präzisierung ihres Sinnes den speziellen Teilen der Metamathematik überlassen werden soll.

Dagegen lohnt es sich hier, den Begriff des Vollständigkeitsgrades kurz zu besprechen:

Definition 5. *Der Vollständigkeitsgrad einer Aussagenmenge X, in Zeichen $\gamma(X)$, ist die kleinste Ordnungszahl α, welche die folgende Bedingung erfüllt: es existiert keine aufsteigende Folge von widerspruchsfreien nicht-äquivalenten Aussagenmengen X_ξ vom Typus α, die mit X beginnt* (d. h. *keine Folge von Mengen X_ξ mit den Formeln: $X_0 = X$, $X_\xi \subset X_\eta \subset S$ und $F(X_\xi) \neq F(X_\eta)$ für $\xi < \eta < \alpha$*), *wobei $X \subset S$.*

Es folgt aus dieser Definition, dass:

Satz 14. $\gamma(X) = 1$ *dann und nur dann, wenn* $X \sim S$ (d. h. *wenn $X \subset S$ und wenn die Formel: $X \varepsilon \mathfrak{W}$ nicht besteht*); $\gamma(X) = 2$ *dann und nur dann, wenn* $X \varepsilon \mathfrak{W} . \mathfrak{V}$; $\gamma(X) > 2$ *dann und nur dann, wenn* $X \varepsilon \mathfrak{W} - \mathfrak{V}$.

Endlich führen wir folgende Begriffe ein:

Definition 6. *Die Aussagenmenge X heisst unabhängig,* in Zeichen $X \varepsilon \mathfrak{U}$, *wenn $X \subset S$ und wenn aus den Formeln: $Y \subset X$ und $Y \sim X$ immer $Y = X$ folgt.*

Definition 7. *Die Aussagenmenge Y heisst Basis der Aussagenmenge X,* in Zeichen $Y \varepsilon \mathfrak{B}(X)$, *wenn $X \sim Y$ und* $Y \varepsilon \mathfrak{U}$.

Definition 8. *Die Aussagenmenge Y heisst Axiomensystem der Aussagenmenge X,* in Zeichen $Y \varepsilon \mathfrak{Ax}(X)$, *wenn $X \sim Y$ und $\overline{\overline{Y}} < \aleph_0$.*

Definition 9. *Die Aussagenmenge X heisst axiomatisierbar,* in Zeichen $X \varepsilon \mathfrak{A}$, *wenn* $\mathfrak{Ax}(X) \neq 0$.

Satz 15*. $X \varepsilon \mathfrak{U}$ *dann und nur dann, wenn $X \subset S$ und wenn für jedes $y \varepsilon X$ die Formel: $X - \{y\} + \{n(y)\} \varepsilon \mathfrak{W}$ besteht.*

Satz 16. *Ist $X \subset S$ und $\overline{\overline{X}} < \aleph_0$, so existiert eine Menge $Y \subset X$, derart dass $Y \varepsilon \mathfrak{B}(X)$ (jede endliche Aussagenmenge enthält eine Basis als Teilmenge).*

---

[1]) Vgl. hierzu A. Fraenkel, Einleitung in die Mengenlehre 3-te Aufl., Berlin 1928, S. 347—354.

Satz 17*. *Ist* $X \subset S$, *so* $\mathfrak{B}(X) \neq 0$ *(jede Aussagenmenge besitzt eine Basis).*

Satz 18. *Folgende Bedingungen sind äquivalent:* (1) $X \in \mathfrak{A}$; (2) *es gibt eine Menge* $Y \subset X$, *so dass* $Y \in \mathfrak{A}\mathfrak{x}(X)$; (3) $\mathfrak{A}\mathfrak{x}(X) \cdot \mathfrak{B}(X) \neq 0$; (4) *es existiert eine solche Menge* $Y \subset X$, *dass* $\overline{\overline{Y}} < \aleph_0$ *und* $Y \in \mathfrak{B}(X)$.

Satz 19*. *Damit* $X \in \mathfrak{A}$, *ist es notwendig und hinreichend, dass* $X \subset S$ *und dass* X *keine unendliche Basis besitze.*

Satz 20*. *Sei* $X \in \mathfrak{S}$; *damit* $X \in \mathfrak{A}$, *ist es notwendig und hinreichend, dass keine Klasse* $\mathfrak{K} \subset \mathfrak{S}$ *existiere die folgende Bedingungen erfülle:* $X \mathrel{\bar{\in}} \mathfrak{K}$ *und* $X = \sum_{Y \in \mathfrak{K}} Y$ (d. h. *dass* X *sich nicht als eine Summe von ihm verschiedener Systeme darstellen lasse).*

Satz 21. *Es gilt:* $\overline{\overline{\mathfrak{S} \cdot \mathfrak{A}}} \leqslant \aleph_0$ *und* $\overline{\overline{\mathfrak{S} - \mathfrak{A}}} \leqslant \overline{\overline{\mathfrak{S}}} \leqslant 2^{\aleph_0}$; *wenn eine unendliche Menge* $X \in \mathfrak{U}$ *existiert, so ist* $\overline{\overline{\mathfrak{S} \cdot \mathfrak{A}}} = \aleph_0$ *und* $\overline{\overline{\mathfrak{S} - \mathfrak{A}}} = \overline{\overline{\mathfrak{S}}} = 2^{\aleph_0}$.

Es ist zu bemerken, dass sich in fast allen bekannten deduktiven Disziplinen eine unendliche und zugleich unabhängige Aussagenmenge konstruieren lässt, wodurch die Voraussetzung des zweiten Teiles des obigen Satzes verwirklicht wird. In diesen Disziplinen gibt es also mehr nicht — axiomatisierbarer als axiomatisierbarer Systeme: Systeme sind, um so zu sagen, nur ausnahmsweise axiomatisierbar [1]).

Von mehreren Verfassern wurde der Begriff der Unabhängigkeit einer Aussagenmenge in verschiedenen Richtungen verschärft (vollständige Unabhängigkeit von Hrn. E. H. Moore [2]), maximale Unabhängigkeit von Hrn. H. M. Sheffer [3])). Auf diese Fragen wird hier nicht näher eingegangen.

Auf Grund der obigen Begriffsbildung kann man metamathematische Untersuchungen treiben, die sich auf konkrete deduktive Diszplinen beziehen. Zu diesem Zwecke muss man vor allem in

---

[1]) Auf diese Tatsache hat zum ersten Mal (in bezug auf den Aussagenkalkül) Hr. Lindenbaum hingewiesen, von dem auch die Anregung zur Bildung des Axiomatisierbarkeitsbegriffes herrührt; vgl. *Untersuchungen*, § 3.

[2]) *Introduction to a form of general analysis*, New-Haven Mathematical Colloquium, Yale University Press, S. 82.

[3]) *The general theory of Notationbl Relativity*, Cambridge Mass. 1921 (als Manuskript herausgegeben), S. 32.

jedem einzelnen Falle die Begriffe der Aussage und der Folgerung präzisieren. Man nimmt danach als Ausgangpunkt eine beliebige Aussagenmenge X, die uns von diesem oder jenem Standpunkte interessiert; man untersucht sie in bezug auf die Widerspruchsfreiheit und Axiomatisierbarkeit, man bemüht sich, ihren Vollständigkeitsgrad zu bestimmen, evtl. auch alle diejenigen Systeme und insbesondere alle widerspruchsfreien und vollständigen Systeme anzugeben, die X als Teilmenge enthalten. Als Beispiel der in diesen Richtungen geführten Untersuchungen, welche die einfachste deduktive Disziplin, nämlich den Aussagenkalkül, betreffen, kann die oben mehrmals zitierte gemeinsame Mitteilung von Hrn. Łukasiewicz und dem Verfasser [1]) dienen. Einige Ergebnisse, die sich auf andere deduktiven Disziplinen beziehen, beabsichtige ich in nächster Zeit in einer besonderen Mitteilung zu veröffentlichen.

---

1) *Untersuchungen über den Aussagenkalkül*, dieses Heft, S. 30 und ff.

UNTERSUCHUNGEN ÜBER DEN AUSSAGENKALKÜL

Coauthored with Jan Łukasiewicz

Sprawozdana z Posiedzeń Towarzystwa Naukowego Warszawskiego, Wydział III Nauk Matematyczno-fizycznych (Comptes Rendus des Séances de la Société des Sciences et des Lettres de Varsovie, Classe III, Sciences Mathématiques et Physiques), vol. 23 (1930), pp. 30-50.

A revised text of this article appeared in English translation as:

INVESTIGATIONS INTO THE SENTENTIAL CALCULUS

in: *Logic, Semantics, Metamathematics. Papers from 1923-1938.* Clarendon Press, Oxford, 1956, pp. 38-59.

A French translation of (1) appeared as:

RECHERCHES SUR LE CALCUL DES PROPOSITIONS

in: *Logique, Sémantique, Métamathématique. 1923-1944. Vol. 1* Edited by G. Granger. Librarie Armand Colin, Paris, 1972, pp. 45-66.

A Polish translation of (1) article appeared as:

BADANIA NAD RACHUNKIEM ZDAN

in: *Jan Łukasíewícz. Z. Zadadnień Logiki i Filozofii. P isma W ybrane*, edited by J. Słupecki. PWN - Państwowe Wydawnictwo Naukowe, Warsaw 1961, pp. 129-143.

(1) was also reprinted in:

Jan Łukasíewícz. Selected Works, edited by L. Borkowski, Studies in Logic and the Foundations of Mathematics, North-Holland Publishing Company, Amsterdam, 1970, pp. 131-152

Odbitka ze Sprawozdań z posiedzeń Towarzystwa Naukowego Warszawskiego XXIII 1930. Wydział III.
Comptes Rendus des séances de la Société des Sciences et des lettres de Varsovie XXIII 1930. Classe III.

J. Łukasiewicz i A. Tarski.

Badania nad rachunkiem zdań.

Komunikat, przedstawiony przez J. Łukasiewicza dnia 27.III 1930 r.

Streszczenie.

W ciągu ostatnich kilku lat przeprowadzono w Warszawie badania z zakresu „metamatematyki", albo raczej „metalogiki", dotyczące najprostszej z pośród znanych obecnie nauk dedukcyjnych, mianowicie t. zw. rachunku zdań (teorji dedukcji). Celem niniejszego komunikatu jest zestawienie najważniejszych, przeważnie dotąd nieogłoszonych wyników, uzyskanych w toku tych badań.

J. Łukasiewicz und A. Tarski.

Untersuchungen über den Aussagenkalkül.

Vorläufige Mitteilung, vorgelegt von J. Łukasiewicz am 27.III 1930.

Im Verlaufe der letzten Jahre wurden in Warschau Untersuchungen durchgeführt, die sich auf denjenigen Teil der „Metamathematik", oder — besser gesagt — „Metalogik", beziehen, dessen Forschungsbereich die einfachste deduktive Disziplin, nämlich der s. g. Aussagenkalkül bildet. Die Initiative zu diesen Untersuchungen geht auf Łukasiewicz zurück; die ersten Ergebnisse rühren von ihm sowie von Tarski her. Im Seminar für mathematische Logik, das seit 1926 an der Universität Warszawa von Łukasiewicz geleitet wird, wurden auch die meisten der unten erwähnten Ergebnisse der Herren Lindenbaum, Sobociński und Wajsberg gefunden und besprochen. Die Systematisierung aller dieser Ergebnisse und die Präzisierung der einschlägigen Begriffe stammt von Tarski.

In der vorliegenden Mitteilung sollen die wichtigsten, meistenteils noch nicht publizierten Ergebnisse jener Untersuchungen zusammengestellt werden.

§ 1. Allgemeine Begriffe.

Wir beabsichtigen unsere Betrachtungen an die Begriffsbildung anzuknüpfen, die in der vorangehenden Mitteilung von

Tarski [1]) entwickelt wurde. Zu diesem Zwecke wollen wir vor allem den Begriff der (sinnvollen) Aussage und denjenigen der Folgerung einer Aussagenmenge in bezug auf den Aussagenkalkül präzisieren.

Definition 1. *Die Menge S aller Aussagen ist der Durchschnitt aller derjenigen Mengen, die alle Aussagenvariablen (elementaren Aussagen) enthalten und in bezug auf die Operationen der Implikations- und der Negationsbildung abgeschlossen sind* [2]).

Die Begriffe der Aussagenvariablen, der Implikation und der Negation können nicht näher erklärt werden; man muss sie vielmehr als primitive Begriffe des „Metaaussagenkalküls" betrachten. Die fundamentalen Eigenschaften dieser Begriffe, die zum Aufbau des uns hier interessierenden Teiles der Metamathematik ausreichen, können in einer Reihe von einfachen Sätzen (Axiomen) ausgedrückt werden, deren Anführung hier unterbleiben mag. Als Aussagenvariablen werden gewöhnlich die Buchstaben „*p*", „*q*", „*r*" usw. verwendet. Um die Aussagen „*p* impliziert *q*" (oder auch: „wenn *p*, so *q*") resp. „es ist nicht wahr, dass *p*" in Zeichen auszudrücken, bedient sich Łukasiewicz der Formeln „*Cpq*" resp. „*Np*" [3]). Bei dieser Bezeichnungs-

---

1) *Über einige fundamentalen Begriffe der Metamathematik*, dieses Heft, S. 22. Wir benutzen hier die in jener Mitteilung erläuterte Terminologie und Symbolik.

2) Eine Menge heisst — gemäss der in der abstrakten Mengenlehre üblichen Terminologie — in bezug auf gegebene Operationen abgeschlossen, wenn die an den Elementen der betreffenden Menge ausgeführten Operationen immer wieder Elemente dieser Menge als Resultate ergeben.

3) Vgl. J. Łukasiewicz: *O znaczeniu i potrzebach logiki matematycznej* (*Über die Bedeutung und die Erfordernisse der mathematitchen Logik;* polnisch), „Nauka Polska", Bd. X, Warszawa 1929, S. 610 Anm. Vgl. auch J. Łukasiewicz: *Elementy logiki matematycznej* (*Elemente der mathematischen Logik;* polnisch). Litographierte Ausgabe der im Herbsttrimester 1928/29 an der Universität Warszawa gehaltenen Vorlesungen, Warszawa 1929, S. 40.

Das Zeichen „*Cpq*", das im Aussagenkalkül die Implikation zwischen „*p*" und „*q*" ausdrückt, ist vom metamathematischen Zeichen „$c(x, y)$", welches eine Implikation mit dem Vorderglied x und dem Nachglied y bezeichnet, wohl zu unterscheiden: der Ausdruck „*Cpq*" ist ein Satz (im Aussagenkalkül), während der Ausdruck „$c(x, y)$" der Name eines Satzes (im „Metaaussagenkalkül") ist.

weise wird der Gebrauch von irgendwelchen Interpunktionszeichen, wie Klammern, Punkte und dgl., entbehrlich. Mehrere Beispiele der in dieser Symbolik dargestellten Aussagen werden wir in weiteren §§ kennen lernen. Neben der Implikations- und Negationsbildung werden bekanntlich in dem Aussagenkalkül auch andere derartige Operationen betrachtet, die sich jedoch auf die beiden vorhergenannten zurückführen lassen und deshalb hier nicht berücksichtigt werden.

Die Folgerungen einer Aussagenmenge werden mit Hilfe zweier Operationen, der Einsetzung (Substitution) und der Abtrennung (Schlusschema „modus ponens") gebildet. Der anschauliche Sinn der ersten Operation ist einleuchtend; wir wollen daher auf ihre Definition nicht näher eingehen. Die zweite Operation beruht darauf, dass aus den Aussagen x und $z = c(x, y)$ die Aussage y als Resultat der Abtrennung gewonnen wird.

Jetzt sind wir imstande den Begriff der Folgerung zu erklären:

Definition 2. *Die Folgerungsmenge $F(X)$ der Aussagenmenge X heisst der Durchschnitt aller derjenigen Mengen, die die Menge $X \subseteq S$ umfassen und in bezug auf die Operationen der Einsetzung und der Abtrennung abgeschlossen sind.*

Es ergibt sich daraus:

Satz 1. *Die Begriffe S und $F(X)$ erfüllen die in der vorigen Mitteilung von Tarski*[4]) *angegebenen Axiome* 1—5.

Es interessieren uns vor allem diejenigen Teile X der Menge S, die (abgeschlossene) Systeme bilden, d. h. die Formel: $F(X) = X$ verifizieren. Zwei Konstruktionsmethoden solcher Systeme stehen uns zur Verfügung. Die erste, s. g. axiomatische Methode, besteht darin, dass man eine beliebige, meistenteils endliche Aussagenmenge X — ein Axiomensystem — angibt und die Menge $F(X)$, d. i. das kleinste abgeschlossene System über X bildet. Die zweite Methode, die man wohl am besten mit dem Namen „Matrizen-Methode" bezeichnen könnte, beruht auf der folgenden Begriffsbildung von Tarski[5]):

---

[4]) S. dieses Heft, S. 23.

[5]) Der Ursprung dieser Methode ist in dem wohlbekannten, schon von Peirce (*On the algebra of logic*, Am. Journ. of Math., Bd. 7, 1885, S. 191) und Schröder angewandten Verifikationsverfahren des gewöhnlichen „zweiwertigen" Aussagenkalkülsystems zu suchen (s. u. Def. 5). Aus-

Definition 3. *Die (l o g i s c h e) M a t r i x heisst ein geordnetes Quadrupel* $\mathfrak{M} = [A, B, f, g]$, *das aus zwei disjunkten Mengen (mit Elementen von ganz beliebigem Charakter) A und B, aus einer Funktion f zweier Veränderlichen und aus einer Funktion g einer Veränderlichen besteht, wobei die beiden Funktionen für alle Elemente der Menge* $A + B$ *definiert sind und als Werte ausschliesslich Elemente von* $A + B$ *annehmen.*

Die Matrix $\mathfrak{M} = [A, B, f, g]$ *wird n o r m a l genannt, wenn aus den Formeln* $x \varepsilon B$ *und* $y \varepsilon A$ *immer* $f(x, y) \varepsilon A$ *folgt.*

Definition 4. *Die Funktion* $\mathfrak{h}$ *heisst W e r t f u n k t i o n d e r M a t r i x* $\mathfrak{M} = [A, B, f, g]$, *wenn sie folgende Bedingungen erfüllt:* (1) *die Funktion* $\mathfrak{h}$ *ist für jedes* $x \varepsilon S$ *definiert;* (2) *wenn x eine Aussagenvariable ist, dann* $\mathfrak{h}(x) \varepsilon A + B$; (3) *wenn* $x \varepsilon S$ *und* $y \varepsilon S$, *dann* $\mathfrak{h}\big(c(x, y)\big) = f\big(\mathfrak{h}(x), \mathfrak{h}(y)\big)$; (4) *wenn* $x \varepsilon S$, *dann* $\mathfrak{h}\big(n(x)\big) = g\big(\mathfrak{h}(x)\big)$.

Die Aussage x e r f ü l l t die Matrix $\mathfrak{M} = [A, B, f, g]$, in Zeichen $x \varepsilon E(\mathfrak{M})$, *wenn für jede Wertfunktion* $\mathfrak{h}$ *dieser Matrix die Formel* $\mathfrak{h}(x) \varepsilon B$ *besteht.*

Die Elemente der Menge *B* werden nach Hrn. B e r n a y s[6]) a u s g e z e i c h n e t e Elemente genannt.

Um nun mit Hilfe der Matrizen-Methode ein abgeschlossenes System des Aussagenkalküls zu konstruieren, gibt man eine (meistenteils normale) Matrix $\mathfrak{M}$ an und betrachtet die Menge $E(\mathfrak{M})$ aller derjenigen Aussagen, die diese Matrix erfüllen. Dieses Verfahren beruht auf nachstehendem leicht beweisbaren Satze:

---

führlich behandelt wurde dieses Verifikationsverfahren von Ł u k a s i e w i c z in *Logika dwuwartościowa* (*Zweiwertige Logik*, polnisch), Przegląd Filozoficzny 1921. Ł u k a s i e w i c z war auch der erste, der im Jahre 1920 mittels einer Matrix ein vom gewöhnlichen verschiedenes System des Aussagenkalküls, nämlich sein „dreiwertiges" System definierte (s. u. Anm. [17]). Mehrwertige Systeme, die durch Matrizen definiert sind, kennt auch Hr. E. P o s t (*Introduction to a general theory of elementary propositions*, Am. Journ. of Math., Bd. 43, 1921, S. 180 ff.). Die Methode, deren sich Hr. P. B e r n a y s (*Axiomatische Untersuchung des Aussagenkalküls der „Principia Mathematica"*, Math. Ztschr., Bd. 25, 1926; vgl. auch u. Anm. [13])) zum Beweis seiner Sätze über Unabhängigkeit bedient, beruht auch auf Matrizenbildung. Die hier oben dargestellte Auffassung der Matrizenbildung als einer allgemeinen Konstruktionsmethode der Systeme rührt von T a r s k i her.

[6]) S. die oben Anm. [5]) zitierte Abhandlung, S. 316.

Satz 2. *Ist $\mathfrak{M}$ eine normale Matrix, so $E(\mathfrak{M}) \varepsilon \mathfrak{S}$.*

Falls die Menge $E(\mathfrak{M})$ ein System bildet (was gemäss dem S. 2 immer gilt, wenn die Matrix $\mathfrak{M}$ normal ist), wird sie ein durch die Matrix $\mathfrak{M}$ erzeugtes System genannt.

Folgende Umkehrung des Satzes 2, die von Hrn. Lindenbaum bewiesen wurde, bringt die Allgemeinheit der hier betrachteten Matrizen-Methode zur Evidenz:

Satz 3. *Für jedes System $X \varepsilon \mathfrak{S}$ existiert eine normale Matrix $\mathfrak{M} = [A, B, f, g]$, mit höchstens abzählbarer Menge $A + B$, die der Formel $X = E(\mathfrak{M})$ genügt.*

Jede der beiden Methoden hat ihre Vor- und Nachteile. Die nach der axiomatischen Methode gebildeten Systeme können leichter in bezug auf ihre Axiomatisierbarkeit untersucht werden, die durch Matrizen erzeugten Systeme sind wiederum leichter auf ihre Vollständigkeit und Widerspruchsfreiheit zu prüfen. Insbesondere gilt folgender einleuchtender Satz:

Satz 4. *Ist $\mathfrak{M} = [A, B, f, g]$ eine normale Matrix, wobei $A \neq 0$, so $E(\mathfrak{M}) \varepsilon \mathfrak{W}$.*

§ 2. Das gewöhnliche (zweiwertige) System des Aussagenkalküls.

An erster Stelle betrachten wir das wichtigste unter den Aussagenkalkülsystemen, nämlich das wohlbekannte gewöhnliche (auch „zweiwertig" von Łukasiewicz genannte[7]) System, das hier mit dem Symbol „L" bezeichnet wird.

Auf Grund der Matrizen-Methode kann das System L folgendermassen definiert werden:

Definition 5. *Das gewöhnliche System L des Aussagenkalküls ist die Menge aller Aussagen, welche die Matrix $\mathfrak{M} = [A, B, f, g]$ erfüllen, wobei $A = \{0\}$, $B = \{1\}$*[8] *und die Funktionen f und g durch die Formeln: $f(0,0) = f(0,1) = f(1,1) = 1$, $f(1,0) = 0$, $g(0) = 1$, $g(1) = 0$ bestimmt sind.*

Aus dieser Definition ergibt sich leicht die Widerspruchsfreiheit und Vollständigkeit des Systems L:

Satz 5. $L \varepsilon \mathfrak{S} . \mathfrak{W} . \mathfrak{V}$.

Das System L kann auch vermittels der axiomatischen Methode definiert werden. Das erste Axiomensystem des Aussa-

---

[7]) S. o. Anm. [5]).

[8]) Mit „$\{a\}$" bezeichnet man in der Mengenlehre die aus a als dem einzigen Element bestehende Menge.

genkalküls hat G. Frege geschaffen[9]). Andere Axiomensysteme stammen von den Hrn. Hrn. Whitehead und Russell[10]) sowie von Hrn. Hilbert[11]). Łukasiewicz hat von den zur Zeit bekannten Axiomensystemen das einfachste angegeben und auf elementare Weise die Äquivalenz der beiden Definitionen von L nachgewiesen[12]); dieses Ergebnis lautet:

Satz 6. *Sei X die Menge, die aus den drei Aussagen:*

$$„CCpqCCqrCpr“, „CCNppp“, „CpCNpq“$$

besteht; dann ist $X \varepsilon \mathfrak{Ax}(L)$. Infolgedessen ist L axiomatisierbar, $L \varepsilon \mathfrak{A}$.

Nach einer von Hrn. Bernays und Łukasiewicz entwickelten Methode[13]), die Unabhängigkeit einer Aussagenmenge X zu untersuchen, konstruiert man für jede Aussage $y \varepsilon X$ eine normale Matrix $\mathfrak{M}_y$, die alle Aussagen der Menge X mit Ausnahme von y erfüllt. Mittels dieser Methode bewies Łukasiewicz, dass im Gegensatz zu den vorhererwähnten Axiomensytemen folgender Satz gilt:

---

[9]) *Begriffsschrift*, Halle a/S. 1879, S. 25—50. Frege ist der Begründer des modernen Aussagenkalküls. Sein System, das nicht einmal in Deutschland bekannt zu sein scheint, ist auf folgenden 6 Axiomen aufgebaut: „*CpCqp*“, „*CCpCqrCCpqCpr*“, „*CCpCqrCqCpr*“, „*CCpqCNqNp*“, „*CNNpp*“, „*CpNNp*“. Das dritte Axiom ist überflüssig, denn es ist aus den beiden ersten ableitbar. Die drei letzten Axiome können durch den Satz „*CCNpNqCqp*“ ersetzt werden (Łukasiewicz).

[10]) *Principia mathematica*, Bd. I, 1910, S. 100.

[11]) *Die logischen Grundlagen der Mathematik*, Math. Ann. Bd. 88, S. 153.

[12]) Vgl. die oben Anm. [3]) zitierten „*Elemente*“ von Łukasiewicz, S. 45 u. 121 ff. Der Beweis der Äquivalenz der beiden Definitionen von L läuft darauf hinaus, die Vollständigkeit des auf Grund der axiomatischen Methode definierten Systems L zu erweisen. Den ersten Vollständigkeitsbeweis dieser Art findet man bei Post (s. die Anm. [5]) zitierte Abhandlung).

[13]) Hr. Bernays hat in der oben Anm. [5]) zitierten Abhandlung, die aus dem Jahre 1926 stammt, aber nach Angabe des Verfassers Ergebnisse aus der 1918 eingereichten unveröffentlichten Habilitationsschrift enthält, eine auf Matrizenbildung beruhende Methode publiziert, die uns ermöglicht, die Unabhängigkeit gegebener Aussagenmengen zu untersuchen. Die von Hrn. Bernays angegebene Methode war noch vor ihrer Veröffentlichung Łukasiewicz bekannt, der unabhängig von Bernays einer Anregung Tarski's folgend (vgl. Tarski: *O wyrazie pierwotnym logistyki* [*Über den primitiven Termin der Logistik*; polnisch], Przegląd Filozoficzny 1923, S. 76, sowie *Sur les truth-functions au sens de MM. Russell et Whi-*

Satz 7. *Die im Satz 6 angegebene Aussagenmenge X ist unabhängig; infolgedessen ist X eine Basis von L,* $X \varepsilon \mathfrak{B}(L)$.

Eine andere s. g. strukturelle Methode zur Untersuchung der Unabhängigkeit erfand Tarski. Diese Methode, obwohl sie weniger allgemein ist, als die Methode der Matrizenbildung, kann in manchen Fällen erfolgreich angewendet werden.

Von Tarski stammt folgender Satz allgemeiner Natur:

Satz 8. *Das System L sowie jedes axiomatisierbare System des Aussagenkalküls, das die Aussagen „CpCqp" und „CpCqCCpCqrr" (resp. „CpCqCCpCqrCsr") enthält, besitzt eine Basis, die aus einer einzigen Aussage besteht* [14]).

Der Beweis dieses Satzes ermöglicht insbesondere eine Basis des Systems *L* effektiv anzugeben, die ein einziges Element enthält [15]). Łukasiewicz hat den Beweis Tarski's vereinfacht und auf Grund der Vorarbeiten des Hrn. B. Sobociński folgendes festgestellt:

---

tehead, Fund. Math. Bd. V, 1924, S. 60), zuerst seine mehrwertigen, durch Matrizen definierten Systeme, zu Unabhängigkeitsbeweisen verwendete und nachher die allgemeine Methode fand. Auf Grund dieser Methode hat Łukasiewicz schon 1924 die von den Hrn. Hrn. Whitehead und Russell sowie von Hrn. Hilbert angegebenen Axiomensysteme auf ihre Unabhängigkeit untersucht und festgestellt, dass keines von ihnen unabhängig ist. Diese Ergebnisse (ohne Beweise) sind in der folgenden Note von Łukasiewicz enthalten: *Démonstration de la compatibilité des axiomes de la théorie de la déduction,* Annales de la Société Pol. de Math. T. III, Kraków 1925, S. 149.

14) Ein analoger, aber ganz trivialer Satz bezieht sich auf alle axiomatisierbaren Systeme derjenigen deduktiven Disziplinen, die den Aussagenkalkül schon voraussetzen und nicht nur die Ax. 1—5, sondern auch die Ax. * — 10* der oben Anm. 1) zitierten Mitteilung von Tarski erfüllen.

15) Dieses Resultat Tarski's stammt aus dem Jahre 1925; vgl. S. Leśniewski: *Grundzüge eines neuen Systems der Grundlagen der Mathematik. Einleitung und* §§ 1—11, Fund. Math. Bd. XIV, Warszawa 1929, S. 58. Ein aus einem einzigen Axiom bestehendes Axiomensystem des gewöhnlichen Aussagenkalküls hat bereits Nicod im Jahre 1917 aufgestellt (*A reduction in the number of the primitive propositions of logic,* Proc. of the Cambr. Philos. Soc. Bd. XIX, Jan. 1917). Das Nicod'sche Axiom ist jedoch auf der Sheffer'schen Disjunktion „*p/q*" als dem einzigen primitiven Termin aufgebaut, und die in bezug auf diesen Termin von Nicod formulierte Abtrennungsregel ist von der Abtrennungsregel für die Implikation stärker, was die Lösung des Problems erleichtert.

Satz 9. *Die Menge, die aus der einzigen Aussage z:*

„CCCpCqpCCCNrCsNtCCrCsuCCtsCtuvCwv"

besteht, ist eine Basis des Systems L, d. h. $\{z\} \varepsilon \mathfrak{B}(L)$.

Die eben genannte Aussage *z*, die 33 Buchstaben zählt, ist die zur Zeit bekannte kürzeste Aussage, die als einziges Axiom zur Begründung des Systems *L* ausreicht. Die Aussage *z* ist in bezug auf das System *L* nicht organisch. Organisch nämlich in bezug auf ein System *X* heisst eine Aussage $y \varepsilon X$, deren kein (sinnvoller) Teil Element von *X* ist (die Bezeichnung „organisch" rührt von Hrn. S. Leśniewski her, die Definition der „organischen Aussage" von Hrn. M. Wajsberg). Die Aussage *z* ist in bezug auf *L* nicht organisch, denn sie enthält Teile, z. B. *„CpCqp"*, die Elemente von *L* sind. Hr. Sobociński hat ein organisches Axiom des Systems *L* angegeben das 47 Buchstaben zählt.

Eine Verallgemeinerung des Satzes 8 stellt folgender Satz dar:

Satz 10. *Das System L sowie jedes axiomatisierbare System des Aussagenkalküls, das die Aussagen „CpCqp" und „CpCqCCpCqrr" enthält, besitzt für jede natürliche Zahl m eine Basis, die genau m Elemente zählt.*

Für das System *L* hat diesen Satz Hr. Sobocińsk effektiv bewiesen; die Verallgemeinerung auf andere Systeme stammt von Tarski.

Im Gegensatz zu dieser Eigenschaft des Systems *L*, hat Tarski effektiv gezeigt, dass:

Satz 11. *Für jede natürliche Zahl m existieren Systeme des Aussagenkalküls, deren jede Basis genau m Elemente zählt.*

An den speziellen Fall dieses Satzes $m = 1$ knüpfen sich folgende Überlegungen von Tarski an:

Definition 6. *Die Aussage x heisst unzerlegbar, wenn $x \varepsilon S$ und wenn jede Basis des Systems $F(\{x\})$ nur aus einer Aussage besteht* (d. h. *wenn keine unabhängige Aussagenmenge, die mehr als ein Element enthält, der Menge $\{x\}$ äquivalent ist).*

Ist diese Bedingung nicht erfüllt, dann heisst die Aussage x zerlegbar.

Es zeigt sich nun, dass fast alle bekannten Aussagen des Systems L unzerlegbar sind; insbesondere:

Satz 12. *Die Aussagen:*

„*Cpp*", „*CpCCpqq*", „*CCCpqpp*", „*CCCpqqCCqpp*", „*CCpqCCqrCpr*", „*CCqrCCpqCpr*"

sind unzerlegbar.

Satz 13. *Wenn* $x \varepsilon S$, $y \varepsilon S$ *und* $z \varepsilon S$, *dann sind die Aussagen* $n(x)$, $c\left(n(x), y\right)$, $c\left(c\left(n(x), y\right), z\right)$, $c\left(x, c\left(n(y), z\right)\right)$ *unzerlegbar; insbesondere gilt das für die Aussagen:*

„*CNNpp*", „*CpNNp*", „*CNpCpq*", „*CpCNpq*", „*CCNppp*", „*CCpNpNp*".

Aus den Sätzen 12 und 13 ergibt sich, dass die im Satz 6 angegebene Aussagenmenge aus lauter unzerlegbaren Aussagen besteht.

Dagegen gilt folgender, effektiv bewiesener Satz:

Satz 14. *Die Aussagen:*

„*CpCqp*", „*CCCpqrCqr*", „*CCpCqrCqCpr*"

sind zerlegbar.

Einen bemerkenswerten Satz über Axiomensysteme von L hat Hr. Wajsberg bewiesen:

Satz 15. *In jeder Basis (und im allgemeinen in jedem Axiomensystem) des Systems* L, *sowie eines jeden Teilsystems von* L, *das die Aussage „CpCqCrp" enthält, kommen mindestens drei verschiedene Aussagenvariablen vor.* Mit anderen Worten, *wenn* X *die Menge aller derjenigen Aussagen des Systems* L *ist, in denen höchstens zwei verschiedene Variablen vorkommen, so gilt* $L - F(X) \neq 0$ *(insbesondere gehört die Aussage „CpCqCrp" zwar zu* L, *aber nicht zu* $F(X)$*)* [16]).

§ 3. Mehrwertige Systeme des Aussagenkalküls.

Ausser dem gewöhnlichen System des Aussagenkalküls gibt es zahlreiche andere Systeme dieses Kalküls, deren Unter-

16) Der anschaulich gut verständliche Sinn des Ausdrucks „in der Aussage x kommen zwei ev. drei verschiedene Variablen vor", bedarf wohl keiner näheren Erklärung. „Verschieden" bedeutet hier ebensoviel, wie „nichtgleichgestaltet" (vgl. die Anm. 1) zitierte Mitteilung Tarski's, dieses Heft, S. 24, Anm.2)).

suchung lohnenswert ist. Darauf hat zum ersten Mal Łukasiewicz hingewiesen, der auch eine speziell bemerkenswerte Klasse von Aussagenkalkülsystemen hervorgehoben hat [17]). Die von Łukasiewicz begründeten Systeme werden hier n-wertige Systeme des Aussagenkalküls genannt und mit den Symbolen „L_n" bezeichnet (n ist eine natürliche Zahl oder $=\aleph_0$). Mit Hilfe der Matrizen-Methode lassen sich die betrachteten Systeme folgendermassen definieren:

Definition 7. *Das n-wertige System L_n des Aussagenkalküls (wo n eine natürliche Zahl oder $=\aleph_0$ ist) ist die Menge aller Aussagen, welche die Matrix $\mathfrak{M}=[A,B,f,g]$ erfüllen, wobei im Falle $n=1$ die Menge A leer ist, im Falle $1<n<\aleph_0$ A aus allen Brüchen der Form $\frac{k}{n-1}$ für $0\leqslant k<n-1$ und im Falle $n=\aleph_0$ auss allen Brüchen $\frac{k}{l}$ für $0\leqslant k<l$ besteht, ferner die Menge B gleich $\{1\}$ ist und die Funktionen f und g durch die Formeln: $f(x,y)=$ $=min(1,1-x+y)$, $g(x)=1-x$ bestimmt werden.*

Wie Hr. Lindenbaum gezeigt hat, ändert sich das System $L_{\aleph_0}$ nicht, wenn man in der Definition dieses Systems die Menge A aller echten Brüche durch eine andere unendliche Teilmenge des Intervalls $<0,1>$ ersetzt:

Satz 16. *Sei $\mathfrak{M}=[A,B,f,g]$ eine Matrix, wobei $B=\{1\}$, die Funktionen f und g den Formeln: $f(x,y)=min(1,1-x+y)$, $g(x)=1-x$ genügen und A eine beliebige unendliche Zahlenmenge ist, die die Bedingung: $0\leqslant x<1$ für jedes $x\in A$ erfüllt und in bezug auf die beiden Operationen f und g abgeschlossen ist; dann gilt: $E(\mathfrak{M})=L_{\aleph_0}$* [18]).

---

17) Das s. g. „dreiwertige" System des Aussagenkalküls hat Łukasiewicz im Jahre 1920 konstruiert und in einem in der Polnischen Philosophischen Gesellschaft zu Lwów (Lemberg) gehaltenen Vortrag dargestellt. Ein Autoreferat, das ziemlich ausführlich den Inhalt jenes Vortrags wiedergibt, ist in der Zeitschrift: Ruch Filozoficzny, Jahrg. V, Lwów 1920, S. 170 (polnisch) erschienen. Eine kurze Charakterisierung der n-wertigen Systeme, deren Entstehungszeit in das Jahr 1922 fällt, ist in den Anm. [3]) zitierten „*Elementen*" S. 115 ff. enthalten.

18) Auf dem ersten Kongress der polnischen Mathematiker (Lwów 1927) hat Hr. Lindenbaum einen Vortrag über mathematische Methoden der Untersuchung des Aussagenkalküls gehalten, in dem er u. a. auch den oben erwähnten Satz formulierte. Vgl. *Księga pamiątkowa pierwszego polskiego Zjazdu matematycznego*, Kraków 1929, S. 36.

Aus Def. 7 ergeben sich leicht folgende von Łukasiewicz festgestellten Tatsachen:

Satz 17. a) $L_1 = S$, $L_2 = L$;

b) *wenn* $2 \leqslant m < \aleph_0$, $2 \leqslant n < \aleph_0$ *und* $n - 1$ *ein Teiler von* $m - 1$ *ist, so gilt die Formel:* $L_m \subset L_n$;

c) $L_{\aleph_0} = \prod_{1 \leqslant n < \aleph_0} L_n$.

Satz 18. *Alle Systeme* L_n *sind für* $3 \leqslant n \leqslant \aleph_0$ *zwar widerspruchsfrei, aber nicht vollständig:* $L_n \varepsilon \mathfrak{S}.\mathfrak{W} - \mathfrak{V}$.

Eine Umkehrung des Satzes 17b wurde von Hrn. Lindenbaum bewiesen:

Satz 19. *Für* $2 \leqslant m < \aleph_0$ *und* $2 \leqslant n < \aleph_0$ *gilt die Formel* $L_m \subset L_n$ *dann und nur dann, wenn* $n - 1$ *ein Teiler von* $m - 1$ *ist.*

Der Satz 17c wurde von Tarski auf Grund des Satzes 16 verschärft:

Satz 20. $L_{\aleph_0} = \prod_{1 \leqslant i < \aleph_0} L_{n_i}$ *für jede wachsende Folge der natürlichen Zahlen* n_i.

Das Problem des Vollständigkeitsgrades der Systeme L_n ist noch nicht allgemein gelöst *). Ein Spezialfall dieses Problems ist durch den folgenden Satz erledigt:

Satz 21. *Ist* $n - 1$ *eine Primzahl (und insbesondere ist* $n = 3$), *dann gibt es nur zwei Systeme, nämlich* S *und* L, *die* L_n *als einen echten Teil enthalten;* mit anderen Worten, *jede Aussage* $x \varepsilon S - L_n$ *genügt einer der Formeln:* $F(L_n + \{x\}) = S$ oder $F(L_n + \{x\}) = L$; $\gamma(L_n) = 3$.

Für $n = 3$ wurde dieser Satz von Hrn. Lindenbaum bewiesen; die im Satz angegebene Verallgemeinerung auf alle Primzahlen stammt von Tarski.

Was die Axiomatisierbarkeit der Systeme L_n anbetrifft, so gilt der folgende Satz, der zuerst von Hrn. Wajsberg für $n = 3$ und für alle n, für welche $n - 1$ eine Primzahl ist, bewiesen, und später von Hrn. Lindenbaum auf alle natürlichen Zahlen ausgedehnt wurde:

Satz 22. *Für jedes* n, $1 \leqslant n < \aleph_0$, *gilt* $L_n \varepsilon \mathfrak{A}$.

---

*) *Nachtrag bei Korrektur.* Das erwähnte Problem wurde von den Mitgliedern des von Verfassern geführten Proseminars im Mai 1930 endgültig gelöst.

Der effektive Beweis des Satzes 22 ermöglicht, für jedes System L_n, wo $1 \leqslant n < \aleph_0$, eine Basis anzugeben. Insbesondere hat Hr. W a j s b e r g festgestellt:

Satz 23. *Die Aussagenmenge X, die aus folgenden Aussagen:*

„CpCqp", „CCpqCCqrCpr", „CCNpNqCqp", „CCCpNppp"

besteht, bildet eine Basis von L_3, d. h. $X \varepsilon \mathfrak{B}(L_3)$.

Als eine der im jetzigen Moment bekannten Verallgemeinerungen des Satzes 22 soll noch folgender Satz von Hrn. W a j s b e r g angeführt werden:

Satz 24. *Sei $\mathfrak{M} = [A, B, f, g]$ eine normale Matrix, in der die Menge $A + B$ endlich ist. Wenn die Aussagen:*

„CCpqCCqrCpr", „CCqrCCpqCpr", „CCqrCpp",
„CCpqCNqNp" „CNqCCrqNp"

diese Matrix erfüllen, dann ist $E(\mathfrak{M}) \varepsilon \mathfrak{A}$.

Die im § 2 angeführten Sätze 8, 10 und 15 gelten auch für die Systeme L_n. Wir haben demnach:

Satz 25. *Jedes System L_n, wo $2 \leqslant n < \aleph_0$, besitzt für jede natürliche Zahl m (und insbesondere für $m = 1$) eine Basis, die genau m Elemente zählt.*

Satz 26. *In jeder Basis (und im allgemeinen in jedem Axiomensystem) der Systeme L_n kommen mindestens drei verschiedene Aussagenvariablen vor.*

Das Problem der Axiomatisierbarkeit des Systems $L_{\aleph_0}$ ist bisher noch nicht gelöst. Ł u k a s i e w i c z vermutet, dass *das System $L_{\aleph_0}$ axiomatisierbar ist* und dass *die unabhängige Aussagenmenge, die aus den Aussagen:*

„CpCqp", „CCpqCCqrCpr", „CCCpqqCCqpp",
„CCCpqCqpCqp", „CCNpNqCqp"

besteht, eine Basis dieses Systems bildet.

Es muss hervorgehoben werden, dass die Systeme L_n für $n > 2$ in unserer Auffassung einen fragmentarischen Charakter haben, da sie unvollständig und nur Teilsysteme des gewöhnlichen Systems L sind. Das Problem, diese Systeme zu vollständigen und widerspruchsfreien und doch von L verschiedenen Systemen zu ergänzen, kann positiv entschieden werden, jedoch nur auf diesem Wege, dass man den Begriff der sinnvollen

Aussage des Aussagenkalküls erweitert und zwar neben den Operationen der Implikations- und Negationsbildung auch andere derartige Operationen einführt, die sich auf die vorhergehenden nicht zurückführen lassen (vgl. hierzu auch § 5).

Zuletzt bemerken wir, dass die Anzahl aller möglichen Systeme des Aussagenkalküls von Hrn. Lindenbaum bestimmt wurde:

Satz 27. $\overline{\overline{\mathfrak{S}}} = 2^{\aleph_0}$, *dagegen* $\overline{\overline{\mathfrak{S}.\mathfrak{A}}} = \aleph_0$.

Dieses Resultat wurde von Tarski in folgender Weise verschärft:

Satz 28. $\overline{\overline{\mathfrak{S}.\mathfrak{W}.\mathfrak{V}}} = 2^{\aleph_0}$, *dagegen* $\overline{\overline{\mathfrak{S}.\mathfrak{W}.\mathfrak{V}.\mathfrak{A}}} = \aleph_0$.

§ 4. Beschränkter Aussagenkalkül.

In den Forschungen, die den Aussagenkalkül betreffen, beschränkt man sich zuweilen auf diejenigen Aussagen, in denen kein Negationszeichen vorkommt. Dieser Teil des Aussagenkalküls kann als eine selbstständige deduktive Disziplin aufgefasst werden, die von uns beschränkter Aussagenkalkül genannt wird und noch einfacher, als der übliche Aussagenkalkül ist.

Zu diesem Zwecke modifiziert man vor allem den Begriff der sinnvollen Aussage, indem man in der Def. 1 die Operation der Negationsbildung weglässt. In einer entsprechenden Weise vereinfacht sich der Begriff der Einsetzung, was weiterhin eine Veränderung des Begriffs der Folgerung nach sich zieht. *Satz* 1 *bleibt nach diesen Modifikationen gültig.*

Zur Konstruktion abgeschlossener Systeme des beschränkten Aussagenkalküls werden die beiden im § 1 beschriebenen Methoden: die axiomatische und die Matrizen-Methode verwendet. Die logische Matrix wird jedoch als geordnetes Tripel $[A, B, f]$ und nicht als geordnetes Quadrupel (Def. 3) definiert; infolgedessen fällt in der Def. 4 der Wertfunktion die Bedingung (4) weg. *Die Sätze* 2—4 *gelten wie vorher.*

Die Definition des gewöhnlichen Systems L^+ des beschränkten Aussagenkalküls ist der Def. 5 vollkommen analog, mit dem einzigen evidenten Unterschied, der durch die Modifikation im Begriffe der Matrix hevorgerufen wird. Dieses System ist von Tarski untersucht worden. Aus der Definition des Systems ergibt sich leicht dessen Widerspruchsfreiheit und Vollständigkeit;

Satz 5 *besteht* daher *auch im beschränkten Aussagenkalkül.* Die Axiomatisierbarkeit des Systems wird im folgenden Satz festgestellt:

Satz 29. *Die Aussagenmenge X, die aus den drei folgenden Aussagen besteht:*

„CpCqp", „CCpqCCqrCpr", „CCCpqpp",

bildet eine Basis des Systems L^+; demzufolge $L^+ \varepsilon \mathfrak{A}$.

Der Satz stammt von Tarski; es kommt jedoch in seiner oben angeführten Formulierung eine Vereinfachung vor, die uns Hr. P. Bernays in einem Briefe vom 20 Okt. 1928 mitgeteilt hat; das von Tarski ursprünglich aufgestellte Axiomensystem enthielt nämlich anstatt der Aussage *„CCCpqpp"* die kompliziertere Aussage *„CCCpqrCCprr"* [19]). Die Unabhängigkeit der beiden Axiomensysteme wurde von Łukasiewicz bewiesen.

Die Sätze 8, 10, 11, 12, 14 und 15 aus dem § 2 wurden von ihren Urhebern auf den beschränkten Aussagenkalkül übertragen. Insbesondere gelang es Tarski, eine Basis des Systems L^+ aufzustellen, die nur aus einer Aussage besteht. Die zur Zeit bekannten einfachsten Beispiele solcher Aussagen, die je 25 Buchstaben zählen, sind im nächsten Satz angeführt; die erste organische Aussage rührt von Hrn. Wajsberg her, die zweite nichtorganische von Łukasiewicz:

Satz 30. *Die Aussagenmenge, die entweder die Aussage:*

„CCCpqCCrstCCuCCrstCCpuCst"

oder die Aussage:

„CCCpCqpCCCCCrstuCCsuCruvv"

als das einzige Element enthält, bildet eine Basis des Systems L^+.

Auch die Def. 7 der *n*-wertigen Systeme L_n^+ lässt sich ohne weiteres auf den beschränkten Aussagenkalkül übertragen, wenn man nur in entsprechender Weise den Begriff der Matrix modifiziert. *Die Sätze* 16—22 *sowie* 24—26, welche die gegenseitigen Verhältnisse unter den verschiedenen Systemem L_n^+ beschreiben, den Vollständigkeitsgrad der Systeme bestimmen und ihre Axiomatisierbarkeit feststellen, *wurden* von ihren Urhebern *auf den*

---

19) Vgl. die Anm. 15) zitierte Abhandlung Leśniewski's, S. 47 Anm.

20) Vgl. Leśniewski l. c., S. 58.

beschränkten Aussagenkalkül ausgedehnt (die Ausdehnung des Satzes 21 stammt von Tarski, des Satzes 22 von Hrn. Wajsberg; im Satz 24 sind die Aussagen mit Negationszeichen wegzulassen). Das Problem der Axiomatisierberkeit des Systems $L^{+}_{\aleph_0}$ ist auch hier offen.

Endlich *bleibt die Anzahl aller möglichen Aussagenkalkülsysteme, die* von Hrn. Lindenbaum und Tarski *in den Sätzen 27 und 28 bestimmt wurde, auch im beschränkten Aussagenkalkül unverändert.*

§ 5. Erweiterter Aussagenkalkül.

Unter dem erweiterten Aussagenkalkül verstehen wir eine deduktive Disziplin, in deren Aussagen neben den Aussagenvariablen und Implikationszeichen auch s. g. allgemeine Quantifikatoren (Allzeichen) vorkommen [21]). Als allgemeiner Quantifikator wird von Łukasiewicz das von Peirce

---

[21]) Hr. Leśniewski hat in seinen, Anm. [15]) zitierten *„Grundzügen"* den Grundriss eines deduktiven Systems dargestellt, das von ihm „Protothetik" genannt wird und im Vergleich zum erweiterten Aussagenkalkül noch in dieser Richtung über den gewöhnlichen Aussagenkalkül hinausgeht, dass ausser den Quantifikatoren auch variable „Funktoren" eingeführt werden. (In der Funktion *„Cpq"* heisst der Ausdruck *„C"* „Funktor", *„p"* und *„q"* sind die „Argumente"; das Wort „Funktor" stammt von Hrn. T. Kotarbiński. Sowohl im gewöhnlichen wie auch im erweiterten Aussagenkalkül werden nur konstante Funktoren verwendet). Ausser diesem prinzipiellen Unterschied bestehen noch andere Verschiedenheiten zwischen dem erweiterten Aussagenkalkül und der Protothetik, wie sie von Hrn. Leśniewski aufgefasst wird. Im Gegensatz zu dem erweiterten Aussagenkalkül werden in der Protothetik des Hrn. Leśniewski nur diejenigen Ausdrücke als sinnvolle Aussagen betrachtet, in denen keine „freien" („reellen") Variablen, sondern nur „gebundene" („scheinbare") vorkommen. Es werden auch teilweise andere Operationen (Schlussregeln oder „Direktiven") eingeführt, auf deren Grund man aus gegebenen Aussagen Folgerungen zieht, wie z. B. die Operation der Verteilung des Quantifikators, die in dem erweiterten Aussagenkalkül überflüssig ist. Endlich muss hervorgehoben werden, dass Hr. Leśniewski mit peinlichster Genauigkeit die Bedingungen feststellt, denen ein Ausdruck genügen muss, um im System der Protothetik als Definition gelten zu können, wogegen in der vorliegenden Mitteilung das Problem der Definition unberührt bleibt. Die Anm. [13]) zitierten Abhandlungen Tarski's gehören zur Protothetik. Eine Skizze des erweiterten Aussagenkalküls gibt Łukasiewicz in seinen *Elementen* S. 154-169; diese Skizze beruht zum grossen Teile auf Angaben Tarski's (vgl. *„Elemente"*, Vorrede S. VII). Die *Zweiwertige Logik* von Łukasiewicz

eingeführte Zeichen „Π" gebraucht[22]); die Formel „Π*pq*" stellt in dieser Bezeichnungsmethode den symbolischen Ausdruck der Aussage „für alle *p* (besteht) *q*" dar. Die Operation, die darauf beruht, dass man vor eine gegebene Aussage *y* den allgemeinen Quantifikator Π mit einer Aussagenvariablen *x* voranstellt, wird Generalisation der Aussage *y* mit Rücksicht auf die Aussagenvariable *x* genannt und in metamathematischen Überlegungen mit dem Symbol „π_x (*y*)" bezeichnet; dieser Begriff ist im Metaaussagenkalkül als primitiv zu betrachten[23]).

Definition 8. *Die Menge* $S^{\times}$ *aller sinnvollen Aussagen (des erweiterten Aussagenkalküls) ist der Durchschnitt aller derjenigen Mengen, die alle Aussagenvariablen enthalten und in bezug auf die beiden Operationen der Implikationsbildung und der Generalisation (mit Rücksicht auf eine beliebige Aussagenvariable) abgeschlossen sind*[24]).

Die Operationen der Negationsbildung und der Partikularisation, (die darauf beruht, dass man vor eine gegebene Aussage *y* den partikularen Quantifikator „Σ" [Seinszeichen] mit einer Aussagenvariablen *x* voranstellt), werden hier nicht berücksichtigt, da sie sich in den uns hier interessierenden Systemen des erweiterten Aussagenkalküls mit Hilfe der beiden vorhergenannten Operationen „definieren" lassen; als „Definiens" für „*Np*" kann z B. die Formel „*Cp*Π*qq*" verwendet werden.

Bei der Bildung der Folgerungen einer beliebigen Aussagen-

(s. Anm. [5])) hat auch manche Berührungspunkte mit dem erweiterten Aussagenkalkül. Es bestehen schliesslich zahlreiche Analogien zwischen dem erweiterten Aussagenkalkül und dem „Funktionenkalkül" der Hrn. Hrn. Hilbert und Ackermann, *Grundzüge der theoretischen Logik*, Berlin 1928; vgl. insbesondere S. 84—85.

[22]) Den Ausdruck „quantifier" findet man in einer etwas anderen Bedeutung, als hier, bei Peirce (vgl. d. o. Anm. [5]) zitierte Abhandlung, S. 197). Die in der polnischen logischen und mathematischen Terminologie übliche Bezeichnung „Quantifikator" für Symbole, die von den Hrn. Hrn. Hilbert und Ackermann (*Grundzüge*, S. 46) nicht besonders glücklich „Klammerzeichen" genannt wurden, stammt von Łukasiewicz.

[23]) Vgl. o. S. 31.

[24]) Im Gegensatz zu Hrn. Hrn. Hilbert und Ackermann (s. *Grundzüge*, S. 52), sowie im Gegensatz zum Standpunkt, den auch Łukasiewicz in seinen *Elementen*, S. 155 einnimmt, wird der Ausdruck π_x (*y*) auch dann als sinnvoll aufgefasst, wenn *x* in *y* entweder als gebundene Variable oder überhaupt nicht vorkommt.

menge bedienen sich Łukasiewicz und Tarski neben den Operationen der Einsetzung[25]) und Abtrennung noch zweier anderen Operationen, und zwar der Hinzufügung und der Weglassung des Quantifikators. Die erste von diesen Operationen besteht darin, dass man von einer Aussage der Form $x = c(z, u)$, wo $z \in S^{\times}$ und $u \in S^{\times}$, zur Aussage $y = c\left(z, \pi_t(u)\right)$ übergeht, unter der Bedingung, dass t eine Aussagenvariable ist, die in z als „freie Variable" nicht vorkommt[26]); die zweite Operation ist zur ersten invers und beruht darauf, dass man von der Aussage $y = c\left(z, \pi_t(u)\right)$ zur Aussage $x = c(z, u)$ übergeht (was auch dann geschehen darf, wenn die in der ersten Operation angegebene Bedingung nicht erfüllt ist)[27]).

Definition 9. *Die Folgerungsmenge $F^{\times}(X)$ der Aussagenmenge X (im Sinne des erweiterten Aussagenkalküls) ist der Durchschnitt aller derjenigen Mengen, die die gegebene Menge $X \subset S^{\times}$ enthalten und in bezug auf die Operationen der Einsetzung und Abtrennung, sowie der Hinzufügung und der Weglassung des Quantifikators abgeschlossen sind.*

Bei dieser Bedeutung der Begriffe $S^{\times}$ und $F^{\times}(X)$ *bleibt der Satz 1 aus dem* § 1 *gültig.*

Zur Konstruktion abgeschlossener Systeme stehen uns wiederum die beiden Methoden: die axiomatische und die Matrizen-Methode zur Verfügung. Die zweite Methode ist in ihrer allgemeinen Fassung noch nicht zur genügenden Klarheit gebracht, und zwar bietet das Problem einer einfachen und zweckmässigen

---

[25]) Die Operation der Einsetzung erfährt im erweiterten Aussagenkalkül gewisse Einschränkungen (vgl. Łukasiewicz, *Elemente*, S. 160, sowie Hilbert und Ackermann, *Grundzüge*, S. 54).

[26]) Auf den evidenten Sinn des Ausdrucks: „x kommt in der Aussage y als freie resp. gebundene Variable vor" gehen wir nicht näher ein (vgl. Łukasiewicz, *Elemente*, S. 156, sowie Hilbert und Ackermann, *Grundzüge*, S. 54).

[27]) Im „engeren Funktionenkalkül" wird nur die erste Operation angewendet, anstatt der zweiten wird ein Axiom aufgestellt (vgl. Hilbert und Ackermann, *Grundzüge*, S. 53—54). Ein analoges Vorgehen wäre in unserem Kalkül nicht möglich: würde man nämlich die zweite Operation weglassen, so hätte nicht einmal das System $L^{\times}$, von dem unten die Rede sein wird, eine endliche Basis.

Definition des Begriffs der Matrix noch manche Schwierigkeiten dar. Nichtsdestoweniger wurde diese Methode in einzelnen Fällen, nämlich zur Konstruktion der n-wertigen Systeme $L_n^\times$ (für $n < \aleph_0$) und insbesondere des gewöhnlichen Systems $L^\times$ des erweiterten Aussagenkalküls von Łukasiewicz mit Erfolg angewendet. Die Konstruktion der Systeme $L_n^\times$ wird im folgenden genau beschrieben werden.

Definition 10. *Es werden folgende Hilfsbezeichnungen eingeführt:* $b =$ „p", $g = \pi_b(b)$ *(das „Falsche"),* $n(x) = c(x, g)$ *für jedes* $x \varepsilon S^\times$ *(das Negat der Aussage* x*),* $a(x, y) = c\big(c(x, y), y\big)$ *und* $k(x, y) = n\Big(a\big(n(x), n(y)\big)\Big)$ *für jedes* $x \varepsilon S^\times$ *und jedes* $y \varepsilon S^\times$ *(die Disjunktion oder vielmehr Alternative und die Konjunktion der Aussagen* x *und* y[28]*); ferner* $k_{i=1}^m(x_i) = x_1$ *für* $m = 1$ *und* $k_{i=1}^m(x_i) = k\big(k_{i=1}^{m-1}(x_i), x_m\big)$ *für jedes beliebige natürliche* $m > 1$*, wobei* $x_i \varepsilon S^\times$ *für* $1 \leqslant i \leqslant m$ *(die Konjunktion der Aussagen* $x_1, x_2 \ldots x_m$*). Wir setzen weiter* $b_m = b$ *für* $m = 1$, $b_m = c\big(n(b), b_{m-1}\big)$ *für jede natürliche Zahl* $m > 1$ *und endlich* $a_m = \pi_b\big(c(b_m, b)\big)$ *für jedes beliebige natürliche* m[29]*).*

Sei jetzt n *eine bestimmte natürliche Zahl* > 1. *Es werden* n *Aussagen gewählt, die Grundaussagen genannt und mit den Symbolen:* „g_1", „g_2", ... „g_n" *entsprechend bezeichnet werden, und zwar setzen wir:* $g_1 = g$, $g_2 = a_{n-1}$ *und* $g_m = c\big(n(g_2), g_{m-1}\big)$ *für jedes* m, $2 < m \leqslant n$[30]*).* G *sei die kleinste Aussagenmenge, die alle Aussagenvariablen und alle Grund-*

---

[28]) Den metalogischen Ausdrücken „$a(x, y)$" und „$k(x, y)$" entsprechen in der von Łukasiewicz eingeführten Symbolik die logischen Ausdrücke „*Apq*" („p oder q") resp. „*Kpq*" („p und q"). Von den zwei möglichen Definitionen der Alternative, die zwar im zweiwertigen, nicht aber in n-wertigen Systemen äquivalent sind: $a(x, y) = c\big(c(x, y), y\big)$ und $a(x, y) = c\big(n(x), y\big)$, wurde von Łukasiewicz aus verschiedenen, teilweise intuitiven Gründen die erste gewählt (vgl. *Zweiwertige Logik*, S. 201).

[29]) Z. B.: $b_1 =$ „p", $b_2 =$ „$CCp\Pi ppp$", $b_3 =$ „$CCp\Pi ppCCp\Pi ppp$" und $a_1 =$ „$\Pi pCpp$", $a_2 =$ „$\Pi pCCCp\Pi pppp$", $a_3 =$ „$\Pi pCCCp\Pi ppCCp\Pi pppp$".

[30]) Z. B. für $n = 3$: $g_1 =$ „Πpp", $g_2 =$ „$\Pi pCCCp\Pi pppp$", $g_3 =$ „$CC\Pi pCCCp\Pi pppp\Pi pp\Pi pCCCp\Pi pppp$".

aussagen enthält und in bezug auf die Operation der Implikationsbildung abgeschlossen ist.

Eine Funktion h heisst W e r t f u n k t i o n (d e s n-t e n G r a d e s), *wenn sie folgende Bedingungen erfüllt:* (1) *die Funktion h ist für jede Aussage $x \varepsilon G$ definiert;* (2) *wenn x eine Aussagenvariable ist, dann ist $h(x)$ ein Bruch der Form $\frac{m-1}{n-1}$, wo m eine natürliche Zahl ist und $1 \leqslant m \leqslant n$;* (3) *für jedes natürliche m, $1 \leqslant m \leqslant n$, gilt $h(g_m) = \frac{m-1}{n-1}$;* (4) *wenn $x \varepsilon G$ und $y \varepsilon G$, dann $h\big(c(x,y)\big) = \min\big(1, 1 - h(x) + h(y)\big)$* [31]).

Jeder Aussage $x \varepsilon S^{\times}$ wird durch Rekursion eine Aussage $f(x) \varepsilon G$ zugeordnet, und zwar in folgender Weise: (1) *wenn x eine Aussagenvariable oder eine Grundaussage ist, dann $f(x) = x$;* (2) *wenn $x \varepsilon S^{\times}$, $y \varepsilon S^{\times}$ und $c(x,y)$ keine Grundaussage ist, setzen wir: $f\big(c(x,y)\big) = c\big(f(x), f(y)\big)$;* (3) *wenn x eine Aussagenvariable ist, die in der Aussage $y \varepsilon S^{\times}$ als freie Variable nicht vorkommt, dann $f\big(\pi_x(y)\big) = f(y)$;* (4) *wenn dagegen die Aussagenvariable x in der Aussage $y \varepsilon S^{\times}$ als freie Variable vorkommt und dabei $\pi_x(y)$ keine Grundaussage ist, so setzen wir: $f\big(\pi_x(y)\big) = k_{i=1}^{n}\big(f(y_i)\big)$, wo die Aussage y_i für jedes i, $1 \leqslant i \leqslant n$, aus y durch Einsetzung der Grundaussage g_i anstatt der freien Variablen x entsteht.*

Nun wird das n-w e r t i g e S y s t e m $L_n^{\times}$ d e s e r w e i t e r t e n A u s s a g e n k a l k ü l s, *wo $2 \leqslant n < \aleph_0$, als die Menge aller derjenigen Aussagen $x \varepsilon S^{\times}$ definiert, die für jede Wertfunktion h (des n-ten Grades) der Formel $h(f(x)) = 1$ genügen; dabei wird $L_1^{\times} = S^{\times}$ gesetzt. Das System $L_2^{\times} = L^{\times}$ wird auch das* g e w ö h n l i c h e S y s t e m d e s e r w e i t e r t e n A u s s a g e n k a l k ü l s *genannt* [32]).

---

31) Vgl. o. die Definitionen 4 und 7.

32) In der von Ł u k a s i e w i c z angenommenen Definition kamen anstatt der Grundaussagen $g_1, g_2, \ldots g_n$ s. g. Aussagenkonstanten $c_1, c_2, \ldots c_n$, d. h. spezielle, von Aussagenvariablen verschiedene Zeichen vor. Der Begriff der sinnvollen Aussage wurde dadurch provisorisch erweitert. Die weitere Definition verlief ganz analog zur Definition im Texte. Bei der endgültigen Definition der Systeme $L_n^{\times}$ wurden alle Ausdrücke, die Aussagenkonstanten

Aus dieser Definition der Systeme $L_n^{\times}$ ergeben sich leicht folgende Tatsachen (die teilweise im Gegensatz zu den Sätzen 18 und 19 aus § 3 stehen):

Satz 31. *$L_n^{\times} \varepsilon \mathfrak{S}.\mathfrak{W}.\mathfrak{V}$ für jedes natürliche n, $2 \leqslant n < \aleph_0$*[33]).

Satz 32. *Für $2 \leqslant m < \aleph_0$ und $2 \leqslant n < \aleph_0$ gilt $L_m^{\times} \subset L_n^{\times}$ dann und nur dann, wenn $m = n$ (kein System der Folge $L_n^{\times}$, wo $2 \leqslant n < \aleph_0$, ist in einem anderen System dieser Folge enthalten).*

Satz 33. *Die Menge aller Aussagen des Systems $L_n^{\times}$ (wo $1 \leqslant n < \aleph_0$), in denen keine gebundenen Variablen vorkommen, ist mit dem entsprechenden System L_n^{+} des beschränkten Aussagenkalküls identisch.*

Was die Axiomatisierbarkeit dieser Systeme betrifft, so *wurden* von Tarski *die Sätze* 8, 10, 22, 29 *und* 30 *auch im erweiterten Aussagenkalkül als gültig erwiesen.* In diesem Zusammenhange hat Tarski noch folgendes bewiesen:

Satz 34. *Jedes Axiomensystem des Systems $L_2^{+} = L^{+}$ im beschränkten Aussagenkalkül ist zugleich ein Axiomensystem des Systems $L_2^{\times} = L^{\times}$ im erweiterten Aussagenkakül*[83]).

Dagegen: nicht jede Basis des Systems L^{+} im beschränkten Aussagenkalkül ist zugleich eine Basis im erweiterten Aussagenkalkül (nicht jede Aussagenmenge, die im beschränkten Aussagenkalkül unabhängig ist, bleibt auch im erweiterten Aussagenkalkül unabhängig).

Satz 35. *Für $3 \leqslant n < \aleph_0$ kommen mindestens in einer Aussage einer jeden Basis (und im allgemeinen eines jeden*

---

enthielten, eliminiert und der Begriff der sinnvollen Aussage auf die ursprünglichen Ausdrücke reduziert. Durch die im Text eingeführte Modifikation, die von Tarski stammt, gestaltet sich zwar die Definition der Systeme $L_n^{\times}$ vom metalogischen Standpunkt einfacher, wird aber dadurch weniger durchsichtig. Um die Äquivalenz der beiden Definitionen festzustellen, genügt es darauf hinzuweisen, dass die als Grundaussagen erwählten Ausdrücke folgende Bedingung erfüllen: *für jede Wertfunktion h (im Sinne der ursprünglichen Definition von Łukasiewicz),* $h(f(g_m)) = h(c_m) = \frac{m-1}{n-1}$, wo $1 \leqslant m \leqslant n$.

[83]) Die Vollständigkeit und Axiomatisierbarkeit des Systems $L_2^{\times}$ wurde von Tarski schon im Jahre 1927 bewiesen. Der diesbezügliche Beweis, den Tarski in den von ihm an der Universität Warszawa gehaltenen Übungen vortrug, wurde von einem Teilnehmer an diesen Übungen, Hrn. S. Jaśkowski vereinfacht.

Axiomensystems) des Systems $L_n^{\times}$ allgemeine Quantifikatoren und gebundene Variablen vor.

Es lohnt sich zu bemerken, dass der von Tarski gegebene Beweis des Satzes 22 im erweiterten Aussagenkalkül für jedes System $L_n^{\times}$ $(3 \leqslant n < \aleph_0)$ ein Axiomensystem effektiv zu konstruieren ermöglicht. Relativ einfache Axiomensysteme dieser Art wurden von Hrn. Wajsberg aufgestellt; im Fall $n = 3$ lautet sein Resultat folgendermassen:

Satz 36. *Sei X die Aussagenmenge, die aus folgenden Aussagen besteht:*

„*CCCpqCrqCCqpCrp*", „*CpCqp*", „*CCCpCpqpp*",
„*CΠpCCCpΠppppCΠpCCCpΠppppΠpp*",
„*CCΠpCCCpΠppppΠppΠpCCCpΠpppp*";

dann ist $X \,\varepsilon\, \mathfrak{Ax}(L_3^{\times})$.

Eine exakte Definition des abzählbar-wertigen Systems $L_{\aleph_0}^{\times}$ des erweiterten Aussagenkalküls bietet viel grössere Schwierigkeiten dar, als diejenige der endlich-wertigen Systeme. Das erwähnte System ist bis jetzt noch nicht untersucht worden.

Die Sätze 27 und 28, welche die Anzahl aller möglichen Systeme bestimmen, bleiben auch im erweiterten Aussagenkalkül richtig.

Schlussbemerkung.

Der Aussagenkalkül eignet sich als die einfachste deduktive Disziplin ganz besonders dazu, metamathematische Betrachtungen anzustellen. Dieser Kalkül ist als ein Laboratorium zu betrachten, in dem metamathematische Methoden erfunden und metamathematische Begriffe gebildet werden können, die man nachher auf die komplizierteren mathematischen Systeme übertragen kann.— Über die philosophische Bedeutung der n-wertigen Systeme des Aussagenkalküls berichtet in der nächstfolgenden Mitteilung Łukasiewicz[34]).

---

[34]) Dieses Heft, S. 51.

FUNDAMENTALE BEGRIFFE DER METHODOLOGIE DER DEDUKTIVEN WISSENSCHAFTEN, I

Monatshefte für Mathematik und Physik, vol. 37 (1930), pp. 361-404.

A revised text of this article appeared in English translation as:

FUNDAMENTAL CONCEPTS OF THE
METHODOLOGY OF THE DEDUCTIVE SCIENCES

in: *Logic, Semantics, Metamathematics. Papers from 1923-1938.* Clarendon Press, Oxford, 1956, pp. 60-109.

A French translation of this latter article appeared as:

CONCEPTS FONDAMENTAUX DE LA
MÉTHODOLOGIE DES SCIENCES DÉDUCTIVES

in: *Logique, Sémantique, Métamathématique. 1923-1944. Vol. 1* Edited by G. Granger. Librarie Armand Colin, Paris, 1972, pp. 67-116.

Fundamentale Begriffe der Methodologie der deduktiven Wissenschaften. I.

Von **Alfred Tarski** (Warschau).

Einleitung.

Den Forschungsbereich der Methodologie der deduktiven Wissenschaft, die man heutzutage nach Hilbert gewöhnlich Metamathematik nennt, bilden die deduktiven Disziplinen (ungefähr in demselben Sinne, in welchem z. B. den Forschungsbereich der Geometrie die Raumgebilde und den der Zoologie die Tiere bilden). Selbstverständlich sind nicht alle deduktiven Disziplinen dazu reif, ein Gegenstand des wissenschaftlichen Forschens zu werden; es sind diejenigen gewiß nicht reif, die auf keiner bestimmten logischen Basis beruhen, keine präzisen Schlußregeln besitzen und deren Thesen in meistenteils mehrdeutigen und wenig exakten Termen der täglichen Sprache formuliert werden, — kurz gesagt, diejenigen, die nicht formalisiert sind. Die metamathematischen Untersuchungen beschränken sich demnach lediglich auf die formalisierten deduktiven Disziplinen.

Die Metamathematik soll nicht im Grunde als eine einheitliche Theorie betrachtet werden; zwecks Untersuchung jeder einzelnen deduktiven Disziplin soll vielmehr eine spezielle „Metadisziplin" konstruiert werden. Doch sind die vorliegenden Überlegungen von einem allgemeineren Charakter: ihre Aufgabe besteht darin, *den Sinn einer Reihe von wichtigen metamathematischen Begriffen,* die den speziellen Metadisziplinen gemeinsam sind, *zu präzisieren und die Grundeigenschaften dieser Begriffe festzustellen.* Diese Problemstellung hat u. a. zur Folge, daß einige Begriffe, die sich auf Grund der speziellen Metadisziplinen definieren lassen, hier als primitive Begriffe betrachtet und durch eine Reihe von Axiomen charakterisiert werden.

Eine exakte Begründung der nachstehenden Ergebnisse bedarf selbstverständlich, außer den eben erwähnten Axiomen, einer allgemeinen logischen Basis. Diese Basis soll nicht zu umfassend gedacht werden: für unsere Zwecke reichen z. B. diejenigen Kapitel aus dem bekannten Werke von Whitehead und Russell[1]) völlig aus, welche den Aussagenkalkül, die Theorie der scheinbaren Variablen,

[1]) *Principia Mathematica,* Vol. I—III, Cambridge 1925—1927.

den Klassenkalkül, sowie die Elemente der Kardinal- und Ordinalzahlarithmetik umfassen. Das Auswahlaxiom wird in dieser Abhandlung nicht benützt, und auch das Unendlichkeitsaxiom kann leicht eliminiert werden.

Was die Bezeichnungsweise betrifft, so werden wir aus praktischen Gründen diese Betrachtungen in den Termen der täglichen Sprache formulieren; wir werden uns jedoch einer Reihe von Symbolen bedienen, die übrigens fast alle in Lehrbüchern und Abhandlungen aus dem Gebiet der Mengenlehre üblich sind.

Die Variablen „x“, „y“, „z“... bezeichnen hier die Individuen (die Dinge des niedrigsten Typus) und insbesondere die Aussagen, die Variablen „A“, „B“, „X“, „Y“... — die Mengen von Individuen, „$\mathfrak{K}$“, „$\mathfrak{L}$“... — die Mengenklassen (oder Mengensysteme) und endlich „λ“, „μ“, „ξ“... — die Ordnungszahlen. Die Symbole des Klassenkalküls und der Arithmetik: „$\subset$“, „$+$“, „$-$“, „$\cdot$“, „Σ“, „Π“, „$<$“, „$\leq$“, „$\aleph_0$“ usw. werden in ihrer üblichen Bedeutung verwendet; „ω“ bezeichnet die kleinste Ordnungszahl der zweiten und „Ω“ — der dritten Zahlenklasse. Die Formel: „$x \in A$“, resp. „$x \bar{\in} A$“, drückt, wie gewöhnlich, aus, daß die Menge A das Element x enthält, bzw. nicht enthält. „$\overline{\overline{A}}$“ bezeichnet die Mächtigkeit der Menge A. Mit dem Symbol „$\underset{f(x)}{E}[\ldots]$“ wird die Menge aller Werte der Funktion f bezeichnet, welche denjenigen Werten des Arguments x entsprechen, die der in Klammern „$[\ldots]$“ formulierten Bedingung genügen. Insbesondere setzen wir: $\{x\} = \underset{y}{E}[y = x]$ (die Menge, die x als das einzige Element enthält). $\mathfrak{P}(A) = \underset{X}{E}[X \subset A]$ (die Potenzmenge von A), $\mathfrak{Q}(A) = \underset{X}{E}[A \subset X]$, $\mathfrak{E} = \underset{X}{E}[\overline{\overline{X}} < \aleph_0]$ (die Klasse aller endlichen, „induktiven“ Mengen) und $\bar{\xi} = \underset{\eta}{E}[\eta < \xi]$ (die Mächtigkeit der Ordnungszahl ξ).

Die vorliegende Abhandlung zerfällt in zwei Teile. Die Ergebnisse des ersten Teiles sind auf die deduktiven Disziplinen von ganz beliebigem Charakter, und insbesondere auf die einfachste von ihnen — auf den Aussagenkalkül — anwendbar. Die Betrachtungen des zweiten Teiles beziehen sich dagegen nur auf die mathematischen (in engerer Bedeutung des Wortes), d. h. auf diejenigen deduktiven Disziplinen, die eine logische Basis im größeren oder kleineren Umfange und mindestens den ganzen Aussagenkalkül schon „voraussetzen“ (ungefähr in dem Sinne, daß in den Überlegungen aus dem Gebiete dieser Disziplinen alle richtigen Sätze des Aussagenkalküls als Prämissen angewendet werden dürfen). Der zweite Teil wird, unabhängig von dem ersten, mit Hilfe eines besonderen Axiomensystems begründet[1]).

---

[1]) Die Hauptgedanken dieser Arbeit habe ich 1928 in einem Vortrag in der Warschauer Abteilung der Polnischen Mathematischen Gesellschaft skizziert; vgl. mein Autorreferat: *Remarques sur les notions fondamentales de la Méthodologie des Mathématiques,* Ann. de la Soc. Pol. de Math. VII (1928), C.-r. des séances de la Soc. Pol. de Math., sect. de Varsovie, an. 1928, S. 270. Etwas ausführlicher sind dieselben in der Mitteilung: *Über einige fundamentalen Begriffe der Metamathematik,* C.-r. de séances de la Soc. des Sc. et des Lettr. de Varsovie XXIII (1930), Classe III, S. 22 entwickelt worden. Manche Berührungspunkte mit vorliegenden Ausführungen hat die Abhandlung von P. Hertz: *Über Axiomensysteme für beliebige Satzsysteme,* Math. Ann 101 (1929), S. 457.

Zum Schluß sei bemerkt, daß die Voraussetzung eines bestimmten philosophischen Standpunktes zu der Grundlegung der Mathematik bei den vorliegenden Ausführungen nicht erforderlich ist. Nur nebenbei erwähne ich deshalb, daß meine persönliche Einstellung in diesen Fragen im Prinzip mit dem Standpunkt übereinstimmt, dem S. Leśniewski in seinen Arbeiten über die Grundlagen der Mathematik einen prägnanten Ausdruck gibt[1]) und den ich als „intuitionistischen Formalismus" bezeichnen würde.

I. Teil. Deduktive Disziplinen vom beliebigen Charakter.

§ 1. Sinnvolle Aussagen; Folgerungen der Aussagenmengen.

Vom Standpunkt der Metamathematik ist jede deduktive Disziplin ein System von Aussagen, die wir auch sinnvolle Aussagen nennen wollen[2]). Die Aussagen sind ihrerseits am bequemsten als Schriftzeichen, also als konkrete physische Körper zu betrachten. Natürlich ist nicht jede Aufschrift eine sinnvolle Aussage dieser oder jener Disziplin: als sinnvoll gelten nur gewisse Aufschriften von einer wohl bestimmten Struktur. Der Begriff der sinnvollen Aussage hat keinen festen Inhalt und muß auf eine konkrete formalisierte Disziplin bezogen werden. Auf Grund der speziellen, in der Einleitung erwähnten Metadisziplinen läßt sich dieser Begriff auf anschaulich einfachere Begriffe zurückführen[3]); in den vorliegenden Ausführungen muß er dagegen als ein primitiver Begriff angenommen werden. Die Menge aller sinnvollen Aussagen werden wir der Kürze halber mit dem Symbol „S" bezeichnen.

Sei A eine beliebige Menge von Aussagen einer bestimmten Disziplin. Mit Hilfe gewisser Operationen, der sog. Schlußregeln, werden nun aus den Aussagen der Menge A neue Aussagen hergeleitet, die Folgerungen der Aussagenmenge A genannt werden. Diese Schlußregeln festzustellen und mit ihrer Hilfe den Begriff der Folgerung exakt zu definieren, bildet wiederum eine Aufgabe von speziellen Metadisziplinen; in der üblichen Terminologie der Mengenlehre könnte das Schema einer solchen Definition folgendermaßen formuliert werden:

Als Beispiele von konkreten Untersuchungen innerhalb spezieller Metadisziplinen, die an unten entwickelte Begriffsbildung anknüpfen, mögen die Mitteilungen: J. Łukasiewicz und A. Tarski, *Untersuchungen über den Aussagenkalkül,* C.-r. de séances de la Soc. des Sc. et des Lettr. de Varsovie XXIII (1930), Classe III, S. 30 (unten als *Untersuchungen* zitiert), sowie M. Presburger, *Über die Vollständigkeit eines gewissen Systems der Arithmetik ganzer Zahlen, in welchem die Addition als einzige Operation hervortritt,* C.-r. du I Congrès des Math. des Pays Slaves, Varsovie 1929, angeführt werden.

[1]) Vgl. insbesondere *Grundzüge eines neuen Systems der Grundlagen der Mathematik,* Fund. Math. XIV (1929), S. 78.

[2]) Anstatt „sinnvolle Aussagen" könnte auch „regelmäßig konstruierte Aussagen" gesagt werden. Wenn ich das Wort „sinnvoll" gebrauche, so geschieht das, um meiner Übereinstimmung mit der oben erwähnten Richtung des intuitionistischen Formalismus auch äußerlich einen Ausdruck zu geben.

[3]) Vgl. z. B. *Untersuchungen,* S. 31 (Definition 1), und S. 45 (Definition 8).

Die Menge aller Folgerungen der Menge A ist der Durchschnitt aller Mengen, welche die Aussagenmenge A umfassen und in bezug auf die gegebenen Schlußregeln abgeschlossen sind[1]).

Der beabsichtigten Allgemeinheit dieser Überlegungen wegen bleibt uns aber kein anderer Ausweg, als den Begriff der Folgerung den primitiven Begriffen zuzurechnen. Die beiden Begriffe — der Aussage und der Folgerung — sind die einzigen primitiven Begriffe, welche im I^{ten} Teile dieser Abhandlung vorkommen. Die Menge aller Folgerungen der Aussagenmenge A — die Folgerungsmenge von A — wird hier mit dem Symbol „$Fl(A)$" bezeichnet.

Wir werden jetzt vier Axiome (Ax. I. 1 bis I. 4) postulieren, die gewissen elementaren Eigenschaften der primitiven Begriffe Ausdruck geben und in bezug auf alle bekannten formalisierten Disziplinen erfüllt sind.

Vor allem setzen wir also voraus, daß die Menge S höchstens abzählbar ist.

Axiom I. 1. $\overline{\overline{S}} \leq \aleph_0$.

Dieses Axiom braucht kaum ein Kommentar, da die entgegengesetzte Hypothese unnatürlich wäre und unerwünschte Verwicklungen in Beweisen nach sich ziehen würde. Es entsteht überdies die Frage, ob die Voraussetzung, daß die Menge S unendlich (sogar abzählbar-unendlich) ist, überhaupt mit der intuitiven Auffassung der Aussagen als konkreter Schriftzeichen vereinbar ist. Ohne auf diese strittige Frage, die übrigens in unseren Betrachtungen gar nicht zu intervenieren hat, näher einzugehen, sei hier nur bemerkt, daß ich persönlich eine solche Voraussetzung für ganz vernünftig halte und daß es mir vom metamathematischen Standpunkt sogar zweckmäßig erscheint, im Ax. I. 1 das Ungleichheits- durch Gleichheitszeichen zu ersetzen.

Aus dem oben angegebenen Definitionsschema der Folgerungsmenge folgt weiter, daß jede Aussage, die zu einer gegebenen Aussagenmenge gehört, zugleich als eine Folgerung dieser Menge zu betrachten ist, ferner, daß die Folgerungsmenge einer Aussagenmenge aus lauter Aussagen besteht und daß die Folgerungen der Folgerungen wiederum Folgerungen sind. Diese Tatsachen finden in zwei nächsten Axiomen ihren Ausdruck:

Axiom I. 2. *Ist* $A \subset S$, *so* $A \subset Fl(A) \subset S$.

Axiom I. 3. *Ist* $A \subset S$, *so* $Fl(Fl(A)) = Fl(A)$.

Es ist endlich zu bemerken, daß diejenigen Schlußregeln, mit deren Hilfe auf Grund der konkreten Disziplinen aus den Aussagen einer gegebenen Menge die Aussagen der Folgerungsmenge gebildet werden, in der Praxis immer Operationen sind, die sich nur an

[1]) Vgl. hierzu *Untersuchungen*, S. 32 (Definition 2), und S. 46 (Definition 9). Eine Menge heißt bekanntlich in bezug auf die gegebenen Operationen abgeschlossen, wenn jede dieser Operationen, an den Elementen der Menge ausgeführt, immer wieder die Elemente der Menge ergibt (vgl. M. Fréchet: *Des familles et fonctions additives d'ensembles abstraits*, Fund. Math. IV, 1923. S. 335).

einer endlichen Anzahl von Aussagen (gewöhnlich sogar an einer oder an zwei Aussagen) ausführen lassen. Infolgedessen ist jede Folgerung einer gegebenen Aussagenmenge gleichfalls eine Folgerung einer endlichen Untermenge dieser Menge, und umgekehrt. Das läßt sich kurz in der Formel ausdrücken:

Axiom I. 4. *Ist* $A \subset S$, *so* $Fl(A) = \sum_{X \in \mathfrak{P}(A).\mathfrak{E}} Fl(X)$.

Beispielsweise geben wir hier einige elementare Konsequenzen der oben postulierten Axiome.

Satz I. 1. a) *Ist* $A \subset B \subset S$, *so* $Fl(A) \subset Fl(B)$; [Ax. I.4][1]).

b) *Ist* $A + B \subset S$, *so sind die Formeln:* $A \subset Fl(B)$ *und* $Fl(A) \subset Fl(B)$ *äquivalent.* [Ax. I.2, Ax. I.3, S. I.1a.]

Gemäß dem S. I.1a ist die Operation *Fl* im Bereiche der Aussagenmengen monoton; diese Eigenschaft kann bekanntlich in mehreren äquivalenten Formen ausgedrückt werden, z. B.:

$$\sum_{X \in \mathfrak{K}} Fl(X) \subset Fl\Big(\sum_{X \in \mathfrak{K}} X\Big), \text{ resp. } Fl\Big(\prod_{X \in \mathfrak{K}} X\Big) \subset \prod_{X \in \mathfrak{K}} Fl(X)$$

für jede nicht-leere Klasse $\mathfrak{K} \subset \mathfrak{P}(S)$.

Satz I. 2. a) *Ist* $A + B \subset S$, *so* $Fl(A + B) = Fl\big(A + Fl(B)\big) = Fl\big(Fl(A) + Fl(B)\big)$;

b) *ist, allgemeiner,* $\mathfrak{K}$ *eine beliebige Klasse* $\subset \mathfrak{P}(S)$, *so gilt:*

$$Fl\Big(\sum_{X \in \mathfrak{K}} X\Big) = Fl\Big(\sum_{X \in \mathfrak{K}} Fl(X)\Big).$$

Beweis: a) Gemäß dem Ax. I.2: $A + B \subset A + Fl(B) \subset Fl(A) + Fl(B) \subset S$, woraus nach dem S. I.1a

$$(1) \qquad Fl(A + B) \subset Fl\big(A + Fl(B)\big) \subset Fl\big(Fl(A) + Fl(B)\big).$$

Ferner nach dem S. I.1a und dem Ax. I.2 haben wir:

$Fl(A) \subset Fl(A + B) \subset S$ und $Fl(B) \subset Fl(A + B) \subset S$, also auch $Fl(A) + Fl(B) \subset Fl(A + B) \subset S$ und demnach

$$(2) \qquad Fl\big(Fl(A) + Fl(B)\big) \subset Fl\big(Fl(A + B)\big).$$

Aus dem Ax. I.3 folgt endlich:

$$(3) \qquad Fl\big(Fl(A + B)\big) = Fl(A + B).$$

[1]) Im Falle, daß ein Beweis einleuchtet, begnüge ich mich mit einer bloßen Anführung der zu benutzenden Sätze.

Die Formeln (1) bis (3) ergeben unmittelbar:

$$Fl(A+B) = Fl\big(A + Fl(B)\big) = Fl\big(Fl(A) + Fl(B)\big), \text{ w. z. b. w.}$$

b) wird ganz analog bewiesen.

Satz I. 3. *Ist $A \subset S$, $C \in \mathfrak{E}$ und $C \subset Fl(A)$, so existiert eine Menge B, die den Formeln: $B \in \mathfrak{E}$, $B \subset A$ und $C \subset Fl(B)$ genügt.*

Beweis: Nach der Voraussetzung und dem Ax. I. 4 kann jedem Element $x \in C$ eine Menge $G(x)$ eindeutig zugeordnet werden, so daß die Formeln

(1) $$x \in Fl\big(G(x),\big) \quad G(x) \in \mathfrak{E} \text{ und } G(x) \subset A \text{ für } x \in C$$

erfüllt werden (da die Menge C endlich ist, läßt sich die Existenz einer solchen Zuordnung ohne Benutzung des Auswahlaxioms aufstellen).

Es folgt aus (1):

(2) $$C \subset \sum_{x \in C} Fl\big(G(x)\big).$$

Setzen wir:

(3) $$B = \sum_{x \in C} G(x).$$

Da $C \in \mathfrak{E}$, schließt man gleich aus (1) und (3), daß

(4) $$B \in \mathfrak{E} \text{ und } B \subset A.$$

Aus (3) und (4) ergibt sich weiter: $G(x) \subset B \subset A \subset S$ für $x \in C$. Nach dem S. I. 1a hat man also: $Fl\big(G(x)\big) \subset Fl(B)$ für jedes Element x von C, woraus $\sum_{x \in C} Fl\big(G(x)\big) \subset Fl(B)$; indem man diese Inklusion mit (2) zusammenstellt, so erhält man:

(5) $$C \subset Fl(B).$$

Gemäß (4) und (5) genügt die Menge B der Behauptung.

Satz I. 4. *Es sei $\mathfrak{K}$ eine Klasse, welche folgende Bedingung erfüllt: (α) für jede endliche Unterklasse $\mathfrak{L}$ von $\mathfrak{K}$ existiert eine Menge $Y \in \mathfrak{K}$, so daß $\sum_{X \in \mathfrak{L}} X \subset Y$. Ist dabei $\mathfrak{K} \subset \mathfrak{P}(S)$, so $Fl\left(\sum_{X \in \mathfrak{K}} X\right) = \sum_{X \in \mathfrak{K}} Fl(X)$.*

Beweis: Es sei x eine Aussage, so daß

(1) $$x \in Fl\left(\sum_{X \in \mathfrak{K}} X\right).$$

Da nach der Voraussetzung $\sum\limits_{X \in \mathfrak{K}} X \subset S$, aus (1) und aus dem Ax. I.4 folgt die Existenz einer Menge Z, die den Formeln

(2) $$Z \in \mathfrak{S}, \quad Z \in \sum_{X \in \mathfrak{K}} X$$

und

(3) $$X \in Fl(Z)$$

genügt. Aus (2) schließt man ferner auf die Existenz einer endlichen Unterklasse $\mathfrak{L}$ von $\mathfrak{K}$, so daß $Z \subset \sum\limits_{X \in \mathfrak{L}} X$. Nach der Prämisse ($\alpha$) entspricht ihrerseits der Klasse $\mathfrak{L}$ eine derartige Menge $Y \in \mathfrak{K}$, daß $\sum\limits_{X \in \mathfrak{L}} X \subset Y$. Danach haben wir:

(4) $$Y \in \mathfrak{K} \textit{ und } Z \subset Y.$$

Gemäß dem S. I.1a folgt aus (4): $Fl(Z) \subset Fl(Y)$, also nach (3) $x \in Fl(Y)$; mit Rücksicht auf (4) erhält man hieraus:

(5) $$x \in \sum_{X \in \mathfrak{K}} Fl(X).$$

So haben wir gezeigt, daß die Formel (1) stets (5) nach sich zieht; es gilt demnach die Inklusion:

(6) $$Fl\left(\sum_{X \in \mathfrak{K}} X\right) \subset \sum_{X \in \mathfrak{K}} Fl(X).$$

Anderseits haben wir: $Y \subset \sum\limits_{X \in \mathfrak{K}} X \subset S$, woraus nach dem S. I.1a $Fl(Y) \subset Fl\left(\sum\limits_{X \in \mathfrak{K}} X\right)$ für jede Menge $Y \in \mathfrak{K}$; infolgedessen:

(7) $$\sum_{X \in \mathfrak{K}} Fl(X) \subset Fl\left(\sum_{X \in \mathfrak{K}} X\right).$$

Die Formeln (6) und (7) ergeben gleich:

$$Fl\left(\sum_{X \in \mathfrak{K}} X\right) = \sum_{X \in \mathfrak{K}} Fl(X), \text{ w. z. b. w.}$$

Eine unmittelbare Konsequenz des obigen Satzes bildet das

Korollar I. 5. *Es sei $\mathfrak{K}$ eine Klasse, welche folgende Bedingung erfüllt:* (α) $\mathfrak{K} \neq 0$ *und für je zwei Mengen X und Y aus der Klasse $\mathfrak{K}$ entweder $X \subset Y$ oder $Y \subset X$. Ist dabei $\mathfrak{K} \subset \mathfrak{P}(S)$, so* $Fl\left(\sum\limits_{X \in \mathfrak{K}} X\right) = \sum\limits_{X \in \mathfrak{K}} Fl(X)$. [S. I.4]

Dieses Korollar wird besonders oft auf die Klasse aller Glieder einer aufsteigenden Folge von Aussagenmengen angewendet.

Satz I. 6. *Sei* $B + C \subset S$, *setzen wir:* $F(X) = C \cdot Fl(X + B)$ *für jede Menge* $X \subset S$ *(und insbesondere* $F(X) = Fl(X + B)$, *falls* $C = S$). *Es ergibt sich hieraus:*

a) $\overline{\overline{C}} \leq \aleph_0$;

b) *ist* $A \subset C$, *so* $A \subset F(A) \subset C$;

c) *ist* $A \subset C$, *so* $F\big(F(A)\big) = F(A)$;

d) *ist* $A \subset C$, *so* $F(A) = \sum_{X \in \mathfrak{P}(A) \cdot \mathfrak{E}} F(X)$

(mit anderen Worten, *bleiben die Ax. I. 1 — I. 4 gültig, wenn man in ihnen überall „S" durch „C" und „Fl" durch „F" ersetzt).*

Beweis. Vorbemerkung: im Falle, wenn $C = S$, haben wir nach dem Ax. I. 2 $Fl(X + B) \subset C$ für jedes $X \subset S$, so daß die Funktion $F(X) = C \cdot Fl(X + B)$ wirklich in $F(X) = Fl(X + B)$ übergeht.

a) folgt unmittelbar aus dem Ax. I.1.

b) ergibt sich leicht aus dem Ax. I.2.

c) Nach dem Ax. I.2 und dem S. I. 1a haben wir: $C \cdot Fl(A + B) + B \subset Fl(A + B) + B \subset S$ und danach $Fl\big(C \cdot Fl(A + B) + B\big) \subset Fl\big(Fl(A + B) + B\big)$; nach dem S. I. 2a $Fl\big(Fl(A + B) + B\big) = Fl\big((A+B) + B\big) = Fl(A+B)$. Hieraus folgt: $C \cdot Fl\big(C \cdot Fl(A+B) + B\big) \subset C \cdot Fl(A + B)$, also gemäß der Voraussetzung: $F\big(F(A)\big) \subset F(A)$. Da die inverse Inklusion: $F(A) \subset F\big(F(A)\big)$ sich unmittelbar aus b) ergibt (wenn man nur dort „A" durch „$F(A)$" ersetzt), so gelangen wir endlich zu der erwünschten Formel: $F\big(F(A)\big) = F(A)$.

d) Nach dem Ax. I.4:

$$Fl(A + B) = \sum_{X \in \mathfrak{E} \cdot \mathfrak{P}(A + B)} Fl(X). \tag{1}$$

Für jede Menge $X \in \mathfrak{P}(A + B)$ haben wir offenbar: $X \subset X_1 + B$, wo $X_1 = A \cdot X \in \mathfrak{P}(A)$; hieraus nach dem S. I. 1a $Fl(X) \subset Fl(X_1 + B)$. Ist dabei $X \in \mathfrak{E}$, so auch $X_1 \in \mathfrak{E}$ und danach $X_1 \in \mathfrak{E} \cdot \mathfrak{P}(A)$. Also:

$$\sum_{X \in \mathfrak{E} \cdot \mathfrak{P}(A+B)} Fl(X) \subset \sum_{X \in \mathfrak{E} \cdot \mathfrak{P}(A)} Fl(X + B). \tag{2}$$

Anderseits, ist $X \in \mathfrak{P}(A)$, so $X + B \subset A + B$, woraus $Fl(X + B) \subset Fl(A + B)$; demzufolge:

$$\sum_{X \in \mathfrak{E} \cdot \mathfrak{P}(A)} Fl(X + B) \subset Fl(A + B). \tag{3}$$

Die Formeln (1) — (3) ergeben unmittelbar:

$$Fl(A+B) = \sum_{X \in \mathfrak{E} . \mathfrak{P}(A)} Fl(X+B), \text{ also } C.Fl(A+B) = \sum_{X \in \mathfrak{E} . \mathfrak{P}(A)} C.Fl(X+B).$$

Nach der Voraussetzung folgt daraus, daß

$$F(A) = \sum_{X \in \mathfrak{E} . \mathfrak{P}(A)} F(X), \text{ w. z. b. w.}$$

Dem obigen Satz zufolge können die in dieser Abhandlung untersuchten Begriffe in zwei verschiedenen Richtungen relativisiert werden: 1. statt alle sinnvollen Aussagen zu betrachten, kann man sich auf die Aussagen einer vorgegebenen Aussagenmenge C — eines „Aussagenbereichs" — beschränken; 2. man wählt eine feste Aussagenmenge B — eine „Grundmenge" — und bei der Folgerungsbildung von einer beliebigen Aussagenmenge X fügt man zuvor alle Aussagen der Grundmenge der Menge X hinzu, so daß die Folgerungen der Menge X im neuen Sinne mit den Folgerungen der Menge $X+B$ im alten Sinne identisch sind. Nach dem S. I. 7 übt solche Modifikation im Sinne der primitiven Begriffe auf die Gültigkeit der grundlegenden Axiome keinen Einfluß. Demnach bleiben auch alle Konsequenzen dieser Axiome gültig, und insbesondere diejenigen Sätze, die in den folgenden Paragraphen aufgestellt werden sollen; es ist dabei nur zu beachten, daß die in diesen Sätzen vorkommenden nicht-primitiven Begriffe einer analogen Relativierung unterworfen werden. Aus diesen Gründen verdient der betrachtete Satz den Namen von Relativisationssatz.

§ 2. Deduktive (abgeschlossene) Systeme.

Mit Hilfe der beiden im vorhergehenden Paragraph eingeführten Begriffe: der Aussage und der Folgerung können fast alle Grundbegriffe der Metamathematik definiert werden; auf Grund des angegebenen Axiomensystems lassen sich verschiedene fundamentale Eigenschaften dieser neuen Begriffe aufstellen.

In erster Linie soll hier unter allen Aussagenmengen eine besonders wichtige Kategorie derselben, nämlich die deduktiven Systeme, ausgesondert werden. Deduktives System, eventuell abgeschlossenes System[1]) oder einfach System heißt jede Aussagenmenge, die alle ihre Folgerungen enthält.

Die deduktiven Systeme sind so zu sagen organische Einheiten, die den Gegenstand der metamathematischen Untersuchung bilden. Verschiedene wichtige Begriffe, wie Widerspruchsfreiheit, Vollständigkeit und Axiomatisierbarkeit, die wir im weiteren kennen lernen, beziehen sich zwar theoretisch auf beliebige Aussagenmengen, werden jedoch praktisch vorwiegend auf die Systeme angewendet.

Die Klasse aller Systeme wird mit dem Symbol „$\mathfrak{S}$" bezeichnet, so daß:

Definition I. 1. $\mathfrak{S} = \underset{X}{E}[Fl(X) \subset X \subset S]$.

---

[1]) In meinem oben (S. 362, Fußnote) erwähnten Autorreferat habe ich den Ausdruck: „deduktives System" gebraucht, P. Hertz in seiner a. a. O. zitierten Abhandlung sagt: „abgeschlossenes System"; von E. Zermelo (*Über den Begriff der Definitheit in der Axiomatik,* Fund. Math. XIV, 1929, S. 341) wird in demselben Sinne die Wendung: *„logisch abgeschlossenes System"* gebraucht.

Eine leichte Umformung der obigen Definition bildet der

Satz I. 7. *Damit* $A \in \mathfrak{S}$, *ist es notwendig und hinreichend, daß* $Fl(A) = A \subset S$. [Def. I.1, Ax. I.2]

Weitere Eigenschaften der Systeme finden in den folgenden Sätzen ihren Ausdruck:

Satz I. 8. *Ist* $B \in \mathfrak{S}$, *so sind die Bedingungen:* $(\alpha)\, A \subset B$ *und* $(\beta)\, A \subset S$ *und* $Fl(A) \subset B$ *äquivalent.* [S. I.1b, S. I.7]

Satz I. 9. a) *Ist* $A \subset S$, *so* $Fl(A) \in \mathfrak{Q}(A) . \mathfrak{S}$ *und dabei*
$$Fl(A) = \prod_{X \in \mathfrak{Q}(A) . \mathfrak{S}} X;$$

b) *insbesondere,* $Fl(0) \in \mathfrak{S}$ *und* $Fl(0) = \prod_{X \in \mathfrak{S}} X$.

Beweis. a) Nach dem Ax. I.2 und I.3 ist $A \subset Fl(A)$ und $Fl\big(Fl(A)\big) = Fl(A) \subset S$, woraus gemäß dem S. I.7 $Fl(A) \in \mathfrak{Q}(A) . \mathfrak{S}$. Demnach $\prod_{X \in \mathfrak{Q}(A) . \mathfrak{S}} X \subset Fl(A)$; anderseits aus dem S. I.8 folgt, daß $Fl(A) \subset X$ für jede Menge $X \in \mathfrak{Q}(A) . \mathfrak{S}$, also daß $Fl(A) \subset \prod_{X \in \mathfrak{Q}(A) . \mathfrak{S}} X$. Folglich haben wir: $Fl(A) \in \mathfrak{Q}(A) . \mathfrak{S}$ und $Fl(A) = \prod_{X \in \mathfrak{Q}(A) . \mathfrak{S}} X$, w.z.b.w.

b) ergibt sich unmittelbar aus a), wenn man nur $A = 0$ setzt.

Gemäß dem obigen Satze ist $Fl(A)$ das kleinste abgeschlossene System „*über* A" (d. h. das kleinste unter allen Systemen, welche die Aussagenmenge A umfassen), und $Fl(0)$ ist das kleinste System überhaupt. Mit Rücksicht auf den zweiten Teil der Abhandlung kann das System $Fl(0)$ System aller logischen Thesen (oder auch aller logisch-richtigen Sätze) genannt werden.

Satz I. 10. $S \in \mathfrak{S}$ *und* $S = \sum_{X \in \mathfrak{S}} X$. [Def. I.1, Ax. I.2]

S ist also das größte unter allen Systemen.

Satz I. 11. a) *Ist* $A \in \mathfrak{S}$ *und* $B \in \mathfrak{S}$, *so* $A . B \in \mathfrak{S}$;

b) *ist, im allgemeinen,* $\mathfrak{K} \subset \mathfrak{S}$ *und* $\mathfrak{K} \neq 0$, *so* $\prod_{X \in \mathfrak{K}} X \in \mathfrak{S}$.

Beweis. a) Aus der Def. I. 1 ergibt sich: $Fl(A) \subset A \subset S$ und $Fl(B) \subset B \subset S$; nach dem S. I. 1a gilt: $Fl(A . B) \subset Fl(A)$ und $Fl(A . B) \subset Fl(B)$, also $Fl(A . B) \subset Fl(A) . Fl(B)$. Demnach $Fl(A . B) \subset A . B \subset S$, woraus nach der Def. I.1 $A . B \in \mathfrak{S}$, w. z. b. w.

b) läßt sich ganz analog beweisen.

Im Gegensatz zu dem vorigen Satze stellt eine Summe von Systemen nicht immer ein neues System dar. In diesem Zusammenhang läßt sich nur folgendes beweisen:

Satz I. 12. *Erfüllt die Klasse $\mathfrak{K}$ die Bedingung* ($\varkappa$) *des S. I. 4* (bzw. *des Kor. I. 5) und ist dabei* $\mathfrak{K} \subset \mathfrak{S}$, *so* $\sum\limits_{X \in \mathfrak{K}} X \in \mathfrak{S}$.

Beweis. Nach der Def. I. 1 aus der Formel: $\mathfrak{K} \subset \mathfrak{S}$ folgt, daß $\mathfrak{K} \subset \mathfrak{P}(S)$. Die Voraussetzungen des S. I. 4 (bzw. des Kor. I. 5) sind also befriedigt, wonach $Fl\left(\sum\limits_{X \in \mathfrak{K}} X\right) = \sum\limits_{X \in \mathfrak{K}} Fl(X)$.

Mit Rücksicht auf die Inklusion: $\mathfrak{K} \subset \mathfrak{S}$ ergibt sich hieraus nach dem S. I. 7, daß $Fl\left(\sum\limits_{X \in \mathfrak{K}} X\right) = \sum\limits_{X \in \mathfrak{K}} X \subset S$, und folglich, daß $\sum\limits_{X \in \mathfrak{K}} X \in \mathfrak{S}$, w. z. b. w.

Der obige Satz stellt eine hinreichende Bedingung für eine Systemenklasse auf, damit die Summe aller Systeme dieser Klasse wiederum ein System sei. Es läßt sich zeigen, daß diese Bedingung nicht notwendig ist; jedoch unter der Voraussetzung, daß die Systemenklasse endlich ist, werden wir im zweiten Teile dieser Untersuchungen zu einer (von Lindenbaum stammenden) Umkehrung des betrachteten Satzes gelangen.

§ 3. Logische (inferenzielle) Äquivalenz zweier Aussagenmengen.

Logisch-, bzw. inferenziell- äquivalent oder einfach äquivalent heißen zwei Aussagenmengen, die alle Folgerungen gemeinsam haben (d. h. deren Folgerungsmengen übereinstimmen). Die Bedeutung dieses Begriffs besteht darin, daß fast jede hier zu betrachtende Eigenschaft der Aussagenmengen von éiner solchen Menge auf alle mit ihr äquivalenten Mengen übergeht.

Die Klasse aller mit einer gegebenen Aussagenmenge A äquivalenten Mengen wird hier mit „$\mathfrak{Äq}\,(A)$" bezeichnet; die Formel „$B \in \mathfrak{Äq}\,(A)$" besagt demnach, daß die Mengen A und B äquivalent sind. Dagegen werden wir kein besonderes Relationszeichen (so wie z. B. „$\backsim$") für die Äquivalenz der Mengen einführen.

Definition I. 2. $\mathfrak{Äq}\,(A) = \underset{X}{E}[A + X \subset S$ *und* $Fl\,(A) = Fl(X)]$.

Satz I. 13. a) *Die Formeln:* $A \subset S$, $A \in \mathfrak{Äq}\,(A)$ *und* $\mathfrak{Äq}\,(A) \neq 0$ *sind untereinander äquivalent;* [Def. I. 2]

b) *die Formeln:* $A \in \mathfrak{Äq}\,(B)$, $B \in \mathfrak{Äq}\,(A)$, $\mathfrak{Äq}\,(A) \cdot \mathfrak{Äq}\,(B) \neq 0$ *und* $\mathfrak{Äq}\,(A) = \mathfrak{Äq}\,(B) \neq 0$ *sind untereinander äquivalent.* [Def. I. 2]

Satz I. 14. *Ist* $A \subset B \subset C$ *und* $A \in \mathfrak{Äq}\,(C)$, *so* $B \in \mathfrak{Äq}\,(C)$ *und* $\mathfrak{Äq}\,(A) = \mathfrak{Äq}\,(B) = \mathfrak{Äq}\,(C)$.

Beweis. Laut der Def. I. 2 folgt aus der Voraussetzung, daß $A \subset B \subset C \subset S$ und $Fl\,(A) = Fl\,(C)$; nach dem S. I. 1a ergibt sich hieraus, daß $Fl\,(A) \subset Fl\,(B) \subset Fl\,(C)$ und ferner $Fl\,(B) = Fl\,(C)$. Durch eine wiederholte Anwendung der Def. I. 2 erhalten wir dann: $B \in \mathfrak{Äq}\,(C)$, was schließlich auf Grund der Voraussetzung und des S. I. 13b die zweite gewünschte Formel $\mathfrak{Äq}\,(A) = \mathfrak{Äq}\,(B) = \mathfrak{Äq}\,(C)$ ergibt.

Satz I. 15. a) *Ist* $A \in \mathfrak{Aq}(B)$ *und* $C \subset S$, *so* $A + C \in \mathfrak{Aq}(B + C)$;

b) *ist* $A_1 \in \mathfrak{Aq}(B_1)$ *und* $A_2 \in \mathfrak{Aq}(B_2)$, *so* $A_1 + A_2 \in \mathfrak{Aq}(B_1 + B_2)$;

c) *im allgemeinen, wenn jeder Menge* $X \in \mathfrak{K}$ *eine der Formel:* $X \in \mathfrak{Aq}(Y)$ *genügende Menge* $Y \in \mathfrak{L}$ *entspricht, und umgekehrt, so* $\sum_{X \in \mathfrak{K}} X \in \mathfrak{Aq}\left(\sum_{Y \in \mathfrak{L}} Y\right)$.

Beweis. a) Laut der Def. I. 2 ergibt die Voraussetzung: $(A + C) + (B + C) \subset S$ und $Fl(A) = Fl(B)$; durch Anwendung des S. I. 2a erhalten wir hieraus: $Fl(A + C) = Fl(Fl(A) + C) = Fl(Fl(B) + C) = Fl(B + C)$. Gemäß der Def. I. 2 gilt demnach: $A + C \in \mathfrak{Aq}(B + C)$, w. z. b. w.

b) und c) ergeben sich in ganz analoger Weise auf Grund des S. I. 2 a, b.

Satz I. 16. *Jeder Aussagenmenge* $A \subset S$ *entspricht eine Folge von Aussagen* x_ν *vom Typus* $\pi \leq \omega$[1]), *die den Formeln:*

$$(\alpha)\ X_\nu \,\bar{\in}\, Fl(\underset{x_\mu}{E}[\mu < \nu] \text{ für jedes } \nu < \pi \text{ und } (\beta)\ \underset{x_\nu}{E}[\nu < \pi] \in \mathfrak{Aq}(A)$$

genügen.

Beweis. Den Ax. I. 1 und I. 2 sowie der Vorraussetzung zufolge ist die Aussagenmenge $Fl(A) \subset S$ höchstens abzählbar; man kann also die Elemente dieser Menge in eine unendliche Folge (mit nicht notwendig verschiedenen Gliedern) vom Typus ω ordnen, so daß

$$(1) \qquad Fl(A) = \underset{y_\lambda}{E}[\lambda < \omega] \subset S.$$

Sei

(2) λ_0 *die kleinste der Zahlen* $\lambda < \omega$, *welche die Formel:* $y_\lambda \,\bar{\in}\, Fl(0)$ *erfüllen;*

sei ferner

(3) *für* $0 < \nu < \omega$ λ_ν *die kleinste der Zahlen* $\lambda < \omega$, *welche die Formel:* $y_\lambda \,\bar{\in}\, Fl(\underset{y_{\lambda_\mu}}{E}[\mu < \nu])$ *erfüllen;*

sei schließlich

(4) π *die kleinste Ordnungszahl, welcher die Bedingungen* (2) *und* (3) *keine Zahl* λ_π *zuordnen.*

Setzen wir überdies:

$$(5) \qquad x_\nu = y_{\lambda_\nu} \text{ für } \nu < \pi.$$

[1]) Wo eventuell $\pi = 0$ ist (als eine Folge vom Typus 0 wird die „leere" Folge, die kein einziges Glied besitzt, betrachtet).

Es folgt sofort aus (2)—(4), daß

(6) $$\pi \leq \omega.$$

Aus (1)—(5) erhält man noch leicht:

(7) $$x_\nu \bar{\epsilon} Fl(\underset{x_\mu}{E}[\mu < \nu]) \textit{ für } \nu < \pi$$

und

(8) $$\underset{x_\nu}{E}[\nu < \pi] \subset Fl(A).$$

Nehmen wir folgendes an:

(9) *es gibt solche Zahlen* $\lambda < \omega$, *daß* $y_\lambda \bar{\epsilon} Fl(\underset{x_\nu}{E}[\nu < \pi])$.

Sei demnach (mit Rücksicht auf (5))

(10) λ' *die kleinste der Zahlen* λ, *die den Formeln:* $\lambda < \omega$ *und* $y_\lambda \bar{\epsilon} Fl(\underset{y_{\lambda_\nu}}{E}[\nu < \pi]$ *genügen.*

Wäre $\pi < \omega$, so würden wir durch Vergleichung der Sätze (2), (3) und (10) $\lambda' = \lambda_\pi$ erhalten, was der Bedingung (4) widerspricht. Folglich, auf Grund von (6),

(11) $$\pi = \omega.$$

Gemäß dem S. I.1a und mit Rücksicht auf (1)—(3) gilt $Fl(\underset{y_{\lambda_\mu}}{E}[\mu < \omega]) \subset Fl(\underset{y_{\lambda_\mu}}{E}[\mu < \pi)$ für jedes $\nu < \pi$. Wir haben also nach (10) $y_{\lambda'} \epsilon Fl(\underset{y_{\lambda_\mu}}{E}[\mu < \nu])$ für $\nu < \pi$ und insbesondere $y_{\lambda'} \epsilon Fl(0)$ für $\nu = 0$, woraus in bezug auf (2) und (3)

(12) $$\lambda' \geq \lambda_\nu \textit{ für jedes } \nu = \pi.$$

Schließlich ist leicht zu zeigen, daß

(13) $$\lambda_{\nu_1} < \lambda_{\nu_2} \textit{ für } \nu_1 < \nu_2 < \pi.$$

Es sei tatsächlich $\nu_1 < \nu_2 < \pi$. Die Bedingungen (1)—(4) ergeben dann auf Grund vom Ax. I.2 und vom S. I.1a die Formeln: $\underset{y_{\lambda_\mu}}{E}[\mu < \nu_2] \subset Fl(\underset{y_{\lambda_\mu}}{E}[\mu < \nu_2])$ und $Fl(\underset{y_{\lambda_\mu}}{E}[\mu < \nu_1]) \subset Fl(\underset{y_{\lambda_\mu}}{E}[\mu < \nu_2])$. Die erste Inklusion hat u. a. $y_{\lambda_{\nu_1}} \epsilon Fl(\underset{y_{\lambda_\mu}}{E}[\mu < \nu_2])$ zur Folge; da andrerseits nach (3) (für $\nu = \nu_2$) $y_{\lambda_{\nu_2}} \bar{\epsilon} Fl(\underset{y_{\lambda_\mu}}{E}[\mu < \nu_2])$, so können nicht die Zahlen λ_{ν_1} und λ_{ν_2} identisch sein. Die Zusammenstellung der letzten Formel mit der zweiten Inklusion ergibt ferner: $y_{\lambda_{\nu_2}} \bar{\epsilon} Fl(\underset{y_{\lambda_\mu}}{E}[\mu < \nu_1]$. Mit anderen Worten λ_{ν_2} ist eine der Zahlen λ, welche die Bedingung (3) für $\nu = \nu_1$ (bzw. die Bedingung (2) im Falle $\nu_1 = 0$) befriedigen; da λ_{ν_1} ex definitione die kleinste dieser Zahlen ist, so ist $\lambda_{\nu_1} \leq \lambda_{\nu_2}$. Schließlich also gelangen wir zu der gewünschten Formel: $\lambda_{\nu_1} < \lambda_{\nu_2}$.

Aus den Formeln (11)—(13) schließt man sofort, daß $\lambda' \geq \omega$, was mit (10) im Widerspruch steht und dadurch die Annahme (9) widerlegt. Es muß also angenommen werden, daß

(14) $$y_\lambda \in Fl\,(\underset{x_\nu}{E}\,[\nu < \pi])\ \textit{für jedes}\ \lambda < \omega.$$

Aus (1) und (14) folgt: $Fl(A) \subset Fl\,(\underset{x_\nu}{E}\,[\nu < \pi])$; die Anwendung des S. I.1b auf die Inklusion (8) ergibt: $Fl\,(\underset{x_\nu}{E}\,[\nu < \pi]) \subset Fl\,(A)$. Es gilt also die Identität: $Fl\,(A) = Fl\,(\underset{x_\nu}{E}\,[\nu < \pi])$, welche gemäß der Def. I.2 die Formel:

(15) $$\underset{x_\nu}{E}\,[\nu < \pi] \in \ddot{\mathfrak{A}}\mathfrak{q}\,(A)$$

zur Folge hat.

Die Formeln (6), (7) und (15) besagen, daß die Folge von Aussagen x_ν sämtlichen Bedingungen der Behauptung genügt.

Im obigen Beweise haben wir eine Schlußweise angewendet, die wiederholt in mengentheoretischen Überlegungen benützt wird. Die Idee, diese Schlußweise auf die metamathematischen Probleme anzuwenden, verdanken wir Hrn. Lindenbaum, der die betrachtete Schlußweise im Beweise des nachstehenden S. I. 56 verwendet hat.

Eine Aussagenfolge, welche die Bedingung (α) des S. I. 16 befriedigt, könnte als „nach Ordnung unabhängig" bezeichnet werden; wenn dabei die Formel (β) erfüllt ist, so wäre diese Folge geordnete Basis der Aussagenmenge A zu nennen. In dieser Terminologie besagt der betrachtete Satz, daß jede Aussagenmenge eine geordnete Basis besitzt.

Satz I. 17. *Ist* $A \subset S$, *so* $Fl\,(A) \in \ddot{\mathfrak{A}}\mathfrak{q}\,(A)$ *und* $Fl(A) = \sum_{X \in \ddot{\mathfrak{A}}\mathfrak{q}(A)} X$.

[Def. I.2, Ax. I. 2, Ax. I.3]

Satz I. 18. a) *Damit* $A \in \mathfrak{A}\mathfrak{q}\,(B)$ *und* $B \in \mathfrak{S}$, *ist notwendig und hinreichend, daß* $A \subset S$ *und* $B = Fl(A)$;

[Def. I.2, S. I.7, S. I.9a]

b) *ist* $A \subset S$, *so* $\{Fl(A)\} = \mathfrak{S} \,.\, \ddot{\mathfrak{A}}\mathfrak{q}\,(A)$;

[S. I.18a, S. I.13a]

c) *ist* $A \in \mathfrak{S}$, *so* $\{A\} = \mathfrak{S} \,.\, \ddot{\mathfrak{A}}\mathfrak{q}\,(A)$.

[S. I.7, S. I.18a,b]

Laut den S. I. 17 und I. 18a ist $Fl(A)$ die größte unter allen mit der Aussagenmenge A äquivalenten Mengen und zugleich das einzige mit A äquivalente System; mit Rücksicht darauf kann die Menge $Fl(A)$ als Repräsentant der ganzen Klasse $\mathfrak{Äq}(A)$ betrachtet und benützt werden.

§ 4. Axiomensystem einer Aussagenmenge, axiomatisierbare Aussagenmengen.

Axiomensystem einer Aussagenmenge heißt jede mit dieser Menge äquivalente und dabei endliche Aussagenmenge; die Aussagenmengen, welche mindestens ein Axiomensystem besitzen, werden axiomatisierbar genannt. Auf den Begriff der Axiomatisierbarkeit hat Hr. Lindenbaum unsere Aufmerksamkeit gerichtet, der in seinen Untersuchungen aus dem „Metaaussagenkalkül" die interessante Tatsache festgestellt hat, daß neben den axiomatisierbaren auch die nicht-axiomatisierbaren Aussagenmengen existieren [1]).

Indem wir die Klasse aller Axiomensysteme einer Aussagenmenge A mit „$\mathfrak{Ax}(A)$" und die Klasse aller axiomatisierbaren Aussagenmengen mit „$\mathfrak{A}$" bezeichnen, gelangen wir zu der

Definition I. 3. a) $\mathfrak{Ax}(A) = \mathfrak{E} . \mathfrak{Äq}(A)$;
b) $\mathfrak{A} = \underset{X}{E}[\mathfrak{Ax}(X) \neq 0]$.

Folgende Konsequenzen dieser Definition sind leicht beweisbar:

Satz I. 19. a) *Damit* $A \in \mathfrak{Ax}(A)$, *ist es notwendig und hinreichend, daß* $A \in \mathfrak{E} . \mathfrak{P}(S)$; [Def. I. 3a, S. I. 13a]

b) $\mathfrak{E} . \mathfrak{P}(S) \subset \mathfrak{A}$. [S. I. 19a, Def. I. 3b]

Satz I. 20. a) *Ist* $\mathfrak{Ax}(A) . \mathfrak{Ax}(B) \neq 0$, *so* $A \in \mathfrak{Äq}(B)$; [Def. I. 3a, S. I. 13b]

b) *ist* $A \in \mathfrak{Äq}(B)$, *so* $\mathfrak{Ax}(A) = \mathfrak{Ax}(B)$; [S. I. 13b, Def. I. 3a]

c) *ist* $A \in \mathfrak{A}$, *so* $\mathfrak{Äq}(A) \subset \mathfrak{A}$.

Satz I. 21. a) *Ist* $A_1 \in \mathfrak{Ax}(B_1)$ *und* $A_2 \in \mathfrak{Ax}(B_2)$, *so* $A_1 + A_2 \in \mathfrak{Ax}(\mathfrak{B}_1 + \mathfrak{B}_2)$; [Def. I. 3a, S. I. 15b]

b) *ist* $A \in \mathfrak{A}$ *und* $B \in \mathfrak{A}$, *so* $A + B \in \mathfrak{A}$. [Def. I. 3b, S. I. 21a]

Satz I. 22. *Ist* $A \in \mathfrak{A}$, *so* $\mathfrak{P}(A) . \mathfrak{Ax}(A) \neq 0$.

Beweis. Gemäß den Def. I. 2 und I. 3 folgt aus der Voraussetzung, daß es eine Menge X gibt, die den Formeln:

(1) $$X \in \mathfrak{E},$$

(2) $$A + X \subset S \text{ und } Fl(A) = Fl(X)$$

---

[1]) Vgl. *Untersuchungen*, S. 42 (Satz 27).

genügt. Mit Hilfe des Ax. I. 2 erhält man aus (2): $A \subset S$ und $X \subset Fl(A)$; durch die Anwendung des S. I. 3 und mit Rücksicht auf (1) schließen wir daraus auf die Existenz einer derartigen Menge Y, daß

$$Y \in \mathfrak{E}, \tag{3}$$

$$Y \subset A \subset S \text{ und } X \subset Fl(Y). \tag{4}$$

Nach dem S. I. 1 a, b implizieren die Formeln (4): $Fl(X) \subset \subset Fl(Y) \subset Fl(A)$, woraus in bezug auf (2): $Fl(A) = Fl(Y)$; laut der Def. I. 2 ergibt sich hieraus:

$$Y \in \mathfrak{Äq}(A). \tag{5}$$

Gemäß der Def. I. 3 a haben (3) und (5) die Formel: $Y \in \mathfrak{Ax}(A)$ zur Folge; durch die Zusammenstellung dieser Formel mit (4) erhält man sofort:

$$\mathfrak{P}(A) \,.\, \mathfrak{Ax}(A) \neq 0, \text{ w. z. b. w.}$$

Satz I. 23. *Erfüllt die Klasse* $\mathfrak{K}$ *die Bedingung* ($\varkappa$) *aus dem S. I. 4* (bzw. *aus dem Kor. I. 5*) *und ist dabei* $\sum_{X \in \mathfrak{K}} X \in \mathfrak{A}$, *so*

$$\mathfrak{K} \,.\, \mathfrak{Äq}\Big(\sum_{X \in \mathfrak{K}} X\Big) \neq 0.$$

Beweis. Dem S. I. 22 ergibt sich aus der Voraussetzung, daß $\mathfrak{P}\Big(\sum_{X \in \mathfrak{K}} X\Big) \,.\, \mathfrak{Äq}\Big(\sum_{X \in \mathfrak{K}} X\Big) \neq 0$. Es sei demnach, mit Rücksicht auf die Def. I. 3 a:

$$Y \subset \sum_{X \in \mathfrak{K}} X, \tag{1}$$

$$Y \in \mathfrak{E} \tag{2}$$

und

$$Y \in \mathfrak{Äq}\Big(\sum_{X \in \mathfrak{K}} X\Big). \tag{3}$$

Aus (1) und (2) schließt man leicht, daß es eine Klasse $\mathfrak{L} \in \mathfrak{E} \,.\, \mathfrak{P}(\mathfrak{K})$ gibt, die der Formel: $Y \subset \sum_{X \in \mathfrak{L}} X$ genügt. Da die Bedingung ($\varkappa$) des S. I. 4 (bzw. des Kor. I. 5) nach der Voraussetzung erfüllt wird, so folgt hieraus die Existenz einer Menge $Z \in \mathfrak{K}$, welche die Menge $\sum_{X \in \mathfrak{L}} X$ und a fortiori die Menge Y umfaßt. Wir haben also:

$$Z \in \mathfrak{K}, \tag{4}$$

(5) $$Y \subset Z \subset \sum_{X \in \mathfrak{K}} X.$$

Nach dem S. I. 14 ergeben die Formeln (3) und (5) sofort:

(6) $$Z \in \ddot{\mathfrak{A}}\mathrm{q}\Big(\sum_{X \in \mathfrak{K}} X\Big).$$

Aus (4) und (6) erhält man schließlich:

$$\mathfrak{K} \,.\, \ddot{\mathfrak{A}}\mathrm{q}\Big(\sum_{X \in \mathfrak{K}} X\Big) \neq 0, \text{ w. z. b. w.}$$

Satz I. 24. *Es sei eine Folge von Aussagen x_ν vom Typus π gegeben, die der Formel: $(\varkappa)\, x_\nu \in S\text{—}Fl\,(\underset{x_\mu}{E}[\mu < \nu])$ für jedes $\nu < \pi$ genügt. Damit $\underset{x_\nu}{E}[\nu < \pi] \in \mathfrak{A}$, ist es notwendig und hinreichend, daß $\pi < \omega$.*

Beweis. A. Setzen wir voraus, daß

(1) $$\underset{x_\nu}{E}[\nu < \pi] \in \mathfrak{A},$$

und trotzdem nehmen wir an:

(2) $$\pi \geqq \omega.$$

Gemäß dem S. I. 22 und der Def. I. 3a aus (1) folgt, daß es Mengen Y gibt, welche die Formeln:

(3) $$Y \subset \underset{x_\nu}{E}[\nu < \pi], \quad Y \in \mathfrak{E}$$

und

(4) $$Y \in \ddot{\mathfrak{A}}\mathrm{q}\,(\underset{x_\nu}{E}[\nu < \pi])$$

befriedigen. Aus (3) schließt man ferner auf die Existenz einer Zahl ν, so daß

(5) $$\nu < \omega \textit{ und } Y \subset \underset{x_\mu}{E}[\mu \leqq \nu].$$

Die Formeln (2) und (5) ergeben:

(6) $$\nu + 1 < \pi,$$

woraus nach der Voraussetzung des Satzes:

(7) $$x_{\nu+1} \in Fl\,(\underset{x_\mu}{E}[\mu \leqq \nu]).$$

Da ferner $\underset{x_\mu}{E}[\mu \leq \nu] \subset S$, so erhält man aus (5) mit Hilfe des S. I. 1a: $Fl(Y) \subset Fl(\underset{x_\mu}{E}[\mu \leq \nu])$; durch die Vergleichung dieser Inklusion mit (7) gelangt man zur Formel:

$$(8) \qquad x_{\nu+1} \in Fl(Y).$$

Nach dem Ax. I. 2 und der Def. I. 3 ergibt sich aber aus (4), daß $\underset{x_\nu}{E}[\nu < \pi] \subset Fl(\underset{x_\nu}{E}[\nu < \pi]) = Fl(Y)$; mit Rücksicht auf (6) haben wir also: $x_{\nu+1} \in Fl(Y)$, was der Formel (8) offenbar widerspricht und die Annahme (2) widerlegt.

Demnach muß man annehmen, daß

$$(9) \qquad \pi < \omega.$$

B. Ist anderseits die Ungleichheit (9) erfüllt, so gilt nach der Voraussetzung $\underset{x_\nu}{E}[\nu < \pi] \in \mathfrak{C} . \mathfrak{P}(S)$, was laut dem S. I. 19b die Formel (1) zur Folge hat.

Wir haben also die Äquivalenz der Formeln (1) und (9) festgestellt und damit den Beweis beendet.

Satz I. 25. *Folgende Bedingungen sind äquivalent:* (α) $A \in \mathfrak{A}$; (β) *es gibt keine Folge von Aussagen* x_ν *vom Typus* $\pi \geq \omega$, *die den beiden Formeln* (α) *und* (β) *aus dem S. I. 16 gleichzeitig genügt, wobei* $A \subset S$; (γ) *es gibt eine Folge von Aussagen* x_ν *vom Typus* $\pi < \omega$, *die diesen beiden Formeln genügt.*

Beweis. Gilt die Bedingung (α), so hat man nach dem S. I. 20c $\mathfrak{Aq}(A) \subset \mathfrak{A}$ und demnach $\underset{x_\nu}{E}[\nu < \pi] \in \mathfrak{A}$ für jede Aussagenfolge, welche die Behauptung des S. I. 16 befriedigt; aus dem S. I. 24 ergibt sich also, daß die Ungleichung: $\pi \geq \omega$ nicht besteht. Da dabei $A \subset S$ (nach den Def. I. 2 und I. 3a, b), so kann man behaupten, daß (β) aus (α) folgt. Laut S. I. 16 existiert anderseits für jede Menge $A \subset S$ eine Aussagenfolge entweder vom Typus $\pi \geq \omega$ oder vom Typus $\pi < \omega$, welche die Behauptung dieses Satzes erfüllt; (β) impliziert also (γ). Wird schließlich (γ) befriedigt, so hat man: $\underset{x_\nu}{E}[\nu < \pi] \in \mathfrak{C} . \mathfrak{Aq}(A)$, was auf Grund der Def. I. 3a, b die Bedingung (α) ergibt.

Demzufolge *sind die Bedingungen* (α)—(γ) *äquivalent,* w. z. b. w.

Weitere Sätze betreffen die axiomatisierbaren und die unaxiomatisierbaren Systeme.

Satz I. 26. $\mathfrak{S} . \mathfrak{A} = \underset{Fl(X)}{E}[X \in \mathfrak{C} . \mathfrak{P}(S)]$. [Def. I. 3a, b, S. I. 18a]

Satz I. 27. *Damit* $A \in \mathfrak{S} - \mathfrak{A}$, *ist notwendig und hinreichend, daß eine Folge von Mengen* X_ν *vom Typus* ω *existiere, die folgenden Formeln genüge:* (α) $X_\nu \in \mathfrak{S}$ *für jedes* $\nu < \omega$; (β) $X_\mu \subset X_\nu$ *und* $X_\mu \neq X_\nu$ *für* $\mu < \nu < \omega$; (γ) $A = \sum_{\nu < \omega} X_\nu$. *Die Formel* ($\alpha$) *kann dabei durch:* ($\alpha_1$) $X_\nu \in \mathfrak{S} \, . \, \mathfrak{A}$ *ersetzt werden.*

Beweis. A. Setzen wir erstens voraus, daß

$$(1) \qquad A \in \mathfrak{S} - \mathfrak{A}$$

Durch Anwendung der S. I.16 und I.25 (und mit Rücksicht auf die Def. I. 1) schließen wir aus (1), daß eine Aussagenfolge vom Typus ω existiert, welche die Formeln:

$$(2) \qquad x_\nu \,\bar{\epsilon}\, Fl(\underset{x_\lambda}{E}[\lambda < \nu]) \text{ für } \nu < \omega$$

und

$$(3) \qquad \underset{x_\nu}{E}[\nu < \omega] \in \mathfrak{Aq}(A)$$

befriedigt.

Nach dem S. I.18a ergeben (1) und (3):

$$(4) \qquad \underset{x_\nu}{E}[\nu < \omega] \subset S \text{ und } Fl(\underset{x_\nu}{E}[\nu < \omega]) = A.$$

Setzen wir:

$$(5) \qquad X_\nu = Fl(\underset{x_\lambda}{E}[\lambda < \nu]) \text{ für } \nu < \omega.$$

Aus (4) und (5) folgt auf Grund des S. I.26, daß

$$(6) \qquad X_\nu \in \mathfrak{S} \text{ für } \nu < \omega$$

(und sogar daß

$$(6') \qquad X_\nu \in \mathfrak{S} \, . \, \mathfrak{A} \text{ für } \nu < \omega).$$

Gemäß dem S. I.1a und mit Rücksicht auf (4) erhält man: $Fl(\underset{x_\lambda}{E}[\lambda < \mu]) \subset Fl(\underset{x_\lambda}{E}[\lambda < \nu])$ und hieraus nach (5):

$$(7) \qquad X_\mu \subset X_\nu \text{ für } \mu < \nu < \omega.$$

Aus (4), (5) und aus dem Ax. I.2 ergibt sich $x_\mu \in X_\nu$, dagegen in bezug auf (2) und (5) $x_\mu \,\bar{\epsilon}\, X_\mu$ für $\mu < \nu < \omega$; demzufolge

$$(8) \qquad X_\mu \neq X_\nu \text{ für } \mu < \nu < \omega.$$

Es ist schließlich zu bemerken, daß die Klasse $\mathfrak{K}'$ der Aussagenmengen $Y_\nu = \underset{x_\lambda}{E}\,[\lambda < \nu]$, wo $\nu < \omega$, die Voraussetzungen des Kor. 5 erfüllt, wonach $Fl\left(\sum\limits_{Y \in \mathfrak{K}'} Y\right) = \sum\limits_{Y \in \mathfrak{K}'} Fl(Y)$; auf Grund von (4) und (5) haben wir also

(9) $$A = \sum_{\nu < \omega} X_\nu.$$

Aus (6)—(9) (sowie (6')) ergibt sich, daß

(10) *die Folge von Aussagenmengen X_ν vom Typus ω den Formeln (α)—(γ) (sowie auch der Formel (α')) des Satzes genügt.*

B. Es sei nun eine Folge von Aussagenmengen X_ν von der Beschaffenheit (10) gegeben (wobei die Formel (α_1) nicht berücksichtigt wird). Setzen wir:

(11) $$\mathfrak{K} = \underset{X_\nu}{E}\,[\nu < \omega].$$

Aus (10) und (11) folgt sofort, daß

(12) $$A = \sum_{X \in \mathfrak{K}} X$$

und daß

(13) *die Klasse $\mathfrak{K}$ der Bedingung (α) des Kor. I. 5 genügt.*

Da ferner nach (10) und (11) $\mathfrak{K} \subset \mathfrak{S}$, so schließen wir aus (13) und (12) auf Grund von S. I. 12, daß

(14) $$A = \sum_{X \in \mathfrak{K}} X \in \mathfrak{S}.$$

Wäre $\mathfrak{K} \,.\, \ddot{\mathfrak{A}}\mathrm{q}\left(\sum\limits_{X \in \mathfrak{K}} X\right) \neq 0$, z. B. $Y \in \mathfrak{K} \,.\, \ddot{\mathfrak{A}}\mathrm{q}\left(\sum\limits_{X \in \mathfrak{K}} X\right)$, so würden wir nach (10) und (14): $Y \in \mathfrak{S} \,.\, \ddot{\mathfrak{A}}\mathrm{q}(A)$ und $A \in \mathfrak{S}$ erhalten, was nach dem S. I. 18c: $Y = A \in \mathfrak{K}$ ergibt; die letzte Formel steht aber mit (10) und (11) im Widerspruch (da die Summe aller Glieder einer aufsteigenden Mengenfolge vom Typus ω jedes Glied als echten Teil umfaßt). Infolgedessen

(15) $$\mathfrak{K} \,.\, \ddot{\mathfrak{A}}\mathrm{q}\left(\sum_{X \in \mathfrak{K}} X\right) = 0.$$

Durch Anwendung des S. I. 23 schließt man aus (13)—(15), daß $A = \sum\limits_{X \in \mathfrak{K}} X \,\bar{\epsilon}\, \mathfrak{A}$; indem man diese Formel mit (14) zusammenstellt, erhält man sofort (1).

Wir haben also gezeigt, daß *die Existenz einer Mengenfolge von der Beschaffenheit* (10) *eine notwendige und hinreichende Bedingung für die Formel* (1) *bildet,* w. z. b. w.

Aus den zwei obigen Sätzen ergeben sich leicht die folgenden Korollare:

Korollar I. 28. $\overline{\overline{\mathfrak{S}.\mathfrak{A}}} \leq \aleph_0$.

Beweis: Nach einem bekannten mengentheoretischen Satz hat das Ax. I. 1 zur Folge, daß die Klasse $\mathfrak{E}.\mathfrak{P}(S)$ höchstens abzählbar ist. Auf Grund des S. I. 26 wird diese Klasse durch die Funktion Fl auf die Klasse $\mathfrak{S}.\mathfrak{A}$ eindeutig abgebildet; demzufolge ist auch die letzte Klasse höchstens abzählbar, $\overline{\overline{\mathfrak{S}.\mathfrak{A}}} \leq \aleph_0$, w. z. b. w.

Korollar I. 29. a) *Ist* $A \in \mathfrak{S}-\mathfrak{A}$, *so* $\overline{\overline{\mathfrak{P}(A).\mathfrak{S}.\mathfrak{A}}} = \aleph_0$;

b) *ist* $\mathfrak{S}-\mathfrak{A} \neq 0$ [*bzw.* $\mathfrak{P}(S)-\mathfrak{A} \neq 0$], *so* $\overline{\overline{\mathfrak{S}.\mathfrak{A}}} = \aleph_0$.

Beweis. a) Nach dem S. I. 27 ergibt die Voraussetzung: $\overline{\overline{\mathfrak{P}(A).\mathfrak{S}.\mathfrak{A}}} \geq \aleph_0$; da die inverse Ungleichung unmittelbar aus dem Kor. I. 28 folgt, so hat man schließlich: $\overline{\overline{\mathfrak{P}(A).\mathfrak{S}.\mathfrak{A}}} = \aleph_0$;

b) ergibt sich direkt aus a) und aus dem Kor. I. 28 (mit Rücksicht auf die S. I. 18 a und I. 20 c überzeugt man sich mühelos, daß die zweite Voraussetzung: $\mathfrak{P}(S)-\mathfrak{A} \neq 0$ die erste: $\mathfrak{S}-\mathfrak{A} \neq 0$ impliziert).

Satz I. 30. *Es gilt entweder* $1 \leq \overline{\overline{\mathfrak{S}}} \leq \aleph_0$ *oder* $\aleph_0 \leq \overline{\overline{\mathfrak{S}}} \leq 2^{\aleph_0}$.

Beweis: Nach dem bekannten Satz über die Mächtigkeit der Potenzmenge schließt man vor allem aus dem Ax. I. 1 und aus der Def. I. 1, daß $\overline{\overline{\mathfrak{S}}} \leq \overline{\overline{\mathfrak{P}(S)}} \leq 2^{\aleph_0}$; mit Rücksicht auf den S. I. 10 hat man noch $\overline{\overline{\mathfrak{S}}} \geq 1$. Ist nun $\mathfrak{S} \subset \mathfrak{A}$ (oder, was auf dasselbe hinauskommt, $\mathfrak{S} = \mathfrak{S}.\mathfrak{A}$), so gilt nach dem Kor. I. 28, daß $1 \leq \overline{\overline{\mathfrak{S}}} \leq \aleph_0$; ist dagegen $\mathfrak{S}-\mathfrak{A} \neq 0$, so folgt aus dem Kor. I. 29 b, daß $\aleph_0 \leq \overline{\overline{\mathfrak{S}}} \leq 2^{\aleph_0}$, w. z. b. w.

Es ist zu bemerken, daß der obige Satz sich ohne Benützung des Auswahlaxioms aufstellen läßt (denn sonst wäre das Ergebnis ganz trivial); das betrifft auch die unten angegebene Verallgemeinerung dieses Satzes — das Kor. I. 65. Im II. Teile der Abhandlung wird es uns gelingen, den S. I. 30 erheblich zu verschärfen.

§ 5. Unabhängige Aussagenmengen; Basis einer Aussagenmenge.

Eine Aussagenmenge heißt **unabhängig**, wenn sie mit keiner ihrer echten Untermengen äquivalent ist. Die Klasse aller unabhängigen Aussagenmengen wird mit „$\mathfrak{U}$" bezeichnet:

Definition I. 4. $\mathfrak{U} = \underset{X}{E}\left[\mathfrak{P}(X).\mathfrak{Aq}(X) = \{X\}\right]$.

Einige äquivalente Umformungen der obigen Definition werden in den zwei nächsten Sätzen gegeben.

Satz I. 31. *Folgende Bedingungen sind äquivalent:* (α) $A \in \mathfrak{U}$; (β) $A . Fl(X) \subset X \subset S$ *für jede Menge* $X \subset A$; (γ) *die Formeln:* $X + Y \subset A$ *und* $Fl(X) = Fl(Y)$ *implizieren stets:* $X = Y$, *wobei* $A \subset S$.

Beweis: A. Nehmen wir erstens an, daß

$$(1) \qquad A \in \mathfrak{U}.$$

Nach der Def. I. 4 und dem S. I. 3a folgt hieraus:

$$(2) \qquad A \subset S.$$

Es sei X eine beliebige Untermenge von A.

Durch Anwendung des S. I. 2a und mit Rücksicht auf (2) erhalten wir: $Fl\big((A - Fl(X)) + X\big) = Fl\big((A - Fl(X)) + Fl(X)\big) = Fl\big(A + Fl(X)\big) = Fl(A + X) = Fl(A)$, und demnach, laut der Def. I. 2, $\big(A - Fl(X)\big) + X \in \mathfrak{P}(A) . \mathfrak{Aq}(A)$. Auf Grund der Def. I. 3 und in bezug auf (1) schließt man hieraus, daß $\big(A - Fl(X)\big) + X = A$ und folglich $A . \big(Fl(X) - X\big) = 0$. Mit Rücksicht auf (2) haben wir also:

$$(3) \qquad A . Fl(X) \subset X \subset S \textit{ für jede Menge } X \subset A.$$

B. Setzen wir ferner die Bedingung (3) voraus. Betrachten wir zwei beliebige Mengen X und Y, die den Formeln: $X + Y \subset A$ und $Fl(X) = Fl(Y)$ genügen. Aus (3) folgt, daß $A . Fl(Y) = A . Fl(X) \subset X$; da ferner (3) die Inklusion (2) ergibt, so haben wir nach dem Ax. I. 2 $Y \subset A . Fl(Y)$. Folglich gilt $Y \subset X$. In einer ganz analogen Weise gelangt man zu der inversen Inklusion: $X \subset Y$, so daß schließlich $X = Y$. Wir haben also gezeigt, daß

(4) *die Formeln:* $X + Y \subset A$ *und* $Fl(X) = Fl(Y)$ *stets* $X = Y$ *zur Folge haben, wobei auch* (2) *gilt.*

C. Es sei endlich (4) gegeben. Gemäß der Def. I. 2 genügt jede Menge $X \in \mathfrak{P}(A) . \mathfrak{Aq}(A)$ der Formel $Fl(X) = Fl(A)$; wenn wir in (4): $Y = A$ setzen, erhalten wir demnach: $X = A$. Wir haben also: $\mathfrak{P}(A) . \mathfrak{Aq}(A) \subset \{A\}$; da aber nach dem S. I. 13a die Inklusion: $\{A\} \subset \mathfrak{P}(A) . \mathfrak{Aq}(A)$ ebenfalls gilt, gelangen wir zu der Gleichheit: $\mathfrak{P}(A) . \mathfrak{Aq}(A) = \{A\}$, welche auf Grund der Def. I. 4 die Formel (1) ergibt.

Nach der obigen Überlegung folgt (3) aus (1), (4) aus (3) und (1) aus (4). *Die Bedingungen* (1), (3) *und* (4) *sind also äquivalent,* w. z. b. w.

Satz I. 32. *Damit* $A \in \mathfrak{U}$, *ist notwendig und hinreichend, daß* $x \in S - Fl(A - \{x\})$ *für jedes* $x \in A$.

Beweis: A. Nehmen wir an, daß

(1) $$A \in \mathfrak{U},$$

und wenden wir den S. I. 31 an. Nach der Bedingung (γ) dieses Satzes folgt aus (1) direkt, daß

(2) $$A \subset S.$$

Indem wir in der Bedingung (β) desselben Satzes: $X = A - \{x\}$ setzen, erhalten wir ferner: $A \,.\, Fl\,(A - \{x\}) \subset A - \{x\}$, woraus $\{x\} \,.\, A \,.\, Fl(A - \{x\}) = 0$. Bei der Voraussetzung, daß $x \in A$, ergibt die letzte Formel: $\{x\} \,.\, Fl(A - \{x\}) = 0$ und schließlich auf Grund von (2):

(3) $$x \in S - Fl(A - \{x\}) \text{ für jedes } x \in A.$$

B. Setzen wir jetzt die Formel (3) voraus und bemerken wir vor allem, daß hieraus die Inklusion (2) unmittelbar folgt. Nehmen wir nun an, es existiere eine Menge $X \subset A$, die der Formel $A \,.\, Fl(X) - X \neq 0$ genüge. Es sei z. B. $x \in A \,.\, Fl(X) - X$ und demnach $X \subset A - \{x\}$, was auf Grund des S. I. 1a die Inklusion $Fl(X) \subset Fl(A - \{x\})$ ergibt; da dabei $x \in A \,.\, Fl(X)$, so schließen wir daraus sofort, daß $x \in Fl(A - \{x\})$, was der Formel (3) widerspricht. So ist unsere Annahme widerlegt; mit Rücksicht auf (2) müssen wir folglich annehmen, daß

(4) $$A \,.\, Fl(X) \subset X \subset S \text{ für jede Menge } X \subset A.$$

Laut dem S. I. 31 hat (4) die Formel (1) zur Folge.

Wir haben also die Äquivalenz der Formeln (1) und (3) festgestellt und damit den Satz bewiesen.

Aus dem obigen Satz ergibt sich unmittelbar das folgende

Korollar I. 33. a) $0 \in \mathfrak{U}$; [S. I. 32]

b) *damit* $\{x\} \in \mathfrak{U}$, *ist notwendig und hinreichend, daß*

$$x \in S - Fl\,(0).$$ [S. I. 32]

Satz I. 34. *Ist* $A \in \mathfrak{U}$, *so* $\mathfrak{P}(A) \subset \mathfrak{U}$. [S. I. 31]

Satz I. 35. *Ist* $A \in \mathfrak{U}$, *so* $\mathfrak{P}\,(A) \,.\, \mathfrak{A} = \mathfrak{P}\,(A) \,.\, \mathfrak{E}$.

Beweis: Nach dem S. I. 32 (evtl. I. 31) ergibt die Voraussetzung:

(1) $$A \subset S.$$

Es gilt demnach, daß $\mathfrak{P}(A) \,.\, \mathfrak{E} \subset \mathfrak{P}(S) \,.\, \mathfrak{E}$, was gemäß dem S. I. 19b die Inklusion:

(2) $$\mathfrak{P}(A) \,.\, \mathfrak{E} \subset \mathfrak{P}(A) \,.\, \mathfrak{A}$$

zur Folge hat.

Anderseits nehmen wir an, daß

(3) $$\mathfrak{P}(A) . \mathfrak{A} - \mathfrak{E} \neq 0,$$

und es sei demnach

(4) $$X \epsilon \mathfrak{P}(A) . \mathfrak{A} - \mathfrak{E}.$$

Mit Hilfe des Ax. I. 1 schließt man leicht aus (1)—(4), daß die Menge X abzählbar ist; folglich lassen sich alle Elemente dieser Menge in eine unendliche Folge vom Typus ω mit lauter verschiedenen Gliedern ordnen, so daß

(5) $$X = \underset{x_\nu}{E}[\nu < \omega], \textit{ wobei } x_\mu \neq x_\nu \textit{ für } \mu < \nu < \omega.$$

Nach dem S. I. 35 folgt aus (4) und aus der Voraussetzung, daß $X \epsilon \mathfrak{U}$; auf Grund des S. I. 32 und mit Rücksicht auf (5) erhalten wir hieraus:

(6) $$x_\nu \epsilon S - Fl(X - \{x_\nu\}) \textit{ für jedes } \nu < \omega.$$

Aus (5) und (6) ergibt sich ferner: $\underset{x_\mu}{E}[\mu < \nu] \subset X - \{x_\nu\} \subset S$ für $\nu < \omega$, was nach dem S. I. 1a die Inklusion:

$$Fl(\underset{x_\mu}{E}[\mu < \nu]) \subset Fl(X - \{x_\nu\})$$

impliziert; in bezug auf (6) folgt hieraus, daß

(7) $$x_\nu \epsilon S - Fl(\underset{x_\mu}{E}[\mu < \nu]) \textit{ für } \nu < \omega.$$

Indem wir (5) und (7) mit dem S. I. 24 zusammenstellen, erhalten wir leicht: $X = \underset{x_\nu}{E}[\nu < \omega] \bar{\epsilon} \mathfrak{A}$, entgegen der Formel (4).

Damit ist die Annahme (3) widerlegt, und es gilt daher:

(8) $$\mathfrak{P}(A) . \mathfrak{A} \subset \mathfrak{P}(A) . \mathfrak{E}.$$

Die Inklusionen (2) und (8) ergeben sofort die erwünschte Gleichheit:

$$\mathfrak{P}(A) . \mathfrak{A} = \mathfrak{P}(A) . \mathfrak{E}, \text{ w. z. b. w.}$$

Satz I. 36. *Ist* $A \epsilon \mathfrak{U} - \mathfrak{E}$, *so* $\overline{\overline{\mathfrak{P}(Fl(A)) . \mathfrak{S} . \mathfrak{A}}} = \aleph_0$, *dagegen* $\overline{\overline{\mathfrak{P}(Fl(A)) . \mathfrak{S}}} = \overline{\overline{\mathfrak{P}(Fl(A)) . \mathfrak{S} - \mathfrak{A}}} = 2^{\aleph_0}$.

Beweis. Auf Grund der S. I. 32 und I. 35 sowie des Ax. I. 1 schließen wir aus der Voraussetzung, daß

(1) $$A \subset S, \; A \bar{\epsilon} \mathfrak{A}$$

und

(2) $$\overline{\overline{A}} = \aleph_0.$$

Gemäß dem S. I. 18a folgt aus (1), daß $Fl(A) \epsilon \mathfrak{S}$ und $A \epsilon \mathfrak{Aq}(Fl(A))$; nach dem S. I. 20c ergibt sich hieraus: $Fl(A) \epsilon \mathfrak{S} - \mathfrak{A}$. Mit Rücksicht auf das Kor. I. 29a erhält man demnach sofort:

$$(3) \qquad \overline{\overline{\mathfrak{P}(Fl(A)).\mathfrak{S}.\mathfrak{A}}} = \aleph_0.$$

Da die Menge A nach Voraussetzung unabhängig ist, kann man auf sie den S. I. 31 anwenden. Die Bedingung (γ) dieses Satzes besagt, daß die Funktion Fl die Klasse $\mathfrak{P}(A)$ auf $\underset{Fl(X)}{E}[X \subset A]$ in eineindeutiger Weise abbildet; demzufolge sind die beiden Klassen gleichmächtig. Nach einem bekannten Satz folgt aber aus (2), daß $\overline{\overline{\mathfrak{P}(A)}} = 2^{\aleph_0}$; demnach:

$$(4) \qquad \overline{\overline{\underset{Fl(X)}{E}[X \subset A]}} = 2^{\aleph_0}.$$

Auf Grund der S. I. 1a und I. 9a und unter Berücksichtigung von (1) erhält man mühelos: $\underset{Fl(X)}{E}[X \subset A] \subset \mathfrak{P}(Fl(A)).\mathfrak{S}$; durch Zusammenstellung mit (4) ergibt sich hieraus $\overline{\overline{\mathfrak{P}(Fl(A)).\mathfrak{S}}} \geq 2^{\aleph_0}$. Da aber nach dem S. I. 30 auch $\overline{\overline{\mathfrak{P}(Fl(A)).\mathfrak{S}}} \leq 2^{\aleph_0}$ gilt, so haben wir schließlich:

$$(5) \qquad \overline{\overline{\mathfrak{P}(Fl(A)).\mathfrak{S}}} = 2^{\aleph_0}.$$

Die Formeln (3) und (5) ergeben sofort:

$$(6) \qquad \overline{\overline{\mathfrak{P}(Fl(A)).\mathfrak{S} - \mathfrak{A}}} = 2^{\aleph_0} - \aleph_0 = 2^{\aleph_0}.$$

Nach (3), (5) und (6) ist der Satz vollständig bewiesen.

Korollar I. 37. *Ist* $\mathfrak{U} - \mathfrak{E} \neq 0$, *so* $\overline{\overline{\mathfrak{S}.\mathfrak{A}}} = \aleph_0$, *dagegen* $\overline{\overline{\mathfrak{S}}} = \overline{\overline{\mathfrak{S} - \mathfrak{A}}} = 2^{\aleph_0}$. [S. I. 36, Kor. I. 28, S. I. 30]

Es ist zu bemerken, daß es auf Grund fast sämtlicher deduktiven Disziplinen, und insbesondere auf Grund der einfachsten unter ihnen — des Aussagenkalküls — gelingt, eine zugleich unendliche und unabhängige Aussagenmenge zu konstruieren und damit die Voraussetzung des obigen Korollars zu verwirklichen. Es stellt sich also heraus, daß es in allen diesen Disziplinen mehr unaxiomatisierbare als axiomatisierbare Systeme gibt: die deduktiven Systeme sind, um so zu sagen, der Regel nach unaxiomatisierbar, wenn wir auch praktisch fast ausnahmslos mit den axiomatisierbaren Systemen zu tun haben. Diesen paradoxalen Umstand hat zum ersten Mal Lindenbaum bemerkt, und zwar in Anwendung auf den Aussagenkalkül[1]).

Einige Verschärfungen des Unabhängigkeitsbegriffes (die vollständige bzw. die maximale Unabhängigkeit) werden wir im II. Teile dieser Arbeit behandeln.

---

[1]) Vgl. *Untersuchungen*, S. 42 (Satz 27).

Jede unabhängige und mit der gegebenen Menge A äquivalente Aussagenmenge wird **Basis der Menge** A genannt; die Klasse aller derartigen Aussagenmengen wird hier mit „$\mathfrak{B}(A)$" bezeichnet.

Definition I. 5. $\mathfrak{B}(A) = \ddot{\mathfrak{A}}\mathfrak{q}(A) . \mathfrak{U}$.

Die obige Definition kann folgendermaßen umgestaltet werden:

Satz I. 38. *Damit* $B \epsilon \mathfrak{B}(A)$, *ist notwendig und hinreichend, daß* $\mathfrak{P}(B) . \ddot{\mathfrak{A}}\mathfrak{q}(A) = \{B\}$. [Def. I. 5, Def. I. 4, S. I. 13 b]

In der üblichen Terminologie der Mengenlehre heißt bekanntlich eine Menge X in bezug auf eine Mengenklasse $\mathfrak{K}$ irreduzibel, wenn $\mathfrak{P}(X) . \mathfrak{K} = \{X\}$[1]. Demnach besagt der obige Satz, daß „Basis der Aussagenmenge A" dasselbe, was „eine in bezug auf die Klasse $\ddot{\mathfrak{A}}\mathfrak{q}(A)$ irreduzible Menge" bedeutet.

Andere Eigenschaften des betrachteten Begriffs werden in folgenden Sätzen aufgestellt:

Satz I. 39. *Damit* $A \epsilon \mathfrak{B}(A)$, *ist notwendig und hinreichend, daß* $A \epsilon \mathfrak{U}$. [Def. I. 5, Def. I. 4]

Satz I. 40. a) *Ist* $\mathfrak{B}(A) . \mathfrak{B}(B) \neq 0$, *so* $A \epsilon \ddot{\mathfrak{A}}\mathfrak{q}(B)$; [Def. I. 5, S. I. 13 b]

b) *ist* $A \epsilon \ddot{\mathfrak{A}}\mathfrak{q}(B)$, *so* $\mathfrak{B}(A) = \mathfrak{B}(B)$. [S. I. 13 b, Def. I. 5]

Satz I. 41. $\mathfrak{E} . \mathfrak{B}(A) = \mathfrak{U} . \mathfrak{A}\mathfrak{x}(A)$. [Def. I. 5, Def. I. 4, Def. I. 3 a]

Satz I. 42. *Ist* $A \epsilon \mathfrak{A}$, *so* $\mathfrak{P}(A) . \mathfrak{E} . \mathfrak{B}(A) \neq 0$.

Beweis. Gemäß dem S. I. 22 und der Def. I. 3 a hat die Voraussetzung zur Folge, daß Mengen X existieren, die den Formeln:

(1) $$X \subset A,$$

(2) $$X \epsilon \mathfrak{E} \text{ und } X \epsilon \ddot{\mathfrak{A}}\mathfrak{q}(A)$$

genügen.

Nach dem S. I. 13 a, b ergibt sich aus (2), daß $X \epsilon \ddot{\mathfrak{A}}\mathfrak{q}(X)$; folglich ist die Klasse $\mathfrak{K} = \mathfrak{P}(X) . \ddot{\mathfrak{A}}\mathfrak{q}(X)$, die aus Untermengen der endlichen Menge X besteht, von 0 verschieden. Laut einer bekannten Definition der endlichen Mengen[2] schließt man daraus, daß diese Klasse mindestens eine irreduzible Menge Y (d. h. eine Menge mit der Beschaffenheit: $\mathfrak{P}(Y) . \mathfrak{K} = \{Y\}$) als Element enthält; nach dem S. I. 38 bildet diese Menge Y eine Basis von X, und wir haben also

(3) $$Y \subset X \text{ und } Y \epsilon \mathfrak{B}(X).$$

---

[1]) Vgl. z. B. A. Tarski, *Sur les ensembles finis*, Fundamenta Mathematicae VI, 1925, S. 48 (Définition 1).

[2]) Vgl. meine oben [Fußn. [1])] zitierte Abhandlung, S. 49 (Définition 3).

Aus (1)—(3) erhält man sofort:

(4) $$Y \subset A \textit{ und } Y \varepsilon \mathfrak{E}.$$

Nach dem S. I. 40b folgt aus (2), daß $\mathfrak{B}(A) = \mathfrak{B}(X)$, woraus mit Rücksicht auf (3):

(5) $$Y \varepsilon \mathfrak{B}(A).$$

Die Formeln (4) und (5) ergeben unmittelbar:

$$\mathfrak{P}(A) . \mathfrak{E} . \mathfrak{B}(A) \neq 0, \text{ w. z. b. w.}$$

Satz I. 43. *Ist* $A \varepsilon \mathfrak{A}$, so $\mathfrak{B}(A) \subset \mathfrak{E}$.

Beweis. Wäre die Behauptung falsch, so hätten wir laut der Def. I. 5: $\ddot{\mathfrak{A}}\mathrm{q}(A) . \mathfrak{U} - \mathfrak{E} \neq 0$. Es sei demnach $X \varepsilon \ddot{\mathfrak{A}}\mathrm{q}(A)$ und $X \varepsilon \mathfrak{U} - \mathfrak{E}$. Auf Grund des S. I. 35 ergibt die zweite Formel: $X \bar{\varepsilon} \mathfrak{A}$; mit Rücksicht auf die zweite Formel und durch Anwendung des S. I. 20c schließt man hieraus, daß $A \bar{\varepsilon} \mathfrak{A}$, entgegen der Voraussetzung.

Es gilt also: $\mathfrak{B} \subset (A)\, \mathfrak{E}$, und damit ist der Satz bewiesen.

Korollar I. 44. *Folgende Bedingungen sind äquivalent:*

$$(\alpha)\, A \varepsilon \mathfrak{A}; \quad (\beta)\, \mathfrak{B}(A) \neq 0 \textit{ und } \mathfrak{B}(A) \subset \mathfrak{E}; \quad (\gamma)\, \mathfrak{E} . \mathfrak{B}(A) \neq 0.$$

Beweis: Mit Rücksicht auf die S. I. 42 und I. 43 ist (β) aus (α) sofort zu erhalten; (γ) ergibt sich unmittelbar aus (β); auf Grund des S. I. 41 und der Def. I. 3a folgt schließlich (α) aus (γ). Demzufolge sind die Formeln (α)—(γ) äquivalent, w. z. b. w.

Gemäß dem obigen Korollar (bzw. nach dem S. I. 42) besitzt jede axiomatisierbare Aussagenmenge mindestens eine Basis. Auf Grund der bisherigen Voraussetzungen läßt sich dieses Ergebnis auf unaxiomatisierbare Aussagenmengen nicht ausdehnen [1]) (es ist nur gezeigt, daß jede Aussagenmenge eine „geordnete Basis" besitzt; vgl. die Bemerkungen zu dem S. I. 16, S. 14). Erst im II. Teile dieser Abhandlung wird es dank der Anwendung logisch stärkerer Axiome gelingen, die Existenz einer Basis für eine beliebige Aussagenmenge festzustellen.

§ 6. Widerspruchsfreie Aussagenmengen.

Die Begriffe der Widerspruchsfreiheit und der Vollständigkeit, mit denen wir uns in diesem und in dem nächsten Paragraph beschäftigen, gehören zu den wichtigsten Begriffen der Metamathematik; um diese Begriffe gruppieren sich die Untersuchungen, welche heutzutage innerhalb speziellerer Metadisziplinen getrieben werden.

Widerspruchsfrei wird jede Aussagenmenge genannt, die mit der Menge aller sinnvollen Aussagen nicht äquivalent ist (oder, m. a. W., deren Folgerungsmenge nicht alle sinnvollen Aussagen als Elemente enthält).

---

[1]) Im Aussagenkalkül lassen sich z. B. Aussagenmengen ohne Basis leicht konstruieren.

Nach der üblichen Definition heißt bekanntlich eine Aussagenmenge widerspruchsfrei, wenn es keine Aussage gibt, die zugleich mit ihrem Negate zu der Folgerungsmenge der Menge angehört. Unsere Definition weicht also von der üblichen ab, und zwar durch ihre Allgemeinheit, die darin besteht, daß die Kenntnis des Aussagennegationsbegriffes nicht vorausgesetzt wird; dank dieser Beschaffenheit läßt sich diese Definition auch auf diejenigen deduktiven Disziplinen anwenden, in denen der Negationsbegriff entweder überhaupt fehlt oder zumindest die ihm üblich zugeschriebenen Eigenschaften nicht aufweist[1]). Dagegen sollen wir uns im II. Teile der Abhandlung überzeugen, daß die beiden Definitionen der Widerspruchsfreiheit für alle diejenigen Disziplinen übereinstimmen, die sich auf das gewöhnliche Aussagenkalkülsystem „stützen". Der Gedanke selbst der hier angenommenen Definition ist E. Post zu verdanken: in seinen Untersuchungen über den Aussagenkalkül hat er sich nämlich einer sehr verwandten Definition bedient[2]).

Indem wir die Klasse aller widerspruchsfreien Aussagenmengen mit „$\mathfrak{W}$" bezeichnen, gelangen wir zu der

Definition I. 6. $\mathfrak{W} = \mathfrak{P}(S) - \ddot{\mathfrak{A}}\mathfrak{q}(S)$.

Den Inhalt dieser Definition formuliert übersichtlicher der folgende

Satz I. 45. *Damit* $A \varepsilon \mathfrak{W}$, *ist notwendig und hinreichend, daß* $A \subset S$ *und* $Fl(A) \neq S$. [Def. I.6, S. I.10, S. I.18a]

Folgende, übrigens ganz elementare Eigenschaften der widerspruchsfreien Aussagenmengen verdienen überdies Beachtung:

Satz I. 46. a) *Ist* $A \varepsilon \mathfrak{W}$, *so* $\mathfrak{P}(A) \subset \mathfrak{W}$; [Def. I.6, S. I.14]
b) *ist* $A \varepsilon \mathfrak{W}$, *so* $\ddot{\mathfrak{A}}\mathfrak{q}(A) \subset \mathfrak{W}$. [S. I.45, Def. I.2]

Satz I. 47. $\mathfrak{S} - \mathfrak{W} = \{S\}$. [Def. I.6, S. I.7, S. I.18c]

Satz I. 48. *Es sei* $S \varepsilon \mathfrak{A}$; *damit* $(\alpha) A \varepsilon \mathfrak{W}$, *ist dann notwendig und hinreichend, daß* $(\beta) \mathfrak{P}(A) \,.\, \mathfrak{E} \subset \mathfrak{W}$.

Beweis. Nach dem S. I.46a bildet die Formel (β) eine notwendige Bedingung, damit (α) bestehe; es erübrigt nur zu zeigen, daß diese Bedingung auch hinreichend ist.

Setzen wir also (β) voraus und nehmen wir an, daß trotzdem

(1) $$A \bar{\varepsilon} \mathfrak{W}.$$

Laut der Def. I.6 folgt aus (β), daß $\mathfrak{P}(A) \,.\, \mathfrak{E} \subset \mathfrak{P}(S)$; hieraus ergibt sich leicht:

(2) $$A \subset S.$$

[1]) Eine derartige Disziplin, s. g. „beschränkter Aussagenkalkül", wird in *Untersuchungen,* SS. 42—44 (§ 4), behandelt.

[2]) E. L. Post, *Introduction to a General Theory of Elementary Propositions,* Am. Journ. of Math. XLIII, 1921, S. 177.

Durch die wiederholte Anwendung der Def. I. 6 erhalten wir aus (1) und (2): $A \in \ddot{\mathfrak{A}}\mathfrak{q}(S)$. Da nach der Voraussetzung $S \in \mathfrak{A}$ gilt, so schließt man daraus mit Rücksicht auf den S. I. 20c, daß $A \in \mathfrak{A}$, was seinerseits auf Grund des S. I. 22 die Formel: $\mathfrak{P}(A) \,.\, \mathfrak{A}\mathfrak{x}(A) \neq 0$ zur Folge hat. Angesichts der Def. I. 3a existieren demnach Mengen X, welche die Formeln:

(3) $$X \in \mathfrak{P}(A) \,.\, \mathfrak{E}$$

und

(4) $$X \in \ddot{\mathfrak{A}}\mathfrak{q}(A)$$

befriedigen.

Aus (β) und (3) folgt sofort, daß $X \in \mathfrak{W}$; nach dem S. I. 13b ist (4) mit der Formel: $A \in \ddot{\mathfrak{A}}\mathfrak{q}(X)$ äquivalent. Mit Rücksicht auf den S. I. 46b erhalten wir folglich: $A \in \mathfrak{W}$, was mit (α) übereinstimmt und die Annahme (1) widerlegt.

Wir haben also gezeigt, daß (β) eine hinreichende Bedingung für (α) bildet, und damit den Beweis abgeschlossen.

Satz I. 49. *Es sei $S \in \mathfrak{A}$; wenn die Klasse $\mathfrak{K}$ die Bedingung* (α) *des S. I. 4* (bzw. *des Kor. I. 5*) *erfüllt und wenn dabei $\mathfrak{K} \subset \mathfrak{W}$ gilt, so* $\sum_{X \in \mathfrak{K}} X \in \mathfrak{W}$.

Beweis. Betrachten wir eine beliebige Menge $Y \in \mathfrak{E} \,.\, \mathfrak{P}\left(\sum_{X \in \mathfrak{K}} X\right)$. Mit Rücksicht auf die Bedingung (α) des S. I. 4 schließen wir mühelos, daß es eine Menge Z gibt, die den Formeln: $Z \in \mathfrak{K}$ und $Y \subset Z$ genügt (vgl. hierzu den Beweis des S. I. 23). Auf Grund der Voraussetzung ergibt die erste Formel: $Z \in \mathfrak{W}$; durch Anwendung des S. I. 46a und in bezug auf die zweite Formel erhält man daraus: $Y \in \mathfrak{W}$.

Es ist also bewiesen, daß die Formel: $Y \in \mathfrak{E} \,.\, \mathfrak{P}\left(\sum_{X \in \mathfrak{K}} X\right)$ stets $Y \in \mathfrak{W}$ impliziert. Folglich gilt die Inklusion: $\mathfrak{E} \,.\, \mathfrak{P}\left(\sum_{X \in \mathfrak{K}} X\right) \subset \mathfrak{W}$; gemäß der Voraussetzung: $S \in \mathfrak{A}$ und mit Hilfe des S. I. 48 ergibt sich hieraus sofort, daß

$$\sum_{X \in \mathfrak{K}} X \in \mathfrak{W}, \text{ w. z. b. w.}$$

Die Formel: $S \in \mathfrak{A}$, welche in den zwei obigen sowie in einigen nachstehenden Sätzen (S. I. 51, S. I. 56, S. I. 57) als Prämisse vorkommt, läßt sich nicht aus den im I. Teile der Abhandlung postulierten Axiomen herleiten. Nichtsdestoweniger wird sie für alle bekannten formalisierten Disziplinen erfüllt; es gilt sogar die folgende logisch stärkere Behauptung: *es gibt eine Aussage $x \in S$, derart daß $Fl(\{x\}) = S$.* Es scheint uns jedoch wenig geeignet, diese Formel in das im § 1 angegebene Axiomensystem einzuschalten, und zwar wegen ihres speziellen und in gewissem Sinne zufälligen Charakters.

§ 7. Entscheidungsbereich einer Aussagenmenge, vollständige Aussagenmengen.

Unter Entscheidungsbereich der Aussagenmenge A verstehen wir die Menge aller Aussagen, welche entweder Folgerungen von A sind oder zu A hinzugefügt eine nicht-widerspruchsfreie (d. i. widerspruchsvolle) Aussagenmenge ergeben. Eine Aussagenmenge heißt vollständig oder auch absolut-vollständig, wenn ihr Entscheidungsbereich alle sinnvollen Aussagen enthält[1]).

Hinsichtlich der obigen Definition der Vollständigkeit kann man alle Bemerkungen wiederholen, die oben (S. 28) im Zusammenhang mit der Definition der Widerspruchsfreiheit ausgesprochen wurden. Auch diese Definition ist Post zu verdanken, der dieselbe in seinen Untersuchungen aus dem Metaaussagenkalkül benützt hat[2]); denn, wie man sich leicht überlegen kann, ist die übliche, auf dem Negationsbegriff beruhende und im II. Teile der Abhandlung zu besprechende Definition der Vollständigkeit für den Aussagenkalkül (sowie für alle Disziplinen, welche Aussagen mit s. g. „freien Variablen" enthalten) ganz ungeeignet[3]).

Der absolute Vollständigkeitsbegriff ist von großer Bedeutung für diejenigen Metadisziplinen, deren Forschungsgegenstand „arme", elementare Disziplinen von einer wenig komplizierten logischen Struktur (z. B. der Aussagenkalkül oder die Disziplinen ohne Funktionsvariablen) bilden[4]). Dagegen hat dieser Begriff in den Untersuchungen über die „reichlichen", logisch komplizierteren Disziplinen (wie z. B. das System der *Principia Mathematica*) bis jetzt keine bedeutendere Rolle gespielt. Die Ursache dafür ist vielleicht in dem sehr verbreiteten, zweifellos anschaulich plausiblen, wenn auch nicht immer streng begründeten Glauben an die Unvollständigkeit sämtlicher in diesen Disziplinen auftretenden und heutzutage bekannten Systeme zu suchen[5]).

Es ist dennoch zu erwarten, daß der Vollständigkeitsbegriff selbst für die letzteren Disziplinen einmal eine größere Bedeutung erreichen wird. Denn wenn auch alle bekannten widerspruchsfreien Systeme dieser Art unvollständig sein mögen, so bietet doch der unten zu begründende S. I. 56 eine zumindest theoretische Möglichkeit, ein jedes solches System zu einem zugleich widerspruchsfreien und vollständigen zu ergänzen. Die Frage entsteht nun, wie diese Ergänzung „effektiv", möglichst natürlich und dabei mit diesen oder jenen philosophischen Anschauungen übereinstimmend zu erzielen ist.

Übrigens ist es zu bemerken, daß einige speziellere Probleme, die mit dem Vollständigkeitsbegriff in Verbindung stehen, selbst hinsichtlich jener „reichlichen" Disziplinen bereits mit Erfolg nachgeforscht worden sind. Es handelt sich vorläufig um Untersuchungen, die nachzuweisen bestreben, daß alle sinnvollen Aussagen einer bestimmten logischen Form (z. B. alle Aussagen ohne Funktionsvariablen) zu dem Entscheidungsbereiche dieses oder jenes Systems

---

[1]) Der Vollständigkeitsbegriff kommt auch in anderer Bedeutung vor, über welche Fraenkel in seiner *Einleitung in die Mengenlehre* (III. Aufl., Berlin 1928, § 18. 4, SS. 347—354) Auskunft gibt; die hier gebrauchte Bedeutung entspricht der Fraenkelschen „Entscheidungsdefinitheit".

[2]) S. Fußn.[2]) zu S. 388 dieser Arbeit.

[3]) In der üblichen Form lautet die Definition: eine Menge heißt vollständig, wenn für jede Aussage entweder sie selbst oder ihr Negat unter den Folgerungen der Menge enthalten ist. Wie bekannt, ist das gewöhnliche System des Aussagenkalküls im Sinne des Textes vollständig, obwohl es Aussagen gibt, daß weder sie selbst noch ihre Negate dem System angehören.

[4]) Vgl. hierzu C. H. Langford: *Analytic completeness of sets of postulates*, Proceed. of the London Math. Soc. 25 (1926), S. 115, und *Some theorems on deducibility*, Annals of Math. 28 (1927), S. 16, sowie die oben (S. 2 Fußn.) zitierten Abhandlungen von Lukasiewicz und Tarski und von Presburger.

[5]) Vgl. die oben [Fußn.[1])] zitierte Stelle aus Fraenkel.

gehören. Es wäre zweckmäßig, für diese Untersuchungen den Begriff der relativen Vollständigkeit einzuführen: eine Aussagenmenge A heißt nämlich **in bezug auf die Aussagenmenge** B **(relativ-) vollständig**, wenn der Entscheidungsbereich von A die Menge B umfaßt; dieser Begriff soll hier näher nicht erörtert werden [1]).

Der Entscheidungsbereich der Aussagenmenge A wird hier mit „$\mathfrak{Ent}\,(A)$" und die Klasse aller vollständigen Aussagenmengen mit „$\mathfrak{V}$" bezeichnet.

Definition I. 7. a) $\mathfrak{Ent}(A) = Fl(A) + S.\underset{x}{E}[A + \{x\} \bar{\epsilon}\, \mathfrak{W}]$;

b) $\mathfrak{V} = \mathfrak{P}(S).\underset{X}{E}[\mathfrak{Ent}(X) = S]$.

Folgende elementare Eigenschaften der Entscheidungsbereiche sind zu bemerken:

Satz I. 50. a) *Ist* $A \subset S$, *so* $A \subset \mathfrak{Ent}\,(A) \subset S$; [Ax. I. 2, Def. I. 7a]

b) *ist* $A \subset B \subset S$, *so* $\mathfrak{Ent}(A) \subset \mathfrak{Ent}(B)$; [S. I. 1a, S. I. 46a, Def. I. 7a]

c) *ist* $A \,\epsilon\, \ddot{\mathfrak{A}}\mathfrak{q}\,(B)$, *so* $\mathfrak{Ent}(A) = \mathfrak{Ent}(B)$. [Def. I. 2, S. I. 13b, S. I. 15a, S. I. 46b, Def. I. 7a]

Satz I. 51. *Es sei* $S \,\epsilon\, \mathfrak{A}$; *ist dann* $A \subset S$, *so* $\mathfrak{Ent}(A) = \sum_{X \epsilon \mathfrak{P}(A).\mathfrak{E}} \mathfrak{Ent}\,(X)$.

Beweis. Betrachten wir eine Aussage $y \,\epsilon\, S$, derart, daß $A + \{y\} \bar{\epsilon}\, \mathfrak{W}$. Dem S. I. 48 zufolge und mit Rücksicht auf die Voraussetzung schließen wir hieraus, daß $\mathfrak{P}(A + \{y\}) . \mathfrak{E} - \mathfrak{W} \neq 0$. Es gibt demnach Mengen Y, die den Formeln: $Y \,\epsilon\, \mathfrak{P}(A + \{y\}) . \mathfrak{E}$ und $Y \bar{\epsilon}\, \mathfrak{W}$ genügen; die erste Formel ergibt: $Y - \{y\} \,\epsilon\, \mathfrak{P}(A) . \mathfrak{E}$, und mit Hilfe des S. I. 46a erhält man aus der zweiten Formel: $Y + \{y\} = (Y - \{y\}) + \{y\} \bar{\epsilon}\, \mathfrak{W}$. Es existiert folglich eine Menge X, so daß $X \,\epsilon\, \mathfrak{P}(A) . \mathfrak{E}$ und $X \dot{+} \{y\} \bar{\epsilon}\, \mathfrak{W}$ (und zwar $X = Y - \{y\}$); wir haben also: $y \,\epsilon \sum_{X \epsilon \mathfrak{P}(A).\mathfrak{E}} (\underset{x}{E}[X + \{x\} \bar{\epsilon}\, \mathfrak{W}])$.

Aus der obigen Überlegung folgt unmittelbar, daß

(1) $$S.\underset{x}{E}[A + \{x\} \bar{\epsilon}\, \mathfrak{W}] \subset \sum_{X \epsilon \mathfrak{P}(A).\mathfrak{E}} (S.\underset{x}{E}[X + \{x\} \bar{\epsilon}\, \mathfrak{W}]).$$

Nach dem Ax. I. 4 gilt ferner:

(2) $$Fl(A) = \sum_{X \epsilon \mathfrak{P}(A).\mathfrak{E}} Fl(X).$$

---

[1]) Die Untersuchungen über die absolute Vollständigkeit in einer „armen" Disziplin sind in der Regel mit denjenigen über die relative Vollständigkeit in einer umfassenderen Disziplin gleichwertig. Aus diesem Grunde können die oben [S. 30, Fußn. [4])] zitierten Arbeiten als Beispiele der Untersuchung über die relative Vollständigkeit betrachtet werden, wenn man sie auf eine umfassende Disziplin (z. B. auf die *Principia Mathematica*) bezieht.

Die Formeln (1) und (2) ergeben sofort:

$$Fl(A) + S.\underset{x}{E}[A + \{x\} \bar{\epsilon} \mathfrak{W}] \subset \sum_{X \in \mathfrak{P}(A).\mathfrak{E}} \left(Fl(X) + S.\underset{x}{E}[X + \{x\} \bar{\epsilon} \mathfrak{W}]\right),$$

woraus nach der Def. I. 7a:

$$\text{(3)} \qquad \mathfrak{Ent}(A) \subset \sum_{X \in \mathfrak{P}(A).\mathfrak{E}} \mathfrak{Ent}\,(X).$$

Aus dem S. I. 50b folgt anderseits, daß $\mathfrak{Ent}\,(X) \subset \mathfrak{Ent}\,(A)$ für jede Menge $X \in \mathfrak{P}(A).\mathfrak{E}$, wonach

$$\text{(4)} \qquad \sum_{X \in \mathfrak{P}(A).\mathfrak{E}} \mathfrak{Ent}\,(X) \subset \mathfrak{Ent}\,(A).$$

Aus (3) und (4) erhalten wir schließlich:

$$\mathfrak{Ent}(A) = \sum_{X \in \mathfrak{P}(A).\mathfrak{E}} \mathfrak{Ent}(X), \text{ w. z. b. w.}$$

Die Def. I. 7b läßt sich verschiedenartig modifizieren:

Satz I. 52. *Folgende Bedingungen sind untereinander äquivalent:*

(α) $A \in \mathfrak{B}$; (β) $A \subset S$ *und* $\mathfrak{Q}(A).\mathfrak{W} \subset \mathfrak{Äq}\,(A)$; ($\gamma$) $A \subset S$ *und* $\mathfrak{Q}(A).\mathfrak{S}.\mathfrak{W} \subset \{Fl(A)\}$; ($\delta$) $\mathfrak{Q}(A).\mathfrak{S} = \{S, Fl(A)\}$.

Beweis. A. Setzen wir die Formel (α) voraus und nehmen wir in Betracht eine beliebige Menge $X \in \mathfrak{Q}(A).\mathfrak{W}$. Nach der Def. I. 6 ist also $A \subset X \subset S$; laut der Def. I. 7a, b und mit Rücksicht auf (α) schließen wir hieraus, daß $X \subset \mathfrak{Ent}(A)$ und folglich für jedes $x \in X$ entweder $x \in Fl(A)$ oder $A + \{x\} \bar{\epsilon} \mathfrak{W}$; da aber $A + \{x\} \subset X$, so ergibt sich aus dem S. I. 46a, daß $A + \{x\} \in \mathfrak{W}$ und demnach $x \in Fl(A)$ für jedes $x \in X$. Es folgt hieraus, daß $X \subset Fl(A)$ und sogar, daß $A \subset X \subset Fl(A)$; auf Grund des S. I. 1a, b ergibt diese Formel: $Fl(A) \subset Fl(X) \subset Fl(A)$ oder $Fl(A) = Fl(X)$, was gemäß der Def. I. 2 die Formel: $X \in \mathfrak{Äq}\,(A)$ zur Folge hat.

Aus der obigen Überlegung schließt man sofort, daß $\mathfrak{Q}(A).\mathfrak{W} \subset \mathfrak{Äq}\,(A)$; nach der Def. I. 7b ergibt dabei (α) die Inklusion: $A \subset S$. Es ist demnach bewiesen, daß

(1) (β) *aus* (α) *folgt.*

B. Mit Rücksicht auf den S. I. 18b haben wir ferner:

(2) (β) *impliziert* (γ).

C. Auf Grund der S. I. 47 und I. 9a ist es ebenso leicht festzustellen, daß

(3) (δ) *aus* (γ) *folgt.*

D. Nun nehmen wir an, daß (δ) gilt; es ergibt sich hieraus unmittelbar, daß $A \subset S$. Sei ferner eine beliebige Aussage $x \in S$ gegeben. Dem S. I. 9a zufolge gilt: $Fl(A + \{x\}) \in \mathfrak{Q}(A + \{x\}) . \mathfrak{S}$, also a fortiori $Fl(A + \{x\}) \in \mathfrak{Q}(A) . \mathfrak{S}$; mit Rücksicht auf (δ) erhält man demnach: $Fl(A + \{x\}) \in \{S . Fl(X)\}$. Ist $Fl(A + \{x\}) = S$, so folgt aus dem S. I. 45, daß $A + \{x\} \bar{\in} \mathfrak{W}$; ist dagegen $Fl(A + \{x\}) = Fl(A)$, so haben wir nach dem Ax. I. 2: $x \in Fl(A + \{x\})$ und folglich $x \in Fl(A)$. Laut der Def. I. 7a ergibt sich also sowie im ersten wie auch im zweiten Fall, daß $x \in \mathfrak{Ent}(A)$.

Der obigen Überlegung zufolge gelangen wir zur Inklusion: $S \subset \mathfrak{Ent}(A)$, welche nach dem S. I. 50a in die Gleichheit: $\mathfrak{Ent}(A) = S$ übergeht; gemäß der Def. I. 7b hat diese Gleichheit (α) zur Folge. Also:

(4) *aus* (δ) *folgt* (α).

Indem man (1)—(4) zusammenstellt, schließt man sofort, daß *die Bedingungen* (α)—(δ) *äquivalent sind,* w. z. b. w.

Satz I. 53. *Folgende Bedingungen sind äquivalent:* (α) $A \in \mathfrak{S} . \mathfrak{W} . \mathfrak{V}$; (β) $A \in \mathfrak{W}$ *und für jedes* $x \in S$ *entweder* $x \in A$ *oder* $A + \{x\} \bar{\in} \mathfrak{W}$; (γ) $\mathfrak{Q}(A) . \mathfrak{W} = \{A\}$.

Beweis. A. Durch die Zusammenstellung der Def. I. 7a, b mit dem S. I. 7 erhält man leicht, daß

(1) (β) *aus* (α) *folgt.*

B. Setzen wir ferner (β) voraus. Betrachten wir eine beliebige Menge $X \in \mathfrak{Q}(A) . \mathfrak{W}$, die also nach der Def. I. 6 der Formel: $A \subset X \subset S$ genügt. Für jedes $x \in X$ haben wir: $A + \{x\} \subset X$ und folglich nach dem S. I. 46a $A + \{x\} \in \mathfrak{W}$, was auf Grund von (β) die Formel $x \in A$ ergibt; demzufolge gilt: $X \subset A$ und sogar $X = A$. Aus obigem schließen wir, daß $\mathfrak{Q}(A) . \mathfrak{W} \subset \{A\}$; da die inverse Inklusion direkt aus (β) folgt, so gelangen wir schließlich zur Formel (γ): $\mathfrak{Q}(A) . \mathfrak{W} = \{A\}$. Es ist demnach bewiesen, daß

(2) (γ) *aus* (β) *folgt.*

C. Nun nehmen wir an, daß (γ) gilt. Es ergibt sich hieraus unmittelbar, daß $A \in \mathfrak{W}$ und demnach $A \subset S$. Nach den S. I. 9a und I. 18b haben wir also $Fl(A) \in \mathfrak{Q}(A) . \mathfrak{S} . \mathfrak{Aq}(A)$; mit Hilfe des S. I. 46b erhalten wir daraus: $Fl(A) \in \mathfrak{Q}(A) . \mathfrak{W}$. Der Vergleich der beiden letzten Formeln mit (γ) ergibt erstens: $Fl(A) = A \in \mathfrak{S}$ und zweitens: $\mathfrak{Q}(A) . \mathfrak{W} \subset \mathfrak{Aq}(A)$; da nun die Bedingung (β) des S. I. 52 erfüllt wird, so gilt noch: $A \in \mathfrak{V}$, so daß schließlich die ganze Formel (α): $A \in \mathfrak{S} . \mathfrak{W} . \mathfrak{V}$ hergeleitet ist. Demzufolge haben wir:

(3) (γ) *impliziert* (α).

Aus (1)—(3) folgt sogleich, daß *die Bedingungen* (α)—(γ) *äquivalent sind.* Damit ist der Satz bewiesen.

Satz I. 54. a) *Ist* $A \in \mathfrak{B}$, *so* $\mathfrak{Q}(A) \cdot \mathfrak{P}(S) \subset \mathfrak{B}$; [S. I.52]
b) *ist* $A \in \mathfrak{B}$, *so* $\ddot{\mathfrak{A}}\text{q}(A) \subset \mathfrak{B}$. [Def. I.2, S. I.50c, Def. I.7b]

Satz I. 55. a) $\mathfrak{P}(S) = \mathfrak{W} + \mathfrak{B}$;
(S. I.45, Def. I.7a,b, Def. I.6]
b) $S \in \mathfrak{B}$. (S. I.47, S. I.55a]

Folgender interessanter, von **Lindenbaum** stammender Satz besagt, daß (die Axiomatisierbarkeit der Menge S vorausgesetzt) jede widerspruchsfreie Aussagenmenge sich zu einem widerspruchsfreien und vollständigen Systeme ergänzen läßt.

Satz I. 56. *Es sei* $S \in \mathfrak{A}$; *ist nun* $A \in \mathfrak{W}$, *so gilt:*

$$\mathfrak{Q}(A) \cdot \mathfrak{S} \cdot \mathfrak{W} \cdot \mathfrak{B} \neq 0.$$

Beweis. Gemäß der Def. I.6 und dem S. I.47 ergibt die Voraussetzung: $A \subset S$ und $A \neq S$, wonach $S \neq 0$. Nach dem Ax. I.1 lassen sich also alle sinnvollen Aussagen in eine unendliche Folge vom Typus ω (mit nicht notwendig verschiedenen Gliedern) ordnen, derart daß

(1) $$S = \underset{x_\lambda}{E}\,[\lambda < \omega].$$

Sei

(2) λ_0 *die kleinste der Zahlen* $\lambda < \omega$, *die der Formel:* $A + \{x_\lambda\} \in \mathfrak{W}$ *genügen;*

sei ferner

(3) *für* $0 < \nu < \omega$ λ_ν *die kleinste der Zahlen* $\lambda < \omega$, *die der Formel:* $A + \underset{x_{\lambda_\mu}}{E}[\mu < \nu] + \{x_\lambda\} \in \mathfrak{W}$ *genügen;*

sei schließlich

(4) π *die kleinste unter den Ordnungszahlen, denen die Bedingungen* (2) *und* (3) *keine Zahl* λ_π *zuordnen.*

Setzen wir noch:

(5) $$X_0 = A,\; X_{\nu+1} = A + \underset{x_{\lambda_\mu}}{E}[\mu \leq \nu] \text{ für } \nu < \pi$$

und

(6) $$X = X_0 + \sum_{\nu < \pi} X_{\nu+1}.$$

Die Bedingungen (2)—(4) ergeben sofort:

(7) $$\pi \leq \omega.$$

Aus (4)—(6) erhalten wir:

(8) $$A \subset X$$

und im allgemeinen

(9) $$X_0 \subset X_{\mu+1} \subseteq X_{\nu+1} \subset X \text{ für } \mu < \nu < \pi.$$

Aus (2)—(5) schließen wir noch mühelos, daß

(10) $$X_0 \in \mathfrak{W} \text{ *und* } X_{\nu+1} \in \mathfrak{W} \text{ *für* } \nu < \pi.$$

Sei $\mathfrak{K} = \{X_0\} + \underset{X_{\nu+1}}{E}[\nu < \pi]$. Nach (9) und (7) erfüllt die Klasse $\mathfrak{K}$ die Bedingung (α) des Kor. I.5; nach (10) besteht die Inklusion: $\mathfrak{K} \subset \mathfrak{W}$. Indem wir noch die vorausgesetzte Formel: $S \in \mathfrak{A}$ berücksichtigen, überzeugen wir uns, daß alle Prämissen des S. I.49 befriedigt sind; demnach haben wir: $\sum_{Y \in \mathfrak{K}} Y \in \mathfrak{W}$ oder, in bezug auf (6):

(11) $$X \in \mathfrak{W}.$$

Aus (4)—(6) ergibt sich noch die Formel:

(12) $$X = A + \underset{x_{\lambda_\mu}}{E}[\mu < \pi].$$

Durch die apagogische Schlußweise (analog wie im Beweise des S. I.16 bei Widerlegung der Annahme (9)) schließen wir leicht aus (2)—(5), daß für jede Zahl $\lambda < \omega$, die von allen Zahlen λ_μ mit $\mu < \pi$ verschieden ist, entweder $X_0 + \{x_\lambda\} \bar{\in} \mathfrak{W}$ gilt oder es eine Zahl $\nu < \pi$ gibt, die der Formel: $X_{\nu+1} + \{x_\lambda\} \bar{\in} \mathfrak{W}$ genügt; mit Rücksicht auf (9) und auf den S. I.46a haben wir also a fortiori: $X + \{x_\lambda\} \bar{\in} \mathfrak{W}$. Auf Grund von (1) und (12) erhalten wir hieraus:

(13) $$\textit{für jedes } x \in S \textit{ entweder } x \in X \textit{ oder } X + \{x\} \bar{\in} \mathfrak{W}.$$

Nach (11) und (13) erfüllt die Menge X die Bedingung (β) des S. I.53 (für $A = X$); folglich:

(14) $$X \in \mathfrak{S} . \mathfrak{W} . \mathfrak{B}.$$

Die Formeln (8) und (14) ergeben sofort:

$$\mathfrak{Q}(A) . \mathfrak{S} . \mathfrak{W} . \mathfrak{B} \neq 0, \text{ w. z. b. w.}$$

Neben dem Vollständigkeitsbegriff und vielleicht noch öfter (besonders hinsichtlich logisch komplizierter und umfassender Disziplinen) werden in der Metamathematik zwei andere, ihm inhaltlich verwandte, obwohl logisch schwächere und dadurch allgemeinere Begriffe behandelt, und zwar die Nicht-Gabelbarkeit und die Kategorizität (Monomorphie)[1]. Diese Begriffe greifen weit über die Rahmen der hier entwickelten Begriffsbildung hinaus, indem sie nicht nur auf die Begriffe der Aussage und der Folgerung, sondern auch auf die im II. Teile der Abhandlung zu betrachtenden Begriffe nicht zurückführbar sind. Aus diesen Gründen muß die Präzisierung des Sinnes, die Aufstellung der Grundeigenschaften und der gegenseitigen Verknüpfungen sowie die Aufklärung des Verhältnisses dieser Begriffe zu dem Vollständigkeitsbegriff den speziellen Metadisziplinen überlassen werden.

---

[1]) Über diese Begriffe berichtet Fraenkel a. a. O. [s. Fußn.[1]) zu S. 30 dieser Arbeit], wo auch die einschlägige Literatur angegeben ist.

§ 8. Kardinaler und ordinaler Vollständigkeitsgrad.

Um eine Klassifikation und Charakterisierung der unvollständigen Aussagenmengen zu erreichen, führen wir hier den Begriff des Vollständigkeitsgrades einer Aussagenmenge ein, und zwar auf zweierlei Weisen, indem wir nämlich jeder Aussagenmenge eine Kardinalzahl und eine Ordnungszahl eindeutig zuordnen. Der **kardinale Vollständigkeitsgrad** der Aussagenmenge A, symbolisch $\mathfrak{g}(A)$, ist die Anzahl aller die Menge A umfassenden Systeme; der **ordinale Vollständigkeitsgrad**, in Zeichen $\gamma(A)$, ist mit der kleinsten Ordnungszahl π identisch, für die es keine im engeren Sinne aufsteigende Folge vom Typus π von widerspruchsfreien und die Menge A umfassenden Systemen gibt. In Formeln haben wir also:

Definition I. 8. a) $\mathfrak{g}(A) = \overline{\overline{\mathfrak{Q}(A) \cdot \mathfrak{S}}}$;

b) *$\gamma(A)$ ist die kleinste Ordnungszahl π, für die es keine Folge von Mengen X_ν vom Typus π gibt, die den Formeln:*

$$(\alpha)\ X_\nu \in \mathfrak{Q}(A) \cdot \mathfrak{S} \cdot \mathfrak{W} \textit{ für } \nu < \pi, \textit{ wobei } A \subset S,$$

sowie (β) $X_\mu \subset X_\nu$ *und* $X_\mu \neq X_\nu$ *für* $\mu < \nu < \pi$ *genügt.*

Die Def. I. 8b läßt sich folgendermaßen umformen:

Satz I. 57. *$\gamma(A)$ ist identisch mit der kleinsten Ordnungszahl π, für die keine Folge von Aussagen x_ν vom Typus π existiert, die der Formel:* (α) $x_\nu \in S - Fl(A + \underset{x_\eta}{E}[\mu < \nu])$ *für* $\nu < \pi$, *wobei* $A \subset S$, *genügt.*

Beweis. Es sei eine Zahl ξ gegeben, derart daß

$$(1) \qquad \xi < \gamma(A).$$

Laut der Def. I.8b gibt es eine Folge von Mengen X_ν vom Typus π, welche die Formeln:

$$(2) \qquad X_\nu \in \mathfrak{Q}(A) \cdot \mathfrak{S} \cdot \mathfrak{W} \textit{ für } \nu < \xi, \textit{ wobei } A \subset S;$$

$$(3) \qquad X_\mu \subset X_\nu \textit{ und } X_\mu \neq X_\nu \textit{ für } \mu < \nu < \xi$$

befriedigt.

Setzen wir ferner:

$$(4) \qquad X_\xi = S \textit{ (im Falle, wenn } \xi \textit{ keine Limeszahl ist).}$$

Nach den S. I.45 und I.47 ergeben die Formeln (2) und (4):

$$(5) \qquad X_\nu \subset S = X_\xi \textit{ und } X_\nu \neq S = X_\xi \textit{ für } \nu < \xi.$$

Aus (3) und (5) schließt man sofort, daß die Mengen $X_{\nu+1}-X_\nu$, wo $\nu<\xi$, von 0 verschieden sind; demzufolge kann jeder solcher Menge eines ihrer Elemente x_ν zugeordnet werden, so daß

(6) $$x_\nu \in X_{\nu+1}-X_\nu \text{ für } \nu<\xi$$

(diese Zuordnung erfordert das Auswahlaxiom nicht, da nach (5) und nach dem Ax. I.1 alle Mengen $X_{\nu+1}-X_\nu$ mit $\nu<\xi$ Untermengen der höchstens abzählbaren Menge S sind).

Es folgt aus (2), (3) und (6), daß $A+\underset{x_\mu}{E}[\mu<\nu]\subset X_\nu$ für jedes $\nu<\xi$; mit Rücksicht auf (2) erhalten wir hieraus durch Anwendung des S. I.8: $Fl(A+\underset{x_\mu}{E}[\mu<\nu])\subset X_\nu$. Da aber nach (5) und (6) $x_\nu\in S-X_\nu$, so haben wir schließlich

(7) $$x_\nu \in S-Fl(A+\underset{x_\mu}{E}[\mu<\nu]) \text{ für } \nu<\xi \text{ (wobei } A\subset S).$$

Damit ist es bewiesen, daß (1) stets (7) impliziert: für jede Zahl $\xi<\gamma(A)$ läßt sich eine Aussagenfolge vom Typus ξ konstruieren, die der Formel (α) des hier erörterten Satzes genügt. Da es aber nach der Voraussetzung für die Zahl π keine derartige Folge gibt, so kann nicht die Ungleichheit: $\pi<\gamma(A)$ bestehen; folglich:

(8) $$\pi\geq\gamma(A).$$

Durch eine analoge Schlußweise läßt sich die inverse Ungleichheit:

(9) $$\pi\leq\gamma(A)$$

begründen. Nehmen wir nämlich in Betracht eine beliebige Zahl $\xi<\pi$. Gemäß der Voraussetzung gibt es eine Folge von Aussagen x_ν vom Typus ξ, welche die Formel (7) befriedigt. Indem wir: $X_\nu=Fl(A+\underset{x_\mu}{E}[\mu<\nu])$ *für* $\nu<\xi$ setzen, schließen wir mühelos auf Grund der S. I.9a, I.47 und I.1a, daß die Folge von Mengen X_ν den Formeln (2) und (3) genügt. Für die Zahl $\gamma(A)$ läßt sich dagegen nach der Def. I.8b keine Mengenfolge von dieser Beschaffenheit konstruieren. Hiernach kann die Ungleichheit: $\gamma(A)<\pi$ nicht gelten, und man erhält die Formel (9).

Die Formeln (8) und (9) ergeben sofort die erwünschte Gleichheit:

$$\gamma(A)=\pi, \text{ w. z. b. w.}$$

Satz I. 58. a) *Ist* $A \subset B$, *so* $\mathfrak{g}(A) \geq \mathfrak{g}(B)$ *und* $\gamma(A) \geq \gamma(B)$; [Def. I. 8 a, b]

b) *ist* $A \epsilon \ddot{\mathfrak{A}}\mathfrak{q}(B)$, *so* $\mathfrak{g}(A) = \mathfrak{g}(B)$ *und* $\gamma(A) = \gamma(B)$.

Beweis von b). Laut der Def. I. 2 ergibt die Voraussetzung: $Fl(A) = Fl(B)$. Auf Grund des S. I. 8 schließen wir hieraus, daß für jede Menge $X \epsilon \mathfrak{S}$ die Inklusionen: $A \subset X$ und $B \subset X$ äquivalent sind, wonach $\mathfrak{Q}(A) . \mathfrak{S} = \mathfrak{Q}(B) . \mathfrak{S}$. Mit Rücksicht auf die Def. I. 8 a, b erhält man sofort aus der letzten Formel die beiden erwünschten Gleichheiten: $\mathfrak{g}(A) = \mathfrak{g}(B)$ und $\gamma(A) = \gamma(B)$.

Es wird dem Lesen überlassen, die Verknüpfungen zwischen den Zahlen $\mathfrak{g}(A)$ und $\mathfrak{g}(B)$, bzw. $\gamma(A)$ und $\gamma(B)$, bei spezielleren Voraussetzungen (z. B. $A \epsilon \mathfrak{P}(B) - \ddot{\mathfrak{A}}\mathfrak{q}(B)$) aufzustellen.

Im folgenden Satze wird eine Charakterisierung der wichtigsten Kategorien von Aussagenmengen, und zwar der widerspruchsfreien und vollständigen Mengen, auf Grund der letztens definierten Begriffe gegeben.

Satz I. 59. a) *Die Formeln:* $A \subset S$, $\mathfrak{g}(A) \geq 1$ *und* $\gamma(A) \geq 1$ *sind äquivalent;* [Def. I. 8 a, b, S. I. 10][1])

b) *die Formeln:* $A \epsilon \mathfrak{B}$, $1 \leq \mathfrak{g}(A) \leq 2$ *und* $1 \leq \gamma(A) \leq 2$ *sind äquivalent;* [Def. I. 8 a, b, S. I. 52, S. I. 10, S. I. 47, S. I. 9 a, S. I. 46 a]

c) *die Formeln:* $A \epsilon \mathfrak{W}$, $\mathfrak{g}(A) \geq 2$ *und* $\gamma(A) \geq 2$ *sind äquivalent.* [Def. I. 8 a, b, S. I. 9 a, S. I. 10, S. I. 45, S. I. 47, S. I. 46 a]

Der Beweis ist ganz elementar.

Korollar I. 60. a) *Die Formeln:* $A \epsilon \ddot{\mathfrak{A}}\mathfrak{q}(S)$ (bzw. $A \epsilon \mathfrak{P}(S) - - \mathfrak{W}$), $\mathfrak{g}(A) = 1$ *und* $\gamma(A) = 1$ *sind äquivalent;* [S. I. 59 a, c, Def. I. 2, Def. I. 6]

b) *die Formeln:* $A \epsilon \mathfrak{W} . \mathfrak{B}$, $\mathfrak{g}(A) = 2$ *und* $\gamma(A) = 2$ *sind äquivalent;* [S. I. 59 b, c]

c) *die Formeln:* $A \epsilon \mathfrak{W} - \mathfrak{B}$, $\mathfrak{g}(A) \geq 3$ *und* $\gamma(A) \geq 3$ *sind äquivalent.* [S. I. 59 b, c]

Satz I. 61. *Für jede Menge gilt* A $\mathfrak{g}(A) \leq 2^{\aleph_0}$ *und* $\gamma(A) \leq \Omega$.

Beweis. Nach der Def. I. 1 gilt $\mathfrak{S} \subset \mathfrak{P}(S)$; laut der Def. I. 8 a ergibt es sich hieraus, daß $\mathfrak{g}(A) \leq \overline{\overline{\mathfrak{P}(S)}}$. Anderseits aber hat das Ax. I. 1 (nach dem bekannten Satz über die Mächtigkeit der Potenzmenge) die Formel: $\overline{\overline{\mathfrak{P}(S)}} \leq 2^{\aleph_0}$ zur Folge. Schließlich also gelangen wir zu der erwünschten Ungleichheit: $\mathfrak{g}(A) \leq 2^{\aleph_0}$.

[1]) Es wird angenommen, daß bei der Voraussetzung: $A \subset S$ zumindest die „leere" Folge vom Typus 0 die Bedingungen (α) und (β) der Def. I. 8 b („im Vakuum") erfüllt.

Wäre $\gamma(A) > \Omega$, so würde nach den Def. I.8b und I.5 eine aufsteigende Folge (mit nicht-identischen Gliedern) vom Typus Ω von Teilmengen der Menge S existieren; dies widerspricht aber bekanntlich dem Ax. I.1, demzufolge die Menge S höchstens abzählbar ist. Folglich gilt: $\gamma(A) \leq \Omega$, und damit ist der Beweis zu Ende gebracht.

Satz I. 62. *Wenn $A \subset S$ und wenn es eine derartige Menge X gibt, daß $X \bar{\epsilon} \mathfrak{E}$ und $x \epsilon S - Fl(A + (X - \{x\}))$ für jedes $x \epsilon X$, so gilt:* $\mathfrak{g}(A) = 2^{\aleph_0}$ *und* $\gamma(A) = \Omega$.

Beweis. Durch Anwendung der S. I.7 und I.32 ergibt sich aus dem Kor. I.37 folgendes:

(1) *gibt es eine Menge X, derart daß $X \bar{\epsilon} \mathfrak{E}$ und $x \epsilon S - Fl(X - \{x\})$ für jedes $x \epsilon X$, so gilt:* $\overline{\overline{\underset{Y}{E}[Fl(Y) = Y \subset S]}} = 2^{\aleph_0}$.

Setzen wir:

(2) $$F(Y) = Fl(A + Y) \text{ für jede Menge } Y \subset S.$$

Dem Relativisationssatz I.6 zufolge bleiben sämtliche im § 1 postulierten Axiome I. 1—I. 4 gültig, wenn man in ihnen überall „Fl" durch den eben definierten Symbol „F" ersetzt (wobei aber eine Umtauschung der Variablen in den Axiomen erforderlich ist). Folglich bleiben auch alle Konsequenzen dieser Axiome gültig (vgl. die Bemerkungen von der S. 6). Dies betrifft insbesondere den Satz (1), der nach der oben beschriebenen Umformung und in bezug auf (2) in den folgenden Satz (3) übergeht:

(3) *gibt es eine Menge X, derart daß $X \bar{\epsilon} \mathfrak{E}$ und $x \epsilon S - Fl(A + (X - \{x\}))$ für jedes $x \epsilon X$, so gilt:* $\overline{\overline{\underset{Y}{E}[Fl(A + Y) = Y \subset S]}} = 2^{\aleph_0}$.

Mit Rücksicht auf die Voraussetzung erhalten wir aus (3):

(4) $$\overline{\overline{\underset{Y}{E}[Fl(A + Y) = Y \subset S]}} = 2^{\aleph_0}.$$

Auf Grund der S. I.7 und I.9a ist es nun leicht zu zeigen, daß die Formeln: $Fl(A + Y) = Y \subset S$ und $Y \epsilon \mathfrak{Q}(A) \cdot \mathfrak{S}$ äquivalent sind. Demnach folgt aus (4), daß $\overline{\overline{\mathfrak{Q}(A) \cdot \mathfrak{S}}} = 2^{\aleph_0}$; laut der Def. I.8a ergibt sich hieraus unmittelbar die erwünschte Formel:

(5) $$\mathfrak{g}(A) = 2^{\aleph_0}.$$

Betrachten wir nun eine beliebige Zahl ξ, so daß

(6) $$\xi < \Omega,$$

also $\xi \leq \aleph_0$. Gemäß dem Ax. I.1 ist die in den Prämissen vorkommende Menge $X \subset S$ abzählbar; es läßt sich demnach eine Aussagenfolge vom Typus ξ konstruieren, die aus lauter verschiedenen Aussagen x_ν der Menge X besteht und hierdurch den Formeln:

(7) $$\underset{x_\nu}{E}[\nu < \xi] \subset X \subset S \textit{ und } x_\mu \neq x_\nu \textit{ für } \mu < \nu < \xi$$

genügt.

Es sei ν eine beliebige Zahl $< \xi$. Aus (7) schließen wir, daß $A + \underset{x_\mu}{E}[\mu < \nu] \subset A + (X - \{x_\nu\}) \subset S$, was auf Grund des S. I. 1a die Inklusion: $Fl(A + \underset{x_\nu}{E}[\mu < \nu]) \subset Fl\big(A + (X - \{x_\nu\})\big)$ zur Folge hat. Da aber nach der Voraussetzung $x_\nu \in S - Fl\big(A + (X - \{x_\nu\})\big)$, so haben wir ferner:

(8) $$x_\nu \in S - Fl(A + \underset{x_\mu}{E}[\mu < \nu]) \textit{ für jedes } \nu < \xi.$$

(6) impliziert also (8): für jede Zahl $\xi < \Omega$ gibt es eine Aussagenfolge vom Typus ξ, welche die Formel (8) befriedigt. Nach dem S. I. 57 existiert dagegen für die Zahl $\gamma(A)$ keine derartige Folge. Demnach gilt: $\gamma(A) \geq \Omega$, und der Vergleich dieser Formel mit dem S. I.61 ergibt sofort:

(9) $$\gamma(A) = \Omega.$$

Die Formeln (5) und (9) bilden die Behauptung des Satzes.

Der folgende Satz und das daraus sich ergebende Korollar wurden von Hrn. Lindenbaum und dem Verfasser gemeinsam gefunden.

Satz I. 63. a) *Ist* $\gamma(A) \leq \omega$, *so* $\mathfrak{g}(A) \leq \aleph_0$;

b) *ist* $\gamma(A) \geq \omega$, *so* $\mathfrak{g}(A) \geq \aleph_0$.

Beweis. a) Ist A keine Teilmenge von S, so gilt nach dem S. I. 59a $\mathfrak{g}(A) = 0$, also $\mathfrak{g}(A) \leq \aleph_0$. Demnach beschränken wir uns auf den Fall, wo

(1) $$A \subset S.$$

Setzen wir:

(2) $$F(X) = Fl(A + X) \text{ für jede Menge } X \subset S.$$

Durch eine leichte Überlegung (die der Begründung des Satzes (3) im vorhergehenden Beweise völlig analog ist) schließen wir aus dem S. I. 6 mit Rücksicht auf (1) und (2), daß die Ax. I. 1—I. 4 sowie ihre sämtlichen Konsequenzen gültig bleiben, wenn man in ihnen „F" anstatt „Fl" überall einsetzt. Gemäß der Def. I. 2 läßt sich insbesondere der S. I. 16 in folgender Weise umformen:

(3) *jeder Menge* $X \subset S$ *entspricht eine Folge von Aussagen* x_ν *vom Typus* $\pi \leq \omega$, *die den Formeln* $(\alpha)\, x_\nu \in S - F(\underset{x_\mu}{E}[\mu < \nu])$ *für* $\nu < \pi$ *und* $(\beta)\, F(\underset{x_\nu}{E}[\nu < \pi]) = F(X)$ *genügt.*

Laut dem S. I. 57 ist der Typus π jeder Aussagenfolge, welche die Formel (α) der Bedingung (3) erfüllt, kleiner als $\gamma(A)$, also nach der Voraussetzung $< \omega$. Nach dem S. I. 7 ergibt sich ferner aus (2), daß für jede Menge $X \in \mathfrak{Q}(A) . \mathfrak{S}$ die Formel: $F(X) = X$ besteht. Indem wir dies berücksichtigen, erhalten wir aus (3), daß:

(4) *jeder Menge* $X \in \mathfrak{Q}(A) . \mathfrak{S}$ *eine Folge von Aussagen* $x_\nu \in S$ *vom Typus* $\pi < \omega$ *entspricht, die der Formel:* $F(\underset{x_\nu}{E}[\nu < \pi]) = X$ *genügt.*

Nach dem Ax. I. 1 ist die Menge S höchstens abzählbar; demzufolge ist wie bekannt jede Menge von endlichen Folgen, die aus lauter Elementen von S bestehen, ebenfalls höchstens abzählbar.

Nun zeigt der Satz (4), daß die Funktion F eine derartige Folgenmenge auf die Klasse $\mathfrak{Q}(A) . \mathfrak{S}$ eindeutig abbildet; folglich ist auch diese Klasse höchstens abzählbar. Auf Grund der Def. I. 8a ergibt sich hieraus unmittelbar, daß

$$\mathfrak{g}(A) \leq \aleph_0, \text{ w. z. b. w.}$$

b) Nach dem S. I. 57 ergibt die Voraussetzung, daß

(5) $$A \subset S$$

und daß man jeder Zahl $\pi < \omega$ $\big($also $< \gamma(A)\big)$ eine Folge von Aussagen $x_\nu^{(\pi)}$ vom Typus π eindeutig zuordnen kann, derart daß

(6) $$x_\nu^{(\pi)} \in S - Fl(A + \underset{x_\mu^{(\pi)}}{E}[\mu < \nu]) \text{ für } \nu < \pi < \omega.$$

(Das Auswahlaxiom wird bei dieser Zuordnung nicht benützt, denn, wie schon erwähnt, ist die Menge aller endlichen Aussagenfolgen höchstens abzählbar.)

Setzen wir nun:

$$(7) \qquad X_\nu^{(\pi)} = Fl\,(A + \underset{x_\mu^{(\pi)}}{E}[\mu < \nu])\ \textit{für}\ \nu < \pi < \omega,$$

und sei

$$(8) \qquad \mathfrak{K} = \underset{X_\nu^{(\pi)}}{E}[\nu < \pi < \omega].$$

Durch Anwendung des S. I. 9 a ergibt sich leicht aus (4)—(8), daß

$$(9) \qquad \mathfrak{K} \subset \mathfrak{Q}(A)\,.\,\mathfrak{S}.$$

Aus (8) folgt sogleich, daß $\overline{\overline{\mathfrak{K}}} \leq \aleph_0$. Anderseits aber ist die Klasse $\mathfrak{K}$ unendlich. Denn auf Grund des Ax. I. 2 schließen wir mühelos aus den Formeln (5)—(7), daß $x_\mu^{(\pi)} \in X_\nu^{(\pi)} - X_\mu^{(\pi)}$ und demnach $X_\mu^{(\pi)} \neq X_\nu^{(\pi)}$ für $\mu < \nu < \pi < \omega$; nach (8) erhält man hieraus $\overline{\overline{\mathfrak{K}}} \geq \overline{\pi}$ für jedes $\pi < \omega$. Demzufolge:

$$(10) \qquad \overline{\overline{\mathfrak{K}}} = \aleph_0.$$

Gemäß der Def. I. 8 a ergeben die Formeln (9) und (10) die erwünschte Ungleichheit:

$$\mathfrak{g}(A) \geq \aleph_0.$$

Korollar I. 64. a) *Ist* $\gamma(A) = \omega$, *so* $\mathfrak{g}(A) = \aleph_0$; [S. I. 63 a, b]

b) *ist* $\mathfrak{g}(A) < \aleph_0$, *so* $\gamma(A) < \omega$; [S. I. 63 b]

c) *ist* $\mathfrak{g}(A) > \aleph_0$, *so* $\gamma(A) > \omega$. [S. I. 63 a]

Korollar I. 65. *Für jede Menge* $A \subset S$ *gilt entweder* $1 \leq \mathfrak{g}(A) \leq \aleph_0$ *oder* $\aleph_0 \leq \mathfrak{g}(A) \leq 2^{\aleph_0}$. [S. I. 59 a, S. I. 61, S. I. 63 a, b]

Aus dem obigen Korollar ergibt sich sofort als ein Sonderfall (für $A = 0$) der S. I. 30.

Satz I. 66. *Ist* $\gamma(A) \neq \Omega$, *so* $\overline{\gamma(A)} \leq \mathfrak{g}(A)$.

Beweis. Im Falle, wo $\gamma(A) = 0$, ist die Behauptung evident. Ist $0 < \gamma(A) < \omega$, so enthält die Klasse $\mathfrak{Q}(A)\,.\,\mathfrak{S}$ laut der Def. I. 8 a mindestens $\overline{\gamma(A) - 1}$ widerspruchsfreie Systeme und überdies nach dem S. I. 47 éin widerspruchsvolles System, nämlich S; demzufolge gilt: $\overline{\overline{\mathfrak{Q}(A)\,.\,\mathfrak{S}}} \geq \overline{\gamma(A) - 1} + 1 = \gamma(A)$, was gemäß der Def. I. 8 b die Formel: $\gamma(A) \leq \mathfrak{g}(A)$ ergibt. Gilt schließlich: $\omega \leq \gamma(A) < \Omega$, so haben wir: $\overline{\gamma(A)} = \aleph_0$ und mit Rücksicht auf den S. I. 63 b: $\mathfrak{g}(A) \geq \aleph_0$; hieraus folgt wiederum die Behauptung: $\overline{\gamma(A)} \leq \mathfrak{g}(A)$. Da nach dem S. I. 61 und nach der Voraussetzung $\gamma(A) < \Omega$, so sind alle möglichen Fälle erledigt worden, und damit ist der Satz bewiesen.

Es bleibt unentschieden, ob sich der obige Satz auch auf den Fall: $\gamma(A) = \Omega$ ausdehnen läßt.

Von speziellerer Natur ist der folgende

Satz I. 67. *Es sei* $S \epsilon \mathfrak{A}$*; ist nun* π *eine Limeszahl, so gilt:* $\gamma(A) \neq \pi + 1$ *für jede Menge* A.

Beweis. Der Behauptung zuwider, nehmen wir an, es sei für eine bestimmte Menge

(1) $$\gamma(A) = \pi + 1.$$

Laut der Def. I. 8 b existiert demnach für die Zahl π (sowie für jede Zahl $\xi < \pi + 1$) eine Folge von Mengen X_ν vom Typus π, die den Formeln:

(2) $$X_\nu \epsilon \mathfrak{Q}(A)\,.\,\mathfrak{S}\,.\,\mathfrak{W} \textit{ für } \nu < \pi,$$

(3) $$X_\mu \subset X_\nu \textit{ und } X_\mu \neq X_\nu \textit{ für } \mu < \nu < \pi$$

genügt. Setzen wir:

(4) $$X_\pi = \sum_{\nu < \pi} X_\nu.$$

Sei $\mathfrak{K} = \underset{X_\nu}{E}[\nu < \pi]$. Da $\pi \neq 0$, so ist auch $\mathfrak{K} \neq 0$; nach (3) schließen wir hieraus, daß die Klasse $\mathfrak{K}$ die Bedingung (α) des Kor. 5 erfüllt. In bezug auf (2) gilt dabei: $\mathfrak{K} \subset \mathfrak{S}\,.\,\mathfrak{W}$. Demzufolge können wir auf diese Klasse die S. I. 12 und I. 49 anwenden; mit Rücksicht auf die vorausgesetzte Formel: $S \epsilon \mathfrak{A}$ erhalten wir also: $\sum_{X \epsilon \mathfrak{K}} X \epsilon \mathfrak{S}\,.\,\mathfrak{W}$. Da aber nach (2) und (4) $A \subset X_\pi = \sum_{X \epsilon \mathfrak{K}} X$, so gilt: $X_\pi \epsilon \mathfrak{Q}(A)\,.\,\mathfrak{S}\,.\,\mathfrak{W}$, und demnach läßt sich (2) folgendermaßen verallgemeinern:

(5) $$X_\nu \epsilon \mathfrak{Q}(A)\,.\,\mathfrak{S}\,.\,\mathfrak{W} \textit{ für } \nu < \pi + 1\,.$$

Da π nach der Voraussetzung eine Limeszahl ist, so ermittelt (4) eine analoge Verallgemeinerung der Formeln (3):

$$(6) \qquad X_\mu \subset X_\nu \textit{ und } X_\mu \neq X_\nu \textit{ für } \mu < \nu < \pi + 1 .$$

Der Def. I.8b zufolge widerspricht die Existenz einer den Formeln (5) und (6) genügenden Mengenfolge (vom Typus $\pi + 1$) der Annahme (1). Es muß also gelten:

$$\gamma(A) \neq \pi + 1, \text{ w. z. b. w.}$$

Die hier angegebenen Resultate über die Begriffe $\mathfrak{g}(A)$ und $\gamma(A)$ sind etwas fragmentarisch. Erst im II. Teile dieser Überlegungen werden wir imstande sein, diese Ergebnisse zu vervollständigen. Es wird sich dort u. a. zeigen, daß die Wertmengen der Funktionen $\mathfrak{g}(A)$ und $\gamma(A)$ ziemlich beschränkt sind: $\mathfrak{g}(A)$ kann z. B. keine Werte $\geq \aleph_0$ und $< 2^{\aleph_0}$ und $\gamma(A)$ keine Werte $\geq \omega$ und $< \Omega$ annehmen.

Der Inhalt des II. Teiles dieser Abhandlung wird sich im allgemeinen um dieselben Begriffe gruppieren, die bereits im I. Teile eingeführt wurden. Da wir uns aber auf stärkere (wenn auch speziellere) Voraussetzungen stützen werden, so werden auch unsere bisherigen Ergebnisse in mehreren Fällen vertieft und ergänzt.

(Eingegangen: 12. V. 1930.)

SUR LES CLASSES D'ENSEMBLES CLOSES PAR RAPPORT À CERTAINES OPÉRATIONS ÉLÉMENTAIRES

Fundamenta Mathematicae, vol. 16 (1930), pp. 181-304.

Sur les classes d'ensembles closes par rapport à certaines opérations élémentaires.

Par

Alfred Tarski (Varsovie).

Introduction.

Les problèmes du type suivant constituent l'objet principal des recherches exposées dans cet ouvrage: *étant donné un ensemble infini A, combien y a-t-il de classes de sous-ensembles de A pourvues d'une propriété donnée P?* Les propriétés P, envisagées ici, ne sont d'ailleurs ni arbitraires, ni trop générales: elles reviennent toutes à ce que les classes considérées de sous-ensembles soient *closes par rapport à certaines opérations élémentaires.* Il s'agit notamment des opérations $\boldsymbol{F}$ qui font correspondre à toute classe d'ensembles $\boldsymbol{K}$ une nouvelle classe d'ensembles $\boldsymbol{F}(\boldsymbol{K})$ et, en premier lieu, des opérations consistant à former les sommes, produits, différences et complémentaires des ensembles appartenant à la classe $\boldsymbol{K}$ et d'en ajouter à cette classe tous les sous-ensembles. Une classe $\boldsymbol{K}$ s'appelle close par rapport à une opération $\boldsymbol{F}$, lorsque le résultat $\boldsymbol{F}(\boldsymbol{K})$ de cette opération, effectuée sur $\boldsymbol{K}$, est lui-même une sous-classe de $\boldsymbol{K}$ [1]).

Quelques-uns des problèmes discutés dans ce travail m'ont été posés par MM. Poprougénko et Sierpiński.

Les principaux résultats de ces recherches sont résumés après le § 7. Je n'en mentionnerai que ceci : dans tous les problèmes envisagés dans la suite je réussis d'établir une simple relation fonctionnelle entre la puissance de la famille de toutes les

[1]) Cf. M. Fréchet, *Des familles et fonctions additives d'ensembles,* Fund. Math. IV, p. 335.

classes composées de sous-ensembles d'un ensemble infini donné, closes par rapport à telles ou autres opérations, et la puissance de l'ensemble donné lui-même; la puissance de cet ensemble étant $\mathfrak{a}$, on va voir dans la plupart des cas que celle de la famille en question est $2^{\mathfrak{a}}$ ou bien $2^{2^{\mathfrak{a}}}$.

Les résultats de cette nature sont énoncés dans divers théorèmes des §§ 3—7, sous le nom des *théorèmes fondamentaux*. Au préalable, j'introduis au § 1 quelques notions auxiliaires de la Théorie générale des Ensembles et j'ésquisse au § 2 un algorythme concernant les opérations sur les classes d'ensembles; j'examine ensuite au § 3 les propriétés générales des classes closes par rapport aux opérations quelconques, j'établis aux §§ 4—7 diverses propriétés élémentaires des opérations énumérées au début et j'y introduis aussi certaines opérations de nature auxiliaire.

Dans la majeure partie de ces recherches l'*axiome du choix* joue un rôle essentiel; je ne tâcherai donc d'en éviter l'usage que dans les démonstrations des propriétés élémentaires des opérations en question et là, où cet axiome intervient dans le raisonnement, je le mentionnerai explicitement. Quelques résultats ne seront établis qu'à l'aide de l'ainsi dite *hypothèse de Cantor sur les alephs.*

Très rapprochés des problèmes de cet ouvrage, mais plus simples au point de vue logique, sont les problèmes du type suivant: *étant donné un ensemble infini A, combien y a-i-il de sous-ensembles de A ayant une propriété donnée P?* Il est remarquable que tous le problèmes de ce genre, connus à l'heure actuelle, pourvu qu'ils soient formulés entièrement en termes de la Théorie générale des Ensembles, se laissent aisément réduire à la forme qui suit: *étant donné un ensemble infini A, combien y a t-il de sous-ensembles de A, dont la puissance jouit d'une propriété donnée Q?* [1]). Or, la question ainsi posée admet une solution générale qui s'exprime par la proposition:

A étant un ensemble infini de puissance $\mathfrak{a}$, la classe de tous les sous-ensembles de A, dont la puissance jouit de la propriété Q, est de la puissance $\sum \mathfrak{a}^{\mathfrak{x}}$, la sommation s'étendant sur tous les nombres $\mathfrak{x}$ à propriété Q [2]).

[1]) L'observation de ce phénomène n'est à présent que purement empirique; s'il est général, il serait bien intéressant de l'expliquer et de le préciser par des raisonnements rigoureux de la Métamathématique.

[2]) Cette proposition est la conséquence facile d'un théorème connu. cité ici p. 195 dans la démonstration du lem. 10^{b} du § 1.

Ainsi les problèmes en question rentrent totalement dans le domaine de l'Arithmétique des Nombres Cardinaux.

§ 1. Notations; notions et théorèmes auxiliaires.

Je vais me servir dans ce travail d'une série des notions et symboles connus de la Théorie générale des Ensembles sans les définir explicitement; je vais aussi m'appuyer sur diverses propriétés connues de ces notions sans citer les théorèmes qui les concernent.

Je désignerai par $a, b, \ldots, x, y, \ldots$, les *individus*, donc les objets qui ne sont pas des ensembles (ou dont je n'admet par l'hypothèse qu'ils soient des ensembles); par $A, B, \ldots, X, Y, \ldots$ les ensembles d'individus; par $\boldsymbol{K}, \boldsymbol{L}, \ldots, \boldsymbol{X}, \boldsymbol{Y}, \ldots$ les ensembles de ces ensembles, que j'appelle d'habitude *classes d'ensembles;* par $\mathscr{K}, \mathscr{L}, \ldots, \mathscr{X}, \mathscr{Y}, \ldots$ les ensembles de classes d'ensembles, appelés *familles de classes*; par $\alpha, \beta, \ldots, \zeta, \eta, \ldots$ les nombres ordinaux et par $\mathfrak{a}, \mathfrak{b}, \ldots, \mathfrak{x}, \mathfrak{y}, \ldots$ les nombres cardinaux. Les signes $f, g, h, \ldots$, $F, G, H, \ldots$, $\boldsymbol{F}, \boldsymbol{G}, \boldsymbol{H}, \ldots$, $\mathscr{F}, \mathscr{G}, \mathscr{H}, \ldots$, $\varphi, \psi, \chi, \ldots$ et $\mathfrak{f}, \mathfrak{g}, \mathfrak{h} \ldots$ vont désigner les fonctions (opérations univoques) qui admettent respectivement comme valeurs: des individus, des ensembles, des classes, des familles, des nombres ordinaux et des nombres cardinaux. Dans le cas des *suites du type* α, c'est-à-dire des fonctions ne définies que pour les nombres ordinaux inférieures à un nombre α, donné d'avance, je vais employer les signes de la forme f_ξ au tieu des symboles habituels du type $f(\xi)$; outre les lettres $f, g, h, \ldots$ je me servirai dans de tels cas des lettres $a, b, \ldots, x, y, \ldots$, en écrivant p. ex. a_ξ, x_ξ etc. Les classes de fonctions et de suites seront désignées respectivement par $\mathfrak{F}, \mathfrak{G}, \ldots$ et $\Phi, \Psi, \ldots$

Je vais employer dans le sens habituel les signes et notions du Calcul des Ensembles. En particulier, les signes 0 et 1 étant reservés pour désigner les nombres ordinaux ou cardinaux, je désignerai par $\mathit{0}$ l'ensemble vide et par $\mathit{1}$ l'ensemble universel (composé de tous les individus qui entrent dans le domaine des considérations). Au fond, ce symbole $\mathit{1}$ présente le caractère d'un signe variable désignant l'ensemble de tous les individus envisagés dans un thèorème donné, et, comme tel, il est susceptible aux interprétations les plus variées; cependant, pour simplifier les notations, je vais l'employer comme fixe, sans mentionner par conséquent dans les énoncés des théorémcs les hypothèses telles que $a \in \mathit{1}$ où $A \subseteq \mathit{1}$ et, lorsqu'il s'agit des notions gènerales, relatives à l'ensemble $\mathit{1}$, sans mettre cette relativité an évidence dans leurs symboles (cf. déf. 5[c], 13, 14 et 16). — Pour désigner l'ensemble-somme, resp. le produit (la partie commune), de tous les ensembles d'une classe $\boldsymbol{K}$ donnée, je vais employer le symbole abregé $\Sigma(\boldsymbol{K})$, resp. $\Pi(\boldsymbol{K})$, en dehors du symbol habituel $\sum\limits_{X \in \boldsymbol{K}} X$, resp. $\prod\limits_{X \in \boldsymbol{K}} X$.

Les formules $a \in A$, resp. $a \bar{\in} A$ vont dire que l'élément a appartient, resp. n'appartient pas à l'ensemble A. Pour désigner l'ensemble composé d'un seul élément a, je vais employer le symbole $\{a\}$ ou parfois $J(a)$; les symboles $\{a, b\}$, $\{a, b, c\}$ etc. désigneront respectivement les ensembles composés exclusivement d'éléments a et b ou d'éléments a, b et c etc. Je vais désigner par $\underset{f(x)}{E}[\ ]$ l'ensemble de toutes les valeurs d'une fonction donnée f correspondant aux valeurs de l'argument x qui satisfont à la condition formulée entre les parentheses [ ]; la signification du symbole $\underset{f(x,y)}{E}[\ ]$ est analogue.

De plus, je vais employer sans explication plusieurs signes et notions connues dans l'Arithmétique des Nombres Ordinaux et Cardinaux. Je vais désigner, comme d'habitude, par $\overline{\overline{A}}$ la puissance de l'ensemble A; je pose, en particulier,

$$\overline{\alpha} = \overline{\overline{\underset{\xi}{E}[\xi < \alpha]}} \quad \text{et} \quad \aleph_\alpha = \overline{\omega_\alpha} = \overline{\overline{\underset{\xi}{E}[\xi < \omega_\alpha]}}.$$

Je vais représenter toujours les nombres cardinaux infinis sous la forme des alephs $\aleph_\alpha$; cela va nous permettre de donner aux théorèmes fondamentaux de ce travail un aspect extérieur uniforme, sans en diminuer en même temps de la généralité (en raison du théorème connu de M. Zermelo sur le bon ordre).

Or, je donne maintenant les définitions explicites et j'établis certaines propriétés des notions et des signes également généraux, mais moins connus ou introduits comme nouveaux.

Définition 1. a) *sup*(A) *est le plus petit des nombres ordinaux* η *remplissant la condition:* $\xi < \eta$, *lorsque* $\xi \in A$;

b) $\lim_{\xi<\alpha} \varphi_\xi = sup(\underset{\varphi_\xi}{E}[\xi < \alpha])$ *dans le cas où la suite de nombres ordinaux* φ *du type* α *est une suite croissante* [1]) *et* α *est un nombre de* 2me *espèce différent de* 0.

Définition 2. $cf(\alpha)$ *est le plus petit des nombres ordinaux* η *remplissant la condition : il existe une suite* φ *du type* ω_η *telle que* $\omega_\alpha = \lim_{\xi<\omega_\eta} \varphi_\xi$.

Il est à rappeller à propos de la définition précédente que les nombres initiaux ω_α sont dits *réguliers* ou *singuliers* suivant que $cf(\alpha) = \alpha$ ou $cf(\alpha) < \alpha$.

[1]) c.-à-d. *lorsque* $\varphi_\xi < \varphi_\eta$ *pour* $\xi < \eta$.

Je vais établir quelques propriétés du symbole $cf(\alpha)$ dans les trois lemmes suivants:

Lemme 1. a) *Pour tout nombre ordinal* α *on a* $cf(\alpha) \leqslant \alpha$;

b) *si* $\alpha = 0$ *ou bien si* α *est un nombre de* 1re *espèce, on a* $cf(\alpha) = \alpha$;

c) *si* $\omega_\alpha = \lim_{\xi<\beta} \varphi_\xi$, *on a* $\omega_{cf(\alpha)} \leqslant \beta$ *et* $cf(\alpha) = cf(\beta)$;

d) $cf(\omega_\alpha) = cf(\alpha) = cf(cf(\alpha))$.

Lemme 2. a) *Pour tout nombre* α *il existe une suite de nombres cardinaux* $\mathfrak{f}$ *du type* $\omega_{cf(\alpha)}$ *vérifiant les formules:* $\aleph_\alpha = \sum_{\xi<\omega_{cf(\alpha)}} \mathfrak{f}_\xi$ *et* $0 < \mathfrak{f}_\xi < \aleph_\alpha$ *pour* $\xi < \omega_{cf(\alpha)}$;

b) *si* $0 < \overline{\overline{A}} \leqslant \aleph_\alpha$, *il existe une suite croissante d'ensembles* F *du type* $\omega_{cf(\alpha)}$ [1]) *vérifiant les formules:* $A = \sum_{\xi<\omega_{cf(\alpha)}} F_\xi$ *et* $0 < \overline{\overline{F_\xi}} < \aleph_\alpha$ *pour* $\xi < \omega_{cf(\alpha)}$.

Lemme 3. a) *Si* $\overline{\overline{B}} < \aleph_{cf(\alpha)}$ *et* $\mathfrak{f}(x) < \aleph_\alpha$ *pour* $x \in B$, *on a* $\sum_{x \in B} \mathfrak{f}(x) < \aleph_\alpha$;

b) *si* $\overline{\overline{B}} < \aleph_{cf(\alpha)}$ *et* $\overline{\overline{F(x)}} < \aleph_\alpha$ *pour* $x \in B$, *on a* $\overline{\overline{\sum_{x\in B} F(x)}} < \aleph_\alpha$;

c) *si* $\overline{\overline{B}} < \aleph_{cf(\alpha)}$ *et* $B \subset \sum_{\xi<\omega_\alpha} F_\xi$, *il existe un nombre* η *tel que* $0 < \eta < \omega_\alpha$ *et* $B \subset \sum_{\xi<\eta} F_\xi$.

Démonstration de ces trois lemmes, basée sur la déf. 1, s'obtient facilement par les procédés de raisonnement connus. J'en vais démontrer à titre d'exemple le lem. 3c.

L'hypothèse du lemme entraîne la décomposition suivante de l'ensemble B:

$$B = \sum_{\xi<\omega_\alpha} \Big(B \cdot F_\xi - \sum_{\eta<\xi} B \cdot F_\eta\Big). \tag{1}$$

Considérons les nombres ordinaux ξ, pour lesquels les sommandes

[1]) c.-à-d. *telle que* $F_\xi \subset F_\eta$ *pour* $\xi < \eta < \omega_{cf(\alpha)}$.

correspondants de la décomposition (1), c.-à-d. les ensembles $B \cdot F_\xi - \sum_{\eta<\xi} B \cdot F_\eta$, ne sont pas vides. En ordonnant ces nombres selon la grandeur, on obtient une suite φ du type β satisfaisant aux conditions:

(2) $$\varphi_\eta < \varphi_\vartheta < \omega_\alpha, \quad \textit{lorsque} \quad \eta < \vartheta < \beta,$$

et

(3) $$B = \sum_{\vartheta<\beta} (A \cdot F_{\varphi_\vartheta} - \sum_{\eta<\vartheta} A \cdot F_{\varphi_\eta}),$$

où $A \cdot F_{\varphi_\vartheta} - \sum_{\eta<\vartheta} A \cdot F_{\varphi_\eta} \neq 0$ *pour* $\vartheta < \beta$.

Si l'on avait $\beta \geqslant \omega_{cf(\alpha)}$, la formule (3) établirait la décomposition de l'ensemble B en sommandes disjoints non-vides et en quantité $\geqslant \aleph_{cf(\alpha)}$; or, l'ensemble B étant par hypothèse de puissance $< \aleph_{cf(\alpha)}$, on démontre sans peine à l'aide de l'axiome du choix qu'une telle décomposition est impossible. Donc

(4) $$\beta < \omega_{cf(\alpha)}.$$

Supposons que

(5) $$\underset{\varphi_\vartheta}{sup}\,(E\,[\vartheta < \beta]) = \omega_\alpha.$$

On conclut facilement de (2) et (5) que β est un nombre de 2me espèce (puisqu'on aurait dans le cas contraire $\underset{\varphi_\vartheta}{sup}\,(E\,[\vartheta<\beta]) = \varphi_{\beta-1} < \omega_\alpha$). Si $\beta = 0$, on aurait selon (3) $B = 0$ et la thèse du lemme serait évidemment remplie; nous pouvons donc admettre de plus que $\beta \neq 0$. En conséquence et conformément à (2) et à la déf. 1[b] on peut écrire (5) sous la forme $\lim_{\xi<\beta} \varphi_\xi = \omega_\alpha$. En vertu du lem. 1[c] il en résulte que $\omega_{cf(\alpha)} \leqslant \beta$, ce qui est en contradiction évidente avec (4). Nous sommes donc contraints de rejeter la supposition (5) et d'admettre que

(6) $$\underset{\varphi_\vartheta}{sup}\,(E\,[\vartheta < \beta]) \neq \omega_\alpha.$$

Les formules (2) et (16) donnent aussitôt:

(7) $$\underset{\varphi_\vartheta}{sup}\,(E\,[\vartheta < \beta]) < \omega_\alpha.$$

En posant: $\underset{\varphi\vartheta}{sup}(E[\vartheta < \beta]) + 1 = \eta$, on se convaint facilement que η est le nombre cherché: on a en effet selon (7) $0 < \eta < \omega_\alpha$ et on déduit de (3) que $B \subset \sum_{\xi < \eta} F_\xi$, c. q. f. d.

Définition 3. *$p(\alpha)$ est le plus petit des nombres ordinaux η vérifiant la formule: $\aleph_\alpha < \aleph_\alpha^{\aleph_\eta}$.*

Lemme 4. [a]) *$p(\alpha) \leqslant cf(\alpha)$;*

[b]) *$cf(p(\alpha)) = p(\alpha)$;*

[c]) *les conditions suivantes sont équivalentes:*

(1) *$\beta < p(\alpha)$,* (2) *$\aleph_\alpha = \aleph_\alpha^{\aleph_\beta}$,*

(3) *il existe un nombre cardinal $\mathfrak{a}$ tel que $\aleph_\alpha = \mathfrak{a}^{\aleph_\beta}$.*

Démonstration. [a]) En appliquant le théorème connu de J. König (généralisé par M. Zermelo), on conclut du lem. 2[a] que $\aleph_\alpha < \aleph_\alpha^{\aleph_{cf(\alpha)}}$. De là, conformément à la déf. 3, $p(\alpha) \leqslant cf(\alpha)$, c. q. f. d.

[b]) Suivant le lem. 2[a] (pour le nombre $p(\alpha)$) il existe une suite de nombres cardinaux $\mathfrak{f}$ du type $\omega_{cf(p(\alpha))}$ vérifiant les formules:

(1) $$\aleph_{p(\alpha)} = \sum_{\xi < \omega_{cf(p(\alpha))}} \mathfrak{f}_\xi$$

et

(2) $$0 < \mathfrak{f}_\xi < \aleph_{p(\alpha)} \quad pour \quad \xi < \omega_{cf(p(\alpha))}.$$

On conclut de (1) que

(3) $$\aleph_\alpha^{\aleph_{p(\alpha)}} = \prod_{\xi < \omega_{cf(p(\alpha))}} \aleph_\alpha^{\mathfrak{f}_\xi}.$$

Comme on a selon (2) et d'après la déf. 3 $\aleph_\alpha^{\mathfrak{f}_\xi} = \aleph_\alpha$ pour $\xi < \omega_{cf(p(\alpha))}$, on obtient de (3):

(4) $$\aleph_\alpha^{\aleph_{p(\alpha)}} = \aleph_\alpha^{\aleph_{cf(p(\alpha))}}.$$

Il résulte de (4), conformément à la déf. 3, que le nombre $cf(p(\alpha))$ est, d'une façon analogue au nombre $p(\alpha)$, un des nombres η remplissant la condition: $\aleph_\alpha < \aleph_\alpha^{\aleph_\eta}$; mais comme $p(\alpha)$ est le plus petit nombre de ce genre, on a $cf(p(\alpha)) \geqslant p(\alpha)$. L'inégalité inverse, c.-à-d. $cf(p(\alpha)) \leqslant p(\alpha)$, présente un cas particulier du lem. 1[a]. On obtient ainsi finalement la formule cherchée: $cf(p(\alpha)) = p(\alpha)$.

[c]) Les conditions (1) et (2) sont équivalentes en raison de la déf. **3**; l'équivalence de (2) et (3) résulte de la formule connue $(\mathfrak{a}^{\aleph_\beta})^{\aleph_\beta} = \mathfrak{a}^{\aleph_\beta^2} = \mathfrak{a}^{\aleph_\beta}$.

Définition 4. $\mathfrak{a}^{\underset{\smile}{\mathfrak{b}}} = \sum\limits_{\mathfrak{r}<\mathfrak{b}} \mathfrak{a}^{\mathfrak{r}}$.

Lemme 5. [a]) *Si* $\mathfrak{b} \leqslant \mathfrak{c}$ [1]), *on a* $\mathfrak{a}^{\underset{\smile}{\mathfrak{b}}} \leqslant \mathfrak{a}^{\underset{\smile}{\mathfrak{c}}} = \mathfrak{a}^{\underset{\smile}{\mathfrak{b}}} + \sum\limits_{\mathfrak{b}\leqslant\mathfrak{r}<\mathfrak{c}} \mathfrak{a}^{\mathfrak{r}}$;

[b]) *si* $\mathfrak{a} \leqslant \mathfrak{b}$, *on a* $\mathfrak{a}^{\underset{\smile}{\mathfrak{c}}} \leqslant \mathfrak{b}^{\underset{\smile}{\mathfrak{c}}}$;

[c]) *si* $\mathfrak{b} \geqslant 2$, *on a* $\mathfrak{a}^{\underset{\smile}{\mathfrak{b}}} \geqslant \mathfrak{a}$;

[d]) *si* $\mathfrak{a} \geqslant 2$, *on a* $\mathfrak{a}^{\underset{\smile}{\mathfrak{b}}} \geqslant \mathfrak{b}$.

Démonstration de [a]), [b]) et [c]) est évidente.

[d]) Pour omettre le cas évident de $\mathfrak{b} \leqslant \aleph_0$, posons: $\mathfrak{b} = \aleph_\beta$ où $\beta \neq 0$. D'après la déf. 4 $\mathfrak{a}^{\underset{\smile}{\aleph_\beta}} \geqslant \sum\limits_{\xi<\beta} \mathfrak{a}^{\aleph_\xi} \geqslant \sum\limits_{\xi<\beta} 2^{\aleph_\xi} \geqslant \sum\limits_{\xi<\beta} \aleph_{\xi+1} = \aleph_\beta$, donc $\mathfrak{a}^{\underset{\smile}{\mathfrak{b}}} \geqslant \mathfrak{b}$, c. q. f. d.

Lemme 6. [a]) *Si* $\aleph_{p(\alpha)} \geqslant \mathfrak{b} \geqslant 2$, *on a* $\aleph_\alpha^{\underset{\smile}{\mathfrak{b}}} = \aleph_\alpha$;

[b]) *si* $\mathfrak{a} \geqslant 2$, *on a* $\mathfrak{a}^{\underset{\smile}{\aleph_{\beta+1}}} = \mathfrak{a}^{\aleph_\beta}$;

[c]) *si* $\mathfrak{a} \geqslant 2$, *on a* $\mathfrak{a}^{\underset{\smile}{\aleph_\beta}} \geqslant \aleph_\beta^{\underset{\smile}{\aleph_{cf(\beta)}}}$.

Démonstration. [a]) Conformément à la déf. 4 $\aleph_\alpha^{\underset{\smile}{\mathfrak{b}}} = \sum\limits_{\mathfrak{r}<\mathfrak{b}} \aleph_\alpha^{\mathfrak{r}} = \sum\limits_{1\leqslant\mathfrak{r}<\mathfrak{b}} \aleph_\alpha^{\mathfrak{r}}$; comme d'après la déf. 3 $\aleph_\alpha^{\mathfrak{r}} = \aleph_\alpha$ pour $1 \leqslant \mathfrak{r} < \mathfrak{b} \leqslant \aleph_{p(\alpha)}$, on a:

$$\aleph_\alpha^{\underset{\smile}{\mathfrak{b}}} = \aleph_\alpha \cdot \overline{\overline{\underset{\mathfrak{r}}{E}[1 \leqslant \mathfrak{r} < \mathfrak{b}]}}. \tag{1}$$

On sait d'autre part que $1 \leqslant \overline{\overline{\underset{\mathfrak{r}}{E}[1 \leqslant \mathfrak{r} < \mathfrak{b}]}} \leqslant \mathfrak{b} \leqslant \aleph_{p(\alpha)}$; on a de plus, en vertu des lem. 1[a] et 4[a], $\aleph_{p(\alpha)} \leqslant \aleph_\alpha$, donc

$$1 \leqslant \overline{\overline{\underset{\mathfrak{r}}{E}[1 \leqslant \mathfrak{r} < \mathfrak{b}]}} \leqslant \aleph_\alpha. \tag{2}$$

[1]) Nous employons ici $\mathfrak{c}$ comme une variable (et non pour désigner la puissance du continu).

A l'aide du théorème connu d'Arithmétique des Nombres Cardinaux (suivant lequel $\aleph_\alpha \cdot \mathfrak{a} = \aleph_\alpha$ pour $1 \leqslant \mathfrak{a} \leqslant \aleph_\alpha$), on obtient de (1) et (2): $\aleph_\alpha^{\underset{\smile}{\mathfrak{b}}} = \aleph_\alpha$, c. q. f. d.

La démonstration de [b]) est analogue.

[c]) Si $\beta = 0$, on a en vertu des lem. 1^{b} et 4^{a} $cf(\beta) = \beta = p(\beta)$, donc, conformément au lem. 6^{a}, $\aleph_\beta^{\underset{\smile}{\aleph_{cf(\beta)}}} = \aleph_\beta^{\underset{\smile}{\aleph_{p(\beta)}}} = \aleph_\beta$, d'où en raison du lem. 5^{d} $\mathfrak{a}^{\underset{\smile}{\aleph_\beta}} \geqslant \aleph_\beta = \aleph_\beta^{\underset{\smile}{\aleph_{cf(\beta)}}}$.

Si β est de 1re espèce, on obtient à l'aide du lem. 6^{b}: $\mathfrak{a}^{\underset{\smile}{\aleph_\beta}} = \mathfrak{a}^{\aleph_{\beta-1}} \geqslant 2^{\aleph_{\beta-1}} = (2^{\aleph_{\beta-1}})^{\aleph_{\beta-1}} \geqslant \aleph_\beta^{\aleph_{\beta-1}} = \aleph_\beta^{\underset{\smile}{\aleph_\beta}}$; mais comme $cf(\beta) = \beta$ (lem. 1^{b}), on a finalement $\mathfrak{a}^{\underset{\smile}{\aleph_\beta}} \geqslant \aleph_\beta^{\underset{\smile}{\aleph_{cf(\beta)}}}$.

Il reste à examiner le cas où β est un nombre de 2me espèce $\neq 0$. Comme on sait [1]), on a dans ce cas

$$(3) \qquad \aleph_\beta^{\aleph_\xi} = \sum_{\eta<\beta} \aleph_\eta^{\aleph_\xi} = \sum_{\eta\leqslant\xi} \aleph_\eta^{\aleph_\xi} + \sum_{\xi<\eta<\beta} \aleph_\eta^{\aleph_\xi} \textit{ pour tout } \xi < cf(\beta).$$

Si $\eta \leqslant \xi$, on a notoirement $\aleph_\eta^{\aleph_\xi} = 2^{\aleph_\xi}$, d'où $\sum_{\eta\leqslant\xi} \aleph_\eta^{\aleph_\xi} \leqslant 2^{\aleph_\xi} \cdot \overline{\overline{\xi+1}} \leqslant 2^{\aleph_\xi} \cdot \aleph_\xi = 2^{\aleph_\xi}$; si par contre $\xi < \eta$, on obtient: $\aleph_\eta^{\aleph_\xi} \leqslant \aleph_\eta^{\aleph_\eta} = 2^{\aleph_\eta}$. En tenant compte du lem. 1^{a}, on en déduit d'après (3):

$$(4) \qquad \aleph_\beta^{\aleph_\xi} \leqslant 2^{\aleph_\xi} + \sum_{\xi<\eta<\beta} 2^{\aleph_\eta} \leqslant \sum_{\eta<\beta} 2^{\aleph_\eta} \quad \textit{pour} \quad \xi < cf(\beta).$$

D'après la déf. 4: $2^{\underset{\smile}{\aleph_\beta}} \geqslant \sum_{\eta<\beta} 2^{\aleph_\eta}$, d'où, en vertu de (4), $\aleph_\beta^{\aleph_\xi} \leqslant 2^{\underset{\smile}{\aleph_\beta}}$ pour $\xi < cf(\beta)$; d'autre part le lem. 5^{d} donne: $\aleph_\beta^{\mathfrak{r}} = \aleph_\beta \leqslant 2^{\underset{\smile}{\aleph_\beta}}$ pour $0 < \mathfrak{r} < \aleph_0$. Par conséquent on a généralement:

$$(5) \qquad \aleph_\beta^{\mathfrak{r}} \leqslant 2^{\underset{\smile}{\aleph_\beta}} \quad \textit{pour} \quad \mathfrak{r} < \aleph_{cf(\beta)}.$$

A l'aide de la déf. 4 nous obtenons de (5):

$$(6) \qquad \aleph_\beta^{\underset{\smile}{\aleph_{cf(\beta)}}} = \sum_{\mathfrak{r}<\aleph_{cf(\beta)}} \aleph_\beta^{\mathfrak{r}} \leqslant 2^{\underset{\smile}{\aleph_\beta}} \cdot \aleph_{cf(\beta)}.$$

Puisque $\aleph_{cf(\beta)} \leqslant \aleph_\beta \leqslant 2^{\underset{\smile}{\aleph_\beta}}$ (lem. 1^{a} et 5^{d}), on a $2^{\underset{\smile}{\aleph_\beta}} \cdot \aleph_{cf(\beta)} = 2^{\underset{\smile}{\aleph_\beta}}$, d'où en raison de (6)

$$(7) \qquad \aleph_\beta^{\underset{\smile}{\aleph_{cf(\beta)}}} \leqslant 2^{\underset{\smile}{\aleph_\beta}}.$$

[1]) Cf. ma note *Quelques théorèmes sur les alephs*, Fund. Math. VII, p. 7.

Comme par hypothèse $\mathfrak{a} \geqslant 2$, on obtient du lem. 5[b]:

(8) $$\mathfrak{a}^{\underset{\smile}{\aleph_\beta}} \geqslant 2^{\underset{\smile}{\aleph_\beta}}.$$

Il résulte aussitôt de (7) et (8) que dans le cas considéré on a également la formule cherchée:

$$\mathfrak{a}^{\underset{\smile}{\aleph_\beta}} \geqslant \aleph_\beta^{\underset{\smile}{\aleph_{cf(\beta)}}}, \quad \text{c. q. f. d.}$$

Le lemme 6 est ainsi entièrement démontré.

Lemme 7. [a]) *Si* $\mathfrak{a} \geqslant 2$ *et* $\gamma < cf(\beta)$, *on a* $(\mathfrak{a}^{\underset{\smile}{\aleph_\beta}})^{\aleph_\gamma} = \mathfrak{a}^{\underset{\smile}{\aleph_\beta}}$;
[b]) *si* $\mathfrak{a} \geqslant 2$ *et* $cf(\beta) \leqslant \gamma \leqslant \beta$, *on a* $(\mathfrak{a}^{\underset{\smile}{\aleph_\beta}})^{\aleph_\gamma} = \mathfrak{a}^{\aleph_\beta}$;
[c]) *si* $\mathfrak{a} \geqslant 2$ *et* $\beta \leqslant \gamma$, *on a* $(\mathfrak{a}^{\underset{\smile}{\aleph_\beta}})^{\aleph_\gamma} = \mathfrak{a}^{\aleph_\gamma}$.

Démonstration. [a]) En vertu du lem. 1[a] l'inégalité $\gamma < cf(\beta)$, admise par hypothèse, entraîne $\gamma < \beta$, donc $1 \leqslant \beta$. A l'aide des lem. 5[b] et 6[b] on en conclut que $\mathfrak{a}^{\underset{\smile}{\aleph_\beta}} = \mathfrak{a}^{\underset{\smile}{\aleph_1}} + \sum\limits_{1 \leqslant \xi < \beta} \mathfrak{a}^{\aleph_\xi} = \mathfrak{a}^{\aleph_0} + \sum\limits_{1 \leqslant \xi < \beta} \mathfrak{a}^{\aleph_\xi}$, d'où

(1) $$\mathfrak{a}^{\underset{\smile}{\aleph_\beta}} = \sum_{\xi < \beta} \mathfrak{a}^{\aleph_\xi}.$$

Étant donnés des nombres ordinaux ξ et η, posons:

(2) $$\aleph_{(\xi, \eta)} = \aleph_\xi;$$

on obtient de (1) et (2):

(3) $$(\mathfrak{a}^{\underset{\smile}{\aleph_\beta}})^{\aleph_\gamma} = \Big(\sum_{\xi < \beta} \mathfrak{a}^{\aleph_\xi}\Big)^{\aleph_\gamma} = \prod_{\eta < \omega_\gamma} \sum_{\xi < \beta} \mathfrak{a}^{\aleph_{(\xi, \eta)}}.$$

Soit

(4) *Φ la classe de toutes les suites de nombres ordinaux φ du type ω_γ remplissant la condition: $\varphi_\eta < \beta$ pour $\eta < \omega_\gamma$.*

En appliquant la loi distributive générale (d'addition et de multiplication des nombres cardinaux), on déduit de (3) et (4) que

(5) $$(\mathfrak{a}^{\underset{\smile}{\aleph_\beta}})^{\aleph_\gamma} = \sum_{\varphi \in \Phi} \prod_{\eta < \omega_\gamma} \mathfrak{a}^{\aleph_{(\varphi_\eta, \eta)}}.$$

En tenant compte de (2), nous concluons de (5) que

(6) $$(\mathfrak{a}^{\underset{\smile}{\aleph_\beta}})^{\aleph_\gamma} = \sum_{\varphi \in \Phi} \prod_{\eta < \omega_\gamma} \mathfrak{a}^{\aleph_{\varphi_\eta}} = \sum_{\varphi \in \Phi} \mathfrak{a}^{\sum\limits_{\eta < \omega_\gamma} \aleph_{\varphi_\eta}}.$$

On a par hypothèse $\overline{\overline{\underset{\eta}{E}[\eta < \omega_\gamma]}} = \aleph_\gamma < \aleph_{cf(\beta)}$; selon (4) $\aleph_{\varphi_\eta} < \aleph_\beta$, lorsque $\eta < \omega_\gamma$ et $\varphi \in \Phi$. En posant donc dans le lem. 3[a]: $\alpha = \beta$, $B = \underset{\eta}{E}[\eta < \omega_\gamma]$ et $\mathfrak{f}(\eta) = \aleph_{\varphi_\eta}$, on parvient à la conclusion que $\sum_{\eta < \omega_\gamma} \aleph_{\varphi_\eta} < \aleph_\beta$, d'où en vertu de (1)

$$\mathfrak{a}^{\sum_{\eta<\omega_\gamma} \aleph_{\varphi_\eta}} \leqslant \mathfrak{a}^{\underset{\smile}{\aleph_\beta}} \quad pour \quad \varphi \in \Phi. \tag{7}$$

Il est à remarquer de plus que d'après la définition connue de l'exponentiation des nombres cardinaux et en raison de (4) la classe Φ est de puissance $\overline{(\beta)}^{\aleph_\gamma} \leqslant \aleph_\beta^{\aleph_\gamma}$; comme en outre $\aleph_\gamma < \aleph_{cf(\beta)}$, on obtient conformément à la déf. 4:

$$\overline{\overline{\Phi}} \leqslant \aleph_{\underset{\smile}{\beta}}^{\aleph_{cf(\beta)}}. \tag{8}$$

Les formules (6)—(8) impliquent que

$$(\aleph_{\underset{\smile}{\beta}}^{\aleph})^{\aleph_\gamma} \leqslant \mathfrak{a}^{\underset{\smile}{\aleph_\beta}} \cdot \aleph_{\underset{\smile}{\beta}}^{\aleph_{cf(\beta)}}. \tag{9}$$

Il résulte du lem. 6[c] que $\mathfrak{a}^{\underset{\smile}{\aleph_\beta}} \geqslant \aleph_{\underset{\smile}{\beta}}^{\aleph_{cf(\beta)}}$; par conséquent (9) donne: $(\mathfrak{a}^{\underset{\smile}{\aleph_\beta}})^{\aleph_\gamma} \leqslant \mathfrak{a}^{\underset{\smile}{\aleph_\beta}}$. Comme l'inégalité inverse est évidente, on a finalement:

$$(\mathfrak{a}^{\underset{\smile}{\aleph_\beta}})^{\aleph_\gamma} = \mathfrak{a}^{\underset{\smile}{\aleph_\beta}}, \quad \text{c. q. f. d.}$$

[b]) Conformément au lem. 2[a] il existe une suite de nombres cardinaux $\mathfrak{f}$ du type $\omega_{cf(\beta)}$ vérifiant les formules:

$$\aleph_\beta = \sum_{\xi < \omega_{cf(\beta)}} \mathfrak{f}_\xi \quad et \quad 0 < \mathfrak{f}_\xi < \aleph_\beta \quad pour \quad \xi < \omega_{cf(\beta)}. \tag{10}$$

On obtient facilement de (10):

$$\mathfrak{a}^{\aleph_\beta} = \prod_{\xi < \omega_{cf(\beta)}} \mathfrak{a}^{\mathfrak{f}_\xi} \tag{11}$$

et, en vertu de la déf. 4,

$$\mathfrak{a}^{\mathfrak{f}_\xi} \leqslant \mathfrak{a}^{\underset{\smile}{\aleph_\beta}} \quad pour \quad \xi < \omega_{cf(\beta)}. \tag{12}$$

Comme de plus, suivant l'hypothèse du lemme, $\overline{\overline{\underset{\xi}{E}[\xi < \omega_{cf(\beta)}]}} = \aleph_{cf(\beta)} \leqslant \aleph_\gamma$, les formules (11) et (12) donnent aussitôt:

$$\mathfrak{a}^{\aleph_\beta} \leqslant (\mathfrak{a}^{\underset{\smile}{\aleph_\beta}})^{\aleph_\gamma}. \tag{13}$$

D'autre part, il résulte des lem. 5[a] et 6[b] que $\mathfrak{a}^{\underset{\smile}{\aleph_\beta}} \leqslant \mathfrak{a}^{\underset{\smile}{\aleph_{\beta+1}}} = \mathfrak{a}^{\aleph_\beta}$, d'où $(\underset{\smile}{a}^{\aleph_\beta})^{\aleph_\gamma} \leqslant (a^{\aleph_\beta})^{\aleph_\gamma} = a^{\aleph_\beta \cdot \aleph_\gamma}$; comme on a en outre par hypothèse $\aleph_\gamma \leqslant \aleph_\beta$, on conclut que

$$(14) \qquad (\underset{\smile}{a}^{\aleph_\beta})^{\aleph_\gamma} \leqslant a^{\aleph_\beta}.$$

Les inégalités (13) et (14) entraînent immédiatement la formule cherchée: $(\underset{\smile}{a}^{\aleph_\beta})^{\aleph_\gamma} = a^{\aleph_\beta}$.

[c]) En posant dans l'identité [b]) établie tout-à-l'heure $\gamma = \beta$ et en tenant compte du lem. 1[a], on conclut que $(\underset{\smile}{a}^{\aleph_\beta})^{\aleph_\beta} = a^{\aleph_\beta}$, d'où, pour tout γ, $(\underset{\smile}{a}^{\aleph_\beta})^{\aleph_\beta \cdot \aleph_\gamma} = a^{\aleph_\beta \cdot \aleph_\gamma}$. Donc, si $\beta \leqslant \gamma$, nous en obtenons sur place:

$$(\underset{\smile}{a}^{\aleph_\beta})^{\aleph_\gamma} = a^{\aleph_\gamma}, \quad \text{c. q. f. d.}$$

Lemme 8. [a]) *Si* $a \geqslant 2$ *et* $\gamma \leqslant cf(\beta)$, *on a* $(\underset{\smile}{a}^{\aleph_\beta})^{\underset{\smile}{\aleph_\gamma}} = \underset{\smile}{a}^{\aleph_\beta}$.

[b]) *si* $a \geqslant 2$ *et* $cf(\beta) < \gamma \leqslant \beta + 1$, *on a* $(\underset{\smile}{a}^{\aleph_\beta})^{\underset{\smile}{\aleph_\gamma}} = \underset{\smile}{a}^{\aleph_{\beta+1}} = a^{\aleph_\beta}$;

[c]) *si* $a \geqslant 2$ *et* $\beta < \gamma$, *on a* $(\underset{\smile}{a}^{\aleph_\beta})^{\underset{\smile}{\aleph_\gamma}} = a^{\aleph_\gamma}$.

D é m o n s t r a t i o n [a]) Conformément au lem. 7[a] on a $(\underset{\smile}{a}^{\aleph_\beta})^{\mathfrak{r}} = \underset{\smile}{a}^{\aleph_\beta}$ pour $\aleph_0 \leqslant \mathfrak{r} < \aleph_\gamma \leqslant \aleph_{cf(\beta)}$; comme en outre, en vertu du lem. 5[d], $\underset{\smile}{a}^{\aleph_\beta}$ est un nombre transfini, cete égalité subsiste aussi dans le cas où $0 < \mathfrak{r} < \aleph_0$. Par conséquent, on obtient à l'aide de la déf. 4:

$$(1) \qquad (\underset{\smile}{a}^{\aleph_\beta})^{\underset{\smile}{\aleph_\gamma}} = \sum_{\mathfrak{r} < \aleph_\gamma} (\underset{\smile}{a}^{\aleph_\beta})^{\mathfrak{r}} = \sum_{0 < \mathfrak{r} < \aleph_\gamma} (\underset{\smile}{a}^{\aleph_\beta})^{\mathfrak{r}} = \underset{\smile}{a}^{\aleph_\beta} \cdot \overline{\overline{\underset{\mathfrak{r}}{E}[0 < \mathfrak{r} < \aleph_\gamma]}}.$$

On sait d'autre part que $1 \leqslant \overline{\overline{\underset{\mathfrak{r}}{E}[0 < \mathfrak{r} < \aleph_\gamma]}} \leqslant \aleph_\gamma$; comme on a de plus par hypothèse $\aleph_\gamma \leqslant \aleph_{cf(\beta)}$ et, en raison des lem. 1[a] et 5[d], $\aleph_{cf(\beta)} \leqslant \aleph_\beta \leqslant \underset{\smile}{a}^{\aleph_\beta}$, on en conclut que

$$(2) \qquad 1 \leqslant \overline{\overline{\underset{\mathfrak{r}}{E}[0 < \mathfrak{r} < \aleph_\gamma]}} \leqslant \underset{\smile}{a}^{\aleph_\beta}.$$

Les formules (1) et (2) donnent aussitôt: $(\underset{\smile}{a}^{\aleph_\beta})^{\underset{\smile}{\aleph_\gamma}} = \underset{\smile}{\aleph}^{\aleph_\beta}$, c. q. f. d.

[b]) En posant dans le lem. 7[b]: $\gamma = cf(\beta)$ et puis $\gamma = \beta$, on obtient:

$$(3) \qquad (\underset{\smile}{a}^{\aleph_\beta})^{\aleph_{cf(\beta)}} = a^{\aleph_\beta} = (\underset{\smile}{a}^{\aleph_\beta})^{\aleph_\beta}.$$

En tenant compte de la formule: $cf(\beta) < \gamma \leqslant \beta + 1$, admise par hypothèse, on conclut facilement des lem. 5[a] et 6[b]:

$$(4) \qquad (\underset{\smile}{a}^{\aleph_\beta})^{\aleph_{cf(\beta)}} = (\underset{\smile}{a}^{\aleph_\beta})^{\underset{\smile}{\aleph_{cf(\beta)+1}}} \leqslant (\underset{\smile}{a}^{\aleph_\beta})^{\underset{\smile}{\aleph_\gamma}} \leqslant (\underset{\smile}{a}^{\aleph_\beta})^{\underset{\smile}{\aleph_{\beta+1}}} = (\underset{\smile}{a}^{\aleph_\beta})^{\aleph_\beta}.$$

De plus le lem. 6^b donne:

$$a^{\aleph_\beta} = a^{\aleph_{\underset{\smile}{\beta+1}}}. \tag{5}$$

Les formules (3)—(5) impliquent immédiatement l'identité cherchée: $(a^{\aleph_{\underset{\smile}{\beta}}})^{\aleph_{\underset{\smile}{\gamma}}} = a^{\aleph_{\underset{\smile}{\beta+1}}} = a^{\aleph_\beta}$.

c) On a par hypothèse $\aleph_{\beta+1} \leqslant \aleph_\gamma$; en vertu des lem. 5^a et 6^b on en obtient: $a^{\aleph_{\underset{\smile}{\gamma}}} = a^{\aleph_{\underset{\smile}{\beta+1}}} + \sum\limits_{\beta+1 \leqslant \xi < \gamma} a^{\aleph_\xi} = a^{\aleph_\beta} + \sum\limits_{\beta < \xi < \gamma} a^{\aleph_\xi}$, d'où

$$a^{\aleph_{\underset{\smile}{\gamma}}} = \sum_{\beta \leqslant \xi < \gamma} a^{\aleph_\xi}. \tag{6}$$

D'une façon analogue on parvient à la formule:

$$(a^{\aleph_{\underset{\smile}{\beta}}})^{\aleph_{\underset{\smile}{\gamma}}} = \sum_{\beta \leqslant \xi < \gamma} (a^{\aleph_{\underset{\smile}{\beta}}})^{\aleph_\xi}. \tag{7}$$

Le lem. 7^c implique en outre que

$$(a^{\aleph_{\underset{\smile}{\beta}}})^{\aleph_\xi} = a^{\aleph_\xi} \quad \textit{pour} \ \beta \leqslant \xi \tag{8}$$

De (6)—(8) on déduit tout de suite la formule:

$$(a^{\aleph_{\underset{\smile}{\beta}}})^{\aleph_{\underset{\smile}{\gamma}}} = a^{\aleph_{\underset{\smile}{\gamma}}}, \quad \text{c. q. f. d.}$$

Dans deux derniers lemmes nous avons établis certaines simplifications des expressions $(a^{\aleph_{\underset{\smile}{\beta}}})^{\aleph_\gamma}$ et $(a^{\aleph_{\underset{\smile}{\beta}}})^{\aleph_{\underset{\smile}{\gamma}}}$ pour diverses valeurs de β et γ. En ce qui concerne l'expression $(a^{\aleph_\beta})^{\aleph_{\underset{\smile}{\gamma}}}$, le problème analogue ne comporte plus de difficulté, déjà en raison du lem. 6^b; nous laissons au lecteur de formuler le théorème correspondant.

Dans une partie de cet ouvrage l'hypothèse suivante H jouera un rôle essentiel; cette hypothèse, dite *hypothèse de Cantor sur les alephs* ou *hypothèse du continu généralisée*, n'est jusqu'à présent, comme on sait, ni démontrée, ni refutée.

Hypothèse H. *Pour tout nombre ordinal α on a* $2^{\aleph_\alpha} = \aleph_{\alpha+1}$.

Parmi des nombreuses conséquences de cette hypothèse, connues jusqu'à présent, il n'y a que deux qui sont d'importance pour nos considérations; or, comme nous allons voir, les deux conséquences sont équivalentes à l'hypothèse même.

Lemme 9. *L'hypothèse H équivaut à chacune des propositions suivantes :*

a) *quel que soit le nombre ordinal α, on a $2^{\aleph_\alpha} = \aleph_\alpha$;*

b) *quel que soit le nombre ordinal α, on a $p(\alpha) = cf(\alpha)$.*

Démonstration. I. Admettons que l'hypothèse H est vraie. En vertu du lem. 5[a] (pour $\mathfrak{a} = 2$, $\mathfrak{b} = \aleph_0$ et $\mathfrak{c} = \aleph_\alpha$) on a $2^{\aleph_\alpha} = 2^{\aleph_0} + \sum_{\xi<\alpha} 2^{\aleph_\xi}$, d'où, conformément à la déf. 4 et à l'hypothèse H,

$$2^{\aleph_\alpha} = \aleph_0 + \sum_{\xi<\alpha} \aleph_{\xi+1} = \aleph_\alpha.$$ Donc

(1) *l'hypothèse H entraîne la condition* a)

II. Posons maintenant par l'hypothèse la proposition a).

En raison du lem. 7[a] (pour $\mathfrak{a} = 2$) on a pour tout $\xi < cf(\alpha)$ $(2^{\aleph_\alpha})^{\aleph_\xi} = 2^{\aleph_\alpha}$, d'où, conformément à la proposition a) $\aleph_\alpha^{\aleph_\xi} = \aleph_\alpha$; à l'aide du lem. 4[c] on obtient de cette égalité: $\xi < p(\alpha)$. Nous avons ainsi montré que la formule: $\xi < cf(\alpha)$ implique toujours: $\xi < p(\alpha)$ et nous en concluons aussitôt que $cf(\alpha) \leqslant p(\alpha)$. L'inégalité inverse: $p(\alpha) \leqslant cf(\alpha)$ a été établie dans le lem. 4[a]; on a donc $p(\alpha) = cf(\alpha)$ pour tout nombre α.

Ce raisonnement prouve que

(2) *la condition* a) *entraîne la condition* b).

III. Admettons enfin que la proposition b) est remplie.

Conformément au lem. 1[b], $cf(\alpha+1) = \alpha + 1$, d'où suivant la condition b) $p(\alpha+1) = \alpha+1$. Il en résulte que $\alpha < p(\alpha+1)$, ce qui donne en vertu du lem. 4[c]: $\aleph_{\alpha+1} = \aleph_{\alpha+1}^{\aleph_\alpha}$. On a d'autre part $\aleph_{\alpha+1}^{\aleph_\alpha} = 2^{\aleph_\alpha}$ (puisque $2^{\aleph_\alpha} \leqslant \aleph_{\alpha+1}^{\aleph_\alpha} \leqslant (2^{\aleph_\alpha})^{\aleph_\alpha} = 2^{\aleph_\alpha}$) et on en obtient: $2^{\aleph_\alpha} = \aleph_{\alpha+1}$, quel que soit le nombre α.

Nous avons ainsi prouvé que

(3) *la condition* b) *entraîne l'hypothèse H.*

En raison de (1)—(3) le lem. 9 est entièrement démontré.

L'énoncé de la proposition 9[b] ne diffère que par sa forme extérieure d'une autre conséquence de l'hypothèse de Cantor:

$$si\ \beta < cf(\alpha), \quad on\ a \quad \aleph_\alpha^{\aleph_\beta} = \aleph_\alpha.$$

que j'ai signalée dans mes Notes antérieures avec une démonstration un peu différente [1]. Toutefois la forme actuelle de l'hypothèse 9^b m'a été obligeamment communiquée par M. Zermelo en 1928.

Définition 5. a) $U(A) = \underset{X}{E}[X \subset A]$;

b) $U_\alpha(A) = \underset{X}{E}[X \subset A \text{ et } \overline{\overline{X}} < \aleph_\alpha]$;

c) $V(A) = \underset{X}{E}[A \subset X]$.

Lemme 10. a) $\overline{\overline{U(A)}} = 2^{\overline{\overline{A}}}$;

b) *si* $\overline{\overline{A}} \geqslant \aleph_\alpha$, *on a* $\overline{\overline{U_\alpha(A)}} = (\overline{\overline{A}})^{\aleph_\alpha}_{\smile}$ *et* $\overline{\overline{U_{\alpha+1}(A)}} =$
$= \overline{\overline{U_{\alpha+1}(A) - U_\alpha(A)}} = (\overline{\overline{A}})^{\aleph_\alpha}$;

c) $\overline{\overline{U_\alpha(A)}} \leqslant (\overline{\overline{A}})^{\aleph_\alpha}_{\smile}$;

d) *si* $\overline{\overline{A}} = \aleph_\alpha$ *et* $\beta \leqslant p(\alpha)$, *on a* $\overline{\overline{U_\beta(A)}} = \aleph_\alpha$.

Démonstration. a) constitue l'énoncé du théorème connu de Cantor.

b) est basé sur un théorème connu, d'après lequel

(1) *A étant un ensemble infini, si* $\overline{\overline{A}} \geqslant \mathfrak{b}$, *on a* $\overline{\overline{\underset{X}{E}[X \subset A \text{ et } \overline{\overline{X}} = \mathfrak{b}]}} =$
$= (\overline{\overline{A}})^{\mathfrak{b}}$ [2].

Voici l'esquisse de la démonstration du théorème mentionné. Posons:

$$\overline{\overline{\underset{X}{E}[X \subset A \text{ et } \overline{\overline{X}} = \mathfrak{b}]}} = \mathfrak{c}.$$

La définition de l'exponentiation des nombres cardinaux implique sans difficulté que tout ensemble de puissance $(\overline{\overline{A}})^{\mathfrak{b}}$ se laisse décomposer en $\mathfrak{c}$ ensembles disjoints; à l'aide de l'axiome du choix on en obtient: $\mathfrak{c} \leqslant (\overline{\overline{A}})^{\mathfrak{b}}$. D'autre part, en dehors du cas trivial où $\mathfrak{b} = 0$, l'inégalité $\overline{\overline{A}} \geqslant \mathfrak{b}$ donne notoirement: $\overline{\overline{A}} = \overline{\overline{A}} \cdot \mathfrak{b}$; en appliquant la définition de la multiplication des nombres cardinaux, on conclut facilement que tout ensemble de puissance $\overline{\overline{A}} \cdot \mathfrak{b}$, donc, en particulier, l'ensemble A, admet tout au moins $(\overline{\overline{A}})^{\mathfrak{b}}$ sous-ensembles de puissance $\mathfrak{b}$, d'où $\mathfrak{c} \geqslant (\overline{\overline{A}} \cdot \mathfrak{b})^{\mathfrak{b}} = (\overline{\overline{A}})^{\mathfrak{b}}$. Si l'on rap-

[1]) Cf. ma Note citée des Fund. Math. VII, p. 9—10, ainsi que mon article: *Sur la décomposition des ensembles en sous-ensembles presque disjoints*, Fund. Math. XII, p. 202.

[2]) Cf. W. Sierpiński, *Zarys teorji mnogości* (*Eléments de la Théorie des Ensembles*, en polonais), 1re partie, 3me éd., Warszawa 1928, p. 251—253.

proche les deux inégalités établies ci-dessus, on obtient aussitôt:

$$\overline{\overline{\underset{X}{E}[X \subset A \text{ et } \overline{\overline{X}} = \mathfrak{b}]}} = \mathfrak{c} = (\overline{\overline{A}})^{\mathfrak{b}}, \quad \text{c. q. f. d.}$$

Or, il résulte de la déf. 5[b] que $U_\alpha(A) = \underset{X}{E}[X \subset A \text{ et } \overline{\overline{X}} < \aleph_\alpha] = $

$= \sum_{\mathfrak{r} < \aleph_\alpha} (\underset{X}{E}[X \subset A \text{ et } \overline{\overline{X}} = \mathfrak{r}])$; les sommandes de cette dernière somme étant disjoints, on en conclut que

$$(2) \qquad \overline{\overline{U_\alpha(A)}} = \sum_{\mathfrak{r} < \aleph_\alpha} \overline{\overline{\underset{X}{E}[X \subset A \text{ et } \overline{\overline{X}} = \mathfrak{r}]}}.$$

Comme par hypothèse: $\overline{\overline{A}} \geqslant \aleph_\alpha$, les conditions (1) et (2) donnent: $\overline{\overline{U_\alpha(A)}} = \sum_{\mathfrak{r} < \aleph_\alpha} (\overline{\overline{A}})^{\mathfrak{r}}$, d'où conformément à la déf. 4:

$$(3) \qquad \overline{\overline{U_\alpha(A)}} = (\overline{\overline{A}})^{\underline{\aleph_\alpha}}.$$

D'une façon analogue on obtient l'égalité: $\overline{\overline{U_{\alpha+1}(A)}} = (\overline{\overline{A}})^{\underline{\aleph_{\alpha+1}}}$ et on en déduit par l'application du lem. 6[b]:

$$(4) \qquad \overline{\overline{U_{\alpha+1}(A)}} = (\overline{\overline{A}})^{\aleph_\alpha}.$$

On conclut enfin sans peine de la déf. 5[b] que $U_{\alpha+1}(A) - U_\alpha(A) = $ $= \underset{X}{E}[X \subset A \text{ et } \overline{\overline{X}} = \aleph_\alpha]$, d'où en raison de (1):

$$(5) \qquad \overline{\overline{U_{\alpha+1}(A) - U_\alpha(A)}} = (\overline{\overline{A}})^{\aleph_\alpha}.$$

En vertu de (3)—(5) toutes les formules [b]) se trouvent établies.

[c]) Dans le cas où $A \geqslant \aleph_\alpha$ la formule: $\overline{\overline{U_\alpha(A)}} \leqslant (\overline{\overline{A}})^{\underline{\aleph_\alpha}}$ résulte immédiatement de [b]). Si par contre $\overline{\overline{A}} < \aleph_\alpha$, on a suivant la déf. 5[a,b] et le lem. 10[a] (en omettant le cas évident où $\overline{\overline{A}} < 2$): $\overline{\overline{U_\alpha(A)}} \leqslant$ $\leqslant \overline{\overline{U(A)}} = 2^{\overline{\overline{A}}} \leqslant (\overline{\overline{A}})^{\overline{\overline{A}}} \leqslant \sum_{\mathfrak{r} < \aleph_\alpha} (\overline{\overline{A}})^{\mathfrak{r}}$, d'où conformément à la déf. 4 $\overline{\overline{U_\alpha(A)}} \leqslant (\overline{\overline{A}})^{\underline{\aleph_\alpha}}$, c. q. f. d.

[d]) En vertu des lem. 1[a] et 4[a] l'inégalité: $\beta \leqslant p(\alpha)$ entraîne: $\aleph_\beta \leqslant \aleph_\alpha = \overline{\overline{A}}$; en posant donc dans [b]): $\alpha = \beta$, on conclut que $\overline{\overline{U_\beta(A)}} = (\overline{\overline{A}})^{\underline{\aleph_\beta}} = \aleph_\alpha^{\underline{\aleph_\beta}}$. Par l'application du lem. 6[a] on en obtient la formule cherchée:

$$\overline{\overline{U_\beta(A)}} = \aleph_\alpha$$

Définition 6. $\bar{f}(A) = \underset{f(x)}{E}[x \in A]$ *(dans l'hypothèse que la fonction f est définie pour tous les éléments de l'ensemble A).*

L'ensemble $\bar{f}(A)$ est appelé ordinairement *image de l'ensemble A donnée par la fonction f.* Divers théorèmes élémentaires sur les images d'ensembles ont été publiés antérieurement [1]; je vais établir ici quelques rapports moins connus entre les puissances des ensembles et celles de leurs images.

Lemme 11. [a]) $\overline{\overline{\bar{f}(A)}} \leqslant \overline{\overline{A}}$;

[b]) *si* $\overline{\overline{A \cdot \underset{x}{E}[f(x) = y]}} \leqslant \mathfrak{b}$ *pour tout élément y de $\bar{f}(A)$, on a* $\overline{\overline{A}} \leqslant \overline{\overline{\bar{f}(A)}} \cdot \mathfrak{b}$;

[c]) *si* $\overline{\overline{A}} \geqslant \aleph_0$ *et si* $\overline{\overline{A \cdot \underset{x}{E}[f(x) = y]}} \leqslant \mathfrak{b} < \overline{\overline{A}}$ *pour tout élément y de $\bar{f}(A)$, on a* $\overline{\overline{\bar{f}(A)}} = \overline{\overline{A}}$;

[d]) *si* $\overline{\overline{A}} = \aleph_\alpha$ *et si* $\overline{\overline{A \cdot \underset{x}{E}[f(x) = y]}} < \overline{\overline{A}}$ *pour tout élément y de $\bar{f}(A)$, on a* $\overline{\overline{\bar{f}(A)}} \geqslant \aleph_{cf(\alpha)}$; *si en outre* $cf(\alpha) = \alpha$, *on a* $\overline{\overline{\bar{f}(A)}} = \aleph_\alpha = \overline{\overline{A}}$.

Démonstration. Posons pour tout élément y

$$G(y) = A \cdot \underset{x}{E}[f(x) = y]. \tag{1}$$

A l'aide de la déf. 6 on déduit facilement de (1) les propriétés suivantes de la fonction G:

$$G(y) \neq 0 \quad \text{pour} \quad y \in \bar{f}(A); \tag{2}$$

$$\text{si } G(y) \cdot G(z) \neq 0, \text{ on a } y = z \text{ et } G(y) = G(z). \tag{3}$$

En vertu de (2) et de (3) la fonction G transforme d'une façon biunivoque l'ensemble $\bar{f}(A)$ dans la classe $\bar{G}(\bar{f}(A)) = \underset{G(y)}{E}[y \in \bar{f}(A)]$; ces ensembles sont donc de puissance égale:

$$\overline{\overline{\bar{f}(A)}} = \overline{\overline{\bar{G}(\bar{f}(A))}}. \tag{4}$$

En raison de (1) et de la déf. 6 on obtient facilement la décomposition suivante de A:

[1]) Cf. p. ex. A. N. Whitehead and B. Russell, *Principia Mathematica*, vol. I, 2de Ed., Cambridge 1925, *37, *40 et *72.

(5) $$A = \sum_{y \in \bar{f}(A)} G(y);$$

comme selon (2) et (3) les sommandes de cette décomposition sont disjoints et non-vides, on en conclut à l'aide de l'axiome du choix que $\overline{\overline{G(\bar{f}(A))}} = \overline{\overline{\underset{G(y)}{E}[y \in \bar{f}(A)]}} \leqslant \overline{\overline{A}}$, d'où en vertu de (4)

(6) $$\overline{\overline{\bar{f}(A)}} \leqslant \overline{\overline{A}}.$$

La formule (5) donne de plus (conformément à un théorème connu de la théorie de l'égalité des puissances):

(7) *si* $\overline{\overline{G(y)}} \leqslant \mathfrak{b}$ *pour* $y \in \bar{f}(A)$, *on a* $\overline{\overline{A}} \leqslant \overline{\overline{\bar{f}(A)}} \cdot \mathfrak{b}$.

Admettons maintenant que $\overline{\overline{A}} \geqslant \aleph_0$ et que $\overline{\overline{G(y)}} \leqslant \mathfrak{b} < \overline{\overline{A}}$ pour $y \in \bar{f}(A)$. Si l'on avait $\overline{\overline{\bar{f}(A)}} < \overline{\overline{A}}$, on obtiendrait à l'aide des théorèmes connus de l'Arithmétique des Nombres Cardinaux: $\overline{\overline{\bar{f}(A)}} \cdot \mathfrak{b} < \overline{\overline{A}} \cdot \overline{\overline{A}} = \overline{\overline{A}}$, ce qui contredit manifestement la condition (7); par conséquent, en vertu de (6), $\overline{\overline{\bar{f}(A)}} = \overline{\overline{A}}$. On a donc:

(8) *si* $\overline{\overline{A}} \geqslant \aleph_0$ *et* $\overline{\overline{G(y)}} \leqslant \mathfrak{b} < A$ *pour* $y \in \bar{f}(A)$, *on a* $\overline{\overline{\bar{f}(A)}} = \overline{\overline{A}}$.

Posons enfin par l'hypothèse: $\overline{\overline{A}} = \aleph_\alpha$ et $\overline{\overline{G(y)}} < \overline{\overline{A}}$ pour $y \in \bar{f}(A)$. En remplaçant B par $\bar{f}(A)$ et F par G dans le lem. 3[b] et en tenant compte de (5), on en déduit facilement que l'inégalité $\overline{\overline{\bar{f}(A)}} < \aleph_{cf(\alpha)}$ implique contradiction. On a donc $\overline{\overline{\bar{f}(A)}} \geqslant \aleph_{cf(\alpha)}$; si en outre $cf(\alpha) = \alpha$, on obtient suivant (6): $\overline{\overline{\bar{f}(A)}} = \aleph_\alpha = \overline{\overline{A}}$. Nous avons ainsi prouvé que

(9) *si* $\overline{\overline{A}} = \aleph_\alpha$ *et* $\overline{\overline{G(y)}} < \overline{\overline{A}}$ *pour* $y \in \bar{f}(A)$, *on a* $\overline{\overline{\bar{f}(A)}} \geqslant \aleph_{cf(\alpha)}$; *si de plus* $cf(\alpha) = \alpha$, *on a* $\overline{\overline{\bar{f}(A)}} = \aleph_\alpha = \overline{\overline{A}}$.

En rapprochant les conditions (6)—(9) de la formule (1), on constate que le lemme en question est entièrement démontré.

Pour terminer ce §, je vais étendre la notion de *limite inférieure* et *supérieure* ainsi que celle de *limite proprement dite* des suites infinies d'ensembles du type ω sur les *suites d'ensembles du type arbitraire*.

Définition 7. [a]) $\underline{lim}_{\xi<\alpha} F_\xi = \sum_{\xi<\alpha} \prod_{\xi\leqslant\eta<\alpha} F_\eta$;

[b]) $\overline{lim}_{\xi<\alpha} F_\xi = \prod_{\xi<\alpha} \sum_{\xi\leqslant\eta<\alpha} F_\eta$;

[c]) *la suite d'ensembles F du type α est convergente et on a $\lim_{\xi<\alpha} F_\xi = A$, lorsque $\underline{lim}_{\xi<\alpha} F_\xi = \overline{lim}_{\xi<\alpha} F_\xi = A$.*

Plusieurs propriétés élémentaires des notions définies tout à l'heure s'obtiennent par voie de genéralisation facile des théorèmes connus concernant les limites des suites infinies du type ω [1]). Je vais donc me borner à établir quelques formules qui, autant que je sache, n'ont été jusqu'à présent signalées nullepart, même pour les suites infinies ordinaires.

Lemme 12. [a]) $\underline{lim}_{\xi<\alpha} (F_\xi \cdot G_\xi) \subset \underline{lim}_{\xi<\alpha} F_\xi \cdot \overline{lim}_{\xi<\alpha} G_\xi \subset \overline{lim}_{\xi<\alpha} (F_\xi \cdot G_\xi)$;

[b]) *si les suites d'ensembles G_ξ et $F_\xi \cdot G_\xi$ du type α sont convergentes, la suite d'ensembles $F_\xi \cdot \lim_{\xi<\alpha} G_\xi$ est aussi convergente et on a $\lim_{\xi<\alpha} (F_\xi \cdot \lim_{\xi<\alpha} G_\xi) = \lim_{\xi<\alpha} (F_\xi \cdot G_\xi)$.*

Démonstration. Il résulte de la déf. 7[a,b] que $\underline{lim}_{\xi<\alpha} (F_\xi \cdot G_\xi) \subset \underline{lim}_{\xi<\alpha} F_\xi$ et $\underline{lim}_{\xi<\alpha} (F_\xi \cdot G_\xi) \subset \underline{lim}_{\xi<\alpha} G_\xi \subset \overline{lim}_{\xi<\alpha} G_\xi$ [2]), d'où

$$\underline{lim}_{\xi<\alpha} (F_\xi \cdot G_\xi) \subset \underline{lim}_{\xi<\alpha} F_\xi \cdot \overline{lim}_{\xi<\alpha} G_\xi. \tag{1}$$

D'autre part, comme on voit facilement, ξ et ξ_1 étant deux nombres ordinaux tels que $\xi \leqslant \xi_1 < \alpha$, on a $\prod_{\xi\leqslant\eta<\alpha} F_\eta \cdot \sum_{\xi_1\leqslant\eta<\alpha} G_\eta \subset \sum_{\xi_1\leqslant\eta<\alpha} (F_\eta \cdot G_\eta)$, d'où à plus forte raison

$$\prod_{\xi\leqslant\eta<\alpha} F_\eta \cdot \overline{lim}_{\eta<\alpha} G_\eta = \prod_{\xi\leqslant\eta<\alpha} F_\eta \cdot \prod_{\xi<\alpha} \sum_{\xi\leqslant\eta<\alpha} G_\eta \subset \sum_{\xi_1\leqslant\eta<\alpha} (F_\eta \cdot G_\eta).$$

Par conséquent pour tout nombre $\zeta < \alpha$ (non nécessairement $\geqslant \xi$)

[1]) Cf. p. ex. W. Sierpiński, op. cit., p. 16—18.

[2]) Ce sont des généralisations des formules connues concernant des suites infinies ordinaires (cf. la note précédente).

on a l'inclusion: $\prod_{\xi \leq \eta < \alpha} F_\eta \cdot \overline{\lim_{\eta<\alpha}} G_\eta \subset \sum_{\zeta \leq \eta < \alpha} (F_\eta \cdot G_\eta)$; on en obtient ensuite: $\sum_{\xi<\alpha} \prod_{\xi \leq \eta<\alpha} F_\eta \cdot \overline{\lim_{\eta<\alpha}} G_\eta \subset \prod_{\zeta<\alpha} \sum_{\zeta \leq \eta<\alpha} (F_\eta \cdot G_\eta)$, ce qui se laisse énoncer plus court à l'aide de la formule:

$$\underline{\lim_{\xi<\alpha}} F_\xi \cdot \overline{\lim_{\xi<\alpha}} G_\xi \subset \overline{\lim_{\xi<\alpha}} (F_\xi \cdot G_\xi). \tag{2}$$

Les inclusions (1) et (2) donnent aussitôt la formule cherchée [a]), c.-à-d.:

$$\underline{\lim_{\xi<\alpha}} (F_\xi \cdot G_\xi) \subset \underline{\lim_{\xi<\alpha}} F_\xi \cdot \overline{\lim_{\xi<\alpha}} G_\xi \subset \overline{\lim_{\xi<\alpha}} (F_\xi \cdot G_\xi). \tag{3}$$

A cause de la symétrie de la formule (3) par rapport aux deux suites F et G on a aussi:

$$\underline{\lim_{\xi<\alpha}} (F_\xi \cdot G_\xi) \subset \overline{\lim_{\xi<\alpha}} F_\xi \cdot \underline{\lim_{\xi<\alpha}} G_\xi \subset \overline{\lim_{\xi<\alpha}} (F_\xi \cdot G_\xi). \tag{4}$$

Admettons à présent que les suites d'ensembles G_ξ et $F_\xi \cdot G_\xi$ sont convergentes; conformément à la déf. 7[c] les formules (3) et (4) donnent alors:

$$\underline{\lim_{\xi<\alpha}} F_\xi \cdot \lim_{\xi<\alpha} G_\xi = \overline{\lim_{\xi<\alpha}} F_\xi \cdot \lim_{\xi<\alpha} G_\xi = \lim_{\xi<\alpha} (F_\xi \cdot G_\xi). \tag{5}$$

Il est cependant facile de déduire de la déf. 7[a,b] que pour tout ensemble A on a $\underline{\lim_{\xi<\alpha}} (F_\xi \cdot A) = \underline{\lim_{\xi<\alpha}} F_\xi \cdot A$ et $\overline{\lim_{\xi<\alpha}} (F_\xi \cdot A) = \overline{\lim_{\xi<\alpha}} F_\xi \cdot A$ [1]). Cette remarque permet d'écrire (5) sous la forme:

$$\underline{\lim_{\xi<\alpha}} (F_\xi \cdot \lim_{\xi<\alpha} G_\xi) = \overline{\lim_{\xi<\alpha}} (F_\xi \cdot \lim_{\xi<\alpha} G_\xi) = \lim_{\xi<\alpha} (F_\xi \cdot G_\xi). \tag{6}$$

En raison de la déf. 7[c], (6) exprime que *la suite d'ensembles* $F_\xi \cdot \lim_{\xi<\alpha} G_\xi$ *est convergente* et qu'on a $\lim_{\xi<\alpha} (F_\xi \cdot \lim_{\xi<\alpha} G_\xi) = \lim_{\xi<\alpha} (F_\xi \cdot G_\xi)$; la condition [b]) du lemme considéré se trouve ainsi établie.

Le lem. 12^b (pour $\alpha = \omega$) m'a été obligeamment communiqué par M. Saks comme généralisation d'un lemme plus faible, trouvé par moi auparavant tout spécialement pour en faire usage dans les considérations présentes, alors que lem. 12^a m'a été encore inconnu.

[1]) Cf. p. 199, note [1]).

Comme il est aisé de vérifier, le signe de multiplication peut être remplacé partout dans le lem. 12 par le signe d'addition.

Dans la suite j'aurai à opérer à plusieurs reprises à l'aide des notions introduites dans ce § sans en indiquer même les définitions; je vais appliquer les notions introduites dans les déf. 5 et 6 aux ensembles de tout genre (donc non seulement aux ensembles d'individus, mais aussi aux classes d'ensembles, aux familles de classes etc.).

§ 2. Algorythme des opérations sur les classes d'ensembles.

Comme il a été dit dans l'introduction, nous aurons affaire dans ce travail aux certaines opérations (fonctions) $\boldsymbol{F}$ qui font correspondre à une classe quelconque d'ensembles $\boldsymbol{K}$ une autre classe $\boldsymbol{F}(\boldsymbol{K})$. L'usage de ces opérations est considérablement facilité par un algorythme, dont je me propose d'esquisser ici les traits généraux.

Je vais introduire en premier lieu deux relations entre opérations: celle d'*identité* et celle d'*inclusion*, en les désignant respectivement par les symboles $\overset{\circ}{=}$ et $\overset{\circ}{\subset}$.

Définition 8. [a]) $\boldsymbol{F} \overset{\circ}{=} \boldsymbol{G}$, *lorsqu'on a* $\boldsymbol{F}(\boldsymbol{X}) = \boldsymbol{G}(\boldsymbol{X})$ *pour toute classe d'ensembles* $\boldsymbol{X}$;

[b]) $\boldsymbol{F} \overset{\circ}{\subset} \boldsymbol{G}$, *lorsqu'on a* $\boldsymbol{F}(\boldsymbol{X}) \subset \boldsymbol{G}(\boldsymbol{X})$ *pour toute classe d'ensembles* $\boldsymbol{X}$.

Parmi les opérations sur opérations, celle d'*addition* sera mise au premier plan; le résultat de cette addition sera désigné ici par

$\boldsymbol{F} \overset{\circ}{+} \boldsymbol{G}$, resp. par $\overset{\circ}{\sum\limits_{x \in A}} \boldsymbol{F}_x$.

Définition 9. [a]) $[\boldsymbol{F} \overset{\circ}{+} \boldsymbol{G}](\boldsymbol{K}) = \boldsymbol{F}(\boldsymbol{K}) + \boldsymbol{G}(\boldsymbol{K})$;

[b]) $\Big[\overset{\circ}{\sum\limits_{x \in A}} \boldsymbol{F}_x\Big](\boldsymbol{K}) = \sum\limits_{x \in A} \boldsymbol{F}_x(\boldsymbol{K})$;

A l'usage pratique je vais supprimer parfois les parenthèses [ ] dans les expressions données par la déf. $9^{a,b}$; les autres définitions analogues seront formulées d'emblée sans ces parenthèses.

Au lieu d'établir ici une à une les lois qui concernent les notions définies tout à l'heure, je donne le lemme général suivant, dont la démonstration facile est sans doute à la portée du lecteur:

Lemme 13. *Les relations* $\overset{\circ}{=}$, $\overset{\circ}{\subset}$ *et les opérations* $\overset{\circ}{+}$, $\overset{\circ}{\sum}$ *remplissent tous les postulats de l'Algèbre de la Logique* [1]).

Je définis à son tour la *multiplication relative* des opérations, en en désignant le résultat par FG, resp. par $\overset{\circ}{\prod\limits_{1 \leqslant \xi \leqslant \nu}} F_\xi$; le produit $\overset{\circ}{\prod\limits_{1 \leqslant \xi \leqslant \nu}} F_\xi$ dont tous les facteurs sont identiques à une opération donnée F sera appelé, comme d'habitude, ν^{me} *itération* (*puissance*) *de l'opération* F et désigné par F^ν.

Définition 10. a) $FG(K) = F(G(K))$;

b) $\overset{\circ}{\prod\limits_{1 \leqslant \xi \leqslant \nu}} F_\xi(K) = F_1(K)$ *pour* $\nu = 1$; $\overset{\circ}{\prod\limits_{1 \leqslant \xi \leqslant \nu}} F_\xi(K) =$

$= \overset{\circ}{\prod\limits_{1 \leqslant \xi \leqslant \nu - 1}} F_\xi(F_\nu(K))$ *pour tout* ν *tel que* $1 < \nu < \omega$;

c) $F^\nu(K) = \overset{\circ}{\prod\limits_{1 \leqslant \xi \leqslant \nu}} F_\xi\,(K)$ *dans le cas où* $1 \leqslant \nu < \omega$ *et* $F_\xi \overset{\circ}{=} F$ *pour tout* ξ, $1 \leqslant \xi \leqslant \nu$.

Nous aurons bien souvent affaire au produit relatif habituel FG; c'est pourquoi je vais formuler ici explicitement quelques propriétés élémentaires de cette notion.

Par contre, la notion du produit relatif général, $\overset{\circ}{\prod\limits_{1 \leqslant \xi \leqslant \nu}} F_\xi$, et en particulier celle de la ν^{ne} itération d'une opération F, c.-à-d. F^ν, n'auront que peu d'importance dans la suite. Nous nous trouverons

[1]) Systèmes de postulats de l'Algèbre de la Logique ne contenant comme seule notions primitives que celles d'identité et d'inclusion ou celles d'identité et de somme finie (somme de deux sommandes) sont à trouver dans l'article de M. E. V. Huntington, *Sets of independent postulates for the algebre of logic*, Transact. of the Amer. Math. Soc. 5, 1904, p. 288—309. Il est aisé de modifier ces systèmes de façon qu'ils embrassent également la notion de somme généralisée (somme d'une classe quelconque de sommandes), notion qui n'est pas envisagés d'habitude dans l'Algèbre de la Logique.

d'habitude en présence des opérations F, dont toutes les itérations sont identiques et qui se laissent donc caractériser par la formule: $F^2 \overset{\circ}{=} F$; les opérations de ce genre peuvent être appelées *itératives*.

Lemme 14. a) $[FG]H \overset{\circ}{=} F[GH]$:

b) *si* $F \overset{\circ}{\subseteq} G$, *on a* $FH \overset{\circ}{\subseteq} GH$;

c) $[F \overset{\circ}{+} G]H \overset{\circ}{=} FH \overset{\circ}{+} GH$;

d) $\left[\overset{\circ}{\sum_{F \in \mathfrak{F}}} F\right] G \overset{\circ}{=} \overset{\circ}{\sum_{F \in \mathfrak{F}}} [FG]$;

e) *si* $F^2 \overset{\circ}{=} F$, $G^2 \overset{\circ}{=} G$ *et* $FG \overset{\circ}{=} GF$, *on a* $[FG]^2 \overset{\circ}{=} FG$.

Démonstration est évidente.

En vertu de la loi associative qui vient d'être formulée dans le lem. 13a la suppression des parenthèses dans les symboles de la forme $[FG]H$ ou $F[GH]$ ne peut causer d'équivoques.

A toute classe d'opérations $\mathfrak{F}$ viennent correspondre d'autres classes d'opérations, notamment les classes de toutes les opérations qui s'obtiennent moyennant l'addition ou bien moyennant la multiplication relative ou enfin moyennant les deux opérations à la fois effectuées sur les éléments de la classe $\mathfrak{F}$. Je vais introduire ici des symboles spéciaux: $\mathfrak{S}(\mathfrak{F})$, $\mathfrak{P}(\mathfrak{F})$ et $\mathfrak{B}(\mathfrak{F})$ pour désigner les classes d'opérations ainsi obtenues.

Définition 11. a) $\mathfrak{S}(\mathfrak{F})$ *est la classe de toutes les opérations* F *qui se laissent mettre sous la forme*: $F \overset{\circ}{=} \overset{\circ}{\sum_{G \in \mathfrak{G}}} G$, *où* $\mathfrak{G} \subset \mathfrak{F}$ *et* $\mathfrak{G} \neq 0$;

b) $\mathfrak{P}(\mathfrak{F})$ *est la classe de toutes les opérations* F *de la forme* $F \overset{\circ}{=} \overset{\circ}{\prod_{1 \leqslant \xi \leqslant \nu}} F_\xi$, *où* $1 \leqslant \nu < \omega$ *et* $F_\xi \in \mathfrak{F}$ *pour* $1 \leqslant \xi \leqslant \nu$;

c) $\mathfrak{B}(\mathfrak{F}) = \Pi(\underset{\mathfrak{G}}{E}[\mathfrak{F} + \mathfrak{S}(\mathfrak{G}) + \mathfrak{P}(\mathfrak{G}) \subset \mathfrak{G}])$.

Je laisse au lecteur d'établir les propriétés générales des notions définies tout à l'heure, p. ex. les propriétés, exprimées par les formules: $\mathfrak{S}(\mathfrak{S}(\mathfrak{F})) = \mathfrak{S}(\mathfrak{F})$, $\mathfrak{P}(\mathfrak{P}(\mathfrak{F})) = \mathfrak{P}(\mathfrak{F})$, $\mathfrak{B}(\mathfrak{B}(\mathfrak{F})) = \mathfrak{B}(\mathfrak{F})$, $\mathfrak{S}(\mathfrak{F}) + \mathfrak{P}(\mathfrak{F}) \subset \mathfrak{B}(\mathfrak{F})$ etc.

A propos des formules b)—d) du lem. 14, il est à remarquer que l'inclusion $G \overset{\circ}{\subseteq} H$ n'entraîne pas toujours: $FG \overset{\circ}{\subseteq} FH$, de même que la loi distributive: $F\Big[\overset{\circ}{\sum_{G\in\mathfrak{G}}} G\Big] \overset{\circ}{=} \overset{\circ}{\sum_{G\in\mathfrak{G}}}[FG]$ (et en particulier $F[G \overset{\circ}{+} H] \overset{\circ}{=} FG \overset{\circ}{+} FH$) n'est pas toujours vérifiée. On connaît néanmoins nombreuses opérations F qui remplissent les conditions en question relativement aux opérations arbitraires G et H ou relativement à la classe arbitraire d'opérations $\mathfrak{G}$. Les opérations de ce genre seront appelées *monotones*, resp. *totalement additives*; pour désigner les classes de toutes les opérations monotones ou additives on emploiera respectivement les signes $\mathfrak{M}$ et $\mathfrak{A}$. Il importe de distinguer en outre les opérations des catégories intermédiaires, plus particulières que $\mathfrak{M}$, mais plus générales que $\mathfrak{A}$; ce sont notamment les opérations *semi-additives au dégré* β (β étant un nombre ordinal arbitraire), dont les classes seront désignées ici par $\mathfrak{A}_\beta$.

Définition 12. [a]) *$\mathfrak{M}$ est la classe de toutes les opérations F qui remplissent la condition: G et H étant des opérations arbitraires telles que $G \overset{\circ}{\subset} H$, on a $FG \overset{\circ}{\subset} FH$;*

[b]) *$\mathfrak{A}$ est la classe de toutes les opérations F qui remplissent la condition: $\mathfrak{G}$ étant une classe arbitraire d'opérations, on a*

$$F\Big[\overset{\circ}{\sum_{G\in\mathfrak{G}}} G\Big] \overset{\circ}{=} \overset{\circ}{\sum_{G\in\mathfrak{G}}}[FG];$$

[c]) *$\mathfrak{A}_\beta$ est la classe de toutes les opérations F qui remplissent la condition: $\mathfrak{G}$ étant une classe arbitraire d'opérations, on a*

$$F\Big[\overset{\smile}{\sum_{G\in\mathfrak{G}}} G\Big] \overset{\circ}{=} \overset{\circ}{\sum_{\mathfrak{K}\in U_\beta(\mathfrak{G})}}\Big[F\Big[\overset{\circ}{\sum_{G\in\mathfrak{K}}} G\Big]\Big].$$

La déf. 12[a, b] s'éloigne des définitions universellement admises, mais leur est néanmoins équivalente, comme le montre le suivant

Lemme 15. [a]) *$\mathfrak{M}$ est la classe de toutes les opérations F assujetties à la condition: X et Y étant des classes arbitraires d'ensembles telles que $X \subset Y$, on a $F(X) \subset F(Y)$;*

[b]) *$\mathfrak{A}$ est la classe de toutes les opération F assujetties à la condition: $\mathcal{Y}$ étant une famille arbitraire de classes, on a $F(\Sigma(\mathcal{Y})) = \sum_{X\in\mathcal{Y}} F(X)$;*

c) $\mathfrak{A}_\beta$ *est la classe de toutes les opérations* F *assujetties à la condition*: Y *étant une classe arbitraire d'ensembles, on a* $F(Y) =$
$$= \sum_{X \in U_\beta(Y)} F(X).$$

Démonstration. a) Que la condition du lemme est suffisante pour que $F \in \mathfrak{M}$, cela résulte facilement des déf. 8[b], 10[a] et 12[a]. Pour prouver que cette condition est en même temps necéssaire, on raissonnera comme suit:

Admettons que $F \in \mathfrak{M}$ et considérons deux classes arbitraires X et Y telles que $X \subset Y$. Définissons ensuite les opérations G et H, en posant p. ex.: $G(Z) = X$ et $H(Z) = Y$ pour toute classe Z. Conformément à la déf. 8[b] on a $G \overset{\circ}{\subset} H$, d'où en raison de la déf. 12[a] on obtient: $FG \overset{\circ}{\subset} FH$. A l'aide des déf. 8[b] et 10[a] on en conclut que $F(G(Y)) \subset F(H(Y))$, donc que $F(X) \subset F(Y)$. Il est ainsi démontré que pour toute opération monotone F la formule $X \subset Y$ implique $F(X) \subset F(Y)$, c. q. f. d.

b) et c) se démontrent d'une façon analogue.

A l'aide du lem. 15[a] on peut établir une série d'autres *conditions*, d'ailleurs bien connues, qui sont à la fois *nécessaires et suffisantes pour qu'une opération donnée* F *soit monotone*, comme p. ex. $F(Y) =$
$= \sum_{X \subset Y} F(X)$ *pour toute classe* Y; $F(X) + F(Y) \subset F(X + Y)$, resp. $F(X \cdot Y) \subset F(X) \cdot F(Y)$ *pour toutes classes* X *et* Y; $\sum_{X \in \mathcal{Y}} F(X) \subset F(\Sigma(\mathcal{Y}))$, resp. $F(\Pi(\mathcal{Y})) \subset \prod_{X \in \mathcal{Y}} F(X)$ *pour toute famille de classes* $\mathcal{Y}$ etc; on peut en outre formuler les conditions analogues dans les termes de l'algorythme des opérations. Les opérations totalement additives peuvent être caractérisées par la formule: $F(Y) =$
$$= \sum_{X \in Y} F(\{X\}) \textit{ pour toute classe } Y.$$

Quelques autres propriétés des classes d'opérations considérées sont formulées dans le lemme suivant:

Lemme 16. a) $\mathfrak{A} \subset \mathfrak{A}_\beta \subset \mathfrak{M}$; *si* $\overline{\overline{1}} = \aleph_\alpha$ *et* $2^{\aleph_\alpha} < \aleph_\beta$, *on a* $\mathfrak{A}_\beta = \mathfrak{M}$;

b) *si* $\beta \leqslant \gamma$, *on a* $\mathfrak{A}_\beta \subset \mathfrak{A}_\gamma$.

c) *si* $F \in \mathfrak{M}$ *et* $G \in \mathfrak{M}$, *on a* $F \overset{\circ}{+} G \in \mathfrak{M}$ *et* $FG \in \mathfrak{M}$; *si* $\mathfrak{F} \subset \mathfrak{M}$, *on a* $\overset{\circ}{\sum\limits_{F \in \mathfrak{F}}} F \in \mathfrak{M}$;

d) *si* $F \in \mathfrak{A}$ *et* $G \in \mathfrak{A}$, *on a* $F \overset{\circ}{+} G \in \mathfrak{A}$ *et* $FG \in \mathfrak{A}$; *si* $\mathfrak{F} \subset \mathfrak{A}$, *on a* $\overset{\circ}{\sum\limits_{F \in \mathfrak{F}}} F \in \mathfrak{A}$;

e) *si* $F \in \mathfrak{A}_\beta$ *et* $G \in \mathfrak{A}_\beta$, *on a* $F \overset{\circ}{+} G \in \mathfrak{A}_\beta$; *si* $\mathfrak{F} \subset \mathfrak{A}_\beta$, *on a* $\overset{\circ}{\sum\limits_{F \in \mathfrak{F}}} F \in \mathfrak{A}_\beta$;

f) *si* $F \in \mathfrak{A}_\beta$ *et* $G \in \mathfrak{A}_\gamma$, *alors la formule*: $\gamma < \beta$ *implipue*: $FG \in \mathfrak{A}_\beta$, *et la formule*: $\beta \leqslant cf(\gamma)$ *entraîne*: $FG \in \mathfrak{A}_\gamma$;

g) *si* $F \in \mathfrak{A}_\beta$, $G \in \mathfrak{A}_\beta$ *et* $cf(\beta) = \beta$ *ou bien si* $F \in \mathfrak{A}$ *et* $G \in \mathfrak{A}_\beta$, *on a* $FG \in \mathfrak{A}_\beta$.

Démonstration. Les formules a) et b) rèsultent facilement du lem. 15 (si, en particulier, $\overline{\overline{1}} = \aleph_\alpha$ et $2^{\aleph_\alpha} < \aleph_\beta$, on a en raison du lem. 10a $\overline{\overline{U(1)}} = 2^{\aleph_\alpha} < \aleph_\beta$, d'où $\overline{\overline{X}} < \aleph_\beta$ et $U_\beta(X) = U(X)$ pour toute classe d'ensemble X; en le rapprochant du lem. 15a,c, on conclut que les formules: $F \in \mathfrak{M}$ et $F \in \mathfrak{A}_\beta$ sont équivalents et parsuite que $\mathfrak{A}_\beta = \mathfrak{M}$).

Les formules c)—e) se déduisent de la déf. 12 à l'aide du lem. 14a,c,d.

Quant à la proposition f) on raisonnera comme suit: Envisageons une classe arbitraire d'ensembles K. Les opérations F et G étant par hypothèse semi-additives, elles sont à plus forte raison monotones, suivant la partie a) du théorème dont il s'agit. En vertu de c) l'opération FG l'est aussi; à l'aide du lem. 15a on en conclut que $FG(X) \subset FG(K)$ pour toute classe $X \subset K$. Par conséquent:

$$(1) \qquad \sum_{X \in U_\beta(K)} FG(X) \subset FG(K) \quad \text{et} \quad \sum_{X \in U_\gamma(K)} FG(X) \subset FG(K).$$

Or, soit Z un ensemble arbitraire de la classe $FG(K)$:

$$(2) \qquad Z \in FG(K).$$

Comme $\boldsymbol{F} \in \mathfrak{A}_\beta$, on a d'après le lem. 15[c] $\boldsymbol{FG}(\boldsymbol{K}) = \sum_{Y \in \boldsymbol{U}_\beta \boldsymbol{G}(\boldsymbol{K})} \boldsymbol{F}(Y)$; en raison de (2) et de la déf. 5[b] il existe donc une classe d'ensembles $\boldsymbol{L}$ qui vérifie les formules:

$$(3) \qquad Z \in \boldsymbol{F}(\boldsymbol{L}),$$

$$(4) \qquad \boldsymbol{L} \subset \boldsymbol{G}(\boldsymbol{K}) \quad et \quad \overline{\overline{\boldsymbol{L}}} < \aleph_\beta.$$

Par une application renouvelée du lem. 15[c] (pour $\boldsymbol{F} = \boldsymbol{G}$ et $\beta = \gamma$) on obtient: $\boldsymbol{G}(\boldsymbol{K}) = \sum_{X \in \boldsymbol{U}_\gamma(\boldsymbol{K})} \boldsymbol{G}(X)$. Tenant compte de (4), on en déduit à l'aide de l'axiome du choix l'existence d'une fonction $\boldsymbol{H}$ qui fait correspondre à tout ensemble Y de $\boldsymbol{L}$ une classe d'ensembles $\boldsymbol{H}(Y)$ de façon que l'on ait:

$$(5) \qquad Y \in \boldsymbol{GH}(Y) \quad pour \quad Y \in \boldsymbol{L};$$

$$(6) \qquad \boldsymbol{H}(Y) \subset \boldsymbol{K} \quad et \quad \overline{\overline{\boldsymbol{H}(Y)}} < \aleph_\gamma \quad pour \quad Y \in \boldsymbol{L}.$$

Comme il a été déjà dit, les opérations $\boldsymbol{F}$ et $\boldsymbol{G}$ sont monotones; conformément au lem. 15[a] et en vertu de (5) on a donc:

$$\boldsymbol{L} \subset \sum_{Y \in \boldsymbol{L}} \boldsymbol{GH}(Y) \subset \boldsymbol{G}\Big(\sum_{Y \in \boldsymbol{L}} \boldsymbol{H}(Y)\Big), \text{ d'où } \boldsymbol{F}(\boldsymbol{L}) \subset \boldsymbol{FG}\Big(\sum_{Y \in \boldsymbol{L}} \boldsymbol{H}(Y)\Big);$$

en le rapprochant de (3) et (6), on obtient:

$$(7) \qquad Z \in \boldsymbol{FG}\Big(\sum_{Y \in \boldsymbol{L}} \boldsymbol{H}(Y)\Big), \quad où \quad \sum_{Y \in \boldsymbol{L}} \boldsymbol{H}(Y) \subset \boldsymbol{K}.$$

Or, soit $\gamma < \beta$, d'où $\aleph_\gamma < \aleph_\beta$. D'après (4) et (6) on a alors $\overline{\overline{\sum_{Y \in \boldsymbol{L}} \boldsymbol{H}(Y)}} \leqslant \aleph_\gamma \cdot \overline{\overline{\boldsymbol{L}}} < \aleph_\beta^2 = \aleph_\beta$. Suivant (7) on en conclut que

$$(8) \qquad Z \in \sum_{X \in \boldsymbol{U}_\beta(\boldsymbol{K})} \boldsymbol{FG}(X) \quad pour \quad \gamma < \beta.$$

Si par contre $\beta \leqslant cf(\gamma)$, on a en vertu de (4): $\overline{\overline{\boldsymbol{L}}} < \aleph_{cf(\gamma)}$. En posant donc dans le lem. 3[b]: $B = \boldsymbol{L}$ et $F \stackrel{\circ}{=} \boldsymbol{H}$ et en tenant compte de (6), on parvient à la formule: $\overline{\overline{\sum_{Y \in L} H(Y)}} < \aleph_\gamma$, qui, rapprochée de (7), entraîne:

$$(9) \qquad Z \in \sum_{X \in U_\gamma(K)} FG(X) \; pour \; \beta \leqslant cf(\gamma).$$

Il est ainsi prouvé que (2) implique (8) et (9) pour tout Z. A l'aide de (1) on en déduit les égalités:

$$(10) \quad FG(K) = \sum_{X \in U_\beta(K)} FG(X) \; pour \; \gamma < \beta; \quad FG(K) = \sum_{X \in U_\gamma(K)} FG(X) \; pour \; \beta \leqslant cf(\gamma).$$

En conséquence du lem. 15[c] les formules (10), qui sont valables pour toute classe d'ensembles K, donnent finalement:

$$FG \in \mathfrak{A}_\beta \; pour \; \gamma < \beta \; et \; FG \in \mathfrak{A}_\gamma \; pour \; \beta \leqslant cf(\gamma), \quad \text{c. q. f. d.}$$

Or, si l'on pose dans la proposition [f]), qui vient d'être établie: $\gamma = \beta$, resp. $\beta = 0$ et $\gamma = \beta$ (et si l'on tient compte de [a])), on parvient immédiatement à la proposition [g]).

Le lem. 16 est ainsi entièrement démontré.

En tenant compte de la déf. 11, le lem. 16[c,d,e] peut être énoncé plus court à l'aide des formules: $\mathfrak{S}(\mathfrak{M}) = \mathfrak{P}(\mathfrak{M}) = \mathfrak{B}(\mathfrak{M}) = \mathfrak{M}$, $\mathfrak{S}(\mathfrak{A}) = \mathfrak{P}(\mathfrak{A}) = \mathfrak{B}(\mathfrak{A}) = \mathfrak{A}$ et $\mathfrak{S}(\mathfrak{A}_\beta) = \mathfrak{A}_\beta$; d'après le lem 16[g] on a de plus: $\mathfrak{P}(\mathfrak{A}_\beta) = \mathfrak{B}(\mathfrak{A}_\beta) = \mathfrak{A}_\beta$, *lorsque* $cf(\beta) = \beta$.

En dehors des classes d'opérations semi-additives au dégré β on peut considérer autres classes d'opérations également plus étroites que $\mathfrak{M}$ et plus vastes que $\mathfrak{A}$. Comme exemple d'une telle classe on peut citer celle des opérations *additives au sens restreint*, c.-à-d. des opérations F qui vérifient la formule: $F[G \mathbin{\mathring{+}} H] \mathrel{\mathring{=}} FG \mathbin{\mathring{+}} FH$ *pour toutes operations* G *et* H (resp. $F(X+Y) = F(X) + F(Y)$ *pour toutes classes* X *et* Y). En généralisant cette notion, on parvient à celle des *opérations additives au dégré* β, c.-à-d. caractérisables par la condition:

$$F\Big[\mathring{\sum_{G \in \mathfrak{G}}} G\Big] \mathrel{\mathring{=}} \mathring{\sum_{G \in \mathfrak{G}}} [FG], \; lorsque \; \overline{\overline{\mathfrak{G}}} < \aleph_\beta \; \Big(\text{resp. } F(\Sigma(\mathcal{Y})) = \sum_{X \in \mathcal{Y}} F(X),$$

lorsque $\overline{\overline{\mathcal{Y}}} < \aleph_\beta$); cette notion, d'ailleurs importante, restera cependant sans application dans les questions qui nous occupent.

Comme exemples des opérations effectuées sur les classes d'ensembles et qui sont totalement additives, donc qui présentent par cela même toutes les autres propriétés envisagées plus haut, on peut citer toutes les opérations de la forme $\overline{F}$ (cf. la déf. 6), où F est une opération arbitraire faisant correspondre les ensembles d'individus aux ensembles d'individus.

En rapport avec la multiplication des opérations joue un certain rôle l'opération d'identité I, qui en est le module. Il est à remarquer que presque toutes les opérations F dont nous avons affaire dans ces considérations vérifient l'inclusion $I \overset{\circ}{\subseteq} F$; l'opération I constitue donc à un certain point de vue leur borne inférieure. Les opérations F qui remplissent la formule: $I \overset{\circ}{\subseteq} F$ peuvent être appelées *adjonctives*.

Définition 13. $I(K) = K$.

Voici quelques propriétés de l'opération I et des opérations adjonctives:

Lemme 17. a) *$I \in \mathfrak{A}$, donc $I \in \mathfrak{A}_\beta$ et $I \in \mathfrak{M}$;*

b) *$IF \overset{\circ}{=} F \overset{\circ}{=} FI$, en particulier $I^2 \overset{\circ}{=} I$;*

c) *si $I \overset{\circ}{\subseteq} F$, on a $G \overset{\circ}{\subseteq} FG$; si de plus $G \in \mathfrak{M}$, on a $G \overset{\circ}{\subseteq} GF$;*

d) *si $I \overset{\circ}{\subseteq} F \overset{\circ}{\subseteq} G$ et $G^2 \overset{\circ}{=} G$, on a $FG \overset{\circ}{=} G$; si de plus $G \in \mathfrak{M}$, on a $GF \overset{\circ}{=} G$;*

e) *si $I \overset{\circ}{\subseteq} F$ et $I \overset{\circ}{\subseteq} G$, on a $I \overset{\circ}{\subseteq} FG$;*

f) *si $I \overset{\circ}{\subseteq} F$, on a $K \subseteq F(K)$ et $\overline{\overline{K}} \leqslant \overline{\overline{F(K)}}$.*

Il est à noter que toutes les notions définies jusqu'ici dans ce § sont applicables non seulement aux opérations qui font correspondre les classes d'ensembles aux classes d'ensembles, mais aussi à toute opération sur des ensembles quelconques et ayant pour résultat des ensembles quelconques; en ce qui concerne la déf. 10, même une telle restriction des résultats des opérations n'est pas essentielle. Un maniement systématique avec les notions introduites ici et employées dans une étendue la plus vaste rendrait possible une déscription très brève, bien que peu intuitive, de plusieurs faits acquis. Ainsi p. ex. les opérations monotones pourraient être caractérisées par une des formules: $\overline{F}U \overset{\circ}{\subseteq} UF$, $F \overset{\circ}{=} \Sigma\overline{F}U$, $\Sigma\overline{F} \overset{\circ}{\subseteq} F\Sigma$ ou $F\Pi \overset{\circ}{\subseteq} \Pi\overline{F}$, les opérations totalement additives — par une des formules: $F \overset{\circ}{=} \Sigma\overline{F}\overline{J}$ ou $\Sigma\overline{F} \overset{\circ}{=} F\Sigma$, et enfin les opérations semi-additives du dégré β — — par la formule: $F \overset{\circ}{=} \Sigma\overline{F}U_\beta$. Cependant, pour éviter de rendre la lecture de cet ouvrage plus difficile encore, je ne vais pas abuser davantage de la symbolique de ce genre; ce n'est que la notion de multiplication relative (déf. 10ᵃ) dont je ferai l'usage le plus vaste possible, ce qui me permet p. ex. de supprimer les parenthèses extérieures dans toutes les expressions de la forme $f(g(x))$.

En dehors de l'opération $\boldsymbol{I}$, une autre opération particulière est d'importance considérable pour la suite, à savoir l'opération $\boldsymbol{C}$ consistant à remplacer les ensembles X d'une classe $\boldsymbol{K}$ par leurs complémentaires $1-X$.

Définition 14. $\boldsymbol{C}(\boldsymbol{K}) = \underset{1-X}{E}[X \in \boldsymbol{K}]$.

Passons en revue quelques propriétés élémentaires de l'opération $\boldsymbol{C}$:

Lemme 18. [a]) $\boldsymbol{C} \in \mathfrak{A}$, *donc* $\boldsymbol{C} \in \mathfrak{A}_\beta$ *et* $\boldsymbol{C} \in \mathfrak{M}$;

[b]) $\boldsymbol{C}^2 \overset{\circ}{=} \boldsymbol{I}$;

[c]) $[\boldsymbol{I} \overset{\circ}{+} \boldsymbol{C}]^2 \overset{\circ}{=} \boldsymbol{I} \overset{\circ}{+} \boldsymbol{C}$;

[d]) $\boldsymbol{C}(0) = 0$ *et* $\boldsymbol{C}\boldsymbol{U}(1) = \boldsymbol{U}(1)$;

[e]) $\overline{\overline{\boldsymbol{C}(\boldsymbol{K})}} = \overline{\overline{\boldsymbol{K}}}$.

Démostration de [a]), [b]) et [d]) est évidente; [c]) peut être déduit de [a]) et [b]) à l'aide des déf. 10 et 12[b] et des lem. 14[c] et 17[b]. La formule [e]) résulte du fait que la fonction $F(X) = 1 - X$ est biunivoque.

A toute opération $\boldsymbol{F}$ on peut faire correspondre une autre opération $\boldsymbol{CFC}$, qui conserve beaucoup de propriétés de l'opération $\boldsymbol{F}$; cette opération $\boldsymbol{CFC}$ portera le nom d'*opération double de* $\boldsymbol{F}$ et sera désignée par $\boldsymbol{F}^*$. Je vais faire de cette notion de dualité un usage constant dans les chapîtres qui vont suivre; grâce à ses propriétés, beaucoup de raisonnements subissent une simplification considérable.

Définition 15. $\boldsymbol{F}^*(\boldsymbol{K}) = \boldsymbol{CFC}(\boldsymbol{K})$.

Certaines propriétés des opérations doubles sont réunies dans le suivant

Lemme 19. [a]) $\boldsymbol{CFC} \overset{\circ}{=} \boldsymbol{F}^*$, $\boldsymbol{CF} \overset{\circ}{=} \boldsymbol{F}^* \boldsymbol{C}$, $\boldsymbol{C}^* \overset{\circ}{=} \boldsymbol{C}$;

[b]) $\boldsymbol{F}^{**} \overset{\circ}{=} \boldsymbol{F}$;

[c]) *si* $\boldsymbol{F} \overset{\circ}{\subset} \boldsymbol{G}$, *on a* $\boldsymbol{F}^* \overset{\circ}{\subset} \boldsymbol{G}^*$;

[d]) $[\boldsymbol{F} \overset{\circ}{+} \boldsymbol{G}]^* \overset{\circ}{=} \boldsymbol{F}^* \overset{\circ}{+} \boldsymbol{G}^*$ *et généralement* $\Big[\overset{\circ}{\sum_{\boldsymbol{F} \in \mathfrak{F}}} \boldsymbol{F}\Big]^* \overset{\circ}{=} \overset{\circ}{\sum_{\boldsymbol{F} \in \mathfrak{F}}} \boldsymbol{F}^*$;

[e]) $[\boldsymbol{FG}]^* \overset{\circ}{=} \boldsymbol{F}^* \boldsymbol{G}^*$.

) *si* $\boldsymbol{F}^2 \overset{\circ}{=} \boldsymbol{F}$, *on a* $[\boldsymbol{F}^*]^2 \overset{\circ}{=} \boldsymbol{F}^*$;

g) *si* $F \in \mathfrak{M}$, *on a* $F^* \in \mathfrak{M}$;

h) *si* $F \in \mathfrak{A}$, *on a* $F^* \in \mathfrak{A}$;

i) *si* $F \in \mathfrak{A}_\beta$, *on a* $F^* \in \mathfrak{A}_\beta$;

j) $I^* \overset{\circ}{=} I$; *si* $I \overset{\circ}{\subset} F$, *on a* $I \overset{\circ}{\subset} F^*$;

k) *si* $F(0) = 0$, *on a* $F^*(0) = 0$;

l) *si* $\overline{\overline{F(X)}} \leqslant \mathfrak{f}(\overline{\overline{X}})$, *resp.* $\overline{\overline{F(X)}} \geqslant \mathfrak{f}(\overline{\overline{X}})$ *pour toute classe d'ensembles* X, *on a aussi* $\overline{\overline{F^*(X)}} \leqslant \mathfrak{f}(\overline{\overline{X}})$, *resp.* $\overline{\overline{F^*(X)}} \geqslant \mathfrak{f}(\overline{\overline{X}})$ *pour toute classe* X.

Démonstration ne prête pas de difficulté; on s'appuie sur les définitions 15 et antérieures et sur le lem. 18.

Comme il est facile de voir, la signification du symbole F^* dépend non seulement de celle de F, mais aussi, tout comme dans le cas du symbole C, de l'interprétation du signe 1 (cf. p. 183). Si l'on voulait supprimer cette dépendance de l'opération F^* de la signification de 1, il faudrait convenablement transformer les déf. 14 et 15, en posant p. ex. $C_A(K) = \underset{A-X}{E}[X \in K]$ et $F^\times(K) = C_{\Sigma(K)} F C_{\Sigma(K)}(K)$. La notion d'opération double ainsi modifiée ne coïncide plus avec la notion primitive et perd plusieurs propriétés précieuses au point de vue de ces recherches (en particulier le th. 33 du § suivant cesse d'être valable). Il existe toutefois un nombre d'opérations F dont les deux opérations doubles F^* et $F^\times$ coïncident, de sorte que l'opération F^* conserve alors sa signification unique indépendamment du mode de l'interprétation du signe 1; telles sont en particulier les opérations qui feront l'objet des §§ 5 et 6 de cet ouvrage.

§ 3. Notion générale de classe close par rapport à une opération donnée.

Dans ce § je me propose d'examiner les propriétés générales des classes closes par rapport aux opérations quelconques.

Une classe d'ensembles K est dite *close par rapport à une opération* F *donnée*, lorsque $F(K) \subset K$.

On pourrait en outre distinguer les classes *closes au sens plus étroit*, c.-à-d. vérifiant la formule: $\overline{F U(K)} \subset U(K)$. Cépendant cette distinction est dépourvue d'importance ici, les deux notions coïncidant pour les opérations monotones et toutes les opérations qui nous intéressent dans ce travail étant de cette sorte.

Je vais introduire un signe spécial pour désigner la famille de toutes les classes closes par rapport à une opération $\boldsymbol{F}$:

Définition 16. $\mathcal{C}l(\boldsymbol{F}) = \underset{\boldsymbol{X}}{E}[\boldsymbol{F}(\boldsymbol{X}) \subset \boldsymbol{X}]$.

J'admets, comme toujours, que les classes de la famille $\mathcal{C}l(\boldsymbol{F})$ se composent exclusivement de sous-ensembles d'un ensemble *1* donné auparavant (bien que la relativité de la notion envisagée envers l'ensemble *1* n'est pas mise en évidence dans le symbole $\mathcal{C}l(\boldsymbol{F})$, comme il a été d'ailleurs anoncé au début du § 1). En tenant compte de ce fait, on peut établir facilement le

Théorème 20. *$\boldsymbol{F}$ étant une opération arbitraire, on a* $\boldsymbol{U}(1) \in \mathcal{C}l(\boldsymbol{F})$ *et* $\mathcal{C}l(\boldsymbol{F}) \subset \boldsymbol{U}\,\boldsymbol{U}(1)$.

Démonstration. Suivant la déf. 5[a], $\boldsymbol{U}(1)$ est la classe de tous les ensembles possibles (contenus dans *1*) et $\boldsymbol{U}\,\boldsymbol{U}(1)$ est la famille de toutes les classes possibles (contenues dans $\boldsymbol{U}(1)$). Or, comme $\boldsymbol{F}(\boldsymbol{U}(1))$ est également une classe d'ensembles, on a $\boldsymbol{F}(\boldsymbol{U}(1)) \subset \subset \boldsymbol{U}(1)$, d'où, en raison de la déf. 16, $\boldsymbol{U}(1) \in \mathcal{C}l(\boldsymbol{F})$; de plus, $\mathcal{C}l(\boldsymbol{F})$ étant une famille de classes, on a $\mathcal{C}l(\boldsymbol{F}) \subset \boldsymbol{U}\,\boldsymbol{U}(1)$, c. q. f. d.

Théorème 21. [a]) *Si* $\boldsymbol{F} \mathring{\subset} \boldsymbol{G}$, *on a* $\mathcal{C}l(\boldsymbol{G}) \subset \mathcal{C}l(\boldsymbol{F})$;

[b]) $\mathcal{C}l(\boldsymbol{F} \mathring{+} \boldsymbol{G}) = \mathcal{C}l(\boldsymbol{F}) \cdot \mathcal{C}l(\boldsymbol{G})$ *et généralement* $\mathcal{C}l\left(\mathring{\sum\limits_{\boldsymbol{F} \in \mathfrak{F}}} \boldsymbol{F}\right) = \prod\limits_{\boldsymbol{F} \in \mathfrak{F}} \mathcal{C}l(\boldsymbol{F})$.

Démonstration résulte facilement des déf. 8[b], 9 et 16.

M'appuyant sur le th. 21[b], je vais employer constamment les symboles $\mathcal{C}l(\boldsymbol{F} \mathring{+} \boldsymbol{G})$ et $\mathcal{C}l\left(\mathring{\sum\limits_{\boldsymbol{F} \in \mathfrak{F}}} \boldsymbol{F}\right)$ pour désigner les familles de toutes les classes closes respectivement: par rapport aux deux opérations $\boldsymbol{F}$ et $\boldsymbol{G}$ à la fois, ou par rapport à toutes les opérations d'une classe $\mathfrak{F}$ donnée simultanément.

Le th. 21[b] implique immédiatement le

Corollaire 22. *Si* $\mathcal{C}l(\boldsymbol{F}) = \mathcal{C}l(\boldsymbol{G})$, *on a* $\mathcal{C}l(\boldsymbol{F} \mathring{+} \boldsymbol{H}) = \mathcal{C}l(\boldsymbol{G} \mathring{+} \boldsymbol{H})$

Théorème 23. [a]) $\mathcal{Cl}(I) = UU(1)$;

[b]) $\mathcal{Cl}(I \overset{\circ}{+} F) = \mathcal{Cl}(F)$;

[c]) *si* $I \overset{\circ}{\subset} F$, *on a* $\mathcal{Cl}(F) = \underset{X}{E}[F(X) = X]$;

[d]) *si* $F^2 \overset{\circ}{=} F$ *et* $I \overset{\circ}{\subset} F$, *on a* $\mathcal{Cl}(F) = \overline{F}\,U\,U(1)$.

Démonstration. [a]) résulte aussitôt des déf. 16 et 13.

[b]) En vertu du th. 21[b], $\mathcal{Cl}(I \overset{\circ}{+} F) = \mathcal{Cl}(I) \cdot \mathcal{Cl}(F)$; comme, en raison de [a]) et du th. 20, $\mathcal{Cl}(F) \subset \mathcal{Cl}(I)$, on en obtient: $\mathcal{Cl}(I \overset{\circ}{+} F) = \mathcal{Cl}(F)$, c. q. f. d.

[c]) est une conséquence immédiate de la déf. 16 et du lem. 17[f].

[d]) $UU(1)$ étant la famille de toutes les classes d'ensembles, on conclut de [c]) que

$$\mathcal{Cl}(F) \subset \underset{F(X)}{E}[X \in UU(1)]. \tag{1}$$

D'autre part, envisageons une classe arbitraire d'ensembles X ($X \in UU(1)$) et posons: $Y = F(X)$. Comme $F^2 \overset{\circ}{=} F$, on a suivant les déf. 8[a] et 10: $F(Y) = FF(X) = F^2(X) = F(X) = Y$, d'où à fortiori $F(Y) \subset Y$, donc, conformément à la déf. 16, $Y \in \mathcal{Cl}(F)$. Il est ainsi démontré que pour tout $X \in UU(1)$ on a $F(X) \in \mathcal{Cl}(F)$; en d'autres termes

$$\underset{F(X)}{E}[X \in UU(1)] \subset \mathcal{Cl}(F). \tag{2}$$

Les inclusions (1) et (2) donnent l'égalité: $\mathcal{Cl}(F) = \underset{F(X)}{E}[X \in UU(1)$; en posant dans la déf. 6: $f \overset{\circ}{=} F$ et $A = UU(1)$, on en obtient la formule cherchée:

$$\mathcal{Cl}(F) = \overline{F}\,U\,U(1).$$

En raison du th. 23[b] il est facile de comprendre pourquoi on peut se borner ici aux opérations G adjonctives, c.-à-d. vérifiant l'inclusion: $I \overset{\circ}{\subset} G$ (cf. p. 209). En examinant la notion de classe close par rapport à une opération arbitraire F, on peut en effet remplacer cette opération par une opération adjonctive G (notamment par $G \overset{\circ}{=} I \overset{\circ}{+} F$) de façon que les familles correspondantes $\mathcal{Cl}(F)$ et $\mathcal{Cl}(G)$ coïncident.

Théorème 24. [a]) *Si* $F \in \mathfrak{M}$ *ou* $I \overset{\circ}{\subset} G$, *on a* $\mathcal{Cl}(F \overset{\circ}{+} G) \subset \subset \mathcal{Cl}(FG)$;

^{b}) *si* $F \in \mathfrak{M}$ *et* $I \overset{\circ}{\subset} G$, *on a* $\mathcal{Cl}(FG) \subset \mathcal{Cl}(F)$;

^{c}) *si* $I \overset{\circ}{\subset} F$, *on a* $\mathcal{Cl}(FG) \subset \mathcal{Cl}(G)$;

^{d}) *si* $F \in \mathfrak{M}$, $I \overset{\circ}{\subset} F$ *et* $I \overset{\circ}{\subset} G$, *on a* $\mathcal{Cl}(FG) = \mathcal{Cl}(F \overset{\circ}{+} G) = \mathcal{Cl}(F) \cdot \mathcal{Cl}(G)$.

Démonstration. ^{a}) Soit $X \in \mathcal{Cl}(F \overset{\circ}{+} G)$. En raison des déf. 16 et 9^a, on a $F(X) + G(X) \subset X$, d'où $F(X) \subset X$ et $G(X) \subset X$. Si $F \in \mathfrak{M}$, on applique le lem. 15^a, en y remplaçant X par $G(X)$ et Y par X; de l'inclusion: $G(X) \subset X$ on obtient ainsi: $FG(X) \subset \subset F(X)$, ce qui, rapproché de la formule: $F(X) \subset X$, donne: $FG(X) \subset X$. Si, d'autre part, $I \overset{\circ}{\subset} G$, on a en vertu du lem. 17^f $X \subset G(X)$, d'où $G(X) = X$; en remplaçant donc X par $G(X)$ dans la formule: $F(X) \subset X$, on obtient de nouveau: $FG(X) \subset X$. Or, conformément à la déf. 16, cette dernière inclusion équivaut à la formule: $X \in \mathcal{Cl}(FG)$.

Nous avons ainsi prouvé que dans les hypothèses du lemme la formule: $X \in \mathcal{Cl}(F \overset{\circ}{+} G)$ entraîne toujours: $X \in \mathcal{Cl}(FG)$; par conséquent l'inclusion cherchée: $\mathcal{Cl}(F \overset{\circ}{+} G) \subset \mathcal{Cl}(FG)$ se trouve établie.

^{b}) Suivant le lem. 17^c les formules $F \in \mathfrak{M}$ et $I \overset{\circ}{\subset} G$ donnent $F \overset{\circ}{\subset} FG$; à l'aide du th. 21^a on en conclut que $\mathcal{Cl}(FG) \subset \mathcal{Cl}(F)$, c. q. f. d.

^{c}) se démontre d'une façon complètement analogue.

^{d}) Les formules ^{a})—^{c}) établies tout à l'heure impliquent que $\mathcal{Cl}(F \overset{\circ}{+} G) \subset \mathcal{Cl}(FG) \subset \mathcal{Cl}(F) \cdot \mathcal{Cl}(G)$. En rapprochant cette inclusion double du th. 21^b on en obtient aussitôt:

$$\mathcal{Cl}(FG) = \mathcal{Cl}(F \overset{\circ}{+} G) = \mathcal{Cl}(F) \cdot \mathcal{Cl}(G), \quad \text{c. q. f. d.}$$

Théorème 25. *Si* $I \overset{\circ}{\subset} F$ *et* $1 \leqslant \nu < \omega$, *on a* $\mathcal{Cl}(F^\nu) = \mathcal{Cl}(F)$.

Démonstration. On déduit facilement de la déf. 10 les formules suivantes:

$$(1) \qquad F^1 \overset{\circ}{=} F \text{ et } F^\nu F \overset{\circ}{=} FF^\nu \overset{\circ}{=} F^{\nu+1} \text{ (pour } 1 \leqslant \nu < \omega).$$

En remplaçant dans les th. 21^b et 24^a F par F^ν et G par F, on obtient: $\mathcal{Cl}(F^\nu) \cdot \mathcal{Cl}(F) = \mathcal{Cl}(F^\nu \overset{\circ}{+} F) \subset \mathcal{Cl}(F^\nu F)$, d'où selon (1)

$$(2) \qquad \mathcal{Cl}(F^\nu) \cdot \mathcal{Cl}(F) \subset \mathcal{Cl}(F^{\nu+1}).$$

A l'aide du principe de l'induction complète on en conclut que

(3) $$\mathcal{C}\ell(\boldsymbol{F}) \subset \mathcal{C}\ell(\boldsymbol{F}^{\nu}) \quad (pour\ 1 \leqslant \nu < \omega).$$

En effet, le nombre $\nu = 1$ vérifie la formule (3), puisqu'on a suivant (1) $\mathcal{C}\ell(\boldsymbol{F}) = \mathcal{C}\ell(\boldsymbol{F}^1)$; si ensuite un nombre arbitraire ν, où $1 \leqslant \nu < \omega$, remplit la formule (3), on obtient, d'après (4), $\mathcal{C}\ell(\boldsymbol{F}) \subset \subset \mathcal{C}\ell(\boldsymbol{F}^{\nu+1})$, ce qui veut dire que le nombre $\nu + 1$ remplit la même formule.

D'autre part, en posant dans le th. 24[c]: $\boldsymbol{G} \mathring{=} \boldsymbol{F}^{\nu}$ et en tenant compte de (1), on parvient à la formule: $\mathcal{C}\ell(\boldsymbol{F}^{\nu+1}) \subset \mathcal{C}\ell(\boldsymbol{F}^{\nu})$, d'où on obtient par une induction facile:

(4) $$\mathcal{C}\ell(\boldsymbol{F}^{\nu}) \subset \mathcal{C}\ell(\boldsymbol{F}^1) = \mathcal{C}\ell(\boldsymbol{F}) \quad (pour\ 1 \leqslant \nu < \omega).$$

Les inclusions (3) et (4) donnent aussitôt:

$$\mathcal{C}\ell(\boldsymbol{F}^{\nu}) = \mathcal{C}\ell(\boldsymbol{F}), \quad \text{c. q. f. d.}$$

Théorème 26. $\mathcal{C}\ell(\boldsymbol{F}^*) = \overline{\boldsymbol{C}}(\mathcal{C}\ell(\boldsymbol{F}))$.

D é m o n s t r a t i o n. Soit $\boldsymbol{X} \epsilon \mathcal{C}\ell(\boldsymbol{F})$, donc d'après la déf. 16 $\boldsymbol{F}(\boldsymbol{X}) \subset \boldsymbol{X}$. A l'aide des lem. 15[a] et 18[a] on en obtient: $\boldsymbol{CF}(\boldsymbol{X}) \subset \subset \boldsymbol{C}(\boldsymbol{X})$, d'où en vertu du lem. 19[a] $\boldsymbol{F}^*\ \boldsymbol{C}(\boldsymbol{X}) \subset \boldsymbol{C}(\boldsymbol{X})$. Par conséquent, en raison de la déf. 16, on a $\boldsymbol{C}(\boldsymbol{X}) \epsilon \mathcal{C}\ell(\boldsymbol{F}^*)$.

Ce raisonnement prouve l'inclusion: $\overline{\boldsymbol{C}}(\mathcal{C}\ell(\boldsymbol{F})) \subset \mathcal{C}\ell(\boldsymbol{F}^*)$.

D'une façon tout à fait analogue on peut démontrer qu'à toute classe $\boldsymbol{Y} \epsilon \mathcal{C}\ell(\boldsymbol{F}^*)$ correspond une classe $\boldsymbol{X} \epsilon \mathcal{C}\ell(\boldsymbol{F})$ telle que $\boldsymbol{Y} = \boldsymbol{C}(\boldsymbol{X})$. Il en résulte l'inclusion: $\mathcal{C}\ell(\boldsymbol{F}^*) \subset \overline{\boldsymbol{C}}(\mathcal{C}\ell(\boldsymbol{F}))$, qui, rapprochée de l'inclusion précédente, donne l'identité cherchée:

$$\mathcal{C}\ell(\boldsymbol{F}^*) = \overline{\boldsymbol{C}}(\mathcal{C}\ell(\boldsymbol{F})).$$

Corollaire 27. *Si* $\mathcal{C}\ell(\boldsymbol{F}) = \mathcal{C}\ell(\boldsymbol{G})$, *on a* $\mathcal{C}\ell(\boldsymbol{F}^*) = \mathcal{C}\ell(\boldsymbol{G}^*)$.

Théorème 28. [a]) *Si* $\boldsymbol{F} \epsilon \mathfrak{M}$ *et* $\boldsymbol{I} \mathring{\subset} \boldsymbol{F}$, *on a* $\mathcal{C}\ell(\boldsymbol{C} \mathring{+} \boldsymbol{F}) = \mathcal{C}\ell(\boldsymbol{C} \mathring{+} \boldsymbol{F}^*) = \mathcal{C}\ell(\boldsymbol{C} \mathring{+} \boldsymbol{F} \mathring{+} \boldsymbol{F}^*) = \mathcal{C}\ell(\boldsymbol{CF}) = \mathcal{C}\ell(\boldsymbol{CF}^*) = \mathcal{C}\ell(\boldsymbol{CFF}^*)$;

[b]) *si* $\boldsymbol{F} \epsilon \mathfrak{M}$, *on a* $\mathcal{C}\ell(\boldsymbol{C} \mathring{+} \boldsymbol{F}) = \mathcal{C}\ell(\boldsymbol{C} \mathring{+} \boldsymbol{F}^*) = \mathcal{C}\ell(\boldsymbol{C} \mathring{+} \boldsymbol{F} \mathring{+} \boldsymbol{F}^*)$.

D é m o n s t r a t i o n. [a]) En vertu du lem. 19[g]) on a par hypothèse

(1) $$\boldsymbol{F}^* \epsilon \mathfrak{M} \ \ et\ \ \boldsymbol{I} \mathring{\subset} \boldsymbol{F}^*;$$

à l'aide des lem. 16[c], 17[e] et 18[a] on obtient de l'hypothèse et de (1):

$$(2) \qquad \boldsymbol{FF^*} \in \mathfrak{M} \ \textit{et}\ \boldsymbol{I} \overset{\circ}{\subset} \boldsymbol{FF^*}; \quad \boldsymbol{CF} \in \mathfrak{M} \ \textit{et}\ \boldsymbol{CF^*} \in \mathfrak{M}.$$

En appliquant à deux reprises le th. 24[a] (pour $\boldsymbol{F} \overset{\circ}{=} \boldsymbol{C}$ et $\boldsymbol{G} \overset{\circ}{=} \boldsymbol{F}$ et puis pour $\boldsymbol{F} \overset{\circ}{=} \boldsymbol{C}$ et $\boldsymbol{G} \overset{\circ}{=} \boldsymbol{F^*}$) et en tenant compte du lem. 18[a], on conclut que

$$(3) \qquad \mathcal{Cl}(\boldsymbol{C} \overset{\circ}{+} \boldsymbol{F}) \subset \mathcal{Cl}(\boldsymbol{CF}) \ \textit{et}\ \mathcal{Cl}(\boldsymbol{C} \overset{\circ}{+} \boldsymbol{F^*}) \subset \mathcal{Cl}(\boldsymbol{CF^*});$$

tout pareillement, en vertu de l'hypothèse et de (1), le th. 24[b] donne:

$$(4) \qquad \mathcal{Cl}(\boldsymbol{CF}) \subset \mathcal{Cl}(\boldsymbol{C}) \ \textit{et}\ \mathcal{Cl}(\boldsymbol{CF^*}) \subset \mathcal{Cl}(\boldsymbol{C}).$$

En remplaçant dans le th. 24[a] $\boldsymbol{F}$ et $\boldsymbol{G}$ par $\boldsymbol{CF}$, resp. par $\boldsymbol{CF^*}$, on obtient selon (2): $\mathcal{Cl}(\boldsymbol{CF} \overset{\circ}{+} \boldsymbol{CF}) \subset \mathcal{Cl}(\boldsymbol{CF}\,\boldsymbol{CF})$, resp. $\mathcal{Cl}(\boldsymbol{CF^*} \overset{\circ}{+} \boldsymbol{CF^*}) \subset \mathcal{Cl}(\boldsymbol{CF^*}\,\boldsymbol{CF^*})$, d'où en raison du lemme 19[a,b]

$$(5) \qquad \mathcal{Cl}(\boldsymbol{CF}) \subset \mathcal{Cl}(\boldsymbol{F^*F}) \ \textit{et}\ \mathcal{Cl}(\boldsymbol{CF^*}) \subset \mathcal{Cl}(\boldsymbol{FF^*}).$$

En tenant compte de l'hypothèse et de (1), le th. 24[b] implique encore que $\mathcal{Cl}(\boldsymbol{F^*F}) \subset \mathcal{Cl}(\boldsymbol{F^*})$ et $\mathcal{Cl}(\boldsymbol{FF^*}) \subset \mathcal{Cl}(\boldsymbol{F})$; en rapprochant ces inclusions de (5), nous obtenons:

$$(6) \qquad \mathcal{Cl}(\boldsymbol{CF}) \subset \mathcal{Cl}(\boldsymbol{F^*}) \ \textit{et}\ \mathcal{Cl}(\boldsymbol{CF^*}) \subset \mathcal{Cl}(\boldsymbol{F}).$$

Les formules (4) et (6) donnent: $\mathcal{Cl}(\boldsymbol{CF}) \subset \mathcal{Cl}(\boldsymbol{C}) \cdot \mathcal{Cl}(\boldsymbol{F^*})$ et $\mathcal{Cl}(\boldsymbol{CF^*}) \subset \mathcal{Cl}(\boldsymbol{C}) \cdot \mathcal{Cl}(\boldsymbol{F})$; comme, en vertu du th. 21[b],

$$\mathcal{Cl}(\boldsymbol{C}) \cdot \mathcal{Cl}(\boldsymbol{F^*}) = \mathcal{Cl}(\boldsymbol{C} \overset{\circ}{+} \boldsymbol{F^*}) \ \text{et}\ \mathcal{Cl}(\boldsymbol{C}) \cdot \mathcal{Cl}(\boldsymbol{F}) = \mathcal{Cl}(\boldsymbol{C} \overset{\circ}{+} \boldsymbol{F}),$$

on en conclut que

$$(7) \qquad \mathcal{Cl}(\boldsymbol{CF}) \subset \mathcal{Cl}(\boldsymbol{C} \overset{\circ}{+} \boldsymbol{F^*}) \ \textit{et}\ \mathcal{Cl}(\boldsymbol{CF^*}) \subset \mathcal{Cl}(\boldsymbol{C} \overset{\circ}{+} \boldsymbol{F}).$$

De (3) et (7) on déduit aussitôt:

$$(8) \qquad \mathcal{Cl}(\boldsymbol{C} \overset{\circ}{+} \boldsymbol{F}) = \mathcal{Cl}(\boldsymbol{C} \overset{\circ}{+} \boldsymbol{F^*}) = \mathcal{Cl}(\boldsymbol{CF}) = \mathcal{Cl}(\boldsymbol{CF^*}).$$

Le cor. 22, si l'on y remplace $\boldsymbol{F}$ par $\boldsymbol{C} \overset{\circ}{+} \boldsymbol{F}$, $\boldsymbol{G}$ par $\boldsymbol{C} \overset{\circ}{+} \boldsymbol{F^*}$ et $\boldsymbol{H}$ par $\boldsymbol{F^*}$, entraîne selon (8):

$$(9) \qquad \mathcal{Cl}(\boldsymbol{C} \overset{\circ}{+} \boldsymbol{F} \overset{\circ}{+} \boldsymbol{F^*}) = \mathcal{Cl}(\boldsymbol{C} \overset{\circ}{+} \boldsymbol{F^*}).$$

Appliquons enfin le th. 24[d], en y posant: $\boldsymbol{G} \overset{\circ}{=} \boldsymbol{F^*}$; en raison de l'hypothèse et de (1), nous en concluons que $\mathcal{Cl}(\boldsymbol{FF^*}) = \mathcal{Cl}(\boldsymbol{F} \overset{\circ}{+} \boldsymbol{F^*})$, d'où suivant le cor. 22

$$(10) \qquad \mathcal{Cl}(\boldsymbol{C} \overset{\circ}{+} \boldsymbol{FF^*}) = \mathcal{Cl}(\boldsymbol{C} \overset{\circ}{+} \boldsymbol{F} \overset{\circ}{+} \boldsymbol{F^*}).$$

La formule (8) ayant été déduite pour **toute** opération monotone et adjonctive, on peut y remplacer selon (2) en particulier $\boldsymbol{F}$ par $\boldsymbol{F}\boldsymbol{F}^*$; on obtient donc: $\mathscr{Cl}(\boldsymbol{C}\overset{\circ}{+}\boldsymbol{F}\boldsymbol{F}^*)=\mathscr{Cl}(\boldsymbol{C}\boldsymbol{F}\boldsymbol{F}^*)$, d'où en vertu de (10)

$$(11)\qquad \mathscr{Cl}(\boldsymbol{C}\overset{\circ}{+}\boldsymbol{F}\overset{\circ}{+}\boldsymbol{F}^*)=\mathscr{Cl}(\boldsymbol{C}\boldsymbol{F}\boldsymbol{F}^*).$$

Les égalités (8), (9) et (11) constituent la formule à démontrer.

[b]) En vertu des lem. 16[c], 17[a] et 13 on a $\boldsymbol{I}\overset{\circ}{+}\boldsymbol{F}\in\mathfrak{M}$ et $\boldsymbol{I}\overset{\circ}{\subset}\boldsymbol{I}\overset{\circ}{+}\boldsymbol{F}$, d'où, en remplaçant dans [a]) $\boldsymbol{F}$ par $\boldsymbol{I}\overset{\circ}{+}\boldsymbol{F}$ et en tenant compte du lem. 19[d,i], on obtient: $\mathscr{Cl}(\boldsymbol{C}\overset{\circ}{+}\boldsymbol{I}\overset{\circ}{+}\boldsymbol{F})=\mathscr{Cl}(\boldsymbol{C}\overset{\circ}{+}\boldsymbol{I}\overset{\circ}{+}\boldsymbol{F}^*)=\mathscr{Cl}(\boldsymbol{C}\overset{\circ}{+}\boldsymbol{I}\overset{\circ}{+}\boldsymbol{F}\overset{\circ}{+}\boldsymbol{F}^*)$. La formule cherchée en résulte aussitôt selon le th. 23[b].

On peut déduire des th. **24** et **28** certaines conséquences d'un caractère plus général. Considérons une classe arbitraire $\mathfrak{F}$ composée exclusivement d'opérations monotones et adjonctives et ajoutons à cette classe, si l'on veut, l'opération $\boldsymbol{C}$, qui est aussi monotone, mais pas adjonctive. A l'aide de l'addition et de la multiplication relative on peut former des opérations de la classe $\mathfrak{F}$, resp. $\{\boldsymbol{C}\}+\mathfrak{F}$, diverses autres opérations; nous avons convenu de désigner par le symbole $\mathfrak{B}(\mathfrak{F})$, resp. $\mathfrak{B}(\{\boldsymbol{C}\}+\mathfrak{F})$, la classe de toutes les opérations ainsi formées (cf. la déf. 11[c]). Or, en généralisant les résultats exprimés par les th. **24**[d] et **28**[a], on peut montrer qu'au cours de l'étude des classes closes par rapport aux opérations considérées on peut se restreindre à n'envisager que les opérations de structure assez simple, à savoir celles qui s'obtiennent des opérations de la classe primitive $\mathfrak{F}$, de leurs opérations doubles et de deux opérations $\boldsymbol{C}$ et $\boldsymbol{I}$ par la seule addition. En symboles introduits dans la déf. **11**, on peut démontrer notamment les théorèmes suivants:

A. *Si* $\mathfrak{F}\subset\mathfrak{M}\cdot \underset{\boldsymbol{F}}{E}[\boldsymbol{I}\overset{\circ}{\subset}\boldsymbol{F}]$, *on a* $\underset{\mathscr{Cl}(\boldsymbol{G})}{E}[\boldsymbol{G}\in\mathfrak{B}(\mathfrak{F})]=\underset{\mathscr{Cl}(\boldsymbol{G})}{E}[\boldsymbol{G}\in\mathfrak{S}(\mathfrak{F})]$.

B. *Si* $\mathfrak{F}\subset\mathfrak{M}\cdot \underset{\boldsymbol{F}}{E}[\boldsymbol{I}\overset{\circ}{\subset}\boldsymbol{F}]$ *et* $\mathfrak{G}=\underset{\boldsymbol{F}^*}{E}[\boldsymbol{F}\in\mathfrak{F}]$, *on a*

$$\underset{\mathscr{Cl}(\boldsymbol{G})}{E}[\boldsymbol{G}\in\mathfrak{B}(\{\boldsymbol{C}\}+\mathfrak{F})]=\underset{\mathscr{Cl}(\boldsymbol{G})}{E}[\boldsymbol{G}\in\mathfrak{S}(\{\boldsymbol{I},\boldsymbol{C}\}+\mathfrak{F}+\mathfrak{G})]=$$
$$=\{\mathscr{Cl}(\boldsymbol{I}),\mathscr{Cl}(\boldsymbol{C})\}+\underset{\mathscr{Cl}(\boldsymbol{C}\overset{\circ}{+}\boldsymbol{G})}{E}[\boldsymbol{G}\in\mathfrak{S}(\mathfrak{F})]+\underset{\mathscr{Cl}(\boldsymbol{G})}{E}[\boldsymbol{G}\in\mathfrak{S}(\mathfrak{F}+\mathfrak{G})].$$

Dans le cas particulier où la classe $\mathfrak{F}$ se compose d'une seule opération $\boldsymbol{F}$, les th. A et B donnent les corollaires suivants:

C. *Si* $\boldsymbol{F}\in\mathfrak{M}$ *et* $\boldsymbol{I}\overset{\circ}{\subset}\boldsymbol{F}$, *on a* $\underset{\mathscr{Cl}(\boldsymbol{G})}{E}[\boldsymbol{G}\in\mathfrak{B}(\{\boldsymbol{F}\})]=\{\mathscr{Cl}(\boldsymbol{F})\}$.

D. *Si* $\boldsymbol{F}\in\mathfrak{M}$ *et* $\boldsymbol{I}\overset{\circ}{\subset}\boldsymbol{F}$, *on a* $\underset{\mathscr{Cl}(\boldsymbol{G})}{E}[\boldsymbol{G}\in\mathfrak{B}(\{\boldsymbol{C},\boldsymbol{F}\})]=$

$$=\{\mathscr{Cl}(\boldsymbol{I}),\mathscr{Cl}(\boldsymbol{C}),\mathscr{Cl}(\boldsymbol{F}),\mathscr{Cl}(\boldsymbol{F}^*),\mathscr{Cl}(\boldsymbol{C}\overset{\circ}{+}\boldsymbol{F}),\mathscr{Cl}(\boldsymbol{F}\overset{\circ}{+}\boldsymbol{F}^*)\}.$$

On peut en outre supprimer dans le cor. C l'hypothèse: $F \in \mathfrak{M}$, en obtenant ainsi une généralisation du th. 25. En se bornant aux opérations de la classe $\mathfrak{P}(\{C, F\})$ (cf. la déf. 11[b]), le cor. D peut être développé et complété comme suit:

E. [a]) $$\mathfrak{P}(\{C, F\}) = \{I, C\} + \mathfrak{P}(\{F, F^*\}) + \underset{CG}{E}\,[G \in \mathfrak{P}(\{F, F^*\})];$$

[b]) *si* $F \in \mathfrak{M}$ *et* $I \mathring{\subset} F$, *on a*

$$\underset{\mathcal{C}\ell(G)}{E}\,[G \in \mathfrak{P}(\{F, F^*\})] = \{\mathcal{C}\ell(F), \mathcal{C}\ell(F^*), \mathcal{C}\ell(F \mathring{+} F^*)\} \quad et$$

$$\underset{\mathcal{C}\ell(CG)}{E}\,[G \in \mathfrak{P}(\{F, F^*\})] = (\mathcal{C}\ell(C \mathring{+} F)\}.$$

Je renonce à donner ici la démonstration de ces théorèmes.

Le théorème suivant mérite d'être cité par son intérêt spécial, bien qu'il n'aura pas d'application dans les considérations ultérieures:

Théorème 29. *Si* $F \in \mathfrak{M}$ *et* $\mathscr{K} \subset \mathcal{C}\ell(F)$, *on a* $\Pi(\mathscr{K}) \in \mathcal{C}\ell(F)$.

Démonstration. Soit $X \in \mathscr{K}$. On a alors notoirement $\Pi(\mathscr{K}) \subset X$; l'opération F étant monotone, on en conclut suivant le lem. 15[a] que $F\Pi(\mathscr{K}) \subset F(X)$. Or, ce raisonnement étant valable pour une classe arbitraire de $\mathscr{K}$, on en obtient la formule:

(1) $$F\Pi(\mathscr{K}) \subset \prod_{X \in \mathscr{K}} F(X).$$

Comme d'autre part $\mathscr{K} \subset \mathcal{C}\ell(F)$, on a conformément à la déf. 16:

(2) $$\prod_{X \in \mathscr{K}} F(X) \subset \prod_{X \in \mathscr{K}} X = \Pi(\mathscr{K}).$$

Les formules (1) et (2) donnent aussitôt: $F\Pi(\mathscr{K}) \subset \Pi(\mathscr{K})$, d'où en raison de la déf. 16

$$\Pi(\mathscr{K}) \in \mathcal{C}\ell(F), \quad \text{c. q. f. d.}$$

Corollaire 30. *Si* $F \in \mathfrak{M}$, *à toute classe d'ensembles* K *correspond une classe* L *vérifiant les formules*: $L \in V(K) \cdot \mathcal{C}\ell(F)$ *et* $V(K) \cdot \mathcal{C}\ell(F) \subset V(L)$.

Démonstration. Posons: $\mathscr{K} = V(K) \cdot \mathcal{C}\ell(F)$ et $L = \Pi(\mathscr{K})$. En tenant compte de la déf. 5[c], on conclut tout de suite que

$L \in V(K)$ et que $V(K) \cdot \mathcal{Cl}(F) \subset V(L)$; de plus le th. 29 donne: $L \in \mathcal{Cl}(F)$. L est donc la classe cherchée.

Il est à noter que l'hypothèse: $F \in \mathfrak{M}$ joue dans les th. 29 et 30 un rôle essentiel; on pourrait néanmoins la supprimer, si l'on avait convenu de désigner par le symbole $\mathcal{Cl}(F)$ la famille de toutes les classes closes au sens plus étroit par rapport à l'opération F (cf. p. 211).

Conformément au cor. 30, dans l'hypothèse que F est une opération monotone on peut faire correspondre à toute classe d'ensembles K la plus petite classe L contenant K et close par rapport à F. Dans le cas le plus général on n'a que peu à dire sur la nature de cette classe. Ce n'est que dans les hypothèses spéciales que l'on peut établir quelques propriétés plus profondes de la classe L; on a p. ex. le théorème suivant:

Théorème 31. *Si $F \in \mathfrak{A}_\beta$, où $cf(\beta) = \beta$, et si pour toute classe X on a $\overline{\overline{F(X)}} \leqslant (\overline{\overline{X}})^{\aleph_\beta}$, alors à toute classe d'ensembles K telle que $\overline{\overline{K}} \geqslant 2$ correspond une classe L vérifiant les formules:*

$$L \in V(K) \cdot \mathcal{Cl}(F), \quad V(K) \cdot \mathcal{Cl}(F) \subset V(L) \quad \textit{et} \quad \overline{\overline{L}} \leqslant (\overline{\overline{K}})^{\aleph_\beta}.$$

Démonstration. Définissons par recurrence une suite transfinie de classes d'ensembles K_ξ du type ω_β, en posant

$$K_0 = K, \tag{1}$$

$$K_\xi = F\Big(\sum_{\eta<\xi} K_\eta\Big) \quad pour \ 0 < \xi < \omega_\beta; \tag{2}$$

soit en outre

$$L = \sum_{\xi<\omega_\beta} K_\xi. \tag{3}$$

Considérons un ensemble arbitraire X tel que

$$X \in F(L). \tag{4}$$

Comme par hypothèse $F \in \mathfrak{A}_\beta$, le lem. 15[c] donne: $F(L) = \sum_{Y \in V_\beta(L)} F(Y)$; en vertu de (4) on en conclut qu'il existe une classe $Y \in V_\beta(L)$ d'ensembles Y vérifiant les formules:

$$X \in F(Y) \tag{5}$$

et $\boldsymbol{Y} \epsilon \boldsymbol{U}_\beta(\boldsymbol{L})$ ou, en d'autres termes (cf. la déf. 5[b]),

(6) $$\boldsymbol{Y} \subset \boldsymbol{L} \quad et \quad \overline{\overline{\boldsymbol{Y}}} < \aleph_\beta.$$

En tenant compte de l'hypothèse et de (3), on obtient de (6): $\overline{\overline{\boldsymbol{Y}}} < \aleph_{cf(\beta)}$ et $\boldsymbol{Y} \subset \sum_{\xi<\omega_\beta} \boldsymbol{K}_\xi$. Conformément au lem. 3[c] (pour $B = Y$ $\alpha = \beta$ et $F_\xi = \boldsymbol{K}_\xi$), ces formules impliquent l'existence d'un nombre ordinal ξ tel que

(7) $$0 < \xi < \omega_\beta \quad et \quad \boldsymbol{Y} \subset \sum_{\eta<\xi} \boldsymbol{K}_\eta.$$

L'opération $\boldsymbol{F}$ étant par hypothèse semi-additive, elle est à plus forte raison monotone (lem. 16[a]). Par conséquent, d'après le lem. 15[a], les formules (7) entraînent: $\boldsymbol{F}(\boldsymbol{Y}) \subset \boldsymbol{F}\left(\sum_{\eta<\xi} \boldsymbol{K}_\eta\right)$, d'où selon (2) $\boldsymbol{F}(\boldsymbol{Y}) \subset$ $\subset \boldsymbol{K}_\xi$; en vertu de (3) on en obtient:

(8) $$\boldsymbol{F}(\boldsymbol{Y}) \subset L.$$

Les formules (5) et (8) donnent aussitôt:

(9) $$\boldsymbol{X} \epsilon L.$$

Nous avons ainsi montré que (4) entraîne constamment (9). On a donc l'inclusion: $\boldsymbol{F}(\boldsymbol{L}) \subset \boldsymbol{L}$, d'où en raison de la déf. 16 $\boldsymbol{L} \epsilon \mathcal{Cl}(\boldsymbol{F})$: comme de plus, selon (1) et (3), $\boldsymbol{K} \subset \boldsymbol{L}$, on parvient à la formule:

(10) $$\boldsymbol{L} \epsilon \boldsymbol{V}(\boldsymbol{K}) \cdot \mathcal{Cl}(\boldsymbol{F}).$$

Or, on peut prouver que $\boldsymbol{L}$ est la plus petite classe de la famille $\boldsymbol{V}(\boldsymbol{K}) \cdot \mathcal{Cl}(\boldsymbol{F})$. Envisageons dans ce but une classe arbitraire $\boldsymbol{X}$ telle que

(11) $$\boldsymbol{X} \epsilon \boldsymbol{V}(\boldsymbol{K}) \cdot \mathcal{Cl}(\boldsymbol{F}).$$

Par une induction facile on obtient la formule:

(12) $$\boldsymbol{K}_\xi \subset \boldsymbol{X} \quad pour \quad \xi < \omega_\beta.$$

En effet, en vertu de (1) et (11) le nombre $\xi = 0$ vérifie cette formule. Soit donné ensuite un nombre ξ, $0 < \xi < \omega_\beta$, et admettons que tous les nombres $\eta < \xi$ remplissent la formule (12) On a donc

$\sum_{\eta<\xi} \boldsymbol{K}_\eta \subset \boldsymbol{X}$; la fonction $\boldsymbol{F}$ étant monotone (comme il a été dit plus haut), on en conclut à l'aide du lem. 15[a] que $\boldsymbol{F}\left(\sum_{\eta<\xi} \boldsymbol{K}_\eta\right) \subset \subset \boldsymbol{F}(\boldsymbol{X})$, d'où en raison de (2) $\boldsymbol{K}_\xi \subset \boldsymbol{F}(\boldsymbol{X})$. Comme d'autre part, d'après la déf. 16, la formule (11) donne: $\boldsymbol{F}(\boldsymbol{X}) \subset \boldsymbol{X}$, on en obtient: $\boldsymbol{K}_\xi \subset \boldsymbol{X}$, ce qui veut dire que le nombre ξ remplit également la formule en question.

La formule (12), établie tout à l'heure, implique que $\sum_{\xi<\omega_\beta} \boldsymbol{K}_\xi \subset \boldsymbol{X}$, d'où, selon (3), $\boldsymbol{L} \subset \boldsymbol{X}$. On voit ainsi que la classe $\boldsymbol{L}$ est contenue dans toute classe de la famille $\boldsymbol{V}(\boldsymbol{K}) \cdot \mathcal{C}\ell(\boldsymbol{F})$; on a donc

(13) $$\boldsymbol{V}(\boldsymbol{K}) \cdot \mathcal{C}\ell(\boldsymbol{F}) \subset \boldsymbol{V}(\boldsymbol{L}).$$

En ce qui concerne la puissance des classes $\boldsymbol{K}_\xi$ et $\boldsymbol{L}$, observons en premier lieu les inégalités:

(14) $$\overline{\overline{\boldsymbol{K}}} \leqslant (\overline{\overline{\boldsymbol{K}}})^{\aleph_\beta}$$

et

(15) $$\aleph_\beta \leqslant (\overline{\overline{\boldsymbol{K}}})^{\aleph_\beta},$$

qu'on déduit facilement du lem. 5[c, d] (en tenant compte de l'inégalité: $\overline{\overline{\boldsymbol{K}}} \geqslant 2$).

En appliquant une fois encore le principe de l'induction transfinie, nous allons établir la formule:

(16) $$\overline{\overline{\boldsymbol{K}_\xi}} \leqslant (\overline{\overline{\boldsymbol{K}}})^{\aleph_\beta} \quad \textit{pour} \quad \xi < \omega_\beta.$$

En vertu de (1) et (14),

(17) *le nombre* $\xi = 0$ *vérifie la formule* (16).

Soit ensuite ξ un nombre ordinal tel que

(18) $$0 < \xi < \omega_\beta$$

et supposons que

(19) *tout nombre* η, $\eta < \xi$, *vérifie la formule* (16).

Il résulte de (18) et (19) que $\overline{\overline{\sum_{\eta<\xi} \boldsymbol{K}_\eta}} \leqslant (\overline{\overline{\boldsymbol{K}}})^{\aleph_\beta} \cdot \overline{\xi} \leqslant (\overline{\overline{\boldsymbol{K}}})^{\aleph_\beta} \cdot \aleph_\beta$, d'où, en raison de (15), $\overline{\overline{\sum_{\eta<\xi} K_\eta}} \leqslant (\overline{\overline{K}})^{\underset{\smile}{\aleph_\beta}}$. En appliquant le lemme 5[b], on en conclut aussitôt que: $\left(\overline{\overline{\sum_{\eta<\xi} K_\eta}}\right)^{\underset{\smile}{\aleph_\beta}} \leqslant ((\overline{\overline{K}})^{\underset{\smile}{\aleph_\beta}})^{\underset{\smile}{\aleph_\beta}}$. Comme on a par hypothèse: $cf(\beta) = \beta$, le lem. 8[a] (pour $\mathfrak{a} = \overline{\overline{K}}$ et $\gamma = \beta$) donne: $((\overline{\overline{K}})^{\underset{\smile}{\aleph_\beta}})^{\underset{\smile}{\aleph_\beta}} = (\overline{\overline{K}})^{\underset{\smile}{\aleph_\beta}}$, et on obtient finalement la formule:

(20) $$\left(\overline{\overline{\sum_{\eta<\xi} K_\eta}}\right)^{\underset{\smile}{\aleph_\beta}} \leqslant (\overline{\overline{K}})^{\underset{\smile}{\aleph_\beta}}.$$

D'autre part, conformément à l'hypothèse du théorème, on a:

$$\overline{\overline{F\left(\sum_{\eta<\xi} K_\eta\right)}} \leqslant \left(\overline{\overline{\sum_{\eta<\xi} K_\eta}}\right)^{\aleph_\beta},$$

d'où, en raison de (2),

(21) $$\overline{\overline{K_\xi}} \leqslant \left(\overline{\overline{\sum_{\eta<\xi} K_\eta}}\right)^{\aleph_\beta}.$$

Les inégalités (20) et (21) donnent aussitôt: $\overline{\overline{K_\xi}} \leqslant (\overline{\overline{K}})^{\underset{\smile}{\aleph_\beta}}$; en d'autres termes

(22) *le nombre ξ vérifie la formule* (16).

Il est ainsi démontré que les conditions (18) et (19) entraînent toujours (22); en tenant compte de (17), on parvient donc à la conclusion que tout nombre $\xi < \omega_\beta$ vérifie la formule (16).

De (3) et (16) on déduit facilement: $\overline{\overline{L}} \leqslant \sum_{\xi<\omega_\beta} \overline{\overline{K_\xi}} \leqslant (\overline{\overline{K}})^{\underset{\smile}{\aleph_\beta}} \cdot \aleph_\beta$, d'où en vertu de (15)

(23) $$\overline{\overline{L}} \leqslant (\overline{\overline{K}})^{\underset{\smile}{\aleph_\beta}}.$$

Les formules (10), (13) et (23) prouvent que la classe L satisfait à toutes les conditions du théorème.

Il est à noter que dans l'hypothèse: $cf(\beta) < \beta$ l'inégalité: $\overline{\overline{L}} \leqslant (\overline{\overline{K}})^{\underset{\smile}{\aleph_\beta}}$, qui figure dans la thèse du théorème précédent, doit être remplacée par une inégalité plus faible, à savoir: $\overline{\overline{L}} \leqslant (\overline{\overline{K}})^{\aleph_\beta}$.

Le but de cet article étant de déterminer les puissances des familles $\mathcal{Cl}(\boldsymbol{F})$ d'après la puissance de l'ensemble universel 1 dans les cas de différentes opérations particulières $\boldsymbol{F}$, notons d'abord que dans le cas général il n'est possible d'établir que les bornes: inférieure et supérieure de ces puissances, comme le montre le théorème suivant, qui est d'ailleurs d'un caractère tout à fait banal:

Théorème 32. *Si* $\overline{\overline{1}} = \aleph_\alpha$, *on a* $1 \leqslant \overline{\overline{\mathcal{Cl}(\boldsymbol{F})}} \leqslant 2^{2^{\aleph_\alpha}}$; *il existe des opérations* $\boldsymbol{F}$ *telles que* $\overline{\overline{\mathcal{Cl}(\boldsymbol{F})}} = 1$ *et il en existe aussi des opérations* $\boldsymbol{F}$, *p. ex.* $\boldsymbol{F} \overset{\circ}{=} \boldsymbol{I}$, *telles que* $\overline{\overline{\mathcal{Cl}(\boldsymbol{F})}} = 2^{2^{\aleph_\alpha}}$.

Démonstration. En raison du lem. 10[a] on a pour tout ensemble A: $\overline{\overline{\boldsymbol{U}\,\boldsymbol{U}(A)}} = 2^{\overline{\overline{\boldsymbol{U}(A)}}} = 2^{2^{\overline{\overline{A}}}}$, d'où en particulier $\overline{\overline{\boldsymbol{U}\,\boldsymbol{U}(1)}} = 2^{2^{\aleph_\alpha}}$. En rapprochant cette formule des th. 20 et 23[a], on obtient aussitôt: $1 \leqslant \overline{\overline{\mathcal{Cl}(\boldsymbol{F})}} = 2^{2^{\aleph_\alpha}}$ et $\overline{\overline{\mathcal{Cl}(\boldsymbol{I})}} = 2^{2^{\aleph_\alpha}}$. Considérons ensuite l'opération $\boldsymbol{F}$ définie par la formule: $\boldsymbol{F}(X) = \boldsymbol{U}(1)$ pour toute classe X. A l'aide de la déf. 16 on vérifie facilement que $\mathcal{Cl}(\boldsymbol{F}) = \{\boldsymbol{U}(1)\}$, donc que $\overline{\overline{\mathcal{Cl}(\boldsymbol{F})}} = 1$, ce qui achève la démonstration du théorème.

On a d'habitude affaire aux opérations $\boldsymbol{F}$ qui vérifient la formule: $\boldsymbol{F} \overset{\circ}{\subset} \boldsymbol{U}\boldsymbol{\Sigma}$ (c.-à-d. $\boldsymbol{F}(X) \subset \boldsymbol{U}(\boldsymbol{\Sigma}(X))$ pour toute classe X). Or, en se bornant aux opérations de cette sorte et à leurs opérations doubles, on peut établir pour la puissance de $\mathcal{Cl}(\boldsymbol{F})$ une délimitation plus précise que celle du th. 32, notamment $2^{\aleph_\alpha} \leqslant \overline{\overline{\mathcal{Cl}(\boldsymbol{F})}} \leqslant 2^{2^{\aleph_\alpha}}$ (cf. le th. 49 du § 5).

Théorème 33. $\overline{\overline{\mathcal{Cl}(\boldsymbol{F}^*)}} = \overline{\overline{\mathcal{Cl}(\boldsymbol{F})}}$.

Démonstration. La fonction $\boldsymbol{C}(X)$ est biunivoque; si en effet, $\boldsymbol{C}(X) = \boldsymbol{C}(Y)$, on a $\boldsymbol{CC}(X) = \boldsymbol{CC}(Y)$, donc d'après le lem. 18[a] et la déf. 13 on obtient: $X = Y$. Il en résulte que les familles $\mathcal{Cl}(\boldsymbol{F})$ et $\overline{\boldsymbol{C}}(\mathcal{Cl}(\boldsymbol{F}))$ ont les puissances égales, d'où en raison du th. 26 $\overline{\overline{\mathcal{Cl}(\boldsymbol{F}^*)}} = \overline{\overline{\mathcal{Cl}(\boldsymbol{F})}}$, c. q. f. d.

L'importance du théorème précédent pour les problèmes fondamentaux de ces recherches n'éxige pas d'explications.

Lorsqu'il s'agit de déterminer la puissance de la famille $\mathcal{Cl}(\boldsymbol{F})$ dans divers cas particuliers, le lemme suivant rend parfois des services considérables:

Lemme 34. [a]) *Si* $F^2 \overset{\circ}{=} F$ *et* $I \mathring{\subset} F$ *et si en outre la classe d'ensembles* K *vérifie la formule:* $U(K) \subset \underset{X}{E}\,[K \cdot F(X) \subset X]$, *on a* $\overline{\overline{\mathcal{C}l(F)}} \geqslant 2^{\overline{\overline{K}}}$.

[b]) *si de plus* $\overline{\overline{1}} = \aleph_\alpha$ *et* $\overline{\overline{K}} = 2^{\aleph_\alpha}$, *on a* $\overline{\overline{\mathcal{C}l(F)}} = 2^{2^{\aleph_\alpha}}$.

Démonstration [a]) Considérons deux classes X et Y assujetties aux conditions:

$$X \in U(K), \quad Y \in U(K) \tag{1}$$

et

$$F(X) = F(Y). \tag{2}$$

Suivant l'hypothèse les formules (1) donnent:

$$K \cdot F(X) \subset X \quad \textit{et} \quad K \cdot F(Y) \subset Y. \tag{3}$$

Comme $I \mathring{\subset} F$, on a d'après le lem. 17[f] $X \subset F(X)$ et $Y \subset \subset F(Y)$, donc en vertu de (1) $X \subset K \cdot F(X)$ et $Y \subset K \cdot F(Y)$; en tenant compte de (3), on en conclut que

$$K = K \cdot F(X) \quad \text{et} \quad Y = K \cdot F(Y). \tag{4}$$

De (2) et (4) on obtient aussitôt l'égalité:

$$X = Y. \tag{5}$$

Ainsi les formules (1) et (2) entraînent constamment (5). Il en résulte que la fonction F transforme d'une façon biunivoque la famille $U(K)$ en $\overline{F}\,U(K)$; ces familles sont donc de puissance égale, d'où en raison du lem. 10[a]

$$\overline{\overline{\overline{F}\,U(K)}} = 2^{\overline{\overline{K}}}. \tag{6}$$

D'autre part l'inclusion évidente: $K \subset U(1)$ implique que $U(K) \subset \subset U\,U(1)$ et $\overline{F}\,U(K) \subset \overline{F}\,U\,U(1)$; à l'aide du th. 23[d] et en vertu de l'hypothèse nous en concluons que

$$\overline{F}\,U(K) \subset \mathcal{C}l(F). \tag{7}$$

Les formules (6) et (7) donnent aussitôt:

$$\overline{\overline{\mathcal{C}\ell(\boldsymbol{F})}} \geqslant 2^{\overline{\overline{\boldsymbol{K}}}}, \quad \text{c. q. f. d.}$$

[b]) résulte facilement de [a]) et du th. 32.

Il serait désirable d'avoir les généralisations de ce lemme, dans lesquelles les conditions qui concernent l'opération $\boldsymbol{F}$ (surtout la condition: $\boldsymbol{F}^2 \overset{\circ}{=} \boldsymbol{F}$) soient remplacées par des conditions moins restrictives.

Quant aux opérations $\boldsymbol{F}$ qui sont simultanément itératives, adjonctives et monotones, on peut démontrer l'équivalence des formules: $U(\boldsymbol{K}) \subset \underset{\boldsymbol{X}}{E}[\boldsymbol{K} \cdot \boldsymbol{F}(\boldsymbol{X}) \subset \boldsymbol{X}]$ et $U(\boldsymbol{K}) \cdot \underset{\boldsymbol{X}}{E}[\boldsymbol{F}(\boldsymbol{X}) = \boldsymbol{F}(\boldsymbol{K})] = \{\boldsymbol{K}\}$, dont la première figure dans l'hypothèse du lem. 34; les classes $\boldsymbol{K}$ qui vérifient la deuxième formule pourraient être appelées *irréductibles par rapport à l'opération* $\boldsymbol{F}$. Il est aisé d'apercevoir que toute sous-classe $\boldsymbol{X}$ d'une classe $\boldsymbol{K}$ remplissant l'hypothèse du lem. 34[a] remplit également cette hypothèse; cette remarque est de nature à faciliter la détermination de la puissance de la famille des classes de cette sorte.

Le lem. 34 fournit une méthode de déterminer la puissance de la famille $\mathcal{C}\ell(\boldsymbol{F})$ dans le cas où l'opération $\boldsymbol{F}$ est itérative et adjonctive. Cette méthode, dont j'aurai à faire l'usage plusieurs fois, consiste dans la construction d'une classe $\boldsymbol{K}$ remplissant les hypothèses du lem. 34[a] et ayant en outre la plus haute puissance possible, c.-à-d. $2^{\aleph_\alpha}$ (où $\overline{\overline{1}} = \aleph_\alpha$); il résulte alors du lem. 34[b] que la famille $\mathcal{C}\ell(\boldsymbol{F})$ est aussi de la plus haute puissance possible, c.-à-d. $2^{2^{\aleph_\alpha}}$.

Il est manifeste que cette méthode n'est pas toujours appliquable: elle est en défaut dans tous les cas où chaque classe $\boldsymbol{K}$ assujettie aux conditions du lemme, et que nous savons construire, est de la puissance $< 2^{\aleph_\alpha}$. Bien qu'il soit encore possible dans ce cas d'obtenir à l'aide du lem. 34[a] une délimitation inférieure de la puissance de $\mathcal{C}\ell(\boldsymbol{F})$, il est plus facile d'ordinaire parvenir à ce résultat par une autre voie. Ainsi, dans le cas général, la classe vide peut être la seule classe $\boldsymbol{K}$ qui vérifie la formule: $U(\boldsymbol{K}) \subset \underset{\boldsymbol{X}}{E}[\boldsymbol{K} \cdot \boldsymbol{F}(\boldsymbol{X}) \subset \boldsymbol{X}]$; le lem. 34[a] ne donne alors qu'une délimitation banale: $\overline{\overline{\mathcal{C}\ell(\boldsymbol{F})}} \geqslant 1$. Dans l'hypothèse que $\boldsymbol{F} \overset{\circ}{\subset} U\boldsymbol{\Sigma}$, cette formule est remplie, comme on voit facilement, par toute classe d'ensembles disjoints. Par conséquent, il y a parmi les classes considérées des classes de puissance $\aleph_\alpha$, p. ex. $\boldsymbol{K} = \bar{J}(1) = \underset{\{x\}}{E}[x \in 1]$, d'où en raison du lem. 34[a] $\overline{\overline{\mathcal{C}\ell(\boldsymbol{F})}} \geqslant 2^{\aleph_\alpha}$; or, la même délimitation sera obtenue dans le th. 49 du § 5 par une voie plus simple.

La méthode qui vient d'être décrite sera employée tout de suite pour déterminer la puissance de la famille $\mathcal{C}\ell(C)$.

Lemme 35. *Si* $\overline{\overline{1}} = \aleph_\alpha$, *il existe une classe d'ensembles* $\boldsymbol{K}$ *vérifiant les formules*: $\boldsymbol{U}(\boldsymbol{K}) \subset \underset{\boldsymbol{X}}{E}[\boldsymbol{K} \cdot \boldsymbol{C}(\boldsymbol{X}) \subset \boldsymbol{X}]$ *et* $\overline{\overline{\boldsymbol{K}}} = 2^{\aleph_\alpha}$.

Démonstration. Considérons un élément arbitraire a de 1 et posons :

$$(1) \qquad \boldsymbol{K} = \boldsymbol{U}(1 - \{a\}).$$

Il résulte de (1) que pour tout ensemble Y la formule: $Y \epsilon \boldsymbol{K}$ entraîne: $a \epsilon 1 - Y$, donc $1 - Y \bar{\epsilon} \boldsymbol{K}$. Comme d'après la déf. 15 $\boldsymbol{C}(\boldsymbol{X}) = \underset{1-Y}{E}[Y \epsilon \boldsymbol{X}]$, on en conclut que pour toute classe $\boldsymbol{X}$ contenue dans $\boldsymbol{K}$ on a $\boldsymbol{K} \cdot \boldsymbol{C}(\boldsymbol{X}) = 0$ et a fortiori $\boldsymbol{K} \cdot \boldsymbol{C}(\boldsymbol{X}) \subset \boldsymbol{X}$. Par conséquent

$$(2) \qquad \boldsymbol{U}(\boldsymbol{K}) \subset \underset{\boldsymbol{X}}{E}[\boldsymbol{K} \cdot \boldsymbol{C}(\boldsymbol{X}) \subset \boldsymbol{X}].$$

On a ensuite $\overline{\overline{1 - \{a\}}} = \aleph_\alpha - 1 = \aleph_\alpha$; la formule (1) donne donc en vertu du lem. 10^a:

$$(3) \qquad \overline{\overline{\boldsymbol{K}}} = 2^{\aleph_\alpha}.$$

En raison de (2) et (3), $\boldsymbol{K}$ est la classe cherchée.

Théorème fondamental I. *Si* $\overline{\overline{1}} = \aleph_\alpha$, *on a* $\overline{\overline{\mathcal{C}\ell(\boldsymbol{C})}} = 2^{2^{\aleph_\alpha}}$.

Démonstration. Soit $\boldsymbol{K}$ une classe arbitraire remplissant la thèse du lemme précédent. Conformément aux déf. 9^a et 13 on a: $\boldsymbol{K} \cdot [\boldsymbol{I} \mathring{+} \boldsymbol{C}](\boldsymbol{X}) = \boldsymbol{K} \cdot (\boldsymbol{X} + \boldsymbol{C}(\boldsymbol{X})) \subset \boldsymbol{X} + \boldsymbol{K} \cdot \boldsymbol{C}(\boldsymbol{X}) \subset \boldsymbol{X}$ pour $\boldsymbol{X} \subset \boldsymbol{K}$; par conséquent, on peut transformer les formules du lem. 35 de la façon suivante:

$$(1) \qquad \boldsymbol{U}(\boldsymbol{K}) \subset \underset{\boldsymbol{X}}{E}[\boldsymbol{K} \cdot [\boldsymbol{I} \mathring{+} \boldsymbol{C}](\boldsymbol{X}) \subset \boldsymbol{X}] \quad et \quad \overline{\overline{\boldsymbol{K}}} = 2^{\aleph_\alpha}.$$

L'opération $\boldsymbol{I} \mathring{+} \boldsymbol{C}$ étant évidemment adjonctive ($\boldsymbol{I} \mathring{\subset} \boldsymbol{I} \mathring{+} \boldsymbol{C}$) et de plus itérative (comme le prouve le lem. 18^c), on peut appliquer le lem. 34^b, en y posant: $\boldsymbol{F} \mathring{=} \boldsymbol{I} \mathring{+} \boldsymbol{C}$; en vertu de (1) on en obtient:

$$(2) \qquad \overline{\overline{\mathcal{C}\ell(\boldsymbol{I} \mathring{+} \boldsymbol{C})}} = 2^{2^{\aleph_\alpha}}.$$

Comme, en raison du th. 23^b, $\mathcal{C}\ell(\boldsymbol{I} \mathring{+} \boldsymbol{C}) = \mathcal{C}\ell(\boldsymbol{C})$, la formule (2) donne:

$$\overline{\overline{\mathcal{C}\ell(\boldsymbol{C})}} = 2^{2^{\aleph_\alpha}}, \quad \text{c. q. f. d.}$$

Ce sont exclusivement les ensembles infinis qui nous intéressent ici, bien que plusieurs modes de raisonnement, de même que certains résultats, se prêtent après des modifications convenables à des extensions aux-ensembles finis. Il est à remarquer en particulier que dans le th. 32 et le lem. 34 le nombre $\aleph_\alpha$ peut être remplacé par un nombre cardinal $\mathfrak{a}$ tout à fait arbitraire. Quant au th. fond. I, on peut l'étendre aux nombres finis sous la forme suivante:

$$\textit{Si} \quad \overline{\overline{1}} = \mathfrak{a} > 0, \quad \textit{on a} \quad 2^{2^{\mathfrak{a}-1}} \leqslant \overline{\overline{\mathcal{C}\ell(\boldsymbol{C})}} \leqslant 2^{2^{\mathfrak{a}}}.$$

§ 4. Opération $\boldsymbol{T}$. Classes d'ensembles héréditaires.

A partir de ce § nos recherches ne concernent que des opérations spéciales.

L'opération qui sera mise au premier plan et que je vais désigner par $\boldsymbol{T}$ consiste à ajouter à une classe d'ensembles $\boldsymbol{K}$ donnée tous les sous-ensembles des éléments de cette classe. Les classes d'ensembles closes par rapport à cette opération peuvent être appelées dans le language ordinaire *classes héréditaires.*

Définition 17. $\boldsymbol{T}(\boldsymbol{K}) = \sum\limits_{X \in \boldsymbol{K}} \boldsymbol{U}(X).$

Notons les propriétés suivantes de l'opération $\boldsymbol{T}$:

Théorème 36. a) $\boldsymbol{T} \in \mathfrak{A}$, *donc* $\boldsymbol{T} \in \mathfrak{A}_\beta$ *et* $\boldsymbol{T} \in \mathfrak{M}$;

b) $\boldsymbol{T}^2 \overset{\bullet}{=} \boldsymbol{T}$ *et* $\boldsymbol{I} \overset{\bullet}{\subset} \boldsymbol{T}$;

c) $\boldsymbol{T}(0) = 0$;

d) $\boldsymbol{T}(\{A\}) = \boldsymbol{U}(A)$, *en particulier* $\boldsymbol{T}(\{0\}) = \{0\}$;

e) *si* $\boldsymbol{K} \neq 0$, *on a* $0 \in \boldsymbol{T}(\boldsymbol{K})$;

f) *si* $1 \in \boldsymbol{K}$, *on a* $\boldsymbol{T}(\boldsymbol{K}) = \boldsymbol{U}(1)$;

g) $\underset{\{x\}}{E}[x \in \Sigma(\boldsymbol{K})] \subset \boldsymbol{T}(\boldsymbol{K})$;

h) *si* $\Sigma(\boldsymbol{K}) \in \boldsymbol{K}$, *on a* $\boldsymbol{T}(\boldsymbol{K}) = \boldsymbol{U}\Sigma(\boldsymbol{K})$.

Démonstration est évidente.

En dehors de l'opération T, c'est l'opération T^*, double de T, qui va nous occuper ici ; comme nous allons le voir, elle consiste à ajouter à une classe $\boldsymbol{K}$ donnée tous les sur-ensembles des éléments de cette classe.

Théorème 37. $\boldsymbol{T}^*(\boldsymbol{K}) = \sum_{X \in \boldsymbol{K}} \boldsymbol{V}(X)$.

Démonstration résulte des déf. 15 et 17.

Certaines propriétés de l'opération $\boldsymbol{T}^*$ se laissent déduire aisément à l'aide du lem. 19 des propriétés correspondantes de l'opération $\boldsymbol{T}$ qui viennent d'être formulées dans le th. $36^{a,b,c}$. Je vais donner ici quelques autres propriétés de $\boldsymbol{T}^*$.

Théorème 38. [a]) *Si* $\boldsymbol{K} \neq 0$, *on a* $1 \in \boldsymbol{T}^*(\boldsymbol{K})$;

[b]) *si* $0 \in \boldsymbol{K}$, *on a* $\boldsymbol{T}^*(\boldsymbol{K}) = \boldsymbol{V}(0) = \boldsymbol{U}(1)$;

[c]) *quelles que soient les classes* $\boldsymbol{K}$ *et* $\boldsymbol{L}$, *les trois formules*: $\boldsymbol{T}(\boldsymbol{K}) \cdot \boldsymbol{L} = 0$, $\boldsymbol{T}(\boldsymbol{K}) \cdot \boldsymbol{T}^*(\boldsymbol{L}) = 0$ *et* $\boldsymbol{K} \cdot \boldsymbol{T}^*(\boldsymbol{L}) = 0$ *sont équivalentes* ;

[d]) $\boldsymbol{TT}^*(0) = 0 = \boldsymbol{T}^*\boldsymbol{T}(0)$; $\boldsymbol{TT}^*(\boldsymbol{K}) = \boldsymbol{U}(1) = \boldsymbol{T}^*\boldsymbol{T}(\boldsymbol{K})$ *pour* $\boldsymbol{K} \neq 0$;

[e]) $\boldsymbol{TT}^* \overset{\circ}{=} \boldsymbol{T}^*\boldsymbol{T} \overset{\circ}{=} \boldsymbol{CTT}^*$;

[f]) *pour que* $\boldsymbol{F} \overset{\circ}{\subset} \boldsymbol{TT}^*$, *il faut et il suffit que* $\boldsymbol{F}(0) = 0$.

Démonstration. Les conditions [a]) et [b]) s'obtiennent aussitôt du th. 37.

[c]) Supposons que $\boldsymbol{T}(\boldsymbol{K}) \cdot \boldsymbol{T}^*(\boldsymbol{L}) \neq 0$; soit p. ex. $Z \in \boldsymbol{T}(\boldsymbol{K}) \cdot \boldsymbol{T}^*(\boldsymbol{L})$. D'après la déf. 17 et le th. 37, il existe donc des ensembles X et Y tels que $X \in \boldsymbol{K}$, $Y \in \boldsymbol{L}$ et $Y \subset Z \subset X$, d'où $Y \subset Z$. En appliquant une fois encore la déf. 17 et le th. 37, on en obtient: $X \in \boldsymbol{K} \cdot \boldsymbol{T}^*(\boldsymbol{L})$ et $Y \in \boldsymbol{T}(\boldsymbol{K}) \cdot \boldsymbol{L}$; par conséquent $\boldsymbol{K} \cdot \boldsymbol{T}^*(\boldsymbol{L}) \neq 0$ et $\boldsymbol{T}(\boldsymbol{K}) \cdot \boldsymbol{L} \neq 0$.

On conclut de ce raisonnement par contraposition que chacune des formules: $\boldsymbol{T}(\boldsymbol{K}) \cdot \boldsymbol{L} = 0$ et $\boldsymbol{K} \cdot \boldsymbol{T}^*(\boldsymbol{L}) = 0$ entraîne: $\boldsymbol{T}(\boldsymbol{K}) \cdot \boldsymbol{T}^*(\boldsymbol{L}) = 0$. En tenant compte des inclusions: $\boldsymbol{K} \subset \boldsymbol{T}(\boldsymbol{K})$ et $\boldsymbol{L} \subset \boldsymbol{T}^*(\boldsymbol{L})$ (que l'on déduit du th. 36^b à l'aide des lem. 19^j et 17^f), on se convaint sans peine que les implications inverses se présentent aussi. Les trois formules sont donc équivalentes, c. q. f. d.

d) En vertu du th. 36[c] et du lem. 19[k] on obtient: $T(0) = 0 = T^*(0)$, donc $TT^*(0) = 0 = T^*T(0)$. Si par contre $K \neq 0$, on a $1 \in T^*(K)$ et $0 \in T(K)$ (th. 38[a] et 36[c]), d'où en raison des th. 36[f] ét 38[b]: $TT^*(K) = U(1) = T^*T(K)$. Les formules d) sont ainsi établies.

e) et f) résultent de d) et du lem. 15[d].

Deux opérations arbitraires F et G qui remplissent la condition suivante: *les formules* $F(X) \cdot Y = 0$ *et* $X \cdot G(Y) = 0$ *sont équivalentes pour toutes deux classes* X *et* Y, peuvent être appelées *conjuguées*; conformément au th. 38[c], T et T^* sont donc des opérations conjuguées. J'avais démontré à ce propos le théorème général suivant [1]):

L'additivité totale d'une opération F donnée est une condition à la fois nécessaire et suffisante pour que F admette une opération conjuguée.

J'ai omis, bien entendu, dans les th. 36 et 38 plusieurs propriétés élémentaires des opérations T et T^* dont je ne ferai pas usage dans la suite, comme p. ex. $T \overset{\circ}{\subset} U\Sigma$, $T^* \overset{\circ}{\subset} V\Pi$; $\Sigma T \overset{\circ}{=} \Sigma$, $\Pi T \overset{\circ}{=} \Pi$; $\overline{\overline{\Sigma(K)}} \leqslant \overline{\overline{T(K)}} \leqslant 2^{\overline{\overline{\Sigma(K)}}}$; $T^*J \overset{\circ}{=} V$; $\mathfrak{P}(\{C, T\}) = \{I, C, T, T^*, CT, CT^*, TT^*\}$ et $\mathfrak{B}(\{C, T\}) = \mathfrak{S}\,\mathfrak{P}(\{C, T\})$. De plus, certaines formules que l'on trouve dans les théorèmes précédents peuvent être mises dans une autre forme, moins intuitive, mais plus concise, p. ex.: $T \overset{\circ}{=} \Sigma\overline{U}$ (déf. 17), $TJ \overset{\circ}{=} U$ (th. 36[d]), $\overline{J\Sigma} \overset{\circ}{\subset} T$ (th. 36[g]) et $T^* \overset{\circ}{=} \overline{\Sigma\overline{V}}$ (th. 37); cf. ici les remarques de la p. 209.

Il est remarquable que les deux opérations T et T^* satisfont à tous les postulats que M. Kuratowski a admis dans sa Thèse pour l'opération de *fermeture* [2]); comme une autre opération de cette nature on peut citer $I \overset{\circ}{+} \overline{J\Sigma}$.

Ce sont des classes closes par rapport aux opérations T et T^* qui seront étudiées dans la suite de ce §.

Théorème 39. $\mathcal{Cl}(T^*) = \underset{U(1)-X}{E}\,[X \in \mathcal{Cl}(T)]$.

Démonstration. Le th. 38[c], si l'on y pose: $L = U(1) - T(K)$, donne: $T(K) \cdot T^*(U(1) - T(K)) = 0$; la fonction T^* admettant comme valeurs des classes d'ensembles, on a en outre évidemment $T^*(U(1) - T(K)) \subset U(1)$. Par conséquent,

$$(1) \qquad T^*(U(1) - T(K)) \subset U(1) - T(K).$$

[1]) Cf. ma communication: *Sur quelques propriétés caractéristiques des images d'ensembles* dans les *Comptes-rendus des séances de la Soc. Pol. de Math. Section de Varsovie*, Ann. de la Soc. Pol. de Math. VI, p. 127—128.

[2]) *Sur l'opération* $\overline{A}$ *d'Analysis Situs*, Fund. Math. III, p. 182—199.

En vertu du th. 36[b] et du lem. 19[j] on obtient:

(2) $$I \subset T^*,$$

d'où suivant le lem. 17[f] (pour $F \overset{\circ}{=} T^*$)

$$U(1) - T(K) \subseteq T^*(U(1) - T(K));$$

en rapprochant cette inclusion de (1), on conclut aussitôt que

(3) $T^*(U(1) - T(K)) = U(1) - T(K)$ *pour toute classe* K.

D'une façon tout à fait analogue on établit la formule:

(4) $T(U(1) - T^*(L)) = U(1) - T^*(L)$ *pour toute classe* L.

Or, soit X une classe arbitraire de $\mathcal{Cl}(T)$ et $Y = U(1) - X$. En raison des th. 23[c] (pour $F = T$) et 36[b] on a $T(X) = X$; en posant dans la formule (3): $K = X$, on en obtient: $T^*(Y) = Y$, donc, d'après la déf. 16, $Y \epsilon \mathcal{Cl}(T^*)$. A l'aide des formules (2) et (4) on prouve de même qu'à toute classe Y de $\mathcal{Cl}(T^*)$ vient correspondre une classe X (à savoir $X = U(1) - Y$) telle que $Y = U(1) - X$ et $X \epsilon \mathcal{Cl}(T)$.

Nous avons ainsi établi l'équivalence des deux conditions suivantes: (a) $Y \epsilon \mathcal{Cl}(T^*)$ et (b) *il existe une classe* X *vérifiant les formules*: $Y = U(1) - X$ *et* $X \epsilon \mathcal{Cl}(T)$. Il en résulte immediatement l'identité cherchée:

$$\mathcal{Cl}(T^*) = \underset{U(1)-X}{E}[X \epsilon \mathcal{Cl}(T)].$$

$\mathcal{H}$ étant une famille de classes, posons, par analogie complète avec la déf. 15: $\mathcal{C}(\mathcal{H}) = \underset{U(1)-X}{E}[X \epsilon \mathcal{H}]$; le th. 39 prend alors la forme suivante: $\mathcal{Cl}(T^*) = \mathcal{C}(\mathcal{Cl}(T))$. Il est instructif de rapprocher cette identité de celle qui s'obtient comme cas particulier du th. 26: $\mathcal{Cl}(T^*) = \overline{C}(\mathcal{Cl}(T))$; malgré la ressemblance extérieure de ces deux formules, l'une exprime une propriété spécifique de l'operation T, pendant que l'autre résulte des propriétés les plus générales de la notion d'opération double.

Pour examiner la puissance des familles $\mathcal{Cl}(T)$ et $\mathcal{Cl}(T^*)$, il faut rappeler au préalable le lemme suivant, dû à M. Knaster [1]), mais formulé ici dans les termes un peu différents:

[1]) Cf. C. Kuratowski, *Sur la puissance des „nombres de dimension" au sens de M. Fréchet*, Fund. Math. VIII, p. 205, note [1]).

Lemme 40. *Si* $\overline{\overline{1}} = \aleph_\alpha$, *il existe une classe d'ensembles* $\boldsymbol{K}$ *vérifiant les formules:* $\boldsymbol{U}(\boldsymbol{K}) \subset \underset{\boldsymbol{X}}{E}[\boldsymbol{K} \cdot \boldsymbol{T}(\boldsymbol{X}) \subset \boldsymbol{X}]$, $\boldsymbol{U}(\boldsymbol{K}) \subset \underset{\boldsymbol{X}}{E}[\boldsymbol{K} \cdot \boldsymbol{T}^*(\boldsymbol{X}) \subset \boldsymbol{X}]$ *et* $\overline{\overline{\boldsymbol{K}}} = 2^{\aleph_\alpha}$.

Démonstration de ce lemme étant connue [1]), je me borne à en ésquisser la marche générale.

La formule: $\aleph_\alpha = 2 \cdot \aleph_\alpha$ implique l'existence d'un ensemble A tel que $\overline{\overline{A}} = \overline{\overline{1 - A}} = \aleph_\alpha$. On en conclut qu'il existe une fonction f qui transforme de façon biunivoque l'ensemble A en son complémentaire $1 - A$: $f(A) = 1 - A$. Posons $F(X) = X + f(A - X)$ pour $X \subset A$ et $\boldsymbol{K} = \overline{F}\,\boldsymbol{U}(A)$. Il est aisé à démontrer que les formules $Y \in \boldsymbol{K}$, $Z \in \boldsymbol{K}$ et $Z \subset Y$ entraînent constamment: $Y = Z$, donc que $\boldsymbol{K} \cdot \boldsymbol{U}(Y) = \{Y\}$ et $\boldsymbol{K} \cdot \boldsymbol{V}(Z) = \{Z\}$ pour tous ensembles Y et Z de la classe $\boldsymbol{K}$. On en obtient à l'aide de la déf. 17 et du th. 37: $\boldsymbol{K} \cdot \boldsymbol{T}(\boldsymbol{X}) = \boldsymbol{K} \cdot \sum_{Y \in \boldsymbol{X}} \boldsymbol{U}(Y) = \sum_{Y \in \boldsymbol{X}} \boldsymbol{K} \cdot \boldsymbol{U}(Y) = \sum_{Y \in \boldsymbol{X}} \{Y\} = \boldsymbol{X}$ et d'une manière semblable: $\boldsymbol{K} \cdot \boldsymbol{T}^*(\boldsymbol{X}) = \boldsymbol{X}$ pour toute sous-classe $\boldsymbol{X}$ de $\boldsymbol{K}$. Par conséquent, la classe $\boldsymbol{K}$ vérifie les formules: $\boldsymbol{U}(\boldsymbol{K}) \subset \underset{\boldsymbol{X}}{E}[\boldsymbol{K} \cdot \boldsymbol{T}(\boldsymbol{X}) \subset \boldsymbol{X}]$ et $\boldsymbol{U}(\boldsymbol{K}) \subset \underset{\boldsymbol{X}}{E}[\boldsymbol{K} \cdot \boldsymbol{T}^*(\boldsymbol{X}) \subset \boldsymbol{X}]$.

D'autre part, on voit facilement que la fonction F est biunivoque, donc que la classe $\boldsymbol{U}(A)$ est de puissance égale à celle de son image $\overline{F}\,\boldsymbol{U}(A) = \boldsymbol{K}$; en vertu du lem 10^a on en conclut que $\overline{\overline{\boldsymbol{K}}} = 2^{\overline{\overline{A}}} = 2^{\aleph_\alpha}$. Ainsi $\boldsymbol{K}$ est la classe cherchée.

Comme conséquence facile du lemme précédent on obtient le

Thèorème fondamental II. *Si* $\overline{\overline{1}} = \aleph_\alpha$, *on a*

$$\overline{\overline{\mathcal{C}\ell(\boldsymbol{T})}} = \overline{\overline{\mathcal{C}\ell(\boldsymbol{T}^*)}} = 2^{2^{\aleph_\alpha}}.$$

Démonstration. En raison du lem. $19^{c,i}$, l'opération $\boldsymbol{T}$ étant itérative et adjonctive (th. 36^b), l'opération double $\boldsymbol{T}^*$ l'est également. On peut donc appliquer à deux reprises le lem. 34^b, en y posant: $\boldsymbol{F} \overset{\circ}{=} \boldsymbol{T}$ et puis $\boldsymbol{F} \overset{\circ}{=} \boldsymbol{T}^*$; en tenant compte du lem. 40, on parvient aussitôt à la formule cherchée: $\overline{\overline{\mathcal{C}\ell(\boldsymbol{T})}} = \overline{\overline{\mathcal{C}\ell(\boldsymbol{T}^*)}} = 2^{2^{\aleph_\alpha}}$.

Ce théorème a été acquis par l'auteur de cet ouvrage en collaboration avec M. Lindenbaum.

[1]) Cf. la note précédente.

En analysant la démonstration du théoréme précédent, on obtient un théorème un peu plus général, qui est appliquable au cas d'ensembles finis.

Si $\overline{\overline{1}} = a$, *on a* $2^{2^{E\left(\frac{a}{2}\right)}} \leqslant \overline{\overline{\mathcal{C}\ell(\boldsymbol{T})}} = \overline{\overline{\mathcal{C}\ell(\boldsymbol{T}^*)}} \leqslant 2^{2^a}$ *(le symbole* $E\left(\frac{a}{2}\right)$ *désignant le plus grand des nombres* $\mathfrak{r}$ *qui vérifient la formule:* $2\cdot\mathfrak{r} \leqslant a$).

Il est à noter que la formule: $\overline{\overline{\mathcal{C}\ell(\boldsymbol{T})}} = \overline{\overline{\mathcal{C}\ell(\boldsymbol{T}^*)}}$ établie dans le th. fond. II s'obtient facilement du th. 39; d'ailleurs elle ne présente qu'un cas particulier du th. 33.

Quant aux classes closes par rapport aux deux opérations $\boldsymbol{T}$ et $\boldsymbol{T}^*$ à la fois, on a le suivant

Théorème 41. [a]) $\mathcal{C}\ell(\boldsymbol{C} \mathring{+} \boldsymbol{T}) = \mathcal{C}\ell(\boldsymbol{C} \mathring{+} \boldsymbol{T}^*) = \mathcal{C}\ell(\boldsymbol{T} \mathring{+} \boldsymbol{T}^*) = \{0, \boldsymbol{U}(1)\}$;

[b]) *si* $\boldsymbol{H}(0) = 0$, *on a* $\mathcal{C}\ell(\boldsymbol{C} \mathring{+} \boldsymbol{T} \mathring{+} \boldsymbol{H}) = \mathcal{C}\ell(\boldsymbol{C} \mathring{+} \boldsymbol{T}^* \mathring{+} \boldsymbol{H}) = \mathcal{C}\ell(\boldsymbol{T} \mathring{+} \boldsymbol{T}^* \mathring{+} \boldsymbol{H}) = \{0, \boldsymbol{U}(1)\}$.

Démonstration. [a]) En vertu du th. $36^{a,b}$, on peut faire appel au th. 28^a (pour $\boldsymbol{F} \stackrel{\circ}{=} \boldsymbol{T}$); en tenant compte du th. 38e, on en conclut que $\mathcal{C}\ell(\boldsymbol{C} \mathring{+} \boldsymbol{T}) = \mathcal{C}\ell(\boldsymbol{C} \mathring{+} \boldsymbol{T}^*) = \mathcal{C}\ell(\boldsymbol{C}\boldsymbol{T}\boldsymbol{T}^*) = \mathcal{C}\ell(\boldsymbol{T}\boldsymbol{T}^*)$. De même, en posant dans le th. 24^d: $\boldsymbol{F} \stackrel{\circ}{=} \boldsymbol{T}$ et $\boldsymbol{G} \stackrel{\circ}{=} \boldsymbol{T}^*$, on obtient en raison du th. $36^{a,b}$ et du lem. 19^j: $\mathcal{C}\ell(\boldsymbol{T} \mathring{+} \boldsymbol{T}^*) = \mathcal{C}\ell(\boldsymbol{T}\boldsymbol{T}^*)$. Or, si l'on rapproche du th. 38^d la déf. 16, on se convaint sans peine qu'il n'y a que deux classes d'ensembles closes par rapport à l'opération $\boldsymbol{T}\boldsymbol{T}^*$, à savoir 0 et $\boldsymbol{U}(1)$: $\mathcal{C}\ell(\boldsymbol{T}\boldsymbol{T}^*) = \{0, \boldsymbol{U}(1)\}$. On parvient ainsi à la formule [a]) cherchée:

$$\mathcal{C}\ell(\boldsymbol{C} \mathring{+} \boldsymbol{T}) = \mathcal{C}\ell(\boldsymbol{C} \mathring{+} \boldsymbol{T}^*) = \mathcal{C}\ell(\boldsymbol{T} \mathring{+} \boldsymbol{T}^*) = \{0, \boldsymbol{U}(1)\}.$$

[b]) Conformément à la déf. 16, la formule: $\boldsymbol{F}(0) = 0$ donne: $0 \epsilon \mathcal{C}\ell(\boldsymbol{H})$; comme en outre, d'après le th. 20, $\boldsymbol{U}(1) \epsilon \mathcal{C}\ell(\boldsymbol{H})$, on obtient: $\{0, \boldsymbol{U}(1)\} \subset \mathcal{C}\ell(\boldsymbol{H})$. D'autre part, le th. 21^b (pour $\boldsymbol{F} = \boldsymbol{C} \mathring{+} \boldsymbol{T}$ et $\boldsymbol{G} \stackrel{\circ}{=} \boldsymbol{H}$) entraîne: $\mathcal{C}\ell(\boldsymbol{C} \mathring{+} \boldsymbol{T} \mathring{+} \boldsymbol{H}) = \mathcal{C}\ell(\boldsymbol{C} \mathring{+} \boldsymbol{T}) \cdot \mathcal{C}\ell(\boldsymbol{H})$, d'où en vertu de la formule [a]): $\mathcal{C}\ell(\boldsymbol{C} \mathring{+} \boldsymbol{T} \mathring{+} \boldsymbol{H}) = \{0, \boldsymbol{U}(1)\} \cdot \mathcal{C}\ell(\boldsymbol{H})$. On en conclut aussitôt que $\mathcal{C}\ell(\boldsymbol{C} \mathring{+} \boldsymbol{T} \mathring{+} \boldsymbol{H}) = \{0, \boldsymbol{U}(1)\}$; les autres parties de la formule [b]) s'obtiennent d'une façon analogue.

Comme la formule $\boldsymbol{H}(0) = 0$ est remplie par toutes les opérations dont nous avons affaire ici, le théorème qui vient d'être établi nous permet de négliger dans les recherches ultérieures les opérations de la forme $C \overset{\circ}{+} T \overset{\circ}{+} H$, $C \overset{\circ}{+} T^* \overset{\circ}{+} H$ et $T \overset{\circ}{+} T^* \overset{\circ}{+} H$.

Théorème fondamental III. $\overline{\overline{\mathcal{Cl}(C \overset{\circ}{+} T)}} = \overline{\overline{\mathcal{Cl}(C \overset{\circ}{+} T^*)}} = \overline{\overline{\mathcal{Cl}(T \overset{\circ}{+} T^*)}} = 2$.

C'est une conséquence immédiate du th. 41[a].

Nous laissons au lecteur d'examiner les propriétés de l'opération $T^\times$ (c.-à-d. de la deuxième opération double de T; cf. la fin du § 2) et en particulier d'établir les théorèmes suivants:

A. *Si* $\overline{\overline{1}} = \aleph_\alpha$, *on a* $\overline{\overline{\mathcal{Cl}(T^\times)}} = 2^{2^{\aleph_\alpha}}$ *et* $\overline{\overline{\mathcal{Cl}(T \overset{\circ}{+} T^\times)}} = 2^{\aleph_\alpha}$.

B. $\mathcal{Cl}(C \overset{\circ}{+} T^\times) = \{0, U(1)\}$ *et* $\overline{\overline{\mathcal{Cl}(C \overset{\circ}{+} T^\times)}} = 2$.

§ 5. Opération S. Classes d'ensembles additives.

Je passe à l'opération S qui consiste à former tous les ensembles-sommes de sous-classes quelconques d'une classe d'ensembles K donnée; les classes closes par rapport à cette opération seront appelées parfois *classes additives*.

Définition 18. $S(K) = \overline{\Sigma}(U(K) - \{0\})$.

L'opération $S'(K) = \overline{\Sigma}(U(K))$, qui parait plus naturelle, est moins commode à cause de la propriété: $0 \in S'(K)$, qui se présente pour tout K, donc même pour $K = 0$. En conséquence les th. 42[c,d] et 43[d,e] seraient en défaut.

Certaines propriétés élémentaires de l'opération S sont données dans le suivant

Théorème 42. [a]) $S \in \mathfrak{M}$;

[b]) $S^2 \overset{\circ}{=} S$ *et* $I \overset{\circ}{\subset} S$;

[c]) $S(0) = 0$;

[d]) $\Sigma S(K) = \Sigma(K)$ *et* $\Pi S(K) = \Pi(K)$;

[e]) *si* $K \neq 0$, *on a* $\Sigma(K) \in S(K)$;

[f]) *si* $K \neq 0$ *et* $\underset{\{x\}}{E}[x \in \Sigma(K)] \subset K$, *on a* $S(K) = U\Sigma(K)$;

[g]) $\overline{\overline{S(K)}} \leqslant 2^{\overline{\overline{K}}}$.

Démonstration est tout à fait élémentaire. En particulier, la formule: $S^2 \overset{\circ}{=} S$ de [b]) se déduit facilement de la loi associative générale d'addition des ensembles à l'aide de l'axiome du choix. Si l'on veut cependant éviter ici l'usage de cet axiome, il suffit de remarquer qu'il est possible de définir d'une façon effective une fonction $\boldsymbol{F}$ faisant correspondre à tout ensemble X de $\boldsymbol{S}(\boldsymbol{K})$ une classe d'ensembles $\boldsymbol{F}(X)$ telle que $\boldsymbol{F}(X) \subset \boldsymbol{K}$, $\boldsymbol{F}(X) \neq 0$ et $X = \Sigma \boldsymbol{F}(X)$; on pose notamment: $\boldsymbol{F}(X) = \sum_{Y \subset \boldsymbol{K} \text{ et } \Sigma(Y) = X} Y$. Cette fonction étant en outre biunivoque, son existence entraîne selon le lem. 10[a] la formule [g]).

Je vais établir à présent quelques relations qui existent entre l'opération $\boldsymbol{S}$ et les opérations $\boldsymbol{T}$ et $\boldsymbol{T}^*$ examinées dans le § précédent.

Théorème 43. [a]) *$\boldsymbol{T}\boldsymbol{S}(0) = 0 = \boldsymbol{S}\boldsymbol{T}(0)$; si $\boldsymbol{K} \neq 0$, on a $\boldsymbol{T}\boldsymbol{S}(\boldsymbol{K}) = \boldsymbol{U}\Sigma(\boldsymbol{K}) = \boldsymbol{S}\boldsymbol{T}(\boldsymbol{K})$;*

[b]) $\boldsymbol{T}\boldsymbol{S} \overset{\circ}{=} \boldsymbol{S}\boldsymbol{T}$;

[c]) *pour que $\boldsymbol{F} \overset{\circ}{\subset} \boldsymbol{T}\boldsymbol{S}$, il faut et il suffit que $\boldsymbol{F} \overset{\circ}{\subset} \boldsymbol{U}\Sigma$ et que $\boldsymbol{F}(0) = 0$;*

[d]) $\boldsymbol{S} \overset{\circ}{\subset} \boldsymbol{T}^*$;

[e]) *$\boldsymbol{S}(\boldsymbol{K} + \boldsymbol{L}) \subset \boldsymbol{T}^*(\boldsymbol{K}) + \boldsymbol{S}(\boldsymbol{L})$ pour toutes deux classes $\boldsymbol{K}$ et $\boldsymbol{L}$ ($\boldsymbol{S}[\boldsymbol{F} \overset{\circ}{+} \boldsymbol{G}] \overset{\circ}{\subset} \boldsymbol{T}^*\boldsymbol{F} \overset{\circ}{+} \boldsymbol{S}\boldsymbol{G}$ pour toutes deux opérations $\boldsymbol{F}$ et $\boldsymbol{G}$).*

Démonstration. [a]) Les th. 36[c] et 42[c] donnent aussitôt: $\boldsymbol{T}\boldsymbol{S}(0) = 0 = \boldsymbol{S}\boldsymbol{T}(0)$. Si par contre $\boldsymbol{K} \neq 0$, on a en vertu des th. 42[e] et 36[g]: $\Sigma(\boldsymbol{K}) \in \boldsymbol{S}(\boldsymbol{K})$ et $\underset{\{x\}}{E}[x \in \Sigma(\boldsymbol{K})] \subset \boldsymbol{T}(\boldsymbol{K})$, d'où d'après les th. 36[h] et 42[f]: $\boldsymbol{T}\boldsymbol{S}(\boldsymbol{K}) = \boldsymbol{U}\Sigma(\boldsymbol{K}) = \boldsymbol{S}\boldsymbol{T}(\boldsymbol{K})$. Les formules [a]) sont donc établies.

[b]) et [c]) s'obtiennent tout de suite de [a]). Les formules [d]) et [e]) résultent facilement de la déf. 18 et du th. 37.

Comme il a été dit (p. 209), l'opération $\boldsymbol{I}$ constitue dans un certain sens la borne inférieure de la plupart des operations qui nous occupent dans cet ouvrage; or, l'opération $\boldsymbol{T}\boldsymbol{S}$ envisagée dans le théorème précédent en constitue dans le même sens la borne supérieure. Les opérations $\boldsymbol{F}$ qui vérifient l'inclusion: $\boldsymbol{F} \overset{\circ}{\subset} \boldsymbol{T}\boldsymbol{S}$ (ou, si l'on veut, l'inclusion un peu plus générale: $\boldsymbol{F} \overset{\circ}{\subset} \boldsymbol{U}\Sigma$) peuvent être appelées *intrinsèques*.

Il mérite d'être noté qu'il y a des opérations intrinsèques $\boldsymbol{F}$, comme p. ex. $\boldsymbol{F} \overset{\circ}{=} \boldsymbol{T}$, dont les opérations doubles $\boldsymbol{F}^*$ ne le sont pas. On connaît cependant un nombre des opérations qui sont intrinsèques avec leurs doubles et que l'on pourrait appeler pour cette raison ***intrinsèques au sens strict***; telles sont p. ex. l'opération $\boldsymbol{S}$ et les opérations qui seront définies dans le § 6. On voit facilement que les opérations $\boldsymbol{F}$ de cette sorte sont caracterisées par les formules: $\boldsymbol{F} \overset{\circ}{\subset} \boldsymbol{T}\boldsymbol{S}$ *et* $\boldsymbol{F} \overset{\circ}{\subset} \boldsymbol{T}^*\boldsymbol{S}^*$ (ou, ce qui revient au même, par les formules: $\boldsymbol{F} \overset{\circ}{\subset} \boldsymbol{U}\boldsymbol{\Sigma}$ *et* $\boldsymbol{F} \overset{\circ}{\subset} \boldsymbol{V}\boldsymbol{\Pi}$). Il est enfin à remarquer que la propriété d'être une opération intrinsèque subsiste, si l'on passe de $\boldsymbol{F}$ à l'opération $\boldsymbol{F}^{\times}$ mentionnée à la fin du § 2.

Le théorème suivant, qui ne présente d'ailleurs qu'une conséquence immédiate des déf. 15 et 18 et des lois bien connues de De Morgan, caractérise l'opération $\boldsymbol{S}^*$, double de $\boldsymbol{S}$:

Théorème 44. $\boldsymbol{S}^*(\boldsymbol{K}) = \overline{\Pi}(\boldsymbol{U}(\boldsymbol{K}) - \{0\})$.

On voit ainsi que l'opération $\boldsymbol{S}^*$ consiste à former tous les produits possibles des ensembles d'une classe $\boldsymbol{K}$ donnée. Vu l'importance de cette opération, on pourrait la désigner par un signe spécial, p. ex. $\boldsymbol{P}$; les classes d'ensembles closes par rapport à $\boldsymbol{S}^*$ peuvent être appelées *classes multiplicatives*.

Nous ferons appel dans la suite aux diverses propriétés de l'opération $\boldsymbol{S}^*$ qu'on déduit des th. 42^{a-c} et $43^{b,d,e}$ par l'application du lem. 19. Considérons en outre les propriétés suivantes qui résultent immédiatement du th. 44 (et de la déf. 17):

Théorème 45. [a]) $\Sigma\, \boldsymbol{S}^*(\boldsymbol{K}) = \Sigma(\boldsymbol{K})$ *et* $\Pi\, \boldsymbol{S}^*(\boldsymbol{K}) = \Pi(\boldsymbol{K})$;

[b]) *si* $\boldsymbol{K} \neq 0$, *on a* $\Pi(\boldsymbol{K}) \in \boldsymbol{S}^*(\boldsymbol{K})$; *en particulier, si* $\Pi(\boldsymbol{K}) = 0$, *on a* $0 \in \boldsymbol{S}^*(\boldsymbol{K})$ [1]);

[c]) $\boldsymbol{S}^*(\boldsymbol{K} + \boldsymbol{L}) \subset \boldsymbol{T}(\boldsymbol{K}) + \boldsymbol{S}^*(\boldsymbol{L})$ *pour toutes deux classes* $\boldsymbol{K}$ *et* $\boldsymbol{L}$ $(\boldsymbol{S}^*[\boldsymbol{F} \overset{\circ}{+} \boldsymbol{G}] \overset{\circ}{\subset} \boldsymbol{T}\boldsymbol{F} \overset{\circ}{+} \boldsymbol{S}^*\boldsymbol{G}$ *pour toutes deux opérations* $\boldsymbol{F}$ *et* $\boldsymbol{G}$).

Dans l'étude approfondie des opérations $\boldsymbol{S}$ et $\boldsymbol{S}^*$ (et surtout dans l'étude des classes d'ensembles qui sont à la fois additives et multiplicatives) une opération auxiliaire $\boldsymbol{M}$ rend des services considérables. Cette opération consiste à former des ensembles d'une

[1]) J'admets ici, comme d'habitude, $\Pi(0) = 1$; la formule $\Pi(\boldsymbol{K}) = 0$ implique donc que $\boldsymbol{K} \neq 0$.

classe $\boldsymbol{K}$ donnée certains autres ensembles dits *molécules* ou *atomes* de cette classe. En généralisant notamment une notion introduite par M. Fréchet[1]), nous appelons *atome de la classe* $\boldsymbol{K}$ *relatif à l'élément* a *de* $\Sigma(\boldsymbol{K})$, en symboles $A_{\boldsymbol{K}}(a)$, la partie commune (le produit) de tous les ensembles de la classe $\boldsymbol{K}$ qui contiennent l'élément a; la classe $\boldsymbol{M}(\boldsymbol{K})$ est formée par tous ces atomes $A_{\boldsymbol{K}}(a)$ (où $a \in \Sigma(\boldsymbol{K})$) et de plus par l'ensemble 0 dans le cas où cet ensemble coïncide avec $\Pi(\boldsymbol{K})$.

Définition 19. [a]) $A_{\boldsymbol{K}}(a) = \prod_{a \in X \in \boldsymbol{K}} X$;

[b]) $\boldsymbol{M}(\boldsymbol{K}) = \overline{A_{\boldsymbol{K}}}(\Sigma(\boldsymbol{K})) + \{0\} \cdot \{\Pi(\boldsymbol{K})\}$.

Quelques propriétés de l'opération $\boldsymbol{M}$, qui sont d'importance pour nos recherches, sont formulées dans le suivant

Théorème 46. [a]) $\boldsymbol{M} \overset{\circ}{\subset} \boldsymbol{S}^*$;

[b]) $\boldsymbol{M}\boldsymbol{S} \overset{\bullet}{=} \boldsymbol{M} \overset{\circ}{=} \boldsymbol{M}\boldsymbol{S}^*$;

[c]) $\boldsymbol{S}\boldsymbol{M} \overset{\circ}{=} \boldsymbol{S}\boldsymbol{S}^*$;

[d]) $\overline{\overline{\boldsymbol{M}(\boldsymbol{K})}} \leqslant \overline{\overline{\Sigma(\boldsymbol{K})}} + 1$.

Démonstration. [a]) Soit $\boldsymbol{K}$ une classe arbitraire d'ensembles. D'après la déf. 19[a], à tout $x \in \Sigma(\boldsymbol{K})$ correspond une classe $\boldsymbol{Y}$ telle que $\boldsymbol{Y} \subset \boldsymbol{K}$, $\boldsymbol{Y} \neq 0$ et $A_{\boldsymbol{K}}(x) = \Pi(\boldsymbol{Y})$, à savoir: $\boldsymbol{Y} = \boldsymbol{V}(\{x\}) \cdot \boldsymbol{K}$. Il en résulte que $\overline{A_{\boldsymbol{K}}}(\Sigma(\boldsymbol{K})) = \underset{A_{\boldsymbol{K}}(x)}{E}\,[x \in \Sigma(\boldsymbol{K})] \subset \overline{\Pi}(\boldsymbol{U}(\boldsymbol{K}) - \{0\})$, d'où, en raison du th. 44, $\overline{A_{\boldsymbol{K}}}(\Sigma(\boldsymbol{K})) \subset \boldsymbol{S}^*(\boldsymbol{K})$. Comme, en outre, suivant le th. 45[b], $\{0\} \cdot \{\Pi(\boldsymbol{K})\} \subset \boldsymbol{S}^*(\boldsymbol{K})$, on en obtient conformément à la déf. 19[b]: $\boldsymbol{M}(\boldsymbol{K}) \subset \boldsymbol{S}^*(\boldsymbol{K})$ pour toute classe $\boldsymbol{K}$. Par conséquent $\boldsymbol{M} \overset{\circ}{\subset} \boldsymbol{S}^*$, c. q. f. d.

[b]) $\boldsymbol{K}$ étant une classe quelconque, on obtient du th. 42[b] à l'aide des lem. 17[f] et 19[j] les inclusions: $\boldsymbol{K} \subset \boldsymbol{S}(\boldsymbol{K})$ et $\boldsymbol{K} \subset \boldsymbol{S}^*(\boldsymbol{K})$, d'où pour tout x:

$$(1) \qquad \prod_{x \in X \in \boldsymbol{S}(\boldsymbol{K})} X \subset \prod_{x \in X \in \boldsymbol{K}} X \quad \text{et} \quad \prod_{x \in X \in \boldsymbol{S}^*(\boldsymbol{K})} X \subset \prod_{x \in X \in \boldsymbol{K}} X.$$

[1]) Cf. *Des familles et fonctions additives d'ensembles abstraits*, Fund. Math. V, p. 210—213 et 217—218.

Considérons un ensemble arbitraire Y tel que $x \epsilon Y \epsilon \boldsymbol{S}(\boldsymbol{K})$. Conformément à la déf. 18, Y se laisse représenter sous la forme $Y = \Sigma(\boldsymbol{L})$ où $\boldsymbol{L} \subset \boldsymbol{K}$. On a donc $x \epsilon \Sigma(\boldsymbol{L}) = Y$, ce qui implique l'existence d'un ensemble Z vérifiant les formules: $x \epsilon Z \epsilon \boldsymbol{L}$ et $Z \subset Y$. Par conséquent $\prod_{x \epsilon X \epsilon \boldsymbol{K}} X \subset \prod_{x \epsilon X \epsilon \boldsymbol{L}} X \subset Z \subset Y$, d'où $\prod_{x \epsilon X \epsilon \boldsymbol{K}} X \subset Y$. Or, cette dernière inclusion étant remplie par tout ensemble Y assujetti à la condition $x \epsilon Y \epsilon \boldsymbol{S}(\boldsymbol{K})$, on en conclut que

$$(2) \qquad \prod_{x \epsilon X \epsilon \boldsymbol{K}} X \subset \prod_{x \epsilon X \epsilon \boldsymbol{S}(\boldsymbol{K})} X.$$

D'une façon analogue, soit $x \epsilon Y \epsilon \boldsymbol{S}^*(\boldsymbol{K})$. D'après le th. 44, il existe une classe $\boldsymbol{L}$ telle que $Y = \Pi(\boldsymbol{L})$ et $\boldsymbol{L} \subset \boldsymbol{K}$. On a donc $x \epsilon Z \epsilon \boldsymbol{K}$ pour tout ensemble Z de $\boldsymbol{L}$, d'où $\prod_{x \epsilon X \epsilon \boldsymbol{K}} X \subset Z$. On en obtient ensuite: $\prod_{x \epsilon X \epsilon \boldsymbol{K}} X \subset \prod_{Z \epsilon \boldsymbol{L}} Z = \Pi(\boldsymbol{L}) = Y$. Ce raisonnement s'appliquant à tout ensemble Y tel que $x \epsilon Y \epsilon \boldsymbol{S}^*(\boldsymbol{K})$, on parvient à la formule:

$$(3) \qquad \prod_{x \epsilon X \epsilon \boldsymbol{K}} X \subset \prod_{x \epsilon X \epsilon \boldsymbol{S}^*(\boldsymbol{K})} X.$$

Les inclusions (1)—(3) donnent aussitôt: $\prod_{x \epsilon X \epsilon \boldsymbol{S}(\boldsymbol{K})} X = \prod_{x \epsilon X \epsilon \boldsymbol{K}} X = \prod_{x \epsilon X \epsilon \boldsymbol{S}^*(\boldsymbol{K})} X$, d'où, en raison de la déf. 19^a,

$$(4) \qquad A_{\boldsymbol{S}(\boldsymbol{K})}(x) = A_{\boldsymbol{K}}(x) = A_{\boldsymbol{S}^*(\boldsymbol{K})}(x) \text{ \textit{pour tout élément} } x.$$

A l'aide de (4) on déduit de la déf. 19^b que

$$(5) \qquad \boldsymbol{M}\boldsymbol{S}(\boldsymbol{K}) = \overline{A_{\boldsymbol{K}}}(\Sigma\,\boldsymbol{S}(\boldsymbol{K})) + \{0\} \cdot \{\Pi\,\boldsymbol{S}(\boldsymbol{K})\},\ \boldsymbol{M}(\boldsymbol{K}) = \\ = \overline{A_{\boldsymbol{K}}}(\Sigma(\boldsymbol{K})) + \{0\} \cdot \{\Pi(\boldsymbol{K})\} \text{ \textit{et} } \boldsymbol{M}\boldsymbol{S}^*(\boldsymbol{K}) = \overline{A_{\boldsymbol{K}}}(\Sigma\,\boldsymbol{S}^*(\boldsymbol{K})) + \\ + \{0\} \cdot \{\Pi\,\boldsymbol{S}^*(\boldsymbol{K})\}.$$

Comme on a en vertu des th. 42^d et 45^a: $\Sigma\boldsymbol{S}(\boldsymbol{K}) = \Sigma(\boldsymbol{K}) = \Sigma\boldsymbol{S}^*(\boldsymbol{K})$ et $\Pi\,\boldsymbol{S}(\boldsymbol{K}) = \Pi(\boldsymbol{K}) = \Pi\,\boldsymbol{S}^*(\boldsymbol{K})$, les formules (15) entraînent: $\boldsymbol{M}\,\boldsymbol{S}(\boldsymbol{K}) = \boldsymbol{M}(\boldsymbol{K}) = \boldsymbol{M}\,\boldsymbol{S}^*(\boldsymbol{K})$ pour toute classe $\boldsymbol{K}$; par conséquent,

$$\boldsymbol{M}\boldsymbol{S} \overset{\circ}{=} \boldsymbol{M} \overset{\circ}{=} \boldsymbol{M}\boldsymbol{S}^*, \quad \text{c. q. f. d.}$$

c) Envisageons un ensemble arbitraire X tel que

(6) $$X \in \boldsymbol{K} - \{0\}.$$

En vertu de (6) $X \subset \boldsymbol{\Sigma}(\boldsymbol{K})$, donc $\overline{A_{\boldsymbol{K}}}(X) \subset \overline{A_{\boldsymbol{K}}}(\boldsymbol{\Sigma}(\boldsymbol{K}))$, d'où suivant la déf. 19[b]

(7) $$\overline{A_{\boldsymbol{K}}}(X) \subset \boldsymbol{M}(\boldsymbol{K});$$

comme de plus, $X \neq 0$, on a:

(8) $$\overline{A_{\boldsymbol{K}}}(X) \neq 0.$$

En tenant compte de (6), on conclut facilement de la déf. 19[a] que $A_{\boldsymbol{K}}(x) \subset X$ pour tout $x \in X$, donc que

(9) $$\boldsymbol{\Sigma}(\overline{A_{\boldsymbol{K}}}(X)) \subset X.$$

D'autre part la déf. 19[a] implique également que $x \in A_{\boldsymbol{K}}(x)$, quel que soit x, d'où pour tout x de X on a $x \in \boldsymbol{\Sigma}(\overline{A_{\boldsymbol{K}}}(X))$; il en résulte que $X \subset \boldsymbol{\Sigma}(\overline{A_{\boldsymbol{K}}}(X))$. En rapprochant cette inclusion de (9), on en obtient:

(10) $$X = \boldsymbol{\Sigma}(\overline{A_{\boldsymbol{K}}}(X)).$$

Les formules (7), (8) et (10) montrent que l'ensemble X est de la forme $X = \boldsymbol{\Sigma}(\boldsymbol{L})$ où $\boldsymbol{L} \subset \boldsymbol{M}(\boldsymbol{K})$ et $\boldsymbol{L} \neq 0$; autrement dit, $X \in \overline{\boldsymbol{\Sigma}}(\boldsymbol{U}\boldsymbol{M}(\boldsymbol{K}) - \{0\})$, donc conformément à la déf. 18:

(11) $$X \in \boldsymbol{S}\boldsymbol{M}(\boldsymbol{K}).$$

Il est ainsi prouvé que la formule (6) entraîne constamment (11); cette implication peut être évidemment exprimée par la formule:

(12) $$\boldsymbol{K} - \{0\} \subset \boldsymbol{S}\boldsymbol{M}(\boldsymbol{K})$$

Passons au cas où $X \in \boldsymbol{K} \cdot \{0\}$. On a alors évidemment $X = 0 = \boldsymbol{\Pi}(\boldsymbol{K})$, donc $X \in \{0\} \cdot \{\boldsymbol{\Pi}(\boldsymbol{K})\}$, d'où en raison de la déf. 19[b]: $X \in \boldsymbol{M}(\boldsymbol{K})$; comme de plus, en vertu du th. 42[b] et du lem. 17[f], $\boldsymbol{M}(\boldsymbol{K}) \subset \boldsymbol{S}\boldsymbol{M}(\boldsymbol{K})$, on en obtient: $X \in \boldsymbol{S}\boldsymbol{M}(\boldsymbol{K})$. Par conséquent

(13) $$\boldsymbol{K} \cdot \{0\} \subset \boldsymbol{S}\boldsymbol{M}(\boldsymbol{K}).$$

Les inclusions (12) et (13) donnent aussitôt: $\boldsymbol{K} \subset \boldsymbol{S}\boldsymbol{M}(\boldsymbol{K})$ pour toute classe $\boldsymbol{K}$; conformément aux déf. 13 et 8[b] on a donc

(14) $$\boldsymbol{I} \mathring{\subset} \boldsymbol{S}\boldsymbol{M}.$$

En posant dans le lem. 17[c]: $F \stackrel{\circ}{=} SM$ et $G \stackrel{\circ}{=} SS^*$, on obtient de (14): $SS^* \stackrel{\circ}{\subset} SMSS^*$. Or, la formule [b]) du théorème considéré, qui a été établie plus haut, implique que $SMSS^* \stackrel{\circ}{=} S[MS]S^* \stackrel{\circ}{=}$ $\stackrel{\circ}{=} S[MS^*] \stackrel{\circ}{=} SM$. On en conclut que

(15) $$SS^* \stackrel{\circ}{\subset} SM.$$

D'autre part, en vertu de la formule [a]), qui a été de même déjà établie, on a $M \subset S^*$; comme en outre $S \in \mathfrak{M}$ (th. 42[a]), on en obtient à l'aide de la déf. 12[a]:

(16) $$SM \stackrel{\circ}{\subset} SS^*.$$

Les formules (15) et (16) entraînent immédiatement l'identité cherchée:

$$SM \stackrel{\circ}{=} SS^*.$$

[d]) Posons dans le lem. 11[a] (qui résulte notoirement de l'axiome du choix): $f \stackrel{\circ}{=} A_K$ et $A = \Sigma(K)$; on en obtient: $\overline{\overline{A_K(\Sigma(K))}} \leqslant$ $\leqslant \overline{\overline{\Sigma(K)}}$, d'où d'après la déf. 19[b] $\overline{\overline{M(K)}} \leqslant \overline{\overline{A_K(\Sigma(K))}} +$ $+ \overline{\overline{\{0\} \cdot \{\Pi(K)\}}} \leqslant \overline{\overline{\Sigma(K)}} + 1$, c. q. f. d.

Les propriétés de l'opération M qui viennent d'être établies trouveront une application intéressante dans la démonstration du suivant

Théorème 47. $SS^* \stackrel{\circ}{=} S^*S$.

Démonstration. Le th. 46[b] donne: $SMS \stackrel{\circ}{=} SM$; à l'aide du th. 46[c] on en conclut que

(1) $$SS^*S \stackrel{\circ}{=} SS^*.$$

En posant dans le lem. 17[c]: $F \stackrel{\circ}{=} S$ et $G \stackrel{\circ}{=} S^*S$ et en tenant compte du th. 42[b], nous obtenons ensuite: $S^*S \subset SS^*S$, d'où selon (1)

(2) $$S^*S \stackrel{\circ}{\subset} SS^*.$$

Par l'application du lem. 19[b,c,e] on déduit successivement de (2): $[S^*S]^* \stackrel{\circ}{\subset} [SS^*]^*$, $S^{**}S^* \stackrel{\circ}{\subset} S^*S^{**}$ et enfin

(3) $$SS^* \stackrel{\circ}{\subset} S^*S.$$

Les inclusions (2) et (3) donnent aussitôt:

$$S^*S \stackrel{\circ}{=} SS^*, \quad \text{c. q. f. d.}$$

Le théorème précédent se laisse d'ailleurs démontrer par une autre voie, plus naturelle peut-être, mais pas plus simple: au lieu de l'opération $\boldsymbol{M}$, on applique notamment les lois distributives d'addition et de multiplication des ensembles dans leur forme la plus générale. Toutefois on se heurte à certaines difficultés, si l'on tâche d'éviter dans cette nouvelle démonstration l'usage de l'axiome du choix.

Je vais mentionner ici quelques propriétés des opérations $\boldsymbol{S}$, $\boldsymbol{S}^*$ et $\boldsymbol{M}$ qui ont été omises dans les th. 42—47. On peut démontrer que *la formule*: $\boldsymbol{F}\boldsymbol{\Sigma} \doteq \boldsymbol{\Sigma}\overline{\boldsymbol{F}}\boldsymbol{S}$ (c.-à-d. $\boldsymbol{F}\boldsymbol{\Sigma}(\mathcal{H}) = \sum_{X \in \boldsymbol{S}(\mathcal{H})} \boldsymbol{F}(X)$ *pour toute famille de classes* $\mathcal{H}$) *est une condition à la fois nécessaire et suffisante pour que l'on ait*: $\boldsymbol{F} \in \mathfrak{M}$ *et* $\boldsymbol{F}(0) = 0$; on a donc en particulier: $\boldsymbol{S}\boldsymbol{\Sigma} \doteq \boldsymbol{\Sigma}\overline{\boldsymbol{S}}\boldsymbol{S}$. Le th. 29 du § 3 se laisse formuler de la façon suivante: *si* $\boldsymbol{F} \in \mathfrak{M}$, *on a* $\boldsymbol{S}^*(\mathcal{C}\ell(\boldsymbol{F})) \subset \mathcal{C}\ell(\boldsymbol{F})$. On a ensuite: $\boldsymbol{S}J \doteq J \doteq \boldsymbol{S}^*J$; $\boldsymbol{T}^*\boldsymbol{S}^*(0) = 0 = \boldsymbol{S}^*\boldsymbol{T}^*(0)$, $\boldsymbol{T}^*\boldsymbol{S}^*(\boldsymbol{K}) = \boldsymbol{V}\boldsymbol{\Pi}(\boldsymbol{K}) = \boldsymbol{S}^*\boldsymbol{T}^*(\boldsymbol{K})$ *pour* $\boldsymbol{K} \neq 0$; $\mathfrak{P}(\{\boldsymbol{C}, \boldsymbol{T}, \boldsymbol{S}\}) = \{\boldsymbol{I}, \boldsymbol{C}, \boldsymbol{T}, \boldsymbol{T}^*, \boldsymbol{S}, \boldsymbol{S}^*, \boldsymbol{CT}, \boldsymbol{CT}^*, \boldsymbol{CS}, \boldsymbol{CS}^*, \boldsymbol{TT}^*, \boldsymbol{TS}, \boldsymbol{T}^*\boldsymbol{S}^*, \boldsymbol{SS}^*, \boldsymbol{CTS}, \boldsymbol{CT}^*\boldsymbol{S}^*, \boldsymbol{CSS}^*\}$. L'opération $\boldsymbol{M}$ vérifie en outre les formules: $\boldsymbol{M}^2 \doteq \boldsymbol{M}$; $\overline{J}(1) \cdot \boldsymbol{K} \subset \boldsymbol{M}(\boldsymbol{K})$; $\boldsymbol{M}(0) = 0$; $\boldsymbol{\Sigma}\boldsymbol{M} \doteq \boldsymbol{\Sigma}$; $\boldsymbol{MT}(0) = 0$, $\boldsymbol{MT}(\boldsymbol{K}) = \overline{J}\boldsymbol{\Sigma}(\boldsymbol{K}) + \{0\}$ *pour* $\boldsymbol{K} \neq 0$; $\boldsymbol{MT} \in \mathfrak{A}$, $[\boldsymbol{MT}]^2 \doteq \boldsymbol{MT}$; $\boldsymbol{S}^*\boldsymbol{M} \doteq \boldsymbol{M}$. Il est à noter que $\boldsymbol{M}(\boldsymbol{K})$ n'est pas dans le cas général une classe d'ensembles disjoints.

Passons aux problèmes qui concernent les classes d'ensembles additives et multiplicatives.

Théorème fondamental IV. *Si* $\overline{\overline{1}} = \aleph_\alpha$, *on a* $\overline{\overline{\mathcal{C}\ell(\boldsymbol{S})}} = \overline{\overline{\mathcal{C}\ell(\boldsymbol{S}^*)}} = 2^{2^{\aleph_\alpha}}$.

D é m o n s t r a t i o n. Le th. 21[a] donne en vertu du th. 43[d]: $\mathcal{C}\ell(\boldsymbol{T}^*) \subset \mathcal{C}\ell(\boldsymbol{S})$, d'où d'après le th. fond. I $\overline{\overline{\mathcal{C}\ell(\boldsymbol{S})}} \geqslant \overline{\overline{\mathcal{C}\ell(\boldsymbol{T}^*)}} = 2^{2^{\aleph_\alpha}}$. L'inégalitè inverse, c.-à-d. $\overline{\overline{\mathcal{C}\ell(\boldsymbol{S})}} \leqslant 2^{2^{\aleph_\alpha}}$, résulte immédiatement du th. 32. Comme on a de plus, en raison du th. 33, $\overline{\overline{\mathcal{C}\ell(\boldsymbol{S})}} = \overline{\overline{\mathcal{C}\ell(\boldsymbol{S}^*)}}$, on obtient finalement: $\overline{\overline{\mathcal{C}\ell(\boldsymbol{S})}} = \overline{\overline{\mathcal{C}\ell(\boldsymbol{S}^*)}} = 2^{2^{\aleph_\alpha}}$, c. q. f. d.

Ce théorème m'a été communiqué par M. L i n d e n b a u m.

Théorème 48. [a]) $\mathcal{C}\ell(\boldsymbol{T} \overset{\circ}{+} \boldsymbol{S}) = \mathcal{C}\ell(\boldsymbol{TS}) = \{0\} + \overline{\boldsymbol{U}}\boldsymbol{U}(1)$;
[b]) $\mathcal{C}\ell(\boldsymbol{T}^* \overset{\circ}{+} \boldsymbol{S}^*) = \mathcal{C}\ell(\boldsymbol{T}^*\boldsymbol{S}^*) = \{0\} + \overline{\boldsymbol{V}}\boldsymbol{V}(0) = \{0\} + \overline{\boldsymbol{V}}\boldsymbol{U}(1)$.

D é m o n s t r a t i o n. [a]) En tenant compte des th. 36[a,b] et 42[b], on obtient du th. 24[d]:

$$(1) \qquad \mathcal{C}\ell(\boldsymbol{T} \overset{\circ}{+} \boldsymbol{S}) = \mathcal{C}\ell(\boldsymbol{TS}).$$

Envisageons une classe arbitraire Y de $\mathcal{C}l(TS)$, différente de 0. Conformément à la déf. 16 $TS(Y) \subset Y$, d'où en raison du th. 43[a] $U\Sigma(Y) \subset Y$; en outre, on a évidemment $Y \subset U\Sigma(Y)$ (pour toute classe Y). Par conséquent $Y = U\Sigma(Y)$; la classe Y est donc de la forme $Y = U(X)$, où $X = \Sigma(Y)$ appartient à la classe $U(1)$ (comme ensemble d'individus).

Il résulte de ce raisonnement que $\mathcal{C}l(TS) \subset \{0\} + \underset{U(X)}{E}[X \in U(1)]$.
Or, d'après la déf. 6 (pour $f \doteq U$ et $A = U(1)$), cette inclusion peut être mise sous la forme:

$$\mathcal{C}l(TS) \subset \{0\} + \overline{U}\,U(1). \tag{2}$$

D'autre part, soit $Y \in \{0\} + \overline{U}\,U(1)$. Si $Y \in \{0\}$, on a $TS(Y) = Y$, d'où $Y \in \mathcal{C}l(TS)$ (th. 43[a], déf. 16). Si, par contre, $Y \in \overline{U}\,U(1)$, il existe un ensemble X tel que $Y = U(X)$ (et $X \in U(1)$). On en conclut aussitôt que $\Sigma(Y) = \Sigma U(X) = X$, d'où $Y = U\Sigma(Y)$ et, suivant le th. 43[a], $Y = TS(Y)$; en appliquant une fois encore la déf. 16, on en obtient donc de nouveau la formule: $Y \in \mathcal{C}l(TS)$.

Il est ainsi prouvé que

$$\{0\} + \overline{U}\,U(1) \subset \mathcal{C}l(TS). \tag{3}$$

Les formules (1)—(3) entraînent tout de suite:

$$\mathcal{C}l(T \mathbin{\mathring{+}} S) = \mathcal{C}l(TS) = \{0\} + \overline{U}\,U(1), \text{ c. q. f. d.}$$

[b]) A l'aide du th. 26 on obtient facilement de [a]): $\mathcal{C}l([T \mathbin{\mathring{+}} S]^*) = \mathcal{C}l([TS]^*) = \overline{C}(\{0\} + \overline{U}\,U(1))$, d'où en vertu du lem. 19[d,e] $\mathcal{C}l(T^* \mathbin{\mathring{+}} S^*) = \mathcal{C}l(T^* S^*) = \overline{C}(\{0\}) + \overline{C}\,\overline{U}\,U(1)$. Or, le lem. 18[d] donne: $\overline{C}(\{0\}) = \{0\}$, et à l'aide des déf. 5, 6 et 14 on se convaint sans peine que $\overline{C}\,\overline{U}\,U(1) = \underset{CU(X)}{E}[X \in U(1)] = \underset{V(1-X)}{E}[X \in U(1)] = \underset{V(Y)}{E}[Y \in U(1)[= \overline{V}\,U(1)$. On parvient ainsi à la formule cherchée:

$$\mathcal{C}l(T^* \mathbin{\mathring{+}} S^*) = \mathcal{C}l(T^* S^*) = \{0\} + \overline{V}\,U(1) = \{0\} + \overline{V}\,V(0).$$

Théorème fondamental V. *Si* $\overline{\overline{1}} = \aleph_\alpha$, *on a* $\overline{\overline{\mathcal{C}l(T \mathbin{\mathring{+}} S)}} = \overline{\overline{\mathcal{C}l(T^* \mathbin{\mathring{+}} S^*)}} = 2^{\aleph_\alpha}$.

Démonstration. U est évidemment une fonction biunivoque: si $U(X) = U(Y)$, on a $\Sigma\,U(X) = \Sigma\,U(Y)$, d'où $X = Y$. Par conséquent, la classe $U(1)$ est de la même puissance que son image donnée par U: $\overline{\overline{U(1)}} = \overline{\overline{U\,U(1)}}$. En raison du th. 48^{a} on a donc $\overline{\overline{\mathcal{C}\ell(T \overset{\circ}{+} S)}} = \overline{\overline{U(1)}} + \overline{\overline{\{0\}}}$, d'où en vertu du lem. 10^{a} $\overline{\overline{\mathcal{C}\ell(T \overset{\circ}{+} S)}} = 2^{\aleph_\alpha} + 1 = 2^{\aleph_\alpha}$. Comme en outre, d'après le th. 33 et le lem. 19^{d}, $\overline{\overline{\mathcal{C}\ell(T^* \overset{\circ}{+} S^*)}} = \overline{\overline{\mathcal{C}\ell([T \overset{\circ}{+} S]^*)}} = \overline{\overline{\mathcal{C}\ell(T \overset{\circ}{+} S)}}$, on obtient finalement la formule cherchée: $\overline{\overline{\mathcal{C}\ell(T \overset{\circ}{+} S)}} = \overline{\overline{\mathcal{C}\ell(T^* \overset{\circ}{+} S^*)}} = 2^{\aleph_\alpha}$.

A l'aide du théorème précédent il est aisé de déterminer la borne inférieure des puissances des familles $\mathcal{C}\ell(F)$ qui correspondent aux opérations F intrinsèques et à leurs opérations doubles (tandis que la borne supérieure de ces puissances reste la même que dans le cas général):

Théorème 49. *Si* $\overline{\overline{1}} = \aleph_\alpha$, *chacune des formules*: $F \overset{\circ}{\subset} T \overset{\circ}{+} S$, $F \overset{\circ}{\subset} TS$, $F \overset{\circ}{\subset} T^* \overset{\circ}{+} S^*$ *et* $F \overset{\circ}{\subset} T^* S^*$ *entraîne*: $2^{\aleph_\alpha} \leqslant \overline{\overline{\mathcal{C}\ell(F)}} \leqslant 2^{2^{\aleph_\alpha}}$.

Démonstration. D'après le th. 21^{a} la formule: $F \overset{\circ}{\subset} T \overset{\circ}{+} S$ donne: $\mathcal{C}\ell(T \overset{\circ}{+} S) \subset \mathcal{C}\ell(F)$, d'où, en raison du th. fond. V, $2^{\aleph_\alpha} \leqslant \overline{\overline{\mathcal{C}\ell(F)}}$. En rapprochant cette inégalité du th. 32, on en obtient aussitôt la formule cherchée: $2^{\aleph_\alpha} \leqslant \overline{\overline{\mathcal{C}\ell(F)}} \leqslant 2^{2^{\aleph_\alpha}}$. En tenant compte du th. 48, on raisonne dans les autres hypothèses d'une façon complètement analogue.

Il est à noter que les inclusions: $F \overset{\circ}{\subset} TS$ et $F \overset{\circ}{\subset} T^* S^*$ peuvent être remplacées dans le théorème précédent par les formules un peu plus générales, à savoir: $F \overset{\circ}{\subset} U\Sigma$ et $F \overset{\circ}{\subset} V\Pi$.

Théorème fondamental VI. *Si* $\overline{\overline{1}} = \aleph_\alpha$, *on a* $\overline{\overline{\mathcal{C}\ell(S \overset{\circ}{+} S^*)}} = 2^{\aleph_\alpha}$.

Démonstration. D'après le th. $42^{\mathrm{a,b}}$ et le lem. 19^{j}, on a $S \in \mathfrak{M}$, $I \overset{\circ}{\subset} S$ et $I \overset{\circ}{\subset} S^*$; en vertu du th. 24^{d} il en résulte que

$$1)\qquad \mathcal{C}\ell(S \overset{\circ}{+} S^*) = \mathcal{C}\ell(SS^*).$$

Suivant le lem. 17^{e}, les inclusions: $I \overset{\circ}{\subset} S$ et $I \overset{\circ}{\subset} S^*$ donnent ensuite: $I \overset{\circ}{\subset} SS^*$. On a de plus $S^2 \overset{\circ}{=} S$, $[S^*]^2 \overset{\circ}{=} S^*$ et $SS^* \overset{\circ}{=} S^*S$ (th. 42^{b}, lem. 19^{f} et th. 47), d'où en raison du lem. 14^{e} $[SS^*]^2 \overset{\circ}{=} SS^*$. L'opération SS^* étant donc itérative et adjonctive, on peut appliquer le th. 23^{d}, en y posant: $F \overset{\circ}{=} SS^*$. Nous obtenons ainsi la formule:

$\mathcal{C}\ell(\boldsymbol{SS^*}) = \overline{\boldsymbol{SS^*}}\boldsymbol{UU}(1)$, qui, rapprochée de (1), donne: $\mathcal{C}\ell(\boldsymbol{S} \mathring{+} \boldsymbol{S^*}) =$ $= \overline{\boldsymbol{SS^*}}\,\boldsymbol{UU}(1)$; comme en vertu du th. 46[c] $\boldsymbol{SS^*} \triangleq \boldsymbol{SM}$, il vient:

$$(2) \qquad \mathcal{C}\ell(\boldsymbol{S} \mathring{+} \boldsymbol{S^*}) = \overline{\boldsymbol{SM}}\,\boldsymbol{UU}(1).$$

Or, conformément à la propriété connue des images, on a $\overline{fg}(A) =$ $f\overline{g}(A)$ pour toutes deux fonctions f et g et pour tout ensemble A. On a donc en particulier $\overline{\boldsymbol{SM}}\,\boldsymbol{U}\,\boldsymbol{U}(1) = \overline{\boldsymbol{S}}\overline{\boldsymbol{M}}\,\boldsymbol{U}\,\boldsymbol{U}(1)$. En posant dans le lem. 11[a]: $f \triangleq \boldsymbol{S}$ et $A = \overline{\boldsymbol{M}}\,\boldsymbol{U}\boldsymbol{U}(1)$, on en obtient: $\overline{\overline{\overline{\boldsymbol{SM}}\,\boldsymbol{U}\,\boldsymbol{U}(1)}} \leqslant \overline{\overline{\overline{\boldsymbol{M}}\,\boldsymbol{U}\,\boldsymbol{U}(1)}}$, d'où selon (2)

$$(3) \qquad \overline{\overline{\mathcal{C}\ell(\boldsymbol{S} \mathring{+} \boldsymbol{S^*})}} \leqslant \overline{\overline{\overline{\boldsymbol{M}}\,\boldsymbol{U}\,\boldsymbol{U}(1)}}.$$

Envisageons une classe arbitraire $\boldsymbol{X}$ de $\boldsymbol{U}\,\boldsymbol{U}(1)$. En raison du th. 46[d], on a $\overline{\overline{\boldsymbol{M}(\boldsymbol{X})}} \leqslant \overline{\overline{\boldsymbol{\Sigma}(\boldsymbol{X})}} + 1$; comme par hypothèse $\overline{\overline{1}} = \aleph_\alpha$ et en outre $\boldsymbol{\Sigma}(\boldsymbol{X}) \subset 1$, on en conclut que $\overline{\overline{\boldsymbol{M}(\boldsymbol{X})}} \leqslant \aleph_\alpha + 1 = \aleph_\alpha <$ $< \aleph_{\alpha+1}$. De plus, d'après la déf. 19, $\boldsymbol{M}(\boldsymbol{X})$ est une classe d'ensembles, donc $\boldsymbol{M}(\boldsymbol{X}) \subset \boldsymbol{U}(1)$; en tenant compte de la déf. 5[b] (pour $A = \boldsymbol{U}(1)$), on en obtient: $\boldsymbol{M}(\boldsymbol{X}) \in \boldsymbol{U}_{\alpha+1}\,\boldsymbol{U}(1)$.

Ce raisonnement prouve que $\overline{\boldsymbol{M}}\,\boldsymbol{U}\,\boldsymbol{U}(1) \subset \boldsymbol{U}_{\alpha+1}\,\boldsymbol{U}(1)$, d'où

$$(4) \qquad \overline{\overline{\overline{\boldsymbol{M}}\,\boldsymbol{U}\,\boldsymbol{U}(1)}} \leqslant \overline{\overline{\boldsymbol{U}_{\alpha+1}\,\boldsymbol{U}(1)}}.$$

A l'aide des lem. 10[a,c] et 6[b] on obtient facilement: $\overline{\overline{\boldsymbol{U}_{\alpha+1}\,\boldsymbol{U}(1)}} \leqslant$ $\leqslant (\overline{\overline{\boldsymbol{U}(1)}})^{\underline{\aleph_{\alpha+1}}} = (2^{\aleph_\alpha})^{\underline{\aleph_{\alpha+1}}} = (2^{\aleph_\alpha})^{\aleph_\alpha} = 2^{\aleph_\alpha^2} = 2^{\aleph_\alpha}$; en le rapprochant de (3) et (4), on en déduit l'inégalité:

$$(5) \qquad \overline{\overline{\mathcal{C}\ell(\boldsymbol{S} \mathring{+} \boldsymbol{S^*})}} \leqslant 2^{\aleph_\alpha}.$$

D'autre part, le th. 43[d] entraîne: $\boldsymbol{S} \mathring{+} \boldsymbol{S^*} \mathring{\subset} \boldsymbol{S^*} \mathring{+} \boldsymbol{T^*}$; par application du th. 49 on en conclut que

$$(6) \qquad \overline{\overline{\mathcal{C}\ell(\boldsymbol{S} \mathring{+} \boldsymbol{S^*})}} \geqslant 2^{\aleph_\alpha}.$$

Les inégalités (5) et (6) donnent aussitôt:

$$\overline{\overline{\mathcal{C}\ell(\boldsymbol{S} \mathring{+} \boldsymbol{S^*})}} = 2^{\aleph_\alpha}, \quad \text{c. q. f. d.}$$

Le théorème connu, suivant lequel la classe $\boldsymbol{F}$ de tous les ensembles fermés de nombres réels est de la puissance $2^{\aleph_0}$, se laisse déduire facilement du théorème précédent. Soit, en effet, 1 l'ensemble de tous les nombres rationnels et R celui de tous les nombres réels (y inclus $+\infty$ et $-\infty$); posons ensuite $G(x)=\overline{\overline{1\cdot \underset{y}{E}[y<x]}}$ pour tout $x\in R$. La fonction $G(x)$ transforme notoirement d'une façon biunivoque R en une sous-classe de $U(1)$. Il s'en suit que la fonction $\overline{G}(X)$ transforme de la même façon la classe $U(R)$ dans une sous-famille de $UU(1)$; F étant une sous-classe de $U(R)$, on en conclut en particulier que $\overline{\overline{F}}=\overline{\overline{\underset{\overline{G}(X)}{E}[X\epsilon F]}}$. Or, il est aisé de prouver que la formule: $X\epsilon F$ entraîne: $S\overline{G}(X)\subset\overline{G}(X)$ et $S^*\overline{G}(X)\subset\overline{G}(X)$, d'où $\overline{G}(X)\epsilon\, \mathscr{Cl}(S)\cdot\mathscr{Cl}(S^*)=\mathscr{Cl}(S\overset{\circ}{+}S^*)$; on a donc $\underset{\overline{G}(X)}{E}[X\epsilon F]\subset$ $\subset \mathscr{Cl}(S\overset{\circ}{+}S^*)$, d'où $\overline{\overline{F}}\leqslant\overline{\overline{\mathscr{Cl}(S\overset{\circ}{+}S^*)}}$. Comme dans le cas considéré $\overline{\overline{1}}=\aleph_0$, on en obtient d'après le th. fond. VI: $\overline{\overline{F}}\leqslant 2^{\aleph_0}$. D'autre part on a évidemment $\overline{\overline{F}}\geqslant 2^{\aleph_0}$ (puisque p. ex. $\overline{J}(R)\subset F$ et $\overline{\overline{\overline{J}(R)}}=2^{\aleph_0}$); on parvient donc à la formule cherchée: $\overline{\overline{F}}=2^{\aleph_0}$, c. q. f. d.

Il est cependant à remarquer que le raisonnement ci-dessus s'appuie d'une façon implicite sur l'axiome du choix, tandis que les autres démonstrations connues du théorème en question sont indépendantes de cet axiome.

Théorème fondamental VII. *Si* $\overline{\overline{1}}=\aleph_\alpha$, *on a* $\overline{\overline{\mathscr{Cl}(C\overset{\circ}{+}S)}}=2^{\aleph_\alpha}$.

Démonstration. En tenant compte du th. 42[a], on obtient par application du th. 28[b]: $\mathscr{Cl}(C\overset{\circ}{+}S)=\mathscr{Cl}(C\overset{\circ}{+}S\overset{\circ}{+}S^*)$; à l'aide du th. 21[b] (pour $F\overset{\circ}{=}C$ et $G\overset{\circ}{=}S\overset{\circ}{+}S^*$), on en conclut que $\mathscr{Cl}(C\overset{\circ}{+}S)=\mathscr{Cl}(C)\cdot\mathscr{Cl}(S\overset{\circ}{+}S^*)$, d'où $\mathscr{Cl}(C\overset{\circ}{+}S)\subset\mathscr{Cl}(S\overset{\circ}{+}S^*)$. En raison du th. fond. VI, cette inclusion donne:

(1) $$\overline{\overline{\mathscr{Cl}(C\overset{\circ}{+}S)}}\leqslant 2^{\aleph_\alpha}.$$

Posons ensuite

(2) $F(X)=\{0, X, 1-X, 1\}$ *pour tout ensemble* X.

Soit a un élément arbitraire de 1. X étant un ensemble quelconque de la classe $U(1-\{a\})$, évidemment l'ensemble $1-X$ n'appartient pas à cette classe. Selon (2) il en résulte facilement que les formules: $X\epsilon U(1-\{a\})$, $Y\epsilon U(1-\{a\})$ et $F(X)=F(Y)$ entraînent constamment: $X=Y$; en d'autres termes, la fonction F transforme d'une façon biunivoque la classe $U(1-\{a\})$ en son image $\overline{F}U(1-\{a\})$. Par conséquent, on a $\overline{\overline{\overline{F}U(1-\{a\})}}=\overline{\overline{U(1-\{a\})}}$; comme en outre $\overline{\overline{1-\{a\}}}=\aleph_\alpha-1=\aleph_\alpha$, on en obtient d'après le lem. 10[a]:

(3) $$\overline{\overline{\overline{F}U(1-\{a\})}}=2^{\aleph_\alpha}.$$

Or, on conclut sans peine de (2) à l'aide des déf. 14 et 18 que $\boldsymbol{SF}(X) \subset \boldsymbol{F}(X)$ et $\boldsymbol{CF}(X) \subset \boldsymbol{F}(X)$ pour tout X, d'où, en vertu de la déf. 16 et du th. 21[b], $\boldsymbol{F}(X) \in \mathcal{C}\ell(\boldsymbol{C}) \cdot \mathcal{C}\ell(\boldsymbol{S}) = \mathcal{C}\ell(\boldsymbol{C} \mathring{+} \boldsymbol{S})$. Il en résulte en particulier que $\overline{\boldsymbol{F}}\, \boldsymbol{U}(1 - \{a\}) \subset \mathcal{C}\ell(\boldsymbol{C} \mathring{+} \boldsymbol{S})$; en rapprochant cette inclusion de (3), on en obtient:

$$\overline{\overline{\mathcal{C}\ell(\boldsymbol{C} \mathring{+} \boldsymbol{S})}} \geqslant 2^{\aleph_\alpha}. \tag{4}$$

Les inégalités (1) et (4) donnent finalement:

$$\overline{\overline{\mathcal{C}\ell(\boldsymbol{C} \mathring{+} \boldsymbol{S})}} = 2^{\aleph_\alpha}, \quad \text{c. q. f. d.}$$

L'analyse des démonstrations des th. fond. V—VII nous conduit aux propositions suivantes, qui se rattachent au cas d'ensembles finis:

Si $\overline{\overline{1}} = \mathfrak{a} < \aleph_0$, *on a*

a) $\overline{\overline{\mathcal{C}\ell(\boldsymbol{T} \mathring{+} \boldsymbol{S})}} = \overline{\overline{\mathcal{C}\ell(\boldsymbol{T}^* \mathring{+} \boldsymbol{S}^*)}} = 2^{\mathfrak{a}} \mathring{+} 1;$

b) $2^{\mathfrak{a}} + 1 \leqslant \overline{\overline{\mathcal{C}\ell(\boldsymbol{S} \mathring{+} \boldsymbol{S}^*)}} \leqslant \sum_{\mathfrak{r} \leqslant \mathfrak{a}+1} \binom{2^{\mathfrak{a}}}{\mathfrak{r}};$

si en outre $\mathfrak{a} > 0$, *on a*

c) $2^{\mathfrak{a}-1} \leqslant \overline{\overline{\mathcal{C}\ell(\boldsymbol{C} \mathring{+} \boldsymbol{S}^*)}} \leqslant \sum_{\mathfrak{r} \leqslant \mathfrak{a}+1} \binom{2^{\mathfrak{a}}}{\mathfrak{r}}$

(*le symbole* $\binom{2^{\mathfrak{a}}}{\mathfrak{r}}$ *désignant, comme d'habitude, le nombre des combinaisons de* $2^{\mathfrak{a}}$ *éléments à* $\mathfrak{r}$ *éléments*).

Quant aux puissances de $\mathcal{C}\ell(\boldsymbol{S})$ et $\mathcal{C}\ell(\boldsymbol{S}^*)$, on parvient par l'analyse du th. fond. IV aux mêmes délimitations qui ont été indiquées plus haut (p. 232) pour les familles $\mathcal{C}\ell(\boldsymbol{T})$ et $\mathcal{C}\ell(\boldsymbol{T}^*)$.

Les théorèmes fondamentaux établis jusqu'ici épuisent tous les problèmes concernant les puissances des familles de la forme $\mathcal{C}\ell(G)$ où $G \in \mathfrak{S}(\{\boldsymbol{C}, \boldsymbol{T}, \boldsymbol{T}^*, \boldsymbol{S}, \boldsymbol{S}^*\})$, c.-à-d. des familles des classes closes par rapport à une des opérations $\boldsymbol{C}$, $\boldsymbol{T}$, $\boldsymbol{T}^*$, $\boldsymbol{S}$ et $\boldsymbol{S}^*$ ou bien par rapport à plusieurs de ces opérations à la fois. Les problèmes non examinés se réduisent facilement à ceux qui ont été examinés explicitement; on a p. ex. en vertu du th. 28 $\mathcal{C}\ell(\boldsymbol{C} \mathring{+} \boldsymbol{S}) = \mathcal{C}\ell(\boldsymbol{C} \mathring{+} \boldsymbol{S}^*) = \mathcal{C}\ell(\boldsymbol{C} \mathring{+} \boldsymbol{S} \mathring{+} \boldsymbol{S}^*)$, en raison du th. 41 $\mathcal{C}\ell(\boldsymbol{C} \mathring{+} \boldsymbol{T}) = \mathcal{C}\ell(\boldsymbol{C} \mathring{+} \boldsymbol{T} \mathring{+} \boldsymbol{S}) = \mathcal{C}\ell(\boldsymbol{C} \mathring{+} \boldsymbol{T}^* \mathring{+} \boldsymbol{S}^*)$ et d'après le th. 43[d] $\mathcal{C}\ell(\boldsymbol{T}^*) = \mathcal{C}\ell(\boldsymbol{T}^* \mathring{+} \boldsymbol{S})$. Les résultats acquis peuvent être résumés comme suit:

A. *Chacune des classes* $\mathcal{C}\ell(G)$ *où* $G \in \mathfrak{S}(\{C, T, T^*, S, S^*\})$ *coïncide avec une des classes suivantes*: $\mathcal{C}\ell(C)$, $\mathcal{C}\ell(T)$, $\mathcal{C}\ell(T^*)$, $\mathcal{C}\ell(S)$, $\mathcal{C}\ell(S^*)$, $\mathcal{C}\ell(C \mathring{+} T)$, $\mathcal{C}\ell(C \mathring{+} S)$, $\mathcal{C}\ell(T \mathring{+} S)$, $\mathcal{C}\ell(T^* \mathring{+} S^*)$ *et* $\mathcal{C}\ell(S \mathring{+} S^*)$.

B. *Dans l'hypothèse que* $\overline{\overline{1}} = \aleph_\alpha$ *les familles* $\mathcal{C}\ell(C)$, $\mathcal{C}\ell(T)$, $\mathcal{C}\ell(T^*)$, $\mathcal{C}\ell(S)$ *et* $\mathcal{C}\ell(S^*)$ *ont la même puissance, à savoir* $2^{2^{\aleph_\alpha}}$; *les familles* $\mathcal{C}\ell(C \mathring{+} S)$, $\mathcal{C}\ell(T \mathring{+} S)$, $\mathcal{C}\ell(T^* \mathring{+} S^*)$ *et* $\mathcal{C}\ell(S \ddot{+} S^*)$ *ont aussi la puissance égale, notamment* $2^{\aleph_\alpha}$; *enfin la famille* $\mathcal{C}\ell(C \mathring{+} T)$ *ne contient que deux éléments.*

Ces résultats peuvent être étendus à toutes les opérations qui s'obtiennent des opérations considérées à l'aide de l'addition et de la multiplication relative, c.-à-d. aux opérations de la classe $\mathfrak{B}(\{C, T, S\})$. En appliquant notamment le th. B de la p. 217 (§ 3), on constate facilement que toute famille $\mathcal{C}\ell(G)$ où $G \in \mathfrak{B}(\{C, T, S\})$ coïncide soit avec la famille $\mathcal{C}\ell(I)$, soit avec une des familles citées plus haut.

§ 6. Opération S_β. Classes d'ensembles additives au dégré β.

L'opération S_β, qui sera traitée dans ce §, consiste à former des ensembles-sommes de moins que $\aleph_\beta$ ensembles de la classe donnée K. Les classes d'ensembles appartenant à la famille $\mathcal{C}\ell(S_\beta)$ peuvent être appelées *classes additives au dégré* β.

La définition exacte de l'opération S_β est la suivante:

Définition 20. $S_\beta(K) = \overline{\Sigma}(U_\beta(K) - \{0\})$.

Plus simple, mais moins commode serait la définition: $S'_\beta(K) = \overline{\Sigma}\, U_\beta(K)$, resp. $S'_\beta \stackrel{\circ}{=} \overline{\Sigma}\, U_\beta$ (cf. remarques, p. 233, en relation avec la déf. 18).

Il est aisé d'établir les propriétés suivantes de cette opération:

Théorème 50. [a]) $S_\beta \in \mathfrak{A}_\beta$, *donc* $S_\beta \in \mathfrak{M}$;

[b]) $I \mathring{\subset} S_\beta$;

[c]) $S_\beta(0) = 0$;

[d]) $S_\beta(\{A\}) = \{A\}$;

[e]) $S_\beta(K + \{0\}) = S_\beta(K) + \{0\}$;

[f]) $S_\beta(K) \leqslant (\overline{\overline{K}})^{\aleph_\beta}_{\smile}$.

Démonstration. Les formules [a])—[e]) résultent facilement de la déf. 20 et des considérations du § 2; pour démontrer la formule [a]) il est commode de s'appuyer sur le lem. 15[c].

Quant à la formule [f]), on posera dans le lem. 11[a]: $f \stackrel{\circ}{=} \Sigma$ et $A = \boldsymbol{U}_\beta(\boldsymbol{K}) - \{0\}$, d'où, à cause de la déf. 20, $\overline{\overline{\boldsymbol{S}_\beta(\boldsymbol{K})}} \leqslant \overline{\overline{\boldsymbol{U}_\beta(\boldsymbol{K}) - \{0\}}} \leqslant \overline{\overline{\boldsymbol{U}_\beta(\boldsymbol{K})}}$. Comme en vertu du lem. 10[c]: $\overline{\overline{\boldsymbol{U}_\beta(\boldsymbol{K})}} \leqslant (\overline{\overline{\boldsymbol{K}}})^{\aleph_\beta}$, on obtient l'inégalité cherchée: $\overline{\overline{\boldsymbol{S}_\beta(\boldsymbol{K})}} \leqslant (\overline{\overline{\boldsymbol{K}}})^{\aleph_\beta}$. Je ne sais pas éviter dans ce raisonnement l'axiome du choix.

Certains rapports entre l'opération $\boldsymbol{S}_\beta$ et les opérations examinées dans les §§ précédents sont données dans le suivant

Théorème 51. [a]) $\boldsymbol{T}\boldsymbol{S}_\beta \stackrel{\circ}{=} \boldsymbol{S}_\beta \boldsymbol{T}$;

[b]) $\boldsymbol{S}_\beta \stackrel{\circ}{\subset} \boldsymbol{S} \stackrel{\circ}{\subset} \boldsymbol{T}^*$;

[c]) *si* $\overline{\overline{\boldsymbol{K}}} < \aleph_\beta$ *ou bien* $\overline{\overline{\Sigma(\boldsymbol{K})}} < \aleph_\beta$, *on a* $\boldsymbol{S}_\beta(\boldsymbol{K}) = \boldsymbol{S}(\boldsymbol{K})$;

[d]) *si* $\overline{\overline{1}} < \aleph_\beta$, *on a* $\boldsymbol{S}_\beta \stackrel{\circ}{=} \boldsymbol{S}$;

[e]) *si* $\boldsymbol{F} \in \mathfrak{A}_\beta$ *et* $\boldsymbol{F} \stackrel{\circ}{\subset} \boldsymbol{S}$, *on a* $\boldsymbol{F} \stackrel{\circ}{\subset} \boldsymbol{S}_\beta$; *si* $\boldsymbol{F} \in \mathfrak{A}_\beta$ *et* $\boldsymbol{F} \stackrel{\circ}{\subset} \boldsymbol{T}\boldsymbol{S}$, *on a* $\boldsymbol{F} \stackrel{\circ}{\subset} \boldsymbol{T}\boldsymbol{S}_\beta$.

D é m o n s t r a t i o n. Les formules [a]) et [b]) se déduisent facilement des déf. 17, 18 et 20 et du th. 43[d]; il est cependant à noter que nous ne savons pas démontrer l'inclusion: $\boldsymbol{S}_\beta \boldsymbol{T} \stackrel{\circ}{\subset} \boldsymbol{T}\boldsymbol{S}_\beta$ sans avoir recours à l'axiome du choix.

Quant à la formule [c]), on a évidemment d'après la déf. 5[a,b]: $\boldsymbol{U}_\beta(\boldsymbol{K}) = \boldsymbol{U}(\boldsymbol{K})$ dans le cas où $\overline{\overline{\boldsymbol{K}}} < \aleph_\beta$, donc conformément aux déf. 20 et 18: $\boldsymbol{S}_\beta(\boldsymbol{K}) = \boldsymbol{S}(\boldsymbol{K})$. Dans l'hypothèse que $\overline{\overline{\Sigma(\boldsymbol{K})}} < \aleph_\beta$ on raisonne par contre comme suit.

Considérons un ensemble arbitraire X tel que

$$X \in \boldsymbol{S}(\boldsymbol{K}). \tag{1}$$

En raison de la déf. 18, (1) entraîne l'existence d'une classe $\boldsymbol{L}$ vérifiant les formules:

$$X = \Sigma(\boldsymbol{L}), \tag{2}$$

$$\boldsymbol{L} \subset \boldsymbol{K} \quad et \quad \boldsymbol{L} \neq 0. \tag{3}$$

De (2) et (3) on conclut en premier lieu que $X \subset \Sigma(\boldsymbol{K})$, donc que $\overline{\overline{X}} \leqslant \overline{\overline{\Sigma(\boldsymbol{K})}}$, d'où en vertu de l'hypothèse

$$\overline{\overline{X}} < \aleph_\beta. \tag{4}$$

Tenant compte de (2) et appliquant l'axiome du choix, on parvient ensuite à la conclusion qu'on peut faire correspondre à tout élément y de X un ensemble $F(y)$ de façon que l'on ait: $y \in F(y) \in L$. Par conséquent cette fonction F remplit les formules suivantes:

$$(5) \qquad X \subset \sum_{y \in X} F(y) = \Sigma \overline{F}(X)$$

et

$$(6) \qquad \overline{F}(X) \subset L.$$

Il résulte de (6) et (2) que $\Sigma \overline{F}(X) \subset \Sigma(L) = X$; en rapprochant cette inclusion de (5), nous obtenons:

$$(7) \qquad X = \Sigma \overline{F}(X).$$

Selon (3) et (6) on a $\overline{F}(X) \subset K$; le lem. 11[a] donne en outre $\overline{\overline{\overline{F}(X)}} \leqslant \overline{\overline{X}}$, d'où en vertu de (4) $\overline{\overline{\overline{F}(X)}} < \aleph_\beta$. On en conclut que

$$(8) \qquad \overline{F}(X) \in U_\beta(K).$$

Si $X \neq 0$, on a $\overline{F}(X) \neq 0$, donc suivant (8) et (7) $\overline{F}(X) \in U_\beta(K) - \{0\}$ et $X \in \overline{\Sigma}(U_\beta(K) - \{0\})$, d'où conformément à la déf. 20

$$(9) \qquad X \in S_\beta(K).$$

Or, cette formule (9) se vérifie également dans le cas de $X = 0$. On a alors en effet, en raison de (2) et (3). $L = \{0\}$, d'où $\overline{\overline{L}} < \aleph_\beta$ et $L \in U_\beta(K) - \{0\}$, donc, comme auparavant, $X \in \overline{\Sigma}(U_\beta(K) - \{0\}) = S_\beta(K)$.

Ainsi la formule (1) entraîne constamment (9); par conséquent, la classe K vérifie l'inclusion: $S(K) \subset S_\beta(K)$. D'autre part la formule [b]) du théorème qui nous occupe donne en vertu de la déf. 8[b]: $S_\beta(K) \subset S(K)$. On a donc finalement:

$$S_\beta(K) = S(K) \textit{ dans l'hypothèse que } \overline{\overline{\Sigma(K)}} < \aleph_\beta, \quad \text{c. q. f. d.}$$

La formule [d]) présente une conséquence facile de la proposition établie tout à l'heure. Si, en effet, $\overline{\overline{1}} < \aleph_\beta$, on a à plus forte raison $\overline{\overline{\Sigma(K)}} < \aleph_\beta$, donc $S_\beta(K) = S(K)$ pour toute classe K; à l'aide de la déf. 8[a] on en obtient aussitôt l'identité cherchée: $S_\beta \doteq S$.

Pour démontrér enfin la proposition [e]), envisageons une opération arbitraire F semi-additive au dégré β et contenue dans S (c.-à-d.

satisfaisant aux formules: $F \in \mathfrak{A}_\beta$ et $F \mathring{\subset} S$). Conformément au lem. 15[c] on a pour toute classe d'ensembles Y:

$$(10) \qquad F(Y) = \sum_{X \in U_\beta(Y)} F(X).$$

L'application du même lemme à l'opération S_β donne en raison du th. 50[a]:

$$(11) \qquad S_\beta(Y) = \sum_{X \in U_\beta(Y)} S_\beta(X).$$

Or, soit $X \in U_\beta(Y)$, donc $\overline{\overline{X}} < \aleph_\beta$. En conséquence de la formule [d]) démontrée auparavant, on obtient: $S_\beta(X) = S(X)$; comme $F \mathring{\subset} S$, on a en outre $F(X) \subset S(X)$, de sorte que

$$(12) \qquad F(X) \subset S_\beta(X) \textit{ pour tout } X \in U_\beta(Y).$$

Les formules (10)—(12) impliquent aussitôt que $F(Y) \subset S_\beta(Y)$, quelle que soit la classe Y, d'où

$$F \mathring{\subset} S_\beta, \quad \text{c. q. f. d.}$$

L'opération TS_β étant, de même que S_β, semi-additive au dégré β (d'après le lem. 16[g]), la seconde partie de la proposition [e]) se démontre d'une manière parfaitement analogue.

Je dois la proposition [c]) du théorème précédent à MM. Kuźniewski et Lindenbaum [1]).

Je vais établir à leur tour certains rapports entre diverses opérations S_β avec l'indice β variable.

Théorème 52. [a]) *Si* $A \neq 0$ *et* $\beta = sup(\overline{\varphi}(A))$, *on a* $S_\beta \stackrel{\circ}{=} \mathring{\sum_{x \in A}} S_{\varphi(x)}$;

[b]) *si* $\beta \leqslant \gamma$, *on a* $S_\beta \mathring{\subset} S_\gamma$;

[c]) *si* $\gamma < \beta$, *on a* $S_\beta S_\gamma \stackrel{\circ}{=} S_\beta$;

[d]) *si* $\beta \leqslant cf(\gamma)$, *on a* $S_\beta S_\gamma \stackrel{\circ}{=} S_\gamma$;

[e]) *si* $cf(\gamma) < \beta \leqslant \gamma + 1$, *on a* $S_\beta S_\gamma \stackrel{\circ}{=} S_{\gamma+1}$;

[f]) *si* $cf(\beta) = \beta$, *on a* $S_\beta^2 \stackrel{\circ}{=} S_\beta$;

[g]) *si* $cf(\beta) < \beta$, *on a* $S_\beta^2 \stackrel{\circ}{=} S_\beta^3 \stackrel{\circ}{=} S_{\beta+1}$.

[1]) Cf. à ce propos leur note: *Sur les opérations d'addition et de multiplication dans les classes d'ensembles,* Fund. Math. XV, p. 343, Th. 1.

Démonstration. La formule [a]) constitue une conséquence facile des déf. 20 et 9^b, puisqu'on a en raison de la déf. 5^b $\boldsymbol{U}_\beta(\boldsymbol{K}) = \sum_{x \in A} \boldsymbol{U}_{\varphi(x)}(\boldsymbol{K})$ dans l'hypothèse que $\beta = \sup(\overline{\varphi}(A))$. Si l'on pose en particulier: $\beta = \gamma$, $A = \{0, 1\}$ et $\varphi(0) = \beta \leqslant \varphi(1) = \gamma$, on obtient de [a]): $\boldsymbol{S}_\gamma \doteq \boldsymbol{S}_\beta \mathring{+} \boldsymbol{S}_\gamma$ et on parvient ainsi à l'inclusion [b]).

[c]) Suivant le th. $50^{a,b}$, on a $\boldsymbol{S}_\beta \in \mathfrak{M}$ et $\boldsymbol{I} \mathring{\subset} \boldsymbol{S}_\gamma$; en appliquant donc la seconde partie du lem. 17^c (pour $\boldsymbol{F} \doteq \boldsymbol{S}_\gamma$ et $\boldsymbol{G} \doteq \boldsymbol{S}_\beta$), on en obtient:

(1) $$\boldsymbol{S}_\beta \mathring{\subset} \boldsymbol{S}_\beta \boldsymbol{S}_\gamma.$$

Posons dans le lem. 16^f: $\boldsymbol{F} \doteq \boldsymbol{S}_\beta$ et $\boldsymbol{G} \doteq \boldsymbol{S}_\gamma$; comme d'après le th. 50^a $\boldsymbol{S}_\beta \in \mathfrak{A}_\beta$ et $\boldsymbol{S}_\gamma \in \mathfrak{A}_\gamma$ et comme par hypothèse $\gamma < \beta$, ce lemme donne:

(2) $$\boldsymbol{S}_\beta \boldsymbol{S}_\gamma \in \mathfrak{A}_\beta.$$

Les formules: $\boldsymbol{S}_\beta \in \mathfrak{M}$ et $\boldsymbol{S}_\gamma \mathring{\subset} \boldsymbol{S}$ (th. 50^a, th. 51^b) impliquent ensuite, conformément à la déf. 12^a: $\boldsymbol{S}_\beta \boldsymbol{S}_\gamma \mathring{\subset} \boldsymbol{S}_\beta \boldsymbol{S}$; comme d'autre part $\boldsymbol{I} \mathring{\subset} \boldsymbol{S}_\beta \subset \boldsymbol{S} \doteq \boldsymbol{S}^2$ (th. 50^a, th. 51^b, th. 42^b), on obtient à l'aide du lem. 17^d: $\boldsymbol{S}_\beta \boldsymbol{S} \doteq \boldsymbol{S}$. Par conséquent,

(3) $$\boldsymbol{S}_\beta \boldsymbol{S}_\gamma \mathring{\subset} \boldsymbol{S}.$$

Or, d'après le th. 51^e (pour $\boldsymbol{F} \doteq \boldsymbol{S}_\beta \boldsymbol{S}_\gamma$), les formules (2) et (3) entraînent l'inclusion: $\boldsymbol{S}_\beta \boldsymbol{S}_\gamma \mathring{\subset} \boldsymbol{S}_\beta$. qui, rapprochée de (1), donne finalement:

$$\boldsymbol{S}_\beta \boldsymbol{S}_\gamma \doteq \boldsymbol{S}_\beta, \quad \text{c. q. f. d.}$$

La formule [d]) s'obtient d'une façon complètement analogue.

Passons à la proposition [e]); admettons donc que $cf(\gamma) < \beta \leqslant \leqslant \gamma + 1$. En vertu de la formule [b]) établie auparavant on a dans ce cas $\boldsymbol{S}_\beta \mathring{\subset} \boldsymbol{S}_{\gamma+1}$, d'où suivant le lem. 14^b $\boldsymbol{S}_\beta \boldsymbol{S}_\gamma \mathring{\subset} \boldsymbol{S}_{\gamma+1} \boldsymbol{S}_\gamma$; si l'on pose d'autre part: $\beta = \gamma + 1$ dans la formule [c]), on obtient: $\boldsymbol{S}_{\gamma+1} \boldsymbol{S}_\gamma \doteq \boldsymbol{S}_{\gamma+1}$. Par conséquent,

(14) $$\boldsymbol{S}_\beta \boldsymbol{S}_\gamma \mathring{\subset} \boldsymbol{S}_{\gamma+1}, \ \textit{lorsque}\ \beta \leqslant \gamma + 1.$$

Soient $\boldsymbol{K}$ une classe d'ensembles arbitraire et X un ensemble tel que

(15) $$X \in \boldsymbol{S}_{\gamma+1}(\boldsymbol{K}).$$

Conformément aux déf. 20 et 5[b], (15) entraîne l'existence d'une classe $\boldsymbol{L}$ satisfaisant aux conditions:

(16) $$\boldsymbol{X} = \boldsymbol{\Sigma}(\boldsymbol{L}),$$

(17) $$\boldsymbol{L} \subset \boldsymbol{K},\ \overline{\overline{\boldsymbol{L}}} < \aleph_{\gamma+1} \text{ et } \boldsymbol{L} \neq 0.$$

Il résulte de (17) que $0 < \overline{\overline{\boldsymbol{L}}} \leqslant \aleph_\gamma$. A l'aide du lem. 2[b] (pour $A = \boldsymbol{L}$ et $\alpha = \gamma$) on en conclut qu'il existe une suite de classes $\boldsymbol{L}_\xi$ du type $\omega_{cf(\gamma)}$ vérifiant les formules:

(18) $$\boldsymbol{L} = \sum_{\xi < \omega_{cf(\gamma)}} \boldsymbol{L}_\xi;$$

(19) $$\overline{\overline{\boldsymbol{L}_\xi}} < \aleph_\gamma \text{ et } \boldsymbol{L}_\xi \neq 0 \text{ pour } \xi < \omega_{cf(\gamma)}.$$

Les formules (16) et (18) donnent, en raison de la loi associative de l'addition des ensembles:

(20) $$X = \boldsymbol{\Sigma}\Big(\sum_{\xi < \omega_{cf(\gamma)}} \boldsymbol{L}_\xi\Big) = \sum_{\xi < \omega_{cf(\gamma)}} \boldsymbol{\Sigma}(\boldsymbol{L}_\xi) = \boldsymbol{\Sigma}\big(\underset{\boldsymbol{\Sigma}(\boldsymbol{L}_\xi)}{E}[\xi < \omega_{cf(\gamma)}]\big).$$

En vertu de (17) et (18), $\boldsymbol{L}_\xi \subset \boldsymbol{K}$ pour $\xi < \omega_{cf(\gamma)}$, d'où, selon (19), $\boldsymbol{L}_\xi \in \boldsymbol{U}_\gamma(\boldsymbol{K}) - \{0\}$. Par conséquent, $\boldsymbol{\Sigma}(\boldsymbol{L}_\xi) \in \overline{\boldsymbol{\Sigma}}(\boldsymbol{U}_\gamma(\boldsymbol{K}) - \{0\}$, donc conformément à la déf. 20

(21) $$\boldsymbol{\Sigma}(\boldsymbol{L}_\xi) \in \boldsymbol{S}_\gamma(\boldsymbol{K}) \text{ pour } \xi < \omega_{cf(\gamma)}.$$

Posons momentanément: $\boldsymbol{\Sigma}(\boldsymbol{L}_\xi) = F(\xi)$, d'où $\underset{\boldsymbol{\Sigma}(\boldsymbol{L}_\xi)}{E}[\xi < \omega_{cf(\gamma)}] = \overline{F}(\underset{\xi}{E}[\xi < \omega_{cf(\gamma)}])$. Par l'application du lem. 11[a] (pour $f \doteq F$ et $A = \underset{\xi}{E}[\xi < \omega_{cf(\gamma)}])$ nous en obtenons: $\overline{\overline{\underset{\boldsymbol{\Sigma}(\boldsymbol{L}_\xi)}{E}[\xi < \omega_{cf(\gamma)}]}} \leqslant \overline{\overline{\underset{\xi}{E}[\xi < \omega_{cf(\gamma)}]}} = \aleph_{cf(\gamma)}$, donc à fortiori $\overline{\overline{\underset{\boldsymbol{\Sigma}(\boldsymbol{L}_\xi)}{E}[\xi < \omega_{cf(\gamma)}]}} < \aleph_\beta$, lorsque $cf(\gamma) < \beta$. Comme en outre selon (21) $\underset{\boldsymbol{\Sigma}(\boldsymbol{L}_\xi)}{E}[\xi < \omega_{cf(\gamma)}]$ est une classe non-vide contenue dans $\boldsymbol{S}_\gamma(\boldsymbol{K})$, on conclut de la déf. 5[b] que

(22) $$\underset{\boldsymbol{\Sigma}(\boldsymbol{L}_\xi)}{E}[\xi < \omega_{cf(\gamma)}] \in \boldsymbol{U}_\beta \boldsymbol{S}_\gamma(\boldsymbol{K}) - \{0\} \text{ pour } cf(\gamma) < \beta.$$

Il résulte de (20) et (22) que $X \in \overline{\boldsymbol{\Sigma}}(\boldsymbol{U}_\beta \boldsymbol{S}_\gamma(\boldsymbol{K}) - \{0\})$, d'où suivant la déf. 20

(23) $$X \in \boldsymbol{S}_\beta \boldsymbol{S}_\gamma(\boldsymbol{K}), \text{ lorsque } cf(\gamma) < \beta.$$

Ainsi la formule (15) entraîne toujours (23). Toute classe d'ensembles $\boldsymbol{K}$ vérifie donc l'inclusion: $S_{\gamma+1}(\boldsymbol{K}) \subset S_\beta S_\gamma(\boldsymbol{K})$; autrement dit,

$$(24) \qquad S_{\gamma+1} \overset{\circ}{\subset} S_\beta S_\gamma, \text{ lorsque } cf(\gamma) < \beta.$$

Les formules (14) et (24) donnent aussitôt:

$$S_\beta S_\gamma \overset{\circ}{=} S_{\gamma+1}, \text{ lorsque } cf(\gamma) < \beta \leqslant \gamma + 1, \quad \text{c. q. f. d.}$$

Tenant compte de la déf. $10^{a,b,c}$, on obtient comme un cas particulier de la formule d) (pour $\gamma = \beta$) la formule f): $S_\beta \overset{\circ}{=} S_\beta$, *lorsque* $cf(\beta) = \beta$.

En posant de même dans la formule a): $\gamma = \beta$, on parvient à l'égalité: $S_\beta^2 \overset{\circ}{=} S_{\beta+1}$, lorsque $cf(\beta) < \beta$, d'où $S_\beta^3 \overset{\circ}{=} S_\beta^2 S_\beta \overset{\circ}{=} S_{\beta+1} S_\beta$; comme en outre, d'après la formule c), $S_{\beta+1} S_\beta \overset{\circ}{=} S_{\beta+1}$, on obtient finalement g): $S_\beta^2 \overset{\circ}{=} S_\beta^3 \overset{\circ}{=} S_{\beta+1}$, *lorsque* $cf(\beta) < \beta$.

La démonstration du th. 52 est ainsi achevée.

On aperçoit facilement l'analogie entre le lem. $8^{a,b,c}$ et le th. $52^{c,d,e}$: l'opération $S_\beta S_\gamma$ coïncide respectivement avec une des opérations S_β, S_γ ou $S_{\gamma+1}$ dans les mêmes hypothèses, dans lesquelles le nombre $(a^{\aleph_\gamma})^{\aleph_\beta}$ est égal à un des nombres $a^{\aleph_\beta}$, $a^{\aleph_\gamma}$ ou $a^{\aleph_{\gamma+1}}$.

A même titre que l'opération S_β, son opération double S_β^* va nous intéresser ici; il est parfois commode d'assigner à cette opération un symbole indépendant, p. ex. $\boldsymbol{P}_\beta$. En s'appuyant sur les déf. 14, 15 et 20, on peut établir le théorème suivant qui explique le sens de l'opération S_β^*:

Théorème 53. $S_\beta^*(\boldsymbol{K}) = \overline{\Pi}(\boldsymbol{U}_\beta(\boldsymbol{K}) - \{0\})$.

Comme on voit, l'opération en question consiste à former des ensembles-produits de moins que $\aleph_\beta$ ensembles de la classe donnée $\boldsymbol{K}$. Les classes d'ensembles closes par rapport à l'opération S_β^* peuvent être appelées *classes multiplicatives au dégré* β,

En s'appuyant sur le lem. 19 on peut déduire des propriétés de l'opération S_β qui viennent d'être établies dans les th. 50—52 celles qui leur correspondent pour l'opération S_β^*. Ce ne sont que les propriétés suivantes (correspondant aux th. $50^{d,e}$ et 51^{c}) qui ne s'en obtiennent pas automatiquement, mais exigent une démonstration spéciale:

Théorème 54. [a]) $S^*_\beta(\{A\}) = \{A\}$;

[b]) $S^*_\beta(K + \{0\}) = S^*_\beta(K) + \{0\}$;

[c]) *si* $\overline{\overline{K}} < \aleph_\beta$ *ou bien* $\overline{\overline{\Sigma(K)}} < \aleph_\beta$, *on a* $S^*_\beta(K) = S^*(K)$.

Démonstration des formules [a]) et [b]) est tout à fait élémentaire. Pour établir la proposition [c]), il est commode d'envisager la classe $K^\times = \underset{\Sigma(K)-X}{E}[X \in K]$. On a évidemment $\overline{\overline{K^\times}} < \aleph_\beta$ ou bien $\overline{\overline{\Sigma(K^\times)}} < \aleph_\beta$ (suivant l'hypothèse admise pour la classe K), d'où d'après le th. 51[c] $S_\beta(K^\times) = S(K^\times)$; d'autre part, en rapprochant les déf. 20 et 18 des th. 53 et 44, on se convaint facilement que $S^*_\beta(K) = \underset{\Sigma(K)-X}{E}[X \in S_\beta(K^\times)]$ et de même que $S^*(K) = \underset{\Sigma(K)-X}{E}[X \in S(K^\times)]$ [1]). On en obtient aussitôt la formule cherchée: $S^*_\beta(K) = S^*(K)$.

En dehors des propriétés de S_β et S^*_β énoncées dans les derniers théorèmes les propriétés suivantes sont à mentionner ici. On a le théorème: *pour que* $F \in \mathfrak{A}_\beta$ *et* $F(0) = 0$, *il faut et il suffit que* $F\Sigma \doteq \Sigma \overline{F} S_\beta$ (c.-à d. que $F\Sigma(\mathcal{K}) = \sum_{X \in S_\beta(\mathcal{K})} F(X)$, *quelle que soit la famille de classes* $\mathcal{K}$; cf. le théoréme analogue, p. 240); donc en particulier: $S_\beta \Sigma \doteq \Sigma \overline{S}_\beta S_\beta$. On a ensuite les formules: $\Sigma S_\beta \doteq \Sigma \doteq \Sigma S^*_\beta$ et $\Pi S_\beta \doteq \Pi \doteq \Pi S^*_\beta$; $M S_\beta \doteq M \doteq M S^*_\beta$; $S_\beta(K+L) \subset T^*(K) + S_\beta(L)$ *et* $S^*_\beta(K+L) \subset T(K) + S^*_\beta(L)$ *pour toutes deux classes* K *et* L (resp. $S_\beta[F \mathring{+} G] \mathring{\subset} T^* F \mathring{+} S_\beta G$ *et* $S^*_\beta[F \mathring{+} G] \mathring{\subset} TF \mathring{+} S^*_\beta G$ *pour toutes deux opérations* F *et* G). On peut établir les réciproques du th. 52[f,g]: les formules: $S^2_\beta \doteq S_\beta$ et $cf(\beta) = \beta$ sont donc équivalentes, de même que les formules: $S^2_\beta \doteq S_{\beta+1}$ et $cf(\beta) < \beta$. Il existe enfin certaines relations moins simples entre les opérations de la forme $S_\beta S^*_\gamma$, $S_\beta S^*_\gamma S_\delta \ldots$ d'une part et celles de la forme $S^*_\beta S_\gamma$, $S^*_\beta S_\gamma S^*_\delta \ldots$ d'autre part [2]).

Les opérations S_β et S^*_β n'étaient pas étudieés jusqu'à présent que

[1]) Cf. les remarques, p. 211, sur la coïncidence des opérations F^* et $F^\times$ pour $F \doteq S$, resp. $F \doteq S_\beta$.

[2]) Cf. à ce propos: W. Sierpiński et A. Tarski, *Sur une propriété caractéristique des nombres inaccessibles,* Fund. Math. XV, p. 292; A. Koźniewski et A. Lindenbaum, *Sur les opérations d'addition et de multiplication dans les classes d'ensembles*, ibid. p. 342.

dans les cas particuliers de $\beta=0$ et $\beta=1$ [1]). M. Hausdorff a introduit les symboles spéciaux pour les opérations S_1 et S_1^*, à savoir σ et δ ($K_\sigma = S_1(K)$, $K_\delta = S_1^*(K)$), ainsi que les termes spéciaux pour les classes d'ensembles appartenant respectivement aux familles $\mathcal{C}\ell(S_0 \stackrel{\circ}{+} S_0^*)$, $\mathcal{C}\ell(S_1)$, $\mathcal{C}\ell(S_1^*)$ et $\mathcal{C}\ell(S_1 \stackrel{\circ}{+} S_1^*)$, à savoir *Ring*, *σ-System*, *δ-System* et *(σδ)-System* [2]).

Pour les considérations qui vont suivre, il est commode d'introduire une opération auxiliaire R_β; cette opération, étroitement liée avec S_β et S_β^*, semble d'ailleurs présenter par elle-même quelque intérêt. Afin d'effectuer l'opération R_β sur une classe d'ensembles donnée K, on envisage toutes les sous-classes X de K qui contiennent moins de $\aleph_\beta$ ensembles et on forme pour tout X toutes les sommes des produits (ou bien, ce qui revient au-même d'après le th. 47, tous les produits des sommes) d'ensembles de X; les ensembles ainsi formés constituent la classe $R_\beta(K)$. On a donc en symboles:

Définition 21. $$R_\beta(K) = \sum_{X \in U_\beta(K)} SS^*(X).$$

On peut mettre la définition précédente dans une forme plus concise, à savoir: $R_\beta(K) = \Sigma\, \overline{SS^*}\, U_\beta(K)$, resp. $R_\beta \stackrel{\circ}{=} \Sigma\, \overline{SS^*}\, U_\beta$. Il est à noter que les opérations S_β et S_β^* se laissent exprimer aussi par des formules analogues: $S_\beta \stackrel{\circ}{=} \Sigma\, \overline{S}\, U_\beta$ et $S_\beta^* \stackrel{\circ}{=} \Sigma\, \overline{S^*}\, U_\beta$. Ce procédé de former les opérations S_β, S_β^* et R_β à partir de S, S^* et SS^* se prête à une généralisation, qui consiste à faire correspondre à toute opération F et à tout nombre ordinal β une opération F_β déterminée par la formule: $F_\beta \stackrel{\circ}{=} \Sigma\, \overline{F}\, U_\beta$; il s'y rattache aussi l'opération plus vaste $F_\infty \stackrel{\circ}{=} \Sigma\, \overline{F}\, U$ (qui ne constitue d'ailleurs qu'un cas particulier de F_β). L'étude de ces notions, qui rentrent dans l'algorythme esquissé au § 2, ne sera pas développée ici.

Certaines propriétés élémentaires de l'opération R_β sont données dans les deux théorèmes suivants:

[1]) Le cas de $\beta=2$ a été envisagé par M. Sierpiński dans son article: *Sur les ensembles hyperboreliens*, Comptes rendus des séances de la Soc. des Sc. et des L. de Varsovie 1926, p. 16—22.

[2]) Cf. F. Hausdorff, *Mengenlehre* II, Aufl., Berlin und Leipzig 1927, p. 77—85; cf. aussi W. Sierpiński, *Wstęp do teorji mnogości i topologji* (*Introduction à la Théorie des Ensembles et à la Topologie*, en polonais), Lwów 1930, p. 108—119.

Théorème 55. [a]) $\boldsymbol{R}_\beta \in \mathfrak{A}_\beta$, *donc* $\boldsymbol{R}_\beta \in \mathfrak{M}$;

[b]) $\boldsymbol{I} \overset{\bullet}{\subset} \boldsymbol{R}_\beta$;

[c]) *si* $\boldsymbol{F} \in \mathfrak{A}_\beta$ *et* $\boldsymbol{F} \overset{\circ}{\subset} \boldsymbol{SS}^*$, *on a* $\boldsymbol{F} \overset{\circ}{\subset} \boldsymbol{R}_\beta$;

[d]) $\boldsymbol{S}_\beta \overset{\circ}{\subset} \boldsymbol{R}_\beta \overset{\circ}{\subset} \boldsymbol{S}^* \boldsymbol{S}_\beta$ *et* $\boldsymbol{S}_\beta^* \overset{\circ}{\subset} \boldsymbol{R}_\beta \overset{\circ}{\subset} \boldsymbol{S}\boldsymbol{S}_\beta^*$;

[e]) $\boldsymbol{R}_\beta^* \overset{\bullet}{=} \boldsymbol{R}_\beta$ *et* $\boldsymbol{CR}_\beta \overset{\circ}{=} \boldsymbol{R}_\beta \boldsymbol{C}$;

[f]) $\boldsymbol{R}_\beta(\boldsymbol{K}+\boldsymbol{L}) \subset \boldsymbol{TS}_\beta(\boldsymbol{K}) + \boldsymbol{T}^* \boldsymbol{S}_\beta^*(\boldsymbol{L})$ *pour toutes deux classes d'ensembles* $\boldsymbol{K}$ *et* $\boldsymbol{L}$ (en d'autres termes, $\boldsymbol{R}_\beta[\boldsymbol{F} \overset{\circ}{+} \boldsymbol{G}] \overset{\circ}{\subset} \boldsymbol{TS}_\beta \boldsymbol{F} \overset{\circ}{+} \boldsymbol{T}^* \boldsymbol{S}_\beta^* \boldsymbol{G}$ *pour toutes deux opérations* $\boldsymbol{F}$ *et* $\boldsymbol{G}$);

[g]) $\boldsymbol{R}_\beta(\boldsymbol{K}) \leqslant (\overline{\overline{\boldsymbol{K}}})^{\aleph_\beta}_{\smile} \cdot 2^{2^{\aleph_\beta}}_{\smile}$.

Démonstration. Les formules [a]) et [b]) se déduisent facilement de la déf. 21 et du th. 42[b] à l'aide des définitions et des lemmes du § 2.

La démonstration de [c]) est analogue à celle du th. 51[e].

Si l'on pose dans [c]): $\boldsymbol{F} \overset{\circ}{=} \boldsymbol{S}_\beta$, resp. $\boldsymbol{F} \overset{\circ}{=} \boldsymbol{S}_\beta^*$, et si l'on tient compte des formules: $\boldsymbol{S}_\beta \in \mathfrak{A}_\beta$ et $\boldsymbol{S}_\beta \overset{\circ}{\subset} \boldsymbol{SS}^*$, resp. $\boldsymbol{S}_\beta^* \in \mathfrak{A}_\beta$ et $\boldsymbol{S}_\beta^* \overset{\circ}{\subset} \boldsymbol{SS}^*$ (qui s'obtiennent sans peine des th. 50[a], 51[b] et 42[a,b] par l'application des lem. 17[c] et 19[c,j,i]), on parvient aussitôt aux inclusions: $\boldsymbol{S}_\beta \overset{\circ}{\subset} \boldsymbol{R}_\beta$ et $\boldsymbol{S}_\beta^* \overset{\circ}{\subset} \boldsymbol{R}_\beta$. En appliquant d'autre part les th. 47, 51[c] et 54[c], on obtient les transformations suivantes de la déf. 21: $\boldsymbol{R}_\beta(\boldsymbol{K}) = \sum_{\boldsymbol{X} \in \boldsymbol{U}_\beta(\boldsymbol{K})} \boldsymbol{S}^* \boldsymbol{S}(\boldsymbol{X}) = \sum_{\boldsymbol{X} \in \boldsymbol{U}_\beta(\boldsymbol{K})} \boldsymbol{S}^* \boldsymbol{S}_\beta(\boldsymbol{X}) = \sum_{\boldsymbol{X} \in \boldsymbol{U}_\beta(\boldsymbol{K})} \boldsymbol{S}\boldsymbol{S}_\beta^*(\boldsymbol{X})$; or, les opérations $\boldsymbol{S}^* \boldsymbol{S}_\beta$ et $\boldsymbol{S}\boldsymbol{S}_\beta^*$ étant monotones (d'après les th. 42[a], 50[a] et les lem. 19[g], 16[c]), on en conclut à l'aide du lem. 15[a] que $\boldsymbol{R}_\beta(\boldsymbol{K}) \subset \boldsymbol{S}^* \boldsymbol{S}_\beta(\boldsymbol{K})$ et $\boldsymbol{R}_\beta(\boldsymbol{K}) \subset \boldsymbol{S}\boldsymbol{S}_\beta^*(\boldsymbol{K})$ pour toute classe $\boldsymbol{K}$, donc que $\boldsymbol{R}_\beta \overset{\circ}{\subset} \boldsymbol{S}^* \boldsymbol{S}_\beta$ et $\boldsymbol{R}_\beta \overset{\circ}{\subset} \boldsymbol{S}\boldsymbol{S}_\beta^*$. Les formules [d]) sont ainsi entièrement établies.

Pour démontrer les identités [e]), observons qu'en vertu de [a]) et du lem. 19[i] on a $\boldsymbol{R}_\beta^* \in \mathfrak{A}_\beta$; comme d'autre part $\boldsymbol{S}\boldsymbol{S}_\beta^* \overset{\circ}{\subset} \boldsymbol{SS}^*$ (th. 51[b], lem. 19[c], th. 42[a], déf. 12[a]), on déduit de [d]) à l'aide du lem. 19[b,c,e]: $\boldsymbol{R}_\beta^* \overset{\circ}{\subset} [\boldsymbol{S}^* \boldsymbol{S}_\beta]^* \overset{\circ}{=} \boldsymbol{S}\boldsymbol{S}_\beta^* \overset{\circ}{\subset} \boldsymbol{SS}^*$. En posant donc dans [c]): $\boldsymbol{F} \overset{\circ}{=} \boldsymbol{R}_\beta$, nous en concluons que $\boldsymbol{R}_\beta^* \overset{\circ}{\subset} \boldsymbol{R}_\beta$, d'où par l'application du lem. 19[b,c]: $\boldsymbol{R}_\beta \overset{\circ}{=} [\boldsymbol{R}_\beta^*]^* \overset{\circ}{\subset} \boldsymbol{R}_\beta^*$ et finalement: $\boldsymbol{R}_\beta^* \overset{\circ}{=} \boldsymbol{R}_\beta$. En raison du lem. 19[a], cette dernière formule donne en outre: $\boldsymbol{CR}_\beta \overset{\circ}{=} \boldsymbol{R}_\beta \boldsymbol{C}$, c. q. f. d.

En ce qui concerne [f]), on raisonnera comme il suit.

Envisageons une classe d'ensembles $\boldsymbol{X}$ telle que

(1) $$\boldsymbol{X} \in \boldsymbol{U}_\beta(\boldsymbol{K}+\boldsymbol{L}).$$

Conformément à la déf. 5^b on a donc $\boldsymbol{X} \subset \boldsymbol{K} + \boldsymbol{L}$ et $\overline{\overline{\boldsymbol{X}}} < \aleph_\beta$, d'où

$$\boldsymbol{X} = \boldsymbol{K} \cdot \boldsymbol{X} + \boldsymbol{L} \cdot \boldsymbol{X}, \tag{2}$$

$$\overline{\overline{\boldsymbol{K} \cdot \boldsymbol{X}}} < \aleph_\beta \quad \textit{et} \quad \overline{\overline{\boldsymbol{L} \cdot \boldsymbol{X}}} < \aleph_\beta. \tag{3}$$

En appliquant le th. 45^c, on obtient de (2): $\boldsymbol{S}^*(\boldsymbol{X}) \subset \boldsymbol{T}(\boldsymbol{K} \cdot \boldsymbol{X}) + \boldsymbol{S}^*(\boldsymbol{L} \cdot \boldsymbol{X})$; l'opération $\boldsymbol{S}$ étant monotone (th. 42^a), il s'en suit que $\boldsymbol{S}\boldsymbol{S}^*(\boldsymbol{X}) \subset \boldsymbol{S}(\boldsymbol{T}(\boldsymbol{K} \cdot \boldsymbol{X}) + \boldsymbol{S}^*(\boldsymbol{L} \cdot \boldsymbol{X}))$. D'autre part, le th. 43^a pour $\boldsymbol{K} = \boldsymbol{S}^*(\boldsymbol{L} \cdot \boldsymbol{X})$ et $\boldsymbol{L} = \boldsymbol{T}(\boldsymbol{K} \cdot \boldsymbol{X})$ donne: $\boldsymbol{S}(\boldsymbol{T}(\boldsymbol{K} \cdot \boldsymbol{X}) + \boldsymbol{S}^*(\boldsymbol{L} \cdot \boldsymbol{X})) \subset \boldsymbol{S}\boldsymbol{T}(\boldsymbol{K} \cdot \boldsymbol{X}) + \boldsymbol{T}^*\boldsymbol{S}^*(\boldsymbol{L} \cdot \boldsymbol{X})$. Par conséquent:

$$\boldsymbol{S}\boldsymbol{S}^*(\boldsymbol{X}) \subset \boldsymbol{S}\boldsymbol{T}(\boldsymbol{K} \cdot \boldsymbol{X}) + \boldsymbol{T}^*\boldsymbol{S}^*(\boldsymbol{L} \cdot \boldsymbol{X}). \tag{4}$$

D'après le th. 43^b on a: $\boldsymbol{S}\boldsymbol{T}(\boldsymbol{K} \cdot \boldsymbol{X}) = \boldsymbol{T}\boldsymbol{S}(\boldsymbol{K} \cdot \boldsymbol{X})$; en tenant compte de (3), on en conclut à l'aide du th. 51^c que $\boldsymbol{S}\boldsymbol{T}(\boldsymbol{K} \cdot \boldsymbol{X}) = \boldsymbol{T}\boldsymbol{S}_\beta(\boldsymbol{K} \cdot \boldsymbol{X})$. Comme $\boldsymbol{T}\boldsymbol{S}_\beta \in \mathfrak{M}$ (en vertu des th. 36^a, 50^a et du lem. 16^c), il en résulte enfin que

$$\boldsymbol{S}\boldsymbol{T}(\boldsymbol{K} \cdot \boldsymbol{X}) \subset \boldsymbol{T}\boldsymbol{S}_\beta(\boldsymbol{K}). \tag{5}$$

D'une façon analogue on obtient:

$$\boldsymbol{T}^*\boldsymbol{S}^*(\boldsymbol{L} \cdot \boldsymbol{X}) \subset \boldsymbol{T}^*\boldsymbol{S}^*_\beta(\boldsymbol{L}), \tag{6}$$

et les inclusions (4)—(6) entraînent immédiatement:

$$\boldsymbol{S}\boldsymbol{S}^*(\boldsymbol{X}) \subset \boldsymbol{T}\boldsymbol{S}_\beta(\boldsymbol{K}) + \boldsymbol{T}^*\boldsymbol{S}^*_\beta(\boldsymbol{L}). \tag{7}$$

Il est ainsi prouvé que toute classe $\boldsymbol{X}$ qui remplit la formule (1) vérifie aussi l'inclusion (7). Par conséquent on a: $\sum_{\boldsymbol{X} \in \boldsymbol{U}_\beta(\boldsymbol{K}+\boldsymbol{L})} \boldsymbol{S}\boldsymbol{S}^*(\boldsymbol{X}) \subset \boldsymbol{T}\boldsymbol{S}_\beta(\boldsymbol{K}) + \boldsymbol{T}^*\boldsymbol{S}^*_\beta(\boldsymbol{L})$, d'où en raison de la déf. 21:

$\boldsymbol{R}_\beta(\boldsymbol{K} + \boldsymbol{L}) \subset \boldsymbol{T}\boldsymbol{S}_\beta(\boldsymbol{K}) + \boldsymbol{T}^*\boldsymbol{S}^*_\beta(\boldsymbol{L})$ *pour toutes deux classes* $\boldsymbol{K}$ *et* $\boldsymbol{L}$.

A l'aide des déf. 8^b et 9^a on en déduit sans peine un autre énoncé:

$\boldsymbol{R}_\beta[\boldsymbol{F} \mathring{+} \boldsymbol{G}] \mathring{\subset} \boldsymbol{T}\boldsymbol{S}_\beta\boldsymbol{F} \mathring{+} \boldsymbol{T}^*\boldsymbol{S}^*_\beta\boldsymbol{G}$ *pour toutes deux opérations* $\boldsymbol{F}$ *et* $\boldsymbol{G}$,

ce qui achève la démonstration de [1]).

Passons enfin à [g]). Il résulte de la déf. 21 que

$$\overline{\overline{R_\beta(K)}} \leqslant \sum_{X \in U_\beta(K)} \overline{\overline{SS^*(X)}}. \tag{8}$$

Suivant le th. 42[g] et le lem. 19[l] on a: $\overline{\overline{SS^*(X)}} \leqslant 2^{\overline{\overline{S^*(X)}}} \leqslant 2^{2^{\overline{\overline{X}}}}$ pour toute classe d'ensembles X; par conséquent, si $X \in U_\beta(K)$, donc $\overline{\overline{X}} < \aleph_\beta$, on obtient à l'aide de la déf. 4: $\overline{\overline{SS^*(X)}} \leqslant 2^{2^{\aleph_\beta}}$. Comme de plus, d'après le lem. 10[c], $\overline{\overline{U_\beta(K)}} \leqslant (\overline{\overline{K}})^{\aleph_\beta}$, on en conclut que

$$\sum_{X \in U_\beta(K)} \overline{\overline{SS^*(X)}} \leqslant (\overline{\overline{K}})^{\aleph_\beta} \cdot 2^{2^{\aleph_\beta}}. \tag{9}$$

Les formules (8) et (9) entraînent immédiatement l'inégalité cherchée:

$$\overline{\overline{R_\beta(K)}} \leqslant (\overline{\overline{K}})^{\aleph_\beta} \cdot 2^{2^{\aleph_\beta}}.$$

Le théorème en question est donc complètement démontré.

Théorème 56. [a]) *Si* $A \neq 0$ *et* $\beta = sup(\overline{\varphi}(A))$, *on a* $R_\beta \stackrel{\circ}{=} \sum_{x \in A}^{\circ} R_{\varphi(x)}$;

[b]) *si* $\beta \leqslant \gamma$, *on a* $R_\beta \stackrel{\circ}{\subset} R_\gamma$;

[c]) *si* $\gamma < \beta$, *on a* $R_\beta R_\gamma \stackrel{\circ}{=} R_\beta$;

[d]) *si* $\beta \leqslant cf(\gamma)$, *on a* $R_\beta R_\gamma \stackrel{\circ}{=} R_\gamma$;

[e]) *si* $cf(\beta) = \beta$, *on a* $R_\beta^2 \stackrel{\circ}{=} R_\beta$;

[f]) si $cf(\beta) = \beta$, *on a* $[R_\beta[I \stackrel{\circ}{+} C]]^2 \stackrel{\circ}{=} R_\beta[I \stackrel{\circ}{+} C]$.

Démonstration des propositions [a])—[e]) est complètement analogue à celle des parties correspondantes ([a])—[d]) et [f])) du th. 52.

Quant à la formule [f]), on raisonnera comme suit.

En appliquant le lem. 14[c] et en tenant compte du lem. 17[b] et du th. 55[e], on obtient: $[I \stackrel{\circ}{+} C] R_\beta \stackrel{\circ}{=} I R_\beta \stackrel{\circ}{+} C R_\beta \stackrel{\circ}{=} R_\beta I \stackrel{\circ}{+} R_\beta C$; l'opération R_β étant monotone (th. 55[a]), la déf. 12[a] donne en outre: $R_\beta I \stackrel{\circ}{\subset} R_\beta [I \stackrel{\circ}{+} C]$ et $R_\beta C \stackrel{\circ}{\subset} R_\beta [I \stackrel{\circ}{+} C]$, d'où $R_\beta I \stackrel{\circ}{+} R_\beta C \stackrel{\circ}{\subset} R_\beta [I \stackrel{\circ}{+} C]$. Par conséquent,

$$[I \stackrel{\circ}{+} C] R_\beta \stackrel{\circ}{\subset} R_\beta [I \stackrel{\circ}{+} C]. \tag{1}$$

Par une application renouvelée de la déf. 12[a] on déduit de (1): $\boldsymbol{R}_\beta[[\boldsymbol{I} \mathring{+} \boldsymbol{C}]\boldsymbol{R}_\beta] \mathring{\subset} \boldsymbol{R}_\beta[\boldsymbol{R}_\beta[\boldsymbol{I} \mathring{+} \boldsymbol{C}]]$; à l'aide du lem. 14[a,b] on en conclut que

$$(2) \qquad [\boldsymbol{R}_\beta[\boldsymbol{I} \mathring{+} \boldsymbol{C}]]\,[\boldsymbol{R}_\beta[\boldsymbol{I} \mathring{+} \boldsymbol{C}]] \mathring{\subset} [\boldsymbol{R}_\beta \boldsymbol{R}_\beta]\,[[\boldsymbol{I} \mathring{+} \boldsymbol{C}]\,[\boldsymbol{I} \mathring{+} \boldsymbol{C}]].$$

Or, la déf. 10 permet d'écrire l'inclusion (2) sous la forme plus simple: $[\boldsymbol{R}_\beta[\boldsymbol{I} \mathring{+} \boldsymbol{C}]]^2 \mathring{\subset} \boldsymbol{R}_\beta^2[\boldsymbol{I} \mathring{+} \boldsymbol{C}]^2$; comme $\boldsymbol{R}_\beta^2 \overset{\circ}{=} \boldsymbol{R}_\beta$ (suivant la formule [e]) du théorème en question) et $[\boldsymbol{I} \mathring{+} \boldsymbol{C}]^2 \overset{\circ}{=} \boldsymbol{I} \mathring{+} \boldsymbol{C}$ (lem. 18[c]), il s'en suit que

$$(3) \qquad [\boldsymbol{R}_\beta[\boldsymbol{I} \mathring{+} \boldsymbol{C}]]^2 \mathring{\subset} \boldsymbol{R}_\beta[\boldsymbol{I} \mathring{+} \boldsymbol{C}].$$

D'autre part on a $\boldsymbol{I} \mathring{\subset} \boldsymbol{R}_\beta[\boldsymbol{I} \mathring{+} \boldsymbol{C}]$ (th. 55[b], lem. 17[e]), d'où conformément au lem. 17[c]:

$$(4) \qquad \boldsymbol{R}_\beta[\boldsymbol{I} \mathring{+} \boldsymbol{C}] \mathring{\subset} [\boldsymbol{R}_\beta[\boldsymbol{I} \mathring{+} \boldsymbol{C}]]\,[\boldsymbol{R}_\beta[\boldsymbol{I} \mathring{+} \boldsymbol{C}]] \overset{\circ}{=} [\boldsymbol{R}_\beta[\boldsymbol{I} \mathring{+} \boldsymbol{C}]]^2.$$

Les formules (3) et (4) entraînent tout de suite:

$$[\boldsymbol{R}_\beta[\boldsymbol{I} \mathring{+} \boldsymbol{C}]]^2 \overset{\circ}{=} \boldsymbol{R}_\beta[\boldsymbol{I} \mathring{+} \boldsymbol{C}], \quad \text{c. q. f. d.}$$

Les th. 55[a–c] et 56[a–e] nous renseignent sur plusieurs propriétés de l'opération $\boldsymbol{R}_\beta$, analogues à celles de $\boldsymbol{S}_\beta$ et $\boldsymbol{S}_\beta^*$. Notons encore quelques propriétés de ce genre. On a les formules: $\boldsymbol{R}_\beta(0) = 0$, $\boldsymbol{R}_\beta(\{A\}) = \{A\}$; $\Sigma \boldsymbol{R}_\beta \overset{\circ}{=} \Sigma$ et $\Pi \boldsymbol{R}_\beta \overset{\circ}{=} \Pi$; $\boldsymbol{M}\boldsymbol{R}_\beta \overset{\circ}{=} \boldsymbol{M}$. Par analogie au th. 51[d,e] on peut démontrér les théorémes: *si* $\overline{\overline{\boldsymbol{K}}} < \aleph_\beta$ *ou* $\overline{\overline{\Sigma(\boldsymbol{K})}} < \aleph_\beta$, *on a* $\boldsymbol{R}_\beta(\boldsymbol{K}) = \boldsymbol{S}\boldsymbol{S}^*(\boldsymbol{K})$; *si* $\overline{\overline{1}} < \aleph_\beta$, *on a* $\boldsymbol{R}_\beta \overset{\circ}{=} \boldsymbol{S}\boldsymbol{S}^*$. Par contre nous ne savons pas, si le th. 52[e,g] se laisse également étendre sur l'opération $\boldsymbol{R}_\beta$.

Je passe à l'étude des classes closes par rapport aux opérations $\boldsymbol{S}_\beta$ et $\boldsymbol{S}_\beta^*$. Il est à remarquer avant tout que cette étude peut se borner aux nombres β qui sont des indices des nombres initiaux réguliers (qui vérifient donc la formule: $cf(\beta) = \beta$). Cela résulte, en effet, du théorème suivant:

Théorème 57. *Si* $cf(\beta) < \beta$, *on a* $\mathcal{Cl}(\boldsymbol{S}_\beta) = \mathcal{Cl}(\boldsymbol{S}_{\beta+1})$ *et* $\mathcal{Cl}(\boldsymbol{S}_\beta^*) = \mathcal{Cl}(\boldsymbol{S}_{\beta+1}^*)$.

Démonstration. En posant dans le th. 25: $\boldsymbol{F} \overset{\circ}{=} \boldsymbol{S}_\beta$ et $\nu = 2$ et en tenant compte du th. 50[b], on obtient: $\mathcal{Cl}(\boldsymbol{S}_\beta) = \mathcal{Cl}(\boldsymbol{S}_\beta^2)$, d'où suivant le th. 52[g]: $\mathcal{Cl}(\boldsymbol{S}_\beta) = \mathcal{Cl}(\boldsymbol{S}_{\beta+1})$; selon le cor. 27 on en conclut que $\mathcal{Cl}(\boldsymbol{S}_\beta^*) = \mathcal{Cl}(\boldsymbol{S}_{\beta+1}^*)$, c. q. f. d.

A l'aide du cor. 22 et du th. 24^d on peut tirer du théorème précédent quelques corollaires concernant les opérations de la forme $F \mathring{+} S_\beta$ et $F \mathring{+} S^*_\beta$ (F étant une opération arbitraire), FS_β et FS^*_β (où F est une opération monotone et adjonctive) etc. Je n'insiste pas sur ces questions, car elles n'interviendront pas dans la suite.

L'évaluation de la puissance d'une famille quelconque du type $\mathcal{C}\ell(S_\beta)$ ou $\mathcal{C}\ell(S^*_\beta)$ ne comporte pas de difficulté:

Théorème fondamental VIII. *Si* $\overline{\overline{I}} = \aleph_\alpha$, *on a* $\overline{\overline{\mathcal{C}\ell(S_\beta)}} = \overline{\overline{\mathcal{C}\ell(S^*_\beta)}} = 2^{2^{\aleph_\alpha}}$.

Démonstration, basée sur le th. 51^b, est tout à fait analogue à celle du th. fond. IV.

Des difficultés beaucoup plus importantes apparaissent dans l'étude des familles telles que $\mathcal{C}\ell(C \mathring{+} S_\beta)$, $\mathcal{C}\ell(T \mathring{+} S_\beta)$, $\mathcal{C}\ell(S_\beta \mathring{+} S^*_\gamma)$ etc. Je vais commencer cette étude par les lemmes suivants:

Lemme 58. *Si* $\overline{\overline{I}} = \aleph_\alpha$, *il existe une classe d'ensembles* K *vérifiant les formules*: $U(K) \subset \underset{X}{E}[K \cdot TS_{p(\alpha)}(X) \subset X]$ *et* $\overline{\overline{K}} = 2^{\aleph_\alpha}$.

Démonstration. Selon le lem. 40 il existe une classe d'ensembles L telle que

(1) $$U(L) \subset \underset{X}{E}[L \cdot T(X) \subset X] \text{ et } \overline{\overline{L}} = 2^{\aleph_\alpha}.$$

Nous examinerons ici la famille $\overline{U_{p(\alpha)}}(L)$. Remarquons d'abor que la déf. 5^b entraîne la formule: $\Sigma\, U_\beta(X) = X$ pour tout ensemble X et tout nombre β. Par conséquent, quels que soient X et Y, si $U_\beta(X) = U_\beta(Y)$, on a $\Sigma\, U_\beta(X) = \Sigma\, U_\beta(Y)$, d'où $X = Y$; la fonction U_β est donc biunivoque. Il en résulte en particulier (pour $\beta = p(\alpha)$) que toute classe d'ensembles X est de la puissance égale à celle de son image $\overline{U_{p(\alpha)}}(X)$:

(2) $$\overline{\overline{X}} = \overline{\overline{\overline{U_{p(\alpha)}}(X)}} \text{ pour toute classe } X,$$

d'où selon (1)

(3) $$\overline{\overline{\overline{U_{p(\alpha)}}(L)}} = 2^{\aleph_\alpha}.$$

Nous allons montrer à présent que la famille $\overline{U_{p(\alpha)}}(\boldsymbol{L})$ vérifie la formule

$$(4) \qquad \boldsymbol{U}\,\overline{\boldsymbol{U}_{p(\alpha)}}(L) \subset \underset{\mathcal{X}}{\boldsymbol{E}}\,[\overline{\boldsymbol{U}_{p(\alpha)}}(\boldsymbol{L}) \cdot \boldsymbol{T}\boldsymbol{S}_{p(\alpha)}(\mathcal{X}) \subset \mathcal{X}].$$

Supposons, contrairement à (4), qu'il existe une famille de classes $\mathcal{X}$ telle que

$$(5) \qquad \mathcal{X} \subset \overline{\boldsymbol{U}_{p(\alpha)}}(\boldsymbol{L}) \textit{ et } \overline{\boldsymbol{U}_{p(\alpha)}}(\boldsymbol{L}) \cdot \boldsymbol{T}\boldsymbol{S}_{p(\alpha)}(\mathcal{X}) - \mathcal{X} \neq 0.$$

(5) implique l'existence d'une classe $\boldsymbol{M}$ satisfaisant aux conditions:

$$(6) \qquad \boldsymbol{M} \in \overline{\boldsymbol{U}_{p(\alpha)}}(\boldsymbol{L}) - \mathcal{X}$$

et

$$(7) \qquad \boldsymbol{M} \in \boldsymbol{T}\boldsymbol{S}_{p(\alpha)}(\mathcal{X}).$$

D'après la déf. 17 (pour $\boldsymbol{K} = \boldsymbol{S}_{p(\alpha)}(\mathcal{X})$), on conclut de (7) qu'il existe une classe $\boldsymbol{M}_1$ telle que $\boldsymbol{M} \subset \boldsymbol{M}_1 \in \boldsymbol{S}_{p(\alpha)}(\mathcal{X})$. En remplaçant dans la déf. 20 $\boldsymbol{K}$ par $\mathcal{X}$ et β par $p(\alpha)$, on en déduit l'existence d'une famille $\mathcal{X}_1$ vérifiant les formules: $\boldsymbol{M}_1 = \Sigma(\mathcal{X}_1)$ et $\mathcal{X}_1 \in \boldsymbol{U}_{p(\alpha)}(\mathcal{X})$. On a donc finalement, en raison de la déf. 5^b,

$$(8) \qquad \boldsymbol{M} \subset \Sigma(\mathcal{X}_1),$$

$$(9) \qquad \mathcal{X}_1 \subset \mathcal{X} \textit{ et } \overline{\overline{\mathcal{X}_1}} < \aleph_{p(\alpha)}.$$

Les formules (5) et (9) donnent: $\mathcal{X}_1 \subset \overline{\boldsymbol{U}_{p(\alpha)}}(\boldsymbol{L})$. A l'aide du théorème connu sur les images des ensembles (*si* $A \subset \overline{f}(B)$, *il existe un ensemble* B_1 *tel que* $A = \overline{f}(B_1)$ *et* $B_1 \subset B$), on en conclut qu'il existe une classe $\boldsymbol{L}_1$ remplissant les conditions:

$$(10) \qquad \mathcal{X}_1 = \overline{\boldsymbol{U}_{p(\alpha)}}(\boldsymbol{L}_1) \textit{ et } \boldsymbol{L}_1 \subset \boldsymbol{L}.$$

Il résulte de (2) et (10) que $\overline{\overline{\mathcal{X}_1}} = \overline{\overline{\boldsymbol{L}_1}}$, d'où selon (9)

$$(11) \qquad \overline{\overline{\boldsymbol{L}_1}} < \aleph_{p(\alpha)}.$$

En vertu de (6) et (9), $\boldsymbol{M} \in \overline{\boldsymbol{U}_{p(\alpha)}}(\boldsymbol{L}_1) - \mathcal{X}_1$, donc, en raison de (10), $\boldsymbol{M} \in \overline{\boldsymbol{U}_{p(\alpha)}}(\boldsymbol{L}) - \overline{\boldsymbol{U}_{p(\alpha)}}(\boldsymbol{L}_1)$. En appliquant la formule connue concernant la différence des images $(\overline{f}(A) - \overline{f}(B) \subset \overline{f}(A - B))$, or en obtient ensuite: $\boldsymbol{M} \in \overline{\boldsymbol{U}_{p(\alpha)}}(\boldsymbol{L} - \boldsymbol{L}_1)$; par conséquent, suivant la déf. 6, il existe un ensemble A tel que

(12) $$\boldsymbol{M} = \boldsymbol{U}_{p(\alpha)}(A)$$

et

(13) $$A \in \boldsymbol{L} - \boldsymbol{L}_1.$$

Selon (1) et (10) $\boldsymbol{L} \cdot \boldsymbol{T}(\boldsymbol{L}_1) \subset \boldsymbol{L}_1$; on en obtient à fortiori en vertu de (13): $\{A\} \cdot \boldsymbol{T}(\boldsymbol{L}_1) \subset \boldsymbol{L}_1 \cdot (\boldsymbol{L} - \boldsymbol{L}_1) = 0$, d'où $A \bar{\in} \boldsymbol{T}(\boldsymbol{L}_1)$. A l'aide de la déf. 17 on en conclut que $A \bar{\in} \boldsymbol{U}(Z)$, donc que $A - Z \neq 0$ pour tout ensemble Z de la classe $\boldsymbol{L}_1$. En appliquant l'axiome du choix, on peut donc faire correspondre à tout ensemble Z de $\boldsymbol{L}_1$ un élément $f(Z)$ de façon que l'on ait

(14) $$f(Z) \in A - Z \quad \textit{pour} \quad Z \in \boldsymbol{L}_1.$$

Il résulte de (14) que $\overline{f}(\boldsymbol{L}_1) \subset A$; on a en outre, d'après le lem. 11[a], $\overline{\overline{\overline{f}(\boldsymbol{L}_1)}} \leqslant \overline{\overline{\boldsymbol{L}_1}}$, d'où, en raison de (11), $\overline{\overline{\overline{f}(\boldsymbol{L}_1)}} < \aleph_{p(\alpha)}$. On en obtient aussitôt: $\overline{f}(\boldsymbol{L}_1) \in \boldsymbol{U}_{p(\alpha)}(A)$, ce qui, rapproché de (12), donne:

(15) $$\overline{f}(\boldsymbol{L}_1) \in \boldsymbol{M}.$$

On conclut ensuite de (14) que $\overline{f}(\boldsymbol{L}_1) - Z \neq 0$ pour tout ensemble Z de $\boldsymbol{L}_1$, donc que $\overline{f}(\boldsymbol{L}_1) \bar{\in} \boldsymbol{U}_{p(\alpha)}(Z)$. Par conséquent, l'ensemble $\overline{f}(\boldsymbol{L}_1)$ n'appartient à aucune des classes formant la famille $\overline{\boldsymbol{U}_{p(\alpha)}}(\boldsymbol{L}_1)$, d'où en vertu de (10)

(16) $$\overline{f}(\boldsymbol{L}_1) \bar{\in} \Sigma(\mathcal{K}_1).$$

(8) et (16) donnent tout de suite:

(17) $$\overline{f}(\boldsymbol{L}_1) \bar{\in} \boldsymbol{M}.$$

Or, les formules (15) et (17) étant contradictoires, la supposition (5) est fausse, et la famille $\overline{\boldsymbol{U}_{p(\alpha)}}(\boldsymbol{L})$ vérifie en conséquence la formule (4).

Observons encore que pour $X \in \boldsymbol{L}$ on a évidemment $X \subset 1$, d'où $\boldsymbol{U}_{p(\alpha)}(X) \subset \boldsymbol{U}_{p(\alpha)}(1)$ et $\boldsymbol{U}_{p(\alpha)}(X) \in \boldsymbol{U}\, \boldsymbol{U}_{p(\alpha)}(1)$; il en résulte que

(18) $$\overline{\boldsymbol{U}_{p(\alpha)}}(\boldsymbol{L}) \subset \boldsymbol{U}\, \boldsymbol{U}_{p(\alpha)}(1).$$

Si l'on remplace enfin dans le lem. 10[d] A par 1 et β par $p(\alpha)$, on obtient par hypothèse:

(19) $$\overline{\overline{\overline{\boldsymbol{U}_{p(\alpha)}(1)}}} = \aleph_\alpha = 1.$$

Posons momentanément: $1^* = U_{p(\alpha)}(1)$ et $K^* = \overline{\overline{U_{p(\alpha)}}}(L)$. Les formules (3), (4) et (18) montrent que pour l'ensemble 1^* on peut construire une classe de ses sous-ensembles K^* qui vérifie la thèse du lemme en question. Il est évident que l'existence d'une telle classe de sous-ensembles constitue une propriété de l'ensemble invariante par rapport à toutes les transformations biunivoques; par conséquent, lorsque cette propriété se présente pour un ensemble, elle se présente nécessairement pour tout ensemble de la même puissance. Or, en vertu de (19), les ensembles 1^* et 1 ont les puissances égales; on peut donc construire dans l'ensemble 1 une classe d'ensembles K remplissant les deux conditions de la thèse, c. q. f. d.

Dans cette démonstration nous étions contraints d'élargir le domaine primitif des opérations T et S_β et de les appliquer non aux classes d'ensembles, mais aux familles de telles classes; nous avons établi ainsi une propriété des ensembles de rang inférieur par intermédiaire des ensembles de rang supérieur. On applique fréquemment une pareille méthode de raisonnement dans les diverses démonstrations du domaine de la Théorie générale des Ensembles; cependant, aussi bien dans notre cas particulier que dans d'autres cas, la question, si cette *méthode du passage par les ensembles de rang supérieur* est inévitable, reste encore ouverte.

Lemme 59. *Si la classe d'ensembles* K *vérifie les formules:* $U(K) \subset \underset{X}{E}[K \cdot TS_\beta(X) \subset X]$ *et* $\overline{\overline{K}} \geqslant \aleph_\beta$, *on a aussi:*

a) $U(K) \subset \underset{X}{E}[K \cdot CTS_\beta(X) \subset X]$;

b) $U(K) \subset \underset{X}{E}[K \cdot R_\beta[I \overset{\circ}{+} C](X) \subset X]$.

Démonstration. a) Supposons, contrairement à la thèse du lemme, que

$$U(K) - \underset{X}{E}[K \cdot CTS_\beta(X) \subset X] \neq 0; \tag{1}$$

ils existent donc une classe d'ensemble L et un ensemble A qui satisfont aux conditions:

$$L \subset K, \quad A \in K \tag{2}$$

et

$$A \in CTS_\beta(L). \tag{3}$$

En appliquant successivement la déf. 14 à la classe $\boldsymbol{K}=\boldsymbol{TS}_\beta(\boldsymbol{L})$, la déf. 17 à $\boldsymbol{K}=\boldsymbol{S}_\beta(\boldsymbol{L})$ et la déf. 20 à $\boldsymbol{K}=\boldsymbol{L}$, on déduit de (3) l'existence d'une classe $\boldsymbol{M}$ qui vérifie les formules:

(4) $$\overline{\overline{\boldsymbol{M}}} < \aleph_\beta,$$

(5) $$\boldsymbol{M} \subseteq \boldsymbol{L}$$

et

(6) $$1 - A \subseteq \Sigma(\boldsymbol{M}).$$

La formule (4) entraîne:

(7) $$\overline{\overline{\boldsymbol{M}+\{A\}}} < \aleph_\beta;$$

or, $\boldsymbol{K}$ étant par hypothèse de puissance $\geqslant \aleph_\beta$, on en conclut que

(8) $$\boldsymbol{K}-(\boldsymbol{M}+\{A\}) \neq 0.$$

En rapprochant d'autre part (2) et (6), on obtient: $\boldsymbol{M}+\{A\}\subseteq\boldsymbol{K}$: d'après l'hypothèse du lemme il en résulte que

(9) $$\boldsymbol{K}\cdot\boldsymbol{TS}_\beta(\boldsymbol{M}+\{A\}) \subseteq \boldsymbol{M}+\{A\}.$$

L'inclusion (6) donne notoirement: $\Sigma(\boldsymbol{M}+\{A\})=\Sigma(\boldsymbol{M})+ + A = 1$. En raison du th. 43[a] il s'en suit que $\boldsymbol{TS}(\boldsymbol{M}+\{A\})= =\boldsymbol{U}(1)$: comme en outre $\boldsymbol{S}_\beta(\boldsymbol{M}+\{A\})=\boldsymbol{S}(\boldsymbol{M}+\{A\})$ (suivant le th. 51[c] et la formule (7)), on a finalement:

(10) $$\boldsymbol{TS}_\beta(\boldsymbol{M}+\{A\})=\boldsymbol{U}(1).$$

Or, la formule (10) veut dire que la classe $\boldsymbol{TS}_\beta(\boldsymbol{M}+\{A\})$ se compose de tous les ensembles possibles (contenus dans 1). On a par conséquent $\boldsymbol{K}\subseteq\boldsymbol{TS}_\beta(\boldsymbol{M}+\{A\})$, d'où suivant (9):

(11) $$\boldsymbol{K}\subseteq\boldsymbol{M}+\{A\}.$$

La contradiction évidente entre les formules (8) et (10) réfuse la supposition (1); nous sommes donc contraints d'admettre que

$$\boldsymbol{U}(\boldsymbol{K}) \subseteq \underset{\boldsymbol{X}}{E}[\boldsymbol{K}\cdot\boldsymbol{CTS}_\beta(\boldsymbol{X})\subseteq\boldsymbol{X}], \quad \text{c. q. f. d.}$$

[b]) Conformément aux déf. 9[a] et 13 et en vertu du th. 55[f], on a pour toute classe d'ensembles $\boldsymbol{X}$: $\boldsymbol{R}_\beta[\boldsymbol{I}\overset{\circ}{+}\boldsymbol{C}](\boldsymbol{X})=\boldsymbol{R}_\beta(\boldsymbol{X}+\boldsymbol{C}(\boldsymbol{X}))\subseteq$

$\subset TS_\beta(X)+T^*S^*_\beta C(X)$, d'où, en raison du lem. 19[a], $R_\beta[I\dot{+}C](X)\subset$ $\subset TS_\beta(X)+CTS_\beta(X)$. Il s'en suit aussitôt que

(12) $K\cdot R_\beta[I\dot{+}C](X)\subset K\cdot TS_\beta(X)+K\cdot CTS_\beta(X)$ *pour tout* X.

Or, soit $X\subset K$; l'hypothèse du lemme et la formule [a]) qui vient d'être établie impliquent alors: $K\cdot TS_\beta(X)\subset X$ et $K\cdot CTS_\beta(X)\subset X$; en le rapprochant de (12), nous en concluons que $K\cdot R_\beta[I\overset{\circ}{+}C](X)\subset X$. Par conséquent,

$$U(K)\subset \underset{X}{E}[K\cdot R_\beta[I\overset{\circ}{+}C](X)\subset X],\quad \text{c. q. f. d.}$$

Sans changer la démonstration précédente, on peut remplacer dans le lem. 59 la formule [a]) par la formule plus forte qui suit: $U(K)\subset$ $\subset \underset{X}{E}[K\cdot CTS_\beta(X)=0]$. Une remarque analogue s'applique au lem. 35 du § 3.

Corollaire 60. *Si* $\overline{\overline{I}}=\aleph_\alpha$, *il existe une classe d'ensembles* K *vérifiant les formules*: $U(K)\subset \underset{X}{E}[K\cdot R_{p(\alpha)}[I\overset{\circ}{+}C](X)\subset X]$ *et* $\overline{\overline{K}}=2^{\aleph_\alpha}$.

D é m o n s t r a t i o n. Conformément au lem. 58, il existe une classe K telle que $U(K)\subset \underset{X}{E}[K\cdot TS_{p(\alpha)}(X)\subset X]$ et $\overline{\overline{K}}=2^{\aleph_\alpha}$; d'après les lem. 4[a]
et 1[a] on a évidemment $\overline{\overline{K}}>\aleph_\alpha\geqslant\aleph_{p(\alpha)}$. En posant donc dans le lem. 59[b]: $\beta=p(\alpha)$, on se convaint immédiatement que K est la classe cherchée.

Théorème 61. *Si* $\overline{\overline{I}}=\aleph_\alpha$ *et* $\beta\leqslant p(\alpha)$, *on a* $\overline{\overline{\mathcal{C}\ell(C\overset{\circ}{+}R_\beta)}}=2^{2^{\aleph_\alpha}}$.

D é m o n s t r a t i o n. En tenant compte que $cf(p(\alpha))=p(\alpha)$ d'après le lem. 4[b], on conclut du th. 56[f] (pour $\beta=p(\alpha)$) que l'opération $R_{p(\alpha)}[I\overset{\circ}{+}C]$ est itérative: $[R_{p(\alpha)}[I\overset{\circ}{+}C]]^2\doteq R_{p(\alpha)}[I\overset{\circ}{+}C]$; en vertu du th. 55[b], il résulte du lem. 17[e] que cette opération est de plus adjonctive: $I\overset{\circ}{\subset} R_{p(\alpha)}[I\overset{\circ}{+}C]$. Par conséquent, nous pouvons appliquer le lem. 34[b], en y posant: $F\doteq R_{p(\alpha)}[I\overset{\circ}{+}C]$; en rapprochant ce lemme du cor. 60, nous obtenons:

$$(1)\qquad \overline{\overline{\mathcal{C}\ell(R_{p(\alpha)}[I\overset{\circ}{+}C])}}=2^{2^{\aleph_\alpha}}.$$

Comme $R_{p(\alpha)}\in\mathfrak{M}$, $I\overset{\circ}{\subset} R_{p(\alpha)}$ (th. 55[a,b]) et $I\overset{\circ}{\subset} I\overset{\circ}{+}C$, le th. 24[d] pour $F\doteq R_{p(\alpha)}$ et $G\doteq I\overset{\circ}{+}C$ donne: $\mathcal{C}\ell(R_{p(\alpha)}[I\overset{\circ}{+}C])=$

$= \mathcal{C}\ell\,(\boldsymbol{R}_{p(\alpha)} \stackrel{\circ}{+} \boldsymbol{I} \stackrel{\circ}{+} \boldsymbol{C})$, d'où suivant (1):

(2) $$\overline{\overline{\mathcal{C}\ell(\boldsymbol{R}_{p(\alpha)} \stackrel{\circ}{+} \boldsymbol{I} \stackrel{\circ}{+} \boldsymbol{C})}} = 2^{2^{\aleph_\alpha}}.$$

En raison du th. 56^{b}, l'inégalité: $\beta \leqslant p(\alpha)$, donnée par l'hypothèse, entraîne: $\boldsymbol{R}_\beta \stackrel{\circ}{\subset} \boldsymbol{R}_{p(\alpha)}$, donc $\boldsymbol{C} \stackrel{\circ}{+} \boldsymbol{R}_\beta \subset \boldsymbol{R}_{p(\alpha)} \stackrel{\circ}{+} \boldsymbol{I} \stackrel{\circ}{+} \boldsymbol{C}$. A l'aide du th. 21^{a} on en conclut que

(3) $$\mathcal{C}\ell(\boldsymbol{R}_{p(\alpha)} \stackrel{\circ}{+} \boldsymbol{I} \stackrel{\circ}{+} \boldsymbol{C}) \subset \mathcal{C}\ell(\boldsymbol{C} \stackrel{\circ}{+} \boldsymbol{R}_\beta).$$

Les formules (2) et (3) impliquent aussitôt que $\overline{\overline{\mathcal{C}\ell(\boldsymbol{C} \stackrel{\circ}{+} \boldsymbol{R}_\beta)}} \geqslant$ $\geqslant 2^{2^{\aleph_\alpha}}$; l'inégalité inverse étant également remplie d'après le th. 32, on a donc finalement:

$$\overline{\overline{\mathcal{C}\ell(\boldsymbol{C} \stackrel{\circ}{+} \boldsymbol{R}_\beta)}} = 2^{2^{\aleph_\alpha}}, \qquad \text{c. q. f. d.}$$

Corollaire 62. *Si* $\overline{\overline{1}} = \aleph_\alpha$, $\beta \leqslant p(\alpha)$ $\boldsymbol{F} \in \mathfrak{A}_\beta$ *et si en outre* $\boldsymbol{F} \stackrel{\circ}{\subset} \boldsymbol{S} \stackrel{\circ}{+} \boldsymbol{S}^*$ *ou bien* $\boldsymbol{F} \stackrel{\circ}{\subset} \boldsymbol{S}\boldsymbol{S}^*$, *on a* $\overline{\overline{\mathcal{C}\ell(\boldsymbol{C} \stackrel{\circ}{+} \boldsymbol{F})}} = 2^{2^{\aleph_\alpha}}$.

D é m o n s t r a t i o n. A l'aide das lem. 17^{c} et 19^{l} on déduit sans peine du th. $42^{\mathrm{a,b}}$ les inclusions: $\boldsymbol{S} \stackrel{\circ}{\subset} \boldsymbol{S}\boldsymbol{S}^*$ et $\boldsymbol{S}^* \stackrel{\circ}{\subset} \boldsymbol{S}\boldsymbol{S}^*$, donc également: $\boldsymbol{S} \stackrel{\circ}{+} \boldsymbol{S}^* \stackrel{\circ}{\subset} \boldsymbol{S}\boldsymbol{S}^*$. Par conséquent, la formule: $\boldsymbol{F} \stackrel{\circ}{\subset} \boldsymbol{S} \stackrel{\circ}{+} \boldsymbol{S}^*$ implique: $\boldsymbol{F} \stackrel{\circ}{\subset} \boldsymbol{S}\boldsymbol{S}^*$, de sorte qu'il est superflu d'examiner la première de ces inclusions séparément.

Or, conformément au th. 55^{c}, les formules: $\boldsymbol{F} \in \mathfrak{A}_\beta$ et $\boldsymbol{F} \stackrel{\circ}{\subset} \boldsymbol{S}\boldsymbol{S}^*$ donnent: $\boldsymbol{F} \stackrel{\circ}{\subset} \boldsymbol{R}_\beta$, donc aussi: $\boldsymbol{C} \stackrel{\circ}{+} \boldsymbol{F} \stackrel{\circ}{\subset} \boldsymbol{C} \stackrel{\circ}{+} \boldsymbol{R}_\beta$, d'où en vertu du th. 21^{a} $\mathcal{C}\ell(\boldsymbol{C} \stackrel{\circ}{+} \boldsymbol{R}_\beta) \subset \mathcal{C}\ell(\boldsymbol{C} \stackrel{\circ}{+} \boldsymbol{F})$; comme d'après le th. 61 $\overline{\overline{\mathcal{C}\ell(\boldsymbol{C} \stackrel{\circ}{+} \boldsymbol{R}_\beta)}} = 2^{2^{\aleph_\alpha}}$ et en raison du th. 32 $\overline{\overline{\mathcal{C}\ell(\boldsymbol{C} \stackrel{\circ}{+} \boldsymbol{F})}} \leqslant 2^{2^{\aleph_\alpha}}$, on en obtient tout de suite:

$$\overline{\overline{\mathcal{C}\ell(\boldsymbol{C} \stackrel{\circ}{+} \boldsymbol{F})}} = 2^{2^{\aleph_\alpha}}, \qquad \text{c. q. f. d.}$$

Théorème fondamental IX. *Si* $\overline{\overline{1}} = \aleph_\alpha$ *et* $\beta \leqslant p(\alpha)$, *on a* $\overline{\overline{\mathcal{C}\ell(\boldsymbol{C} \stackrel{\circ}{+} \boldsymbol{S}_\beta)}} = 2^{2^{\aleph_\alpha}}$.

D é m o n s t r a t i o n. En vertu des th. 50^{a} et 51^{b}, ce théorème n'est qu'un cas particulier du corollaire précédent.

Théorème fondamental X. *Si* $\overline{\overline{1}} = \aleph_\alpha$ *et* $\beta \leqslant p(\alpha)$, *on a* $\overline{\overline{\mathcal{C}\ell(\boldsymbol{T} \stackrel{\circ}{+} \boldsymbol{S}_\beta)}} =$ $= \overline{\overline{\mathcal{C}\ell(\boldsymbol{T}^* \stackrel{\circ}{+} \boldsymbol{S}^*_\beta)}} = 2^{2^{\aleph_\alpha}}$.

Démonstration. D'après le th. 36^b l'opération $\boldsymbol{T}$ est itérative ($\boldsymbol{T}^2 \overset{\circ}{=} \boldsymbol{T}$); en vertu du lem. 4^b, le th. 52^f (pour $\beta = p(\alpha)$) prouve que l'opération $\boldsymbol{S}_{p(\alpha)}$ l'est aussi. Comme de plus $\boldsymbol{T}\boldsymbol{S}_{p(\alpha)} \overset{\circ}{=} \boldsymbol{S}_{p(\alpha)}\boldsymbol{T}$ (th. 51^a), on en conclut à l'aide du lem. 14^e que l'opération $\boldsymbol{T}\boldsymbol{S}_{p(\alpha)}$ est également itérative. Suivant le lem. 17e et les th. 36^b et 50^b l'opération $\boldsymbol{T}\boldsymbol{S}_{p(\alpha)}$ est en outre adjonctive.

Ces faits établis, on raisonne tout comme dans la démonstration du th. 61, à cette différence près qu'au lieu du cor. 60 on fait usage du lem. 58. On parvient ainsi à l'égalité: $\overline{\overline{\mathcal{Cl}(\boldsymbol{T} \mathring{+} \boldsymbol{S}_\beta)}} = 2^{2^{\aleph_\alpha}}$. Or, il résulte du th. 33 et du lem. 19^d que $\overline{\overline{\mathcal{Cl}(\boldsymbol{T}^* \mathring{+} \boldsymbol{S}_\beta^*)}} = \overline{\overline{\mathcal{Cl}([\boldsymbol{T} \mathring{+} \boldsymbol{S}_\beta]^*)}} = \overline{\overline{\mathcal{Cl}(\boldsymbol{T} \mathring{+} \boldsymbol{S}_\beta)}}$. En rapprochant les deux formules obtenues, on voit donc que

$$\overline{\overline{\mathcal{Cl}(\boldsymbol{T} \mathring{+} \boldsymbol{S}_\beta)}} = \overline{\overline{\mathcal{Cl}(\boldsymbol{T}^* \mathring{+} \boldsymbol{S}_\beta^*)}} = 2^{2^{\aleph_\alpha}}, \quad \text{c. q. f. d.}$$

Corollaire 63. a) *Si* $\overline{\overline{1}} = \aleph_\alpha$ *et* $\beta \leqslant p(\alpha)$, *chacune des formules:* $\boldsymbol{F} \mathring{\subset} \boldsymbol{T} \mathring{+} \boldsymbol{S}_\beta$, $\boldsymbol{F} \mathring{\subset} \boldsymbol{T}\boldsymbol{S}_\beta$, $\boldsymbol{F} \mathring{\subset} \boldsymbol{T}^* \mathring{+} \boldsymbol{S}_\beta^*$ *et* $\boldsymbol{F} \mathring{\subset} \boldsymbol{T}^*\boldsymbol{S}_\beta^*$ *implique que* $\overline{\overline{\mathcal{Cl}(\boldsymbol{F})}} = 2^{2^{\aleph_\alpha}}$;

b) *si* $\overline{\overline{1}} = \aleph_\alpha$, $\beta \leqslant p(\alpha)$ *et* $\boldsymbol{F} \in \mathfrak{A}_\beta$, *chacune des formules:* $\boldsymbol{F} \mathring{\subset} \boldsymbol{T} \mathring{+} \boldsymbol{S}$, $\boldsymbol{F} \mathring{\subset} \boldsymbol{T}\boldsymbol{S}$, $\boldsymbol{F} \mathring{\subset} \boldsymbol{T}^* \mathring{+} \boldsymbol{S}^*$ *et* $\boldsymbol{F} \mathring{\subset} \boldsymbol{T}^*\boldsymbol{S}^*$ *implique que* $\overline{\overline{\mathcal{Cl}(\boldsymbol{F})}} = 2^{2^{\aleph_\alpha}}$.

Démonstration est analogue à celle du th. 49 et du cor. 62; pour déduire b) de a) on fait usage du th. 51e.

Dans le cor. 63^b nous avons réussi d'évaluer la puissance des familles $\mathcal{Cl}(\boldsymbol{F})$ pour une classe assez vaste d'opérations $\boldsymbol{F}$, à savoir pour toutes les opérations qui sont à la fois semi-additives au dégré $\beta \leqslant p(\alpha)$ (où $\overline{\overline{1}} = \aleph_\alpha$) et intrinsèques.

Théorème fondamentale XI. *Si* $\overline{\overline{1}} = \aleph_\alpha$ *et* $\beta \leqslant p(\alpha)$, *on a*

a) $\overline{\overline{\mathcal{Cl}(\boldsymbol{S} \mathring{+} \boldsymbol{S}_\beta^*)}} = \overline{\overline{\mathcal{Cl}(\boldsymbol{S}^* \mathring{+} \boldsymbol{S}_\beta)}} = 2^{2^{\aleph_\alpha}}$,

b) $\overline{\overline{\mathcal{Cl}(\boldsymbol{S}_\beta \mathring{+} \boldsymbol{S}_\gamma^*)}} = \overline{\overline{\mathcal{Cl}(\boldsymbol{S}_\gamma \mathring{+} \boldsymbol{S}_\beta^*)}} = 2^{2^{\aleph_\alpha}}$.

Démonstration. En raison du th. 51^b (pour $\beta = \gamma$) et de la formule: $\boldsymbol{S}_\gamma^* \mathring{\subset} \boldsymbol{S}^* \mathring{\subset} \boldsymbol{T}$, qui en résulte d'après le lem. $19^{b,c}$, on a les inclusions suivantes: $\boldsymbol{S} \mathring{+} \boldsymbol{S}_\beta^* \mathring{\subset} \boldsymbol{T}^* \mathring{+} \boldsymbol{S}_\beta^*$, $\boldsymbol{S}^* \mathring{+} \boldsymbol{S}_\beta \mathring{\subset} \boldsymbol{T} \mathring{+} \boldsymbol{S}_\beta$, $\boldsymbol{S}_\beta \mathring{+} \boldsymbol{S}_\gamma^* \mathring{\subset} \boldsymbol{T} \mathring{+} \boldsymbol{S}_\beta$ et $\boldsymbol{S}_\gamma \mathring{+} \boldsymbol{S}_\beta^* \mathring{\subset} \boldsymbol{T}^* \mathring{+} \boldsymbol{S}_\beta^*$. En appliquant donc le cor. 59[a] (pour $F \doteq S \mathring{+} S^*_\beta$, $F \doteq S^* \mathring{+} S_\beta$ etc.), on parvient aussitôt aux formules cherchées.

Comme une autre conséquence du cor. 63[a] citons le suivant

Théorème 64. *Si* $\overline{\overline{I}} = \aleph_\alpha$ *et* $\beta \leqslant p(\alpha)$, *on a* $\overline{\overline{\mathcal{C}\ell(R_\beta)}} = \overline{\overline{\mathcal{C}\ell(T \mathring{+} R_\beta)}} = \overline{\overline{\mathcal{C}\ell(T^* \mathring{+} R_\beta)}} = \overline{\overline{\mathcal{C}\ell(S \mathring{+} R_\beta)}} = \overline{\overline{\mathcal{C}\ell(S^* \mathring{+} R_\beta)}} = 2^{2^{\aleph_\alpha}}$.

Démonstration. A l'aide des th. 36[a], 50[a], 51[b], 55[d] et des lem. 17[c], 19[b,c,g,i] on établit sans peine les inclusions: $R_\beta \mathring{\subset} TS_\beta$ et $R_\beta \mathring{\subset} T^*S^*_\beta$, $T \mathring{+} R_\beta \mathring{\subset} TS_\beta$, $T^* \mathring{+} R_\beta \mathring{\subset} T^*S^*_\beta$, $S \mathring{+} R_\beta \mathring{\subset} T^*S^*_\beta$ et $S^* \mathring{+} R_\beta \mathring{\subset} TS_\beta$. D'après le cor. 63[a] ces inclusions impliquent les formules cherchées.

Je vais démontrer à présent deux lemmes qui me permettrons de renforcer le résultat du th. fond. XI[b] dans le cas où, en dehors du nombre β, le nombre γ vérifie aussi la formule: $\gamma \leqslant p(\alpha)$.

Lemme 65. *Si* $\overline{\overline{K}} = \aleph_\alpha$, *il existe une classe* L *telle que* $L \in V(K) \cdot \mathcal{C}\ell(S_{p(\alpha)} \mathring{+} S^*_{p(\alpha)})$ *et* $\overline{\overline{L}} = \aleph_\alpha$.

Démonstration. En raison du th. 50[a] et du lem. 19[i], on a $S_{p(\alpha)} \in \mathfrak{A}_{p(\alpha)}$ et $S^*_{p(\alpha)} \in \mathfrak{A}_{p(\alpha)}$, d'où suivant le lem. 16[e]

$$(1) \qquad S_{p(\alpha)} \mathring{+} S^*_{p(\alpha)} \in \mathfrak{A}_{p(\alpha)}.$$

D'après le th. 50[f] et le lem. 19[l] (pour $f(\overline{\overline{X}}) = (\overline{\overline{X}})^{\aleph_\beta}$) on a ensuite: $\overline{\overline{S_{p(\alpha)}(X)}} \leqslant (\overline{\overline{X}})^{\aleph_{p(\alpha)}}$ et $\overline{\overline{S^*_{p(\alpha)}(X)}} \leqslant (\overline{\overline{X}})^{\aleph_{p(\alpha)}}$, d'où conformément à la déf. 9[b] $\overline{\overline{[S_{p(\alpha)} \mathring{+} S^*_{p(\alpha)}](X)}} \leqslant \overline{\overline{S_{p(\alpha)}(X)}} + \overline{\overline{S^*_{p(\alpha)}(X)}} \leqslant (\overline{\overline{X}})^{\aleph_{p(\alpha)}} \cdot 2$ pour toute classe X. Si en outre $\overline{\overline{X}} \geqslant 2$, il résulte du lem. 5[d] que le nombre $(\overline{\overline{X}})^{\aleph_{p(\alpha)}}$ est transfini ($\geqslant \aleph_{p(\alpha)}$), donc que $(\overline{\overline{X}})^{\aleph_{p(\alpha)}} \cdot 2 = (\overline{\overline{X}})^{\aleph_{p(\alpha)}}$; par conséquent, on a dans ce cas:

$$(2) \qquad \overline{\overline{[S_{p(\alpha)} \mathring{+} S^*_{p(\alpha)}](X)}} \leqslant (\overline{\overline{X}})^{\aleph_{p(\alpha)}} \textit{ pour toute classe } X.$$

Or, si $\overline{\overline{X}} < 2$, les th. 50[c,d], 54[a] et le lem. 19[k] impliquent que $S_{p(\alpha)}(X) = X = S^*_{p(\alpha)}(X)$, d'où $[S_{p(\alpha)} \mathring{+} S^*_{p(\alpha)}](X) = X$; on en conclut sans peine (à l'aide du lem. 5[c]) que la formule (2) est remplie dans ce cas aussi.

A la suite de (1), (2) et du lem. 4[b] les hypothèses du th. 31, si l'on y pose: $F \doteq S_{p(\alpha)} \mathring{+} S^*_{p(\alpha)}$ et $\beta = p(\alpha)$, se trouvent remplies;

il en résulte l'existence d'une classe L qui vérifie les formules:

(3) $$L \in V(K) \cdot \mathcal{Cl}(S_{p(\alpha)} \overset{\circ}{+} S^*_{p(\alpha)})$$

et

(4) $$\overline{\overline{L}} \leqslant (\overline{\overline{K}})^{\aleph_{p(\alpha)}}.$$

En vertu de la déf. 5^c la formule (3) donne: $K \subset L$; comme par hypothèse $\overline{\overline{K}} = \aleph_\alpha$, on en obtient: $\aleph_\alpha \leqslant \overline{\overline{L}}$. D'autre part il résulte du lem 6^a que $(\overline{\overline{K}})^{\aleph_{p(\alpha)}} = \aleph_\alpha^{\aleph_{p(\alpha)}} = \aleph_\alpha$, d'où selon (4) $\overline{\overline{L}} \leqslant \aleph_\alpha$. En rapprochant ces deux inégalités, on parvient à la formule:

(5) $$\overline{\overline{L}} = \aleph_\alpha.$$

Les formules (3) et (5) prouvent que L est la classe cherchée.

On peut généraliser et compléter le lemme précédent comme suit:

A. *Si* $\overline{\overline{K}} = \aleph_\alpha$, $\beta \leqslant p(\alpha)$ *et* $\gamma \leqslant p(\alpha)$, *il existe une classe L telle que* $L \in V(K) \cdot \mathcal{Cl}(S_\beta \overset{\circ}{+} S^*_\gamma)$, $V(K) \cdot \mathcal{Cl}(S_\beta \overset{\circ}{+} S^*_\gamma) \subset V(L)$ *et* $\overline{\overline{L}} = \aleph_\alpha$.

Cette dernière proposition embrasse comme un cas particulier le théorème connu, suivant lequel la classe de tous les ensembles boreliens de nombres réels (ou bien de points d'un espace eucliedien quelconque) est de la puissance $2^{\aleph_0}$. Soient, en effet, K la classe de tous les intervalles, $\aleph_\alpha = 2^{\aleph_0}$ et $\beta = \gamma = 1$; les hypothèses du th. A sont alors remplies (en particulier, les inégalités $\beta \leqslant p(\alpha)$ et $\gamma \leqslant p(\alpha)$ résultent du lem. 4^c), et on s'aperçoit facilement que la classe L coïncide avec celle des ensembles boreliens.

Le th. A peut être généralisé à son tour de façon suivante:

B. *Si* $cf(\max(\beta, \gamma)) = \max(\beta, \gamma)$, *alors à toute classe d'ensembles K correspond une classe L vérifiant les formules:* $L \in V(K) \cdot \mathcal{Cl}(S_\beta \overset{\circ}{+} S^*_\gamma)$, $V(K) \cdot \mathcal{Cl}(S_\beta \overset{\circ}{+} S^*_\gamma) \subset V(L)$ *et* $\overline{\overline{L}} \leqslant (\overline{\overline{K}})^{\aleph_{\max(\beta,\gamma)}}$.

De même que le lem. 65, ce th. B résulte facilement du th. 31. Quant au cas où $cf(\max(\beta, \gamma)) < \max(\beta, \gamma)$, cf. remarque, p. 222.

Lemme 66. *Si* $K \in \mathcal{Cl}(T \overset{\circ}{+} S_\beta)$, $L \in \mathcal{Cl}(S_\beta \overset{\circ}{+} S^*_\beta)$ *et* $M = K + L + \underset{X+Y}{E}[X \in K$ *et* $Y \in L]$, *on a* $M \in \mathcal{Cl}(S_\beta \overset{\circ}{+} S^*_\beta)$.

Démonstration. Conformément au th. 21^b et à la déf. 16, les hypothèses du lemme impliquent que

(1) $$T(K) \subset K \quad et \quad S_\beta(K) \subset K,$$

(2) $$S_\beta(L) \subset L \quad et \quad S^*_\beta(L) \subset L.$$

A l'aide de l'axiome du choix on peut faire correspondre à tout ensemble Z de la classe $\boldsymbol{M}$ des ensembles $F(Z)$ et $G(Z)$ de façon que l'on ait

$$(3) \qquad Z = F(Z) + G(Z),\ F(Z) \epsilon \boldsymbol{K} + \{0\} \ \textit{et}\ G(Z) \epsilon \boldsymbol{L} + \{0\} \quad \textit{pour}\ Z \epsilon \boldsymbol{M}$$

(si, en effet $Z \epsilon \boldsymbol{K}$, on pose: $F(Z) = Z$ et $G(Z) = 0$; si $Z \epsilon \boldsymbol{L}$, on pose: $F(Z) = 0$ et $G(Z) = Z$; enfin, dans le cas qui reste: $Z \epsilon \underset{X+Y}{E}[X \epsilon \boldsymbol{K}\ \textit{et}\ Y \epsilon \boldsymbol{L}]$, on applique l'axiome du choix).

Envisageons une classe arbitraire $\boldsymbol{N}$ vérifiant la formule:

$$(4) \qquad \boldsymbol{N} \epsilon \boldsymbol{U}_\beta(\boldsymbol{M}) - \{0\},$$

d'où, en raison de la déf. 5[b],

$$(5) \qquad \boldsymbol{N} \subset \boldsymbol{M},\quad \overline{\overline{\boldsymbol{N}}} < \aleph_\beta \ \textit{et}\ \boldsymbol{N} \neq 0.$$

Il résulte de (3) et (5) que $\overline{F}(\boldsymbol{N}) \subset \boldsymbol{K} + \{0\}$, $\overline{F}(\boldsymbol{N}) \neq 0$, $\overline{G}(\boldsymbol{N}) \subset \boldsymbol{L} + \{0\}$ et $\overline{G}(\boldsymbol{N}) \neq 0$; on a de plus, en vertu du lem. 11[a], $\overline{\overline{\overline{F}(N)}} \leqslant \overline{\overline{N}}$ et $\overline{\overline{\overline{G}(N)}} \leqslant \overline{\overline{N}}$, d'où selon (5) $\overline{\overline{\overline{F}(\boldsymbol{N})}} < \aleph_\beta$ et $\overline{\overline{\overline{G}(\boldsymbol{N})}} < \aleph_\beta$. Par conséquent,

$$(6) \qquad \overline{F}(\boldsymbol{N}) \epsilon \boldsymbol{U}_\beta(\boldsymbol{K} + \{0\}) - \{0\} \ \textit{et}\ \overline{G}(\boldsymbol{N}) \epsilon \boldsymbol{U}_\beta(\boldsymbol{L} + \{0\}) - \{0\}.$$

Suivant (6) $\sum\limits_{Z \epsilon \boldsymbol{N}} F(Z) = \Sigma\, \overline{F}(\boldsymbol{N}) \epsilon\, \overline{\Sigma}(\boldsymbol{U}_\beta(\boldsymbol{K} + \{0\} - \{0\})$, donc d'après la déf. 20 et le th. 50[e] $\sum\limits_{Z \epsilon \boldsymbol{N}} F(Z) \epsilon \boldsymbol{S}_\beta(\boldsymbol{K} + \{0\}) = \boldsymbol{S}_\beta(\boldsymbol{K}) + \{0\}$; tenant compte de (1), on en obtient:

$$(7) \qquad \sum_{Z \epsilon \boldsymbol{N}} F(Z) \epsilon \boldsymbol{K} + \{0\}.$$

D'une façon complètement analogue on déduit de (6) et (2):

$$(8) \qquad \sum_{Z \epsilon \boldsymbol{N}} G(Z) \epsilon \boldsymbol{L} + \{0\}.$$

Remarquons encore la conséquence suivante de (3) et (5):

$$(9) \qquad \Sigma(\boldsymbol{N}) = \sum_{Z \epsilon \boldsymbol{N}} Z = \sum_{Z \epsilon \boldsymbol{N}} (F(Z) + G(Z)) = \sum_{Z \epsilon \boldsymbol{N}} F(Z) + \sum_{Z \epsilon \boldsymbol{N}} G(Z).$$

Les formules (7)—(9) montrent que l'ensemble $\boldsymbol{\Sigma}(\boldsymbol{N})$ peut être présenter sous la forme: $\boldsymbol{\Sigma}(\boldsymbol{N})=X+Y$, où $X\epsilon\boldsymbol{K}+\{0\}$ et $Y\epsilon\boldsymbol{L}+\{0\}$. On a donc: $\boldsymbol{\Sigma}(\boldsymbol{N})\,\epsilon\,\underset{X+Y}{E}[X\,\epsilon\,\boldsymbol{K}+\{0\}\ et\ Y\,\epsilon\,\boldsymbol{L}+\{0\}]=\underset{X+Y}{E}[X\epsilon\boldsymbol{K}\ et\ Y\epsilon\boldsymbol{L}]+$ $+\boldsymbol{K}+\boldsymbol{L}+\{0\}$, d'où en vertu de l'hypothèse $\boldsymbol{\Sigma}(\boldsymbol{N})\,\epsilon\,\boldsymbol{M}+\{0\}$, c.-à-d. soit $\boldsymbol{\Sigma}(\boldsymbol{N})\,\epsilon\,\boldsymbol{M}$, soit $\boldsymbol{\Sigma}(\boldsymbol{N})\,\epsilon\,\{0\}$. Or, il est à observer que la formule: $\boldsymbol{\Sigma}(\boldsymbol{N})\,\epsilon\,\{0\}$ entraîne selon (5): $\boldsymbol{N}=\{0\}$, $\{0\}\subset\boldsymbol{M}$, donc aussi $\boldsymbol{\Sigma}(\boldsymbol{N})\,\epsilon\,\boldsymbol{M}$. Par conséquent, on a en tout cas

$$(10)\qquad \boldsymbol{\Sigma}(\boldsymbol{N})\,\epsilon\,\boldsymbol{M}.$$

Passons à présent à l'ensemble $\Pi(\boldsymbol{N})$. La formule aisée à établir de l'algèbre de la logique: $\prod_{x\epsilon A}(F(x)+G(x))-\prod_{x\epsilon A}G(x)\subset$ $\subset\sum_{x\epsilon A}F(x)$ permet de déduire de (3) et (5) que

$$(11)\quad \Pi(N)-\prod_{Z\epsilon\boldsymbol{N}}G(Z)=\prod_{Z\epsilon\boldsymbol{N}}(F(Z)+G(Z))-\prod_{Z\epsilon\boldsymbol{N}}G(Z)\subset\sum_{Z\epsilon\boldsymbol{N}}F(Z).$$

Il résulte de (7) et (11) que $\Pi(\boldsymbol{N})-\prod_{Z\epsilon\boldsymbol{N}}G(Z)\,\epsilon\sum_{X\epsilon\boldsymbol{K}+\{0\}}\boldsymbol{U}(X)$, d'où d'après la déf. 17 $\Pi(N)-\prod_{Z\epsilon\boldsymbol{N}}G(Z)\,\epsilon\,\boldsymbol{T}((\boldsymbol{K})+\{0\})$. Or, le lem. 15[b] et le th. 36[a, d] impliquent l'identité: $\boldsymbol{T}(\boldsymbol{K}+\{0\})=\boldsymbol{T}(\boldsymbol{K})+\boldsymbol{T}(\{0\})=$ $=\boldsymbol{T}(\boldsymbol{K})+\{0\}$. Il s'en suit que $\Pi(\boldsymbol{N})-\prod_{Z\epsilon\boldsymbol{N}}G(Z)\,\epsilon\,\boldsymbol{T}(\boldsymbol{K})+\{0\}$, d'où selon (1)

$$(12)\qquad \Pi(\boldsymbol{N})-\prod_{Z\epsilon\boldsymbol{N}}G(Z)\,\epsilon\,\boldsymbol{K}+\{0\}.$$

D'autre part on a en vertu de (6): $\overline{\Pi}G(\boldsymbol{N})\,\epsilon\,\overline{\Pi}(\boldsymbol{U}_\beta(\boldsymbol{L}+\{0\})-\{0\})$, donc d'après les th. 53 et 54[b] $\prod_{Z\epsilon\boldsymbol{N}}G(Z)=\Pi\bar{G}(\boldsymbol{N})\,\epsilon\,\boldsymbol{S}^*_\beta(\boldsymbol{L}+\{0\})=$

$= S^*_\beta(L) + \{0\}$. On en obtient suivant (2):

(13) $$\prod_{Z \epsilon N} G(Z) \epsilon L + \{0\}.$$

Observons enfin que les formules (3) et (5) entraînent l'inclusion: $\prod_{Z \epsilon N} G(Z) \subset \Pi(N)$, qui donne à son tour l'égalité:

(14) $$\Pi(N) = (\Pi(N) - \prod_{Z \epsilon N} G(Z)) + \prod_{Z \epsilon N} G(Z).$$

Ainsi nous avons acquis dans les formules (12)—(14) une représentation de l'ensemble $\Pi(N)$ sous la forme: $\Pi(N) = X + Y$, où $X \epsilon K + \{0\}$ et $Y \epsilon L + \{0\}$; tout comme auparavant (pour l'ensemble $\Sigma(N)$) nous en concluons que $\Pi(N) \epsilon M + \{0\}$, donc que $\Pi(N) \epsilon M$ ou bien $\Pi(N) \epsilon \{0\}$. Or, le cas de $\Pi(N) \epsilon \{0\}$ peut être éliminé de façon suivante: si $K \neq 0$, on a en conséquence du th. 36[e] $0 \epsilon T(K)$, donc selon (1) $0 \epsilon K$, $\Pi(N) \epsilon \{0\} \subset K$, d'où à fortiori $\Pi(N) \epsilon M$ (K étant par hypothèse une sous-classe de M); si par contre $K = 0$, la classe M coïncide avec L, donc en vertu de (4) $N \epsilon U_\beta(L) - \{0\}$ et en raison du th. 53, $\Pi(N) \epsilon S^*_\beta(L)$, d'où enfin selon (2) $\Pi(N) \epsilon L = M$. Ainsi la formule: $\Pi(N) \epsilon \{0\}$ entraîne toujours: $\Pi(N) \epsilon M$; par conséquent,

(15) $$\Pi(N) \epsilon M.$$

Il est donc prouvé que la formule (4) implique constamment (10) et (15). On en obtient les inclusions: $\overline{\Sigma}(U_\beta(M) - \{0\}) \subset M$ et $\overline{\Pi}(U_\beta(M) - \{0\} \subset M$, qui, d'après la déf. 20 et le th. 53, peuvent être exprimées plus court:

(16) $$S_\beta(M) \subset M \quad et \quad S^*_\beta(M) \subset M.$$

Conformément à la définition 16, les formules (16) donnent: $M \epsilon \mathcal{Cl}(S_\beta) \cdot \mathcal{Cl}(S^*_\beta)$; à l'aide du th. 21[b] on en conclut aussitôt que

$$M \epsilon \mathcal{Cl}(S_\beta \overset{\circ}{+} S^*_\beta), \quad \text{c. q. f. d.}$$

En analysant cette démonstration, il est facile d'en tirer le lemme suivant:

Soit $K \overset{*}{+} L = K + L + \underset{X+Y}{E}[X \epsilon K \text{ et } Y \epsilon L]$ *pour toutes deux classes* K *et* L; *on a alors* $S_\beta(K \overset{*}{+} L) = S_\beta(K) \overset{*}{+} S_\beta(L)$ *et* $S^*_\beta(K \overset{*}{+} L) \subset T S_\beta(K) \overset{*}{+} S^*_\beta(L)$.

On peut démontrer que la classe $\boldsymbol{M}$ examinée dans le lem. 66 est la plus petite classe contenant les classes données $\boldsymbol{K}$ et $\boldsymbol{L}$ et close par rapport à l'opération $\boldsymbol{S}_\beta \mathring{+} \boldsymbol{S}^*_\beta$ (ou — ce qui revient au même — par rapport aux deux opérations $\boldsymbol{S}_\beta$ et $\boldsymbol{S}^*_\beta$ à la fois); elle se laisse donc définir par la formule: $\boldsymbol{M} = \Pi(\boldsymbol{V}(\boldsymbol{K}+\boldsymbol{L}) \cdot \mathcal{C}\ell(\boldsymbol{S}_\beta + \boldsymbol{S}^*_\beta))$. L'existence d'une classe $\boldsymbol{M}$ jouissant de ces propriétés se déduit dans le cas général du cor. 30 ou bien du th. 31; cependant, dans le cas particulier envisagé ici, à cause des fortes hypothèses faites sur les classes $\boldsymbol{K}$ et $\boldsymbol{L}$, la structure de la classe $\boldsymbol{M}$ est particulièrement simple.

Théorème 67. *Si* $\overline{\overline{1}} = \aleph_\alpha = \overline{\overline{\boldsymbol{K}}}$ *(où* $\boldsymbol{K} \subset \boldsymbol{U}(1)$*),* $\beta \leqslant p(\alpha)$ *et* $\gamma \leqslant p(\alpha)$*, on a* $\overline{\overline{\boldsymbol{V}(\boldsymbol{K}) \cdot \mathcal{C}\ell(\boldsymbol{S}_\beta \mathring{+} \boldsymbol{S}^*_\gamma)}} = 2^{2^{\aleph_\alpha}}$.

Démonstration. D'après le lem. 65 il existe une classe $\boldsymbol{L}$ vérifiant les formules:

(1) $$\boldsymbol{L} \in \boldsymbol{V}(\boldsymbol{K}) \cdot \mathcal{C}\ell(\boldsymbol{S}_{p(\alpha)} \mathring{+} \boldsymbol{S}^*_{p(\alpha)})$$

et

(2) $$\overline{\overline{\boldsymbol{L}}} = \aleph_\alpha .$$

Posons pour toute classe d'ensembles $\boldsymbol{M}$:

(3) $$\boldsymbol{F}(\boldsymbol{M}) = \boldsymbol{L} + \boldsymbol{M} + \underset{X+Y}{E}[X \in \boldsymbol{L} \text{ et } Y \in \boldsymbol{M}],$$

(4) $$\boldsymbol{G}(\boldsymbol{M}) = \boldsymbol{L} \cdot \boldsymbol{M}.$$

Envisageons deux classes arbitraires $\boldsymbol{M}$ et $\boldsymbol{N}$ telles que

(5) $$\boldsymbol{M} \in \mathcal{C}\ell(\boldsymbol{T} \mathring{+} \boldsymbol{S}_{p(\alpha)}) \text{ et } \boldsymbol{N} \in \mathcal{C}\ell(\boldsymbol{T} \mathring{+} \boldsymbol{S}_{p(\alpha)}),$$

(6) $$\boldsymbol{F}(\boldsymbol{M}) = \boldsymbol{F}(\boldsymbol{N}) \text{ et } \boldsymbol{G}(\boldsymbol{M}) = \boldsymbol{G}(\boldsymbol{N}).$$

Nous allons montrer que

(7) $$\boldsymbol{M} \cdot \underset{X+Y}{E}[X \in \boldsymbol{L} \text{ et } Y \in \boldsymbol{N}] \subset \boldsymbol{N}.$$

Soit, en effet,

(8) $$Z \in \boldsymbol{M}$$

et

(9) $$Z = X + Y, \text{ où } X \in \boldsymbol{L} \text{ et } Y \in \boldsymbol{N}.$$

En vertu de (9) $X \subset Z$, d'où selon (8) et d'après la déf. 17 $X \in \boldsymbol{T}(\boldsymbol{M})$. Comme, en raison du th. 21^b et de la déf. 16, (5) donne:

$\boldsymbol{T}(\boldsymbol{M}) \subset \boldsymbol{M}$, on a ensuite $X \in \boldsymbol{M}$, d'où suivant (9) $X \in \boldsymbol{L} \cdot \boldsymbol{M}$; en tenant compte de (4) et (6), on en obtient: $X \in \boldsymbol{L} \cdot \boldsymbol{N}$. Y appartenant à $\boldsymbol{N}$ en vertu de (9), on a par conséquent $\{X, Y\} \subset \boldsymbol{N}$; comme en outre $\overline{\{X, Y\}} < \aleph_{p(a)}$ et $\{X, Y\} \neq 0$, on en conclut que $\{X, Y\} \in \boldsymbol{U}_{p(a)}(\boldsymbol{N}) - \{0\}$, d'où, conformément à la déf. 20 (pour $\boldsymbol{K} = \boldsymbol{N}$), $Z = \Sigma(\{X, Y\}) \in \overline{\Sigma}(\boldsymbol{U}_{p(a)}(\boldsymbol{N}) - \{0\}) = \boldsymbol{S}_{p(a)}(\boldsymbol{N})$. Notons encore que $\boldsymbol{S}_{p(a)}(\boldsymbol{N}) \subset \boldsymbol{N}$ (en conséquence de (6), du th. 21^b et de la déf. 16). On parvient ainsi à la formule:

$$Z \in \boldsymbol{N}. \tag{10}$$

Il est donc prouvé que les conditions (8) et (9) impliquent toujours (10); par conséquent, l'inclusion (7) se trouve établie.

Remarquons maintenant qu'en vertu de (6) et (4) l'inclusion suivante se vérifie aussi:

$$\boldsymbol{M} \cdot (\boldsymbol{L} + \boldsymbol{N}) \subset \boldsymbol{N}. \tag{11}$$

Les formules (7) et (11) donnent: $\boldsymbol{M} \cdot (\boldsymbol{L} + \boldsymbol{N} + \underset{X+Y}{E}[X \in \boldsymbol{L} \textit{ et } Y \in \boldsymbol{N}]) \subset \boldsymbol{N}$; si l'on remplaçe dans (3) $\boldsymbol{M}$ par $\boldsymbol{N}$, on en conclut que $\boldsymbol{M} \cdot \boldsymbol{F}(\boldsymbol{N}) \subset \boldsymbol{N}$, d'où selon (6) $\boldsymbol{M} \cdot \boldsymbol{F}(\boldsymbol{M}) \subset \boldsymbol{N}$. Comme de plus, en raison de (3), $\boldsymbol{M} \subset \boldsymbol{F}(\boldsymbol{M})$, on a finalement

$$\boldsymbol{M} \subset \boldsymbol{N}. \tag{12}$$

L'inclusion inverse: $\boldsymbol{N} \subset \boldsymbol{M}$ se déduit d'une façon complètement analogue; en la rapprochant de (12), on obtient donc l'égalité:

$$\boldsymbol{M} = \boldsymbol{N}. \tag{13}$$

Nous avons ainsi montré que les formules (5) et (6) entraînent constamment (13). Ce résultat peut être évidemment formulé de la façon suivante: *Y étant une classe quelconque, si* $\boldsymbol{M} \in \mathcal{C}\ell(\boldsymbol{T} \mathring{+} \boldsymbol{S}_{p(a)}) \cdot \underset{X}{E}[\boldsymbol{F}(X) = Y]$, $\boldsymbol{N} \in \mathcal{C}\ell(\boldsymbol{T} \mathring{+} \boldsymbol{S}_{p(a)}) \cdot \underset{X}{E}[\boldsymbol{F}(X) = Y]$ *et* $\boldsymbol{G}(\boldsymbol{M}) = \boldsymbol{G}(\boldsymbol{N})$, *on a* $\boldsymbol{M} = \boldsymbol{N}$; autrement dit, la fonction $\boldsymbol{G}$ transforme d'une façon biunivoque la famille $\mathcal{C}\ell(\boldsymbol{T} \mathring{+} \boldsymbol{S}_{p(a)}) \cdot \underset{X}{E}[\boldsymbol{F}(X) = Y]$ en son image suivant $\boldsymbol{G}$, c.-à-d. en famille $\overline{\boldsymbol{G}}(\mathcal{C}\ell(\boldsymbol{T} \mathring{+} \boldsymbol{S}_{p(a)}) \cdot \underset{X}{E}[\boldsymbol{F}(X) = Y])$. Par conséquent, ces deux familles ont la même puissance:

$$\overline{\overline{\mathcal{C}\ell(\boldsymbol{T} \mathring{+} \boldsymbol{S}_{p(a)}) \cdot \underset{X}{E}[\boldsymbol{F}(X) = Y]}} = \overline{\overline{\overline{\boldsymbol{G}}(\mathcal{C}\ell(\boldsymbol{T} \mathring{+} \boldsymbol{S}_{p(a)}) \cdot \underset{X}{E}[\boldsymbol{F}(X) = Y])}}. \tag{14}$$

Remarquons qu'en vertu de (4) $\overline{G}(\mathcal{K}) \subset U(L)$ pour toute famille de classes $\mathcal{K}$, d'où selon (2) et d'après le lem. 10ᵃ $\overline{\overline{\overline{G}(\mathcal{K})}} \leqslant 2^{\aleph_\alpha}$. Cette inégalité se vérifie, en particulier, pour $\mathcal{K} = \mathcal{C}\ell(T \overset{\circ}{+} S_{p(a)}) \cdot \underset{X}{E}[F(X) = Y]$, ce qui, rapproché de (14), donne:

$$(15) \quad \overline{\overline{\mathcal{C}\ell(T \overset{\circ}{+} S_{p(a)}) \cdot \underset{X}{E}[F(X) = Y]}} \leqslant 2^{\aleph_\alpha} \textit{ pour toute classe } Y.$$

Conformément au th. fond. X (pour $\beta = p(a)$), on a

$$(16) \qquad \overline{\overline{\mathcal{C}\ell(T \overset{\circ}{+} S_{p(a)})}} = 2^{2^{\aleph_\alpha}},$$

d'où $2^{\aleph_\alpha} < \overline{\overline{\mathcal{C}\ell(T \overset{\circ}{+} S_{p(a)})}}$. En posant donc dans le lem. 11ᶜ: $f \doteq F$, $A = \mathcal{C}\ell(T \overset{\circ}{+} S_{p(a)})$ et $\mathfrak{b} = 2^{\aleph_\alpha}$ et en tenant compte de (15), on s'aperçoit aussitôt que les hypothèses de ce lemme sont remplies. Par conséquent, $\overline{\overline{\overline{F}(\mathcal{C}\ell(T \overset{\circ}{+} S_{p(a)}))}} = \overline{\overline{\mathcal{C}\ell(T \overset{\circ}{+} S_{p(a)})}}$, d'où suivant (16)

$$(17) \qquad \overline{\overline{\overline{F}(\mathcal{C}\ell(T \overset{\circ}{+} S_{p(a)}))}} = 2^{2^{\aleph_\alpha}}.$$

Considérons une classe quelconque M de $\mathcal{C}\ell(T \overset{\circ}{+} S_{p(a)})$. En raison de (1) et de (3), le lem. 66, si l'on y remplace K par M, M par $F(M)$ et β par $p(a)$, nous donne: $F(M) \in \mathcal{C}\ell(S_{p(a)} \overset{\circ}{+} S^*_{p(a)})$; il résulte en outre de (1), (3) et de la déf. 5ᶜ que $K \subset L \subset F(M)$, donc que $F(M) \in V(K)$. Or, ce raisonnement s'appliquant à toute classe M de $\mathcal{C}\ell(T \overset{\circ}{+} S_{p(a)})$, on conclut que

$$(18) \qquad \overline{F}(\mathcal{C}\ell(T \overset{\circ}{+} S_{p(a)})) \subset V(K) \cdot \mathcal{C}\ell(S_{p(a)} \overset{\circ}{+} S^*_{p(a)}).$$

Conformément au th. 52ᵇ, les inégalités: $\beta \leqslant p(a)$ et $\gamma \leqslant p(a)$, données par l'hypothèse, impliquent que $S_\beta \overset{\circ}{\subset} S_{p(a)}$ et $S_\gamma \overset{\circ}{\subset} S_{p(a)}$, d'où $S^*_\gamma \overset{\circ}{\subset} S^*_{p(a)}$ (lem. 19ᶜ) et ensuite $S_\beta \overset{\circ}{+} S^*_\gamma \overset{\circ}{\subset} S_{p(a)} \overset{\circ}{+} S^*_{p(a)}$ (lem. 13). A l'aide du th. 21ᵃ (pour $F \doteq S_\beta \overset{\circ}{+} S^*_\gamma$ et $G \doteq S_{p(a)} \overset{\circ}{+} S^*_{p(a)}$) on en obtient: $\mathcal{C}\ell(S_{p(a)} \overset{\circ}{+} S^*_{p(a)}) \subset \mathcal{C}\ell(S_\beta \overset{\circ}{+} S^*_\gamma)$, d'où selon (18)

$$(19) \qquad \overline{F}(\mathcal{C}\ell(T \overset{\circ}{+} S_{p(a)})) \subset V(K) \cdot \mathcal{C}\ell(S_\beta \overset{\circ}{+} S^*_\gamma).$$

Or, les formules (17) et (19) entraînent tout de suite:

$$\overline{\overline{V(K) \cdot \mathcal{C}\ell(S_\beta \overset{\circ}{+} S^*_\gamma)}} \geqslant 2^{2^{\aleph_\alpha}}.$$

Comme l'inégalité inverse: $\overline{\overline{V(\boldsymbol{K})\cdot \mathcal{C}\ell(S_\beta \overset{\circ}{+} S^*_\gamma)}} \leqslant 2^{2^{\aleph_\alpha}}$ résulte immédiatement du th. fond. XI[b] (ou bien du th. 32), on a finalement:

$$\overline{\overline{V(\boldsymbol{K})\cdot \mathcal{C}\ell(S_\beta \overset{\circ}{+} S^*_\gamma)}} = 2^{2^{\aleph_\alpha}}, \qquad \text{c. q. f. d.}$$

On peut montrer par un exemple convenablement choisi que les deux inégalités: $\beta \leqslant p(\alpha)$ et $\gamma \leqslant p(\alpha)$, qui figurent dans l'hypothèse de ce dernier théorème, sont essentielles; il s'en suit à plus forte raison que l'opération S^*_γ ne s'y laisse remplacer ni par S^* ni par T. Il semble, par contre, probable, bien que je ne sache pas le démontrer, qu'il est possible de remplacer l'opération S^*_γ dans le th. 67 par C et de renforcer ainsi le th. fond. IX.

Quant à l'opération R_β, un résultat analogue ne se laisse établir pour elle que sous des restrictions supplémentaires, notamment dans la forme du théorème

A. *Si* $\overline{\overline{1}} = \aleph_\alpha = \overline{\overline{\boldsymbol{K}}}$ *(où* $\boldsymbol{K} \subset U(1)$*),* $\beta \leqslant p(\alpha)$ *et* $2^{2^{\aleph_\beta}} \leqslant \aleph_\alpha$, *on a* $\overline{\overline{V(\boldsymbol{K})\cdot \mathcal{C}\ell(R_\beta)}} = 2^{2^{\aleph_\alpha}}$.

La démonstration s'appuie sur le th. 55[g] et sur deux lemmes suivants, qui se déduisent d'une façon analogue aux lem. 65 et 66:

B. *Si* $\overline{\overline{\boldsymbol{K}}} = \aleph_\alpha$, $\beta \leqslant p(\alpha)$ *et* $2^{2^{\aleph_\beta}} \leqslant \aleph_\alpha$, *il existe une classe* $\boldsymbol{L}$ *telle que* $\boldsymbol{L} \in V(\boldsymbol{K})\cdot \mathcal{C}\ell(R_\beta)$ *et* $\overline{\overline{\boldsymbol{L}}} = \aleph_\alpha$.

C. *Si* $\boldsymbol{K} \in \mathcal{C}\ell(T \overset{\circ}{+} S_\beta)$, $\boldsymbol{L} \in \mathcal{C}\ell(R_\beta)$ *et* $\boldsymbol{M} = \boldsymbol{K} + \boldsymbol{L} + \underset{X+Y}{E}[X \in \boldsymbol{K}$ *et* $Y \in \boldsymbol{L}]$, *on a* $\boldsymbol{M} \in \mathcal{C}\ell(R_\beta)$.

Notons que la formule: $\beta \leqslant p(\alpha)$, resp. $\gamma \leqslant p(\alpha)$, est en tout cas remplie, lorsque $\beta = 0$, resp. $\gamma = 0$; cette remarque permet de déduire du th. fond. X et du th. 67 quelques corollaires que je ne formulerai pas ici explicitement. Le cas plus intéressant est celui où β, resp. $max(\beta, \gamma)$, est un nombre de 1re espèce et $\aleph = \mathfrak{a}^{\aleph_{\beta-1}}$, resp. $= \mathfrak{a}^{\aleph_{max(\beta,\gamma)-1}}$; à cause du lem. 4[c], les inégalités en question sont vraies aussi dans ce cas. En particulier, on obtient par cette voie le suivant

Corollaire 68. [a]) *Si 1 est l'ensemble de tous les nombres réels (ou, d'une façon plus générale, un ensemble de la puissance* $2^{\aleph_0}$*), on a* $\overline{\overline{\mathcal{C}\ell(T \overset{\circ}{+} S_1)}} = 2^{2^{2^{\aleph_0}}}$;

[b]) *si, en outre,* $\boldsymbol{K}$ *est la classe de tous les intervalles de nombres réels (ou, plus généralement, une classe quelconque de la puissance* $2^{\aleph_0}$ *de sous-ensembles de 1), on a* $\overline{\overline{V(\boldsymbol{K})\cdot \mathcal{C}\ell(S_1 + S^*_1)}} = 2^{2^{2^{\aleph_0}}}$.

Démonstration. Lorsque $\aleph_\alpha = 2^{\aleph_0}$, le lem. 4^c donne: $0 < p(\alpha)$, d'où $1 \leqslant p(\alpha)$. Si l'on pose, par conséquent, dans les th. X et 67: $\aleph_\alpha = 2^{\aleph_0}$ et $\beta = 1$, resp. $\beta = \gamma = 1$, les hypothèses de ces théorèmes se trouvent remplies, et on obtient les formules cherchées.

Ce corollaire présente la solution des problèmes qui m'ont été posés par MM. Poprougénko et Sierpiński [1]). Comme on voit facilement, la famille $\boldsymbol{V}(\boldsymbol{K}) \cdot \mathcal{C}\ell(\boldsymbol{S}_1 \overset{\circ}{+} \boldsymbol{S}_1^*)$, considérée dans le cor. 68^b, coïncide avec celle de toutes les *classes d'ensembles inductives* au sens de M. Lusin [2]); la plus petite classe $\boldsymbol{L}$ de cette famille, $\boldsymbol{L} = \Pi(\boldsymbol{V}(\boldsymbol{K}) \cdot \mathcal{C}\ell(\boldsymbol{S}_1 \overset{\circ}{+} \boldsymbol{S}_1^*))$, est notoirement celle de tous les ensembles boreliens [2]).

Il est à noter, au sujet des remarques faites sur le th. 67 (p. 275), que même dans le cas particulier de ce théorème, à savoir dans le cor. 68^b, l'opération $\boldsymbol{S}_1^*$ ne peut être remplacée ni par $\boldsymbol{S}^*$ ni par $\boldsymbol{T}$ ni par $\boldsymbol{R}_1$ (car la famille $\boldsymbol{V}(\boldsymbol{K}) \cdot \mathcal{C}\ell(\boldsymbol{S}_1 \overset{\circ}{+} \boldsymbol{S}^*) = \boldsymbol{V}(\boldsymbol{K}) \cdot \mathcal{C}\ell(\boldsymbol{S}_1 \overset{\circ}{+} \boldsymbol{T}) = \boldsymbol{V}(\boldsymbol{K}) \cdot \mathcal{C}\ell(\boldsymbol{R}_1)$, où $\boldsymbol{K}$ est la classe de tous les intervalles, ne contient qu'un seul élément, notamment la classe de tous les ensembles de nombres réels). Nous ignorons cependant, si l'on ne peut remplacer $\boldsymbol{S}_1^*$ par $\boldsymbol{C}$, c.-à-d., si *les classes d'ensembles de nombres réels, contenant tous les intervalles, toutes les sommes des infinités dénombrables et tous les complémentaires de ses éléments, forment une famille de puissance* $2^{2^{\aleph_0}}$.

Or, on peut renforcer le cor. 68^b, en y remplaçant les opérations $\boldsymbol{S}_1$ et $\boldsymbol{S}_1^*$ par des opérations quelconques d'une vaste classe que M. Hausdorff appelle *δs-* (resp. *σd-*) *Funktionen*, donc p. ex par l'opération $\boldsymbol{A}$ de M. Souslin et son opération double $\boldsymbol{A}^*$ [3]). Par une extension convenable de cette notion de M. Hausdorff on parvient même à une généralisation du th. 67 [4]).

Les résultats obtenus jusqu'ici ne nous fournissent aucun moyen d'évaluer la puissance des familles $\mathcal{C}\ell(\boldsymbol{C} \overset{\circ}{+} \boldsymbol{S}_\beta)$, $\mathcal{C}\ell(\boldsymbol{T} \overset{\circ}{+} \boldsymbol{S}_\beta)$, $\mathcal{C}\ell(\boldsymbol{S}_\beta \overset{\circ}{+} \boldsymbol{S}_\gamma^*)$ etc. dans le cas où le nombre β (resp. les deux nombres β et γ) est $> p(\alpha)$ $\aleph_\alpha$ désignant la puissance de l'ensemble universel *1*. Ce cas offre des difficultés tout à fait essentielles. A vrai dire, nous ne pourrions aboutir ici à des conclusions défi-

[1]) Cf. W. Sierpiński, *Sur les familles inductives et projectives d'ensembles*, Fund. Math. XIII, p. 228.

[2]) Cf. p. 268.

[3]) F. Hausdorff, Mengenlehre, II Aufl., Berlin und Leipzig 1927, p. 89—96.

[4]) L'extension de certains résultats obtenus dans cet ouvrage aux opérations de M. Hausdorff fera objet d'une note spéciale (à paraître dans ce Journal).

nitives que dans le cas où les nombres envisagés β et γ dépassent non seulement $p(\alpha)$, mais aussi α; en effet, à la suite du th. 52^d, les familles en question coïncident alors avec celles qui ont été examinées dans les th. fond. V—VII du § précédent, de sorte que chacune de ces familles est de la puissance $2^{\aleph_\alpha}$. Nous montrerons dans la suite que le même résultat se laisse aussi obtenir dans les hypothèses plus générales: $\beta > p(\alpha)$, resp. $\gamma > p(\alpha)$, à condition toutefois d'admettre comme base des raisonnements l'hypothèse H, c.-à-d. l'hypothèse de Cantor sur les alephs, dont il a été question dans le § 1 (p. 193). A ce but, nous allons déterminer d'abord certaines limites pour les puissances des familles examinées, sans nous servir pour le moment de l'hypothèse H.

Théorème 69. *Si* $\overline{\overline{1}} = \aleph_\alpha$, $\beta > cf(\alpha)$ *et* $\gamma > cf(\alpha)$, *on a*

$$2^{\aleph_\alpha} \leqslant \overline{\overline{\mathcal{C}\ell(S_\beta \mathring{+} S_\gamma^*)}} \leqslant 2^{2^{\aleph_\alpha}}.$$

Démonstration. En raison du th. 51^b et du lem. $19^{b,c}$ on a: $S_\beta \mathring{\subset} S$ et $S_\gamma^* \mathring{\subset} S^* \mathring{\subset} T$, d'où $S_\beta \mathring{+} S_\gamma^* \mathring{\subset} T \mathring{+} S$; par l'application du th. 49 (pour $F \stackrel{\circ}{=} S_\beta \mathring{+} S_\gamma^*$) on en obtient:

$$(1) \qquad 2^{\aleph_\alpha} \leqslant \overline{\overline{\mathcal{C}\ell(S_\beta \mathring{+} S_\gamma^*)}}.$$

Le lemme 2^b (pour $A = 1$) implique l'existence d'une suite d'ensembles A_ξ du type $\omega_{cf(\alpha)}$ vérifiant les formules:

$$(2) \qquad 1 = \sum_{\xi < \omega_{cf(\alpha)}} A_\xi,$$

$$(3) \qquad A_\xi \subset A_\eta, \textit{ lorsque } \xi \leqslant \eta < \omega_{cf(\alpha)},$$

et

$$(4) \qquad \overline{\overline{A_\xi}} < \aleph_\alpha \textit{ pour } \xi < \omega_{cf(\alpha)}.$$

M étant une classe quelconque d'ensembles, posons:

$$(5) \qquad F(M) = \underset{A_\xi \cdot X}{E}[\xi < \omega_{cf(\alpha)} \textit{ et } X \epsilon M].$$

$$(6) \qquad G(M) = M \cdot \sum_{\xi < \omega_{cf(\alpha)}} U(A_\xi).$$

Soient M et N deux classes assujetties aux conditions:

$$(7) \qquad M \epsilon \mathcal{C}\ell(S_\beta \mathring{+} S_\gamma^*) \quad et \quad N \epsilon \mathcal{C}\ell(S_\beta \mathring{+} S_\gamma^*),$$

(8) $$\boldsymbol{F}(\boldsymbol{M}) = \boldsymbol{F}(\boldsymbol{N}) \quad et \quad \boldsymbol{G}(\boldsymbol{M}) = \boldsymbol{G}(\boldsymbol{N});$$

nous montrerons que ces classes coïncident.

A ce but envisageons un ensemble arbitraire X tel que

(9) $$X \in \boldsymbol{M}.$$

On conclut aisément de (6), (8) et (9) que

(10) $$la\ formule\colon X \in \sum_{\xi<\omega_{cf(a)}} \boldsymbol{U}(A_\xi)\ entraîne\colon X \in \boldsymbol{N}.$$

Or, admettons dans la suite que

(11) $$X \bar{\in} \sum_{\xi<\omega_{cf(a)}} \boldsymbol{U}(A_\xi).$$

On a évidemment selon (2):

(12) $$X = \sum_{\xi<\omega_{cf(a)}} A_\xi \cdot X.$$

Soit ξ un nombre ordinal vérifiant l'inégalité:

(13) $$\xi < \omega_{cf(a)}.$$

Il existe sans doute un nombre ξ_1 tel que

(14) $$\xi \leqslant \xi_1 < \omega_{cf(a)} \quad et \quad A_{\xi_1} \cdot X - \sum_{\eta<\xi_1} A_\eta \cdot X \neq 0,$$

car dans le cas contraire les formules (3), (12) et (13) donneraient: $X = A_\xi \cdot X \in \sum_{\xi<\omega_{cf(a)}} \boldsymbol{U}(A_\xi)$, en contradiction avec (11).

En vertu de (5), (9) et (13) on a $A_{\xi_1} \cdot X \in \boldsymbol{F}(\boldsymbol{M})$, d'où selon (8) $A_{\xi_1} \cdot X \in \boldsymbol{F}(\boldsymbol{N})$. En appliquant une fois encore la formule (5) (pour $\boldsymbol{M} = \boldsymbol{N}$), on en conclut qu'il existe un nombre ξ_2 et un ensemble Y satisfaisant aux conditions:

(15) $$\xi_2 < \omega_{cf(a)} \quad et \quad A_{\xi_1} \cdot X = A_{\xi_2} \cdot Y,$$

(16) $$Y \in \boldsymbol{N}.$$

Il résulte aussitôt de (15) que

(17) $$A_{\xi_1} \cdot X = A_{\xi_1} \cdot A_{\xi_2} \cdot X = A_{\xi_1} \cdot A_{\xi_2} \cdot Y.$$

Si l'on avait $\xi_2 < \xi_1 < \omega_{cf(\alpha)}$, on obtiendrait de (3): $A_{\xi_2} \subset A_{\xi_1}$, d'où, en vertu de (17), $A_{\xi_1} \cdot X = A_{\xi_2} \cdot X$, $A_{\xi_1} \cdot X - A_{\xi_2} \cdot X = 0$, ce qui contredit évidemment à (14). On a par conséquent, en raison de (14) et (15), $\xi_1 \leqslant \xi_2 < \omega_{cf(\alpha)}$, d'où suivant (3) $A_{\xi_1} \subset A_{\xi_2}$; cette inclusion, rapprochée de (17), donne: $A_{\xi_1} \cdot X = A_{\xi_1} \cdot Y$. On en obtient ensuite: $A_\xi \cdot A_{\xi_1} \cdot X = A_\xi \cdot A_{\xi_1} \cdot Y$; comme en outre, selon (3) et (14), $A_\xi \subset A_{\xi_1}$, on a finalement

(18) $$A_\xi \cdot X = A_\xi \cdot Y.$$

Il est ainsi prouvé que pour tout nombre ξ vérifiant l'inégalité (13) il existe un ensemble Y remplissant les formules (16) et (18). A l'aide de l'axiome du choix on peut donc faire correspondre d'une façon univoque à tout $\xi < \omega_{cf(\alpha)}$ un ensemble Y assujetti à ces conditions; en d'autres termes, il existe une suite d'ensembles B_ξ (du type $\omega_{cf(\alpha)}$) vérifiant les formules suivantes:

(19) $$A_\xi \cdot X = A_\xi \cdot B_\xi \textit{ pour } \xi < \omega_{cf(\alpha)}$$

et

(20) $$B_\xi \in \mathbf{N}, \textit{ lorsque } \xi < \omega_{cf(\alpha)}.$$

Toute suite d'ensembles croissants est, comme on sait, une suite convergente dans le sens de la déf. 7[c], et sa limite est égale à l'ensemble-somme de tous ses termes. Cela concerne, en particulier, des suites A_ξ et $A_\xi \cdot B_\xi$ du type $\omega_{cf(\alpha)}$, qui en raison de (3) et (19) sont des suites d'ensembles croissants. D'après (1), (12) et (19), on a donc

(21) $$\lim_{\xi<\omega_{cf(\alpha)}} A_\xi = 1. \lim_{\xi<\omega_{cf(\alpha)}} (A_\xi \cdot B_\xi) = X.$$

En posant dans le lem. 12[b]: $F_\xi = B_\xi$ et $G_\xi = A_\xi$ (et en y remplaçant α par $\omega_{cf(\alpha)}$), on conclut de (21) que la suite d'ensembles $B_\xi \cdot \lim_{\xi<\omega_{cf(\alpha)}} A_\xi$ est également convergente et qu'on a $\lim_{\xi<\omega_{cf(\alpha)}} (B_\xi \cdot \lim_{\xi<\omega_{cf(\alpha)}} A_\xi) = \lim_{\xi<\omega_{cf(\alpha)}} (A_\xi \cdot B_\xi)$, d'où $\lim_{\xi<\omega_{cf(\alpha)}} B_\xi = X$. Conformément à la déf. 7[b,c], il s'en suit en particulier que $X = \overline{\lim_{\xi<\omega_{cf(\alpha)}}} B_\xi$, donc que

(22) $$X = \prod_{\xi<\omega_{cf(\alpha)}} \sum_{\xi\leqslant\eta<\omega_{cf(\alpha)}} B_\eta.$$

En vertu de (20) on a $\underset{B_\eta}{E}[\xi \leqslant \eta < \omega_{cf(\alpha)}] \subset \mathbf{N}$; à cause de l'inégalité: $\beta > cf(\alpha)$, donnée par l'hypothèse, on obtient de plus sans peine: $\overline{\overline{\underset{B_\eta}{E}[\xi \leqslant \eta < \omega_{cf(\alpha)}]}} \leqslant \aleph_{cf(\alpha)} < \aleph_\beta$. A l'aide de la déf. 2[b] on en conclut que la classe $\underset{B_\eta}{E}[\xi \leqslant \eta < \omega_{cf(\alpha)}]$ appartient à la famille $U_\beta(N)$ et même à la famille $U_\beta(N) - \{0\}$ dans le cas où $\xi < \omega_{cf(\alpha)}$. Par conséquent, $\sum_{\xi \leqslant \eta < \omega_{cf(\alpha)}} B_\eta = \Sigma(\underset{B_\eta}{E}[\xi \leqslant \eta < \omega_{cf(\alpha)}]) \in \overline{\Sigma}(U_\beta(N) - \{0\})$, donc en raison de la déf. 20

(23) $$\sum_{\xi \leqslant \eta < \omega_{cf(\alpha)}} B_\eta \in S_\beta(N) \text{ pour } \xi < \omega_{cf(\alpha)}.$$

Or, en vertu de (7) et du th. 21[b] on a $N \in \mathcal{C}\ell(S_\beta)$, d'où suivant la déf. 16 $S_\beta(N) \subset N$; en rapprochant cette inclusion de (23), on en déduit:

(24) $$\sum_{\xi \leqslant \eta < \omega_{cf(\alpha)}} B_\eta \in N \text{ pour } \xi < \omega_{cf(\alpha)}.$$

Par un raisonnement analogue (à cette différence près qu'au lieu de (20) et de la déf. 20 on a recours à la formule (24) et au th. 53) on parvient à la formule: $\prod_{\xi < \omega_{cf(\alpha)}} \sum_{\xi \leqslant \eta < \omega_{cf(\alpha)}} B_\eta \in N$, qui donne selon (22):

(26) $$X \in N.$$

La formule (26) est ainsi établie dans l'hypothèse (11). Or, d'après (10), cette formule se présente aussi dans l'hypothèse contraire; par conséquent, elle est généralement remplie.

Il est donc prouvé que la formule (9) entraîne (26), quel que soit l'ensemble X; ce fait peut être exprimé tout court par l'inclusion: $M \subset N$. Comme l'inclusion inverse se laisse établir d'une façon complètement analogue, on a finalement

(27) $$M = N.$$

Nous avons ainsi démontré que toutes deux classes M et N qui remplissent les formules (7) et (8) vérifient également l'identité (27). Ce résultat peut être évidemment resumé dans la proposition suivante: *Y étant une classe quelconque, si $M \in \mathcal{C}\ell(S_\beta \mathring{+} S_\gamma^*) \cdot \underset{X}{E}[F(X) = Y]$, $N \in \mathcal{C}\ell(S_\beta \mathring{+} S_\gamma^*) \cdot \underset{X}{E}[F(X) = Y]$ et $G(M) = G(N)$, on a $M = N$.*

Par conséquent, la fonction G transforme d'une façon biunivoque la famille $\mathcal{C}\ell(S_\beta \mathring{+} S_\gamma^*) \cdot \underset{X}{E}[F(X) = Y)$ en son image $\overline{G}(\mathcal{C}\ell(S_\beta \mathring{+} S_\gamma^*) \cdot \underset{X}{E}[F(X) = Y])$, de sorte que

$$(28) \quad \overline{\overline{\mathcal{C}\ell(S_\beta \mathring{+} S_\gamma^*) \cdot \underset{X}{E}[F(X) = Y]}} = \overline{\overline{\overline{G}(\mathcal{C}\ell(S_\beta \mathring{+} S_\gamma^*) \cdot \underset{X}{E}[F(X) = Y])}}$$

Remarquons qu'en vertu de (6) on a $G(M) \subset \sum_{\xi < \omega_{cf(a)}} U(A_\xi)$ pour toute classe M, donc $\overline{G}(\mathcal{K}) \subset U\left(\sum_{\xi < \omega_{cf(a)}} U(A_\xi)\right)$ pour toute famille de classes $\mathcal{K}$ et, en particulier,

$$(29) \quad \overline{G}(\mathcal{C}\ell(S_\beta \mathring{+} S_\gamma^*) \cdot \underset{X}{E}[F(X) = Y]) \subset U\left(\sum_{\xi < \omega_{cf(a)}} U(A_\xi)\right).$$

Or, le lem. 10[a] donne: $\overline{\overline{U(A_\xi)}} \leqslant 2^{\overline{\overline{A}}_\xi}$, d'où en raison de (4) et de la déf. 4 $\overline{\overline{U(A_\xi)}} \leqslant 2^{\aleph_{\underset{\smile}{a}}}$ pour tout $\xi < \omega_{cf(a)}$ et, par conséquent, $\overline{\overline{\sum_{\xi < \omega_{cf(a)}} U(A_\xi)}} \leqslant \sum_{\xi < \omega_{cf(a)}} \overline{\overline{U(A_\xi)}} \leqslant 2^{\aleph_{\underset{\smile}{a}}} \cdot \aleph_{cf(a)}$. Comme de plus, d'après les lem. 5[d] et 1[a], $2^{\aleph_{\underset{\smile}{a}}} \geqslant \aleph_a \geqslant \aleph_{cf(a)}$, donc $2^{\aleph_{\underset{\smile}{a}}} \cdot \aleph_{cf(a)} = 2^{\aleph_{\underset{\smile}{a}}}$, on a ensuite $\overline{\overline{\sum_{\xi < \omega_{cf(a)}} U(A_\xi)}} \leqslant 2^{\aleph_{\underset{\smile}{a}}}$. En appliquant une fois encore le lem. 10[a], nous en obtenons:

$$(30) \quad \overline{\overline{U\left(\sum_{\xi < \omega_{cf(a)}} U(A_\xi)\right)}} \leqslant 2^{2^{\aleph_{\underset{\smile}{a}}}}.$$

On déduit facilement de (28)—(30) l'inégalité:

$$(31) \quad \overline{\overline{\mathcal{C}\ell(S_\beta \mathring{+} S_\gamma^*) \cdot \underset{X}{E}[F(X) = Y]}} \leqslant 2^{2^{\aleph_{\underset{\smile}{a}}}}.$$

En posant dans le lem. 11[b]: $f \doteq F$ et $A = \mathcal{C}\ell(S_\beta \mathring{+} S_\gamma^*)$, on conclut de (31) que

$$(32) \quad \overline{\overline{\mathcal{C}\ell(S_\beta \mathring{+} S_\gamma^*)}} \leqslant \overline{\overline{\overline{F}(\mathcal{C}\ell(S_\beta \mathring{+} S_\gamma^*))}} \cdot 2^{2^{\aleph_{\underset{\smile}{a}}}}.$$

Il résulte d'autre part de (5) que $F(M) \subset \sum_{\xi < \omega_{cf(a)}} U(A_\xi)$ pour toute classe $\boldsymbol{M}$, donc que $\overline{\boldsymbol{F}}(\mathscr{H}) \subset \boldsymbol{U}\left(\sum_{\xi<\omega_{cf(\alpha)}} \boldsymbol{U}(A_\xi)\right)$ pour toute famille $\mathscr{H}$, d'où, en particulier,

$$\overline{\boldsymbol{F}}(\mathcal{C}\ell(\boldsymbol{S}_\beta \mathring{+} \boldsymbol{S}_\gamma^*)) \subset \boldsymbol{U}\left(\sum_{\xi<\omega_{cf(\alpha)}} \boldsymbol{U}(A_\xi)\right). \tag{33}$$

Les formules (30) et (33) entraînent aussitôt: $\overline{\overline{\overline{\boldsymbol{F}}(\mathcal{C}\ell(\boldsymbol{S}_\beta \mathring{+} \boldsymbol{S}_\gamma^*)}}} \leqslant 2^{2^{\aleph_\alpha}}$, d'où selon (32) $\overline{\overline{\mathcal{C}\ell(\boldsymbol{S}_\beta \mathring{+} \boldsymbol{S}_\gamma^*)}} \leqslant 2^{2^{\aleph_\alpha}} \cdot 2^{2^{\aleph_\alpha}} = 2^{2^{\aleph_\alpha} \cdot 2}$. Or, $2^{\aleph_\alpha}$ étant un nombre transfini (en vertu du lem. 5[d]), on a $2^{\aleph_\alpha} \cdot 2 = 2^{\aleph_\alpha}$ et, par conséquent,

$$\overline{\overline{\mathcal{C}\ell(\boldsymbol{S}_\beta \mathring{+} \boldsymbol{S}_\gamma^*)}} \leqslant 2^{2^{\aleph_\alpha}}. \tag{34}$$

En rapprochant (1) de (34), on obtient enfin la formule cherchée:

$$2^{\aleph_\alpha} \leqslant \overline{\overline{\mathcal{C}\ell(\boldsymbol{S}_\beta \mathring{+} \boldsymbol{S}_\gamma^*)}} \leqslant 2^{2^{\aleph_\alpha}}.$$

Théorème 70. *Si* $\mathit{1} = \aleph_\alpha$ *et* $\beta > cf(\alpha)$, *on a*

a) $2^{\aleph_\alpha} \leqslant \overline{\overline{\mathcal{C}\ell(\boldsymbol{C} \mathring{+} \boldsymbol{S}_\beta)}} \leqslant 2^{2^{\aleph_\alpha}}$;

b) $2^{\aleph_\alpha} \leqslant \overline{\overline{\mathcal{C}\ell(\boldsymbol{T} \mathring{+} \boldsymbol{S}_\beta)}} = \overline{\overline{\mathcal{C}\ell(\boldsymbol{T}^* \mathring{+} \boldsymbol{S}_\beta^*)}} \leqslant 2^{2^{\aleph_\alpha}}$;

c) $2^{\aleph_\alpha} \leqslant \overline{\overline{\mathcal{C}\ell(\boldsymbol{S} \mathring{+} \boldsymbol{S}_\beta^*)}} = \overline{\overline{\mathcal{C}\ell(\boldsymbol{T}^* \mathring{+} \boldsymbol{S}_\beta^*)}} \leqslant 2^{2^{\aleph_\alpha}}$.

Démonstration. D'après le th. 51[b] et le lem. 19[c] on a: $\boldsymbol{C} \mathring{+} \boldsymbol{S}_\beta \subset \boldsymbol{C} \mathring{+} \boldsymbol{S}$ et $\boldsymbol{S}_\beta \mathring{+} \boldsymbol{S}_\beta^* \mathring{\subset} \boldsymbol{S} \mathring{+} \boldsymbol{S}_\beta^* \mathring{\subset} \boldsymbol{T}^* \mathring{+} \boldsymbol{S}_\beta^* \subset \boldsymbol{T}^* \mathring{+} \boldsymbol{S}^*$, d'où en vertu du th. 21[a]:

$$\mathcal{C}\ell(\boldsymbol{C} \mathring{+} \boldsymbol{S}) \subset \mathcal{C}\ell(\boldsymbol{C} \mathring{+} \boldsymbol{S}_\beta) \tag{1}$$

et

$$\mathcal{C}\ell(\boldsymbol{T}^* \mathring{+} \boldsymbol{S}^*) \subset \mathcal{C}\ell(\boldsymbol{T}^* \mathring{+} \boldsymbol{S}_\beta^*) \subset \mathcal{C}\ell(\boldsymbol{S} \mathring{+} \boldsymbol{S}_\beta^*) \subset \mathcal{C}\ell(\boldsymbol{S}_\beta \mathring{+} \boldsymbol{S}_\beta^*). \tag{2}$$

A cause du th. 50[a] on peut appliquer le th. 28[b], en y posant: $\boldsymbol{F} \doteq \boldsymbol{S}_\beta$; on tire: $\mathcal{C}\ell(\boldsymbol{C} \mathring{+} \boldsymbol{S}_\beta) = \mathcal{C}\ell(\boldsymbol{C} \mathring{+} \boldsymbol{S}_\beta \mathring{+} \boldsymbol{S}_\beta^*)$, donc en raison du th. 21[b] (pour $\boldsymbol{F} \doteq \boldsymbol{C}$ et $\boldsymbol{G} \doteq \boldsymbol{S}_\beta \mathring{+} \boldsymbol{S}_\beta^*$): $\mathcal{C}\ell(\boldsymbol{C} \mathring{+} \boldsymbol{S}_\beta) = \mathcal{C}\ell(\boldsymbol{C}) \cdot \mathcal{C}\ell(\boldsymbol{S}_\beta \mathring{+} \boldsymbol{S}_\beta^*)$. Par conséquent,

$$\mathcal{C}\ell(\boldsymbol{C} \mathring{+} \boldsymbol{S}_\beta) \subset \mathcal{C}\ell(\boldsymbol{S}_\beta \mathring{+} \boldsymbol{S}_\beta^*). \tag{3}$$

A l'aide des th. fond. V et VII on déduit facilement de (1) et (2) les inégalités suivantes:

(4) $2^{\aleph_\alpha} \leqslant \overline{\overline{\mathcal{C}\ell(C \mathring{+} S_\beta)}}$ *et* $2^{\aleph_\alpha} \leqslant \overline{\overline{\mathcal{C}\ell(T^* \mathring{+} S^*_\beta)}} \leqslant \overline{\overline{\mathcal{C}\ell(S \mathring{+} S^*_\beta)}}$.

De même, en raison du th. 69 (pour $\gamma = \beta$), les inclusions (2) et (3) donnent:

(5) $\overline{\overline{\mathcal{C}\ell(C \mathring{+} S_\beta)}} \leqslant 2^{2^{\aleph_\alpha}}$ *et* $\overline{\overline{\mathcal{C}\ell(T^* \mathring{+} S^*)}} \leqslant \overline{\overline{\mathcal{C}\ell S \mathring{+} S^*_\beta)}} \leqslant 2^{2^{\aleph_\alpha}}$.

Il résulte du lem. $19^{\mathrm{d,b}}$ que $[T \mathring{+} S_\beta]^* \overset{\circ}{=} T^* \mathring{+} S^*_\beta$ et que $[S \mathring{+} S^*_\beta]^* \overset{\circ}{=} S^* \mathring{+} S_\beta$; en appliquant donc à deux reprises le th. 33, on conclut enfin que

(6) $\overline{\overline{\mathcal{C}\ell(T \mathring{+} S_\beta)}} \overset{\circ}{=} \overline{\overline{\mathcal{C}\ell(T^* \mathring{+} S^*_\beta)}}$ *et* $\overline{\overline{\mathcal{C}\ell(S \mathring{+} S^*_\beta)}} \overset{\circ}{=} \overline{\overline{\mathcal{C}\ell(S^* \mathring{+} S_\beta)}}$.

De (4) — (6) on obtient immédiatement toutes les formules cherchées.

Théorème 71. *Si* $\overline{\overline{I}} = \aleph_\alpha$ *et* $\beta > cf(\alpha)$, *on a*

a) $2^{\aleph_\alpha} \leqslant \overline{\overline{\mathcal{C}\ell(R_\beta)}} \leqslant 2^{2^{\aleph_\alpha}}$;

b) $2^{\aleph_\alpha} \leqslant \overline{\overline{\mathcal{C}\ell(C \mathring{+} R_\beta)}} \leqslant 2^{2^{\aleph_\alpha}}$;

c) $2^{\aleph_\alpha} \leqslant \overline{\overline{\mathcal{C}\ell(T \mathring{+} R_\beta)}} = \overline{\overline{\mathcal{C}\ell(T^* \mathring{+} R_\beta)}} \leqslant 2^{2^{\aleph_\alpha}}$;

d) $2^{\aleph_\alpha} \leqslant \overline{\overline{\mathcal{C}\ell(S \mathring{+} R_\beta)}} = \overline{\overline{\mathcal{C}\ell(S^* \mathring{+} R_\beta)}} \leqslant 2^{2^{\aleph_\alpha}}$.

D é m o n s t r a t i o n est en grands traits analogue à celle du théorème précédent. A l'aide des th. 55^{d}, 51^{b}, $42^{\mathrm{a,b}}$ et des lemmes du § 2 on établit sans peine les inclusions: $S_\beta \mathring{+} S^*_\beta \mathring{\subset} R_\beta \mathring{\subset} S^* \mathring{+} R_\beta \mathring{\subset} T \mathring{+} R_\beta \mathring{\subset} ST$ et $S_\beta \mathring{+} S^*_\beta \mathring{\subset} C \mathring{+} R_\beta \mathring{\subset} C \mathring{+} SS^*$; par l'application du th. 21^{a} on en obtient:

(1) $\mathcal{C}\ell(ST) \subset \mathcal{C}\ell(T \mathring{+} R_\beta) \subset \mathcal{C}\ell(S^* \mathring{+} R_\beta) \subset \mathcal{C}\ell(R_\beta) \subset \mathcal{C}\ell(S_\beta \mathring{+} S^*_\beta)$

et

(2) $$\mathcal{C}\ell(C \mathring{+} SS^*) \subset \mathcal{C}\ell(C \mathring{+} R_\beta) \subset \mathcal{C}\ell(S_\beta \mathring{+} S^*_\beta).$$

D'après les th. 24^{d}, $42^{\mathrm{a,b}}$, 36^{b} et le lem. 19^{j}, on a $\mathcal{C}\ell(ST) = \mathcal{C}\ell(S \mathring{+} T)$ et $\mathcal{C}\ell(SS^*) = \mathcal{C}\ell(S \mathring{+} S^*)$; en raison du cor. 22 et du th. 28^{b}, cette dernière formule entraîne: $\mathcal{C}\ell(C \mathring{+} SS^*) =$

$= \mathcal{C}\ell(C \overset{\circ}{+} S \overset{\circ}{+} S^*) = \mathcal{C}\ell(C \overset{\circ}{+} S)$. A l'aide des th. V et VII nous en concluons que

(3) $$\overline{\overline{\mathcal{C}\ell(ST)}} = \overline{\overline{\mathcal{C}\ell(C \overset{\circ}{+} SS^*)}} = 2^{\aleph_\alpha}.$$

Suivant le th. 69 on a en outre:

(4) $$\overline{\overline{\mathcal{C}\ell(S_\beta \overset{\circ}{+} S^*_\beta)}} \leqslant 2^{2^{\aleph_\alpha}}.$$

Les formules (1)—(4) donnent tout de suite:

(5) $$2^{\aleph_\alpha} \leqslant \overline{\overline{\mathcal{C}\ell(T \overset{\circ}{+} R_\beta)}} \leqslant \overline{\overline{\mathcal{C}\ell(S^* \overset{\circ}{+} R_\beta)}} \leqslant \overline{\overline{\mathcal{C}\ell(R_\beta)}} \leqslant 2^{2^{\aleph_\alpha}}$$

et

(6) $$2^{\aleph_\alpha} \leqslant \overline{\overline{\mathcal{C}\ell(C \overset{\circ}{+} R_\beta)}} \leqslant 2^{2^{\aleph_\alpha}}.$$

Tenant compte du th. 55[e] et appliquant le th. 33 et le lem. 19[d], on parvient ensuite aux égalités:

(7) $$\overline{\overline{\mathcal{C}\ell(T \overset{\circ}{+} R_\beta)}} = \overline{\overline{\mathcal{C}\ell(T^* \overset{\circ}{+} R_\beta)}} \text{ et } \overline{\overline{\mathcal{C}\ell(S \overset{\circ}{+} R_\beta)}} = \overline{\overline{\mathcal{C}\ell(S^* \overset{\circ}{+} R_\beta)}}.$$

En rapprochant (7) de (5) et (6), on obtient les formules cherchées.

Nous avons examiné dans les th. IX—XI et 69—71 la famille $\mathcal{C}\ell(T \overset{\circ}{+} S_\beta)$ et les autres familles analogues dans les deux cas suivants: $\beta \leqslant p(\alpha)$ et $\beta > cf(\alpha)$ ($\aleph_\alpha$ étant la puissance de l'ensemble 1). Par contre, ces résultats n'embrassent pas le cas où $p(\alpha) < \beta \leqslant cf(\alpha)$; dans ce dernier cas nous ne savons ni évaluer les puissances des familles considérées, ni même établir pour elles des délimitations qui soient intéressantes (si l'on néglige les délimitations assez banales qui résultent du th. 49: $2^{\aleph_\alpha} \leqslant \overline{\overline{\mathcal{C}\ell(T \overset{\circ}{+} S_\beta)}} \leqslant 2^{2^{\aleph_\alpha}}$). En particulier, il n'est pas élucidé jusqu'à présent, si l'on peut généraliser les th. 69—71, en y remplaçant partout $cf(\alpha)$ par $p(\alpha)$, bien que ce problème ne nous semble pas dépourvu des chances. Cette lacune dans les résultats acquis jusqu'à présent ne se laisse combler qu'à l'aide des raisonnements faisant appel à l'hypothèse H, étant donné que (comme nous l'avons déjà montré par le lem. 9[b]) cette hypothèse exclut le cas où $p(\alpha) < \beta \leqslant cf(\alpha)$.

Théorème fondamental XII. *L'hypothèse H entraîne les conséquences suivantes:*

Si $\overline{\overline{1}} = \aleph_\alpha$ *et* $\beta > p(\alpha)$, *on a*

[a]) $\overline{\overline{\mathcal{C}\ell(C \overset{\circ}{+} S_\beta)}} = 2^{\aleph_\alpha}$;

b) $\overline{\overline{\mathcal{C}\ell(\boldsymbol{T}\overset{\circ}{+}\boldsymbol{S}_\beta)}} = \overline{\overline{\mathcal{C}\ell(\boldsymbol{T}^*\overset{\circ}{+}\boldsymbol{S}^*_\beta)}} = 2^{\aleph_\alpha}$;

c) $\overline{\overline{\mathcal{C}\ell(\boldsymbol{S}\overset{\circ}{+}\boldsymbol{S}^*_\beta)}} = \overline{\overline{\mathcal{C}\ell(\boldsymbol{S}^*\overset{\circ}{+}\boldsymbol{S}_\beta)}} = 2^{\aleph_\alpha}$;

d) *si en outre* $\gamma > p(\alpha)$, *alors* $\overline{\overline{\mathcal{C}\ell(\boldsymbol{S}_\beta\overset{\circ}{+}\boldsymbol{S}^*_\gamma)}} = 2^{\aleph_\alpha}$.

Démonstration. Il suffit de rappeler qu'en conséquence de l'hypothèse H on a les formules: $cf(\alpha) = p(\alpha)$ et $2^{\underline{\aleph_\alpha}} = \aleph_\alpha$ (lem. $9^{a,b}$), et d'appliquer ensuite les th. 69 et 70.

D'une façon analogue on déduit du th. 71 le

Théorème 72. *L'hypothèse H entraîne la conséquence suivante:*

Si $\overline{\overline{1}} = \aleph_\alpha$ *et* $\beta > p(\alpha)$, *on a* $\overline{\overline{\mathcal{C}\ell(\boldsymbol{R}_\beta)}} = \overline{\overline{\mathcal{C}\ell(\boldsymbol{C}\overset{\circ}{+}\boldsymbol{R}_\beta)}} = \overline{\overline{\mathcal{C}\ell(\boldsymbol{T}\overset{\circ}{+}\boldsymbol{R}_\beta)}} =$
$= \overline{\overline{\mathcal{C}\ell(\boldsymbol{T}^*\overset{\circ}{+}\boldsymbol{R}_\beta)}} = \overline{\overline{\mathcal{C}\ell(\boldsymbol{S}\overset{\circ}{+}\boldsymbol{R}_\beta)}} = \overline{\overline{\mathcal{C}\ell(\boldsymbol{S}^*\overset{\circ}{+}\boldsymbol{R}_\beta)}} = 2^{\aleph_\alpha}$.

Il est intéressant d'examiner les difficultés auxquelles doivent se heurter nécessairement toutes les tentatives d'éviter l'hypothèse H dans les démonstrations des th. XII et 72.

Supposons, en effet, que nous réussîmes de démontrer une de ces formules, p. ex. le th. XII^b, sans cette hypothèse. Nous obtenons comme cas particulier (pour $\alpha = \omega$ et $\beta = 1$) la proposition suivante:

A. *Si* $\overline{\overline{1}} = \aleph_\omega$, *on a* $\overline{\overline{\mathcal{C}\ell(\boldsymbol{T}\overset{\circ}{+}\boldsymbol{S}_1)}} = 2^{\aleph_\omega}$.

Admettons ensuite que l'hypothèse ordinaire du continu: $2^{\aleph_0} = \aleph_1$ soit vraie. En vertu du théorème connu de M. Bernstein [1]), nous aurons alors pour tout nombre ordinal α tel que $0 < \alpha < \omega$ les égalités: $\aleph_\alpha^{\aleph_0} = \aleph_\alpha \cdot 2^{\aleph_0} = \aleph_\alpha \cdot \aleph_1 = \aleph_\alpha$, donc, par suite du lem. 4^c, $p(\alpha) \leqslant 1$. En posant: $\beta = 1$ dans le th. X, on obtient par conséquent:

B. *Si* $2^{\aleph_0} = \aleph_1$ *et* $\overline{\overline{1}} = \aleph_\alpha$, *où* $0 < \alpha < \omega$, *on a* $\mathcal{C}\ell(\boldsymbol{T}\overset{\circ}{+}\boldsymbol{S}_1) = 2^{2^{\aleph_\alpha}}$.

La proposition B peut être généralisée facilement comme il suit:

C. *Si* $2^{\aleph_0} = \aleph_1$ *et* $\overline{\overline{A}} = \aleph_\alpha$ *où* $0 < \alpha < \omega$, *on a*

$\overline{\overline{UU(A) \cdot \mathcal{C}\ell(\boldsymbol{T}\overset{\circ}{+}\boldsymbol{S}_1)}} = 2^{2^{\aleph_\alpha}}$ [2]).

[1]) *Untersuchungen aus der Mengenlehre* (*Inaugural-Dissertation*), Halle a. S. 1901, p. 49 (ou Math. Ann. 61).

[2]) Au fond cette „généralisation" est illusoire, car la proposition *C* ne constitue qu'un autre énoncé de la proposition *B*. J'ai eu, en effet, occasion de mentionner ici plus d'une fois (p. 183, 212) que le symbole *1* joue dans cet ouvrage

Prenant pour 1 un ensemble arbitraire de la puissance $\aleph_\omega$ et considérant son sous-ensemble quelconque A de la puissance $\aleph_\alpha$ où $\alpha < \omega$, on déduit des propositions A et C la conséquence:

D. *Si* $2^{\aleph_0} = \aleph_1$ *et* $\alpha < \omega$, *on a* $2^{2^{\aleph_\alpha}} \leqslant 2^{\aleph_\omega}$ *et* $2^{\aleph_\alpha} < 2^{\aleph_\omega}$.

Or, toutes les tentatives d'établir à l'aide de l'hypothèse ordinaire du continu les inégalités semblables à celles qui constituent la thèse de la proposition D se sont terminées jusqu'à présent par un échec complet.

On doit donc considérer comme peu probable que la proposition A et, par conséquent, le th. XII^b soient démontrables sans l'hypothèse du continu généralisée.

J'ai signalé dans mes notes antérieures [1]) que certains résultats acquis à l'aide de l'hypothèse H se laissent établir sans elle, à condition toutefois de restreindre le domaine des nombres cardinaux considérés à un système, d'ailleurs assez vaste, des nombres $\aleph_{\pi(\alpha)}$ définies par recurrence comme suit:

$$\aleph_{\pi(0)} = \aleph_0\,; \quad \aleph_{\pi(\alpha)} = 2^{\aleph_{\pi(\alpha-1)}} \textit{ pour } \alpha \textit{ de } 1^{re} \textit{ espèce};$$

$$\aleph_{\pi(\alpha)} = \sum_{\xi<\alpha} \aleph_{\pi(\xi)} \textit{ pour } \alpha \textit{ de } 2^{me} \textit{ espèce}, \ \alpha \neq 0.$$

Or, la situation est encore la même en ce qui concerne les th. XII et 72: toutes les formules de ces théorèmes peuvent être établies sans l'hypothèse H à condition que α soit de la forme $\alpha = \pi(\alpha_1)$, où α_1 est un nombre de 2me espèce. En effet, on peut montrer alors que $p(\alpha) = cf(\alpha) = cf(\alpha_1)$ et que $2^{\aleph}_{\smile\alpha} = \aleph_\alpha$ [2]); or, ce sont les seules conséquences de l'hypothèse H qui interviennent dans la démonstration du th. XII.

Observons encore que, comme nous l'avons montré dans le cor. 63, toutes les familles de la forme $\mathcal{C}\ell(\boldsymbol{F})$ où $\boldsymbol{F}$ est une opération assujettie à l'inclusion: $\boldsymbol{F} \mathring{\subset} \boldsymbol{TS}_\beta$, donc en particulier une opération semi-additive au dégré β et intrinsèque, ont la même puissance, à savoir $2^{2^{\aleph_\alpha}}$, dans l'hypothèse que $\beta \leqslant p(\alpha)$ ($\aleph_\alpha$ étant la puissance de 1). Par contre, dans

le rôle d'un signe variable dénotant l'ensemble de tous les individus considérés dans un théorème donné.

Il est peut-être superflu d'ajouter que de la même façon qui vient d'être employée pour „généraliser" la proposition B se laissent „généraliser" tous les théorèmes de ce mémoire concernant la puissance des familles de la forme $\mathcal{C}\ell(\boldsymbol{F})$ où $\boldsymbol{F}$ est une opération intrinsèque quelconque.

[1]) *Quelques théorèmes sur les alephs*, Fund. Math. VII, p. 9—10; *Sur la décomposition des ensembles en sous-ensembles presque disjoints*, Fund. Math. XII, p. 204, et Fund. Math. XIV, p. 213.

[2]) La première de ces formules résulte du th. II, énoncé dans ma note précitée de Fund. Math. VII, p. 9; la seconde présente une conséquence facile de la définition des nombres $\aleph_{\pi(\alpha)}$.

le cas de $\beta > p(\alpha)$ les familles du type considéré n'ont pas les puissances égales. On peut indiquer, en effet, comme exemples des opérations $\boldsymbol{F}$ semi-additives au dégré β et intrinsèques les opérations $\boldsymbol{T}$, $\boldsymbol{S}_\beta$ et $\boldsymbol{S}^*_\beta$ d'une part et les opérations $\boldsymbol{T} \overset{\circ}{+} \boldsymbol{S}_\beta$, $\boldsymbol{S}_\beta \overset{\circ}{+} \boldsymbol{S}^*_\beta$, $\boldsymbol{R}_\beta$ et $\boldsymbol{T} \overset{\circ}{+} \boldsymbol{R}_\beta$ d'autre part; or, on aura dans le premier cas $\overline{\overline{\mathcal{C}\ell(\boldsymbol{F})}} = 2^{2^{\aleph_\alpha}}$ (th. II, VIII) et dans le second $\overline{\overline{\mathcal{C}\ell(\boldsymbol{F})}} = 2^{\aleph_\alpha}$ (th. XII, 72).

Pour terminer il y a lieu de dire quelques mots sur certaines opérations qui viennent se lier à celles examinées dans ce §. C'est une généralisation de la déf. 20 qui est à mentionner avant tout. Introduisons notamment l'opération $\boldsymbol{S}_{(\mathfrak{b})}$ définie par la formule: $\boldsymbol{S}_{(\mathfrak{b})}(\boldsymbol{K}) = \underset{\Sigma(\boldsymbol{X})}{E}[\boldsymbol{X} \subset \boldsymbol{K}$ *et* $0 < \overline{\overline{\boldsymbol{X}}} < \mathfrak{b}]$[1]. Si $\mathfrak{b}$ est un nombre transfini, à savoir $\mathfrak{b} = \aleph_\beta$, l'opération $\boldsymbol{S}_{(\mathfrak{b})}$ coïncide avec $\boldsymbol{S}_\beta$; par contre, dans le cas de $\mathfrak{b}$ fini nous sommes en présence d'une opération nouvelle. Cependant cette généralisation est dépourvue de valeur au point de vue de ces considérations: car pour $\mathfrak{b} \leqslant 2$ l'opération $\boldsymbol{S}_{(\mathfrak{b})}$ est banale ($\boldsymbol{S}_{(0)}(\boldsymbol{K}) = \boldsymbol{S}_{(1)}(\boldsymbol{K}) = \boldsymbol{0}$ pour toute classe $\boldsymbol{K}$, $\boldsymbol{S}_{(2)} \overset{\circ}{=} \boldsymbol{I}$); si, par contre, $2 < \mathfrak{b} < \aleph_0$, on constate facilement que $\mathcal{C}\ell(\boldsymbol{S}_{(\mathfrak{b})}) = \mathcal{C}\ell(\boldsymbol{S}_0)$.

Ensuite c'est l'operation $\boldsymbol{B}_{\beta,\gamma}$, définie par la formule: $\boldsymbol{B}_{\beta,\gamma}(\boldsymbol{K}) = \Pi(\boldsymbol{V}(\boldsymbol{K}) \cdot \mathcal{C}\ell(\boldsymbol{S}_\beta \overset{\circ}{+} \boldsymbol{S}^*_\gamma))$, qui mérite l'attention. La classe $\boldsymbol{B}_{\beta,\gamma}(\boldsymbol{K})$ est donc la plus petite classe contenant la classe $\boldsymbol{K}$ et close par rapport aux opérations $\boldsymbol{S}_\beta$ et $\boldsymbol{S}^*_\gamma$ (cf. p. 272, 276); on pourrait l'appeler *classe d'ensembles boreliens formés de la classe* $\boldsymbol{K}$, *additive au dégré* β *et multiplicative au dégré* γ. L'opération $\boldsymbol{B}_{\beta,\gamma}$ a été étudiée jusqu'à présent surtout dans le cas où $\beta = \gamma = 1$, où elle coïncide avec l'opération borelienne habituelle, et de plus dans le cas: $\beta = \gamma = 0$ et $\beta = 2$, $\gamma = 1$[2]. Au point de vue de ces recherches cette opération est encore sans grande importance, à cause de la formule facile à établir: $\mathcal{C}\ell(\boldsymbol{B}_{\beta,\gamma}) = \mathcal{C}\ell(\boldsymbol{S}_\beta \overset{\circ}{+} \boldsymbol{S}^*_\gamma)$.

§ 7. Opération $\boldsymbol{D}$. Classes d'ensembles soustractives.

L'opération $\boldsymbol{D}$ consiste à ajouter à la classe d'ensembles donnée $\boldsymbol{K}$ toutes les différences des ensembles appartenant à cette classe; les classes d'ensembles closes par rapport à cette opération s'appellent *classes soustractives*.

Définition 22. $\boldsymbol{D}(\boldsymbol{K}) = \boldsymbol{K} + \underset{X-Y}{E}[\boldsymbol{X} \in \boldsymbol{K}$ *et* $\boldsymbol{Y} \in \boldsymbol{K}]$.

Parmi les nombreuses propriétés élémentaires de l'opération $\boldsymbol{D}$ je ne cite ici que celles qui seront utilisées dans la suite.

[1]) Cf. l'article de MM. **Koźniewski** et **Lindenbaum**, cité ici p. 249, note [1]).
[2]) Cf. p. 254, notes [1]), [2]).

Théorème 73. [a]) $\boldsymbol{D} \in \mathfrak{A}_0$, *donc* $\boldsymbol{D} \in \mathfrak{A}_\beta$ *et* $\boldsymbol{D} \in \mathfrak{M}$;

[b]) $\boldsymbol{I} \overset{\circ}{\subset} \boldsymbol{D}$;

[c]) $\boldsymbol{D}(0) = 0$;

[d]) $\boldsymbol{D} \overset{\circ}{\subset} \boldsymbol{T}$;

[e]) $\boldsymbol{D} \overset{\circ}{\subset} \boldsymbol{S}_0^*[\boldsymbol{I} \overset{\circ}{+} \boldsymbol{C}]$;

[f]) $\boldsymbol{S}_0^* \overset{\circ}{\subset} \overset{\circ}{\sum\limits_{1 \leqslant \nu < \omega}} \boldsymbol{D}^\nu$;

[g]) $\boldsymbol{S}^* \overset{\circ}{\subset} \boldsymbol{DSD}$ *et, plus généralement,* $\boldsymbol{S}_\beta^* \overset{\circ}{\subset} \boldsymbol{D}\boldsymbol{S}_\beta\boldsymbol{D}$.

Démonstration. Les formules [a])—[d]) résultent presque immédiatement de la déf. 22 et des définitions précédentes.

Pour établir la formule [e]), observons que tout ensemble de la classe donnée $\boldsymbol{K}$ et, en vertu de la formule bien connue: $X - Y = X \cdot (1 - Y)$, même toute différence de deux ensembles de cette classe se laissent représenter comme produit de deux, donc de moins que $\aleph_0$, ensembles de la classe $\boldsymbol{K} + \underset{1-Y}{E}[Y \in \boldsymbol{K}]$. D'après la déf. 22 et le th. 53, on a donc $\boldsymbol{D}(\boldsymbol{K}) \subset \boldsymbol{S}_0^*(\boldsymbol{K} + \underset{1-Y}{E}[Y \in \boldsymbol{K}])$, d'où on obtient aussitôt, à l'aide des définitions du § 2, l'inclusion cherchée: $\boldsymbol{D} \overset{\circ}{\subset} \boldsymbol{S}_0^*[\boldsymbol{I} \overset{\circ}{+} \boldsymbol{C}]$.

[f]) La formule: $X \cdot Y = X - (X - Y)$ implique que $X \cdot Y \in \boldsymbol{DD}(\boldsymbol{K})$, à condition que $X \in \boldsymbol{K}$ et $Y \in \boldsymbol{K}$. En raison de la déf. 10[b,c], on en conclut par une induction facile que $\prod\limits_{1 \leqslant \xi \leqslant \nu+1} X_\xi \in \boldsymbol{D}^{2 \cdot \nu}(\boldsymbol{K})$, lorsque $\nu < \omega$ et $X_\xi \in \boldsymbol{K}$ pour $1 \leqslant \xi \leqslant \nu + 1$. Or, par suite du th. 53, ces ensembles $\prod\limits_{1 \leqslant \xi \leqslant \nu+1} X_\xi$ forment la classe $\boldsymbol{S}_0^*(\boldsymbol{K})$; on a donc $\boldsymbol{S}_0^*(\boldsymbol{K}) \subset \sum\limits_{1 \leqslant \nu < \omega} \boldsymbol{D}^\nu(\boldsymbol{K})$, d'où $\boldsymbol{S}_0^* \overset{\circ}{\subset} \overset{\circ}{\sum\limits_{1 \leqslant \nu < \omega}} \boldsymbol{D}^\nu$, c. q. f. d.

La formule [g]) s'obtient d'une façon analogue à la formule [e]), en s'appuyant sur la transformation connue de l'Algèbre des Ensembles: $\Pi(\boldsymbol{K}) = X - \sum\limits_{Y \in \boldsymbol{K}} (X - Y)$ *pour tout* $X \in \boldsymbol{K}$, et en faisant appel à la déf. 18 et au th. 44, resp. (en ce qui concerne la deuxième inclusion) à la déf. 20 et au th. 53. Il est à remarquer que dans la démonstration de cette deuxième inclusion on a en outre recours au lem. 11[a] (pour prouver que $\overline{\overline{\underset{X-Y}{E}[Y \in \boldsymbol{K}]}} \leqslant \overline{\overline{\boldsymbol{K}}}$), donc, indirectement, à l'axiome du choix.

L'opération $\boldsymbol{D}^*$, double de $\boldsymbol{D}$, est caractérisée par le théorème suivant, qui résulte facilement des déf. 14, 15 et 22:

Théorème 74. $\boldsymbol{D}^*(\boldsymbol{K}) = \boldsymbol{K} + \underset{(1-X)+Y}{E}[X \in \boldsymbol{K} \text{ et } Y \in \boldsymbol{K}]$.

Cette opération consiste donc à ajouter à une classe d'ensembles $\boldsymbol{K}$ des quotients des éléments de cette classe, en entendant par *quotient des ensembles* Y *et* X l'ensemble $Z = Y{:}X = (1 - X) + Y$.

A cause du lem. 19 les propriétés de l'opération $\boldsymbol{D}^*$ se déduisent immédiatement de celles qui leur correspondent pour l'opération $\boldsymbol{D}$ et qui ont été formulées dans le th. 73. On a en outre le suivant

Théorème 75. $\boldsymbol{C} \mathring{\subset} \boldsymbol{D}\boldsymbol{D}^*$.

D é m o n s t r a t i o n. Considérons une classe quelconque $\boldsymbol{K}$. Soit $X \in \boldsymbol{C}(\boldsymbol{K})$, donc $X = 1 - Y$ où $Y \in \boldsymbol{K}$ (déf. 14), d'où en raison du th. 74 $Y \in \boldsymbol{D}^*(\boldsymbol{K})$ et $1 = (1 - Y) + Y \in \boldsymbol{D}^*(\boldsymbol{K})$; par conséquent, d'après la déf. 22, $X = 1 - Y \in \boldsymbol{D}\boldsymbol{D}^*(\boldsymbol{K})$. Il s'en suit que $\boldsymbol{C}(\boldsymbol{K}) \subset \boldsymbol{D}\boldsymbol{D}^*(\boldsymbol{K})$ pour toute classe $\boldsymbol{K}$, donc que $\boldsymbol{C} \mathring{\subset} \boldsymbol{D}\boldsymbol{D}^*$, c. q. f. d.

Je vais indiquer ici quelques propriétés des opérations $\boldsymbol{D}$ et $\boldsymbol{D}^*$, omises dans les théorèmes précédents. Le th. 73[a] peut être renforcé comme il suit: $\boldsymbol{D}(\boldsymbol{Y}) = \sum_{\boldsymbol{X} \subset \boldsymbol{Y} \text{ et } \overline{\overline{\boldsymbol{X}}} < 3} \boldsymbol{D}(\boldsymbol{X})$ *pour toute classe d'ensembles* $\boldsymbol{Y}$, d'où, en particulier, $\boldsymbol{D}(\boldsymbol{X} + \boldsymbol{Y} + \boldsymbol{Z}) = \boldsymbol{D}(\boldsymbol{X} + \boldsymbol{Y}) + \boldsymbol{D}(\boldsymbol{X} + \boldsymbol{Z}) + \boldsymbol{D}(\boldsymbol{Y} + \boldsymbol{Z})$ *pour toutes classes* $\boldsymbol{X}$, $\boldsymbol{Y}$ *et* $\boldsymbol{Z}$. On a ensuite les théorèmes: *si* $\boldsymbol{K} \neq 0$, *alors* $0 \in \boldsymbol{D}(\boldsymbol{K})$ *et* $1 \in \boldsymbol{D}^*(\boldsymbol{K})$; *si* $1 \in \boldsymbol{K}$, *on a* $\boldsymbol{C}(\boldsymbol{K}) \subset \boldsymbol{D}(\boldsymbol{K})$; *si* $0 \in \boldsymbol{K}$, *on a* $\boldsymbol{C}(\boldsymbol{K}) \subset \boldsymbol{D}^*(\boldsymbol{K})$; $\boldsymbol{D} \mathring{\subset} \boldsymbol{T}\boldsymbol{C}$; $\boldsymbol{D}\boldsymbol{C} \mathring{\subset} \boldsymbol{D} \mathring{+} \boldsymbol{C}$; $\boldsymbol{C} \subset \boldsymbol{D}^*\boldsymbol{D}$ (la formule »double« de celle du th. 75); $\boldsymbol{D}\boldsymbol{S}\boldsymbol{S}^* \mathring{\subset} \boldsymbol{S}\boldsymbol{S}^*\boldsymbol{D}$, $\boldsymbol{D}[\boldsymbol{S}_\beta \mathring{+} \boldsymbol{S}_\beta^*] \mathring{\subset} \boldsymbol{S}_\beta \boldsymbol{S}_\beta^* \boldsymbol{D}$, $\boldsymbol{D}[\boldsymbol{S}_\beta \mathring{+} \boldsymbol{S}_\beta^*] \mathring{\subset} \boldsymbol{S}_\beta^* \boldsymbol{S}_\beta \boldsymbol{D}$ et $\boldsymbol{D}\boldsymbol{R}_\beta \mathring{\subset} \boldsymbol{R}_\beta \boldsymbol{D}$; $\boldsymbol{S}^*\boldsymbol{D} \mathring{\subset} \boldsymbol{D}[\boldsymbol{S} \mathring{+} \boldsymbol{S}^*]$ et, en général, $\boldsymbol{S}_\beta^* \boldsymbol{D} \mathring{\subset} \boldsymbol{D}[\boldsymbol{S}_\beta \mathring{+} \boldsymbol{S}_\beta^*]$; $\overline{\overline{\boldsymbol{D}(\boldsymbol{K})}} \leqslant \overline{\overline{\boldsymbol{K}}} + (\overline{\overline{\boldsymbol{K}}})^2$. Il est enfin à noter que $\boldsymbol{M}\boldsymbol{D}(\boldsymbol{K})$ *est une classe d'ensembles disjoints, quelle que soit la classe* $\boldsymbol{K}$ (cf. déf. 19).

Au lieu de l'opération $\boldsymbol{D}$, on considére d'habitude l'opération $\boldsymbol{D}_1$, déterminée par la formule: $\boldsymbol{D}_1(\boldsymbol{K}) = \underset{X-Y}{E}[X \in \boldsymbol{K} \text{ et } Y \in \boldsymbol{K}]$, et l'on désigne la classe $\boldsymbol{D}_1(\boldsymbol{K})$ par $\boldsymbol{K}_\varrho$ [1]. Les opérations $\boldsymbol{D}$ et $\boldsymbol{D}_1$ sont liées par les relations très étroites, p. ex.: *si* $0 \in \boldsymbol{K}$, *on a* $\boldsymbol{D}(\boldsymbol{K}) = \boldsymbol{D}_1(\boldsymbol{K})$; $\boldsymbol{D}\boldsymbol{D}_1 \stackrel{\circ}{=} \boldsymbol{D}_1^2$ *et* $\boldsymbol{D}_1\boldsymbol{D} \stackrel{\circ}{=} \boldsymbol{D}^2$; $\boldsymbol{D} \stackrel{\circ}{=} \boldsymbol{D}_1 \stackrel{\circ}{+} \boldsymbol{I}$. Cette dernière égalité donne: $\mathcal{Cl}(\boldsymbol{D}) = \mathcal{Cl}(\boldsymbol{D}_1)$, de sorte qu'il est indifférent au point de vue de ces recherches, laquelle des deux opérations $\boldsymbol{D}$ et $\boldsymbol{D}_1$ en sera choisie pour l'objet (comp. le th. 23^b et remarques qui l'accompagnent). Parmi les autres propriétés de $\boldsymbol{D}_1$ citons enfin les deux suivantes: $\boldsymbol{D}_1 \stackrel{\circ}{=} \boldsymbol{D}_1\boldsymbol{C}$ et $\boldsymbol{D}_1^2 \stackrel{\circ}{=} \boldsymbol{D}_1\boldsymbol{D}_1^*$.

Je passe aux familles des classes closes par rapport aux opérations $\boldsymbol{D}$ et $\boldsymbol{D}^*$ et aux opérations de la forme $\boldsymbol{F} \stackrel{\circ}{+} \boldsymbol{D}$, $\boldsymbol{F} \stackrel{\circ}{+} \boldsymbol{D}^*$ et $\boldsymbol{F} \stackrel{\circ}{+} \boldsymbol{D} \stackrel{\circ}{+} \boldsymbol{D}^*$, où $\boldsymbol{F}$ est une des opérations examinées dans les §§ précédents. Cette étude est considérablement simplifiée par certaines identités qui existent entre ces familles et que je vais établir au préalable.

Notons que les classes de la famille $\mathcal{Cl}(\boldsymbol{S}_\beta \stackrel{\circ}{+} \boldsymbol{D})$ ont été étudiées déjà, bien qu'à un point de vue différent, par M. Hausdorff, qui les appelle *Körper* dans le cas où $\beta = 0$ et *erweiterte Körper* dans le cas général [2].

Théorème 76. $\mathcal{Cl}(\boldsymbol{D}) \subset \mathcal{Cl}(\boldsymbol{S}_0^*)$, $\mathcal{Cl}(\boldsymbol{D}^*) \subset \mathcal{Cl}(\boldsymbol{S}_0)$.

Démonstration. Tenant compte du th. 73^f et appliquant le th. 21^a, on obtient: $\mathcal{Cl}\Big(\sum_{1 \leqslant \nu < \omega}^{\circ}{}' \boldsymbol{D}^\nu\Big) \subset \mathcal{Cl}(\boldsymbol{S}_0^*)$, d'où en raison du th. 21^b:

$$\prod_{1 \leqslant \nu < \omega} \mathcal{Cl}(\boldsymbol{D}^\nu) \subset \mathcal{Cl}(\boldsymbol{S}_0^*). \tag{1}$$

D'autre part le th. 25 donne en vertu du th. 73^b:

$$\mathcal{Cl}(\boldsymbol{D}^\nu) = \mathcal{Cl}(\boldsymbol{D}) \text{ pour } 1 \leqslant \nu < \omega. \tag{2}$$

Il résulte aussitôt de (1) et (2) que

$$\mathcal{Cl}(\boldsymbol{D}) \subset \mathcal{Cl}(\boldsymbol{S}_0^*), \tag{3}$$

d'où $\overline{\boldsymbol{C}}(\mathcal{Cl}(\boldsymbol{D})) \subset \overline{\boldsymbol{C}}(\mathcal{Cl}(\boldsymbol{S}_0^*))$; à l'aide du th. 26 on en conclut que $\mathcal{Cl}(\boldsymbol{D}^*) \subset \mathcal{Cl}(\boldsymbol{S}_0^{**})$, et on a donc d'après le lem. 19^b:

$$\mathcal{Cl}(\boldsymbol{D}^*) \subset \mathcal{Cl}(\boldsymbol{S}_0). \tag{4}$$

[1]) Cf. le livre de M. Sierpiński, p. 113, cité ici p. 254, note [2]).

[2]) Cf. Hausdorff, *Mengenlehre*, II Aufl., Berlin und Leipzig 1927, p. 78—82.

Les formules (3) et (4) constituent le théorème, qui se trouve ainsi démontré.

Théorème 77. [a]) $\mathcal{C}\ell(C \overset{\circ}{+} D) = \mathcal{C}\ell(C \overset{\circ}{+} D^*) = \mathcal{C}\ell(C \overset{\circ}{+} D \overset{\circ}{+} D^*) = \mathcal{C}\ell(D \overset{\circ}{+} D^*) = \mathcal{C}\ell(C \overset{\circ}{+} S_0)$;

[b]) $\mathcal{C}\ell(C \overset{\circ}{+} D \overset{\circ}{+} H) = \mathcal{C}\ell(C \overset{\circ}{+} D^* \overset{\circ}{+} H) = \mathcal{C}\ell(C \overset{\circ}{+} D \overset{\circ}{+} D^* \overset{\circ}{+} H) = \mathcal{C}\ell(D \overset{\circ}{+} D^* \overset{\circ}{+} H) = \mathcal{C}\ell(C \overset{\circ}{+} S_0 \overset{\circ}{+} H)$ *pour toute opération* H.

Démonstration. [a]) D'après les th. 28^b et 73^a, on a

(1) $$\mathcal{C}\ell(C \overset{\circ}{+} D) = \mathcal{C}\ell(C \overset{\circ}{+} D^*) = \mathcal{C}\ell(C \overset{\circ}{+} D \overset{\circ}{+} D^*).$$

Le th. 21^b (pour $F \overset{\wedge}{=} C$ et $G \overset{\wedge}{=} D \overset{\circ}{+} D^*$) donne: $\mathcal{C}\ell(C \overset{\circ}{+} D \overset{\circ}{+} D^*) = \mathcal{C}\ell(C) \cdot \mathcal{C}\ell(D \overset{\circ}{+} D^*)$, d'où

(2) $$\mathcal{C}\ell(C \overset{\circ}{+} D \overset{\circ}{+} D^*) \subset \mathcal{C}\ell(D \overset{\circ}{+} D^*).$$

Comme $D^* \overset{\circ}{\subset} D \overset{\circ}{+} D^*$, on conclut du th. 21^a que $\mathcal{C}\ell(D \overset{\circ}{+} D^*) \subset \mathcal{C}\ell(D^*)$, donc, en raison du th. 76,

(3) $$\mathcal{C}\ell(D \overset{\circ}{+} D^*) \subset \mathcal{C}\ell(S_0).$$

Les inclusions: $\mathcal{C}\ell(D \overset{\circ}{+} D^*) \subset \mathcal{C}\ell(DD^*)$ et $\mathcal{C}\ell(DD^*) \subset \mathcal{C}\ell(C)$, dont la première résulte des th. 24^a et 73^a et la seconde se déduit des th. 21^a et 75, donnent comme conséquence immédiate:

(4) $$\mathcal{C}\ell(D \overset{\circ}{+} D^*) \subset \mathcal{C}\ell(C).$$

Les formules (3) et (4) entraînent: $\mathcal{C}\ell(D \overset{\circ}{+} D^*) \subset \mathcal{C}\ell(C) \cdot \mathcal{C}\ell(S_0)$, d'où, suivant le th. 21^b,

(5) $$\mathcal{C}\ell(D \overset{\circ}{+} D^*) \subset \mathcal{C}\ell(C \overset{\circ}{+} S_0).$$

En appliquant une fois encore le th. 28^b et en tenant compte du th. 50^a, on obtient:

(6) $$\mathcal{C}\ell(C \overset{\circ}{+} S_0) = \mathcal{C}\ell(C \overset{\circ}{+} S_0^*).$$

Le th. 23^b (pour $F \overset{\wedge}{=} C \overset{\circ}{+} S_0^*$) implique que $\mathcal{C}\ell(C \overset{\circ}{+} S_0^*) = \mathcal{C}\ell(I \overset{\circ}{+} C \overset{\circ}{+} S_0^*) = \mathcal{C}\ell(S_0^* \overset{\circ}{+} [I \overset{\circ}{+} C])$. En vertu de l'inclusion évidente: $I \overset{\circ}{\subset} I \overset{\circ}{+} C$, on conclut du th. 24^a (pour $F \overset{\wedge}{=} S_0^*$ et

$G \doteq I \mathring{+} C)$ que $\mathcal{Cl}(S_0^* \mathring{+} [I \mathring{+} C]) \subset \mathcal{Cl}(S_0^* [I \mathring{+} C])$. Par conséquent,

$$(7) \qquad \mathcal{Cl}(C \mathring{+} S_0^*) \subset \mathcal{Cl}(S_0^* [I \mathring{+} C]).$$

A l'aide du th. 21[a] on déduit du th. 73[e] l'inclusion: $\mathcal{Cl}(S_0^* [I \mathring{+} C]) \subset \mathcal{Cl}(D)$, qui, rapprochée de (6) et (7), donne: $\mathcal{Cl}(C \mathring{+} S_0) \subset \mathcal{Cl}(D)$. En appliquant à deux reprises le th. 21[b], on en tire facilement: $\mathcal{Cl}(C \mathring{+} S_0) = \mathcal{Cl}(C \mathring{+} [C \mathring{+} S_0]) = \mathcal{Cl}(C) \cdot$ $\cdot \mathcal{Cl}(C \mathring{+} S_0) \subset \mathcal{Cl}(C) \cdot \mathcal{Cl}(D) = \mathcal{Cl}(C \mathring{+} D)$, donc

$$(8) \qquad \mathcal{Cl}(C \mathring{+} S_0) \subset \mathcal{Cl}(C \mathring{+} D).$$

Les formules (1), (2), (5) et (8) entraînent tout de suite l'identité cherchée:

$$\mathcal{Cl}(C \mathring{+} D) = \mathcal{Cl}(C \mathring{+} D^*) = \mathcal{Cl}(C \mathring{+} D \mathring{+} D^*) = \mathcal{Cl}(D \mathring{+} D^*) = = \mathcal{Cl}(C \mathring{+} S_0), \quad \text{c. q. f. d.}$$

[b]) se déduit sans peine de [a]) par l'application du cor. 22.

Comme cas particuliers du th. 77[b] citons les identités: $\mathcal{Cl}(C \mathring{+} S_\beta \mathring{+} D) = \mathcal{Cl}(S_\beta \mathring{+} D \mathring{+} D^*) = \mathcal{Cl}(C \mathring{+} S_\beta)$, $\mathcal{Cl}(C \mathring{+} S \mathring{+} D) =$ $= \mathcal{Cl}(C \mathring{+} S)$ etc.

Corollaire 78. [a]) $\mathcal{Cl}(T \mathring{+} D^*) = \mathcal{Cl}(T^* \mathring{+} D) = \mathcal{Cl}(C \mathring{+} T)$;
[b]) $\mathcal{Cl}(T \mathring{+} D^* \mathring{+} H) = \mathcal{Cl}(T^* \mathring{+} D \mathring{+} H) = \mathcal{Cl}(C \mathring{+} T \mathring{+} H)$ *pour toute opération* H.

Démonstration. [a]) En posant dans le th. 77[b]: $H \doteq T$, resp. $H \doteq T^*$, on obtient:

$$(1) \qquad \mathcal{Cl}(C \mathring{+} D \mathring{+} T) = \mathcal{Cl}(D \mathring{+} D^* \mathring{+} T) \text{ et } \mathcal{Cl}(C \mathring{+} D^* \mathring{+} T^*) = = \mathcal{Cl}(D \mathring{+} D^* \mathring{+} T^*).$$

D'après le th. 73[d] et le lem. 19[e] on a $D \mathring{\subset} T$ et $D^* \mathring{\subset} T^*$, donc $T \mathring{+} D \doteq T$ et $T^* \mathring{+} D^* \doteq T^*$, ce qui permet de simplifier les formules (1) comme suit:

$$(2) \qquad \mathcal{Cl}(C \mathring{+} T) = \mathcal{Cl}(T \mathring{+} D^*) \quad \text{et} \quad \mathcal{Cl}(C \mathring{+} T^*) = \mathcal{Cl}(T^* \mathring{+} D).$$

Or, en rapprochant les égalités (2) du th. 41[a], on parvient aussitôt à la formule cherchée.

[b]) résulte immédiatemént de [a]) en raison du cor. 22.

En tenant compte du th. 41, on conclut du corollaire précédent que la famille $\mathcal{Cl}(\boldsymbol{T} \overset{\circ}{+} \boldsymbol{D}^*) = \mathcal{Cl}(\boldsymbol{T}^* \overset{\circ}{+} \boldsymbol{D})$, de-même que toute famille de la forme $\mathcal{Cl}(\boldsymbol{T} \overset{\circ}{+} \boldsymbol{D}^* \overset{\circ}{+} \boldsymbol{H}) = \mathcal{Cl}(\boldsymbol{T}^* \overset{\circ}{+} \boldsymbol{D} \overset{\circ}{+} \boldsymbol{H})$, où $\boldsymbol{H}$ est une opération quelconque envisagée dans cet ouvrage, ne contient que deux éléments, à savoir 0 et $\boldsymbol{U}(1)$.

Théorème 79. [a]) *Si* $\beta \geqslant \gamma$, *on a* $\mathcal{Cl}(\boldsymbol{S}_\beta \overset{\circ}{+} \boldsymbol{D}) = \mathcal{Cl}(\boldsymbol{S}_\beta \overset{\circ}{+} \boldsymbol{S}^*_\gamma \overset{\circ}{+} \boldsymbol{D})$ *et* $\mathcal{Cl}(\boldsymbol{S}^*_\beta \overset{\circ}{+} \boldsymbol{D}^*) = \mathcal{Cl}(\boldsymbol{S}_\gamma \overset{\circ}{+} \boldsymbol{S}^*_\beta \overset{\circ}{+} \boldsymbol{D}^*)$;

[b]) $\mathcal{Cl}(\boldsymbol{S} \overset{\bullet}{+} \boldsymbol{D}) = \mathcal{Cl}(\boldsymbol{S} \overset{\circ}{+} \boldsymbol{S}^* \overset{\circ}{+} \boldsymbol{D}) = \mathcal{Cl}(\boldsymbol{S} \overset{\circ}{+} \boldsymbol{S}^*_\gamma \overset{\circ}{+} \boldsymbol{D})$ *et* $\mathcal{Cl}(\boldsymbol{S}^* \overset{\bullet}{+} \boldsymbol{D}^*) =$ $= \mathcal{Cl}(\boldsymbol{S} \overset{\circ}{+} \boldsymbol{S}^* \overset{\circ}{+} \boldsymbol{D}^*) = \mathcal{Cl}(\boldsymbol{S}_\gamma \overset{\circ}{+} \boldsymbol{S}^* \overset{\circ}{+} \boldsymbol{D}^*)$.

Démonstration. [a]) En raison du th. 52[b] et du lem. 19[c], on a $\boldsymbol{S}^*_\gamma \overset{\bullet}{\subset} \boldsymbol{S}^*_\beta$, d'où en vertu du th. 73[g] $\boldsymbol{S}^*_\gamma \overset{\circ}{\subset} \boldsymbol{D}\boldsymbol{S}_\beta\boldsymbol{D}$; à l'aide du th. 21[a] on en conclut que

$$\mathcal{Cl}(\boldsymbol{D}\boldsymbol{S}_\beta\boldsymbol{D}) \overset{\circ}{\subset} \mathcal{Cl}(\boldsymbol{S}^*_\gamma). \tag{1}$$

En posant dans le th. 24[a]: $\boldsymbol{F} \overset{\circ}{=} \boldsymbol{D}$ et $\boldsymbol{G} \overset{\circ}{=} \boldsymbol{S}_\beta\boldsymbol{D}$ et en tenant compte du th. 73[a], on tire: $\mathcal{Cl}(\boldsymbol{D} \overset{\circ}{+} \boldsymbol{S}_\beta\boldsymbol{D}) \subset \mathcal{Cl}(\boldsymbol{D}\boldsymbol{S}_\beta\boldsymbol{D})$; comme, de plus, $\mathcal{Cl}(\boldsymbol{D} \overset{\circ}{+} \boldsymbol{S}_\beta\boldsymbol{D}) = \mathcal{Cl}(\boldsymbol{D}) \cdot \mathcal{Cl}(\boldsymbol{S}_\beta\boldsymbol{D})$ d'après le th. 21[b], on a:

$$\mathcal{Cl}(\boldsymbol{D}) \cdot \mathcal{Cl}(\boldsymbol{S}_\beta\boldsymbol{D}) \subset \mathcal{Cl}(\boldsymbol{D}\boldsymbol{S}_\beta\boldsymbol{D}). \tag{2}$$

Le th. 24[a] donne encore en vertu du th. 73[b]: $\mathcal{Cl}(\boldsymbol{S}_\beta \overset{\circ}{+} \boldsymbol{D}) \subset$ $\subset \mathcal{Cl}(\boldsymbol{S}_\beta\boldsymbol{D})$; il résulte en outre du th. 21[a] (ou 21[b]) que $\mathcal{Cl}(\boldsymbol{S}_\beta \overset{\circ}{+} \boldsymbol{D}) \subset$ $\subset \mathcal{Cl}(\boldsymbol{D})$. Par conséquent,

$$\mathcal{Cl}(\boldsymbol{S}_\beta \overset{\circ}{+} \boldsymbol{D}) \subset \mathcal{Cl}(\boldsymbol{D}) \cdot \mathcal{Cl}(\boldsymbol{S}_\beta\boldsymbol{D}). \tag{3}$$

Les inclusions (1)—(3) entraînent aussitôt:

$$\mathcal{Cl}(\boldsymbol{S}_\beta \overset{\circ}{+} \boldsymbol{D}) \subset \mathcal{Cl}(\boldsymbol{S}^*_\gamma). \tag{4}$$

Or, le th. 21[b] implique que $\mathcal{Cl}(\boldsymbol{S}^*_\gamma \overset{\circ}{+} \boldsymbol{S}_\beta \overset{\circ}{+} \boldsymbol{D}) = \mathcal{Cl}(\boldsymbol{S}^*_\gamma) \cdot \mathcal{Cl}(\boldsymbol{S}_\beta \overset{\circ}{+} \boldsymbol{D})$; en le rapprochant de (4), on obtient la première formule cherchée:

$$\mathcal{Cl}(\boldsymbol{S}_\beta \overset{\circ}{+} \boldsymbol{D}) = \mathcal{Cl}(\boldsymbol{S}_\beta \overset{\circ}{+} \boldsymbol{S}^*_\gamma \overset{\circ}{+} \boldsymbol{D}).$$

D'après le cor. 27, il s'en suit que $\mathcal{Cl}([\boldsymbol{S}_\beta \overset{\circ}{+} \boldsymbol{D}]^*) =$

$= \mathcal{C}\ell([S_\beta \mathring{+} S^*_\gamma \mathring{+} D]^*)$, d'où l'on déduit à l'aide du lem. 19[b,d] la seconde formule:

$$\mathcal{C}\ell(S^*_\beta \mathring{+} D^*) = \mathcal{C}\ell(S_\gamma \mathring{+} S^*_\beta \mathring{+} D^*), \quad \text{c. q. f. d.}$$

[b]) Soit $\aleph_\alpha$ la puissance de l'ensemble universel *1*. Posons: $\beta = \max(\alpha + 1, \gamma)$, d'où $\beta \geqslant \gamma$. Les formules [a]) qui viennent d'être établies donnent alors:

$$(5) \qquad \mathcal{C}\ell(S_\beta \mathring{+} D) = \mathcal{C}\ell(S_\beta \mathring{+} S^*_\beta \mathring{+} D) = \mathcal{C}\ell(S_\beta \mathring{+} S^*_\gamma \mathring{+} D) \quad et$$
$$\mathcal{C}\ell(S^*_\beta \mathring{+} D^*) = \mathcal{C}\ell(S_\beta \mathring{+} S^*_\beta \mathring{+} D^*) = \mathcal{C}\ell(S_\gamma \mathring{+} S^*_\beta \mathring{+} D^*).$$

Comme, en vertu de la définition de β, on a $\overline{\overline{1}} < \aleph_\beta$, le th. 51[d] entraîne: $S_\beta \overset{\circ}{=} S$ et, par conséquent, $S^*_\beta \overset{\circ}{=} S^*$. En remplaçant donc dans (5) S_β par S et S^*_β par S^*, on parvient aussitôt aux identités cherchées.

Le théorème suivant nous permettra de résumer dans la suite (à la fin de ce §) d'une manière bien claire tous les résultats acquis dans cet ouvrage.

Théorème 80. *Soit $\mathfrak{K}$ la classe composée d'opérations C, T, T^*, S, S^* et de toutes les opérations S_ξ et S^*_η (ξ et η étant des nombres ordinaux arbitraires); soit $\mathfrak{L}$ la classe formée d'opérations C, T, T^*, $C \mathring{+} T$ et de toutes les opérations S_ξ, S^*_η, $C \mathring{+} S_\xi$, $T \mathring{+} S_\xi$, $T^* \mathring{+} S^*_\eta$, $S_\xi \mathring{+} S^*_\eta$, $S_\xi \mathring{+} D^*$, $S^*_\eta \mathring{+} D$, $S_\xi \mathring{+} S^*_\eta \mathring{+} D$ et $S_\xi \mathring{+} S^*_\eta \mathring{+} D^*$ (ξ et η arbitraires). On a alors:*

$$\underset{\mathcal{C}\ell(F)}{E}\,[F \in \mathfrak{S}(\mathfrak{K})] = \underset{\mathcal{C}\ell(G)}{E}\,[G \in \mathfrak{L}].$$

Démonstration. Considérons une famille arbitraire $\mathcal{X}$ telle que

$$(1) \qquad \mathcal{X} \in \underset{\mathcal{C}\ell(F)}{E}\,[F \in \mathfrak{S}(\mathfrak{K})].$$

Conformément à la déf. 11[a], (1) implique l'existence d'une classe d'opérations $\mathfrak{G}_1$ vérifiant les formules:

$$(2) \qquad \mathcal{X} = \mathcal{C}\ell\Big(\mathring{\sum_{G \in \mathfrak{G}_1}} G\Big),$$

$$(3) \qquad \mathfrak{G}_1 \subset \mathfrak{K} \quad et \quad \mathfrak{G}_1 \neq 0.$$

Or, nous allons prouver qu'ils existent une classe d'opérations $\mathfrak{G}_2$

et deux nombres ordinaux β et γ qui remplissent les conditions suivantes:

(4) $$\sum_{G\in\mathfrak{G}_2}^{\circ}{}' G \overset{\circ}{=} \sum_{G\in\mathfrak{G}_1}^{\circ}{}' G,$$

(5) $$\mathfrak{G}_2 \subset \{C, T, T^*, S_\beta, S^*_\gamma, D, D^*\} \text{ et } \mathfrak{G}_2 \neq 0.$$

Il résulte, en effet, de (3) et de l'hypothèse du théorème que $\mathfrak{G}_1$ ne contient que les opérations C, T, T^*, S, S^*, D, D^* ainsi que les opérations de la forme S_ξ et S^*_η. Les opérations S et S^* peuvent être représentées sous la forme de S_ξ, resp. S^*_η (puisque, $\aleph_\alpha$ étant la puissance de l'ensemble universel 1, on a d'après le th. 51[d]: $S \overset{\circ}{=} S_{\alpha+1}$ et $S^* \overset{\circ}{=} S^*_{\alpha+1}$); c'est pourqui on peut les négliger ici. Soient maintenant $\mathfrak{F}_1$, resp. $\mathfrak{F}_2$, la classe de toutes les opérations de $\mathfrak{G}_1$ qui sont de la forme S_ξ, resp. S^*_η, et A_1, resp. A_2, l'ensemble de tous les indices ξ, resp. η, de ces opérations. Posons: $\beta = sup(A_1)$ et $\gamma = sup(A_2)$; $\mathfrak{G}_2 = \mathfrak{G}_1$, lorsque $\mathfrak{F}_1 = 0 = \mathfrak{F}_2$; $\mathfrak{G}_2 = (\mathfrak{G}_1 - \mathfrak{F}_1) + \{S_\beta\}$, lorsque $\mathfrak{F}_1 \neq 0$ et $\mathfrak{F}_2 = 0$; $\mathfrak{G}_2 = (\mathfrak{G}_1 - \mathfrak{F}_2) + \{S^*_\gamma\}$, lorsque $\mathfrak{F}_1 = 0$ et $\mathfrak{F}_2 \neq 0$, et enfin $\mathfrak{G}_2 = (\mathfrak{G}_1 - (\mathfrak{F}_1 + \mathfrak{F}_2)) + \{S_\beta, S^*_\gamma\}$, lorsque $\mathfrak{F}_1 \neq 0$ et $\mathfrak{F}_2 \neq 0$. Il résulte du th. 52[a] que $S_\beta \overset{\circ}{=} \sum\limits_{G\in\mathfrak{F}_1}^{\circ} G$ pour $\mathfrak{F}_1 \neq 0$ et de-même (en vertu du lem. 19[d]) que $S^*_\gamma \overset{\circ}{=} \sum\limits_{G\in\mathfrak{F}_2}^{\circ}{}' G$ pour $\mathfrak{F}_2 \neq 0$. On en déduit sans peine l'égalité (4) et on conclut tout de suite de la définition de $\mathfrak{G}_2$ que cette classe vérifie aussi les formules (5).

Notons à présent les identités suivantes qui existent entre les diverses familles de la forme $\mathcal{C}\ell\Big(\sum\limits_{G\in\mathfrak{G}}^{\circ}{}' G\Big)$, où $\mathfrak{G}$ est une sous-classe de $\{C, T, T^*, S_\beta, S^*_\gamma, D, D^*\}$:

(6) $$\mathcal{C}\ell(T) = \mathcal{C}\ell(T \overset{\circ}{+} S^*_\gamma) = \mathcal{C}\ell(T \overset{\circ}{+} D) = \mathcal{C}\ell(T \overset{\circ}{+} S^*_\gamma \overset{\circ}{+} D);$$

(7) $$\mathcal{C}\ell(T \overset{\circ}{+} S_\beta) = \mathcal{C}\ell(T \overset{\circ}{+} S_\beta \overset{\circ}{+} S^*_\gamma) = \mathcal{C}\ell(T \overset{\circ}{+} S_\beta \overset{\circ}{+} D) = \\ = \mathcal{C}\ell(T \overset{\circ}{+} S_\beta \overset{\circ}{+} S^*_\gamma \overset{\circ}{+} D);$$

(8) $$\mathcal{C}\ell(T^*) = \mathcal{C}\ell(T^* \overset{\circ}{+} S_\beta) = \mathcal{C}\ell(T^* \overset{\circ}{+} D^*) = \mathcal{C}\ell(T^* \overset{\circ}{+} S_\beta \overset{\circ}{+} D^*);$$

(9) $\mathcal{C}\ell(T^* \mathring{+} S_\gamma^*) = \mathcal{C}\ell(T^* \mathring{+} S_\beta \mathring{+} S_\gamma^*) = \mathcal{C}\ell(T^* \mathring{+} S_\gamma^* \mathring{+} D^*) =$
$= \mathcal{C}\ell(T^* \mathring{+} S_\beta \mathring{+} S_\gamma^* \mathring{+} D^*)$;

(10) $\mathcal{C}\ell(C \mathring{+} T) = \mathcal{C}\ell\Big(C \mathring{+} T \mathring{+} \overset{\circ}{\sum_{G \epsilon \mathfrak{G}}} G\Big) = \mathcal{C}\ell\Big(C \mathring{+} T^* \mathring{+} \overset{\circ}{\sum_{G \epsilon \mathfrak{G}}} G\Big) =$
$= \mathcal{C}\ell\Big(T \mathring{+} T^* \mathring{+} \overset{\circ}{\sum_{G \epsilon \mathfrak{G}}} G\Big) = \mathcal{C}\ell\Big(T \mathring{+} D^* \mathring{+} \overset{\circ}{\sum_{G \epsilon \mathfrak{G}}} G\Big) =$
$= \mathcal{C}\ell\Big(T^* \mathring{+} D \mathring{+} \overset{\circ}{\sum_{G \epsilon \mathfrak{G}}} G\Big)$ *pour toute sous-classe* $\mathfrak{G}$ (*vide ou non*) *de* $\{C, T, T^*, S_\beta, S_\gamma^*, D, D^*\}$;

(11) $\mathcal{C}\ell(C \mathring{+} S_0) = \mathcal{C}\ell(C \mathring{+} D) = \mathcal{C}\ell(C \mathring{+} D^*) = \mathcal{C}\ell(D \mathring{+} D^*) =$
$= \mathcal{C}\ell(C \mathring{+} D \mathring{+} D^*)$;

(12) $\mathcal{C}\ell(C \mathring{+} S_\beta) = \mathcal{C}\ell(C \mathring{+} S_\beta \mathring{+} D) = \mathcal{C}\ell(C \mathring{+} S_\beta \mathring{+} D^*) =$
$= \mathcal{C}\ell(S_\beta \mathring{+} D \mathring{+} D^*) = \mathcal{C}\ell(C \mathring{+} S_\beta \mathring{+} D \mathring{+} D^*)$;

(13) $\mathcal{C}\ell(C \mathring{+} S_\gamma) = \mathcal{C}\ell(C \mathring{+} S_\gamma^*) = \mathcal{C}\ell(C \mathring{+} S_\gamma^* \mathring{+} D) = \mathcal{C}\ell(C \mathring{+} S_\gamma^* \mathring{+} D^*) =$
$= \mathcal{C}\ell(S_\gamma^* \mathring{+} D \mathring{+} D^*) = \mathcal{C}\ell(C \mathring{+} S_\gamma^* \mathring{+} D \mathring{+} D^*)$;

(14) $\mathcal{C}\ell(C \mathring{+} S_{max(\beta,\gamma)}) = \mathcal{C}\ell(C \mathring{+} S_\beta \mathring{+} S_\gamma^*) = \mathcal{C}\ell(C \mathring{+} S_\beta \mathring{+} S_\gamma^* \mathring{+} D) =$
$= \mathcal{C}\ell(C \mathring{+} S_\beta \mathring{+} S_\gamma^* \mathring{+} D^*) = \mathcal{C}\ell(S_\beta \mathring{+} S_\gamma^* \mathring{+} D \mathring{+} D^*) =$
$= \mathcal{C}\ell(C \mathring{+} S_\beta \mathring{+} S_\gamma^* \mathring{+} D \mathring{+} D^*)$;

(15) $\mathcal{C}\ell(D) = \mathcal{C}\ell(S_0^* \mathring{+} D)$ *et* $\mathcal{C}\ell(D^*) = \mathcal{C}\ell(S_0 \mathring{+} D^*)$;

(16) $\mathcal{C}\ell(S_\beta \mathring{+} D) = \mathcal{C}\ell(S_\beta \mathring{+} S_\beta^* \mathring{+} D)$ *et* $\mathcal{C}\ell(S_\gamma^* \mathring{+} D^*) =$
$= \mathcal{C}\ell(S_\gamma \mathring{+} S_\gamma^* \mathring{+} D^*)$.

On démontre ces formules comme il suit:

Les identités (6)—(9) résultent des inclusions: $S_\gamma^* \overset{\circ}{\subset} T$, $D \overset{\circ}{\subset} T$, $S_\beta \overset{\circ}{\subset} T^*$ et $D^* \overset{\circ}{\subset} T^*$ (th. 51[b], th. 73[d], lem. 19[b,c]), qui en vertu du lem. 13 entraînent les égalités: $T \overset{\circ}{=} T \mathring{+} S_\gamma^* \overset{\circ}{=} T \mathring{+} D$ et de-même $T^* \overset{\circ}{=} T^* \mathring{+} S_\beta \overset{\circ}{=} T^* \mathring{+} D^*$.

Pour démontrer la formule (10), il est à noter que pour toute opération G de la classe $\{C, T, T^*, S_\beta, S_\gamma^*, D, D^*\}$ on a $G(0) = 0$ (lem. 18[d] et 19[k], th. 36[c], 50[c] et 73[c]); il en résulte d'après la déf. 9[b] que l'on a aussi $\Big[\overset{\circ}{\sum_{G \epsilon \mathfrak{G}}} G\Big](0) = 0$ pour toute sous-classe $\mathfrak{G}$ de cette classe. En posant donc dans le th. 41[b] et le cor. 78[b]: $\boldsymbol{H} = \overset{\circ}{\sum\limits_{G \in \mathfrak{G}}} G$ et en appliquant le th. 41[a], on obtient la formule cherchée.

Les identités (11) sont établies dans le th. 77[a]. En posant dans le th. 77[b]: $\boldsymbol{H} \stackrel{\circ}{=} \boldsymbol{S}_\beta$ et en tenant compte de l'inclusion: $\boldsymbol{S}_0 \overset{\circ}{\subset} \boldsymbol{S}_\beta$ (th. 52[b]), on parvient à la formule (12). Les formules (13) et (14) s'obtiennent d'une façon tout à fait analogue ($\boldsymbol{H} \stackrel{\circ}{=} \boldsymbol{S}^*_\gamma$, resp. $\boldsymbol{H} \stackrel{\circ}{=} \stackrel{\circ}{=} \boldsymbol{S}_\beta \overset{\circ}{+} \boldsymbol{S}^*_\gamma$), mais on aura soin de remarquer qu'en raison des th. 28[b] et 50[a] $\mathcal{C}\ell(\boldsymbol{C} \overset{\circ}{+} \boldsymbol{S}_\gamma) = \mathcal{C}\ell(\boldsymbol{C} \overset{\circ}{+} \boldsymbol{S}^*_\gamma)$, d'où, en vertu du th. 52[a] et du cor. 22 (pour $\boldsymbol{F} \stackrel{\circ}{=} \boldsymbol{C} \overset{\circ}{+} \boldsymbol{S}_\gamma$, $\boldsymbol{G} \stackrel{\circ}{=} \boldsymbol{C} \overset{\circ}{+} \boldsymbol{S}^*_\gamma$ et $\boldsymbol{H} \stackrel{\circ}{=} \boldsymbol{S}_\beta$), $\mathcal{C}\ell(\boldsymbol{C} \overset{\circ}{+} \boldsymbol{S}_{max(\beta,\gamma)}) = \mathcal{C}\ell(\boldsymbol{C} \overset{\circ}{+} \boldsymbol{S}_\gamma \overset{\circ}{+} \boldsymbol{S}_\beta) = \mathcal{C}\ell(\boldsymbol{C} \overset{\circ}{+} \boldsymbol{S}^*_\gamma \overset{\circ}{+} \boldsymbol{S}_\beta)$.

Les égalites (15) se déduisent sans peine des th. 76 et 21[b] (pour $\boldsymbol{F} \stackrel{\circ}{=} \boldsymbol{S}^*_0$ et $\boldsymbol{G} \stackrel{\circ}{=} \boldsymbol{D}$, resp. pour $\boldsymbol{F} \stackrel{\circ}{=} \boldsymbol{S}_0$ et $\boldsymbol{G} \stackrel{\circ}{=} \boldsymbol{D}^*$). Enfin, les formules (16) ne présentent que des cas particuliers du th. 79[a].

Or, on s'aperçoit sans peine qu'en conséquence de la déf. 9[a,b] et des identités (6)—(16) qui viennent d'être établies, toute famille de la forme $\mathcal{C}\ell\Big(\overset{\circ}{\sum\limits_{G \in \mathfrak{G}}} G\Big)$, où $\mathfrak{G}$ est une sous-classe non-vide de $\{\boldsymbol{C}, \boldsymbol{T}, \boldsymbol{T}^*, \boldsymbol{S}_\beta, \boldsymbol{S}^*_\gamma, \boldsymbol{D}, \boldsymbol{D}^*\}$, coïncide avec une des familles suivantes: $\mathcal{C}\ell(\boldsymbol{C})$, $\mathcal{C}\ell(\boldsymbol{T})$, $\mathcal{C}\ell(\boldsymbol{T}^*)$, $\mathcal{C}\ell(\boldsymbol{S}_\beta)$, $\mathcal{C}\ell(\boldsymbol{S}^*_\gamma)$, $\mathcal{C}\ell(\boldsymbol{C} \overset{\circ}{+} \boldsymbol{T})$, $\mathcal{C}\ell(\boldsymbol{C} \overset{\circ}{+} \boldsymbol{S}_0)$, $\mathcal{C}\ell(\boldsymbol{C} \overset{\circ}{+} \boldsymbol{S}_\beta)$, $\mathcal{C}\ell(\boldsymbol{C} \overset{\circ}{+} \boldsymbol{S}_\gamma)$, $\mathcal{C}\ell(\boldsymbol{T}^* \overset{\circ}{+} \boldsymbol{S}^*_\gamma)$, $\mathcal{C}\ell(\boldsymbol{S}_\beta \overset{\circ}{+} \boldsymbol{S}^*_\gamma)$, $\mathcal{C}\ell(\boldsymbol{S}_0 \overset{\circ}{+} \boldsymbol{D}^*)$, $\mathcal{C}\ell(\boldsymbol{S}_\beta \overset{\circ}{+} \boldsymbol{D}^*)$, $\mathcal{C}\ell(\boldsymbol{S}^*_0 \overset{\circ}{+} \boldsymbol{D})$, $\mathcal{C}\ell(\boldsymbol{S}^*_\gamma \overset{\circ}{+} \boldsymbol{D})$, $\mathcal{C}\ell(\boldsymbol{S}_\beta \overset{\circ}{+} \boldsymbol{S}^*_\beta \overset{\circ}{+} \boldsymbol{D})$, $\mathcal{C}\ell(\boldsymbol{S}_\beta \overset{\circ}{+} \boldsymbol{S}^*_\gamma \overset{\circ}{+} \boldsymbol{D})$, $\mathcal{C}\ell(\boldsymbol{S}_\beta \overset{\circ}{+} \boldsymbol{S}^*_\gamma \overset{\circ}{+} \boldsymbol{D}^*)$ et $\mathcal{C}\ell(\boldsymbol{S}_\gamma \overset{\circ}{+} \boldsymbol{S}^*_\gamma \overset{\circ}{+} \boldsymbol{D}^*)$, donc, conformément à l'hypothèse, avec une des familles $\mathcal{C}\ell(\boldsymbol{G})$ où $\boldsymbol{G} \in \mathfrak{L}$. Cela s'applique, en particulier, à la famille $\mathcal{C}\ell\Big(\overset{\circ}{\sum\limits_{G \in \mathfrak{G}_2}} G\Big)$, $\mathfrak{G}_2$ étant selon (5) une sous-classe non-vide de $\{\boldsymbol{C}, \boldsymbol{T}, \boldsymbol{T}^*, \boldsymbol{S}_\beta, \boldsymbol{S}^*_\gamma, \boldsymbol{D}, \boldsymbol{D}^*\}$; il existe donc une opération $\boldsymbol{G}'$ qui remplit les formules:

(17)
$$\mathcal{C}\ell\Big(\overset{\circ}{\sum_{G \in \mathfrak{G}_2}} G\Big) = \mathcal{C}\ell(\boldsymbol{G}')$$
et

(18)
$$\boldsymbol{G}' \in \mathfrak{L}.$$

Les égalités (2), (4) et (17) donnent tout de suite: $\mathfrak{X} = \mathcal{C}\ell(\boldsymbol{G}')$: en le rapprochant de (18), on obtient:

(19)
$$\mathfrak{X} \in \underset{\mathcal{C}\ell(\boldsymbol{G})}{E} [\boldsymbol{G} \in \mathfrak{L}].$$

Il est ainsi prouvé que la formule (1) implique toujours (19); par conséquent, on a l'inclusion: $\underset{\mathcal{C}\ell(F)}{E}\,[F \in \mathfrak{S}(\mathfrak{K})] \subset \underset{\mathcal{C}\ell(G)}{E}\,[G \in \mathfrak{L}]$. L'inclusion inverse résultant de l'hypothèse d'une façon immédiate, on parvient finalement à l'identité cherchée:

$$\underset{\mathcal{C}\ell(F)}{E}\,[F \in \mathfrak{S}(\mathfrak{K})] = \underset{\mathcal{C}\ell(G)}{E}\,[G \in \mathfrak{L}], \quad \text{c. q. f. d.}$$

Les problèmes concernant la puissance des familles de la forme $\mathcal{C}\ell(F)$ ne comporteront pas dans ce § de difficultés appréciables et n'exigeront pas de nouvelles méthodes du raisonnement. On remarquera que les familles de la forme $\mathcal{C}\ell(F)$, où F est une somme d'opérations qui contient parmi ses sommandes soit les deux opérations D et D^*, soit une d'elles accompagnées de C, T ou de T^*, peuvent être omises dans l'étude de ces problèmes. car en vertu du th. 77 et du cor. 78 ces familles coïncident avec celles qui ont été déjà examinées dans les §§ 4—6. Ainsi p. ex., en confrontant les th. IX et 77[a], on se convaint immédiatement que *dans l'hypothèse:* $\overline{\overline{1}} = \aleph_\alpha$ *la famille* $\mathcal{C}\ell(C \mathring{+} D) = \mathcal{C}\ell(C \mathring{+} D^*) = \mathcal{C}\ell(D \mathring{+} D^*)$ *est de puissance* $2^{2^{\aleph_\alpha}}$.

Théorème fondamental XIII. *Si* $\overline{\overline{1}} = \aleph_\alpha$, *on a*

a) $\overline{\overline{\mathcal{C}\ell(D)}} = \overline{\overline{\mathcal{C}\ell(D^*)}} = 2^{2^{\aleph_\alpha}}$;

b) $\overline{\overline{\mathcal{C}\ell(S \mathring{+} D^*)}} = \overline{\overline{\mathcal{C}\ell(S^* \mathring{+} D)}} = 2^{2^{\aleph_\alpha}}$;

c) $\overline{\overline{\mathcal{C}\ell(S_\beta \mathring{+} D^*)}} = \overline{\overline{\mathcal{C}\ell(S^*_\beta \mathring{+} D)}} = 2^{2^{\aleph_\alpha}}$.

D é m o n s t r a t i o n. D'après le th. 73[d] et le lem. 19[c], on a $D^* \mathring{\subset} T^*$, d'où, en vertu du th. 51[b], $S \mathring{+} D^* \mathring{\subset} T^*$ et $S_\beta \mathring{+} D^* \mathring{\subset} T^*$. Ces inclusions établies, on raisonnera tout comme dans la démonstration du th. fond. IV.

Théorème fondamental XIV. *Si* $\overline{\overline{1}} = \aleph_\alpha$, *on a* $\overline{\overline{\mathcal{C}\ell(S \mathring{+} D)}} = \overline{\overline{\mathcal{C}\ell(S^* \mathring{+} D^*)}} = 2^{\aleph_\alpha}$.

D é m o n s t r a t i o n. En raison du th. 73[d], on a $S \mathring{+} D \mathring{\subset} T \mathring{+} S$, d'où, en vertu du th. 21[a], $\mathcal{C}\ell(T \mathring{+} S) \subset \mathcal{C}\ell(S \mathring{+} D)$; suivant les th. 79[b] et 21[b] on a de plus: $\mathcal{C}\ell(S \mathring{+} D) = \mathcal{C}\ell(S \mathring{+} S^* \mathring{+} D) =$

$= \mathcal{C}\ell(S \overset{\circ}{+} S^*) \cdot \mathcal{C}\ell(D) \subset \mathcal{C}\ell(S \overset{\circ}{+} S^*)$. Il s'en suit aussitôt que

$$(1) \qquad \overline{\overline{\mathcal{C}\ell(T \overset{\circ}{+} S)}} \leqslant \overline{\overline{\mathcal{C}\ell(S \overset{\circ}{+} D)}} \leqslant \overline{\overline{\mathcal{C}\ell(S \overset{\circ}{+} S^*)}}.$$

Conformément aux th. fond. V et VI, $\overline{\overline{\mathcal{C}\ell(T \overset{\circ}{+} S)}} = 2^{\aleph_\alpha} = \overline{\overline{\mathcal{C}\ell(S \overset{\circ}{+} S^*)}}$, ce qui donne selon (1): $\overline{\overline{\mathcal{C}\ell(S \overset{\circ}{+} D)}} = 2^{\aleph_\alpha}$. Comme en outre, d'après le th. 33 et le lem. 19^d, $\overline{\overline{\mathcal{C}\ell(S^* \overset{\circ}{+} D^*)}} = \overline{\overline{\mathcal{C}\ell(S \overset{\circ}{+} D)}}$, on déduit finalement:

$$\overline{\overline{\mathcal{C}\ell(S \overset{\circ}{+} D)}} = \overline{\overline{\mathcal{C}\ell(S^* \overset{\circ}{+} D^*)}} = 2^{\aleph_\alpha}, \quad \text{c. q. f. d.}$$

Dans le cas où $\overline{\overline{1}} = \alpha < \aleph_0$ on peut établir pour les puissances des familles étudiées dans le th. XIII les mêmes délimitations qui ont été indiquées plus haut (p. 232) pour la famille $\mathcal{C}\ell(T)$; quant aux familles du th. XIV, les délimitations établies pour la famille $\mathcal{C}\ell(S \overset{\circ}{+} S^*)$ (p 245) restent valables pour elles.

Théorème fondamental XV. *Si* $\overline{\overline{1}} = \aleph_\alpha$ *et* $\beta \leqslant p(\alpha)$, *on a*

a) $\overline{\overline{\mathcal{C}\ell(S_\beta \overset{\circ}{+} D)}} = \overline{\overline{\mathcal{C}\ell(S_\beta^* \overset{\circ}{+} D^*)}} = 2^{2^{\aleph_\alpha}}$;

b) $\overline{\overline{\mathcal{C}\ell(S \overset{\circ}{+} S_\beta^* \overset{\circ}{+} D^*)}} = \overline{\overline{\mathcal{C}\ell(S^* \overset{\circ}{+} S_\beta \overset{\circ}{+} D)}} = 2^{2^{\aleph_\alpha}}$;

c) $\overline{\overline{\mathcal{C}\ell(S_\beta \overset{\circ}{+} S_\gamma^* \overset{\circ}{+} D)}} = \overline{\overline{\mathcal{C}\ell(S_\gamma \overset{\circ}{+} S_\beta^* \overset{\circ}{+} D^*)}} = 2^{2^{\aleph_\alpha}}$.

Démonstration. A l'aide des th. 51^b, 73^d et du lem. $19^{b,c}$ on se convaint sans peine, que, F étant une des six opérations suivantes: $S_\beta \overset{\circ}{+} D$, $S_\beta^* \overset{\circ}{+} D^*$, $S \overset{\circ}{+} S_\beta^* \overset{\circ}{+} D^*$, $S^* \overset{\circ}{+} S_\beta \overset{\circ}{+} D$, $S_\beta \overset{\circ}{+} S_\gamma^* \overset{\circ}{+} D$ et $S_\gamma \overset{\circ}{+} S_\beta^* \overset{\circ}{+} D^*$, on a soit $F \overset{\circ}{\subset} T \overset{\circ}{+} S_\beta$, soit $F \overset{\circ}{\subset} T^* \overset{\circ}{+} S_\beta^*$. En appliquant donc le cor. 63^a, on en obtient immédiatement toutes les formules cherchées.

La question, si l'on peut renforcer le th. XV^a dans le même sens que le th. XI^b (c. à-d. si l'on peut remplacer dans le th. 67 S_γ^* par D), reste ouverte; ce problème est d'ailleurs équivalent au problème analogue concernant l'opération C (cf. p. 275 et 276).

Théorème 81. *Si* $\overline{\overline{1}} = \aleph_\alpha$ *et* $\beta \leqslant p(\alpha)$, *on a* $\overline{\overline{\mathcal{C}\ell(R_\beta \overset{\circ}{+} D)}} = \overline{\overline{\mathcal{C}\ell(R_\beta \overset{\circ}{+} D^*)}} = 2^{2^{\aleph_\alpha}}$.

Démonstration est basée sur les formules: $R_\beta \mathring{+} D \mathring{\subset} TS_\beta$, $R_\beta \mathring{+} D^* \mathring{\subset} T^* S^*_\beta$ et ne diffère pas de celle du th. 64 (resp. du théorème précédent).

Théorème 82. *Si* $\overline{\overline{1}} = \aleph_\alpha$ *et* $\beta > cf(\alpha)$, *on a*

$^{a})$ $2^{\aleph_\alpha} \leqslant \overline{\overline{\mathcal{C}\ell(S_\beta \mathring{+} D)}} = \overline{\overline{\mathcal{C}\ell(S^*_\beta \mathring{+} D^*)}} \leqslant 2^{2^{\aleph_\alpha}}$;

$^{b})$ $2^{\aleph_\alpha} \leqslant \overline{\overline{\mathcal{C}\ell(S \mathring{+} S^*_\beta \mathring{+} D^*)}} = \overline{\overline{\mathcal{C}\ell(S^* \mathring{+} S_\beta \mathring{+} D)}} \leqslant 2^{2^{\aleph_\alpha}}$;

$^{c})$ $2^{\aleph_\alpha} \leqslant \overline{\overline{\mathcal{C}\ell(S_\beta \mathring{+} S^*_\gamma \mathring{+} D)}} = \overline{\overline{\mathcal{C}\ell(S_\gamma \mathring{+} S^*_\beta \mathring{+} D^*)}} \leqslant 2^{2^{\aleph^*_\alpha}}$;

Démonstration. En vertu des th. 51[b], 73[d] et du lem. 19[b,c], on a les inclusions: $S_\beta \mathring{+} D \mathring{\subset} S_\beta \mathring{+} S^*_\gamma \mathring{+} D \mathring{\subset} S^* \mathring{+} S_\beta \mathring{+} D \mathring{\subset} T \mathring{+} S$, qui donnent en raison du th. 21[a]: $\mathcal{C}\ell(T \mathring{+} S) \subset \mathcal{C}\ell(S^* \mathring{+} S_\beta \mathring{+} D) \subset \subset \mathcal{C}\ell(S_\beta \mathring{+} S^*_\gamma \mathring{+} D) \subset \mathcal{C}\ell(S_\beta \mathring{+} D)$. Tenant compte du th. fond. V, on en obtient:

$$(1) \qquad 2^{\aleph_\alpha} \leqslant \overline{\overline{\mathcal{C}\ell(S^* \mathring{+} S_\beta \mathring{+} D)}} \leqslant \overline{\overline{\mathcal{C}\ell(S_\beta \mathring{+} S^*_\gamma \mathring{+} D)}} \leqslant \overline{\overline{\mathcal{C}\ell(S_\beta \mathring{+} D)}}.$$

D'après les th. 79[a] (pour $\gamma = \beta$) et 21[b], $\mathcal{C}\ell(S_\beta \mathring{+} D) = = \mathcal{C}\ell(S_\beta \mathring{+} S^*_\beta \mathring{+} D) = \mathcal{C}\ell(S_\beta \mathring{+} S^*_\beta) \cdot \mathcal{C}\ell(D) \subset \mathcal{C}\ell(S_\beta \mathring{+} S^*_\beta)$. Comme on a par hypothèse $\beta > cf(\alpha)$, le th. 69 (pour $\gamma = \beta$) entraîne en outre: $\overline{\overline{\mathcal{C}\ell(S_\beta \mathring{+} S^*_\beta)}} \leqslant 2^{2^{\aleph_\alpha}}$. On a, par conséquent,

$$(2) \qquad \overline{\overline{\mathcal{C}\ell(S_\beta \mathring{+} D)}} \leqslant 2^{2^{\aleph_\alpha}}.$$

En appliquant enfin à plusieurs reprises le th. 33 et le lem. 19[b,d], on parvient aux égalités:

$$(3) \qquad \overline{\overline{\mathcal{C}\ell(S_\beta \mathring{+} D)}} = \overline{\overline{\mathcal{C}\ell(S^*_\beta \mathring{+} D^*)}}, \quad \overline{\overline{\mathcal{C}\ell(S \mathring{+} S^*_\beta \mathring{+} D^*)}} = = \overline{\overline{\mathcal{C}\ell(S^* \mathring{+} S_\beta \mathring{+} D)}} \ \textit{et}\ \overline{\overline{\mathcal{C}\ell(S_\beta \mathring{+} S^*_\gamma \mathring{+} D)}} = \overline{\overline{\mathcal{C}\ell(S_\gamma \mathring{+} S^*_\beta \mathring{+} D^*)}}.$$

De (1)—(3) s'obtiennent immédiatement toutes les formules cherchées.

Théorème 83. *Si* $\overline{\overline{1}} = \aleph_\alpha$ *et* $\beta > cf(\alpha)$, *on a* $2^{\aleph_\alpha} \leqslant \overline{\overline{\mathcal{C}\ell(R_\beta \mathring{+} D)}} = = \overline{\overline{\mathcal{C}\ell(R_\beta \mathring{+} D^*)}} \leqslant 2^{2^{\aleph_\alpha}}$.

Démonstration est complètement analogue à celle du th. 71.

Théorème fondamental XVI. *L'hypothèse H entraîne les conséquences suivantes:*

Si $\overline{\overline{1}} = \aleph_\alpha$ *et* $\beta > p(\alpha)$, *on a*:

a) $\overline{\overline{\mathcal{C}\ell(S_\beta \overset{\circ}{+} D)}} = \overline{\overline{\mathcal{C}\ell(S_\beta^* \overset{\circ}{+} D^*)}} = 2^{\aleph_\alpha}$;

b) $\overline{\overline{\mathcal{C}\ell(S \overset{\circ}{+} S_\beta^* \overset{\circ}{+} D^*)}} = \overline{\overline{\mathcal{C}\ell(S^* \overset{\circ}{+} S_\beta \overset{\circ}{+} D)}} = 2^{\aleph_\alpha}$;

c) $\overline{\overline{\mathcal{C}\ell(S_\beta \overset{\circ}{+} S_\gamma^* \overset{\circ}{+} D)}} = \overline{\overline{\mathcal{C}\ell(S_\gamma \overset{\circ}{+} S_\beta^* \overset{\circ}{+} D^*)}} = 2^{\aleph_\alpha}$.

Théorème 84. *L'hypothèse H entraîne la conséquence suivante: Si* $\overline{\overline{1}} = \aleph_\alpha$ *et* $\beta > p(\alpha)$, *on a* $\overline{\overline{\mathcal{C}\ell(R_\beta \overset{\circ}{+} D)}} = \overline{\overline{\mathcal{C}\ell(R_\beta \overset{\circ}{+} D^*)}} = 2^{\aleph_\alpha}$.

Démonstration des deux derniers théorèmes, basée sur les th. 82, 83 et sur le lem. $9^{a,b}$, n'offre pas de difficultés (cf. le th. XII).

La comparaison des th. XIII^b et XIV montre que les familles $\mathcal{C}\ell(S \overset{\circ}{+} D)$ et $\mathcal{C}\ell(S^* \overset{\circ}{+} D)$, que l'on est tenté de croire identiques, se comportent en réalité, même au point de vue de leur puissance, de façons essentiellement différentes. Pour les familles $\mathcal{C}\ell(S_\beta \overset{\circ}{+} D)$ et $\mathcal{C}\ell(S_\beta^* \overset{\circ}{+} D)$ le même effet est produit par les th. XIII^c et XVI^a.

Résumé.

Le domaine de ces recherches comprend certaines opérations élémentaires qui font correspondre à toute classe d'ensemble des nouvelles classes d'ensembles, à savoir les operations C, T, S, S_ξ (où ξ parcourt tous les nombres ordinaux) et D, ainsi que par leurs opérations doubles; la classe de toutes ces opérations à été désignée par $\mathfrak{K}$ (th. 80). Les problèmes fondamentaux de cet ouvrage consistent à déterminer la puissance des familles de toutes les classes qui se composent de sous-ensembles d'un ensemble donné 1 et qui sont closes par rapport à une quelconque des opérations indiquées ou bien par rapport à plusieurs de ces opérations à la fois; dans la symbolique introduite ci-dessus les familles en question se présentent sous la forme de $\mathcal{C}\ell(F)$ où $F \in \mathfrak{S}(\mathfrak{K})$. Dans les théorèmes fondamentaux des §§ 3—7 nous avons examiné une série de problèmes de ce genre et réussi (ayant parfois recours à l'hypothèse de Cantor sur les alephs) à déterminer les puissances des familles envisagées d'après la puissance $\aleph_\alpha$ de l'ensemble universel *1*. Les résultats acquis montrent que la puissance d'une famille examinée est égale le plus souvent soit à $2^{2^{\aleph_\alpha}}$, soit à $2^{\aleph_\alpha}$; cependant certaines des ces familles ne contenaient que 2 éléments.

Pour se rendre compte, en quelle mesure les problèmes de ce genre sont épuisés par nos recherches, on consultera le th. 80. Ce théorème montre que toutes les familles $\mathcal{Cl}(\boldsymbol{F})$ où $\boldsymbol{F}\,\epsilon\,\mathfrak{S}(\mathfrak{K})$ se réduisent aux certains types, assez simples et peu nombreux. En rapprochant ce résultat des ceux qui ont été obtenus dans les th. fond. I—XVI, on constate que *les recherches présentes épuisent tous les problèmes qui concernent la puissance des familles de toutes les classes closes par rapport à une opération arbitraire de la classe* $\mathfrak{K}$ *ou bien par rapport à plusieurs opérations de cette classe à la fois.*

Il est intéressant que les résultats exposés ci-dessus se laissent étendre aux opérations d'une classe beaucoup plus vaste que $\mathfrak{S}(\mathfrak{K})$, à savoir aux opérations de la classe $\mathfrak{B}(\mathfrak{K})$ formée de toutes les opérations qui s'obtiennent de celles de la classe $\mathfrak{K}$ moyennant l'addition et la multiplication relative effectuées un nombre arbitraire (fini ou transfini) des fois (cf. la déf. 11°). Les opérations mêmes de la classe $\mathfrak{B}(\mathfrak{K})$ peuvent présenter une structure bien compliquée et elles ne se laissent pas rammener à un nombre fini de types simples. Il résulte par contre des remarques générales du § 3 (cf. th. B, p. 217) que les familles de la forme $\mathcal{Cl}(\boldsymbol{F})$ où $\boldsymbol{F}\,\epsilon\,\mathfrak{B}(\mathfrak{K})$ se prètent à une réduction considérable et qu'elle aboutit aux-mêmes familles qui ont apparu au cours de l'examen de la classe $\mathfrak{S}(\mathfrak{K})$ dans le th. 80 et à une seule nouvelle famille $\mathcal{Cl}(\boldsymbol{I})$, dont la puissance nous est connue du th. 32.

Certains résultats (th. 61, 64, 72, 81, 84) concernaient en outre, au lieu de la classe $\mathfrak{K}$, une classe plus vaste, obtenue de $\mathfrak{K}$ par l'adjonction des opérations $\boldsymbol{R}_\xi$ (où ξ parcourt tous les nombres ordinaux). Sans chercher à épuiser dans l'exposé présent tous les problèmes de ce genre, je ne remarquerai ici que les problèmes dont je n'ai pas fait une mention explicite (p. ex. celui de la puissance de la famille $\mathcal{Cl}(\boldsymbol{S}_\beta \mathring{+} \boldsymbol{R}_\gamma)$) se laissent résoudre sans difficulté par les méthodes appliquées dans cet ouvrage à plusieurs reprises.

Indexe des symboles.

J'énumère ici les symboles introduits pour la première fois ou non universellement admis, en indiquant le lieu où se trouve l'explication de leur sens:

Table des matières.

SUR LES ENSEMBLES DÉFINISSABLES DE NOMBRES RÉELS, I

Fundamenta Mathematicae, vol. 17 (1931), pp. 210-239.

A revised text of this article also appeared in:

Logique, Sémantique, Métamathématique. 1923-1944. Vol. 1. Edited by G. Granger. Librarie Armand Colin, Paris, 1972, pp. 117-146.

A revised text appeared in English as:

ON DEFINABLE SETS OF REAL NUMBERS

in: *Logic, Semantics, Metamathematics. Papers from 1923-1938.* Clarendon Press, Oxford, 1956, pp. 110-142.

Sur les ensembles définissables de nombres réels I.

Par

Alfred Tarski (Varsovie).

Les mathématiciens, en général, n'aiment pas à opérer avec la notion de définissabilité, leur attitude envers cette notion étant méfiante et réservée. Les raisons de cette aversion sont tout à fait claires et compréhensibles. D'abord le sens de la notion considérée n'est point bien précisé: un objet donné se laisse définir ou non, suivant le système déductif dans lequel on l'étudie, suivant les règles de définir que l'on a à observer et selon les termes que l'on admet comme primitifs. Il n'est donc loisible de se servir de la notion de définissabilité que dans un sens relatif; cette circonstance a été souvent négligée dans les considérations, et c'est là où est la source des nombreuses contradictions, dont l'exemple classique est fourni par l'antinomie bien connue de Richard[1]. La méfiance des mathématiciens envers la notion considérée se trouve enfin renforcée, par une opinion assez courante suivant laquelle cette notion dépasse les limites proprement dites des mathématiques: le problème d'en préciser le sens, d'écarter les confusions et les malentendus qui s'y rattachent, d'en établir les propriétés fondamentales appartiendrait à une autre branche de la Science — à la Métamathématique.

Je tacherai de convaincre dans cet article le lecteur que l'opinion qui vient d'être citée n'est pas tout à fait juste. Sans doute la conception habituelle de la notion de définissabilité est de nature métamathématique. Je crois cependant d'avoir trouvé une méthode générale qui permet — avec une réstriction dont il sera question

[1]) Cf. A. Fraenkel, *Einleitung in die Mengenlehre*, III Aufl., Berlin 1928, surtout le chap. 4; on peut y trouver aussi des données bibliografiques précises.

plus loin à la fin du § 1 — de réconstruire cette notion dans le domaine des mathématiques; cette méthode est également appliquable à certaines autres notions qui présentent le caractère métamathématique. Les notions ainsi réconstruites ne différent en rien des autres notions mathématiques et ne peuvent par suite éveiller des craintes ou des doutes; leur étude rentre complètement dans le domaine des raisonnements mathématiques normaux. En outre, il me semble que cette méthode permet d'aboutir à certains résultats que l'on ne réussirait pas d'obtenir, si l'on opérait uniquement avec la conception métamathématique des notions étudiées.

Une déscription tout à fait générale et abstraite de la méthode en question comporterait certaines difficultés techniques et, donnée d'emblée, manquerait de cette clarté que je veux lui donner. C'est pourquoi je préfère d'abord de la restreindre dans cet article à un cas spécial, particulièrement important au point de vue des questions qui intéressent actuellement les mathématiciens: je vais notamment analyser ici la notion de définissabilité par rapport à une seule catégorie d'objets, à savoir, aux ensembles de nombres réels Mes considérations auront par endroits l'allure d'ésquisse: je vais me contenter de construire des définitions précises, soit en omettant les conséquences qui en découlent, soit en les présentant sans démonstration. Le motif qui me fait renoncer pour le moment à développer entièrement le sujet est surtout celui que je ne veux pas causer de retard dans la publication des autres travaux liés génétiquement à l'idée directrice des considérations qui suivent [1]). Pour le même motif je remets à l'avenir la publication des résultats acquis a l'aide de la même méthode dans diverses autres recherches [2]).

[1]) Cf. les articles: C. Kuratowski et A. Tarski, *Les opérations logiques et les ensembles projectifs*; C. Kuratowski, *Evaluation de la classe borélienne ou projective d'un ensemble de points à l'aide des symboles logiques* — à paraître dans ce volume.

[2]) J'ai trouvé la méthode en question en 1929 et je l'ai exposée dans une conférence intitulée *Über definierbare Mengen reeller Zahlen*, tenue le 15 XII. 1930 dans la Soc. Pol. de Math., Section de Lwów; un peu plus tôt, à savoir le 12. VI. 1930, M. Kuratowski y a signalé dans sa conférence *Über eine geometrische Auffassung der Logistik* certains résultats obtenus par nous deux à l'aide de la même méthode (cf. les comptes-rendus dans les Ann. de la Soc. Pol. de Math. IX).

Il est à noter à ce propos qu'une méthode analogue peut être appliquée avec profit pour préciser diverses notions dans le domaine de la Métamathématique,

§ 1. La notion d'ensembles définissables de nombres réels au point de vue métamathématique.

Le problème posé dans l'article présent appartient au fond au type des problèmes qui se sont déjà présentés à maintes reprises au cours des recherches mathématiques. Notre intérêt se porte sur un terme dont nous nous rendons compte plus au moins précis quant à son contenu intuitif, mais dont la signification n'a pas été jusqu'à présent (tout au moins dans le domaine des mathématiques) établie d'une façon rigoureuse. Nous cherchons donc à construire une définition de ce terme qui, tout en satisfaisant aux postulats de la riguer méthodologique, saisirait en même avec justesse et précision la signification „trouvée" du terme. C'étaient bien les problèmes de cette nature que résolvaient les géomètres qui établissaient pour la prémière fois le sens des termes „mouvement", „ligne", „surface" ou „dimension"; ici je me pose un problème analogue qui concerne le terme „ensemble définissable de nombres réels".

Bien entendu, il ne faut pas pousser trop loin cette analogie: là il s'agissait de saisir les intuitions spatiales, acquises par voie empirique dans la vie courante, intuitions par la nature des choses vagues et confuses — ici entrent en jeu les intuitions plus claires et conscientes, celles de nature logique, relevant d'un autre domaine de la Science, à savoir, de la Métamathématique; là il y avait la nécessité de choisir une des plusieurs significations incompatibles qui s'imposaient, tandis qu'ici ce qu'il y a d'arbitraire dans l'acte d'établir le contenu du terme en question se réduit presque à zéro.

Je commencerai donc par présenter au lecteur le contenu du terme à envisager, et notamment tel qu'on l'entendait jusqu'à présent en Métamathématique. Les remarques que je vais faire à ce sujet ne sont point indispensables pour les considérations qui vont suivre — pas plus que la conaissance empirique des lignes et surfaces ne l'est pas pour une théorie mathématique de ces notions. Elles nous permet-

---

p. ex. celle de proposition vraie ou de fonction propositionnelle universellement valable („allgemeingültig"). Cf. mon ouvrage *Pojęcie prawdy w naukach dedukcyjnych* (*La notion de vérité dans les sciences déductives*, en polonais), C. R. d. séances de la Soc. d. Sc. et d. L. de Varsovie XXIV, 1931, Classe III, — à paraître prochainement aussi dans une des langues internationales; cf. aussi Ruch filozoficzny (Mouvement philosophique) XII, qui contient des comptes-rendus de mes deux conférences sur le même sujet du 8. X. 1930 à la Section Logique de la Soc. Phil. de Varsovie et du 16. XII. 1930 à la Soc. Pol. Phil. de Lwów.

teront toutefois de nous emparer plus facilement des constructions, exposées aux §§ ultérieurs, et, avant tout, de juger si elles répondent en effet à la signification „trouvée“ de la notion. Je me bornerai d'ailleurs à esquisser brièvement cette matière, sans me soucier trop de la précision et de la rigueur des énoncés.

Comme il a été dit, la notion de définissabilité doit être relativisée toujours au système déductif dans lequel on conduit la recherche. Or, dans notre cas, il est assez indifférent lequel des systèmes possibles d'Arithmétique des nombres réels sera choisi pour l'objet de la discussion. On pourrait p. ex., on le sait, fonder l'Arithmétique comme un certain chapitre de la Logique mathématique, privé par cela même des propres axiomes et des propres termes primitifs. Il en sera cependant plus avantageux de traiter ici l'Arithmétique comme une science déductive indépendante, constituant en quelque sorte une „sur-bâtisse“ de la Logique.

On s'imaginera la construction de cette science plus au moins de la façon suivante: on admet comme base un système de la Logique mathématique et, sans en altérer les règles des démonstrations et des définitions, on en enrichit l'ensemble de termes primitifs et d'axiomes par l'adjonction de ceux spécifiques de l'Arithmétique. Comme base pareille pourrait nous servir p. ex. le système developpé dans l'oeuvre *Principia Mathematica* par MM. Whitehead et Russell[1]). Afin d'éviter des complications inutiles il est cependant commode de soumettre ce système à des simplifications préalables, et surtout d'en appauvrir le langage, tout en ayant soin de ne pas en détruire la faculté d'exprimer toute idée qui se laisserait formuler dans le système primitif. Les modifications porteraient donc sur les points suivants: la théorie des types ramifiée serait remplacée par celle simplifiée de sorte que l'axiome de réducibilité se trouverait rejeté[2]), et en même temps on adopterait l'axiome d'extensibilité; tous les termes constants, exceptés les termes primitifs, seraient à éliminer du système; enfin, nous supprimerions les variables propositionnelles et les variables parcourant les relations bi- et polynomes[3]).

[1]) Vol, I—III, Cambridge, 1925—27.

[2]) Cf. L. Chwistek, *Über die Hypothesen der Mengenlehre*, Math. Zeitschr. 25, 1926, p. 439; R. Carnap, *Abriss der Logistik*, Wien 1929. pp. 19—22.

[3]) Une relation binome arbitraire R peut être remplacée dans tout raisonnement par l'ensemble des couples ordonnés $[x, y]$ vérifiant la formule $x R y$; les couples ordonnés se laissent aussi interpréter comme certains ensembles (Cf. C. Ku-

En vertu de ce dernier point, on n'aura dans le système simplifié que des variables qui parcourent les individus, c.-à-d. les objets d'ordre 1 (et en particulier les nombres réels, qui sont à traiter comme des individus), les ensembles (les classes) d'individus, c.-à-d. les objets d'ordre 2, les ensembles (les familles) de ces ensembles, c.-à-d. les objets d'ordre 3 etc. Il est désirable en outre de fixer avec exactitude la forme des signes, dont nous croyons nous servir comme des variables, et, notamment, de le faire suivant l'ordre des objets qu'elles représentent; ainsi on pourrait convenir d'employer les signes „$x'_{\prime}$", „$x''_{\prime}$", ... „$x^{(k)}_{\prime}$", ... comme variables d'ordre 1, „$x'_{\prime\prime}$", „$x''_{\prime\prime}$", ... „$x^{(k)}_{\prime\prime}$", ... comme variables d'ordre 2 etc. d'une façon générale, les signes „$x'_{(l)}$", „$x''_{(l)}$", ... „$x^{(k)}_{(l)}$", ... comme variables d'ordre l, parcourant les objets du même ordre [1]).

Comme termes primitifs du système de la Logique, il est commode d'adopter le signe de la négation „$-$", ceux de la somme logique „$+$" et du produit logique „$\cdot$", les quantificateurs: général „Π" et particulier „Σ", enfin le signe „ϵ" d'appartenance d'un élement à un ensemble; le sens de ces signes n'exige plus de commentaires [2]). Il faut ensuite ajouter à ce système les termes primitifs spécifiques de l'Arithmétique des nombres réels; comme tels peuvent servir, on le sait, trois signes „v", „μ" et „σ", qui suffisent pour définir toutes les notions de cette Science: les fonctions propositionnelles „$v(x^{(k)}_{\prime})$", „$\mu(x^{(k)}_{\prime}, x^{(l)}_{\prime})$" et „$\sigma(x^{(k)}_{\prime}, x^{(l)}_{\prime}, x^{(m)}_{\prime})$" veulent dire respectivement autant que „$x^{(k)}_{\prime} = 1$", „$x^{(k)}_{\prime}$ *et* $x^{(l)}_{\prime}$ *sont des nombres réels tels que* $x^{(k)}_{\prime} \leqslant x^{(l)}_{\prime}$" et „$x^{(k)}_{\prime}$, $x^{(l)}_{\prime}$ *et* $x^{(m)}_{\prime}$ *sont des nombres réels tels que* $x^{(k)}_{\prime} = x^{(l)}_{\prime} + x^{(m)}_{\prime}$".

---

ratowski, *Sur la notion de l'ordre dans la Théorie des Ensembles*, Fund. Math. 2, 1921, p. 171; L. Chwistek, *Neue Grundlagen der Logik und Mathematik*, Math. Zeitschr. 30, p. 722). On peut éliminér d'une façon analogue les relations polynomes. Quant aux variables propositionnelles, M. J. v. Neumann s'en passe complètement dans son ouvrage: *Zur Hilbertschen Beweistheorie*, Math. Zeitschr. 26, pp. 1—46.

[1]) Je n'emploie les symboles „$x^{(k)}_{\prime}$", ..., „$x'_{(l)}$", ..., „$x^{(k)}_{(l)}$", ... que comme modèles: dans tout cas particulier au lieu des indices „(k)" et „(l)" il y aura un nombre convenables de petits traits.

[2]) Les signes „Π" (resp. „Σ") et „$\cdot$" (resp. „$+$") ne sont pas indispensables, car ils se laissent définir à l'aide des autres signes. Au fond, le signe „ϵ" est aussi superflu, car au lieu des expressions telles que „$x \epsilon X$" („*x est un élément de l'ensemble X*") on pourrait employer les expressions équivalentes de la forme „$X(x)$" („*x a la propriété X*", resp. „*x remplit la condition X*"); je préfère toutefois de me conformer ici au langage courant des travaux mathématiques.

En dehors des variables et des constantes il est nécessaire d'avoir dans le système les signes techniques, à savoir, les parenthèses: la gauche „(“ et la droite „)“. De ces trois sortes des signes les expressions les plus diverses peuvent être formées. Une catégorie particulièrement importante des expressions constituent les ainsi dites fonctions propositionnelles[1]). Pour préciser cette notion, nous distinguons en premier lieu les fonctions propositionnelles primaires, à savoir, les expressions du type „$(x^{(k)}_{(m)} \epsilon x^{(l)}_{(m+1)})$,“ „$v(x^{(k)}_{\prime})$“, „$\mu(x^{(k)}_{\prime}, x^{(l)}_{\prime})$“ et „$\sigma(x^{(k)}_{\prime}, x^{(l)}_{\prime}, x^{(m)}_{\prime})$“. Puis, nous considérons certaines opérations sur les expressions, dites opérations fondamentales; ce sont: l'opération de négation, qui fait correspondre à une expression donnée „p“ sa négation „$\overline{p}$“, les opérations d'addition et de multiplication logiques, qui consistent à former de deux expressions données „p“ et „q“ leur somme logique „$(p+q)$“ et leur produit logique „$(p \cdot q)$“; enfin les opérations de généralisation et de particularisation, à l'aide desquelles on forme de l'expression „p“ et de la variable „$x^{(k)}_{(l)}$“ celles „$\prod\limits_{x^{(k)}_{(l)}} p$“ et „$\sum\limits_{x^{(k)}_{(l)}} p$“, c. à. d. la généralisation, resp. la particularisation de l'expression „p“ par rapport à la variable „$x^{(k)}_{(l)}$“. Nous appelons fonctions propositionnelles toutes les expressions qui s'obtiennent des fonctions primaires, en effectuant sur elles dans un ordre quelconque un nombre (fini) arbitraire des fois les cinq opérations fondamentales; en d'autres mots, l'ensemble de toutes les fonctions propositionnelles est le plus petit ensemble d'expressions qui contient comme éléments toutes les fonctions primaires et qui est clos par rapport aux opérations sus-indiquées Voici quelques exemples des fonctions propositionnelles:

$$\sum_{x''_{\prime}} \sigma(x''_{\prime}, x'_{\prime}, x''_{\prime}), \quad \prod_{x'_{\prime}} ((x'_{\prime} \epsilon x'_{\prime\prime}) + (x'_{\prime} \epsilon x''_{\prime\prime})), \sum_{x'_{\prime\prime\prime}} \prod_{x'_{\prime\prime}} (x'_{\prime\prime} \epsilon x'_{\prime\prime\prime}).$$

A ce mode de notation (qui s'écarte manifestement de la symbolique des *Principia Mathematica*[2])) nous apportons en pratique

[1]) Je tiens à souligner que j'emploie constamment le terme „fonction propositionnelle“ comme un terme métamathématique, désignant les expressions d'une catégorie (car on interprète parfois ce terme dans un sens logique, en lui attribuant une signification semblable à celles des termes „propriété“, „condition“ ou „classe“).

[2]) et qui se rapproche par contre de celle de Schröder, *Vorlesungen über die Algebra der Logik*, Bd. I—III, Leipzig 1890—1905.

plusieurs simplifications. Ainsi, nous emploierons respectivement comme variables des trois ordres inférieurs le signes „$x^{(k)}$“, „$X^{(k)}$“ et „$\mathfrak{X}^{(k)}$“; au lieu de „x'“, „x''“, „x'''“, „x''''“ nous écrivons de plus „x“, „y“, „z“, „u“ et de même pour les deux ordres immédiatement supérieurs. Aux négations des fonctions propositionnelles primaires nous donnons la forme: „$(x^{(k)}_{(m)} \bar{\epsilon}\, x^{(l)}_{(m+1)})$“, „$\bar{v}(x^{(k)})$“, „$\bar{\mu}(x^{(k)}, x^{(l)})$“ et „$\bar{\sigma}(x^{(k)}, x^{(l)}, x^{(m)})$“. Enfin, faisant abstraction de la manière automatique d'employer les parenthèses, appliquée plus haut dans la construction des fonctions propositionnelles [1]), nous omettons les parenthèses partout où il n'y a pas lieu à un malentendu.

On peut classer les fonctions propositionnelles selon l'ordre des variables qui y figurent: la fonction qui contient au moins une variable d'ordre n, sans en contenir d'ordres supérieurs, est dite **fonction propositionnelle d'ordre** n; ainsi p. ex. nous reconnaissons successivement dans les exemples donnés plus haut les fonctions d'ordre 1, 2 et 3. Parmi les variables qui entrent en composition d'une fonction propositionnelle donnée, on peut distinguer les **variables libres** (**réelles**) et **liées** (**apparentes**); la distinction précise entre ces deux catégories ne présente pas de difficultés [2]). Ainsi p. ex. dans la fonction „$\prod_x ((x \bar{\epsilon} Y) + (x \epsilon Z))$“ les signes „$Y$“ et „$Z$“ figurent comme des variables libres et „x“ comme une variable liée. Les fonctions propositionnelles tout à fait dépourvues des variables libres, comme p. ex. l'expression „$\sum_X \prod_x (x \bar{\epsilon} X)$“, portent le nom de **propositions**.

Pour achever la construction du système formel d'Arithmétique, que j'esquisse ici, il faudrait à son tour énoncer explicitement les propositions (aussi bien celles du caractère logique général que celles qui présentent le caractère spécifique de l'Arithmétique) que

[1]) Ce mode est dû à M. Lewis (cf. son livre *A survey of symbolic logic*, Berkeley 1918, p. 357). En utilisant l'idée de M. Łukasiewicz, on pourrait d'ailleurs éviter complètement l'introduction des parenthèses dans le système en question: il suffirait à ce but d'employer, au lieu des expressions du type „$(x \epsilon X)$“, „$v(x)$“, „$\mu(x, y)$“, „$\sigma(x, y, z)$“, „$(p + q)$“ et „$(p \,.\, q)$“ celles „$\epsilon x X$“, „$v x$“, „$\mu x y$“, „$\sigma x y z$“, „$+pq$“ et „$.\,pq$“ (cf. J. Łukasiewicz und A. Tarski, *Untersuchungen über den Aussagenkalkül*, C. R. de séances de la Soc. d. Sc. et d. L. de Varsovie XXIII, 1930, Classe III, p. 33, resp. p. 3 de l'extrait).

[2]) Cf. p. ex. D. Hilbert und W. Ackermann, *Grundzüge der theoretischen Logik*, Berlin 1928, p. 52—54; cf. aussi mon ouvrage, cité ici dans la note [3]), pp. 211—212.

l'on veut admettre comme axiomes et puis formuler les règles de déduction (démonstration), à l'aide desquelles il serait possible de former à partir des axiomes d'autres propositions, dites thèses du système. La solution de ces questions ne causerait plus d'embarras; si je renonce à les analyser ici, c'est par ce qu'elles sont sans grande importance pour les considérations en cours [1]).

Plaçons nous maintenant au point de vue métamathématique. Pour chaque système déductif il se laisse construire, comme on sait, une science particulière, à savoir le „métasystème", dans lequel on soumet à l'examen le système donné. Dans le domaine du métasystème entrent, par conséquent, tous les termes tels que „variable d'ordre n", „fonction propositionnelle", „variable libre de la fonction propositionnelle donnée", „proposition" etc., c.-à-d. les termes qui désignent les expressions individuelles du système considéré, les ensembles de ces expressions et les relations entre elles. D'autre part, rien ne nous empèche de faire entrer dans le métasystème l'ensemble des notions d'Arithmétique, donc en particulier celle de nombre réel, d'ensemble de nombres réels etc. En opérant avec ces deux catégories de termes (et avec les termes logiques généraux), on pourrait tenter de préciser le sens de la locution suivante „la suite finie donnée d'objets remplit (vérifie) la fonction propositionnelle donnée". Une exécution correcte de cette tâche comporte des difficultés beaucoup plus considérables qu'elles ne paraissent d'abord, et nous ne savons jusqu'à présent de les surmonter complètement. Cependant, sous quelle forme et dans quelle mesure qu'on réussisse à résoudre ce problème, le sens intuitif de la locution envisagée paraît clair et univoque; il suffit donc de l'illustrer ici sur quelques exemples particuliers. Ainsi p. ex. la fonction „$X \epsilon \mathfrak{X}$" est remplie par les suites — et seulement par elles — à deux termes, dont le premier terme est un ensemble d'individus X et le second une famille de tels ensembles $\mathfrak{X}$ qui contient X comme élément; la fonction „$\sigma(x, y, z)$", resp. „$v(x) \cdot v(y) \cdot \mu(y, z)$" est vérifiée par toutes les suites composées de trois nombres réels x, y et z où $x = y + z$, resp. $x = 1 = y \leqslant z$; la fonction „$\sum_z \sum_u (\sigma(x, y, z) \cdot \mu(u, z) \cdot v(u))$" est remplie par les suites à deux termes

[1]) En ce qui concerne les axiomes du caractère logique et les règles de déduction, cf. mon ouvrage précité.

x et y, étant des nombres réels, où $x \geqslant y+1$; la fonction „$\sigma(x, y, y) + \overline{\sigma}(x, y, y)$" est remplie par toute suite formée de deux individus, et la fonction „$(x \in X) \cdot (x \bar{\in} X)$" n'est vérifiée par aucune suite; enfin, une fonction sans variables libres, c.-à.-d. une proposition, est soit remplie par la suite „vide", soit n'est remplie par aucune suite, selon que cette proposition est vraie ou fausse. Comme on voit de ces exemples, dans toutes les situations où nous disons qu'une suite finie donnée vérifie la fonction propositionnelle donnée, il se laisse établir une correspondance biunivoque entre les termes de la suite et les variables libres qui figurent dans la fonction; en même temps l'ordre de tout objet qui constitue un terme de la suite est égal à celui de la variable correspondante. D'une importance toute spéciale est pour nous le cas particulier de la notion envisagée où la fonction propositionnelle contient une seule variable libre. Les suites qui vérifient une telle fonction se composent également d'un seul terme: au lieu des suites nous pouvons donc parler tout simplement des objets (étant des termes uniques des suites correspondantes) et dire qu'ils remplissent (vérifient) la fonction donnée. Ainsi p. ex. la fonction „$\sum\limits_{X}(x \in X)$" est vérifiée par tout individu arbitraire, la fonction „$\sum\limits_{x}(x \in X)$" par un ensemble arbitraire d'individus, excepté l'ensemble vide; la fonction „$\sigma(x, x, x)$" par le seul individu, à savoir par le nombre réel 0, et la fonction „$\sum\limits_{y}(\mu(y, x) \cdot \sigma(y, y, y))$" par les nombres réels non-négatifs et seulement par eux.

Revenons pour un instant sur le problème de formuler une définition correcte de la notion considérée. La méthode de construction la plus naturelle semble être ici celle de la recurrence: on dit, quelles sont les suites qui remplissent des fonctions primaires, puis, on établit la façon dont se comporte la notion „remplir" envers chacune des opérations fondamentales. Cependant, quelle méthode qu'on ne choisisse, le problème posé présente des difficultés essentielles, liées à la théorie des types, que nous sommes évidemment contraints d'admettre — dans une forme ou dans l'autre — même sur le terrain du métasystème. Si l'on emploie notamment le terme „suite finie" pour désigner simultanément les objets tels que les couples ordonnés[1]), les triples ordonnés etc., il ne peut plus y être question d'une définition uniforme du „remplissement d'une fonction par une suite", les suites étant alors des objets des types les plus divers et de la structure logique la plus variée[2]). Et même si l'on admet l'interprétation du terme „suite finie" telle que

[1]) Au sens des *Principia Mathematica* (Vol. I, p. 366).

[2]) Au fond nous sommes ici en présence non pas d'une seule notion de suite, mais d'une infinité de notions analogues ou — si l'on veut — d'une notion „systématiquement ambigüe".

nous l'adopterons dans les §§ suivants et qui, d'ailleurs, n'est non plus univoque au point de vue typical (bien qu'à un moindre dègré que la précédente), on voit surgir encore une nouvelle complication, consistant en ce que tous les termes de la suite donnée doivent être des objets d'un même ordre, pendant qu'il peut y avoir dans la fonction propositionnelle des variables libres de plusieurs ordres différents. On peut néanmoins échapper à tous ces obstacles, pourvu de restreindre le domaine du discours à des fonctions propositionnelles, dont l'ordre ne dépasse pas un nombre naturel quelconque n donné d'avance; une idée de la méthode de construction qu'il faut alors appliquer est donnée par le procédé employé dans le § 3 de cet article. J'ignore, par contre, une voie qui permettre d'éviter les difficultés susindiquées dans le cas le plus général. Mais ce qui est plus grave, c'est que je ne sais pas le faire même dans divers cas particuliers de la notion considérée, cas dépourvus de toutes ambigüité typicale; ainsi p. ex. je ne sais pas définir correctement le sens de la locution particulièrement importante pour le contexte actuel „l'individu donné vérifie la fonction propositionnelle donnée (qui contient une certaine variable d'ordre 1 comme la seule variable libre)", lorsque dans la fonction considérée peuvent figurer des variables liées d'ordres aussi élévés que l'on veut. Il n'y aurait donc à l'heure actuelle qu'une seule issue qui nous reste: étant donnée l'évidence et la lucidité intuitive de la notion considérée, l'ajouter à des notions primitives du métasystème et d'établir le mode de s'en servir par des axiomes et des règles convenables de déduction. Or, pour maintes raisons, d'ailleurs facilement acceptables, une telle solution ne paraît pas tout à fait satisfaisante [1]).

On peut faire correspondre d'une façon univoque à toute fonction propositionnelle à m variables libres l'ensemble de toutes les suites à m termes qui la remplissent, et, dans le cas où $m = 1$, l'ensemble des objets correspondants. Par conséquent, une fonction qui contient comme la seule variable libre une variable d'ordre 1 détermine un certain ensemble d'individus, qui peut être, en particulier, celui de certains nombres réels. Les ensembles ainsi déterminés par des fonctions propositionnelles sont juste-

[1]) Si, sans nous décider d'ajouter la notion de remplissement aux notions primitives du métasystème, nous étions parvenus en même temps à montrer, qu'il est impossible d'introduire cette notion par aucune voie différente, nous serions amenés, en tenant compte des considérations ultérieures de ce §, à des conclusions assez inattendues: il en résulterait notamment que la notion de définissabilité ne se laisse pas préciser dans toute son étendue même sur le terrain de la Métamathématique et que nous n'en savons nous débarasser sur ce terrain que des mêmes cas particuliers qui se laissent reconstruire déjà dans la Mathématique.

Les problèmes traités dans le texte sont discutés de plus près dans mon ouvrage, cité ici p. 211—212 note [2]); j'y construis en particulier une définition précise du remplissement d'une fonction par une suite par rapport à des systèmes déductifs où l'ordre des fonctions propositionnelles est borné supérieurement.

ment des **ensembles définissables dans le système considéré d'Arithmétique**; on peut distinguer parmi eux les ensembles d'ordre 1, 2 etc., conformément à l'ordre des fonctions qui les déterminent.

La définition métamathématique des ensembles définissables, basée sur la notion de remplissement (des fonctions propositionnelles par les objets), prend donc la forme suivante:

L'ensemble X est un ensemble définissable, resp. ensemble définissable d'ordre n, lorsqu'il existe une fonction propositionnelle, resp. fonction propositionnelle tout au plus [1]) *d'ordre n, qui contienne une certaine variable d'ordre 1 comme la seule variable libre et qui satisfait en même temps à la condition: pour que $x \in X$, il faut et il suffit que x remplisse cette fonction.*

Comme exemples des ensembles définissables au sens de la définition qui précéde — et notamment de ceux d'ordre 1 — peuvent servir: l'ensemble composé du seul nombre 0, celui de tous les nombres positifs, celui de tous les nombres x tel que $0 \leqslant x \leqslant 1$ et beaucoup d'autres; les fonctions qui déterminent respectivement ces ensembles sont: „$\sigma(x, x, x)$", „$\bar{\sigma}(x, x, x) \cdot \sum\limits_{y}(\mu(y, x) \cdot \sigma(y, y, y))$", „$\sum\limits_{y} \sum\limits_{z} (\mu(y, x) \cdot \sigma(y, y, y) \cdot \mu(x, y) \cdot v(z))$" etc. Un exemple relativement simple de l'ensemble définissable d'ordre 2, dont on peut démontrer qu'il n'est pas d'ordre 1, est fourni par l'ensemble de tous les nombres naturels (y compris 0), déterminé par la fonction propositionnelle „$\prod\limits_{X} (\sum\limits_{y} (\sigma(y, y, y) \cdot (y \bar{\epsilon} X)) + \sum\limits_{y} \sum\limits_{z} \sum\limits_{t} (\sigma(z, y, t) \cdot v(t) \cdot (y \epsilon X) \cdot (z \bar{\epsilon} X)) + (x \epsilon X))$". On peut multiplier indéfiniment des exemples pareils: tout ensemble particulier des nombres, auquel on a affaire dans les mathématiques, est un ensemble définissable, puisque nous n'avons d'autre moyen d'introduire **individuellement** un ensemble donné dans le domaine des considérations que celui de construire la fonction propositionnelle qui le détermine, et cette construction constitue par elle-même la preuve de la définissabilité de cet ensemble. D'autre part, il n'est pas difficile de montrer que la famille de tous les ensembles définissables (de-même que celle des fonctions qui les déterminent) n'est que dénombrable, tandis que la famille de **tous** les ensembles de nombres est indénombrable; il en suit déjà l'existence des en-

[1]) Il est facile de montrer que l'on peut supprimer ici les mots „tout au plus" sans modifier l'étendue de la notion à définir.

sembles indéfinissables. Plus encore: les ensembles définissables se laissent numéroter (c.-à-d. ranger dans une suite infinie ordinaire); en appliquant la méthode de la diagonale, on peut par conséquent définir dans le métasystème un ensemble concret qui ne soit pas définissable dans le système même. Il n'y a évidemment aucune trace d'une antinomie quelconque. et ce fait ne paraîtra point paradoxal à qui se rend bien compte du caractère relatif de la notion de définissabilité.

Dans la suite, je chercherai à reconstruire partiellement dans la Mathématique même la notion qui vient d'être précisée. Il est visible à priori qu'il ne peut y être question d'une reconstruction mathématique totale de la notion de définissabilité: en effet, si c'était possible, nous pourrions encore, en appliquant la méthode de la diagonale, définir dans le système-même de l'Arithmétique un ensemble de nombres, qui ne soit pas définissable dans ce système, et nous nous trouverions cette fois en présence de l'antinomie authentique de Richard. Pour les mêmes raisons il est impossible de définir dans la Mathématique la notion générale d'ensemble définissable d'ordre n; en d'autres mots, il est impossible de construire une fonction, qui fasse correspondre à tout nombre naturel n la famille de tous les ensembles définissables d'ordre n. Je vais montrer par contre que l'on peut par des moyens purement mathématiques reconstruire les notions d'ensembles définissables d'ordre 1, 2, 3..., généralement n, où à la place de „n" se trouve un symbole constant quelconque dénotant un nombre naturel fixe et écrit dans le systeme décimal (ou autre) de numération.

L'idée de la reconstruction est en principe tout à fait simple. Le point du départ est donné par le fait que toute fonction propositionnelle détermine l'ensemble de toutes les suites finies qui la remplissent. Au lieu de la notion métamathématique de fonction propositionnelle, on peut se servir par conséquent de son substratum mathématique, à savoir de la notion d'ensemble de suites. J'introduirai donc en premier lieu les ensembles de suites qui sont déterminés par les fonctions propositionnelles primaires; puis, je définirai certaines opérations sur des ensembles de suites qui correspondent à cinq opérations fondamentales sur des expressions. Enfin, imitant la définition de la fonction propositionnelle, je préciserai la notion des ensembles définissables d'ordre n de suites; cette notion nous conduira facilement à celle d'ensembles définissables d'ordre n d'individus.

La construction tout entière sera réalisée en détails pour le cas $n = 1$ et en grands traits pour $n = 2$; je crois qu'après cet exposé la méthode de construction pour les valeurs plus élevées de n ne comportera plus de doutes, même dans les détails les plus petits.

§ 2. Les ensembles définissables d'ordre 1 au point de vue mathématique.

Comme domaine des considérations de ce § et du suivant peut nous servir un des systèmes connus de la Logique mathématique. comprenant en particulier le Calcul des classes, la Logique des relations et l'Arithmétique des nombres réels, ou bien — si l'on veut — un système de Logique avec un système d'Arithmétique, construit axiomatiquement sur lui. On peut utiliser à ce but p. ex. le système de la Logique des *Principia Mathematica*; il faudrait alors y remplacer la théorie des types ramifiée par celle simplifiée [1]).

La plupart des symboles, qui seront employés, se rencontrent universellement dans des travaux de la Théorie des Ensembles. En particulier. les symboles „O" et „$\{x, y, \ldots z\}$" désigneront respectivement l'ensemble vide et l'ensemble composé d'éléments $x, y, \ldots z$ en nombre fini; le symbole „$\underset{x}{E}\varphi(x)$" désignera celui de tous les objets x qui remplissent la condition φ. Le symbole „Nt" servira pour désigner l'ensemble de tous les nombres naturels (le zéro exclus) et le symbole „Rl" — celui de tous les nombres réels.

En outre, lorsque j'ai à revenir sur les considérations du § précédent, j'emploierai les signes logiques et arithmétiques qui y ont été convenus [2]).

L'instrument principal des recherches sera constitué ici par les suites finies de nombres réels et par les ensembles de telles suites.

[1]) Je passe complètement outre les autres simplifications du système, décrites au § 1, car elles seraient ici très incommodes.

[2]) Ainsi les symboles „+" et „." seront employés dans plusieurs sens différents: à savoir comme signes logiques, comme ceux de la Théorie des Ensembles et comme ceux d'Arithmétique. Je ne crois pas que ce fait puisse donner lieu à des erreurs dans les limites de cet article.

Quant à la notion de suite finie, je l'envisage ici de plus près, afin d'éviter tout malentendu possible.

Soit r une relation binome arbitraire. Par le domaine de la relation r, en symboles $D(r)$, je vais entendre l'ensemble $\underset{x}{E}$ (*il existe un y tel que xry*); de-même le contre-domaine $\mathrm{G}(r)$ sera défini par la formule: $\mathrm{G}(r) = \underset{y}{E}$ (*il existe un x tel que xry*). La relation r porte le nom de relation univoque (resp. uniplurivoque) ou fonction, lorsque pour tous x, y et z les formules: xrz et yrz entraînent constamment l'égalité $x = y$.

J'appelle suite finie toute relation univoque s où $\mathrm{G}(s)$ est un sous-ensemble fini de Nt; l'ensemble de toutes les suites finies sera désigné par „Sf". Ce x unique, qui vérifie la formule xsk pour la suite donnée s et pour le nombre naturel k, sera dit k-ème terme de la suite s ou terme à indice k de la suite s et désigné par „s_k". Il n'est point indispensable (contrairement à l'interprétation habituelle de la notion de suite finie) que l'ensemble $\mathrm{G}(s)$ soit un segment de l'ensemble Nt: une suite s peut p. ex. admettre son second terme, sans en admettre le premier. Lorsqu'on a $s \epsilon Sf$ et $D(s) \subset Rl$, la suite s est dite suite finie de nombres réels Comme il suit de ces conventions, aux suites finies et même à celles de nombres réels appartient en particulier la relation vide, c.-à-d. telle que $D(r) = 0 = \mathrm{G}(r)$.

Deux relations r et s sont identiques, en symboles $r = s$, lorsque les formules xry et xsy sont équivalentes, quels que soient x et y; en particulier, l'identité des suites r et s est caractérisée par les conditions: $\mathrm{G}(r) = \mathrm{G}(s)$ et $r_k = s_k$ pour tout $k \epsilon \mathrm{G}(r)$. Je désigne par le symbole „$r/_X$" (où r est une relation arbitraire et X un ensemble quelconque) toute relation t qui satisfait à la condition: pour x et y arbitraires on a xty, lorsque on a à la fois xry et $y \epsilon X$. On en conclut que $s \epsilon Sf$ implique toujours $s/_X \epsilon Sf$: $s/_X$ est notamment une suite „choisie" de la suite s, c.-à-d. composée de tous les termes de la suite s dont les indices appartiennent à l'ensemble X. Réciproquement, la suite s pourrait être appellée „prolongement" de la suite $s/_X$.

Je vais m'occuper à présent des ensembles de suites finies. J'introduis avant tout les notions de domaine et de contredomaine d'un ensemble de suites (ou de relations arbitraires) S, en symboles $D(S)$ et $\mathrm{G}(S)$; je les définis par formules:

Définition 1. a) $D(S) = \sum_{s \in S} D(s)$;

b) $\mathrm{a}(S) = \sum_{s \in S} \mathrm{a}(s)$;

Contredomaines des ensembles de suites finies sont évidemment les ensembles finis de nombres naturels.

Je distinguerai ici à son tour une catégorie d'ensembles de suites bien importante pour nous, à savoir les e n s e m b l e s h o m o g è n e s:

Définition 2. *S est un e n s e m b l e h o m o g è n e d e s u i t e s (ou de relations arbitraires), lorsque* $\mathrm{a}(s) = \mathrm{a}(S)$ *pour tout* $s \in S$.

Tous les ensembles de suites dont nous aurons affaire dans ces considérations seront des ensembles homogènes.

Ceci s'explique par le fait que j'opère ici avec des ensembles de suites comme avec des correspondants mathématiques des fonctions propositionnelles; or, tous les ensembles de suites, déterminés par des fonctions propositionnelles, se composent de suites ayant le même contredomaine: ils sont donc homogènes au sens de la déf. 2 (cf. à ce propos § 1).

L'ensemble homogène le plus vaste de suites à contredomaine donné N est l'ensemble R_N, déterminé par la formule:

Definition 3. $R_N = Sf \cdot \underset{s}{E}(\mathrm{a}(s) = N)$.

A tout ensemble homogène S de suites on peut faire correspondre un ensemble fini $N \subset Nt$ tel que $S \subset R_N$, en posant notamment: $N = \mathrm{a}(S)$; excepté le cas de $S = 0$, cette correspondance est univoque. Inversement, lorsque $S \subset R_N$, S est un ensemble homogène de suites et on a (de nouveau sauf le cas où $S = 0$) $\mathrm{a}(S) = N$.

Je définis ensuite certains ensembles spéciaux de suites U_k, $M_{k,l}$ et $S_{k,l,m}$, que j'appellerai e n s e m b l e s p r i m a i r e s:

Définition 4. a) $U_k = R_{\{k\}} \cdot \underset{s}{E}(s_k = 1)$;

b) $M_{k,l} = R_{\{k,l\}} \cdot \underset{s}{E}(s_k \in Rl,\ s_l \in Rl \text{ et } s_k \leqslant s_l)$;

c) $S_{k,l,m} = R_{\{k,l,m\}} \cdot \underset{s}{E}(s_k \in Rl,\ s_l \in Rl,\ s_m \in Rl \text{ et } s_k = s_l + s_m)$.

Ainsi les ensembles primaires sont des ensembles de suites déterminés par les fonctions propositionnelles primaires d'ordre 1: „$\upsilon(x^{(k)})$", „$\mu(x^{(k)}, x^{(l)})$" et „$\sigma(x^{(k)}, x^{(l)}, x^{(m)})$".

Ceci dit, j'introduis cinq **opérations fondamentales** sur les ensembles de suites: **complémentation, addition** et **multiplication**, ainsi que **sommation** et **produisation par rapport aux k-èmes termes**; les résultats de ces opérations seront désignés respectivement par les symboles „$\overset{\circ}{\bar{S}}$", „$S \overset{\circ}{+} T$" „$S \overset{\circ}{\cdot} T$", „$\overset{\circ}{\underset{k}{\Sigma}} S$" et „$\overset{\circ}{\underset{k}{\Pi}} S$". Toutes ces opérations donnent toujours comme résultat les ensembles homogènes de suites.

Définition 5. $\overset{\circ}{\bar{S}} = R_{a(S)} - S$.

Définition 6. a) $S \overset{\circ}{+} T = R_{a(S)+a(T)} \cdot \underset{u}{E}(u/_{a(S)} \in S \text{ ou } u/_{a(T)} \in T)$;

b) $S \overset{\circ}{\cdot} T = R_{a(S)+a(T)} \cdot \underset{u}{E}(u/_{a(S)} \in S \text{ et } u/_{a(T)} \in T)$.

Comme il résulte de ces définitions, l'ensemble $\overset{\circ}{\bar{S}}$ se compose de toutes les suites dont le contredomaine $= a(S)$ et qui n'appartiennent pas à l'ensemble S; l'ensemble $S \overset{\circ}{+} T$, resp. $S \overset{\circ}{\cdot} T$, est formé de toutes les suites à contredomaine $= a(S) + a(T)$, et dont on peut choisir (par une réduction convenable du contredomaine) soit une suite de l'ensemble S, soit une suite de l'ensemble T, resp. les deux suites pareilles à la fois. Ainsi p. ex. $\overset{\circ}{\bar{U}}_1 \overset{\circ}{+} L_{2,3}$ est l'ensemble de toutes les suites s composées de trois nombres réels s_1, s_2 et s_3 tels que l'on ait $s_1 \neq 1$ ou $s_2 < s_3$; $M_{1,2} \overset{\circ}{\cdot} M_{2,3} \overset{\circ}{\cdot} S_{3,4,4}$ est l'ensemble de toutes les suites s à quatre termes s_1, s_2, s_3 et s_4 vérifiant la formule: $s_1 < s_2 < s_3 = 2 \cdot s_4$.

Les opérations de complémentation, d'addition et de multiplication, qui viennent d'être introduites, se rapprochent des opérations correspondantes de l'Algèbre des Ensembles et présentent beaucoup de propriétés formelles analogues, surtout dans le domaine des ensembles homogènes; ainsi p. ex. elles remplissent les **lois commutative, associative** et les **deux lois distributives**, la **loi de De-Morgan**: $\overline{S \overset{\circ}{+} T} = \overset{\circ}{\bar{S}} \overset{\circ}{\cdot} \overset{\circ}{\bar{T}}$, les formules: $S \overset{\circ}{+} 0 = S$, $S \overset{\circ}{\cdot} 0 = 0$, $S \overset{\circ}{\cdot} \overset{\circ}{\bar{S}} = 0$ et plusieurs autres.

Cette correspondance n'est gâtée que par un seul détail, à savoir, qu'il n'existe aucun ensemble ayant exactement les mêmes propriétés formelles que l'ensemble universel 1 de l'Algèbre des Ensembles et qu'il existe beaucoup d'ensembles différents S tels que $\overset{\circ}{\bar{S}} = 0$ (parmi les ensembles homogènes tous les ensembles du type R_N présentent cette propriété), tandis que $\overset{\circ}{\bar{0}}$ est un ensemble spécial, à savoir R_0, composé d'un seul élément — de la relation vide. En conséquence, la formule: $S \overset{\circ}{+} \overset{\circ}{\bar{S}} = T \overset{\circ}{+} \overset{\circ}{\bar{T}}$ n'est pas remplie d'une façon générale, la **loi de la double complémentation**: $\overset{\circ}{\bar{\overset{\circ}{\bar{S}}}} = S$ est en défaut dans le cas ou $\overset{\circ}{\bar{S}} = 0$, la **deuxième** loi de De-Morgan: $\overline{S \overset{\circ}{\cdot} T} = \overset{\circ}{\bar{S}} \overset{\circ}{+} \overset{\circ}{\bar{T}}$ exige l'hypothèse: $S \overset{\circ}{\cdot} T \neq 0$ etc. Au point de vue pratique, ce fait n'entraîne pas trop d'inconvénients: au lieu de l'ensemble *1*, on peut se servir d'habitude de celui $\overset{\circ}{\bar{0}}$, qui possède une série de propriétés analogues, p. ex.: $S \overset{\circ}{+} \overset{\circ}{\bar{0}} = S \overset{\circ}{+} \overset{\circ}{\bar{S}}$, $S \overset{\circ}{\cdot} \overset{\circ}{\bar{0}} = S$ etc.

Si nous nous bornions à n'envisager que les sous-ensembles d'un R_N quelconque, en admettant: $R_N = 1$, et ne changions qu'en un seul point la déf. 5, à savoir, en posant: $\overset{\circ}{\bar{0}} = 1$, les opérations $\overset{\circ}{\bar{S}}$, $S \overset{\circ}{+} T$ et $S \overset{\circ}{\cdot} T$ coïncideraient entièrement, comme il est facile d'apercevoir, avec celles qui leur correspondent dans l'Algèbre des Ensembles.

Les opérations d'addition et de multiplication se laissent étendre facilement à un nombre fini arbitraire (et même à l'infinité) d'ensembles de suites; les résultats de ces opérations généralisées peuvent être désignés respectivement par les symboles „$S_1 \overset{\circ}{+} S_2 \overset{\circ}{+} \ldots \overset{\circ}{+} S_n$" et „$S_1 \overset{\circ}{\cdot} S_2 \overset{\circ}{\cdot} \ldots \overset{\circ}{\cdot} S_n$".

Définition 7. a) $\overset{\circ}{\underset{k}{\Sigma}} S = R_{\mathfrak{a}(S)-\{k\}} \cdot \underset{s}{E}$ (*il existe une suite* $t \in R_{\mathfrak{a}(S)}$ *vérifiant les formules*: $t_{\mathfrak{a}(S)} = s$ *et* $t \in S$);

b) $\overset{\circ}{\underset{k}{\Pi}} S = R_{\mathfrak{a}(S)-\{k\}} \cdot \underset{s}{E}$ (*pour toute suite* $t \in R_{\mathfrak{a}(S)}$ *la formule*: $t/_{\mathfrak{a}(S)} = s$ *entraîne la formule*: $t \in S$).

Soit S un ensemble homogène arbitraire de suites. Si $k \bar{\in} \mathfrak{a}(S)$, les ensembles $\overset{\circ}{\underset{k}{\Sigma}} S$ et $\overset{\circ}{\underset{k}{\Pi}} S$ coïncident, d'après la définition qui précède, avec l'ensemble S. Si, par contre, $k \in \mathfrak{a}(S)$, alors $\overset{\circ}{\underset{k}{\Sigma}} S$ est l'ensemble de toutes les suites qui s'obtiennent de celles de l'ensemble S par l'omission des k-èmes termes, et l'ensemble $\overset{\circ}{\underset{k}{\Pi}} S$ se compose de toutes les suites ne contenant pas les k-èmes termes et dont tout prolongement par l'adjonction du k-ème terme appartient à l'ensemble S. Ainsi p. ex. on constate aussitôt que l'ensemble $\overset{\circ}{\underset{2}{\Sigma}} (M_{2,1} \overset{\circ}{\cdot} S_{2,2,2})$ est formé de toutes les suites qui se composent d'un seul terme s_1 étant un nombre réel non-négatif; l'ensemble $\overset{\circ}{\underset{3}{\Sigma}} (S_{1,2,3} \overset{\circ}{\cdot} S_{2,1,3})$ est composé de toutes les suites à deux termes identiques $s_1 = s_2$; $\overset{\circ}{\underset{2}{\Pi}} M_{1,2}$ est un ensemble vide, et $\overset{\circ}{\underset{3}{\Pi}} (\overset{\circ}{\bar{U}}_3 \overset{\circ}{+} S_{1,2,3})$ est l'ensemble de toutes les suites s à deux termes où $s_1 = s_2 + 1$.

Les lois qui expriment les propriétés formelles des opérations $\overset{\circ}{\underset{k}{\Sigma}} S$ et $\overset{\circ}{\underset{k}{\Pi}} S$ et les relations entre ces opérations et celles précédement examinées sont tout à fait analogues, surtout en ce qui concerne les ensembles homogènes, aux lois de le Logique sur les quantificateurs „Σ" et „Π", les signes de la négation, de la somme et du produit logiques. A titre d'exemple, j'en mentionne les formules: $\overset{\circ}{\underset{k}{\Sigma}}\overset{\circ}{\underset{l}{\Sigma}} S = \overset{\circ}{\underset{l}{\Sigma}}\overset{\circ}{\underset{k}{\Sigma}} S$, $\overset{\circ}{\underset{k}{\Pi}}\overset{\circ}{\underset{l}{\Pi}} S = \overset{\circ}{\underset{l}{\Pi}}\overset{\circ}{\underset{k}{\Pi}} S$, $\overset{\circ}{\underset{k}{\Sigma}}\overset{\circ}{\underset{l}{\Pi}} S \subset \overset{\circ}{\underset{l}{\Pi}}\overset{\circ}{\underset{k}{\Sigma}} S$, puis les lois distributives: $\overset{\circ}{\underset{k}{\Sigma}}(S \overset{\circ}{+} T) = \overset{\circ}{\underset{k}{\Sigma}} S \overset{\circ}{+} \overset{\circ}{\underset{k}{\Sigma}} T$ et $\overset{\circ}{\underset{k}{\Pi}}(S \overset{\circ}{\cdot} T) = \overset{\circ}{\underset{k}{\Pi}} S \overset{\circ}{\cdot} \overset{\circ}{\underset{k}{\Pi}} T$, et enfin celles de De-Morgan: $\overset{\circ}{\overline{\overset{\circ}{\underset{k}{\Sigma}} S}} = \overset{\circ}{\underset{k}{\Pi}} \overset{\circ}{\overline{S}}$ et $\overset{\circ}{\overline{\overset{\circ}{\underset{k}{\Pi}} S}} = \overset{\circ}{\underset{k}{\Sigma}} \overset{\circ}{\overline{S}}$ (cette dernière formule est en défaut dans le cas où $\overset{\circ}{\underset{k}{\Pi}} S = 0$ [1])).

L'analogie entre les lois qui viennent d'être discutées et celles de la Logique n'est point due au hasard. Comme il est facile de s'en rendre compte, il se laisse établir entre les opérations fondamentales sur les fonctions propositionnelles, étudiées au § 1, et celles sur les ensembles de suites, introduites dans les déf. 5—7, une correspondance très stricte, à savoir dans le sens suivant: $f_1, f_2, \ldots$ étant des fonctions propositionnelles arbitraires (d'ordre 1) et $S_1, S_2 \ldots$ les ensembles de suites qu'elles déterminent, toute fonction obtenue par une des opérations fondamentales effectuées sur les fonctions données détermine l'ensemble de suites qui se laisse obtenir à l'aide de l'opération convenable effectuée sur les ensembles correspondants à ces fonctions. Une certaine digression de ce phénomène général ne se produit que dans le cas où la fonction considerée est obtenue par la négation d'une fonction déterminant l'ensemble vide; ainsi p. ex. à la fonction „$\overline{\sigma(x', x'', x''') . \overline{\sigma}(x', x'', x''')}$" vient correspondre, à vrai dire, l'ensemble $R_{\{1,2,3\}} = S_{1,2,3} \overset{\circ}{+} \overset{\circ}{\overline{S}}_{1,2,3}$ et non pas l'ensemble $R_0 = \overset{\circ}{\overline{S_{1,2,3} \overset{\circ}{\cdot} \overset{\circ}{\overline{S}}_{1,2,3}}}$ (cf. les remarques au sujet des déf. 5—6).

Je n'ai à mentionner ici qu'une opération encore sur des ensembles de suites, à savoir, le remplacement de l'indice k par l dans les suites d'un ensemble donné; le rèsultat de cette opération sera désigné par le symbole „$\frac{k}{l} S$".

Définition 8. $\frac{k}{l} S = \underset{t}{Sf \cdot E}$ *(il existe une suite $s \in S$ telle que l'on a soit $k \in \mathfrak{a}(s)$, $\mathfrak{a}(t) = \mathfrak{a}(s) - \{k\} + \{l\}$, $s_k = t_l$ et $s/_{\mathfrak{a}(s)-\{k\}} = t/_{\mathfrak{a}(s)-\{k\}}$ soit $k \bar{\in} \mathfrak{a}(s)$ et $s = t$).*

Ainsi, lorsque S est un ensemble homogène de suites, $l \in Nt$ et $k \in \mathfrak{a}(S)$, l'ensemble $\frac{k}{l} S$ est formé de toutes les suites qui se laissent obtenir de certaines

[1]) Pour les raisons dont il a été question plus haut, p. 225.

suites de l'ensemble S, en remplaçant dans les k-èmes termes l'indice k par l et sans toucher aux autres termes; p. ex. $\frac{3}{1} M_{1,2} = M_{1,3}$, $\frac{3}{2} S_{1,2,3} = S_{1,2,2}$, $\frac{1}{2}(\overset{\circ}{\overline{M}}_{1,2} \overset{\circ}{\cdot} \overset{\circ}{\underset{1}{\Sigma}} S_{1,2,3}) = \overset{\circ}{\overline{M}}_{2,2} \overset{\circ}{\cdot} \overset{\circ}{\underset{1}{\Sigma}} S_{1,2,3}$ etc. Si, par contre, k n'appartient pas au contre-domaine de l'ensemble S de suites, on a $\frac{k}{l} S = S$; p. ex. $\frac{2}{1} U_1 = U_1$, $\frac{2}{3} \overset{\circ}{\underset{2}{\Sigma}} S_{2,1,2} = \overset{\circ}{\underset{2}{\Sigma}} S_{2,1,2}$ etc.

L'opération $\frac{k}{l} S$, effectuée sur un ensemble homogène de suites, donne toujours comme résultat un ensemble homogène de suites; si notamment $S \subset R_N$, où $N \subset Nt$, et $l \in Nt$, on a $\frac{k}{l} S \subset R_{N-\{k\}+\{l\}}$ ou $\frac{k}{l} S \subset R_N$, suivant que $k \in N$ ou $k \bar{\in} N$.

Dans le même sens, que les opérations fondamentales sur les fonctions propositionnelles correspondent à celles sur les ensembles de suites, certaine opération, que je n'ai pas eu l'occasion de mentionner au § 1, vient correspondre à l'opération $\frac{k}{l} S$. C'est notamment l'opération de substition de la variable libre „$x^{(l)}$“ à la variable libre „$x^{(k)}$“ dans une fonction propositionnelle donnée; la signification intuitive de cette opération est d'ailleurs tout à fait claire. Ainsi p. ex. en substituant dans la fonction propositionnelle „$\overline{\mu}(x, y) \,.\, \underset{x}{\Sigma}\, \sigma(x, y, z)$“ la variable libre „$y$“ à la variable libre „$x$“, on obtient: „$\overline{\mu}(y, y) \overset{\circ}{\cdot} \underset{x}{\Sigma}\, \sigma(x, y, z)$“; ces fonctions déterminent respectivement les ensembles de suites: $S = \overset{\circ}{\overline{M}}_{1,2} \overset{\circ}{\cdot} \overset{\circ}{\underset{1}{\Sigma}} S_{1,2,3}$ et $\frac{1}{2} S = \overset{\circ}{\overline{M}}_{2,2} \overset{\circ}{\cdot} \overset{\circ}{\underset{1}{\Sigma}} S_{1,2,3}$.

Maintenant nous sommes à même de préciser la notion de définissabilité d'ordre 1 en ce qui concerne d'abord les ensembles de suites finies de nombres réels et puis les ensembles de nombres réels eux-mêmes; la famille des ensembles définissables de suites sera désignée par „$\mathfrak{D}f$“ et celle des ensembles définissables d'individus par „$\mathfrak{D}_1$“. Au lieu de dire „définissable d'ordre 1“ nous dirons aussi „élémentairement définissable“ ou „arithmétiquement définissable“.

Définition 9. *$\mathfrak{D}f_1$ est le produit (partie commune) de toutes les familles d'ensembles $\mathfrak{X}$ qui remplissent les conditions suivantes: (α) $U_k \in \mathfrak{X}$, $M_{k,l} \in \mathfrak{X}$ et $S_{k,l,m} \in \mathfrak{X}$ pour nombres naturels arbitraires k, l et m; (β) si $S \in \mathfrak{X}$, on a aussi $\overset{\circ}{\overline{S}} \in \mathfrak{X}$; ($\gamma$) si $S \in \mathfrak{X}$ et $T \in \mathfrak{X}$, on a aussi $S \overset{\circ}{+} T \in \mathfrak{X}$ et $S \overset{\circ}{\cdot} T \in \mathfrak{X}$; ($\delta$) si $k \in Nt$ et $S \in \mathfrak{X}$, on a aussi $\overset{\circ}{\underset{k}{\Sigma}} S \in \mathfrak{X}$ et $\overset{\circ}{\underset{k}{\Pi}} S \in \mathfrak{X}$.*

Définition 10. $\mathfrak{D}_1 = \underset{X}{E}$ *(il existe un ensemble* $S \in \mathfrak{D}f_1$ *tel que* $D(S) = X$ *et* $\mathfrak{a}(S)$ *est un ensemble composé d'un seul élément)*.

Or, la question s'impose si la définition qui vient d'être construite et dont la rigueur formelle n'éveille aucune objection, est également juste au point de vue matériel; en d'autres mots, saisit-elle en effet le sens courant et intuitivement connu de la notion? Cette question ne contient, bien entendu, aucun problème de la nature purement mathématique, mais elle est néanmoins d'une importance capitale pour nos considérations.

Afin de mettre cette question sous une forme plus précise, admettons que la justesse matérielle de la définition métamathématique des ensembles définissables d'ordre n, à laquelle nous sommes parvenus au § précédent, soit hors de doute. La question proposée se ramène alors au problème tout à fait concret, à savoir, si la déf. 10 est équivalente à un certain cas particulier de cette définition métamathématique, notamment au cas où $n = 1$? Ce dernier problème appartient manifestement au domaine de la Métamathématique et s'y laisse résoudre facilement dans le sens affirmatif.

En effet, nous avons déjà constaté qu'il y a une stricte correspondance entre les ensembles primaires de suites et les opérations fondamentales sur des ensembles d'une part et les fonctions propositionnelles primaires d'ordre 1 et les opérations fondamentales sur des expressions d'autre part; nous avons même rigoureusement précisé la nature de cette correspondance (p. 224 et 227). En nous basant sur ces faits et en rapprochant la déf. 9 avec celles du § 1 de la fonction propositionnelle et de son ordre, nous pouvons sans peine montrer par recurrence que la famille $\mathfrak{D}f_1$ se compose d'ensembles de suites qui sont déterminés par des fonctions propositionnelles d'ordre 1 et seulement d'eux [1]). Il en résulte presque immédiatement que la famille $\mathfrak{D}_1$ coïncide avec celle des ensembles définissables d'ordre 1 dans le sens du § 1.

Si nous désirons acquérir la certitude subjective de la justesse matérielle de la déf. 10 et de sa conformité à l'intuiton, sans sortir du domaine des considérations strictement mathématiques, nous sommes contraints de recourir à la voie empirique. On constate notamment, en examinant divers ensembles particuliers qui sont élémentairement définis dans le sens intuitif de cette notion, qu'ils appartiennent tous à la famille $\mathfrak{D}_1$; réciproquement, on parvient à construire une définition élémentaire pour tout ensemble particulier de cette

[1]) La défectuosité, mentionnée p. 227, de la correspondance entre la négation des fonctions propositionnelles et la complémentation des ensembles de suites ne complique la démonstration que de peu.

famille. Plus encore: on s'aperçoit aisément que la même méthode de raisonnement, tout à fait automatique, est applicable dans tous les cas.

Voici en quoi consiste cette méthode.

Soit A un ensemble arbitraire de nombres, élémentairement défini à l'aide des notions primitives „1", „$\leqslant$", et „$+$". La définition de l'ensemble A peut être mise alors sous la forme suivante:

$$A = \underset{x^{(k)}}{E}\ \varphi(x^{(k)}). \tag{1}$$

Le symbole „$\varphi(x^{(k)})$" représente ici certaine fonction propositionnelle contenant la variables „$x^{(k)}$" d'ordre 1 comme la seule variable libre; elle peut contenir en outre une série de variables liées „$x^{(l)}$", „$x^{(m)}$" etc., pourvu que toutes ces variables soient également d'ordre 1 (puisque dans le cas contraire la définiton ne mériterait pas d'être nommée élémentaire). Comme on sait de la Logique, on peut construire la fonction „$\varphi(x^{(k)})$" de façon qu'elle ne contienne de symboles logiques constants exceptés les signes de la négation, de la somme et du produit logiques ainsi que les quantificateurs général et particulier; de même, on en peut éliminer tous les symboles constants relevant de l'Arithmétique, sauf les signes „v", „μ" et „σ", qui correspondent aux trois notions primitives.

Il n'est pas difficile de montrer dans tous cas particulier que la formule (1) se laisse transformer comme il suit: les fonctions propositionnelles „$v(x^{(k)})$", „$\mu(x^{(k)}, x^{(l)})$" et „$\sigma(x^{(k)}, x^{(l)}, x^{(m)})$" (ou, si l'on veut, „$x^{(k)} = 1$", „$x^{(k)} \leqslant x^{(l)}$" et „$x^{(k)} = x^{(l)} + x^{(m)}$") seront remplacées respectivement par les symboles de la forme „U_k", „$M_{k,l}$" et „$S_{k,l,m}$", les signes d'opérations logiques par ceux des opérations correspondantes sur les ensembles de suites, introduits dans les déf. 5—7; enfin le symbole „E" par celui „D" [1]). Par cette transformation la formule (1) prend la forme:

$$A = D(S), \tag{2}$$

où au lieu de „S" figure un symbole composé, dont l'aspect permet de reconnaître instantanément qu'il désigne un ensemble de suites de la famille $\mathfrak{D}f_1$ à contre-domaine constitué par un seul élément. En appliquant la déf. 10, nous en concluons aussitôt que l'ensemble A appartient à la famille $\mathfrak{D}_1$.

J'en donne ici quelques exemples concrets:

1°. Soit A un ensemble composé du nombre unique 0. On voit de suite que $A = \underset{x}{E}(x = x + x)$, c. à d. que $A = \underset{x}{E}\,\sigma(x, x, x)$. En transformant cette formule de la façon qui vient d'être décrite, on obtient: $A = D(S_{1,1,1})$, de sorte que $A \in \mathfrak{D}_1$.

[1]) Aucours de ces transformations on peut utiliser certaines formules qui seront établies dans l'article de M. Kuratowski et de moi, cité ici p. 211, note [1]).

2°. Soit A l'ensemble de tous les nombres positifs. Comme il est aisé de constater, on a $A = \underset{x}{E}(x \neq x + x$ *et il existe un* y *tel que* $y \leqslant x$ *et* $y = y + y)$, c.-à-d. $A = \underset{x}{E}(\overline{\sigma}(x, x, x) \,.\, \underset{y}{\Sigma}(\mu(y, x) \,.\, \sigma(y, y, y)))$, d'où $A = D(\overset{\circ}{\overline{S}}_{1,1,1} \overset{\circ}{\cdot} \underset{2}{\overset{c}{\Sigma}}(M_{2,1} \cdot S_{2,2,2}))$. On a donc encore $A \in \mathfrak{D}_1$.

3°. Soit enfin $A = \underset{x}{E}(0 \leqslant x \leqslant 1)$. Nous transformons cette formule successivement comme il suit: $A = \underset{x}{E}$ (*il existe de tels* y *et* z *que* $y \leqslant x$, $y = y + y$, $x \leqslant z$ *et* $z = 1) = \underset{x}{E}\underset{y}{\Sigma}\underset{z}{\Sigma}(\mu(y, x) \,.\, \sigma(y, y, y) \,.\, \mu(x, z) \,.\, v(z)) = D(\underset{3}{\overset{c}{\Sigma}}\underset{2}{\overset{c}{\Sigma}}(M_{2,1} \overset{\circ}{\cdot} S_{2,2,2} \overset{\circ}{\cdot} {}^{\circ} M_{1,3} \overset{\circ}{\cdot} U_3))$. Ainsi on a dans ce cas également $A \in \mathfrak{D}_1$.

La même méthode se prête à l'application dans le sens inverse; il suffit de l'illustrer sur un seul exemple.

4°. Soit A un ensemble concret de la famille $\mathfrak{D}_1$, p. ex. $A = D(\underset{2}{\Sigma}\underset{3}{\Sigma}(S_{2,1,3} \overset{\circ}{\cdot} S_{,2,2} \,{}^{\circ}\, U_3))$. On obtient facilement la transformation suivante de cette formule: $A = \underset{x}{E}\underset{y}{\Sigma}\underset{z}{\Sigma}(\sigma(y, x, z) \,.\, \sigma(y, y, y) \,.\, v(z)) = \underset{x}{E}$ (*il existe de tels* y *et* z *que* $y = x + z$, $y = y + y$ *et* $z = 1)$. Nous voyons que l'ensemble A admet une définition élémentaire; il est, comme on aperçoit aussitôt, composé d'un seul nombre, à savoir du nombre -1.

A la suite des considérations de ce genre *la justesse intuitive de la déf. 10 paraît indiscutable.*

Les ensembles de suites finies et surtout ceux de nombres, arithmétiquement définissables dans le sens établi plus haut, sont — au point de vue analytique — des objets à structure très élémentaire. Pour les caractériser de plus près à ce point de vue, je vais opérer avec la notion bien connue de polynome linéaire à coefficients entiers. Les polynomes sont entendus ici comme fonctions qui font correspondre les nombres réels aux suites finies de nombres réels (autrement dit, comme relations univoques dont les domaines se composent de nombres réels et les contredomaines de suites finies de tels nombres). En particulier, le polynome linéaire p à coefficients entiers est déterminé par un ensemble fini N de nombres naturels, par une suite a de nombres entiers à contredomaine N et par un nombre entier b, et il fait correspondre à toute suite $s \in R_N$ de nombres réels le nombre $p(s) = \sum_{k \in N} a_k \cdot s_k + b$. Je vais distinguer à l'aide de cette notion une catégorie spéciale d'ensembles de suites finies, notamment les ensembles linéaires élémentaires.

Définition 11. *S est dit ensemble linéaire élémentaire de suites, lorsqu'il existe un polynome linéaire à coefficients entiers p tel que l'on ait soit $S = \underset{s}{E}(p(s) = 0$ et $D(s) \subset Rl)$, soit $S = \underset{s}{E}(p(s) > 0$ et $D(s) \subset Rl)$.*

Un ensemble linéaire élémentaire est — simplement dit — l'ensemble de toutes les suites s de nombres réels qui sont autant des solutions soit d'une équation linéaire du type „$p(s) = 0$", soit d'une inéquation du type „$p(s) > 0$".

Il résulte de la déf. 11 et de l'interprétation du polynome linéaire, adoptée ici, que tout ensemble linéaire élémentaire est homogène.

A présent nous pouvons formuler déjà le théorème suivant qui caractérise la famille d'ensembles $\mathfrak{D}f_1$:

Théorème 1. *Pour que l'ensemble S de suites de nombres réels appartienne à la famille $\mathfrak{D}f_1$, il faut et il suffit que S soit une somme finie de produits finis d'ensembles linéaires élémentaires* [1].

D é m o n s t r a t i o n. Que la condition est suffisante, il est facile de prouver, en s'appuyant sur la déf. 9 et sur un lemme facile, d'après lequel tout ensemble linéaire élémentaire appartient à la famille $\mathfrak{D}f_1$. Pour démontrer que cette condition est nécessaire, nous procédons par un raisonnement récurrentiel: nous montrons que la famille de tous les ensembles qui satisfont à la condition énoncée contient les ensembles U_k, $M_{k,l}$ et $S_{k,l,m}$ (ce qui est évident) et qu'elle est close par rapport aux cinq opérations introduites dans les déf. 5—7; de là nous concluons déjà à l'aide de la déf. 9 que tout ensemble $S \in \mathfrak{D}f_1$ remplit cette condition. Une certaine difficulté, d'ailleurs insignifiante, n'est liée qu'avec l'opération $\overset{\circ}{\underset{k}{\Sigma}}$ (à laquelle, par les lois de D e - M o r g a n, se réduit aussi l'opération $\overset{\circ}{\underset{k}{\Pi}}$); il s'agit ici au fond d'un lemme d'Algèbre, d'après lequel la condition nécessaire et suffisante pour qu'un système d'équations et d'inéquations linéaires à plusieurs inconnues admette une solution par rapport à une des inconnues, se laisse représenter sous forme de la

[1]) La somme et le produit peuvent être entendus ici aussi bien dans le sens de la déf. 6 (et la condition du contredomaine commun est alors superflue) que dans le sens ordinaire d'Algèbre des Ensembles.

somme logique de tels systèmes, où ne figurent que les autres inconnues.

On voit dans cette démonstration la liaison intime entre les opérations $\overset{o}{\underset{k}{\Sigma}}$ et $\overset{o}{\underset{k}{\Pi}}$ et celle d'élimination d'une inconnue du système d'équations et d'inéquations, connue de l'Algèbre.

J'appellerai, comme d'habitude, intervalles à extrémités rationnelles les ensembles de nombres des types suivants: $\underset{x}{E}(x=a)$, $\underset{x}{E}(x>a)$, $\underset{x}{E}(x<a)$ et $\underset{x}{E}(a<x<b)$ [1]), où a et b sont deux nombres rationnelles arbitraires. Cette convention permet de déduire aisément du th. 1 le corollaire suivant sur le famille $\mathfrak{D}_1$:

Théorème 2. *Pour que l'ensemble X de nombres réels appartienne à la famille $\mathfrak{D}_1$, il faut et il suffit que X soit la somme d'un nombre fini d'intervalles à extrémités rationnelles*

Le théorème métamathématique correspondant permet de conclure que dans le système d'Arithmétique décrit au § 1 toute proposition d'ordre 1 se laisse démontrer ou réfuter.

J'insiste sur le caractère assez accidentel des deux théorèmes précédents, qui n'ont qu'un faible rapport avec l'idée directrice de cet ouvrage. Ces théorèmes ont leur véritable origine dans le fait que ce furent les ensembles U_k, $M_{k,l}$ et $S_{k,l,m}$ que nous avons choisis comme ensembles primaires de suites, en quoi nous nous sommes conformés à un système d'Arithmétique qui ne contient comme notions primitives que celles de nombre 1, de relation $\leqslant$ et de somme. Or, l'Arithmétique se laisse notoirement fonder aussi sur beaucoup d'autres systèmes de notions primitives, et ces systèmes peuvent contenir même des notions superflues, qui se laissent définir à l'aide des autres notions. Rien ne nous contraint donc de faire dépendre la définition des familles $\mathfrak{D}f_1$ et $\mathfrak{D}_1$ précisément des ensembles U_k, $M_{k,l}$ et $S_{k,l,m}$; au contraire, ces derniers peuvent être remplacés par d'autres, et l'étendue et la structure des deux familles peut. en conséquence, éprouver les modifications fort essentielles. Ainsi p. ex.

[1]) Et, s'il y a lieu, ceux des autres types analogues, comme $\underset{x}{E}(x\geqslant a)$, $\underset{x}{E}(a\leqslant x\leqslant b)$ etc., ce qui n'est cependant pas indispensable ici.

il est facile de voir que l'Arithmétique des nombres réels se laisse baser en particulier sur les deux notions primitives: celles de somme et de produit [1]); nous pouvons donc remplacer respectivement dans la déf. 9 les ensembles U_k et $M_{k,l}$ par les ensembles $P_{k,l,m} = R_{\{k,l,m\}} \cdot \underset{s}{E}(s_k \in Rl,\ s_l \in Rl,\ s_m \in Rl \ et \ s_k = s_l \cdot s_m)$, tout en conservant les ensembles $S_{k,l,m}$. Si l'on désire après cela que le th. 2 conserve encore sa valeur, on est forcé alors d'y remplacer le mot *„rationnelles„* par *„algébriques"*. Dans ce cas la famille $\mathfrak{D}_1$ a donc subi une extension; en effet, nous avons eu en vue un système de notions primitives plus „fortes" au sens logique. Dans beaucoup de cas cette extension est encore plus considérable, surtout lorsqu'on fait entrer dans le système des notions primitives celle de nombre naturel et dans la famille des ensembles primaires les ensembles $N_k = R_{\{k\}} \cdot \underset{s}{E}(s_k \in Nt)$; la famille $\mathfrak{D}_1$ peut alors renfermer des ensembles bien compliqués au point de vue analytique et géométrique, p. ex. les ainsi dits ensembles projectifs de classe aussi élevée que l'on veut [1]).

Pour priver la notion de définissabilité élémentaire (d'ordre 1) de son caractère accidentel, il faut la relativiser envers un système arbitraire de notions primitives ou — plus précisément — envers une famille arbitraire d'ensembles primaires de suites. Dans cette relativisation on n'aura plus en vue les notions primitives d'une certaine science spéciale, p. ex. de l'Arithmétique des nombres réels, et les ensembles primaires ne devront point se composer de suites de nombres réels. Plus encore, on peut même faire abstraction du type des objets constituant les suites considérées et traiter les termes figurant dans la définition que nous allons construire comme termes „systèmatiquement ambigus" [3]), déstinés a désigner simultanément les objets des types différents. De cette manière, en dépassant considérablement les limites de la tache que nous nous sommes proposés

[1]) Cf. O Veblen, *The square root and the relations of order*, Transact. of the Amer. Math. Soc. 7, 1906, p. 197—199.

[2]) Cf. l'article précité de M. Kuratowski et de moi. Je tiens à noter qu'il semble profitable au point de vue pratique de baser l'Arithmétique sur des systèmes „forts" de notions primitives, car il est commode d'avoir une catégorie aussi vaste que possible de notions arithmétiques n'exigeant pas de définitions d'ordre supérieur à 1.

[3]) Cf. *Principia Mathematica*, Vol. I, pp. 37—48.

au début, nous parvenons à la notion générale d'**ensemble de suites finies** (à terme d'un type donné) **définissable élémentairement par rapport à la famille** $\mathscr{F}$ **des ensembles primaires de suites finies** (à terme du même type). La famille de tous ces ensembles définissables sera désignée par le symbole „$\mathfrak{D}f_1(\mathscr{F})$".

Définition 12. *$\mathfrak{D}f_1(\mathscr{F})$ est le produit de toutes les familles $\mathfrak{X}$ qui remplissent la condition (α) $\mathscr{F} \subset \mathfrak{X}$ ainsi que les conditions (β)—(δ) de la déf. 9.*

Cette définition est d'une importance capitale pour toute la théorie mathématique de la définissabilité. Nous en avons incessament recours dans la construction des autres définitions de ce domaine; en particulier, comme le lecteur s'en convainquera au prochain §, elle va nous faciliter considérablement l'introduction de la définissabilité d'ordre supérieur.

Pour le moment, nous allons, en imitant la déf. 10, appliquer la famille $\mathfrak{D}f_1(\mathscr{F})$ pour définir la famille $\mathfrak{D}_1(\mathscr{F})$, c.-à.-d. celle de tous les **ensembles** (composés d'objets du type donné), **définissables élémentairement par rapport à la famille** $\mathscr{F}$ **des ensembles primaires de suites** (à termes du même type):

Définition 13. *$\mathfrak{D}_1(\mathscr{F}) = \underset{x}{E}$ (il existe un ensemble $S \in \mathfrak{D}f_1(\mathscr{F})$ tel que $D(S) = X$ et $\text{a}(S)$ est un ensemble composé d'un seul élément).*

D'une manière tout à fait analogue nous sommes amenés à la notion de **relation bi-, tri- et n-nome** (entre objets d'un type donné), **élémentairement définissable par rapport à la famille** $\mathscr{F}$.

On déduit aisément des déf. 12 et 13 diverses propriétés élémentaires des familles $\mathfrak{D}f_1(\mathscr{F})$ et $\mathfrak{D}_1(\mathscr{F})$, comme p. ex. les suivantes:

Théorème 3. [a]) *$\mathfrak{D}f_1(\mathscr{F})$ est une des familles qui remplissent les conditions (α)—(δ) de la déf. 12; elle est donc la plus petite de ces familles;*

[b]) *$\mathfrak{D}f_1(\mathscr{F}) = \sum_{\mathscr{G} \in \mathfrak{G}} \mathfrak{D}f_1(\mathscr{G})$ et $\mathfrak{D}_1(\mathscr{F}) = \sum_{\mathscr{G} \in \mathfrak{G}} \mathfrak{D}_1(\mathfrak{G})$, où $\mathfrak{G}$ est l'ensemble de toutes les sous-familles finies de la famille $\mathscr{F}$;*

[c]) *si $\mathscr{F} \subset \mathscr{G}$, on a $\mathfrak{D}f_1(\mathscr{F}) \subset \mathfrak{D}f_1(\mathscr{G})$ et $\mathfrak{D}_1(\mathscr{F}) \subset \mathfrak{D}_1(\mathscr{G})$;*

[d]) $\mathfrak{D}f_1(\mathfrak{D}f_1(\mathcal{F})) = \mathfrak{D}f_1(\mathcal{F})$ *et* $\mathfrak{D}_1(\mathfrak{D}f_1(\mathcal{F})) = \mathfrak{D}_1(\mathcal{F})$;

[e]) *si la famille $\mathcal{F}$ est tout au plus dénombrable, les familles $\mathfrak{D}f_1(\mathcal{F})$ et $\mathfrak{D}_1(\mathcal{F})$ le sont également.*

Il est à noter que l'on peut se passer dans la démonstration du théorème précédent des propriétés spécifiques des opérations qui figurent dans les conditions (β)—(δ) de la déf. 12: on y peut s'appuyer exclusivement sur le fait que la famille $\mathfrak{D}f_1(\mathcal{F})$ est définie comme le produit de toutes les familles $\mathcal{X}$ contenant $\mathcal{F}$ et closes par rapport à certaines opérations éffectuables sur un nombre fini d'ensembles de familles $\mathcal{X}$ (ce dernier détail intervient dans la démonstration de [b]) et [e])).

Nous savons — et c'est une circonstance importante — démontrer le th. 3 d'une façon effective: nous savons notamment définir une fonction (bien déterminée) $T = S^*$ qui fait correspondre à toute suite infinie d'ensembles S (du type ω) telle que $\mathcal{F} = D(S)$ (c.-à.-d. telle que $\mathcal{F} = \{S_1, S_2 \ldots S_n \ldots\}$) une suite infinie T vérifiant la formule: $\mathfrak{D}f_1(\mathcal{F}) = D(T)$ (c.-à.-d. $\mathfrak{D}f_1(\mathcal{F}) = \{T_1, T_2, \ldots T_n, \ldots\}$).

Dans toutes les applications des déf. 12 et 13 aux familles concrètes on n'a jamais affaire à des familles $\mathcal{F}$ d'une nature complètement arbitraires, mais elles remplissent toujours certaines conditions, par suite desquelles nous les appellerons familles régulières.

Définition 14. *$\mathcal{F}$ est une famille régulière, lorsque (α) $\mathcal{F}$ est une famille non-vide et tout au plus dénombrable; (β) tout ensemble $S \in \mathcal{F}$ est un ensemble homogène de suites; (γ) si $k \in Nt$, $l \in Nt$ et $S \in \mathcal{F}$, on a $\frac{k}{l} S \in \mathcal{F}$.*

L'exemple d'une famille régulière est donné par la famille composée de tous les ensembles U_k, $M_{k,l}$ et $S_{k,l,m}$, où k, l et m sont des nombres naturels quelconques.

Le postulat de régularité, imposé aux familles $\mathcal{F}$ auxquelles nous appliquons les déf. 12 et 13, paraît tout à fait naturel dès qu'on songe à ce que nous opérons dans nos considérations avec les ensembles primaires comme avec des représentants mathématiques des termes primitifs des sciences déductives. Or, comme on sait, il est possible de choisir pour toute science déductive un système des termes primitifs composé exclusivement d'ainsi dits „foncteurs", c.-à-d. de signes tels que „ν", „μ" et „σ", qui, accompagnés d'un certain nombre de variables, d'ainsi dits „arguments", forment des fonctions propositionnelles. Ce sont précisément ces fonctions propositionnelles que nous appellons fonctions primaires, en faisant entrer dans la famille $\mathcal{F}$ les ensembles de suites qu'elles déterminent. Toutes les expressions, donc en particulier toutes les fonctions primaires sont, dans un système déductif donné, en quantité au plus dénombrable — c'est de là que provient la condition (α) de la déf. 14; les ensembles de suites déterminés par les fonctions propositionnelles sont toujours homogènes — il en découle la condition (β). Enfin, toutes les fois que nous considérons une fonction propositionnelle comme une des fonctions primaires, nous considérons en même temps comme telle toute fonction qui s'en obtient par substitution d'une variable à une autre: aussi la famille $\mathcal{F}$ doit-elle être close par rapport à l'opération $\frac{k}{l}S$ qui constitue le correspondant mathématique de l'opération de substitution [1]), et c'est précisément ce qu'exprime la condition (γ) de la déf. 14.

Il est à remarquer que la condition (γ) pourrait être omise dans la déf. 14, pourvu qu'on fasse entrer dans la déf. 12 un postulat analogue sur les familles $\mathfrak{X}$. Une telle manière de procéder serait conforme à cette attitude mathématique envers les modes de construction des systèmes déductifs, selon laquelle on admet comme expressions primitives du système non pas les foncteurs, p. ex. „v", „μ" et „σ", mais des fonctions propositionnelles concrètes, p. ex. „$v(x)$", „$\mu(x,y)$" et „$\sigma(x,y,z)$", que l'on identifie aux fonctions primaires, et où les fonctions propositionnelles s'obtiennent des expressions primitives, en dehors des cinq opérations fondamentales, aussi à l'aide de l'opération de substitution. Une pareille attitude, d'ailleurs pratiquement inusitée, causerait certains inconvénients peu essentiels.

Or, selon le point de vue où nous nous sommes placés, l'inclusion de ce postulat dans la déf. 12 (et dans la déf. 9) est inutile, comme le montre le suivant

Théorème 4. *Si $\mathcal{F}$ est une famille régulière, $\mathfrak{D}f_1(\mathcal{F})$ l'est également.*

Cela résulte facilement des déf. 5—8 et 12 et du th. 3°.

Les autres propriétés de la famille $\mathfrak{D}f_1(\mathcal{F})$ — dans l'hypothèse que la famille $\mathcal{F}$ est régulière — se laissent obtenir par transposition des théorèmes analogues de la Métamathématique, surtout de ceux qui expriment les relations entre les fonctions propositionnelles arbitraires et les fonctions primaires. A titre d'exemple, je donne ici le théorème suivant, qui correspond au théorème bien connu sur la réduction de toute fonction propositionnelle à l'ainsi dite „forme normale" [2]) et qui facilite beaucoup de raisonnements de ce domaine:

Théorème 5. *$\mathcal{F}$ étant une famille régulière, la condition nécessaire et suffisante pour que $S \in \mathfrak{D}f_1(\mathcal{F})$ est que $S = \overset{\circ}{0}$ ou bien que S se laisse mettre sous la forme:*

$$S = \overset{\circ}{\Sigma}_{k_{1,1}} \overset{\circ}{\Sigma}_{k_{1,2}} \dots \overset{\circ}{\Sigma}_{k_{1,l_1}} \overset{\circ}{\Pi}_{k_{2,1}} \overset{\circ}{\Pi}_{k_{2,2}} \dots \overset{\circ}{\Pi}_{k_{2,l_2}} \dots \dots \overset{\circ}{\Sigma}_{k_{n-1,1}} \overset{\circ}{\Sigma}_{k_{n-1,2}} \dots \overset{\circ}{\Sigma}_{k_{n-1,l_{n-1}}} \overset{\circ}{\Pi}_{k_{n,1}} \overset{\circ}{\Pi}_{k_{n,2}} \dots \overset{\circ}{\Pi}_{k_{n,l_n}} T,$$

où T est une somme finie de produits finis d'ensembles $S \in \mathcal{F}$ et de leurs

[1]) Cf. les remarques p. 228 à la suite de la déf. 8.

[2]) Cf. le livre précité de MM. Hilbert et Ackermann, pp. 63—64.

compléments $\overset{\circ}{S}$ [1]), *où n est un nombre naturel pair et où* l_i *(pour* $1 \leqslant i \leqslant n$) *et* $k_{i,j}$ *(pour* $1 \leqslant i \leqslant n$ *et* $1 \leqslant j \leqslant l_i$) *sont des nombres naturels arbitraires.*

Démonstration. Il résulte immédiatement du th. 3ª que la condition en question est suffissante. Pour prouver qu'elle est nécessaire, on raissonne par recurrence: en utilisant notamment la déf. 14 et les propriétés formelles des opérations fondamentales sur les ensembles de suites, on montre que la famille $\mathfrak{X}$ de tous les ensembles qui vérifient cette condition jouit de propriétés (α)—(δ) de la déf. 12; par conséquent, tout ensemble $S \in \mathfrak{D}f_1(\mathcal{F})$ appartient à cette famille [2]).

Je donne, à titre d'exemple, encore une conséquence facile des déf. 12—14 sur la famille $\mathfrak{D}_1(\mathcal{F})$:

Théorème 6. *Si* $\mathcal{F}$ *est une famille régulière,* $X \in \mathfrak{D}_1(\mathcal{F})$ *et* $Y \in \mathfrak{D}_1(\mathcal{F})$, *on a également* $\overline{X}$ [3]) $\in \mathfrak{D}_1(\mathcal{F})$, $X + Y \in \mathfrak{D}_1(\mathcal{F})$ *et* $X \cdot Y \in \mathfrak{D}_1(\mathcal{F})$.

M. Kuratowski a attiré mon attention sur une interprétation géométrique des notions introduites ici. Notamment la suite finie à contredomaine $\{k, l, \ldots, p\}$ peut être interprétée comme point dans un espsce à un nombre fini de dimensions et dont X_k, $X_l, \ldots, X_p$ sont des axes des coordonnées. L'ensemble $R_{\{k,l,\ldots,p\}}$ est alors l'espace tout entier; les ensembles homogènes sont des ensembles situés dans un de tels espaces. L'ensemble U_k se compose d'un seul point à coordonnée 1 situé sur l'axe X_k; les ensembles $M_{k,l}$ et $S_{k,l,m}$ deviennent des figures élémentaires connues de la Géométrie Analytique, à savoir, les demi-plans et les plans dans certaines positions spéciales. L'interprétation géométrique des opérations sur les ensembles introduites dans les déf. 5—8 n'est pas plus difficile; en particulier, dans l'opération $\overset{\circ}{\underset{k}{\Sigma}}$ nous avons facilement reconnu avec M. Kuratowski celle de projection parallèle à l'axe X_k. Il ne faut plus distinguer dans cette interprétation entre un terme et la suite composée de ce terme: les déf. 10 et 13 deviennent superflues. Les th. 1 et 2 prennent la forme de certains théorèmes de la Géométrie Analytique.

[1]) Cf. p. 232, note [1]).

[2]) C'est le transposition de la démonstration correspondante de la Métamathématique; cf. p. 237, note [2]).

[3]) C.-à-d. le complément de l'ensemble X.

Etant donné le caractère abstrait de ces considérations, l'hypothèse que les axes X_k, $X_l, \ldots$, X_p sont des droites euclidiennes n'est plus nécessaire. Elles peuvent être au contraire des „espaces abstraits" d'une nature absolument quelconque; l'espace $R_{\{k,l,\ldots,p\}}$ en est alors leur „produit combinatoire".

L'article commun de M. Kuratowski et de moi et surtout celui de M. Kuratowski, qui vont paraître dans ce volume [1]), semblent témoigner d'une grande importance heuristique des constructions ésquissées ici dans leur interprétation géométrique. En particulier, comme nous le montrerons dans le premier de ces articles, le théorème suivant est une conséquence de la déf. 12:

Si $\mathcal{F}$ est une famille d'ensembles projectifs, il en est de même de $\mathfrak{Df}_1(\mathcal{F})$.

On remarquera pour terminer que, au lieu des suites finies, on pourrait opérer dans toute la construction qui précéde avec les suites infinies ordinaires (à contredomaine identique à l'ensemble des nombres naturels) ou, autrement dit, avec les points de l'espace à une infinité de dimensions (espace de M. Hilbert) On pourrait même se servir uniquement des opérations sur les ensembles de suites qui ne conduiraient jamais au dehors ce cet espace. Ceci serait autant plus simple au point de vue logique que les opérations de complémentation, d'addition et de multiplication coïncideraient alors avec les opérations ordinaires de l'Algèbre des Ensembles. Par contre, au point de vue d'applications une telle construction aurait des défauts considérables, et sa valeur heuristique serait beaucoup moindre.

(*A suivre*).

[1]) Cf. p. 211, note [1]).

LES OPÉRATIONS LOGIQUES ET LES ENSEMBLES PROJECTIFS

Coauthored with Casimir Kuratowski

Fundamenta Mathematicae, vol. 17 (1931), pp. 240-248.

A revised text of this article was reprinted in:

Logique, Sémantique, Métamathématique. 1923-1944. Vol. 1. Edited by G. Granger. Librarie Armand Colin, Paris, 1972, pp. 147-156.

A revised text appeared in English translation as:

LOGICAL OPERATIONS AND PROJECTIVE SETS

in: *Logic, Semantics, Metamathematics. Papers from 1923-1938.* Clarendon Press, Oxford, 1956, pp. 143-151.

Les opérations logiques et les ensembles projectifs.

Par

C. Kuratowski (Lwów) et A. Tarski (Varsovie)[1].

Une fonction propositionnelle $\varphi(x_1, \ldots, x_n)$, de n variables réelles, sera dite *projective*, si l'ensemble $\underset{x_1 \ldots x_n}{E} \varphi(x_1, \ldots, x_n)$[2]), c.-à-d. l'ensemble des points de l'espace n-dimensionel qui satisfont à la fonction φ, est projectif[3]).

Nous nous proposons de démontrer que *les cinq opérations logiques* (voir N 1), *effectuées sur des fonctions projectives* (données en nombre fini), *conduisent toujours à des fonctions projectives.* Cela revient à dire que *tout ensemble de points définissable*[4]) *à l'aide de fonctions propositionnelles projectives est projectif.*

Dans les définitions que l'on rencontre habituellement, surtout en mathématiques classiques, les fonctions φ sont des fonctions projectives de types particulièrement simples: les ensembles $E\varphi$,

[1]) Les principaux résultats de cette note furent communiqués à la Soc. Pol. de Math. (Section de Lwów) aux séances du 10. VI et 15. X 1930.

[2]) Notation de M. Lebesgue. Si, par ex., $\varphi(x, y, z)$ signifie l'équation $z = x + y$, l'ensemble $\underset{x,y,z}{E}(z = x + y)$ est le plan donné par cette équation; $\varphi(x, y) \equiv (x < y)$, l'ensemble $\underset{x,y}{E}(x < y)$ est la moitié supérieure du plan XY déterminée par la diagonale $x = y$.

[3]) Un ensemble de points est dit, selon M. Lusin, *projectif*, lorsqu'il s'obtient à partir d'un ensemble fermé, en effectuant deux opérations (un nombre de fois): 1° la projection orthogonale, 2° le passage au complémentaire.

[4]) Il s'agit ici des définitions *explicites* (cf. N 4) et „arithmétiques" (ou „élémentaires") au sens établi dans la note précédente de M. Tarski (pp. 228 et 235). rapprochera le théorème en question du théorème p. 239, énoncé sans employe la notion de fonction propositionnelle.

qui leur correspondent, sont des courbes, surfaces etc. „élémentaires" au sens de l'Analyse (telles que le plan $z = x + y$, le paraboloïde hyperbolique $z = xy$, la surface $z = x^y$, l'ensemble des entiers positifs etc.). Toutes ces définitions définissent donc des ensembles projectifs; il est, d'autre part, remarquable que l'on peut nommer à l'aide de ces fonctions „élémentaires" des ensembles non-mesurables B, des fonctions non-représentables analytiquement, des ensembles projectifs de classe arbitraire [1]).

Pour nommer des ensembles non-projectifs (de façon explicite) il est donc indispensable de se servir, outre les variables réelles, des variables d'un type supérieur: qui admettent comme valeurs des ensembles de points [2]).

On voit ainsi que la notion d'ensemble projectif de M. Lusin s'impose d'une façon naturelle, lorsqu'on veut étudier les ensembles (ou fonctions) qui peuvent être nommés effectivement.

1. Notation logique. Formules de permutation.

α et β désignant deux propositions, α' désigne la négation de α $\alpha + \beta$ la somme logique (= „α ou β"), $\alpha \cdot \beta$ le produit logique (= „α et β").

$\varphi(x)$ désignant une fonction propositionnelle, $\sum\limits_x \varphi(x)$ veut dire: „il existe un x tel que $\varphi(x)$"; $\prod\limits_x \varphi(x)$ veut dire: „quel que soit x, on a $\varphi(x)$" [3]).

A et B désignant deux ensembles de nombres réels et A_x désignant un ensemble dépendant d'un paramètre x, on a les équivalences évidentes:

$$(1) \qquad (x \in A)' \equiv (x \in A')$$

$$(2) \qquad (x \in A) + (x \in B) \equiv x \in (A + B)$$

[1]) Nous reviendrons sur ces problèmes à une autre occasion.

[2]) Les ensembles définissables non-projectifs sont donc d'ordre $n \geqslant 2$ au sens de la note précédente.

[3]) par ex. $\prod\limits_x \sum\limits_y (x < y)$ veut dire que pour chaque x il existe un y tel que $x < y$. La condition pour qu'une fonction $f(x)$ soit bornée s'exprime de cette façon: $\sum\limits_y \prod\limits_x |f(x)| < y$.

(3) $$(x \in A) \cdot (x \in B) \equiv x \in A \cdot B$$

(4) $$\underset{x}{\Sigma}(t \in A_x) \equiv t \in \underset{x}{\Sigma} A_x$$

(5) $$\underset{x}{\Pi}(t \in A_x) \equiv t \in \underset{x}{\Pi} A_x$$

les symboles: $' + \cdot \Sigma$ et Π désignant dans le membre gauche les cinq opérations logiques et dans le membre droit les opérations de la Théorie des ensembles (complémentaire, somme, partie commune).

En tenant compte de la formule

(6) $$t \in \underset{x}{\boldsymbol{E}}\, \varphi(x) \equiv \varphi(t)$$

qui définit l'opération $\boldsymbol{E}$, on déduit facilement des formules précédentes les identités:

(7) $$\underset{x}{\boldsymbol{E}}\, (\varphi(x))' = (\underset{x}{\boldsymbol{E}}\, \varphi(x))'$$

(8) $$\underset{x}{\boldsymbol{E}}\, (\varphi(x) + \psi(x)) = \underset{x}{\boldsymbol{E}}\, \varphi(x) + \underset{x}{\boldsymbol{E}}\, \psi(x)$$

(9) $$\underset{x}{\boldsymbol{E}}\, (\varphi(x) \cdot \psi(x)) = \underset{x}{\boldsymbol{E}}\, \varphi(x) \cdot \underset{x}{\boldsymbol{E}}\, \psi(x)$$

(10) $$\underset{x}{\boldsymbol{E}}\, \underset{y}{\Sigma}\, \varphi(x, y) = \underset{y}{\Sigma}\, \underset{x}{\boldsymbol{E}}\, \varphi(x, y)$$

(11) $$\underset{x}{\boldsymbol{E}}\, \underset{y}{\Pi}\, \varphi(x, y) = \underset{y}{\Pi}\, \underset{x}{\boldsymbol{E}}\, \varphi(x, y).$$

A titre d'exemple, démontrons la formule (10):

D'après (6): $t \in \underset{x}{\boldsymbol{E}}\, \underset{y}{\Sigma}\, \varphi(x, y) \equiv \underset{y}{\Sigma}\, \varphi(t, y)$. En désignant par A_y l'ensemble $\underset{x}{\boldsymbol{E}}\, \varphi(x, y)$, on a selon (6): $\varphi(t, y) \equiv t \in \underset{x}{\boldsymbol{E}}\, \varphi(x, y) \equiv t \in A_y$, d'où d'après (4):

$$\underset{y}{\Sigma}\, \varphi(t, y) \equiv \underset{y}{\Sigma}\, t \in A_y \equiv t \in \underset{y}{\Sigma}\, A_y \equiv t \in \underset{y}{\Sigma}\, \underset{x}{\boldsymbol{E}}\, \varphi(x, y).$$

2. Dualité logico-mathématique.

Les formules (7)—(11) montrent que l'opération $\boldsymbol{E}$ peut être permutée avec chacune des cinq opérations logiques, chacune d'elles changeant le sens logique en sens mathématique (ou vice-versa). On voit ainsi que, si la fonction propositionnelle $\alpha(x)$ s'obtient des fonctions $\varphi_1, \ldots, \varphi_k$ (de variables différentes ou non) en effectuant les cinq opérations logiques, l'ensemble $\underset{x}{\boldsymbol{E}}\, \alpha(x)$ s'obtient de *la même façon* des ensembles $\underset{x}{\boldsymbol{E}}\, \varphi_1, \ldots, \underset{x}{\boldsymbol{E}}\, \varphi_k$ [1]).

Ceci reste encore vrai, lorsque α est une fonction de *plusieurs* variables, car les formules précédentes se généralisent immédiatement en remplaçant la variable x par un système de n variables [2]).

La dualité logico-mathématique sera exprimée dans la suite encore sous une autre forme, en tenant compte de la proposition suivante qui attribue à l'opération logique Σ une *interprétation géométrique*:

(12) *L'ensemble* $\underset{x}{\boldsymbol{E}} \underset{y}{\Sigma}\, \varphi(x, y)$ *est la projection de l'ensemble* $\underset{xy}{\boldsymbol{E}}\, \varphi(x, y)$ *parallèle à l'axe* Y.

En effet, selon (6):

$$x_0 \in \underset{x}{\boldsymbol{E}} \underset{y}{\Sigma}\, \varphi(x, y) \equiv \underset{y}{\Sigma}\, \varphi(x_0, y) \equiv \underset{y}{\Sigma}\, [(x_0, y) \in \underset{xy}{\boldsymbol{E}}\, \varphi(x, y)]$$

et la dernière proposition veut dire qu'il existe un point à abscisse x_0 qui appartient à l'ensemble $\underset{xy}{\boldsymbol{E}}\, \varphi(x, y)$; autrement dit, que x_0 appartient à la projection de cet ensemble sur l'axe X.

Exemples.

1) Soit $\mathcal{A}$ l'ensemble de nombres entiers. On définit la fonction „entier de x", $\mathcal{E}(x)$ de cette façon:

[1]) Cela justifie l'emploi des mêmes symboles en deux sens, logique et mathématique, sans danger de malentendu. On voit aussi que le passage de la fonction propositionnelle $\alpha(x)$ à l'ensemble $\underset{x}{\boldsymbol{E}}\, \alpha(x)$ n'est qu'une *autre façon de lire* l'expression qui définit $\alpha(x)$.

[2]) le cas $n = 0$ y compris; dans ce cas $\varphi(x)$ devient une proposition et, en désignant par 0 et 1 sa valeur logique (c. à d. le „faux" ou le „vrai") et en employant les mêmes symboles pour désigner l'ensemble vide et l'espace des nombres réels resp., on a:

$$(x \in 0) \equiv 0, \quad (x \in 1) \equiv 1, \quad \underset{x}{\boldsymbol{E}}\, 0 = 0, \quad \underset{x}{\boldsymbol{E}}\, 1 = 1.$$

$$[y = \mathcal{S}(x)] \equiv (y \epsilon A) \cdot (y \leqslant x) \cdot (x < y + 1).$$

Par conséquent (form. 9):

$$\underset{xy}{\boldsymbol{E}}[y = \mathcal{S}(x)] = \underset{xy}{\boldsymbol{E}}(y \epsilon A) \cdot \underset{xy}{\boldsymbol{E}}(y \leqslant x) \cdot \underset{xy}{\boldsymbol{E}}(x < y + 1).$$

On voit ainsi que „l'image géométrique" de la fonction $y = \mathcal{S}(x)$ est la partie commune de trois ensembles: 1° ensemble formé de droites horizontales à ordonnées entières, 2° demi-plan $y \leqslant x$, 3° demi-plan $x < y + 1$.

2) On a évidemment: $(x \geqslant 0) \equiv \underset{y}{\Sigma}(x = y^2)$. Par conséquent, l'ensemble des nombres non-négatifs $= \underset{x}{\boldsymbol{E}}(x \geqslant 0) = \underset{x}{\boldsymbol{E}} \underset{y}{\Sigma}(x = y^2) =$ $=$ projection parallèle à l'axe Y de la parabole $\underset{xy}{\boldsymbol{E}}(x = y^2)$.

3) Exprimons en symboles le fait que, si x est un nombre rationnel $(x \epsilon R)$, il est de la forme y/z où y et z sont des entiers dont le deuxième est non-nul:

$$R = \underset{x}{\boldsymbol{E}} \underset{y}{\Sigma} \underset{z}{\Sigma} (y \epsilon A) \cdot (z \epsilon A) \cdot (xz = y) \cdot (z \neq 0).$$

L'ensemble $\underset{xyz}{\boldsymbol{E}}(y \epsilon A) \cdot (z \epsilon A) \cdot (xz = y) \cdot (z \neq 0)$ est, selon (9), la partie commune de 4 ensembles: de l'ensemble formé des plans $\underset{xyz}{\boldsymbol{E}}(y \epsilon A)$, de l'ensemble formé des plans $\underset{xyz}{\boldsymbol{E}}(z \epsilon A)$, du paraboloïde hyperbolique $y = xz$, de l'espace entier diminué du plan $z = 0$. En projetant cet ensemble d'abord sur le plan XY et puis sur l'axe X, on obtient, conformément à (12), l'ensemble R.

Remarques.

1) Dans tout ce qui précède l'hypothèse que les variables $x, y, z, \ldots$, parcourent l'ensemble des nombres réels n'est nullement essentiel. On pouvait supposer que x parcourt un ensemble *arbitraire* X, y un ensemble Y, différent ou non de X, z un ensemble Z etc. Le plan euclidien XY devrait alors être remplacé par le „produit combinatorique" des ensembles X et Y, c. à d. par l'ensemble des paires (x, y), où $x \epsilon X$ et $y \epsilon Y$ (d'une façon analogue, le produit combinatoire de X, Y, Z est l'ensemble de „points" (x, y, z), où $x \epsilon X$, $y \epsilon Y$, $z \epsilon Z$). La notion de projection s'impose alors d'elle-même.

2) D'après (12) à l'opération logique Σ correspond une opération géométrique *continue*. C'est à ce fait que tiennent des nombreuses applications topologiques du calcul logique (voir la note suivante de M. Kuratowski).

3) Quant à l'opération Π, on voit facilement que l'ensemble $\underset{x}{E}\underset{y}{\Pi}\,\varphi(x.\,y)$ se compose de tous les x_0 tels que la droite $x = x_0$ est entièrement contenue dans l'ensemble $\underset{xy}{E}\,\varphi(x, y)$. Cette opération géométrique n'étant pas, en général, continue, il est souvent plus avantageux de la ramener à l'opération Σ par la formule de de Morgan (généralisée):

$$(13) \qquad \underset{x}{\Pi}\,\varphi(x) \equiv [\underset{x}{\Sigma}(\varphi(x))']'.$$

qui généralise la formule bien connue: $\alpha \cdot \beta \equiv (\alpha' + \beta')'$.

On voit ainsi que les cinq opérations logiques considérées se laissent réduire à trois: négation, somme, opération $\underset{x}{\Sigma}$.

4) Aux mêmes opérations se ramène aussi la relation d'implication: „α entraîne β", en symboles „$\alpha \rightarrow \beta$". Car:

$$(\alpha \rightarrow \beta) \equiv (\alpha' + \beta).$$

3. Ensembles et fonctions propositionnelles projectifs.

Les ensembles projectifs jouissent des propriétés fondamentales suivantes [1]):

a) le complémentaire d'un ensemble projectif est projectif,

b) la somme (ainsi que le produit) de deux ensembles projectifs est un ensemble projectif,

c) si $\underset{x}{E}\varphi(x)$ est projectif, $\underset{xy}{E}\varphi(x)$ l'est également [2]),

d) la projection d'un ensemble projectif est un ensemble projectif.

[1]) Voir par ex. N. Lusin, *Leçons sur les ensembles analytiques*, Paris 1930, pp. 276—7.

[2]) L'ensemble $\underset{xy}{E}\varphi(x)$ s'obtient en faisant passer une droite verticale par chaque point de l'ensemble $\underset{x}{E}\varphi(x)$.

Nous déduirons de là, à l'aide des formules (7)—(9), (12), le théorème principal de cette note:

Les cinq opérations logiques effectuées sur des fonctions propositionnelles projectives conduisent toujours à des fonctions propositionnelles projectives.

D'abord, on peut conformément à 3) réduire les cinq opérations à trois: négation, somme et opération $\underset{x}{\Sigma}$.

Or, 1°: si la fonction $\varphi(x)$ est projective, l'ensemble $\underset{x}{E}\varphi(x)$ l'est également; donc selon a): $(\underset{x}{E}\varphi(x))'$ est projectif, d'où d'après (7): $\underset{x}{E}(\varphi(x))'$ l'est également, ce qui veut dire que la fonction $(\varphi(x))'$ est projective.

2°: soit $\varphi(x_1, \ldots, x_n) \equiv \psi(x_{k_1}, \ldots, x_{k_j}) + \chi(x_{l_1}, \ldots, x_{l_m})$, les indices $k_1, \ldots, k_j, l_1, \ldots, l_m$ étant $\leqslant n$ [1]; les fonctions ψ et χ étant supposées projectives, on conclut de c) que les ensembles $\underset{x_1 \ldots x_n}{E} \psi(x_{k_1}, \ldots, x_{k_j})$ et $\underset{x_1 \ldots x_n}{E} \chi(x_{l_1}, \ldots, x_{l_m})$ sont projectifs et, comme selon (8):

$$\underset{x_1 \ldots x_n}{E} \varphi(x_1, \ldots, x_n) = \underset{x_1 \ldots x_n}{E} \psi(x_{k_1}, \ldots, x_{k_j}) + \underset{x_1 \ldots x_n}{E} \chi(x_{l_1}, \ldots, x_{l_m}),$$

on conclut de b) que φ est une fonction projective.

3°: $\varphi(x_1, \ldots, x_n)$ étant supposée une fonction projective, il s'agit de prouver que $\underset{x_k}{\Sigma} \varphi(x_1, \ldots, x_n)$ l'est également [2]. Ceci est évident en cas où $k > n$, car dans ce cas $\underset{x_k}{\Sigma}\varphi(x_1, \ldots, x_n) \equiv \varphi(x_1, \ldots, x_n)$. Supposons donc que $k \leqslant n$. Or, d'après (12), l'ensemble $\underset{x_1 \ldots x_{k-1}\, x_{k+1} \ldots x_n}{E} \underset{x_k}{\Sigma} \varphi(x_1, \ldots, x_n$ est une projection orthogonale de l'ensemble $\underset{x_1 \ldots x_n}{E} \varphi(x_1, \ldots, x_n)$; c'est donc, en raison de d) un ensemble projectif, c. q. f. d.

Exemples et remarques.

Soit $\varphi(x, y)$ une fonction propositionnelle projective de deux variables. L'ensemble $M = \underset{xy}{E}\varphi(x, y)$ est donc un ensemble projectif plan. Soit Q l'ensemble con-

[1] par ex. $\varphi(x, y, z) \equiv \psi(x, y) + \chi(y, z)$.

[2] Si $k = n = 1$, c'est une proposition. Or, chaque proposition est une fonction propositionnelle projective, puisque l'espace entier ainsi que l'ensemble vide sont des ensembles projectifs. Cf. p. 243, note [2]).

stitué par la réunion de toutes les droites contenues dans M. En symboles:

$$(x, y) \epsilon Q \equiv \sum_{abc} \{(ax + by = c) \cdot (a^2 + b^2 \neq 0) \cdot \prod_{uv} [(au + bv = c) \rightarrow \varphi(u, v)]\}\ ^{1)}.$$

L'ensemble $\underset{abcxy}{E}(ax + by = c)$ étant un ensemble fermé (dans l'espace à 5 dimensions) et l'ensemble $\underset{ab}{E}(a^2 + b^2 = 0)$ étant composé d'un seul point (0, 0), il résulte directement de notre théorème que Q est un ensemble projectif [2]).

On voit ainsi que l'opération qui déduit Q de M ne nous fait pas sortir du domaine d'ensembles projectifs. C'est le cas de la plupart des opérations que l'on a considérées en mathématiques; pour s'en convaincre il suffit d'écrire leurs définitions en symboles logiques.

En ce qui concerne l'énoncé du théorème du N 3, il est à remarquer que, si au lieu de supposer que les fonctions propositionnelles données sont projectives on fait des hypothèses plus restrictives, la fonction qui s'en obtient peut aussi être caractérisée de façon plus précise (par ex. que l'ensemble E qui lui correspond est mesurable B ou fermé etc.). On en trouvera des exemples dans la note suivante de M. Kuratowski. Un exemple de même genre est fourni par un théorème contenu implicitement dans la note précédente de M. Tarski [3]). Appelons notamment, „linéaire" toute fonction propositionnelle qui s'obtient par l'addition et multiplication effectuées à partir des fonctions propositionnelles de la forme $f(x_1, ..., x_n) = 0$ ou > 0, f désignant un polynôme de dégré 1 à coefficients entiers. Alors la propriété d'être une fonction propositionnelle linéaire est invariante relativement aux cinq opérations logiques considérées. En particulier, les ensembles de nombres réels définis à l'aide de fonctions linéaires sont des sommes finies d'intervalles (fermés ou ouverts) à extrémités rationnelles.

4. Définitions implicites.

Jusqu'ici nous avons supposé que la fonction „inconnue" α s'obtient d'un système de fonctions données $\varphi_1, ..., \varphi_n$, en exécutant sur elles des opérations logiques; le type de cette définition est

$$\alpha \equiv \Omega(\varphi_1, ..., \varphi_n).$$

Ce sont les définitions proprement dites, ou définitions *explicites*.

Si l'on exécute les cinq opérations logiques considérées, ainsi que le changement de variables [4]) sur le système $\varphi_1, ..., \varphi_n$ augmenté de la fonction inconnue α

[1]) Q peut aussi être défini de cette façon:

$$(x, y) \epsilon Q \equiv \sum_t \prod_{uv} \{[(u - x) \sin t = (v - y) \cos t] \rightarrow \varphi(u, v)\}.$$

[2]) qui peut, d'ailleurs, être non-mesurable B lorsque M est ouvert. Voir Nikodym et Sierpiński, Fund. Math. 7, p. 259.

[3]) voir les démonstrations des th. 1 et 2, pp. 232—233.

[4]) par. ex., si l'on passe de $\varphi(x, y)$ à $\varphi(x, z)$.

et si l'équation

$$\Omega(\varphi_1,\dots,\varphi_n,\alpha)\equiv 0$$

admet une et une seule „racine" (pour α), on peut dire que cette équation définit α *implicitement.*

Un type très fréquent de définitions implicites présentent les définitions *par induction* (finie ou transfinie).

A l'aide des définitions implicites on peut sortir du domaine des ensembles projectifs. Elles conduisent à une nouvelle classe d'ensembles, „ensembles implicitement projectifs", qu'il serait intéressant d'étudier.

O STOPNIU RÓWNOWAZNOŚCI WIELOKĄTÓW

Młody Matematyk, Vol. 1 (1931) (supplement to Parametr, Vol. 2), pp. 37-44.

DR. ALFRED TARSKI (Warszawa).

O stopniu równoważności wielokątów.

W artykule tym pragnę omówić pewne pojęcia, należące całkowicie do zakresu geometrji elementarnej, a dotąd niemal wcale nie zbadane.

Jak wiadomo, dwa wielokąty W i V nazywamy *równoważnemi*, wyrażając to wzorem: $W \equiv V$, jeżeli dają się one podzielić na jednakową ilość wielokątów odpowiednio przystających. Ten podział wielokątów równoważnych na części przystające nie jest jednoznaczny: dwa wielokąty równoważne dają się podzielić na części przystające w sposób rozmaity zarówno pod względem liczby, jak i kształtu tych części. Wyjaśnimy to na przykładzie.

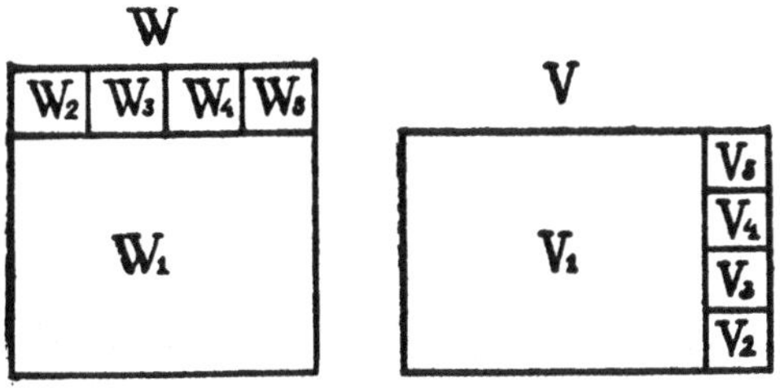

Rys. 1.

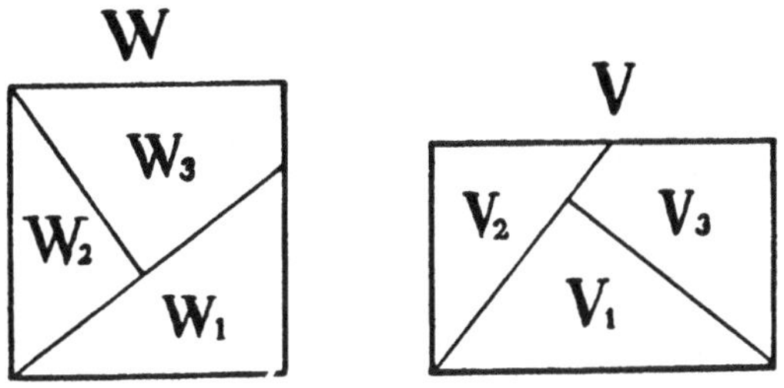

Rys. 2.

Zarówno rys. 1, jak i rys. 2, wykazują, że kwadrat o boku a oraz prostokąt o bokach $\frac{5}{4}a$ i $\frac{4}{5}a$ są sobie równoważne, ale ich podziały na obu rysunkach są zgoła różne.

W związku z tem spostrzeżeniem nasuwa się w sposób naturalny pytanie: na jaką *najmniejszą* liczbę części odpowiednio przystających można podzielić dwa dane wielokąty równoważne? Zagadnienia tego właśnie typu pragniemy poruszyć w „Parametrze".

W tym celu przyjmiemy następującą definicję:

Stopniem równoważności dwóch wielokątów równoważnych W i V nazywamy *najmniejszą* liczbę naturalną n, czyniącą zadość warunkowi: każdy z wielokątów W i V daje się podzielić na n wielokątów w ten sposób, że wielokąty, otrzymane z podziału W, odpowiednio przystają do wielokątów, otrzymanych z podziału V.[1]) — Stopień równoważności wielokątów W i V będziemy oznaczali symbolem: $\sigma(W, V)$.

Należy tu uczynić pewną uwagę. Wyrazowi „wielokąt" dogodnie jest nadać w niniejszych rozważaniach znaczenie szersze niż to, które jest stosowane w początkach nauczania geometrji elementarnej. Mianowicie, *wielokątem w znaczeniu szerszem* nazywamy tu figurę płaską, która jest *zestawieniem* skończonej liczby wielokątów w pospolitem znaczeniu tego wyrazu. Tak np. wielokątem w znaczeniu szerszem jest figura, złożona z prostokątów W_2 i W_4 na rys. 1, lub też figura, złożona z obu tych prostokątów i ponadto czworokąta W_3 na rys. 2. Zaznaczamy mimochodem, że rozszerzenie pojęcia wielokąta jest niezmiernie użyteczne w całej teorji równoważności wielokątów; bez tego rozszerzenia wiele rozumowań z tej teorji, spotykanych w podręcznikach elementarnych, grzeszy brakiem ścisłości.

W zastosowaniu do wielokątów w znaczeniu szerszem nastręcza pewną trudność poprawne zdefinjowanie pojęcia przystawania. Ograniczymy się tu do następującego wyjaśnienia poglądowego: dwa wielokąty w znaczeniu szerszem — podobnie jak i wszelkie figury geometryczne — przystają, jeżeli jeden z nich można „nałożyć" na drugi (nie zmieniając wzajemnego położenia składowych części żadnego z nich) w ten sposób, aby się „pokryły". Tak np. wielokąt, przedstawiony na rys. 3, nie przystaje do wielokąta, przedstawionego na rys. 4, ale jest z nim równoważny.

Rys. 3.

Rys. 4.

O stopniu równoważności wielokątów wiemy dotychczas bardzo mało. Podamy tu przykładowo kilka elementarnych własności tego pojęcia.

1. *Dla dowolnych wielokątów równoważnych W i V*

$$\sigma(W, V) = \sigma(V, W).$$

2. *Na to, by $\sigma(W, V) = 1$, potrzeba i wystarcza, by wielokąty W i V przystawały; w szczególności, dla dowolnego wielokąta W mamy:*

$$\sigma(W, W) = 1.$$

3. *Jeżeli wielokąt W możemy podzielić na wielokąty W_1 i W_2, a wielokąt V — na wielokąty V_1 i V_2 w ten sposób, iż $W_1 \equiv V_1$ i $W_2 \equiv V_2$, to*

$$\sigma(W, V) \leqslant \sigma(W_1, V_1) + \sigma(W_2, V_2).$$

[1]) O ile nam wiadomo, pojęcie to wprowadził Dr. Adolf Lindenbaum (Warszawa), który wraz z autorem artykułu ustalił pewne własności tego pojęcia.

4. *Jeżeli* $W \equiv U$ *i* $V \equiv U$, *to*

$$\sigma(W, V) \leqslant \sigma(W, U) \cdot \sigma(V, U).$$

Własności 1—3 są oczywiste. Uzasadnienie własności 4 również nie nastręczy trudności tym z pośród Czytelników, którzy uprzytomnią sobie zastosowanie metody t. zw. *podwójnej sieci podziału* do dowodu twierdzenia, w myśl którego dwa wielokąty, równoważne trzeciemu, są sobie równoważne.

Dla sformułowania następnej własności potrzebne jest pojęcie średnicy wielokąta.

Średnicą wielokąta W, symbolicznie: $\delta(W)$, nazywamy *najdłuższy* z pośród odcinków, łączących dwa punkty wielokąta W. — Łatwo okazać, że każdy wielokąt posiada średnicę (może być wiele średnic przystających).

5. *Jeżeli* W *i* V *są to wielokąty równoważne, przyczem* W *jest wielokątem wypukłym, to*

$$\sigma(W, V) \geqslant \frac{\delta(W)}{\delta(V)}.$$

D o w ó d. Zastosujmy rozumowanie apagogiczne. Przypuśćmy mianowicie, że wbrew tezie twierdzenia 5

$$(1) \qquad \sigma(W, V) = n < \frac{\delta(W)}{\delta(V)}.$$

Wynika stąd natychmiast, że

$$(2) \qquad \delta(V) < \frac{\delta(W)}{n}.$$

Zgodnie z określeniem średnicy, w wielokącie W znaleźć można dwa takie punkty A_0 i A_n, które są końcami średnicy $\delta(W)$. Podzielmy A_0A_n na n przystających części, i niech $A_1, A_2, \ldots A_{n-1}$ będą to punkty podziału. Każdy z odcinków A_kA_{k+1} (gdzie $0 \leqslant k < n$) przystaje do n-ej części średnicy $\delta(W)$, a zatem wobec (2) mamy: $A_kA_{k+1} > \delta(V)$; wnosimy stąd, że tem bardziej

(3) $\qquad A_kA_l > \delta(V)$ dla dowolnych różnych liczb naturalnych k i l, zawartych między 0 i n.

W myśl definicji stopnia równoważności, z (1) wynika, że wielokąty W i V dają się podzielić na n części odpowiednio przystających; niech $W_1, W_2, \ldots W_n$ będą to wielokąty, otrzymane z podziału W, a $V_1, V_2, \ldots V_n$ — odpowiednio przystające do nich wielokąty, otrzymane z podziału V.

Jak wiemy, punkty A_0 i A_n należą do wielokąta W; ponieważ W jest na mocy założenia wielokątem wypukłym, więc i wszystkie punkty odcinka A_0A_n, w szczególności zaś $A_1, A_2, \ldots A_{n-1}$, należą do W. W ten sposób w wielokącie W wyróżniliśmy $n+1$ punktów: $A_0, A_1, \ldots A_n$, a równocześnie podzieliliśmy ten wielokąt na n części: $W_1, W_2, \ldots W_n$. Wnosimy stąd, że choć dwa ze wskazanych punktów należą do tej samej części, np. punkty A_k i A_l ($k \neq l$) należą do części W_m.

Ponieważ wielokąty W_m i V_m przystają, przeto w wielokącie V_m możemy oczywiście znaleźć takie dwa punkty B_k i B_l, że odcinek B_kB_l przystaje do odcinka A_kA_l. Punkty B_k i B_l, należąc do V_m, należą tem samem do V, wobec czego odcinek B_kB_l nie może przekraczać średnicy wielokąta V. Zastępując B_kB_l odcinkiem przystającym A_kA_l, otrzymujemy wzór

(4) $A_kA_l \leqslant \delta(V)$, gdzie k i l są to dwie różne liczby naturalne, zawarte między 0 i n.

Wobec jawnej sprzeczności między (3) i (4) musimy odrzucić przypuszczenie (1) i uznać twierdzenie za udowodnione.

Twierdzenie 5 można uogólnić, zastępując warunek: „W jest wielokątem *wypukłym*" warunkiem: „W jest wielokątem *spójnym*" (t. zn. wielokątem takim, że dwa dowolne jego punkty dają się połączyć łamaną, której wszystkie punkty należą do tego wielokąta). Dowód uogólnionego twierdzenia, wymagający nieznacznej modyfikacji w dowodzie pierwotnym, pozostawiamy Czytelnikowi.

Operując definicją stopnia równoważności oraz powyżej podanemi własnościami tego pojęcia, można przystąpić do badania stopnia równoważności w odniesieniu do różnych konkretnych par wielokątów równoważnych. Naogół potrafimy dla stopnia równoważności każdej poszczególnej pary wielokątów podać jedynie pewne ograniczenia zgóry i zdołu.

Ograniczenia *zgóry* uzyskujemy natychmiast w tych przypadkach, gdy mamy rysunek, ustalający równoważność wielokątów W i V przez rozkład na części odpowiednio przystające: jeżeli w każdym z nich liczba części jest n, to na mocy definicji stopnia równoważności będziemy mieli

$$\sigma(W, V) \leqslant n.$$

Ponadto przy ustalaniu ograniczenia zgóry możemy niekiedy posiłkować się własnościami 3 i 4.

Jeśli chodzi o ograniczenia *zdołu*, mamy tu przedewszystkiem trywjalne ograniczenie: $\sigma(W, V) \geqslant 2$, które na mocy własności 2 zachodzi dla dowolnej pary wielokątów W i V równoważnych, ale nie przystających. Znacznie trudniej jest uzyskać mocniejsze ograniczenia zdołu; mamy tu narazie do dyspozycji tylko własność 5.

W niektórych tylko przypadkach udało się uzyskać ograniczenie zdołu, pokrywające się z ograniczeniem zgóry, i przez to samo — wyznaczyć dokładnie stopień równoważności wielokątów.

Podamy tu kilka przykładów.

A. Niech W i V będą to odpowiednio kwadrat i prostokąt z rys. 1 lub 2. Rys. 1 daje: $\sigma(W, V) \leqslant 5$, natomiast z rys. 2

otrzymujemy mocniejsze ograniczenie: $\sigma(W, V) \leqslant 3$. Na mocy własności 2 mamy: $\sigma(W, V) \geqslant 2$; własność 5 w tym przypadku lepszego ograniczenia nie daje. Ostatecznie więc $2 \leqslant \sigma(W, V) \leqslant 3$. Kwestja, która z liczb 2 i 3 jest wartością $\sigma(W, V)$, pozostaje otwarta.

B. Niech V będzie prostokątem o bokach $\frac{5}{4}a$ i $\frac{4}{5}a$ (jak w poprzednim przykładzie), a U — prostokątem o bokach $\frac{5}{2}a$ i $\frac{2}{5}a$.

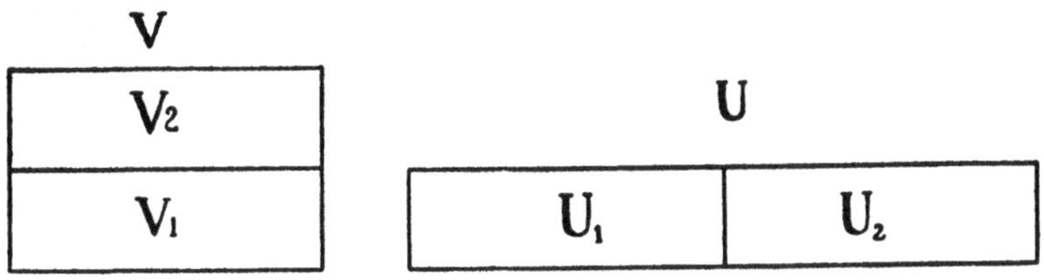

Rys. 5.

Rys. 5 daje: $\sigma(U, V) \leqslant 2$. Ponieważ z drugiej strony na mocy własności 2 (lub 5) mamy: $\sigma(U, V) \geqslant 2$, więc ostatecznie otrzymujemy: $\sigma(U, V) = 2$.

C. Niech W, V, U będą to figury, opisane w przykładach A i B. Na mocy własności 4 mamy:

$$\sigma(W, U) \leqslant \sigma(W, V) \cdot \sigma(U, V);$$

jak okazaliśmy w A i B, $\sigma(W, V) \leqslant 3$, a $\sigma(U, V) = 2$; zatem $\sigma(W, V) \leqslant 6$. W tym jednak przypadku zamiast stosowania własności 4 lepiej jest oprzeć się bezpośrednio na rys. 6, który daje: $\sigma(W, U) \leqslant 4$.

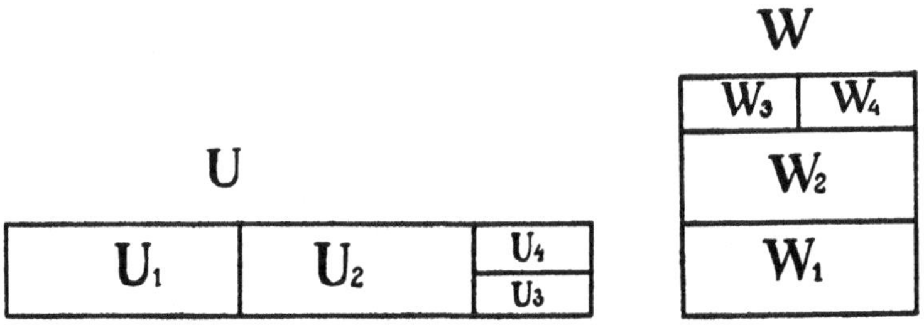

Rys. 6.

Z uwagi na własność 2 mamy ostatecznie: $2 \leqslant \sigma(W, U) \leqslant 4$. Kwestja wyznaczenia dokładnej wartości $\sigma(W, U)$ znowu zostaje otwarta.

D. Niech W będzie kwadratem o boku a, V — prostokątem o bokach $3a$ i $\frac{1}{3}a$.

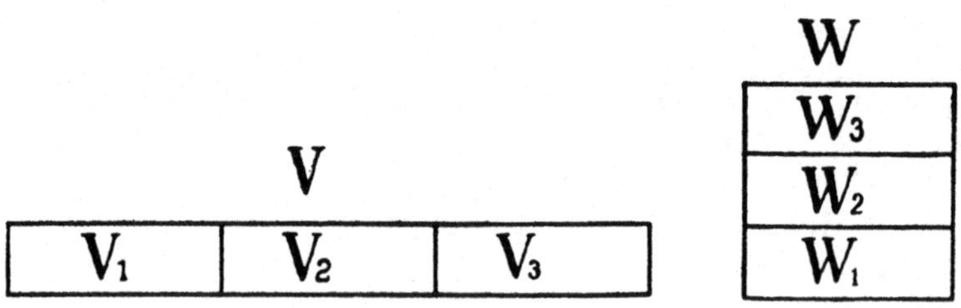

Rys. 7.

Z rys. 7 widać, że $\sigma(W, V) \leqslant 3$. Z drugiej strony, stosując własność 5, otrzymujemy:

$$\sigma(W, V) \geqslant \frac{\delta(V)}{\delta(W)}.$$

Jak łatwo widzieć, średnicami prostokątów są ich przekątne; wobec tego: $\delta(V) = \sqrt{\frac{82}{9}}\cdot a$, $\delta(W) = \sqrt{2}\cdot a$, a zatem $\sigma(W, V) \geqslant \sqrt{\frac{41}{9}} > 2$. Ponieważ $\sigma(W, V)$ jest liczbą naturalną, więc nierówność: $\sigma(W, V) > 2$ zastąpić można nierównością: $\sigma(W, V) \geqslant 3$. Ograniczenia zgóry i zdołu pokrywają się, wobec czego mamy: $\sigma\,(W, V) = 3$.

Na tych przykładach poprzestajemy.

Nawiązując do pierwszego zdania w niniejszym artykule, powtarzamy raz jeszcze, że w tym dziale geometrji elementarnej niemal wszystko pozostało do zrobienia. Nasuwa się tu cały szereg wdzięcznych tematów do opracowania, z pośród których wysuniemy następujący.

Niech Q będzie kwadratem o boku a, P zaś prostokątem o bokach $x\cdot a$ i $\frac{1}{x}\cdot a$, gdzie x jest dowolną liczbą rzeczywistą *dodatnią*. Wielokąty Q i P są oczywiście równoważne. Jak łatwo się zorjentować, stopień ich równoważności jest funkcją x; będziemy go oznaczali symbolem „$\tau(x)$", kładziemy zatem:

$$\sigma(Q, P) = \tau(x).$$

Tematem, którego opracowanie gorąco polecalibyśmy, byłoby dokładne zbadanie funkcji $\tau(x)$.

Niektóre ze znanych nam własności podamy w następujących twierdzeniach:

I. *Funkcja* $\tau(x)$ *jest określona dla wszelkich liczb dodatnich i jako wartości przybiera wyłącznie liczby całkowite dodatnie.*

II. $\tau(x) = \tau(\frac{1}{x})$ *dla dowolnego* $x > 0$.

Są to bezpośrednie konsekwencje definicji funkcji $\tau(x)$ oraz definicji stopnia równoważności.

Oznaczając symbolem „$E^*(x)$" najmniejszą liczbę całkowitą n niemniejszą od danej liczby rzeczywistej x (a zatem sprawdzającą wzór: $n - 1 < x \leqslant n$), mamy dalej:

III. $\tau(x) \leqslant E^*(\sqrt{x^2 - 1}) + 2$ *dla dowolnego* $x \geqslant 1$.

Dowodu powyższego twierdzenia nie będziemy przytaczali; zaznaczymy jedynie, że dowód ten można uzyskać analizując dowody dwóch znanych twierdzeń z teorji równoważności wielokątów, a mianowicie 1) twierdzenie o równoważności dwóch równoległoboków, których podstawy i wysokości odpowiednio przystają, 2) twierdzenia, w myśl którego kwadrat, zbudowany na przyprostokątnej dowolnego trójkąta prostokątnego jest równoważny prostokątowi, zbudowanemu z przeciwprostokątnej oraz z rzutu rozważanej przyprostokątnej na przeciwprostokątną[1]). Proponujemy Czytelnikowi podanie dokładnego dowodu omawianego twierdzenia lub przynajmniej kilku jego szczególnych przypadków, jak

$$\tau(1\tfrac{1}{3}) \leqslant 3, \quad \tau(2\tfrac{1}{4}) \leqslant 4, \quad \tau(\sqrt{10}) \leqslant 5.$$

Twierdzenie III ustala pewne ograniczenie górne dla funkcji $\tau(x)$. W tych przypadkach, gdy x jest liczbą wymierną, dają się uzyskać inne, częstokroć mocniejsze ograniczenia dla rozważanej funkcji, przyczem — w przeciwstawieniu do twierdzenia III — przy ustalaniu tych ograniczeń nie trzeba się uciekać do podziału prostokątów na figury, nie będące prostokątami. Pomijając tu przypadek ogólny, podamy następujące łatwe twierdzenie:

IV. $\tau(n) \leqslant n$ *dla dowolnej liczby całkowitej dodatniej* n.

Wynika to z następującej uwagi: kwadrat o boku a można podzielić na n przystających prostokątów o bokach a i $\frac{1}{n}\cdot a$, z których następnie daje się ułożyć prostokąt o bokach $n \cdot a$ i $\frac{1}{n}\cdot a$ (por. rys. 7 dla $n = 3$).

V. $\tau(x) \geqslant \sqrt{\dfrac{x^4+1}{2x^2}}$ *dla dowolnego* $x > 0$.

Łatwy dowód tego twierdzenia opiera się na własności 5 stopnia równoważności (por. podany powyżej przykład D).

Ograniczenia dolnego dla funkcji $\tau(x)$, ustalonego w ostatniem twierdzeniu, nie potrafimy dotąd w istotnej mierze wzmocnić.

---

[1]) Por. dowody obu tych twierdzeń w podręczniku Wł. Wojtowicza: *Zarys geometrji elementarnej*, wyd. VI, § 177 oraz §§ 191 i 192 (przez analizę dowodu drugiego z tych twierdzeń uzyskaliśmy podany powyżej rys. 2).

Pewne wzmocnienie, pozbawione jednak większego znaczenia, przedstawia następujący wzór, który podamy tu bez dowodu:

$$\tau(x) \geqslant \sqrt{\frac{x^4}{2x^2-1}} \quad dla\ x \geqslant 1.$$

Jako bezpośredni wniosek z twierdzenia V zanotujemy wreszcie:

VI. $\tau(x) \to +\infty$, *gdy* $x \to +\infty$.

Przy pomocy powyższych twierdzeń możemy obliczyć wartości funkcji $\tau(x)$ dla pewnych, nielicznych zresztą wartości argumentu. Tak więc mamy: $\tau(1) = 1$, $\tau(2) = \tau(\frac{1}{2}) = 2$ i $\tau(3) = \tau(\frac{1}{3}) = 3$ (jeśli chodzi o ten ostatni wzór, por. przykład D). Nieco inną metodą można wykazać, że $\tau(4) = \tau(\frac{1}{4}) = 4$; uzasadnienie tego wzoru pozostawiamy Czytelnikom.

Natomiast ustalenie wartości funkcji $\tau(x)$ dla innych wartości x, i to nawet dla wartości całkowitych ($x \geq 5$), wciąż jeszcze nastręcza trudności. W szczególności nie potrafimy dotąd udowodnić następującego twierdzenia, które wydaje się nader prawdopodobne:

$\tau(n) = n$ *dla dowolnej liczby całkowitej dodatniej n.*

Jako inny przykład nieudowodnionego dotąd a prawdopodobnego twierdzenia przytoczymy następujące zdanie:

$\tau(x) \geq 3$ *dla dowolnego x dodatniego, różnego od* $\frac{1}{2}$, 1 *i* 2.

Zdanie to w zestawieniu z twierdzeniem III pozwoliłoby obliczyć wartości funkcji $\tau(x)$ dla nieskończenie wielu wartości argumentu, mielibyśmy bowiem: $\tau(x) = 3$ dla każdego x, sprawdzającego nierówności: $\frac{1}{\sqrt{2}} \leqslant x \leqslant \sqrt{2}$ i $x \neq 1$.

Z uwag powyższych wynika jasno, że od dokładnej znajomości przebiegu funkcji $\tau(x)$ jesteśmy w chwili obecnej bardzo jeszcze dalecy.

Redakcja zachęca Czytelników do nadsyłania wyników dalszych rozważań na tematy, poruszone w powyższym artykule.

THE DEGREE OF EQUIVALENCE OF POLYGONS

(English translation by Isaak Wirszup

of the preceding article)

THE DEGREE OF EQUIVALENCE OF POLYGONS*

by

Alfred Tarski (Warsaw)

In this article I intend to discuss some concepts of elementary geometry which have hitherto not been investigated.

Two polygons W and V are called equivalent (a relation expressed by the formula W ≡ V) if they can be divided into the same number of respectively congruent polygons. This division of equivalent polygons into congruent parts is not unique; two equivalent polygons can be divided into congruent parts in various ways which differ from one another with respect to the number of parts or the form of these parts or both. The following example is an illustration of this statement.

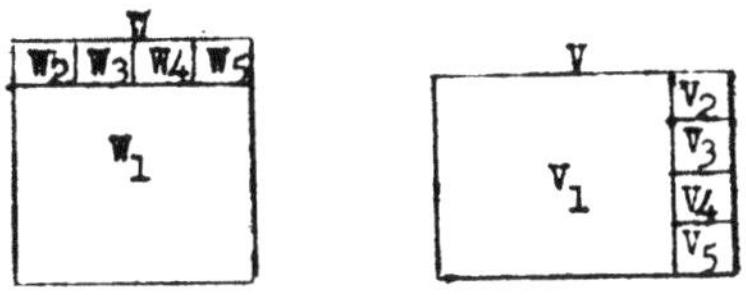

Fig. 1

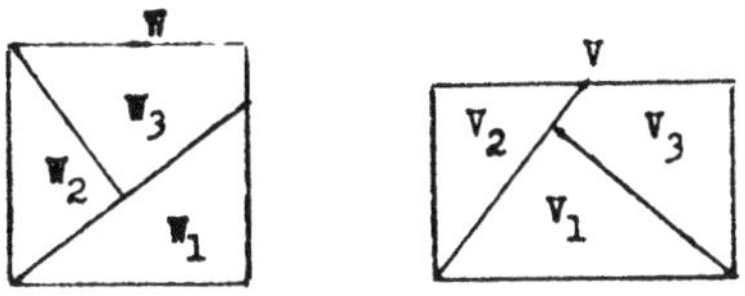

Fig. 2

Fig. 1 and Fig. 2 show that a square with side a and a rectangle with sides $\frac{5}{4}$a and $\frac{4}{5}$a are equivalent, but the methods of division in the two instances are evidently distinct.

In connection with this illustration, there naturally arises the following question: What is the least number of respectively congruent parts into which two given equivalent polygons can be divided?

A problem of this type will be discussed here.

For this discussion the following definition is adopted: The <u>degree of equivalence</u> of two equivalent polygons W and V is the least natural number n sat-

---

* This paper appeared in Polish under the title <u>O stopniu równoważności wielokątów</u> in the journal <u>Odbitka z młodego matematyka</u> ("The young mathematician"), vol. 1 (1931), pp. 37–44. It was translated and edited during July, 1950, by Isaak Wirszup of the Mathematics Staff of the College of the University of Chicago.

isfying the condition: W and V can each be subdivided into n polygons in such a way that the polygons obtained by the subdivision of W are respectively congruent to the polygons obtained by the subdivision of V.* The degree of equivalence of the polygons W and V will be denoted by the symbol: $\sigma(W,V)$.

Here a remark is needed. It will be convenient in the following discussion to give to the word "polygon" a meaning broader than that which it has in elementary geometry. According to this broader meaning, a polygon is a plane figure composed of a finite number of polygons in the usual sense of that word. For example the figure composed of the rectangles W_2 and W_4 in Fig. 1 is a polygon in the broader sense; similarly the figure composed of both those rectangles together with the quadrilateral W_3 of Fig. 2 is also a polygon. It may be mentioned in passing that this extension of the concept "polygon" is extremely useful in the whole theory of the equivalence of polygons; without this extension many arguments which appear in elementary books lack rigour.

When the broader meaning first described is applied to the word polygon, it is not easy to define the concept of congruence. Here the following intuitive definition is adopted: two polygons in the broader sense (like geometric figures of any kind) are congruent if one of them can be "laid on" the other (without changing the relative positions of the component parts of either) in such a way that they "coincide". For example the polygon given in Fig. 3 is not congruent to the polygon given in Fig. 4; they are equivalent, however.

Fig. 3

Fig. 4

Hitherto very little has been known about the degree of equivalence of polygons. A few elementary theorems are the following:

1. For any two equivalent polygons W and V:

$$\sigma(W,V) = \sigma(V,W) \quad .$$

2. The congruence of two polygons W and V is a necessary and sufficient condition for

$$\sigma(W,V) = 1 \quad .$$

In particular, for any polygon W,

$$\sigma(W,W) = 1 \quad .$$

* This concept was introduced by Dr. Adolf Lindenbaum (Warsaw) who together with the author developed some of its properties.

3. If the polygon W can be divided into two polygons W_1 and W_2 and if the polygon V can be divided into two polygons V_1 and V_2 so that $W_1 \equiv V_1$ and $W_2 \equiv V_2$, then

$$\sigma(W,V) \leq \sigma(W_1,V_1) + \sigma(W_2,V_2) .$$

4. If $W \equiv U$ and $V \equiv U$, then

$$\sigma(W,V) \leq \sigma(W,U) \cdot \sigma(V,U) .$$

The relations 1–3 are self-evident. The argument to establish relation 4 can cause no difficulty to any reader who remembers the application of the so-called "double division network" method in the proof of the theorem that two polygons equivalent to a third are equivalent to each other.

For the formulation of the next property the concept of the diameter of a polygon is necessary.

The diameter of the polygon W, symbolized by $\delta(W)$, is the longest segment joining two points of the polygon W. It is easy to show that every polygon has a diameter (there may be many congruent diameters).

5. If W and V are equivalent polygons, and W is convex, then

$$\sigma(W,V) \geq \frac{\delta(W)}{\delta(V)} .$$

Proof: Apply the method of reductio ad absurdum. Suppose that, contrary to Theorem 5,

(1) $$\sigma(W,V) = n < \frac{\delta(W)}{\delta(V)}$$

It follows immediately that

(2) $$\delta(V) < \frac{\delta(W)}{n} .$$

In accordance with the definition of the diameter there can be found in the polygon W two points A_0 and A_n which are the endpoints of the diameter $\delta(W)$. Divide A_0A_n into n congruent parts and let $A_1, A_2, \ldots, A_{n-1}$ be the division points. Each segment A_kA_{k+1} (where $0 \leq k < n$) is congruent to the nth part of the diameter $\delta(W)$, therefore it follows from (2) that $A_kA_{k+1} > \delta(V)$; hence certainly

(3) $$A_kA_f > \delta(V)$$

for any distinct natural numbers k and f between 0 and n .

From the assumption (1) that n is the degree of equivalence of the two polygons it follows that W and V can each be divided into n parts which are respectively congruent in pairs; let $W_1, W_2, \ldots, W_n$ be the polygons obtained by the division of W, and let $V_1, V_2, \ldots, V_n$ be the respectively congruent parts of V.

The points A_0 and A_n belong to the polygon W; since W is, by hypothesis, a convex polygon, thus all points of the segment A_0A_n and particularly $A_1, A_2, \ldots, A_{n-1}$ belong to W. In this way any n + 1 points $A_1, A_2, \ldots, A_n$ are distinguished in the polygon W, and at the same time this polygon is divided into n parts: $W_1, W_2, \ldots, W_n$. It may be inferred therefore that at least two of the above-mentioned points belong to one and the same part; for example the points A_k and A_f $(k \neq f)$ belong to the part W_m.

Since the polygons W_m and V_m are congruent, V_m certainly contains two points B_k and B_f such that the segment B_kB_f is congruent to the segment A_kA_f. The points B_k and B_f belonging to V_m must also belong to V, and consequently the segment B_kB_f cannot exceed the diameter of the polygon V.

Replacing B_kB_f by the congruent segment A_kA_f gives the formula

$$A_kA_f \leq \delta(V) \quad , \tag{4}$$

where k and f are two distinct natural numbers between 0 and n. Because of the evident contradiction between (3) and (4) hypothesis (1) must be rejected; thus Theorem 5 is proved.

Theorem 5 may be generalized by replacing the condition: "W is a convex polygon" by the condition: "W is a cohesive polygon" (i.e. a polygon, any two points of which can be joined by a broken line all of whose points belong to the polygon). The proof of this generalized theorem, which requires only a slight modification of the previous proof, is left to the reader.

Using the definition of the degree of equivalence together with the already established properties of equivalent polygons, it is possible to investigate the degree of equivalence of particular pairs of equivalent polygons.

In general only lower and upper bounds for the degree of equivalence of any particular pair of polygons can be found.

The upper bound is obtained immediately in those cases where there is a drawing establishing the equivalence of the polygons W and V by decomposition into respectively congruent parts. If in W and V the number of parts is n, then, by the definition of the degree of equivalence,

$$\sigma(W,V) \leq n \; .$$

Moreover, in establishing the upper bound the properties 3 and 4 can sometimes be used.

For the lower bound there is first of all the trivial limit: $\sigma(W,V) \geq 2$, which holds (according to 2) for any pair of polygons W and V which are equivalent but not congruent. It is much more difficult to obtain a stronger lower bound; for the moment only property 5 is available for this purpose.

Only in a few cases has a lower bound coinciding with the upper bound been obtained, thus establishing exactly the degree of equivalence of the two polygons in question. A few examples will illustrate the situation just described.

A. Let W and V be respectively the square and the rectangle of Fig. 1 or Fig. 2. Fig. 1 yields: $\sigma(W,V) \leq 5$; Fig. 2 yields a stronger upper bound: $\sigma(W,V) \leq 3$. Theorem 2 gives: $\sigma(W,V) \geq 2$. In this case Theorem 5 does not give any better bound. Consequently

$$2 \leq \sigma(W,V) \leq 3 .$$

The question remains open: Which of the numbers 2 and 3 is the value for $\sigma(W,V)$?

B. Let V be the rectangle with sides $\frac{5}{4}a$ and $\frac{4}{5}a$ (as in the previous example) and let U be a rectangle with sides $\frac{5}{2}a$ and $\frac{2}{5}a$.

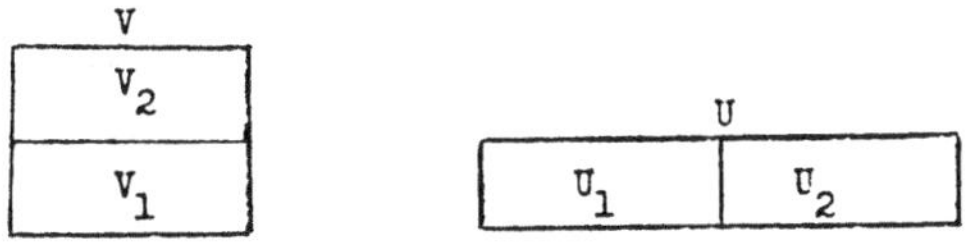

Fig. 5

Fig. 5 shows that $\sigma(U,V) \leq 2$. On the other hand Theorem 2 (or 5) shows that $\sigma(U,V) \geq 2$. Therefore: $\sigma(U,V) = 2$.

C. Let W, V, U, be the figures described in the examples A and B. From property 4 it follows that

$$\sigma(W,U) \leq \sigma(W,V) \cdot \sigma(U,V) .$$

As already shown in examples A and B, $\sigma(W,V) \leq 3$ and $\sigma(U,V) = 2$; therefore $\sigma(W,U) \leq 6$. But in this case, instead of applying Theorem 4, it is better to base the argument on Fig. 6, which yields: $\sigma(W,U) \leq 4$.

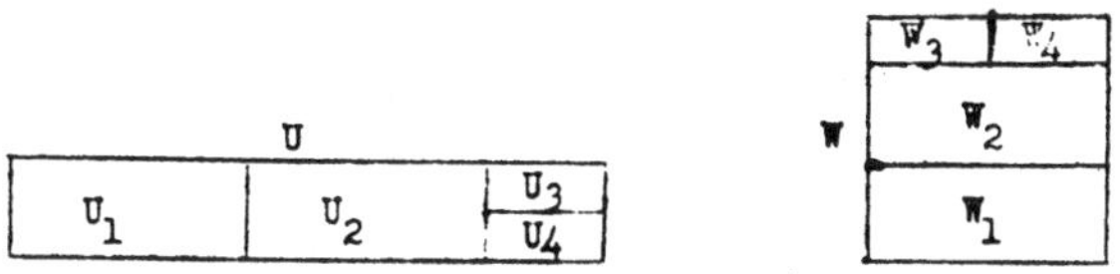

Fig. 6

From Theorem 2 it follows that: $2 \leq \sigma(W,U) \leq 4$. The problem of establishing the exact value of $\sigma(W,U)$ again remains unsolved.

D. Let W be a square with side a ; let V be a rectangle with sides 3a and $\frac{1}{3}$a .

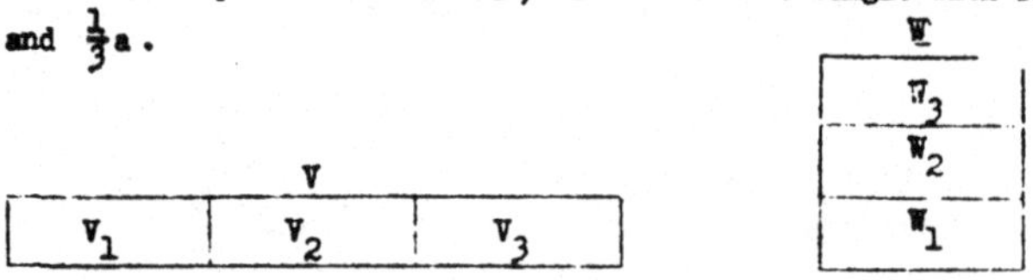

Fig. 7

From Figure 7 it follows that $\sigma(W,V) \leq 3$. On the other hand, the application of Theorem 5 gives:

$$\sigma(W,V) \geq \frac{\delta(V)}{\delta(W)}$$

As it is easy to see the diameters of rectangles are their diagonals; therefore: $\delta(V) = \sqrt{\frac{82}{9}} \cdot a$, $\delta(W) = \sqrt{2} \cdot a$, and $\sigma(W,V) \geq \sqrt{\frac{41}{9}} > 2$. Since $\sigma(W,V)$ is a natural number, the inequality $\sigma(W,V) > 2$ can be replaced by the inequality: $\sigma(W,V) \geq 3$. The upper and lower bounds are identical, and $\sigma(W,V) = 3$.

Returning to the first sentence of this article it should be emphasized that in the part of elementary geometry under discussion very little is known. There are many attractive problems, which heretofore have not even been stated. A few of them are here given.

Let Q be a square with side a ; let P be a rectangle with sides xa and $\frac{1}{x}$a, where x is any positive real number. The polygons Q and P are equivalent. Evidently the degree of their equivalence is a function of x , which may be denoted by the symbol " $\tau(x)$ ". Hence

$$\sigma(Q,P) = \tau(x) \quad .$$

The exact investigation of the function $\tau(x)$ offers a nice problem. Some of the known properties of this function are listed below:

I. The function $\tau(x)$ is defined for all positive numbers; all its values are positive integers.

II. $\tau(x) = \tau(\frac{1}{x})$ for any $x > 0$.

These two statements are direct consequences of the definitions of the function $\tau(x)$ and of the degree of equivalence.

Denoting by the symbol " $E^*(x)$ " the least integer n not less than the given real number x (and hence satisfying the formula: $n - 1 < x \leq n$), leads to the theorem:

III. $\tau(x) \leq E^*(x^2 - 1) + 2$ for any $x \geq 1$,

the proof of which is here not given. It may be mentioned that this proof can be obtained by analyzing the proofs of two theorems of the theory of equivalence of polygons, namely 1) the theorem of equivalence of two parallelograms with respectively congruent bases and altitudes; 2) the theorem that the square constructed on one arm of a right triangle is equivalent to the rectangle formed by the hypotenuse and the projection of the arm in question on the hypotenuse*.

The reader is urged to make an exact proof for Theorem III, or at least for a few of its special cases such as:

$$\tau(1\tfrac{1}{3}) \leq 3 \;; \qquad \tau(2\tfrac{1}{4}) \leq 4 \;; \qquad \tau(\sqrt{10}) \leq 5 \;.$$

Theorem III establishes an upper bound for the function $\tau(x)$. Where x is a rational number, it is possible to obtain other (often stronger) bounds for the function in question. Moreover, in establishing these bounds it is unnecessary to divide rectangles into figures which are not rectangles (contrast the general case treated by Theorem III.).

Omitting this general case, for our consideration, it is easy to prove that

IV. $\tau(n) \leq n$ for any positive integer n .

This theorem follows from the fact that a square with side a can be divided into n congruent rectangles with sides a and $\frac{1}{n}\cdot a$, from which the rectangle with sides $n\cdot a$ and $\frac{1}{n}\cdot a$ can then be constructed (compare Fig. 7 for $n = 3$).

V. $\tau(x) \geq \sqrt{\dfrac{x^4 + 1}{2x^2}}$ for any $x > 0$.

The easy proof for this theorem is based on Theorem 5 (cf. example D).

Hitherto no one has succeeded in strengthening significantly the lower bound of the function $\tau(x)$ established in Theorem V. An unimportant strengthening of this bound is given by the theorem

$$\tau(x) \geq \sqrt{\frac{x^4}{2x^2 - 1}} \qquad \text{for } x \geq 1 \;,$$

which is here presented without proof.

An immediate consequence of Theorem V is:

VI. $\tau(x) \longrightarrow +\infty$, when $x \longrightarrow +\infty$.

---

* The proofs of both these theorems are given in the book by W. Wojtowicz: "An outline of elementary geometry". The proof of the second of these theorems led to the construction here given in Fig. 2.

With the help of the theorems given here, the values of the function $\tau(x)$ can be calculated for a few values of the argument. Thus: $\tau(1) = 1$, $\tau(2) = \tau(\frac{1}{2}) = 2$ and $\tau(3) = \tau(\frac{1}{3}) = 3$ (for the last formula compare example D). By a slightly different method it may be shown that $\tau(4) = \tau(\frac{1}{4}) = 4$. The argument for this last formula is left to the reader.

On the other hand, the problem of establishing the value of $\tau(x)$ for other values of x and even for other integer values of x ($x \geq 5$) still offers some difficulties. In particular, a proof is not known for the highly probable theorem:

$\tau(n) = n$ for any positive integer n.

Another example of an unproved, but probable, statement is:

$\tau(x) \geq 3$ for any positive x different from $\frac{1}{2}$, 1, and 2.

This last statement together with Theorem III would permit the values of the function $\tau(x)$ to be calculated for an infinite number of values of the argument, since under these conditions $\tau(x) = 3$ for any x, satisfying the inequalities $\frac{1}{\sqrt{2}} \leq x \leq 2$ and $x \neq 1$.

From the remarks above it is clear that we are still far from an exact knowledge of the values of the function $\tau(x)$. The editors urge readers to send them the results of further investigations of the problems mentioned here.

TEORJA DŁUGOŚCI OKRĘGU W SZKOLE ŚREDNIEJ

Parametr, Vol. 2 (1932), pp. 257-267.

Odbitka z czasopisma „Parametr". Tom II, Nr. 8—10.

DR. ALFRED TARSKI (Warszawa).

Teorja długości okręgu w szkole średniej.

W myśl obowiązującego w klasie VII szkół średnich programu, obliczenia długości okręgu, pola koła oraz pola powierzchni i objętości elementarnych brył obrotowych winny być opracowywane w ścisłej łączności z teorją granic, jako przykłady zastosowań tej teorji. Zalecenie to interpretuje się zazwyczaj w ten sposób, że określa się długość okręgu, pole koła i t. d. jako granice odpowiednich ciągów i z określeń tych wysnuwa się wzory, służące do obliczenia rozważanych wielkości. Ten sposób postępowania nazywać będę **metodą granic.**

Można jednak obrać jako punkt wyjścia takie określenia, które nie zawierają wcale pojęcia granicy, a natomiast uwydatniają ścisły związek wskazanych wielkości z pojęciem ciągłości, charakteryzując je jako pewne przekroje; tem niemniej i w tym przypadku, przy wyprowadzaniu z podanych określeń wzorów na obliczenie, dogodnie jest posługiwać się wiadomościami z teorji granic. Metoda ta, którą nazwę dla krótkości **metodą przekrojów**, — aczkolwiek terminu „**przekrój**" nie będę *explicite* używał, — z wielu względów wydaje się właściwszą.

Rozkład materjału w obowiązującym programie pozwala przy opracowaniu interesujących nas zagadnień zużytkować wiadomości z trygonometrji — w szerszym lub węższym zakresie, zależnie od typu szkoły; mam wrażenie, że na tej drodze można uczynić wykład bardziej przejrzystym i łatwiej dostępnym.

W artykule niniejszym skupię głównie uwagę na teorji długości okręgu; posiłkując się trygonometrją, naszkicuję wykład tej teorji dwiema wymienionemi metodami, a następnie zestawię obie metody z punktu widzenia ich wartości dydaktycznej.

§ 1. Metoda granic.

Zakładam, że klasa zna teorję granic w rozmiarach, przewidzianych w programie. Uczeń opanował już więc pojęcie **ciągu, ciągów rosnących i malejących, ciągów ograniczonych zgóry i zdołu,** wreszcie **ciągów zbieżnych i granicy.** Zakładam też znajomość następujących twierdzeń:

1. *Każdy ciąg zbieżny posiada dokładnie jedną granicę.*

2. *Każdy ciąg rosnący i ograniczony zgóry jest zbieżny, przyczem granica jego jest większa od wszystkich jego wyrazów; każdy ciąg malejący i ograniczony zdołu jest zbieżny, przyczem granica jego jest mniejsza od wszystkich jego wyrazów.*

3. *Jeśli wszystkie wyrazy ciągu zbieżnego* u_n *są* $\leqslant$ (wgl. $\geqslant$) *od danej liczby c, to i* $\lim u_n \leqslant c$ (wzgl. $\lim u_n \geqslant c$); *jeśli wszystkie wyrazy ciągu* u_n *są* $= c$, *to i* $\lim u_n = c$.

4. *Jeśli c jest dowolną liczbą, a* v_n *jest ciągiem zbieżnym, to* $\lim (c \pm v_n) = c \pm \lim v_n$ *i* $\lim (c \cdot v_n) = c \cdot \lim v_n$.

5. *Jeśli* u_n *i* v_n *są to ciągi zbieżne, to* $\lim (u_n \pm v_n) = \lim u_n \pm \lim v_n$ *i* $\lim (u_n \cdot v_n) = \lim u_n \cdot \lim v_n$.

W dalszym wykładzie dogodnie będzie operować pojęciem ciągów współzbieżnych:

6. *Ciągi* u_n *i* v_n *nazywamy* współzbieżnemi, *jeśli*: (1) u_n *jest ciągiem rosnącym, a* v_n — *malejącym*; (2) *zachodzi stale nierówność*: $u_n < v_n$; *wreszcie* (3) $\lim (v_n - u_n) = 0$.[1])

Z określenia tego oraz z podanych powyżej twierdzeń dają się wysnuć między innemi następujące wnioski:

7. *Jeśli ciągi* u_n *i* v_n *są współzbieżne, to ciągi te są zbieżne, mają wspólną granicę i granica ta jest jedyną liczbą, większą od wszystkich wyrazów pierwszego ciągu, a mniejszą od wszystkich wyrazów drugiego.*

8. *Jeśli* $c > 0$, *a ciągi* u_n *i* v_n *są współzbieżne, to i ciągi* $c \cdot u_n$ *i* $c \cdot v_n$ *są współzbieżne.*

Wreszcie potrzebny nam będzie następujący lemat:

9. *Jeśli* $k < l$ *i* u_n *jest ciągiem rosnącym* (wzgl. *malejącym*), *to średnia arytmetyczna k pierwszych wyrazów ciągu jest mniejsza* (wzgl. *większa*) *od średniej arytmetycznej l pierwszych wyrazów.*)

Dowód. Mamy

$$
\begin{aligned}
(1) \quad & l \cdot (u_1 + u_2 + \cdots + u_k) = \\
& = k \cdot (u_1 + u_2 + \cdots + u_k) + \\
& + (l - k) \cdot (u_1 + u_2 + \cdots + u_k), \\
& k \cdot (u_1 + u_2 + \cdots + u_k + u_{k+1} + \cdots + u_l) = \\
& = k \cdot (u_1 + u_2 + \cdots + u_k) + \\
& + k \cdot (u_{k+1} + \cdots + u_l).
\end{aligned}
$$

Iloczyn $(l - k) \cdot (u + u_2 + \cdots + u_k)$ można przedstawić jako sumę $k \cdot (l - k)$ składników, z których każdy jest jednym z wyrazów $u_1, u_2, \dots u_k$:

---

[1]) Zamiast „ciągi współzbieżne" mówi się zazwyczaj „ciągi zbieżne"; z uwagi jednak na dwuznaczność wyrazu „zbieżny", terminologja taka może być źródłem nieporozumień. Dlatego też w artykule niniejszym posługuję się terminem „zbieżny" wyłącznie dla oznaczenia pojedyńczych ciągów, posiadających granicę, a nie dla wyrażenia zależności między dwoma ciągami.

$$\begin{aligned}(l-k)\cdot(u_1+u_2+\cdots+u_k) &= \\ &= (u_1+u_2+\cdots+u_k)+ \\ &+ (u_1+u_2+\cdots+u_k)+ \\ &+ \quad \cdot \quad \cdot \quad \cdot \quad \cdot \quad \cdot \quad \cdot \quad \cdot \quad + \\ &+ (u_1+u_2+\cdots+u_k) \qquad [l-k \text{ razy}].\end{aligned}$$

Podobnie iloczyn $k\cdot(u_{k+1}+\cdots+u_l)$ można przestawić jako sumę tyluż składników, z których każdy jest jednym z wyrazów $u_{k+1}, \ldots u_l$:

$$\begin{aligned}k\cdot(u_{k+1}+\cdots+u_l) &= (u_{k+1}+\cdots+u_l)+ \\ &+ (u_{k+1}+\cdots+u_l)+ \\ &+ \quad \cdot \quad \cdot \quad \cdot \quad \cdot \quad \cdot \quad \cdot \quad + \\ &+ (u_{k+1}+\cdots+u_l) \qquad [k \text{ razy}].\end{aligned}$$

Ponieważ ciąg u_n jest rosnący, więc każdy składnik pierwszej sumy jest mniejszy od każdego składnika drugiej sumy, a liczba wyrazów w obu sumach jest jednakowa; stąd

$$(2) \quad (l-k)\cdot(u_1+u_2+\cdots+u_k) < \\ < k\cdot(u_{k+1}+\cdots+u_l).$$

Dodając do obu stron nierówności (2) liczbę

$$k\cdot(u_1+u_2+\cdots+u_k),$$

otrzymujemy:

$$k\cdot(u_1+u_2+\cdots+u_k)+(l-k)\cdot(u_1+u_2+\cdots+u_k) < \\ < k\cdot(u_1+u_2+\cdots+u_k)+k\cdot(u_{k+1}+\cdots+u_l),$$

skąd, z uwagi na (1),

$$(3) \quad l\cdot(u_1+u_2+\cdots+u_k) < k\cdot(u_1+u_2+\cdots+u_l).$$

Dzieląc wreszcie obie strony wzoru (3) przez $k\cdot l$, po skróceniu uzyskujemy nierówność:

$$\frac{u_1+u_2+\cdots+u_k}{k} < \frac{u_1+u_2+\cdots+u_l}{l}, \text{ c. b. d. d.}$$

Przechodząc zkolei do trygonometrji, zakładam, że klasa zna już teorję mierzenia kątów (w stopniach, a nie w radjanach), określenie i zmienność głównych funkcyj trygonometrycznych: $\sin\alpha$, $\cos\alpha$ i $\operatorname{tg}\alpha$, przynajmniej w zakresie I ćwiartki, oraz zasadnicze związki między temi funkcjami; nadto pożądana jest znajomość wzorów na funkcje sumy i różnicy kątów oraz opartych na tych wzorach przekształceń.

Opierając się na określeniach granicy i funkcji $\cos\alpha$, wykazujemy bez wszelkich trudności, że

$$10. \quad \lim \cos\frac{\alpha}{n} = 1.$$

Dalej ustalamy następujący lemat, który zresztą sam przez się zasługuje na uwagę:

11. *Jeśli* $0^\circ < \alpha < \beta < 90^\circ$, *to* $\frac{\sin\beta}{\sin\alpha} < \frac{\beta}{\alpha} < \frac{\operatorname{tg}\beta}{\operatorname{tg}\alpha}$.

Możnaby to wyrazić w taki sposób: *sinus w I ćwiartce rośnie wolniej niż kąt, a tangens prędzej.*

D o w ó d. Udowodnimy jedynie szczególny przypadek twierdzenia (wystarczający zresztą w zupełności dla naszych celów) — ten mianowicie, gdy kąty α i β są współmierne.

Istnieją więc takie liczby naturalne k i l oraz taki kąt γ, iż

(1) $k < l$,

(2) $\alpha = k\cdot\gamma$ i $\beta = l\cdot\gamma$.

Połóżmy:

(3) $u_n = \sin n\cdot\gamma - \sin(n-1)\cdot\gamma$, gdzie $n = 1, 2, \ldots l$, (więc w szczególności $u_1 = \sin\gamma$, $u_2 = \sin 2\gamma - \sin\gamma$, i t. d.).

Wykazujemy, że

(4) *Ciąg* u_n *jest malejący.*

W istocie, mamy zgodnie z (3)

$$u_n = \sin n\cdot\gamma - \sin(n-1)\cdot\gamma = 2\sin\tfrac{1}{2}\gamma\cdot\cos(n-\tfrac{1}{2})\cdot\gamma,$$
$$u_{n+1} = \sin(n+1)\cdot\gamma - \sin n\cdot\gamma = 2\sin\tfrac{1}{2}\gamma\cdot\cos(n+\tfrac{1}{2})\cdot\gamma,$$

gdzie $n < l$. Ponieważ cosinus w I ćwiartce maleje, więc

$$\cos(n-\tfrac{1}{2})\cdot\gamma > \cos(n+\tfrac{1}{2})\cdot\gamma,$$

skąd

$$2\sin\tfrac{1}{2}\gamma\cdot\cos(n-\tfrac{1}{2})\cdot\gamma > 2\sin\tfrac{1}{2}\gamma\cdot\cos(n+\tfrac{1}{2})\cdot\gamma,$$

czyli

$$u_n > u_{n+1}.$$

O ile klasa nie zna jeszcze zastosowanych tu przekształceń trygonometrycznych, możemy potrzebne nierówności ustalić na drodze bezpośredniego rozumowania geometrycznego, wychodząc z określenia sinusa[2]).

W myśl lematu 9, z (1) i (4) wynika, że

(5) $$\frac{u_1 + u_2 + \cdots + u_k}{k} > \frac{u_1 + u_2 + \cdots + u_l}{l}.$$

Z drugiej strony, z (3) wnosimy z łatwością, że

$$u_1 + u^2 + \cdots + u_k = \sin\gamma + [\sin 2\gamma - \sin\gamma] + \cdots +$$
$$+ [\sin k\cdot\gamma - \sin(k-1)\cdot\gamma] = \sin k\cdot\gamma;$$

podobnie

$$u_1 + u_2 + \cdots + u_l = \sin l\cdot\gamma.$$

---

[2]) Rozumowanie takie wraz z odpowiednim rysunkiem zawarte jest *implicite* w artykule dr. J. M i h u ł o w i c z a: *O określeniu obwodu koła.* — *Parametr*, tom I, str. 220–221.

Zatem wobec (5)

$$\frac{\sin k\cdot\gamma}{k} > \frac{\sin l\cdot\gamma}{l},$$

skąd

$$(6) \qquad \frac{\sin l\cdot\gamma}{\sin k\cdot\gamma} < \frac{l}{k}.$$

Wzory (2) i (6) dają natychmiast:

$$\frac{\sin\beta}{\sin\alpha} < \frac{\beta}{\alpha}.$$

Podobnie uzasadniamy drugą żądaną nierówność:

$$\frac{\beta}{\alpha} < \frac{\operatorname{tg}\beta}{\operatorname{tg}\alpha}.$$

Kładziemy mianowicie: $v_n = \operatorname{tg} n\cdot\gamma - \operatorname{tg}(n-1)\cdot\gamma$, gdzie $n = 1, 2, \ldots l$, i wykazujemy, że ciąg ten jest rosnący, — bądź przy pomocy łatwych przekształceń trygonometrycznych, bądź też na drodze bezpośredniego rozumowania geometrycznego[1]); dalej rozumujemy jak poprzednio. Ostatecznie więc

$$\frac{\sin\beta}{\sin\alpha} < \frac{\beta}{\alpha} < \frac{\operatorname{tg}\beta}{\operatorname{tg}\alpha}, \text{ c. b. d. d.}$$

Przy pomocy powyższego lematu ustalamy twierdzenie:

12. *Ciągi* $u_n = n\cdot\sin\frac{180^\circ}{n}$ i $v_n = n\cdot\operatorname{tg}\frac{180^\circ}{n}$, *gdzie* $n \geqslant 3$, *są współzbieżne.*

Dowód. Kąty $\alpha = \frac{180^\circ}{n+1}$ i $\beta = \frac{180^\circ}{n}$ są ostre (poczynając od $n = 3$) i współmierne, przyczem $\alpha < \beta$, $\frac{\beta}{\alpha} = \frac{n+1}{n}$.

Zatem, zgodnie z lematem 11,

$$\frac{\sin\frac{180^\circ}{n}}{\sin\frac{180^\circ}{n+1}} < \frac{n+1}{n} < \frac{\operatorname{tg}\frac{180^\circ}{n}}{\operatorname{tg}\frac{180^\circ}{n+1}}.$$

Mnożąc obie strony pierwszej części tego wzoru przez $n\cdot\sin\frac{180^\circ}{n+1}$, otrzymujemy: $n\cdot\sin\frac{180^\circ}{n} < (n+1)\cdot\sin\frac{180^\circ}{n+1}$, czyli $u_n < u_{n+1}$; podobnie druga część wzoru daje: $v_n > v_{n+1}$. W ten sposób:

(1) u_n *jest ciągiem rosnącym, a* v_n — *malejącym.*

[1]) Por. Mihułowicz, *op. cit.*, str. 221—222.

Dalej mamy $u_n = n \cdot \sin \frac{180^\circ}{n} = n \cdot \mathrm{tg} \frac{180^\circ}{n} \cdot \cos \frac{180^\circ}{n} =$

$= v_n \cdot \cos \frac{180^\circ}{n}$; ponieważ $\cos \frac{180^\circ}{n} < 1$, więc

(2) *stale* $u_n < v_n$.

W myśl twierdzenia 2, ciąg v_n jako malejący i ograniczony zdołu (np. przez liczbę 0), musi być zbieżny. Z twierdzeń 10 i 5 wynika, że i ciąg $1 - \cos \frac{180^\circ}{n}$ jest zbieżny, przytem $\lim (1 - \cos \frac{180^\circ}{n}) = 1 - \lim \cos \frac{180^\circ}{n} = 1 - 1 = 0$. Stąd, zgodnie z twierdzeniem 4, ciąg $v_n \cdot (1 - \cos \frac{180^\circ}{n})$ jest również zbieżny, przyczem

$$\lim [v_n \cdot (1 - \cos \frac{180^\circ}{n})] =$$

$$= \lim v_n \cdot \lim (1 - \cos \frac{180^\circ}{n}) = \lim v_n \cdot 0 = 0.$$

Z drugiej strony $v_n \cdot (1 - \cos \frac{180^\circ}{n}) = v_n - v_n \cdot \cos \frac{180^\circ}{n} =$

$= v_n - n \cdot \mathrm{tg} \frac{180^\circ}{n} \cdot \cos \frac{180^\circ}{n} = v_n - n \cdot \sin \frac{180^\circ}{n} = v_n - u_n$.

Ostatecznie więc

(3) $\lim (v_n - u_n) = 0$.

Wobec (1) — (3) i w myśl określenia 6 *ciągi* u_n *i* v_n *są współzbieżne*, c. b. d. d.

Z twierdzeń 7 i 12 wynika, że ciągi $u_n = n \cdot \sin \frac{180^\circ}{n}$ i $v_n = n \cdot \mathrm{tg} \frac{180^\circ}{n}$ posiadają wspólną granicę; dla oznaczenia jej wprowadzamy specjalny symbol:

13. *Wspólną granicę ciągów współzbieżnych* $u_n = n \cdot \sin \frac{180^\circ}{n}$ i $v_n = n \cdot \mathrm{tg} \frac{180^\circ}{n}$, *gdzie* $n \geqslant 3$, *nazywamy* l i c z b ą π.

Jako bezpośredni wniosek z twierdzenia 8 i określenia 13 uzyskujemy:

14. $n \cdot \sin \frac{180^\circ}{n} < \pi < n \cdot \mathrm{tg} \frac{180^\circ}{n}$ *dla dowolnej liczby naturalnej* $n \geqslant 3$.

Ten ostatni wzór daje uczniowi możność wyznaczenia liczby π z dość dużą dokładnością przy pomocy zwykłych tablic czterocyfrowych (kwestja, czy znajomość przybliżonych wartości tej liczby potrzebna była przy układaniu tablic, nie wchodzi tu w grę). Tak np., kładąc $n = 180$, obliczamy: $n \cdot \sin \frac{180^0}{n} >$ $> 180 \cdot 0{,}01745 = 3{,}141$; dla $n = 90$ otrzymujemy: $n \cdot \mathrm{tg} \frac{180^0}{n} <$ $< 90 \cdot 0{,}03495 < 3{,}146$; stąd $3{,}141 < \pi < 3{,}146$.

Możemy już obecnie sformułować określenie długości okręgu i wyprowadzić z niego wzór na obliczenie tej wielkości.

15. Długość okręgu *jest to wspólna granica ciągu obwodów wszystkich wielokątów foremnych wpisanych w okrąg i ciągu obwodów wszystkich wielokątów foremnych opisanych na okręgu.*

Często określa się długość okręgu jako wspólną granicę wszystkich ciągów obwodów wielokątów foremnych wpisanych w okrąg lub opisanych na okręgu, przyczem pierwszy wielokąt w ciągu ma dowolną ilość boków, a każdy następny ma dwa razy więcej boków niż poprzedni. Określenie to razi swą sztucznością, a przytem nie wykazuje żadnych praktycznych ani teoretycznych zalet w porównaniu z określeniem 15.[4])

Zasadnicze twierdzenie teorji długości okręgu brzmi:

16. *Każdy okrąg posiada ściśle określoną długość l; jeśli r jest długością promienia okręgu, to l wyraża się wzorem: $l = 2\pi \cdot r$.*

Dowód. Niech u_n, wzgl. v_n, będzie obwodem n-kąta foremnego wpisanego w okrąg, wzgl. opisanego na okręgu. Jak łatwo okazać przy pomocy rysunku, $u_n = 2r \cdot n \cdot \sin \frac{180^0}{n}$, zaś $v_n = 2r \cdot n \cdot \mathrm{tg} \frac{180^0}{n}$. Stosując tw. 8 i 12, wnosimy stąd, że ciągi u_n i v_n jako współzbieżne mają wspólną granicę, przyczem zgodnie z twierdzeniem 4 i określeniem 13,

$$\lim u_n = \lim v_n = 2r \cdot \lim n \cdot \sin \frac{180^0}{n} = 2r \cdot \lim n \cdot \mathrm{tg} \frac{180^0}{n} = 2\pi \cdot r.$$

W myśl określenia 15 ta właśnie wspólna granica jest długością okręgu: $l = 2\pi \cdot r$, c. b. d. d.

Jako bezpośrednią konsekwencję powyższego twierdzenia uzyskujemy:

17. *Długości okręgów są wprost proporcjonalne do długości ich promieni.*

---

[4]) Zwrócił już na to uwagę w cytowanym powyżej artykule p. J. Mihułowicz.

Teorja pola koła nie wykazuje żadnych istotnych różnic. Pole koła określamy jako granicę ciągu pól wszystkich wielokątów foremnych wpisanych w koło lub opisanych na kole. Oznaczając odpowiednio symbolami „r", „s", „u_n" i „v_n" długość promienia koła, pole koła, pole n-kąta foremnego wpisanego w koło i pole n-kąta foremnego opisanego na kole, okazujemy, że ciągi

$$u_n = r^2 \cdot n \cdot \sin\frac{180^0}{n} \cdot \cos\frac{180^0}{n} \quad \text{i} \quad v_n = r^2 \cdot n \cdot \operatorname{tg}\frac{180^0}{n}$$

mają wspólną granicę: $\lim u_n = \lim v_n = \pi \cdot r^2$; stąd, zgodnie z określeniem, $s = \pi \cdot r^2$.

W zupełnie analogiczny sposób rozwijamy teorję pola powierzchni i objętości elementarnych brył obrotowych: walca, stożka i kuli. Jeśli chodzi w szczególności o tę ostatnią, to rozważamy bryły, powstałe z obrotu wielokątów foremnych o $2n$ bokach, wpisanych w okrąg oraz opisanych na okręgu, dookoła osi, przechodzącej przez dwa przeciwległe wierzchołki wielokąta. Oznaczamy długość promienia okręgu przez „r", pole powierzchni bryły, powstałej z obrotu wielokąta wpisanego, wzgl. opisanego, — przez „u_n", wzgl. „v_n", zaś objętość bryły — przez „u'_n", wzgl. „v'_n". Korzystając ze wzorów na pole powierzchni i objętość walca i stożka, wykazujemy, że $u_n = 4\pi \cdot r^2 \cdot \cos\frac{90^0}{n}$,

$$v_n = \frac{4\pi \cdot r^2}{\cos\frac{90^0}{n}}, \quad u'_n = \frac{4}{3}\pi \cdot r^3 \cdot \cos^2\frac{90^0}{n} \quad \text{i} \quad v'_n = \frac{4\pi \cdot r^3}{3\cos\frac{90^0}{n}};$$

stąd przez przejście do granicy uzyskujemy znane wzory na pole powierzchni i objętość kuli.

§ 2. Metoda przekrojów.

Wiadomości z teorji ciągów potrzebne są tu w tym samym zakresie, co przy poprzedniej metodzie; odpada jedynie lemat 9.

Niezbędne jest natomiast przypomnienie klasie pewnika ciągłości (Dedekinda). Pewnik ten odgrywał istotną rolę i w poprzednich rozważaniach: bez jego pomocy nie potrafimy rozwinąć teorji mierzenia odcinków i kątów, uzasadnić istnienia granicy ciągów współzbieżnych, ani też możności wpisywania w okrąg wielokątów foremnych o dowolnej liczbie boków; teraz jednak będziemy go stosowali w sposób bezpośredni.

Dla dogodnego sformułowania pewnika zawieramy przedewszystkiem następujące dwie umowy:

18. *Powiadamy, że zbiór liczb A* poprzedza *zbiór liczb B, jeśli każda liczba zbioru A jest mniejsza od każdej liczby zbioru B.*

19. *Powiadamy, że liczba c* oddziela *zbiór liczb A od zbioru liczb B, jeśli każda liczba zbioru A jest* $\leqslant c$, *a każda liczba zbioru B jest* $\geqslant c$.

Sam pewnik przybiera następującą postać:

20. *Jeśli zbiór liczb A poprzedza zbiór liczb B, to istnieje choć jedna liczba c, która oddziela te dwa zbiory.*

Zdanie to jest jednym z pewników algebry, wzgl. arytmetyki[5]; zupełnie analogiczny pewnik przyjmujemy jednak i w geometrji, formując go nie dla liczb, ale dla punktów i odcinków.

Rozumowania, oparte bezpośrednio na pewniku ciągłości (i na tkwiącem w nim *implicite* pojęciu przekroju), są naogół trudniejsze od rozważań, w których stosuje się wyniki z teorji granic. Dla uniknięcia tych trudności ustalamy następujące twierdzenie, które rzuca niejako pomost między obiema rozważanemi metodami:

21. *Jeśli zbiór liczb A poprzedza zbiór liczb B, jeśli nadto* u_n *i* v_n *są to dwa ciągi współzbieżne, przyczem wszystkie wyrazy pierwszego ciągu należą do zbioru A, a drugiego — do zbioru B, wówczas istnieje dokładnie jedna liczba, oddzielająca zbiór A od zbioru B; tą jedyną liczbą (nie należącą przytem do żadnego z dwóch zbiorów) jest wspólna granica obu ciągów* u_n *i* v_n.

Dowód. W myśl pewnika 20 istnieje choć jedna liczba c, która oddziela zbiór A od zbioru B. Z uwagi na określenie 19, każda taka liczba musi być większa od wszystkich wyrazów ciągu u_n, a mniejsza od wszystkich wyrazów ciągu v_n. Stosując twierdzenie 7, dochodzimy do wniosku, że jedyną taką liczbą jest wspólna granica ciągów u_n i v_n, co właśnie należało udowodnić.

Co się tyczy trygonometrji, to rozważania przygotowawcze z jej zakresu ulegają przy metodzie przekrojów pewnemu uproszczeniu.

Zamiast wzoru 10 ustalamy następujący wzór, którego dowód nie nastręcza większych trudności:

$$10'. \qquad \lim \cos \frac{\alpha}{2^{n+1}} = 1.$$

Lemat 11, którego uzasadnienie było dość kłopotliwe, w całości niemal odpada; potrzebny nam jest jedynie bardzo specjalny przypadek tego lematu, w którym $\beta = 2\alpha$:

Jeśli $0 < \alpha < 45^0$, *to* $\sin 2\alpha < 2 \sin \alpha$, *a* $\operatorname{tg} 2\alpha > 2 \operatorname{tg} \alpha$.

Dowód, oparty bądź na wzorach:

$$\sin 2\alpha = 2 \sin \alpha \cdot \cos \alpha, \qquad \operatorname{tg} 2\alpha = \frac{2 \operatorname{tg} \alpha}{1 - \operatorname{tg}^2 \alpha},$$

[5]) Jeśli liczby rzeczywiste określa się jako przekroje w zbiorze liczb wymiernych (a nie wprowadza się ich na drodze aksjomatycznej), wówczas zdanie 20 traci charakter pewnika i staje się twierdzeniem.

bądź też na bezpośredniem rozumowaniu geometrycznem, jest bardzo łatwy.

Twierdzenie 12 modyfikujemy w następujący sposób:

12'. *Ciągi* $u_n = 2^{n+1} \cdot \sin \frac{180^0}{2^{n+1}}$ *i* $v_n = 2^{n+1} \cdot \operatorname{tg} \frac{180^0}{2^{n+1}}$ *są współzbieżne.*

Dowód tem się tylko różni od dowodu twierdzenia 12, że zamiast lematu 11 stosujemy 11'.

Analogicznej zmianie ulega określenie 13:

13'. *Wspólną granicę ciągów współzbieżnych*

$$u_n = 2^{n+1} \cdot \sin \frac{180^0}{2^{n+1}} \quad i \quad v_n = 2^{n+1} \cdot \operatorname{tg} \frac{180^0}{2^{n+1}}$$

nazywamy liczbą π.

Przystępując do właściwej teorji długości okręgu, przyjmujemy następujące określenie, niejednokrotnie już zresztą stosowane w wykładzie elementarnym[6]):

15'. Długość okręgu *jest to liczba, większa od długości każdej łamanej zamkniętej (niezwiązanej), wpisanej w okrąg, a mniejsza od długości każdej łamanej zamkniętej, opisanej na okręgu.*

Zagadnienie równoważności określeń 15 i 15', wzgl. 13 i 13', nie nastręcza wielkich trudności, nie będzie tu nas jednak bliżej interesowało.

Biorąc określenie 15' jako punkt wyjścia, uzasadniamy twierdzenie 16, t. j. podstawowe twierdzenie całej teorji, przy pomocy następującego rozumowania:

Niech A, wzgl. B, będzie to zbiór tych wszystkich liczb, które są długościami łamanych zamkniętych wpisanych w okrąg, wzgl. opisanych na okręgu. Zbiór A poprzedza zbiór B, gdyż, jak wiadomo z geometrji, łamana wypukła, zawarta we wnętrzu innej łamanej zamkniętej, jest od tej łamanej krótsza.

Utworzymy dwa ciągi współzbieżne takie, iż wszystkie wyrazy pierwszego ciągu należą do zbioru A, a drugiego — do zbioru B. Moglibyśmy się tu posługiwać temi ciągami, o których mowa w określeniu 15; wówczas jednak musielibyśmy oprzeć dowód na twierdzeniu 12, a więc pośrednio na lematach 9 i 11. Aby tego uniknąć, budujemy dwa inne ciągi, opuszczając w każdym z ciągów, wspomnianych przed chwilą, nieskończenie wiele wyrazów. Bierzemy mianowicie pod uwagę ciągi wielokątów foremnych wpisanych w okrąg, wzgl. opisanych na okręgu, z których pierwszy jest kwadratem, a każdy następny daje się uzyskać z poprzedniego przez podwojenie liczby boków.

---

[6]) Por. F. Enriques i U. Amaldi. *Zasady geometrji elementarnej*, przekład Wł. Wojtowicza, str. 207 — 214.

Jak łatwo stwierdzić, n^{ty} wielokąt każdego z tych ciągów posiada 2^{n+1} boków.

Oznaczając przez „u_n“, wzgl. „v_n“, obwód n^{tego} wielokąta wpisanego, wzgl. opisanego, uzyskujemy:

$$u_n = 2r \cdot 2^{n+1} \cdot \sin \frac{180^\circ}{2^{n+1}}, \quad v_n = 2r \cdot 2^{n+1} \cdot \operatorname{tg} \frac{180^\circ}{2^{n+1}}.$$

Przy pomocy twierdzeń 8 i 12' wnosimy stąd, że ciągi u_n i v_n są współzbieżne; zgodnie z twierdzeniem 4 i określeniem 13' mamy przytem $\lim u_n = \lim v_n = 2\pi \cdot r$.

Ponieważ wszystkie wyrazy ciągu u_n należą istotnie do zbioru *A*, zaś ciągu v_n — do zbioru *B*, więc z tw. 21 wynika, że wspólna granica obu tych ciągów jest jedyną liczbą, oddzielającą te dwa zbiory, będąc zatem, w myśl określenia 15', długością okręgu. Stąd $l = 2\pi \cdot r$, c. b. d. d.

Z punktu widzenia czysto naukowego, różnica między obydwiema rozpatrzonemi tu metodami jest minimalna. Inaczej przedstawia się sprawa z dydaktycznego punktu widzenia. Należy wówczas podkreślić następujące momenty:

1. Aparat pomocniczy, niezbędny dla rozwinięcia teorji, jest prostszy przy drugiej metodzie, niż przy pierwszej, — odpadają bowiem dwa lematy o nieco skomplikowanym dowodzie.

2. Podstawowe określenie długości okręgu jest logicznie prostsze w drugim przypadku, niż w pierwszym, nie zależy bowiem od pojęcia granicy; jest bardziej naturalne, — nie grają w niem bowiem „uprzywilejowanej“ roli wielokąty foremne; jest wreszcie bardziej instruktywne, — daje się bowiem bez żadnej zmiany rozciągnąć na dowolne krzywe wypukłe.

3. Główne twierdzenie teorji, zawierające wzór na obliczenie długości okręgu, łatwiej jest wyprowadzić z pierwszego określenia, niż z drugiego; nie sądzę jednak, by można tu było mówić o zasadniczej różnicy w stopniu trudności.

Z tych wszystkich względów metoda przekrojów posiada, zdaniem mojem, większą wartość dydaktyczną na gruncie szkoły średniej od metody granic.

UWAGI O STOPNIU RÓWNOWAZNOŚCI WIELOKĄTÓW

Parametr, Vol. 2 (1932), pp. 310-314.

DR. ALFRED TARSKI (Warszawa).

Uwagi o stopniu równoważności wielokątów.

W artykule, ogłoszonym w „*Młodym Matematyku*"[1], postawiłem szereg zagadnień, dotyczących stopnia równoważności wielokątów. Artykuł napisany był widocznie „szczęśliwą ręką": temat, który poruszyłem, zainteresował kilku matematyków; dzięki ich poszukiwaniom różne przypuszczenia, wypowiedziane przeze mnie, zostały potwierdzone lub obalone, i jeśli chodzi o główne zagadnienie, wysunięte we wspomnianym artykule, — o wyczerpujące zbadanie funkcji $\tau(x)$, to niewiele już brak w chwili obecnej do definitywnego jego rozstrzygnięcia.

W uwagach poniższych, opierając się na poprzedzającym artykule p. H. Moesego w tymże zeszycie „*Parametra*" oraz na znanych mi a dotąd nieopublikowanych rozważaniach pp. dr. A. Lindenbauma i mg. Z. Waraszkiewicza, pragnę zestawić wszystkie uzyskane do chwili obecnej wyniki, odnoszące się do funkcji $\tau(x)$, a przytem wydobyć z nich pewne fakty ogólniejszej natury; ponadto zamierzam wysunąć kilka dalszych zagadnień z tego samego zakresu.

Przypominam, że stopniem równoważności dwóch równoważnych wielokątów W i V, symbolicznie $\sigma(W, V)$, nazywamy najmniejszą liczbę naturalną n, spełniającą następujący warunek: wielokąty W i V dają się podzielić na n wielokątów, odpowiednio przystających.

W szczególności stopień równoważności kwadratu o boku a i prostokąta o bokach $x \cdot a$ i $\frac{1}{x} \cdot a$ oznaczam symbolem „$\tau(x)$".

Potrzebne nam będzie pojęcie szerokości danej figury geometrycznej. Jak wiadomo, część płaszczyzny, ograniczona dwiema prostemi równoległemi, nosi nazwę pasa; odległość tych prostych nazywamy szerokością pasa. Szerokość najwęższego pasa, pokrywającego figurę płaską F, nazwiemy szerokością figury F i oznaczać będziemy symbolem „$\pi(F)$". Nietrudno okazać że każda figura F, dająca się pokryć pewnym pasem, posiada określoną szerokość. Tak np. szerokość prostokąta jest równa długości mniejszego z jego boków; szerokością trójkąta równobocznego jest wysokość, a koła — średnica. Jest też oczywiste, że jeśli figura F jest częścią figury G, to $\pi(F) \leqslant \pi(G)$; jeśli figury F i G przystają, to $\pi(F) = \pi(G)$.

Daje się uzasadnić następujące twierdzenie:

A. *Jeśli figura F zawiera w sobie jako część koło o średnicy równej szerokości figury* (jeśli więc np. figura F jest sama kołem lub równoległobokiem) *i jeśli nadto podzielimy tę figurę na n dowolnych części $C_1, C_2 \ldots C_n$*, to

$$\pi(F) \leqslant \pi(C_1) + \pi(C_2) + \ldots + \pi(C_n).$$

Dowód. W przypadku, gdy figura F sama jest kołem, dowód jest dosłownem niemal powtórzeniem dowodu lematu I z cytowanego artykułu p. Moesego.

W przypadku ogólnym rozumujemy w taki sposób. W figurę F wpisujemy koło K o tej samej szerokości Niektóre z części $C_1, C_2 \ldots C_n$ figury F muszą mieć punkty wspólne z kołem K; niech to będą dla prostoty części $C_1, C_2 \ldots C_p$, gdzie $p \leqslant n$. Niechaj dalej C'_k dla $k = 1, 2, \ldots p$ będzie to część wspólna figury C_k i koła K. Jak łatwo się zorjentować, koło K zostało podzielone na części $C'_1, C'_2 \ldots C'_p$; zatem jak już wiemy, $\pi(K) \leqslant \pi(C'_1) + \pi(C'_2) + \ldots + \pi(C'_p)$. Z drugiej strony $\pi(C'_k) \leqslant \pi(C_k)$ dla $k = 1, 2 \ldots p$; stąd $\pi(K) \leqslant \pi(C_1) + \pi(C_2) \ldots + \pi(C_p) \leqslant \pi(C_1) +$

[1] O stopniu równoważności wielokątów. *Młody Matematyk*, Rok I, str. 37—44.

$+ \pi(C_2) + \ldots + \pi(C_n)$. Ponieważ wreszcie $\pi(F) = \pi(K)$, więc ostatecznie $\pi(F) \leqslant \pi(C_1) + \pi(C_2) + \ldots + \pi(C_n)$, c. b. d. d.

Dowód, że założenie powyższego twierdzenia spełniają w szczególności wszystkie równoległoboki, nie nastręczy Czytelnikowi trudności.

Z tw. A wysnuwamy ważną konsekwencję, dotyczącą stopnia równoważności:

B. *Jeśli W jest wielokątem, zawierającym w sobie jako część koło o średnicy równej szerokości wielokąta* (jeśli więc np. W jest równoległobokiem), *a V — dowolnym równoważnym mu wielokątem, to*

$$\sigma(W, V) \geqslant \frac{\pi(W)}{\pi(V)}$$

Dowód. Zgodnie z określeniem stopnia równoważności, wielokąty W i V można podzielić na $\sigma(W, V) = n$ wielokątów odpowiednio przystających: W na $W_1, W_2, \ldots W_n$, V na $V_1, V_2, \ldots V_n$. W myśl tw. A:

$$\pi(W) \leqslant \pi(W_1) + \pi(W_2) + \ldots + \pi(W_n);$$

nadto zachodzą oczywiste wzory:

$$\pi(W_1) = \pi(V_1) \leq \pi(V),\ \pi(W_2) = \pi(V_2) \leq \pi(V), \ldots \pi(W_n) = \pi(V_n) \leqslant \pi(V).$$

Zatem $\pi(W) \leqslant \pi(V) \cdot n = \pi(V) \cdot \sigma(W, V)$, skąd $\sigma(W, V) \geqslant \frac{\pi(W)}{\pi(V)}$, c. b. d. d.

Udowodnione przed chwilą twierdzenie warto porównać z tw. 5 z mego poprzedniego artykułu. Oba te twierdzenia ustalają pewne ograniczenia zdołu dla stopnia równoważności: $\sigma(W, V) \geqslant \frac{\delta(W)}{\delta(V)}$ i $\sigma(W, V) \geqslant \frac{(W}{\pi(V)}$

W wielu wypadkach druga nierówność daje znacznie lepszy wynik. Jeśli np. W jest prostokątem o bokach 16 i 12, a V — prostokątem o bokach 192 i 1, to z tw. 5 otrzymujemy: $\tau(V, W) \geqslant \sqrt{\frac{192^2 + 1^2}{16^2 + 12^2}} = \sqrt{92{,}1625}$, skąd $\sigma(W, V) \geqslant 10$, natomiast tw. B daje: $\sigma(W, V) \geqslant 12$.

Z drugiej strony należy jednak zauważyć, że tw. 5 posiada znacznie szerszy zakres stosowalności od tw. B : to ostatnie umiemy w chwili obecnej uzasadnić jedynie dla dość specjalnych wielokątów (już nawet nie dla trójkątów), podczas gdy w tw. 5 wystarcza założenie, że W jest wielokątem wypukłym lub nawet spójnym. Byłoby więc interesujące zbadać, czy i tw. B daje się rozciągnąć na dowolne wielokąty wypukłe. Wartoby w tym celu powrócić do tw. A : gdyby się udało i to twierdzenie rozciągnąć na dowolne figury wypukłe, uzyskałoby się natychmiast pożądane wzmocnienie tw. B.

W tw. V mego artykułu podałem pewne ograniczenie dolne dla funkcji $\tau(x)$; dzięki tw. B ograniczenie to daje się istotnie wzmocnić:

C. $\tau(x) \geqslant E^*(x)$ *dla dowolnej liczby* $x \geqslant 1$.

Dowód. Niech W będzie kwadratem o boku a, zaś V — prostokątem o bokach $x \cdot a$ i $\frac{1}{x} \cdot a$ $(x \geqslant 1)$. Wówczas $\sigma(W, V) = \tau(x)$, $\pi(W) = a$ i $\pi(V) = \frac{1}{x} \cdot a$, skąd w myśl tw. B $\tau(x) \geqslant a : (\frac{1}{x} \cdot a) = x$; ponieważ przytem $\tau(x)$ jest liczbą całkowitą, a symbol „$E^*(x)$" oznacza najmniejszą liczbę całkowitą $\geqslant x$, więc $\tau(x) \geqslant E^*(x)$, c. b. d. d.

Wzmocnione również zostało ograniczenie górne, ustalone przeze mnie w tw. III :

D. $\tau(x) \leqslant E^*(x) + 1$ *dla dowolnej liczby* $x \geqslant 1$.

Jest to tw. 2 z artykułu p. Moesego (fig. 1).

Pamiętając, że $\tau(x)$ jest liczbą całkowitą, z tw. C i D wysnuwamy natychmiast następujący wniosek:

E. *Dla dowolnej liczby* $x \geqslant 1$ *bądź* $\tau(x) = E^*(x)$, *bądź też* $\tau(x) = E^*(x) + 1$.

Wobec powyższego twierdzenia dla każdej wartości $x \geqslant 1$ potrafimy ustalić wartość $\tau(x)$ z dokładnością do 1. Pozostaje jedynie do zbadania, dla jakich wartości x funkcja $\tau(x)$ przybiera każdą z dwóch możliwych wartości. Częściową odpowiedź na to pytanie znajdujemy w twierdzeniu:

F. *Jeśli* x *jest liczbą postaci:* $x = n + \frac{1}{p}$, *gdzie* n *i* p *są to liczby naturalne* $\geqslant 1$, *to* $\tau(x) = E^*(x) = n + 1$.

Jest to bezpośrednia konsekwencja tw. C oraz tw. 3 i 4 z artykułu p. Moesego (fig. 2, 3 i 4).

Tw. F obala jedno z mych przypuszczeń, zgodnie z którem $\tau(x)$ miało być $\geqslant 3$ dla wszelkich wartości x z wyjątkiem $\frac{1}{2}$, 1 i 2. Z drugiej strony jako szczególny przypadek tego twierdzenia uzyskuje się potwierdzenie innej hipotezy, również wypowiedzianej przeze mnie:

G. $\tau(n) = n$ *dla dowolnej liczby naturalnej* n.

Wydaje się prawdopodobne, że liczby x postaci $x = n + \frac{1}{p}$ są jedynemi liczbami, spełniającemi warunek: $\tau(x) = E^*(x)$. Jak dotąd potrafimy przypuszczenie to uzasadnić jedynie w przypadku, gdy $x \leqslant 2$:

H. *Jeśli* $1 < x \leqslant 2$, *to na to, by* $\tau(x) = E^*(x)$, *potrzeba i wystarcza, by* x *było liczbą postaci:* $x = 1 + \frac{1}{p}$, *gdzie* p *jest dowolną liczbą naturalną.*

Dowodu nie będę tu przytaczał: jest on nieco skomplikowany i wymaga dość subtelnych metod rozumowania. Z dowodu tego wynika m. in., że w przypadku, gdy kwadrat daje się podzielić na dwie części, z których można ułożyć prostokąt, jedynym możliwym sposobem podziału jest ten, który opisał p. Moese w dowodzie tw. 3 swego artykułu (fig. 2).

Gdyby z założenia powyższego twierdzenia udało się usunąć warunek $x \leqslant 2$, zagadnienie funkcji $\tau(x)$ byłoby definitywnie rozstrzygnięte; sądząc jednak z dotychczasowych prób i z dowodu tw. H, zadanie to nie należy do zupełnie łatwych.

Muszę obecnie poświęcić kilka słów sprawie „priorytetu autorskiego" w stosunku do podanych tu wyników. Sprawa jest nieco zawikłana — jak zwykle w tych sytuacjach, gdy jedną i tą samą grupą zagadnień interesuje się równocześnie kilku ludzi, a przytem niektórzy z nich ze sobą współpracują. Wchodzącemi tu w grę zagadnieniami interesowało się kilku matematyków warszawskich; niezależnie od nich i zupełnie samodzielnie badał te zagadnienia p. Moese. Najwcześniejszym chronologicznie wynikiem jest tw. G. Udowodnił je pierwszy p. Waraszkiewicz; później, choć zupełnie niezależnie uzyskał ten sam wynik p. Moese. Idee obu dowodów są dość zbliżone; rozumowanie p. Waraszkiewicza jest jednak nieco bardziej skomplikowane i z tego względu nie ukaże się w *„Parametrze"*. Analizując dowody tw. G, doszedłem do twierdzeń ogólniejszej natury — A, B i C (zresztą tw. C, choć nie sformułowane wyraźnie przez p. Moesego, tkwi w jego lematach II i III). Tw. D i F pochodzą od p. Moesego (F w nieco słabszem sformułowaniu — ze znakiem $\leqslant$ zamiast $=$ w tezie); na drodze niezależnej uzyskano je jednak również w Warszawie — tw. F. udowodnił p. Lindenbaum, tw. D — p. dr. B. Knaster i autor tych uwag. Na tle osiągniętych wyników wyłoniła się ostateczna hipoteza, dotycząca przebiegu funkcji $\tau(x)$, o której piszę powyżej; pewien szczególny przypadek tej hipotezy został stwierdzony przez pp. Lindenbauma i Waraszkiewicza, którym zawdzięczamy tw. H.

Jak zauważył p. L i n d e n b a u m, *wszystkie wyniki, uzyskane dotąd dla funkcji $\tau(x)$, zachowują swą moc i wówczas, gdy w definicji tej funkcji zastąpi się kwadrat dowolnym prostokątem.*

Na zakończenie wysunę kilka dalszych zagadnień, wiążących się ściśle z pojęciem stopnia równoważności.

Obok funkcji $\tau(x)$ można zdefinjować szereg analogicznych funkcyj, których przebieg zmienności nie jest dotąd dokładnie znany. Tak np. jeden z najprostszych przykładów wielokątów równoważnych przedstawiają dwa równoległoboki o równych podstawach i wysokościach. Stopień równoważności takich równoległoboków zależy m. in. od wielkości ich kątów. Przyjmijmy dla uproszczenia, że jeden równoległobok jest kwadratem, a drugi ma kąt ostry φ, i oznaczamy ich stopień równoważności symbolem „$T(\varphi)$". Posiłkując się z jednej strony tw. B, z drugiej zas strony analizując dowód twierdzenia o równoważności równoległoboków, podawany w podręcznikach geometrji elementarnej[1], można wykazać, że $E^*(\operatorname{cosec}\varphi) \leqslant T(\varphi) \leqslant E^*(\operatorname{cotg}\varphi) + 1$. Nietrudno też stwierdzić, że w jednych wypadkach oba wskazane ograniczenia dla funkcji $T(\varphi)$ pokrywają się — i wówczas wartość funkcji jest jednoznacznie wyznaczona; w innych jednak ograniczenia te różnią się o 1. Chodziłoby więc o ustalenie wartości funkcji $T(\varphi)$ w tych sytuacjach, gdy $E^*(\operatorname{cosec}\varphi) < E^*(\operatorname{cotg}\varphi) + 1$

Funkcje $\tau(x)$ i $T(\varphi)$ pozostają w bliskim związku z pewnem ogólniejszem pojęciem, mianowicie ze stopniem nieregularności wielokąta. Jeśli umówimy się uważać kwadrat za najbardziej „regularny" wielokąt, wówczas s t o p n i e m n i e r e g u l a r n o ś c i w i e l o k ą t a W, symbolicznie $\rho(W)$, możnaby nazwać stopień równoważności tego wielokąta i równoważnego mu kwadratu: im $\rho(W)$ jest większe, tem wielokąt W jest mniej „regularny". Jeśli w szczególności W jest prostokątem o bokach a i b, gdzie $a \geqslant b$, to $\rho(W) = \tau\left(\sqrt{\frac{a}{b}}\right)$; jeśli W jest równoległobokiem o podstawie i wysokości równych a i kącie ostrym φ, to $\rho(W) = T(\varphi)$. Byłoby interesującą rzeczą poznać ogólne własności nowego pojęcia.

Wreszcie liczne zagadnienia dotyczą i l o ś c i m e t o d n a j l e p s z e g o p o d z i a ł u w i e l o k ą t ó w r ó w n o w a ż n y c h. Niech W i V będą to wielokąty równoważne i niech $\sigma(W, V) = n$. Chodzi o to, iloma metodami można podzielić te wielokąty na n wielokątów odpowiednio przystających (dwie metody podziału uważamy za różne, jeśli sieci podziału nie przystają do siebie). Znamy sytuację, w których jest jedna tylko metoda podziału; jak wspomniałem w związku z tw. G, ma to miejsce np. wtedy, gdy W jest kwadratem o boku 1, a V — prostokątem o bokach $\frac{p+1}{p}$ i $\frac{p}{p+1}$, gdzie p jest dowolną liczbą naturalną. W innych znowu wypadkach jest wiele metod podziału; jeśli np. W jest kwadratem o boku 1, a V — prostokątem o bokach $\frac{7}{5}$ i $\frac{5}{7}$, to znamy w chwili obecnej trzy różne metody — dwie wskazane w artykule p. M o e s e g o (uwagi w związku z fig. 5) i trzecia, o którym wspomniałem w swym poprzednim artykule (rys. 2 ze zmienionemi wymiarami). Byłoby ciekawą rzeczą ustalić w tym lub jakim innym szczególnym przypadku, jakie są wszelkie możliwe metody podziału.

Zadania

1) Czemu równa się szerokość $\pi(W)$ i średnica $\delta(W)$ w przypadku, gdy wielokąt W jest 1) trójkątem, 2) trapezem, 3) deltoidem?

---

[1]) Por. Wł. W o j t o w i c z. *Zarys geometrji elementarnej*, Wyd. VI, str. 177.

2) Wyznaczyć szerokość $\pi(F)$ figury F, będącej wycinkiem koła o promieniu r i kącie środkowym φ. Zbadać zmienność $\pi(F)$ w zależności od φ i podać wykres $(0^0 \leqslant \varphi \leqslant 360^0)$.

3) A, B i C są to trzy wierzchołki trójkąta foremnego o boku a. Z punktu A jako ze środka zakreślamy łuk BC, mniejszy od półokręgu, to samo czynimy z punktami B i C. Niech W będzie wielokątem kołowym, ograniczonym trzema zakreślonemi łukami. Obliczyć szerokość $\pi(W)$ i średnicę $\delta(W)$. To samo zadanie w zastosowaniu do dowolnego n-kąta foremnego, gdzie n jest liczbą naturalną nieparzystą.

4) Wykazać, że każdy równoległobok R zawiera w sobie jako część koło o średnicy $\pi(R)$. Sprawdzić, czy twierdzenie to jest słuszne dla deltoidu, trójkąta, trapezu.

5) Wykazać, że pole $s(W)$ dowolnego wielokąta W spełnia nierówność: $s(W) < \delta(W) \cdot \pi(W)$.

6) Jeżeli W jest figurą wypukłą, położoną na płaszczyźnie, to

$$s(W) \geqslant \frac{1}{2} \cdot \delta(W) \cdot \pi(W)$$

(s — pole, δ — średnica, π — szerokość figury).

Przytem w powyższym wzorze będziemy mieli równość wtedy i tylko wtedy, gdy W jest trójkątem.

7) W jest to kwadrat o boku a, zaś V — prostokąt o bokach $\frac{21}{16}a$ i $\frac{16}{21}a$. Podać przynajmniej trzy różne metody podziału tych dwóch wielokątów na 3 części odpowiednio przystające; zbadać wszelkie możliwe metody takiego podziału.

8) W jest kwadratem o boku a, zaś V — równoległobokiem o podstawie i wysokości równych a i kącie ostrym φ. Wykazać że $E^*(\operatorname{cosec}\varphi) \leqslant \sigma(W, V) \leqslant E^*(\operatorname{cotg}\varphi) + 1$. Wykazać, że liczby $E^*(\operatorname{cosec}\varphi)$ i $E^*(\operatorname{cotg}\varphi) + 1$ różnią się conajwyżej o 1, i zbadać, dla jakich wartości φ są one sobie równe.

9) W jest równoległobokiem o bokach 100 i 87 oraz kącie ostrym 88^0, a V — równoważnym równoległobokiem o podstawie 100 i kącie ostrym 10^0. Obliczyć $\sigma(W, V)$.

Uwaga: zadanie 6. podał p. *A. L.* z Warszawy.

FURTHER REMARKS ABOUT THE DEGREE OF EQUIVALENCE OF POLYGONS

(English translation by Isaak Wirszup of the preceding article)

FURTHER REMARKS ABOUT THE DEGREE OF EQUIVALENCE OF POLYGONS*

by

Alfred Tarski (Warsaw)

The article printed in "The Young Mathematician" proposed several problems concerning the degree of equivalence of polygons. The article in question seems to have been most felicitously written, for the problems there mentioned have interested a number of mathematicians. Thanks to their investigations, some of the hypotheses which I suggested have since been either established or disproved. In the exact investigation of the function $\tau(x)$ (the chief problem proposed), not much remains to be done.

The following remarks are based on a previous article by Mr. H. Moese (in this volume of "The Parameter") and on some investigations by Dr. A. Lindenbaum and Mr. L. Waraszkiewicz, with which I am acquainted but which have not yet been published. I intend here to summarize all the known results concerning the function $\tau(x)$ and to select from them some more generally applicable facts. Moreover I hope to suggest a few further problems in the same field.

Note that the degree of equivalence of two equivalent polygons W and V is symbolized by $\sigma(W,V)$ and is the least natural number n satisfying the following condition: Each of the polygons W and V can be divided into n respectively congruent polygons.

In particular the degree of equivalence of a square with side a and a rectangle with sides xa and $\frac{1}{x}a$ is denoted by the symbol "$\tau(x)$".

The concept of latitude for a given plane geometric figure will be needed here. As is well known, that part of a plane bounded by two parallel straight lines is called a "strip". The perpendicular distance between these straight lines will be called the "latitude" of the strip. The latitude of the narrowest strip covering the plane figure F is called the latitude of the figure F and denoted by the symbol "$\pi(F)$".

It is not hard to show that every figure F which can be covered by a strip possesses a definite latitude. For example the latitude of a rectangle equals the length of the smaller of its sides; the latitude of an equilateral triangle is its altitude; and the latitude of a circle, its diameter. Moreover if figure

* This article comes from a later part of the same Polish journal, Odbitka Z Parametru ("The Parameter"), vol. 2 (1932).

F is a part of figure G, then evidently $\pi(F) \leq \pi(G)$; if the figures F and G are congruent, then $\pi(F) = \pi(G)$.

Now one has the following theorem:

THEOREM A: If the figure F contains a circular disc the diameter of which equals the latitude of the figure F (for example the figure F might be a circle or a parallelogram) and if the figure F is subdivided into any n parts $C_1, C_2, \ldots, C_n$, then

$$\pi(F) \leq \pi(C_1) + \pi(C_2) + \ldots + \pi(C_n) \quad .$$

Proof. When F is a circle, the proof is almost an exact repitition of Mr. Moese's proof of his Lemma I.

In the general case the argument is as follows: In figure F inscribe a circle of the same latitude as F. Some of the parts $C_1, C_2, \ldots, C_n$ of the figure must have some points in common with the disc K bounded by the circle. For simplicity, let these parts be $C_1, C_2, \ldots, C_p$, where $p \leq n$. Let C_k' for $k = 1,2,\ldots,p$ be the part common to the figure C_k and to the disc K. Evidently the disc K is divided into the parts $C_1', C_2', \ldots, C_p'$. Hence as already proved (see above):

$$\pi(K) \leq \pi(C_1') + \pi(C_2') + \ldots + \pi(C_p') \ .$$

On the other hand,

$$\pi(C_k') \leq \pi(C_k) \quad \text{for } k = 1,2,\ldots,p \ ;$$

therefore

$$\pi(K) \leq \pi(C_1) + \pi(C_2) + \ldots + \pi(C_p)$$
$$\leq \pi(C_1) + \pi(C_2) + \ldots + \pi(C_n) \ .$$

Finally, since $\pi(F) = \pi(K)$,

$$\pi(F) \leq \pi(C_1) + \pi(C_2) + \ldots + \pi(C_n) \ . \qquad \text{q.e.d.}$$

The proof that the assumption fundamental to Theorem A is satisfied by every parallelogram, will not trouble the reader.

Theorem A has as a consequence Theorem B, which is important for the degree of equivalence.

B. If W is a polygon containing a circular disc whose diameter equals the latitude of the polygon (e.g., W is a parallelogram) and V is a polygon equivalent to W, then:

$$\sigma(W,V) \geq \frac{\pi(W)}{\pi(V)}$$

Proof. According to the definition of the degree of equivalence, the polygons W and V can be divided into $\sigma(W,V) = n$ respectively congruent polygons: W into $W_1, W_2, \dots, W_n$, V into $V_1, V_2, \dots, V_n$. According to Theorem A:

$$\pi(W) \leq \pi(W_1) + \pi(W_2) + \dots + \pi(W_n) \;;$$

Moreover the following relations clearly hold:

$$\pi(W_1) = \pi(V_1) \leq \pi(V), \quad \pi(W_2) = \pi(V_2) \leq \pi(V), \quad \dots \quad \pi(W_n) = \pi(V_n) \leq \pi(V).$$

Hence

$$\pi(W) \leq \pi(V) \cdot n = \pi(V) \cdot \sigma(W,V)$$

And thus

$$\sigma(W,V) \geq \frac{\pi(W)}{\pi(V)} \qquad \text{q.e.d.}$$

Theorem B may be compared with Theorem 5 in my first article. Both theorems establish lower bounds for the degree of equivalence:

$$\sigma(W,V) \geq \frac{\delta(W)}{\delta(V)} \quad \text{and} \quad \sigma(W,V) \geq \frac{\pi(W)}{\pi(V)} \,.$$

In many instances the second inequality gives a much sharper result. For example, if W is a rectangle with sides 16 and 12 and V is a rectangle with sides 192 and 1, then according to theorem 5: $\sigma(W,V) \geq \sqrt{\frac{192^2 + 1^2}{16^2 + 12^2}} = \sqrt{92.1625}$, therefore $\sigma(W,V) \geq 10$; whereas according to Theorem B: $\sigma(W,V) \geq 12$.

Note, on the other hand that Theorem 5 can be much more generally applied than Theorem B. At present, this last theorem can be proved only for certain special polygons (even not for triangles), whereas in Theorem 5 the hypothesis that W is a convex or even a cohesive polygon is sufficient. It would therefore be interesting to know whether Theorem B can also be applied to all convex polygons.

In this connection, consider Theorem A. If it were possible to apply A to all convex figures, Theorem B would immediately be strengthened as desired

Theorem V of my first article gives a lower bound for the function $\tau(x)$. Thanks to Theorem B this bound can be considerably strengthened, as the next theorem shows.

C. $\tau(x) \geq E^*(x)$ for any number $x \geq 1$.

Proof. Let W be a square with side a, and let V be a rectangle with sides xa and $\frac{1}{x}a$ $(x \geq 1)$. Then $\sigma(W,V) = \tau(x)$, $\pi(W) = a$ and $\pi(V) = \frac{1}{x}a$.

According to Theorem B:

$$\tau(x) \geq a \div (\frac{1}{x}a) = x ;$$

$\tau(x)$ is an integer and the symbol " $E^*(x)$ " denotes the least integer $\geq x$. Consequently $\tau(x) \geq E^*(x)$. q.e.d.

The upper bound established in Theorem III of my paper may also be strengthened as follows:

D. $\tau(x) \leq E^*(x) + 1$ for any number $x \geq 1$.

This is Theorem 2 from Mr. Moese's article (Fig. 1). Bearing in mind that $\tau(x)$ is an integer, Theorems C and D lead immediately to the following result:

E. For any number $x \geq 1$,

$$\tau(x) = E^*(x) \quad \text{or} \quad \tau(x) = E^*(x) + 1 .$$

Theorem E permits the value $\tau(x)$ to be established for every value $x \geq 1$ with an accuracy of ± 1 . It remains only to determine those values of x for which the function $\tau(x)$ takes either one or the other of the two possible values.

A partial answer to the question just raised is given by:

F. If x is a number of the form: $x = n + \frac{1}{p}$ where n and p are natural numbers ≥ 1 , then

$$\tau(x) = E^*(x) = n + 1 .$$

This theorem is a direct consequence of Theorem C and Mr. Moese's Theorems 3 and 4 (Fig. 2, 3, and 4).

Theorem F disproves my suggestions according to which $\tau(x)$ should be ≥ 3 for all values x except $\frac{1}{2}$, 1, and 2. On the other hand Theorem F confirms (as a special case) another of my suggestions, namely

G. $\tau(n) = n$ for any natural number n .

Probably numbers of the form $n + \frac{1}{p}$ are the only numbers satisfying the condition $\tau(x) = E^*(x)$. At present this assumption can be proved only when $x \leq 2$.

H. If $1 < x \leq 2$, then that $x = 1 + \frac{1}{p}$ (where p is any natural number) is a necessary and sufficient condition for $\tau(x) = E^*(x)$.

The proof for this theorem is not given here; it is somewhat complicated and requires some subtle reasoning. One of the consequences of this proof is that, when a square can be divided into two parts from which a rectangle can be construced, the only possible method of division is that described by Mr. Moese in his proof of Theorem 3 (Fig. 2).

If it were possible to remove from the assumptions underlying Theorem H the condition $x \leq 2$, the problem of the value of the function $\tau(x)$ would definitively be solved. However, from the tests already made and in view of the complicated proof of Theorem H, this problem does not appear to be very easy.

I must new devote a few words to the question of priority with respect to the results here given. The question is somewhat complicated as is usually the case in situations where the same problems interest several people, some of whom cooperate with one another. A few Warsaw mathematicians were interested in the problems which had been brought to light; Mr. Moese investigated those same problems quite independently. Chronologically the first result is Theorem G — first proved by Mr. Waraszkiewicz, later independently proved by Mr. Moese. The ideas in both proofs are fairly closely related to one another; but since the reasoning of Mr. Waraszkiewicz is somewhat more complicated, it will not appear in "The Parameter". By analyzing the proofs of Theorem G, I came to the more general theorems A, B, and C (Theorem C, by the way, although not exactly formulated by Mr. Moese, is contained in his lemmas II and III.). Theorems D and F are derived from Mr. Moese (F in a somewhat weaker form — with the symbol "$\leq$" instead of "$=$"); Theorems D and F were also obtained independently in Warsaw: Mr. Lindenbaum proved Theorem F, Dr. B. Knaster and the author proved Theorem D. The results thus obtained called attention to my last (as above) hypothesis concerning the function $\tau(x)$; a special case arising under this hypothesis has been confirmed by Dr. Lindenbaum and Mr. Waraszkiewicz, to whom Theorem H is due.

As Mr. Lindenbaum has remarked, all the results so far obtained for the function $\tau(x)$ also hold rigorously when, in the definition of this function, the square is replaced by any rectangle.

Before closing I shall propose a few more problems closely connected with the concept of the degree of equivalence.

Besides the function $\tau(x)$, some other analogous functions may be defined; even the general form of these is still unknown. For example, one of the simplest cases of equivalent polygons is that of two parallelograms with respectively equal bases and altitudes. The degree of equivalence of such parallelograms depends, among other things, upon their angles. Suppose for simplicity that one parallelogram is a square and the other has an acute angle θ; denote the degree of their equivalence by the symbol "$T(\theta)$". With the help of Theorem B and by analyzing the proof for the equivalence of parallelograms given in any text-book of elementary geometry (cf. W. Wojtowicz — "An Outline of elementary geometry, Ed. VI,

p. 177), it can be shown that

$$E^*(\operatorname{cosec}\theta) \leq T(\theta) \leq E^*(\operatorname{cotan}\theta) + 1 .$$

It is also not hard to prove that in some cases the two given bounds for the function $T(\theta)$ coincide, and the value of the function is thus uniquely determined. In other cases, however, these bounds differ by 1. It would be interesting to establist the value of the function $T(\theta)$ when

$$E^*(\operatorname{cosec}\theta) < E^*(\operatorname{cotan}\theta) + 1 .$$

The functions $\tau(x)$ and $T(x)$ are closely related to a more general concept, namely the degree of irregularity of a polygon. If we agree to consider a square as the most "regular" polygon, then the degree of equivalence of the polygon W with its equivalent square might be called the degree of irregularity of W and denoted by $\rho(W)$.

The greater $\rho(W)$, the more irregular polygon W. In particular, if W is a rectangle with sides a and b, where $a \geq b$, then

$$\rho(W) = \tau\left(\sqrt{\frac{a}{b}}\right) ;$$

if W is a parallelogram with base and altitide both equal to a and with the acute angle θ, then

$$\rho(W) = T(\theta) .$$

It would be interesting to know the general properties of the degree of irregularity.

Finally, there are many problems concerning the number of different methods by which two n-equivalent polygons may each be divided into n parts. Let W and V be equivalent polygons with $\sigma(W,V) = n$. Here the following question arises: In how many different ways can these polygons be divided into n respectively congruent polygons? (Two methods of subdivision are regarded as distinct if the subdivision-nets are not congruent to one another.)

There are situations where there is only one method of subdivision. As mentioned above in connection with Theorem G, one such situation arises whenever W is a square with side 1 and V is a rectangle with sides $\frac{p+1}{p}$ and $\frac{p}{p+1}$, where p is any natural number. Again in the other cases, there are many methods of subdivision. For example, if W is a square with side 1 and V is a rectangle with sides $\frac{7}{5}$ and $\frac{5}{7}$, three different methods are now known. Two of these are mentioned in the article by Mr. Moese (remarks in connection with Fig. 5), a third is mentioned in my first article (Fig. 2 with its dimensions altered). In this and in other special cases it would be interesting to determine the number of possible distinct methods of subdivision.

PROBLEMS

1. What is the latitude $\pi(W)$ and the diameter $\delta(W)$ where the polygon W is 1) a triangle, 2) a trapezoid, 3) a deltoid?

2. Determine the latitude $\pi(F)$ of a figure F which is a sector of a circle with radius r and central angle θ. Investigate the change of $\pi(F)$ with change of θ and draw the graph ($0^\circ \leq \theta \leq 360^\circ$).

3. A, B, and C are the three vertices of an equilateral triangle with side a. With point A as center, draw the arc BC which is less than a semi-circle. Do the same with respect to points B and C. Let W be the "circle-polygon" bounded by these three arcs. Calculate the latitude $\pi(W)$ and the diameter $\delta(W)$. Repeat the exercise with any n-sided regular polygon, where n is an odd natural number.

4. Show that every parallelogram R contains a disc with diameter $\delta(R)$. Verify the truth of this theorem for a deltoid, a triangle, and a trapezoid.

5. Show that the area $s(W)$ of any polygon W satisfies the inequality:
$$s(W) < \delta(W) \cdot \pi(W) .$$

6. If W is a convex plane figure, then
$$s(W) \geq \frac{1}{2} \cdot \delta(W) \cdot \pi(W) .$$
(s – area, δ – diameter, π – latitude of the figure). The above formula is an equality if and only if W is a triangle. (This exercise was suggested by Mr. A. L. from Warsaw).

7. Let W be a square with side a, and let V be a rectangle with sides $\frac{21}{16}a$ and $\frac{16}{21}a$. Give at least three distinct methods of subdivision of these two polygons into three respectively congruent parts. Investigate all possible methods of such subdivision.

8. Let W be a square with side a and let V be a parallelogram with base and altitude both equal to a and with the acute angle θ. Show that:
$$E^*(\operatorname{cosec}\theta) \leq \sigma(W,V) \leq E^*(\operatorname{cotan}\theta) + 1 .$$
Show that the numbers $E^*(\operatorname{cosec}\theta)$ and $E^*(\operatorname{cotan}\theta) + 1$ differ at most by 1, and determine those values of θ for which the two numbers are equal.

9. Let W be a parallelogram with sides 100 and 87 and with the acute angle of 88°, let V be an equivalent parallelogram with base 100 and acute angle of 10°. Find $\sigma(W,V)$.

DER WAHRHEITSBEGRIFF IN DEN SPRACHEN DER DEDUKTIVEN DISZIPLINEN

Akademie der Wissenschaft in Wien, Mathematische-naturwissenschaftliche Klasse, Akademischer Anzeiger, vol. 39 (1932), pp. 23-25.

This article was reprinted in:

Logik-Texte, Kommentierte Auswahl zur Geshichte der modern Logik, edited by K. Berka and L. Kreiser. Akademie-Verlag, Berlin, 1971, pp. 356-359.

Sitzung der mathematisch-naturwissenschaftlichen Klasse vom 21. Jänner 1932

(Sonderabdruck aus dem Akademischen Anzeiger Nr. 2)

Das korr. Mitglied H. Hahn übersendet folgende Mitteilung: »Der Wahrheitsbegriff in den Sprachen der deduktiven Disziplinen« von Alfred Tarski (Warschau).

In dieser Mitteilung habe ich vor, die Hauptgedanken und Ergebnisse einer ausführlichen Abhandlung, welche in der polnischen Sprache unter demselben Titel demnächst erscheinen wird,[1] kurz zusammenzufassen.

Das Grundproblem ist die Konstruktion einer methodologisch korrekten und meritorisch adäquaten Definition der wahren Aussage. In dieser Definition sollen diejenigen Intuitionen realisiert werden, die in der sogenannten klassischen Auffassung des Wahrheitsbegriffes enthalten sind, also in derjenigen Auffassung, derzufolge »wahr« so viel als »mit der Wirklichkeit übereinstimmend« bedeutet.[2] Genauer gesagt, als adäquat in bezug auf eine gegebene Sprache betrachte ich eine solche Wahrheitsdefinition, aus der sich alle Thesen von der folgenden Gestalt ergeben: »x ist wahr dann und nur dann, wenn p«, wo anstatt »p« eine beliebige Aussage der untersuchten Sprache und anstatt »x« ein beliebiger Individualname dieser Aussage[3] zu setzen ist. Beim Konstruieren der Definition vermeide ich von den Begriffen semasiologischen Inhalts Gebrauch zu machen, deren Präzisierung zumindest dieselben Schwierigkeiten bietet wie diejenige des Wahrheitsbegriffes.

Zunächst bin ich bemüht, diejenigen Schwierigkeiten zum Ausdruck zu bringen, welche bei Lösungsversuchen des in Frage stehenden Problems bezüglich der natürlichen Umgangssprache zum Vorschein kommen; insbesondere legt die Analyse der bekannten Antinomie vom Lügner den Schluß nahe, daß auf dem Boden der Umgangssprache (und in Bezug auf sie) nicht nur eine exakte Definition, sondern auch die konsequente Anwendung des Wahrheitsbegriffes schlechthin unmöglich sind.[4]

---

[1] Diese Arbeit wurde am 21. März 1931 der Warschauer Gesellschaft der Wissenschaften vorgelegt und soll in den Veröffentlichungen derselben erscheinen.

[2] Eine gute Analyse verschiedener intuitiver Auffassungen des Wahrheitsbegriffs enthält das Buch von T. Kotarbiński: *Elemente der Erkenntnistheorie, der formalen Logik und der Methodologie der Wissenschaften* (polnisch), Lemberg, 1929, p. 125 und ff.

[3] In der Umgangssprache bilden wir gewöhnlich den Individualnamen einer Aussage (oder eines beliebigen Ausdrucks), indem wir diese Aussage in Anführungszeichen (» «) setzen.

[4] Für den großen Teil der Ausführungen über die Umgangssprache bin ich St. Leśniewski verpflichtet.

Im folgenden beschränke ich mich auf die Betrachtung von Kunstsprachen der formalisierten deduktiven Disziplinen. Es ergibt sich, daß für unser Problem diese Sprachen in zwei umfassende Klassen zerfallen. Zu der ersten Klasse gehören die Sprachen der endlichen Stufe, d. h. diejenigen, in welchen die Stufen aller Variablen — in der Terminologie der Typentheorie[1] — von oben beschränkt sind, also eine vorgegebene natürliche Zahl nicht überschreiten. Die zweite Klasse bilden die Sprachen der unendlichen Stufe, d. h. diejenigen, welche die Variablen beliebig hoher Stufen enthalten. Entsprechend dieser Klassifikation lassen sich auch zwei Klassen formalisierter deduktiver Disziplinen unterscheiden.

Ich zeige, daß bezüglich der Sprachen der endlichen Stufe das Grundproblem positiv entscheidbar ist: es gibt allgemeine Methoden, die die Konstruktion einer korrekten und adäquaten Wahrheitsdefinition für jede von diesen Sprachen einzeln ermöglichen. Es reichen dabei vollständig aus die Ausdrücke vom allgemein-logischen Charakter, ferner die Ausdrücke der betrachteten Sprache selbst und endlich die Ausdrücke aus dem Bereiche der sogenannten Morphologie der Sprache, d. i. die Termini, welche die Ausdrücke dieser Sprache und die unter ihnen bestehenden Gestaltrelationen bezeichnen.

Was die Sprachen der unendlichen Stufe betrifft, so läßt hier das Problem der Wahrheitsdefinition eine negative Entscheidung zu: die Annahme, daß man für beliebige von diesen Sprachen eine adäquate Definition der wahren Aussage konstruieren kann, indem man sich ausschließlich der oben genannten Mittel bedient, führt notwendigerweise zum Widerspruche.[2] Daraus darf aber selbstverständlich noch nicht geschlossen werden, daß in bezug auf diese Sprachen der konsequente Gebrauch des Wahrheitsbegriffs unmöglich wäre. Im Gegenteil, es läßt sich wohl ein Versuch der Begründung einer »Wahrheitstheorie« als einer besonderen deduktiven Disziplin skizzieren. dieser Theorie liegt die Morphologie der untersuchten Sprache zugrunde, der Wahrheitsbegriff tritt hier als primitiver Begriff auf und seine Grundeigenschaften werden axiomatisch festgelegt. Das Problem der inneren Konsistenz dieser Disziplin bietet große Schwierigkeiten; die von mir darüber gewonnenen Ergebnisse sind noch nicht abschließend.

Alle diese Resultate lassen sich auf andere Begriffe semasiologischen Inhalts übertragen. Auf diesem Wege sind wir imstande, eine Reihe von allgemeinen Thesen über Grundlegung der Semasiologie einer Sprache festzustellen. So erweist sich die Begründung einer wissenschaftlichen Semasiologie der Umgangs-

---

[1] Vgl. z. B. R. Carnap, *Abriß der Logistik*, Wien 1929, p. 30 und ff.

[2] Dieses Ergebnis habe ich gewonnen in wesentlicher Anlehnung an den Gedankengang K. Gödels in seiner jüngst veröffentlichten Abhandlung: *Über formal unentscheidbare Sätze der Principia Mathematica und verwandter Systeme, I.*, Monatshefte f. Math. u. Phys., XXXVIII. p. 174 u. 175.

sprache als aussichtslos; die Semasiologie einer beliebigen formalisierten Sprache der endlichen Stufe läßt sich wohl als ein Teil der Morphologie der Sprache, d. h. dessen, was man öfters »Metadisziplin« nennt, begründen; hinsichtlich der Sprachen der unendlichen Stufe ist ein solcher Aufbau der Semasiologie ausgeschlossen, dagegen dürfen wir wohl versuchen, die Semasiologie als eine selbständige deduktive Theorie zu begründen, welche auf ihren eigenen Grundbegriffen und Axiomen beruht und als ihren logischen Unterbau die Morphologie der Sprache hat. — Unter den Begriffen, auf die diese Resultate anwendbar sind, verdient eine besondere Beachtung der des Erfüllens einer Aussagenfunktion durch bestimmte Gegenstände eines gegebenen Bereichs: er leistet nämlich wesentliche Dienste bei der Präzisierung anderer semasiologischer Begriffe und spielt bekanntlich — sowie er selbst wie auch einige seiner Sonderfälle (zumal der Begriff einer in einem gegebenen Individuenbereich allgemeingültigen Aussagenfunktion[1]) — eine wichtige Rolle in den gegenwärtigen metamathematischen Forschungen.

Als Nebenergebnis dieser Betrachtungen gewinne ich eine allgemeine Methode der Widerspruchsfreiheitsbeweise für alle deduktiven Systeme endlicher Stufe, welche ausschließlich aus wahren Sätzen bestehen. Diese Beweise (ähnlich wie z. B. der bekannte Beweis der Widerspruchsfreiheit des Aussagenkalküls) besitzen keinen großen Erkenntniswert, weil sie mindestens so »starke« Voraussetzungen fordern, wie die des untersuchten Systems. Nichtsdestoweniger scheint das Ergebnis insofern interessant zu sein, als es — wie wir bereits wissen[2] — prinzipiell unmöglich ist, für eine umfassende Kategorie von deduktiven Disziplinen der unendlichen Stufe einen analogen Beweis auf dem Boden der entsprechenden Metadisziplin zu liefern.

---

1 Vgl. P. Bernays und M. Schönfinkel, *Zum Entscheidungsproblem der mathematischen Logik*, Math. Ann. *99*, p. 342 und ff.

2 Vgl. K. Gödel, op. cit., pp. 196—198.

EINIGE BETRACHTUNGEN ÜBER DIE BEGRIFFE DER ω -WIDERSPRUCHSFREIHEIT UND DER ω-VOLLSTÄNDIGKEIT

Monatshefte für Mathematik und Physik, vol. 40 (1933), pp. 97-112.

A revised text of this article appeared in English translation as:

SOME OBSERVATIONS ON THE CONCEPTS
OF ω-CONSISTENCY AND ω-COMPLETENESS

in: *Logic, Semantics, Metamathematics. Papers from 1923-1938.* Clarendon Press, Oxford, 1956, 279-295.

A French translation of this latter article appeared as:

QUELQUES REMARQUES SUR
LES CONCEPTS D'ω-CONSISTANCE
ET D'ω-COMPLÉTUDE

in: *Logique, Sémantique, Métamathématique. 1923-1944. Vol. 2.* Edited by G. Granger. Librarie Armand Colin, Paris, 1974, pp. 5-22.

Einige Betrachtungen über die Begriffe der ω-Widerspruchsfreiheit und der ω-Vollständigkeit.

Von **Alfred Tarski** in Warschau.

In seiner jüngst erschienenen höchst interessanten Abhandlung „*Über formal unentscheidbare Sätze der Principia Mathematica und verwandter Systeme I*" führt K. Gödel[1]) den Begriff der ω-Widerspruchsfreiheit ein und konstruiert ein Beispiel eines widerspruchsfreien im üblichen Sinne, jedoch nicht ω-widerspruchsfreien deduktiven Systems. In dem vorliegenden Aufsatz habe ich vor, ein anderes einfaches Beispiel eines solchen Systems zu geben nebst einigen allgemeinen Bemerkungen über den erwähnten Begriff sowie über den ihm entsprechenden Begriff der ω-Vollständigkeit[2]).

Die symbolische Sprache, in der ich dieses System konstruieren werde, ist mit der von Gödel gebrauchten Sprache des „Systems *P*" eng verwandt; auch sie ist das Ergebnis einer exakten Formalisierung und einer möglichst weitgehenden Vereinfachung derjenigen Sprache, in welcher das System der *Principia Mathematica* von A. N. Whitenead und B. Russell[3]) aufgebaut ist. Trotz ihrer großen Einfachheit ist diese Sprache zum Ausdrucke jedes in *Principia Mathematica* formulierbaren Gedankens ausreichend[4]).

---

[1]) Monatsh. f. Math. u. Phys. **38**, 1931, SS. 173—198.

[2]) Auf die Bedeutung dieser beiden Begriffe und die damit im engen Zusammenhang stehende Schlußregel der unendlichen Induktion (auf welche ich noch weiter unten zu sprechen komme) habe ich bereits im Jahre 1927 auf der II. Polnischen Philosophentagung in Warschau in dem Vortrag *Über die Begriffe der Widerspruchsfreiheit und der Vollständigkeit* hingewiesen, ohne übrigens für diese Begriffe besondere Termini vorzuschlagen; daselbst habe ich auch das Beispiel eines widerspruchsfreien und doch nicht ω-widerspruchsfreien Systems mitgeteilt, das ich in leicht veränderter Form in dem vorliegenden Aufsatze anführen werde. Selbstverständlich soll dadurch keineswegs gesagt werden, daß ich schon damals die zuletzt von Gödel a. a. O. gewonnenen Resultate gekannt oder nur geahnt hätte; im Gegenteil, habe ich persönlich die zitierte Arbeit Gödels als erstklassige wissenschaftliche Sensation empfunden.

[3]) 2. Edition, Cambridge 1925—1927.

[4]) Vgl. meine Arbeiten: *Der Wahrheitsbegriff in den Sprachen der deduktiven Disziplinen* (polnisch; erscheint demnächst in den Travaux de la Soc. d. Sc. et d. L. de Varsovie) und *Sur les ensembles définissables de nombres réels I* (Fund. Math. XVII, 1931, SS. 210—239), wo ich mich derselben, bzw. einer ganz ähnlichen Sprache bedient habe.

In unserer Sprache kommen zwei Arten von Zeichen vor: die Konstanten und die Variablen. Es reichen drei Konstanten aus: das Negationszeichen „*N*“[5]), das Implikationszeichen „*C*“ und das Allzeichen (der allgemeine Quantifikator) „Π“. Dagegen haben wir mit unendlich vielen Variablen zu tun, und zwar werden als Variablen die Symbole „$x^{\prime}_{\prime}$“, „$x^{\prime}_{\prime\prime}$“, „$x^{\prime\prime}_{\prime}$“ u. dgl. verwendet, also Symbole, aus dem Zeichen „*x*“ und einer beliebigen Reihe kleiner Striche unten und oben zusammengesetzt. Die Konstanten und die Variablen sind die einfachsten Ausdrücke der Sprache; indem wir diese Zeichen nacheinander in beliebiger Anzahl und Ordnung aufschreiben, gewinnen wir kompliziertere Ausdrücke. Jeder zusammengesetzte, d. h. mehr als ein Zeichen enthaltende Ausdruck kann einleuchtend als das Produkt der Zusammensetzung von zwei (oder mehreren) aufeinander folgenden einfacheren Ausdrücken betrachtet werden; so besteht z. B. der Ausdruck „$\Pi x^{\prime}_{\prime} x^{\prime}_{\prime} x^{\prime\prime}_{\prime}$“ aus „$\Pi$“ und „$x^{\prime}_{\prime} x^{\prime}_{\prime} x^{\prime\prime}_{\prime}$“ oder aus „$\Pi x^{\prime}_{\prime}$“ und „$x^{\prime}_{\prime} x^{\prime\prime}_{\prime}$“ oder auch aus „$\Pi x^{\prime}_{\prime} x^{\prime}_{\prime}$“ und „$x^{\prime\prime}_{\prime}$“. Es wird weiter unten eine besonders wichtige Kategorie von Ausdrücken ausgezeichnet, nämlich die der (sinnvollen) Aussagen.

Die Interpretation der Konstanten ist die übliche: die Ausdrücke der Form „*Np*“, „*Cpq*“ und „Πxp“, wo anstatt „*p*“ und „*q*“ beliebige Aussagen und anstatt „*x*“ beliebige Variablen vorkommen, werden entsprechend „*p gilt nicht*“, „*wenn p, so q*“ und „*für jedes x gilt p*“ gelesen. Die Variablen mit einem Strich oben betrachten wir als Namen von Individuen (Dingen des 1ten Ranges), die mit zwei Strichen als Namen von Individuenklassen (Dingen des 2ten Ranges) usw. Der Gebrauch der unteren Striche in der Variable hat hingegen denselben Zweck, wie das übliche Verwenden der Buchstaben verschiedener Gestalt in der Funktion der Variablen. Der Ausdruck der Form „*xy*“, wo anstatt „*x*“ eine beliebige Variable und anstatt „*y*“ eine Variable oben mit einem Strich mehr vorkommt, wird „*x ist Element der Klasse y*“ oder „*x hat die Eigenschaft y*“ gelesen.

Die hier kurz charakterisierte Sprache kann zum Gegenstand einer besonderen Untersuchung gemacht werden. Diese Aufgabe setzt voraus, daß man sich auf den Boden einer anderen Sprache stellt, die gegenüber der ursprünglichen als Metasprache bezeichnet werden kann, und erst auf der Basis dieser Metasprache eine besondere Diszi-

[5]) Das Negationszeichen ist im Grunde entbehrlich und dient lediglich zur Vereinfachung der Betrachtungen. Was die Symbolik anbetrifft, vgl. J. Łukasiewicz und A. Tarski, *Untersuchungen über den Aussagenkalkül* (C. R. des séances de la Soc. d. Sc. et d. L. de Varsovie XXIII, Classe III, 1930, SS. 30–50).

plin, die sogenannte **Metadisziplin**, begründet. Um die unnötige Komplikation zu vermeiden, werden wir auf die exakte Formalisierung der Metasprache verzichten. Es genügt zu bemerken, daß in der Metasprache folgende zwei Kategorien der Begriffe vorkommen: 1. **Begriffe vom allgemein-logischen Charakter**, aus einem beliebigen, genügend ausgebauten System der mathematischen Logik (z. B. aus dem der *Principia Mathematica*), und insbesondere diejenigen aus dem Bereiche des Klassenkalküls und der Arithmetik der natürlichen Zahlen[6]); 2. **spezifische Begriffe vom strukturell-deskriptiven Charakter**, die die Ausdrücke der ursprünglichen Sprache, ihre Struktureigenschaften und ihre gegenseitigen Strukturrelationen bezeichnen. Die folgenden Termini der zweiten Gruppe werden als Urbegriffe der Metasprache betrachtet: „*Ausdruck*" oder vielmehr „*Klasse aller Ausdrücke*", in Zeichen „A"; „*Negationszeichen*" — „ν"; „*Implikationszeichen*" — „ι"; „*Allzeichen*" — „π"; „*Variable mit k Strichen unten und l Strichen oben*" (oder auch „*Variable* k^{ter} *Form und* l^{ten} *Ranges*) — „φ_k^l"; endlich „*Ausdruck, der aus zwei aufeinander folgenden Ausdrücken* ζ *und* η *besteht*", symbolisch „$\zeta^\frown\eta$"[7]). Es läßt sich leicht feststellen, daß die obigen Begriffe zur exakten Beschreibung eines jeden Ausdrucks der ursprünglichen Sprache ausreichen; mit ihrer Hilfe kann in der Metasprache einem jeden solchen Ausdruck ein besonderer Individualname eindeutig zugeordnet werden. So z. B. wird der Ausdruck „$\Pi x_{\prime}' x_{\prime}' x_{\prime}''$" mit dem Individualnamen „$\pi^\frown\varphi_1^{1\frown}\varphi_1^{1\frown}\varphi_1^2$"[8]) bezeichnet.

Entsprechend den beiden Kategorien von Begriffen der Metasprache, besteht das System der Voraussetzungen, welche zur deduktiven Begründung der Metadisziplin ausreichen, aus zwei Arten von Sätzen: 1. den **Axiomen der mathematischen Logik** und 2. solchen

---

[6]) Ich werde also hier von verschiedenen Symbolen, welche in den mengentheoretischen Arbeiten allgemein Verwendung finden, frei Gebrauch machen. So z. B. werden die Formeln von der Gestalt „$x, y \ldots \epsilon Z$" bzw. „$x, y \ldots \bar{\epsilon} Z$" zum Ausdruck bringen, daß $x, y \ldots$ zur Menge Z gehören bzw. nicht gehören. „0" bezeichnet die leere Menge und „$\{x, y \ldots z\}$" die Menge, die ausschließlich $x, y \ldots z$ als Elemente enthält. Mit dem Symbol „Nt" bezeichne ich die Menge der natürlichen Zahlen; $Nt - \{0\}$ ist also die Menge aller von 0 verschiedenen natürlichen Zahlen.

[7]) Dieser letzte Urbegriff ließe sich durch den Begriff „*das von Anfang an* n^{te} *Zeichen des Ausdrucks* ζ" ersetzen. Das Symbol „A" kann mittels den übrigen Urbegriffen definiert werden.

[8]) Mit Rücksicht auf das Assoziationsgesetz, dem die Operation $\zeta^\frown\eta$ untersteht (s. unten Ax. 4), kann das Weglassen der Klammern in den Ausdrücken von der Form „$(\zeta^\frown\eta)^\frown\vartheta$", „$((\zeta^\frown\eta)^\frown\vartheta)^\frown\xi$" usw. zu keinen Mißverständnissen Anlaß geben.

Thesen, welche die Grundeigenschaften der spezifischen Urbegriffe der Metasprache feststellen. Es ist vielleicht nicht unangebracht, hier das volle System der Axiome der zweiten Art explicite anzuführen (obwohl es im Rahmen der vorliegenden skizzenhaften Darstellung nicht möglich sein wird, diese Axiome praktisch in Anwendung zu bringen).

Axiom 1. $\nu, \iota, \pi \in A$, *wobei* $\nu \neq \iota$, $\nu \neq \pi$ *und* $\iota \neq \pi$.

Axiom 2. Ist $k, l \in Nt - \{0\}$, *so ist* $\varphi_k^l \in A$, *wobei* $\varphi_k^l \neq \nu$, $\varphi_k^l \neq \iota$ *und* $\varphi_k^l \neq \pi$; *ist außerdem* $k_1, l_1 \in Nt - \{0\}$ *und* $k \neq k_1$ *oder* $l \neq l_1$, *so* $\varphi_k^l \neq \varphi_{k_1}^{l_1}$.

Axiom 3. Ist $\zeta, \eta \in A$, *so ist auch* $\zeta^\frown\eta \in A$, *wobei* $\zeta^\frown\eta \neq \nu$, $\zeta^\frown\eta \neq \iota$, $\zeta^\frown\eta \neq \pi$ *und* $\zeta^\frown\eta \neq \varphi_k^l$ *für beliebige* $k, l \in Nt - \{0\}$.

Axiom 4. Ist $\zeta, \eta, \vartheta, \xi \in A$, *so gilt die Formel:* $\zeta^\frown\eta = \vartheta^\frown\xi$ *dann und nur dann, wenn entweder* $\zeta = \vartheta$ *und* $\eta = \xi$, *oder wenn es ein* $\tau \in A$ *gibt, so daß* $\zeta = \vartheta^\frown\tau$ *und* $\xi = \tau^\frown\eta$, *oder schließlich wenn es umgekehrt ein* $\tau \in A$ *gibt, so daß* $\vartheta = \zeta^\frown\tau$ *und* $\eta = \tau^\frown\xi$.

Axiom 5 (das Prinzip der Induktion). Sei X *eine beliebige Menge, welche die folgenden Bedingungen erfüllt: (1)* $\nu, \iota, \pi \in X$; *(2) ist* $k, l \in Nt - \{0\}$, *so* $\varphi_k^l \in X$; *(3) ist* $\zeta, \eta \in X$, *so* $\zeta^\frown\eta \in X$. *Dann gilt* $A \subset X$.

Es ist nicht schwer nachzuweisen, daß *das vorstehende Axiomensystem kategorisch*[9]) *ist, eine Interpretation in der Arithmetik der natürlichen Zahlen hat und daß es aus gegenseitig unabhängigen Sätzen besteht*[10]).

[9]) Im Sinne von O. Veblen; vgl. seinen Aufsatz: *A system of axioms for geometry*, Transact. of the Amer. Math. Soc. 5, 1904, SS. 343—381.

[10]) Die Anschaulichkeit der angegebenen Axiome ist nicht unbestritten; gewisse Bedenken erheben sich im Zusammenhang mit den existentialen Voraussetzungen, die implicite in den Ax. 2 und 3 stecken (auf Grund dieser Voraussetzungen läßt sich u. a. beweisen, daß die Menge A von der Mächtigkeit $\aleph_0$, also unendlich ist). Ohne mich in die Analyse dieser schwierigen Fragen einzulassen, möchte ich nur so viel bemerken, daß die erwähnten Bedenken verschwinden oder jedenfalls bedeutend abgeschwächt werden, vorausgesetzt, 1. daß wir als Ausdrücke der Sprache nicht konkrete Aufschriften, sondern ganze Klassen von untereinander „gleichgestalteten" Aufschriften betrachten und dementsprechend den anschaulichen Sinn der übrigen Urbegriffe der Metasprache modifizieren; 2. daß wir den Begriff der Aufschrift möglichst weit interpretieren und nicht nur die durch Menschenhand ausgeführten Aufschriften, sondern auch sämtliche materielle Körper (bzw. geometrische Figuren) bestimmter Formen mit einbegreifen. Näher bespreche ich diesen Punkt in meiner bereits zitierten Arbeit über den Wahrheitsbegriff (vgl. [4])), wo ich das obige Axiomensystem zum ersten Male gegeben habe. Es sei noch erwähnt, daß nach dem Muster dieses Axiomensystems sich auch andere Metadisziplinen mutatis mutandis axiomatisieren lassen.

Um die weiteren Ausführungen einfacher zu gestalten, soll in die Metasprache eine Reihe symbolischer Abkürzungen eingeführt werden.

Definition 1. a) $\zeta \in V$ *(ζ ist eine* ***Variable****), wenn es solche* $k, l \in Nt - \{0\}$ *gibt, daß* $\zeta = \varphi_k^l$*;*

b) $\zeta = \eta_0 {}^\frown \ldots {}^\frown \eta_n$ *(ζ ist ein* ***Ausdruck****, der aus nacheinander folgenden Ausdrücken* $\eta_0, \eta_1 \ldots \eta_n$ *besteht), wenn* $n \in Nt$, $\eta_0, \eta_1 \ldots \eta_n \in A$ *und entweder* $n = 0$, $\zeta = \eta_0$ *oder* $n > 0$, $\zeta = (\eta_0 {}^\frown \ldots {}^\frown \eta_{n-1}) {}^\frown \eta_n$.

Definition 2. a) $\zeta = \overline{\eta}$ *(ζ ist die* ***Negation*** *von* η*), wenn* $\eta \in A$, $\zeta = \nu {}^\frown \eta$*;*

b) $\zeta = \eta \rightarrow \vartheta$ *(ζ ist die* ***Implikation*** *mit dem* ***Vorderglied*** η *und dem* ***Nachglied*** ϑ*), wenn* $\eta, \vartheta \in A$, $\zeta = \iota {}^\frown \eta {}^\frown \vartheta$*;*

c) $\zeta = \eta \vee \vartheta$ *(ζ ist die* ***logische Summe*** *oder* ***Disjunktion*** *von* η *und* ϑ*), wenn* $\eta, \vartheta \in A$, $\zeta = \overline{\eta} \rightarrow \vartheta$*;*

d) $\zeta = \eta_0 \vee \ldots \vee \eta_n$ *(ζ ist die* ***logische Summe*** *von* $\eta_0, \eta_1 \ldots \eta_n$*), wenn* $\eta \in Nt$, $\eta_0, \eta_1 \ldots \eta_n \in A$ *und entweder* $n = 0$, $\zeta = \eta_0$ *oder* $n > 0$, $\zeta = \left((\iota {}^\frown \overline{\eta}_0) {}^\frown \ldots {}^\frown (\iota {}^\frown \overline{\eta}_{n-1})\right) {}^\frown \eta_n$*;*

e) $\zeta = \eta \wedge \vartheta$ *(ζ ist das* ***logische Produkt*** *oder* ***Konjunktion*** *von* η *und* ϑ*), wenn* $\eta, \vartheta \in A$, $\zeta = \overline{\overline{\eta} \vee \overline{\vartheta}}$*;*

f) $\zeta = \eta_0 \wedge \ldots \wedge \eta_n$ *(ζ ist das* ***logische Produkt*** *von* $\eta_0, \eta_1 \ldots \eta_n$*), wenn* $\eta \in Nt$, $\eta_0, \eta_1 \ldots \eta_n \in A$ *und* $\zeta = \overline{\overline{\eta}_0 \vee \ldots \vee \overline{\eta}_n}$*;*

g) $\zeta = \eta \leftrightarrow \vartheta$ *(ζ ist die* ***logische Äquivalenz*** *von* η *und* ϑ*), wenn* $\eta, \vartheta \in A$, $\zeta = (\eta \rightarrow \vartheta) \wedge (\vartheta \rightarrow \eta)$.

Definition 3. a) $\zeta = \bigcap_k^l \eta$ *(ζ ist die* ***Generalisation*** *von* η *in Bezug auf die Variable* φ_k^l*), wenn* $k, l \in Nt - \{0\}$, $\eta \in A$ *und* $\zeta = \pi {}^\frown \varphi_k^l {}^\frown \eta$*;*

b) $\zeta = \bigcap_{k_0}^{l_0} \ldots \bigcap_{k_n}^{l_n} \eta$ *(ζ ist die* ***Generalisation*** *von* η *in Bezug auf die Variablen* $\varphi_{k_0}^{l_0}, \varphi_{k_1}^{l_1} \ldots \varphi_{k_n}^{l_n}$*), wenn* $\eta \in Nt$, $k_0, l_0, k_1, l_1 \ldots k_n, l_n \in Nt - \{0\}$ *und* $\zeta = \left((\pi {}^\frown \varphi_{k_0}^{l_0}) {}^\frown \ldots {}^\frown (\pi {}^\frown \varphi_{k_n}^{l_n})\right) {}^\frown \eta$*;*

c) $\zeta = \bigcup_k^l \eta$ *(ζ ist die* ***Partikularisation*** *von* η *in Bezug auf die Variable* φ_k^l*), wenn* $k, l \in Nt - \{0\}$, $\eta \in A$ *und* $\zeta = \overline{\bigcap_k^l \overline{\eta}}$*;*

d) $\zeta = \bigcup_{k_0}^{l_0} \ldots \bigcup_{k_n}^{l_n} \eta$ *(ζ ist die* ***Partikularisation*** *von* η *in Bezug auf die Variablen* $\varphi_{k_0}^{l_0}, \varphi_{k_1}^{l_1} \ldots \varphi_{k_n}^{l_n}$*), wenn* $\eta \in A$, $k_0, l_0, k_1, l_1 \ldots k_n, l_n \in Nt - \{0\}$ *und* $\zeta = \overline{\bigcap_{k_0}^{l_0} \ldots \bigcap_{k_n}^{l_n} \overline{\eta}}$.

Definition 4. a) $\zeta = \varepsilon_{k,l}^m$ *(ζ ist die* ***Elementaraussage*** *mit den* ***Gliedern*** φ_k^m *und* φ_l^{m+1}*), wenn* $k, l, m \in Nt - \{0\}$, $\zeta = \varphi_k^m {}^\frown \varphi_l^{m+1}$*;*

b) $\zeta = \iota_{k,l}^m$ *(ζ ist die* ***Identität*** *zwischen* φ_k^m *und* φ_l^m*), wenn* $k, l, m \in Nt - \{0\}$, $\zeta = \bigcap_l^{m+1} (\varepsilon_{k,1}^m \rightarrow \varepsilon_{l,1}^m)$.

Zu den wichtigsten Begriffen der Metadisziplin gehören die der sinnvollen Aussage (oder der Aussage schlechthin) und der Konsequenz einer Aussagenmenge. Die Definition des ersteren bietet keine Schwierigkeiten:

Definition 5. $\zeta \epsilon S$ [*ζ ist eine sinnvolle Aussage*[11])], *wenn ζ zu jeder Menge X gehört, welche folgende Bedingungen erfüllt: (1) $\varepsilon^m_{k,l} \epsilon X$ für $k, l, m \epsilon Nt - \{0\}$; (2) ist $\eta \epsilon X$, so auch $\overline{\eta} \epsilon X$; (3) ist $\eta, \vartheta \epsilon X$, so auch $\eta \rightarrow \vartheta \epsilon X$; (4) ist $k, l \epsilon Nt - \{0\}$ und $\eta \epsilon X$, so auch $\bigcap^l_k \eta \epsilon X$.*

Die sinnvollen Aussagen sind also Ausdrücke, die man aus Elementaraussagen $\varepsilon^m_{k,l}$ erhält, wenn man auf ihnen beliebig oft und in beliebiger Ordnung drei Operationen: der Negations-, Implikations- und Generalisationsbildung ausführt.

Bei Präzisierung des Konsequenzbegriffes werden sich gewisse Hilfsbegriffe als nützlich erweisen:

Definition 6. *a) $\zeta \underset{m}{F} \eta$ (ζ kommt an der m^{ten} Stelle in η als freie Variable vor), wenn $m \epsilon Nt$, $\zeta \epsilon V$ und wenn sich η in der Form: $\eta = \vartheta_0 \frown \ldots \frown \vartheta_n$ darstellen läßt, wobei $n \epsilon Nt$, $\vartheta_0, \vartheta_1 \ldots \vartheta_n \epsilon \{\nu, \iota, \pi\} + V$, $m \leq n$, $\vartheta_m = \zeta$ und es keine Zahlen $k, l \epsilon Nt$ gibt derart, daß $k \leq m \leq k + l \leq n$, $\vartheta_k = \pi$, $\vartheta_{k+1} = \zeta$ und $\vartheta_k \frown \ldots \frown \vartheta_{k+l} \epsilon S$.*

b) $\zeta \epsilon Fr(\eta)$ (ζ ist eine freie Variable von η), wenn es ein solches $m \epsilon Nt$ gibt, daß $\zeta \underset{m}{F} \eta$.

Definition 7. *$\zeta \epsilon L$ (ζ ist ein logisches Axiom), wenn eine der folgenden Bedingungen erfüllt ist: (1) es gibt solche Aussagen $\eta, \vartheta, \xi \epsilon S$, daß entweder $\zeta = (\eta \rightarrow \vartheta) \rightarrow ((\vartheta \rightarrow \xi) \rightarrow (\eta \rightarrow \xi))$ oder $\zeta = (\overline{\eta} \rightarrow \eta) \rightarrow \eta$ oder auch $\zeta = \eta \rightarrow (\overline{\eta} \rightarrow \xi)$; (2) es gibt eine Zahl $k \epsilon Nt - \{0\}$ und eine Aussage $\eta \epsilon S$ derart, daß $\zeta = \bigcup^{k+1}_1 \bigcap^k_1 (\varepsilon^k_{1,1} \leftrightarrow \eta)$, wobei $\varphi^{k+1}_1 \overline{\epsilon} Fr(\eta)$; (3) es gibt eine solche Zahl $k \epsilon Nt - \{0\}$, daß $\zeta = (\bigcap^k_1 (\varepsilon^k_{1,1} \leftrightarrow \varepsilon^k_{1,2})) \rightarrow \tau^{k+1}_{1,2}$.*

Die Aussagen, welche der Bedingung (1) in der angeführten Definition genügen, sind Axiome des Aussagenkalküls von Łukasiewicz[12]) (oder vielmehr Einsetzungen dieser Axiome); die Aussagen unter (2), scheinbar dem Reduzibilitätsaxiom der Principia Mathematica verwandt, können nach S. Leśniewski's Vorschlag Pseudodefinitionen genannt werden; in den Aussagen (3) erkennen wir endlich die sog. Extensionalitätsgesetze wieder.

---

[11]) Der Ausdruck „*Aussagenfunktion*" würde hier besser passen; der Ausdruck „*Aussage*" sollte für diejenigen Aussagenfunktionen reserviert bleiben, welche keine freien Variablen enthalten (s. unten Def. 6).

[12]) Vgl. die unter [5]) zitierte Mitteilung von Łukasiewicz und Tarski.

Definition 8. $\zeta Sb^m_{k|l}\eta$ (*ζ läßt sich aus η erhalten durch die Einsetzung der freien Variable φ^m_k für die freie Variable φ^m_l*), wenn $k, l, m \in Nt - \{0\}$ und wenn ζ und η sich in der Form: $\zeta = \vartheta_0{}^\frown \ldots {}^\frown\vartheta_n$, $\eta = \xi_0{}^\frown \ldots {}^\frown\xi_n$ darstellen lassen, wobei (1) $n \in Nt$, $\vartheta_0, \xi_0, \vartheta_1, \xi_1 \ldots \ldots \vartheta_n, \xi_n \in \{\nu, \iota, \pi\} + V$; (2) ist $\varphi^m_l \underset{i}{F} \eta$, so $\varphi^m_k \underset{i}{F} \zeta$; (3) ist $i \in Nt$, $i \leq n$ und gilt die Formel: $\varphi^m_l \underset{i}{F} \eta$ nicht, so ist $\vartheta_i = \xi_i$.

Definition 9. $\zeta \in Fl(X)$ (*ζ ist eine Konsequenz der Aussagemenge X*), wenn ζ zu jeder Menge Y gehört, welche den folgenden Bedingungen genügt: (1) $X + L \subset Y$; (2) ist $\vartheta Sb^m_{k|l}\eta$ und $\eta \in Y$, so auch $\vartheta \in Y$; (3) ist $\eta, \eta \rightarrow \vartheta \in Y$, so $\vartheta \in Y$; (4) ist $k, l \in Nt - \{0\}$, $\eta, \vartheta \in S$, $\varphi^l_k \overline{\in} Fr(\vartheta)$ und $\eta \rightarrow \vartheta \in Y$, so $\eta \rightarrow \bigcap^l_k \vartheta \in Y$; (5) ist $k, l \in Nt - \{0\}$, $\eta, \vartheta \in S$ und $\eta \rightarrow \bigcap^l_k \vartheta \in Y$, so auch $\eta \rightarrow \vartheta \in Y$.

Als Konsequenzen der Menge X sind mithin Aussagen zu betrachten, welche aus den Aussagen dieser Menge und den logischen Axiomen mit Hilfe der vier Operationen: der Einsetzung, der Abtrennung, sowie der Hinzufügung und der Weglassung des Allzeichens (die in den sog. Schlußregeln ihre Formulierung finden) gewonnen werden können[13]).

Aus Def. 5 und 9 lassen sich leicht verschiedene elementare Eigenschaften des Konsequenzbegriffes ableiten, z. B.[13]):

Satz 1. a) Ist $X \subset S$, so $X \subset Fl(X) \subset S$;

b) ist $X \subset S$, so $Fl(Fl(X)) = Fl(X)$;

c) ist $X \subset Y \subset S$ oder $X \subset Fl(Y)$ und $Y \subset S$, so $Fl(X) \subset Fl(Y)$,

d) sei $X \subset S$; damit $\zeta \in Fl(X)$, ist es notwendig und hinreichend, daß eine endliche Menge $Y \subset X$ existiert derart, daß $\zeta \in Fl(Y)$;

e) ist $X_n \subset X_{n+1}$ für jedes $n \in Nt$, so $Fl\left(\sum\limits_{n=0}^{\infty} X_n\right) = \sum\limits_{n=0}^{\infty} Fl(X_n)$.

Satz 2. a) Ist $X \subset S$, $\zeta, \eta \in S$, $Fr(\zeta) = 0$ und $\eta \in Fl(X + \{\zeta\})$, so $\zeta \rightarrow \eta \in Fl(X)$;

b) ist $X \subset S$, $\zeta \in S$ und $Fr(\zeta) = 0$, so $Fl(X + \{\zeta\}) \cdot Fl(X + \{\overline{\zeta}\}) = Fl(X)$;

c) ist $X \subset S$ und $\zeta \in S$, so $Fl(X + \{\zeta, \overline{\zeta}\}) = S$;

d) ist $\zeta \in S$ und $\eta = \bigcap^{l_0}_{k_0} \ldots \bigcap^{l_n}_{k_n} \zeta$, wo $n \in Nt, k_0, l_0, k_1, l_1 \ldots k_n, l_n \in Nt - \{0\}$, so $Fl(\{\zeta\}) = Fl(\{\eta\})$; jeder Aussage $\zeta \in S$ entspricht also eine Aussage

[13]) Vgl. hierzu meine Abhandlung: *Fundamentale Begriffe der Methodologie der deduktiven Wissenschaften. I* (Monatsh. f. Math. u. Phys., **37**, 1930, SS. 361–404), wo die Termini „S" und „Fl" als einzige Urbegriffe auftreten und die Teile *a), b), d)* des Satzes 1 zum Axiomensystem gehören. Im Zusammenhang mit den S. 2 und 3 vgl. auch meine Mitteilung: *Über einige fundamentalen Begriffe der Metamathematik* (C. R. des séances de la Soc. d. Sc. et d. L. de Varsovie XXIII, 1930, Classe III, SS. 22–29).

$\eta \in S$ *derart, daß* $Fr(\eta)=0$, $Fl(\{\zeta\})=Fl(\{\eta\})$ *und sogar allgemeiner* $Fl(X+\{\zeta\})=Fl(X+\{\eta\})$ *für jede Menge* $X \subset S$.

Eine gewisse Schwierigkeit kann sich lediglich bei dem Beweise des S. 2 *a)* einstellen. Wir betrachten hier die Menge Y aller solchen Aussagen ϑ, daß $\zeta \rightarrow \vartheta \in Fl(X)$, und zeigen, daß diese Menge die Bedingungen (1)—(5) der Definition erfüllt, wenn man „$X+\{\zeta\}$" statt „X" einsetzt; daraus folgt nun unmittelbar, daß die Menge Y alle Aussagen $\eta \in Fl(X+\{\zeta\})$ enthält, was eben zu beweisen war. Aus dem S. 2 *a)* ergibt sich leicht der S. 2 *b)*.

Auf die Begriffe der sinnvollen Aussage und der Konsequenz läßt sich bekanntlich eine Reihe der fundamentalen Begriffe aus der Methodologie der deduktiven Wissenschaften zurückführen. Insbesondere gilt das für die Begriffe des deduktiven Systems, der Widerspruchsfreiheit uud der Vollständigkeit[13]):

Definition 10. a) $X \in \mathfrak{S}$ *(X ist ein deduktives oder abgeschlossenes System), wenn* $Fl(X)=X \subset S$;

b) $X \in \mathfrak{W}$ *(X ist eine widerspruchsfreie Aussagenmenge), wenn* $X \subset S$ *und* $Fl(X) \neq S$;

c) $X \in \mathfrak{V}$ *(X ist eine vollständige Aussagenmenge), wenn* $X \subset S$ *und dabei für beliebiges* $\zeta \in S$ *entweder* $\zeta \in Fl(X)$ *oder* $X+\{\zeta\} \bar{\in} \mathfrak{W}$.

Es lohnt sich, einige Umgestaltungen der Def. 10 *b)*, *c)* hervorzuheben, die mit den ursprünglichen Formulierungen äquivalent, zugleich aber in vielen Fällen leichter zu handhaben sind:

Satz 3. a) Damit $X \in \mathfrak{W}$, *ist es notwendig und hinreichend, daß* $X \subset S$ *und daß für beliebiges* $\zeta \in S$ *entweder* $\zeta \bar{\in} Fl(X)$ *oder* $\bar{\zeta} \bar{\in} Fl(X)$;

b) sei $Fr(\zeta)=0$; *damit* $X+\{\zeta\} \in \mathfrak{W}$, *ist es notwendig und hinreichend, daß* $X \subset S$, $\zeta \in S$ *und* $\bar{\zeta} \bar{\in} Fl(X)$;

c) damit $X \in \mathfrak{V}$, *ist es notwendig und hinreichend, daß* $X \subset S$ *und daß für beliebiges* $\zeta \in S$ *derart, daß* $Fr(\zeta)=0$, *entweder* $\zeta \in Fl(X)$ *oder* $\bar{\zeta} \in Fl(X)$.

a) folgt aus Def. 10 *b)*, S. 1 *a)*, *c)* und 2 *c)*; *b)* gewinnen wir aus *a)* mit Hilfe des S. 2 *c)*; endlich bei der Begründung des Teiles *c)* machen wir Gebrauch von *b)*, Def. 10 *b)*, *c)* und S. 2 *d)*.

Im Gegensatz zur gewöhnlichen Widerspruchsfreiheit und Vollständigkeit, lassen sich die Begriffe der ω-Widerspruchsfreiheit und der ω-Vollständigkeit nicht ausschließlich in den Terminis „S" und „Fl" ausdrücken. Beim Definieren dieser beiden Begriffe werden folgende Hilfssymbole Verwendung finden:

Definition 11. a) $\zeta = \beta_k^n$, *wenn* $k \in Nt - \{0\}$, $n \in Nt$ *und dabei entweder* $n = 0$, $\zeta = \bigcap_1^1 \overline{\varepsilon_{1,k}^1}$ *oder* $n > 0$, $\zeta = \bigcup_1^1 \ldots \bigcup_n^1 \bigcap_{n+1}^1 (\varepsilon_{n+1,k}^1 \rightarrow (\tau_{1,n+1}^1 \vee \ldots \vee \tau_{n,n+1}^1))$;

b) $\zeta = \gamma_{k,l}$, *wenn* $k, l \in Nt - \{0\}$ *und* $\zeta = \bigcup_1^1 \bigcap_2^1 (\varepsilon_{2,l}^1 \leftrightarrow (\varepsilon_{2,k}^1 \vee \tau_{1,2}^1))$;

c) $\zeta = \delta_k$, *wenn* $k \in Nt - \{0\}$ *und* $\zeta = \bigcap_1^3 \left(\bigcap_1^2 \bigcap_2^2 ((\beta_1^0 \vee (\varepsilon_{2,1}^2 \wedge \gamma_{2,1})) \rightarrow \varepsilon_{1,1}^2) \rightarrow \varepsilon_{k,1}^2 \right)$.

Der Sinn der obigen symbolischen Ausdrücke leuchtet ein: die Aussage $\gamma_{k,l}$ besagt, daß die mit dem Symbol φ_l^2 bezeichnete Individuenmenge sich aus der mit φ_k^2 bezeichneten Menge durch Beifügung eines einzigen Elements gewinnen läßt; die Aussage β_k^n, bzw. δ_k, bedeutet, daß die mit dem Symbol φ_k^2 bezeichnete Menge höchstens eine natürliche Anzahl n von Elementen enthält, bzw. daß diese Menge endlich (induktiv im Sinne von *Principia Mathematica*) ist.

Definition 12. a) $X \in \mathfrak{W}_\omega$ *(X ist eine ω-widerspruchsfreie Aussagenmenge), wenn* $X \subset S$ *und wenn dabei für beliebiges* $\zeta \in S$ *derart, daß* $Fr(\zeta) = \{\varphi_1^2\}$[14]*), die Bedingung:* $\bigcap_1^2 (\beta_1^n \rightarrow \zeta) \in Fl(X)$ *für jedes* $n \in Nt$ *stets die Formel:* $\overline{\bigcap_1^2 (\delta_1 \rightarrow \zeta) \in Fl(X)}$ *nach sich zieht;*

b) $X \in \mathfrak{V}_\omega$ *(X ist eine ω-vollständige Aussagenmenge), wenn* $X \subset S$ *und wenn dabei für beliebiges* $\zeta \in S$ *derart, daß* $Fr(\zeta) = \{\varphi_1^2\}$[14]*), die Bedingung:* $\bigcap_1^2 (\beta_1^n \rightarrow \zeta) \in Fl(X)$ *für jedes* $n \in Nt$ *stets die Formel:* $\bigcap_1^2 (\delta_1 \rightarrow \zeta) \in Fl(X)$ *zur Folge hat.*

Um den Inhalt der eben definierten Begriffe verständlicher zu machen, merken wir uns eine beliebige Eigenschaft E, die den Individuenmengen zukommt und die sich in der hier behandelten Sprache formulieren läßt; es seien $\xi_n(E)$ (wo $n \in Nt$), bzw. $\xi_\omega(E)$ Aussagen der Sprache, die besagen, daß jede höchstens n Individuen enthaltende Menge, bzw. jede endliche Individuenmenge die Eigenschaft E besitzt. Eine Aussagenmenge X werden wir ω-widerspruchsfrei nennen, wenn es für keine Eigenschaft E eintreten kann, daß alle Aussagen der unendlichen Folge $\xi_n(E)$, zugleich aber auch die Negation der Aussage $\xi_\omega(E)$ Konsequenzen der Menge X sind; ω-vollständig hingegen wird eine Menge X genannt, wenn, so oft alle Aussagen $\xi_n(E)$ zu den Konsequenzen der Menge X gehören, so oft auch die Aussage $\xi_\omega(E)$ die Konsequenz derselben Menge ist[15]).

---

[14]) Die Formel $Fr(\zeta) = \{\varphi_1^2\}$ kann hier übergangen werden.

[15]) Zwischen der oben angegebenen Definition der ω-Widerspruchsfreiheit und derjenigen von Gödel bestehen gewisse rein formelle Unterschiede; sie erklären sich ausschließlich dadurch, daß in der hier in Frage stehenden formalen Sprache spezifische Symbole zur Bezeichnung der natürlichen Zahlen nicht vorkommen. Es läßt sich leicht zeigen, daß bezüglich des Gödelschen „Systems P" (und sämtlicher umfassenderen Systeme) beide Formulierungen äquivalent sind.

Zwischen den Klassen $\mathfrak{W}$, $\mathfrak{W}_\omega$, $\mathfrak{V}$ und $\mathfrak{V}_\omega$ bestehen folgende Bedingungen:

Satz 4. a) Ist $X \epsilon \mathfrak{W}_\omega$, *so* $X \epsilon \mathfrak{W}$ $(\mathfrak{W}_\omega \subset \mathfrak{W})$;

b) ist $X \epsilon \mathfrak{W}$ *und* $X \epsilon \mathfrak{V}_\omega$, *so ist* $X \epsilon \mathfrak{W}_\omega$ $(\mathfrak{W} . \mathfrak{V}_\omega \subset \mathfrak{W}_\omega)$;

c) ist $X \epsilon \mathfrak{V}$ *und* $X \epsilon \mathfrak{W}_\omega$, *so* $X \epsilon \mathfrak{V}_\omega$ $(\mathfrak{V} . \mathfrak{W}_\omega \subset \mathfrak{V}_\omega)$;

d) ist $X \subset S$ *und* $X \bar{\epsilon} \mathfrak{V}_\omega$, *so* $X \epsilon \mathfrak{W}$ *und es gibt eine solche Aussage* $\zeta \epsilon S$, *daß* $X + \{\zeta\} \epsilon \mathfrak{W} - \mathfrak{W}_\omega$.

Dieser Satz kann leicht aus Def. 10 *b)*, 12 *a)*, *b)* und S. 3 gewonnen werden.

Wie ich es am Anfange erwähnt habe, läßt sich der S. 4 *a)* nicht umkehren: es existieren widerspruchsfreie und doch nicht ω-widerspruchsfreie deduktive Systeme. Der S. 4 *d)* zeigt, daß sich solche Systeme durch eine entsprechende Erweiterung der nicht ω-vollständigen Systeme gewinnen lassen. Wir verfolgen diesen Weg und konstruieren ein einfaches Beispiel eines nicht ω-vollständigen Systems — es wird dies das System T_ω sein; indem wir dieses System erweitern werden, werden wir zu dem widerspruchsfreien, doch nicht ω-widerspruchsfreien System T'_ω gelangen.

Definition 13. a) $\zeta = \alpha^n$, *wenn* $n \epsilon Nt$, $\zeta = \bigcap_1^2 (\beta_1^n \rightarrow \bigcup_1^1 \overline{\varepsilon_{1,1}^1})$;

b) $\zeta = \alpha^\infty$, *wenn* $\zeta = \bigcap_1^2 (\delta_1 \rightarrow \bigcup_1^1 \overline{\varepsilon_{1,1}^1})$.

Durch die Aussage von α^n wird ersichtlicherweise die Existenz von wenigstens $n+1$ verschiedenen Individuen festgestellt, und in der Aussage α^∞ erkennen wir das Unendlichkeitsaxiom, demzufolge die Menge aller Individuen unendlich ist.

Definition 14. a) $\zeta \epsilon T_\omega$, *wenn* $\zeta \epsilon Fl\left(\sum_{n=0}^{\infty} \{\alpha^n\}\right)$;

b) $\zeta \epsilon T'_\omega$, *wenn* $\zeta \epsilon Fl\left(\sum_{n=0}^{\infty} \{\alpha^n\} + \overline{\{\alpha^\infty\}}\right)$.

Um die gesuchten Eigenschaften der Systeme T_ω und T'_ω zu begründen, führe ich zunächst folgenden Hilfssatz an:

Satz 5. α^{n+1}, $\alpha^\infty \bar{\epsilon} Fl\left(\sum_{i=0}^{n} \{\alpha^i\}\right)$ *für beliebiges* $n \epsilon Nt$.

Skizze eines Beweises. Wir verwenden hier die aus den Untersuchungen über den Aussagenkalkül wohlbekannte Matrizenmethode[12]).

Sei S_1 die Menge aller Aussagen ohne freie Variablen und S_2 diejenige aller allzeichenfreien, d. h. nur freie Variablen enthaltenden Aussagen. Setzen wir: $\psi_1(\zeta) = \zeta$ für $\zeta \epsilon S_1$ und $\psi_1(\zeta) = \bigcap_{k_0}^{l_0} \ldots \bigcap_{k_n}^{l_n} \zeta$ für $\zeta \epsilon S - S_1$, wo $\varphi_{k_0}^{l_0}, \varphi_{k_1}^{l_1} \ldots \varphi_{k_n}^{l_n}$ alle freien Variablen der Aussage ζ

sind (die Ordnung, in der wir die Generalisierungsoperationen ausführen, ist gleichgültig, vorausgesetzt, daß sie ein für allemal für beliebige Aussagen $\zeta \epsilon S - S_1$ feststeht). Die gewonnene Funktion ψ_1 bildet eindeutig die Menge S auf die Menge S_1 ab.

Wir wollen $n+1$ erste Variablen des 1ten Ranges (d. i. die Variablen $\varphi_1^1, \varphi_2^1 \ldots \varphi_{n+1}^1$), 2^{n+1} erste Variablen des 2ten Ranges, $2^{2^{n+1}}$ erste Variablen des 3ten Ranges usw. ausgezeichnete Variablen nennen. Wir bezeichnen mit „S'" die Menge aller Aussagen, welche keine ausgezeichneten Variablen enthalten, und mit „S''" die Menge solcher Aussagen, in denen neben den Konstanten lauter ausgezeichnete Variablen vorkommen. Fernerhin soll jeder Aussage $\zeta \epsilon S$ eine Aussage $\psi_2(\zeta) \epsilon S'$; durch Ersetzung jeder Variable $\varphi_k^1, \varphi_k^2 \ldots$ durch $\varphi_{k+(n+1)}^1, \varphi_{k+2^{n+1}}^2 \ldots$ zugeordnet werden. Somit entspricht jeder Aussage $\zeta \epsilon S_1$ eine Aussage $\psi_2(\zeta) \epsilon S_1 . S'$.

Wir definieren weiter induktiv eine gewisse Funktion ψ_3 für alle Aussagen $\zeta \epsilon S'$. Wir setzen nämlich: $\psi_3(\varepsilon_{k,l}^m) = \varepsilon_{k,l}^m$, $\psi_3(\overline{\zeta}) = \overline{\psi_3(\zeta)}$, $\psi_3(\zeta \rightarrow \eta) = \psi_3(\zeta) \rightarrow \psi_3(\eta)$, $\psi_3(\bigcap_k^1 \zeta) = \zeta_1 \wedge \ldots \wedge \zeta_{n+1}$, wo $\zeta_1 Sb_{1|k}^1 \zeta$, $\zeta_2 Sb_{2|k}^1 \zeta \ldots, \zeta_{n+1} Sb_{n+1|k}^1 \zeta$, und im allgemeinen $\psi_3(\bigcap_k^l \zeta) = \zeta_1 \wedge \ldots \wedge \zeta_p$, wo $\zeta_1, \zeta_2 \ldots, \zeta_p$ Aussagen sind, die aus ζ durch Einsetzung für die freie Variable φ_k^l aller aufeinander folgenden ausgezeichneten Variablen des $l$ten Ranges: $\varphi_1^l, \varphi_2^l \ldots \varphi_p^l$ erhalten werden. Wie ohne weiteres ersichtlich, bildet die Funktion ψ_3 die Menge S' auf einen bestimmten Teil der Menge S_2 ab; es entsprechen insbesondere den Aussagen $\zeta \epsilon S_1 . S'$ die Aussagen $\psi_3(\zeta) \epsilon S_2 . S''$. Wenn wir daher: $\psi(\zeta) = \psi_3\Big(\psi_2\big(\psi_1(\zeta)\big)\Big)$ setzen, erhalten wir eine Funktion, die einer jeden Aussage $\zeta \epsilon S$ eindeutig die Aussage $\psi(\zeta) \epsilon S_2 . S''$ zuordnet.

Schließlich betrachten wir eine Funktion f, die nur einen von den zwei Werten: 0 und 1 annimmt. Wir definieren diese Funktion für alle Aussagen $\zeta \epsilon S_2$ durch Rekursion: $f(\varepsilon_{k,l}^m) = E\frac{l-1}{2^{k-1}} - 2 . E\frac{l-1}{2^k}$ (m. a. W. $f(\varepsilon_{k,l}^m)$ ist gleich der $k$ten Ziffer in der dyadischen Entwicklung der Zahl $l-1$), $f(\overline{\zeta}) = 1 - f(\zeta)$, $f(\zeta \rightarrow \eta) = 1 - f(\zeta).\big(1 - f(\eta)\big)$ (m. a. W. ist $f(\zeta \rightarrow \eta) = 0$, wenn $f(\zeta) = 1$ und $f(\eta) = 0$, und in übrigen Fällen ist $f(\zeta \rightarrow \eta) = 1$). Als Argumente der Funktion f können insbesondere alle Aussagen der Gestalt $\psi(\zeta)$, wo $\zeta \epsilon S$, auftreten. Sei S^* die Menge der Aussagen ζ, für die $f\big(\psi(\zeta)\big) = 1$ gilt.[16]) Wird „X" in der Def. 9 durch „$\sum_{i=0}^{n} \{\alpha^i\}$" ersetzt, so ergibt sich ohne größere Schwierigkeiten,

---

[16]) S^* kann als die Menge aller Aussagen bezeichnet werden, die in jedem Individuenbereiche aus $n+1$ Elementen allgemeingültig sind.

daß die Menge $Y = S^*$ den Bedingungen (1)—(5) der obigen Definition genügt; daraus wird geschlossen, daß $Fl\left(\sum_{i=0}^{n}\{\alpha^i\}\right) \subset S^*$. Anderseits stellen wir unmittelbar fest, daß $f(\psi(\alpha^{n+1})) = f(\psi(\alpha^\infty)) = 0$, wonach $\alpha^{n+1}, \alpha^\infty \notin S^*$. Somit ist $\alpha^{n+1}, \alpha^\infty \notin Fl\left(\sum_{i=0}^{n}\{\alpha^i\}\right)$, was eben zu beweisen war.

Satz 6. a) $T_\omega \in \mathfrak{S} - \mathfrak{B}_\omega$;

b) $T'_\omega \in \mathfrak{S}.\mathfrak{W} - \mathfrak{W}_\omega$.

Beweis. Aus dem *S.* 1 *a)*, *b)* und der Def. 14 *a)*, *b)* erhalten wir:

(1) $$\sum_{n=0}^{\infty}\{\alpha^n\} \subset Fl\left(\sum_{n=0}^{\infty}\{\alpha^n\}\right) = T_\omega = Fl(T_\omega) \subset S$$

und

(2) $$\sum_{n=0}^{\infty}\{\alpha^n\} + \{\overline{\alpha^\infty}\} \subset Fl\left(\sum_{n=0}^{\infty}\{\alpha^n\} + \{\overline{\alpha^\infty}\}\right) = T'_\omega = Fl(T'_\omega) \subset S.$$

Der Def. 10 *a)* zufolge ergeben die obigen Formeln:

(3) $$T_\omega,\ T'_\omega \in \mathfrak{S}.$$

Indem wir in dem S. 1 *e)*: $X_n = \sum_{i=0}^{n}\{\alpha^i\}$ setzen, erhalten wir: $Fl\left(\sum_{n=0}^{\infty}\{\alpha^n\}\right) = \sum_{n=0}^{\infty} Fl\left(\sum_{i=0}^{n}\{\alpha^i\}\right)$; da laut dem S. 5 $\alpha^\infty \notin Fl\left(\sum_{i=0}^{n}\{\alpha^i\}\right)$ für keine natürliche Zahl n, so schließen wir daraus, daß:

(4) $$\alpha^\infty \notin Fl\left(\sum_{n=0}^{\infty}\{\alpha^n\}\right).$$

Mit Rücksicht auf (1) und (4) hat die Def. 12 *b)* (für $X = T_\omega$ und $\zeta = \mathbf{U}_1^1 \overline{\varepsilon_{1,1}^1}$) im Verein mit 13 *a)*, *b)* zur Folge, daß

(5) $$T_\omega \notin \mathfrak{B}_\omega.$$

Aus (4) folgt, daß $\overline{\overline{\alpha^\infty}} \notin Fl\left(\sum_{n=0}^{\infty}\{\alpha^n\}\right)$, woraus man auf Grund des S. 3 *b)* (für $X = \sum_{n=0}^{\infty}\{\alpha^n\}$ und $\zeta = \overline{\alpha^\infty}$) die Formel: $\sum_{n=0}^{\infty}\{\alpha^n\} + \{\overline{\alpha^\infty}\} \in \mathfrak{W}$ erhält. Unter Berücksichtigung von (2) und der Def. 10 *b)* schließen wir daraus, daß

(6) $$T'_\omega \in \mathfrak{W}.$$

Mit Rücksicht auf (2) und 13 *a)*, *b)* ergibt endlich die Def. 12 *a)* (für $X = T'_\omega$ und $\zeta = \mathbf{U}_1^1 \overline{\varepsilon_{1,1}^1}$):

(7) $$T'_\omega \notin \mathfrak{W}_\omega.$$

In Anbetracht von (3) und (5)—(7) sind die beiden gesuchten Formeln: $T_\omega \epsilon \mathfrak{S} - \mathfrak{V}_\omega$ und $T'_\omega \epsilon \mathfrak{S} . \mathfrak{W} - \mathfrak{W}_\omega$ bewiesen.

Zum Schluß mache ich aufmerksam auf das System T_∞, welches in folgender Weise gekennzeichnet wird:

Definition 15. $\zeta \epsilon T_\infty$, *wenn* $\zeta \epsilon Fl(\{\alpha^\infty\})$.

Seinem Umfange nach deckt sich dieses System fast vollständig mit dem eingangs erwähnten „System P" von Gödel. Wenn wir also Gödels Schlußmethoden anwenden, können wir alle für das „System P" gewonnenen Resultate[1]) auf das System T_∞ ausdehnen. Insbesondere läßt sich beweisen der

Satz 7. Ist $T_\infty \epsilon \mathfrak{W}$, *so* $T_\infty \epsilon \mathfrak{S} - \mathfrak{V}_\omega$.

Für diesen Satz ist sogar ein effektiver Beweis bekannt: man kann nämlich eine Aussage ζ_0 (von verhältnismäßig einfacher logischer Struktur) konstruieren, welche φ_1^2 als ihre einzige freie Variable enthält und für die $\prod_1^2(\beta_1^n \rightarrow \zeta_0) \epsilon Fl(T_\infty)$ für jedes $n \epsilon Nt$, zugleich aber $\prod_1^2(\delta_1 \rightarrow \zeta_0) \bar{\epsilon} Fl(T_\infty)$ gilt. Wenn wir nun: $T'_\infty = Fl\left(\{\alpha^\infty, \overline{\prod_1^2(\delta_1 \rightarrow \zeta_0)}\}\right)$ setzen, erhalten wir ein System mit den dem System T'_ω analogen Eigenschaften: $T'_\infty \epsilon \mathfrak{S} . \mathfrak{W} - \mathfrak{W}_\omega$, vorausgesetzt, daß $T_\infty \epsilon \mathfrak{W}$.

Das System T_∞ steht in nahen strukturellen Beziehungen zu T_ω und T'_ω: wir haben nämlich $T_\omega = Fl\left(\sum_{n=0}^{\infty} \{\alpha^n\}\right)$, $T'_\omega = Fl\left(\sum_{n=0}^{\infty} \{\alpha^n\} + \{\overline{\alpha^\infty}\}\right)$ und $T_\infty = Fl(\{\alpha^\infty\}) = Fl\left(\sum_{n=0}^{\infty} \{\alpha^n\} + \{\alpha^\infty\}\right)$, woraus laut dem S. 2*b)* die Formel $T_\omega = T'_\omega . T_\infty$ folgt. Es besteht doch trotz der formalen Verwandtschaft ein grundsätzlicher sachlicher Unterschied zwischen diesen Systemen. In einem hier nicht näher präzisierten Sinne besitzt keines der dreien Systeme eine „Interpretation im Endlichen", sie sind im ganzen in keinem endlichen Individuenbereiche gültig; es handelt sich also um „infinitistische" Systeme. Und doch gilt jede Aussage des Systems T_ω, bzw. T'_ω, für sich genommen, in einem gewissen endlichen Bereiche von Induviduen; das System läßt sich als eine Summe einer unendlichen wachsenden Folge von „finitistischen" Systemen darstellen, z. B. von Systemen $T_n = Fl(\{\alpha^n\})$. Dagegen enthält das System T_∞ solche Aussagen wie z. B. das Unendlichkeitsaxiom α^∞, die schon an sich selbst keine „Interpretation im Endlichen" zulassen. Demzufolge ist dieses System viel umfassender als T_ω und — im Gegensatz zu dem letzteren — ausreichend, um die Arithmetik der natürlichen Zahlen und somit auch die Analysis in ihrem ganzen Umfange zu begründen.

Das System T_ω verdient „potential-infinitistisch", dagegen T_∞ — „aktual-infinitistisch" genannt zu werden.

Im Zusammenhang mit dem Gesagten erscheint die ω-Unvollständigkeit des Systems T_∞ als ein bedeutend tiefer gehendes Phänomen gegenüber der analogen Eigenschaft des Systems T_ω. Das letztere ist gewissermaßen ex definitione ω-unvollständig: indem wir nämlich zu ihm alle Aussagen α^n rechnen, haben wir die Aussage α^∞ nicht mit einbegriffen. Daher ist auch der S. 6*a)* intuitiv einleuchtend, wenn nicht gar trivial, und sein Beweis ist in seinem Wesen ganz einfach. Dagegen ist die von Gödel entdeckte ω-Unvollständigkeit des Systems T_∞ für die moderne Mathematik und Logik eine ganz unerwartete Tatsache; die Begründung dieser Tatsache erheischt subtile und geistreiche Schlußmethoden. Hierzu kommt noch folgendes. Der Widerspruchsfreiheitsbeweis für das „potential-infinitistische" System T_ω ist schon implicite im Beweis des S. 6*a)* (vgl. S. 4*a*) enthalten und bietet somit keine besonderen Schwierigkeiten. Aus Gödels Untersuchungen[1]) folgt aber, daß sich die Widerspruchsfreiheit des Systems T_∞ — ebensowenig wie die der anderen „aktual-infinitistischen" Systeme — auf dem Boden der Metadisziplin überhaupt nicht begründen läßt; dadurch wird das Enthaltensein der Bedingung „$T_\infty \epsilon \mathfrak{W}$" in der Voraussetzung des § 7 verständlich[17]).

Die hier besprochenen Tatsachen sind aus vielen Gründen beachtenswert. Früher konnte man annehmen, daß sich der formalisierte Konsequenzbegriff mit dem der Umgangssprache seinem Umfange nach ungefähr deckt, oder zumindest, daß alle rein strukturellen Operationen, die von wahren zu wahren Sätzen unbedingt führen, sich auf die in den deduktiven Disziplinen angewandten Schlußregeln restlos zurückführen lassen. Man durfte auch meinen, daß die Widerspruchsfreiheit eines deduktiven Systems uns an und für sich von dem Auftreten in dem System solcher Sätze schützt, die — wegen ihrer gegenseitigen strukturellen Beziehungen — nicht gleichzeitig wahr sein können. Da es aber einerseits ω-unvollständige, anderseits widerspruchsfreie, aber nicht ω-widerspruchsfreie Systeme gibt, so wird diesen beiden Annahmen der Boden entzogen. In der Tat, vom intuitiven Standpunkte aus zieht die Wahrheit aller Aussagen der Form $\Pi_1^2(\beta_1^n \rightarrow \zeta)$ die Wahrheit der Aussage $\Pi_1^2(\delta_1 \rightarrow \zeta)$ unzweifelhaft nach sich und entscheidet

---

[17]) Übrigens finden wir dieselben Schwierigkeiten bei dem Problem der ω-Widerspruchsfreiheit des Systems T_ω: aus der positiven Lösung dieses Problems würde nämlich die Widerspruchsfreiheit des Systems T_∞ folgen, während eine negative Lösung ganz unwahrscheinlich vorkommt.

dadurch über die Falschheit seiner Negation $\overline{\bigcap_1^2(\delta_1 \rightarrow \zeta)}$. Es zeigt sich aber, daß die Aussage $\bigcap_1^2(\delta_1 \rightarrow \zeta)$ gar nicht die Konsequenz sämtlicher Aussagen $\bigcap_1^2(\beta_1^n \rightarrow \zeta)$ sein muß, und daß die Aussagen $\bigcap_1^2(\beta_1^n \rightarrow \zeta)$ und $\overline{\bigcap_1^2(\delta_1 \rightarrow \zeta)}$ in einem und demselben widerspruchsfreien System auftreten können.

Diese Nachteile werden sich vermeiden lassen, wenn man zu den Schlußregeln die sog. Regel der unendlichen Induktion hinzufügt, m. a. W. wenn man die Def. 9 durch folgende Bedingung erweitert: *(6) ist* $\eta \epsilon S$, $Fr(\eta) = \{\varphi_1^2\}$ *und* $\bigcap_1^2(\beta_1^n \rightarrow \eta) \epsilon Y$ *für beliebiges* $n \epsilon Nt$, *so auch* $\bigcap_1^2(\delta_1 \rightarrow \eta) \epsilon Y$. Jedes deduktive System wird dann ex definitione ω-vollständig sein, und die übliche Widerspruchsfreiheit wird sich mit der ω-Widerspruchsfreiheit decken. Das bringt aber keine grundsätzlichen Vorteile mit sich. Daß eine dergleiche Regel ihres „infinitistischen" Charakters wegen von allen bis jetzt verwendeten Schlußregeln bedeutend abweicht, daß sie mit der bisherigen Auffassung der deduktiven Methode nicht leicht in Einklang gebracht werden kann, daß endlich die Möglichkeit ihrer praktischen Anwendung beim Aufbau der deduktiven Systeme höchst problematisch erscheint[18]), — das alles mag hier nur nebenbei bemerkt werden. Folgendes verdient aber eine nachdrückliche Hervorhebung. Die vertiefte Analyse der Gödelschen Untersuchungen zeigt, daß jedesmal, nachdem wir eine Verschärfung der Schlußregeln vorgenommen haben, die Tatsachen, die das Bedürfnis nach dieser Verschärfung nahelegen, auch weiterhin bestehen bleiben, wenn auch in einer komplizierteren Form und in Bezug auf Aussagen von einer komplizierteren logischen Struktur: der formalisierte Konsequenzbegriff wird sich seinem Umfange nach nie mit dem üblichen decken, die Widerspruchsfreiheit des Systems wird der Möglichkeit der „strukturellen Falschheit" nicht vorbeugen. Der Begriff der deduktiven Methode mag auch so liberal aufgefaßt werden — als ihr wesentlicher Charakterzug gilt jedenfalls (wenigstens bis jetzt), daß man beim Aufbau des Systems und insbesondere bei der Formulierung seiner Schlußregeln ausschließlich von allgemein-logischen und strukturell-deskrip-

[18]) Im Gegensatz zu allen anderen Schlußregeln läßt sich die Regel der unendlichen Induktion nur dann anwenden, wenn es gelungen ist zu zeigen, daß sämtliche Aussagen einer bestimmten unendlichen Folge zu dem konstruierten System gehören. Da aber in jeder Entwicklungsphase des Systems nur eine endliche Anzahl der Aussagen uns „effektiv" gegeben ist, kann dieser Tatbestand lediglich auf dem Wege metamathematischer Überlegungen festgestellt werden. — Die besprochene Schlußregel wurde in letzter Zeit u. a. von D. Hilbert erörtert in dem Aufsatz: Die Grundlegung der elementaren Zahlenlehre, Math. Ann. **104**, 1931, SS. 485—494.

tiven Begriffen Gebrauch macht. Wollte man nun als Ideal der deduktiven Wissenschaft die Konstruktion eines solchen Systems betrachten, in welchem alle wahren Sätze (der gegebenen Sprache) und nur solche enthalten sind, so ist dieses Ideal mit der obigen Auffassung der deduktiven Methode leider nicht vereinbar[19]).

[19]) Die zuletzt angedeuteten Probleme werden näher diskutiert in der in Fußnote [4]) erwähnten Arbeit über den Wahrheitsbegriff; vgl. auch meine Mitteilung unter den gleichen Titel im Akad. Anzeiger Nr. 2, Akad. der Wiss. in Wien, 1932.

(Eingegangen: 17. VII. 1932.)

EINIGE METHODOLOGISCHE UNTERSUCHUNGEN ÜBER DIE DEFINIERBARKEIT DER BEGRIFFE

Erkenntnis, vol. 5 (1935-1936), pp. 80-100.

This article is a (somewhat condensed) German translation of an article that originally appeared in Polish as:

Z BADAN METODOLOGICZNYCH NAD DEFINJOWALNOŚCIĄ TERMINÓW

in: Przegląd Filozoficzny (Revue Philosophique), vol. 37 (1934), pp. 438-460.

An English translation of the German version, supplemented by some passages translated from the Polish original and some remarks of the author, appears as:

SOME METHODOLOGICAL INVESTIGATIONS ON THE DEFINABILITY OF CONCEPTS

in: *Logic, Semantics, Metamathematics. Papers from 1923-1938.* Clarendon Press, Oxford, 1956, pp. 298-319

A French translation of this latter article appeared as:

QUELQUES RECHERCHES MÉTHODOLOGIQUES SUR LA DÉFINISSABILITÉ DES CONCEPTS

in: *Logique, Sémantique, Métamathématique. 1923-1944. Vol. 2.* Edited by G. Granger. Librarie Armand Colin, Paris, 1974, pp. 23-46.

Alfred Tarski (Warschau): Einige methodologische Untersuchungen über die Definierbarkeit der Begriffe.

Einleitende Bemerkungen.

In der Methodologie der deduktiven Wissenschaften treten zwei Begriffsgruppen auf, die zwar inhaltlich von einander ziemlich entfernt sind, jedoch erhebliche Analogien aufweisen, wenn man ihre Rolle beim Aufbau der deduktiven Theorien sowie die inneren Beziehungen zwischen den Begriffen jeder Gruppe erörtert. Zu der ersten Gruppe gehören solche Begriffe wie „*Axiom*", „*abgeleiteter Satz*", „*Schlußregel*", „*Beweis*", zu der zweiten — „*Grundbegriff*" (bzw. „*Grundausdruck*", „*Grundzeichen*"), „*definierter Begriff*", „*Definitionsregel*", „*Definition*". Zwischen den Begriffen der beiden Gruppen läßt sich ein weitgehender Paralellismus feststellen: den Axiomen entsprechen die Grundbegriffe, den abgeleiteten Sätzen — die definierten Begriffe, dem Prozesse und den Regeln des Beweises — der Prozeß und die Regeln des Definierens.

Die bisherigen Untersuchungen aus dem Gebiet der Methodologie der deduktiven Wissenschaften haben meist die Begriffe der ersten Gruppe behandelt. Nichtsdestoweniger drängen sich auch bei der Betrachtung der zweiten Begriffsgruppe viele interessante und wichtige Probleme auf, die manchmal ganz analog denjenigen sind, welche sich auf die Probleme der ersten Gruppe beziehen. In diesem Aufsatz möchte ich zwei Probleme aus diesem Gebiet besprechen, und zwar das Problem der Definierbarkeit und der gegenseitigen Unabhängigkeit von Begriffen sowie das Problem der Vollständigkeit von Begriffen einer beliebigen deduktiven Theorie [1]).

Es werden uns hier nur diejenigen deduktiven Theorien interessieren, welche ein hinreichend entwickeltes System der mathematischen Logik „überbauen"; die Probleme, welche die Begriffe der Logik selbst betreffen, werden also außer Betracht bleiben. Um die

[1]) Die Ausführungen dieses Vortrages sind zum Teil dem Artikel von Ph. Frank in der Revue de Synthése VII (1934) entnommen.

Betrachtungen zu konkretisieren, werden wir als den logischen Unterbau der deduktiven Theorien stets das in einigen Punkten modifizierte System der *„Principia Mathematica"* von A. N. Withehead und B. Russell[2]) ins Auge fassen. Die erwähnten Modifikationen bestehen im folgenden: 1. es wird angenommen, daß die verzweigte Typentheorie durch die vereinfachte ersetzt und das Reduzibilitätsaxiom beseitigt worden ist; 2. in das System der logischen Grundsätze schließen wir das Extensionalitätsaxiom (für alle logischen Typen) ein, und infolgedessen identifizieren wir die Klassenzeichen mit den einstelligen Prädikaten, Relationszeichen mit den zweistelligen Prädikaten usw.[3]); 3. wir benützen keine definierten Operatoren wie z. B. „$\hat{x}$ (φ x)" oder „(ι x) (φ x)" (weil die Korrektheit ihrer Definitionen zweifelhaft scheint); 4. als Sätze und insbesondere als beweisbare Sätze des Systems werden nur diejenigen Satzfunktionen betrachtet, die keine reellen (freien) Variablen enthalten.

Eine das System der Logik „überbauende" deduktive Theorie stellen wir uns in großen Zügen folgendermaßen vor: zu den logischen Konstanten und Variablen werden neue Zeichen, sogenannte außerlogische Konstanten oder spezifische Zeichen der betrachteten Theorie hinzugefügt; jedem dieser Zeichen wird ein bestimmter logischer Typus zugeordnet. Als Satzfunktionen der Theorie betrachten wir die Satzfunktionen der Logik, sowie alle Ausdrücke, die man aus ihnen erhält, indem man reelle Variablen (nicht notwendig alle) durch außerlogische Konstanten von entsprechenden Typen ersetzt. Satzfunktionen, in denen keine reellen Variablen auftreten, werden Sätze genannt. Unter den Sätzen werden logisch beweisbare Sätze ausgezeichnet: als solche gelten die in der Logik beweisbaren Sätze sowie diejenigen, die aus ihnen durch eine regelmäßige Einsetzung der außerlogischen Konstanten an die Stelle der Variablen erhalten werden können (es wäre hier überflüssig zu präzisieren, worin die regelmäßige Einsetzung besteht).

Es sei X ein beliebige Satzmenge und y — ein beliebiger Satz der gegebenen Theorie. Wir wollen sagen, daß y eine Folgerung der Satzmenge X ist oder daß y aus den Sätzen der Menge X ableitbar ist, wenn entweder y logisch beweisbar ist oder wenn es eine logisch beweisbare Implikation gibt, deren Vorderglied ein Satz der Menge X, bzw. eine Konjunktion solcher Sätze ist und deren Nachglied sich mit y deckt.

Auf den Folgerungsbegriff lassen sich bekanntlich andere Begriffe der Methodologie der deduktiven Wissenschaften zurückführen, wie z. B. die Begriffe des deduktiven (oder abgeschlossenen) Systems, der (logischen) Äquivalenz zweier Satzmengen, des Axiomensystems einer Satzmenge, der Axiomatisierbarkeit, der Unabhängigkeit, der Widerspruchsfreiheit und der Vollständigkeit einer Satzmenge; wir setzen hier alle diese Begriffe als bekannt voraus [4]). Gemäß der üblichen Redeweise werden wir die Menge, die aus einem einzigen Satze besteht, mit dem Satze selbst identifizieren; so werden wir z. B. über die Folgerungen eines Satzes oder über die Widerspruchsfreiheit eines Satzes sprechen.

1. Das Problem der Definierbarkeit und der gegenseitigen Unabhängigkeit von Begriffen.

Die in diesem Artikel zu erörternden Probleme beziehen sich auf die spezifischen Zeichen einer beliebigen deduktiven Theorie [5]).

Es sei „*a*" irgendeine außerlogische Konstante und *B* — eine beliebige Menge von solchen Konstanten. Jeden Satz der Form:

$$\text{(I)} \quad (x) : x = a \,.\equiv.\, \varphi(x; b', b'' \ldots),$$

wo „$\varphi(x; b', b'' \ldots)$" eine beliebige Satzfunktion ersetzt, welche „*x*" als die einzige reelle Variable enthält und in welcher keine außerlogische Konstanten außer den Zeichen „*b'*", „*b''*" ... der Menge *B* vorkommen, wollen wir eventuelle Definition oder einfach Definition des Zeichens „*a*" mit Hilfe der Zeichen der Menge *B* nennen. Wir werden sagen, daß das Zeichen „*a*" mit Hilfe der Zeichen der Menge *B* auf Grund der Satzmenge *X* definierbar ist (oder sich definieren läßt), wenn sowohl „*a*" als alle Zeichen von *B* in den Sätzen der Menge *X* auftreten und wenn dabei zumindest eine eventuelle Definition des Zeichens „*a*" mit Hilfe der Zeichen von *B* aus den Sätzen von *X* ableitbar ist [6]).

Mit Hilfe des Definierbarkeitsbegriffes kann man den Sinn weiterer methodologischer Begriffe präzisieren, welche denjenigen genau entsprechen, die aus dem Ableitbarkeitsbegriffe abstammen; es sind z. B. die Begriffe der Äquivalenz zweier Zeichenmengen, des Grundzeichensystems einer Zeichenmenge usw. Es ist ersichtlich, daß alle diese Begriffe auf eine Satzmenge *X* relativisiert werden müssen [7]). Insbesondere soll *B* eine unabhängige Zeichenmenge oder eine Menge von gegenseitig unabhängigen Zeichen in bezug auf eine Satzmenge X heißen, wenn kein Zeichen der Menge B mit Hilfe der übrigen Zeichen dieser Menge auf Grund von X definierbar ist.

Wir beschränken uns hier auf den Fall, wo die Satzmenge X und infolgedessen auch die Zeichenmenge B endlich ist (die Ausdehnung der erlangten Resultate auf beliebige axiomatisierbare Satzmengen bietet keine Schwierigkeiten).

Vor mehr als dreißig Jahren hat A. Padoa eine Methode skizziert, welche die Undefinierbarkeit eines Zeichens mit Hilfe anderer Zeichen in konkreten Fällen festzustellen gestattet [7]). Um nämlich nach dieser Methode nachzuweisen, daß sich ein Zeichen „a" mit Hilfe der Zeichen einer Menge B auf Grund einer Satzmenge X nicht definieren läßt, genügt es, zwei solche „Interpretationen" aller außerlogischen Konstanten, die in den Sätzen von X vorkommen, anzugeben, daß (1) in beiden „Interpretationen" alle Sätze der Menge X „erfüllt" sind und dabei (2) in beiden „Interpretationen" allen Zeichen der Menge B derselbe „Sinn" zugeschrieben wird, dagegen (3) der „Sinn" des Zeichens „a" eine Veränderung erleidet. Wir wollen hier einige Resultate angeben, welche die Methode von Padoa theoretisch rechtfertigen und — unabhängig davon — das Definierbarkeitsproblem interessant zu beleuchten scheinen.

Ziehen wir also eine beliebige endliche Satzmenge X, eine außerlogische Konstante „a", welche in den Sätzen von X vorkommt, und eine Menge B von derartigen Konstanten, die jedoch das Zeichen „a" als Element nicht umfaßt, in Betracht. Die Konjunktion aller Sätze der Menge X (in beliebiger Anordnung) stellen wir in der schematischen Form „$\psi(a; b', b'' \ldots; c', c'' \ldots)$" dar; „$b'$", „$b''$" ... sind hier Zeichen der Menge B und „c'", „c''" ... — außerlogische Konstanten, welche in den Sätzen von X auftreten und dabei von „a", „b'", „b''" ... verschieden sind (gibt es solche Konstanten nicht, so lassen sich die Formulierungen und Beweise der unten angegebenen Sätze einigermaßen vereinfachen). Es kommt manchmal vor, daß man in allen Sätzen der Menge X an die Stellen der außerlogischen Konstanten (nicht notwendig allen) entsprechende Variablen „x", „y'", „y''", „z'", „z''" ... einsetzt, wobei vorausgesetzt wird, daß keine dieser Variablen im Resultat der Einsetzung den Charakter einer scheinbaren (gebundenen) Variablen erlangt hat [8]); um die Konjunktion aller auf diese Weise gebildeten Satzfunktionen schematisch darzustellen, vollzieht man dieselbe Einsetzung in dem Ausdruck „$\psi(a; b', b'' \ldots; c', c'' \ldots)$". Auf Grund der obigen Voraussetzungen und Konventionen läßt sich nun der folgende Satz beweisen:

Satz 1. *Damit das Zeichen „a" mit Hilfe der Zeichen der Menge B auf Grund der Satzmenge X definierbar ist, ist es notwendig und hinreichend, daß sich die Formel*

$$\text{(II)} \quad (x) : x = a \,.\equiv.\, (\exists z', z'' \ldots) \,.\, \psi(x; b', b'' \ldots; z', z'' \ldots)$$

aus den Sätzen von X ableiten läßt.

Beweis. Es folgt direkt aus der Definition des Definierbarkeitsbegriffes, daß die Bedingung des Satzes hinreichend ist: (II) ist nämlich eine Formel vom Typus (I), also eine eventuelle Definition des Zeichens „a" mit Hilfe der Zeichen von B.

Es erübrigt sich zu zeigen, daß diese Bedingung zugleich notwendig ist. Setzen wir dementsprechend voraus, daß das Zeichen „a" mit Hilfe der Zeichen von B auf Grund der Menge X definierbar ist; aus den Sätzen von X läßt sich also mindestens eine Formel vom Typus (I) ableiten. Diese Formel ist zugleich eine Folgerung der Konjunktion aller Sätze von X, d. i. des Satzes „$\psi(a; b', b'' \ldots; c', c'' \ldots)$". Gemäß der Definition des Folgerungsbegriffes schließen wir hieraus, daß die Formel

$$(1) \quad \psi(a; b', b'' \ldots; c', c'' \ldots) \,.\supset:\, (x) : x = a \,.\equiv.\, \varphi(x; b', b'' \ldots)$$

logisch beweisbar ist. Da die Formel (1) ein logisch beweisbarer Satz mit außerlogischen Konstanten ist, so muß sie sich durch eine Einsetzung aus einem logisch beweisbaren Satze ohne derartige Konstanten gewinnen lassen, und zwar aus der Formel:

$$(2) \quad (x', y', y'' \ldots, z', z'' \ldots) :.\, \psi(x'; y', y'' \ldots; z', z'' \ldots) \,.\supset: (x): x = x' \,.\equiv.\, \varphi(x'; y', y'' \ldots).$$

Durch leichte Umformungen erhält man aus (2) weitere logisch beweisbare Formeln:

$$(3) \quad (x, x', y', y'' \ldots, z', z'' \ldots) :.\, \psi(x'; y', y'' \ldots; z', z'' \ldots) \,.\supset: x = x' \,.\equiv.\, \varphi(x; y', y'' \ldots);$$

$$(4) \quad (x, y', y'' \ldots, z', z'' \ldots) :.\, \psi(x; y', y'' \ldots; z', z'' \ldots) \,.\supset: x = x \,.\equiv.\, \varphi(x; y', y'' \ldots);$$

$$(5) \quad (x, y', y'' \ldots, z', z'' \ldots) : \psi(x; y', y'' \ldots; z', z'' \ldots) \,.\supset.\, \varphi(x, y', y'' \ldots);$$

$$(6) \quad (x, y', y'' \ldots) : (\exists z', z'' \ldots) \,.\, \psi(x; y', y'' \ldots; z', z'' \ldots) \,.\supset.\, \varphi(x; y', y'' \ldots).$$

Aus (3) und (6) folgt:

(7) $(x, x', y', y'' \ldots, z', z'' \ldots) :. \psi(x'; y', y'' \ldots; z', z'' \ldots) :$
$(\exists z', z'' \ldots) . \psi(x; y', y'' \ldots; z', z'' \ldots) : \supset . x = x'$,

woraus ferner:

(8) $(x, x', y', y'' \ldots, z', z'' \ldots) :. \psi(x'; y', y'' \ldots; z', z'' \ldots) . \supset :$
$(\exists z', z'' \ldots) . \psi(x; y', y'' \ldots; z', z'' \ldots) . \supset . x = x'$.

Anderseits ergibt die logische Definition des Identitätszeichen:

(9) $(x, x', y', y'' \ldots, z', z'' \ldots) :. \psi(x'; y', y'' \ldots; z', z'' \ldots) . \supset :$
$x = x' . \supset . \psi(x; y', y'' \ldots; z', z'' \ldots)$

und hieraus:

(10) $(x, x', y', y'' \ldots, z', z'' \ldots) :. \psi(x'; y', y'' \ldots; z', z'' \ldots) . \supset :$
$x = x' . \supset . (\exists z', z'' \ldots) . \psi(x; y', y'' \ldots; z', z'' \ldots)$.

Aus (8) und (10) gewinnen wir schrittweise die Formeln:

(11) $(x, x', y', y'' \ldots, z', z'' \ldots) :. \psi(x'; y', y'' \ldots; z', z'' \ldots) . \supset :$
$x = x' . \equiv . (\exists z', z'' \ldots) . \psi(x; y', y'' \ldots; z', z'' \ldots)$;

(12) $(x', y', y'' \ldots, z', z'' \ldots) :. \psi(x'; y', y'' \ldots; z', z'' \ldots) . \supset :$
$(x) : x = x' . \equiv . (\exists z', z'' \ldots) . \psi(x; y', y'' \ldots; z', z'' \ldots)$;

(13) $\psi(a; b', b'' \ldots; c', c'' \ldots) . \supset : (x) : x = a . \equiv . (\exists z', z'' \ldots) .$
$\psi(x; b', b'' \ldots; z', z'' \ldots)$.

Da (13) logisch beweisbar ist, so läßt sich das Nachglied dieser Implikation, also die Formel (II), aus dem Vorderglied „$\psi(a; b', b'' \ldots; c', c'' \ldots)$" und dadurch auch aus den Sätzen der Menge X ableiten. Demzufolge ist die Bedingung des Satzes nicht nur hinreichend, sondern auch notwendig, w. z. b. w.

Die Bedeutung des obigen Satzes besteht im folgenden: wenn sich ein Zeichen mit Hilfe anderer Zeichen überhaupt definieren läßt, so ermöglicht uns der Satz, eine der eventuellen Definitionen dieses Zeichens „effektiv" anzugeben. Der Satz bezeugt ferner, daß sich das Problem der Definierbarkeit der Zeichen auf das Problem der Ableitbarkeit der Sätze restlos zurückführen läßt.

Es sei hier noch eine Umformung des Satzes 1 angegeben:

Satz 2. Damit das Zeichen „a" mit Hilfe der Zeichen der Menge B auf Grund der Satzmenge X definierbar ist, ist es notwendig und hinreichend, daß die Formel

(III) $(x', x'', y', y'' \ldots, z', z'' \ldots, t', t'' \ldots) :$
$\psi(x'; y', y'' \ldots; z', z'' \ldots) . \psi(x''; y', y'' \ldots; t', t'' \ldots) . \supset . x' = x''$

logisch beweisbar ist.

Der Beweis stützt sich auf den Satz 1 und ist dem Beweis dieses Satzes analog.

Als unmittelbares Korollar ergibt sich aus dem obigen Satze der

Satz 3. Damit ſich das Zeichen „a“ mit Hilfe der Zeichen der Menge B auf Grund der Satzmenge X nicht definieren läßt, iſt es notwendig und hinreichend, daß die Formel

(IV) $(\exists x', x'', y', y'' \ldots, z', z'' \ldots, t', t'' \ldots) .$
$\psi(x'; y', y'' \ldots; z', z'' \ldots) . \psi(x''; y' y'' \ldots; t', t'' \ldots) . x' \neq x''$
widerſpruchsfrei iſt.

Um das nachzuweiſen, genügt es zu bemerken, daß die Formel (IV) der Negation der Formel (III) aus dem Satze 2 äquivalent iſt, und danach den allgemeinen methodologiſchen Satz anzuwenden, demzufolge ſich eine Formel dann und nur dann logiſch nicht beweiſen läßt, wenn ihre Negation widerſpruchsfrei iſt *).

Der Satz 3 bildet die eigentliche theoretiſche Grundlage für die Methode von Padoa. In der Tat, um auf Grund dieſes Satzes feſtzuſtellen, daß das Zeichen „a“ mit Hilfe der Zeichen der Menge B nicht definierbar iſt, kann man folgende Verfahrenweiſe anwenden. Man betrachtet ein deduktives Syſtem Y, deſſen Widerſpruchsfreiheit ſchon vorher feſtgeſtellt wurde oder vorausgeſetzt wird. Man ſucht ferner gewiſſe Konſtanten (nicht notwendig außerlogiſche) „$\bar{a}$“, „$\bar{\bar{a}}$“, „$\bar{b}'$“, „$\bar{b}''$“ ..., „$\bar{c}'$“, „$\bar{c}''$“ ..., „$\bar{\bar{c}}'$“, „$\bar{\bar{c}}''$“ ..., welche in den Sätzen von Y auftreten und folgenden Bedingungen genügen: (1) erſetzt man in allen Sätzen der Menge X die Symbole „a“, „b'“, „b''“ ..., „c'“, „c''“ ... entſprechend durch „$\bar{a}$“, „$\bar{b}'$“, „$\bar{b}''$“ ..., „$\bar{c}'$“, „$\bar{c}''$“ ..., ſo gewinnt man durch ſolche Umgeſtaltung aus den Sätzen von X die Sätze des Syſtems Y; (2) dasſelbe gilt auch dann, wenn man an die Stelle der Zeichen von B, d. i. „b'“, „b''“..., genau ſo wie früher die Symbole „$\bar{b}'$“, „$\bar{b}''$“ ... einſetzt, dagegen die übrigen Zeichen „a“, „c'“, „c''“ ... entſprechend durch „$\bar{\bar{a}}$“, „$\bar{\bar{c}}'$“, „$\bar{\bar{c}}''$“ ... erſetzt; (3) das Syſtem Y enthält die Formel „$\bar{a} \neq \bar{\bar{a}}$“. Es ergibt ſich aus den obigen Bedingungen, daß zu dem Syſtem Y folgende Konjunktion gehört:

$$\psi(\bar{a}; \bar{b}', \bar{b}'' \ldots; \bar{c}', \bar{c}'' \ldots) . \psi(\bar{\bar{a}}; \bar{b}', \bar{b}'' \ldots; \bar{\bar{c}}', \bar{\bar{c}}'' \ldots) . \bar{a} \neq \bar{\bar{a}},$$

Hieraus ſchließt man leicht, daß das Syſtem Y auch die Formel (*IV*) aus dem Satze 3 als unmittelbare Folgerung dieſer Konjunktion umfaßt. Laut einem allgemeinen methodologiſchen Satz iſt jeder Teil einer widerſpruchsfreien Satzmenge widerſpruchsfrei; insbeſondere muß alſo die Formel (IV) als ein Element des widerſpruchsfreien

Systems Y widerspruchsfrei sein. So ist die Bedingung des Satzes 3 erfüllt, und das Zeichen „a" kann nicht ausschließlich mit Hilfe der Zeichen von B definiert werden. In dem obigen Verfahren erkennt man leicht die Methode von P a d o a — in einer insofern erweiterten Form, daß man auch das eventuelle Vorkommen solcher Zeichen berücksichtigt, die weder mit „a" noch mit irgendwelchen Zeichen der Menge B identisch sind.

Die Methode von P a d o a bzw. der Satz 3 wird oft mit Erfolg benützt, wenn man bestrebt ist, die gegenseitige Unabhängigkeit der Zeichen einer beliebigen Menge B aufzustellen; diese Methode muß offenbar so oft angewendet werden, als die gegebene Zeichenmenge Elemente enthält. Dem Unabhängigkeitsproblem schreibt man eine gewisse praktische Bedeutung zu, und zwar dann, wenn es sich um das Grundzeichensystem einer deduktiven Theorie handelt; falls nämlich die Grundzeichen nicht gegenseitig unabhängig sind, so kann man die entbehrlichen (d. i. definierbaren) Zeichen ausschalten und dadurch das Grundzeichensystem vereinfachen, was manchmal auch eine Vereinfachung des Axiomensystems ermöglicht.

Es sei hier ein Beispiel angeführt. Betrachten wir das System der n-dimensionalen euklidischen Geometrie (wo n eine beliebige natürliche Zahl ist). Nehmen wir an, daß die Symbole „a" und „b" gewisse Relationen zwischen den Punkten bezeichnen, nämlich „a" die viergliedrige Relation der Kongruenz zweier Punktpaare und „b" die dreigliedrige Relation des Zwischenliegens; der Ausdruck „$a(x, y, z, t)$" bzw. „$b(x, y, z)$" wird also gelesen: „*der Punkt x ist soweit entfernt vom Punkte y wie der Punkt z vom Punkt t*" bzw. „*der Punkt y liegt zwischen den Punkten x und z*". Das Zeichen „a" kann man m e t r i s c h e s G r u n d z e i c h e n und das Zeichen „b" — d e s k r i p t i v e s G r u n d z e i c h e n d e r G e o m e t r i e nennen. Wie bekannt, kann die Menge, die bloß aus beiden Zeichen „a" und „b" besteht, als Grundzeichensystem der Geometrie angenommen werden; es l äßt sich demnach ein Axiomensystem X der Geometrie konstruieren, in welchem die beiden Zeichen als einzige außerlogische Konstanten vorkommen. Es entsteht nun die Frage, ob die Zeichen „a" und „b" gegenseitig unabhängig in bezug auf die Satzmenge X sind. Diese Frage ist zu verneinen. Zwar kann man feststellen, indem man die Methode von P a d o a verwendet, daß sich das Zeichen „a" tatsächlich nur mit Hilfe des Zeichens „b" nicht definieren läßt: die Widerspruchsfreiheit der Geometrie vorausgesetzt, kann man nämlich beweisen, daß die Formel (IV) aus dem Satze 3 in diesem Falle widerspruchsfrei ist (es ist interessant, daß sich dieser Beweis aus gewissen Untersuchungen über die Grundlagen der Geometrie ergibt, die scheinbar ein direkt entgegengesetztes Ziel bezwecken, und zwar die Begründung der metrischen Geometrie als eines Teiles der deskriptiven [10])). Es zeigt sich dagegen, daß, wenn man ein System zumindest zweidimensioneller Geometrie betrachtet, das Zeichen „*b*" mit Hilfe des Zeichens „*a*" auf Grund der Satzmenge *X* definierbar ist; die Definition kann nach dem Schema (II) aus dem Satze 1 konstruiert werden (obwohl auch andere viel einfachere Definitionen des Zeichens „*b*" bekannt sind). Im Einklang damit läßt sich das System *X* durch ein anderes äquivalentes Axiomensystem ersetzen, in dessen Axiomen das Zeichen „*a*" als die einzige außerlogische Konstante auftritt, abgesehen von einem einzigen „uneigentlichen" Axiom, nämlich von der eventuellen Definition des Zeichens „*b*". Nur im Falle der eindimensionellen Geometrie, d. i. Geometrie der Geraden, sind die beiden Zeichen „*a*" und „*b*" voneinander unabhängig, wie das A. Lindenbaum (mit Hilfe des sog. Auswahlaxioms) bewiesen hat [11]).

Es lohnt sich noch folgendes hervorzuheben. Als Ausgangspunkt für die obigen Betrachtungen haben wir eine spezielle Definitionsform verwendet, nämlich das Schema (I); nichtsdestoweniger bleiben die erlangten Resultate auch für andere bekannte Definitionsformen gültig. Um dies an einem Beispiel zu erleuchten, nehmen wir an, daß „*a*" ein zweistelliges Prädikat ist. Als eventuelle Definition des Zeichens „*a*" mit Hilfe der Zeichen der Menge *B* kann dann u. a. jeder Satz der Form

$$\text{(Ia)} \quad (u, v) : a(u, v) . \equiv . \varphi(u, v; b', b'' \ldots)$$

betrachtet werden, wo „$\varphi(u, v; b', b'' \ldots)$" durch eine beliebige Satzfunktion zu ersetzen ist, die keine reelle Variablen außer „*u*" und „*v*" und keine spezifischen Zeichen außer den Zeichen „*b'*", „*b''*" ... der Menge *B* enthält [12]). Es läßt sich nun leicht aufweisen, daß die Definition des Definierbarkeitsbegriffes, auf die Sätze der Form (Ia) relativisiert, der ursprünglichen Definition äquivalent ist (selbstverständlich nur in bezug auf die zweistelligen Prädikate); es folgt daraus unmittelbar, daß die Sätze 1—3 auch auf Grund der neuen Definition gültig bleiben. Es bietet dabei keine Schwierigkeit, den Satz 1 in der Richtung umzuformen, daß in ihm anstatt der Formel (II) eine Formel vom Typus (Ia) auftritt: es genügt nämlich (II) durch

$$\text{(IIa)}\quad (u, v) : . \, a'(u, v) \, . \equiv : (x, z', z'' \ldots) : \psi (x; b', b'' \ldots; z', z'' \ldots) \, . \supset . \, x(u, v)$$

zu erſetzen.

2. Das Problem der Vollſtändigkeit von Begriffen.

Das Problem der Definierbarkeit und der gegenſeitigen Unabhängigkeit von Begriffen iſt ein genaues Korrelat des Problems der Ableitbarkeit und der gegenſeitigen Unabhängigkeit von Sätzen. Auch das Problem der Vollſtändigkeit von Begriffen, zu dem wir jetzt übergehen, iſt gewiſſen Problemen nahe verwandt, die ſich auf Satzſyſteme beziehen, und zwar den Problemen der Vollſtändigkeit und der Kategorizität; die Analogie geht hier jedoch nicht ſo weit wie in dem vorigen Falle.

Um das Vollſtändigkeitsproblem zu präziſieren, führen wir zuerſt einen Hilfsbegriff ein. X und Y ſeien zwei beliebige Satzmengen. Wir wollen ſagen, daß die Satzmenge Y weſentlich reicher als die Satzmenge X in bezug auf die ſpezifiſchen Zeichen iſt, wenn (1) jeder Satz der Menge X zugleich zu der Menge Y gehört (und dadurch jedes ſpezifiſche Zeichen von X auch in den Sätzen von Y vorkommt) und wenn dabei (2) in den Sätzen von Y ſolche ſpezifiſche Zeichen auftreten, die in den Sätzen von X fehlen und die ſich ſogar auf Grund der Satzmenge Y ausſchließlich mit Hilfe derjenigen Zeichen, die in X vorkommen, nicht definieren laſſen.

Exiſtierte nun eine Satzmenge X, für welche es unmöglich wäre, eine in bezug auf die ſpezifiſchen Zeichen weſentlich reichere Satzmenge Y anzugeben, ſo wären wir geneigt zu ſagen, daß die Menge X in bezug auf ihre ſpezifiſche Zeichen vollſtändig iſt. Es zeigt ſich aber, daß es ſolche vollſtändige Satzmengen — von einigen trivialen Fällen abgeſehen — überhaupt nicht gibt: für faſt jede Satzmenge X läßt ſich eine in bezug auf die ſpezifiſchen Zeichen weſentlich reichere Menge Y konſtruieren; zu dieſem Zwecke genügt es gewöhnlich, zu der Menge X einen beliebigen logiſch beweisbaren Satz hinzuzufügen, welcher eine außerlogiſche Konſtante enthält, die in den Sätzen von X nicht vorkommt [13]). Aus dieſem Grunde wollen wir die vorgeſchlagene Definition der Vollſtändigkeit einer Korrektur unterziehen. Eine weſentliche Rolle wird hier der Begriff der Kategorizität ſpielen. Wie bekannt, wird eine Satzmenge kategoriſch genannt, wenn zwei beliebige „Interpretationen" („Realiſierungen") dieſer Menge iſomorph ſind [10]).

Um das genauer zu formulieren, nehmen wir an, daß in das Syſtem der Logik die ſymboliſchen Ausdrücke von der Form „$x' \underset{R}{\sim} x''$“ (in Wortſprache: *„die Relation R bildet x' auf x'' ab“)* eingeführt worden ſind. Die Variable „R“ ſoll hier immer eine binäre Relation zwiſchen den Individuen bezeichnen; „x'“ und „x''“ können vom beliebigen, aber beide von demſelben logiſchen Typus ſein. Der genaue Sinn des Ausdrucks „$x' \underset{R}{\sim} x''$“ hängt eben vom logiſchen Typus der Variablen „x'“ und „x''“ ab; wir wollen dieſen Sinn nur an einigen Beiſpielen aufklären. Sind z. B. x' und x'' Individuen, ſo bedeutet „$x' \underset{R}{\sim} x''$“ dasſelbe, was „$x' R x''$“ (d. i. *„zwiſchen x' und x'' beſteht die Relation R“*). Bezeichnen „x'“ und „x''“ Klaſſen von Individuen, ſo iſt der betrachtete Ausdruck mit der Satzfunktion:

$$(u') : u' \in x' \,.\, \supset . (\exists u'') \,.\, u'' \in x'' \,.\, u' \underset{R}{\sim} u'' :. (u'') : u'' \in x'' \,.\, \supset . \\ (\exists u') \,.\, u' \in x' \,.\, u' \underset{R}{\sim} u''$$

gleichbedeutend (es entſteht dabei kein Zirkel, da „u'“ und „u''“ Individuenvariablen ſind, ſo daß der Sinn des Ausdrucks „$u' \underset{R}{\sim} u''$“ ſchon vorher beſtimmt wurde). In ganz analoger Weiſe läßt ſich der Ausdruck „$x' \underset{R}{\sim} x''$“ für Klaſſenzeichen von höheren Typen definieren. Betrachten wir noch den Fall, wo „x'“ und „x''“ zweiſtellige Prädikate mit Individuenvariablen als Argumenten ſind (alſo binäre Relationen zwiſchen den Individuen bezeichnen); die Formel „$x' \underset{R}{\sim} x''$“ bedeutet dann dasſelbe, was

$$(u', v') : x'(u', v') \,.\, \supset . (\exists u'', v'') \,.\, x''(u'', v'') \,.\, u' \underset{R}{\sim} v' \,.\, u'' \underset{R}{\sim} v'' :. \\ (u'', v'') : x''(u'', v'') \,.\, \supset . (\exists u', v') \,.\, x'(u', v') \,.\, u' \underset{R}{\sim} v' \,.\, u'' \underset{R}{\sim} v'' \,.$$

Die obigen Beiſpiele reichen vermutlich hin, um aufzuklären, was für ein Sinn dem betrachteten Ausdruck in bezug auf die Variablen vom beliebigen logiſchen Typus zugeſchrieben werden ſoll. Erinnern wir uns ferner, daß in der Bezeichnungsweiſe der *„Principia Mathematica“* V die Klaſſe aller Individuen und $1 \to 1$ die Klaſſe aller eineindeutigen Relationen iſt, und ſetzen wir feſt, daß die Formel:

$$R \frac{x', y', z' \ldots}{x'', y'', z'' \ldots}$$

dasſelbe bedeuten ſoll, was die nachſtehende Konjunktion:

$$R \in 1 \rightarrow 1 \,.\, V \underset{R}{\sim} V \,.\, x' \underset{R}{\sim} x'' \,.\, y' \underset{R}{\sim} y'' \,.\, z' \underset{R}{\sim} z'' \ldots$$

(in Wortſprache: *„die Relation R bildet eineindeutig die Klaſſe aller Individuen auf ſich ſelbſt ab, wobei x′, y′, z′ … entſprechend auf x″, y″, z″ … abgebildet werden“)* [14]).

Betrachten wir nun eine beliebige endliche Satzmenge Y; „*a*“, „*b*“, „*c*“ … ſeien alle ſpezifiſchen Zeichen, welche in den Sätzen von Y enthalten ſind, und „$\psi(a, b, c \ldots)$“ ſei die Konjunktion aller dieſer Sätze. Die Menge Y heißt kategoriſch, wenn die folgende Formel:

$$\text{(V)} \quad (x' x'', y', y'', z', z'' \ldots) : \psi(x', y', z' \ldots) \,.\, \psi(x'', y'', z'' \ldots) \,.$$
$$\supset . (\exists R) \,.\, R \frac{x', y', z' \ldots}{x'', y'', z'' \ldots}$$

logiſch beweisbar iſt [15]).

Die Kategorizität iſt einem anderen methodologiſchen Begriffe nahe verwandt, nämlich dem der Monotransformabilität. Eine Satzmenge iſt kategoriſch, wenn für zwei beliebige „Realiſierungen“ dieſer Menge mindeſtens eine Relation exiſtiert, welche den Iſomorphismus der beiden „Realiſierungen“ herſtellt; ſie iſt dagegen monotransformabel, wenn es höchſtens eine ſolche Relation gibt. In einer präziſeren Faſſung heißt die Satzmenge X monotransformabel, wenn der folgende Satz

$$\text{(VI)} \quad (x', x'', y', y'' \ldots, R', R'') : \varphi(x', y' \ldots) \,.\, \varphi(x'', y'' \ldots) \,.$$
$$R' \frac{x', y' \ldots}{x'', y'' \ldots} \,.\, R'' \frac{x', y' \ldots}{x'', y'' \ldots} \,.\, \supset . \, R' = R''$$

logiſch beweisbar iſt, wobei „$\varphi(a, b \ldots)$“ die Konjunktion aller Sätze von X darſtellt [16]).

Eine Satzmenge, die zugleich kategoriſch und monotransformabel iſt, wird ſtrikt oder eindeutig kategoriſch genannt; der Iſomorphismus zweier beliebigen „Realiſierungen“ ſolch einer Menge läßt ſich alſo genau auf eine Weiſe aufſtellen. Strikt kategoriſch ſind z. B. verſchiedene Axiomenſyſteme der Arithmetik — ſowohl der Arithmetik der natürlichen Zahlen (z. B. das Peanoſche Axiomenſyſtem), wie auch der reellen, komplexen uſw. Zahlen [17]); dagegen ſind die Axiomenſyſteme verſchiedener geometriſchen Theorien — der Topologie, der projektiven, deſkriptiven, metriſchen Geometrie uſw. — wenn auch größtenteils kategoriſch, ſo nicht monotransformabel, alſo jedenfalls nicht eindeutig kategoriſch.

Aus verschiedenen Gründen, die wir nicht näher analysieren werden, schreibt man dem Kategorizitätsbegriffe eine große Bedeutung zu: eine nicht kategorische Satzmenge (speziell wenn sie als Axiomensystem einer deduktiven Theorie verwendet wird) macht den Eindruck einer nicht abgeschlossenen, nicht organischen Ganzheit, sie scheint den Sinn der in ihr enthaltenen Begriffe nicht genau zu bestimmen. Dementsprechend wollen wir die ursprüngliche Definition des Vollständigkeitsbegriffes folgender Modifikation unterziehen: eine Satzmenge X wird vollständig in bezug auf ihre spezifischen Zeichen genannt, wenn es unmöglich ist, eine kategorische Satzmenge Y anzugeben, die wesentlich reicher als X in bezug auf die spezifischen Zeichen wäre. Um die Unvollständigkeit einer Satzmenge festzustellen, ist es von nun ab erforderlich, eine nicht nur wesentlich reichere, sondern zugleich auch kategorische Satzmenge zu konstruieren; solche trivialen Konstruktionen, in denen der Sinn der neu eingeführten spezifischen Zeichen gar nicht bestimmt wird, sind also von vornherein ausgeschlossen [18]).

Bei dieser Fassung des Vollständigkeitsbegriffes läßt sich schon die Existenz sowohl der vollständigen wie auch der unvollständigen Satzmengen nachweisen. So sind z. B. Axiomensysteme verschiedener geometrischen Theorien in bezug auf ihre spezifischen Zeichen unvollständig, vollständig sind dagegen verschiedene Axiomensysteme der Arithmetik [17]).

Wollen wir dies näher an konkreten Beispielen erörtern. Betrachten wir das System der deskriptiven eindimensionalen Geometrie, d. h. die Gesamtheit aller geometrischen Sätze, die sich auf die Punkte und Teilmengen einer Geraden beziehen und in denen neben den allgemein logischen Begriffen nur die Relation des Zwischenliegens und die mit ihrer Hilfe definierten Begriffe vorkommen. Für diese Geometrie läßt sich leicht ein kategorisches Axiomensystem X_1 angeben, welches die Bezeichnung jener Relation als das einzige Grundzeichen enthält. Das System X_1 ist nicht in bezug auf seine spezifischen Zeichen vollständig. Wie wir nämlich noch im vorigen Abschnitt im Zusammenhang mit dem Unabhängigkeitsproblem erwähnt haben, treten in der metrischen Geometrie verschiedene Begriffe auf, die sich mit Hilfe der deskriptiven Begriffe allein nicht definieren lassen, z. B. die Relation der Kongruenz zweier Punktpaare. Nimmt man nun die Bezeichnung dieser Relation als neues Grundzeichen an und erweitert man in entsprechender Weise das Axiomensystem X_1, so gelangt man zu einem Axiomensystem X_2 für die volle metriſche Geometrie der Geraden; dieſes Syſtem X_2 iſt wiederum kategoriſch und dabei weſentlich reicher als X_1 in bezug auf die ſpezifiſchen Zeichen. Auch X_2 iſt jedoch in bezug auf ſeine ſpezifiſchen Zeichen unvollſtändig. Man kann z. B. exakt beweiſen, daß ſich auf Grund dieſes Syſtems kein einziges Symbol definieren läßt, welches einen konkreten Punkt bezeichnet. Deshalb iſt es leicht, eine neue kategoriſche Satzmenge X_3 zu konſtatieren, die weſentlich reicher als X_2 in bezug auf die ſpezifiſchen Zeichen iſt: zu dieſem Zweck genügt es, zwei beliebige Symbole, ſei es „0" und „1", als neue Grundzeichen einzuführen und zu X_2 ein einziges neues Axiom hinzuzufügen, demgemäß dieſe Symbole zwei verſchiedene Punkte bezeichnen. Die auf dem Axiomenſyſtem X_3 begründete deduktive Theorie deckt ſich in formaler Hinſicht mit der Arithmetik der reellen Zahlen: formal genommen iſt die Arithmetik der reellen Zahlen nichts anderes als die Geometrie der Geraden, in der man zwei Punkte „effektiv" ausgezeichnet hat. Es entſteht nun die Frage, ob ſich der obige Prozeß ad infinitum fortſetzen läßt, ob man für die Menge X_3 eine neue kategoriſche und in bezug auf die ſpezifiſche Zeichen weſentlich reichere Satzmenge X_4 angeben kann, für dieſe Menge X_4 — eine neue Menge X_5 uſw.? Es zeigt ſich, daß das unmöglich iſt: die Satzmenge X_3 iſt ſchon vollſtändig in bezug auf ihre ſpezifiſchen Zeichen [17]).

Zwiſchen der Monotransformabilität und der Vollſtändigkeit einer Satzmenge läßt ſich ein enger Zuſammenhang beobachten: für jedes bisher bekannte Axiomenſyſtem, das nicht monotransformabel iſt, können wir eine kategoriſche und zugleich in bezug auf die ſpezifiſchen Zeichen weſentlich reichere Satzmenge angeben; iſt dagegen ein Axiomenſyſtem monotransformabel, ſo kann ſeine Vollſtändigkeit in bezug auf die ſpezifiſchen Zeichen nachgewieſen werden. Daß dies kein Zufall iſt, bezeugt der folgende

S a t z 4. *Jede monotransformable Satzmenge iſt in bezug auf ihre ſpezifiſchen Zeichen vollſtändig* [18]).

B e w e i s. Sei X eine beliebige monotransformable Satzmenge und ſei „$\varphi(a, b \ldots)$" die Konjunktion aller Sätze von X. Die Formel (VI) iſt demnach logiſch beweisbar. Als eine Einſetzung dieſer Formel erhält man:

$$(1)\quad (x, y \ldots, R) : \varphi(x, y \ldots) . \varphi(x, y \ldots) . R\frac{x, y \ldots}{x, y \ldots} . I\frac{x, y \ldots}{x, y \ldots} . \supset . R = I;$$

das Symbol „*I*" bezeichnen hier, so wie in „*Principia Mathematica*", die Relation der Identität (ist also mit dem Zeichen „=" gleichbedeutend).

Aus den Definitionen der Ausdrücke „$R\frac{x', y' \ldots}{x'', y'' \ldots}$" und des Identitätszeichen ergibt sich leicht, daß die Formel:

$$(2) \quad (x, y \ldots) \,.\, I\frac{x, y \ldots}{x, y \ldots},$$

unabhängig von dem Typus der Variablen „*x*", „*y*" . . ., logisch beweisbar ist. Nach (2) läßt sich (1) folgendermaßen vereinfachen:

$$(3) \quad (x, y \ldots, R) : \varphi(x, y \ldots) \,.\, R\frac{x, y \ldots}{x, y \ldots} \,.\, \supset .\, R = I.$$

[Es lohnt sich bei der Gelegenheit zu bemerken, daß nicht nur die Formel (3) aus der Formel (VI) folgt, sondern auch umgekehrt; die beiden Formeln sind also äquivalent. Man kann also die Definition der Monotransformabilität vereinfachen, indem man (VI) durch (3) ersetzt. Die neue Definition läßt sich folgendermaßen ausdrücken: eine Satzmenge ist monotransformabel, wenn es in keiner ihrer „Interpretationen" nicht-identische Automorphismen gibt.]

Betrachten wir nun eine beliebige kategorische Satzmenge *Y*, welche die Menge *X* als einen Teil umfaßt. Nehmen wir an, daß in den Sätzen von *Y* neue außerlogische Konstanten „*g*", „*h*" . . . — neben den alten „*a*", „*b*" . . . — auftreten, und stellen wir die Konjunktion aller dieser Sätze in der Form „$\psi(a, b \ldots, g, h \ldots)$" dar. Es soll bewiesen werden, daß die Menge *Y* nicht wesentlich reicher als *X* in bezug auf die spezifischen Zeichen ist.

Aus der Kategorizität von *Y* folgt, daß die Formel:

$$(4) \quad (x', x'', y', y'' \ldots, u', u'', v', v'' \ldots) : \psi(x', y' \ldots, u', v' \ldots) \,.$$
$$\psi(x'', y'' \ldots, u'', v'' \ldots) \,.\, \supset .\, (\exists R) \,.\, R\frac{x', y' \ldots, u', v' \ldots}{x'', y'' \ldots, u'', v'' \ldots}$$

logisch beweisbar ist. Durch eine Einsetzung erhält man hieraus:

$$(5) \quad (x, y \ldots, u', u'', v', v'' \ldots) : \psi(x, y \ldots, u', v' \ldots) \,.$$
$$\psi(x, y \ldots, u'', v'' \ldots) \,.\, \supset .\, (\exists R) \,.\, R\frac{x, y \ldots, u', v' \ldots}{x, y \ldots, u'', v'' \ldots} \,.$$

Da *Y* alle Sätze von *X* enthält, so muß auch die Formel:

$$(6)\quad (x, y \ldots, u', v' \ldots) : \psi(x, y \ldots, u', v' \ldots) . \supset . \varphi(x, y \ldots)$$

logisch beweisbar sein. Aus (5) und (6) gewinnen wir unmittelbar:

$$(7)\quad (x, y \ldots, u', u'', v', v'' \ldots) : \psi(x, y \ldots, u', v' \ldots) .$$
$$\psi(x, y \ldots, u'', v'' \ldots) . \supset . (\exists R) . \varphi(x, y \ldots) . R \frac{x, y \ldots, u', v' \ldots}{x, y \ldots, u'', v'' \ldots};$$

mit Rücksicht auf den Sinn des Ausdrucks „$R \dfrac{x, y \ldots, u', v' \ldots}{x, y \ldots, u'', v'' \ldots}$"

erhalten wir aus (7):

$$(8)\quad (x, y \ldots, u', u'', v', v'' \ldots) : \psi(x, y \ldots, u', v' \ldots) .$$
$$\psi(x, y \ldots, u'', v'' \ldots) . \supset . (\exists R) . \varphi(x, y \ldots) . R \frac{x, y \ldots}{x, y \ldots} . R \frac{u', v' \ldots}{u'', v'' \ldots} .$$

Die Formeln (3) und (8) haben

$$(9)\quad (x, y \ldots, u', u'', v', v'' \ldots) : \psi(x, y \ldots, u', v' \ldots) .$$
$$\psi(x, y \ldots, u'', v'' \ldots) . \supset . (\exists R) . R = I . R \frac{u', v' \ldots}{u'', v'' \ldots}$$

zur Folge, woraus gemäß der Definition des Gleichheitszeichens:

$$(10)\quad (x, y \ldots, u', u'', v', v'' \ldots) : \psi(x, y \ldots, u', v' \ldots) .$$
$$\psi(x, y \ldots, u'', v'' \ldots) . \supset . I \frac{u', v' \ldots}{u'', v'' \ldots} .$$

Schließlich kommt man leicht zur Überzeugung, daß der Satz

$$(11)\quad (u', u'', v', v'' \ldots) : I \frac{u', v' \ldots}{u'', v'' \ldots} . \supset . u' = u'' . v' = v'' \ldots$$

logisch beweisbar ist — und zwar unabhängig vom logischen Typus der Variablen „u'", „u''", „v'", „v''" ... Die Formeln (10) und (11) ergeben unmittelbar:

$$(12)\quad (x, y \ldots, u', u'', v', v'' \ldots) : \psi(x, y \ldots, u', v' \ldots) .$$
$$\psi(x, y \ldots, u'', v'' \ldots) . \supset . u' = u'' . v' = v'' \ldots$$

Wir haben also gezeigt, daß (12) logisch beweisbar ist. Da „$\psi(a, b \ldots, g, h \ldots)$" die Konjunktion aller Sätze der Menge Y ist, so schließen wir hieraus, indem wir den Satz 2 anwenden, daß jedes der Zeichen „g", „h" ..., die in den Sätzen von X fehlen, sich auf Grund von Y mit Hilfe der in X vorkommenden Zeichen „a", „b"... definieren läßt. Folglich ist nicht die Satzmenge Y wesentlich reicher als X in bezug auf die spezifischen Zeichen. Es ist demnach unmöglich, für die Menge X eine kategorische Satzmenge anzugeben, die wesentlich reicher als X wäre. Die Satzmenge X ist also in bezug auf ihre spezifischen Zeichen vollständig, w. z. b. w.

Die praktische Bedeutung des obigen Satzes ist ersichtlich: um festzustellen, daß eine gegebene Satzmenge in bezug auf ihre spezifischen Zeichen vollständig ist, genügt es nachzuweisen, daß diese Menge monotransformabel ist, daß also die Formel (VI) sich auf Grund der Logik beweisen läßt; dies erfordert aber keine besonderen Forschungsmethoden und bietet in den bis jetzt betrachteten Fällen keine besonderen Schwierigkeiten.

Es entsteht natürlich die Frage, ob sich der Satz 4 umkehren läßt, m. a. W. ob die Monotransformabilität einer Satzmenge eine nicht nur hinreichende, sondern auch notwendige Bedingung ihrer Vollständigkeit in bezug auf die spezifischen Zeichen ist. Das Problem ist noch nicht entschieden: es ist bisher nicht gelungen, weder den inversen Satz zu begründen noch ein Gegenbeispiel zu konstruieren.

In Anknüpfung an den zuletzt angeführten Satz möchten wir einige Bemerkungen machen, die schon über den eigentlichen Rahmen dieses Aufsatzes hinausgreifen: sie betreffen die Aussichten einer deduktiven Grundlegung der theoretischen Physik in ihrem Ganzen oder in ihren besonderen Teilen. Stellen wir uns vor, daß wir als Grundlage für den deduktiven Aufbau einer physikalischen Theorie das System der vierdimensionalen euklidischen Geometrie — der Geometrie des raum-zeitlichen Kontinuums angenommen haben. Es sei dabei das System der Axiome und Grundzeichen der Geometrie in der Weise verstärkt, daß sich auf dieser Basis ein bestimmtes Koordinatensystem auszeichnen läßt; die Geometrie deckt sich dann, formal genommen, mit der Arithmetik der hyperkomplexen Zahlen, ihr Axiomensystem ist strikt kategorisch und demnach, gemäß dem Satz 4, in bezug auf die Grundzeichen vollständig.

Überlegen wir uns ferner, wie man auf dieser Grundlage diesen oder jenen Teil der theoretischen Physik, z. B. die Mechanik, deduktiv aufbauen könnte. Es kommen hier zwei Verfahrenweisen in Betracht. Die erste Methode würde darin bestehen, daß man ihre Begriffe mit Hilfe der geometrischen Begriffe zu definieren versuchte; gelänge uns das, so würde die Mechanik vom methodologischen Standpunkte aus einfach ein spezialisiertes Kapitel der Geometrie werden. Es ist leicht zu zeigen, daß alle Versuche in dieser Richtung auf ganz wesentliche Schwierigkeiten stoßen müssen. Die spezifischen Begriffe der Mechanik sind von vielfältigem logischem Charakter; es sind z. B. Eigenschaften von Raum-Zeit-Punkten oder

Eigenſchaften von ganzen Mengen von Raum-Zeit-Punkten (wie z. B. der Begriff des ſtarren Körpers) oder auch eindeutige Funktionen, welche den Raum-Zeit-Punkten Zahlen zuordnen (z. B. der Begriff der Dichte). Wir würden nur dann imſtande ſein, ſolch einen Begriff, z. B. eine Funktion, mit Hilfe der geometriſchen Begriffe zu definieren, wenn uns — um den Gedanken frei auszudrücken — der Verlauf der Funktion in der ganzen Welt genau bekannt wäre und wenn wir deshalb jeden Funktionswert aus der bloßen Lage des entſprechenden Punktes im Raum und Zeit abzuleiten vermöchten; mit gutem Recht kann man dieſe Aufgabe von vornherein als unausführbar anſehen. Es liegt nahe, daß wir zu der zweiten Verfahrensweiſe übergehen. Bei dieſer Methode werden gewiſſe ſpezifiſche Begriffe der Mechanik als Grundbegriffe und gewiſſe ihrer Geſetze als Axiome angenommen; die Mechanik würde dadurch den Charakter einer ſelbſtändigen deduktiven Theorie erlangen, für welche die Geometrie nur ein Unterbau wäre. Obwohl das Axiomenſyſtem der Mechanik anfangs unvollſtändig wäre, könnten wir es gemäß den Fortſchritten des empiriſchen Wiſſens erweitern und vervollſtändigen. Wollten wir jedoch auf die Mechanik dieſelben Kriterien wie auf jede andere deduktive Theorie anwenden, ſo würden wir das Problem der deduktiven Grundlegung der Mechanik erſt dann als erſchöpft betrachten, wenn wir für dieſe Theorie ein kategoriſches Axiomenſyſtem erhielten. In dieſem Moment aber — und das iſt der wichtigſte Punkt — würde der Satz 4 in Aktion treten: da wir als Grundlage ein ſtrikt kategoriſches Syſtem der Geometrie angenommen haben, ſo kann nicht die Mechanik weſentlich reicher als die Geometrie in bezug auf die ſpezifiſchen Begriffe ſein; die Begriffe der Mechanik müßten ſich alſo mit Hilfe der geometriſchen Begriffe definieren laſſen, und ſo würden wir zu der erſten Methode zurückkehren. *Das Problem, die Begriffe der Mechanik (oder irgendwelcher anderen phyſikaliſchen Theorie) ausſchließlich mit Hilfe der geometriſchen Begriffe zu definieren, und das Problem, die Mechanik auf einem kategoriſchen Axiomenſyſtem zu begründen, ſind völlig äquivalent;* wer das erſte Problem als ausſichtslos betrachtet, muß ſich ganz analog zu dem zweiten verhalten.

Die obigen Bemerkungen ſind nicht gewiſſen neuen phyſikaliſchen Theorien angepaßt, in welchen das zugrunde liegende Syſtem der Geometrie weder ſtrikt kategoriſch noch kategoriſch im üblichen

Sinne ist und welche die ganze Physik oder gewisse ihre Teile eben als spezielle Kapitel der Geometrie auffassen. Die Schwierigkeiten verschwinden hier selbstverständlich nicht, nur der Schwerpunkt wird verschoben: er liegt im Problem, für jenes System der Geometrie ein kategorisches Axiomensystem anzugeben.

Bemerkungen

[1]) Die Resultate, die sich auf das erste Problem beziehen, habe ich am 17. 12. 1926 auf der Sitzung der Warschauer Sektion der Polnischen Mathematischen Gesellschaft dargestellt; vgl. A. Tarski et A. Lindenbaum, *Sur l'indépendance des notions primitives dans les systèmes mathématiques*, Ann. de la Soc. Pol. Math. V, 1927, pp. 111—113 (das Autoreferat). Die Betrachtungen und Resultate, welche das zweite Problem betreffen, wurden von mir zum erstenmal am 15. 6. 1932 in der Sitzung der Logischen Sektion der Warschauer Philosophischen Gesellschaft vorgetragen.

[2]) 2. Ausg., Cambridge 1925—1927. Wir haben dieses System unseren Betrachtungen hauptsächlich deshalb zugrunde gelegt, weil es mehr ausgebaut ist als andere Systeme der Logik und weil die Kenntnis dieses Systems ziemlich verbreitet ist. Es ist jedoch zu bemerken, daß die *Principia Mathematica* im allgemeinen den methodologischen Untersuchungen wenig angepaßt sind, da die Formalisierung dieses Systems den jetzigen methodologischen Erfordernissen nicht genügt.

[3]) Im Zusammenhang mit den obigen Modifikationen vgl. R. Carnap, *Abriß der Logistik*, Wien 1929, pp. 21—22, sowie desselben Verfassers, *Die logische Syntax der Sprache*, Wien 1934, pp. 98—101.

[4]) Vgl. z. B. meine Aufsätze: *Über einige fundamentale Begriffe der Metamathematik*, C. R. des Séances de la Soc. d. Sc. et d. L. de Varsovie XXIII, 1930, Cl. III, pp. 22—29, sowie *Fundamentale Begriffe der Methodologie der deduktiven Wissenschaften. I*, Monatsh. f. Math. u. Phys. XXXVII, pp. 360-404.

[5]) Ich habe mich bemüht, diesen Bericht möglichst knapp und allgemein verständlich zu fassen; deshalb war ich nicht bestrebt, meinen Überlegungen einen streng deduktiven Charakter zu geben und ihre äußere Form präzis zu gestalten (so habe ich z. B. Ausdrücke in Anführungszeichen benutzt, habe mich begnügt, die Ausdrücke schematisch darzustellen, anstatt sie genau zu beschreiben usw.). Wollte jemand diese Betrachtungen mindestens denjenigen Forderungen der Präzision anpassen, welche meine anderen methodologischen Arbeiten zu erfüllen bestrebt sind (z. B. *Einige Betrachtungen über die Begriffe der ω-Widerspruchsfreiheit und der ω-Vollständigkeit*, Monatsh. f. Math. u. Phys. 40, 1933, pp. 97—112), so würden sich dabei keine wesentlichen Schwierigkeiten ergeben.

[6]) Es ist nicht schwer sich klar zu machen, warum sowohl der Begriff der Definierbarkeit wie auch alle abgeleiteten Begriffe auf eine Satzmenge bezogen werden müssen: es hat keinen Sinn, zu erörtern, ob sich ein Zeichen mit Hilfe anderer Zeichen definieren läßt, ehe die Bedeutung des betrachteten Zeichens festgestellt ist, und auf Grund einer deduktiven Theorie können wir die Bedeutung eines vorher nicht definierten Zeichens nur auf dem Wege feststellen, daß wir

die Sätze beſchreiben, in denen das Zeichen auftritt und die wir als wahr anerkennen.

[7]) Vgl. A. Padoa, *Un nouveau système irréductible de postulats pour l'algèbre*, C. R. du 2-e Congr. Internat. des Math., 1902, pp. 249—256, ſowie *Le problème No. 2 de M. David Hilbert*, L'Enseigement Math. 5, 1903, pp. 85—91.

[8]) Eine derartige Vorausſetzung wird ſtillſchweigend in allen analogen Fällen angenommen, die in dieſem Bericht vorkommen werden.

[9]) Vgl. z. B. den Satz 13* in dem erſten der in [4]) zitierten Aufſätze; man ſoll nämlich in dieſem Satz „O" an die Stelle von „X" einſetzen und dabei die Bemerkung berückſichtigen, welche dem Satz 4 aus dem zitierten Aufſatz folgt (in der Formulierung des Satzes 13* kommt ein Druckfehler vor: die Formel „$X + \{y\} \in \mathfrak{W}$" ſoll durch „$X + \{n(y)\} \in \mathfrak{W}$" erſetzt werden).

[10]) Vgl. z. B. O. Veblen, *A system of axioms for geometry*, Transact. of the Amer. Math. Soc. 5, 1904, pp. 343—384.

[11]) Vgl. das in [1]) zitierte Autoreferat von A. Tarſki und A. Lindenbaum.

[12]) Die Definitionsform (Ia) iſt viel ſpezieller als (I), dagegen hat ſie den Vorteil, daß die Widerſpruchsfreiheit der Definition ſchon durch ihre Struktur verſichert iſt. Will man auf Grund einer deduktiven Theorie eine Definition vom Typus (I) annehmen, ohne zu einem Widerſpruch zu kommen, ſo ſoll man vorher den folgenden Satz beweiſen:

(A) $(\exists x) . \varphi(x; b', b'' \ldots) : (x', x'') : \varphi(x'; b', b'' \ldots) . \varphi(x''; b', b'' \ldots) . \supset . x' = x''$.

Iſt der obige Satz bewieſen, ſo kann man ſogar (I) durch die einfachere äquivalente Formel:

(B) $\varphi(a; b', b'' \ldots)$

erſetzen, denn die beiden Bedingungen einer korrekten Definition — Widerſpruchsfreiheit und Rückûberſetzbarkeit — ſind ſchon durch den Satz (A) garantiert.

[13]) Auf Grund der Bemerkungen von [9]) iſt es einleuchtend, daß ſich jene außerlogiſche Konſtante mit Hilfe der Zeichen von X nicht definieren läßt: der einzige Satz von Y, in welchem dieſe Konſtante vorkommt, iſt logiſch beweisbar, alſo wahr ohne Rückſicht auf die Bedeutung der in ihm enthaltenen ſpezifiſchen Zeichen; man kann alſo behaupten, daß die Bedeutung der betrachteten Konſtante durch die Satzmenge Y gar nicht beſtimmt iſt.

[14]) Die Einführungsweiſe der ſymboliſchen Ausdrücke „$x' \underset{R}{\sim} x''$" und „$R\dfrac{x', y', z' \ldots}{x'', y'', z'' \ldots}$" iſt vom Standpunkte der Typentheorie nicht ganz einwandfrei. Es iſt deshalb zu betonen, daß dieſe Symbole nur als Ausdrucksſchemata betrachtet werden ſollen; bei einer präziſen Darſtellung dieſer Betrachtungen wird der Gebrauch derartiger Symbole entbehrlich, ſo daß alle damit gebundenen Schwierigkeiten verſchwinden.

[15]) Das Wort „kategoriſch" gebrauchen wir in einem anderen, etwas ſtärkeren Sinne, als man es bisher benützte: früher verlangte man nur von der Relation R, die in (V) vorkommt, daß ſie $x', y', z' \ldots$ entſprechend auf $x'', y'', z'' \ldots$ abbilde, aber nicht, daß ſie gleichzeitig die Klaſſe aller Individuen auf ſich

ſelbſt abbilde. Die im üblichen (Veblenſchen) Sinne kategoriſchen Satzmengen kann man intern kategoriſch, die im neuen Sinne — abſolut kategoriſch nennen. Die Axiomenſyſteme verſchiedener deduktiven Theorien ſind meiſtenteils intern und nicht abſolut kategoriſch; es iſt aber leicht, ſie abſolut kategoriſch zu machen, indem man z. B. zu dem Axiomenſyſtem der Geometrie einen einzigen Satz hinzufügt, der beſagt, daß jedes Individuum ein Punkt iſt (oder allgemeiner die Anzahl derjenigen Individuen beſtimmt, die keine Punkte ſind). Es wird ſpäter klar ſein, was uns zu ſolcher Modifikation des Kategorizitätsbegriffes veranlaßte (vgl. 19)). Es ſei noch bemerkt, daß der Begriff der Kategorizität, den wir verwenden, zu den a-Begriffen im Sinne von R. Carnap vgl. *Die logiſche Syntax der Sprache*, pp. 123 und ff.) gehört; man kann aber auch den entſprechenden f-Begriff definieren.

16) Man kann wiederum zwei Bedeutungen des Wortes „monotransformabel" — die interne und die abſolute Monotransformabilität — unterſcheiden; hier wird das Wort immer in der zweiten Bedeutung gebraucht (vgl. 15)).

17) Das iſt nur dann exakt, wenn die betrachteten Axiomenſyſteme einen Satz enthalten, demgemäß jedes Individuum eine Zahl iſt (vgl. 15)).

18) Vgl. 13) und die zugehörige Textſtelle.

19) Wenn wir die Worte „kategoriſch" und „monotransformabel" im internen Sinne gebrauchen wollten (vgl. 15) und 16)), ſo würde der Satz 4 in der obigen Formulierung falſch ſein. Damit der Satz gültig bleibe, müßte man die Definition der Vollſtändigkeit einer Modifikation (Abſchwächung) unterziehen — und zwar die abſolute durch die interne Vollſtändigkeit oder die Vollſtändigkeit in bezug auf die internen Begriffe erſetzen; zu dieſem Zwecke müßte man noch vorher aufklären, was der Ausdruck „interner Begriff (in bezug auf eine gegebene Satzmenge)" bedeutet. Das alles würde unſere Betrachtungen ziemlich ſtark komplizieren.

Printed by Printforce, the Netherlands